CONVERSIONS BETWEEN U.S. CUSTOMARY UNITS AND SI UNITS

U.S. Customary unit		Times conversion factor		Equals SI unit	
		Accurate	Practical		
Acceleration (linear)					
foot per second squared	ft/s^2	0.3048*	0.305	meter per second squared	m/s^2
inch per second squared	$in./s^2$	0.0254*	0.0254	meter per second squared	m/s^2
Area					
circular mil	cmil	0.0005067	0.0005	square millimeter	mm^2
square foot	ft^2	0.09290304*	0.0929	square meter	m^2
square inch	$in.^2$	645.16*	645	square millimeter	mm^2
Density (mass)					
slug per cubic foot	$slug/ft^3$	515.379	515	kilogram per cubic meter	kg/m^3
Density (weight)					
pound per cubic foot	lb/ft^3	157.087	157	newton per cubic meter	N/m^3
pound per cubic inch	$lb/in.^3$	271.447	271	kilonewton per cubic meter	kN/m^3
Energy; work					
foot-pound	ft-lb	1.35582	1.36	joule (N·m)	J
inch-pound	in.-lb	0.112985	0.113	joule	J
kilowatt-hour	kWh	3.6*	3.6	megajoule	MJ
British thermal unit	Btu	1055.06	1055	joule	J
Force					
pound	lb	4.44822	4.45	newton ($kg{\cdot}m/s^2$)	N
kip (1000 pounds)	k	4.44822	4.45	kilonewton	kN
Force per unit length					
pound per foot	lb/ft	14.5939	14.6	newton per meter	N/m
pound per inch	lb/in.	175.127	175	newton per meter	N/m
kip per foot	k/ft	14.5939	14.6	kilonewton per meter	kN/m
kip per inch	k/in.	175.127	175	kilonewton per meter	kN/m
Length					
foot	ft	0.3048*	0.305	meter	m
inch	in.	25.4*	25.4	millimeter	mm
mile	mi	1.609344*	1.61	kilometer	km
Mass					
slug	$lb\text{-}s^2/ft$	14.5939	14.6	kilogram	kg
Moment of a force; torque					
pound-foot	lb-ft	1.35582	1.36	newton meter	N·m
pound-inch	lb-in.	0.112985	0.113	newton meter	N·m
kip-foot	k-ft	1.35582	1.36	kilonewton meter	kN·m
kip-inch	k-in.	0.112985	0.113	kilonewton meter	kN·m

CONVERSIONS BETWEEN U.S. CUSTOMARY UNITS AND SI UNITS (Continued)

U.S. Customary unit		Times conversion factor		Equals SI unit	
		Accurate	Practical		
Moment of inertia (area)					
inch to fourth power	in.^{4}	416,231	416,000	millimeter to fourth power	mm^4
inch to fourth power	in.^{4}	0.416231×10^{-6}	0.416×10^{-6}	meter to fourth power	m^4
Moment of inertia (mass)					
slug foot squared	slug-ft^2	1.35582	1.36	kilogram meter squared	kg·m^2
Power					
foot-pound per second	ft-lb/s	1.35582	1.36	watt (J/s or N·m/s)	W
foot-pound per minute	ft-lb/min	0.0225970	0.0226	watt	W
horsepower (550 ft-lb/s)	hp	745.701	746	watt	W
Pressure; stress					
pound per square foot	psf	47.8803	47.9	pascal (N/m^2)	Pa
pound per square inch	psi	6894.76	6890	pascal	Pa
kip per square foot	ksf	47.8803	47.9	kilopascal	kPa
kip per square inch	ksi	6.89476	6.89	megapascal	MPa
Section modulus					
inch to third power	in.^{3}	16,387.1	16,400	millimeter to third power	mm^3
inch to third power	in.^{3}	16.3871×10^{-6}	16.4×10^{-6}	meter to third power	m^3
Velocity (linear)					
foot per second	ft/s	0.3048*	0.305	meter per second	m/s
inch per second	in./s	0.0254*	0.0254	meter per second	m/s
mile per hour	mph	0.44704*	0.447	meter per second	m/s
mile per hour	mph	1.609344*	1.61	kilometer per hour	km/h
Volume					
cubic foot	ft^3	0.0283168	0.0283	cubic meter	m^3
cubic inch	in.^{3}	16.3871×10^{-6}	16.4×10^{-6}	cubic meter	m^3
cubic inch	in.^{3}	16.3871	16.4	cubic centimeter (cc)	cm^3
gallon (231 in.^{3})	gal.	3.78541	3.79	liter	L
gallon (231 in.^{3})	gal.	0.00378541	0.00379	cubic meter	m^3

*An asterisk denotes an *exact* conversion factor

Note: To convert from SI units to USCS units, ***divide*** by the conversion factor

Temperature Conversion Formulas

$$T(°C) = \frac{5}{9}[T(°F) - 32] = T(K) - 273.15$$

$$T(K) = \frac{5}{9}[T(°F) - 32] + 273.15 = T(°C) + 273.15$$

$$T(°F) = \frac{9}{5}T(°C) + 32 = \frac{9}{5}T(K) - 459.67$$

재료과학과 공학

최병호 · 김학성 · 이동진 · 이병양 · 허남수 공역

Materials Science and Engineering Properties

Charles M. Gilmore
George Washington University

SI Edition

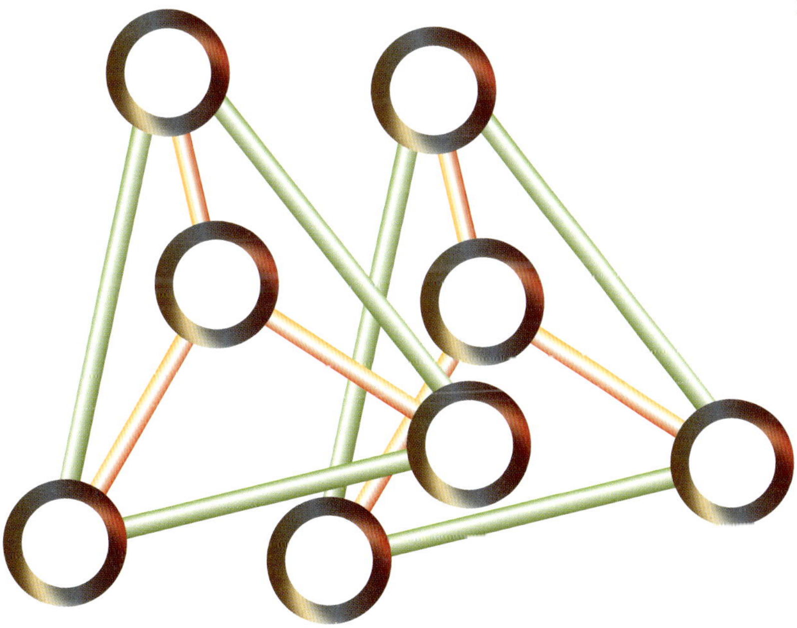

CENGAGE Learning
도서출판 동화기술
Andover • Melbourne • Mexico City • Stamford, CT • Toronto • Hong Kong • New Delhi • Seoul • Singapore • Tokyo

CENGAGE Learning®

SI Materials Science and Engineering Properties

1st Edition

Charles Gilmore

Materials Science and Engineering Properties, SI Edition, 1st Edition by Charles Gilmore
ISBN: 9781111988616

This edition is translated by license from Cengage Engineering, a part of Cengage Learning, for sale in Korea only.

ISBN-13: 978-89-425-9062-9

Cengage Learning Korea Ltd.
14F, YTN Newsquare
76, Sangamsan-ro, Mapo-gu
Seoul, 03926, Korea, South
Tel: (82) 2 330 7000
Fax: (82) 2 330 7001

Cengage Learning is a leading provider of customized learning solutions with office locations around the globe, including Singapore, the United Kingdom, Australia, Mexico, Brazil, and Japan. Locate your local office at: www.cengage.com/global

Cengage Learning products are represented in Canada by Nelson Education, Ltd.

For product information, visit www.cengageasia.com

Printed in Korea
1 2 3 4 20 19 18 17

저자 소개 ABOUT THE AUTHOR

Charls M. Gilmore는 미국 George Washington University의 School of Engineering and Applied Science의 명예교수이다. 그는 미국 Pennsylvania State University에서 Engineering Mechanics 전공으로 학사와 석사학위를 받았고, 미국 University of Maryland에서 Engineering Materials 전공으로 박사학위를 받았다. 1963년부터 1971년까지 미 해군에 취업하여 U.S. Naval Research Lab에서 근무하였고, 1971년 George Washington University에 조교수로 임용되었다. 그는 교수로 재직하는 동안 Department of Civil, Mechanical, and Environmental Engineering의 학과장을 역임하였으며, 또한 School of Engineering and Applied Science의 Associate Dean 및 Acting Dean을 역임하였고, 학과에서 재료과학 분야 대학원 프로그램을 개발하고 재료과학 및 재료공학 분야의 학부과정을 총괄하였다. 그는 미국 ASCE student chapter에서 outstanding teacher로 선정되기도 하였다. Honorary engineering 모임인 Sigma Tau 및 Tau Beta Pi의 회원이면서 George Washington University의 Tau Beta Pi의 지도교수이기도 한 그는 Department of Chemistry의 David Ramaker 교수와 함께 George Washington University의 Institute of Materials Science의 co-director를 역임하기도 했다. Gilmore 교수는 박막성장, 금속의 피로 파괴, X선 결정학에 관한 실험 및 분자동역학 분야에서 50개가 넘는 논문을 출판하였다. 그는 American Society of Metals Washington D.C. 지역에서 George Kimball Burgess Award를 수상하였고, Naval Research Lab의 Materials Science and Technology Division으로부터 Outstanding Paper Award를 수상하였다. 그는 American Society of Metals Washington D.C. 지역에서 활동하였고 1984년부터 1985년까지 지역회장을 역임하였다.

ABOUT THE TRANSLATOR 역자 소개

최병호

고려대학교 기계공학과 학사, 석사, 박사

미국 Post Doc./Research Associate, University of Illinois at Chicago

미국 Research Specialist, Dow Chemical Company

현) 고려대학교 기계공학부 교수

김학성

KAIST 기계공학부 학사, 석사, 박사

삼성전자 반도체 총괄 책임연구원

미국 UCLA 강사, 연구원

현) 한양대학교 서울캠퍼스 기계공학부 교수

이동진

고려대학교 기계공학과 학사, 석사

미국 University of Minnesota 박사

현) 건국대학교 기계공학부 교수

이병양

서울대학교 물리학과 학사, 석사, 박사

미국 Post Doc., University of California, Berkeley

한국 Senior Member of Technical Staff, Korea Telecom

현) 고려대학교 기계공학부 교수

허남수

성균관대학교 기계공학과 학사, 석사, 박사

한국원자력연구원 선임연구원

독일 MPA Stuttgart 연구소 연구원

현) 서울과학기술대학교 기계시스템디자인공학과 교수

저자 머리말 PREFACE

목적

이 교재의 목표는 학생들과 강사들에게 학생들이 이해할 수 있는 충분한 과학적 근거에 기반한 재료의 공학적 물성에 관한 재료과학 및 재료공학적 내용을 제공하는 것이다. 예를 들어, 학생들이 엔탈피나 엔트로피, Gibbs 자유에너지와 같은 개념을 모른다면, 학생들은 왜 다양한 금속 미세구조가 발생하는 지, 왜 물과 알코올은 섞이는데 물과 가솔린은 섞이지 않는 지, 왜 다양한 상태도가 존재하는 지 등을 이해하기 어려울 것이다. 이 책은 내부에너지, 엔탈피, 엔트로피나 Gibbs 자유에너지를 설명하고, 이를 통해 열역학 과목을 수강하지 않은 학생들도 이해할 수 있도록 하였다. 하지만, 본 과목을 잘 이해하기 위해서는 대학 물리학을 수강하는 것을 권장한다. 이 책은 원자와 분자간의 가능한 정렬을 통해 엔트로피의 개념을 설명한다. 이러한 방법을 통하여 학생들은 엔트로피를 시각적으로 이해할 수 있다. 원자와 분자간의 가능한 정렬을 통한 엔트로피의 시각화는, 학생들이 열역학 과목에서 왜 엔진이 100%의 효율을 갖지 못하게 되는 지를 엔트로피를 통하여 이해하는데 도움이 될 것이다. 에너지는 본 교재의 통합적인 주제로, 이를 통하여 녹는점, 열팽창, 확산, 파괴, 부식, 크립 등의 공학적 물성을 설명하였다. Fermi 에너지와 같은 전자 및 공극의 에너지와 에너지 준위 선도는 재료의 전도성을 설명할 때 사용되며, 다이오드, 레이저, 태양전지, 유기 발광 다이오드와 같은 전자기기나 광학기기의 작동을 설명할 경우에도 사용할 수 있다.

구성

이 교재는 세라믹, 금속 및 고분자의 공학적인 물성을 다루기 위한 통합적인 접근법을 사용하였다. 대부분의 공학적 물성의 과학적 기반은 세라믹, 금속, 그리고 고분자에 대하여 같다. 예를 들어, 금속 원자의 혼합에 관련된 엔트로피의 식은 고분자의 긴 체인분자의 혼합에 관련된 엔트로피의 식과 유사하다. 따라서, 금속 원자의 혼합은 고분자의 혼합과 같은 장에서 다루었다. 세라믹, 금속 및 고분자의 파괴관련 식도 모두 같다. 따라서 세라믹, 금속 및 고뷰자의 파괴도 같은 장에서 다루었고, 파괴 저항성의 차이는 화학적 결합의 차이를 이용하여 설명하였다. 전압을 인가한 후의 *pn*-접합 및 금속-고분자-금속 접합의 에너지 밴드의 변화는 학생들이 서로 다른 재료로 만든 다이오드 및 태양전자의 동작을 이해할 수 있도록 한다. 만약 학생들이 공학적 물성 뒤에 숨어있는 과학을 이해하고 세라믹, 금속, 고분자 재료간 결합의 차이를 이해한다면 이러한 재료들이 왜 서로 다른 공학적 물성을 갖는 지 이해할 수 있을 것이다.

교재

이 교재는 재료과학에 기반한 기계적 물성의 이해에 초점을 맞추고 있다. 재료의 기계적 물성에 관심이 있는 학생들과 강사들은 아마도 엔트로피와 Gibbs 자유에너지 등의 재료과학적 접근에 대하여 관심이 있을 것이다.

도입부인 1장에서는 재료 발전의 역사를 재료의 이해, 재료의 종류, 그리고 이러한 재료를 분석하는 실험적인 기술을 이해하기 위한 과학 발전을 기반으로 살펴본다. 1장은 또한 관상동맥 스텐트에 사용하는 형상기억합금 등 몇 가지 재미있는 재료의 응용분야를 설명한다. 2장에서 5장까지는 재료의 구조, 미세구조, 공학적 물성을 이해하기 위하여 필요한 재료과학에 대하여 설명한다. 6장부터 14장까지는 재료의 기계적 물성, 강한 재료를 만드는 방법, 온도와 시간이 기계적 물성에 미치는 영향, 재료에 미치는 부식, 전기공정, 배터리, 연료전지 등의 전기화학적 영향, 피로 및 파괴, 복합재료, 재료 공정, 그리고 기계적 설계를 위한 재료의 선택 등을 설명한다. 15장에는 도입부에 설명하지 못한 보다 최신의 실험적인 방법들을 설명한다.

웹기반 보조자료

16, 17, 18장은 각각 재료의 전기적, 자기적, 그리고 광학적 물성을 설명하며, 해당하는 웹사이트에서 확인할 수 있다. 이 장들은 다른 재료과학 및 공학 관련 교재에서 찾아볼 수 없는, 보다 최근의 내용을 포함하고 있다. 또한, 식의 유도나 교재와 관련이 있는 최근의 주제들에 대한 각 장의 부록을 웹사이트에서 확인할 수 있다.

장의 구성

각 장은 해당 장의 흥미를 높이기 위한 주제에 대하여 사진과 함께 설명으로 시작하여 학생들이나 강사들이 이루어야 하는 목표를 기술하였다. 도입부에서는 왜 해당 장의 주제가 중요한 지를 설명하고 배경과 역사를 설명한다. 각 장을 이해하기 위한 과학적 배경을 먼저 설명하고 그 후 공학적 물성 및 응용에 대한 논의를 진행한다. 예제들을 각 장에 걸쳐 포함해 놓았다. 많은 그림과 그래프를 활용하여 학생들에게 주제에 대한 시각적인 효과를 높였다. 요약부에는 각 장의 중요한 핵심을 정리하였다. 추가적인 주제들에 대한 저자들을 기술하고 책의 후반부에 참고문헌을 정리해 놓았다.

장의 연습문제

학생들의 각 장에 대한 이해도를 평가하기 위하여 숙제를 위한 문제를 제공한다. 선다형 문제는 미국 Engineer in Training 시험유형과 유사하다. 추가적인 문제는 각 장의 개념을 분석하도록 한다. 적절한 부분에 설계 문제와 관련 질문을 포함하였다.

독자 및 선수과목

이 교재는 기계적 물성에 대한 이해가 중요한 공학 및 응용과학 분야의 2학년 또는 3학년 학생들을 위한 3학점 과정의 재료과학 및 재료공학 과목에 적합하다. 재료의 전기적, 자기적 및 광학적 물성과 관련한 추가적인 재료에 대한 부분과 부록은 상위 과정이나 더 많은 학점을 위한 수업 또는 학부에서 재료과학 과목을 수강하지 않은 학생을 대상으로 한 기초 대학원 과정에 활용할 수 있다. 학생들은 이 과목 수강을 위해 화학결합, 양자역학 및 양자수의 기초를 포함한 대학수준의 화학과 물리 및 기초 열역학의 수강이 추천된다. 이러한 주제는 본문에서 충분히 설명되므로 학생들은 본 과목을 통해 관련지식을 습득할 수 있으나, 이러한 주제를 선수과목을 통하여 습득하는 것을 추천한다. 미적분 관련 교과목의 수강은 필수이다.

학생과 강사를 위한 보충자료

식의 유도나 추가적인 최근의 관련 내용, 전기적, 자기적, 그리고 광학적 물성에 대한 추가적인 장들을 웹사이트를 통하여 확인할 수 있다. 또한 웹사이트에는 미국 National Science Foundation를 비롯한 여러 기관에서 제공하는 재료과학 및 공학 분야의 현황, 신규 재료의 발견, 특정한 제품생산을 위한 재료 공정 등의 동영상 링크도 제공하고 있다.

강사를 위한 보충자료

추가적으로 강사를 위한 웹사이트에서 모든 질문에 대한 해답 및 모든 연습문제의 해답을 포함한 문제풀이, 모든 그림들의 파워포인트 장표, 그리고 파워포인트 강의 장표를 확인할 수 있다.

MindTap 온라인 독자 및 강의

인쇄본 외에도 이 교재는 개별화된 학습 프로그램인 MindTap을 통하여 온라인으로도 제공된다. MindTap 버전을 구입한 학생들은 이 교재의 MindTap Reader를 사용할 수 있으며 숙제와 그 외의 과제관리를 데스크탑 및 노트북 컴퓨터 그리고 iPad를 사용하여 온라인으로 활용할 수 있다. 만약 강의자료 관리, 과제, 성적처리 등의 수업관리가 Blackboard, Moodle이나 Angel과 같은 Learning Management System을 통하여 진행된다면 이 강의를 위하여 MindTap의 각종 자료 및 평가를 자연스럽게 활용할 수 있다.

강사는 MindTap을 다음과 같이 활용할 수도 있다.

- 강의자료 재정리, 특정부분 삭제, 새로운 자료의 교재 내용 포함 등을 통하여 강의계획을 수정함으로써 Learning Path의 개별화 가능
- Learning Management System 포탈을 온라인 강의 및 독자와 연계함
- 온라인 과제 및 평가의 커스터마이징
- Progress 앱을 사용하여 학생들의 발전 및 이해도 추적
- 상호활동 및 연습을 통한 학생들의 참여도 제고

또한 학생들은 ReadSpeaker를 통하여 교재를 청취할 수 있으며 노트를 하거나 자료를 하이라이트하여 손쉬운 참고자료로 활용할 수 있고 자신의 이해도를 확인할 수 있다.

사사

교재를 저술하는 것은 공학자로서 뿐만 아니라 교육자로서 나의 경력에도 가장 큰 업적이다. 이 교재는 많은 사람들의 도움이 없었다면 출판될 수 없었을 것이다. 내 기억에 공학자가 되겠다고 꿈을 갖게 된 것은 공학자셨던 할아버지 Walter Brown과 아버지 Charles E.M. Gilmore의 영향이라고 생각한다. 그리고 어머니 Ruth E. Brown Gilmore는 내가 공학관련 공부를 할 때 많은 용기를 북돋워 주셨다. 이 교재는 처음에 핸드아웃 형태의 강의 교재의 자료였는데, 이는 내가 원하는 방식으로 구성된 교재가 없었기 때문이었다. 많은 시간이 지난 후 이러한 자료들을 장으로 구성할 수 있게 되었고, 그것은 마침내 교재의 초안이 되었다. 이 기간 동안 많은 오류를 찾아내고, 불명확한 부분에 대한 토론, 새로운 내용의 제안 등을 통하여 이 교재의 변천에 도움을 준 George Washington University의 많은 공학도들에게 고마움을 전한다. 이 교재를 집필하는 동안 David Ramaker, Douglas Jones, Martha Pardavi-

Horvath, Mark Reeves, 그리고 Can Korman 등 많은 교원들이 교재의 장들을 검토하여 개선할 수 있도록 도와주었다. 또한 교재의 내용과 장의 구성을 검토하고 개선할 수 있도록 도와준 예전 박사 후 연구원이자 현재는 U.S. Naval Research Lab에 있는 M. Ashraf Imam 박사와 Wontae Chang 박사, U.S. Naval Research Lab 연구원이자 GWU의 겸임교수인 Peter Matic 박사, GWU의 겸임교수인 Catherine Cottell 박사, Washington and Lee University 물리학과 Ronald Reese 명예교수에게 감사의 말을 전한다. Ronald Reese 교수는 Cengage Learning에서 출판한 'University Physics'의 저자이기도 하다. 내가 물리학에 관련된 질문이 생기면 그의 교재에서 정답을 찾을 수 있었다. 그와 그의 아내 Edith는 거의 50년 전 함께 급류 카누 수업을 들으면서 알게 된 후 쭉 친구로 지내오고 있다. 각 장 및 표지의 디자인과 색 선정 등을 도와준 AIA의 Fellow인 Harold Adams에게도 감사의 말을 전한다. GWU Department of Mechanical and Aerospace Engineering에서 공학 실험실 기술자들을 관리하고 있는 Mark Wagner는 실험은 물론 교재의 사진에 도움을 주어 이에 감사의 말을 전한다.

개별적으로 본 교재의 완성을 위해 여러 외부 검토자들이 도움을 주었다. 바쁜 일정에도 불구하고 시간을 내어 책을 꼼꼼히 검토하고 건설적인 조언을 해 준 아래의 검토자들에게도 감사의 말을 전한다.

Pranesh B. Aswath, University of Texas at Arlington
Amit Bandyopadhyay, Washington State University
Jeffrey Fergus, Auburn University
Gerhard Fuchs, University of Florida
Brian Grady, University of Oklahoma
Theodoulos Z. Kattamis, University of Connecticut
Leijun Li, Utah State University
Blair London, Cal Poly State University, San Luis Obispo
Lane W. Martin, University of Illinois, Urbana–Champaign
John R. Schlup, Kansas State University
Satya Shivkumar, Worcester Polytechnic Institute

마지막으로 멋진 바다에서 크루즈 여행을 하면서 보낼 수 있던 시기에 이 책을 집필하느라 컴퓨터 앞에 앉아 있던 나를 참아준, 50년간 나의 아내로 살아온 Charlotte에게 감사를 전한다. 이제 이 책이 출판되면 바로 크루즈 여행을 할 수 있을 것이다.

역자 머리말 PREFACE

이 책은 미국 George Washington University의 Emeritus professor인 Charles Gilmore가 저술한 재료과학 및 공학과목의 관련 학부생들을 위한 입문서이다. 이 책은 최근 발간되어 그 내용이 전통적인 재료과학 및 공학관련 내용은 물론, 최근 이슈가 되고 있는 관련 분야의 내용까지 포괄적으로 설명하고 있다. 따라서 이 과목을 처음 접하는 학생들에게는 다른 교재와는 달리 보다 다양한 지식을 얻는 데 큰 도움이 될 것이라 생각한다.

기계, 금속, 신소재, 토목 등 대부분의 공학관련 전공과정에서 재료과학 및 공학이라는 교과목은 매우 중요한 전공과목으로서, 주로 3학년 이후에 수강하게 될 세부적인 전공과목에 적용할 수 있는 재료에 관련한 전반적인 내용을 포함하고 있다. 예전에는 본 교과목의 내용이 주로 금속재료에 치중하였으나 최근 다양한 신소재의 개발 및 경량화 등의 사회적인 요구로 인하여 점차 그 내용이 세라믹, 고분자, 복합재는 물론 나노소재 등으로 넓어져 왔다. 이 책에서는 이러한 시대적인 흐름을 반영하기 위하여 기본적인 재료과학의 내용과 새로운 소재의 소개는 물론 이을 활용한 최신의 응용분야에 대하여 다양한 시각으로 서술하고 있다. 특히 이 책은 다른 관련 교재와는 달리 복잡하고 다양한 재료과학적 문제를 에너지와 엔트로피 기반으로 설명하려 하였고, 이를 통하여 재료의 구조–물성간의 관계를 좀 더 쉽게 이해할 수 있도록 하였다.

이 책은 총 15개의 장으로 구성되어 있으며, 전공분야에 따라 강의는 한 학기 또는 두 학기로 편성하는 것이 가능하다고 생각된다. 각 장은 이론적인 설명 및 기초적인 예제로 기본적인 내용이 구성되고 각 장의 마지막에는 요약 및 연습문제로 구성되어 있다.

이 책을 번역함에 있어 전공용어는 가급적 관련 분야의 전문용어집에 기반하였으며, 그 외의 경우에는 경우에 따라 원어를 그대로 사용하거나 관용이를 활용하여 기술하였다. 아무쪼록 이 책이 공학도들에게 재료과학 및 공학에 대한 시야를 넓히는데 도움이 되기를 바라며, 나아가 관련 산업분야에 종사하는 모든 공학자 들에게 좋은 교재와 참고자료로 활용될 수 있기를 기대한다. 마지막으로 여러 가지 어려움이 있었음에도 불구하고 이 책이 출판되도록 많은 정성을 기울여주신 도서출판 동화기술 정우용회장님과 관계자 여러분께 감사드린다.

역자대표 **최병호**

SI EDITION SI 단위

본 교재 Materials Science and Engineering Properties의 이번 에디션은 책 전체에 걸쳐 International System of Units (Le Système International d'Unités or SI)을 단위로 사용하였다.

Le Système International d'Unités

미국 The United States Customary System (USCS)에서는 English 단위 또는 Imperial 단위로 불리는 FPS (foot-pound-second) 단위를 사용한다. SI 단위는 기본적으로 MKS (meter-kilogram-second) 시스템을 사용한다. 하지만 CGS (centimeter-gram-second) 단위도 SI 단위로 자주 사용되며, 이 교재에서는 이를 많이 활용하였다.

이 책에서의 SI 단위의 사용

이 책에서는 MKS와 CGS 단위를 동시에 사용하였다. 미국판에서 사용되었던 USCS 단위 및 FPS 단위는 내용 및 문제 전반에 걸쳐 SI 단위로 변환되었다. 하지만 핸드북, 정부 표준, 제품 매뉴얼 등을 통하여 얻은 자료의 경우에는 모든 값을 SI 단위로 변환하는 것도 매우 어려울 뿐 아니라 자료의 지적재산권을 침해할 수도 있다고 판단된다. 따라서 그림, 표 및 참고자료의 몇몇 자료는 그대로 FPS 단위를 사용하였다. FPS 단위와 SI 단위의 환산에 익숙하지 않은 독자들을 위하여 환산표를 앞 표지의 안쪽에 제공하였다.

제공된 자료의 사용이 필요한 문제를 푸는 경우 제공된 자료의 값은 계산식에 사용하기 직전에 FPS 단위에서 SI 단위로 변경한 후 사용하면 된다. SI 단위로 계산된 표준량 및 제조사 자료를 얻으려면 독자들은 각 국가 및 지역의 적절한 정부 기관 및 담당자에게 연락할 수 있다.

강의 자료

SI 단위로 변환된 강사용 해답은 각 지역 판매자 또는 www.login.cengage.com의 본 교재 웹사이트를 통하여 얻을 수 있다. 디지털 버전의 ISM과 SI로 변환된 그림, 표, 예제 및 수식으로 구성된 파워포인트 장표는 교재 웹사이트에 강사 등록 후 사용할 수 있다.

SI 에디션을 활용하는 사용자들의 피드백은 환영하며 이러한 피드백은 추후 출판될 에디션에 도움이 될 것으로 생각한다.

Cengage Learning

목차 CONTENTS

CHAPTER 02 원자, 화학적 결합, 재료의 구조, 그리고 물리적 특성 32

CHAPTER 12 복합재료 486

CHAPTER 13 재료의 가공 524

CHAPTER 01

개요

Introduction

이 장에서 이해해야 할 것

- 기술진보를 가능케 하는 신소재 개발의 중요성
- 과거의 새로운 소재의 발견은 시행착오의 결과였던 반면에 지금은 과학적인 방법을 따름
- 재료의 다양한 종류 : 세라믹, 금속, 고분자, 복합재료 등
- 재료의 다양한 응용 분야
  - 우주 왕복선의 강화된 탄소-탄소 타일
  - 고온 가스 터빈 날개날
  - 항공기 설계를 위한 복합재료
  - 고강도 고분자 섬유
  - 형상을 기억하는 지능형 합금
- 재료의 새로운 응용분야를 찾는 데 있어서 재료 과학자 및 기술자의 역할
- 특성 설계에 가장 적합한 재료 선정에 있어서 고려해야 할 점

2003년 1월 16일 우주왕복선 콜럼비아호의 발사체 사진. 우주왕복선은 이러한 고성능 시스템의 개발을 가능케 하는 최근의 재료 개발의 발전 사례들을 잘 보여준다. 그러나, 발사로부터 시작후 약 82초 후에 여행가방 정도 크기의 거품 열 절연 조직이 외부 연료 탱크에서 떨어져 나와서 왕복선의 좌측 날개의 앞첨부를 때렸다. 이 날개의 앞첨부는 TPS (열보호 시스템, Thermal Protection System)의 일부를 이루는 RCC 타일 (보강 탄소 탄소 타일, Reinfoced Carbon-Carbon Tile)로 덮여 있었다. 충돌은 타일의 파열을 가져왔고, 날개에 25 cm 정도의 구멍을 내었다. 이후 지구 재진입시 날개 앞첨부의 온도는 1650 °C까지 올라갔고, RCC 타일이 없는 상황에서 날개 내부의 금속 구조가 그와 같은 온도에 노출되었다. 콜럼비아호는 지구 재진입시 산산조각이 나면서 7명의 우주비행사도 모두 사망했다. 이 참사는 우주왕복선에서 TPS의 중요성을 보여주고 공학적 시스템에서 왜 파열 현상을 방지해야 하는지 보여준다.

© Rhea Eason/Alamy

MATERIALS SCIENCE AND **ENGINEERING PROPERTIES**

1.1 재료의 분류와 초기발생의 역사

석기, 청동기, 철기 등 그 당시에 주로 사용된 재료를 기준으로 기술의 발전을 분류할 만큼 재료의 사용은 인류발전에 매우 중요한 역할을 하였다. 전제제품의 집적회로 중 대부분이 실리콘을 사용해 만들어진 것을 감안하면, 현대는 실리콘 시대로 부를 수 있다. 초기 인류는 돌맹이, 부싯돌, 나무, 가죽, 조가비, 여러 가지 섬유, 진흙, 뼬 등 자연에서 얻을 수 있는 재료를 활용했다. 최초로 등장한 인공적인 재료는 세라믹이며, 금속, 고분자, 복합재가 그 뒤를 이었다.

1.1.1 세라믹

현재 인공재료를 사용한 물건 중 가장 오래된 것은 세라믹 토기 조각상으로 알려져 있다. 그림 1.1은 체코공화국(Czech Requblic)에시 빌견된 세라빅 조각상으로서, 기원전 27,000년경에 만들어진 것으로 추정된다. 세라믹(ceramic)이라는 단어는 그리스어 중 "진흙(potter's clay)" 혹은 "도기(pottery)"의 뜻을 가진 케라모스(keramos)에서 비롯되었다. 세라믹 도기는 산화알루미늄, 산화규소 등을 포함한 작은 입자들과 칼륨 혹은 나트륨 등의 혼합물인 점토로부터 만들어진다. 점토가 물과 섞이면 쉽게 형태를 바꿀 수 있다. 원하는 형태로 만든 후 높은 온도에서 구우면 수분이 증발하면서 작은 고체 입자들이 서로 단단하게 결합한다. 초기 토기 조각상들은 개방된 가마에서 목재를 태워 열을 가해주었다. 또한, 그 당시 인류는 구한 재

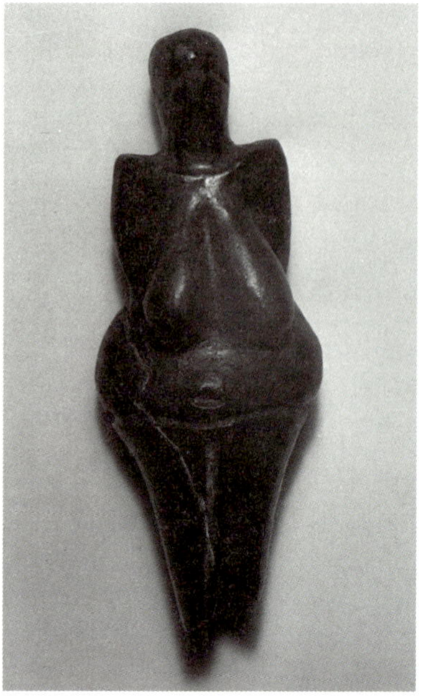

그림 1.1 최초의 인공물질 중 하나로 알려져 있는 세라믹 조각상의 사진으로 기원전 27,000년경에 만들어진 것으로 추정된다. *(©CTK/Alamy)*

료들을 망치질하거나 조각하는 등 여러 가지 물리적 힘을 가해 원하는 모양을 만들었다. 세라믹 조각상은 촉촉하고 부드러운 점토에 열을 가하여 견고한 고체형상을 만들었다. 최초 세라믹 그릇이 만들어진 것은 기원전 16,000년경으로 추정된다. 물을 담을 수 있을 만큼 크고 품질이 좋은 토기가 만들어지기 위해서는 1000°C에 가까운 열을 가할 수 있는 요로의 개발이 필수적이었다.

사기그릇(stoneware)은 기원전 15세기경 중국에서 만들어졌다. 사기그릇 역시 산화 알루미늄, 규소 및 다른 원소들로 이루어졌으나 소성온도가 1100~1300°C이다. 사기그릇은 밀도가 높고 단단하며 액체와 산과 같은 화학물질을 보관하는데 사용하였다. 자기(porcelain)는 기원 후 200년경에 개발되었는데, 주로 산화규소-알루미늄 화합물로 이루어진 고령토(kaolin)로 만들어졌으며 1200~1400°C에서 구워졌다. 자기는 1708년 전까지는 유럽에서 생산되지 않았다. 자기는 고급 식기에 쓰이거나, 전기적으로는 고전압·고주파 절연체로 쓰이고, 건축에서는 싱크대, 식기세척기, 세탁기 등의 도료나 바닥 타일, 벽 패널 등의 건축자재로 사용되고 있다.

현재 세라믹은 도자기 외에도 수많은 재료들을 지칭한다. **세라믹(ceramic)**은 무기 비금속 재료로서, 공유결합 혹은 공유결합과 이온결합의 조합으로 이뤄진다. 유리 다음으로 공학적 응용 분야에 가장 많이 쓰이는 세라믹은 알루미나(Al_2O_3)로서, 19세기 말 처음 생산되기 시작하였다. 현재 보크사이트(bauxite)로부터 알루미나를 생산하는 공정은 1887년 발명된 바이어법(Bayer Process)이다. 알루미나는 고온 활용분야 및 전기적 절연체로 사용된다. 그림 1.2에서 보이는 가솔린엔진 점화플러그의 흰색 절연체는 바로 알루미나로 만들어진 것이다.

세라믹은 여러 분야에서 공업적으로 응용된다. 대부분의 공업용 세라믹은 원소주기율표 좌측편에 위치한 원소들과 탄소, 질소, 혹은 산소를 주요 구성성분으로 하고 있으며, 사기, 자기, 알루미나(Al_2O_3), 지르

그림 1.2 가솔린 엔진 자동차의 점화플러그. 흰색 부분은 알루미나 세라믹이다. 홈이 파여진 부분은 스틸이다. *(Photo by C. M. Gilmore)*

코니아(ZrO_3), 다이아몬드, 운모, 실리카(SiO_2), 유리, 탄화규소(SiC), 질화규소(Si_3N_4) 등을 포함한다. 세라믹의 가장 중요한 성질은 융해온도가 매우 높다는 것이다. 예를 들어, 알루미나(Al_2O_3)는 2045°C에서, 탄화규소(SiC)는 2700°C에서 융해된다. 세라믹의 높은 융해점 때문에 보통 융해시켜 제품을 만들지는 않는다. 그림 1.1의 조각상은 부드러운 점토를 불로 가열하여 단단한 형태로 만들었다. 불 속에서 가열될 때 점토의 작은 입자들은 융해되지 않고 서로 결합한다. 고온에서 융해시키지 않고 작은 입자들을 서로 결합시키는 과정을 **소결(sintering)**이라 한다. 소결공정은 매우 높은 온도에서 융해되는 세라믹과 금속의 부품을 제작하는 데 사용된다. 원시 인류는 돌로 만들어진 가열로를 사용하였지만, 현대 첨단세라믹 부품은 초고순도 환경에서 고성능 컴퓨터로 제어된 열순환 처리 과정을 통해 소결된다.

오늘날 세라믹의 다양한 활용은 세라믹이 갖고 있는 높은 융해점과 전기적 절연 성질이 가능케 한 것이다. 고온 가열로의 내벽은 발포 알루미나로 만든다. 1.3.1절에서 설명할 우주왕복선의 내열시스템에도 세라믹 부품이 들어간다. Al_2O_3, SiC, Si_3N_4 등의 세라믹 소재는 주요 구성 성분의 낮은 원자번호로 인해 상대적으로 낮은 밀도를 가지는 데에 비해 탄화텅스텐(WC) 등의 세라믹 소재는 밀도가 매우 높다. 세라믹은 보편적으로 높은 강도, 즉 변형저항을 가진다. 양끝을 잡아당겼을 때 생기는 인장력에는 약하지만, 양끝을 누르는 압축력에는 상대적으로 강하다. 세라믹의 강도는 생산 품질에 의존한다. 또한, 세라믹은 세라믹 초전도체의 경우를 제외하고 대개 절연체다. 세라믹과 초전도체의 전도성에 대한 설명은 16장에서 이뤄질 것이다.

고온 액체 상태의 세라믹을 천천히 냉각하여 고체상태가 되면 결정 상태를 만든다. **결정성(crystalline)** 물질은 규칙적인 원자배열이 반복되는 물질이다. 그러나 이산화규소 등의 세라믹을 냉각하면 비결정성 고체 석영유리가 만들어진다. **비결정성(amorphous)** 물질에서는 원자의 배열이 불규칙적이다. 유리는 준안전성 물질로서 실투현상(devitrification)을 통해 시간이 지남에 따라 결정으로 변화한다. 이렇게 유리는 광범위하게 재활용되는 유일한 세라믹이다.

세라믹의 취성(잘 깨지는 성질)은 세라믹 재료가 가진 단점이다. **취성(brittle)** 재료는 영구변형이 거의 없이 파괴되는 재료로서 유리, 자기, 세라믹 접시 등 모두 실온에서 취성을 가진다. 예를 들어, 고온 가스터빈 설계자들은 최고 효율을 얻기 위해 터빈온도를 최대한 높이고자 한다. 세라믹의 높은 융해점은 터빈 블레이드를 만드는 재료로 사용되기에 적합해 보일 것이다. 하지만, 터빈 블레이드가 주로 융해점 1453°C의 니켈계 합금으로 만들어지는 이유는 세라믹은 취성으로 인하여 유리처럼 깨져 엔진에 치명적인 장애를 일으키기 때문이다. 따라서, 세라믹은 가스터빈에서는 회전하지 않는 부품에 활용된다. 또한, 지르코니아(ZrO_3)가 함유된 세라믹의 경우, 비록 적은 양이지만 파괴 전에 증가된 양의 역학적 에너지를 흡수한다는 것을 알아 내었다. 이러한 성질을 이용하여, 지르코니아와 다른 세라믹을 혼합하여 고온 디젤 및 가솔린 엔진에 활용하는 방안들이 제안되고 있다.

1.1.2 금속

금속(metal)은 금속결합으로 이루어진 무기물질이며, 우리에게 친숙한 금속 원소로 철, 구리, 은, 금, 알루미늄, 티타늄, 납, 백금 등이 있다. 금속결합은 원소의 전자들이 금속 내부에서 자유롭게 이동하는 것을 가능하게 하여 금속이 뛰어난 전도성을 갖게 만든다.

원시 인류가 처음으로 사용한 금속은 구리, 금 등 자연상태에서 상대적으로 순도가 높은 상태로 발견되는 천연 금속이었다. 철은 쉽게 산화되어 자연에서 발견하기 매우 어려웠지만, 운석에서 얻어지는 운철(meteoric iron)은 종종 활용되어, 이집트에서는 기원전 35,000년경부터 도구, 무기, 장신구 등으로 사용하기 시작하였다.

최초로 광물 상태에서 제련된 금속은 융해점이 327°C로 낮은 납이었을 것으로 보인다. 금속 **광석(ore)**은 금속이 산소나 황과 같은 다른 원소들과 화합물을 이루고 있는 것이며, 금속의 **제련**(smelting)은 금속 광석을 다른 화학물질과 함께 고온으로 가열하여 금속을 분리하는 과정이다. 예를 들어, 산화구리를 일산화탄소와 함께 가열하면 일산화탄소가 구리광석(CuO)의 산소와 반응하면서 구리와 이산화탄소(CO_2)를 생산한다. 초기에는 나무를 연소하여 일산화탄소를 얻었지만 후에는 숯을 사용해 일산화탄소를 얻었다. 최초의 제련은 금속 광물로 도기를 장식하다가 우연히 알아냈을 거라고 생각된다. 산화납은 검은색을 띠고 산화구리는 청록색을 띤다. 만약 가마의 온도가 충분히 높고 일산화탄소가 가마 내에 존재했다면, 자기에 발라 놓은 산화금속은 순수한 금속으로 환원되었을 것이다. 인류 역사상 첫 금속공은 아마 도예가를 겸직했을 가능성이 농후하다.

구리의 제련은 1085°C에서 구리를 융해시킬 수 있는 가열로가 필요했다. 제련된 구리는 비소, 납, 은, 니켈, 청동 등 불순물 원자들이 함유되어 있어 더욱 순수한 자연 상태의 구리와 구별이 가능하다. 제련된 구리로 만든 핀, 송곳, 구슬 등의 어떤 유물들은 기원전 6000년경에 만들어진 것으로 추정된다. 세르비아(Serbia)에서는 기원전 5500년경에 만들어진 것으로 추정되는 주조 구리도끼가, 터키에서는 기원전 5000년경으로 추정되는 주조 구리곤봉이 발견되었다. 현재 가장 오래된 구리제련용 가열로는 시나이(Sinai) 사막에서 발견됐으며 기원전 3500년경으로 추정된다. 구리는 연질금속으로서 도끼, 칼날, 창끝 등의 날카로운 모서리를 유지하지 못하여 활용에 제한이 있었고 인류는 더욱 견고한 금속이 필요했다.

아연을 제외한 기타 금속과 구리를 혼합하면 **청동(bronze)**이 된다. **합금(alloy)**이란 금속과 다른 원소가 혼합된 것이다. 예를 들어서, 구리와 아연을 혼합하면 **놋쇠(brass)**가 되며, 구리와 주석을 혼합하여 청동을 만들면 훨씬 견고하고 강력한 금속이 된다. 또한 구리에 주석을 약 10 wt% 혼합하여 청동을 만들면 융해점이 950°C 정도까지 내려간다. 기원전 3500년경, 청동은 중동(Middle East) 지역에서 광범위하게 사용되었다. 그러나 지금까지도 주석의 채굴지는 확인되지 않았는데 대량의 청동이 제련된 중동과 근동(Near East)지역에는 주석 매장층이 없고 말레이반도, 중국, 태국, 영국에만 매장층이 존재한다. 청동은 잦은 전쟁과 침략에 의해 주석의 생산이 중단되면서 사용이 급격히 감소하였을 것으로 보인다.

청동기 시대에도 철은 사용되었지만, 품질이 매우 낮았고 청동의 기계적 성질에도 미치지 못했으며 부식이 잘 된다는 치명적인 단점을 가지고 있었다. 또한 철과 강철(steel)의 생산은 구리와 청동보다 높은 온도의 공정이 요구되었다. 기원전 2000년경에는 현재의 터키에서, 기원전 1800년경에는 인도에서, 기원전 1500년경에는 사하라 사막 이남 아프리카에서 제련된 철이 생산되었다. 청동기가 절정에 달했을 때, 철기가 시작되었다. 제련된 철로 만들어진 가장 오래된 공예품 중 하나는 터키에서 발견된 기원전 2500년경으로 제작이 추정되는 칼날이다. 기원전 2000년경, 철은 가열로에 철광석과 나무 혹은 숯을 겹겹이 쌓아올려 가열하여 만들어졌다. 이들 가열로에는 진흙으로 만들어진 송풍관이 있었으나 후에 동물가죽으로 만든

풀무를 사용하여 용광로에 산소를 주입하고 온도를 높였다. 나무와 숯이 연소하여 생성된 일산화탄소가 철광석의 산소와 반응하면서 광석을 작은 철 입자들로 환원하였다. 그러나 이들 가열로의 온도는 철의 융해온도인 1538°C에는 미치지 못해 철을 융해시키지는 못했다. 오히려 이때 생성된 작은 철 입자들이 철을 제외한 반응생성물인 **슬래그(slag)**와 결합하여 철과 슬래그의 혼합물인 블룸(bloom)을 만들었다. 슬래그로부터 철 입자를 분리하기 위해 대기상에서 블룸을 반복적으로 가열하고 망치질하였다. 철은 대기에서 가열됨으로써 철에 있는 탄소를 제거하여 상대적으로 순수한 철이 되었다. 이렇게 얻어진 철 입자들은 가열하고 망치질함으로써 큰 연철 덩어리로 만들었다. 금속이 변형되어 어떠한 형태를 갖추었을 때 이 금속을 **로트(wrought)**라고 하며, 연철은 상대적으로 연질의 고순도 철로서 날카로운 모서리를 유지하지 못한다.

연철이 생산되고 얼마 지나지 않아, 철을 숯과 함께 가열하면 더 강력하고 날카로운 날을 유지할 수 있다는 점을 발견하였다. 숯은 주로 탄소로 이뤄져 있으며 탄소와 철의 혼합을 통해 탄소강이 만들어진다. **탄소강(carbon steel)**은 철에 0.2~1%의 탄소를 혼합하는 것이다. 철이 침탄(carburized)될 때 분명 철은 고체였을 텐데 어떻게 탄소가 고체 안으로 스며들었을까? 4.7절에서 **확산(diffusion)**을 통해 고체상태에서도 원자들이 움직일 수 있다는 것을 배우게 될 것이다. 아인슈타인은 고체와 액체 내에서 원소의 움직임을 연구한 수많은 사람들 중 한 명이었다.

기원전 500년경에 들어서면서 중국의 금속공들은 가열로의 온도를 1130°C까지 올리는데 성공하였다. 1130°C는 4.3%의 탄소와 혼합된 철을 녹여 **주철(cast iron)**을 만들기에 충분한 온도이다. 5.14.1절에서 탄소의 양에 따라 변화하는 철의 융해점에 대해 알아볼 것이다. 주철이 개발되면서 모래주형을 사용해 금속을 원하는 형태로 만들 수 있게 되었다. 다만 주철은 강에 비해 잘 깨진다. **연성(ductile)** 재료는 파괴되기 전까지 상당한 양의 영구변형이 있는 재료인데 강은 주철보다는 더 연성을 띤다. 주철을 며칠 동안 대기에서 가열하면 주철 내 탄소량이 강철의 탄소량 정도로 감소한다는 사실도 알게 되었다. 대기 중 산소가 주철의 탄소와 반응하여 이산화탄소 기체를 생산하고 탄소원자는 확산을 통해 주철의 표면으로 움직이며 탈탄(decarburize)되어 강을 생산한다.

터키에서 블룸공정을 이용해 처음으로 철이 제련되고 난 4천년 후에도 철은 똑같은 공정으로 유럽에서 생산되었다. 유럽의 가열로의 온도는 약 1000°C 정도의 온도까지 밖에 못 올라갔고 철을 녹이기에는 많이 부족했다. 철을 녹일 정도의 가열로를 만들려면 몇 단계가 더 필요했다. 모든 가열로는 나무로부터 얻어지는 숯을 사용했기 때문에 1600년경에 들어서면서 유럽 내 대부분 나무들이 이미 벌목된 상태였다. 그러다가 석탄을 가열하여 불순물을 증발시켜 만들어지는 코크(coke)가 거의 순수 탄소에 가깝다는 사실이 발견되면서, 코크를 사용하여 유럽의 가열로들은 1600년 중반쯤 주철을 융해시킬 수 있었다. 선가열된 공기를 가열로에 주입하면 온도를 더 높일 수 있다는 사실이 발견되면서, 1855년 발명된 베서머(Bessemer) 용광로는 뜨거운 공기를 연소실에 불어넣어 철에 함유되어 있는 탄소와 반응시킴으로써 기타 혼합물을 녹여 상대적으로 순수한 철을 융해할 수 있을 만큼의 온도에 도달할 수 있었다. 이러한 발전 주철의 대량생산이 가능해 지면서 산업혁명에 크게 기여하였다. 철에 직접 산소를 분사하는 기본산소용광로(basic oxygen furnace)가 1952년에 발명되면서 베서머 용광로를 대체하였는데, 이 공법은 베서머 용광로의 공기 주입으로 생긴 강 내 질소의 양을 감소시키는 장점이 있었다.

파괴되지 않고 광범위하게 원하는 모양으로 변형할 수 있는 점은 금속의 중요한 성질이다. 금속의 광범위한 변형은 자동차 부품 등의 제작을 가능하게 하였다. 대부분의 차량 차체는 철에 탄소가 0.2% 이하인 초저탄소강을 사용해 만드는데, 저탄소강을 압연하여 얇은 판으로 만들어 원하는 모양으로 냉압할 수 있다. 7장에서 강한 고체들에 대해 논의할 때 보겠지만 압연과 압착과정은 강의 강도를 최대 10배까지 높여 표준운행상태에서 차의 외형을 유지할 수 있는 강한 차체를 만든다. 하지만 강은 사고와 같은 충격을 받을

그림 1.3 차량 전면의 철은 파괴되지 않고 에너지를 흡수함으로써 충격으로부터 승객들을 보호한다. 이를 보여주는 SUV 충격 실험이다. *(Photo Courtesy of the National Crash Analysis Center of The George Washington University)*

시 파괴되지 않고 영구 변형하는데, 이는 차량 안전설계 시 중요한 고려사항이다. 차체는 미리 조절된 방식을 통해 찌그러지는 충격완화 구역이 설계되며 그림 1.3에서 볼 수 있듯이 충격 에너지를 완화하여 탑승자를 보호한다.

다행히도, 강은 공학에 필요한 금속 중 가장 값싼 편에 속한다. 본 교재가 쓰이는 현재 저탄소강은 킬로그램당 $5, 고강도 합금 강은 킬로그램당 $10 정도이다. 알루미늄 합금은 킬로그램당 약 $15이며, 고강도 합금은 약 $30이고 티타늄합금의 경우는 킬로그램당 $150 정도이다.

자동차의 내구성을 강화하기 위해 알루미늄이 철과 강의 차량부품을 대체하고 있는 추세이다. 2.70×10^3 kg/m^{3}의 밀도를 가진 알루미늄은 8.90×10^3 kg/m^{3}의 밀도를 가진 철보다 확연히 가볍다. 부록 B에 각 원소의 밀도를 확인할 수 있으며 2.9.2절에서 금속의 밀도에 관해 더욱 자세하게 알아볼 것이다. 주조 알루미늄 합금은 엔진기관 본체 및 실린더 헤드의 주철을 대체하였으며, 그 외 몇 가지 차체 및 부품 또한 더 강하고 얇고 가벼운 강으로 만들어지고 있다.

금속이 수많은 설계 분야에서 응용되는 이유는 금속의 기계적 성질 때문이며, 이로써 금속은 압축과 장력에 매우 강하게 만들 수 있다. 하지만 본래 철, 알루미늄 등 순수한 금속은 매우 약하다. 재료과학의 성과 중 하나는 금속들을 더 강하게 만든 것과 강도 변화에 대한 기저를 이해한 것이다. 7장에서 금속의 강화에 대해 배울 것이다. 구조금속 재료 중 강은 밀도, 강도, 견고성, 파괴 저항성이 가장 높다. 그 뒤를 잇는 것이 티타늄 합금, 알루미늄 합금 등이다. 금속은 상대적으로 강성이지만 대체적으로 세라믹에는 못 미친다. 세라믹과 비교했을 때 금속의 인장강도는 매우 강하지만 압축강도는 세라믹과 비슷하고 파괴 저항은 세라믹보다 훨씬 높다. 금속의 융해점은 천차만별로서 수은은 −38.9℃, 텅스텐은 3410℃이다. 니켈, 코발트 같이 상대적으로 높은 융해온도와 파괴저항, 내산화성을 가진 금속은 고온 가스터빈 등에 사용되기 좋다(1.2.4절에서 논의).

철과 강은 광범위하게 재활용된다. 철과 강으로 만들어진 제품들은 자기력을 사용하여 다른 물질로부터 분리할 수 있다. 음료 캔 및 다른 보관용기로 사용된 알루미늄과 자동차 부품으로 만들어진 알루미늄은 폭넓게 재활용된다. 티타늄의 경우는 대부분 산업용으로만 사용되는 금속이므로 산업체에서 따로 재활용한다.

1.1.3 고분자와 플라스틱

고분자(Polymer)란 단어의 어원은 많은("poly") 단위체("mer")에서 유래한다. 고분자는 반복되는 단위체들이 공유결합으로 연결되어 있는 큰 분자이다. 예를 들어, 폴리에틸렌 고분자의 반복단위체는 에틸렌(C_2H_2)이다. 유기고분자는 탄소를 기반으로 하고 실리콘 등 무기고분자는 다른 원소를 기반으로 한다. 고분자는 실온에서 액체 혹은 고체이다. 대체적으로 실온에서 액체인 고분자는 분자당 반복단위가 약 1000개 정도로 비교적 적은 편인 반면, 실온상 고체인 고분자는 백만 혹은 그 이상의 반복단위 갯수로 이루어진다. 고분자에는 크게 천연고분자와 인공고분자가 있다. 라텍스(Latex)는 고무나무에서부터 추출되는 천연고분자로, 고무를 만들 때 사용된다. 나무의 소재는 주로 리그닌(Lignin)과 셀룰로오스(Cellulose), 두 고분자로 이루어진다. 식물에 함유된 셀룰로오스는 지구상에서 가장 풍부한 고분자이다. 인간을 구성하는 고분자인 DNA(deoxyribonucleic acid)는 A, G, C, T로 축약되는 뉴클레오티드(nucleotide) 단위로 이루어진다. 그림 1.4에서도 보는 바와 같이 DNA는 위 네 종류의 뉴클레오티드의 반복적인 배열로 이루어진 폴리뉴클레오티드(polynucleotide)이다.

폴리에틸렌(PE)은 가장 광범위하게 사용되는 합성고분자로서, 최초로 인간에 의해 합성된 고분자 중 하나이며 우유병, 포장재 등에 다양하게 사용된다. PE는 1898년 처음으로 우연히 합성되었으며 1940년경 산업적 생산이 시작되었다. PE는 에틸렌(C_2H_4) 반복단위로 만들어지며, 상온에서 기체상태로 존재한다. 폴리에틸렌의 중합은 압력 챔버 안에 기체상태의 에틸렌과 중합을 시작하는 화학물질을 넣은 다음 가열을 함으로써 시작하며, 중합을 통해 수백만 개의 반복된 에틸렌 단위체를 가진 긴 사슬분자를 형성하게 된다. 긴 사슬분자 내 단위체들은 서로 공유결합을 한다. 폴리에틸렌의 긴 사슬분자는 그림 2.17에서 볼 수 있다.

다른 고분자들은 에틸렌 반복단위를 변형하거나 전혀 다른 반복단위의 생성을 통해 얻어진다. 예를 들어, 폴리염화비닐(PVC)의 경우 에틸렌 반복단위 중 한 개의 수소원자를 염소원자로 대체해서 C_2H_3Cl 반복단위를 만든다. PVC 고분자에 염소를 추가하면 PE보다 높은 강도를 갖게 된다. PVC는 배수 · 하수도관 및 전선의 절연막 등을 만드는데 사용된다. 더불어 우리에게 친숙한 고분자에는 폴리아마이드 66(Nylon™), 폴리메타크릴산메틸(PMMA), 폴리테트라플루오로에틸렌(PTFE, Teflon™), 폴리카보네이트(PC) 등이 있다. 이들 고분자 중 다수는 나일론, 테플론 등의 상표로 알려져 있으며 PMMA도 제조사에 따라 Lucite™, Plexiglas™, Acrylite™, Diakon™ 등의 상표가 사용된다. 실리콘(silicone)은 탄소 대신 규소계 반복단위로 만들어진 고분자이다. 2.8절에서 고분자에 대해 더욱 자세하게 배울 예정이다.

플라스틱(Plastic)은 고분자에 색상 조절을 위한 안료, 기계적 성질 변화를 위한 실리카 가루와 같은 충전제, 점성을 낮추기 위한 가소제 등 기타 고분자의 성질을 변형하기 위해 다른 재료들이 혼합된 재료이다. 여기서 플라스틱은 전체적인 혼합물을 지칭하고 고분자는 PVC처럼 플라스틱의 주요 구성분자를 지칭한다. 예를 들어, PVC에 탄소를 첨가해 생산되는 흑색 파이프는 플라스틱 파이프지만 대다수 플라스틱은 첨가된 고분자의 이름으로 표기된다. 탄소와 PVC로 만들어진 플라스틱 파이프는 흑색 PVC라고 표기

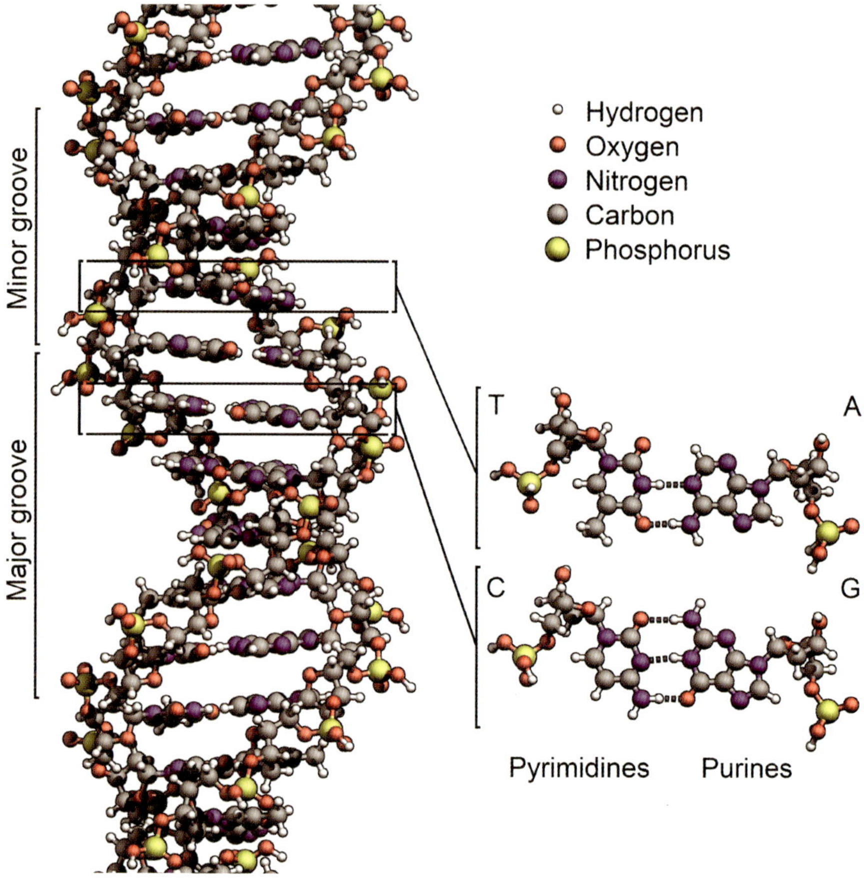

그림 1.4 DNA의 구조. T, C, A, G의 4가지 분자로 구성된다. *(Courtesy of Richard Wheeler)*

된다.

PE, PVC, PMMA 같은 고분자들은 고분자의 긴 사슬들이 서로 공유결합을 맺지 않고 분자의 음 · 양 전하간 상호작용으로 인해 발생하는 약한 2차 결합을 통해 고체상태를 유지한다. 이러한 고분자들은 열가소성 고분자(thermoplatic)라고 부르는데, 그 이유는 이들 고분자에 열을 가하면 연해지기 시작하여 100° ~300°C의 비교적 낮은 온도에서 녹기 때문이다.

열경화성 고분자(thermoset)는 열을 가해도 연해지지 않으며, 경우에 따라 더 단단해진다. 고무, 에폭시 등 열경화성 고분자는 분자간 공유결합을 통해 결합한다. 이러한 고분자들이 대기 중에서 300°C 이상으로 가열되면 산화되면서 특성이 열화된다. 고무는 고무나무의 수액인 액체고분자 라텍스로부터 만들어진다. 1839년 찰스 굿이어(Charles Goodyear)는 가황법을 개발하여 라텍스 내 고분자 분자들을 황 원소와 공유결합시키는 데 성공하였다. 이렇게 얻어진 고무는 자동차 및 항공기 바퀴, 배터리 케이싱, 고무줄 등을 제작하는데 사용된다. 고무의 경도와 강도는 첨가된 황의 비율에 따라 좌우되는데, 고무줄 등에 사용되는 연성고무의 경우 일반적으로 3 wt%의 황이 첨가되며 황의 비율이 커질수록 경질의 고무가 된다.

에폭시(Epoxy) 또한 공유결합을 통해 고분자 분자의 긴 사슬분자가 결합된 재료이다. 에폭시는 수지와 경화제로부터 만들어진다. 수지에는 고분자의 긴 사슬분자가 함유되어 있고 경화제에는 수지와 반응하여 고분자 긴 사슬분자를 공유 결합시킬 화학물질이 들어있다. 에폭시는 접착제, 차량 부품 및 성형품을 만드는 데 사용된다. 에폭시의 중요한 활용분야는 유리섬유 등 복합재료로서 1.1.4절에서 배울 것이다.

고분자의 중요 성질로는 보통 1×10^3 kg/m^{3}에 가까운 낮은 밀도와 높은 내식성을 꼽을 수 있다. 고분자의 낮은 밀도로 인한 장점은 여러 분야에서 환영받아 금속과 유리를 대체하고 있다. 음료수병도 한때 유리로만 만들었지만 현재는 대부분이 고분자를 사용하여 만든다. 플라스틱의 밀도는 철강의 약 1/7 수준이다. 한때 금속판을 사용하여 만들었던 자동차부품들 중 높은 강도가 굳이 필요 없는 부품들은 플라스틱 제품으로 대체되고 있다. 현재 내연기관 장착 차량의 약 14~18 wt%는 플라스틱이 차지하며 이 부품 들에는 대시보드, 내부패널, 냉각팬 덮개, 송풍관 등이 있다. 기존 자동차의 범퍼는 크롬도금-강을 사용해 만들었지만 현재는 플라스틱으로 덮인 철재로 만든다. 자동차의 완충장치 역시 강철을 사용해 만드는 것보다 플라스틱을 사용하는 것이 50%의 중량절감과 15%의 비용절감효과로 나타나 플라스틱이 더 선호된다.

고분자의 견고성, 강도, 파괴저항은 금속에 비해 매우 낮은 편이다. 고분자와 세라믹의 장력과 인장강도에 대한 파괴저항은 비슷하지만 견고성과 압축성 측면에 있어서는 세라믹이 더 우위에 있다. 고분자의 가격은 천차만별인데 PE의 경우 킬로그램당 $10인 반면, 고성능 고형 고분자의 경우에는 킬로그램당 $300을 웃돈다.

플라스틱은 14.4.3절에서 배울 예정인 플라스틱의 구성 고분자를 식별하여 분류하는 번호체계를 사용하여 광범위하게 재활용된다. 이러한 분리번호체계는 재활용된 플라스틱의 구성 고분자를 쉽게 알 수 있게 해준다.

1.1.4 복합재료

복합재료(composite material)란 최소 2개 이상의 다른 물질이 각각의 물질의 고유한 특성은 유지하면서 하나의 재료를 구성한 것을 일컫는다. 예를 들어, 섬유유리(fiberglass)는 유리섬유(glass fiber)와 에폭시로 구성되며, 이 때 유리 섬유는 본래 형태를 유지한 상태로 에폭시 매트릭스에 포함된다. 여기서 **매트릭스(Matrix)**란 물질의 연속상태를 뜻한다. 이처럼 섬유유리는 인공복합재료인 반면, 나무목재는 셀룰로오스 섬유와 리그닌 수지 매트릭스로 이루어진 천연복합재료이다. 그림 1.5는 콘크리트로부터 돌출된 보강철근을 보여주고 있다. 이 보강철근 위로 콘크리트를 부으면 철도교량을 지탱할 보강콘크리트 기둥이 탄생한다. 사진 아랫부분에는 콘크리트 매트릭스가 보이는데 이처럼 매트릭스의 주 기능은 강도 높은 보강재료를 원하는 형태에 맞게 잡아주는 것이다. 금속, 세라믹, 플라스틱, 콘크리트 모두 매트릭스 재료로 사용된다. 섬유유리에서 유리섬유는 강한 보강재의 역할을 하며, 기타 보강재로는 흑연섬유, 붕소섬유, 고강도 고분자 섬유, 강선, 철근을 꼽을 수 있다. 이처럼 다양한 보강재료와 매트릭스의 조합으로 원하고자 하는 특성을 살린 복합재료를 제작할 수 있다.

잘 깨지기 쉬운 취성 매트릭스가 함유된 복합재료의 경우 파괴에 저항할 수 있도록 추가적인 보강재가 추가되는데, 앞서 설명한 그림 1.5의 철골 보강 콘크리트가 그 예이다. 모두 건물, 교가, 고속도로는 철골 보강 콘크리트를 사용해 건설한다. 콘크리트만으로 건설한 구조물은 행여 지진이라도 나면 파괴되기 십상이다. 하지만 보강 철골을 사용한 콘크리트는 강력한 지진도 견딜 수 있다. 1.3.1절에서 배울 예정인 우주왕복선에 사용되는 탄소매트릭스-흑연섬유혼합물 등 여러 고성능 세라믹 또한 파괴저항력을 높이기 위해 보강섬유를 사용한다.

어떤 경우에는 물질이 덩어리 형태보다 섬유 형태로 있을 때 훨씬 강한 성질을 띤다. 그 예로 유리 섬유의 강도는 유리조각보다 백배 가까이 높다. 보통 흑연 조각의 강도가 거의 0에 가까운 것에 반해, 흑연섬

그림 1.5 연속적인 콘크리트 매트릭스로부터 돌출된 보강 철근 *(Photo by C. M. Gilmor)*

유는 그 어떠한 강철보다도 강하며 미세 폴리에틸렌 섬유 또한 폴리에틸렌 덩어리보다 백배 이상 강하고 가장 강한 철과도 견줄 만하다. 이처럼 강력한 섬유들을 응용하는 방법 중 하나는 복합재료로 만드는 것이다.

고강도, 경량이 요구되는 응용분야에서는 복합재료가 금속을 대체하는 추세이다. 예를 들어, 흑연섬유로 보강된 에폭시 복합재를 사용해 F1 경주차 모노코크 섀시를 설계한 것은 1981년 맥라렌(McLaren)팀으로부터 시작되었다. 모노코크(Monocoque)란 단일("mono")한 외피("coque")를 뜻하는데, 경주용 차량의 경우 모든 부품이 모노코크 섀시에 부착되어 있다. F1 경주차량 중에 흑연섬유보강-에폭시복합재가 차량의 60% 이상의 부피를 차지한다.

맥라렌 경주용 차량 설계 및 생산 노하우는 그림 1.6에 보이는 것과 같이 스포츠카 생산에 접목되어 흑연섬유보강-에폭시복합재로 만든 섀시가 기존의 강철 섀시를 대체하였다. 이 탄소섬유 섀시의 무게는 겨우 75 kg에 불과하다. 섀시 생산시간 또한 1990년대에는 3000시간에 육박하였던 것이 이제는 네 시간이 소용된다. 차량 가격 역시 $250,000 이하로 줄어들었다. 반면 탄소섬유 섀시가 부착된 스포츠카의 가격은 $1,000,000 이상이다. 맥라렌의 대변인에 의하면 탄소섬유복합 섀시가 일반 보급용 차량에 장착되기까지는 아직 30년 정도가 더 걸릴 것으로 예상된다고 한다.

항공기 또한 여러 가지 복합재료를 사용한다. 예를 들어, 1.3.2절에서 얘기할 보잉787의 기체는 알루미늄합금이 아닌 탄소섬유-에폭시혼합재로 만든다.

복합재료의 성질은 구성성분에 의해 결정된다. 예를 들어, 흑연섬유보강-에폭시의 밀도는 약 1.67×10^3 g/cm^{3}로 강철의 약 1/5 수준에 불과하다. 고강도 강철만큼 강하다. 강성은 강철보다는 낮고 알루미늄과 티타늄보다는 높다. 또한 장력과 압축에 대한 강도는 강철과 비슷하지만 파괴저항은 낮아 알루미늄 수준에 불과하다. 본 교재가 쓰일 당시 흑연섬유보강-에폭시의 가격은 킬로당 약 $250 선이다.

흑연섬유보강-에폭시의 경우 흑연과 에폭시를 분리시키려면 엄청난 노동력이 요구되어 재활용이 매우

그림 1.6 탄소섬유 섀시가 부착된 맥라렌 스포츠카 *(Courtesy of Richard Betts)*

어렵다. 에폭시는 열경화성 고분자로서 융해되지 않고 용매에 용해시키기도 쉽지 않다. 결국 복합재료는 잘게 갈아 펠릿 혹은 가루로 만들어 플라스틱, 고무, 아스팔트, 혹은 콘크리트의 충전제로 사용한다. 열가소성 고분자 매트릭스의 경우에는 이를 융해시켜 더 높은 융해온도를 가진 보강제로부터 분리할 수 있다. 12장에서 더욱 자세하게 복합재료에 대하여 알아볼 것이다.

1.2 재료공학기술의 발전

1900년 이전, 새로운 재료의 개발은 주로 기능공들과 몇몇 과학사들의 시행착오를 통해 이루어졌다. 1900년도에 들어서면서 과학에 대한 시식과 신소재 개발의 폭발적인 발전을 뒷받침할 기반이 마련되었다. 신소재 개발에 대한 과학적 접근을 위해서는 물질구조에 대한 이론개발과 재료를 자세히 관측할 수 있는 실험방법의 개발이 요구됐다. **재료과학**은 물질구조이론을 물질의 이해와 개발 및 개선에 접목시키는 학문이며, **재료기술자**는 물질의 응용방법을 제품설계에 접목시키는 기술자이다. 재료과학자와 재료기술자는 모든 공학분야에서 활동한다. 기계 및 항공공학에서는 가스 터빈용 고온금속, 에너지효율 자동차의 금속을 대체할 복합재료 및 인체에 사용될 바이오소재 등 새로운 응용분야를 개척하고, 토목공학에서는 고층건물에 사용돼 지진을 견뎌낼 수 있는 고강도 강철과 도로건설을 위한 고강도 콘크리트 및 아스팔트를 개발한다. 전기공학에서는 전자제품에 사용되는 고체 상태 재료를 개발하고, 기계, 항공, 토목 및 전기기술자들 역시 새로운 재료를 제품설계에 접목시킨다. 많은 경우에 새로운 제품의 개발과 그 제품에 사용될 재료를 선별하는 것 역시 기술자들의 임무이다.

1.2.1 물질구조 이론의 개발

기원전 5세기경에 살았던 그리스 철학자 루시푸스(Leucippus)와 데모크리투스(Democritus)는 "아토모스(Atomos)"가 실제로 무엇인지 알지는 못했지만, 아토모스가 물질의 가장 작은 단위라고 가르쳤다. 기원전 330년경 천연 원소인 구리, 금, 운철 등이 당시 이미 사용되었음에도 불구하고 아리스토텔레스(Aristotle)는 모든 물질은 공기, 물, 불, 흙 네 개의 뿌리("roots")로부터 만들어진다고 주장하였으며, 이후 플라톤이 뿌리에서 원소("elements")라는 말로 바꾸었다. 1661년, 로버트 보일(Robert Boyle)은 **원소(element)**는 화학반응을 통해 더 단순한 물질로 분해될 수 없는 기본 단위라는 제안을 하였다. 시간이 지남에 따라 새로운 원소들이 발견되면서 과학자들은 원소들간의 주기적인 관계를 파악하기 시작했으며, 1869년 드미트리 멘델레예프(Dimitri Mendeleev)가 현대 원소주기율표와 흡사한 8족(group) 주기율표를 제안하였다. 멘델레예프의 주기율표에선 우라늄이 가장 높은 원자번호를 가진 원소였다. 현재 본 교재를 포함한 대다수의 원소주기율표는 원자번호 118번까지 있다.

1896년 J.J. 톰슨(Thomson)은 원자가 물질의 가장 작은 단위가 아니라 음전하를 띤 입자인 전자를 포함하는 구조를 가지고 있다고 밝혔다. 1908년에는 어네스트 러더퍼드(Earnest Rutherford)가 원자는 양전하를 띤 작은 핵과 음전하를 띤 전자로 구성되어 있는 원자모델을 제안하였다. 1913년 닐스 보어(Neils Bohr)는 수소원자 내 전자의 에너지준위는 양자수(n) 제곱에 반비례한다고 제안하였으며 여기서 나온 수소 모형은 원자 내부 전자의 양자역학적 모델링으로 이어졌다. 그 후에는 전자에너지에 이차적 효과를 미치는 전자의 각운동량에 연관된 추가적인 양자수가 발견되었다(2.2.1절에서부터 2.2.2절에서 논의). 원자의 양자수에 대해 더욱 자세하게 알아볼 것이다. 양자역학으로 에너지 예측이 가능한 전자들과 양성자 및 중성자로 이루어진 핵으로 구성된 원자 모델은 재료의 성질을 이해하는데 유용하다.

1.2.2 재료연구 실험방법의 개발

재료과학자들이 거시적에서 원자수준의 미시적 스케일까지 관측할 수 있게 해주는 다양한 새로운 실험방법들이 개발되었다. 이러한 실험방법들을 통해 원자 이론을 검증할 수 있게 되었으며, 새로운 이론을 새로운 재료개발에 응용할 수 있게 되었다. 이번 절에서는 재료의 구조와 화학적 성질을 특징짓는 가장 중요한 실험기법들에 대해 가볍게 소개한 뒤 15장에서 더욱 상세하게 배워볼 예정이다.

물질구조 연구에 처음으로 사용된 실험도구 중 하나는 광학현미경이다. **광학현미경(light optical microscope)**은 가시광선을 시료에 투과하여 렌즈를 사용해 형상을 확대한다. 최초의 광학현미경은 1590년대에 발명되었을 것으로 추정되며, 1625년에 들어서면서 갈릴레오 갈릴레이(Galileo Galilei)가 더 발달된 현미경을 사용했다. 초창기 현미경들은 시료관측에 사용되었는데, 1644년에는 파리의 눈 구조, 1676년에는 적혈구, 정자, 미생물 등을 관측하였다. 이후 1900년도부터는 광학기술과 조명의 발달로 인해 합금과 바이오소재의 특성 및 발전에 광범위하게 사용되었다. 그림 1.7은 현대적 광학현미경으로 본 20% 니켈과 1.2% 탄소가 함유된 철 합금의 사진이다. 사진에 보이는 선들은 재료 냉각 시 발생하는 구조를 보여주며 5.14.2절에서 더욱 자세하게 설명될 것이다. 광학현미경으로 관측 가능한 물질구조 단위는 약 10 m^{-6}으로 제한된다. 광학현미경으로는 원자단위의 물질관측이 불가능한데, 이는 빛의 파장이 원자의 크기보다 약 천 배 정도 크기 때문이다. 고성능 반사현미경의 최대 확대배율은 약 1000배 정도이다. 만약 시료의 표면이 거칠다면 이보다 더 낮은 배율을 사용해 초점을 맞춰야만 시야 확보가 가능할 것이다. 빛을 탐침으로 사용하지 않는 고배율 현미경에 대해서는 본 절 후반부에서 설명할 것이다.

1895년 빌헬름 뢴트겐(WilhelmRoentgen)에 의해 발견된 **X선(X-rays)**은 전자기파로서 보통 0.1~1 nm

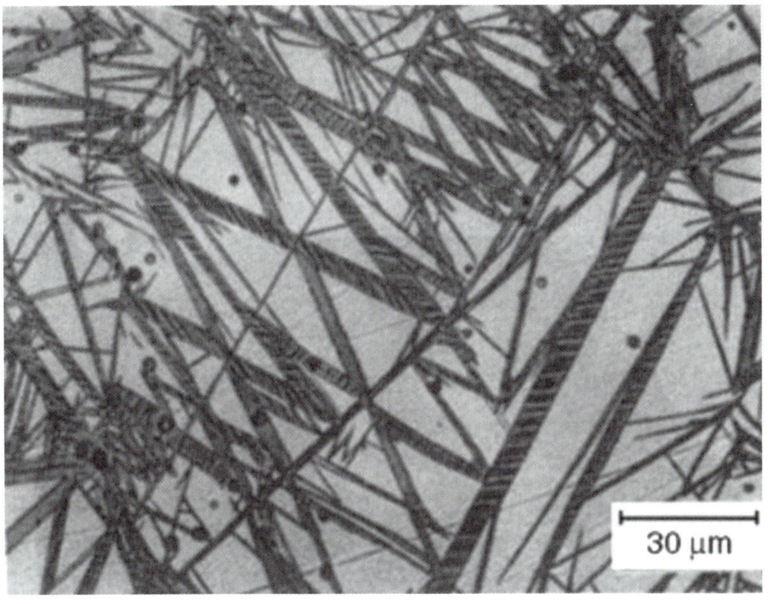

그림 1.7 4K로 냉각된 20% 니켈 12% 탄소 함유 철 합금 미세구조의 광학현미경 사진이다. 곧은 선들은 철 합금의 구조 변화로 인한 것이다. *(ASM Handbooks Online, Http://www.asmmaterials.info, ASM International, 2004)*

사이의 파장을 갖는다. 따라서 X선은 파장이 좀 짧은 빛이라고 생각할 수 있다. 다만, X선의 중요한 특성은 X선의 파장이 물질 내 원자간 거리와 비슷하며 물질에 깊게 침투할 수 있다는 것이다.

1912년 막스 폰 라우에(Max von Laue)는 X선이 결정성 재료에서 회절하는 성질이 회절격자에서 빛이 회절하는 모습과 매우 유사하다는 사실을 발견하였다. 이것은 결정 내 원자면이 회절격자와 유사한 작용을 하여 나타나는 현상이다. 특정 파장의 빛은 특정 격자선 간격의 회절격자에 반사할 때 회절 공식을 통해 얻어진 특정 각도로 회절한다. 같은 원리로, 원자간 간격을 모르는 결정의 원자면에, 알려진 파장의 X선을 쏘아 회절계를 통해 회절각을 측정할 수 있다. 브래그 공식(Bragg Equation)에 회절 패턴의 각도를 대입하면 결정면 간 거리를 계산할 수 있다. 따라서, 결정면의 간격과 회절피크의 강도를 측정함으로써 결정의 원자배열을 측정할 수 있다. X선 회절법을 통해 결정은 규칙적인 원자배열이 넓은 구간에 걸쳐 반복된다는 것을 밝힐 수 있었다. 예를 들어, 어떠한 결정이 입방형 원자배열로 이루어졌을 때, 결정 내에는 입방체가 반복적인 패턴으로 배열된다. 처음으로 결정구조가 확정된 것은 1914년 확인된 소금이다. 나트륨과 염소 원자들은 입방형 원자배열로 xyz 3축에 걸쳐 반복되어 소금 결정을 형성한다. X선은 또한 DNA의 구조를 밝히는 데에도 사용되었다. 로잘린드 프랭클린(Rosalind Franklin)은 작은 DNA결정을 사용하여 회절패턴을 알아내는데 성공했다. 1953년에는 제임스 왓슨(James Watson)과 프렌시스 크릭(Francis Crick)이 DNA의 구조를 밝혔으며 그 공로를 인정받아 노벨상을 받았다. 이처럼 X선 회절법을 통해 금속, 세라믹, 고분자, 생물학적 시료 등 다양한 재료의 원자 배열을 밝힐 수 있다.

X선을 사용하여 물질을 화학적으로 분석하는 것 또한 가능하다. 각 원자들은 특유의 전자에너지 준위를 가지고 있는데 내핵 쪽 전자들은 핵에 강하게 속박되어 있으며 에너지가 낮은 반면, 내핵 바깥 쪽 전자들은 에너지가 높다. 특정 에너지 준위의 전자에 강력한 X선이나 전자를 쏘면 들뜬 상태로 여기될 수 있다. 보통 빈 전자궤도가 생기면 같은 원자 내의 더 높은 에너지의 전자가 그 자리를 채운다. 전자가 낮은

에너지로 옮겨갈 때 내놓는 에너지는 X선의 형태로 원자로부터 방사된다. 이때 발생한 X선의 에너지는 이 X선을 방사한 원자에 대해서 고유한 값을 갖게 된다. 그림 18.10에서는 X선의 흡수와 방사에 관련된 전자 에너지준위를 보여준다. 그렇다면 방사된 X선의 에너지는 어떻게 구할까? 면간격을 알고 있는 결정에 의한 회절을 통해 파장 값을 구하고 에너지 값을 계산할 수 있다.

위에 언급된 광학현미경에는 여러 가지 한계점이 존재한다. 불투명한 시료의 경우 표면밖에 관측할 수 없으며 마이크로미터 단위까지 밖에 관측하지 못한다. 1931년 처음 만들어진 **투과전자현미경(TEM, transmission electron microscope)**은 고에너지 전자를 사용해서 물질을 투과하여 이미지를 만들 수 있다. 최신 투과전자현미경의 경우, 고체 내부의 원자까지도 관측이 가능하다. 15.4절에서는 이번 절에서 배운 현미경들의 사용에 대해 더 자세히 알아볼 것이며 그림 15.18은 투과전자현미경의 도식도이다. 투과전자현미경은 윗부분에 가열된 필라멘트로부터 열전자를 생성시킨다. 여기서 만들어진 전자를 보통 100,000 V에서 특별한 경우 1,000,000 V 이상의 전압에서 가속시키고 전자렌즈를 이용해 전자선으로 모아서 얇은 필름이나 호일 상태의 관측 대상 시료에 조사한다. 고에너지의 전자선은 물질을 어느 정도 침투할 수 있으며, 에너지가 높으면 높을수록 침투할 수 있는 두께 또한 증가한다. 100,000 V의 전압을 통해 가속된 전자선은 약 400 nm의 니켈을 투과할 수 있다. 전자가 물질을 침투하면서 물질의 결함 등 물리적 성질의 변화를 느끼면 흡수되거나 분산되는 변화로 인하여 전자의 진로에 변동이 생긴다. 그림 6.10은 투과전자현미경을 통해 본 몰리브덴의 사진이며 보이는 검은색 선은 전위라 불리는 결함이다. 전위는 투과하는 전자선을 분산시켜 어둡게 보이게 한다. 물체를 투과한 전자는 형광판에 비춰서 관찰하고 필름 혹은 전자이미징으로 기록할 수 있다. 투과전자현미경은 얇은 막의 물질을 투과하여 이미지를 생성한다. 유리를 보면 내부의 결함이 빛을 분산 혹은 흡수하는 것과 비슷한 현상이다. 고화질, 고전압 투과전자현미경의 경우 최대 2,000,000배까지 확대가 가능하다.

투과전자현미경은 벌크시료의 표면윤곽도 관찰할 수 있다. 관찰방법은 일단 얇은 막의 액체 고분자를 벌크시료 위에 칠한다. 고분자가 굳으면 표면으로부터 분리하여도 표면윤곽의 형태를 유지하게 된다. 그 다음 탄소와 같은 전도성 재료를 칠하면 투과전자현미경으로 관찰이 가능하다.

투과전자현미경은 물질/재료의 이미지를 생성할 뿐만 아니라 결정구조분석 및 화학분석 또한 가능하다. 전자는 본래 입자라고 생각되어 왔었지만 결정에 의한 회절이 X선과 흡사하며, 전자는 파동성과 입자성 모두 갖고 있다. 투과전자현미경의 고에너지 전자선은 결정성 물질을 투과할 때 회절되며, 투과하여 얻어지는 회절패턴을 사용하여 물질(재료)의 결정구조와 배향을 감별한다. 추가적으로, 고에너지 전자선은 시료의 원자 내 전자를 들뜨게 하여 앞서 배운 고유 X선을 방출시킬 수 있다. 고유 X선을 통해 특정 재료의 원자종류를 식별할 수 있다. 투과전자현미경은 금속, 세라믹, 고분자, 생체 시료 연구에 사용된다.

주사전자현미경(SEM, scanning electron microscope)은 시료 표면을 전자선으로 훑어 표면에 대한 이미지를 생성한다. 그림 15.17은 주사전자현미경의 모식도이다. 상업용 주사전자현미경은 1965년 처음 생산되었다. 그림 1.11은 주사전자현미경으로 촬영한 사진이며 그림 11.7에 보이는 표면 균열 또한 주사전자현미경을 사용해 생성한 이미지이다. 주사전자현미경은 전자 가속 전압이 20~50 kV 사이이며 시료의 표면만 촬영한다. 투과전자현미경과 같은 방식으로 전자선을 발생시키고 초점을 모은다. 주사전자현미경은 브라운관 TV의 이미지 주사와 비슷한 방식으로 시료의 표면을 주사하는데, 시료 표면에 일차전자선을 주사하면 전자들이 여러 갈래로 방출되어 물질 분석에 사용된다. 주사전자현미경으로 얻어지는 이미지의 대부분은 일차전자선의 주사로부터 튕겨져 나온 이차전자선 방출로 인해 만들어진다. 이차적으로 방사된 전자는 일차전자선 주사가 진행되는 동안 검출기에 의해 수집된다. 만약 일차전자선이 시료의 고점에 주사되면, 움푹 파인 곳에 주사된 것보다 더 많은 양의 이차전자선을 방출하여 고점은 저점에 비해 밝게 표시된다. 이러한 과정을 통해 시료 표면에 대한 이차전자 이미지가 생성된다.

일차전자선이 주사된 시료표면의 전자는 들뜬 상태가 되어 고유 X선을 방출한다. 표면에서 방출되는 X선은 이차전자선 이미징과 비슷한 방식으로 검출기를 통해 기록된다. 고체상태 검출기와 기타 기기들을 사용하면, 특정 원자의 고유 에너지로부터 방출되는 X선 신호만 감별하여 시료 표면에 특정 원자의 분포를 관측할 수 있다. 이를 통해 특정 원자의 표면 분포를 감별한다.

주사전자현미경을 통해 관찰할 시료가 비전도성 물질일 경우에는 시료의 표면이 전하를 띠게 되기 때문에 반드시 전자전도성이 요구된다. 금속의 경우에는 금속이 전도체이기 때문에 주사전자현미경으로 직접적인 관측이 가능하다. 세라믹, 플라스틱, 및 기타 생물학적 시료 등 비전도성 시료의 경우에는 금(Au)이나 탄소(C) 등의 전도체성 피복을 입혀야 한다. 주사전자현미경으로 촬영한 개미나 곤충의 사진을 보았을 것인데, 그것은 바로 전도성 피복을 입혀 촬영한 것이다. 주사전자현미경의 장점은 비록 표면관측에 한정되어 있지만, 별다른 표본준비 없이 두꺼운 표본도 관측할 수 있다는 것이다. 주사전자현미경는 그림 11.7에 보이는 사진의 파면과 같이 불규칙한 표면 분석에 용이하다. 전형적인 주사전자현미경의 확대율은 10,000배이지만 고해상도 주사전자현미경의 경우 500,000배까지 가능하다.

주사터널현미경(STM, scanning tunneling microscope)은 1981년 발명되었다. 2장 도입부에 있는 5센트동전 표면의 원자 사진은 주사터널현미경으로 촬영된 사진이다. 그림 15.19는 주사터널현미경의 모식도이다. 주사터널현미경은 원자처럼 얇은 탐침을 시료표면에 수십 분의 일 nm까지 접근시킨 후 표면을 따라 주사한다. 표면과 탐침 사이에 일정한 미세전류를 흘리는데, 이 미세전류를 터널전류라 한다. 터널전류는 고전역학으로는 설명이 불가능한 양자역학적 효과로서, 탐침과 시료 사이의 거리에 민감한 전자 전달 확률을 갖는 전류이다. 전자피드백시스템은 탐침과 표면 사이의 거리를 변화시켜 탐침과 표면 사이에 일정한 터널전류를 유지한다. 주사터널현미경의 이미지는 일정한 터널전류와 거리를 유지하는 탐침의 수직운동을 맵핑해서 만들어진다. 2장의 5센트 동전 표면사진을 보면 알 수 있듯이, 주사터널현미경은 원자 단위의 해상도가 가능하다. 주사터널현미경으로 관측하려면 시료의 표면은 전도성을 띠어야 한다. 또한 주사터널현미경은 오직 표면 특성만 관측할 수 있으며 벌크시료의 표면도 관측이 가능하고 대기 중에서 그리고 진공에서도 작동한다. 다음 문단에서 설명할 원자힘현미경과 주사터널현미경의 원자해상도는 압전위치변환장치가 가능하게 해준다. 또한 16장에서 배우는 압전소자(PZT, piezoelectric transducer)는 인가전압으로 소재의 팽창과 수축을 조절한다.

1986년에 **원자힘현미경(AFM, atomic force microscope)**이 발명되었으며 이로 인해 비전도성 시료의 표면관측이 가능하게 되었다. 그림 15.21은 원자힘현미경의 모식도이다. 원자힘현미경은 레코드 플레이어나 나무의 껍질을 따라 손가락으로 나무의 거칠기를 확인하는 방법과 흡사한 방식으로 작동한다. 비닐레코드는 고정된 탐침(needle)이 레코드판의 회전을 따라 판 표면 홈의 높낮이의 변화를 식별하여 소리로 변환한다. 우리가 나무껍질 표면을 손가락으로 훑을 때 표면의 높낮이로 껍질의 윤곽을 알 수 있는 것처럼 손가락의 상하운동으로 나무껍질 표면의 거칠기를 느끼는 것이다.

원지힘현미경은 압진소자에 부착된 시료를 움식이면서 얇은 캔틸레버(cantilever)에 달려있는 끝이 뾰족한 자동화 탐침을 스캔하여 시료를 관찰한다. 접촉모드시 탐침과 시료 사이에 나노뉴턴 단위의 힘이 작용한다. 시료가 탐침 위아래로 이동하며 생기는 탐침의 상하운동은 캔틸레버의 끝 부분으로부터 반사되어 나오는 레이저광선으로 측정한다. 기록된 이미지는 시료의 x−y축 움직임과 탐침의 수직운동(z)에 의한 함수인 셈이다. 그림 1.8에서 볼 수 있듯이, 전자처리장치를 통해 높낮이에 따라 색상을 입힌다. 원자힘현미경은 금속, 세라믹, 고분자, 생물시료 등을 관측하는데 사용되며, 대기나 진공은 물론 용액에 담궈진 시료도 관측이 가능하다. 그림 1.8은 나노결정 그래핀 안에 있는 개개의 탄소 원자 이미지이다.

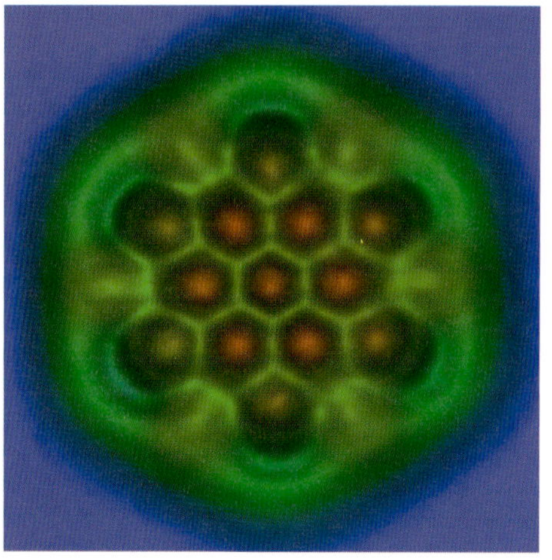

그림 1.8 그래핀 나노구조의 탄소원자에 대한 원자힘현미경 이미지. 그래핀은 탄소의 단원자층이며 그림 2.16에 나타나 있다. *(IBM Research – Zurich)*

1.2.3 과학적 방법을 통한 재료개발과 기술적 응용

현대 재료과학자들은 물질원자이론과 함께 앞서 소개한 실험장비들을 사용하여 새로운 재료를 개발한다. 또한 물질 이론 및 모델링과 시뮬레이션 기법으로 인해 생산 전부터 재료의 특성을 예측할 수 있게 되었다. 이 후 물질이 만들어지면 과학자들은 물질의 물리적 성질과 구조적 특성을 원자단위로 매우 미세한 정도까지 파악할 수 있게 되었다. 고온 가스터빈 블레이드의 개발은 물질 이론과 실험방법을 활용하여 제트엔진의 성능을 개선시킨 것이 대표적인 예이다.

1.2.4 재료개발의 예: 고온가스터빈 블레이드

세계 2차 대전 때 처음 도입되었던 가스터빈 항공기의 터빈 블레이드의 사용시간은 표면온도 650°C에서 불과 10시간에서 25시간 정도였다. 이 시간을 초과하게 되면, 엔진 뒤로 부서진 블레이드의 금속 파편들이 튀어 나왔다. 그림 1.10에서 보는 터빈 블레이드는 연료의 연소로부터 얻어지는 에너지를 변환하여 터빈 압축기(compressor)에 전원을 공급한다. 팽창된 가스는 터빈 블레이드에 부딪혀 터빈을 돌린다. 터빈의 고정 깃(stationary stator vane)은 팽창된 가스를 터빈 블레이드의 다음 단계로 인도해준다. 초기의 터빈 블레이드 재료는 그 당시 구할 수 있는 재료로만 만들었다. 현대 제트엔진에 사용되는 터빈 블레이드는 표면온도 1150°C까지 견디며, 가동시간이 항공기의 경우 5만 시간, 지상에 설치된 터빈의 경우 최대 10만 시간까지 향상되었다. 터빈의 동작온도는 결국 터빈블레이드 재료에 의해 결정된다는 것을 알 수 있다. 그럼 어떻게 이러한 재료의 발전이 이루어졌는가?

가스터빈에 사용되는 터빈 블레이드는 주로 금속으로 만들어지는데, 이는 금속이 대개 높은 융해온도를 가지고 있고 깨지기 보다는 변형되는 성질을 갖고 있기 때문이다. 세라믹 또한 융해온도는 높지만 취성으로 인해 변형되지 않고 파괴되어 버린다. 니켈은 가스터빈 블레이드와 날개를 만들기 위한 최적의 금속이다. 철의 원자배열을 갖는 금속들은 니켈의 원자배열을 갖는 금속들보다 더 산화되기 쉽다는 것은 잘 알려

(a)

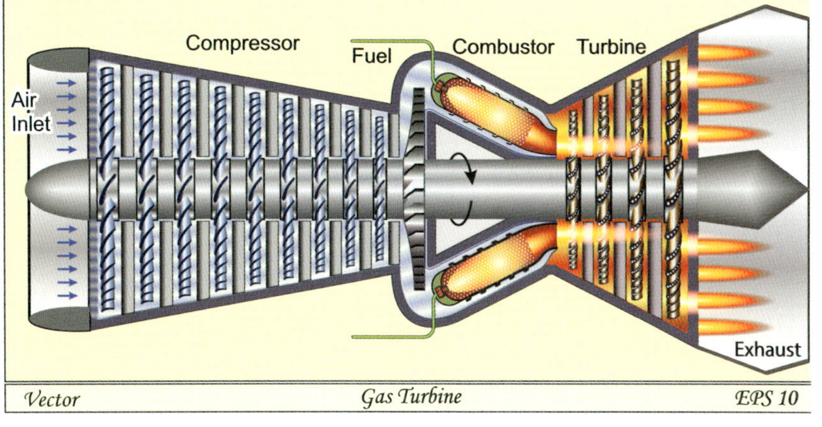

(b)

그림 1.9 (a) General Electric J85-GE-17A 터보제트 엔진의 단면도. 엔진의 내부 부품을 보여준다. 이 엔진은 A-37 전투기에 사용되었다. *(Sanjay Acharya)* (b) 제트엔진의 모식도 *(Fouad A. Saad/ Shutterstock.com)*

진 사실이다. 니켈의 원자배열은 금, 은, 백금의 원자배열과 같다. 2장에서 결정의 원자배열에 대해 배울 것이다.

불행히도 순수 니켈의 강도는 매우 낮지만, 니켈에 미량의 알루미늄을 첨가하면 강도가 상당히 증가한다는 사실이 발견되었다. 투과전자현미경(TEM)을 사용하게 되면서 니켈-알루미늄 화합물에서 작은 Ni_3Al 입자들이 니켈 안에서 생성된다는 것을 알게 되었고, 또한 Ni_3Al 입자의 모양, 화학적 성질 및 원자배열을 측정할 수 있게 되었다. 나아가 Ni_3Al 입자가 작아질수록, 그리고 입자간 간격이 좁아질수록 강도가 더 높아진다는 것도 알게 되었다. 여기서 입자들의 지름과 입자간 간격은 나노미터(nm) 단위이다. 7장에서는 합금의 강도를 예측할 수 있는 함수를 만들어 볼 것이다. 원하는 강도에 해당하는 화학적 조성 비율은 X선 분광법을 이용해 측정할 것이다.

(a) (b) (c)

그림 1.10 (a) 다결정질 가스터빈 블레이드(앞)와 날(뒤)의 구조. 입자 구조를 볼 수 있다. (b) 방향성 응고로 만들어진 블레이드와 날. (c) 단결정 터빈의 블레이드와 날 *(Reprinted from Donachie, MJ, and Donachie, SJ, Superalloys: A Technical Guide, 2nd Edition, 2002, ASM International)*

터빈 블레이드는 고온에서의 산화와 부식을 견뎌낼 수 있어야 한다. 터빈블레이드의 손상은 주로 주사전자현미경(SEM)을 이용해 관찰한다. 주사전자현미경을 이용하면 강도손실에 의한 손상인지 부식에 의한 손상인지에 대한 분석이 가능하다. 그런데, 터빈블레이드에 알루미늄과 크롬을 첨가하면 금속 위에 산화크롬, 혹은 산화알루미늄 보호층이 생겨 고온부식저항이 높아진다는 점을 발견하였다. 10장에서 산화된 금속과 부식된 금속이 고온에서 어떻게 반응하는지 알아볼 것이다. 보호층의 화학적 성질은 주사전자현미경의 X선 분광법으로 측정한다. 현대 제트엔진 터빈 블레이드에 사용되는 금속을 **초합금(superalloy)**이라 한다. 초합금은 주로 니켈 계열 합금으로 고온에 맞게 설계되었으며 코발트 계열 그리고 철 계열 초합금도 존재한다. 초합금의 고온강도를 높이기 위해 첨가되는 원소에는 알루미늄, 크롬, 니오븀, 몰리브덴, 텅스텐 등이 있으며 때로는 다른 원소들도 첨가된다. 초합금은 8장과 9장에서 배울 것이다.

처음 생산된 터빈 블레이드는 다결정질 금속이었으며 다결정질(ploycrystalline) 초합금은 아직도 대다수의 터빈 블레이드 생산에 사용된다. 그림 1.10a는 액체금속을 금형주조하여 생산한 다결정질 터빈 블레이드 및 날의 사진이다. 다결정질(ploycrystalline) 물질은 수많은 미세결정 입자(grain)로 이루어지며, 각 입자는 규칙적인 원소배열을 갖는다. 소금과 모래입자도 미세결정에 포함된다. 금속입자들이 뭉쳐 다결정질 금속을 형성한다. 재래식 주조법은 액체금속을 단단한 금형에 부은 전표면 개방냉각을 사용하였다. 재래식 주조법을 통해 만들어진 터빈 블레이드의 경우 그림 1.10a에서 보는 것과 같이 입자들이 불규칙적으로 배향된다. 그림 1.10b에서는 주조할 때 용탕을 한쪽 끝에서부터 냉각시켜 입자가 한쪽 끝에서부터 서서히 응고하는 방식인 방향성 응고(directional solidification)로 만들어진 터빈 블레이드와 날을 보여준다. 터빈 블레이드와 날의 방향성 응고는 재래식 주조법을 통해 불규칙적 배향으로 만들어진 터빈 블레이드와 날에 비해 고온강도가 상당히 향상된 것이다. 그림 1.10c는 단결정 터빈블레이드 및 날의 사진이다. 단결정 니켈의 경우 결정 전체에 걸쳐 작은 입방체 원자배열을 유지한다. 단결정으로 만들어진 터빈 블레이드와 날은 다결정 및 방향성 응고로 만들어진 터빈 블레이드와 날보다 장기간 고온노출에 더 높은 강도를 갖는다. 단결정 터빈 블레이드가 고온에서 더 장기간 유지될 수 있는 이유는 9장에서 배울 것이다. 13장에서는 단결정 터빈 블레이드를 생산하기 위해 필요한 특수 결정응고 절차에 대해 알아볼 것이다. 현재 단결정 터빈블레이드는 전투기 같이 고성능 제트 터빈에서 활용된다.

이처럼 초합금 터빈 블레이드의 개발 예는 물질 이론과 물질연구를 위해 개발된 실험방법들이 새로운 재료를 만드는데 응용되었다는 것을 보여준다. 이러한 재료 구조의 특징은 아래와 같다.

- 재료를 구성하는 원자의 배열, 위치, 종류
- 재료의 미시적 구조부터 원자단위까지의 구조
- 나노 구조(10^{-9} m)
- 미세 조직(10^{-6} m)
- 물리적 성질

재료과학자들은 니켈에 알루미늄, 니오븀, 몰리브덴 등의 외래 원소가 추가됨으로써 발생하는 강도변화와 단결정 터빈 블레이드가 다결정 블레이드보다 고온가동수명이 더 긴 이유 등을 밝혀냈다. 이러한 정보를 이용해 재료기술자들은 가스터빈 블레이드에 사용될 수 있는 새로운 다결정성 또는 단결정성 재료를 만든다. 기술자들은 또한 초합금을 사용하여 새롭게 개선된 가스터빈블레이드, 엔진, 항공기 등도 만든다.

기술자들은 과학자들이 개발한 신재료들을 사용해 20세기와 21세기에 걸쳐 엄청난 제품 군을 생산해왔다. 경량 알루미늄과 티타늄합금을 사용해 제트기 기체를 개발했고, 고분자와 복합재료를 사용해 더욱 가볍고 연비가 좋은 자동차와 제트기를 개발하였으며, 부식저항이 있는 합금을 사용해 엉치뼈 및 무릎관절 보철물 등의 개발을 가능하게 하였다.

1.2.5 신나노소재의 발견: 버키볼과 탄소나노튜브

나노소재(nanomaterial)는 나노미터(10^{-9}m) 크기의 재료이다. 20세기 재료과학의 주요 발견 중 하나는 1985년 탄소함유 재료가 탈 때 만들어지는 그을음에서 자연적으로 발생하는 60개의 단소 원사(C_{60})로 만들어진 구형태의 분자이다. C_{60}은 비크민스터플러(R. Buckminster Fuller)가 고안한 기하학적 돔과 흡시한 원자 패턴으로 인해 **버키볼(Buckyball)**이라는 이름이 주어졌으며 C_{60}은 지름이 나노미터(nm) 단위인 축구공을 연상시킨다. C_{60}의 발견에 뒤이어 **탄소나노튜브(CNTs, carbon nanotubes)**가 그을음에서 발견되었다. 단일벽(single-walled) 탄소나노튜브는 흑연 면을 원자 하나 두께로 원통형으로 말은 형태로 지름은 수 nm 정도이고 길이는 수 μm 정도를 갖는다. 다중벽(multiple walls) 탄소나노튜브 또한 존재한다. C_{60}과 탄소나노튜브의 원자 배열은 그림 2.16에서 볼 수 있다. 그림 1.11은 정렬된 탄소나노튜브 묶음을 주사전자현미경으로 촬영한 사진이다. C_{60}과 탄소나노튜브는 너무 작아 고배율현미경을 통해서만 관측이 가능하다. 탄소나노튜브 가닥으로 트랜지스터 내 실리콘 채널을 대체하는 방안이 제안되기도 하였다. 탄소나노튜브는 또한 지금까지 발견된 재료 중 가장 강한 재료 중에서 하나이며 골프채, 사냥용 화살, 야구방망이, 하키채, 서핑보드 등 여러 가지 복합재료 구조에 사용되고 있다.

그림 1.11 정렬된 탄소나노튜브 묶음의 주사전자현미경 사진 *(Courtesy Argonne National Laboratory)*

C_{60}과 탄소나노튜브의 발견은 전기, 의료 구조 및 의학소재에 나노기술을 접목시키는 것에 대한 흥미를 크게 자극했다. 나노미터 단위의 소재에 대한 연구, 조작, 생산을 나노기술이라고 한다.

갈릴레오 갈릴레이는 동일한 재료일 경우 작으면 작을수록 강도가 높아진다는 사실을 처음으로 인지한 사람 중 한 명이었다. 그는 건조 중이던 선박이 자신의 무게를 버티지 못하고 무너지는 데에 비해 축소모형은 안정된 구조를 유지하는 것에 대해 조사를 하고 있었다. 크기가 크면 클수록 더 많은 힘을 지탱하니 더 강도가 높다는 것이 통상적인 사고방식이었다. 그러나 근래에 들어서 강도는 구조가 견딜 수 있는 힘을 구조의 단면적으로 나눠서 계산하는게 맞다는 것을 알게 되었다. 큰 구조물은 단위면적당 힘을 보았을 때 큰 결함을 포함하고 있을 확률이 크며 강도도 더 낮다. 반면에, 작은 부품은 큰 결함이 생길 가능성이 적으며 나노미터 지름의 필라멘트에는 최대 나노미터 단위의 결함 밖에 생기지 않는다.

1.2.6 재료과학 및 기술 협회

1973년 이전에 재료과학자들은 American Society for Metals (ASM), American Ceramic Society (ACS), Society of Plastic Engineers (SEP), American Chemical Society (ACS), American Physical Society (APS), American Society of Mechanical Engineers (ASME), American Institute of Aeronautics and Astronautics (AIAA), Institute of Electrical and Electronics Engineers (IEEE), American Society of Civil Engineers (ASCE) 등 각양각색의 전문협회에 가입되어 있었다. 그러다가 1973년 Materials Research Society (MRS, 미국재료학회)가 설립되면서 모든 재료과학 분야의 정보교류가 가능한 포럼이 개최되었다. 또한 대부분의 MRS 회원들은 각자의 정통분야 협회에 소속을 유지하고 있다. 본 교재가 쓰인 현재 MRS는 80여 개국에 약 16,000명의 회원을 보유하고 있다.

1.3 재료의 공학적 응용: 중요 사례 연구

신재료의 개발은 고성능 자동차, 항공기, 우주비행체, 고온 가스터빈, 고성능 스포츠 용품, 의료기기 등 중요한 제품생산을 가능케 하였다. 이 책을 통해 이러한 제품에 사용된 재료들을 이해하기 위한 기본 배경을 배울 것이다. 이 절에서는 본래기능을 위해서 꼭 사용되어야 하는 재료들과 단순 성능의 향상을 위해 필요한 흥미로운 재료들에 대해 알아볼 것이다. 또한 이러한 재료의 개발을 위해 재료과학자, 재료공학자, 기계/항공 공학자들이 각자 어떠한 역할을 수행하는지에 대해서도 간단히 알아볼 것이다.

1.3.1 대기권 재돌입 우주선체의 단열 보호

우주왕복선 같은 대기권 재돌입 우주선(reentry vehicle)이 지구의 대기권에 진입하면 대기권과의 마찰현상으로 인해 항공체 외부 표면에 열이 가해진다. 그래서 우주왕복선의 앞 코부분과 날개의 최전방 날부분의 온도는 약 1650°C까지 상승한다. 재돌입 시 화재와 기기결함을 방지하기 위해 내열시스템(TPS, thermal protection system)이 절실했다. 그림 1.12에는 우주왕복선 내열시스템에 사용된 몇 가지 재료

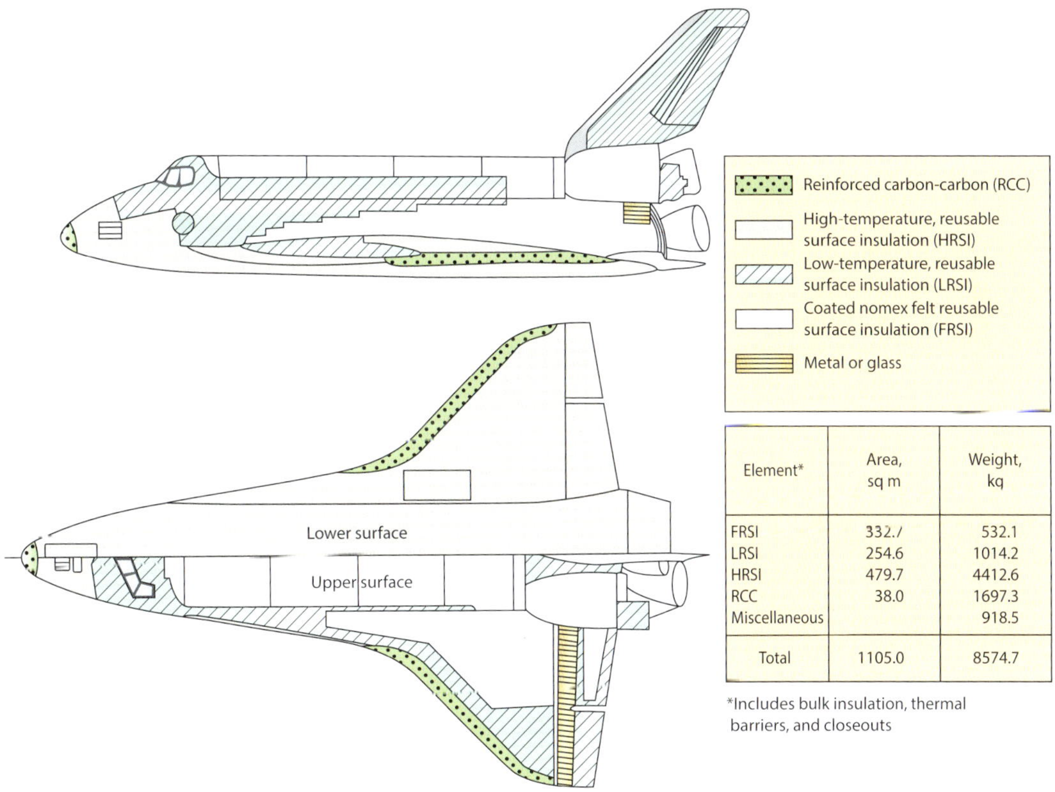

Element*	Area, sq m	Weight, kg
FRSI	332.7	532.1
LRSI	254.6	1014.2
HRSI	479.7	4412.6
RCC	38.0	1697.3
Miscellaneous		918.5
Total	1105.0	8574.7

*Includes bulk insulation, thermal barriers, and closeouts

Thermal protection system, orbiter 102

그림 1.12 우주왕복선의 TPS에 사용된 물질과 그 위치 *(NASA)*

들이 나열되어 있다. 온도가 1260°C에서 1650°C까지 상승하는 표면은 탄소-탄소강화(RCC, reinforced carbon-carbon) 타일로 덮여있다. 여기서 사용되는 타일은 탄소(흑연) 섬유로 강화된 탄소매트릭스로 만들어진다. 흑연상태 탄소의 융해점은 산소가 없을 때는 3550°C이기 때문에 이런 용도에 적합하다. 흑연의 원자들은 면형태의 배열을 이루고 있으며 흑연 면끼리의 마찰이 매우 낮기 때문에 고체윤활제로 사용된다. 어떻게 이러한 윤활재료가 초강력섬유로 탈바꿈할 수 있었을까? 흑연은 평면 방향에는 매우 강한데, 재료과학자들은 섬유의 축과 평행하게 흑연섬유 단면을 뽑아내는 방법을 터득하였기 때문에 최고강도 강철선보다 강하고 강의 밀도의 1/4 수준인 흑연섬유를 개발하게 되었다. 또한, 흑연섬유를 직물화하여 RCC 타일 제조에도 사용된다.

RCC 타일의 제조는 흑연섬유 직물을 푸란 수지(furan resin)와 함침(impregnate)하면서 시작한다. 푸란은 귀리껍질(oat hull)에서 발견되는 천연고분자로, 오트밀 생산의 부산물이다. 푸란 수지와 함침된 흑연섬유직물은 비활성대기상에서 1000°C 가량으로 가열하여 탄화시킨다. 탄화과정에서 탄소를 제외한 푸란의 원소들은 기화되어 비결정성 탄소사슬이 만들어진다. 만들어진 복합체에 추가적으로 푸란을 첨가하여 원소의 기화를 통해 발생한 빈 공간을 메운 후 다시 탄화과정을 거친다. 이러한 과정은 고밀도 비결정 탄소 매트릭스를 만들기 위해 최대 4번에 걸쳐 반복된다. RCC타일은 최종적으로 재돌입시의 산화(연소) 방지를 위해 탄화규소로 칠한다. RCC 복합체는 로켓모터나 항공기 제동장치 등 초고온 부품에 활용된다.

흑연섬유는 매우 강하지만 이 장의 사진에 소개된 콜롬비아 우주왕복선 사고에서도 알 수 있듯이, RCC 타일은 취성을 갖고 있어서 쉽게 파괴된다. RCC타일의 탄소섬유가 강함에도 불구하고 왜 콜롬비아호의 발포절연체에 있는 RCC타일이 부서졌을까? 물질의 파괴와 관련된 11장에서 물질의 강도가 높다고 파괴저항까지 높지 않다는 것을 배울 것이다. 사실 파괴저항은 보통 강도와 역관계이다. 유리 덩어리는 납 덩어리보다 강도가 높다. 납은 쉽게 구부러지지만 콘크리트바닥에 떨어뜨려도 부서지지는 않는다. 만약 유리를 콘크리트바닥에 떨어뜨린다면 산산조각이 날 것이다.

우주왕복선 표면면적 중 650°C에서 1260°C 정도의 온도가 올라가는 부분은 그림 1.12에 보이는 것처럼 재사용이 가능하며 산화규소섬유(SiO_2)로 구성된 고온 표면 단열재로 덮었다. 타일의 바깥 표면은 봉규산 유리(borosilicate glass)를 입혔다. 타일은 95% 가량이 빈 공간인데, 이는 실리카의 밀도가 2.65×10^3 kg/m^{3}인데 비해 규소섬유 타일의 밀도는 0.14×10^3 kg/m^3 밖에 되지 않기 때문이다. 섬유구조가 스폰지와 매우 비슷하다.

표면면적 온도가 370°C에서 650°C에 달하는 부분 또한 SiO_2섬유로 만들어졌으며 재사용이 가능한 저온 표면 단열 세라믹 타일로 덮었고 바깥 표면은 규산-알루미나(Al_2O_3) 화합물을 입혔다.

표면면적 온도가 370°C 이하인 부분은 재사용이 가능한 노멕스(Nomex)펠트 단열제로 덮었다. 노멕스는 내열성 고분자의 상품명인데, 이는 섬유로 만들어 신축성 펠트로 만들어 소방관들의 방화복을 만드는 데에 사용된다.

흑연섬유 및 RCC타일 등 신재료의 개발은 우주왕복선의 TPS(단열시스템)개발을 가능하게 하였다. 재료과학자들은 고강도 흑연섬유, 실리카 타일, 노멕스 섬유 등을 개발하였고 이러한 재료들의 구조적 특성과 물리적 성질을 밝혔다. 재료기술자들은 RCC타일을 생산하였으며 최대동작온도, 강도, 파괴저항 등의 공학적 성질을 파악하였고, 기술자들은 이러한 재료들을 사용하여 우주왕복선의 단열시스템을 설계하였다. 이처럼 단열시스템의 개발은 우주왕복선에 사용된 수많은 독특한 재료사용의 예들 중 하나이다.

1.3.2 보잉787 드림라이너에 사용된 복합재료

복합재료는 항공기, 자동차, 건물, 선박, 교량보강제, 물/기름 등의 액체를 보관하는 대형 저장함 등 항공우주, 토목, 기계, 구조공학에 사용된다. 가장 최근에 복합재료가 구조공학에 응용된 사례는 그림 1.13에 보이는 보잉787 드림라이너이다. 그림 1.14는 흑연섬유보강-에폭시 혼합재로 만들어진 기체의 앞부

그림 1.13 보잉787 드림라이너 사진 *(©Robot Schlesinger/dpa/Corbis)*

그림 1.14 보잉787 드림라이너의 전면부 조립. 복합재료 구조를 볼 수 있다. *(markjhandel/Flickr)*

분이다.

대형여객기에 광범위하게 혼합재료가 사용된 것은 이 사례가 처음이다. 총 구조물질 질량의 80%가 혼합재료이다. 보통 상용여객기의 기체는 알루미늄 합금을 이용해 만들어진다. 흑연섬유보강-에폭시 혼합재는 알루미늄 합금보다 약 3배 이상의 강도를 갖지만 밀도는 약 60% 정도 밖에 못 미친다. 그림 1.14에서 보듯 흑연섬유보강-에폭시는 회갈색이다. 기체에 흑연섬유보강-에폭시를 사용하게 되면서 항공기의 질량을 낮춰 연료의 효율성을 확보한 것은 물론이고, 비행기의 이착륙 거리를 줄이고 비행범위를 늘릴 수 있게 되었다.

재료과학자들은 혼합재료에 사용되는 고강도 흑연섬유와 에폭시 수지를 개발하였다. 그리하여 재료기술자들은 항공기에 적합한 흑연섬유보강-에폭시 혼합재를 개발하였고 혼합재료의 공학적 성질을 파악하였다. 기술자들은 이러한 복합재료들을 적극 활용하여 항공기, 자동차 등의 부품을 만들고 있다.

1.3.3 초강력 고분자 섬유

새로운 경량 초강력 재료의 개발은 카이트서핑과 같은 새로운 스포츠의 개발을 가능하게 하였다. 그림 1.15는 파도를 타고 있는 카이트서퍼의 사진이다. 카이트서핑은 보통 12 m^2면적의 연과 4개의 25 m짜리 연줄로 연결된 조종간을 잡고 조종한다. 그림 1.16에서 보는 바와 같이 카이터는 작은 보드에 올라있다. 고강도 연줄은 연신초고분자량 폴리에틸렌(OUHMWPE, oriented ultra-high-molecular-weight polyethylene)으로 만들어진다. 분자량은 고분자 구성 분자들의 평균 질량이다. 폴리에틸렌(PE)은 플라스틱 우유병에 사용되는 고분자와 같은 재료이지만, 재료과학자들은 폴리에틸렌을 섬유화 하면 고강도 강보다 강하지만 밀도는 그의 1/8 밖에 안 된다는 사실을 알아냈다. OUHMWPE의 폴리에틸렌 긴 사슬분자는 2백만에서 6백만 개의 단위체를 갖는데, 이러한 매우 긴 사슬분자들이 섬유 축에 평행하게 연신되기 때문에 믿을 수 없을 만큼 강력한 섬유가 만들어진다. 우유병에 사용된 폴리에틸렌의 경우에는 2천에서 5천개의 단위체밖에 없으며 긴 사슬분자는 미연신 상태이다.

그림 1.15 해변의 파도 위에서의 카이트서핑 *(Eyalos/Shutterstocks.com)*

그림 1.16 공중에 떠 있는 카이터 *(Mai Techaphan/Shutterstock.com)*

카이터들은 이러한 고강도 연줄을 사용하여 빠른 속도로 물살을 가를 수 있게 되었다. 이 책이 출판사로 넘어갔을 당시 카이트서핑 최고 속력기록은 94.38 km/hr였다. 그림 1.16에서 볼 수 있듯이 카이터들은 플라잉을 즐긴다. 플라잉은 카이트와 보드의 움직임을 이용하여 물로부터 이륙하여 카이트를 낙하산처럼 이용하여 다시 물로 천천히 착지하는 기술이다. 카이터가 기록한 플라잉 최고 높이는 카이터가 의도치 않게 강풍을 타면서 50미터 이상 올라간 때였다. 다행히도 연줄은 끊어지지 않았고 안전하게 착지하였다. 카이트 서핑은 강하고 가벼운 고분자로 만들어진 카이트와 연줄이 필요하다. 그림 1.16에 보이는 카이트 보드는 OUHMWPE, 유리, 흑연 등 강한 보강섬유로 만들어진 복합재료로 만든 것이다. 종종 보드 중앙에는 목재를 사용하는 경우도 있다.

OUHMWPE 및 그와 비슷한 재료들은 카이트보딩 연줄 외에도 다양하게 사용된다. 그 중 하나가 방탄조끼이다. 섬유를 직물화하고 직물을 겹겹이 쌓아 총탄을 멈출 수 있을 만큼의 두께를 만든다. OUHMWPE는 또한 낚싯줄, 낙하산 및 패러글라이더 줄, 활줄, 고성능 돛, 베어지지 않는 장갑, 예인선 줄에도 사용된다. 복합재료에 OUHMWPE를 첨가함으로써 강도와 파쇄저항을 모두 확보할 수 있게 되었다.

재료과학자들은 고강도 OUHMWPE를 개발하고 구조적 특성 및 물리적 성질을 파악하였고, 재료 기술자들은 강도와 파괴저항을 높이기 위해 섬유를 사용하여 새로운 복합재료를 탄생시켰다. 이렇게 기술자들은 OUHMWPE와 새로운 복합재료를 사용해 고성능 스포츠용품 및 다른 상품들을 개발하고 있다.

1.3.4 형상기억 스마트 금속: 생명의학에의 응용

50 at%의 티타늄(Ti)과 50 at%의 니켈(Ni)로 이루어진 합금은 매우 특별한 성질로 인해 많은 용도로 사용된다. 당신은 이미 치아를 제자리에 고정하는 TiNi 치아교정철사를 경험해 보았거나 휘어져도 뜨거운 물에 담그면 원래 상태로 돌아오는 안경테를 본 적이 있을 것이다. TiNi는 제트엔진의 가변 세브론에

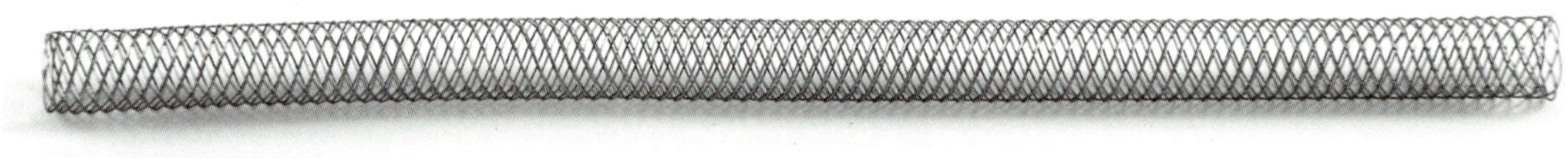

그림 1.17 TiNi 관상동맥 스텐트의 사진 *(Alexey Kamenskiy/Shutterstock.com)*

도 사용된다. 세브론(chevron)은 제트엔진 뒷부분에 있으며 엔진으로부터 배출되는 가스의 방향을 조절한다. 이륙시 세브론을 조여주면 엔진소음을 현저히 감소시킬 수 있다. TiNi의 또 다른 용도는 심장동맥에 삽입하여 혈액순환을 돕는 스텐트다. 다행히도 TiNi는 인체 내에서 거부반응을 일으키지 않기 때문에 임플랜트하기에 적합하다.

TiNi는 특정 온도에서의 형상을 기억하는 스마트 금속이며 특정 온도에서 특정 형상을 가지도록 "훈련"시킬 수 있다. 흔히 형상기억합금의 성질에 대한 시연을 할 때 먼저 상온에서 직선 형태의 TiNi선을 구부려 동그라미 모양 등으로 휘어준다. 그 후, 뜨거운 물에 넣는 순간 구부러졌던 선이 다시 일자로 펴지는 것을 볼 수 있다. 그럼 어떻게 TiNi선은 뜨거운 물에서 본래의 형상으로 되돌아오는 것일까? 본교재에 대한 학습이 끝날 때쯤이면 당신 스스로 그것에 대한 해답을 내놓을 수 있겠지만, 다음 문단에서 형상기억효과에 대해 쉽게 설명을 하겠다. 나머지는 5.15절에서 배울 것이다.

TiNi선은 대부분 500°C 정도의 높은 온도에서 올곧게 뻗은 상태로 만들어진다. 이정도 온도에서 TiNi의 원자들은 길고 규칙적으로 반복되는 작은 입방형 배열을 갖는다. 이 상태에서 상온으로 냉각되면 정사각형이던 TiNi입방체의 면어 원자의 미세한 위치 변화로 인해 평행사변형으로 왜곡된다. 이때 상온의 TiNi선이 새로운 형태로 휘어지면 새로운 형상을 수용하기 위해 평행사변형 왜곡이 생긴다. 입방체의 면은 수많은 방향으로 왜곡되어 평행사변형의 면을 만들 수 있다. TiNi가 뜨거운 물로 가열되면 왜곡되었던 원자배열이 처음 고온에서 선이 만들어졌을 때의 상태인 입방체로 돌아오면서 선이 펴지게 되며, 이런 현상을 형상기억효과라고 한다.

TiNi가 고온에서 꼭 올곧은 선의 형태로 만들어져야만 하는 것은 아니다. 고온에서 TiNi를 특정 모양으로 형성시키면 그 특정 모양에 따라 TiNi의 입방체가 형성된다. 이렇게 만들어진 TiNi를 상온으로 냉각시킨 상태에서 다른 새로운 모양으로 변형시킨 후 다시 가열하면 처음의 모양으로 돌아온다. 또한 상온의 TiNi에 반복적으로 특정 형상을 만들어 낮은 온도에서는 본 형상을 띠기 위해 왜곡이 생기게끔 조작할 수 있다. 고온과 저온에서 특정 형상으로 복구하는 기능은 고온에서는 입방형배열로, 저온에서는 입방형배열의 왜곡상태로 복귀되기 때문이다. 대다수의 물질은 이런 방식의 원자 배열이 일어나지 않는다. TiNi를 포함한 여러 가지 재료에서 나타나는 원자배열의 변화는 5장에서 논의될 것이다.

전에도 언급하였듯이 TiNi가 사용되는 용도 중 하나는 관상동맥 스텐트이다. 스텐트를 만들려면 동맥삽입에 적당한 지름의 박막 TiNi 원통 구조를 고온에서 형성한다. 그 다음, 그림 1.17에 보이는 형태로 저온에서 레이저를 이용하여 절단한다. 절단이 끝나면 혈액과 반응하는 것을 줄이기 위해 전기화학적으로 연마(전해연마)시킨다. 전해연마는 10장에서 배울 예정이다. 전해 연마과정이 끝나면 스텐트를 혈온에 흡사한 온도로 가열하여 동맥에 삽입될 형태로 확장시키는데, 이때 혈온은 스텐트의 고온점이 될 것이며 확대된 TiNi 스텐트는 고온상태의 입방체 구조를 형성한다. 그 다음 스텐트는 저온에서 압축하여 따듯한 혈액으로부터 단열하여 의도치 않은 확장을 억제할 유도관에 넣는다. TiNi는 저온상에서 왜곡된 구조를 갖는다. 관상동맥에 삽입하기 위해 체내에 삽입된 의학용 튜브인 카테터 유도관에 압축된 스텐트를 넣는다.

스텐트가 원하는 위치에 도달하게 되면 카테터에서 분리되어 관상동맥에 삽입된다. 혈온에 의해 TiNi 원자배열은 입방체 구조를 다시 갖게 된다. 스텐트의 크기는 동맥 내벽에 미세한 압력을 줌으로써 동맥을 확장하여 혈액이 원활하게 순환될 수 있도록 고안되었다. 이렇게 티타늄과 니켈의 비율을 조절하거나 소량의 니켈을 코발트로 대체함으로써 TiNi가 입방체 배열을 취할 온도를 변화시켜 혈온만으로도 충분히 입방체 배열을 취할 수 있도록 조절할 수 있게 되었다.

TiNi의 다른 응용 방법은 TiNi가 저온의 왜곡 구조에서 고온의 입방체 구조로 변형할 때 부피가 3% 수축한다는 사실에 기반한다. TiNi의 수축은 치아교정기의 TiNi선이 치아를 잡아당겨 치아교정이 가능한 이유이다. 이러한 수축은 잠수함 등 파이프 커플링이 매우 중요한 역할을 하는 분야에 응용된다. 저온 상태의 커플링을 파이프와 연결하고 열을 가함으로써 발생되는 3%의 수축을 통해 서로 단단히 연결된다. 이런 종류의 커플링은 잠수함 같이 산소가 한정되어 있고 화재에 취약하여 납땜 용접으로 수리/보수가 불가능한 곳에서 사용된다.

의료용 카테터의 가이드와이어 역시 TiNi를 사용해 만들 수 있다. 카테터에 부착되는 가이드와이어는 넓적다리의 삽입점부터 심장까지 이끌어 주는 역할을 한다. 보통 TiNi 가이드와이어는 전류를 이용해 각기 온도조절이 가능한 4개의 와이어로 만들어진다. 4개 중 하나의 와이어가 가열되면 가열된 와이어는 최대 3%까지 수축되지만 그렇지 않은 와이어들은 평소 길이를 유지한다. 만약 한 가닥의 와이어를 약간만 가열하면 3%의 일부만 수축할 것이다. 이러한 미세한 수축으로 짧아진 와이어의 방향으로 전체 가이드와이어를 휘어지게 하여 원하는 방향으로 조작하여 안전하게 넓적다리부터 심장까지 스텐트를 장착시킬 수 있다.

재료과학자들은 TiNi의 원자배열변화를 분석하여 형상기억효과를 이해하고 TiNi 혼합비율을 조절함으로써 온도가 미치는 변화상을 연구하였다. 이에 재료기술자들은 TiNi 합금이 관상동맥 스텐트와 같이 특정온도에서 입방형 배열에서 왜곡배열로 변형되게 하는 기술을 개발하였다. 기술자들은 TiNi 합금을 사용하여 관상동맥 스텐트, 커플링, 제트엔진 세브론 등 다양한 제품을 설계하게 되었다.

1.4 기술설계 재료

이 책이 이루고자 하는 점은 기술자들이 디자인 설계를 위한 최적의 재료를 선별할 수 있도록 교육시키는 것이다. 예를 들어, 고연비를 가지면서 저렴한 자동차의 섀시를 만들려면 무슨 재료를 사용해야 할까? 이 문제를 풀기 위해서는 첫 째 사용 가능한 재료들이 무엇이 있는가를 살펴봐야 한다. 본 교재는 금속, 세라믹, 플라스틱, 복합재료 등 현재 구할 수 있는 주요 재료들에 대해 살펴볼 것이다.

기술자가 필수적으로 인지해야 할 사실은 설계에 필요한 물리적 성질이다. 자동차 섀시의 경우, 견고하고 강력하며 사용 중 형태가 변하는 일이 없어야 한다. 또한 사고로 인한 충돌 시 에너지를 흡수하여 사용자를 보호해야 하다. 연비를 올리려면 밀도 또한 낮춰야 한다. 마지막으로 이윤을 내며 판매할 수 있어야 한다. 본 교재를 통해 이러한 고려사항에 대한 각 재료별 기계적 성질에 대해 배울 수 있게 될 것이다.

자동차 섀시 설계 초기단계에서는 모든 재료를 검토하되 설계에 부적합한 재료들은 배제해야 한다. 그러면, 자동차 섀시에 부적합한 재료는 무엇이 있을까? 세라믹은 강하지만 충돌 시 산산조각이 나기 때문에 탑승객 보호가 어려울 것이다. 그러므로 세라믹은 초기에 배제시켜야 할 것이다. 재료의 재활용 또한 가능해야 한다. 이렇게 재활용된 재료는 같은 분야 혹은 다른 대용량 응용분야에 사용될 수 있는 것이 바람직하다. 14장에서 재료의 중요한 기계적 성질과 가격으로 최적의 재료를 선별하는 방법에 대하여 배울 것이다. 자동차 섀시 재료 후보에는 저탄소강, 고강도 저합금강, 알루미늄합금, 보강기술고분자, 흑연보강 에폭시가 있다. 이중에 어떤 재료가 설계기준에 부합할까? 14장의 재료선별과정을 통하여 이 문제에 대한 답을 구할 수 있을 것이다.

1.5 본 교재의 내용

재료를 선별하기 위해서는 강도 테이블과 기타 물리적 성질만으로는 부족하다. 기술자들이 특정 재료가 왜 그러한 기계적 성질을 가지고 있는지를 이해한다면 재료선별의 오류를 사전에 방지하고 더 현명하게 재료를 설계에 맞게 사용할 수 있을 것이다. 예를 들어, 냉간 성형 강의 강도는 냉간 성형 공정의 구체적 공정조건을 통해 그 값이 결정된다. 만약 냉간 성형 강이 그 제조 공정 중이던 제품에서 사용중이던간에 특정 온도 이상으로 가열되면 강도는 감소하기 마련이다. 이때 설계 기술자들은 이 재료가 제조 공정 중 또는 사용 중에 특정온도 이상으로 가열되면 안 된다는 점을 필수적으로 인식해야 한다. 이 부분의 이해를 돕기 위해 본 교재는 물질의 물리적, 화학적 분류를 토대로 공부하여 얻은 지식을 기술재료에 접목할 것이다. 또한 본 교재는 과학적 기술재료에 대한 이해를 도울 것이다. 2장에서는 금속 세라믹, 고분자 등을 비롯한 재료의 구조와 화학 결합에 대하여 배울 것이다. 화학결합은 밀도, 융해온도, 경도 등 중요한 물리적, 기계적 성질과 관련되어 있다. 본 교재는 통합적 접근을 통해 각 장마다 금속, 세라믹, 및 고분자의 비슷한 점과 차이점을 감안하여 물리적, 기계적 성질에 대한 이해를 높일 것이다. 3장에서는 재료의 결함과 변형에 대해 논의할 것이다. 강도와 파괴저항 등 수많은 물리적, 기계적 성질은 재료의 결함과 변형에 직접적으로 연관되어 있다. 4장에서는 열과 온도가 재료의 구조에 미치는 영향을 살펴볼 것이다. 이 장을 통해 고체상태의 물질 내부에서도 원자의 위치가 변할 수 있으며, 이로 인해 본래 뒤섞이지 않았던 원자들이 혼합되는 과정에 대해 배울 것이다. 5장은 상태변화와 상평형 그림에 대해 알아볼 것이다. 두 개의 각기 다른 원소 혹은 화합물의 상평형 그림을 통해 재료의 상태가 온도를 변수로 한 함수임을 알 수 있다. 상평형 그림은 주금기법과 강화공정에 대해 이해하기 위해 필수적인 요소이다. 6장은 물체의 변형과 강도에 중점을 둔 물체의 기계적 성질에 대해 소개할 것이다. 7장은 강한 재료를 개발하는 방법을 설명할 것이며, 8장에서는 기술자들이 사용할 수 있는 재료의 분류와 그들의 기계적 성질에 대해 알아볼 것이다. 9장에서는 온도가, 10장에서는 산화와 부식이 재료의 기계적 성질에 미치는 영향에 대해 배워볼 것이다. 부식의 이론은 전기화학으로서, 이 이론을 통해 전기도금, 전해연마, 전해가공, 전지, 연료전지를 설명할 것이다. 11장은 재료의 파괴 및 피로에 대해 논의할 것이다. 12장에서는 복합재료, 13장은 제품이 재료로부터 만들어지는 과정, 14장은 제품설계를 위한 최적의 재료 선별에 대해 알아볼 것이다. 기술설계에서 가장 요망되는 결과는 요구된 성능에 가장 비용 효율적인 재료를 선별하는 것이다. 15장은 이 장에서보다 더욱 자세한 실험방법들에 대해 알아볼 것이다. 여기까지가 교재의 인쇄된 장들이며 나머지 장들은 온라인으로 학습할 수 있다. 16장은 재료의 전기적 전도성에 대한 장으로서 금속, 세라믹, 고분자, 반도체, 초전도체 등의 전도성에 대해 배울 것이다. 추가적으로 유전체와 물질의 접합에 대해서도 공부할 것이다. 17장은 재료의 자성에 대해, 18장은 적외선부터 X선까지의 전자기 복사에 대한 반응을 포함한 재료의 광자특성에 대해 알아볼 것이다.

요약

- 석기, 청동기, 철기, 실리콘 세대 등 그 당시 주로 사용된 재료를 따서 기술의 발전을 분류할 정도로 인류발전에 재료의 사용은 매우 중요한 역할을 하였다.
- 재료는 크게 금속, 세라믹, 고분자, 복합재료로 나눌 수 있다.
- 금속은 금속결합으로 이루어진 무기물질이다.
- 세라믹은 공유결합 혹은 공유결합과 이온결합의 조합으로 이루어진 무기 비금속 물질이다.
- 세라믹 도기는 최초의 인공물질로서 기원전 27,000년경에 처음 발명된 것으로 추정된다.
- 제련된 구리는 기원정 6천년경에 사용되었으며, 청동은 기원전 3500년경부터 폭넓게 사용되기 시작하였다.
- 제련된 철은 기원전 2천년경부터 사용되었고 강철 생산을 위한 용광로는 1855년에 개발되었다.
- 고분자는 큰 분자의 수많은 유기 혹은 무기물질의 반복단위로 구성된다.
- 몇몇 고분자의 경우 큰 분자가 공유결합으로 결합되지 않아 열가소성인 반면, 공유결합으로 결합된 고분자는 열경화성이다.
- 복합재료는 2개 이상의 서로 다른 재료로 만들어지며 복합상에서도 본래 성질을 유지한다.
- 재료과학은 물질 이론을 재료의 이해, 개발, 개선에 접목시킨 것이다.
- 재료기술은 기술설계에 대한 재료응용의 전문분야이다.
- 과학적 방법을 통해 개발된 재료는 물질이론과 실험방법을 통한 세부적 재료연구의 산물이다.
- 나노기술은 최신의 재료 개발로 인간사회에 엄청난 영향을 미칠 것으로 예상된다. 나노기술은 나노미터 크기 재료의 연구, 조작, 생산을 의미한다.
- 제품설계의 재료선별에는 비용과 성능을 필수적으로 감안하여야 한다.

CHAPTER 02

원자, 화학적 결합, 재료의 구조, 그리고 물리적 특성

Atoms, Chemical Bonding, Material Structure, and Physical Properties

이 장에서 이해해야 할 것

- 주기율표 원소들의 전자구조
- 기체, 액체, 고체의 차이점
- 고체의 구형 원자 충전 모델
- 결정 구조와 기술 방식
- 결정면과 결정방향
- 결정, 결정면 및 결정선을 따라 원자 밀도를 계산하는 방식
- 일차 및 이차 화학적 결합의 종류
- 물리적 성질과 화학적 결합간의 관계
- 결정성 및 비결정성 물질의 차이점
- 원자 및 이온 사이의 결합에너지 모델링 방법

니켈 금속 표면의 STM (주사 터널링 현미경) 사진.
STM은 재료과학자들이 물질을 원자 차원에서 관찰할 수 있게 해주는 최근 개발된 여러 장비들 중 하나이다. 이를 통해 물질의 원자와 재료의 물리적 특성과의 연관성을 이해할 수 있게 되었다.

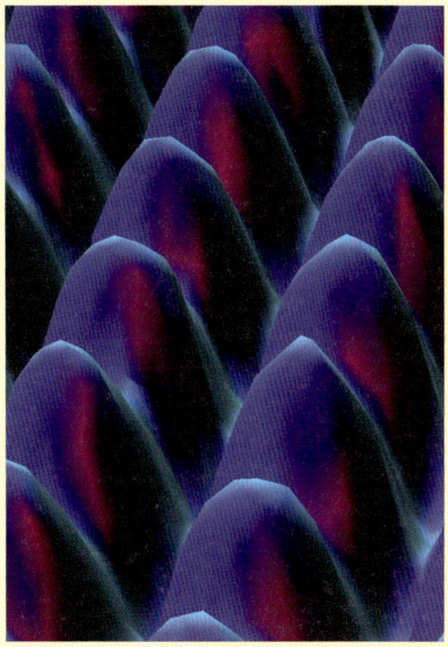
© Rhea Eason/Alamy

MATERIALS SCIENCE AND **ENGINEERING PROPERTIES**

2.1 소개

재료과학의 목적 중 하나는 강도(hardness)나 다이아몬드의 고용융점(high melting temperature)과 같은 재료들의 물리적인 특성의 원리를 이해하는 것이다. 이번 장에서 우리는 물리적 특성을 재료의 화학적 결합과 연관시킬 것이다. 먼저 순수 요소에 대한 분석을 하고, 다음에는 두 가지 원소가 섞인 재료에 대해 논의할 것이다. 두 가지 원소 종류가 섞인 재료로는 높은 온도에서 사용되는 질화규소(Si_3N_4)와 강철만큼 난단한 섬유로 만들 수 있는 폴리에틸렌과 같은 폴리머가 있다. 그리고 금속간 화합물을 이용한 예로는 니켈-알루미나이드(nickel aluminide : Ni_3Al)가 있는데, 이는 강화된 니켈로서 고온에 견디는 가스 터빈을 만들 수 있다.

원자가 고체 구조를 이루기 위해 결합했을 때, 몇몇 원자들은 규칙적인 배열을 먼 거리에 거쳐 반복하는데, 이것이 한 결정을 형성한다. 예를 들어, 약혼반지의 다이아몬드는 탄소 원자의 단일 결정(single crystal)이다. 몇몇의 고성능 제트 항공기는 니켈을 주 원자로 하는 단일결정 터빈 블레이드(turbine blades)를 사용한다. 우리는 몇 가지 중요한 결정들의 원자 배열 유형에 대하여 학습할 것이며, 결정의 결정면(planes)과 결정방향(directions)에 대해 알아볼 것이다. 유리와 같은 몇몇의 비결정질 구조(amorphous structures)를 가진 결정은 먼 거리에 걸쳐서 규칙적으로 배열된 구조를 반복하지 않는데, 우리는 어떻게 몇몇은 비결정질 구조를 가지고 나머지는 결정질 구조를 가지게 되는지 공부하게 될 것이며 그 해답은 화학적 결합과 원자 배열의 복잡성에서 찾을 수 있을 것이다. 마지막으로, 우리는 결합 모형을 불활성 기체 원자와 이온 결합으로 넓혀갈 것이며 재료의 물리적인 특성과 원자의 운동역학을 추정할 것이다.

2.2 원자의 전자 구조

우리는 화학적 결합을 이해하기 위하여 이번 장을 화학과 물리학의 기초를 복습하면서 시작할 것이다. 하지만, 우리의 방법은 입문자들을 위한 화학이나 물리학 강좌에 비해 이해하기가 어려울 수도 있다. 우리는 학생들이 이미 관련된 이론을 자세히 배웠다고 가정하겠으며, 만약 입문 강좌를 별도로 수강하지 않았다면 보다 나은 이해를 위해 별도의 입문서를 참고하는 게 좋겠다.

재료의 화학적 결합은 원자의 전자구조에 의해서 발생한다. 본 교재에서 우리는 양성자와 중성자로 이루어진 핵을 전자가 돌고 있는 원자 모형(atomic model)을 사용할 것이다. 물리학자들은 핵이 중성자와 양성자의 서로 다른 입자로 이루어졌다는 것을 발견했다. 하지만, 이것에 대한 자세한 내용은 이 교재에서 다루지 않겠다.

2.2.1 원자의 전자 에너지

핵과 전자의 **결합에너지**는 전자를 원자로부터 무한한 거리로 이동하여 떼어내는 데 필요한 에너지의 음수값이다. 이러한 정의로 볼 때, 결합에너지는 음수의 값을 가진다. 결합에너지는 물체를 우물에서 꺼낼 때에 필요한 에너지와 비슷한데, 우물의 바닥에 놓인 물체의 에너지는 음수의 값을 가지며, 우물의 정상에서 에너지가 0이 된다. 우물의 깊이가 깊을수록 우물 바닥의 음(낮은)의 에너지가 더욱 더 큰 것이다.

원자에서 핵과 전자의 결합에너지는 양자역학 모형으로 설명된다. 전자의 양자수는 원자가 동요

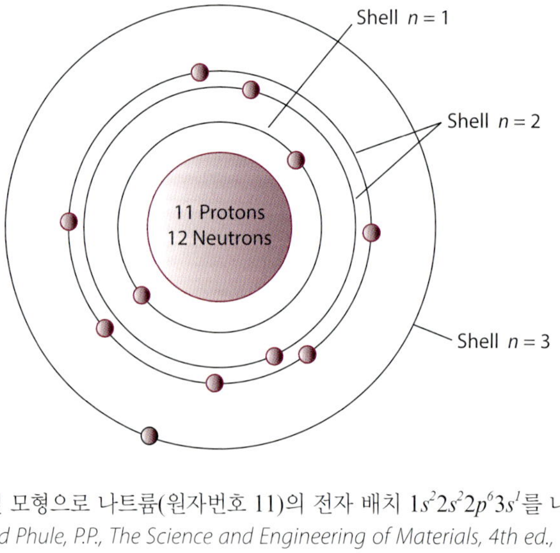

그림 2.1 양자역학의 껍질 모형으로 나트륨(원자번호 11)의 전자 배치 $1s^2 2s^2 2p^6 3s^1$를 나타냄.
(Based on Askeland, D.R., and Phule, P.P., The Science and Engineering of Materials, 4th ed., Thomson-Brooks/Cole, Pacifi Grove, Ca. (2003), p. 38.)

(perturbed)되지 않는 한 일정한 값을 유지한다. 그렇기 때문에 궤도전자의 에너지는 시간이 지나도 일정하게 유지된다.

원자에서 **주양자수**(n)는 그림 2.1과 같이 전자의 껍질을 나타낸다. 전자 결합에너지의 크기는 주양자수(n)에 역비례하며 낮은 주양자수를 가지는 전자는 더 큰 음의 결합에너지(deeper wells)를 가진다. 그리고 높은 주양자수를 가지는 전자는 작은 음의 결합에너지를 갖는다. 가능한 주양자수는 1, 2, 3, 4, 5, … 등이다.

수소는 오직 하나의 전자만을 가지고 있고, 이것의 주양자수는 $n = 1$이다. 하지만, **파울리 배타 원리**(같은 공간, 같은 시간에 어떠한 두 개의 전자도 같은 양자수 집단에 있을 수 없으며, 따라서 원자에서의 각각의 전자는 서로 다른 양자상태를 가지고 있어야만 한다)에 의하면, 두 개 또는 더 많은 전자를 가지고 있는 원자에서는 추가적인 양자수가 필수이다.

주양자수(n)와 더불어 **각운동량 양자수**(l)와 같은 추가적인 양자수가 존재한다. 각운동량 양자수는 전자의 부껍질을 결정하며 궤도전자(electron orbital)의 형태를 결정한다. 예를 들어, $l = 0$일 때 궤도전자는 구대칭 형태이다. 그리고 $l = 1$ 궤도전자는 아령 형태이다. 각운동량 양자수(l)는 전자 에너지에 2차적인 영향을 준다. l 값이 클수록 전자는 높은 에너지를 가지며, 이전과 같이 주기율표의 원자에서 가장 낮은 에너지 상태는 먼저 채워진다. l의 가능한 값은 $n - 1, n - 2, \cdots, 0$이다. s 전자가 $l = 0$이고 p 전자가 $l = 1$, d 전자가 $l = 2$, f 전자가 $l = 3$이다. 또 다른 양자수는 **자기양자수**(m_l)이다. 이것은 $-l$이나 l까지의 정수 값을 갖는다. 축에 대한 전자스핀, 즉 **스핀양자수**는 시계방향이거나 반시계 방향을 가짐에 따라 각각 $+\frac{1}{2}$이거나 $-\frac{1}{2}$의 값을 가진다. 자기장이 없을 때, 원자에서 전자의 에너지는 자기 양자수와 스핀 양자수에 독립적이다. 따라서 자기장이 존재하지 않는다면, 에너지 준위는 오직 주양자수(n)와 각운동량 양자수(l)로만 정의된다. 17장에서는 자성체(magnetic material)에 자기장이 가해질 때의 에너지 양자상태에 대해 논의할 것이다. 특정 양자상태는 주양자수(n), 각운동량 양자수(l), 자기 양자수(m_l), 스핀 양자수(s)의 집합에 의해 일의적으로 결정된다.

2.2.2 주기율표의 원자

원자에서의 전자의 양자수는 아우프바우(Aufbau) 원리(쌓음 원리; 원자 내 전자상태는 전자궤도의 가장 낮은 에너지부터 채워진다)와 파울리 배타 원리, 그리고 양자수 값의 규칙으로 정해진다. 예를 들어, 헬륨은 두 개의 전자를 가지고 있다. 가장 낮은 에너지 준위는 전자의 가장 낮은 주양자수인 $n = 1$에 해당한다. 파울리 배타 원리에 의하면, 이것은 두 개의 전자들이 다른 양자수를 가지고 있을 때에만 가능하다. 만약에 주양자수(n)가 1과 같다면 가능한 l의 값은 0이며, m_l 역시 반드시 0이 되어야 한다. 두 개의 전자들이 모두 $n = 1$이 되려면 전자 한 개는 spin을 $+\frac{1}{2}$을 가지고 다른 하나는 $-\frac{1}{2}$이면 된다. 헬륨의 전자배치를 $1s^2$로 나타내는데, 이는 $1s$ 전자가 두 개가 있다는 것을 의미한다. 만약에 원자가 세 개의 전자를 가지고 있다면 세 번째 전자는 $n = 1$를 가지지 못한다. 왜냐하면 모두 $n = 1$ 상태가 이미 채워졌기 때문이다.

리튬은 세 개의 전자를 가지고 있는데, 두 개의 전자는 $n = 1$을 가지고 있고 나머지 하나는 $n = 2$를 가진다. 가장 낮은 에너지는 세 번째 전자가 $n = 2$ 그리고 $l = 0$인 상태에 해당한다. 또한, 세 번째 전자는 s 전자이다. 그리고 전자 배치는 부록 A에서 보는 바와 같이 $1s^2 2s$이다.

물질을 자성과 관련하여 사용하지 않는다면, 자기 양자수 또는 스핀 양자수 중에서 어느 양자수들이 먼저 채워지는지는 중요하지 않다. 왜냐하면 이들 양자수는 전자 에너지에 영향을 미치지 않기 때문이다. 이때는 주어진 주양자수 및 각운동량 양자수에 대해서 몇 개의 자기양자수 상태와 스핀 양자수 상태가 있으며, 그 상태들을 채울 전자가 몇 개인지만 중요하다. 예를 들어 표 2.1은 11개의 전자와 나트륨원자(원자번호11) 주위의 전자껍질 모형을 보여준다. 그 11개의 전자는 주양자번호 $n = 1$, 2 그리고 3 껍질로 분배된다. $n = 1$ 껍질($1s^2$)에서 2개의 전자, $n = 2$껍질($2s^2 2p^6$)에서 8개의 전자, 그리고 $n = 3$에서는 하나의 전자가 차지한다. $n = 1$ 껍질에서는 양자수의 관한 규칙에 따라서 l 양자수가 가질 수 있는 유일한 값은 $l = 0$이고, 따라서 $m_l = 0$이여야 한다. 이 때, 스핀 양자수에 사용할 수 있는 값은 $+\frac{1}{2}$과 $-\frac{1}{2}$ 등 2개이다. 나트륨의 $n = 1$ 껍질은 헬륨($1s^2$)과 같은 양자수를 가진다. $n = 2$ 껍질에서는 양자수의 관한 규칙에 따라 l 양자수가 가질 수 있는 값은 l=0과 1 두가지 값이다. $n = 2$와 l=0일 때, $m_l = 0$이어야 하며, 스핀 양자수는 $+\frac{1}{2}$과 $-\frac{1}{2}$, 2개의 전자가 차지할 수 있다. $n = 2$, $l = 1$일 때는, $m_l = -1, 0, 1$ 각각의 자기양자수에 스핀 양자수 $+\frac{1}{2}$과 $-\frac{1}{2}$, 2개의 전자가 대응 되므로, 총 6개의 전자가 배치된다. 6개의 2p 전자($2p^6$)에서 각각의 자기양자수 $m_l = -1, 0, 1$ 의 양자상태에 $+\frac{1}{2}$과 $-\frac{1}{2}$의 스핀양자수를 가진 2개의 전자가 대응된다. 그러므로, 나트륨 원자에서 $n = 2$ 껍질에 모든 양자상태는 가득 차 있다. 즉, 10개의 전자 중에 $n = 1$ 껍질에는 2개의 전자, $n = 2$ 껍질에는 8개의 전자가 자리를 차지한다. 자기장이 없기 때문에 나트륨의 11번째 전자는 $n = 3$, $l = 0$, $m_l = 0$인 껍질로 배치해야 하고, 스핀 양자수는 $+\frac{1}{2}$ 또는 $-\frac{1}{2}$일 수 있다. 따라서 나트륨의 전자배치는 $1s^2 2s^2 2p^6 3s^1$이다.

그림 2.1은 중성 나트륨 원자 안에는 11개의 양성자가 있다는 것과, 가장 안정되고 풍부한 동위원소에는 12개의 중성자가 있다는 것을 보여준다. 핵의 반경이 보통 10^{-15} m이고, 원자반경이 10^{-10} m이기 때문에 스케일에 맞게 그린 그림이라 볼 수는 없다. 핵은 원자직경에 비하면 점이라고 취급할 수 있을 만큼 작다. 하지만 원자 질량은 주로 핵에 분포한다. 각 양성자 및 중성자는 1.67×10^{-27} kg의 질량을 갖고 전자 질량은 9.11×10^{-31} kg이다. 거의 대부분의 원자질량은 핵에 분포한다. 하지만 원자의 크기를 결정하는 것은 전자 오비탈의 크기에 기인한다. 원자의 구조에 대한 자세한 설명에 관심이 있는 학생들은 리즈(Reese)의 물리학 교재를 참조하라.

예제 2.1

중요한 공학 재료 중 하나인 탄소(C, 원자번호 6)의 전자배치를 구하라.

풀이

첫 번째부터 세 번째 전자까지는 헬륨과 같은 전자 상태로 배치된다. 네 번째 전자는 세 번째 전자과 같은 양자수를 가지나, 스핀 방향이 반대이다. 이 전자는 $2s$ 전자의 2번째 전자이다. 다섯 번째 전자는 $n = 2$를 가진다. $l = 0$ 상태는 이미 채워졌기에, $l = 1$를 가진다. 이 전자는 $2p$ 전자이다. $2p$ 양자 상태는 6개의 전자를 수용할 수 있기에, 여섯 번째 전자 또한 $2p$ 전자이다. 따라서, 탄소의 전자배치는 $1s^2 2s^2 2p^2$이다.

2.2.3 전기음성도

주기율표는 각각의 원소의 화학기호, 족, 원자번호, 몰 질량, 전기음성도, 응집에너지, 융점, 실온에서의 원자밀도의 값을 제공한다. **원자번호**는 전자의 수 또는 중성 원자가 갖는 양성자의 수이며, 몰 질량은 단일 원자번호의 평균원자몰에 양성자, 중성자, 전자질량을 합한 것이다. 원자는 다른 동위원소를 가질 수 있는데, 동위원소는 중성자의 수가 상이한 전자와 양자의 원자번호를 가진다. 몰 질량은 평균 원자의 kg 값이다. 원자의 몰은 원자의 **아보가드로 수**(6.02×10^{23})를 포함한다.

주기율표 상단의 **족**(group number)은 그 열에 속한 원자의 원자가전자의 수를 나타낸다. **원자가전자**는 비활성기체 원자에 대응하는 구형 대칭의 전자껍질 외부에 있으면서 다 차지 않은 전자껍질에 분포한 전자들이다. 비활성기체의 경우, 구형대칭의 완전히 채워진 전자껍질 바깥에 전자가 하나도 없기 때문에 0족에 속한다. 비활성기체 원자의 경우 원자들 사이에서 전자공유 또는 전자전달 형태의 화학적 결합이 없기 때문에, 비활성기체 원자의 전자구성은 화학적 결합에 대한 기준점을 제공한다. 부록 A에는 비활성기체 원자 헬륨, 네온, 아르곤, 크립톤 그리고 크세논에 대한 전자구성이 나와 있다. 헬륨의 두 s전자는 전자의 $n = 1$ 껍질을 완성시키고, s전자가 구형 대칭 전자오비탈을 가지기 때문에 이 전자껍질은 구형 대칭이다. 다른 비활성기체에서는 2개의 s전자와 6개의 p전자들이 구형 대칭 전자껍질을 형성한다(s^2p^6).

전이원소 이외의 원자는 원자가 전자 껍질에서의 s와 p전자의 수의 합과 같은 I부터 VII까지의 족에 배치되어 있다. 전이금속 원소들은 $3d$, $4d$, $4f$, $5d$ 또는 $5f$와 같은 전자 부각이 불완전하게 차 있다. 보통 전이원소의 족은 불완전한 d 또는 f 부각 내의 전자수와 바깥쪽 전자껍질의 s와 p 전자의 수를 합친 값이다. 예를 들어 부록에서 살펴보면, 크롬의 전자구조는 Ar + $3d^5 4s^1$이다. 크롬은 완전한 아르곤 코어 바깥에 6개의 외부원자 중 5개의 $3d$전자와 1개의 $4s$ 전자 때문에 VI족에 속해있다. 철은 전자의 구조가 Ar + $3d^6 4s^2$이기 때문에 VIII족이다. 철은 아르곤 코어의 8개의 외부원자에서 6개의 $3d$전자와 2개의 $4s$전자를 가짐으로써 VIIII족에 속한다. 코발트, 니켈, 로듐, 팔라듐, 이리듐, 백금은 닫힘 껍질 바깥에 8개 이상의 원자가전자를 가지지만 화학적 성질이 철, 루테늄, 오스뮴과 비슷하기 때문에 VIII족으로 분류한다. 희토류 및 악티니드 계열 또한 $4f$와 $5f$ 전자껍질이 불완전하며 외부 원자가전자가 유사한 전이원소이다. 이러한 같은 계열의 원소는 비슷한 화학성 특성을 가지고 있다. 이러한 원소들은 주기율표 실선 아래에 주석 (1)번을 달고 표시되어 있다.

원자의 **전기음성도**는 전자를 끌어들이는 원자의 능력에 대한 상대적 척도이다. 비활성기체 원자는 전자를 끌어들이지 않으며, 이들의 전기음성도는 정의되지 않는다. 주기율표의 왼쪽 원자는 낮은 전기음성도를 갖는다. 예를 들면, IA족에 있는 리튬은 0.9의 전기음성도를 가지고 VII족에 있는 불소는 주기율표상 4.0의 가장 높은 전기음성도를 가진다. 주기율표의 해당하는 행에서는 원자번호와 전기음성도가 거의 선형증가를 보인다.

s와 p 전자의 합이 8개인 전자 배열이 비활성이라는 것은 이러한 전자배치가 매우 안정된 전자 배열임을 알려준다. 비활성기체 원자 이외의 모든 원자는 내부 비활성기체 이온 코어 바깥에 불완전한 껍질을 가진다. 최외각 불완전한 껍질의 전자가 원자가전자들이다. 비활성기체 원자 이외의 다른 원자들은 물질을 구성할 때 비활성기체 원자의 전자구성에 최대한 가깝게 배치되도록 화학적으로 결합한다. 오직 한 가지 종류의 원자만 있을 때는 원자가 전자를 공유하여 비활성기체와 비슷하게 전자를 구성한다. 원자들이 전자를 어떤 방법으로 공유하느냐에 따라 다양한 종류의 화학결합으로 나타난다. 기본적인 화학결합의 종류는 각종 화학 입문서에 기술되어 있고 2.7절부터 2.10절에서도 다시 살펴 볼 예정이다. 여기서 다른 화학결합이 어떻게 최종적으로 물질의 원자 배열과 물리적 특성에 영향을 미치는지 보게 될 것이다. 원자가 서로 결합하는 방식은 기체, 액체, 고체 등 물질의 최종 상태를 결정한다.

2.3 기체물질, 액체물질 그리고 고체물질

여기서는 기체, 액체, 고체 세 가지 물질 상태만 고려한다. 우리는 주로 고체의 특성에 대해서 토의한다. 그러나 고체는 주로 액체나 기체로부터 만들어진다. 예를 들어, 액체로부터 주조된 고체나 기체로부터 증착된 고체의 박막이 있다. 따라서 이러한 세 가지 상태를 이해하는 것이 중요하다. **기체** 상태에서는 움직이는 기본 단위들(원자나 분자)은 서로 약한 상호작용을 가지되 서로 결합하지 않는다. 이러한 단위들은 비교적 먼 거리를 운동에너지의 손실없이 이동이 가능하다. 따라서 기체라는 말과 가스라는 단어는 사실상 교체 사용이 가능하다.

기체가 온도가 낮아지고 액체로 응결될 때, 기본단위들은 다른 단위들과 더 강하게 상호작용을 한다. **액체**는 모습을 쉽게 바꿀 수 있는 물질이다. 액체에서는 각 개별 단위 사이의 상대적 움직임이 가능하다. 하지만, 기체와 비교했을 때 액체에서의 단위 속도와 움직임의 거리는 기체에 비해서 상당히 줄어든다. 액체에서 단위들 사이의 결합은 연속적으로 계속해서 다시 새로운 이웃과 결합한다. 이것은 단위들 사이의 상대적 움직임을 가능하게 하고 결과적으로 액체가 흐를 수 있게 해준다. 액체에서는 각 단위가 상당히 자유롭게 움직이므로 액체안의 단위는 무질서하다. 액체에서 단위의 위치에 대한 규칙적인 패턴은 없다. 그렇기 때문에 우리는 한곳에서의 특정 단위의 위치를 통해 먼 거리에 있는 다른 단위의 위치를 예측할 수 없다.

액체의 온도가 충분히 내려가면, 액체는 고체로 바뀐다. 우리는 섭씨 0도 이하에서 물이 얼음으로 변하는 것에 익숙하다. **고체**는 쉽게 모양이 변하지 않는 물질이며 비정수력(nonhydrostatic forces)에 잘 견딘다. 만일 액체에 비정수력이 작용하면, 각각의 단위는 상대적 이동을 한다. 그 결과로 액체는 쉽게 모양을 영구적으로 변화시킬 수 있다. 물질에 작용하는 비정수력은 힘의 크기가 모든 방향에서 같지 않다. 정수력(hydrostatic force)은 모든 방향으로 같이 작용한다. 압력은 정수력의 예이다. 만약에 당신이 고무줄을 한 방향으로 잡아당긴다면, 당신이 고무줄에 작용하는 힘은 비정수력이다. 비정수력이 고체에 작용하는 경우에는 원자가 서로 상대적인 위치에서 잘 움직이지 않아서 연구변형이 잘 일어나지 않는다. 고무줄도 고체이다. 왜냐하면 고무줄은 가한 힘을 제거하면, 원래의 모양으로 다시 돌아오며 당겨지는 동안의 모양 변화는 영구적이지 않기 때문이다. 액체는 액체에 가해진 비정수력이 0이 되더라도 원래의 모양으로 돌아오지 않는다.

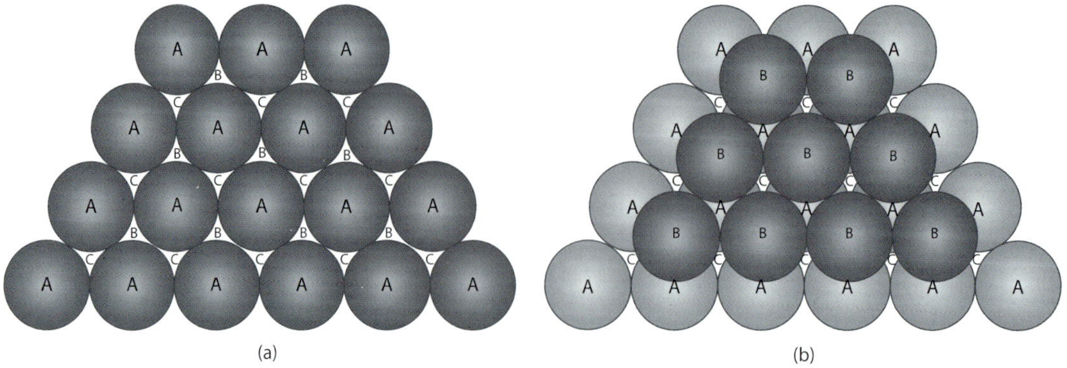

그림 2.2 (a) A 원자로 조밀하게 쌓은 구조에서 추가적으로 쌓을 위치의 종류가 B와 C 위치임을 나타냄. (b) 원자들은 A 층 위의 B에 위치하고 있으며, 다음 원자 층은 A 또는 C에 위치할 수 있음.

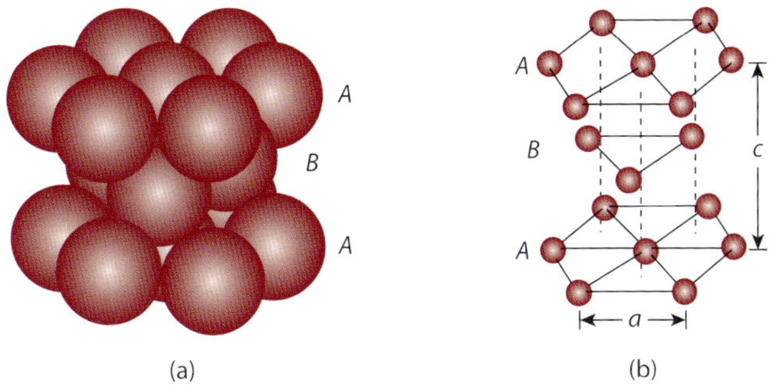

그림 2.3 (a) 조밀구조 평면이 ABABA로 적층된 육방조밀(HCP) 단위격자. (b) 격자상수 a와 c, 원자 위치를 나타내는 원자를 축소해서 나타낸 육방 단위격자 *[(a) Adapted from Cullity, B. D. Elements of X-Ray Diffraction, Addison-Wesley Pub. Co., Inc. Reading, MA (1956), p. 44. (b) Adapted from Askeland, D. R., Fulay, P. P., and Wright W. J., The Science and Engineering of Materials, 6th ed. Cengage Learning, Stamford, CT (2011), p. 71.]*

2.3.1 고체에서의 구체 원자의 밀집

모든 원소들은 충분히 냉각이 되면 고체의 형태를 가지게 된다. 그리고 이것은 불활성 기체의 원자에도 적용 되는 사실이다. 예를 들어서, 아르곤 가스는 83.9 K에서 고체가 된다. 불활성 기체 원자는 구형의 외부 전자 분포를 가지며, 우리는 고체 상태에서 그들이 어떻게 밀집되어 있을지 생각할 때 불활성 기체의 원자들을 당구공으로 생각할 수 있다. 평면에서 조밀하게 배치시키면, 그림 2.2a처럼 보인다. 이러한 배열을 **조밀구조**(close-packing)라고 하며 결정체의 모서리를 제외한 각각의 원자는 같은 평면에서 6개의 다

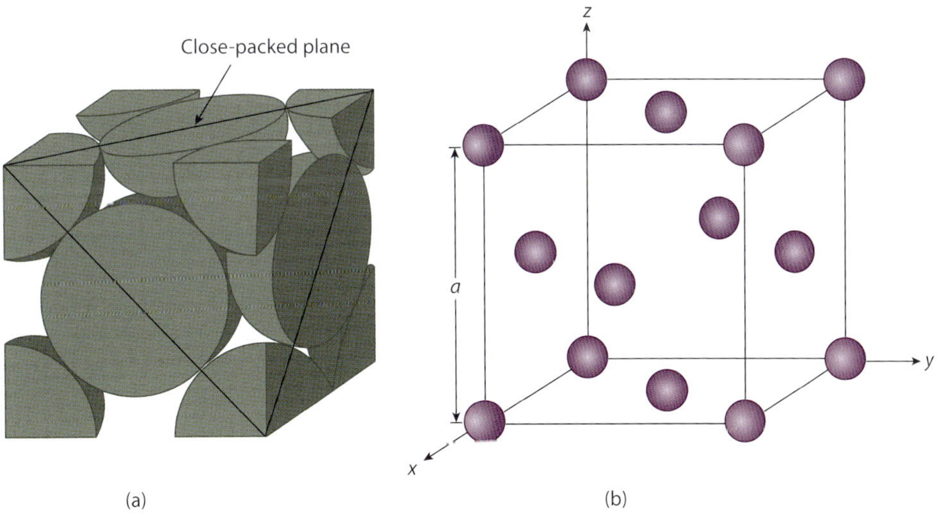

그림 2.4 (a) 조밀구조 방향(close-packed direction)을 따라서 원자들이 밀집한 면심입방(FCC) 단위격자. 조밀구조 평면(close-packed plane) ABCABC는 FCC 단위격자를 대각선으로 통과함. 그리고 모퉁이와 각 면의 중심에서는 원자의 일부분이 위치함. (b) 격자상수 a와 원자들의 위치를 축소 원자 모델로 나타낸 FCC 단위격자 *(Adapted from Callister, W. D., Materials Science and Engineering, An Introduction 6th ed. John Wiley & Sons, New York (2003), p. 33.)*

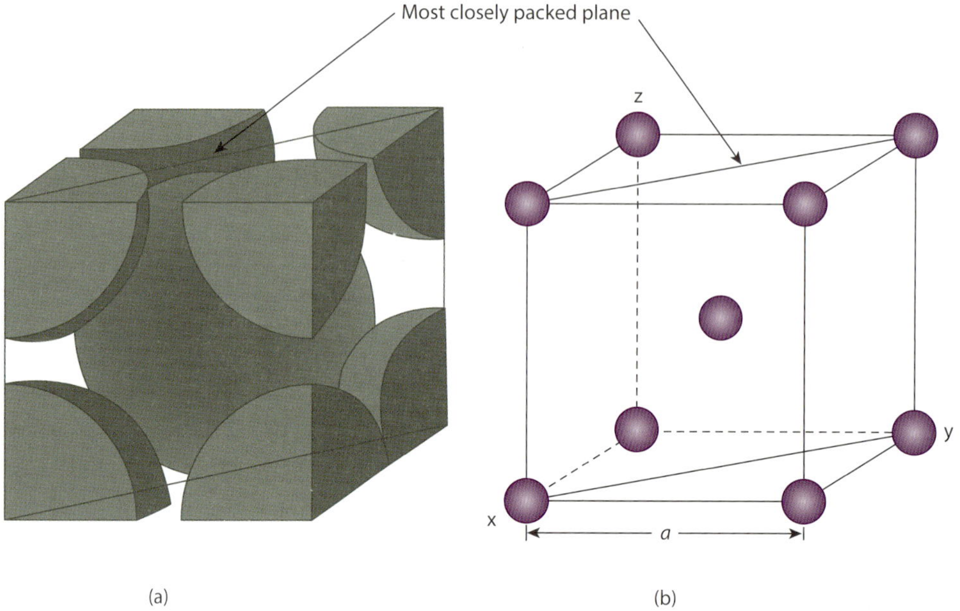

그림 2.5 (a) 면의 대각선 방향인 최대 조밀구조 방향을 따라서 원자들이 접촉하고 있는 체심입방(BCC) 단위격자이며 모퉁이에서는 각 원자의 부분만이 존재함. (b) 격자상수 a와 원자들의 위치를 나타내는 원자가 축소되어 표시된 BCC 단위격자 *(Adapted from Callister, W. D., Materials Science and Engineering: An Introduction, 6th ed. John Wiley & Sons, New York (2003), p. 35.)*

른 원자들에 의해 둘러싸여진다. 이것은 같은 크기의 구나 원자들이 가질 수 있는 가장 밀집된 배열이다. 고체는 3차원 구조를 가지며, 그림 2.2a에서 보이는 원자층 위에 다른 원자층들이 쌓여있다. 만약에 그림 2.2a에서 보이는 층이 *A* 층이라고 불린다면, *A* 층 위에 추가로 쌓은 원자들은 당연히 그림 2.2b에서 *B*라고 명시한 부분인 세 개의 원자 사이의 홈에 위치할 것이다. 또한 그림 2.2a에서는 낮은 지점이 더 존재하는데 *A* 평면 위에 *C*라고 명명한 부분이다. 일단 *A* 평면 위의 *B* 위치에 원자를 배치하면, *C* 점들에는 자리가 부족하여 추가의 원자를 같은 평면에 놓지 못한다. *B* 위로 원자를 쌓을 때에는 *C* 지점에 배치할 수도 있고 처음의 층처럼, 바로 *A* 위치에 배치할 수도 있다. 결과적으로 구 모양 또는 원자들의 조밀구조 평면의 중첩은 *ABA*가 될 수도 있고 *ABC*가 될 수도 있다.

완전한 결정체(perfect crystal)에서는 어떨까? 이때의 원자들은 반복적으로 쌓여서 적층은 *ABABABABABA*로 그림 2.3과 같이 **육방조밀**(HCP, hexagonal close-packed) 결정구조를 만들거나 *ABCABCABCABC*로 그림 2.4와 같이 **면심입방**(FCC, face-centered cubic) 결정구조를 만들게 될 것이다. FCC 결정 구조안의 조밀구조(close-packed) 평면은 그림 2.4a에 보인다. 그림 2.3과 2.4는 각 결정구조의 단위격자를 나타낸다. 그리고 모든 방향에 걸쳐서 이 단위격자들이 반복될 때 결정체가 생성된다. **결정체**는 공간에서 원자들의 정돈된 집합체이다. 이러한 각각의 결정체는 조밀구조(close-packed)를 가지는데, 이때 모든 원자는 12개의 인접한 이웃을 가지게 된다. 같은 평면에서 6개의 인접한 이웃을 가지며, 위쪽 평면에 3개의 인접한 이웃, 그리고 아래쪽 평면에 3개의 인접한 이웃을 가진다. 12개는 인접 가능한 이웃의 최대숫자이며 원자들의 가장 높은 충전밀도(packing density)를 의미한다. 이러한 결정체 구조는 특정 원자질량을 가지는 원자들로 만들 수 있는 가장 높은 밀도를 가지게 된다. 불활성 기체 원자들은 고체로 냉각 했을 때 모두가 FCC 원자배열을 가지게 된다. 또한 구리, 은, 금, 그리고 알루미늄과 같은 금속들은 FCC 구조를 가진다. HCP 원자배열을 가진 금속에는 티타늄, 코발트, 아연, 카드뮴, 그리고 지르코늄이 있다. 이렇게 몇몇의 원소는 HCP 구조를 가지고 또 다른 원소들은 FCC 구조를 가지는데, 이러한 구조의 차이는 양자역학적 모델로 결정되는 원자간 상호작용에 의존한다.

많은 재료들에서의 결합은 불활성 기체에서의 것보다 더욱 복잡한데, 이러한 복잡한 결합은 다양한 종류의 결정구조를 만들어낸다. 예를 들어, 금속에서 흔한 또 다른 결정체 구조는 그림 2.5에 나타낸 **체심입방**(BCC, body-centered cubic) 단위격자이다. 나트륨이나 철, 크롬, 몰리브덴, 니오븀 그리고 텅스텐과 같은 금속들은 BCC 결정체 구조를 가진다. BCC 구조는 조밀구조가 아니기에 각각의 원자는 12개가 아니라 8개의 인접한 이웃을 가진다. 다른 재료들의 구조는 앞에서 언급한 재료들을 논의한 다음에 다룰 것이다. 그 전에, 결정체 구조를 나타내는 보다 개선된 방법에 대한 이해력을 기르는 것이 중요하다.

2.4 결정구조와 결정학

결정학은 결정체 구조, 평면, 그리고 결정체의 방향을 설명하기 위한 시스템이다. 단지 재료의 결정체 구조를 아는 것만으로도 과학자들과 엔지니어들은 재료의 특성들을 추론할 수 있다. 예를 들어, 압연(rolling) 공정에서 만일 금속이 FCC구조라면, 비교적 쉽게 재료의 형태를 바꿀 수 있다. 이때 결정학의 언어와 규칙을 반드시 이해해야 한다. 왜냐하면 결정학은 과학자들과 엔지니어들이 서로 재료의 구조에 대해서 상호간 소통할 수 있게 하기 위해 만든 것이기 때문이다. 보다 깊은 내용을 알고 싶은 학생들은 결정학에 대한 더욱 전문적인 책들을 참고하기 바란다. 그 중 몇 가지는 이번 장의 마지막 부분에 나열되어 있다.

2.4.1 결정체 구조

그림 2.3과 2.4, 2.5에서 보이는 결정체 구조 HCP, FCC와 BCC는 결정체 구조의 단위격자의 예이다. 단위격자는 결정체에 대한 필수적인 정보를 담고 있는 원자들 또는 분자들의 작은 집단이다. 단위격자가 공간에 반복되면 전체 결정체를 이룬다. 단위격자를 나타내기 위한 중요한 세 가지 정보는 다음과 같다:

1. 단위격자의 유형
2. 단위격자의 크기
3. 단위격자 내의 원자 위치

그림 2.6에서 보는 바와 같이 3차원의 결정체에 대해서는 14가지의 단위격자 유형이 있다. 이들을 **브라베이 격자**(Bravais lattice) 유형이라고 부른다. 14가지의 브라베이 격자들은 표 2.1의 7개 결정체 시스템이 확장된 것이다.

브라베이 격자는 격자점(lattice point)으로 구성되어 있다. 단위격자의 격자점들은 서로 동등한 점(equivalent points)들이다. **격자점**은 꼭 원자가 배치되는 점은 아니다. 각각의 격자점은 격자점에 지정된 하나 또는 더 많은 원자들을 가질 수 있다. 하나의 격자점에 특정 원자 배열이 지정되면 나머지 격자점에도 동일한 원자배열이 지정된다. 브라베이 격자 유형은 입방체와 같은 단위격자의 전체 모양을 보여주는

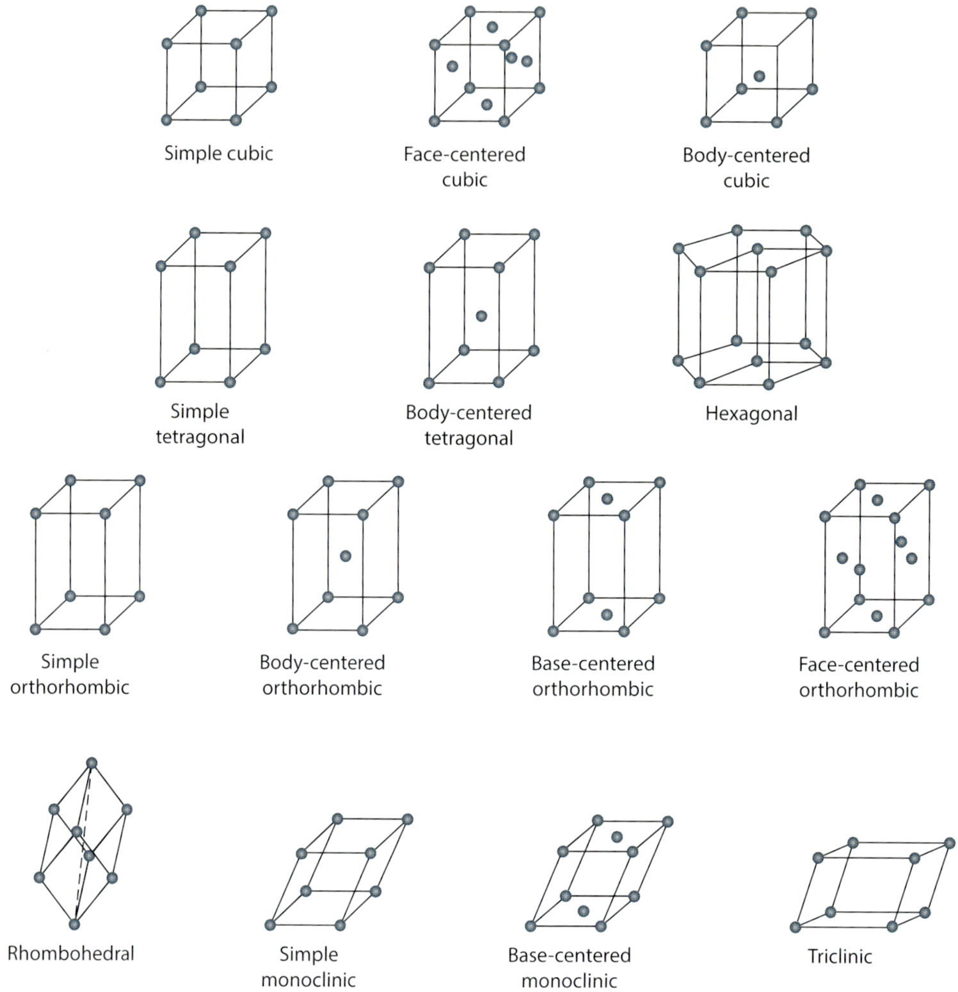

그림 2.6 14가지 브라베이 단위격자 *(Based on Askeland, D.R., Fulay, P.P., and Wright, W.J., The Science and Engineering of Materials, 6th ed. Cengage Learning, Stamford, CT. (2011), p. 62.)*

한편, 단위격자에 존재하는 추가적인 격자점도 나타낸다. 단순 입방 단위격자 같은 기본 단위격자는 단지 하나의 격자점만을 포함하는데, 연결된 결정체에서 한 입방 단위격자의 8개의 모서리는 8개의 단위격자에 의해 공유되며, 단위격자의 8분의 1이 한 입방체의 모서리에 기여한다. 입방체의 모서리에 공유되는 모양은 그림 2.4a와 2.5a에 나타나있는데, 구(sphere)의 8분의 1이 단위격자의 각 모서리에 기여한다. BCC 단위격자는 입방체의 모습을 보이는데, 입방체의 8개의 모서리의 격자점과 입방체의 몸통(body) 가운데에 격자점이 놓여있다. 그림 2.5a와 2.5b에서의 BCC 단위격자는 두 개의 단위격자를 가지는데, 하나는 8개의 모서리에서 기여한 것이며 나머지 하나는 몸통 가운데에 위치한 격자점이 기여한 것이다. 만약에 단위격자에 하나 이상의 격자점이 있다면, 단위격자는 기본 단위격자가 아니다. 따라서 BCC 단위격자는 기본 단위격자가 아니다.

단위격자의 크기는 **격자상수**(lattice parameters) a, b, c에 의해서 주어진다. 각 모서리가 직각을 이루지 않는 단위격자에서는 **격자각도** α, β와 γ가 명시된다. 몇 가지 원소(element)들의 격자상수와 결정체

표 2.1 7개 결정체 시스템의 특징

Crystal System	Lattice Parameters	Lattice Angles
Cubic	$a = b = c$	Each angle equals 90°.
Tetragonal	$a = b \neq c$	Each angle equals 90°.
Orthorombic	$a \neq b \neq c$	Each angle equals 90°.
Hexagonal	$a = b \neq c$	Two angles each equal 90°, and the angle between a and b equals 120°.
Rhombohedral	$a = b = c$	All angles are equal to each other, and none of them equals 90°.
Monoclinic	$a \neq b \neq c$	Two angles each equal 90°, and one angle does not equal 90°.
Triclinic	$a \neq b \neq c$	No angles are equal to each other, and no angles equal 90°.

구조는 부록 B에 나와 있으며, 단위는 옹스트롬(10^{-10} m)을 사용했다. 이 책에서 격자상수는 일반적으로 나노미터(1 nm = 10^{-9} m)의 단위로 나타낸다.

격자점의 좌표와 원자들의 좌표는 쉼표로 구분되어 격자상수의 단위와 그 분율로 나타내고 그림 2.4a에서와 같이 x, y, z 좌표를 사용하며, 원점은 0, 0, 0으로 나타낸다. x축을 따라서 격자상수 a와 같은 거리를 가지는 격자점은 1, 0, 0의 좌표를 가지고, 격자상수 a 자체는 포함시키지 않는다. 입방체 몸통 가운데의 격자점은 $\frac{1}{2}$, $\frac{1}{2}$, $\frac{1}{2}$의 좌표를 갖는다.

원자의 배열은 원점에 위치한 격자점을 중심으로 명시하면 된다. 왜냐하면 각각의 격자를 둘러싸고 있는 원자들의 배열은 원점을 주위로 둘러싼 배치와 같기 때문이다. 예를 들어 부록 B에서 나타나듯이, 0.352 nm의 격자상수(a)를 가지는 니켈은 FCC 구조를 가진다. 하나의 니켈의 FCC 단위격자에서의 모든 원자들의 위치는 몇 가지 규칙을 가진다:

1. 단위격자나 브라베이 격자 유형 : FCC
2. 격자상수 : a = 0.352 nm
3. Ni의 원자 위치 : 0, 0, 0

하나의 원자를 격지점 0, 0, 0에 놓는 것은 FCC 단위격자 안의 다른 모든 격자점에 원자를 한 개씩 놓는 것과 같다. 왜냐하면 각각의 격자점이 같은 원자 배열을 가지고 있기 때문이다. 최종저인 구조는 그림 2.4에서 보인다.

예제 2.2

그림 2.4a에서 보이는 면심입방(FCC) 단위격자에서 원자의 개수를 계산하라.

풀이

면심입방 단위격자의 8개의 꼭지점에는 8개의 원자가 있다. 그러나 각각의 원자는 8개의 서로 다른 단위격자의 꼭지점과 공유한다. 따라서, 단위격자 안에서는 8개 꼭지점에서 각각 8분의 1만큼의 원자가 있다. 그리고 이 8개의 꼭지점들이 모여 1개의 온전한 원자를 구성한다. 단위격자의 6개의 면들도 각각 면 중심에 원자를 하나씩 가지고 있다. 각각의 원자를 바깥쪽의 다른 단위격자와 공유하기 때문에, 단위격자 안쪽에는 6개의 면에서 각각 2분의 1만큼의 원자가 있다. 결과적으로 이 6개의 면들로부터 3개의 온전한 원자를 구성한다. 그러므로, FCC에서 원자의 총 개수는 4개가 된다.

$$8 \text{ corners} \times \tfrac{1}{8} \text{ atom per corner} = 1 \text{ atom at corners}$$

$$6 \text{ faces} \times \tfrac{1}{2} \text{ atom per face} = 3 \text{ atoms at face centers}$$

$$\text{Total number of atoms} = 1 \text{ atom at corners} + 3 \text{ atoms at face centers} = 4 \text{ total atoms}$$

예제 2.3

FCC 면심입방 구리에 대해서,

(a) 부록 B에 나타낸 0.352 nm의 격자상수만을 이용하여 단위 부피당 원자들의 수를 구하라.

(b) 단위 부피당 원자들의 수와 주기율표의 몰 질량을 이용하여 구리의 밀도를 구하라.

풀이

(a) 구리는 FCC구조를 가지기 때문에 단위 격자의 부피는

$$a^3 = (0.362 \times 10^{-9}\,\text{m})^3 = 0.047 \times 10^{-27}\,\text{m}^3$$

FCC 단위격자에는 4개의 원자가 있다. 단위 부피당 원자들의 수(n_a)는

$$n_a = \frac{4 \text{ atoms}}{0.047 \times 10^{-27}\,\text{m}^3} = 8.50 \times 10^{28} \frac{\text{atoms}}{\text{m}^3}$$

(b) 주기율표로부터, 구리 1몰의 질량은 63.5 g(0.0635 kg)임을 알 수 있다. 그리고 밀도의 단위는 kg/m^{3}이다. 차원 해석으로 구리의 밀도(ρ_{Cu})를 구하는 식을 얻을 수 있다.

$$\rho_{\text{cu}} = \frac{n_a M_{\text{cu}}}{N_A} = 8.50 \times 10^{28} \frac{\text{atoms}}{\text{m}^3}\left(\frac{\text{mole}}{6.02 \times 10^{23}\,\text{atoms}}\right) 63.5 \times 10^{-3} \frac{\text{kg}}{\text{mole}}$$

$$= 89.7 \times 10^2 \frac{\text{kg}}{\text{m}^3} = 8.97 \times 10^3 \frac{\text{kg}}{\text{m}^3}$$

여기서 M_{Cu}는 구리의 몰 질량이며, N_A는 아보가드로 수이다.

부록 B에서 구리의 밀도는 8.93 × 10^3 kg/m^{3}이며 이 값은 앞서 구한 값과 비슷하다. 값의 차이는 반올림으로 인한 오차이다.

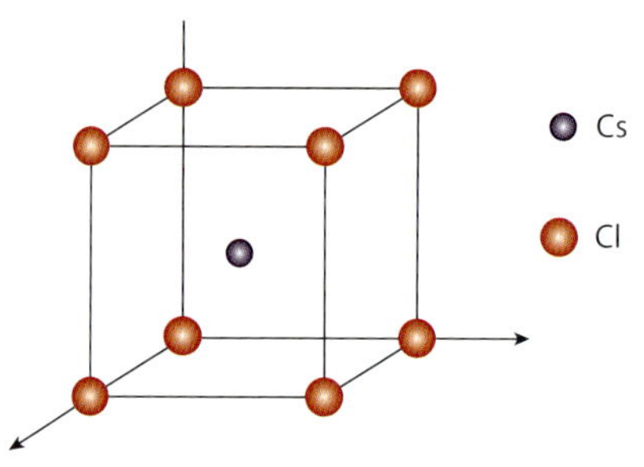

그림 2.7 염화세슘의 결정체 구조 *(Based on Askeland, D.R., Fulay, P.P., and Wright, W.J., The Science and Engineering of Materials, 6th ed. Cengage Learning, Stamford, CT. (2011), p. 67.)*

예제 2.3은 두 가지 방법으로 단위 부피당 원자들의 수를 구할 수 있다는 것을 보여준다. 한 가지 방법은 (a)에 나와 있듯 단위격자의 크기와 단위격자 안의 원자들의 수를 이용하는 것이다. 다른 방법은 밀도와 몰 질량(molar mass)을 알고 있을 때, 예제 2.3의 관계식으로 단위 부피당 원자들의 수(n_a)를 구할 수 있다.

예제 2.4

염화세슘(CsCl)의 단위격자에서는 8개의 꼭지점에 세슘 이온이, 체심에 염소 이온이 위치한다. 이는 그림 2.7에도 나타나 있다. 이 단위격자의 유형과 각 원자의 위치를 구하라.

풀이

CsCl은 단순 입방체이다. CsCl이 BCC라면, 각 꼭지점의 원자와 체심의 원자가 같아야 하는데 CsCl은 꼭지점들의 원자와 체심의 원자가 다르다. 그러므로 단순 입방 단위격자이고, 각 원자의 위치는

Cs 원자 위치 : 0, 0, 0

Cl 원자 위치 : $\frac{1}{2}, \frac{1}{2}, \frac{1}{2}$

이 문제는 결정에서 격자점과 원자 위치의 개념 차이를 보여준다.

2.4.2 결정면

결정체에서 특정한 면을 지칭하는 것이 필요한 경우가 있다. 예를 들어, 그림 2.4a에 명시한 FCC 결정체의 조밀 구조(close-packed) 평면은 FCC 금속들의 영구적인 변형을 야기하는 평면이다. 결정체 내의 특정한 면은 **밀러지수**(Miller indices)를 사용하여 기술한다. 그림 2.8은 단위격자 안의 몇 가지 결정면과 밀러지수를 나타낸다. 특정 결정면의 밀러지수는 다음과 같은 규칙에 의해 찾을 수 있다:

1. 단위격자 한 개의 모서리를 원점으로 정하고 해당 평면이 x, y, z 축을 만나는 점이 격자상수 a, b, c의 음 또는 양의 값을 갖게 한다. 만약 평면이 원점을 지난다면, 원점을 단위격자의 다른 곳으로 옮겨서 평면이 축에서 원점 사이에 격자상수만큼의 거리를 가지며 축을 자를 수 있게 한다. 여기서 모든 격자점은 동등하다는 것을 기억하자. 따라서 어느 격자점이든 원점이 될 수 있다.
2. 결정면이 x, y, z 축과 만나는 절편들과 원점간의 거리를 격자상수 단위 또는 분율(fractional)로 나타낸다. 음 또는 양의 값 모두 가능하다.
3. 밀러지수(hkl)는 2번 과정에서의 분율로 결정된 격자상수의 역수값이 된다.
4. 특정 평면에 대하여 밀러지수(hkl)는 쉼표나 마침표 없이 괄호 안에 들어간다.
5. 밀러지수는 반드시 정수이거나 0의 값을 가져야 하며, 만약 정수의 값을 가지지 않는다면, 정수로 만들 수 있는 가장 작은 정수 값을 곱하여야 한다. 원점이 적절히 선택되었다면 반드시 정수 값을 가진다. 값을 곱하는 것은 원점을 바꾼다는 것과 동일한 의미를 지닌다.
6. 만일 평면이 원점보다 음(negative)인 곳에서 축과 교차하면, 지표 위에 음의 부호를 써서 표시한다: $(00\bar{1})$을 "영, 영, 일 · 바(bar)"라고 읽는다.

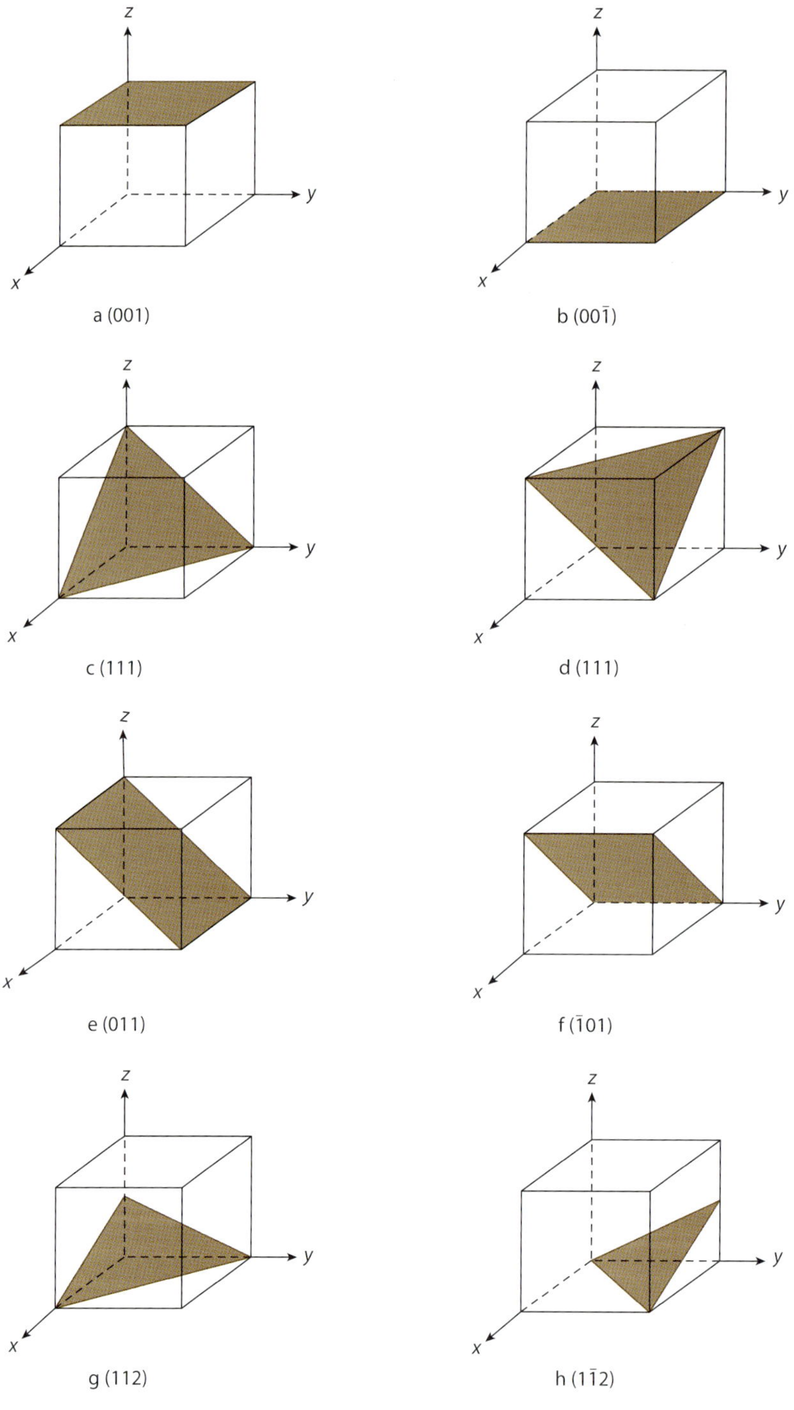

그림 2.8 입방 단위격자의 평면 예

교점의 역수 값을 밀러지수로 택하는 이유는 무한대의 값을 피하기 위해서이다. 예를 들면, 그림 2.8a의 위쪽 결정면의 경우, 축의 절편이 ∞, ∞, 1의 값을 가진다. 왜냐하면 그 평면은 x축과 y축에 평행하기 때문이며 이러한 축들을 따라서 무한한 절편을 가진다. 그리고 z축의 절편은 $+1$이다. 그러면 밀러지수는 다음과 같게 된다.

$$h = 1/\infty = 0$$
$$k = 1/\infty = 0$$
$$l = 1/1 = 1$$

따라서 이 평면은 (001)로 나타낸다. 그림 2.8b와 같은 경우에는 평면이 단위격자 바닥에 놓여있고 $(00\bar{1})$로 나타낸다. 바닥에 놓인 이 평면은 원점을 지난다. 그런데 위에서 나온 규칙 1에 명시되어 있듯이 원점을 옮겨야 한다. 따라서 만약 원점을 단위격자 한 개의 결정상수 만큼 위쪽으로 옮기게 되면, 바닥의 평면은 -1의 z 절편을 갖게 된다. 그리고 밀러지수는 $(00\bar{1})$로 명시된다. 여기서 우리는 원점을 위쪽이 아니라 아래쪽으로 옮길 수도 있었다. 그러면 평면과의 절편은 ∞, ∞, 1이 된다. 그리고 밀러지수는 (001)로 명시된다. 모든 결정체에서 하단 평면과 상단 평면은 동등(equivalent)하다. 이는 상단 평면은 바로 그 위에 놓인 단위격자의 하단 평면이기 때문이다.

FCC 금속 구조에서 조밀구조의 평면은 그림 2.8c에서와 같이 (111)이다. 평면은 1, 1, 1의 절편을 가지며, 따라서 밀러지수는 (111)이 된다. 그림 2.4a에서 조밀구조 평면을 설명하였는데, 이는 그림 2.8d에서의 평면과 동일한 평면이며 두 표면의 지수는 모두 (111)이다. 이 밀러지수들은 그림 2.8d에서 원점을 0, 0, 1의 격자점에 놓고 (111)평면을 2.8d 상단 위에 놓이는 단위격자로 확장시키면 확인할 수 있다. 2.8d에서 위에 놓이는 단위격자의 평면은 그림 2.8c와 정확히 같은 평면이다. 각각의 격자점이 동등하다는 것과 그렇기 때문에 원점은 어떠한 격자점에도 놓일 수 있다는 사실을 기억하자. 모든 격자점들은 0, 0, 0의 격자점과 동등하므로 원점을 평면의 기하학적인 시각화가 가장 쉬운 곳에 놓자. 그림 2.8c와 2.8d의 (111) 평면은 동등한 평면이며, 같은 밀러지수가 보여주듯이 서로 평행하다.

그림 2.8e의 절편은 ∞, 1, 1이고 밀러지수는 아래와 같이 정리된다:

$$h = 1/\infty = 0$$
$$k = 1/1 = 1$$
$$l = 1/1 = 1$$

따라서 평면은 (011)이 된다. 그림 2.8f에서 평면은 원점을 가로지르기 때문에 원점을 옮겨야 한다. 만약에 원점을 (1, 0, 0)의 좌표로 옮긴다면, 절편은 -1, ∞, 1이 된다. 결국 밀러지수는 $(\bar{1}01)$이다.

그림 2.8g의 그림은 x, y, z축 각각 1, 1, $\frac{1}{2}$의 절편을 가진다. 이 절편의 역수는 1, 1, 2이며 따라서 밀러지수는 (112)이다. 그림 2.8h는 평면이 원점을 지난다. 만일 원점을 0, 1, 0의 좌표로 옮긴다면, z축 절편은 $\frac{1}{2}$이고, x축 절편은 1이며 y축 절편은 -1이다. 따라서 밀러지수는 $(1\bar{1}2)$가 된다.

우리는 시작할 때 입방 단위격자에서 (001)과 $(00\bar{1})$가 동등하다고 설명하였다. 입방 결정체에서 육면체의 모든 평면은 동등하다. 입방 결정체의 동등한 평면들 모두를 지칭할 때는 지표 주위에 중괄호를 하여 {100}으로 표시한다. {100}은 (100)과 동등한 모든 평면을 나타내고, 입방 결정체에서는 (100), (010), (001), $(\bar{1}00)$, $(0\bar{1}0)$, 그리고 $(00\bar{1})$에 해당한다. 하지만, 모든 결정체가 이렇게 동등한 평면을 가지지는 않는다. 예를 들어, 정방(tetragonal) 단위격자에서는 $a = b$이지만 c는 동등하지 않는다. 따라서 (100), (010), $(\bar{1}00)$, $(0\bar{1}0)$은 동등하지만, 이것들은 (001)과 $(00\bar{1})$와는 동등하지 않다. 정방(tetragonal) 결정체에서 {100}는 (100), (010), (100)과 (010)의 집합을 의미한다.

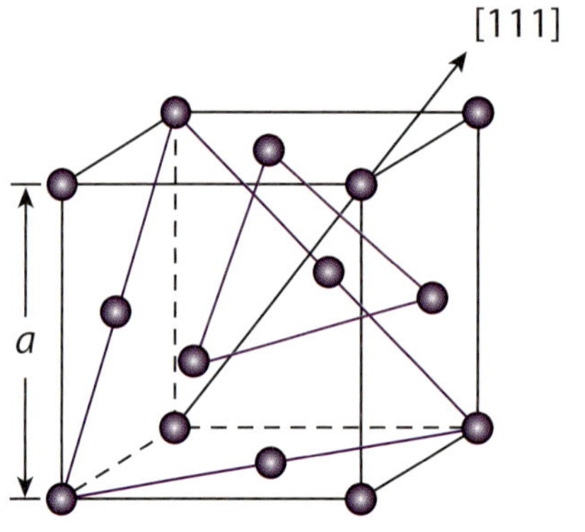

그림 2.9 입방 결정체에서 (111) 평면과 [111] 방향

입방결정체(cubic crystal)에서 밀러지수(hkl)를 가진 인접 평면들 간의 격자면 간격(d_{hkl})은 식 2.1과 같이 나타낼 수 있다.

$$d_{hkl} = \frac{a}{(h^2 + k^2 + l^2)^{1/2}} \tag{2.1}$$

a는 입방결정체의 격자상수이다. 비입방 결정체(noncubic crystals)의 격자 면 간격은 Cullity(컬리티)의 저서와 같은 결정학 전문서적에 명시되어 있다.

예제 2.5

FCC구조의 구리 결정에서 조밀구조 평면은 {111} 평면이다. 구리의 격자상수가 0.362 nm일 때, 조밀구조 평면간의 거리를 구하라.

풀이

격자면 간격은 식 2.1을 이용하여 계산한다.

$$d_{hkl} = \frac{a}{(h^2 + k^2 + l^2)^{1/2}} = \frac{0.362\text{ nm}}{(1 + 1 + 1)^{1/2}} = \frac{0.362\text{ nm}}{(3)^{1/2}} = \frac{0.362\text{ nm}}{1.732} = 0.209\text{ nm} = d_{111}$$

위의 결과는 FCC 단위격자에서 (111) 평면과 [111] 방향으로 평행한 평면들을 관찰함으로써도 얻을 수 있다. 이는 그림 2.9에도 나타내었다. 입방 결정에서 [111] 방향은 (111) 평면과 수직이다. (111) 평면과 [111] 방향으로 평행한 평면들간의 거리는 격자면 간격이 된다. 0, 0, 0 위치에서 1, 1, 1 위치로 가는 [111] 방향은 (111) 평면과 평행한 평면들에 의해 3개의 부분으로 나누어진다. 0, 0, 0에서 1, 1, 1까지의 거리는 $a3^{1/2}$이고 평면간의 거리는 이 값의 3분의 1인 값이 된다. 따라서, (111) 평면간의 거리는 $a/3^{1/2}$이고, 이는 식 2.1을 통해 구한 값과 같다.

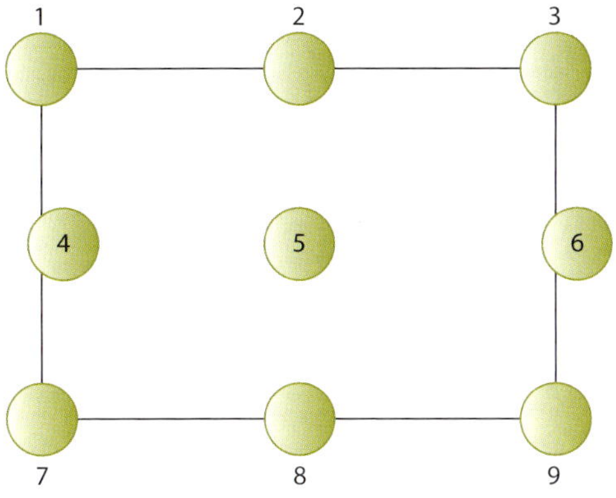

그림 2.10 원자가 위치 1에서 9에 배치된 가상의 평면

2.4.3 면밀도

2.4.5절에서는 원자 면밀도(*PAD*, planar atom density)와 원자 선밀도(*LAD*, linear atom density)의 지식이 필요하다. 예를 들면, 금속 결정체의 영구적인 변형은 가장 높은 면밀도(*PAD*)를 가지는 평면에서 가장 원자 선밀도가 높은 방향으로 발생한다. *PAD*를 결정하기 위해서는 면적이 *A*로 주어진 해당 평면에 중심을 둔 원자들의 수를 측정해야 한다. 해당 평면의 면적 (*A*)를 그림 2.10에서와 같이 1, 3, 9 ,7의 원자들로 둘러싸여 있다고 가정하자. 5의 위치와 같이 면적 *A* 안쪽에 원자 중심이 놓여 있다면 하나의 원자가 면적 *A*에 기여한다고 본다. 그러나 만일 원자가 그림 2.10의 1, 3, 9, 7과 같이 면적 *A*의 꼭지점 부분에 위치한다면, 꼭지점에 위치한 원자는 면적 *A*에 한 원자의 $\frac{1}{4}$만큼만 (90°/360°) 기여한다. 따라서 사각형의 네 꼭지점에 원자들이 놓여있다면 모서리 네 개의 원자들을 합해서 하나의 원자가 기여한다고 나타낼 수 있다. 그림 2.10에서 2와 8과 같이 변에 원자의 중심이 위치한 경우에는, 각각 한 원자의 $\frac{1}{2}$만큼 기여하게 된다. 만일 원자의 중심이 해당 평면 안에 위치하지 않는다면, 이 원자는 면밀도에 기여하지 못한다. 결국 원자 6은 *PAD*에 영향을 미치지 않지만, 원자 4는 면적 *A*에 하나의 원자로써 기여한다. 면밀도를 측정하기 위해서는 면적 *A*에 중심을 둔 모든 원자를 합산해야 하며, 식 2.2와 같이 면적 *A*로 나누어야 한다.

$$PAD = \frac{\text{Contribution of atoms with centers in area } A}{\text{Area of the plane } (A)} \tag{2.2}$$

예제 2.6

BCC 구조의 철에서, 위치 0, 0, 0에 원자 한 개가 대응되고 격자상수는 0.286 nm일 때, (100) 평면과 (110) 평면의 *PAD*(원자 면밀도)를 비교하라.

풀이

BCC 구조 철의 (100) 평면에서는, 4개의 꼭지점에 원자가 있지만 각 원자는 해당 면적에 4분의 1 원자 씩만 기여한다. 따라서, 꼭지점의 네 개의 원자들은 합해서 하나의 원자만큼 기여한다(4개의

꼭지점 × 꼭지점당 $\frac{1}{4}$ 원자). 해당 면적의 넓이는 a^2이고, 원자 면밀도는

$$PAD(100) = \frac{1\ \text{atom}}{a^2} = \frac{1\ \text{atom}}{(0.286 \times 10^{-9}\ \text{m})^2} = \frac{1\ \text{atom}}{0.0818 \times 10^{-18}\ \text{m}^2} = 12.2 \times 10^{18}\ \frac{\text{atoms}}{\text{m}^2}$$

BCC 철 결정에서 (110) 평면은 가로가 $2^{1/2}a$이고 세로가 a인 사각형 영역을 형성한다. 여기서 a는 격자상수이다. (110) 평면에 의해 형성된 이 사각형의 면적은 $2^{1/2}a^2 = 0.116 \times 10^{-18}\ \text{m}^2$이다. 4개의 꼭지점의 원자가 각각 4분의 1씩 기여하여 총 1개의 온전한 원자만큼 기여하며, 체심에 또다른 1개의 원자가 있다. 따라서 사각형의 총 원자 개수는 1 + 1 = 2개이다. (110) 평면에서의 원자 면밀도는

$$PAD(110) = \frac{2\ \text{atoms}}{2^{1/2}a^2} = \frac{2\ \text{atoms}}{1.41(0.286 \times 10^{-9}\ \text{m})^2} = \frac{2\ \text{atoms}}{1.41(0.0818 \times 10^{-18}\ \text{m}^2)} = 17.2 \times 10^{18}\ \frac{\text{atoms}}{\text{m}^2}$$

(110) 평면이 더 큰 원자 면밀도를 가진다. (110) 평면을 BCC 구조의 다른 모든 평면과 비교해보면, (110) 평면이 가장 큰 원자 면밀도를 가짐을 알 수 있다. 이는 그림 2.5에도 나타내었다. 이로부터, BCC 결정의 영구변형은 (110) 평면을 따라서 생긴다는 것을 알 수 있다.

2.4.4 결정체 방향

결정체 방향은 격자상수 a, b, c의 분율(fraction)을 가지는 방향 벡터로 나타낸다. 입방 결정체에 대한 몇 가지 방향은 그림 2.11에 나타나 있으며, 결정체 방향을 결정하기 위한 규칙은 아래와 같다:

1. 단위격자에서 벡터를 원점 0, 0, 0에서부터 원하는 방향까지 그린다. 만약 벡터가 원점에서 시작하지 않는다면 원점을 지나가도록 평행이동을 한다.
2. 원점에서 시작하는 벡터가 단위격자의 경계를 뚫고 가도록 하고, 단위격자와의 교차점 좌표를 격자상수의 분율로 표현한다. 그 다음 분수에 가장 작은 정수를 곱하여 정수 u, v, w의 형태를 만든다. 만약 벡터가 원점에서 단위격자를 통과하지 않고 곧바로 바깥으로 빠져나간다면 원점을 하나의 격자상수만큼 옆으로 옮겨야 한다. 그림 2.11에 $[0\bar{1}0]$과 같이 나타내면 된다.
3. 방향은 $[uvw]$로 표기하며, 방향의 음의 성분은 정수 위에 바(bar)를 그려 표시한다.

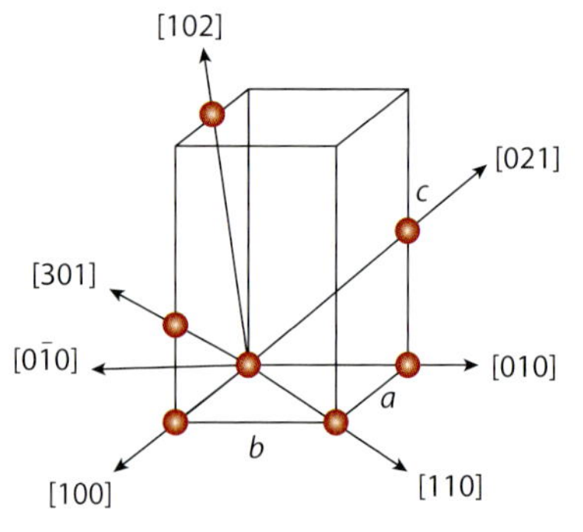

그림 2.11 사방정 단위격자에서의 몇 가지 방향. 빨간 점은 원점에서의 벡터가 단위격자를 뚫고나간 지점임.

그림 2.11에서 x축으로의 방향은 [100]이다. 이 벡터는 단위격자의 경계면을 원점에서부터 x축을 따라 1의 격자상수 분율을 갖고 지나고, y축과 z축에 대해서는 0의 값을 가진다. u, v, w는 1, 0, 0의 값을 가지게 되고 방향은 [100]로 표기한다. [110] 방향의 경우 단위격자와 1, 1, 0의 좌표에서 만나는데, 이것이 [110] 방향으로 표현된다는 것을 기억하자. [021] 방향은 단위격자를 0, 1, $\frac{1}{2}$지점에서 지나간다. 이때 분수표현을 제거하면 방향은 [021]으로 표기된다. [301] 방향의 경우에는 단위격자와 1, 0, $\frac{1}{3}$지점에서 만난다. 분수표현을 정리하면 u, v, w 값은 각각 3, 0, 1로 나타난다. 분수로 표현된 벡터에 일정한 값을 곱해주는 것은 벡터의 방향을 바꾸지는 않으며, 오직 크기만 바꾼다. [102] 방향은 $\frac{1}{2}$, 0, 1의 위치를 지난다. 분수표현을 제거하게 되면 방향은 [102]로 나타난다. $-y$ 방향을 가리키는 방향은 [0$\bar{1}$0]이다. 우리는 이것을 "영, 일 · 바(bar), 영" 방향이라고 부른다. [010]의 벡터는 단위격자를 빠져나가는 것으로 보이는데, 원점을 0, 0, 0에서 0, 1, 0으로 옮기면 새로운 원점에서 단위격자와 0, −1, 0에서 만나게 된다.

입방 결정체에서 모서리와 나란한 방향은 모두 동등(equivalent)한 방향이다. 따라서 입방 결정체의 [100], [010], [001], [100], [010], [001] 방향은 모두 동등하다. 이때 결정체의 동등한 방향을 각괄호를 사용하여 ⟨uvw⟩로 표기하며, 입방체에서 모서리와 나란한 모든 방향은 ⟨100⟩으로 표기한다. 그림 2.11과 같이 사방정(orthorhombic) 결정체에서는 [100] 방향과 [$\bar{1}$00] 방향이 동등하다. 반면에 [010] 방향과 [001] 방향은 사방 단위격자가 $a \neq b \neq c$이기 때문에 다르다. 즉, 사방 단위격자에서 ⟨100⟩은 [100] 방향과 [$\bar{1}$00] 방향만을 가리킨다.

2.4.5 선밀도

선밀도(LAD, linear atom density)를 결정하기 위해서는 선에 중심을 두는 원자의 개수를 측정해야 한다. 만약 원자의 중심이 선에 놓여 있으며 선이 정확하게 원자를 지나간다면, LAD에 하나의 원자가 기여하게 된다. 그림 2.10에서 원자 1에서 원자 9까지 선을 그려보자. 그러면 원자 5는 방금 그린 선의 LAD에 하나의 원자로서 기여하게 된다. 원자 2도 또한 원자 1과 원자 3까지의 선에서 하나의 원자로서 LAD에 기여하게 된다. 그러나 만약에 선이 원자의 중심에 시작이나 끝을 둔다면 원자의 $\frac{1}{2}$만이 LAD에 기여하게 된다. 따라서 원자 1에서 원자 9까지 선을 그을 때, 원자 1과 9는 각각 $\frac{1}{2}$의 원자로서 LAD에 기여한다.

원자의 중심이 선에 놓이지 않는다면, 이 원자는 LAD에 기여하지 않는다. 결국 원자 3과 원자 9를 잇는 선에서 원자 6은 LAD에 기여하지 못하며 원자 1과 7을 잇는 선에서의 원자 4 역시 LAD에 기여하지 못한다. 식 2.3에서 보듯, LAD를 결정하기 위해서는 선에 중심을 두는 원자들의 수를 더하고 선의 길이로 나누어야 한다.

$$LAD = \frac{\text{Contribution of atoms with centers on a length of line } L}{\text{Length of the line } (L)} \tag{2.3}$$

예제 2.7

구리는 FCC 구조이며, 위치 0, 0, 0에 원자 한 개가 대응되며, 격자상수는 0.361 nm이다. 구리 원자들이 ⟨110⟩ 방향을 따라 서로 닿는다고 가정하자.

(a) ⟨110⟩ 방향의 LAD(원자 선밀도)를 구하라.

(b) 구리 원자의 반지름을 구하라.

풀이

(a) 그림 2.4a를 보면 ⟨110⟩ 방향은 FCC 격자면의 대각선에 해당한다. 이 대각선의 한쪽 꼭지점에서 반대쪽 꼭지점을 따라 $\frac{1}{2}$원자 + 1 원자 + $\frac{1}{2}$원자 = 2원자가 있다. 그리고 대각선의 길이는 0.361 nm $(2^{1/2})$ = 0.511 nm이다.
따라서, 원자 선밀도는

$$LAD = \frac{2 \text{ atoms}}{0.511 \text{ nm}} = 3.92 \frac{\text{atoms}}{\text{nm}}$$

FCC 결정의 모든 방향에서의 *LAD* 값을 확인해보면, ⟨110⟩ 방향에서의 값이 가장 큰 값임을 확인할 수 있다.

(b) 구리 원자의 반지름을 구하기 위해서, 구리 원자들은 금속 FCC 결정 구조에서 가장 큰 원자 선밀도 값을 갖는 ⟨110⟩ 방향을 따라 서로 닿는다고 가정한다. 이는 구리 원자들이 당구공처럼 쌓여 있다고 가정한다. 4개의 원자 반지름이 있는 입방체 한 면의 대각선의 길이는 $2^{1/2}a$이다. 그러므로,

$$4R = 2^{1/2}a$$

$$R = \frac{a}{2^{3/2}} = \frac{0.361 \text{ nm}}{2.828} = 0.128 \text{ nm}$$

예제 2.7에서는, 결정체에서 원자들이 가장 조밀한 평면에서 가장 조밀한 방향을 따라 서로 닿고 있다는 가정을 통해 원자반지름을 구할 수 있다. 원자반지름을 구하기 위한 이 방법은 오직 한 가지의 원자 유형이 있을 때만 적용되는데, 그것은 바로 두 원자의 접점이 정확히 중간지점에 있다고 가정하기 때문이다. 하지만, 만약에 원자들이 두 가지 유형으로 섞여 있다면, 한 유형의 원자가 다른 원자보다 클 수도 있기 때문에 원자들이 중간지점에서 만난다는 가정은 적절하지 않다. 따라서 두 원자가 어디쯤에서 만나는지 확실치는 않다.

위에서 논의된 결정면과 방향의 지칭은 모든 브라베이 격자유형에 적용할 수 있으나, 육방형(hexagonal type)에서는 적용할 수 없다. 이 책에서 다루어지는 모든 개념들은 육방결정(hexagonal crystal)의 밀러지수와 방향을 쓰지 않고 설명한다. 하지만 이것에 흥미가 있다면, 부록 2A에 육방결정에서의 평면지수와 방향이 있으니 참고하길 바란다. 결정학에 대한 소프트웨어나 정보를 찾고자 하는 학생들은 국제결정학연합(International Union of Crystallography)에 의해 관리되는 http://www.iucr.org에서 알파벳순으로 정리된 자료를 얻을 수 있다.

2.5 화학적 결합, 원자 배열, 그리고 물리적 특성

이번 절에서 우리는 화학적 결합의 유형에 대해 검토할 것이며 어떻게 화학적 결합이 결정체의 원자 배열을 결정하고, 재료의 물리적 특성에 영향을 미치는지를 알아보도록 한다. 이번 장에서 화학적 결합과 연관된 물리적 특성은 밀도, 용융점, 경도이다. 우리는 뒷장에서 화학적 결합을 열팽창계수(thermal expansion coefficient)와 강성(stiffness) 등과 같은 다른 재료의 특성들과 연관시킬 것이다.

재료의 **밀도**는 재료의 단위 부피당 모든 원자 질량의 합이며, 재료에서 단위 부피당 원자들의 수는 원자들의 크기와 어떻게 원자들이 서로 밀집해(packing) 있는지와 연관된다. 몇몇의 원소들은 다른 **동소체**(allotropic)의 형태를 가지고 있는데, 이는 같은 원자가 서로 다른 원자 배열을 가지고 있다는 것을 의미한다. 예를 들어, 탄소는 흑연(graphite)과 다이아몬드의 형태를 가지고 있고, 그리고 그 외에도 앞으로 짧게 논의될 몇 가지 새로운 동소체가 존재한다. 상온에서 흑연의 밀도는 2.25×10^3 kg/m^3이고 다이아몬드는 3.52×10^3 kg/m^3이다. 이러한 밀도의 차이는 화학적 결합의 차이에 의해서 나타나며, 아래 논의처럼 원자가 서로 밀집되는 방법에 따라서도 달라진다.

용융점(melting temperature)은 고체가 가열될 때 액체로 변하는 가장 낮은 온도를 말한다. 재료의 용융점은 고체에서 원자들이나 분자들 서로가 가지는 결합의 강도(strength)와 직접적으로 연관이 있다. 재료가 가열될 때, 원자들은 평균 위치를 중심으로 보다 증가한 진폭으로 진동한다. 재료가 충분히 가열되면, 열적 진동의 진폭이 더욱 커짐에 따라 원자들의 이동성이 증가하게 된다. 그러다가 원자가 광범위하게 움직여서 이웃하는 원자가 끊임없이 바뀐다면 재료는 액체가 된 것이다. 에프 에이 린드만(F. A. Lindemann)은 격자진동의 진폭이 이웃하는 원자와의 거리의 10%에 이를 때 재료가 녹는다고 주장했다. 만일 재료가 더 높은 온도로 가열이 되면, 원자가 증발할 만큼의 원자 진동의 진폭을 가지게 된다. 재료가 더욱 강한 화학적 결합을 가질수록 원자의 이동성을 높여 액체로 만들기 위한 온도는 더욱 높아지며, 원자들을 증발시키고자 할 때는 훨씬 더 높은 온도를 필요로 하게 된다. 재료의 기계적 성질을 높은 온도에서 사용할 때 용융점은 재료의 특성에 있어 중요하다. 그것은 바로 높은 온도에서 작동하는 가스 터빈의 경우 터빈을 구성하는 금속 부품의 용융점에 의해 기계적 한계를 가지기 때문이다.

우리는 화학적 결합과 용융점처럼의 상관관계를 논의할 때 캘빈 온도(Kelvin temperature)를 사용할 것이다. 왜냐하면 0의 화학적 결합 에너지를 가진다면 용융점은 0 캘빈 온도에 근접하기 때문이다. 게다가 화학적 결합이 존재할 때 섭씨와 화씨온도 눈금을 활용한 용융점은 음의 값을 가지게 되며, 이는 혼란을 일으킨다. 또한, 열역학적인 계산법에서 캘빈 온도의 사용은 필수적이다.

재료의 **경도(hardness)**는 화학적 결합과 관련된 중요한 기계적 특성이며, 그림 2.12의 개략도를 보듯이 누름자(indenter)로 생긴 영구적인 침투에 대한 저항이다. 정성적으로 경도를 시험할 때 우리는 해변 모래를 손가락으로 누르면 모래가 단단한지 부드러운지 판단할 수 있다. 경도시험도 이와 같이 기계적인 시스템을 갖추고 그림 2.12b에서와 같이 단단한 누름자가 특정한 하중을 재료에 가하게 된다. 다른 경도 시험은 다이아몬드, 경강(hard steel)과 같은 다양한 누름자 재료를 사용하거나 구형의 공이나 원뿔형, 피라미드형과 같은 다양한 모양의 것을 사용한다. 예를 들어, 누프 경도(Knoop hardness) 시험은 다이아몬드로 만들어신 피라미드형의 누름자를 사용하여 다양한 작용 하중을 가한다. 누름자는 시편을 누르고 그림 2.12c에서와 같이 누름 자국의 깊이(t)와 너비(w)로부터 경도를 측정하는데, 강한 재료일수록 누름 자국

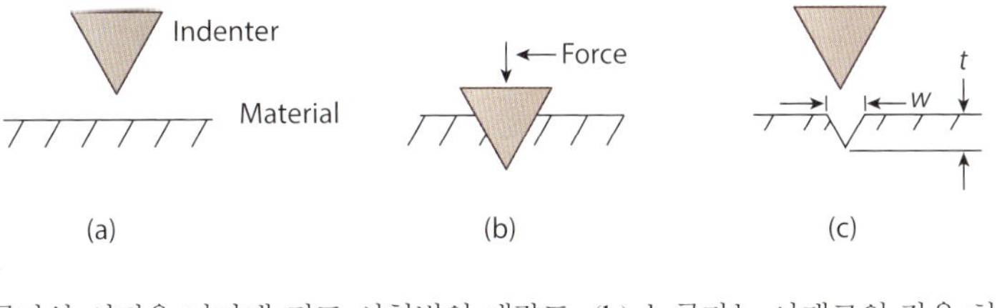

그림 2.12 (a) 누름자와 시편을 나타낸 경도 시험법의 개략도. (b) 누름자는 아래로의 작용 하중으로 시편을 누름. (c) 누름자를 시편에서 제거하고 깊이(t)와 너비(w)로 경도를 측정함.

이 작고, 부드러운 재료일수록 누름 자국이 크다. 누프 경도 시험은 단위 힘에 대한 면적을 측정하고 전통적으로 경도의 단위는 kgf/mm^2으로 나타내며, 이 단위는 이번 장에서 사용될 것이다. 다른 경도 측정법으로는 로크웰(Rockwell), 브리넬(Brinell), 모스(Mohs), 비커스(Vickers) 측정법이 존재하며, 이러한 모든 경도 측정법들은 6장에서 논의될 것이다. 하지만 이러한 다양한 경도값은 재료의 상대적인 경도는 알 수 있게 해주지만, 용융점처럼 물질의 기본적인 성질은 아니다. 대부분의 부품들은 본래의 부품에 손상 없이 자그마한 누름을 견딜 수 있으며, 경도 시험법은 제조업 분야에서 사용되고 있는 부품의 기계적인 특성을 비파괴적으로 확인하기 위해 넓게 사용되고 있다.

2.6 반데르발스 결합

우리는 반데르발스 결합에 대하여 논의를 할 것인데, 이 결합은 많은 고분자, 플라스틱, 접착제, 페인트의 특성에 영향을 미친다. 모든 재료는 이러한 약한 2차 결합(secondary bond)을 가지고 있다. 많은 재료의 경우 반데르발스 결합이 가장 우세한 결합이 아니더라도, 비활성기체 원자들에게 반데르발스 결합은 우세한 결합이며, 매우 낮은 온도에서는 2.3.1절에서 논의한 FCC 결정체 구조의 고체를 형성한다.

반데르발스 결합은 원자나 분자에서 전자의 쌍극자 효과에 의해 나타난다. 만약 2개의 대전된 도체가 각각 $+q$ 그리고 $-q$의 극을 띠며 d의 거리만큼 떨어져 있다면 쌍극자 효과가 나타날 것이다. 다른 원자 혹은 분자의 양극과 음극이 서로를 끌어당기며 결합을 형성할 것이다. 원자와 분자에는 고정 쌍극자 효과와 유동 쌍극자 효과가 있다. 고정 쌍극자 효과는 물분자와 같이 특정한 분자에만 있으며, 모든 원자들은 유동 쌍극자 효과를 갖고 있다.

2.6.1 고정 쌍극자 결합

고정 쌍극자 결합(permanent electric dipole bonds)은 수소결합이 있는 곳에서 특히 중요하다. 고정 쌍극자 결합의 예는 물분자에서 찾을 수 있다. 수소와 산소가 H_2O로 공유결합이 되기 위하여 전자쌍을 그림 2.13과 같이 공유한다면 수소 원자들은 1s 껍질 산소의 전자를 공유하며 완성시키고, 산소는 수소 2개의 전자를 공유하여 자신의 2p 껍질을 채울 것이다. 산소의 전기음성도(electronegativity)가 3.5로 수소의 2.1보다 크기 때문에, 공유되는 전자들은 수소보다는 산소 쪽에 더 많이 끌리게 된다. 그림 2.13과 같이 이러한 현상은 물 분자에서 고정 쌍극자 결합을 형성하게 된다. 수소 원자들의 끝은 양극을 형성하게

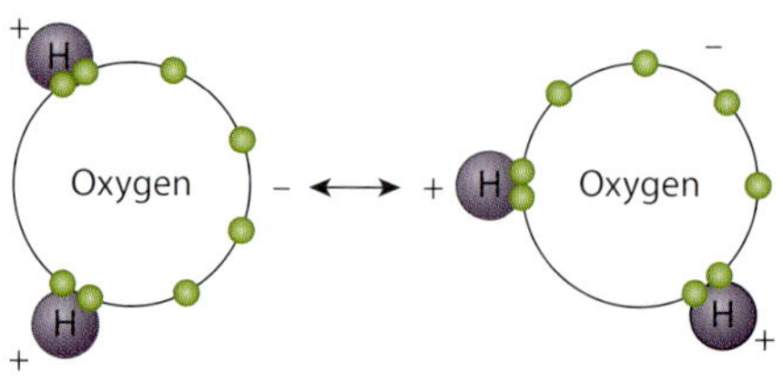

그림 2.13 영구적 쌍극자를 가지는 물 분자. 수소 원자들은 보다 양극을 띠고 산소 원자는 음극을 띤다. 작은 초록색 원은 전자를 나타낸다. 반데르발스 결합은 서로 다른 물 분자들 사이에 형성된다. 한쪽 분자의 음극이 다른 분자의 양극에 끌린다. 이 끌림은 화살표로 나타나 있다. *(Based on Askeland, D.R., Fulay, P.P., and Wright, W.J., The Science and Engineering of Materials, 6th ed., Cengage Learning, Stamford, CT. (2011), pg. 39.)*

되고, 산소는 음극을 형성한다. 이러한 전기음성도(electronegativity-induced)에 의해 유도된 양극과 음극의 분리는 고정 쌍극자 결합을 형성하게 된다. 만약 2개 이상의 물 분자가 가깝게 있다면 그림 2.13에서와 같이 각각의 물 분자의 수소 원자 끝의 양극이 다른 물 분자의 산소 원자의 음극에 끌리게 될 것이다. 양극과 음극의 끌림 현상은 물로 하여금 실온에서는 액체의 형상으로 존재하고 낮은 온도에서는 단단한 고체인 얼음의 형태로 존재하게 한다.

고정 쌍극자를 가지는 많은 분자들이 수소를 포함한다. 따라서 고정 쌍극자 간의 결합은 수소가 없더라도 통칭하여 수소결합이라 부른다. 그러나 고정 쌍극자 결합을 표현하기 위하여 수소결합이라는 용어를 재료에 수소가 존재하지 않는데도 쓴다면 혼란을 빚을 것이다. 그러므로 이 책에서 우리는 **고정 쌍극자 결합**이라는 용어만 쓰겠다.

2.6.2 유동 쌍극자 결합

비활성기체의 원자에서 전자껍질의 모양은 시간이 지남에 따라 평균적으로 구대칭(spherically symmetric) 모양을 이룬다. 그리고 이것은 원자의 낮은 에너지 상태를 이룬다. 다른 원자와 화학적으로 결합할 때 이러한 원자가 전자를 잃는 일은 없다. 이것이 실온에서 이러한 원자들이 기체의 형태로 존재하는 이유이다. 그렇다면 왜 이러한 비활성기체원자들이 낮은 온도에서 고체나 액체가 될까? 예를 들면, 아르곤은 83.8 K에서 고체가 된다. 이것은 고체가 되기 위한 매우 낮은 온도이며, 고체에서 비활성기체의 결합은 매우 약하다는 것을 의미한다. 주기율표에 따르면 아르곤의 응집에너지는 0.08 eV이다. 다이아몬드의 응집에너지는 7.43 eV이다. **원자당 응집에너지(cohesive energy per atom)**는 0 K에서 전자사이의 거리를 무한대의 거리로 떼어 놓는데 필요한 에너지의 양이다. 원소의 응집에너지는 분자결합의 에너지이다.

원자의 응집 현상이나 여러 원자 수준의 현상에서의 에너지에는 대개 **electron-volt** (eV)라는 단위가 주로 사용된다. 이는 응집에너지가 보통 0~10 eV 사이의 값이기 때문이다. 1 eV는 전자가 1 V의 전압에 의해 가속될 때 얻는 운동에너지이다. 그리고 1 eV는 1.6×10^{-19} J이다. 그러나 eV라는 단위는 속도와 같은 물리량을 기술하는 기본 단위에는 속하지 않는다. 그런 계산에는 SI(Système Internationale) 단위 시스템이 필요하다. eV 단위는 에너지의 비율 등을 계산할 때처럼 단위가 서로 상쇄되는 경우에 사용될 수 있다. 일반적으로 계산을 할 때 SI 시스템을 사용한다. 만약 eV가 어떤 문제에 적용이 될 수 있는지 없는지 의심이 간다면 SI 단위를 활용할 것을 권고한다.

비활성기체가 시간에 대해 평균적으로 구대칭 상태를 가진다 할지라도, 특정 시점에서는 완벽한 구대칭 구조라고 할 수 없다. 만약 2개의 헬륨 원자가 가까워지면 최외각 껍질의 전자가 서로 상호작용을 할 것이다. 그림 2.14와 같이 원자 1이 2개의 전자와 두 원자 사이에 존재하게 되면, 같은 양자수를 가지는 원자 2

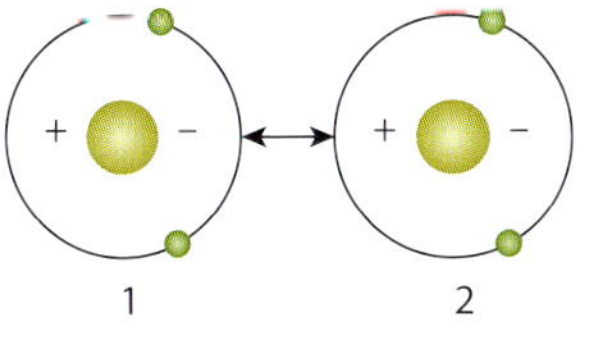

그림 2.14 헬륨 원자들이 서로 가까운 거리에 있을 때 둘러싼 전자들이 가질 수 있는 가능한 위치를 나타냄. 가장 바깥의 큰 원은 원자의 크기를 의미함. 각각의 헬륨 원자의 두 개의 전자는 바깥 원의 초록색 원으로 표시하였고, 헬륨의 핵은 원의 중심에 나타내었음. 두 헬륨 원자 간의 힘은 이중 화살표로 표시하였음.

의 전자들은 파울리 배타원리와 쿨롱의 법칙에 의해 서로 밀어내어 2개의 원자 사이에 놓여 있지 않으려는 경향을 가진다. 원자 2에서 이렇게 전자가 없는 쪽은 양극을 띠게 되고 원자 1 쪽은 음극으로 대전되게 된다. 이것은 일시적으로 2개의 원자에 전자쌍극자 현상이 일어나게 되는 것이다. 비활성기체가 액체나 고체로 응집이 되면, 전자궤도가 쌍을 이루게 되며, 액체나 고체 전체에 전자쌍극자 현상이이 일어나게 된다. 만약 우리가 원자 2의 오른쪽에 3번째 원자를 추가한다면, 이 원자는 왼쪽에 더 적은 양의 전자를 가질 것이며, 오른쪽에 더 많은 전자를 가지고 있을 것이다. 그 이유는 전자 2의 음극이 그들을 밀어냈기 때문이다. 그러나 원자의 전자는 계속 움직이며 전자쌍극자의 방향은 계속 변할 것이다. 이러한 이유로 결합의 명칭이 유동 쌍극자 결합인 것이다.

유동 전기쌍극자 결합은 런던결합 'London bond'라고도 불린다. 이러한 결합은 모든 재료에 존재하는데, 이것은 전기쌍극자가 모든 원자들을 둘러싸는 전자들의 움직임에 의해서 형성되기 때문이다. 하지만 이 결합은 공유결합, 금속결합, 이온결합에 비하여 약하기 때문에 강한 유형의 결합을 가지고 있는 재료의 특성에는 큰 영향을 주지 못한다.

유동 전기쌍극자 결합의 세기는 원자나 분자가 갖는 전자의 개수가 증가할수록, 그리고 분자의 길이가 길어질수록 강해진다. 주기율표(periodic table)에 따르면 불활성 기체 제논(원자번호 54)의 용융점은 161.4 K이고 네온(원자번호 10)의 용융점은 24.55 K이다. VII족 원소(F, Cl, Br, I)들은 I_2와 같이 같은 원소가 짝을 이루는 2원자 분자(diatomic molecule)를 형성하는데, 이러한 분자들 간의 결합은 유동 전기쌍극자 결합이다. 왜냐하면 고정 전기 쌍극자가 같은 원자들 간에는 존재하기 않기 때문이다. 요오드(원자번호 53)는 106개의 전자를 가지는 I_2 분자를 형성하는데 용융점은 387 K이다. 또한 요오드 분자는 구형체가 아니라 길게 늘어져 있다. 이 장의 뒷부분에서 우리는 폴리머나 플라스틱의 분자에서 각각 어떻게 다르게 반데르발스 결합을 하는지에 대하여 논의를 계속할 것이다.

메탄의 탄소처럼, 수소원자가 다른 원자와 결합된 형태를 가지면서도 분자간의 결합이 수소결합이 아니라 유동 쌍극자 결합에 의해 이루어지는 분자들이 있다. 이것은 수소와 탄소가 각각 2.1과 2.5로 서로 비슷한 전기음성도를 가지고 있기 때문이며, 결합이 극성을 가지고 있지 않기 때문이다. 고체와 액체 상태의 메탄에서의 유동 쌍극자 결합은 고정 쌍극자 결합에 의한 수소결합보다 우세하다. 따라서 메탄 분자가 네 개의 수소 원자를 가짐에도 불구하고 수소결합은 액체나 고체 상태의 메탄을 형성하는데 크게 기여하지 않는다.

2.6.3 불활성 기체 원자의 응집

비활성기체 원자들은 낮은 온도에서 고체화된다. 예를 들어, 아르곤은 83.8 K 이하의 온도에서 고체화된다. 비활성기체 원자의 전자구성이 시간에 대해 평균적으로 구형대칭이기 때문에 비활성기체 원자들은 구형의 당구공처럼 뭉쳐진다. 이러한 응집을 통해 비활성기체 원자가 FCC 결정구조를 갖게 된다.

2.6.4 불활성 기체 이온의 물리적 특성

비활성기체의 낮은 융해 및 증발온도에 의해 입증되는 바와 같이, 비활성기체 원자 간의 유동 쌍극자 결합은 비교적 약한 결합이라는 것을 알 수 있다. 네온(원자번호 10번)은 24.55 K에서 융해된다. 반면에 라돈(원자번호 86번)은 202 K에서 융해된다. 현재 고체 형태의 비활성기체는 공학적 응용 분야가 없지만, 액체 및 기체 형태는 화학적 안정성과 융해 및 증발 온도 때문에 공학적으로 활용되고 있다.

비활성기체 원자는 화학적 반응을 하지 않는 비활성 환경이 필요할 때 사용된다. 예를 들면, 금속은 금속이 산소와 반응하는 현상인 산화를 방지하기 위하여 처리 과정 중에 비활성기체 환경 내에서 고온으로 가열된다. 알루미늄은 산소와 반응성이 높다. 따라서 알루미늄은 아르곤 가스와 같은 비활성기체 환경 내에서 용접된다. 또한 비활성기체 원자는 물질의 얇은 막을 생성하는 스퍼터링(sputtering) 증착공정에 사용된다. 스퍼터링 공정에서 비활성기체 원자의 이온을 전압을 통해 가속하여 타겟 물질을 향해 때리면, 이때 타겟 물질은 유리와 같은 기판을 향해 쏘아져 기판 위에 얇은 막을 형성하게 된다. 선글라스나 유리에 얇은 코팅막을 형성하여 빛의 특정 파장을 감쇄시키는 처리 과정 등은 스퍼터링 공정을 통해 수행한다.

액체 상태의 비활성기체는 물질을 냉각시키는데 사용된다. 헬륨의 증발온도는 4.1 K이다. 만일 당신이 정말 낮은 온도에서 공정이나 시험을 하고자 하는 경우, 당신은 액체 헬륨을 이용해서 재료를 4.1 K에 근접한 온도로 냉각시킬 수 있다.

2.7 공유 결합

공유결합이란 원자가전자 껍질을 모두 채우기 위해 두 원자가 두 개의 전자를 국소적으로 공유하는 것이다. 공유결합은 다이아몬드, 실리콘, 실리콘카바이드, 폴리머, 세라믹과 같은 중요한 물질에 존재한다. 공유결합은 다이아몬드와 같이 높은 용융점 및 높은 경도를 가진 물질 안에 존재하며, 비교적 연질이며 낮은 용융점을 가진 플라스틱 안에도 존재한다. 그러면 어떻게 공유결합이 고경도의 다이아몬드뿐만 아니라 연질의 플라스틱에서도 존재할 수 있을까? 여기 내용과 2.8절이 그에 대한 답을 해줄 것이다.

원자의 최외각 껍질이 절반 또는 그 이상 채워진 경우, 원자는 원자가전자 껍질을 다 채우기 위해 다른 전자를 추가로 획득하려고 한다. 원자 종류가 한 가지인 경우, 각 원자는 동시에 전자를 끌어들이기 때문에 서로 전자를 공유하여 전자를 얻는다. 다이아몬드 형태의 탄소가 공유결합의 좋은 예이다. 하지만 다이

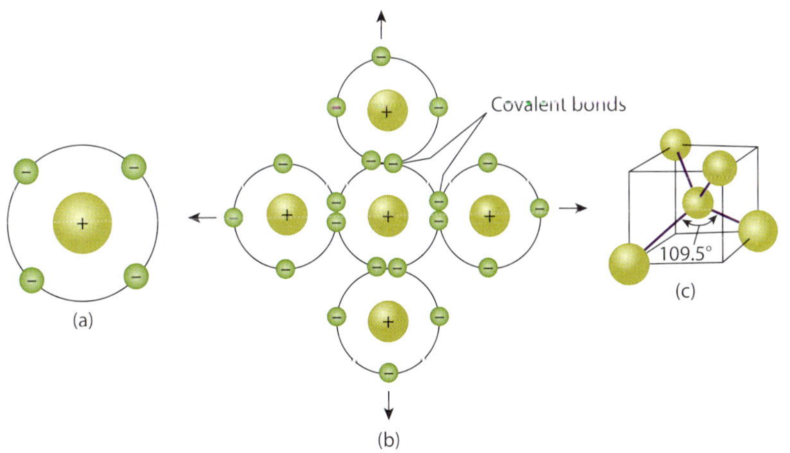

그림 2.15 (a) 4개의 원자가전자를 가지고 있는 IV족의 탄소 원자. (b) 공유결합으로 전자를 공유하는 탄소의 평면도임. 중심의 원자는 4개의 이웃 원자와 전자를 공유하여 8개의 원자가전자를 가지며, 결정체에서 다른 원자와의 공유결합은 모든 원자들이 8개의 원자가전자를 가지게 함. (c) 다이아몬드 구조에서 4개의 이웃하는 원자들 간에 4면체의 배열을 이룸. *(Reprinted from Askeland, D. R., Fulay, P. P., and Wright, W. J., The Science and Engineering of Materials, 6th ed., Cengage Learning, Stamford, CT (2011), p. 36.)*

아몬드는 대기 조건에서 탄소의 가장 안정적인 형태는 아니다. 흑연은 탄소의 안정적인 형태이고 버키볼, 나노튜브, 그리고 그래핀도 대기 조건에서 형성될 수 있다. 탄소의 다양한 형태들은 그림 2.16에 나타나 있다.

탄소는 주기율표의 4족에 속해 있고, 2.15a처럼 4개의 원자가전자를 가진다. 따라서 그 최외각껍질은 절반이 채워져 있고, 여덟 개의 전자로써 최외각껍질을 완성하기 위해서는 4개의 추가적인 원자가 필요하다. 이때 4개의 다른 탄소원자와 전자를 공유함으로써, 각 탄소원자는 그림 2.15b처럼 8개의 공유전자에 의해 둘러싸인다. 이 8개의 전자는 비활성기체 원자의 원자가전자의 개수와 같다. 그림 2.15b를 보면 오직 중심 원자만이 8개의 공유전자를 가진 것으로 그려져 있지만, 모든 탄소원자가 4개의 다른 탄소원자에 의해 둘러싸이는 경우, 각각의 탄소원자는 8개의 공유전자에 의해 둘러싸이게 된다.

2.7.1 공유 결합, 원자 충진, 그리고 결정체 구조

원자의 결합유형은 어떻게 원자들이 고체 형태를 형성하기 위해 응집하는지를 결정한다. 식 2.4처럼, 같은 족에 속한 두 원자간의 공유 결합에서 가장 가까운 이웃하는 원자의 수(*NNN*, number of nearest neighbours)는 8에서 족수(*GN*, group number)를 뺀 숫자와 같다.

$$NNN = 8 - GN \quad (2.4)$$

*NNN*은 그 원자에 가장 가까운 원자들의 개수이다. 또한 가장 가까운 이웃들의 수는 각각의 원자쌍이 단일공유 결합 쌍을 형성한다는 가정 하에서 원자가껍질에 필요한 전자의 수와 동일하다. VII족에서 가장 가까운 이웃들의 수는 1이다. 2.6.2절에서 설명한 바와 같이, 염소 원자의 경우, 염소 가스의 이원자 분자를 형성하기 위해 서로 동일한 원자와 결합한다. 이에 대한 예가 Cl_2이다. 식 2.4는 모든 원자가전자가 공유결합에 참여하며, 서로 이웃하는 원자들이 같은 거리만큼 떨어져 있다고 가정한다. IV족에 있는 탄소의 예를 들면 *NNN*은 4이다($NNN = 8 - GN = 8 - 4 = 4$).

다이아몬드는 공유결합의 좋은 예인데, 이는 이 공유결합을 통해 만들어지는 동소체가 흥미로운 물성 결과와 많은 공학적 응용을 가지기 때문이다. 다이아몬드 탄소원자는 $2s + 2p^3$의 원자가전자 구성을 가진다. 그림 2.16a에서 보듯이, 다이아몬드에서 1개의 *s*와 3개의 *p* 궤도들은 정사면체의 네 모서리를 가리키는 4개의 sp^3 분자궤도를 형성하기 위해 선형으로 결합하여 혼성오비탈을 이룬다. 각 탄소 원자는 효과적으로 원자가 8개의 전자에 의해 둘러싸여지도록 4개의 다른 탄소원자와 공유결합 내의 전자를 공유한다. 서로에 대한 원자의 방향은 sp^3 분자궤도에 의해 결정된다. 원자의 방향은 다른 원자의 sp^3 분자궤도에서 전자사이의 공유결합을 형성하는 전자의 중첩을 최대화한다. 그림 2.16b에서 보듯이 다이아몬드 결정구조의 탄소원자는 그림 2.16a에서 보여주는 동일한 사면체의 배열이다. 다이아몬드의 격자상수는 0.357 nm이고, 탄소-탄소 원자간 거리는 0.154 nm이다. 다이아몬드 입방구조는 FCC 단위격자를 가진다. 하지만 각 FCC 격자점에는 두 원자가 대응된다. 하나의 원자를 0, 0, 0의 격자점에 놓아보자. 이는 FCC 단위격자의 모든 다른 격자점에도 원자 한 개씩을 놓는 결과를 가져온다. 이제 좀 전에 놓은 원자에 덧붙여 0, 0, 0에서 상대적으로 1/4, 1/4, 1/4 위치에 다른 원자가 대응된다. 다이아몬드 입방 결정구조는 FCC 이지만, 각 원자에 이웃하는 가장 가까운 원자들의 개수가 4개이기 때문에 조밀구조는 아니다.

예제 2.8

다이아몬드의 결정 구조를 기술하기 위한 모든 요소를 써라.

풀이

브라베이 격자유형은 FCC에 해당한다.
원자 위치는 0, 0, 0과 1/4, 1/4, 1/4이다.
격자상수는 0.357 nm이다.

2.7.2 물리적인 특성과 공유 결합

다이아몬드의 강한 공유결합은 표 2.2에 제시된 다이아몬드의 몇몇 물성과 더불어 다른 물질의 물성을 이해하도록 도와준다. 다이아몬드에서 원자가전자는 탄소원자들 사이에 강한 공유결합을 이루어 그 결과 7.43 eV/atom의 응집에너지로 나타난다. 이렇게 특정 방향성을 가지는 결합을 하는 전자들에 의한 공유결합 물질은 변형하기 어렵다. 다이아몬드는 7000의 누프 경도(Knoop hardness)와 3823 K의 용융점을 가진 매우 단단한 물질로 알려져 있다. 83.8 K의 아르곤 융해 온도 값과 반데르발스(Van der Waals) 결합의 결과로 나타나는 0.08 eV/atom의 응집 에너지를 비교해 보아라.

표 2.2는 일반적으로 물질의 용융점과 경도 사이에 상관관계가 있음을 보여준다. 용융점은 물질의 화학적 결합의 강도를 나타낸다. 용융점이 높을수록 결합은 강해지고 물질은 단단해진다.

다이아몬드의 경도는 아주 많은 산업계에서 응용되는데, 산업용 다이아몬드는 합성 다이아몬드나 보석 수준의 품질을 가지고 있지는 않다. 예를 들어, 선반 절삭 공구는 다이아몬드 조각들을 사용하고 금속 절단용 톱에도 다이아몬드 조각들이 박혀있다. 작은 다이아몬드 입자들은 단단한 금속을 연마하는 연마재에도 들어간다.

다이아몬드의 높은 응집에너지에도 불구하고, 다이아몬드는 대기환경에서 존재하는 탄소형태가 아니

표 2.2 몇 가지 물질에 대한 재료종류 및 결합 종류 [공유결합(C), 반데르발스(VDW), 이온결합(I), 금속결합(M)], 밀도, 녹는점, 누프 강도. 여러 개 문헌의 데이터를 모은 것임. 강도는 재료의 제작 공정에 따라 변할 수 있고, 제시한 값은 통상적인 값임.

Material (Bonding)	Density (10^3 kg/m^3)	Melting Temperature (K)	Knoop Hardness [kg$_f$/(mm)^2]
Diamond (C)	3.52	3823	7000
Polyethylene (C+VDW)	0.95	403–410	5[1]
NaCl (I)	2.17	1070	16
SiC (C+I)	3.21	3003	2480
SiO_2 (I+C)	2.65	1983	820
Gold (M)	19.3	1336	69
High-strength steel (M)	7.85	1811	392

1 Brinell hardness

다. 반면에 흑연, 버키볼, 나노튜브, 그리고 그래핀은 대기환경에서 존재하는 탄소형태이다. 천연 다이아몬드는 지구형성 초기단계에서 높은 온도와 압력 하에 형성되었으며, 인조다이아몬드는 5×10^9 N/m^{2}과 1500℃와 같이 높은 압력 및 온도 하에서 제작되었다.

최근 다이아몬드와 비슷한 성질의 박막이 실험실에서 제조 될 수 있다는 것이 밝혀졌다. 다이아몬드형 코팅(DLCs, Diamondlike coatings)은 다이아몬드 결정 구조를 가지고 있지는 않지만 다이아몬드의 sp^3 분자궤도를 많이 갖고 있다. 즉, 비결정질이지만 매우 단단하다. DLC는 마모에 저항할 수 있는 코팅절삭

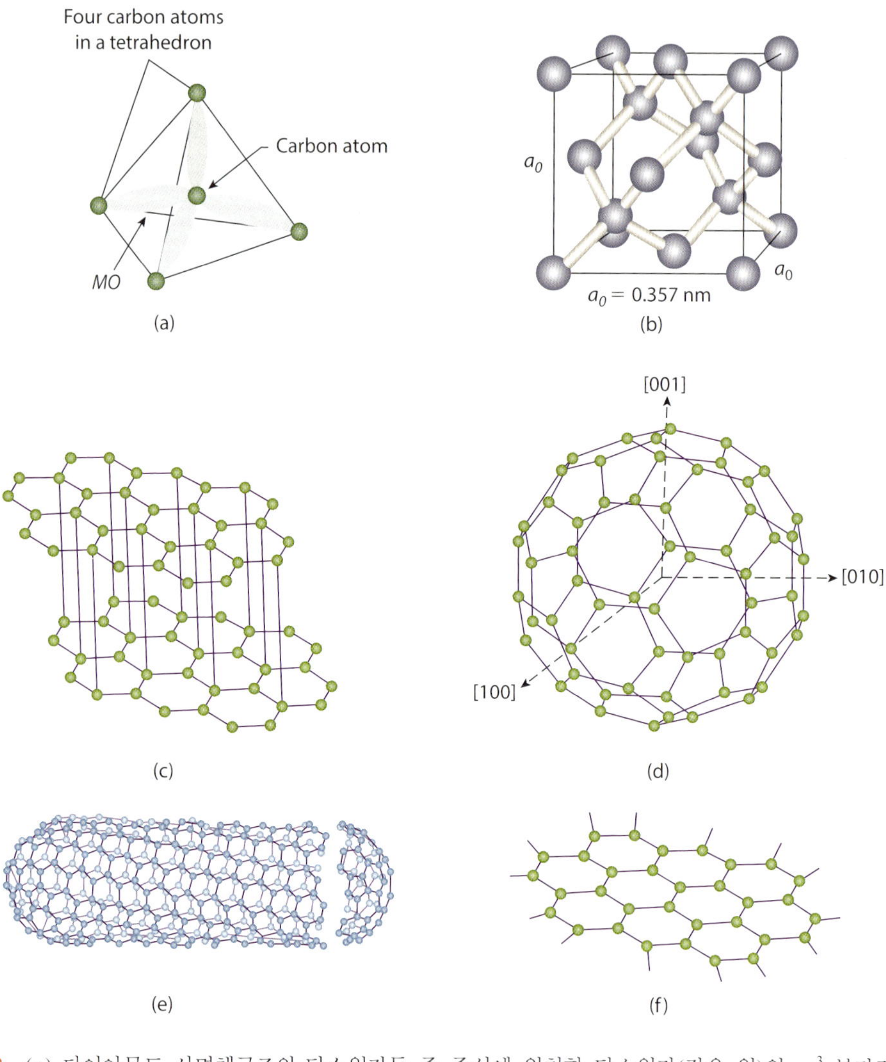

그림 2.16 (a) 다이아몬드 사면체구조의 탄소원자들 중 중심에 위치한 탄소원자(작은 원)의 sp^3 분자궤도(밝은 회색). 탄소의 동소체로는 (b) 다이아몬드 입방 단위격자, (c) 흑연, (d) 버키볼(FCC 방향 명시), (e) 탄소나노튜브와 (f) 그래핀이 존재함. *[(a) Adapted from Guy, A. G., Introduction to Materials Science, McGraw-Hill, New York (1972) p. 11. (b) Adapted from http://math.ucr.edu/home/baez/diamond-conventional-unit-cell.gif (c) and (e) Reprinted from Askeland, D. R., Fulay, P. P., and wright, W. J., The Science and Engineering of Materials, 6th ed., Cengage Learning, Stamford, CT (2011), pp. 92, 46, and 48. (d)Adapted from Haynes, W. M., ed., Handbook of Chemistry and Physics, 91st ed., CRC Press, Boca Raton, FL (2010–2011), pp. 12–78.]*

공구 등에 사용된다. 보통 DLC 막은 차가운 표면(부품)을 탄소 원자를 함유한 뜨거운 플라즈마로 담금질하여 만든다. DLC를 생산하는데 필요한 장비는 합성 다이아몬드를 생산하는 것보다 훨씬 간단하다. 베어링 등과 같은 표면에 DLC를 형성하여 마모를 방지하려는 상업적 응용분야도 존재한다.

2.7.3 탄소 동소체의 구조와 특성 : 다이아몬드, 흑연, 버키볼, 나노튜브와 그래핀

그림 2.16c에서 보이는 흑연구조는 일반적으로 대기온도 및 압력에서 형성되는 탄소의 구조이고, 버키볼, 나노튜브, 그래핀 역시 대기환경에서 형성될 수 있다. 흑연구조는 또한 일반환경에서 탄소원자를 원자가전자 4개 중 3개가 결합하여 서로 120°로 분리되며 한 평면에 존재하는 sp^2 혼성분자궤도를 형성한다. 표 2.16c에서 보듯이, 이러한 분자궤도의 결과로 흑연의 각각의 탄소 원자는 120°로 배치된 3개의 탄소원자에 의해 둘러싸여 공유결합 내 전자 사이의 중첩을 최대화한다. 남아있는 p 전자궤도는 sp^2 분자궤도 평면에 수직이다. 흑연에서 각 탄소 원자는 0.142 nm의 거리에 3개의 다른 탄소 이웃을 가지고, 0.34 nm로 나눠진 탄소원자 평면을 가진다. 두 개의 흑연 평면은 그림 2.16c에 나타내었다. 전체 구조는 이들 평면을 $ABABAB$ … 로 반복해서 만든다.

흑연에서의 탄소간 결합은 강한 공유결합인데, 이것은 다이아몬드에서 탄소간 간격이 0.154 nm인 반면 흑연에서는 더 가까운 0.142 nm이라는 사실에서도 볼 수 있다. 흑연 평면사이 0.34 nm의 간격은 서로 다른 흑연 평면사이에 p전자간 매우 약한 공유결합과 반데르발스 힘의 조합으로 나타난다. 흑연은 면간 결합이 약해서 서로 쉽게 미끄러지기 때문에 흑연은 고체 윤활제로도 사용된다. sp^2분자 오비탈 면 내의 강한 결합을 하는 흑연면을 필라멘트 축을 따라 정렬하여 강한 흑연 필라멘트를 만들기도 한다. 이러한 흑연필라멘트는 13장에서 설명하게 될 고강도의 복합재료에 사용된다. 흑연필라멘트는 보잉787 등의 항공기, 고성능 스포츠 장비, 고성능 자동차 그리고 포뮬러 원(Formula One) 대회용 경주차 등에 사용된다.

최근 그림 2.16d와 e 그리고 f에서 보여지는 탄소의 다른 형태로 버키볼, 나노튜브, 그래핀 등이 대기환경에서 만들어졌다. 그림 2.16d에 나와 있는 버키볼은 재료가 타고 남은 검댕이에서 처음 발견되었고, 이것들은 유사한 기하학적 구성의 측지선 돔을 설계한 건축가 Richard Buckminster Fuller의 이름을 따서 명명하였다. **버키볼**은 육각형과 오각형으로 배열된 60개의 탄소 원자(C_{60})를 가지고 있으며, 두 육각형 간의 원자쌍이 탄소원자 간격은 0.140 nm이고 육각형과 오각형 사이의 탄소 원자쌍의 간격은 0.144 nm이다. 버키볼은 FCC 단위격자의 각 격자점에 버키볼 중심을 위치시켜서 FCC 결정 구조로도 만들 수 있다. 그림 2.16d는 FCC 격자구조에서 버키볼의 방향을 보여준다.

그림 2.16e에 나와있는 **탄소나노튜브(CNT, carbon nanotube)**는 흑연 한 층을 말아서 튜브 형태로 만들었으며 튜브의 맨 끝을 마감처리하였다. 탄소나노튜브는 검댕이에서도 발견되지만 CNT를 대량으로 제작하기 위해 상업적 공정이 별도로 개발되었다. 탄소나노튜브는 보통 직경이 나노미터이고 길이는 마이크로미터 단위를 갖는다. 탄소나노튜브는 가장 강한 필라멘트 중 하나로 알려져 있다. 탄소나노튜브는 이미 풍력 터빈 블레이드, 사냥용 화살, 아이스하키 스틱, 스노 스키, 경주용 자전거의 프레임, 서핑 보드와 같이 고강도 복합재료의 응용물질로 사용된다. 현재 나노기술에 대한 대부분의 관심은 탄소나노튜브(CNT)의 발견으로부터 나타났다.

2004년에 **그래핀**이라 불리는 흑연의 2차원 결정 단일층을 기계적으로 분리할 수 있다는 것이 밝혀졌다. 그래핀 결정의 강도가 매우 높을 것이라 예상되므로 현재 고강도 복합재료 및 나노 전자 소자에서 그래핀을 적용시키려고 한다.

2.7.4 두 가지 원자 유형의 공유결합

두 원소가 그들의 원자가껍질 절반 이상을 채운 상태에서 결합될 때 이 두 원소는 공유결합을 형성한다. 이러한 예 중의 하나가 화합물인 질화규소(Si_3N_4)이다. 실리콘은 IV족에 있고 질소는 V족에 있다. 이렇게 생성된 물질은 매우 강력한 공유결합을 가지고 2173 K에서 승화되는 고체가 된다. 질화규소는 베어링 그리고 고온 가스 터빈의 비회전 부품 등의 고온 응용분야에서 사용된다. 또한 질화규소를 지상 가스터빈의 터빈 풍향계와 블레이드와 같이 회전하는 부품에 사용하는 연구가 진행되고 있다. 현재 가솔린과 디젤 엔진용 터보충전기의 회전자는 질화규소로 만들어진다. 터보충전기는 내부 연소 엔진에 신선한 공기를 압축하여 터빈을 구동하는 고온 배기가스를 사용한다. 이것은 터보차저를 가진 4기통 엔진이 터보차저 없는 6기통 엔진의 동력을 갖게 해 주었다. 질화규소는 또한 뛰어난 전기절연체인데, 이는 모든 원자가전자가 원자에 강하게 결합되어 있기 때문이다. 전기 음성도가 서로 다른 두 개의 다른 원자가 결합할 때는 항상 하나의 원자 쪽으로 전자를 더 강하게 끌어당기는 이온결합성 결합이 생기게 된다. 두 가지 원자 종류를 사용하며 공유결합과 이온결합을 모두 가진 재료 중 다른 중요한 예로는 알루미나(Al_2O_3), 지르코니아(ZrO_2), 석영(SiO_2), 그리고 마그네시아(MgO) 등이 있다. 2.10.2절에 이러한 물질들과 이온결합에 대한 자세한 설명이 있다. 두 가지 이상의 다른 원자종류를 사용하는 공유결합의 예로는 고분자가 있다.

2.8 고분자

고분자(Polymer)는 여러("poly") 단위체("mers")로 구성된 큰 분자이다. 고분자는 액체 저장용기나 차량의 범퍼, 그리고 방탄복을 이루는 고성능 섬유 등에 이용되며, 보잉787 기체 등의 구조를 이루는 재료에 사용되는 복합재료로 활용된다. **플라스틱(plastic)**은 고분자로 이루어진 물질로서 충전제나 가소제, 착색제, 입자 및 섬유가 함유되어 있다. 가소제는 공정 중 고분자가 수월하게 흐르도록 만들기 위해 고분자에 첨가하는 혼합물이다. 한편, *플라스틱*이란 단어는 물질의 변형과 연관시킬 때는 또 다른 의미를 갖는다. 소성 변형(Plastic deformation)은 영구적 변형을 뜻한다.

2.8.1 고분자 분자 내 공유결합

폴리에틸렌(PE, polyethylene)은 가장 단순한 고분자 중의 하나이다. 폴리에틸렌은 그림 2.17a에서 보는 바와 같이 에틸렌 가스(C_2H_4)로 만들어진다. 수소는 하나의 1*s* 전자로 절반이 채워진 원자가껍질을 가지며, 탄소는 네 개의 전자로 채워진 원자가껍질을 갖는다. 에틸렌을 이루는 각각의 수소원자는 1*s* 껍질을 다 채우기 위해 탄소 원자와의 공유결합을 통해 하나의 전자를 공유함으로써 전자를 획득한다. 4족 원소인 탄소는 비활성기체의 전자배치와 마찬가지로 각각의 탄소가 8개의 전자로 둘러싸여 있기 위해서 네 개의 전자가 추가로 필요하다. 탄소원자는 두 개의 수소원자 및 또 다른 탄소원자와 공유결합을 함으로써 여덟 개의 전자를 공유한다. 에틸렌을 구성하는 탄소 원자간의 공유결합은 그림 2.17a에서 탄소원자간 두 개의 선으로 표시된 것과 같이 네 개의 전자를 포함하는 이중공유결합이다. 하나의 선은 공유결합 내 두 개의 전자를 의미하며, 두 개의 선은 이중공유결합내 네 개의 전자를 나타낸다.

중합반응(polymerization)은 단분자가 고분자로 변하는 과정이다. 폴리에틸렌의 중합반응시 에틸렌 가스는 고온으로 가열되어 과산화물과 같은 개시제와 결합한다. 개시제의 기능은 그림 2.17b에 그려진 것과 같이 이중결합을 활성화시켜 중합반응을 시작하도록 하는 것이다. 에틸렌가스 분자들은 서로의 반응

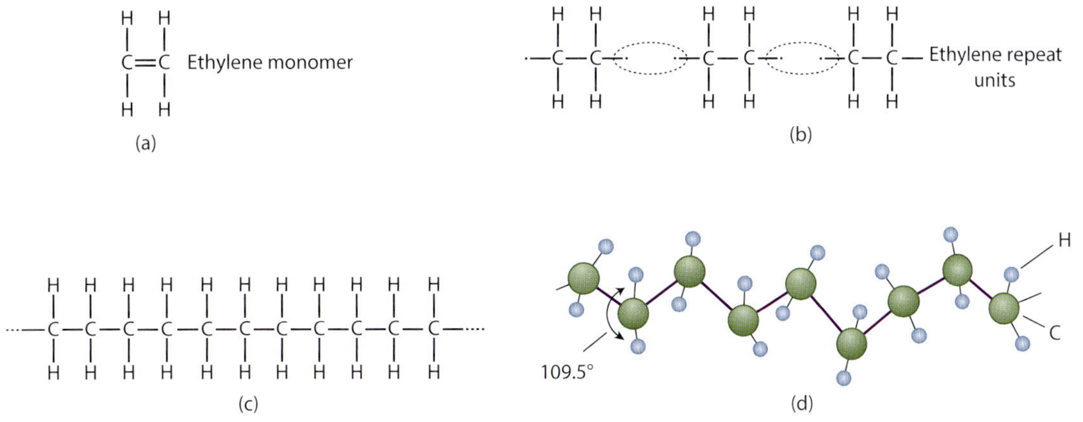

그림 2.17 (a) 에틸렌 분자(C_2H_4)의 개념도. (b) 에틸렌 분자의 중합과정의 개념도. 에텔렌 분자 내의 이중결합이 풀려서 다른 에틸렌 분자의 탄소와 결합하게 한다. 에틸렌이 단위체이다. (c) 폴리에틸렌의 평면 개념도. (d) 폴리에틸렌 긴사슬분자의 3차원 개념도. 탄소 및 수소 원자는 축소모델로 표시하였음. *(Based on Askeland, D, R., and Wright, W.J., The Science and Engineering of Materials , 6th ed, Cengage Leaming, Stamford, CT.(2011), (a) and (b) p.606, (c) and (d) p.604.)*

을 통해 두 개의 탄소원자 사이에 두 개의 전자를 공유하는 단일공유결합을 가진 긴사슬분자(LCM, long chain molecules)를 형성하며, 이는 그림 2.17b에 나타나 있다. 그림 2.17b는 에틸렌 분자 내 이중결합이 깨지고 탄소원자간 단일결합으로 대체되는 모습을 보여주며, 탄소 원자와 이어진 선의 끝부분에 찍힌 점을 통해 탄소원자의 다른 쪽 하나의 전자를 보여준다. 끝부분에 점을 지닌 이 선은 두 개의 전자를 가진 공유결합을 나타내지 않고, 하나의 전자만을 표현한 것이다. 단위체는 그림 2.17c에 도식으로 나타나 있는 것과 같이 긴사슬분자를 형성하기 위해 다른 단위체와 결합한다. 이러한 사슬의 형성은 하나의 단위체에 있는 전자가 다른 단위체의 전자와 결합할 때 일어나고, 사슬이 만들어질 때까지 결합이 계속 이루어진다. 그림 2.17c의 배열 형태를 보면 개개의 탄소 원자는 여덟 개의 전자를 공유하고, 탄소 원자들 사이에 있는 각각의 선은 두 개의 전자를 가진 단일 공유결합을 나타낸다. 폴리에틸렌 분자는 사실 그림 2.17c에서 보는 것처럼 일렬로 배열된 것이 아니다. 그보다는 그림 2.17d에 도식적으로 나타낸 것처럼 탄소 원자들은 한 쪽에서 반대쪽으로 번갈아 위치하며, 수소 원자들끼리는 109.5°의 각을 이루고 있다.

폴리에틸렌 설명에 사용된 중합반응은 단순 고분자를 위한 첨가중합 반응이다. 첨가중합은 C_2H_3R과 같은 단위체를 가진 고분자 형성을 위해 사용되는데, 여기서 'R'은 폴리염화비닐(polyvinylchloride)의 염소(chlorine)와 같은 원소 또는 폴리스티렌(polystyrene)의 벤젠과 같은 분자를 지칭한다. 또한, 첨가중합은 $C_2H_2R_1R_2$(여기서의 R_1과 R_2는 폴리염화비닐리덴의 $R_1=R_2=Cl$에서처럼 다른 원소이다)를 단위체로 가진 폴리비닐리덴(polyvinylidene)을 만들며, 폴리메타크릴산메틸(PMMA, polymethyl-methacrylate)과 같은 고분자 형성을 위해 사용된다.

응축반응(condensation)은 복합적인 긴사슬분자를 더 많이 생산해내는데, 여기에는 헥사메틸렌디아민(hexamethylene diamene)과 아디프산(adiptic acid)을 반응시켜 합성한 나일론의 이형사슬분자(heterochain molecules) 등이 있다. 이형사슬 분자는 하나 이상의 단위체를 함유하고 있다. 응축반응은 3차원 고분자 또한 생산할 수 있는데, 페놀과 포름알데히드를 반응시켜 페놀포름알데히드(상표명 베이클라이트)를 만드는 것을 예로 들 수 있다. 이형사슬 고분자와 3차원 고분자는 폴리에틸렌보다 강한 고분자들이며, 이러한 물질들과 그들의 반응에 대해서는 강한 재료를 논하고 있는 7장에서 자세히 다루고 있다.

고분자의 긴사슬분자 내에 있는 단위체들의 평균개수($\bar{n}$)는 응축의 정도를 측정하는 기준이다. 고분자 내 긴사슬분자의 수평균 분자질량($\overline{M}_n$)은 고분자 총 질량(m)을 긴사슬분자의 개수(N)로 나눈 값과 같으며, 식 2.5a에 나타나 있다.

$$\overline{M}_n = \frac{m}{N} \qquad \textbf{2.5a}$$

긴사슬분자들 내 단위체들의 평균 개수는 수평균 분자질량($\overline{M}_n$)을 단위체의 분자질량(M_m)으로 나눈 값과 같으며, 식 2.5b에 나타나 있다.

$$\bar{n} = \frac{\overline{M}_n}{M_m} \qquad \textbf{2.5b}$$

고분자의 인장 강도와 같은 역학적 성질은 수평균 분자질량과 관련이 있다. 분자의 질량이 높아질수록 인장 강도는 증가한다. 예를 들어, 고분자인 폴리스티렌 수지(PS)는 상온에서 각각의 긴사슬분자가 평균 1000개의 단위체들로 구성되어 경직되고 잘 부러지지만, 10개 뿐인 단위체들로 구성된 것은 부드럽고 점성이 있다. 고분자를 논하는데 있어 분자량은 종종 분자 질량을 뜻하는 용어로 사용되곤 한다.

고분자는 그림 2.18에서 볼 수 있듯이 분자들의 분자량 분포를 갖는다. 분자량 분포를 결정하기 위해서는 분자량을 길이 간격으로 나눈다. 폴리스티렌 수지(PS)같은 경우는 10개의 단위체 길이가 하나의 간격 범위가 된다. 0에서부터 10까지에 이르는 단위체들의 긴사슬분자들의 수가 첫 번째 간격이고, 그림 2.18의 그래프에 그려진 질량이 이 간격 내 모든 분자들의 총 질량이 된다. 두 번째 간격은 10에서부터 20까지에 이르는 단위체들의 긴사슬분자들의 수이며, 이 길이 내 모든 분자들의 총 질량은 그래프 2.18에 그려진 질량이다. 에틸렌 단위체를 갖고 우유병을 만드는데 쓰이는 폴리에틸렌과 같은 고분자는 분자들 상

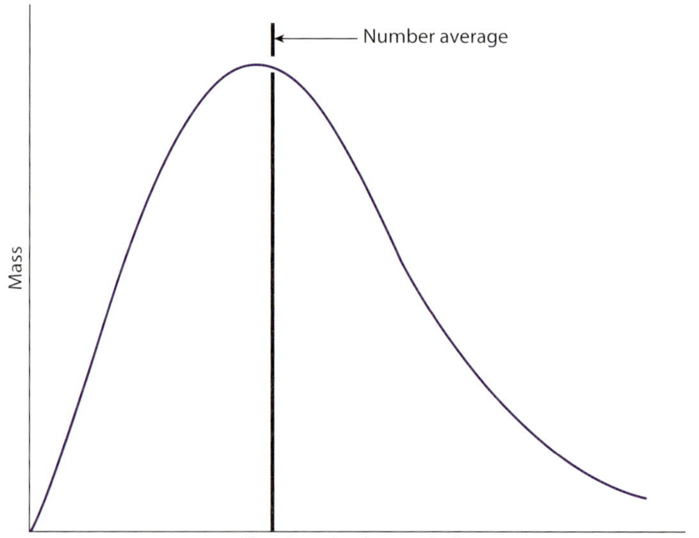

그림 2.18 긴사슬분자의 단위간격당 질량 대비 사슬당 단위체의 갯수를 나타낸 이론적인 그래프

의 단위체 수는 200,000개부터 500,000개에 이른다. 초고분자량 폴리에틸렌(UHMWPE, ultra-high-molecular-weight polyethylene)은 2백만개에서 6백만개의 단위체들을 갖는다.

그림 2.19는 몇몇 흔한 고분자들의 이름, 약어, 보통명칭(해당사항 존재 시), 단위구조, 그리고 활용분야를 나타냈으며, 그림 2.20은 조금 더 복잡한 고분자들에 대해 나타내었다. 소개된 긴사슬분자들 중 몇몇은 수소로 치환될 수 있는 원소를 포함하고 있다. 폴리염화비닐(PVC)을 예로 들면, 각각의 폴리에틸렌 단위체 내의 수소원자는 다른 원자로 치환될 수 있다. 만약 비닐 고분자의 각각의 단위체 내 수소원자들 중 두 개가 다른 원자들로 치환된다면, 이 화합물은 비닐리덴으로 변화한다. 폴리염화비닐리덴은 각각의 단위체당 두 개의 염소원자 그리고 두 개의 수소원자를 갖는다. 폴리테트라플루오로에틸렌(상표명 테프론)의 4개 수소원자들 모두가 불소원자로 치환되어 있다. 수소원자가 분자로 치환되는 경우도 있다. 폴리프로필렌 같은 예의 경우 하나의 수소원자가 CH_3 분자로 치환된다. 그림 2.19의 폴리스티렌 단위체 항목에서 원이 안쪽에 그려진 육각형은 벤젠을 나타낸다.

Polymer	Repeat Unit	Application	Polymer	Repeat Unit	Application
Polyethyiene (PE)	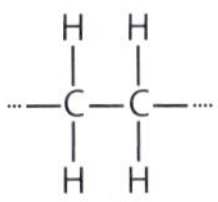	Packing films, wire insulation, squeeze bottles, tubing, household items	Polyacrylonibrile (PAN)	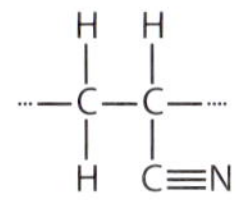	Textile fibers, precuesor for carbon fibers, food container
Polyvinyi chloride (PVC)	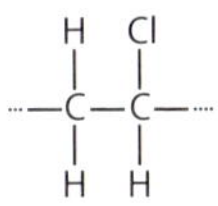	Pipe, valves, fittings, floor tile, wire insulation, vinyl automobile roofs	Polymethyl methacrylate (PMMA) (acrylic-Plexiglas)	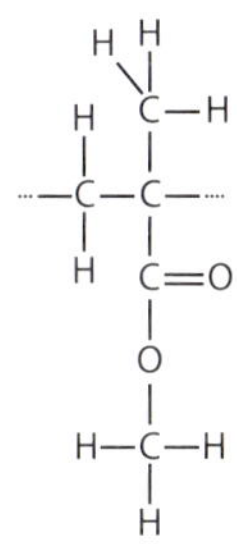	Windows windshields, coatings lenses, lighted signs
Polypropylene (PP)	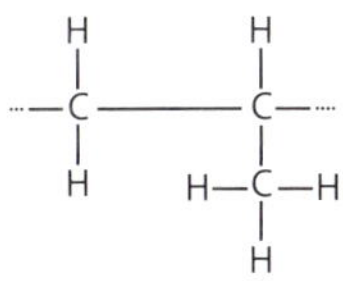	Tanks, carpet fibers, rope, packaging			
Polystyrene (PS)	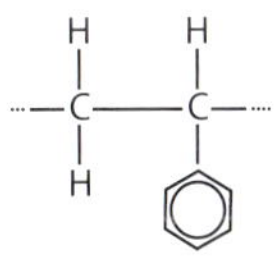	Packaging and insulation foams, lighting pancls, appliance components, egg cartons	Polychlorotri-fluorcethylene		Valve components gaskets, tubing, elecrical insulation
Polyacetylene	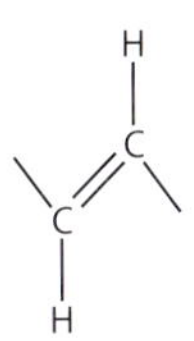	Conductor Semiconductor	Polytetrafluoro-ethylene (Teflon) (PTFE)	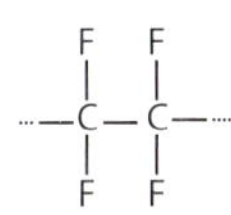	Seals, valves, nonstick coatings

그림 2.19 흔한 열가소성 고분자들의 이름, 약어, (해당사항 존재 시) 보통명칭, 단위구조, 그리고 활용분야
(Based on Askeland, D.R., Fulay, P.P., and Wright, W.J., The Science and Engineering ofMaterials, 6th ed. Cengage Learning, Stamford, CT. (2011), p. 613)

2.8.2 열가소성 수지의 분자배열

열가소성 수지는 열이 가해질 때 부드러워지는 물질이다. 열가소성 수지는 다른 긴사슬분자들 간에 오직 반데르발스 결합만을 가진다. 그림 2.21a에 그려진 것과 같이, 액체 상태의 열가소성 수지 내 긴사슬분

Polymer	Repeat Unit	Applications
Polyoxymethylene (acetal)(POM)	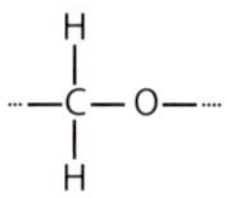	Plumbing fixtures, pens, bearings, gears, fan blades
Polyamide (nylon) (PA)	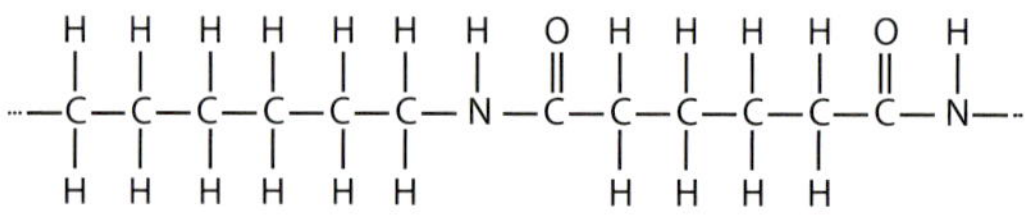	Bearings, gears, fibers, rope, automotive components, electrical components
Polyester (PET)	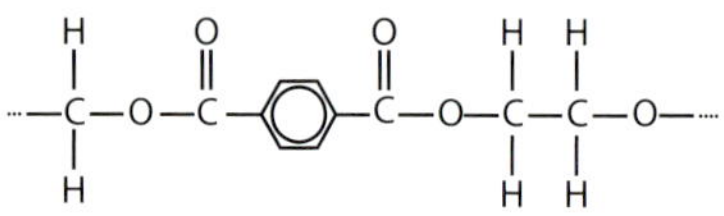	Fibers, photographic film, recording tape, boil-in-bag containers, beverage containers
Polycarbonate (PC)	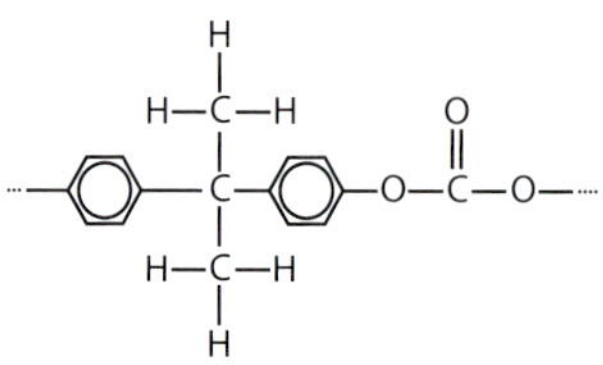	Electrical and appliance housings, automotive components, football helmets, returnable bottles
Polyimide (PI)	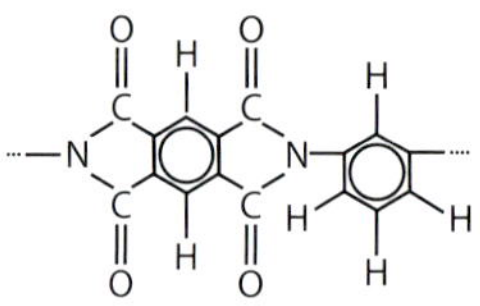	Adhesives, circuit boards, fibers for space shuttle
Polyetheretherketone (PEEK)	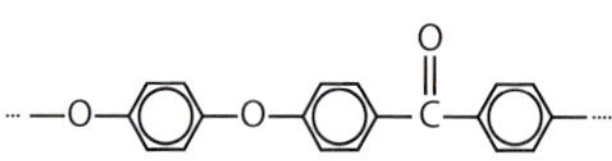	High-temperature electrical insulation and coatings
Polyphenylene sulfide (PPS)	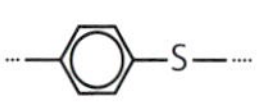	Coatings, fluid-handling components, electronic components, hair dryer components
Polyether sulfone (PES)	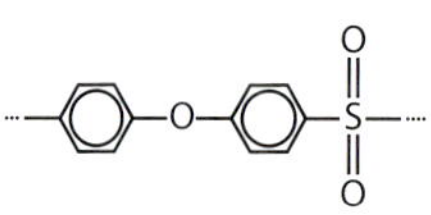	Electrical components, coffeemakers, hair dryers, microwave oven components
Polyamide-imide (PAI)	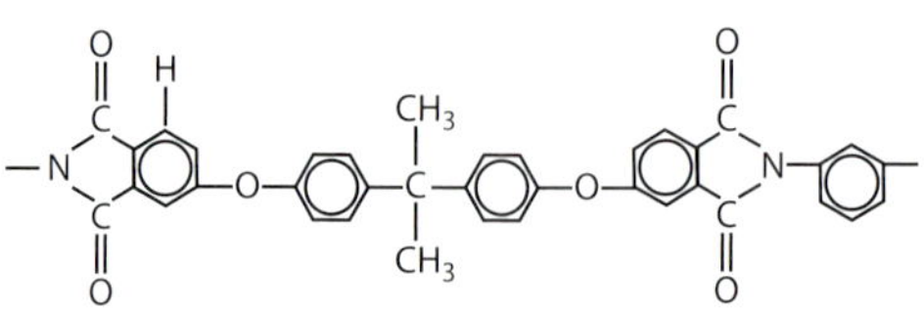	Electronic components, aerospace and automotive applications

그림 2.20 흔한 열가소성 고분자들의 이름, 약어, (해당사항 존재 시) 보통명칭, 단위구조, 그리고 활용분야 (추가 리스트) *(Based on Askeland, D.R., Fulay, P.P., and Wright, W.J., The Science and Engineering of Materials, 6th ed. Cengage Learning, Stamford, CT. (2011), p. 614.)*

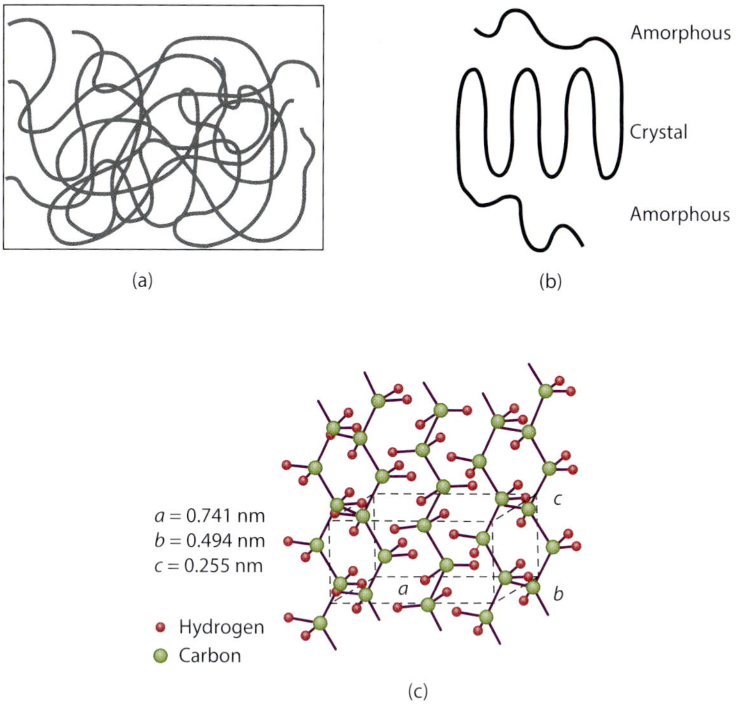

그림 2.21 (a) 긴사슬분자의 비결정질 배열. (b) 긴사슬분자가 결정질 영역을 만들고 있는 모습. (c) 폴리에틸렌의 단위격자 *[(a) and (c) based on Askeland, D.R., Fulay, P.P., and Wright, W.J., The Science and Engineering of Materials, 6th ed. Cengage Learning, Stamford, CT. (2011), p. 95.]*

자들의 배열은 마치 스파게티 접시 속 국수가락과 같이 비결정질의 형태를 띤다. 비결정질 구조는 장거리 규칙성을 갖는 구조가 아니다. 결정질 구조는 장거리 규칙성을 갖는데, 이는 결정의 분자사슬간 구조가 긴 거리에 걸쳐 반복되기 때문이다. 하지만 물질이 비결정질이라면 긴 거리에 걸쳐 배열된 원자들의 위치를 예측하는 일은 불가능하다. 그 이유는 비결정질의 액상 고분자를 고체화하기 위해 상온으로 빠르게 냉각시킨다 해도, 고체의 분사사슬간 구조는 여전히 비결정질을 띠기 때문이다. 빠른 냉각 후에도 고체의 구조가 여전히 비결정질으로 남아있는 이유는 긴사슬분자들이 냉각이 완료되기 전에 자신들 간의 결합을 풀고 새로운 규칙적 결정구조를 형성할만한 충분한 시간을 갖지 못하기 때문이다.

고분자가 폴리에틸렌과 같이 단순한 구조를 갖고 천천히 냉각된다면 그림 2.21b에서 폴리에틸렌 분자 스스로가 고리를 만드는 것과 같이 결정화된 부분이 생기거나 인접한 분자들간 정렬이 발생할 것이다. 폴리에틸렌의 결정화된 부분은 그림 2.21c에서 볼 수 있듯이 단위 격자를 갖는다.

거대 분자가 수소 원자를 치환하면 결정화 과정을 억제한다. 거대 분자는 분자가 정렬하는 것을 어렵게 한다. 폴리메타크릴산메틸(PMMA)은 수소 원자를 치환하는 거대 메틸 그리고 메타크릴 분자를 지닌다. 폴리메타크릴산메틸은 일반적으로 비결정질이다. 전적으로 비결정질인 고분자는 비록 착색제가 첨가된다 하더라도 투명함을 유지한다. 폴리메타크릴산메틸은 여러 분야에서 유리를 대체하곤 한다. 결정화된 부분을 포함하는 고분자는 반투명 상태가 되는데 이는 결정 부분이 빛을 산란하기 때문이다. 반면 우유병을 구성하는 반결정 폴리에틸렌은 투명하지 않다.

2.8.3 열가소성 수지의 특징

전술한 바와 같이 고분자사슬은 공유결합을 하기 때문에 강하다. 그런데 같은 공유결합임에도 불구하고 다이아몬드와 같은 물질의 공유결합이 강한 것과 비교해서 표 2.2에서 확인할 수 있듯이 폴리에틸렌은 매우 약한 이유는 무엇인가? 표 2.2의 폴리에틸렌은 브리넬 경도값으로 측정되었다. 하나의 경도계에서 다른 경도계로 수치를 직접 전환하는 방식은 존재하지 않지만, 누프 경도계의 100이라는 수치는 브리넬 경도계의 95와 거의 일치한다. 고체상태의 폴리에틸렌에서 서로 다른 긴사슬분자들간에는 약한 반데르발스 결합을 가지기 때문에 폴리에틸렌은 부드러운 특성을 가진다. 그림 2.22에 폴리염화비닐의 긴사슬분자들간 결합이 나타나 있다.

고온에서의 열가소성 수지 내 분자들의 열 진동은 분자들을 엮는 반데르발스 결합을 깨뜨릴 만큼 충분하며, 이는 외부 힘이 가해질 때 긴사슬분자들이 서로 미끄러지도록 한다. 한 번 반데르발스 결합이 깨지면 긴사슬분자들은 서로에 대해 영구적으로 변형된다. 표 2.19 및 표 2.20에 나와 있는 모든 고분자는 열가소성 수지들이다. '열가소성(thermoplastic) 수지'라는 용어 속의 'plastic'이란 단어가 고분자의 가소성 또는 변형성을 뜻한다는 점을 염두해야 한다. 이러한 용법으로 쓰이는 단어 'plastic'은 충전제, 색소, 가소제 등을 포함하는 고분자를 뜻하지 않는다.

2.8.4 열경화성 수지

열경화성 수지는 열을 가했을 시 두드러질 정도로 부드러워지지는 않으며, 오히려 굳어질 수도 있다. 삼차원적 공유결합을 가지는 고분자들은 열경화성 수지이며, 고분자에서 삼차원적 공유결합을 형성하는 하나의 방법은 긴사슬분자간 **교차결합**(cross-link)이다. 그림 2.23과 같이, 서로 다른 긴사슬분자들은 긴사슬분자들과 공유결합하는 다른 원소나 분자들을 첨가해서 공유 결합을 통해 교차결합시킨다. 교차결합한 고분자의 예로는 고무를 들 수 있다. 라텍스(cis isoprene)의 분자구조는 그림 2.24a에 나타나 있다. 라텍스는 고무나무에서 채취되는 우유 같은 유액이다. 경화과정은 가교결합을 위한 황 원자를 라텍스의 긴사슬분자들간에 도입하여 고체 고무를 생성하며, 이는 그림 2.24b에 나타나 있다. 황의 교차결합은 이전에 탄소의 이중공유결합이 있었던 자리에 위치한다. 수소원자들은 탄소간 이중공유결합이 깨진 곳의 두 번째 전자와 결합한다. 고체고무는 보통 0.5~5 사이의 wt%의 황을 갖는다. 저용량의 황을 쓰면 고무밴드나 글러브에 쓰이는 매우 신축적인 고무를 생성하고, 고용량의 황은 단단한 물질을 만든다. 자동차 타이어에는 일반적으로 3 wt%의 황이 함유되어 있다. 그림 2.24a와 같이, 변형이 안 된 고무의 긴사슬분자들은

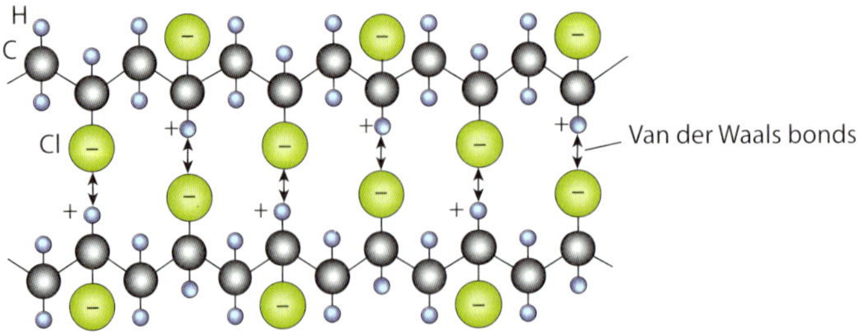

그림 2.22 PVC에서 고분자 사슬간 반데르발스 결합을 나타낸 그림 *(Based on Askeland, D.R., Fulay, P.P., and Wright, W.J., The Science and Engineering of Materials, 6th ed. Cengage Learning, Stamford, CT. (2011), p. 40 .)*

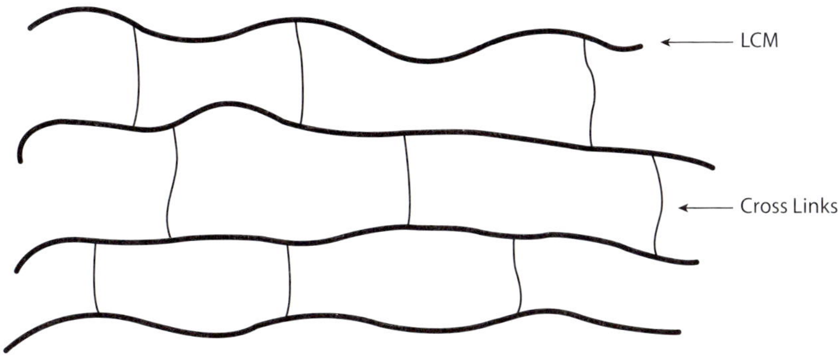

그림 2.23 긴사슬분자(LCM)를 교차결합을 통해 삼차원 구조를 만든 모습

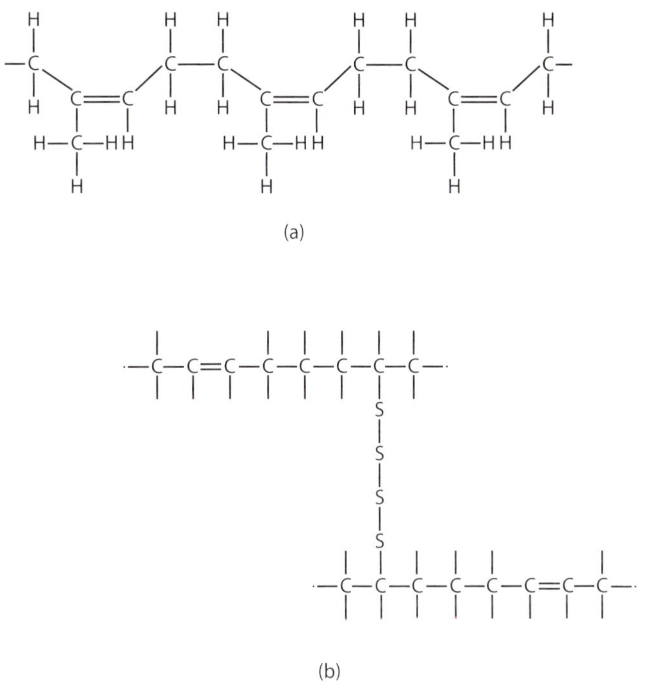

그림 2.24 (a) 액체 라텍스 긴사슬분자의 가황 공정 전의 모습을 평면도로 나타낸 모습. 긴사슬분자는 옆에 붙어 있는 CH_3 그룹 때문에 휘게 된다. (b) 고무를 만들기 위해 라텍스 긴사슬분자의 가황 공정 후의 모습을 평면도로 나타낸 모습 *(Based on Askeland, D.R., Fulay, P.P., and Wright, W.J., The Science and Engineering of Materials, 6th ed. Cengage Learning, Stamford, CT. (2011), (a) p. 630 and (b) p. 632.)*

스스로 휘감기는데, 이는 가장자리에 위치한 부피가 큰 분자들이 긴사슬분자들을 그림 2.24a와 같이 구부리기 때문이다. 고무가 늘어나면 휘감겨 있던 분자들이 똑바로 펴진다. 이러한 변형은 고무가 파괴 없이도 원래의 길이보다 열 배나 더 늘어나게 한다. 당겼던 고무를 놓으면 교차결합한 황이 고무 분자들을 재조정해서 다시금 휘감기게 하고, 고무는 본래의 상태로 돌아간다.

에폭시 수지는 또 다른 교차결합 고분자이다. 에폭시 수지는 사용하기 쉽기 때문에 유리섬유와 같이 대다수의 복합재료에서 기지재(matrix)로 이용된다. 교차결합되지 않은 긴사슬분자들로 구성된 액체 에폭시 수지는 경화제와 섞인다. 경화제는 에폭시 수지 내 긴사슬분자들과의 화학반응을 일으켜 수지분자들간 교차결합을 생성한다. 이러한 화학반응은 그림 2.23에 도식화되었듯이 3차원적 결합을 갖는 단단한 고체 물질을 만들어낸다. 에폭시 수지는 강한 재료의 생산을 다룬 7장, 공업재료와 그 사용을 다룬 8장, 그리고 복합재료를 다룬 12장에서 자세히 살펴본다.

페놀포름알데히드(상표명 베이클라이트) 또한 전기 절연체, 그리고 기어와 같은 기계 부품에 사용되는 삼차원적 고분자이다. 페놀과 포름알데히드의 결합은 3차원적인 그물 고분자를 생성한다. 이 고분자 또한 7장 및 8장에서 더욱 자세히 다룬다.

열경화성 수지의 공유결합을 깨기 위해서는 일정 수준 이상의 열량이 필요하다. 낮은 온도에서 열을 가하기 시작하면 열경화성 수지는 약간 부드러워지는데, 이는 존재하던 반데르발스 결합이 깨지기 때문이다. 그러나 열경화성 수지는 녹지 않는데, 이는 공유결합이 존재하기 때문이다. 열경화 수지를 공기 중에서 가열하면 산소와 반응하게 되어 경화된 후 열화한다.

2.8.5 고분자의 물리적 특성 및 활용

고분자가 갖는 몇몇 물리적 특성은 긴사슬분자구조 내 원자들의 강력한 공유결합에 기인하며, 다른 특성들은 긴사슬분자들간에 일어나는 약한 반데르발스 결합이 원인이 된다. 비록 폴리에틸렌의 탄소와 탄소간, 그리고 수소와 탄소간의 공유결합이 매우 강력하지만, 대부분의 폴리에틸렌은 상온에서 쉽게 변형된다. 그리고 일반적으로 폴리에틸렌은 표 2.2에서 보듯이 403 K(130°C)에서 녹아버린다. 고분자의 용융온도는 결정화 구조가 존재할 수 있는 최대온도로 정의된다.

고분자의 밀도는 매우 낮은데, 그 이유는 긴사슬분자들이 주로 탄소와 수소로 이루어져 있기 때문이다. 이들 사슬간의 결합 또한 사슬간의 상대적으로 넓은 거리 때문에 약하다. 일반적으로 고분자의 밀도는 1 g/cm^3이며, 7.87 g/cm^3인 알루미늄이나 2.69 g/cm^3인 철에 비해서 낮은 수치이다. 그렇기 때문에 강도가 크게 중요하지 않은 응용분야에서 가벼운 고분자가 금속들을 대체하고 있는 것이다. 여기서 수소가 다른 원소나 분자들로 치환되면 밀도는 높아져간다. 예를 들면, 폴리염화비닐은 수소원자 넷 중 하나가 염소로 치환되는데, 이때 밀도가 폴리에틸렌과 비슷한 0.95 g/cm^3에서 폴리염화비닐에서는 보통 밀도인 1.46 g/cm^3로 증가한다.

1.3.3절에서 논한 것처럼 기술자들은 강도가 가장 높은 철과 비슷한 강도를 갖는 고분자 섬유를 만들 수 있다. 강도 높은 고분자 섬유는 섬유의 축 방향을 따라 긴사슬분자들을 늘림으로써 탄소간의 강한 공유결합이 긴사슬분자들 간의 약한 반데르발스 결합 대신에 부하를 지게 된다. 늘려진 초고분자량 폴리에틸렌(OUHMWPE)은 상업용 섬유의 하나이다. OUHMWPE은 고성능 재료로 특화되어 있으며, 고성능 스포츠장비, 방탄조끼, 예인선의 예인 밧줄, 활 시위, 그리고 고성능의 돛 등을 만드는데 사용된다. OUHMWPE은 분자구조의 강도를 극대화하고 결합이 약한 부분이 만드는 영향을 최소화하기 위해 고안된 가공 재료의 한 예이다. 상기 재료들의 화학적 결합의 본질을 이해함으로써 놀라운 강도를 갖는 고분자를 만드는 것도 가능해졌다. Spectra는 늘려진 초고분자량 폴리에틸렌의 상품명 중 하나이다. OUHMWPE의 생산 및 특징은 7.6.1.4절에서 더 자세히 다루고 있다.

2.9 금속결합

금속은 금속결합을 갖는 무기물질이다. **금속결합**에서 원자가전자들은 다수의 양이온들을 집단적으로 공유하며, 이 원자가전자들은 금속 내부를 자유로이 움직인다. 금속은 버스나 교량을 이루고 있는 철강에서부터 고온에서 작동하는 가스터빈의 날개를 만드는 니켈까지 다양한 제품에서 볼 수 있다. 금속결합은 금속에게 공유결합 물질이나 고분자와는 구별되는 물리적 성질을 부여한다. 우선적으로 철과 같은 순수 원소를 생각해보자. 그리고 이 절의 끝부분에서는 금속원소와 다른 원소와의 혼합물인 **합금**에 대해 공부할 것이며, 합금의 예로는 0.2%의 탄소와 철의 혼합물로서 자동차나 교량에 쓰이는 철강을 들 수 있다.

원자가전자껍질의 절반 이하만이 채워져 있는 1족에서 3족까지의 순수 원소의 원자들이 결합하면, 원자들은 그들의 원자가전자들을 움직임이 자유로운 전자 기체에 제공함으로써 비활성 기체 전자 배열 형태를 이루고자 한다. 주기율표의 3족에 속하는 알루미늄은 그림 2.25의 상단에서 볼 수 있듯이 네온의 이온 코어 바깥쪽에 3개의 원자가전자($3s^2 3p^1$)를 가지고 있다. 원자에서 원자가전자들이 분리되고 나면, 알루미늄은 비활성기체 네온의 대칭형 구 모양인 이온 코어를 갖게 된다. 알루미늄 원자들이 고체를 형성하기 위해 결합하면, 원자가전자들은 알루미늄 양이온에서 분리되어 금속 내부를 자유롭게 움직인다. 이는 그림 2.25의 하단에서 볼 수 있다. 하지만, 전자들은 고체 금속 내부에 속박된 상태로 알루미늄 이온들을 중화시킨다. 그림 2.25의 중단 부분에는 큰 원으로 표시된 양이온 코어들이 결정의 내부에서 일정한 간격을 두고 배치되었고, 작은 원들로 표시된 자유로운 음전하 전자들은 특정 이온 코어에 묶여 있지 않다는 것을 보여주기 위해 금속 내부에 불규칙적으로 자리잡은 것을 볼 수 있다. 자유 전자들은 자유롭게 움직일 수

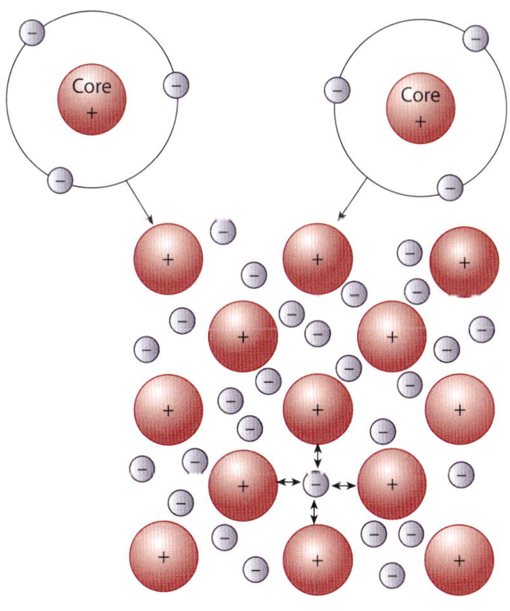

그림 2.25 그림의 상단부는 알루미늄처럼 원자가전자가 3개인 원자들이 고체를 만들기 위해 근접하는 것을 화살표로 나타냄. 양의 이온 코어는 규칙적으로 배치되어 있으며 음의 전자들은 불규칙적으로 배치됨. 하단부의 화살표는 양의 이온 코어와 음의 전자들간의 끌어당기는 힘을 나타냄. *(Based on Askeland, D.R., Fulay, P.P., and Wright, W.J., The Science and Engineering of Materials, 6th ed. Cengage Learning, Stamford, CT. (2011), p. 35.)*

있다는 의미에서 종종 '전자의 바다' 또는 '전자 기체'로 불리곤 한다. 실재 전자들은 액체나 기체상태가 아니다. 전자들은 금속 내 어디든지 이동할 수 있기 때문에 금속의 열과 전기 전도성은 높다. 양이온 코어들이 자유 전자들을 당기는 정전기적 인력은 원자들을 결합시켜 고체로 만들며, 그림 2.25의 아래 부분은 화살표를 사용해 이를 강조하고 있다.

$3d$ 부껍질이 채워져 있는 철과 같은 전이 원소들 또한 금속이다. 왜냐하면 이들 원소가 고체를 이루면 최외각 $4s$ 전자가 자유 전자로 변하기 때문이다. 불완전한 $3d$ 부껍질 내 전자들은 원자 쪽에 속박되어 움직이고 다른 원자들과 공유결합을 한다. 금속은 또한 4족, 5족, 그리고 6족에서도 발견되는데, 원자번호가 큰 4족원소 (원자번호 50 주석과 원자번호 82인 납), 5족원소(원자번호 51 안티몬), 6족원소(원자번호 84 폴로늄) 등이 있다. 이러한 원소들의 원자 반지름은 크고, 원자핵으로부터 원자가전자들을 스크리닝하는 내부 전자들이 많이 존재한다. 그 결과 원자가전자들은 핵에 느슨하게 묶이게 되고, 고체 상태에서 대개의 4족, 5족, 6족 원소들처럼 공유결합을 형성하는 대신에 원자가전자들은 이온코어를 둘러싸는 자유 전자로 변하게 된다.

2.9.1 금속원자의 충진

여러 금속에 존재하는 구형의 양이온 코어는 그림 2.3 및 2.4에서 보듯이 마치 당구공처럼 빽빽하게 채워져 있다. 그림 2.3에 표현된 것처럼, 6각형의 결정 구조가 빽빽하게 채워진 상태로 굳어진 금속에는 티타늄, 지르코늄, 코발트, 망간, 베릴륨, 그리고 징크 등이 포함된다. 그림 2.4에 보이는 면심 입방(face-centered cubic) 결정구조를 가진 금속들에는 구리, 은, 금, 니켈, 백금, 그리고 팔라듐이 포함된다. 나트륨, 철, 크롬, 몰리브덴, 니오븀, 그리고 텅스텐 등은 그림 2.5와 같이 체심 입방(body-centered cubic) 결정구조를 가진다. 대다수의 금속들은 위 세 가지 구조 중 하나의 모양을 갖는다. 하지만 소수의 금속은 이와는 다른 결정구조를 가지는데, 예를 들어 폴로늄은 단순 입방체로 형성되어 있고 주석은 정방정계로 이루어져 있다. 금속의 구조를 예측하기 위해서는 원자간 결합에 대한 양자역학적 분석이 요구된다. 하지만, 일정 정도의 경향성은 존재한다. 예를 들어, 1B족 금속인 구리, 은, 그리고 금, 그리고 가장 바깥쪽 d와 s 부껍질에서 10개의 전자를 가진 원소들인 니켈, 팔라듐, 그리고 백금 또한 면심 입방 구조로 되어 있다. 체심 입방 결정구조는 전이 원소들에서 잘 나타나는데, 이들 전이원소는 불완전하게 채워진 내부 전자 부껍질의 전자간 공유결합을 서로 다른 원자의 전자들 사이에서 형성한다. 전이원소의 예로서 $3d$ 부껍질을 가진 철, 몰리브덴의 $4d$ 부껍질을 가진 몰리브덴, 그리고 $5d$ 부껍질을 가진 텅스텐 등이 있다.

2.9.2 금속의 물리적 성질

금속은 훌륭한 전기 전도체인데, 그 이유는 16.2절에서 논하고 있는 바와 같이 자유 전자들이 특정 원자와 결합하지 않고 금속 전체를 돌아다닐 수 있기 때문이다. 또한 금속 내부의 자유전자는 높은 열전도의 원인이 되며, 이는 4.4절에서 설명하고 있다. 대다수의 순수 금속은 연성을 가지는데, 이는 깨짐 없이도 형태를 영구적으로 바꿀 수 있게 한다. 클립을 영구적으로 구부러트려 놓는 것이 연성의 예가 될 수 있다. 물질의 영구적 변형은 6장에서 다루고 있다. 금속의 연성은 금속 원자의 충진률 그리고 금속결합이 두 개의 원자간에 국한된 것이 아니라는 사실에 기인한다는 것을 볼 것이다. 금속은 그 원자 질량에 비해 높은 밀도를 갖는데, 이는 금속 원자의 충진이 금속결정 내 공간을 효율적으로 채우기 때문이다. 규소(원자번호 14번)와 알루미늄(원자번호 13번)의 밀도를 비교해보면, 규소는 4족 원소이며 다이아몬드와 동일한 결정구조를 가지며, 알루미늄은 주기율표상 3족에 속하며 원자간 조밀충진을 갖는 면심 입방체 금속이다.

규소(2.33×10^3 kg/m^3)는 알루미늄(2.7×10^3 kg/m^3)보다 높은 원자 질량을 가짐에도 불구하고 밀도가 더 낮다. 왜냐하면 각각의 알루미늄 원자들은 12개의 최인접 원자개수를 가졌지만 규소는 고작 네 개밖에 갖지 못했기 때문이다. 따라서 알루미늄의 조밀 충진구조에 비해 규소의 결정구조가 더욱 개방적이고 밀도가 낮다.

일반적으로 금속결합을 하는 물질의 용융온도는 공유결합을 하는 물질보다 낮으며, 응집에너지와 직접 관련이 있다. 예를 들어, 공유결합을 하는 규소는 1683 K의 용융온도를 갖지만 금속결합을 하는 알루미늄은 933 K의 용융온도를 갖는다. 용융온도는 응집 에너지와 직접적으로 연관되는데, 주기율표상의 규소와 알루미늄의 응집 에너지는 각각 4.63 eV/atom과 3.34 eV/atom이다.

주기율표에 명시된 것과 같이, 금속의 응집에너지에는 유의미한 차이가 있다. 금속인 알루미늄, 니켈, 그리고 텅스텐은 각각 3.34 eV/atom, 4.435 eV/atom, 8.66 eV/atom의 응집에너지를 가졌는데, 이러한 금속들의 응집에너지는 각 금속의 용융온도인 933 K, 1726 K, 그리고 3683 K와 정비례한다는 것이다. 티타늄(1941 K), 철(1811 K), 그리고 텅스텐(3683 K)과 같이 비어있는 전자 부껍질들간에 공유결합을 하는 전이 금속들이 일반적으로 높은 용융온도를 갖는다. 반면 알루미늄(933 K), 구리(1358 K), 그리고 은(1235 K)과 같이 주로 금속결합으로 이루어진 금속들의 용융온도는 낮다.

금속의 경도는 상온에서 금속의 종류에 따라 매우 다르게 나타난다. 표 2.2에서 확인 가능하듯이, 금의 누프경도는 69이며 고강도 강철의 누프경도는 392이다. 주로 금속결합을 하는 금과 같은 물질의 경도는 금속결합에다 공유결합이 더해진 강철과 같은 물질의 경도에 비해 낮다. 금속의 경도는 역학 및 열처리에 민감한데, 이러한 민감성은 금속의 역학적 성질에 흥미로운 변화를 가져온다. 예를 들어, 부드러운 순금을 망치로 내리치면 단단해지는데, 단단해진 금을 400°C 용광로에 한 시간 정도 넣어두면 다시 부드러워진다. 금의 이와 같은 반응에 대해서는 7장에서 이야기할 것이다. 동일한 금속이라 해서 같은 경도를 갖는 것은 아니며, 경도는 변형상태 및 겪어온 온도 이력에 따라 달라진다. 금속 합금을 변형시키고 열처리를 함으로써 더욱 높은 경도를 갖게 할 수 있으며, 고강도 강철의 경우 누프경도를 1000까지 높일 수도 있다.

금의 누프경도가 69인 반면, 다이아몬드는 대략 7000 정도의 누프경도를 갖는다. 이와 같은 큰 경도차이는 영구적 변형을 막는 다이아몬드의 공유결합에 기인한다. 6장에서 보게 되겠지만, 금과 같이 순금속들은 영구적 변형이 용이하다.

2.9.3 금속 합금

대다수 금속들은 순금속이 아닌 합금의 형태로 활용된다. 일반적으로 비슷한 두 개의 금속원소를 섞으면, 원래의 두 금속과 유사한 성질을 지니는 금속 합금을 얻을 수 있다. 서로 비슷하게 생긴 니켈과 구리의 혼합물을 생각해보자. 구리와 니켈을 섞어서 나온 고체 혼합물은 구리와 니켈 각각의 성질의 평균 성질을 갖게 된다.

매우 나른 성질을 가신 두 금속을 섞을 수노 있는데, 이때의 혼합물은 매우 흥미로운 공학적 성질을 갖게 된다. 25 at%의 알루미늄을 니켈과 섞어서 만드는 Ni_3Al을 예로 들어보자. Ni_3Al과 같은 물질을 **금속간 화합물**이라고 부르는데, 그 이유는 적어도 두 개의 금속으로 이루어져 있으며 각 화합물을 간단한 정수비로 나타낼 수 있기 때문이다(Ni_3Al은 세 개의 니켈 원자와 하나의 알루미늄 원자의 구성비로 이루어져 있다). 혼합물을 이루는 각 금속원자의 상대적 개수를 **화학량(stoichiometry)**이라고 한다. 금속간 화합물 또한 하나의 금속이다. 두 개의 금속이 하나의 혼합물을 형성했다는 것은 둘 사이에 강한 결합이 존재한다는 증거이다. 대다수의 금속간 화합물은 매우 단단하며 높은 용융온도를 갖는다. Ni_3Al은 1669 K라는 상대적으로 높은 용융온도를 갖고, 고온에서 작동하는 가스터빈에 쓰이는 니켈합금의 강도를 높이는데 사용된다.

금속을 비금속 원소와 섞으면 혼합물이 만들어진다. 예를 들어, 25 at%의 탄소를 철과 섞게 되면 탄화철(Fe_3C)이 생성된다. 탄화철은 금속의 성질을 갖지 않는다. 탄화철은 전기가 잘 통하지 않고 연성이 낮으며 잘 부러진다. 그리고 탄화철은 대략 2523 K의 높은 온도에서 녹는다. 철을 0.2 wt%와 같은 저중량의 탄소와 섞게 되면, 철과 저중량의 탄화철간 혼합물이 생성된다. 우수한 연성을 지닌 이 탄소강 합금은 자동차나 교량에 쓰인다. 다른 금속합금의 적용 범위들은 다음과 같다. 알루미늄 합금은 비행기의 기체 및 골격에 사용되고 니켈 합금은 고온에서 동작하는 가스 터빈을 만드는 데 쓰인다. 티타늄 합금은 초음속 항공기의 동체 제작에, 그리고 구리 합금은 열교환기에 사용된다. 5장에 있는 도표는 금속과 기타 원소들간의 합금 제품을 소개하고 있다.

2.10 이온결합

이온결합은 전기 음성도 차이가 큰 원소들의 양이온과 음이온 사이에서 일어나는 결합이다. 이온결합의 대표적 예는 염화나트륨(NaCl)으로서, 나트륨(Na, 1A족 원소, 전기음성도 0.9)이 염소(Cl, 7족 원소, 전기음성도 3.0)와 이온결합을 한 것이다. 염화나트륨의 이온결합은 그림 2.26a에서 볼 수 있듯이 나트륨

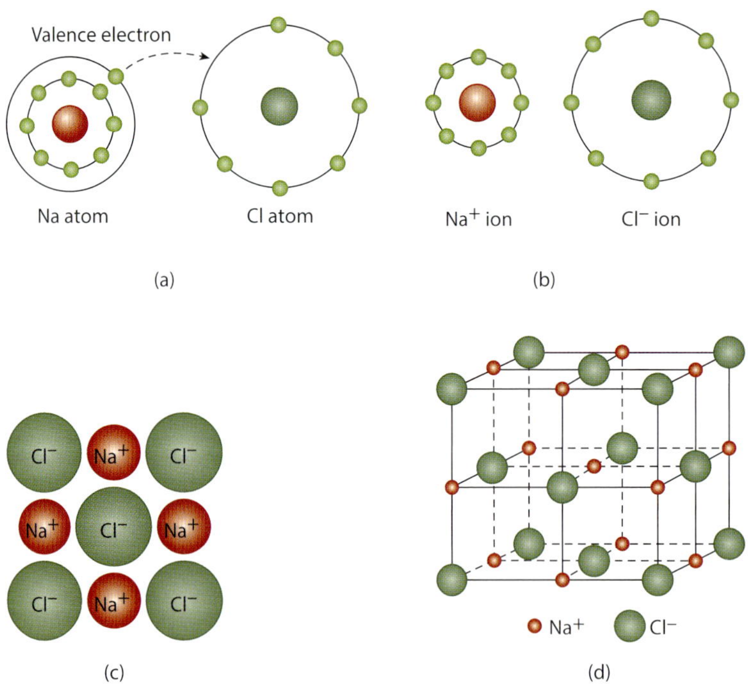

그림 2.26 (a) 나트륨 원자에서 염소 원자로의 전자 이동. (b) 양의 나트륨 이온과 음의 염소이온은 각각 원자가전자가 8개임. (c) 양과 음의 이온들이 충진된 모습을 2차원으로 나타낸 그림. (d) 염화나트륨 결정체의 단위격자 *[(a), (b), and (c) adapted from Askeland, D. R., Fulay, P. P., and Wright, W. J., The Science and Engineering of Materials, 6th ed., Cengage Learing, Stamford, CT (2011) p. 38. (d) Adapted from Callister, W. D., Materials Science and Engineering: An Introduction, 6th ed. John Wiley & Sons, New York (2003), p. 388.]*

원자의 3s 준위에 존재하던 전자가 양이온인 Na^+와 음이온인 Cl^-를 만들기 위해 염소 원자로 이동하면서 발생한다. 그림 2.26b에 그려진 것과 같이 Na^+는 네온의 비활성기체 전자구조를 Cl^-는 아르곤의 전자구조를 갖는다. 그림 2.26c와 같이 고체 형태의 염화나트륨은 Na^+과 Cl^-간의 정전기적 인력에 의해 묶인다. 과학적으로 그리고 공학적으로 중요한 다른 재료로는 산화마그네슘(MgO), 산화알루미늄(Al_2O_3), 그리고 산화지르코늄(ZrO_2) 등이 있다. 상기 재료들에는 표 2.3에서 보듯 이온결합과 공유결합이 혼합되어 있다. 이온결합과 공유결합의 혼합되어 있다는 것은 원자간을 이동하는 전자가 존재하면서 또한 특정 영역에서는 전자를 공유한다는 것을 의미한다. 전기 음성도 차이가 클수록 이온을 형성해 이온결합을 하려는 성향이 강해지는데, 염화나트륨이 이를 잘 나타낸다. 반면에 두 원소간 전기음성도가 비슷하면, 공유결합을 통해 전자를 공유하는 성향이 강해진다. 서로 다른 두 원자간 전기음성도 차이가 존재하면 더 높은 전기음성도를 지닌 원소가 전자들을 끌어당긴다. 라이너스 폴링(Linus Pauling)이 만든 방정식(식 2.6)을 통해 전기음성도 차(Δ)를 통한 이온결합 가능성을 계산할 수 있다.

$$\%\ \text{ionic} = (1 - \exp^{-0.25\Delta^2})100 \qquad \textbf{2.6}$$

탄화규소의 탄소(전기음성도 2.5)와 실리콘(전기음성도 1.8)에서 볼 수 있듯이, 비슷한 전기음성도의 경우 공유결합을 만들기 쉬우며, 산화마그네슘의 마그네슘(전기음성도 1.2)과 산소(전기음성도 3.5)와 같이 차이가 나는 전기음성도의 경우 이온결합을 만들기 쉽다.

표 2.3 몇 가지 세라믹 재료의 이온 및 공유 결합의 백분율, 전기음성도 차이(Δ), 용융점 (T_m)

Ceramic	Δ	% Ionic	% Covalent	T_m K
ZrO_2	2.1	67	33	2953
MgO	2.3	73	27	3062
Al_2O_3	2.0	63	37	2300
SiO_2	1.7	51	49	1983
Si_3N_4	1.3	30	70	2173[1]
SiC	0.7	11	89	3003

1 Sublimes

예제 2.9

MgO의 이온결합과 공유결합 백분율을 구하라.

풀이

주기율표로부터 Mg의 전기음성도 1.2와 O의 전기음성도 3.5를 알 수 있다.

$$\Delta = 3.5 - 1.2 = 2.3$$

Δ값은 식 2.6에 대입하면,

$$\%\ \text{ionic} = (1 - \exp^{-0.25\Delta^2})100 = (1 - \exp^{-0.25(2.3^2)})100 = (1 - \exp^{-1.32})\}\ 100$$
$$= (1 - 0.27)100 = 73\%$$

2.10.1 이온결합의 원자배열

일반적으로 음이온은 전자를 가져감으로써 "커지게" 되고, 양이온은 전자를 빼앗김으로 인해 "작아지게" 된다. 따라서, 일반적으로 중성원자와 비교했을 때, 음이온의 반지름은 크고, 양이온의 반지름은 작다. 개개의 음이온은 주위의 양이온을 가능한 만큼 끌어당긴다. 하지만 양이온끼리는 겹칠 수 없으며 양이온 사이에 여유공간도 존재할 수 없다. 음이온의 반지름이 커질수록 더 많은 수의 겹치지 않은 양이온이 음이온 주위에 존재하게 된다. 음이온을 둘러싸고 있는 양이온의 수를 **배위수**라고 부르며, 배위수는 그림 2.27에서 보듯이 양이온의 반지름(r_c)과 음이온의 반지름(r_a)간 상대적인 크기에 의해 결정된다. 부록 C를 보면, 염화나트륨의 이온 반경비(r_c/r_a)는 0.54(0.097 nm / 0.181 nm)이다. 그림 2.27에서 양이온인 Na^+는 여섯 개의 음이온인 Cl^- 을 반드시 가져야만 하는 것으로 나타나 있는데, 반지름이 0.097 nm인 여섯 개의 구(球)는 반지름이 0.181 nm인 구 하나의 주변을 메운다. 이처럼 각 이온마다 여섯 개의 인접한 다른 부호의 이온을 갖는 염화나트륨의 결정구조가 그림 2.26d에 나타나 있다. 염화나트륨의 단위격자에서 (001)면의 중심에는 하나의 Cl^- 이온이 존재하고 그 주위에 네 개의 Na^+ 이온이 존재한다. ($\frac{1}{2}$, $\frac{1}{2}$, $\frac{1}{2}$)에 자리하고 있는 Na^+ 이온의 위쪽과 아래쪽에 Cl^-이온이 위치하고 있는 것을 그림 2.26d에서 볼 수 있다.

염화나트륨에 대해 이야기해 보자. 염화나트륨은 면심 입방구조(FCC)를 하고 있는데, 염소와 나트륨 원자가 각각 (0, 0, 0)과 (0, $\frac{1}{2}$, 0)에 위치한 원자위치를 갖는다. 면심입방격자의 모든 격자점에 염소가 있을 때, 각 격자점에서 (0, $\frac{1}{2}$, 0) 벗어난 지점에 나트륨이 존재한다. ($\frac{1}{2}$, 0, 0)이나 (0, 0, $\frac{1}{2}$)의 나트륨 원자

Coordination Number	Location of Smaller Atom	Radius Ratio	Coordination Geometry
2	Linear	0–0.155	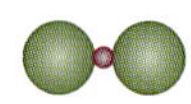
3	Center of triangle	0.155–0.225	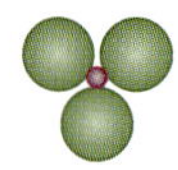
4	Center of tetrahedron	0.225–0.414	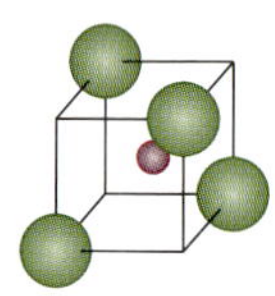
6	Center of octahedron	0.414–0.732	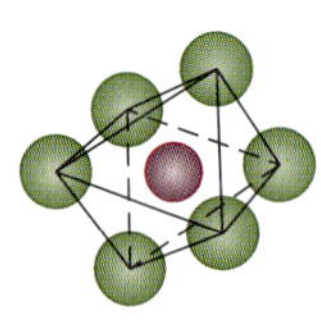
8	Center of cube	0.732–1.000	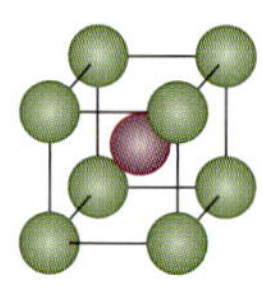

그림 2.27 몇 가지 다른 원자 반경비에 대한 배위수 및 배치구조 *(Based on Askeland, D.R., Fulay, P.P., and Wright, W.J., The Science and Engineering of Materials, 6th ed. Cengage Learning, Stamford, CT. (2011), p. 85.)*

또한 선택될 수 있으며, 동일한 구조를 결과로 갖게 될 것이다. 그러나 단위격자 내 원자의 위치들은 오직 이 위치들 중 하나만 골라서 사용해야 한다. 올바른 화학량(stoichiometry)을 위해 하나의 염소에는 하나의 나트륨만이 대응된다. 염화나트륨과 같은 구조를 갖는 이온성 물질에는 산화마그네슘, 산화칼슘, 그리고 산화철이 포함된다.

예제 2.10

MgO는 NaCl의 결정 구조를 가지고 있으며 격자상수는 0.4212 nm 이다. MgO의 밀도를 추정하라.

풀이

이 문제는 예제 2.3과 비슷한 문제이다. 그러나 여기서는 격자점(LP)당 두 개의 다른 원자 종류가 대응된다. 이 문제는 각 격자점에 두 개의 다른 종류의 원자가 대응된다는 것을 고려하여 예제 2.3과 같은 방법으로 풀 수 있다. 여기서는 격자점들을 이용하여 계산할 것이다. 각각의 원자들을 혼동하지 않도록 주의해서 다루어보자. FCC 격자에는 4개의 격자점이 있다. 각 격자점에는 1개의 산소(O) 그리고 한 개의 마그네슘(Mg) 원자가 대응된다. 산소의 몰 질량은 16.00 g/mole이고 마그네슘은 24.31 g/mole이다. 따라서 1 몰의 격자점은 40.31 g/mole의 몰 질량을 기여한다(N_L).

따라서, MgO 단위 격자의 부피는

$$a^3 = (0.4212 \times 10^{-9}\ \text{m})^3 = 0.0747 \times 10^{-27}\ \text{m}^3$$

단위 부피당 격자점 개수(N_L)는

$$n_L = \frac{4\ \text{LPs}}{0.0747 \times 10^{-27}\ \text{m}^3} = 5.35 \times 10^{28}\ \frac{\text{LPs}}{\text{m}^3}$$

MgO의 밀도(ρMgO)는 다음과 같이 계산한다.

$$\rho_{\text{Mgo}} = \frac{n_L M_L}{N_A} = 5.35 \times 10^{28} \frac{\text{LPs}}{\text{m}^3}\left(\frac{\text{mole of LPs}}{6.02 \times 10^{23}\ \text{LPs}}\right) 40.31 \times 10^{-3} \frac{\text{kg}}{\text{mole of LPs}} = 3.58 \times 10^3\ \frac{\text{kg}}{\text{m}^3}$$

이 식은 단위 부피당 격자점 개수가 단위 부피당 원자의 개수 대신에 쓰였다는 점만 제외하면 예제 2.3의 식과 동일하다. 예제 2.3에서는 격자점당 1개의 원자가 있었고, 단위 부피당 원자의 개수가 이 문제에서의 단위 부피당 격자점의 개수와 같다. 위에서 구한 밀도 값은 MgO의 문헌값과 같다.

또 다른 이온성 물질로는 염화세슘(CsCl)이 있다. 그림 2.7은 염화세슘의 구조를 나타내고 있으며, 부록 C에서 보듯이 이온 반경비(r_c/r_a)는 0.923 (0.167 nm / 0.181 nm)이다. 그림 2.27에서는 염화세슘의 배위수가 8이고, 그림 2.7에서는 염소원자 하나의 주위에 여덟 개의 세슘 원자가 있다는 것을 알 수 있다. 염화세슘의 원자 배치는 세슘이 (0, 0, 0), 염소가 ($\frac{1}{2}$, $\frac{1}{2}$, $\frac{1}{2}$)에 위치한다.

분리된 두 개의 양의 점전하와 음의 점전하끼리를 붙여 놓으면 서로 끌어당기기만 할 것이다. 그러나 양이온과 음이온은 너무 가까이 붙게 되면 서로를 밀쳐낸다. 이온들은 이렇게 점전하와는 다르게 행동하는데, 그 이유는 이온들은 점전하처럼 끌어당기기만 하면 이온 결정이 붕괴되면서 이온의 전하가 서로 중화되어 버릴 것이기 때문이다. 그렇다면 이온 결정의 붕괴를 막아주는 것은 무엇인가? 파울리의 배타원리에 따르면, 나트륨과 염소 이온의 $2p$ 전자들이 겹치기 시작하면 시스템 에너지가 급격히 증가하고, 이 에너지가 염화나트륨을 붕괴로부터 막아준다.

2.10.2 이온결합과 물리적 성질

이온결합 물질은 자유전자가 존재하지 않기 때문에 전기 전도성이 낮다. 이온결합은 상대적으로 강한 결합이기 때문에 이온결합 물질 또한 상대적으로 높은 용융점을 갖는다. 이온성 물질의 용융점(T_m)은 고분자나 비슷한 금속들에 비해 높다. 표 2.2를 보면 알 수 있듯이, 염화나트륨은 1070 K에서, 폴리에틸렌 금속은 403 K에서, 그리고 금은 1336 K에서 녹는다. 탄화규소(T_m = 3003 K)나 산화규소(T_m = 1938 K)와 같은 물질들은 표 2.3에서 보는 바와 같이 부분적 공유결합을 하는데, 이는 염화나트륨과 같이 주로 이온결합을 하는 물질들보다 더 높은 용융점을 갖고 있기 때문이다. 염화나트륨의 누프경도는 16으로 매우 낮은 편인데, 이는 심지어 금(누프경도 69)보다 낮은 수치이다. 경도 시험에서 압입체는 금속을 영구적으로 변화시키지만, 염화나트륨은 산산히 부셔버린다. 이렇게 이온결합 물질은 매우 낮은 에너지의 투입만으로도 파괴된다. 예를 들어, 공유결합이 49% 존재하는 산화규소보다 89% 존재하는 탄화규소의 경도가 2480으로 산화규소의 경도인 820보다 높듯이, 물질 내 공유결합 비율이 높아질수록 그 경도 또한 높아진다. 이온결합과 공유결합이 혼재된 물질의 경도와 용융점은 일반적으로 공유결합의 비율이 높아질수록 증가한다.

2.10.3 세라믹

세라믹은 보통 산화물이나 탄화물, 또는 질화물로서 금속이나 규소를 포함하는 화합물이다. 세라믹은 공유결합 및 이온결합으로 이루어져 있다. 흔한 세라믹 물질로는 산화알루미늄(Al_2O_3), 탄화규소(SiC), 질화규소(Si_3N_4) 및 이산화티타늄(TiO_2) 등이 있다. 세라믹 부품은 세라믹 분말을 고온 압축하는 방식으로 만들어진다. 이러한 세라믹 파우더 공정기술은 13장 재료성형에서 자세히 논한다. 세라믹 재료는 표 2.2에서 확인할 수 있듯이 상대적으로 높은 용융점과 경도를 갖는다. 세라믹은 용광로나 로케트 엔진, 그리고 고온에서 사용하는 가스터빈의 비회전 부품과 같이 초고온에서 작동하는 곳에 활용된다. 산화지르코늄(ZrO_2)과 같은 세라믹 물질은 고온의 가솔린과 디젤 엔진에 사용된다.

2.10.4 결정질 및 비결정질 물질

어떤 물질은 액체에서 고체로의 냉각 속도에 따라 결정질이 될 수도 있고 비결정질이 될 수도 있다. 실리카(SiO_2)는 그림 2.28과 같은 결정질 석영, 또는 그림 2.29의 실리카 유리가 될 수 있는 물질이다. 고체 상태의 실리카는 두 가지 이유에 의해 이러한 형태 중 어느 하나의 형태를 가질 수 있다. 실리카는 복잡한 원자배열을 가지며, 규소와 산소간 결합력이 강하다. 석영에서는 네 개의 산소원자가 그림 2.28a에서 보듯이 사면체의 형태로 각각의 규소원자를 둘러싸고 있다. 개별의 산소원자를 두 개의 규소원자가 공유하는데, 이는 그림 2.28b에 그려진 석영의 결정구조에서 확인할 수 있다. 따라서 화학적 구성은 개별 규소원자에 두 개의 산소원자가 대응하는 것이다. 결정질 석영의 원자배열은 그림 2.28b에서 보듯이 긴 거리에 걸쳐 반복되는데, 이를 장거리 규칙성라고 한다. 석영이 가열되어 액체가 되면 몇몇 규소와 산소간 결합이 깨지고, 산소 원자와 연결되어 있던 규소 원자가 이동한다. 그리고 나서 규소원자들은 다른 산소원자들과의 결합을 재결성하여 결과적으로 영구적으로 변형된다. 액체 상태에서 각각의 규소 원자는 대체로 네 개의 산소 원자들에 여전히 둘러싸여 있지만, 짝지어 있던 규소와 산소 원자들은 계속해서 짝을 바꾼다. 또한, 그림 2.28a의 규소-산소 사면체는 규소와 산소간 결합이 깨지면서 회전할 수도 있는데, 이 때문에 그림 2.28b의 장주기는 액체 상태에서 존재하지 않게 된다. 그림 2.29에서는 모식화된 액상 실리카의 이온

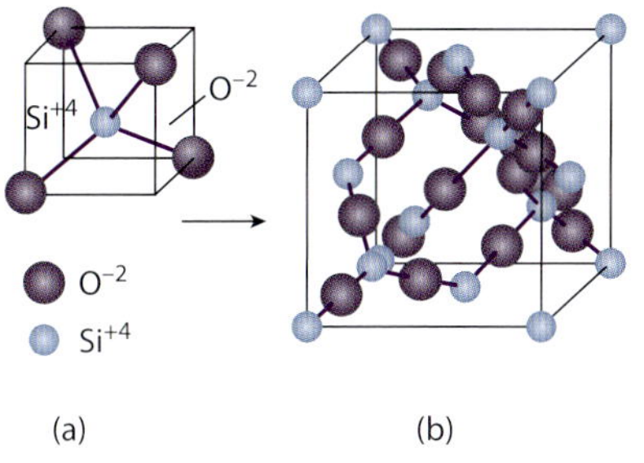

그림 2.28 (a) 실리콘 이온 한 개 주변에 네 개의 산소 이온이 사면체 배치를 한 모습. (b) 결정질 SiO_2 (cristobalite quartz)의 단위격자에서의 실리콘과 산소의 배치 *(Based on Askeland, D.R., Fulay, P.P., and Wright, W.J., The Science and Engineering of Materials, 6th ed. Cengage Learning, Stamford, CT. (2011), p. 95.)*

배열상태를 볼 수 있다. 그림 2.29에서와 같이 장주기가 없는 구조는 비결정질구조이다. 하지만 각각의 규소원자는 액체 상태에서도 여전히 네 개의 산소원자에 둘러싸여 있기 때문에 **단거리 규칙성**이 존재하게 된다. 단거리 규칙성은 원자 사이의 거리에 형성되는 배열방식이다.

비결정질 구조인 액체 상태의 실리카가 상온으로 급격히 냉각되면, 비결정질 구조는 그 자리에서 냉각되며, 냉각된 고체 상태의 유리는 여전히 비결정질 구조를 유지한다. 상온에서의 유리는 액체상태라는 말을 들어보았을 것이다. 하지만 이는 틀린 말이므로 잊어도 된다. 2.3절은 액체가 그 형태를 쉽게 바꿀 수 있다는 내용을 다루고 있다. 고체 상태의 유리에서, 규소와 산소간 결합은 계속 유지된다. 만약 액상 실리카의 냉각이 각각의 규소-산소 사면체가 가장 낮은 에너지준위로 이동할만한 시간을 가질만큼 느리게 진행된다면, 석영이 형성될 것이다. 지구 표면상 매우 풍부하게 존재하는 석영은 지구의 온도가 서서히 낮아짐에 따라 자연스럽게 수정을 형성해왔다. 유리 또한 녹아있는 실리카가 화산에서 분출해 급격히 냉각될 때 자연적으로 만들어졌다. 그림 2.30에서 보는 바와 같이 물질의 부피를 관찰함으로써 액체에서 고체로의 변형을 알아낼 수 있다. 물질이 단단한 액정의 용융점(T_m)보다 높은 온도에서 서서히 냉각되면, 그림 2.30의 온도(T)에 따른 부피(V)변화 그래프에서 보듯이 결정질 고체가 형성될 때 보통 아래로 떨어지게

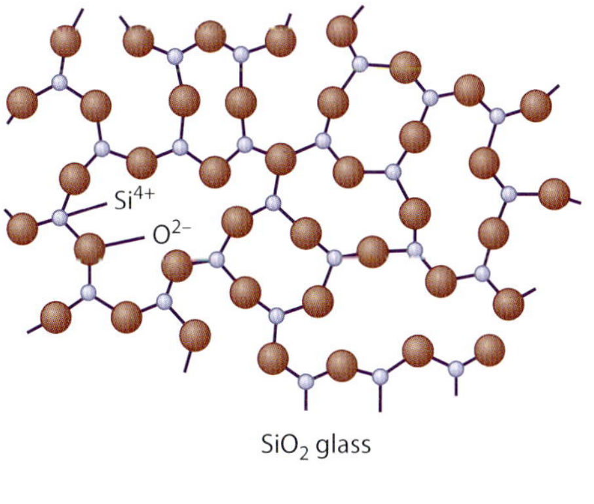

그림 2.29 SiO_2 유리에서 이온들의 비결정질 배치를 이차원으로 나타낸 그림. 각 실리콘 이온은 산소 이온 사면체로 둘러싸여 있다. *(Based on Askeland, D.R., Fulay, P.P., and Wright, W.J., The Science and Engineering of Materials, 6th ed. Cengage Learning, Stamford, CT. (2011), p. 584.)*

된다. 하지만, 물과 얼음간 상태변화는 예외이다. 액체상태의 물이 냉각에 의해 얼음으로 변할 시 그 부피는 팽창하며, 이는 얼음이 물 위에 뜨는 이유이다. 부피변화는 액체와 결정질 고체상의 밀도 차이에 기인한다. 유리를 형성하고 있는 물질이 용융점(T_m) 이하로 빠르게 냉각되면, 수정으로의 변형은 일어나지 않고 액체는 과냉각된다. 용융점 이하로 온도가 낮아짐에 따라 변형에 대한 과냉각 액체의 저항력은 높아지고, 유리전이온도(T_g, glass transition temperature) 아래에서 그 물질은 고체상태로 존재한다. 유리전이온도 아래에서 유리와 같은 비결정질 물질들은 장거리 규칙성은 없지만 단거리 규칙성을 갖는 고체상태로 존재한다. 그림 2.28a와 같이, 유리 내의 산소원자 네 개가 사면체 배열 안에서 규소원자 하나를 에워쌈으로 인해 단거리 규칙성이 있는 것이다. 물질이 고체인지 아니면 액체인지는 원자의 배열에 의해 정해지지 않으며, 비정수압에 의한 상태변화의 저항력에 의존한다.

유리전이온도에서 비결정질물질의 부피는 갑작스럽게 변하지 않는다. 왜냐하면 액체 상태에서의 구조와 비결정질 고체에서의 구조가 같기 때문이다. 액체 상태에서 비결정질 고체로의 변형을 2차 변형이라 하며, 액체 상태에서 결정질으로 변화하는 것을 1차 변형이라 한다. 이것은 용융점에서 온도에 따른 부피변화 그래프의 단절이 생기기 때문이다. 2차 변형에서는 온도에 따른 부피변화 그래프의 도함수(dV/dT) 상에서 단절된 부분이 존재한다. 고체상태 유리의 온도가 낮은 온도부터 증가하여 유리전이온도(T_g)에 이르면 유리가 부드러워지기 시작한다. 이와는 대조적으로, 결정질물질은 용융점(T_m)에 이를 때까지는 고체상태로 유지된다.

고분자 또한 2.8.2절에서 처럼 액체 상태에서 빠르게 냉각될 경우 비결정질 고체를 형성할 수 있는데, 이는 긴사슬분자를 가지런히 배열하기가 어렵기 때문이다. 순수한 금속원소는 액체 상태에서 비결정질 고체를 형성할 만큼 충분히 빠르게 냉각시킬 수 없다. 하지만 네오디뮴 자석($Nd_2Fe_{14}B$)과 같은 금속합금의 경우는 비결정질 구조를 형성할 만큼 충분히 빠른 속도로 냉각시킬 수 있다.

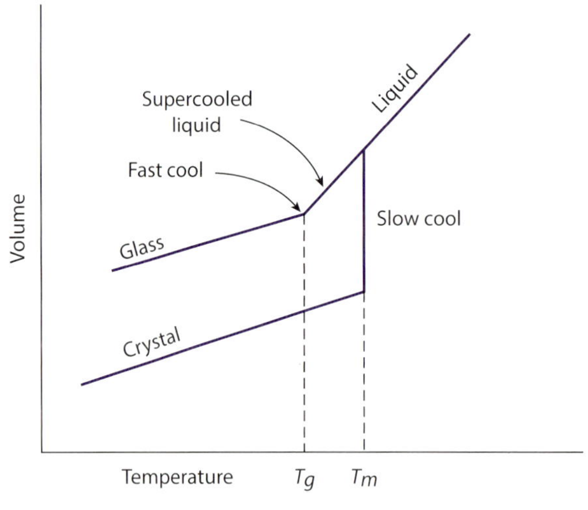

그림 2.30 각각 다른 냉각 속도에 대해서 유리화 물질의 부피 대 온도로 나타낸 그림

2.11 원자간 포텐셜

2.11.1 세라믹

원자간 포텐셜은 평형 격자상수, 응집에너지, 강성, 그리고 열팽창계수와 같은 물리적 성질의 계산을 가능하게 한다. 또한 원자간 포텔셜은 물질 내에서 아주 빠르게 일어나기 때문에 실험으로는 측정이 불가능한 동적 프로세스 시뮬레이션을 가능하게 하는데, 고에너지 원자가 결정체에 가하는 충격으로 인한 원자의 이동을 예로 들 수 있다. **원자간 포텐셜**은 원점($r = 0$)에 있는 원자와 가변적인 원자간 거리(r)에서의 두 번째 원자 사이에 형성되는 결합으로 인해 생성되는 포텐셜 에너지로서 그림 2.31의 파란색 선으로 표현되어 있다. 또한, 원자간 포텐셜의 그래프를 원자간 거리에 대한 함수로 놓는다면, 결합에 대한 시각적인 묘사와 분석적인 모델을 제공한다. 그림 2.31에서 보듯이, 무한한 거리 속에서의 결합은 존재하지 않으

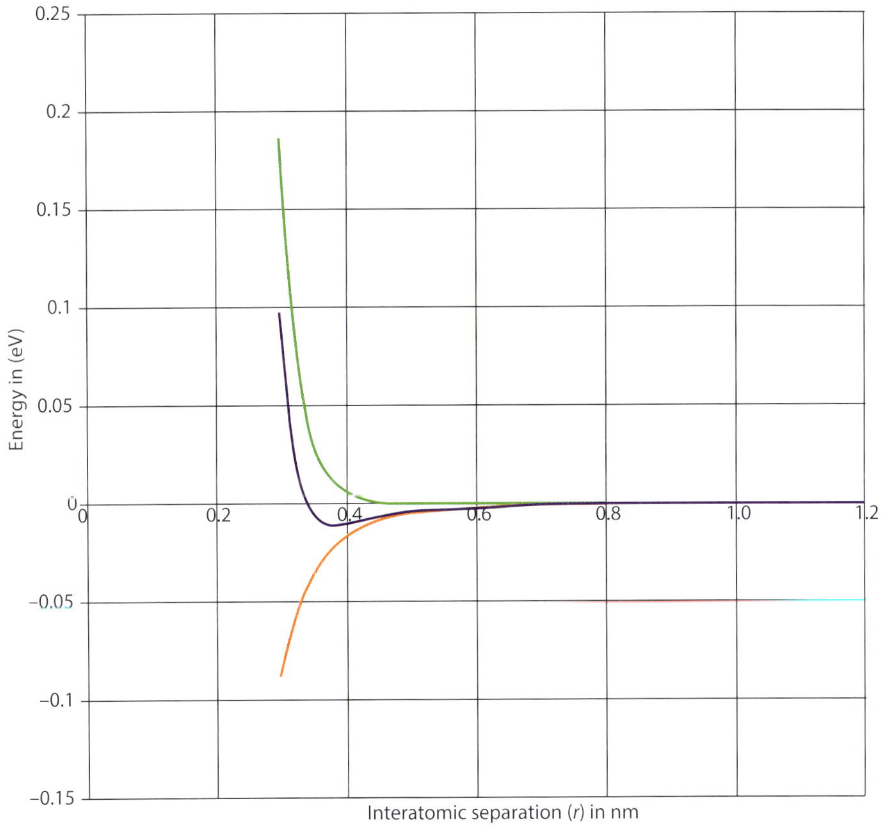

그림 2.31 두 개의 아르곤 원자 사이의 원자간 포텐셜 에너지(eV 단위, 파랑), 인력(빨강), 척력(초록)을 원자간 거리(nm)의 함수로 나타낸 그림

며, 따라서 포텐셜 에너지 또한 0이다. 원자들은 가까워질수록 결합하게 되고 포텐셜 에너지는 감소하는데, 이는 원자들을 떼어놓기 위해서는 추가적인 에너지가 필요하기 때문이다. 포텐셜 에너지는 원자간 평형거리(r_0)에서 가장 낮아진다. 원자간 평형거리보다 더 가까워지게 되면, 포텐셜에너지는 원자의 이온 코어가 겹쳐지기 때문에 빠르게 증가한다.

2.11.2 비활성기체 원자의 포텐셜

비활성기체가 아주 낮은 온도로 냉각되면 고체를 형성한다. 그리고 더 낮은 온도에서 비활성기체 원자는 면심입방 결정구조로 응고된다. 예를 들어, 아르곤은 83.8 K에서 응고된다. '고체 기체'와 같은 모순어법을 피하기 위해 이러한 원소들을 본 교재에서는 0족 고체라 부른다. 0족 원소를 붙어있도록 잡아두는 약한 결합은 '유동 쌍극자 결합'으로서 2.6절에서 다루고 있다. 유동 쌍극자 결합의 인력 포텐셜은 식 2.7의 실험식과 같이 한 쌍의 원자간 포텐셜 에너지 $V_A(r)$로 모델을 세울 수 있다.

$$V_A(r) = \frac{-B}{r^n} \tag{2.7}$$

여기서 B와 n은 물리적 성질이나 이론적 분석을 통해 결정되는 상수이다. 인력 포텐셜은 음수이며, 음의 에너지는 결합을 의미한다. 비활성기체 원자가 갖는 n은 대략 6 정도이다. 인력 포텐셜은 그림 2.31의 음의 값인 붉은색 그래프이다.

힘이 가해져서 원자들의 간격이 더 좁아져 원자의 코어들이 겹치기 시작하면 매우 강한 반발 상호작용이 일어날 것이다. 이 반발은 전하간 거리의 역수 $1/r$에 비례하는 쿨롱의 척력보다 더욱 강력하다. 상호작용의 반발력은 원자간 거리(r)에 대해 대략 $1/r^{12}$로 나타난다. 이 반발은 파울리의 배타원리에 기인한다. 서로 다른 아르곤 원자의 $3p$ 전자들이 동일한 공간을 차지하도록 만들고자 두 개의 아르곤 원자를 근접시키면, 그림 2.31에서 녹색 그래프로 표현되는 반발 에너지가 생성된다(V_R). 한 쌍의 원자가 갖는 양의 반발 상호작용(V_R)은 식 2.8에 나타나 있다.

$$V_R(r) = \frac{A}{r^m} \tag{2.8}$$

식의 A와 m은 실험결과나 이론적 분석을 통해 결정되는 상수이다. 척력은 양의 값을 갖는다. m은 일반적으로 8~12의 값을 갖고 V_R은 양의 값을 가지며, 그림 2.31에서와 같이 원자간 거리(r)가 작으면 그 값이 매우 커지고, 반대로 원자간 거리가 크다면 V_R은 아주 작아진다. 식 2.9에서 보듯이 $V_A(r)$와 $V_R(r)$의 합은 $V_P(r)$이며, 그림 2.31의 파란색 그래프가 나타내는 $V_P(r)$은 비활성기체 원자쌍의 총 포텐셜 에너지이다.

$$V_P(r) = V_R(r) + V_A(r) = \frac{A}{r^m} - \frac{B}{r^n} \tag{2.9}$$

식 2.9에서 $m = 12$이고 $n = 6$일 때를 레너드-존스(Lennard-Jones) 포텐셜이라 부르며, 부록 2B에서 자세히 논할 것이다.

원자 한 개를 $r = 0$에 고정된 원자 한 개에 대해서 최소에너지 상태의 원자간 거리 r_0부터 dr만큼 다른 원자를 움직이려면 $F_P(r)$이라는 힘을 작용하여 dr만큼 움직일 수 있어야 한다. 원자간 거리를 dr만큼 변화시킬 수 있을 정도로 요구되는 에너지의 양 $dV_P(r)$은 식 2.10에 제시된 것과 같다.

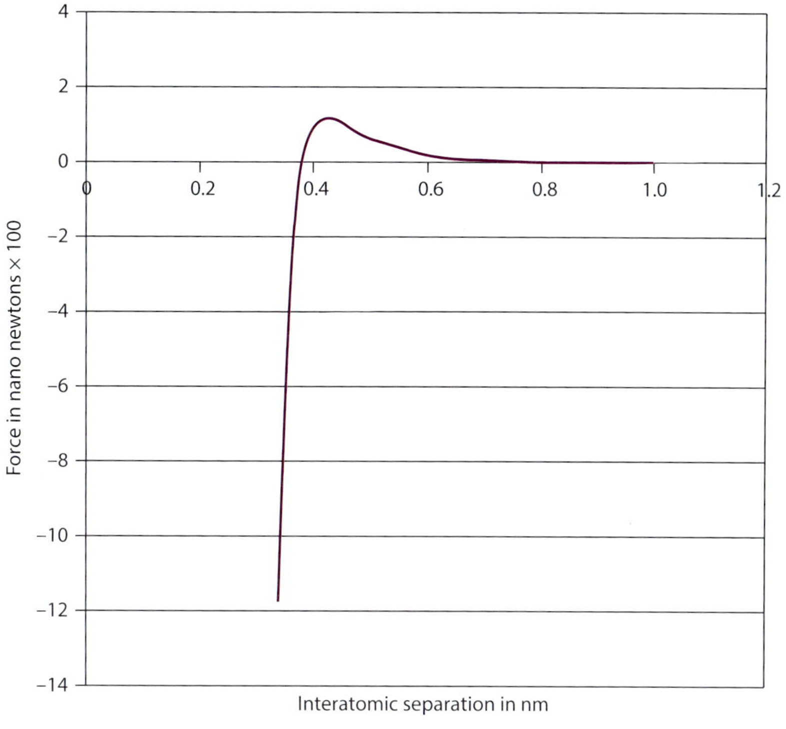

그림 2.32 아르곤 원자 한쌍을 표시된 거리(nm)로 만들기 위해 필요한 힘(nm × 100)을 나타낸 그림

$$dV_p(r) = F_p(r)\,dr \qquad \textbf{2.10}$$

식 2.10에서 식 2.9와 같은 포텐셜을 설정한다면, 원자를 r로 움직이기 위해 요구되는 작용력은 식 2.11과 같다.

$$F_p(r) = \frac{dV_p(r)}{dr} = \frac{A(-m)}{r^{m+1}} - \frac{B(-n)}{r^{n+1}} \qquad \textbf{2.11}$$

그림 2.32는 두 아르곤 원자간의 거리를 r로 만들기 위한 작용력을 보여준다. 양이 작용력은 r에 위치한 원자에 작용하는 힘이 양의 방향인 것을 뜻하며, 이때 원자들은 떨어지게 된다. 음의 작용력은 r에 위치한 원자에 작용하는 힘이 음의 방향인 것을 뜻하며, 이때 원자들은 모이게 된다.

그림 2.32에서 포텐셜 에너지 그래프의 최저점에 상응하는 원자간 거리에서의 힘은 0으로 나타나며, 이는 아르곤 원소의 원자간 평형거리(r_0)인 0.381 nm에서의 힘과 같다. **원자간 평형거리**는 긴 시간동안 평균을 낸 거리이며 원자간 포텐셜을 극소화한다. 그림 2.31의 그래프 위쪽에 작은 공을 놓게 되면, 그 공은 결국엔 최저에너지 위치인 r_0에서 멈추게 될 것이다. 원자간 평형거리는 식 2.12에서와 같이 결정된다.

$$F_p(r_0) = \frac{dV_p(r_0)}{dr} = 0 \qquad \textbf{2.12}$$

일반적인 형태의 식 2.12는 재료과학에서 매우 중요한 식이다. 원자간 거리와 같은 변수의 균형값은 에너지를 극소화하는 값이다.

식 2.32를 통해 몇 가지를 관찰할 수 있다. 첫 째, 두 번째 다른 원자를 밀어서 원자간 거리가 작아지게 하기 위해서는 큰 음의 작용력이 필요하다는 점이다. 이때의 큰 작용력은 파울리의 배타원리에 따른 것이다. 왜냐하면 다른 원자들 상에서 동일한 양자수를 갖는 전자들은 원자간 거리가 작아지면서 겹치기 때문이다. 두 번째로는, 원자간 평형거리에 있는 원자가 원래의 자리에서 이동할 때, 힘은 증가해서 최대치에 도달하게 되고, 그리고 나서 감소한다. 고체 안에서 원자들을 떼어놓기 위해 필요한 물질의 횡단면적당 최대작용력은 고체의 이론적 강도이다. 작용력은 원자간 결합력과 크기가 같고 부호는 반대이다.

원자간 포텐셜은 종종 전자볼트(eV) 에너지와 나노미터 단위를 사용하는데, 이는 에너지 자체만을 계산할 때는 충분하다. 하지만, 식 2.10과 2.11, 그리고 2.12와 같이 도함수가 존재하는 식의 정확한 답을 얻기 위해서는 모든 항을 SI단위계와 같은 통합된 단위계로 변환해야 한다.

결정체의 응집에너지는 결정체 내의 원자당 결합에너지를 뜻한다. 0족 원소들의 면심입방 결정구조에서 배위수(C_N)로 불리는 가장 가까운 원자들의 수는 12이다. 각 원자마다의 짝 결합 개수는 배위수를 2로 나눈 것과 같으며, 면심입방 결정구조에서 각 원자는 여섯 개의 짝 결합을 갖는다. 짝 결합개수를 구하기 위해서는 가장 가까운 원자의 개수를 2로 나누는 것이 필요한데, 이는 N개의 원자가 있다고 가정하면 $N/2$만큼의 원자쌍이 존재하기 때문이다. 0족 원소들의 짝 포텐셜은 좁은 범위를 가지며, 짝 포텐셜은 주로 가장 가까이에 위치한 원자들간 상호작용에 의해 결정된다. 가장 가까운 원자간 거리로 0.54 nm를 갖는 아르곤의 결합 에너지가 상대적으로 작은 값으로 감소하는 것을 그림 2.31에서 확인할 수 있다. 0족 원소에 대한 많은 계산에서는 오직 최근접 상호작용과 관련된 항목만을 도출할 수 있다. 0족 결정체에서 오로지 최근접 상호작용만을 고려하면, 원자간거리 r에 따른 원소당 응집에너지 $[V_{coh}(r)]$는 식 2.13에 주어진 것과 같다.

$$V_{\text{coh}}(r)\frac{\text{energy}}{\text{atom}} = \frac{C_N \text{ pair bonds}}{2 \text{ atoms}} V_P(r)\frac{\text{energy}}{\text{pair bond}} \qquad \textbf{2.13}$$

예제 2.11

아르곤 원자간 인력포텐셜의 실험식은 다음과 같다(에너지 단위는 eV, 길이 단위는 nm).

$$V_p(r) = \frac{1.0 \times 10^{-7}}{r^{12}} - \frac{0.64 \times 10^{-4}}{r^6}$$

FCC구조 아르곤의 격자상수는 0.539 nm이다.

(a) 평형 결합 에너지를 구하라.

(b) 가장 가까운 원자간의 상호작용만 고려하여 절대온도 0 K에서의 응집에너지를 구하고 주기율표의 값과 비교하라.

풀이

(a) FCC 아르곤의 격자상수로부터, 원자간 평형거리(r)를 구하면,

$$r = \frac{a}{2^{1/2}} = \frac{0.539 \text{ nm}}{1.414} = 0.381 \text{ nm}$$

원자간 평형거리 0.381 nm를 아르곤의 원자간 포텐셜 실험식에 대입하면 다음과 같이 나온다. 결합 에너지의 실험값은 −0.0106 eV로서 위의 계산값과 매우 근사하다.

$$V_p(r) = \frac{1.00 \times 10^{-7}}{(0.381)^{12}} - \frac{0.64 \times 10^{-4}}{(0.381)^6} = \frac{1.00 \times 10^{-7}}{9.4 \times 10^{-6}} - \frac{0.64 \times 10^{-4}}{3.1 \times 10^{-3}}$$

$$= 0.0106 \text{ eV} - 0.0206 \text{ eV} = -0.01 \text{ eV}$$

(b) 가장 가까운 원자와의 상호작용만을 고려하였을 경우, 원자당 응집에너지는

$$V_{\text{coh}}(r) = \frac{C_N \text{ pair bonds}}{2 \text{ atoms}} V_p(r) \frac{\text{energy}}{\text{pair bond}} = \frac{12 \text{ pair bonds}}{2 \text{ atoms}}\left(-0.01 \frac{\text{eV}}{\text{pair bond}}\right) = -0.06 \frac{\text{eV}}{\text{atom}}$$

주기율표의 실험값은 −0.08 eV이다. 두 값의 차이는 가장 가까운 원자와의 상호작용만을 고려했기 때문에 생기는 오차이다.

2.11.3 이온간 포텐셜

이온결합 에너지 계산에 있어 우선 Na^+와 Cl^-와 같은 한 쌍의 이온간 간격이 무한대라고 가정한다. 무한한 간격 사이의 이온으로 시작하는 것은 두 개의 이온을 만들기 위해 나트륨 원자상의 3s전자가 염소원자로 언제 그리고 어떻게 이동하는 지와 같은 복잡한 문제를 피하도록 해준다. 이온결합의 경우, 이온간 포텐셜을 사용하고, 분리 에너지는 이온간 거리를 평형 위치에서 무한대로 떨어뜨리는데 드는 에너지를 지칭한다. 이온간 거리(r)에 따른 양이온과 음이온 사이의 쿨롱 인력[$V_C(r)$]의 표준식은 음과 양의 점전하간 정전기적 상호작용에 관한 식 2.14로 주어져 있다.

$$V_C(r) = -\frac{(Ze)^2}{4\pi\varepsilon_0 r} \qquad \textbf{2.14}$$

여기서 Ze는 각 이온의 전하이고, ε_0는 진공상태에서의 유전율(8.85×10^{-12} farads/m)을 뜻한다. 이온 결정의 각 이온들은 비활성기체의 전자배치를 가지는데, 예를 들면 Na^+는 네온의 전자배치를 갖고 Cl^-는 아르곤의 전자배치를 갖고 있다. 그래서 반발 상호작용은 비활성기체 원자에 관한 식 2.8과 유사한 거듭제곱 관계로 표현할 수 있다. 이온간 포텐셜[$V_{\text{pion}}(r)$]의 한 가지 예로는 식 2.15와 같이 인력 쿨롱 포텐셜에 척력을 나타내는 거듭제곱 형태의 포텐셜을 더함으로써 나타낼 수 있다.

$$V_{\text{pion}}(r) = -\frac{(Ze)^2}{4\pi\varepsilon_0 r} + \frac{B}{r^m} \qquad \textbf{2.15}$$

인력 쿨롱 포텐셜이 $1/r$에 의존함에 따라 이 포텐셜의 영향은 척력 포텐셜보다 결정 내의 더 많은 개수의 이온에 영향을 미치게 된다. 척력 포텐셜은 $1/r^m$에 의존하며, 여기서 m은 통상적으로 8~12 사이의 수이다. 이 때문에, **결정의 분리에너지(crystal separation energy**, 결정의 모든 이온들을 무한한 거리로 분리시키기 위해 필요한 에너지)를 구하기 위해서는 결정 내 이온들의 쿨롱 포텐셜을 모두 합하는 것이 필요하다. 이 계산은 부록 2C에서 다루고 있다. 이온결정의 응집에너지를 구하기 위해서는, 중성 원자에서 각각 음이온과 양이온을 만들기 위해 드는 에너지도 분리 에너지 항목에 반드시 더해야 한다.

2.11.4 원자간 포텐셜과 물리적 성질

물질의 몇몇 물리적 성질은 원자간 포텐셜로 설명할 수 있다. 한 원자쌍의 원자간 평형거리(r_0)는 식 2.12를 통해 주어진다. 결정의 응집에너지(V_{coh})는 원자간 거리를 평형상태의 값에서부터 무한대로 떨어뜨리고자 할 때 요구되는 원자 한 개당 에너지이다. 응집에너지는 원자간 평형거리(r_0)를 식 2.13과 같이 결정체의 응집에너지 계산을 위한 식에 대입함으로써 구할 수 있다. 물질의 열팽창은 온도가 올라감에 따라 원자간 거리가 멀어지는 것을 뜻한다. 열팽창은 원자간 거리(r)에 따라 변하는 원자간 포텐셜의 비대칭과 관련 있으며, 이는 4장에서 다룰 것이다. 물질의 강성(stiffness)은 원자간 포텐셜의 원자간 거리에 대한 2차 도함수, 또는 원자간평형거리에서의 위치에너지 곡률을 통해 구할 수 있다. 그리고 마지막으로, 물질의 이론적 강도(strength)는 그림 2.32에 나타나 있는 원자간 거리의 함수인 작용력의 최대점과 연관이 있다.

2.11.5 금속결합과 공유결합 모델

이온 결합과 비활성 기체에서의 반데르발스 결합은 짝 포텐셜로 설명할 수 있다. 하지만, 짝 포텐셜은 금속 내에서 양이온 코어와 자유전자들간의 상호작용을 설명하기에는 적절하지 않은 모델이다. 이런 문제는 전자 다수가 하나의 이온 중심부와 상호작용을 하고, 하나의 전자는 다수의 이온 코어와 상호작용을 하기 때문이다. 이러한 다체 문제는 짝 포텐셜로는 적절하게 표현할 수 없다. 금속 내 전자들의 국소 밀도를 계산하기 위한 효율적인 계산 방식이 개발되었다. 국소 전자밀도 근사 모델에서는 결정의 국소 에너지를 국소 전자밀도의 함수라고 가정한다. 이리하여 국소 전자밀도 근사 모델을 통해 결합에너지와 금속의 성질을 계산할 수 있게 되었다.

짝 포텐셜은 또한 다이아몬드와 같은 물질에서 세 개의 탄소 원자간에 109.5°를 이룬다는 관찰 결과를 설명할 수가 없다. 짝 포텐셜은 원자간 거리(r)의 함수이지만 각도의 함수가 아니기 때문이다. 다이아몬드와 같이 공유결합을 하는 물질들은 3체(three body)나 각도용어를 원자간 포텐셜을 설명하는데 포함시키고, 최근접 원자의 수에 의존하는 항들을 추가하여 모델을 만들었다.

요약

- 재료과학의 목적 중 하나는 강도나 다이아몬드의 높은 녹는 점과 같은 재료들의 물리적인 특성의 원리를 이해하는 것이다.
- 원자에서 핵과 전자의 결합에너지는 양자역학 모형으로 설명된다. 양자수는 원자가 동요되지 않는 한 변하지 않는다. 그리고 원자에서 각각의 전자는 양자수의 집합으로 결정되는 양자상태를 가진다. 전자의 결합에너지는 양자수의 역수에 비례한다.
- 파울리 배타 원리는 같은 공간, 같은 시간에 어떠한 두 개의 전자도 같은 양자수를 가질 수 없다는 이론이다.
- 원자들에서 전자의 양자수는 아우프바우 원리(쌓음 원리; 전자궤도의 가장 낮은 에너지부터 채워진다)와 파울리 배타 원리, 그리고 양자수 값의 규칙으로 정해진다.
- 원자의 전기음성도는 전자를 끌어들이는 원자의 능력에 대한 상대적 척도이다
- 물질은 기체, 액체, 또는 고체 상태로 있을 수 있다. 기체 상태에서 원자나 분자는 서로 결합되어 있지 않고, 일정한 운동에너지를 갖고 서로 움직인다. 액체 상태에서는 원자들간 결합이 되어 있지만 계속 움직인다. 비정수력이 액체에 가해지면, 원자 상호간 쉽게 이동을 하여 모양을 쉽게 영구적으로 바꾼다. 비정수력이 고체에 가해지면, 원자들은 상호간 쉽게 이동을 못하며, 모양도 쉽게 못 바꾼다.
- 모든 원소는, 그것이 비활성 원소라 할지라도, 온도를 충분히 내리면 고체가 된다.
- 구형체의 최외각전자 배열을 가진 모든 원소들이 고체를 이룰 때는 당구공처럼 조밀구조를 이루게 된다. 이 조밀 구조는 같은 크기의 공 또는 원자로 만들 수 있는 가장 고밀도의 구조이다. HCP와 FCC결정구조는 원자를 조밀충진함으로써 만든다.
- 결정학은 결정체 구조, 평면, 그리고 결정체의 방향을 설명하기 위한 시스템이다.
- 단위격자는 결정체에 대한 모든 필수적인 정보를 담고 있는 원자들 또는 분자들의 작은 집단이다. 단위격자가 공간에 반복되면 전체 결정체를 이룬다.
- 단위격자의 격자점들은 모두 동일하다.
- 단위격자의 크기는 격사상수(lattice parameters) a, b, c에 의해서 주어진다. 각 모서리가 직각을 이루지 않는 단위격자에서는 격자각도 α, β와 γ가 명시된다.
- 완전 결정체에서의 모든 원자들의 위치는 단위격자 또는 브라베이 된다. 격자 종류, 격자 상수 및 각도, 그리고 한 개의 격자점 주변의 원자 배열을 반복함으로써 알아낼 수 있다.
- 결정체 내의 특정한 면은 밀러지수(hkl)를 사용하여 기술한다. $\{hkl\}$은 (hkl)과 동등한 모든 결정면의 집합을 지칭한다.
- 원자 면밀도(PAD)는 면적 A에 중심을 두는 원자들의 개수를 면적 A로 나누면 된다. 원자선밀도(LAD)는 길이 L에 중심을 두는 원자들의 개수를 길이 L로 나누면 된다.
- 결정체 방향 $[uvw]$는 격자상수 a, b, c의 분율(fraction)을 가지는 방향벡터로 나타내며, $\langle uvw \rangle$는 $[uvw]$와 동등한 모든 결정방향의 집합을 지칭한다.
- 원자가전자는 원자의 다 차지 않은 전자껍질에 분포한 전자들이다.

- 화학결합은 결정체에서 원자가 어떻게 배열되는지를 결정하고 물질의 물리적 성질에 영향을 미친다. 화학결합에 영향을 받는 물리량으로는 밀도, 용융점, 강도 등이 있다.
- 반데르발스 결합은 원자나 분자에서 전자의 쌍극자 효과에 의해 나타나는 이차결합이다. 고정 쌍극자 효과와 유동 쌍극자 효과가 있다.
- 비활성기체 원자는 유동쌍극자 결합만 한다. 비활성기체 원자는 시간 평균으로 구형 전자 배치를 가지며, 고체에서는 당구공처럼 FCC 결정구조로 조밀충진한다. 이러한 약한 이차결합특성 때문에 매우 낮은 녹는점과 매우 낮은 강도를 가진다.
- 비활성기체는 여러 산업분야에서 비활성 환경을 만드는데 사용된다. 예로, 활성 금속의 용접, 금속의 스퍼터링 증착, 금속의 소결 공정이 있다. 비활성원소의 액체는 물질을 냉각시키는데 사용한다.
- 공유결합은 두 원자가 서로의 외각전자껍질을 채우기 위해 서로 전자 쌍을 국소적으로 공유하는 것을 말한다.
- 공유결합 물질에서는, 모두 단일 공유결합이라고 가정할 때, 한 원자의 가장 근접한 원자의 개수는 원자가전자를 채우기 위해 필요한 전자의 개수와 같다.
- 공유결합은 다이아몬드, 실리콘, 실리콘카바이드, 세라믹 등의 중요 물질에 존재한다. 이들 물질은 강한 공유결합 때문에 높은 녹는점과 높은 강도를 가지고, 이웃하는 원자의 갯수가 적기 때문에 낮은 밀도를 갖는다.
- 공유결합 물질의 강한 강도는 선반기계, 연마제 등에 활용할 수 있다. 낮은 밀도와 높은 녹는점은 가스터빈의 비회전 부품과 로케트, 자동차의 터보 충전기 등에 활용할 수 있다.
- 대기환경에서 가장 쉽게 만나는 탄소의 형태는 흑연이다. 그러나 다이아몬드, 버키볼, 나노튜브, 그래핀 등과 같은 다른 형태도 볼 수 있다. 나노튜브와 그래핀은 높은 강도와 전기적 특성 때문에 아주 많은 잠재적 나노공학 응용성을 가지고 있다.
- 고분자는 아주 많은(poly) 단위체(mer)를 가지고 있다.
- 액체 고분자에서 긴사슬분자는 비결정질 구조를 가진다.
- 비결정질 액체 고분자가 실온으로 아주 빠르게 냉각되어 고체가 되면, 고체구조는 여전히 비결정질이다. 고분자가 폴리에틸렌처럼 단순한 구조를 가지고 천천히 냉각되면 결정질 구조가 국소적으로 생긴다.
- 열가소성 수지는 서로 다른 분자간 힘으로 반데르발스 힘만 존재하고 열을 가했을 때 부드러워진다. 열가소성 수지는 상대적으로 낮은 온도에서 녹으며 낮은 강도를 갖고 있다.
- 삼차원 공유결합을 가지는 고분자는 열경화성 수지이다. 이들은 열을 가해도 부드러워지지 않고 오히려 딱딱해질 수 있다. 열경화성 수지는 열을 가해도 녹지 않고 산소가 존재할 때 열화한다.
- 플라스틱은 고분자를 바탕으로 충전제, 가소제, 색소, 입자, 짧은 섬유를 첨가하여 만든다.
- 플라스틱의 중요한 물성 중 하나는 낮은 밀도이다. 이런 특성을 통해 강철의 큰 강도가 필요하지 않은 응용 분야에서 플라스틱이 강철을 많이 대체하였다.
- 초강도 고분자 섬유는 긴사슬분자를 섬유 축으로 정렬함으로써 만들 수 있다.

- 금속은 금속결합을 하는 무기재료이다. 금속결합에서 원자가전자는 집단적으로 다수의 양전하의 이온 코어에 의해 공유되고, 원자가전자는 금속 내부를 자유롭게 움직일 수 있다. 금속 내 자유전자는 높은 전기적 및 열적 전도도로 나타난다.
- 많은 금속은 조밀구조의 FCC 또는 HCP 결정구조를 만든다. 다 채워지지 않은 이온 코어를 갖는 전이금속들은 BCC 구조를 만들기도 한다.
- 금속은 같은 분자량일 때 다른 공유결합 물질보다 높은 밀도를 보인다. 금속결합만 가지는 금속(예로 Al, Cu, Ag, Au)은 다이아몬드, SiC, BN과 같은 공유결합 물질보다 낮은 녹는점과 강도를 가진다. 대부분의 금속은 고분자보다 더 높은 녹는점과 강도를 가진다. 전이금속은 어느정도 원자간 공유결합도 맺는데, 이것은 상대적으로 다른 금속결합 금속보다 높은 녹는점과 강도로 나타난다. 금속의 강도는 또한 금속의 변형과 열가공 이력에도 의존한다.
- 합금은 두 개의 다른 금속 원소를 섞어서 만든다.
- 합금은 자동차 동체나 교량에 쓰이는 강철, 비행기 골격이나 기체에 쓰이는 알루미늄 합금, 고온 가스터빈에 쓰이는 니켈합금, 초음파 비행체의 골격 및 가스터빈 압축기에 쓰이는 티타늄합금, 열교환기에 쓰이는 구리합금 등이 있다.
- 이온결합은 양과 음이온 사이에서 형성되고, 서로의 반대 전하로 인해 끌어당긴다.
- 이온결합 물질에서의 충진은 이온의 상대적 크기에 의존한다. 각 음이온은 최대한 많은 양이온을 주변에 끌어당기지만, 양이온은 서로 겹쳐도 안되고 사이에 불필요한 빈공간을 놔둬도 안 된다.
- 많은 세락믹 물질은 이온결합과 공유결합이 혼합되어 있다. 이러한 물질에서, 어떤 전자는 이 원자에서 저 원자로 이동하고(이온결합), 어떤 전자는 국소적으로 공유된다(공유결합). 이러한 세라믹은 일반적으로 금속 또는 실리콘의 산화물, 탄화물, 질화물이다.
- 세라믹은 상대적으로 높은 녹는점과 강도를 가지지만, 잘 깨진다.
- 세라믹은 용광로 또는 로케트 모터, 비회전 고온 가스터빈 부품, 자동차 터보 충전기 등에서 사용된다. ZrO_2 같은 세라믹은 고온 휘발유 또는 디젤엔진에서 활용된다.
- 원자간 포텐셜은 결정 구조, 격자 상수, 응집에너지, 강성, 열팽창계수 등과 같은 물리량의 계산을 가능하게 해준다. 또한 너무 빨라서 직접 관찰할 수 없는 여러 동적 현상에 대한 시뮬레이션도 가능하게 해준다. 원자간 포텐셜은 서로 r만큼 떨어져 있는 두 원자간의 포텐셜 에너지이다.
- 원자간 힘은 원자간 포텐셜을 원자간 거리에 대해 미분한 함수의 음값이다.
- 원자간 짝 포텐셜은 비할성기체에서의 유동 전기쌍극자 결합을 모델링하는 데 쓰이고, 이온간 짝 포텐셜은 이온결합을 모델링하는 데 쓰인다. 공유결합을 모델링하려면 각도에 의존하는 3체 포텐셜을 필요로 하고, 금속결합을 모델링하기 위해서는 다수의 전자와 양의 이온코어간의 상호작용을 고려해야 한다.

CHAPTER 03

실제 재료의 구조

The Structure of Real Materials

이 장에서 이해해야 할 것

- 재료의 이상적인 구조와 실재간의 차이점
- 금속 및 세라믹에서의 점 결함
- 고분자 단위체의 원자 또는 분자 수준의 개질
- 금속 및 세라믹에서의 칼날 및 나사 전위
- 혼성 중합체와 고분자 사슬의 가지치기
- 표면, 입자, 결정입계, 상계면
- 고분자의 라멜라 및 구정 구조
- 복합 재료의 구조

자연광석으로 채취한 루비 결정의 사진.

루비는 염소 불순물을 포함한 산화알루미늄(Al_2O_3) 결정체이다. 염소불순물이 없으면 산화알루미늄은 가치가 훨씬 떨어지는 투명한 하얀 사파이어가 된다. 파란 사파이어는 철과 티타늄 원자불순물을 함유한 산화알루미늄 결정이다. 많은 재료에서 불순물 또는 재료에 가한 개질 등이 재료의 특성에 영향을 미친다. 철에 탄소 원자를 섞어주면 훨씬 강한 강철이 된다. 니켈 기반의 고온 가스 터빈 날개의 강도는 알루미늄 불순물을 첨가하면서 증가한다. 고체전자소자의 반도체는 비소 또는 갈륨과 같은 불순물을 넣었기 때문에 제대로 작동할 수 있다. 고온 초전도체 물질인 $YBa_2Cu_3O_{7-\delta}$의 특성은 산수 원자의 결손(δ)에 의해 특성이 바뀐다.

3.1 소개

2장에서 우리는 결정체들이 결함이 없고, 긴사슬분자(long-chain molecules)들은 일정하고 연속적인 구조를 갖는다고 가정했다. 하지만, 실제로 모든 결정체들은 결함을 가질 수 있으며, 긴사슬분자는 다양한 변형을 가질 수 있다. 많은 재료에서 완벽으로부터 벗어난 변이가 재료의 **물리적 특성**을 결정한다. 예를 들어, 자동차 차체에 쓰이는 강철(steel)은 순수한 철(iron)이 아니며, 불순물 원소인 망간, 탄소, 질소가 철에 더해져서 재료의 강도(strength)가 높아시고 결과적으로 강철이 된다. 더 나아가 니켈과 크롬이 철에 더해지면, 내식성을 가진 스테인리스강이 된다. 재료의 물리적인 특성을 제어하려면, 공학자와 과학자들은 완벽한 결정체와 긴사슬분자에 대한 변이가 물리적인 특성에 어떤 영향을 미치는가를 반드시 알아야 한다.

위에서 설명한 완벽한 상태로부터의 개질은 원자 수준에서 이루어진다. 예를 들어, 스테인리스강을 만들기 위해서 철에 적은 양의 니켈과 크롬이 더해졌을 때, 철 결정체 안의 금속 원자들은 니켈과 크롬의 원자로 교체된다. 따라서 이러한 원자적(atomic) 차원의 개질은 0차원(0D)변이로 분류되며, 1차원(1D), 2차원(2D), 그리고 3차원(3D)의 변이가 존재한다. 금속과 세라믹에 관련한 일반적인 보고서에서는 완벽한 결정체로부터의 변이를 '결함'이라고 불린다. 이러한 개질이 의도적인 재료의 향상을 위한 경우에도 그렇게 부른다. 한편, 고분자 과학에서 긴 사슬분자의 개질은 결함이라고 부르지 않는다.

3.2 0차원 결함과 재료의 개질

3.2.1 결정체에서의 점결함

치환형 원자

철의 결정체에서 니켈 원자가 철 원자를 교체할 때, 이것을 **치환형** 원자라고 부른다. 그림 3.1c와 d에서 보는 바와 같으며, 혼합된 원자들은 **치환형 고용체**라고 부른다. 다른 종류의 액체들처럼, 예를 들어 알코올과 물이 섞여 액체를 만드는 것과 같이, 고체의 원자들은 서로 같이 섞여서 고용체(solid solution)를 만들 수 있다. 만약 외부의 원자와 기존의 원자가 비슷한 원자 크기와 전기음성도를 가진다면, 외부의 원자는 기존의 원자를 쉽게 대체한다. 외부의 원자가 기존의 원자들에 비하여 반지름이 15% 정도 차이가 난다면, 통상적으로 그림 3.1c와 d에 나타난 바와 같이 격자 변형으로 인하여 기존의 원자를 대체하더라도 낮은 농도로 밖에 대체하지 못하게 된다.

공공

그림 3.1a에서 보는 바와 같이 **공공(Vacancy)**은 결정체에서 원자가 비어있는 것이다. 모든 결정체들은 절대 0도 이상에서 공공을 가지고 있으며, 우리는 4장에서 공공의 평형 상수를 계산할 것이다. 결정체에서 공공의 존재는 몇 가지 중요한 결과를 야기한다. 먼저, 공공은 결정질 고체에서 원자들의 움직임과 섞임이 가능하게 한다. 그리고 공공은 높은 온도에서의 영구적인 변형에 기여한다. 그리고 광결정(photonic crystal)에서 공공은 빛이 결정체를 통과하여 지나가는 경로를 인도해준다. 공공은 광결정에서 빛이 90°로 휘면서 지나갈 수 있게 한다. 광결정은 빛의 경로를 조절하기 위한 전자 · 광학 시스템에서 사용된다.

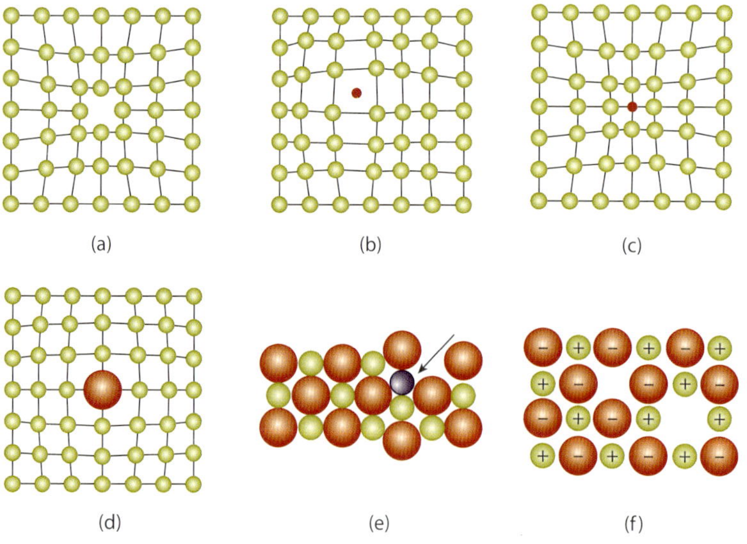

그림 3.1 결정체에서의 점결함 : (a) 공공, (b) 침입형 원자, (c) 크기가 작은 치환형 원자, (d) 크기가 큰 치환형 원자, (e) 프렌켈 결함, (f) 쇼트키 결함 *(Based on Askeland, D.R., Fulay, P.P., and Wright, W.J., The Science and Engineering of Materials, 6th ed. Cengage Learning, Stamford, CT.(2011), p. 114.)*

침입형 원자

만약 기존의 원자에 비해 상대적으로 작은 원자가 섞이게 된다면, 작은 원자는 그림 3.1b에서 보는 바와 같이 **외부 침입형(foreign interstitial)** 원자가 된다. 침입형 원자들은 결정체에 원자들 사이에 놓인다. 그려보기 가장 쉬운 격자의 침입형 자리는 단순 입방격자(the simple-cubic lattice)이다. 그림 3.2에서 보는 바와 같이, 침입형 자리는 $\frac{1}{2}$, $\frac{1}{2}$, $\frac{1}{2}$의 위치인 입방체의 중심이 되며, 폴로늄 금속은 단순 입방격자의 결정을 가지는 유일한 물질이다. BCC 금속 구조에서, 그림 3.2에서 보듯이, 침입형 자리(interstitial site)가 가능한 두 가지 유형이 있다. 침입형 자리가 1, $\frac{1}{2}$, $\frac{1}{4}$과 같은 위치에 놓인 경우에는 4개의 가까운 이웃을 가지게 된다. 왜냐하면 이웃 원자들이 4개인 4면체의 중심에 놓이게 되기 때문이다. 또한, BCC 구조에서 $\frac{1}{2}$, 1, $\frac{1}{2}$과 같은 침입형 자리들이 있는데, 이런 자리들은 팔면체 자리에 해당한다. 왜냐하면 침입형 자리가 이웃하는 여섯 개의 원자들이 만들어내는 팔면체의 중심에 놓이기 때문이다. 침입형 원자들은 그림 2.27에서처럼 양이온 대 음이온 반지름 비율에 해당하는 침입형 원자 반지름 대 호스트 원자 반지름의 비율 (r_i/r_h)이 원자 충진 규칙을 제일 잘 만족하는 자리를 우선적으로 채운다.

FCC 금속의 경우에는 단위격자의 각 변의 중앙에 팔면체 침입형 자리를 가진다.예를 들어, $\frac{1}{2}$, 0, 0 또는 $\frac{1}{2}$, $\frac{1}{2}$, $\frac{1}{2}$과 같은 곳들이다. FCC 격자에서는 $\frac{1}{4}$, $\frac{3}{4}$, $\frac{1}{4}$ 같은 자리에 사면체의 침입형 자리가 있다.

기존의 결정체와 섞인 외부의 침입형 원자들은 **침입형 고용체(interstitial solid solution)**를 만든다. 예를 들어 저탄소강의 경우, 작은 양의 침입형 탄소가 철과 섞인다(Fe + C). 침입형 원자는 FCC 귀금속(예를 들어 Cu, Ag, Au)에 비하여 BCC 전위원소(예를 들어 Fe, Cr, Va, Zr, Mo, W)에 더 쉽게 섞인다. 자동차의 연료전지에서 수소를 안전하게 저장하는 방법 중 한 가지는 팔라듐과 같은 금속에 수소를 침입형 이온으로서 섞는 것이다.

결정재료가 결정재료 자신의 침입형 입자를 가지는 것 또한 가능하다. 예를 들면, 철 결정체가 철을 침입형 원자로 가지는 것이다. 이러한 자기침입(self-interstitials 또는 interstitialcies)은 전자나 원자, 중성자와 같은 고에너지의 입자들에 피폭된 재료들에서 발견된다. 더불어 압연(rolling)이나 압출(extrusion)과 같은 공정을 거쳐서 과하게 소성변형을 겪은 금속에서도 나타난다. 원자로를 가동 시, 고에너지 입자들이 원자로 재료를 피폭하고 자기 침입을 형성하는데, 자기 침입은 재료의 물리적인 특성에 영향을 미치게 된다. 결과적으로 자기침입은 원자로 재료가 취성을 가지도록 만든다. 또한 금속의 압출 공정에서 자기 침입은 압출된 금속의 표면경화에 기여한다.

이온결합을 하는 재료들은 위에서 설명된 모든 점결함을 가진다. 예를 들어, Al_2O_3 격자의 루비 안에서 크롬 원자들은 알루미늄 원자들을 대신하게 된다. 이것은 양이온 외부 대체 원자의 예시이다. 양이온과 음이온 형태의 공공이 모두 존재할 수 있는데, 이온 재료들은 전기적인 중성을 유지해주는 추가적인 결함을

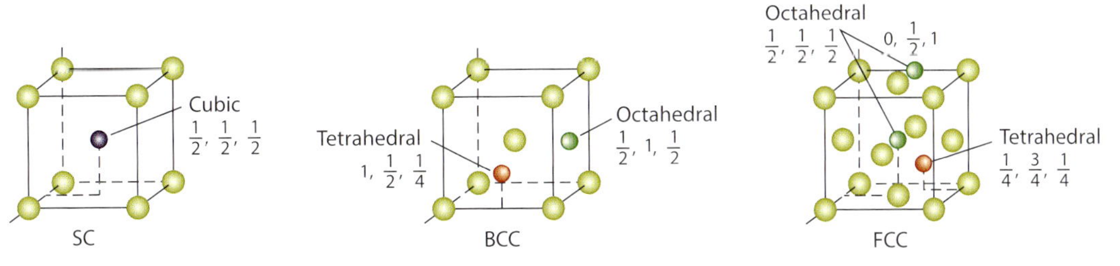

그림 3.2 단순입방(SC), 체심입방(BCC), 그리고 면심입방(FCC) 금속 구조에서의 침입형 자리
(Based on Askeland, D.R., Fulay, P.P., and Wright, W.J., The Science and Engineering of Materials, 6th ed. Cengage Learning, Stamford, CT. (2011), p. 84.)

가지게 된다. 그림 3.1e는 프렌켈(Frenkel) 결함(양이온 공공과 침입형 이온)이다. 그림 3.1e의 어두운 원자는 양이온 침입형 원자이며, 이것은 다른 양이온들과 같은 원자이다. 그림 3.1f는 쇼트키(schottky) 결함(양이온 공공과 음이온 공공)을 보여준다.

3.2.2 유리에서의 점결함

순수한 무정형의 실리카 안의 원자 배열은 그림 2.29에 나타나 있다. Na_2O(과산화나트륨 : 소다)을 실리카 유리에 첨가하면, 그림 3.3과 같이 Na^{+1} 이온들은 전기적인 중성을 유지하기 위하여 산소 이온과 가까운 유리 안의 침입형 자리를 차지한다. 순수한 실리카 안에서 각 산소 원자는 두 개의 실리콘 원자와 결합하고 이 때의 연결에 참여하는 산소는 가교산소(bridging oxygen)라고 부른다.

Na_2O과 짝지은 산소 이온은 하나의 실리콘 원자와 결합을 형성한다. 그리고 두 개의 나트륨 이온들은 그림 3.3의 박스에서와 같이 실리카 구조와 직접적으로 결합하지 않는다. 이것은 SiO_2 구조의 비교상 결합 산소 원자(nonbridging oxygen atom)에서 SiO_2 구조가 끊어지게 하며, 이는 전체 SiO_2 구조를 약하게 만든다. Na_2O을 SiO_2에 첨가하면 SiO_2의 점도를 10^{10}배까지도 낮출 수 있다.

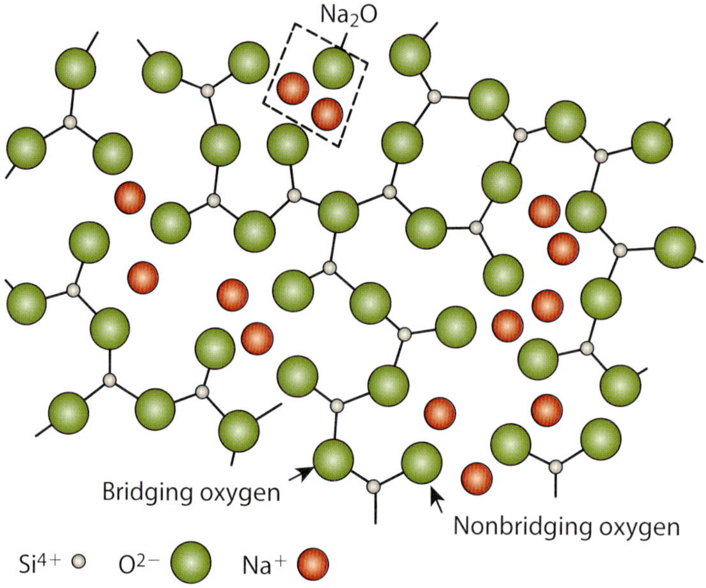

그림 3.3 과산화나트륨(Na_2O)이 첨가된 실리카(SiO_2) 유리 구조의 개략도

3.2.3 고분자 사슬의 0차원 개질

그림 2.17b는 폴리에틸렌의 고분자 구조를 나타내고 있다. 고분자 구조에서 염소 원자가 규칙적으로 수소 원자를 대체하게 되고, 그림 2.19와 같이 폴리염화비닐(PVC)이 생성된다. 그림 2.19나 2.20에서 보듯이, 다른 원자들이나 원자들의 집합은 고분자 안에서 수소를 대신하여 다른 고분자를 만든다. 그림 3.4에서와 같이, 고분자를 생산하기 위한 여러가지 단위체 배열이 있다. 예를 들어, 고분자에서 수소 원자를 대

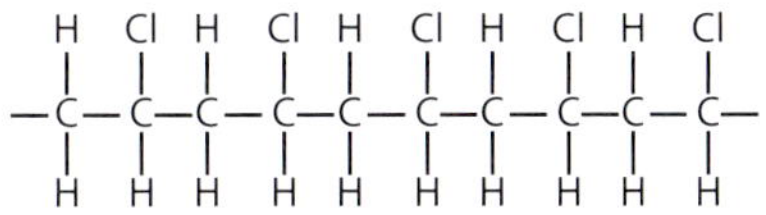

(a)

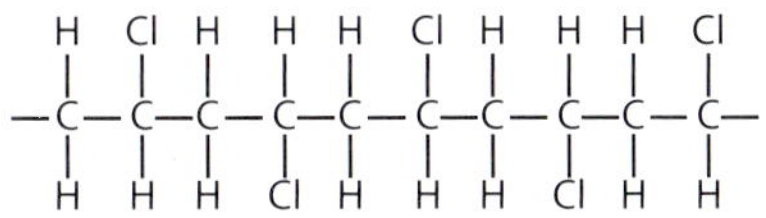

(b)

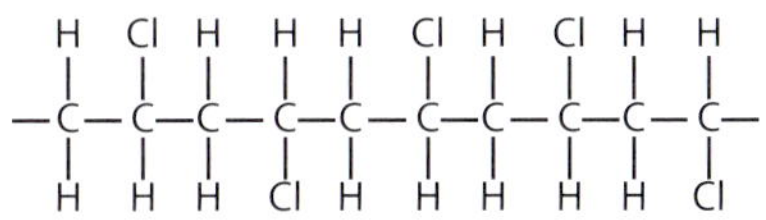

(c)

그림 3.4 (a) PVC 긴사슬분자에 염소 원자의 동일 배열. (b) 규칙성 교대 배열. (c) 혼성 배열
(Based on Askeland, D.R., Fulay, P.P., and Wright, W.J., The Science and Engineering of Materials, 6th ed. Cengage Learning, Stamford, CT. (2011), p. 617.)

체하는 원자나 분자로 Cl을 사용하는 경우, Cl이 언제나 고분자에서 반복적으로 같은 위치에 놓인다면, 이것은 **동일**(isotactic) 배열이다. 하지만 Cl이 사슬의 한 쪽 면에서 다른 쪽으로 번갈아 위치한다면 이것은 **규칙성 교대**(syndiotactic) 배열이다. 그리고 Cl이 무작위의 장소에서 나타난다면 **혼성**(atactic) 배열이라고 한다.

티타늄과 백금과 같은 금속의 표면에서 긴사슬분자(LCM)를 성장시키면 폴리머 사슬에서의 원자 배열에 영향을 미칠 수 있다. 금속의 표면은 자라나는 고분자 사슬에 붙으려는 단위체(mer)들의 한 쪽 면을 선택적으로 끌어당긴다. 이런 방법으로 긴사슬분자는 고분자 사슬의 한 쪽에 염소와 같은 원자들을 선택적으로 가지게 된다. 혼성 배열을 가진 고분자는 결정화시키는 것이 일정한 원자 배열을 가진 고분자 사슬보다 어려운데, 이것은 대체하는 원자나 원자의 집합이 사슬을 따라서 불규칙적인 위치를 가지고 있을 때 사슬을 정렬하는 것이 어렵기 때문이다. 같은 고분자에서 결정성이 적은 고분자보다 결정성이 많은 고분자가 보다 큰 강도를 가진다.

3.3 재료의 일차원 결함 또는 선결함과 개질

3.3.1 고분자의 선개질

곁가지

2.8.1절에 나온 중합과정에서 곁가지는 그림 3.5와 같이 긴사슬분자 위에 자랄 수 있다. 이 경우는 사슬중간에서 탄소-수소 결합 중 한 개가 끊어지고 수소가 있던 자리에 단위체 한 개가 붙어 자라면서 발생한다. 다른 단위체들이 이 단위체에 추가적으로 붙으면서 일반적인 긴사슬분자가 자라듯이 그 곳에서 결

그림 3.5 고밀도 폴리에틸렌(HDPE)과 저밀도 폴리에틸렌(LDPE)의 곁가지

가지가 자라게 된다. 이러한 현상은 특별히 높은 중합 온도에서 발생한다. 폴리에틸렌은 긴사슬분자를 따라 매 100~200개의 탄소에서 곁가지가 자란다. 그림 3.5에서 보듯이, 저밀도 폴리에틸렌(LDPE)은 고밀도 폴리에틸렌(HDPE)과 비교하여 낮은 평균 분자질량을 가지며 더 긴 곁가지를 가진다. 긴 곁가지는 고분자가 결정화되기 어렵게 한다. 왜냐하면 곁가지는 다른 사슬에 있는 원자들이 서로 일렬로 정렬되는 것을 어렵게 만들기 때문이다. LDPE은 일반적으로 결정성이 40~50% 정도이다. 그리고 HDPE은 결정성이 80%까지 올라갈 수 있다. 인접한 긴사슬분자의 곁가지들은 서로 다른 긴 사슬분자들이 가까워지는 것을 방해하고, 이것은 결국 긴사슬 분자간의 반데르발스 결합을 약하게 만든다. 그리고 표 3.1에서와 같이 결과적으로 녹는점과 밀도, 그리고 강도를 낮게 한다. 7장에서 우리는 어떻게 LDPE 곁가지의 존재가 HDPE보다 강도를 낮게 만드는지 배우게 될 것이다.

혼성중합체

그림 3.6에서 보듯이, 긴사슬분자에서 **혼성중합체**(copolymer)를 형성하기 위해 한 개의 사슬 안에서 여러 다른 단위체를 사용하는 것이 가능하다. 혼성중합체는 서로 다른 단위체들을 반응 용기에 넣어서 만든다. 만약에 두 종류의 단위체라면 그 분자는 이원 혼성중합체(bipolymer)가 되고, 만약 세 개라면 삼원 혼성중합체(terpolymer)가 된다. 각각의 단위체가 어떻게 반응하는지와 온도나 압력, 촉매의 유무 등에 따라 다양한 구조를 가진다. 단위체는 개별적으로 또는 그룹을 지어서 그림 3.6a와 같이 규칙적 혼성중합체를 이루거나, 그림 3.6b처럼 긴사슬분자에 무작위로 배열되거나 3.6c와 같이 긴 블록(block)형태로, 3.6d와 같이 접목(graft)된 형태로 분산될 수 있다. 통상적으로는 균일하게나 혹은 무작위로 분산된 혼성중합체들은 개별 고분자의 가중 평균(weighted average)된 특성을 가진다. 블록형태와 접목형태의 혼성중합체는 주종 고분자의 특성을 대체로 따른다. 그러나 다른 고분자의 블록이나 접목을 통해 특정 특성에 영향이 생기는 경우도 있다.

가열 수축 포장재는 에틸렌에 아세톤을 대략 10 wt% 섞은 이원 혼성중합체이다. 헬멧이나 유선 전화기, 여행가방, 압력밥솥 등에 사용되는 ABS 플라스틱은 폴리아크릴로니트릴, 폴리부타디엔과 폴리스티렌으로 이루어진 삼원 혼성중합체이며, ABS의 특성은 각각의 고분자 양을 조절하여 제어할 수 있다. ABS의 몇 가지 물리적인 특성은 표 3.1에 나타나 있다. PE와 비교해서, ABS는 HDPE보다 최대 2배 강도가 높으며, 기타 다른 특성들은 비슷하다.

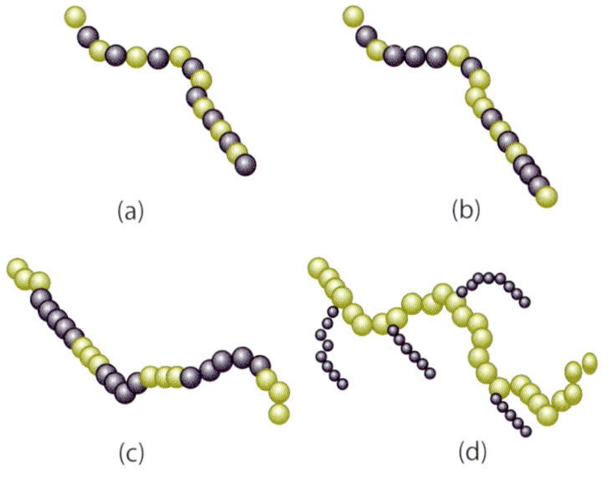

그림 3.6 몇 가지 가능한 고분자 용액의 개략도: (a) 규칙적 혼성중합체, (b) 무작위 혼성중합체, (c) 블록 혼성중합체, (d) 접목 혼성중합체. 구는 고분자를 나타내고, 색깔로 고분자 종류를 구분함.
(Based on Askeland, D.R., Fulay, P.P., and Wright, W.J., The Science and Engineering of Materials, 6th ed. Cengage Learning, Stamford, CT. (2011), p. 618.)

고분자의 교차결합

교차결합은 2.8.4절에서 설명하였듯이, 긴사슬분자들을 공유결합 시켜주는 원자나 분자들에 의해 발생한다. 교차결합 사슬은 그림 2.23에서 보듯, 긴사슬분자간의 미끄러짐을 줄임으로써 강화된 고분자이다. 고무의 경우는 2.8.4절에서 설명하였듯이, 라텍스(cis isoprene)에 황을 교차결합하여 만든다.

표 3.1 몇 가지 고분자 물질의 밀도, 녹는점, 그리고 브리넬 강도

Polymer Name	Density[1] 10^3 kg/m^3	Melting Temp.[2] °C	Brinell Hardness[1] $kg_f/(mm)^2$
LDPE	0.914–0.928	98–115	1.3–2.0
HDPE	0.94–0.96	130–137	4.1–6.6
ABS	1.04–1.06	110–125	8.0–12.0

1 Osswald, T.A., and Menges G., Materials Science of Polymers for Engineers, Hanser Publishers, Munich (2003), Table I.
2 Askeland, D.R., Fulay, P.P., and Wright, W.J., The Science and Engineering of Materials, 6th ed. Cengage Learning, Stamford, CT. (2011), p. 689.

3.3.2 결정질 금속의 선결함

그림 3.7에서의 선결함은 **칼날전위(edge dislocation)**이다. 그리고 3.8에서의 선결함은 **나사전위(screw dislocation)**이다. 결정의 응고 과정(solidification process) 동안 형성된 전위(dislocations)는 액체와 고체간의 온도 차이 및 원자간 거리 차이에 기인한다. 전위는 완전한 결정체와 비교하여 결정체의 에너지를 증가시키기 때문에, 이론적으로 전위를 결정에서 제거할 수 있다. 하지만 전위가 없는 금속들은 만들기 힘들다. 이는 금속이 용해하고 성장하는 온도에서 전위가 쉽게 만들어지고 움직이기 때문이다. 반면 실리콘의 전위는 높은 에너지를 가지기 때문에 전위가 없는 실리콘을 만들 수 있다.

6장과 7장에서 전위가 금속의 기계적 성질에 많은 영향을 미친다는 것을 볼 것이다. 상온에서 전위의 움직임은 금속의 영구적인 변형에 관계한다. 또한, 모순적이지만 전위는 금속을 강화시키는데 이것에 대해서는 7장에서 추가적으로 배울 것이다. 때로는 강철에서 전위농도가 높은 게 이상적인데, 이는 높은 전위농도가 보다 강한 강철을 만들기 때문이다. 통상적인 강철은 실리콘 결정보다 훨씬 더 높은 전위농도를 가진다. 왜냐하면 강철의 응고과정은 실리콘의 반도체 제조 공정처럼 제어하기가 어렵기 때문이다. 만약에 강철이 전위농도를 증가시키는 냉간압연, 냉간압출, 냉간인발, 냉간단조, 냉간스웨이징(swaging)과 같은 공정에서 영구적으로 변형이 된다면, 이것으로 인하여 강철의 강도가 최대 10배까지 증가한다. 13장에서 이러한 금속의 공정에 대하여 설명할 것이다.

가장 강도가 높은 금속은 전위가 하나도 없을 때이나 현재는 가능하지 않다 대신에 하나의 나사전위만을 가지는 아주 작은 지름(1 μm)의 금속 또는 세라믹으로 된 단결정 **휘스커**(Whiskers)를 만드는 것이 가능하다. 이렇게 제조된 철 휘스커는 통상적인 강철보다 강도가 500배 정도 높으며, 하나의 나사전위를 가진 휘스커는 그림 3.8과 같이 나타난다.

그림 3.7의 칼날전위는 결정체의 위쪽 절반에 추가적인 원자 평면을 끼워 넣은 것처럼 보인다. 그렇지만 왜 칼날전위를 선결함으로 분류할까? 칼날전위에서 원자들은 ⊥로 표기한 지점에서 종이면에 수직한 선을 따라 다른 원자들과 결합을 하지 못하고 있다. 그림 3.7에서와 같이, 단순 입방 결정의 모든 원자들은 여섯 개의 가까운 이웃 원자들과 결합을 형성하는데, 네 개는 그림을 포함하는 평면에서, 하나는 평면 앞에서, 나머지 하나는 평면의 뒤에서 결합한다. 하지만 ⊥ 표기로 표기된 지점에서 그림을 포함하는 평면과 수직한 선에 있는 원자들은 오직 다섯 개의 이웃하는 원자들을 가진다. 그 중에서 세 개는 그림을 포함하는 평면에서, 하나는 평면의 앞에서, 나머지 하나는 평면의 뒤에서 결합한다. ⊥표기는 오직 결합이 안 된 선에서만 표기한다. 이리하여 왜 이 전위가 1차원(1D)의 선결함인지 알 수 있다. 결정에서의 전위의 측정은 전위농도나 전위선의 길이/단위부피(m/m^3)로 나타낸다.

전위는 두 가지 벡터로 표현한다: 전위선과 접선인 단위 벡터(**t**)와 전위로 인해 이동된 결정의 크기와 방향을 나타내는 **버거 벡터**(**b**)로 표현한다. 그림 3.7에서 칼날전위에 대한 탄젠트 벡터(**t**)는 교재 평면에 수직이며 교재를 파고 들어가는 방향으로 ⊥ 위치를 지난다. 전위선(dislocation line) 탄젠트 벡터의 방향은 임의적이지만 한 개의 전위선 안에서 방향을 바꿀 수는 없다. 버거 벡터(**b**)는 결정체에 버거 회로

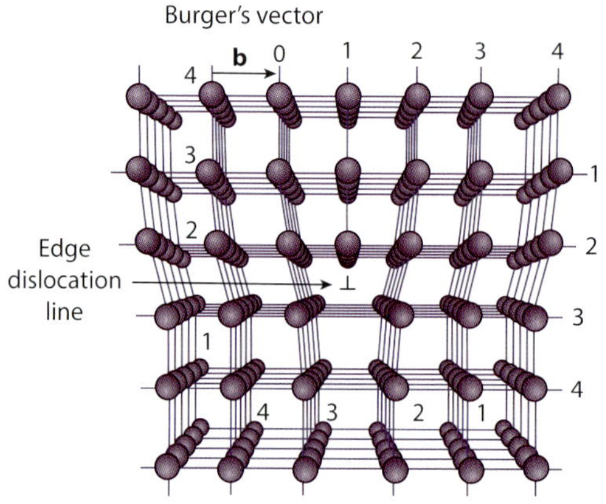

그림 3.7 단순입방 물질에서의 칼날전위, 버거 벡터 **b**, 숫자로 나타낸 버거 회로 *(Adapted from Callister, W. D., Materials Science and Engineering: An Introduction, 6th ed., John Wiley & Sons, New York (2003), p. 74.)*

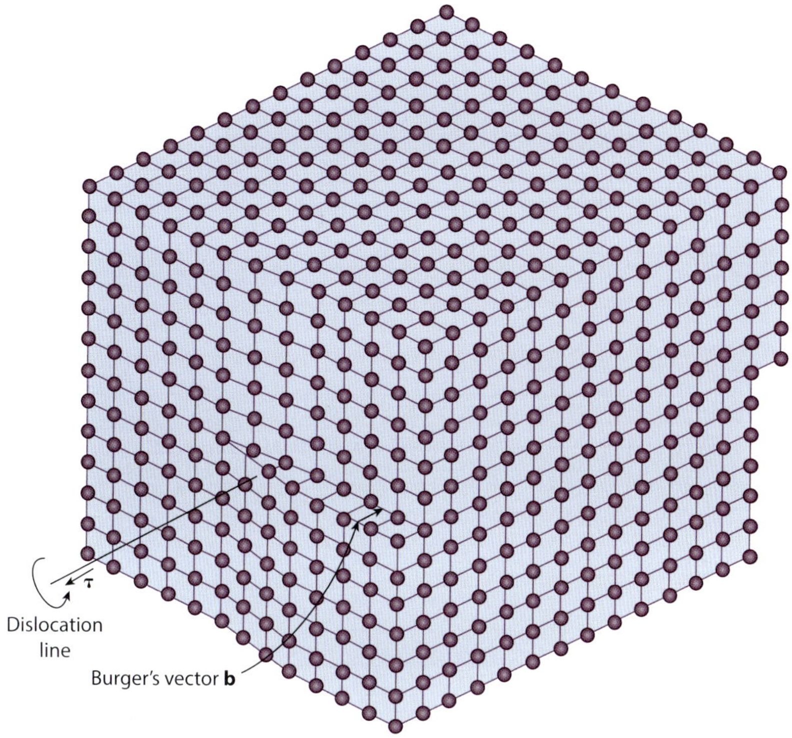

그림 3.8 나사전위와 버거 벡터 **b**, 탄젠트 벡터 **t** *(Adapted from Callister, W. D., Materials Science and Engineering: An Introdution, 6th ed., John Wiley & Sons, New York (2003) p. 75.)*

(Burger's circuit)를 그려보면서 알아낼 수 있다. 버거 회로는 결정체 안의 특정 격자점을 중심으로 각각의 방향에 따라 같은 격자간 거리만큼 간 숫자를 측정함으로써 구성한다. 버거 벡터는 이 버거 회로를 닫아주는 벡터이다. 버거 회로는 전위가 없는 완벽한 결정체에서는 처음과 끝 점이 같고, 따라서 버거 벡터는 $\mathbf{b} = 0$이다. 만약에 버거 회로가 전위를 감싼다면, 버거 회로의 시작과 끝이 같은 점이 아닐 것이다. 이때 회로 격자점의 끝과 회로의 시작점을 이어주는 벡터가 버거 벡터(**b**)이다. 버거 회로의 회전 방향을 정하기 위해서는 '오른손 법칙'을 사용한다. 전위의 탄젠트 벡터의 방향에 당신의 오른손 엄지를 가리키면, 당신의 나머지 손가락들은 버거 회로의 방향을 가리킬 것이다. 예를 들어, 그림 3.7에서 버거 벡터의 끝점에서 시작해 보자. 그리고 오른쪽으로 네 개의 격자 거리만큼, 아래쪽으로 네 개의 격자 거리만큼, 왼쪽으로 네 개의 격자 거리만큼, 그리고 마지막으로 위로 네 개의 격자 거리만큼 간다. 버거 회로의 끝은 그림 3.7에서 보듯이 결과적으로 버거 벡터의 시작점이다. 버거 벡터(**b**)는 회로를 닫아주는 벡터의 크기와 방향이다. 버거 벡터는 결정체 안의 두 개의 격자점을 연결시켜준다. 칼날전위에서는 탄젠트 벡터와 버거 벡터가 서로 수직이다.

그림 3.8의 나사전위에서 탄젠트 벡터 **t**는 결정체 밖으로 빠져 나오는 것처럼 보인다. 탄젠트 벡터의 방향을 결정체 안으로 들어가는 방향으로 선택할 수도 있었다. 하지만 탄젠트 벡터의 방향을 이렇게 선택한 원인은 그림 3.9와 일관성 있게 하기 위해서이다. 오른손 규칙과 버거 회로를 사용하면 버거 벡터를 전위선과 평행하게 구할 수 있다. 나사전위의 이름은 볼트의 나사 홈에서 유래되었다. 버거 회로가 나사전위선을 따라 갈 때, 결과적인 변위는 전위선을 따라서 전위선에 평행한 채 **b**값을 가지며 증가한다. 이것은 볼

예제 3.1

BCC 구조를 갖는 철의 결정체에서 원점 0, 0, 0 위치로부터 가장 가까운 격자점을 잇는 버거 벡터로 표시된 전위가 있다고 하고, 이때 버거벡터의 모든 좌표는 양수라고 하자. BCC 구조의 철에서 격자 상수는 0.286 nm이다.

(a) 벡터 표시로 나타낼 때, 이 전위의 버거 벡터는 무엇인가?

(b) 버거 벡터의 크기는 몇인가?

풀이

(a) BCC 결정 구조에서, 위치 0, 0, 0에서 시작하면서 가장 가장 가까운 격자점을 잇고, 좌표가 모두 양인 값을 가지는 격자점은 단위격자 중심을 가리키는 $\frac{1}{2}$, $\frac{1}{2}$, $\frac{1}{2}$이다. 원점에 대해서 상대적으로 $\frac{1}{2}$, $\frac{1}{2}$, $\frac{1}{2}$ 위치는 [111] 방향이다. 버거 벡터는 x 방향으로 $a/2$만큼, y 방향으로 $a/2$만큼, 그리고 z방향으로 $a/2$만큼 간 벡터이다. 따라서, 벡터표시로 나타낼 때, 버거벡터는

$$\mathbf{b} = \frac{a}{2}[111]$$

이다.

(b) 이 벡터의 크기는

$$b = \frac{0.286 \text{ nm}}{2}(1^2 + 1^2 + 1^2)^{1/2} = 0.143 \text{ nm } (1.732) = 0.248 \text{ nm}$$

이다.

트에 끼워진 너트가 360도 회전하는 것과 같은 결과를 가진다. 너트는 볼트 축을 따라서 나사 홈 사이의 간격만큼 전진한다.

나사전위와 칼날전위는 극단적인 예들이다. 결정체의 대부분의 전위는 나사전위와 칼날전위의 중간정도이다. 그림 3.9에서는 어떻게 버거 벡터 **b**를 가지는 전위선이 버거 벡터가 전위선에 대해 가지는 방향에 따라 칼날전위에서 혼합전위로, 그리고 나사전위로 바뀌는 지 보여준다. 칼날과 나사 전위의 버거 벡터가 같다는 것에 주목하자. 전위선의 버거 벡터는 전위선의 방향에 관계없이 일정하지만, 전위선의 방향은 버거 벡터에 대하여 방향을 바꿀 수 있다. 만약 탄젠트 벡터가 칼날 전위 부분에서 안쪽을 향한다면, 나사전위 부분에서는 탄젠트 벡터가 결정체에서 나오는 쪽을 향해야 한다.

그림 3.8과 3.9에서 보이는 전위들은 단순 입방격자 구조에서의 경우들이다. 그러나, 대부분의 격자 구조의 금속들은 FCC이거나 BCC 구조이다. FCC 결정체의 칼날전위를 보고 싶다면 부록 2A를 참고하길 바란다.

3.3.3 이온결합과 공유결합을 하는 금속의 선결함

전위는 이온결합과 공유결합을 하는 대부분의 재료들에서도 나타난다. 전위가 없는 실리콘 결정체들을 제작할 수는 있다. 하지만, 이처럼 전위가 없는 실리콘 결정체들을 제작하기가 매우 어려우며 대부분의 단결정 실리콘은 전위가 적다. 공유결합이 지향성(directional)은 가지고 굽힘에 저항하기 때문에 공유결합을 하는 물질에 전위를 형성하기에는 높은 에너지를 필요로 한다. 전위 근처에서는 공유결합이 조금 굽어

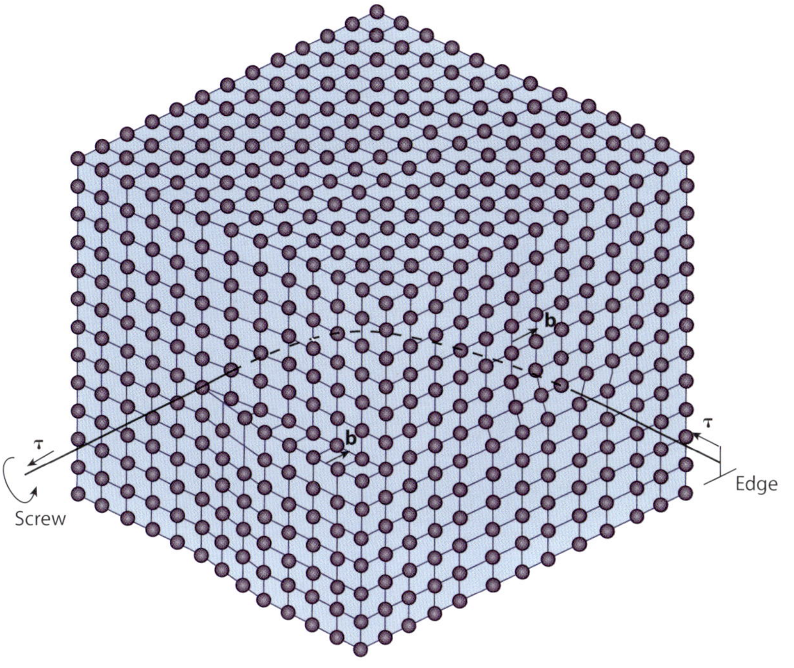

그림 3.9 버거 벡터와 평행한 나사전위에서 버거 벡터와 수직인 칼날전위로 바뀌는 모습의 혼합전위
(Based on W. T. Read, Dislocations in Crystals. McGraw-Hill, 1953.)

져야 한다. 반도체에서는 전위가 전자를 포획(trap)하고, 이로 인하여 반도체의 전기전도도가 낮아지기 때문에, 반도체의 전위밀도를 최소화하는 것이 좋다.

이온결합을 하는 금속에서 전위가 갖는 주요 성질 중 하나는 비교적 큰 버거 벡터를 가진다는 것이다. 이것은 버거 벡터가 원자를 연결하는 것이 아니라 격자점들을 연결하기 때문이다. 그림 2.26d에서와 같이, MgO는 NaCl과 같은 FCC 결정체 구조를 가지고 있다. 만약에 FCC 구조에서 O^{2-} 이온들이 격자 위치에

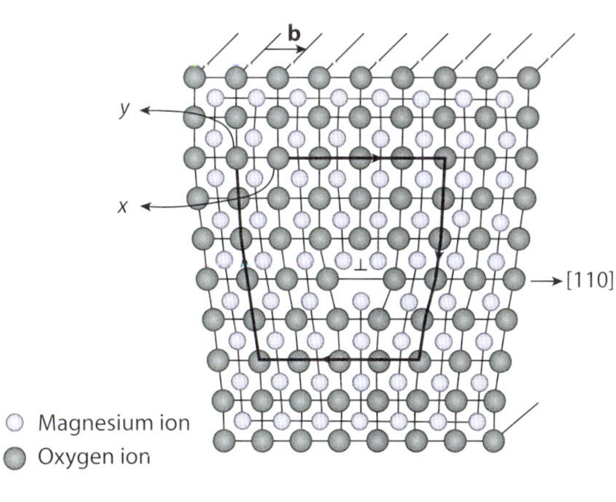

그림 3.10 이온결합으로 구성된 MgO의 칼날전위에서 버거 회로가 버거 벡터(**b**)를 가지며 x에서 시작해 y에서 끝남을 나타냄. *(Based on W. D. Kingery, H. K. Bowen, and D. R. Uhlmann, Introduction to Ceramics, John wiley;1976.)*

놓여 있다면, Mg^{2+} 이온들은 격자 위치에 놓여 있지 않게 된다. 버거 벡터(b)는 반드시 O^{2-} 이온과 다른 격자점에 있는 O^{2-} 이온을 연결해야하며, 격자점에 있는 O^{2-} 이온과 격자점에 있지 않은 이웃하는 Mg^{2+} 이온을 연결하면 안 된다. 그림 3.10에서 버거 회로는 격자점 x에서 시작해 격자점 y에서 끝난다.

그림 3.10의 정면에서 MgO의 $(1\bar{1}0)$ 평면을 보여준다. 그림 3.10과 2.26d를 비교해보면 [110] 방향이 $(1\bar{1}0)$ 평면에 놓여있음을 발견할 수 있다. 또한 FCC 구조를 상기시켜 본다면 0, 0, 0에 가장 가까운 격자점은 [110] 방향 안에 있는 $\frac{1}{2}$, $\frac{1}{2}$, 0에 위치한다.

버거 벡터의 크기는 중요하다. 왜냐하면 전위를 단위 길이만큼 움직이기 위해 필요한 힘은 버거 벡터의 크기와 비례하기 때문이다. 우리는 6장에서 전위의 이동이 결정체의 영구적 변형을 일으키는 것을 설명할 것이다. 이온결합을 하는 물질에서 큰 버거벡터는 전위가 이동하는 것을 어렵게 만든다. 그리고 이것은 그들의 취성에 기여한다.

3.4 재료에서의 2차원 결함

3.4.1 표면경계와 상경계면

그림 3.11에서 보는 바와 같이 결정체의 표면은 평면결함이다. 그 이유는 표면에 있는 원자들은 물질 내부의 원자들과 같은 방법으로 결합하고 있지 않기 때문이다. 그림 3.11에서와 같이 밀집된 평면에서 물질 내부에 있는 원자는 6개의 인접한 원자를 가진다. 그러나 표면의 원자는 단지 4개의 인접한 원자를 가진다. 이때, 표면 원자들은 전자결합을 공유하는 적절한 수의 원자를 가지고 있지 못하기 때문에 표면 원자들의 에너지가 증가한다. 물질 내부의 원자들이 적절한 수의 화학적 결합을 하여 가장 낮은 에너지를 갖게 된다. 표면 원자들의 에너지는 단위 면적당 에너지 또는 표면에너지(γ)로 J/m^2 단위를 사용하여 표현한다. 표 3.2는 몇몇의 재료의 표면 에너지와 그리고 표면에너지 측정 온도와 표면의 결정체 평면들을 나타낸다. 만일 시료의 결정 평면이 안 주어졌다면 다결정체라고 간주하라. 다결정체는 3.4.2절에 설명되어 있으며, 다결정체가 성장할 때 낮은 에너지를 가진 표면은 높은 에너지를 가진 표면에 비해 우선적으로 성장한다. 일반적으로 표면 에너지는 결합에너지에 비례하는데, 이는 표면에너지가 표면에서 끊어진 결합으로부터 나타나기 때문이다. 텅스텐이나 산화마그네슘과 같이 높은 녹는점을 가진 물질들은 높은 표면에너지를 가지는 반면, 폴리에틸렌과 같이 약한 결합을 가진 물질들은 낮은 표면에너지를 가진다. 폴리에틸렌

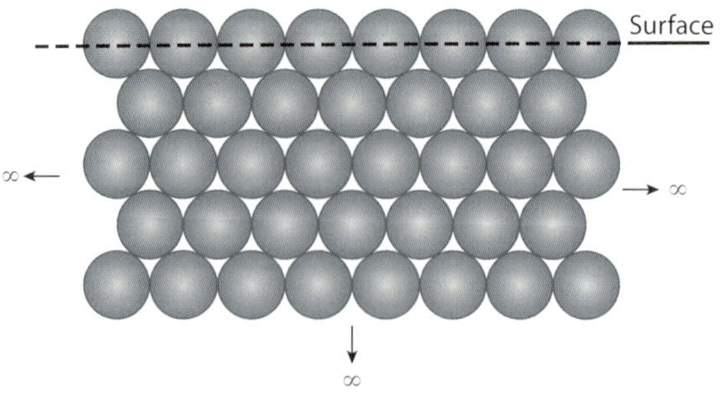

그림 3.11 결정체의 표면을 나타내는 개략도. 결정체는 표면 위를 제외한 모든 방향으로 무한한 길이를 가진다고 가정하며, 이때 표면 원자들은 자신 위에 결합할 원자가 존재하지 않음.

표 3.2 몇 가지 물질의 해당 온도에서의 표면 에너지

Material	Surface Energy (J/m^2)
Metals	
Sn	0.680[1]
Al	1.08[1]
Ag	1.12[1]
Au	1.39[1]
Cu	1.72[1]
Cu	1.43[2]
δ-Fe	2.08[1]
γ-Fe	2.1[2]
Pt	2.28[1]
W	2.65[1]
Covalent bonding	
Ge(111)	1.06[2]
Si(111)	1.23[2]
Ionic bonding	
LiF (100)	0.34[2]
NaCl (100)	0.30[2]
Ceramics[2]	
Al_2O_3	0.905
TiC	1.19
MgO (100)	1.5
0.8 SiO_2—0.2 NaO	0.38
Solid polymers[3]	
PE	0.031–0.036
PP	0.029–0.030
PVC	0.039–0.042
PTFE	0.019
PS	0.033–0.043
PMMA	0.039–0.040
Nylon 6, 6	0.039
Liquids[4]	
Water	0.0720
Mercury	0.485
Methanol	0.022
Ethanol	0.022
Ethylene glycol	0.048
Acetone	0.023

표 3.2 계속

Material	Surface Energy (J/m^2)
Benzene	0.028

1 Jones, H. Metal Science Journal, 5:15 (1971) and Porter, D.A., and Easterling, K.E., Phase Transfromations in Metals and Alloys, Chapman and Hall (1993), p. 113.
2 Chaing, Y-M., Birnie D.B., and Kingery, W.D., Physical Ceramics-Principles for Ceramic Science and Engineering, John Wiley & Sons, N.Y. (1997), p. 359.
3 van Krevelen, D. W., Properties of Polymers, Correlations with Chemical Structure, Elsevier, Amsterdam (1972), p. 100.
4 CRC Handbook of Chemistry and Physics, Lide D.R. ed. 90th ed. Boca Raton, FL. (2009), pp. 6-161.

을 포함한 고분자에서는 표면에서 끊어지는 결합은 주로 긴사슬분자간의 약한 반데르발스 결합이다. 따라서 고분자는 낮은 표면에너지를 가지게 된다.

예제 3.2

0.02 m × 0.01 m × 0.01 m 크기 한 개의 단일 순수 산화알루미늄(Al_2O_3) 조각과 0.01 m × 0.01 m × 0.01 m 크기 두 개의 산화알루미늄 조각의 내부에너지 차이가 어떻게 되는가?

풀이

한 개의 산화알루미늄 조각과 두 개의 산화알루미늄 조각의 유일한 차이는, 두 개짜리는 0.01 m × 0.01 m 크기의 두 개의 표면을 더 가졌다는 것이다. 표 3.2에서 알 수 있듯이 산화알루미늄의 표면에너지는 0.905 J/m^2이다. 단일 조각과 두 조각 짜리의 내부 에너지(ΔE) 차이는

$$\Delta E = \gamma A = 0.905 \frac{J}{m^2}(2)(0.01\ m)^2 = 1.81 \times 10^{-4} J$$

로 나타난다.

두 조각짜리 산화알루미늄 조각은 단일 조각에 비해 더 많은 내부에너지를 가진다. 비슷한 상황이 유리와 같이 깨지기 쉬운 물질의 조각에서 발생된다. 새로운 표면이 생성될 때, 이러한 내부에너지 증가에 필요한 에너지가 파괴 과정에서 외부로부터 주어져야 한다.

비록 위에서 논의했듯 표면에너지가 결정질 고체에서 정의되지만, 모든 액체와 고체는 결정질이든 비결정질이든 표면을 가진다. 그리고 액체든 고체든 상관없이 표면에 존재하는 원자들은 내부의 원자들에 비해 적은 개수의 이웃 원자들과 결합한다. 표면에너지의 영향은 왁스로 코팅된 차량에 떨어진 물방울을 보면 쉽게 관찰할 수 있다. 이 물방울은 대략적으로 반구의 형태를 하게 되는데, 이는 물이 표면적을 최소화하기 위해서이다. 또한, 이 형태는 물방울이 표면적에 비례하는 전체 표면에너지(γ)를 최소화하게 된다. 물(0.072 J/m^2)은 왁스($\approx$ 0.030 J/m^2)보다 높은 표면에너지를 가지기 때문에 물은 왁스 위에서 퍼지지 않는다. 그것은 물의 표면적이 커지면 그에 비례하여 높은 표면에너지를 갖게 되기 때문이다. 시간이 흐름에 따라 왁스가 없어지면 물보다 더 큰 표면에너지를 가지는 금속 산화물(이산화티타늄 첨가물)과 같은 물

질을 함유한 페인트가 드러나게 되다. 이때, 물은 오래된 페인트 표면에 퍼지게 되는데, 그 이유는 이제는 넓게 퍼진 수층(water layer)이 상대적으로 더 낮은 표면에너지를 가지기 때문이다. 어떤 물질이 다른 물질 위에서 균일하게 퍼지기 위해서는 유동성을 가지고 있는 물질이 반드시 바탕에 깔려 있는 물질보다 낮은 표면에너지를 가져야 한다. 물질이 다른 물질에 일정하게 퍼지는 것을 '젖음(wetting)'이라고 한다. 한 물질의 다른 물질로의 젖음은 많은 제조 공정에서 중요한 역할을 한다. 이 젖음은 코팅과 도금 공정에서 사용되며, 또한 섬유가 기지재료와 반드시 강하게 붙어야 하는 복합재료를 생성할 때도 사용된다.

높은 표면에너지를 가지는 재료가 낮은 표면에너지를 가지는 재료에 코팅될 때는 제조 공정에서 문제가 발생한다. 예를 들어, 고분자 선글라스 렌즈는 햇빛을 흡수하는 이리듐과 같은 금속으로 코팅을 한다. 하지만 표 3.2에서 보는 바와 같이 금속은 고분자보다 훨씬 높은 표면에너지를 가지고 있기 때문이다. 기체로부터 증착된 금속은 부드럽고 얇은 코팅이 되기보다는 금속의 표면 영역을 최소화하고 낮은 표면에너지를 가진 고분자의 표면 영역을 최대화하기 위해서 고분자에 3차원(3-D)의 물방울 섬(islands)을 형성한다. 따라서, 금속의 부드러운 박막을 얻기 위해서는 금속 원자들은 진공에서 적절한 운동에너지(약 50 eV/atom)를 가지고 증착되어야 한다. 이 때 금속 원자들은 높은 운동에너지를 가지고 고분자의 표면을 뚫고 들어간다. 그래서 금속 원자가 고분자의 표면에서 냉각되면 3차원(3-D)의 섬(island)이 생기기 전에 얇고 일정한 박막을 형성하는 것이다.

표면 장력이라는 용어는 표면을 논의할 때, 특히 액체를 논의할 때 사용된다. 표면 장력의 가장 좋은 예시는 풍선이나 비눗방울을 불 때 가장 잘 나타난다. 부풀려진 풍선을 반으로 가른다고 가정해 보자. 그림 3.12서 보면 풍선을 잘랐을 때 반으로 나누어진 풍선이 날아가지 않게 하기 위해 잘려진 표면을 따라 단위 길이당 힘(뉴턴/미터)을 가한다고 상상하자. 반으로 갈라진 풍선의 안쪽은 높은 압력을, 바깥쪽은 대기압을 가지고 있다. 이때 풍선의 양쪽이 붙어 있을 수 있도록 잘려진 면을 따라 분포된 단위길이당 힘이 바로 표면 장력이다. 표면 장력의 단위(N/m)와 표면에너지의 단위(J/m^2)는 같다. 1 J은 N × m이고, J/m^2의 분자와 분모로 나누어 주면 결과는 N/m가 된다.

기체와 액체의 계면에서 액체의 표면에너지는 액체의 표면 장력과 숫자상으로 같다. 그리고 이 장력은 차의 왁스 코팅된 표면 위의 물이 물방울 형태를 띠게 한다. 고체에서는 표면 장력과 표면에너지는 반드시 같지는 않다. 왜냐하면 고체에서는 표면 원자들이 표면장력에는 기여하지 않지만 표면 에너지에는 기여하는 형태로 자신들의 평형상태의 원자 위치에서 변위를 가질 수 있기 때문이다. 이때의 변위는 표면 장력에 영향을 미치지는 않으나, 표면에너지에는 기여한다. 하지만, 일반적으로 표면에너지와 표면 장력은 대부분의 고체와 액체 상태에서 같다고 생각하고 표면에너지와 표면 장력 이 두 가지 용어를 혼용하는 것이 가능하다.

그림 3.13에서처럼 액체가 표면에 방울을 형성할 때, 표면 위의 액체의 방울 형태를 결정하는 것은 표면장력이다. 표면장력은 단위 길이에 대한 힘이고 그림 3.13과 같이 크기와 방향을 가짐으로써 표면장력의 개념은 표면 위의 액체 형태를 분석할 수 있게 해준다. 표면 에너지는 방향을 가지지 않는다. 그림 3.13a와 같이 액체 방울이 표면에서 평형상태일 때, 표면장력을 분석하기 위하여 벡터량(vector force)으

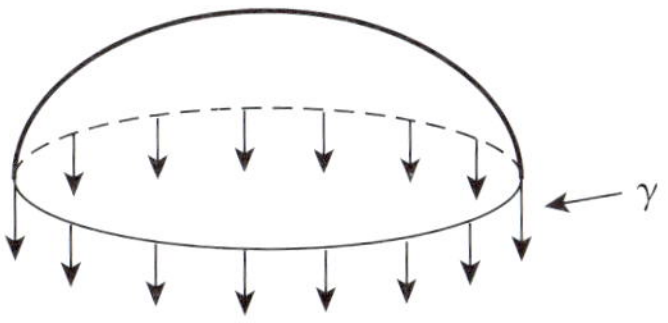

그림 3.12 높은 압력의 내부 기체와 대기압의 외부 기체를 분리하는 풍선의 일부. 제거된 풍선 부분은 표면장력이나 단위 길이당 분포하는 힘(γ)으로 대체됨.

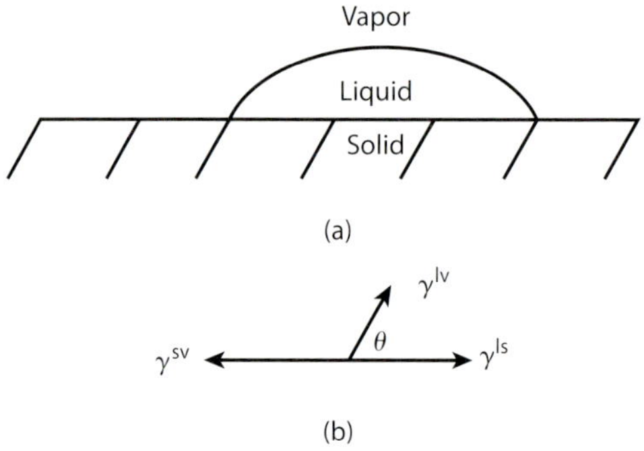

그림 3.13 (a) 표면 위에 액체 물방울의 단면도. (b) 액체 물방울의 왼쪽 면에서의 표면장력

로 표현한다. 그림 3.13b에서 벡터량을 나타내고 있는데, γ^{sv}는 고체와 기체 사이의 표면장력이다. 액상과 기체상의 표면장력은 γ^{lv}로 표현하고 각 θ는 고체 표면과의 각도이며, 따라서 이것은 액체표면과 고체표면 사이의 접촉각(contact angle)이다. 액체와 고체 사이의 계면장력(γ^{ls})은 고체 표면과 평행한 방향을 가진다. 왜냐하면 액체와 고체는 다른 상을 가지고, 이 둘의 계면은 상계면이기 때문이다. 상계면은 표면이 표면 에너지를 가지듯이 경계 에너지(interface energy)를 가진다. 사실상 표면은 상계면의 특별한 경우라고 볼 수 있다. 왜냐하면 표면은 고체상 또는 액상을 기체상으로부터 분리해주기 때문이다. 이 책에서는 상을 위첨자로 나타낸다.

만약에 액체 방울이 평형상태에 있고 시간에 따라서 변하지 않는다면, 그림 3.13b에서 표면장력의 합계는 0이 된다. 따라서 x방향의 힘들을 합한 식 3.1은 식 3.2와 식 3.3를 도출하게 해준다.

$$\sum F_x = \gamma^{sv} - \gamma^{ls} - \gamma^{lv} \cos\theta = 0 \tag{3.1}$$

$$\gamma^{sv} = \gamma^{ls} + \gamma^{lv} \cos\theta \tag{3.2}$$

$$\cos\theta = \frac{\gamma^{sv} - \gamma^{ls}}{\gamma^{lv}} \tag{3.3}$$

예제 3.3

폴리스티렌(PS)에 대한 물방울의 접촉각은 91°이다. PS에 대한 표면장력은 0.033 N/m라 가정한다. 25°C에서 물과 PS 사이에 계면장력 값은 얼마인가?

풀이

표 3.2에서 알 수 있듯이 물의 표면장력은 0.072 N/m이다. 식 3.2에 해당 값들을 넣어보면

$$\gamma^{sv} = \gamma^{ls} + \gamma^{lv}\cos\theta = 0.033\ \text{N/m} = (\gamma^{ls} + 0.072\cos 91°)\ \text{N/m} = (\gamma^{ls} + 0.072\,(-0.017))\ \text{N/m}$$

$$\gamma^{ls} = 0.033\ \text{N/m} + 0.001\ \text{N/m} = 0.034\ \text{N/m}$$

와 같이 나온다. PS와 물 사이의 계면장력 값은 0.034 N/m이다. 이러한 높은 값의 계면장력은 물과 PS 사이에 강한 상호 작용이 있음을 나타낸다.

모든 상계면에서 계면장력은 존재한다. 두 고체 간의 계면, 예를 들어 에폭시와 유리섬유간에는 계면장력이 존재하며, 고체와 액체의 계면도 계면장력을 가진다. 고체와 기체와의 계면 역시 계면장력을 가진다. 일반적으로 고체-기체, 기체-액체 상계면은 비록 두 가지 상의 계면이지만 표면이라고 지칭한다. 표 3.3은 몇 가지 고분자 혼합물의 계면장력을 나타낸다. 이러한 값들은 달리 명시했을 경우를 제외하고는 첫 번째 고분자가 액체인 상태의 온도에서 20°C 온도로 외삽했을 때의 값으로 계산했다.

예제 3.4

액체 폴리에틸렌(PE)과 폴리스티렌 고체 평면 조각 사이의 접촉각을 구하라. PE의 표면 장력은 0.031 N/m, PS의 표면장력은 0.036 N/m로 가정한다.

풀이

주어진 값들을 식 3.2에 대입하면

$$\gamma^{sv} = \gamma^{ls} + \gamma^{lv} \cos\theta$$

$$0.036 \text{ N/m} = 0.0044 \text{ N/m} + 0.031 \text{ N/m} \cos\theta$$

$$\cos\theta = \frac{(0.036 - 0.0044) \text{ N/m}}{0.031 \text{ N/m}} = \frac{0.0316}{0.031} \approx 1$$

$$\theta = 0$$

와 같은 결과가 나온다.

만약 θ가 0이면, 액체는 표면을 적시고, 낮은 표면장력과 표면에너지를 가지는 재료로써 표면을 덮어버린다. 식 3.3에서 cos θ를 계산할 때 우변이 1보다 큰 경우가 발생할 수 있다. 이 경우는 고체-기체 표면장력이 액체-기체 표면장력보다 훨씬 더 크기 때문에 발생한다. 만약 식 3.3의 우변이 1보다 크다면, 식 3.1에서 가정한 평형은 없게 된다. 접촉각이 90°보다 클 수도 있는데, 이 때 액체-고체 계면장력은 고체-기체 표면장력보다 크고 액체는 표면을 적시지 않는다.

표 3.3 가지 혼합 고분자에 대한 20°C 또는 표기된 온도에서의 계면 장력(단위는 N/m)

Polymer Pair	γ
PMMA/PS	0.0032
PE/PS	0.0044[1]
PE(linear)/PS	0.0083
PE(linear)/PMMA	0.0119

Adapted from Owen, M. J., "Surface and Interfacial Properties," in *Physical Properties of Polymers Handbook*, Mark, J. E., ed., AIP Press, Woodbury, New York (1996), p. 669.

1 Measured at 200°C.

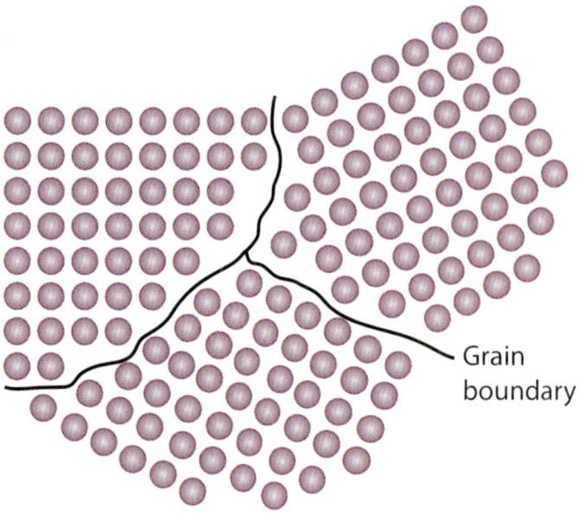

(a)

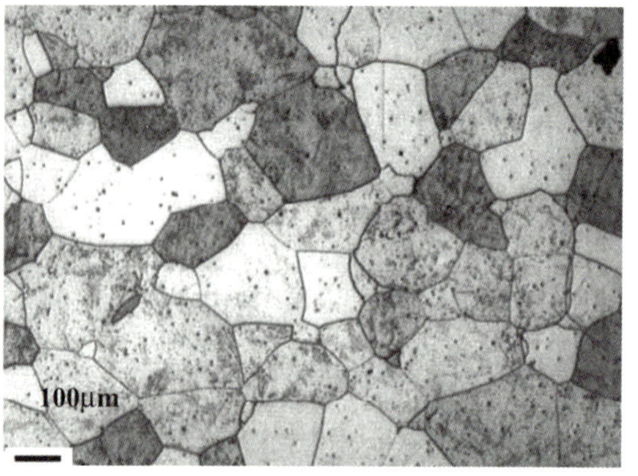

(b)

그림 3.14 (a) 다른 방향을 가진 결정들이 모여 결정입계를 형성함. (b) 스테인리스강에서의 결정과 결정입계의 현미경 사진 *[(a) Based on Askeland, D.R., Fulay, P.P., and Wright, W.J., The Science and Engineering of Materials, 6th ed. Cengage Learning, Stamford, CT. (2011), p. 136. (b) Anthony J. DeArdo]*

표면장력은 온도의 함수이다. 그래서 표 3.2에 온도를 제시하였다. 예를 들어, 물의 표면장력은 10°C에서는 0.7423 N/m, 100°C에서는 0.5891 N/m이다. 결정체 재료의 표면에너지는 표 3.2처럼 결정면에도 의존한다. 고분자에서 표면장력은 분자의 무게와 곁가지의 크기, 그리고 결정도(crystallinity)에 의존한다.

3.4.2 결정성 물질의 결정입계

2장에서는 결정체 구조가 소개되었다. 단결정으로 만들어진 재료를 사용하는 경우들이 아주 드물기는 하지만 직접회로의 실리콘, 높은 효율의 가스-터빈 블레이드, 레이저 내부의 결정체, 그리고 반지의 다이아몬드 등이 있다. 반면에 자동차 내연기관의 실린더 헤드의 알루미늄, 제트 엔진의 팬 날개의 티타늄은 다결정성 재료이다. 다결정성 재료는 결정입계를 따라 서로 연결되어 있는 많고 작은 결정들(grains)로 이루어져 있다. **결정입계**(grain boundary)는 그림 3.14a에서와 같이 2개의 서로 다른 결정방향을 가지는 같은 상의 결정 사이에 존재하는 경계면이다. 그림 3.14b는 스테인리스강의 연마된 표면을 보여준다. 표면에 있는 검은 선들은 결정입계들이 표면과 교차하는 부분을 나타낸다. 이 시료의 서로 다른 결정들은 회색의 다른 음영을 보여준다. 그 이유는 서로 다른 방향의 결정체들은 서로 다른 정도로 빛을 반사시키기 때문이다.

그림 3.15 결정체에서의 소각(low-angle-tilt) 결정입계의 개략도를 나타낸다. 소각 결정입계에서, 두 개의 결정들은 서로 작은 각(θ)을 이루며 기울어져 있다. 이때 결정입계는 버거 벡터 **b**를 가진 칼날전위가 공간이격 D를 갖고 쌓여 있는 구조로 볼 수 있으며, 그 관계는 식 3.4처럼 나타낼 수 있다. 버거 벡터의 크기는 b로 나타낸다.

$$\tan\theta = \frac{b}{D} \qquad \textbf{3.4}$$

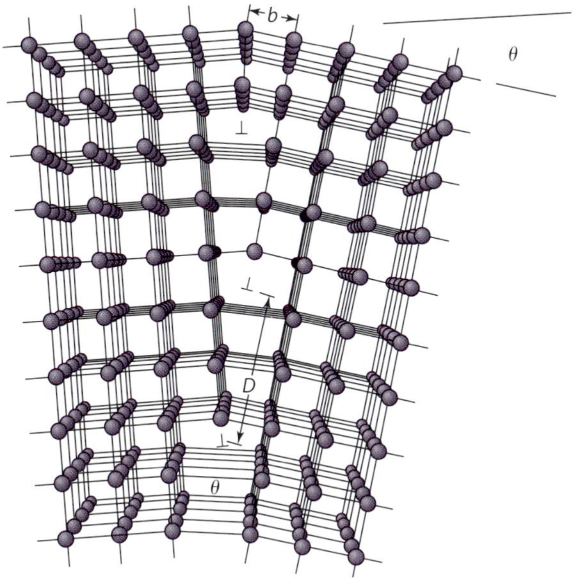

그림 3.15 단순입방 결정체에서의 칼날전위 개략도. 버거 벡터 **b**, 공간이격 D, 소각 결정입계의 각 θ를 나타냄.
(Adapted from Guy, A. G., Introduction to Materials Science, McGraw-Hill, New York (1972), p. 184.)

칼날전위의 겹층 구조는 결정 사이에 각을 형성하며, 나사전위의 연속은 결정 사이에 비틀림을 형성한다. 결정입계는 두 결정체간 순수하게 각을 형성하거나, 순수하게 비틀림을 가지거나, 아니면 그 둘 사이의 어떤 것도 가능하다.

예제 3.5

0.3 nm의 격자상수를 가진 단순 입방형(simple cubic) 결정체는 10° 정도의 소각 결정입계를 가진다고 치자. 소각 결정입계에서 칼날전위 사이의 간격(D)을 구하라.

풀이

경사각($\theta = 10°$), 버거벡터의 크기(b), 전위 간격(D) 사이의 관계식은

$$\tan\theta = \tan 10° = 0.18 = \frac{b}{D} = \frac{0.3\ \text{nm}}{D}$$

로 주어진다.

단순 입방형 결정체에서 격자 파라미터의 크기(a)는 버거벡터의 크기(b)와 같다. D를 계산하면

$$D = \frac{0.3\ \text{nm}}{0.18} = 1.7\ \text{nm}$$

이다.

이 예에서, 평균적으로 5.7개의 단위격자마다 한 개의 칼날 전위가 존재한다.

실험을 통하여 고각(high-angle) 결정입계 에너지가 표면에너지의 0.25~0.40배 정도 된다는 것을 발견하였다. 이 비율은 결정입계의 방향에 의하여 결정된다. 소각 결정입계는 고각 결정입계보다 낮은 에너지를 가진다.

반도체에서는 결정입계를 피해야 하는데 그 이유는 결정입계가 전자들을 산란(scatter)시키거나 포획(trap)하기 때문이다. 따라서 반도체는 단결정으로 만들고 있다. 그러나 금속 구조 응용물에서는 작은 크기의 결정이 유용한데, 결정의 크기가 작을수록 금속은 더 많은 결정입계를 형성하고 더욱 강해지기 때문이다. 그래서 현재 생산되고 있는 결정의 지름이 100 nm보다 작은 나노구조체 재료들은 아주 강한 특성을 가지고 있다. 결정의 크기에 따른 재료 강도의 변화는 7장에서 자세하게 논의하도록 한다.

3.4.3 고분자의 구정(Spherulites)

액상에서 균일하게 냉각이 될 때 결정질 영역과 비결정질 영역을 형성하는 고분자는 그림 3.16의 현미경 사진과 같이 **구정(spherulites)**을 형성한다. 그림 2.21b는 어떻게 긴사슬분자가 결정질 영역을 형성하기 위하여 왔다갔다 왕복을 하는지를 보여주고 있다. 결정질 영역은 고분자와 냉각속도에 따라서 20~60 nm의 크기를 가지는 라멜라(lamellae)를 형성한다. 개략도 3.17에 나와 있듯이, 비결정질의 물질로 둘러싸인 여러 라멜라는 구정을 형성하기 위해서 합치는데, 이는 통상적으로 50~500 μm의 지름을 가진다. 구정은 결정질 영역과 반지름 방향으로 자라는 비결정질 영역의 조합이다. 이것은 반결정성(semicrystalline)인 반면에 금속에서의 결정은 작은 단결정을 이룬다.

그림 3.16 폴리스티렌 *(US NSF)*

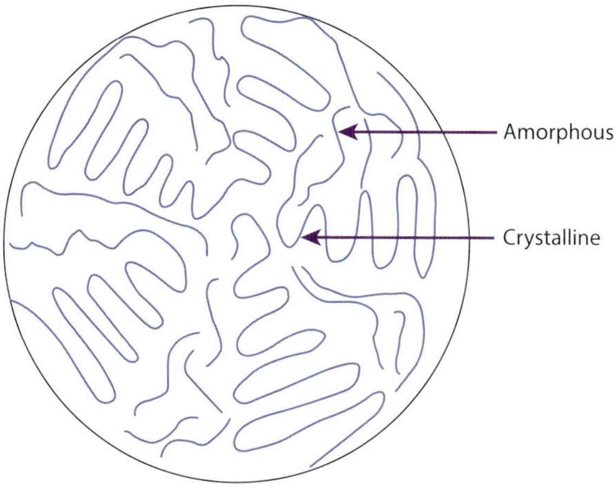

그림 3.17 구정에서 결정질 영역과 비결정질 영역을 형성한 얇은층(lamellae)의 개략도

3.4.4 적층결함과 쌍정입계

그림 2.4에서 FCC 결정체의 금속 원자의 층은 ABCABCABC로 보인다. 하지만, 결정체 층의 결함은 결정체의 형성과 변형 과정에서 발생한다. 만약 FCC 결정체의 층이 ABCABCA / CABCABC라면, 이때 사선(slash)을 그은 위치에서는 원자들의 B층이 없기 때문에 **적층결함(stacking-fault)**이 일어난다. 원자들의 적층이 불일치하기 때문에 적층결함은 적층결함 에너지에 영향을 미친다. FCC 금속의 적층결함 에너지는 대략 알루미늄의 에너지인 250 mJ/m^2 에서부터 FCC 스테인리스강과 황동의 에너지인 10 mJ/m^2 미만 사이이다. 카트리지(cartridge) 황동의 낮은 적층결함 에너지는 큰 변형을 통해 탄약통의 형태를 갖출 수 있게 한다. 소성변형에 따른 적층결함 에너지의 영향은 7.2.1절에서 더 자세히 다룰 예정이다. 결과적으로 적층결함은 알루미늄과 같은 높은 적층결함 에너지를 가진 금속들보다 황동과 같은 낮은 적층결함 에너지를 가진 금속에서 발생할 확률이 더 높다.

FCC 결정체에서의 **정합 쌍정입계(coherent twin boundary)**는 ABCAB / C / BACBA와 같은 원자층의 적층 오류인데, /C/평면과 사선으로 나누어진 오른쪽과 왼쪽의 적층 년들은 서로 거울상인 쌍둥이 형태를 가지고 있다. 한편, 정합이라는 용어는 계면의 한 평면에서 원자 배열이 연속성이 있는 것을 의미한다. 반대로, 그림 3.14a에 나타낸 결정입계는 결성입계 내의 원자배열이 연속적이지 않기 때문에 정합이 아니다. 쌍정은 성장과 결정체 변형으로 인하여 형성되며, 그림 3.18에서 황동의 쌍정입계가 성장한 현미경 사진을 확인할 수 있다. 이들은 결정에서 각기 다른 회색 명암으로 표시된 영역을 가지는 직선의 결정입계를 가진다. 쌍정은 낮은 에너지 결함이기 때문에 황동에서 형성된다. 쌍정입계는 두 개의 적층결함이 서루 인접하게 붙었다고 볼 수 있기에 정합 쌍정입계 에너지는 대략 적층결함 에너지의 두 배가 된다. 예를 들어, FCC 스테인리스강의 정합(coherent) 쌍정입계 에너지는 대략 20 mJ/m^2이고 같은 스테인리스강의 적층결함 에너지는 10 mJ/m^2이다. 적층 결함과 쌍정은 FCC 금속 이외에 다른 재료에서도 발생한다. 하지만 층간 순서는 FCC 금속에서 훨씬 더 보여주기 쉽다. FCC 금속에서 고각 결정입계의 에너지는 쌍정입계 에너지의 대략 300~400배 정도이다.

그림 3.18 다결정 카트리지 황동의 광학현미경사진. 결정과 쌍정을 볼 수 있다. 쌍정입계는 직선 형태를 가진다. 왼쪽 아래는 압연방향을 나타낸 삽입 그림 *(ASM Handbooks Online, http://www.asmmaterials.info, ASM International, 2004.))*

3.5 재료의 삼차원 결함 또는 벌크 결함 그리고 개질

3.5.1 금속의 삼차원 결함 또는 벌크 결함 그리고 개질

금속의 벌크 개질에 대한 예로 금속 안에 다른 이차상(second phase)의 형성을 들 수 있다. 니켈-알루미늄 합금 안의 $Ni_3Al(\gamma')$ 침전물(precipitate)의 형성은 그림 3.19에서 보는 것과 같으며, 이는 고온의 가스터빈에 사용되는 합금을 강화시키는 3차원(3-D)의 개질이다. 반면 강철에서의 황화철 입자들(inclusions)의 형성은 역시 3차원(3-D) 결함이지만 금속의 파괴 저항을 감소시킨다. 재료와 벌크 결함은 서로 다른 상의 물질이기 때문에 모든 벌크 결함이나 개질은 벌크 결함과 재료를 나누어 놓는 상계면(phase boundary)을 가진다.

3.5.2 세라믹의 삼차원 결함 또는 벌크 결함

공동(voids)은 세라믹에서 주요한 3차원 결함이다. 대부분의 세라믹 부품을 생산하는 공정에서는 화학반응이나 고온가열에 의해 서로 결합된 작은 세라믹 재료 입자들을 활용한다. 예를 들면, 화학반응을 통해

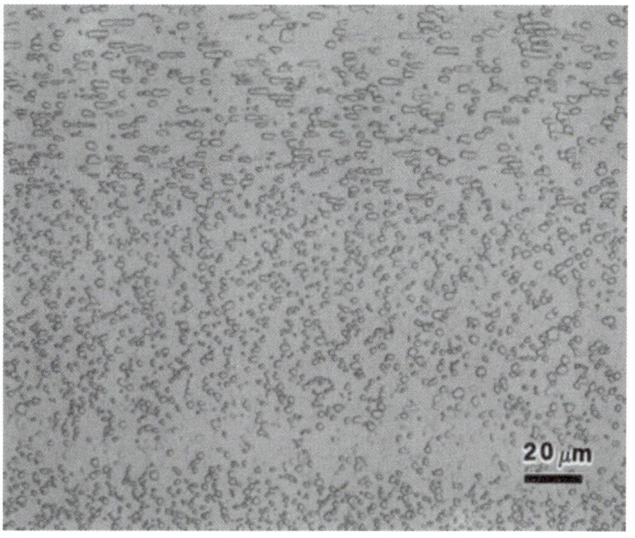

그림 3.19 니켈-알루미늄 단조 합금(U-720)의 현미경사진. 알루미늄이 2.5 wt%을 차지함. Ni_3Al 침전입자인 어두운 색의 입자들을 볼 수 있음. *(ASM Handbooks Online, http://www.asmmaterials. info, ASM International, 2004.)*

콘크리트를 형성하며, 고온가열로 도자기 점토를 가열하여 세라믹이 소결(sinter)된다. 이러한 과정은 작은 입자들을 서로 결합하게 만든다. 하지만 이 때 입자들은 녹지 않으며 원래 입자들의 형태를 유지한다. 결과적으로 그림 3.20과 같이 최종 생성물의 입자들은 모든 공간을 채우지 못하며, 따라서 통상적으로 세라믹 재료에 공동이 생기게 되는 것이다. 공동은 세라믹의 파괴 강도를 현저하게 줄인다.

그림 3.20 소결된 세라믹 바륨 마그네슘 탄탈석의 현미경사진. 결정 사이에 공동이 존재하는 결정 구조 *(Heather Shirey)*

3.5.3 고분자에 대한 삼차원 변형

많은 재료에서 고분자에 3차원의 첨가물을 혼합한다. 4장에서 우리는 긴사슬분자가 용매(solvent) 이외의 다른 분자들과는 잘 섞이지 않는다는 것을 볼 것이다. 고분자에 섞이는 대부분의 첨가물들은 3차원의 이차상이다. 고분자에 섞이는 몇몇의 첨가물들은 내연제(flame retardants)나 열안정제(thermal stabilizers) 또는 가소제(plasticizers), 충전제(fillers)를 포함한다. 예를 하나 들면, 자동차의 타이어를 만들기 위해서 탄소 입자들을 고무에 첨가한다. **가소제**는 고분자에 더해져서 공정과정 중에 고분자의 흐름을 용이하게 하여 모양을 형성하는 역할을 한다. 고분자에 첨가되는 **충전제**는 부피를 증가시키기 위해 사용되며, 강도와 같은 다른 특성들을 변화시키기 위해서도 사용된다. 충전제는 정제된 분말 형태의 석분(silica flour)과 목분(wood flour) 또는 섬유를 포함한다. 입자 또는 섬유는 복합재료를 형성하기 위해서 고분자에 더해진다. 복합재료는 바로 다음에 논의할 것이며, 보다 자세한 내용은 12장에 명시되어 있다.

3.6 복합재료

복합재료는 두 가지 이상의 서로 다른 상의 물질을 섞어서 이 두 상이 분리된 채 유지되는 것이다. 복합재료의 예로 그림 1.5와 같은 철근 강화 콘크리트를 들 수 있다. 복합재료를 만드는 이유는 바로 단일한 원재가 가지지 못하는 특별한 특성을 만들 수 있기 때문이다. 복합재료는 일반적으로 재료를 묶어주는 기지상(matrix phase)을 바탕으로 해서 이차상(second phase)과 결합시켜서 강도, 전도도, 경도, 그리고 파괴 저항성과 같은 특별한 특성을 강화시킨다. 이차상은 작은 입자, 섬유 또는 판(sheet), 그리고 3차원의 벌크(bulk) 모양으로 존재할 수 있다. 섬유를 이차상으로 가지는 친숙한 예로는 유리섬유가 있다. 유리섬

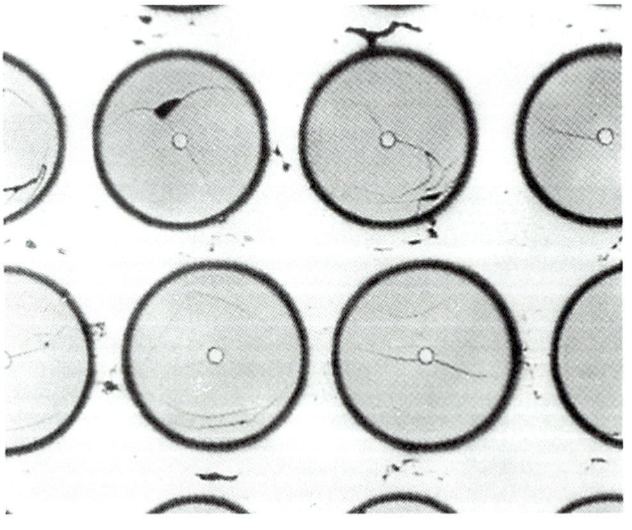

그림 3.21 복합재료 단면적의 광학 현미경사진. SiC로 코팅된 붕소섬유로 강화된 알루미늄 기지상. 붕소섬유 단면은 원형이며, 중심에 작은 원으로 보이는 텅스텐 선에서 각각의 붕소섬유가 자람. 붕소 섬유를 둘러싼 어두운 원은 SiC코팅. 1,000 배 배율 *(ASM Handbook Volume 9, Metallography and Microstructures, 2004, ASM International, in ASM Handbooks Online, http://www.asmmaterials.info, ASM International, 2004.)*

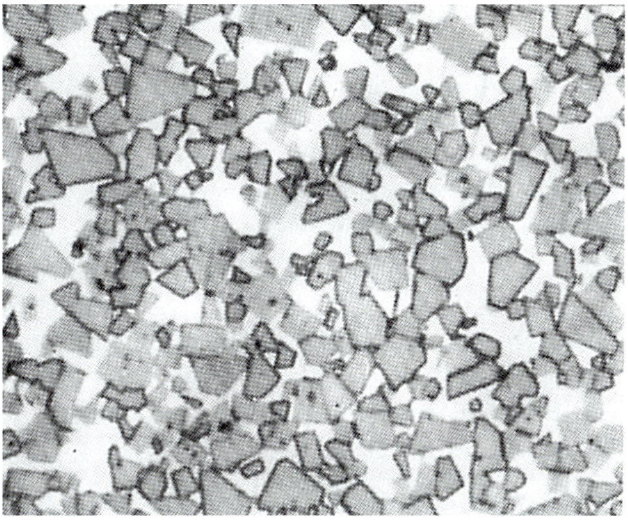

그림 3.22 80 wt% 텅스텐 카바이드 입자(어두운 색)와 20 wt%의 코발트 기지상을 가지는 복합재료의 광학현미경사진. 1300배 배율 *(ASM Handbook Volume 7, Powder Metal Technologies and Applications, 1998, ASM International in ASM Handbooks Online, http://www.asmmaterials.info, ASM International, 2004.)*

유는 이차상인 유리섬유를 둘러싸는 에폭시 수지 기지재료로 구성되며, 유리섬유는 복합재료의 강도를 높이는 역할을 한다. 특수목적 복합재료에서는 섬유를 흑연, 붕소 또는 높은 강도의 방향성 초고분자량 폴리에틸렌(ultrahigh molecular weight polyethylene, UHMWPE) 섬유로 대체한다. 이러한 섬유들은 유사한 벌크 재료들보다 몇 배나 더 높은 강도를 가지기 때문에 복합재료에 사용된다.

알루미늄, 코발트, 니켈과 같은 금속들 또한 섬유나 입자를 이차상으로 하는 복합재료의 기지상이 될 수 있다. 그림 3.21에서는 실리콘 카바이드(SiC)로 코팅된 붕소 섬유를 사용하면서 알루미늄 합금을 기지재료로 사용한 복합재료를 보여준다. SiC는 붕소와 알루미늄 기지 간의 반응을 억제한다. 이와 같은 복합물질은 알루미늄 합금 혼자서는 가질 수 없는 충분한 강도와 강성(stiffness)을 가지며, 고성능 비행기에 응용된다. 치과 의사가 사용하는 드릴은 그림 3.22에서 보듯이 코발트 금속 기지와 텅스텐 카바이드 입자들로 만들어진 것이다. 코발트 기지재료 물질은 밝은 연속상(continuous phase)을 가지며 텅스텐 카바이드 입자들은 치아를 깎는 날카로운 모서리를 가진 어두운 입자들이다. 코발트 금속 기지재료는 이차상인 텅스텐 카바이드 입자를 제자리에 붙들어둔다. 많은 카바이드 절삭 공구는 비슷한 재료로 만들어진다.

3.7 결함, 변형, 그리고 물리적 특성들

이 책의 남은 부분에서 우리는 어떻게 하면 결함이 물질의 물리적 특성을 변화시킬 수 있는지를 공부할 것이다. 순수하고 열처리가 잘 된 철은 매우 낮은 강도를 가진다. 하지만 외부 원자들, 전위, 결정입계 혹은 침전물 같은 결함을 더함으로써 철의 강도는 증가하게 된다. 벌크(bulk) 폴리에틸렌은 자연적으로 약한 물질이다. 그러나 섬유 축(fiber axis)을 따라서 긴사슬분자의 방향을 바꿔주면 매우 높은 강도의 필라멘트(filament)를 만들 수 있다. 이처럼, 물질의 강도를 향상시키는 학문은 곧 물질의 구조와 결함을 제어하는 학문이다.

요약

- 결정 내 점결함에는 공공, 외부 치환형 원자, 외부 또는 자가 침입형 원자가 있다. 이온결합 고체에서는 전기적으로 중성인 프렌켈 결함(양이온 공공과 침입형 이온), 쇼트키 결함(양이온 공공과 음이온 공공) 등이 있다.
- 외부 치환형 원자는 치환형 고용체를 형성하고, 외부 침입형 원자는 침입형 고용체를 형성한다.
- Na_2O를 SiO_2에 첨가하면 SiO_2 의 점도를 10^{10}배까지 낮출 수 있다.
- 염화폴리비닐(PVC)은 에틸렌 단위체에서 한 개의 수소를 염소로 치환한 형태의 단위체를 사용한다. 염소가 각 단위체의 같은 위치에 있으면 동일배열, 사슬의 한쪽 면을 번갈아가면서 존재하면 규칙성 교대 배열, 염소가 임의의 위치에 존재하면 혼성배열이라고 한다.
- 혼성배열 고분자는 규칙성 배열을 가진 고분자보다 결정화시키기가 더 어렵다. 그 이유는 고분자 사슬을 따라 불규칙적으로 원자들이 배열되어 있으면 사슬을 정렬하기가 어렵기 때문이다. 보다 결정화된 고분자가 더 높은 강도를 갖게 된다.
- 고분자에 곁가지를 추가하면 결정화시키기가 더 어려워지고 긴사슬분자간 반데르발스 힘이 약해지며, 낮은 융해점, 농도, 그리고 강도를 갖게 된다.
- 혼성중합체는 단일 고분자 사슬을 따라 다른 종류의 단위체들이 섞여 있다. 서로 다른 단위체들은 규칙적으로 반복, 무작위 배열, 블록 배열 또는 곁가지처럼 장식할 수 있다. 또한 혼성중합체를 통해 고분자 성질을 바꿀 수 있다.
- 교차결합은 긴사슬분자들을 공유결합 시켜주는 원자나 분자들이다. 교차결합은 소성 변형을 감소시키고, 강성, 강도, 경도 등을 증가시킨다.
- 칼날, 나사, 복합 전위는 모든 금속과 공유 또는 이온결합을 가진 재료들에서 나타난다. 전위는 결정체 물질을 냉각시킬 때 액체와 고체상의 온도차이와 영구적 변형을 일으키는 힘들에 의해 나타난다.
- 전위는 두 개의 벡터로 정의된다: 전위선에 평행한 탄젠트 벡터, 그리고 전위에 의해 나타난 결정체의 변위의 크기와 방향을 나타내주는 버거 벡터이다. 칼날전위에서 버거벡터는 탄젠트벡터에 수직이고, 나사전위에서는 버거 벡터가 탄젠트 벡터와 평행하다.
- 결정체의 표면을 면결함의 일종으로 볼 수 있는데, 이는 표면원자들은 물질 내부 원자와 다르게 이웃 원자와 결합하기 때문이다. 표면원자의 에너지는 내부원자보다 높은데, 이는 전자를 공유할 수 있는 이웃하는 원자들이 없기 때문이다. 이는 표면이 양의 표면 에너지를 갖게 하고, 단위 면적당 에너지의 값을 갖게 한다.
- 표면장력은 부풀은 풍선이나 비누방울에서 볼 수 있다. 표면장력은 풍선 또는 방울의 두 개의 반쪽이 서로 하나로 묶어주기 위해 필요한 단위 길이당 힘이다. 액체에서 표면장력은 표면에너지와 숫자상으로 같아지고, 고체에서는 두 값이 다르지만 대체로 같다고 해도 된다.
- 다결정성 재료는 많은 작은 입자들을 결정입계를 따라 결합시켜 만든 것이다. 결정입계는 같은 물질의 다른 입자들이 만나는 경계면이다.
- 폴리에틸렌같이 일정한 긴사슬분자를 가지는 고분자를 액체상태에서 냉각시키면 구정을 만들어낸다. 구정은 결정질 영역이 비결정질 물질로 둘러싸인 형태다. 구정의 크기는 대개 지름이

50~500 μm이다.

- 적층결함은 결정에서 결정면이 적층되면서 생기는 결함이다. 이 적층결함에도 에너지가 높아지는데, 결함주변의 원자들이 제대로 결합을 못하기 때문이다. 황동의 낮은 적층결함 에너지 덕분에 황동을 탄약통 형태로 크게 변형시킬 수 있다.
- 결정질에서 쌍정입계는 쌍정입계양방향으로 원자 배열이 거울상인 원자 층이 있는 평면이다.
- 금속의 벌크 개질에서는 니켈합금에 Ni_3Al 같은 이차상 입자나 침전물을 첨가한다. 강철에서의 황화철 입자들(inclusions)의 형성은 역시 3차원(3−D) 결함이지만 금속의 파괴 저항을 감소시킨다. 재료와 벌크 결함은 서로 다른 상의 물질이기 때문에 모든 벌크 결함이나 개질은 벌크결함과 재료를 나누어 놓는 상계면(phase boundary)을 가진다.
- 공동은 세라믹에서 중요한 3차원 결함이다. 대부분의 세라믹 부품을 생산하는 공정에서는 화학반응이나 고온가열에 의해 서로 결합된 작은 세라믹 재료 입자들을 활용한다. 예를 들어, 화학반응을 통해 콘크리트를 형성하며, 고온가열로 도자기 점토를 가열하여 세라믹이 소결(sinter)된다. 이러한 과정은 작은 입자들을 서로 결합하게 만든다. 하지만 이때 입자들은 녹지 않고 원래 입자들의 형태를 유지한다. 결과적으로 최종 생성물의 입자들은 모든 공간을 채우지 못하며, 따라서 통상적으로 세라믹 재료에 공동이 생기게 된다. 공동은 세라믹의 파괴 강도를 현저하게 줄인다.
- 고분자에 섞이는 대부분의 첨가물들은 3차원의 이차상이다. 충전제는 고분자의 부피나 강도 등을 높이기 위해 섞어 준다. 충전제는 정제된 분말 형태의 석분(silica flour)과 목분(wood flour) 또는 섬유를 포함한다.
- 복합재료는 두 가지 이상의 서로 다른 상의 물질을 섞어서 이 두 상이 분리된 채 유지되는 것이다. 복합재료를 만드는 이유는 단일한 원재가 가지지 못하는 특별한 특성을 만들 수 있기 때문이다. 복합재료는 일반적으로 재료를 묶어주는 기지상(matrix phase)을 바탕으로 해서 이차상(second phase)과 결합시켜 강도, 전도도, 경도, 그리고 파괴 저항성과 같은 특별한 특성을 강화시킨다. 이차상은 작은 입자, 섬유 또는 판(sheet), 또는 3차원의 벌크(bulk) 모양으로 존재할 수 있다.
- 물질의 강도를 향상시키는 학문은 곧 물질의 구조와 결함을 제어하는 학문이다.

CHAPTER 04

원자배열 및 원자운동에 대한 온도의 영향

Temperature Effects on Atom Arrangements and Atom Motion

이 장에서 이해해야 할 것

- 재료에서 열이 어떻게 흡수되는가
- 대부분의 재료는 가열되면 왜 팽창하는가
- 열팽창 계수가 어떻게 화학결합과 연관되어 있는가
- 어떻게 열이 재료를 통하여 전도되는가
- 열전도도가 재료 속의 화학결합과 결함에 어떻게 연관되어 있는가
- 어떻게 그리고 왜 액체와 고체 속의 원자가 어떠한 경우에는 섞이고 다른 경우에는 섞이지 않는가
- 엔트로피는 재료 속의 원자의 배열과 어떤 관계가 있는가
- 일정 온도와 압력 하의 평형상태에서 어떤 에너지가 최소화 되는가
- 원자 혼합체의 엔트로피와 깁스 자유에너지
- 재료 속의 변화 속도에서 중요한 인자와 그것을 결정하는 방법
- 원자의 확산속도와 확산에 의한 화학 조성을 결정하는 방법
- 고분자 혼합체의 엔트로피와 깁스 자유에너지
- 고분자에서 용매의 용해도를 조절하는 인자
- 고분자 속으로 기체와 액체의 침투 과정
- 어떻게 촉매가 반응속도를 증가시키는가

심층 해양 굴착기에서 새어 나온 기름을 녹이기 위해서 C-130 헤라클래스 항공기가 멕시코 만에 오일 분산제를 뿌리고 있다. 왜 물과 기름은 섞이지 않고, 알코올과 물은 섞일까? 왜 니켈과 구리는 고용체를 형성하면서 섞일까? 고체 니켈과 구리 조각이 붙은 상태로 구리의 녹는점의 절반까지 가열하면 원자는 섞인다. 어떻게 고체 속의 원자가 섞이는가? 이 장은 이런 질문과 함께 온도와 열이 재료와 재료 속의 원자 배열에 미치는 영향과 관련된 질문에 대한 답을 줄 것이다.

© Rhea Eason/Alamy

MATERIALS SCIENCE AND **ENGINEERING PROPERTIES**

4.1 소개

이 장에서는 재료의 구조에 대한 온도의 영향을 학습한다. 이 책 전체를 통하여 온도가 변할 때 재료의 특성이 어떻게 변하는 지 학습한다. 고체의 온도가 높아질수록 구성하는 원자들이 좀 더 빠르게 움직이는데, 그 결과 고체는 녹거나, 약해지거나, 팽창하거나, 그리프 거동을 보이거나, 변형하게 된다. 이 장에서는 온도가 증가할수록 재료를 구성하는 원자들이 어떻게 이러한 변화를 보이는 지와 온도를 변화시키는데 필요한 열량을 계산하는 방법을 공부하게 된다. 어떤 건물을 난방 또는 냉방을 할 때 필요한 에너지를 계산하는 경우 건물이 열을 흡수하는 능력과 건물 안에 있는 모든 재료를 알고 있어야 한다. 재료가 가열될 때 왜 팽창하는지, 이러한 팽창이 왜 중요한 설계 변수가 되는지 알아본다. 예를 들면, 엔진 설계자는 엔진이 높은 온도에서 작동이 될 때 일어나는 재료의 팽창을 고려하여야 한다. 또한 열이 재료를 통하여 어떻게 이동하는 지와 고체 상의 재료 내에서 어떻게 원자들이 움직이는 지에 대해서 학습할 것이다. 고체 내에서 원자의 이동은 확산(diffusion)이라고 하며, 확산 결합의 금속 접합 기술은 항공기 구조물을 위한 티타늄 부품을 결합하기 위해서 개발되었다.

1 구역: 재료의 열적 특성

4.2 열과 온도

찬물 한 병이 뜨거운 난로 위에 있을 때, 열(Q)은 물로 전달되고, 물의 온도(T)는 증가한다. 열은 뜨거운 계에서 차가운 계로 이동하는 에너지의 양이다. 열의 단위는 에너지의 단위와 같다. **열역학적 계**(thermodynamic system)는 우리가 공부하고 있는 원자나 분자의 집합체이다. 이 예에서 뜨거운 난로와 찬물 한 병은 열역학적 계가 된다.

날씨 예보에서 보듯이 여러분은 온도가 무엇인지 잘 알고 있다. 절대온도(K) 스케일은 대부분의 열역학적 계산에 사용된다. 1기압에서 물의 어는점은 273.15 K이다. 0 K는 절대온도 스케일에서 가장 낮은 온도이며 달성하기 어렵다. 그 이유는 어떤 계에서 0 K까지 온도를 내리기 위해서는 더 낮은 온도를 가진 계로 열을 전달시켜야 하기 때문이다. 섭씨온도 스케일에서 1기압에 있는 물의 어는점은 0°C이고 절대 영도는 −273.15°C이다. 섭씨온도 스케일에서 1도의 변화는 절대온도 스케일에서 1도와 같다. 화씨온도 스케일에서 1기압에 있는 물의 어는점은 32°F이고, 절대 영도는 −459.67°F이다. 섭씨온도에서 1도의 증가는 화씨온도에서 1.8도의 증가와 같다.

절대온도는 재료에서 원자나 분자의 운동에너지와 직접적인 연관이 있고, 온도를 측정하는 것이 재료 내부의 운동에너지를 측정하는 것보다 훨씬 용이하다. 고체 내부에서 온도가 증가하면, 원자가 원래 위치에서 진동하는 폭이 증가한다. 고체 내부의 모든 원자들은 달성 가능한 가장 낮은 온도에서조차 진동하는데, 그 때의 진폭은 최소가 된다. 고체와 액체 내에서 원자의 진동은 포논(phonon)이라고 불리는 파동(wave)을 형성한다. 그림 4.1은 고체 내에서 원자의 진동을 모식적으로 보여준다.

직선 위에 있는 작은 점은 원자가 정지상태에 있을 때 원자의 위치를 나타낸다. 큰 원은 원자가 열진동을 하였을 때 원자의 위치를 나타낸다. 두 원을 잇는 선분은 원자 진동으로 인한 원자의 이동을 나타낸다. 원자의 진동은 무작위로 일어나지 않는다; 오히려 사인파와 같은 포논과 연관되어 있다. 그림 4.1에 보이는 열진동은 원자의 이동 방향이 파동의 진행 방향과 수직이므로 횡파를 형성한다. 파동의 진행 방향과 원자의 이동이 같은 방향인 종파도 있다. 종파에서는 파동이 진행하면서 원자들은 서로 붙거나 떨어지게 된다.

4.2.1 열용량과 비열

1몰의 재료에 가해진 열의 증가분(dQ)을 온도의 증가량(dT)으로 나누면 **열용량**(heat capacity, C)이

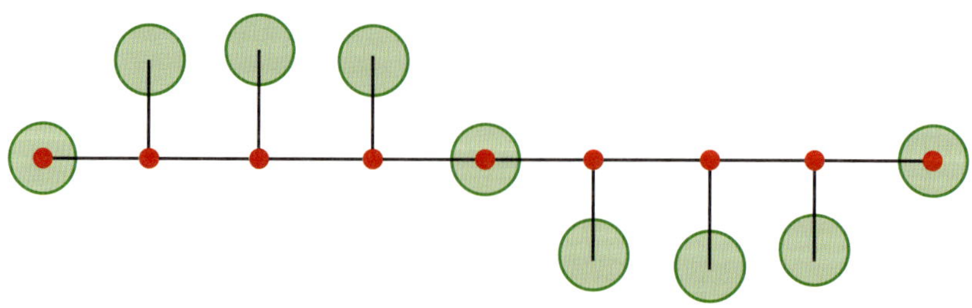

그림 4.1 결정 내에서 원자 열진동 모식도. 원자가 정지상태에 있다면 원자는 점으로 표시한 위치에 직선모양으로 존재하게 된다. 열진동에 의해 원으로 표시한 것처럼 파동의 모양으로 원자가 이동한다.

된다. 열용량은 1몰 재료의 온도를 1도 높이는 데 필요한 열의 양으로 정의되기도 한다. 식 4.1과 4.2에 각각 나타낸 것처럼 일정 압력(C_P) 또는 일정 부피 하(C_V)에서 열을 이동시키는 것이 가능하다.

$$C_P = \left(\frac{dQ}{dT}\right)_{P=\text{const}} \quad \textbf{4.1}$$

$$C_V = \left(\frac{dQ}{dT}\right)_{V=\text{const}} \quad \textbf{4.2}$$

열용량의 국제 단위(SI)는 J/mol · K이며, 영국 열량 단위(BTU)는 cal/mol · K이다. 식 4.1과 4.2에 있는 열용량은 몰 열용량이다.

기체운동론에서 비활성 기체 원자같은 이상기체에 대한 정적 열용량은 부록 4A에 보인 것처럼 1.5R이다. 이때 R은 보편 기체상수(8.31 J/mol · K)를 나타낸다. 이상기체의 열용량 1.5R 값은 결합 및 양자역학 효과가 존재하지 않는 온도에서도 유효하다. 고체에서 양자역학 효과는 **디바이**(Debye) **온도**(θ_D)라고 불리는 특정 온도 위에서는 존재하지 않는다. 그림 4.2에 보이고 부록 4B에서 유도된 것처럼 θ_D 이상의 온도에 있는 고체는 3R 또는 24.9 J/mol · K의 정적 열용량을 가진다.

진자의 경우 평균 운동에너지는 평균 위치에너지와 같고, 이 에너지들은 또한 고체에 대해서 같다. 이상기체는 운동에너지를 가지지만, 위치에너지는 가지지 않는다. 고체를 가열하기 위해서는 운동에너지와 위치에너지가 모두 제공되어야 한다. 결과적으로 고체의 고전적인 열용량은 이상기체의 두 배가 된다. 그림 4.2의 θ_D 아래에서 온도가 낮아질수록 열용량이 감소하는 것은 양자역학 효과 때문이다.

비열(c)은 단위 질량(kg)당 열용량이며, 식 4.1과 4.2에 나온 열용량을 각 원소의 몰질량(M)으로 나눈 값이다.

$$c_P = \frac{C_P}{M} \quad \textbf{4.3}$$

$$c_V = \frac{C_V}{M} \quad \textbf{4.4}$$

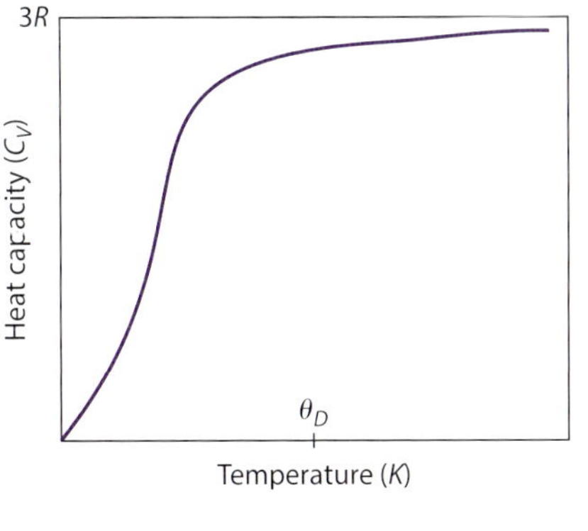

그림 4.2 온도에 따른 상변화가 없는 고체의 정적 열용량. 디바이 온도(θ_D) 위에서 재료는 고전 역학적으로 거동하고 약 3R의 열용량을 갖는다.

표 4.1에 몇 가지 재료에 대한 비열 값을 국제 단위(J/kg · K)와 cal/kg · K의 단위로 나타내었다. 후자는 영국 열량 단위와 미터법 단위의 혼합형이다. 가장 일반적으로 이용할 수 있는 데이터는 정압비열이다. 원자의 몰수를 결정하는 것보다 시편의 무게를 재는 것이 쉽고, 1기압 하에서 실험을 수행하는 것이 부피를 일정하게 유지하는 것보다 쉽기 때문이다. 고체에 대해서는 1기압 하에서 1도의 온도 변화에 상응하는 일의 변화(PdV)가 매우 작기 때문에 정압비열과 정적비열의 값은 거의 같다.

표 4.1 선택된 재료의 1기압 300K에서 비열

Material	c_p (J/kg · K)	c_p (calories/kg · K)
FCC Metals		
Ag	235	0.056
Al	900	0.215
Au	128	0.031
Cu	385	0.092
Ni	444	0.106
Pb	159	0.038
BCC Metals		
Fe	444	0.106
W	134	0.032
HCP Metals		
Mg	1017	0.243
Ti	523	0.125
Zn	389	0.093
Alloys		
1025 steel	486	0.116
316 stainless	502	0.120
Semiconductors		
B	1025	0.245
Si	703	0.168
Ceramics		
Al_2O_3	837	0.200
Diamond	519	0.124
SiC	1046	0.250
Si_3N_4	711	0.170
SiO_2	1108	0.265
Polymers		
HDPE	1841	0.440
LDPE	2301	0.550

표 4.1 계속

Material	c_p(J/kg · K)	c_p(calories/kg · K)
PTFE	1000	0.239
Nylon 6, 6	1674	0.400
PS	1172	0.280
Liquids		
Water	4184	1.0

Based on Askeland, D.R., Fulay, P.P., and Wright, W.J., The Science and Engineering of Materials, 6th ed. Cengage Learning, Stamford, CT. (2011), p. 833.

예제 4.1

표 4.1에 주어진 비열과 부록 B의 몰질량으로부터 알루미늄과 텅스텐의 정압 열용량을 계산하고 두 결과값을 비교하시오.

풀이

텅스텐과 알루미늄은 각각 134,900 J/kg · K의 비열을 가진다. 또한 몰질량은 부록 B에서 구할 수 있다. 식 4.3으로부터

$$C_p = c_p M$$

텅스텐:

$$C_p = c_p M_W = 134 \frac{\text{J}}{\text{kg} \cdot \text{K}} \left(183.86 \times 10^{-3} \frac{\text{kg}}{\text{mole}} \right) = 24.6 \frac{\text{J}}{\text{K} \cdot \text{mole}}$$

알루미늄:

$$C_p = c_p M_{\text{Al}} = 900 \frac{\text{J}}{\text{kg} \cdot \text{K}} \left(26.98 \times 10^{-3} \frac{\text{kg}}{\text{mole}} \right) = 24.3 \frac{\text{J}}{\text{K} \cdot \text{mole}}$$

이 결과는 비열이 매우 다르다 하더라도 몰을 기초로 한 두 재료의 열용량은 비슷하다는 것을 보여준다. 또한 대기압 하에서 정압비열은 정적비열(3R=24.9 J/mol · K)과 거의 같음을 알 수 있다.

예제 4.2

300 K에서 373 K까지 온도 범위에서 물의 정압비열은 4184 J/kg · K이다. 1 kg의 물의 온도를 300 K에서 373 K까지 올리기 위해서 필요한 열량을 응고 잠열(3.3×10^5 J/kg), 기화 잠열(22.75×10^5 J/kg)과 비교하시오.

풀이

가열과 기화는 1기압 하에서 일어나므로, 300 K에서 373 K로 온도를 올리기 위해서 필요한 열량을 계산하기 위해서 식 4.3의 정압 열용량을 이용한다.

$$c_P = \left(\frac{dQ}{dT}\right)_P = 4184 \frac{\text{J}}{\text{kg} \cdot \text{K}} = \frac{dQ}{73\text{ K}}$$

dQ에 관하여 풀면

$$dQ = 4184 \frac{\text{J}}{\text{kg} \cdot \text{K}} (73\text{ K}) = 3.05 \times 10^5 \frac{\text{J}}{\text{kg}}$$

300 K에서 끓는점인 373 K까지 온도를 올리기 위해서 필요한 열은 얼음을 물로 녹이는 데 필요한 열(3.3×10^5 J/kg)과 거의 같으나 물을 373 K의 수증기로 바꾸는 데 필요한 열(22.57×10^5 J/kg)의 7분의 1 정도의 수준이다. 물을 끓이는 데 필요한 열은 273 K의 얼음을 녹이는데 필요한 열이나 물을 300 K에서 끓는점까지 온도를 올리는 데 필요한 열보다 훨씬 크다.

4.2.2 고분자의 열용량과 비열

표 4.1에서 고분자의 비열은 다른 재료보다 높다는 것을 확인할 수 있다. 그러나 고밀도 폴리에틸렌(HDPE)의 열용량 또는 몰비열을 구하기 위해서 비열과 탄소원자와 두 수소원자의 몰질량(14×10^{-3} kg/mol)을 곱하면 25.8 J/mol · K가 된다. 이는 예제 4.1에 나온 알루미늄과 텅스텐의 결과보다 약간 높은 값임을 알 수 있다. 수소 원자들 사이의 진동과 더불어 수소와 탄소 원자 사이의 상대적인 진동이 열을 흡수하기 때문에 폴리에틸렌의 열용량은 같은 원자 질량을 가지는 원자로 만들어진 고체의 열용량보다 클 것으로 예상된다. 고분자의 높은 비열의 주요 원인은 낮은 단량체(monomer) 질량이다. 저밀도 폴리에틸렌(LDPE)은 곁가지의 진동 때문에 고밀도 폴리에틸렌(HDPE)보다 높은 열용량을 가진다. PTFE처럼 더 높은 단량체 질량을 가지는 고분자의 비열은 폴리에틸렌보다 작다. 그러나 이러한 고분자의 열용량이나 몰비열은 폴리에틸렌과 비슷하다.

그림 4.3a에 나온 염화폴리비닐(PVC), 폴리스티렌(PS), 그리고 폴리카보네이트(PC)와 같은 무정형의 고분자에서는 온도가 높아질수록 긴사슬분자(LCM)에서 더 많은 형태의 진동이 유발되기 때문에 비열은 주어진 온도 범위에서 증가한다. 그림 4.3b에 나온 초고분자량 폴리에틸렌(UHMWPE)과 같은 반결정질 고분자는 결정부가 녹기 시작할 때 비열이 뾰족한 모양을 보인다. 모든 재료는 상이 변할 때 잠열로 인해 상변태 온도에서 증가하는 비열을 가진다. UHMWPE는 LDPE보다 더 결정질이므로 비열은 LDPE보다 더 많은 수의 뾰족한 부분을 가진다. 무정형의 고분자는 유리전이온도(glass transition temperature)를 지날 때 비열의 불연속성이 없다. 그림 4.3c에 보이는 것처럼 열경화성 수지에서 가열하는 동안 화학 반응이 일어나면 반응열로 인해 비열에 영향이 있다. 일단 열경화성 수지가 경화되고 화학반응이 완전하게 되면, 더 이상의 화학반응과 상변화가 일어나지 않으므로 비열은 온도와 함께 점차적으로 증가한다.

카본 블랙(carbon black)이나 유리입자 같은 충진재를 가진 고분자의 비열은 무게분율에 의한 혼합물 법칙(rule of mixture)을 따른다. 무게분율은 유리입자의 무게를 전체 무게로 나눈 값으로 각 원소의 무게를 나타낸다. 혼합물 법칙에서 전체 특성 값은 각 구성요소의 분율 곱하기 그 특성값의 합과 같다. 이러한 혼합물 법칙은 12장 복합재료에서 좀 더 구체적으로 다룬다. 공중합체의 비열은 몰분율에 의한 혼합물 법칙을 따른다.

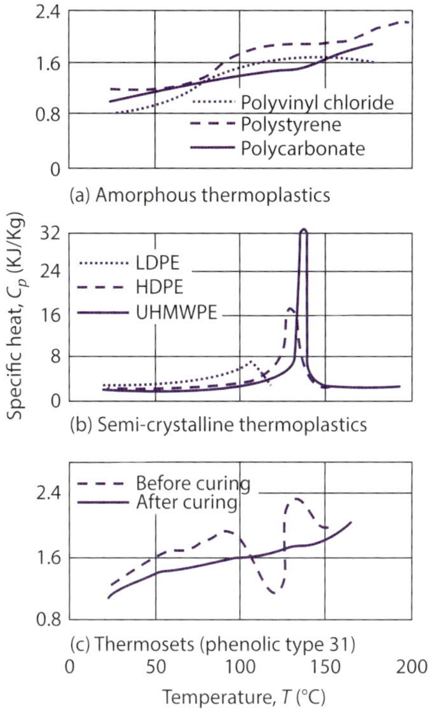

그림 4.3 (a) 무정형 고분자인 폴리염화비닐(PVC), 폴리스티렌(PS), 폴리카보네이트(PC)의 온도에 따른 비열. (b) 반 결정성 고분자인 저밀도 폴리에틸렌(LDPE), 고밀도 폴리에틸렌(HDPE), 초고분자량 폴리에틸렌(UHMWPE)의 온도에 따른 비열. (c) 열경화성 수지의 온도에 따른 비열 *(Based on Osswald, T.A., and Menges G., Materials Science of Polymers for Engineers, Hanser Publishers, Munich (2003), p. 108.)*

4.3 열팽창

금속 뚜껑으로 닫혀진 유리병이 잘 열리지 않을 때, 금속 뚜껑에 뜨거운 물을 부으면 느슨해진다. 대부분의 금속은 같은 온도변화에서 유리보다 더 많이 팽창한다. 따라서 금속 뚜껑은 유리병보다 많이 팽창하고 뚜껑과 유리 사이의 밀봉이 감소한다. 대부분의 재료는 가열되면 팽창한다. 재료에서 상변화가 있으면 예외이다. 예를 들면, 물은 얼음보다 밀도가 높고, 형상기억합금인 TiNi은 가열될 때 형상기억 효과를 일으키는 상변화 때문에 수축한다. 또한 가열될 때 축방향으로 수축하는 그래파이트(graphite) 필라멘트 및 정렬된 고분자 섬유 등의 재료도 있다. 이러한 섬유와 필리멘트 재료는 이 장의 후반부에서 다룰 것이다.

온도 변화가 큰 엔진이나 교량같이 거대한 크기로 인해 온도 상승 후 현저한 크기 차이를 보이는 큰 구조물을 설계힐 때 열팽창은 매우 중요하다. 또한 그래파이트 강화 에폭시 같은 복합재료의 제조 또는 사용시에 온도 변화가 있으면 두 요소 재료의 열팽창의 차이를 고려해야 한다. 복합재료에서 온도 변화의 영향은 12장에서 다룬다.

막대 모양의 고체가 온도 T_0에서 길이 L_0를 가진다. 온도가 최종 온도인 T_f로 dT 만큼 높아지면(낮아지면), 막대는 dL 만큼 늘어난다(줄어든다). dL은 식 4.5에 주어진 것과 같다.

$$dL = L_f - L_0 = L_0\alpha_L dT = L_0\alpha_L(T_f - T_0) \quad (4.5)$$

여기에서 α_L은 **선형 열팽창계수**(linear coefficient of thermal expansion)이고 표 4.2에 그 값이 나타나 있다. 식 4.6은 4.5를 선형 열팽창계수로 표현한 것이다.

$$\alpha_L = \frac{1}{L_0}\left(\frac{dL}{dT}\right) \quad \textbf{4.6}$$

선형 열팽창계수의 단위는 $(\text{degree})^{-1}$이다. 열팽창계수는 온도가 dT로 나타나므로 섭씨나 절대온도를 사용할 수 있다. 섭씨온도 1도 변화는 절대온도 1도 변화와 같다. 선형 열팽창계수는 시편의 길이뿐만 아니라 다른 방향에도 적용될 수 있다. 등방성 원통형 막대에서 선형 열팽창계수는 지름 방향, 속이 빈 실린더의 안지름 및 바깥지름에도 적용이 가능하다.

등방성 재료에서 선형 열팽창계수는 모든 방향으로 같다. 등방성 재료란 모든 방향에서 같은 특성을 갖는 재료를 말한다. 무작위로 정렬된 결정립(grain)을 가진 다결정 금속과 무작위로 정렬된 긴사슬분자를 가진 고분자는 보통 등방성이다. 그러나 다결정 금속과 고분자가 얇은 판처럼 비등방성 모양으로 가공될 때, 판 평면에서 특성은 판과 수직인 방향에서 특성과 매우 다를 수 있다.

만일 선형 치수보다 재료의 부피(V)가 측정되면, 부피 팽창계수(α_V)를 이용할 수 있는데 식 4.7과 같다.

$$\alpha_V = \frac{1}{V_0}\left(\frac{dV}{dT}\right) \quad \textbf{4.7}$$

표 4.2 선택된 재료의 선형 열팽창계수

Material	Linear Coefficient of Thermal Expansion (α) ($\times 10^{-6}$/°C)	Material	Linear Coefficient of Thermal Expansion (α) ($\times 10^{-6}$/°C)
Al	25.0	Nylon 6,6	80.0
Cu	16.6	Nylon 6,6—33% glass fiber	20.0
Fe	12.0	Polyethylene (HDPE)	200.0
Ni	13.0	Polyethylene—30% glass fiber	48.0
Pb	29.0	Polystyrene	70.0
Si	3.0	Al_2O_3	6.7
W	4.5	Fused silica	0.55
1020 Steel	12.0	Partially stabilized ZrO_2	10.6
3003 Aluminum alloy	23.2	SiC	4.3
Gray iron	12.0	Si_3N_4	3.3
Invar (Fe–36% Ni)	1.54	Soda-lime glass	9.0
Stainless steel	17.3		
Yellow brass	18.9		
Epoxy	55.0		

Data primarily from Askeland, D.R., Fulay, P.P., and Wright, W.J., The Science and Engineering of Materials, 6th ed. Cengage Learning, Stamford, CT. (2011), p. 835. The data for HDPE is from Osswald, T.A., and Menges G., Materials Science of Polymers for Engineers, Hanser Publishers, Munich (2003), Table I.

등방성 재료에 대해서 α_L 와 α_V의 관계는 $\alpha_V = 3\alpha_L$이지만, 비등방성 재료에서는 각 방향에 대해서 다른 팽창계수를 가지므로 사용할 수 없다.

열팽창의 원인은 그림 4.4에서 보이는 원자간 포텐셜로 설명된다. 2장에 나온 원자간 포텐셜 방정식은 온도를 포함하지 않았다; 0 K에서 포텐셜 에너지가 계산되었다. 만일 재료가 0 K 이상의 온도에 있으면 포텐셜 에너지에 운동에너지가 더해져야 한다. 운동에너지는 원자의 평형상태 위치에서 진동을 야기한다. 온도가 높아질수록 재료 내부의 원자의 운동에너지는 증가하고, 격자 진동의 진폭은 커진다. 높은 온도에서 결정의 각 원자의 평균 운동에너지는 대략 $1.5kT$이다. 온도 T_1에서 한 쌍의 원자의 평균 운동에너지 (KE_1)는 $3kT_1$이다. 만일 원자가 서로를 향해서 진동하면 모든 운동에너지가 포텐셜 에너지로 변화될 때까지 움직일 수 있다. 이는 그림 4.4에서 보이는 것처럼 원자간 거리 $r_{<1}$에서 일어난다. 만일 두 원자가 멀어지면 $r_{>1}$에서 모든 운동에너지가 포텐셜 에너지로 바뀔 때까지 멀어진다. T_1의 온도에서 KE_1과 포텐셜 에너지 곡선과의 교점으로 주어진 $r_{<1}$과 $r_{>1}$ 사이에서 원자는 진동한다. T_1에서 평균 원자간 거리는 r_1이며 식 4.8에 나타나 있다.

$$r_1 = \frac{1}{2}(r_{<1} + r_{>1}) \qquad \textbf{4.8}$$

그림 4.4에 나온 것처럼 온도가 T_2로 증가하면, 평균 원자간 거리는 r_2로 증가한다. 한 쌍의 원자 사이에서 원자간 거리가 증가할수록 고체의 선형 치수는 커지고 재료는 팽창한다. 원자 수준에서 선형 열팽창계수는 식 4.6으로부터 식 4.9와 같이 얻을 수 있다.

$$\alpha_L = \frac{1}{r_i}\left(\frac{dr_i}{dT}\right) \qquad \textbf{4.9}$$

여기서, r_i는 온도 T_i에서 원자간 거리를 나타낸다.

그림 4.4에 보인 것처럼 열팽창계수는 원자간 결합과 직접적으로 연관되며, 이 점은 열팽창계수의 많은 특성을 설명해 준다. 더 강한 결합은 작은 진폭의 격자 진동을 야기하고, 이는 작은 열팽창을 유도한다. 강

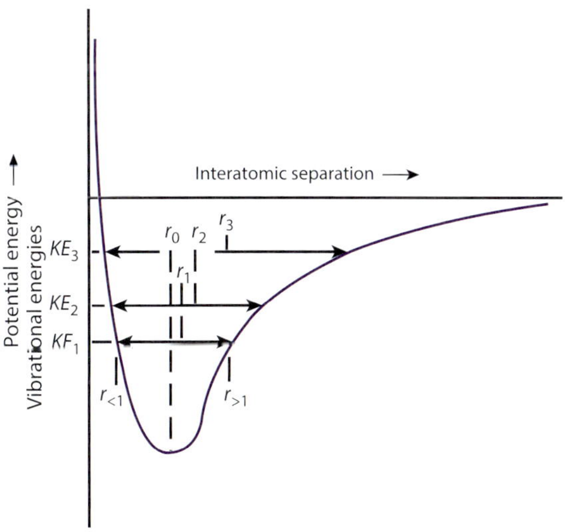

그림 4.4 원자간 거리에 따른 포텐셜 에너지. 재료가 가열될수록 운동에너지는 KE_1, KE_2, KE_3으로 증가하고 평균 원자간 거리도 r_1, r_2, r_3로 증가한다.

한 결합은 또한 2장에서 언급한 대로 높은 녹는점을 갖게 한다. 예를 들면, 알루미늄의 녹는점은 933 K, 열팽창계수는 25×10^{-6} °C^{-1}인 반면, 텅스텐은 3683 K에서 녹고, 4.5×10^{-6} °C^{-1}의 열팽창계수를 가진다. 온도가 높아질수록 진동하는 원자나 분자는 다른 원자간 포텐셜을 겪게 되므로 열팽창계수는 온도에 따라서 일정하지 않다. 재료가 가열될수록 원자는 좀 더 멀어지고 결합은 약해지므로, 일반적으로 열팽창계수는 온도에 따라 증가한다. 만약 결정 구조에 변화가 있으면, 즉 결합에 변화가 있으면 열팽창계수가 갑자기 변화한다. 예를 들면, 순철은 가열하면 912°C에서 BCC 상에서 FCC 상으로 바뀌고, 열팽창계수는 17×10^{-6}에서 23×10^{-6} °C^{-1}으로 바뀐다.

예제 4.3

고성능 가스터빈의 고온부의 온도는 1100°C이다. 터빈 날개는 보통 니켈 합금으로 되어 있다. 날개의 팽창 때문에 설계 시에 공차가 고려되어야 한다. 터빈 날개는 7 cm이고 0°C까지 냉각될 수 있다고 가정하자. 순수한 니켈의 열팽창계수를 이용하여 온도가 1100°C에 다다를 때, 터빈 날개의 팽창을 계산하여라.

풀이

주어진 온도 범위에서 전체 길이 변화(dL)는 식 4.5에 나타나 있다. 전체 온도 변화(dT)는 1100°C이고 순수 니켈의 열팽창계수는 표 4.2에 13×10^{-6} °C^{-1}로 주어져 있다.

$$dL = L_0 \alpha_L dT = 7\ \text{cm}\left(13 \times 10^{-6}\ \frac{1}{°\text{C}}\right)1100°\text{C} = 100 \times 10^{-3}\ \text{cm} = 0.1\ \text{cm}$$

4.3.1 고분자의 열팽창

표 4.2에서 고분자의 열팽창계수는 금속이나 세라믹의 계수보다 매우 크다는 점을 주목하자. 위에서 논의한대로 약한 결합과 낮은 녹는점이 높은 열팽창계수의 원인이다. 열가소성 수지는 긴사슬분자 사이에 약한 반데르발스 결합력을 가지고 있고, 낮은 온도에서 녹는다. 그래서 폴리에틸렌 같은 열가소성 수지는 높은 열팽창계수를 가진다. 고분자에서 긴사슬분자가 섬유처럼 정렬을 하면, 강한 공유결합이 정렬되기 때문에 그 방향의 열팽창계수는 수직 방향보다 낮다. 에폭시 같은 열경화성 수지는 더 강한 공유결합이 긴사슬분자를 교차결합 시켜 열가소성 수지보다 낮은 열팽창계수를 가진다.

만일 유리같은 충진재나 입자가 고분자에 섞이게 되면 열팽창계수는 부피 분율에 기반한 혼합물 법칙(rule of mixture)을 따른다. 단일방향으로 연속적인 섬유로 강화된 고분자(복합재료)에서 섬유방향의 열팽창계수는 강한 섬유의 열팽창계수에 의해 결정된다. 섬유와 수직방향의 열팽창계수는 부피 분율에 기반한 혼합물 법칙을 따른다. 복합재료의 열팽창계수에 대해서는 12장에서 더 자세하게 다룬다.

4.3.2 음의 열팽창계수

재료가 가열되면 일반적으로 재료 내부의 원자간 거리는 증가한다. 그런데 그래파이트 섬유와 케블라 섬유(Kevlar™) 같은 재료는 왜 축 방향 음의 열팽창계수를 가질까? 케블라는 초고분자량 폴리에틸렌(UHMWPE)처럼 정렬된 고분자 섬유이다. 고강도 그래파이트 섬유는 -0.7×10^{-6} K^{-1}의 축 방향,

$10 \times 10^{-6}\ K^{-1}$의 반지름 방향 열팽창계수를 가진다. 케블라 고분자 섬유는 $-6 \times 10^{-6}\ K^{-1}$의 축 방향, $54 \times 10^{-6}\ K^{-1}$의 반지름 방향 열팽창계수를 가진다. 이러한 음의 열팽창계수는 구조 및 결합과 관계가 있다. 그래파이트는 그림 2.16c에서 보이는 것처럼 탄소 원자의 2차원 시트이다. 원자간 거리를 원자간 포텐셜에 연관시키는 위의 논의와 일치하게, 가열이 되면 모든 원자간 거리는 증가한다. 그래파이트에서 시트 간 결합이 시트 내의 원자간 결합보다 약하기 때문에, 시트간 거리가 시트 내의 탄소 원자간 거리보다 더 많이 증가한다. 재료에서 열진동은 원자를 평형상태의 원자간 거리에서 원자를 진동하게 할 뿐만 아니라 그림 4.1에서 보인 것처럼 진동은 재료를 통과하여 진행하는 포논(phonon)을 형성한다. 그래파이트의 온도가 올라갈수록 포논은 그래파이트 시트를 물결 모양으로 만든다. 시트를 평평하게 하면 시트의 길이는 길어지나, 시트가 물결 모양이 되기 때문에 시트 처음부터 끝까지 직선거리는 줄어든다. 원자간 거리가 증가함에도 불구하고 온도가 높아질수록 시트는 물결 모양이 심해지면서 줄어든다. 케블라에서는 필라멘트 축을 따라 정렬된 긴사슬분자들이 있고, 긴사슬분자간 결합은 약한 쌍극자 결합이므로 케블라 필라멘트에서 축방향 음의 팽창은 그래파이트와 같은 원리에 기반한다. 필라멘트 축을 따라 정렬된 긴사슬분자들의 길이는 늘어나지만, 온도가 증가할수록 물결 모양이 된다. 반듯하게 펴면 긴사슬분자의 길이는 커지지만, 필라멘트의 길이는 감소한다.

4.4 열전도도

만일 여러분이 상온의 금속 막대 한쪽 끝을 뜨거운 로에 넣었다면, 다른 한쪽의 온도는 증가할 것이다. 이는 열전도도 때문이다. 열(Q)은 막대의 뜨거운 쪽에서 차가운 끝으로 전도된다. 로가 더 뜨겁고(dT) 막대가 더 짧을수록(dx), 막대의 끝은 더 뜨겁다는 것을 우리는 경험 상 알고 있다. 즉, 더 많은 열이 다른 끝으로 전달되어야 한다. 이러한 관찰은 그림 4.5에 개략도로 나타나 있고 식 4.10과 같이 기술된다.

$$q = \frac{1}{A}\frac{dQ}{dt} = -k_T\frac{dT}{dx} \qquad \textbf{4.10}$$

여기서 q는 열유속(heat flux) 또는 면적(A)을 단위 시간(dt)당 흐르는 열의 양(dQ)이며, k_T는 $W \cdot m^{-1} \cdot K^{-1}$의 단위로 측정되는 **열전도도**이고, dT/dx는 온도구배(gradient)이다. 와트(Watt)는 시간당 줄(joule)이다. 온도구배가 클수록 열유속은 높아진다. dT는 낮은 온도에서 높은 온도를 뺀 값으로 항상 음수이므로 음의 부호가 필요하다. 열은 높은 온도에서 낮은 온도로 흐르고 열유속(q)은 항상 양수이다. 몇 가지 선택된 재료에 대한 열전도도 값은 표 4.3에 주어져 있다. 식 4.10과 비슷한 형태의 식은 고체 속에서 원자의 이동(픽의 제 1법칙)과 전기장에서 전자의 전도(옴의 법칙) 현상에 적용된다.

4.4.1 세라믹의 열전도도

표 4.3에서 보이는 것처럼 다이아몬드는 벌크 재료 중에서 가장 높은 열전도도($2000\ W \cdot m^{-1} \cdot K^{-1}$)를 가지고, 탄화규소 및 질화규소와 같은 세라믹은 비교적 높은 열전도도를 가진다. 다이아몬드와 그래파이트는 강한 결합 때문에 높은 열전도도를 가진다. 모든 재료에서 열은 고온에서 큰 진폭으로 진동하는 원자들이 저온에서 작은 진폭으로 진동하는 이웃 원자들을 자극시키며 전도된다. 이는 낮은 온도에 있는 원자를 더 큰 진폭으로 진동하게 하고 온도를 높이면서 열은 전도된다. 원자 사이의 강한 결합은 한 원자에서

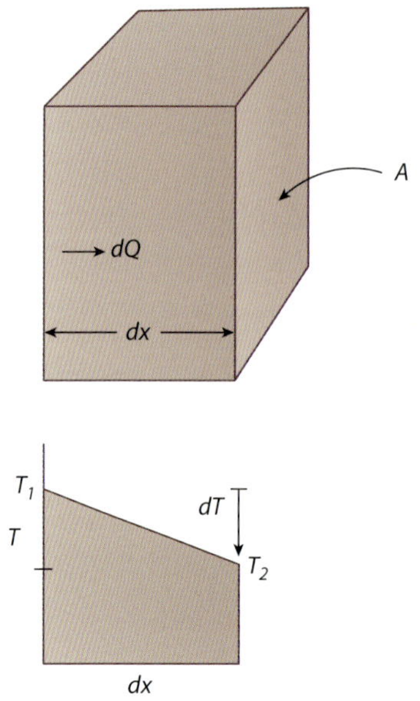

그림 4.5 두께 dx, 왼쪽 온도가 T_1이고 오른쪽 온도가 T_2인 직육면체 모양의 재료. 이 상황은 시간 dt 동안 면적 A를 통해 전달되는 열 dQ를 유발한다.

다른 원자로 격자진동을 이동시키기 때문에 이 기재는 강한 결합을 가지는 재료에 적용된다. 그래핀은 다이아몬드보다 훨씬 높은 약 5000 $W \cdot m^{-1} \cdot K^{-1}$의 열전도도를 가지는 것으로 알려져 있다. 그래핀은 그래파이트의 한 개 원자 층 두께의 시트이다. 강한 결합은 재료를 통한 격자진동, 즉 포논의 효과적인 전도를 가능하게 한다.

표 4.3 선택된 재료의 상온에서 열전도도

Material	Thermal Conductivity (k_T) ($W \cdot m^{-1} \cdot K^{-1}$)	Material	Thermal Conductivity (k_T) ($W \cdot m^{-1} \cdot K^{-1}$)
Pure Metals		**Ceramics**	
Ag	430	Al_2O_3	16–40
Al	238	Carbon (dimond)	2000
Cu	400	Carobon (graphite)	335
Fe	79	Fireclay	0.26
Mg	100	Silicon carbide	up to 270
Ni	90	AIN	up to 270
Pb	35	Si_3N_4	up to 150
Ti	22	Soda-lime glass	0.96−1.7
W	171	Vitreous silica	1.4
Zn	117	Vycor™ glass	12.5
Zr	23		
Alloys		**Polymers**	

표 4.3 계속

Material	Thermal Conductivity (k_T) (W · m^{-1} · K^{-1})	Material	Thermal Conductivity (k_T) (W·m^{-1} · K^{-1})
1020 steel	51.9	6,6-nylon	0.25
3003 aluminum alloy	280	Polyethylene	0.33
316 stainless steel	15.9	Polyimide	0.21
Cementite	50	Polystyrene	0.13
Cu-30% Ni	50	Polystyrene foam	0.029
Ferrite	75	Teflon	0.25
Gray iron	79.5	PMMA	0.18
Brass (70% Cu-30% Zn)	120		
		Semiconductors[1]	
		Si	124
		Ge	64

Based on data from Askeland, D.R., Fulay, P.P., and Wright, W.J., The Science and Engineering of Materials, 6th ed. Cengage Learning, Stamford, CT. (2011), p. 840.

1 CRC Handbook of Chemistry and Physics, ed.D.R. Lide, 90th ed. 2009–2010 pg. 12–80.

4.4.2 금속의 열전도도

표 4.3에는 금속 중에서 가장 높은 전도도를 가지는 것으로는 은(silver)이 있으며, 금속의 열전도도는 다른 재료의 열전도도에 비해 상당히 높은 것에 주목하자. 그러나 은은 962°C의 비교적 낮은 녹는점을 가지는 것에서 알 수 있듯이 강한 결합을 갖지는 않는다. 금속은 여기(excitation)될 때 에너지를 전달시키는 자유전자를 가진다. 원자의 열진동과 상호작용에 의해서 자유전자의 운동에너지는 증가한다. 높은 운동에너지를 가지는 자유전자들은 격자를 통해서 이동하고 결정체 원자와 충돌함으로써 열을 전달시킨다. 충돌 시 전자는 에너지를 원자로 전달시킨다. 은이나 구리처럼 높은 열전도도를 가지는 금속은 또한 높은 전기전도도를 가진다. 그림 4.6에 보이는 것처럼 100 K 이하의 온도에서 금속의 열전도도는 매우 높으며 온도가 낮아질수록 급격하게 증가한다. 낮은 온도에서 전자는 산란되지 않고 결정체를 통과할 수 있어서 전자의 전도도는 매우 크다. 그러나 온도가 높아질수록 전자는 원자 진동에 의해서 산란되고 자유전자는 더 짧은 거리를 이동한다. 일단 전자가 산란되면 원래 진행하는 방향으로 더 이상 에너지를 전달시키지 않는다. 높은 온도에서는 자유전자 산란에 의하여 자유전자-열전달 기재가 제한적이다. 텅스텐은 3683 K의 녹는점 및 상온에서 상대적으로 높은 171 W·m^{-1}·K^{-1}의 열전도도를 가지는 강한 결합의 예이다.

상온보다 더 높은 온도에서는 열전도도의 온도에 대한 함수처럼 일반적인 경향이 없다. 왜냐하면 온도가 증가할수록 열전도도를 증가시키거나 감소시키는 몇 가지 서로 다른 기재가 있기 때문이다. 예를 들면, 그림 4.6에 보이듯이 백금의 열전도도는 온도에 따라 증가하고, 철의 열전도도는 온도에 따라 감소한다.

4.4.3 반도체의 열전도도

실리콘이나 게르마늄 같은 반도체에서 낮은 온도에서의 열전도도는 주로 결정체 격자를 통해 열을 전달 시키는 포논에 의한 것이다. 그러므로 낮은 온도에서 반도체는 세라믹처럼 거동한다. 그러나 높은 온도의 반도체에서는 공유결합된 전자가 여기되어 자유 전도전자가 되는데 그때 열전도도는 포논과 함께 전

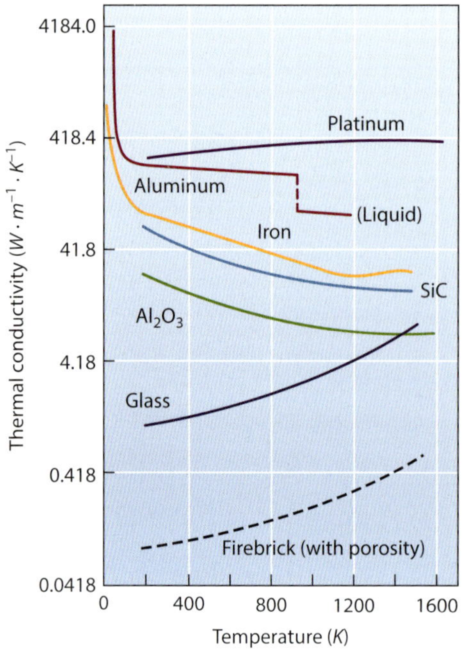

그림 4.6 몇 가지 금속과 세라믹의 온도에 따른 열전도도 *(Based on Askeland, D.R., Fulay, P.P., and Wright, W.J., The Science and Engineering of Materials, 6th ed. Cengage Learning, Stamford, CT. (2011), p. 841. 1. CRC Handbook of Chemistry and Physics, ed.D.R. Lide, 90th ed. 2009–2010 pg. 12–80.)*

도 전자에서 기인한다. 반도체가 아닌 세라믹에서 공유전자는 매우 강한 공유 또는 이온결합에 제한되어, 매우 높은 온도에서도 여기되어 자유전자가 되지 못한다. 공유결합 전자와 이온에서 전자의 에너지는 양자수에 의해 결정되기 때문에 진동하는 원자와의 충돌로 증가하는 운동에너지를 갖지 않는다. 공유결합과 이온결합에서 큰 에너지에 의해 여기되지 않는다면 전자의 양자수는 변하지 않으며, 열진동은 작은 양의 에너지를 제공한다.

4.4.4 고분자의 열전도도

표 4.3에서 고분자의 열전도도는 금속이나 세라믹의 열전도도보다 작다. 금속과 달리 고분자는 자유 전도 전자가 없다. 고분자에서 공유전자는 공유결합에 국한되어 있고 진동하는 원자와의 충돌로 운동에너지를 가지지 못할 정도로 강하게 결합되어 있다. 고분자에서는 열전도도는 특히 낮다. 왜냐하면 긴사슬분자들 사이의 약한 반데르발스 결합이 원자나 분자의 진동을 통해 하나의 사슬에서 다른 사슬로 열에너지를 전달하는 것을 어렵게 하기 때문이다.

고분자의 열전도도는 고분자 배열에 달려 있다. 정렬된 섬유에서처럼 긴사슬분자를 따르는 열전도도는 사슬분자 사이의 열전도도보다 크다. 고분자에서 열전도도는 결정도 및 분자 질량에 따라 커진다. 예를 들면 HDPE는 0.33~0.51 $W \cdot m^{-1} \cdot K^{-1}$의 열전도도를 가지고, LDPE는 0.32~0.41 $W \cdot m^{-1} \cdot K^{-1}$의 열전도도를 가진다. 이들이 표 4.3에서 가장 높은 열전도도를 가지는 고분자이다. HDPE는 높은 결정도 및 분자 질량을 가진다. 0.18 $W \cdot m^{-1} \cdot K^{-1}$의 열전도도를 가지는 PMMA처럼 무정형의 고분자나 곁사슬이 많은 고분자는 낮은 열전도도를 가진다.

4.4.5 열전도도와 결함

결함은 열전도를 제공하는 포논을 산란시키므로 열전도도에 영향을 미친다. 포논은 결정면을 따라서 먼 거리를 이동하므로 단결정은 가장 높은 열전도도를 가진다. 다공성 재료에서 기공에 있는 공기는 재료보다 밀도가 높지 않으므로 다공성 재료는 100% 치밀한 재료보다 낮은 열전도도를 가진다. 내화벽돌은 로의 안에 붙이는 다공성의 세라믹 절연재이며, 그 열전도도는 그림 4.6에 보이는 것처럼 매우 낮다. 폴리스티렌 폼(foam)은 0.029 $W \cdot m^{-1} \cdot K^{-1}$의 열전도도를 가지는 반면, 폴리스티렌은 0.13 $W \cdot m^{-1} \cdot K^{-1}$의 열전도도를 가진다. 낮은 열전도도는 발포 고분자를 좋은 내열재가 되게 한다.

유리에서 포논은 먼 거리를 가기 전에 무질서하게 배열된 원자에 의해서 산란이 되므로 결정성 재료에 비해서 유리는 낮은 열전도도를 가진다. 예를 들면, 표 4.3에 따르면 무정형의 용융 석영은 상온에서 1.4 $W \cdot m^{-1} \cdot K^{-1}$의 열전도도를 가지지만, 단결정 석영($SiO_2$)은 323 K에서 [100] 방향으로 10.7 $W \cdot m^{-1} \cdot K^{-1}$의 열전도도를 가진다.

금속에서 결함은 에너지를 전달시키는 포논과 자유전자를 산란시키므로 열전도도를 낮춘다. 표 4.3에서 순철의 열전도도는 79 $W \cdot m^{-1} \cdot K^{-1}$이지만, 0.2%의 탄소를 가지는 철(1020 강)의 열전도도는 51.9 $W \cdot m^{-1} \cdot K^{-1}$이며, 상당한 양의 니켈과 크롬을 가지는 철 합금인 316 스테인리스강의 열전도도는 15.9 $W \cdot m^{-1} \cdot K^{-1}$이다. 스테인리스강은 낮은 열전도도를 가지므로 낮은 증발열과 낮은 끓는점을 가지는 액체 수소나 액체헬륨 등의 유체를 전달하는 장치를 만드는 데 사용된다.

예제 4.4

두께 1 mm의 316 스테인리스강으로 만든 팬이 500°C의 스토브에 놓여있고 100°C의 끓는 물을 담고 있다.

(a) 물로 들어가는 열유속을 계산하여라.

(b) 만일 팬이 316 스테인리스강이 아닌 구리로 되어 있다면 (a)에서 계산된 열유속을 내기 위해서 요구되는 스토브의 온도를 계산하여라.

풀이

(a) 열유속을 구하기 위해서 식 4.10을 이용한다. 문제에서 다음이 주어져 있다.

$dT = -400$ K, $dx = 0.001$ m, $k_T = 15.9$ W/m·K

이를 식 4.10에 대입하면

$$q = -k_T \frac{dT}{dx} = -15.9 \frac{W}{m \cdot K}\left(\frac{373\ K - 773\ K}{1 \times 10^{-3} m}\right) = 6.36 \times 10^6 \frac{W}{m^2}$$

k_T의 단위는 $W \cdot m^{-1} \cdot K^{-1}$이므로, 절대온도를 사용해야 한다. 그러나 온도는 dT로 쓰이므로 절대온도 차이는 섭씨온도의 차이와 같다. 만일 실제의 온도를 사용하면 절대온도가 쓰여야 한다.

(b) 우리는 (a)에서 구한 값과 같은 열유속을 얻고자 하며, 미지수는 스토브 온도(T_H) 또는 dT이다. 팬에 있는 물의 온도는 여전히 100°C이고, 구리의 열전도도는 400 $W \cdot m^{-1} \cdot K^{-1}$이다.

$$q = 6.36 \times 10^6 \frac{W}{m^2} = -k_T \frac{dT}{dx} = -400 \frac{W}{m \cdot K}\left(\frac{373\ K - T_H}{1 \times 10^{-3} m}\right)$$

$$373\text{ K} - T_H = -\left(\frac{1 \times 10^{-3}\text{ m}}{400\text{ W/m}\cdot\text{K}}\right) 6.36 \times 10^6 \frac{\text{W}}{\text{m}^2} = -15.9\text{ K}$$

$$T_H = 373\text{ K} + 15.9\text{ K} = 389\text{ K} = 116\,°\text{C}$$

스테인리스강으로 만든 팬에서는 400 K의 온도 차이가 필요했으나, 구리로 만든 팬에서는 열전도도의 차이 때문에 16 K의 온도 차이로 같은 열유속을 낼 수 있다. 스테인리스강은 뜨겁거나 차가운 액체의 수송관처럼 최소한의 열전달이 요구되는 응용에 효과적으로 사용될 수 있다. 구리는 요리 도구나 열교환기처럼 최대한의 열전달이 요구되는 응용에 가장 효과적으로 사용된다. 스테인리스강은 구리보다 강하기 때문에 취사도구에 사용되고, 더 얇고 가볍게 만들 수 있으므로 적은 재료를 사용하며, 내부식성이 좋다.

2구역: 열역학의 소개

4.5 원자의 혼합

이전의 구역은 열의 전도를 다루었고, 이번과 다음 구역에서는 원자와 분자의 흐름에 대해 다룬다. 어떤 원자나 분자는 혼합이 되는데, 다른 것들은 그러지 못할까? 예를 들면, 알코올과 물은 쉽게 섞이는데, 물과 기름은 섞이지 않는다. 고체에서도 같은 현상이 나타난다. 1000°C에서 니켈과 구리는 원자가 완전하게 섞이는 고체이다. 그러나 니켈과 은은 1000°C에서 수 %만 섞인다.

열역학 계가 변할 때, 가능한 최소한의 방향으로 에너지가 감소해야 한다. 그림 4.7에 보인 것처럼 곡면에 놓인 공은 항상 최소 내부에너지 점으로 간다. 내부에너지는 공의 운동에너지와 중력에 의한 위치에너지의 합이다. 공은 자발적으로 굴러 올라가지 않고 적절한 에너지가 감소한다. 원자들이 섞일 때 같은 원리가 적용된다. 이 구역에서 우리는 고체나 액체에서 원자가 왜 혼합되고, 혼합되지 않는 지를 이해하는데 필요한 적절한 에너지를 결정할 것이다. 또한 원자의 위치 및 운동에너지를 아는 것만으로 충분하지 않다는 것도 알게 될 것이다. 에너지에 추가적으로 알아야 할 것은 엔트로피(entropy)라고 하는 것인데, 이것은 어떤 원자나 분자는 섞이고 다른 것들은 그렇지 않은 지를 이해하는데 필요하다.

4.5.1 엔트로피

엔트로피의 효과를 알기 위해서 두 가지 이상기체의 혼합을 살펴보자. 이상기체는 계산이 가능하기 때

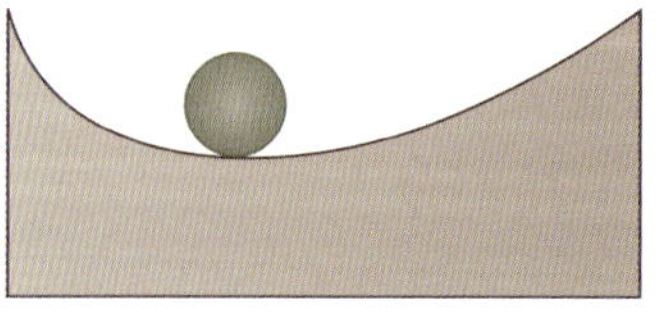

그림 4.7 곡면에 놓인 공은 항상 가장 낮은 에너지 점으로 이동한다.

문에 선택되었으며, 원자의 혼합을 설명하기 위해 내부에너지만으로 충분하지 않다는 것을 보여줄 것이다. 그림 4.8a처럼 왼쪽 공간에는 헬륨(He), 오른쪽 공간에는 아르곤(Ar)의 비활성 기체가 있다고 하자. 만일 공간에 있는 원자가 일정한 온도(T)에 있다면 내부에너지(E)는 공간에 있는 원자들의 운동에너지이다. 기체 상태에 있는 원자는 큰 원자간 거리에 때문에 위치에너지가 없다고 가정한다. 각 공간에서 1몰 기체 원자의 운동에너지는 $1.5RT$이다. 같은 수의 헬륨과 아르곤 원자를 포함하고 있는 두 공간에 그림 4.8b처럼 헬륨과 아르곤 50%씩을 포함하도록 원자가 섞인다. 그림 4.8a와 b에서 원자의 내부에너지는 똑같지만, 두 개의 서로 다른 원자배열에서 에너지는 차이가 있다. 만일 여러분에게 그림 4.8b의 혼합된 상태를 그림 4.8a처럼 한쪽에는 헬륨을 다른 한쪽은 아르곤 원자가 존재하도록 혼합을 나누는 작업이 주어진다면, 막대한 양의 에너지를 사용해야 한다. 혼합된 가스를 가진 공간은 **엔트로피**를 포함하는 올바른 에너지를 사용할 때 더 낮은 에너지 상태에 있어야 한다.

그림 4.8a에 있는 두 공간 사이의 벽에 구멍을 뚫으면 헬륨과 아르곤 원자는 섞이고, 충분한 시간 후에는 그림 4.8b와 같이 두 공간에 똑같이 혼합된 원자가 존재하게 된다. 그러나 헬륨과 아르곤이 섞여 있는 그림 4.8b의 벽에 구멍을 뚫더라도 그림 4.8a에서처럼 한쪽에는 순수한 헬륨 원자로, 다른 한쪽은 아르곤 원자로 분리되지 않을 것이다. 원자들은 구멍을 통해서 두 공간을 이동하지만, 그림 4.8b처럼 원자는 서로 섞인 상태로 존재한다. 서로 섞이든지 분리되든지 내부에너지는 같음에도 불구하고, 그림 4.7을 참고하면 혼합된 원자를 가지는 계는 더 낮은 에너지 상태에 있어야 한다. 무엇이 그림 4.8a보다 b에 있는 혼합된 상태에서 더 낮은 에너지를 가지게 하는가?

그림 4.8a는 한 공간에서만 헬륨 원자가 발견된다는 점에서 정돈되어 있고, 그림 4.8b는 어느 쪽에서도 헬륨 원자가 발견되기 때문에 무질서하다. 볼츠만(Boltzmann)은 재료에서 **엔트로피**는 무질서와 연관이 있다고 처음으로 제안했다. 엔트로피의 개념은 열기관의 효율이 100%가 될 수 없다는 **열역학 제2법칙**과 함께 발전되었다. **열역학 제1법칙**은 에너지는 보전된다는 것이다; 에너지는 생성되거나 소멸되지 않는다. **열역학 제3법칙**은 완벽한 결정체는 0 K에서 0의 엔트로피를 가지며 어떤 재료도 0 K가 될 수는 없다는 것이다.

플랑크(Plank)는 엔트로피(S)를 원자나 분자의 배열과 연관시키기 위해서 식 4.11을 제시하였다.

$$S = k ln \omega \tag{4.11}$$

여기서 ω는 재료에서 원자나 분자를 배열시키는 서로 다른 경우의 수이고, k는 볼츠만 상수(1.38×10^{-23} J/atom · K)이다. 그림 4.8a의 기체 예제에서 원자를 배열시키는 경우의 수는 1이다; 모든 헬륨 원자가 왼쪽으로 가고, 모든 아르곤 원자가 오른쪽으로 가는 것이다. 식 4.11에 1을 대입하면 자연로그 때문에 엔트로피는 0이 된다.

(a)

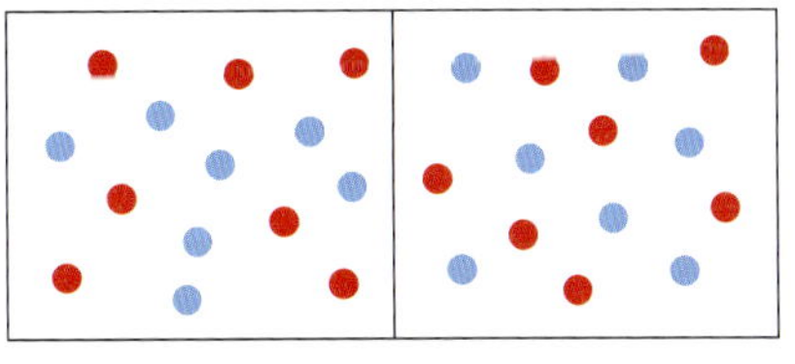

(b)

그림 4.8 (a) 같은 온도에서 분리되고 절연된 공간에 있는 헬륨과 아르곤 비활성 기체. (b) 같은 온도에서 헬륨과 아르곤의 혼합물을 가지는 두 개의 분리되고 절연된 공간

원자가 섞일 때 엔트로피를 계산하기 위해서, 개개의 헬륨 및 아르곤 원자를 둘 중의 한 공간에 놓을 수 있는 기계가 있다고 가정하자. 원자 배열 과정을 임의적으로 하기 위해서 동전 던지기를 해서 각 원자들에 대한 공간을 결정한다. 동전 앞면인 경우 원자는 왼쪽 공간으로, 동전 뒷면인 경우 원자는 오른쪽으로 배치한다. 이 과정에서 가장 확률이 높은 결과는 그림 4.8b와 같은 배열이다. 동전 던지기에 의해서 각 원자를 공간에 배치할 때, 각 원자는 어느 한쪽 공간에 놓일 같은 확률을 가진다. 각 원자를 배열할 수 있는 경우의 수는 2이고, N개의 원자를 놓는다면 원자 배열 경우의 수는 2^N이다. 가능한 배열 중의 한 가지는 모든 헬륨 원자가 왼쪽 공간에, 모든 아르곤 원자가 오른쪽 공간에 놓이는 것이다. 그러나 이 경우는 가능성이 매우 낮다. 원자를 배열하는 경우의 수는 많다. 만일 1몰의 원자가 있다면, 그 엔트로피는 매우 크다.

혼합된 기체를 위해 계산된 엔트로피를 **혼합의 엔트로피**라고 한다. 헬륨이 완벽하게 FCC 위치에 배열되어 0 K에 있을 때, 순수한 헬륨의 엔트로피는 0이다. 이런 헬륨 원자 배열을 가지는 경우의 수는 1이다. 그러나 재료가 0 K까지 냉각되는 것은 물리적으로 불가능하다. 그림 4.8a에서 헬륨 기체 원자는 많은 다른 위치에 있을 수 있고, 다른 배열을 가질 수 있으며, 많은 가능한 배열들은 순수한 헬륨 기체가 큰 엔트로피를 가지게 한다. 이 장과 5장에서 우리는 원자의 혼합에 의한 엔트로피를 계산할 것이다.

에너지와 엔트로피는 모두 **상태변수**이다. 상태변수는 관찰될 당시에 열역학적 계의 조건에 의존한다. 예를 들면, 그림 4.8a에 있는 열역학적 계의 내부에너지는 $1.5RT$이고, 혼합의 엔트로피는 0이다. 내부에너지와 혼합의 엔트로피는 어떻게 이 상태가 만들어지는 지에 의존하지 않는다.

20세기 위대한 과학자 중의 한 사람인 아놀드 좀머펠트(Arnold Sommerfeld)의 인용문을 보는 것은 엔트로피를 공부하는데 의미가 있다: "열역학은 재미있는 주제이다. 처음 열역학을 공부하면 당신은 그것을 전혀 이해하지 못한다. 두 번째 공부하면 당신은 한두 개의 요점들을 제외하고는 열역학을 이해한다고 생각한다. 세 번째 공부하면 당신이 열역학을 이해하지 못한다는 것을 알게 된다. 그러나 당신이 그 주제에 매우 익숙해질 때까지 당신을 더 이상 괴롭히지 않을 것이다." 열기관에서 100%의 효율은 달성될 수 없다는 고전적인 엔트로피의 해석을 상상하기는 어렵다. 그러나 원자의 배열과 연관된 엔트로피의 통계적 해석은 상상할 수 있다. 우리는 실험으로 원자의 분리 또는 혼합을 결정할 수 있고, 이것은 충분히 상상할 수 있는 것이다. 엔트로피의 통계적 연구는 엔트로피가 무엇이고, 많은 열역학 계에 어떻게 적용이 되는지 이해하는 데 도움을 준다.

예제 4.5

10^{23}개의 원자 자리 중 어느 자리에도 위치할 수 있는 한 개의 크롬 치환형 원자를 갖는 철 결정체의 혼합의 엔트로피는 얼마인가?

풀이

크롬 원자는 10^{23}개의 원자 자리 중의 하나를 차지할 수 있고, 결정체의 다른 자리에서 크롬원자는 현저히 다른 원자배열을 보인다. 주사 터널링 현미경은 표면에 있는 개개의 원자를 그려낼 수 있으며, 주사 투과 현미경은 재료의 박막에서 개개의 원자를 그려낼 수 있다; 그러므로 우리는 원자의 서로 다른 배열을 실험적으로 구분할 수 있다. 크롬 원자를 배열시키는 서로 다른 10^{23}개의 경우가 있다. 두 개의 철 원자 차이를 구별하는 것은 어떤 실험적 방법도 없기 때문에 철 원자는 다른 것과 구별이 안되고, 두 개의 철 원자가 바뀌었을 때도 같은 배열이라고 가정한다. 식 4.11로부터

$$S = k \ln \omega = 1.38 \times 10^{-23} \frac{\text{J}}{\text{K} \cdot \text{atom}} (\ln 10^{23}) = 73 \times 10^{-23} \frac{\text{J}}{\text{K} \cdot \text{atom}}$$

이것은 10^{23}개 원자에서 하나의 치환형 원자에 대한 혼합의 엔트로피이다. 만일 치환형 원자가 전체 원자 수 대비 현저한 분율이 된다면, 혼합에 의한 엔트로피 크기는 현저하게 증가한다.

한 가지 원자로 이루어진 완벽한 결정체에서 원자를 배열시키는 방법은 단 한 가지($\omega = 1$)이다. 각 원자는 결정 원자 자리에 위치하고, 하나의 원자는 다른 원자와 구분이 되지 않는다고 가정한다. 식 4.11에 따르면 이러한 완벽한 결정체의 혼합의 엔트로피는 0이다. 원자들이 섞일 때(예를 들면, 구리와 니켈 원자가 고체 상태로 섞일 때) 합금에서 원자를 배열시키는 수많은 방법이 존재하므로 엔트로피는 커진다. N개의 전체 원자를 가지고, A 형태와 B 형태의 원자가 이상적으로 혼합될 때 A 형태의 결정 속으로 B 형태의 원자를 섞는 문제로 일반화하면, 두 개의 순수한 결정 상태 대비 엔트로피 변화(ΔS_m)는 식 4.12와 같다.

$$\Delta S_m = -kN(C_A \ln C_A + C_B \ln C_B) \qquad \textbf{4.12}$$

여기서 C_B는 B 형태의 원자 분율(N_B / N)을, C_A는 호스트 A 형태의 원자분율(N_A / N)을 나타낸다. A 형태와 B 형태의 원자 사이에서 반응이 없고, 이상 기체인 것처럼 혼합될 때 이상적인 혼합이 일어난다. 부록 4C에 식 4.11에서 식 4.12가 유도되는 과정을 나타내었다. 식 4.12에서 k는 기체상수(R)로 대체 가능하다: 그러나 N은 원자의 전체 몰수가 된다. 기체상수는 볼츠만 상수에 아보가드로 수를 곱한 값이다. 원자 당 형태의 문자를 접할 때 k를 사용하고, 몰 당 형태의 문제를 접할 때 R을 사용하면 된다.

그림 4.9는 전체 1 몰의 원자를 가지고 A 형태의 원자로 이루어진 결정체 속으로 B 형태의 원자의 혼합 원자분율(C_B)에 따른 엔트로피 변화를 그린 것이다. C_B가 0 또는 1일 때 혼합 엔트로피는 0이고, C_B가 0.5가 될 때, 엔트로피는 최대가 된다. 이제 엔트로피가 어떻게 에너지와 연관이 있고, 혼합의 엔트로피가 어떻게 에너지를 낮추는 지 살펴보자.

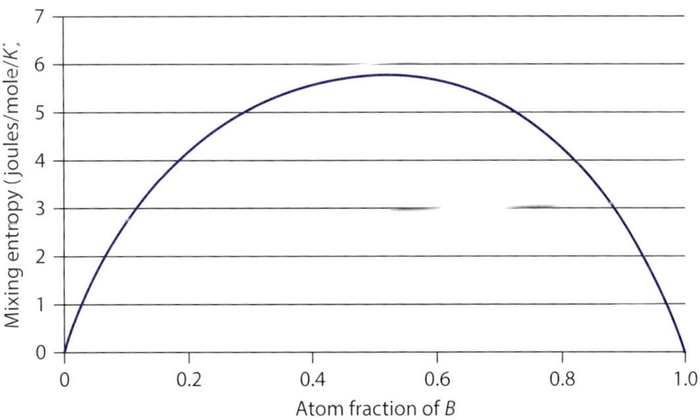

그림 4.9 전체 1몰의 원자에서 A 형태의 결정체로 B 형태의 원자 분율(C_B)에 대한 혼합의 엔트로피(ΔS_m)

예제 4.6

전체 1몰의 원자를 가지고, 40 원자%의 구리와 60 원자%의 니켈을 가진 합금에 대해 혼합의 엔트로피를 계산하여라. 원자는 임의적으로 배열되어 있다.

풀이

식 4.12를 기체상수와 N을 몰수와 같도록 몰 당 식으로 쓰면

$$\Delta S_m = -RN(C_{\text{Cu}} \ln C_{\text{Cu}} + C_{\text{Ni}} \ln C_{\text{Ni}})$$

주어진 모든 값을 대입하면

$$\Delta S_m = -8.31 \frac{\text{J}}{\text{mole} \cdot \text{K}} (1 \text{ mole})[0.4 \ln 0.4 + 0.6 \ln 0.6] = -8.31 \frac{\text{J}}{\text{K}} [0.4(-0.92) + 0.6(-0.51)]$$

$$\Delta S_m = -8.31 \frac{\text{J}}{\text{K}} [-0.37 - 0.31] = -8.31 \frac{\text{J}}{\text{K}} [-0.68] = 5.62 \frac{\text{J}}{\text{K}}$$

혼합의 엔트로피는 항상 양수이다.

4.5.2 깁스 자유에너지

깁스(J. W. Gibbs)는 열기관의 에너지 출력에 대한 연구에서 엔트로피(S)와 깁스 **자유에너지**(G), 내부에너지(E), 압력(P), 부피(V), 절대온도(T), 그리고 엔탈피(H)를 식 4.13을 통해 연관시켰다.

$$G = E + PV - TS = H - TS \tag{4.13}$$

깁스 자유에너지는 일정한 압력과 부피에서 일(work)을 하는데 이용할 수 있는 에너지로서, 부록 5A에 엔트로피 계산에 필요한 추가적인 수식을 소개한 후에 증명되어 있다. 일정한 압력과 온도 하에 있는 계가 **평형상태**(equilibrium)에 있을 때, 그림 4.7과 비슷하게 깁스 자유에너지는 최소이고, 조성 같은 다른 변수는 시간에 따라 변화하지 않는다. 재료의 내부에너지(E)는 모든 원자의 운동에너지(KE)와 위치에너지(PE)의 합이다. 운동에너지는 기체나 액체에서 원자의 이동과 액체나 고체에서 원자의 진동을 포함하여 모든 원자의 움직임에 대한 에너지이다. 위치에너지는 모든 원자의 결합에너지, 모든 결합의 에너지, 그리고 중력, 전기, 자기장 등과 같은 모든 외부 장(field)과 재료의 상호작용에 연관된 에너지를 포함한다. 보통 기계적인 에너지는 0이라고 가정한다. 재료의 기계적 에너지는 병진이나 회전 같은 재료의 거시적인 움직임에 의한 에너지이다. 재료의 무게중심은 움직이지 않고, 회전은 없으며, 중력에 의한 위치에너지는 없다고 가정한다. **엔탈피**(H)는 내부에너지(E)와 압력과 부피의 곱(PV)을 더한 값이다. 식 4.13에서 모든 변수는 상태변수이고, 이 변수들은 계의 상태를 정의한다. 열 Q와 일 W는 상태변수가 아니다. 열이 계에 전달되거나 일이 계에 행해지면 계의 상태는 변하지만, 열과 일의 양은 계의 상태를 정의하지 못 한다.

일정한 온도와 압력 하의 재료가 초기 깁스 자유에너지 G_0를 가지는 상태에서 원자들이 혼합되는 것처럼 G를 가지는 상태로 변할 때, 깁스 자유에너지 변화(ΔG)는 식 4.14로 주어진다.

$$\Delta G = G - G_0 = \Delta E + P\Delta V - T\Delta S = \Delta H - T\Delta S \tag{4.14}$$

ΔG가 0이면 변화는 평형 조건에서 일어나고 가역적(reversible)이다. ΔG가 음수이면, 변화는 자발적이

나 가역적이지 않다. 변화가 자발적이라면 꼭 일어난다. 그러나 그 변화는 시간이 조금 걸릴 수도 있고, 오래 걸릴 수도 있다. 다이아몬드는 그 변화의 예지만, 불행하게도 매우 긴 시간이 걸린다. 가장 낮은 깁스 자유에너지를 가지는 천연 다이아몬드는 땅 속 깊은 곳에서 높은 온도와 압력 하에서 형성된다. 1기압 상온의 지표에서는 그래파이트가 다이아몬드보다 작은 깁스 자유에너지를 가진다. 다행히 다이아몬드는 1기압 상온에서 긴 시간 동안 지속된다. ΔG가 양인 변화도 일어나지만, 최후에는 더 낮은 깁스 자유에너지를 가지는 계로 변화하는 준안정 상태의 계를 만들어 낸다.

일정한 압력과 온도에서 원자의 혼합에 의한 엔트로피 변화는 깁스 자유에너지 변화에 음의 작용을 한다. 혼합은 엔트로피를 증가시키고 엔트로피는 깁스 자유에너지 변화에서 $-T\Delta S$의 항으로 들어간다. 엔트로피가 클수록 깁스 자유에너지는 작아지고, 최소 깁스 자유에너지는 평형상태의 값이다. 깁스 자유에너지 변화에서 일정한 압력과 온도에서 혼합을 만드는 항은 $-T\Delta S$이다.

어떤 액체와 고체는 왜 혼합되지 않는가? 혼합에 의한 엔트로피 변화가 크고 양수이면, 이 항이 $-T\Delta S$ 항을 지배하게 된다. 혼합에 의한 전체 깁스 자유에너지 변화(ΔG)가 양수이면 원자나 분자는 섞이지 않는다. 구리와 니켈은 화학적으로 비슷하고, 격자상수가 0.352 nm와 0.362 nm로 비슷하여 1000°C에서 쉽게 섞인다; 즉, 혼합 시 엔탈피 변화(ΔH)는 $T\Delta S$보다 작다. 그러나 구리와 은은 각각 0.362 nm와 0.409 nm로 매우 다른 격자상수를 가진다. 큰 은 원자가 작은 니켈 격자에 혼합될 때, $T\Delta S$보다 큰 양의 ΔH 값을 유발하고, 둘은 섞이지 않는다. A 형태 결정체에 B 형태의 원자가 C_B의 원자분율로 혼합될 때 몰 당 깁스 자유에너지 변화는 식 4.15와 같이 계산된다.

$$\Delta G = G - G_0 = C_B N \Delta H_{BA} - T\Delta S_m \tag{4.15}$$

여기서 G는 B 형태 불순물 원자가 섞인 A 형태 결정체의 몰 당 자유에너지이다. G_0는 계산하는 온도에서 순수한 A 형태 결정체의 깁스 자유에너지이며, 보통 0으로 취급한다. N은 원자의 전체 몰 수이며, C_BN은 B 형태의 원자 몰수를 나타낸다. ΔH_{BA}는 1 몰의 B 형태 원자를 무한수의 원자를 가지는 A 형태의 결정체 속을 혼합하는 엔탈피이고, ΔS_m은 화학조성 C_B가 되도록 1 몰의 B 형태 원자를 A 형태의 결정체에 넣는 혼합의 엔트로피이다.

예제 4.7

은 결정체에 20 원자% 구리 원자를 혼합하는 1몰 당 엔트로피 변화를 계산하여라. 은-구리 합금은 법정 순도의 은(약 15 원자% 구리)처럼 몇 가지 기술적인 합금의 형태를 취한다.

풀이

전체 1몰의 원자를 얻기 위해 구리를 은 결정체에 혼합할 때 엔트로피 변화를 결정하기 위해서 20 원자% 구리, 80 원자% 은이 식 4.12에 대입되어야 한다. 문제는 몰 당 기준이므로 R이 k를 대체하여야 한다.

$$\Delta S_m = -RN(C_{\text{Ag}} \ln C_{\text{Ag}} + C_{\text{Cu}} \ln C_{\text{Cu}})$$

$$\Delta S_m = -8.31\frac{\text{J}}{\text{mole} \cdot \text{K}}(1\ \text{mole})[0.8 \ln 0.8 + 0.2 \ln 0.2] = -8.31\frac{\text{J}}{\text{K}}[0.8(-0.223) + 0.2(-1.61)]$$

$$\Delta S_m = -8.31\frac{\text{J}}{\text{K}}[-0.179 - 0.322] = -8.31\frac{\text{J}}{\text{K}}[-0.500] = 4.16\frac{\text{J}}{\text{K}}$$

예제 4.8

(a) 은 결정체로 20 원자%의 구리의 혼합이 727℃에서 일어날 때, 은에서 구리의 용해 엔트로피가 0.25 eV/atom일 때, 몰 당 깁스 자유에너지 변화를 구하여라.

(b) 결과에 근거하여, 20 원자%를 1000 K에서 은 속으로 혼합이 가능한가?

풀이

(a) 예제 4.7에서처럼 몰 당 엔트로피 변화는 4.16 J/K−mol이다. 은에서 구리의 용해 엔트로피는 구리 원자 당 0.25 eV이다.

구리 원자 당 0.25 eV를 구리 원자 1몰 당 J/mol로 바꾸면

$$\frac{0.25\text{ eV}}{\text{Cu atom}}\left(\frac{1.602\times10^{-19}\text{ J}}{1\text{ eV}}\right)\frac{6.023\times10^{23}\text{ Cu atoms}}{\text{mole of Cu}}=\frac{2.41\times10^{4}\text{ J}}{\text{mole of Cu}}$$

그러나 1몰의 원자 중에서 20%만이 구리이다. 20% 구리 원자에 대해서 엔트로피 변화는

$$C_{\text{Cu}}N\Delta H_{\text{CuAg}}=0.20\,\frac{\text{mole of Cu}}{\text{mole}}(1\text{ mole})\frac{2.41\times10^{4}\text{ J}}{\text{mole of Cu}}=0.482\times10^{4}\text{ J}$$

20%의 구리 원자를 은으로 대체하기 위한 깁스 자유에너지 변화는 식 4.15와 같이 계산될 수 있다. 이 때 온도는 절대온도이어야 한다.

$$727°\text{C}=1000\text{ K}$$

$$\Delta G=G-G_0=C_{\text{Cu}}N\Delta H_{\text{CuAg}}-T\Delta S_m=0.482\times10^{4}\text{ J}-(1000\text{ K})4.16\,\frac{\text{J}}{\text{K}}$$

$$\Delta G=4820\text{ J}-4160\text{ J}=660\text{ J}$$

(b) 20%의 구리 원자를 은에 혼합하는 데 필요한 깁스 자유에너지 변화는 양수이고, 이 혼합은 일어나지 않는다. 5장에서 20%의 구리가 은에 1000 K(727℃)에서 혼합되지 않는다는 것을 자세하게 다루게 될 것이다. 10% 구리가 1000 K에서 은에 혼합될 때는 과제 문제 4.14에서 보는 것처럼 음의 깁스 자유에너지 변화가 나온다. 10% 구리는 1000 K(727℃)에서 은으로 혼합이 가능하다. 이 계산은 5장의 상태도에서 제시된 실험적 결과와 일치함을 볼 수 있다.

일정한 온도와 압력에서 원자를 혼합할 때, 에너지 변화를 결정하기 위해서 왜 깁스 자유에너지를 이용해야 하는가? 곡면 위의 공은 일정한 온도와 압력에 있으면서도 우리는 내부에너지를 이용할 수 있었다. 그 이유는 구르는 공에는 원자의 배열에 변화가 없기 때문에 곡면에 있는 공은 엔트로피 변화가 없다. 그러므로 식 4.14에서 $-T\Delta S$ 항은 0이 된다. 또한 부피 변화도 없어 $P\Delta V$도 0이 된다. 식 4.14의 곡면 위의 공에 대한 깁스 자유에너지 변화는 내부에너지 변화와 같다. 그러나 일정한 온도와 압력 하에서 엔트로피 변화가 있을 때, 최소 에너지를 주는 계의 배열을 결정하기 위해서 깁스 자유에너지를 사용해야 한다.

4.5.3 금속과 세라믹에서 평형 점결함 농도

원자를 혼합하는 데 한계가 있을까? 원자들은 중간의 혼합도 없이 혼합되거나 혼합되지 않거나 하는 것

일까? 앞에서 20%의 구리는 1000 K에서 은 결정체에 혼합되지 않는다고 했고, 10%의 구리는 1000 K에서 혼합이 된다고 계산하였다. 이는 구리가 은으로 제한적으로 혼합됨을 나타낸다. 이 예에서 혼합은 깁스 자유에너지를 감소시키지만, 너무 많은 혼합은 깁스 자유에너지를 증가시킨다. 그렇다면 최소의 깁스 자유에너지를 얻기 위한 혼합의 양이 존재하는가?

우리는 B 형태 원자로 A 형태 결정체를 치환하는 것을 고려하고자 한다. 혼합 엔트로피가 유일한 엔트로피 변화라고 가정한다. 그림 4.10에 $-T\Delta S_m$ 항이 B 형태 원자 수(N_B)에 대한 함수로 그려져 있다. ΔH_{BA}는 하나의 B 형태 원자를 A 형태의 결정체에 혼합할 때 양의 엔탈피이다. 혼합의 엔트로피는 A 형태 재료에서 A 형태의 원자를 제거하고 무한대로 이동시켜 A 형태의 재료 내에 공공을 형성하고, 무한대에 있는 B 형태의 원자를 가져와서 공공에 위치시키는 데 필요한 엔탈피이다. 혼합 엔트로피는 음일 수도 양일 수도 있다. 음의 혼합 엔트로피는 5장에서 논의할 화합물 형성을 유도한다. A 형태 결정체를 N_B개의 B 형태 원자로 치환시키는 위해서는 $N_B\Delta H_{BA}$ 만큼의 엔탈피 입력이 필요하다. 이 항도 역시 그림 4.10에 그려져 있다. 일정한 온도와 압력에서 깁스 자유에너지를 최소화 시키는 A 형태 결정체에서 치환형 B 형태 원자의 수는 N_B에 대하여 G의 미분을 취하고 0으로 놓은 후 이를 N_B에 관해 풀어서 정할 수 있다. 그 결과는 식 4.16과 같다.

$$N_B(\mathrm{eq}) = N \exp\left(-\frac{\Delta H_{BA}}{kT}\right) \qquad \textbf{4.16}$$

여기서 $N_B(\mathrm{eq})$는 그림 4.10에서처럼 N개의 전체 원자에서 깁스 자유에너지를 최소화 시키는 B 형태 원자의 평형 수를 나타낸다. 식 4.16은 부록 4D에 유도되어 있다.

A 형태 결정체에서 B 형태 원자로의 치환이 그림 3.1에 보이는 것처럼 치환 이외의 원자 이동형 무질서를 만든다면, 이 추가적인 무질서는 배열 엔트로피 변화(ΔS_{BA})를 만든다. 그림 3.1은 치환형 원자, 침입형 원자와 공공을 포함한 여러 형태의 점결함 주위에서 이동 또는 무질서를 나타낸다. N_B개의 침입형 B 형태 원자에 대한 이동 무질서를 고려하기 위해서 식 4.17처럼 $-TN_B\Delta S_{BA}$ 항이 식 4.15에 추가되어야 한다.

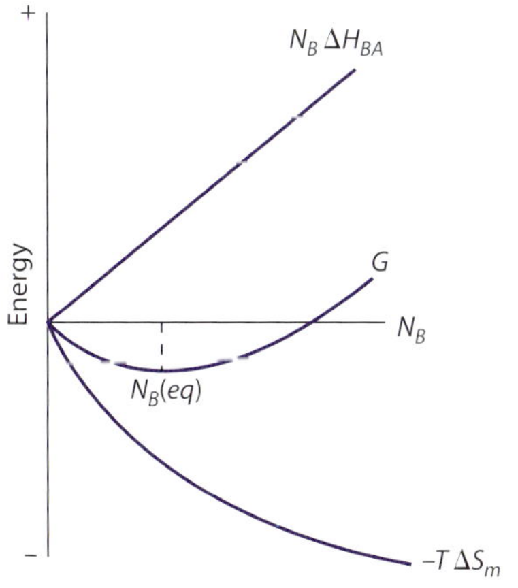

그림 4.10 온도와 혼합 엔트로피 곱의 음수 항($-T\Delta S_m$), B 형태 원자 수와 B 형태 원자를 A 형태의 결정체 속으로 치환하는 엔탈피 변화의 곱의 항($N_B\Delta H_{BA}$), 깁스 자유에너지 항(G)의 B 형태 원자 수(N_B)에 대한 가설적인 그래프

$$\Delta G_{BA} = \Delta H_{BA} - T\Delta S_{BA} \tag{4.17}$$

여기서 ΔG_{BA}는 B 형태 원자를 A 형태의 결정체에 혼합할 때의 깁스 자유에너지 변화이다. ΔG_{BA}에 B 형태 원자 수(N_B)를 곱하고 $-T\Delta S_m$를 더하면 식 4.15의 G는 식 4.18의 G로 대체된다.

$$G = G_0 + N_B\Delta G_{BA} - T\Delta S_m \tag{4.18}$$

식 4.18에 주어진 전체 깁스 자유에너지 변화는 B 형태 원자가 A 형태의 결정체 속으로 치환되기 위해 음수여야 한다. 결함 주변의 원자이동으로 인한 배열 엔트로피를 고려하면, 깁스 자유에너지를 최소화 시키는 B형태 원자의 평형 수[N_B(eq)]는 식 4.19와 같다.

$$\frac{N_B(\text{eq})}{N} = \exp\left(-\frac{\Delta G_{BA}}{kT}\right) \tag{4.19}$$

배열 엔트로피 변화 ΔS_{BA}를 결정하는 것은 매우 어려운 일이므로 보통 여러분은 식 4.16과 같은 형태의 식을 많이 볼 것이다; 즉 배열 엔트로피 변화는 보통 고려하지 않는다. 앞으로 논의하게 될 개념과 일관성을 갖기 위해서 여러분은 식 4.19를 알고 있어야 한다.

식 4.16과 4.19는 결정에서 이종 원자의 평형 수는 온도와 함께 지수적으로 증가함을 보여준다. 이는 잠수함에 쓰이는 강이 저온에서 내파단성을 가지도록 진공에서 높은 온도로 가공이 이루어지는 이유이다. 그렇지 않으면 강은 외부 환경으로부터 이종의 원자를 받게 된다. 이 방정식은 재료과학 시험 준비를 위해서 늦은 시간까지 공부할 때 여러분이 커피에 녹일 수 있는 설탕의 양을 결정해 주기도 한다. 커피가 뜨거울수록, 더 많은 양의 설탕이 녹는다. 용액에서 이종 원자의 수가 식 4.16에 제시된 양보다 적다면, 모든 이종 원자는 용매 속에 존재한다. 만일 이종 원자의 수가 더 많다면, 용액 내의 여분의 원자는 식 4.10에 나온 대로 깁스 자유에너지를 증가시킨다; 즉 여분의 원자는 용매에서 제거된다. 이것이 3 스푼의 설탕을 커피에 넣고 식힌 후에 컵의 바닥에서 설탕을 볼 수 있는 이유이다.

이종 원자가 재료에 더해져야 하나, 만일 공공이 결정의 깁스 자유에너지를 감소시키면 공공이 자발적으로 형성된다. 즉, 공공은 임의의 온도에서 결정 내에 항상 존재한다. 공공은 고체에 비슷한 크기의 원자를 혼합할 때 매우 중요하기 때문에 우리는 지금부터 공공에 대해서 다룰 것이다. 이종 원자를 더하는 것이 결정에 무질서를 추가하는 것처럼 공공의 원자분율 N_v/N의 존재는 결정에 무질서를 추가한다. N_v/N의 공공 원자분율을 가지는 결정체의 엔트로피는 식 4.12에서 C_B를 N_v/N과 같은 C_v로 대체하여 계산하면 된다. 평형 공공 사이트의 원자분율은 식 4.19에서 공공을 형성하는 깁스 자유에너지가 ΔG_v로 주어지면 결정할 수 있다. 깁스 자유에너지를 최소화 시키는 점유된 침입형 사이트의 분율은 식 4.16이나 식 4.19와 비슷한 형태로 표현이 된다; 그러나 침입형 자리의 수는 원자 자리 N과 같지 않기 때문에 기하학적인 인자가 있어야 한다.

식 4.19가 공공에 대해 쓰이려면 공공 자리 원자분율은 특정한 자리가 비어 있어야 할 확률(P_v)이 된다. 식 4.19는 원자나 분자처럼 고전적인 입자에 적용되는 **맥스웰-볼츠만 확률분포**(MBPD)와 비슷한 형태가 된다. MBPD는 식 4.20처럼 일정한 압력과 온도에서 평균 깁스 자유에너지를 초과하여 깁스 자유에너지의 증가가 한 사이트에서 이용 가능할 확률[$P(G + \Delta G)$]을 제공한다.

$$P(G + \Delta G) = \exp\left(-\frac{\Delta G}{kT}\right) \tag{4.20}$$

깁스 자유에너지는 열진동에 의해 증가된다. 재료에는 원자 당 평균 깁스 자유에너지가 있다; 그러나 모든 원자가 똑같은 에너지를 가지고 진동하지는 않는다. 어떤 원자는 다른 원자보다 더 많은 열에너지를 가지고, 평균을 초과하는 여분의 열에너지는 깁스 자유에너지를 증가시키기 위해 국부적인 에너지를 제공한다. 공공을 위해 쓰여진 식 4.20을 식 4.19와 비교하면 공공의 존재 확률은 공공을 형성하는 깁스 자유에너지가 평균 깁스 자유에너지를 초과하여 이용 가능할 확률과 같다는 결론을 얻게 된다. 우리는 고체에서 원자의 혼합처럼 재료에서 변화의 운동학을 고려할 때 식 4.20에 나온 MBPD를 이용할 것이다.

식 4.16, 4.19, 4.20에서 볼츠만 상수(k)는 J/atom · K이나 eV/atom · K의 단위를 가진다. kT의 단위는 ΔH나 ΔG의 단위와 같아야 한다; 이 식에서 지수에 있는 항의 단위는 전체 지수가 무차원이 되도록 소거되어야 한다. 식 4.16은 식 4.21로 다시 쓸 수 있다.

$$N_B(\text{eq}) = N \exp\left(-\frac{\Delta H_{BA}}{RT}\right) \qquad \textbf{4.21}$$

여기서 R은 J/mol · K의 단위를 가지는 보편 기체상수이고, ΔH_{BA}는 B 형태 몰 당 줄(J/mole) 단위를 가진다.

예제 4.9

금에서 공공 형성 엔트로피가 0.94 eV라고 가정하고, 고체 금의 녹는점 1336 K에서 공공의 원자분율을 계산하여라.

풀이

ΔH_v가 공공 하나 당 0.94 eV이므로, 식 4.16에서 B 형태 원자에 대해서가 아닌 공공에 대한 방정식을 사용하면 1336 K에서 공공의 평형 원자분율을 구할 수 있다. 지수가 무차원이 되려면 볼츠만 상수는 eV/atom · K의 단위를 가져야 한다.

$$\frac{N_v}{N} = \exp\left(-\frac{\Delta H_v}{kT}\right) = \exp\left(-\frac{0.94 \text{ eV/vacancy}}{8.62 \times 10^{-5}\dfrac{\text{eV}}{\text{atom} \cdot \text{K}} 1336 \text{ K}}\right) = \exp(-8.16) = 2.9 \times 10^{-4}\,\frac{\text{vacancies}}{\text{atom}}$$

결함의 분율로 쓰이는 다른 단위는 ppm(part per million)이다. 예를 들어, 1백만 개의 원자 자리가 있으면 290개의 공공이 존재한다. 또는 290 ppm의 공공이 존재한다.

위성의 전도체 박막을 만드는 공정에서 금이 전도체로 많이 이용된다. 금이 실리콘 웨이퍼 위에 집적회로로 증기 증착이 되면, 높은 온도에서 급격하게 온도가 감소한다. 금 증기의 초기 온도는 녹는점보다 높고 증기가 박막을 형성할 때 급냉되기 때문에 고체 금속은 290 ppm 이상의 공공을 포함할 수 있다. 전자 시스템에서 이것은 매우 높은 공공 농도이며, 공공은 금의 비저항을 증가시킨다. 여러분은 어떻게 공공 농도를 줄일 수 있겠는가? 식 4.16이 정답을 준다. 고체 금속의 온도를 600 K처럼 낮은 온도로 유지하면, 공공의 평형 원자분율은 이 온도에 조정된다. 결정에서 공공을 없애는 몇 가지 방법이 있다. 공공은 표면이나 결정립계로 이동하고 칼날전위를 따라서 흡수되기도 한다.

3구역: 재료에서 변화의 열적 활성화

4.6 재료에서 변화율

위에서 일정한 온도와 압력 하에 있는 계는 항상 깁스 자유에너지를 최소화 시키는 평형 상태를 향하여 변함을 알았다. 이제 계가 얼마나 빨리 변하는 지 살펴보자. 대부분의 경우에 최소의 깁스 자유에너지 상태로의 변화는 즉각적으로 일어나지 않고, 계는 유한한 속도로 평형 상태를 향하여 움직인다. 예를 들면, 철은 상온에서 산소와 반응하여 깁스 자유에너지가 감소한 산화철을 형성하는데, 다행스럽게도 이 반응은 철의 전역에서 즉각적으로 일어나지 않는다. 철 이온이 형성된 산화층을 통해서 이동해야 하고, 산소 분위기의 경계에서 산소가 철과 반응해야 한다. 따라서 우리가 사용하는 자동차는 녹이 빠르게 슬지 않는다. 이 구역에서는 재료에서의 변화속도에 대한 방정식을 유도할 것이다. 유체의 점도, 가스터빈 블래이드의 고온변형, 석출경화에 의한 합금의 강화, 무정형 유리의 결정체로의 전이, 표면 경화를 위한 강에 탄소의 혼합을 포함하여 많은 물리적 계의 변화 속도는 온도 의존성을 가진다.

에너지의 관점에서 보면 산소 분위기에서 철은 그림 4.11a에 보이는 준평형 상태의 사각형과 같다. 사각형은 매우 오랜 시간 준평형 에너지 상태에 있을 수 있지만, 그림 4.11c에 보이는 상태인 낮은 무게중심을 가지는 낮은 에너지 상태로 변화하는 것이 가능하다. 그림 4.11a의 사각형은 c의 낮은 에너지 상태로 즉각적으로 변화하지 않는다; 그림 4.11b에 보이는 것처럼 사각형을 θ 각도만큼 회전시키기 위해서 탁자의 진동에 의해서 활성화 되지 않는 한, 그림 4.11a에 보이는 상태로 영원히 존재할 수 있다. 그림 4.12a에서 사각형의 위치에너지는 θ에 관한 함수로 그려져 있다. 각도 θ는 **반응좌표**(reaction coordinate)이다; 그림 4.11a의 준평형 상태 1에서 그림 4.11c에 나온 안정한 상태 2로의 변화 과정의 척도이다. 상태 1에서 상태 2로 가는 사각형은 그림 4.11b에 나온 더 높은 에너지 상태인 활성화 상태(a)를 지나야 한다. 사각형을 꼭지점으로 세우기 위해 $\Delta h = h_a - h_1$ 만큼 사각형의 무게중심(CG)을 올려야 한다. 이것은 사각형의 내부에너지를 $\Delta E_a = mg\Delta h$ 만큼 증가시킨다. 이 위치를 많은 경제학을 포함한 응용분야에서 티핑 포인트(tipping point)라고 부르지만, 여기서는 활성화 상태라고 하자. 사각형을 꼭지점으로 세우기 위해 필요한 활성 내부에너지(ΔE_a)는 탁자를 진동시킴으로써 얻을 수 있다; 재료에서 이러한 변화를 발생시키는 진동은 그 온도에서 원자의 열진동이다. 사각형을 꼭지점으로 세우기 위해 부피나 엔트로피 변화는 없으므로 그림 4.11에 나온 사각형의 평형 상태를 정의하는 데 내부에너지(E)가 사용된다. 그림 4.12b에 보이고 앞에서 논의한 대로 일정한 온도와 압력 하에 있는 재료에 대해서 평형 상태는 최소 깁스 자유에너지

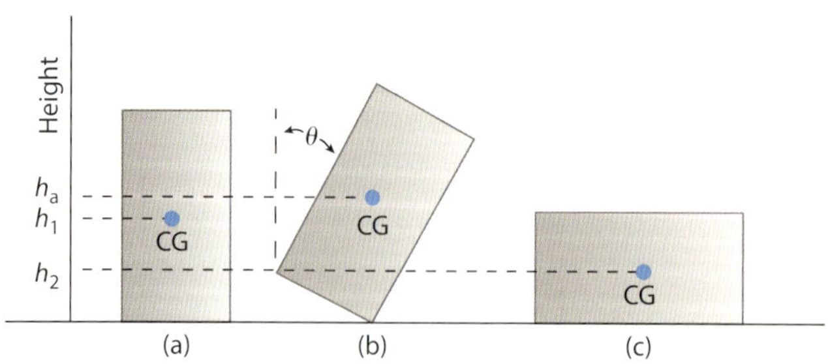

그림 4.11 탁자 위에서 여러 위치에 있는 사각형: (a) 준평형 상태에 있는 사각형. (b) 각도 θ만큼 틀어져 있고, 무게중심이 h_a로 올라간 활성화 상태의 사각형. (c) 무게중심을 h_2로 낮추어 안정한 상태에 있는 사각형

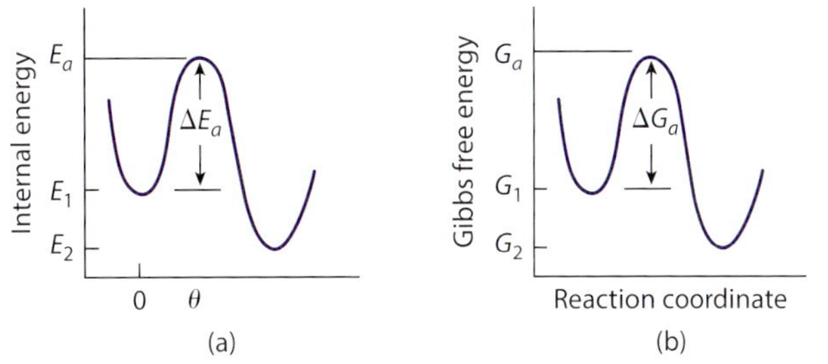

그림 4.12 (a) 그림 4.11에서 에너지 E_1의 준평형 상태에서 에너지 E_a의 활성화 상태를 지나 E_2의 에너지를 가지는 안정한 상태로 가는 사각형의 내부에너지 변화. (b) 깁스 자유에너지 G_1을 가지는 준평형 상태에서 깁스 자유에너지 G_a의 활성화 상태를 지나 G_2의 깁스 자유에너지를 가지는 안정한 상태로 가는 일정한 온도와 압력 하에 있는 재료의 깁스 자유에너지 변화

에 대응된다.

그림 4.12b에 엔트로피 변화를 수반하는 과정에 대해 반응좌표의 함수로 깁스 자유에너지 도표를 나타내었다. 활성 깁스 자유에너지(ΔG_a)가 필요한 원자의 움직임의 예는 표면의 위치 1에 원자가 추가되는(흡착원자) 그림 4.13에 보인 표면 확산이다. 위치 1에서 원자 결합을 끊고 위치 a로 원자를 이동시키는 데 필요한 깁스 자유에너지는 활성 깁스 자유에너지(ΔG_a)이다. 일단 원자가 활성 상태 a로 이동하면, 계속해서 상태 2로 이동할 수 있다. 그림 4.12b에 보인 활성 깁스 자유에너지가 표면의 원자의 열진동에 의해서 제공되면 열진동을 하는 동안 G_1에 초과해서 존재할 확률은 식 4.20의 MBPD에서 $P_a(G_1 + \Delta G_a)$에 의해 다음과 같이 주어진다.

$$P_a(G_1 + \Delta G_a) = \exp\left(-\frac{\Delta G_a}{kT}\right) \qquad \textbf{4.22}$$

흡착원자가 ν의 주파수로 진동하면 ν는 활성 에너지 상태($G_1 + \Delta G_a$)에 도달하려 시도하는 원자의 주파수가 된다. 계가 활성 상태에 도달하는 속도(R_a)는 식 4.23과 같이 진동주파수와 활성 깁스 자유에너지(ΔG_a)가 존재하는 확률을 곱하면 된다.

$$R_a = \nu P_a(G_1 + \Delta G_a) = \nu \exp\left(-\frac{\Delta G_a}{kT}\right) \qquad \textbf{4.23}$$

식 4.24는 활성 깁스 자유에너지는 엔탈피 변화(ΔH_a)에서 온도와 상태 1에서 활성 상태로 엔트로피 변화(ΔS_a)의 곱을 뺀 값이라는 것을 보여준다.

$$\Delta G_a = \Delta H_a - T\Delta S_a \qquad \textbf{4.24}$$

그림 4.13 표면에서 흡착원자의 확산. 흡착원자는 초기에 위치 1에 있다. 위치 2로 이동하기 위해서는 활성화 상태(a)를 지나야 한다.

변화 속도(R_c)는 식 4.25에 의해 주어진다.

$$R_c = \frac{R_a}{2} = \frac{\nu}{2}\exp\left(-\frac{\Delta H_a - T\Delta S_a}{kT}\right) \qquad \textbf{4.25}$$

식 4.25에서 1/2 인자는 활성 상태에 있는 원자가 새로운 위치로 이동할 수 있는 확률과 원래 위치로 되돌아가는 확률이 같다는 사실 때문이다. 식 4.25를 온도에 의존하는 항을 분리해내어 다시 쓰면 식 4.26과 4.27이 된다.

$$R_c = \frac{\nu}{2}\exp\left(\frac{\Delta S_a}{k}\right)\exp\left(-\frac{\Delta H_a}{kT}\right) \qquad \textbf{4.26}$$

$$R_c = C\exp\left(-\frac{\Delta H_a}{kT}\right) \qquad \textbf{4.27}$$

진동 주파수와 엔트로피 변화 항은 상수 C로 합쳐졌다. 식 4.27은 아레니우스 **속도방정식**(Arrhenius rate equation)이다. 식 4.27에 나온 것처럼 상태 1에서 상태 2로 변화속도는 상태 2의 엔트로피에 의존하지 않는다. 상태 1에서 2로 가는 속도는 오직 활성 엔탈피(ΔH_a)에 달려있다. 이에 대한 예는 탁자 위에서 상태 1에 있는 사각형이다. 사각형이 탁자의 모서리에 놓여 있고, 사각형이 활성상태에 도달하면 테이블에서 바닥으로 떨어지게 되는데, 바닥으로 떨어지는 속도는 탁자 위로 떨어지는 속도와 같다. 만일 사각형이 그랜트캐년의 바닥으로 떨어지도록 탁자가 그랜드캐년의 모서리에 있다면 탁자 위로 떨어지는 속도와 같은 속도로 협곡으로 떨어질 것이다.

활성 엔탈피(ΔH_a)는 재료에서 온도에 따른 변화속도(R_c)를 실험적으로 측정하면 결정된다. 식 4.27의 양변에 자연로그를 취하면 식 4.28이 된다.

$$\ln R_c = \ln C - \frac{\Delta H_a}{kT} \qquad \textbf{4.28}$$

이것은 $\ln R_c$를 절대온도의 역수($1/T$)에 대한 함수로 그래프를 그릴 때, 기울기 $-\Delta H_a/k$를 가지는 직선의 방정식이다. 실험적으로 결정되는 것은 활성 깁스 자유에너지가 아니라 활성 엔탈피이다. 활성 엔탈피를 알면 왜 대부분의 교과서에서 식 4.16이 식 4.19보다 더 많이 등장하는지 알게 된다. 엔트로피와 온도의 곱 항은 실험적으로 결정되지 않고, 전체 엔트로피는 계산하기 어렵기 때문에 활성 깁스 자유에너지는 미지수다.

구멍을 통하여 나오는 꿀의 유동 속도를 측정하는 것처럼 간단한 실험을 통하여 꿀 분자의 운동에 관한 기본적인 정보를 얻을 수 있다.

예제 4.10

눈금있는 용기의 작은 구멍을 통해 꿀이 배출되는 데 필요한 시간이 온도에 관한 함수로 측정된다. 3개의 온도를 선택했다. 꿀은 295 K의 따뜻한 방에, 285 K의 찬 방에, 그리고 278 K의 냉장고에 있었다. 295 K에서 3.5 mL의 꿀이 17분만에 흘러나왔고, 285 K에서 6.0 mL이 626분 걸렸으며, 278 K에서 5.4 mL이 흘러나오는 데 2177분이 걸렸다. 꿀이 흐르는 데 필요한 활성 엔탈피를 계산하여라.

풀이

295, 285, 278 K의 세 가지 온도를 각각 T_1, T_2, T_3로 두고, 속도를 다음과 같이 계산한다

$$R_1 = 3.5 \text{ mL/17minutes} = 0.2 \text{ mL/minute}$$

$$R_2 = 6.0 \text{ mL/626minutes} = 0.0096 \text{ mL/minute}$$

$$R_3 = 5.4 \text{ mL/2177minutes} = 0.0025 \text{ mL/minute}$$

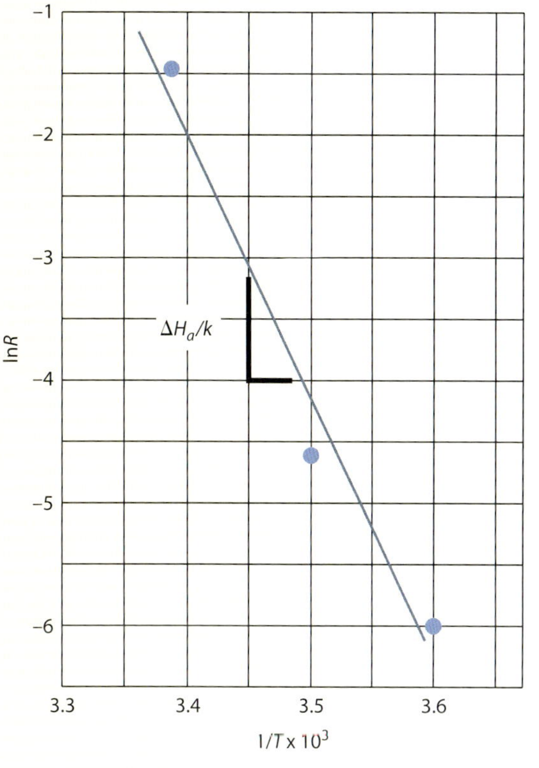

그림 4.14 온도의 역수에 1000을 곱한 값에 대한 꿀 유동 속도의 자연로그 그래프

그림 4.14에서 꿀의 유동속도의 자연로그 값이 절대온도의 역수에 관한 함수로 그려져 있고, 3개의 점을 통해 직선이 그려져 있다. 활성 엔탈피(ΔH_a)는 ln R_c대 $1/T$ 그래프의 직선 상에 있는 두 개의 점을 택함으로써 해석적으로 구할 수 있다. 이 경우에는 R_1과 R_3이 사용되었고, ΔH_a와 C 두 개의 미지수가 있다. 식 4.29에 보인 것처럼 상수 C 값은 작은 온도 범위에서 현저하게 변하지 않는다고 가정하면, R_1/R_3 값을 결정함으로써 상수 C 값은 상쇄된다.

$$\frac{R_1}{R_3} = \frac{\exp\left(-\dfrac{\Delta H_a}{kT_1}\right)}{\exp\left(-\dfrac{\Delta H_a}{kT_3}\right)} = \exp\left[-\frac{\Delta H_a}{k}\left(\frac{1}{T_1} - \frac{1}{T_3}\right)\right] \quad \textbf{4.29}$$

식 4.29의 양변에 자연로그를 취하면 식 4.30이 된다.

$$\ln \frac{R_1}{R_3} = -\frac{\Delta H_a}{k}\left(\frac{1}{T_1} - \frac{1}{T_3}\right) \quad \textbf{4.30}$$

ΔH_a에 관하여 풀면 식 4.31이 된다.

$$\Delta H_a = -\frac{k \ln \dfrac{R_1}{R_3}}{\dfrac{1}{T_1} - \dfrac{1}{T_3}} \quad \textbf{4.31}$$

첫 번째와 세 번째의 데이터 값을 대입하고, 볼츠만 상수(k) 8.62×10^{-5} eV/K−molecule을 대입하고 ΔH_a를 계산하자.

$$\Delta H_a = -\frac{8.62 \times 10^{-5} \dfrac{\text{eV}}{\text{molecule} \cdot \text{K}} \left(\ln \dfrac{0.2 \text{ mL/min}}{0.0025 \text{ mL/min}}\right)}{\dfrac{1}{295 \text{ K}} - \dfrac{1}{278 \text{ K}}}$$

$$\Delta H_a = -\frac{8.62 \times 10^{-5} \dfrac{\text{eV}}{\text{molecule} \cdot \text{K}} (\ln 80.65)}{-2.075 \times 10^{-4} \text{K}^{-1}} = 1.82 \frac{\text{eV}}{\text{molecule}} = 1.76 \times 10^5 \frac{\text{J}}{\text{mole}}$$

활성 엔탈피(ΔH_a)는 꿀이 제한된 구멍을 흐를 때, 분자들이 서로 미끄러지는데 필요한 에너지이다. 295 K처럼 한 온도를 선택하고 식 4.28에 속도 R_1 = 0.2 mL/min, ΔH_a = 1.82 eV/molecule을 대입함으로써 상수(C)를 결정할 수 있다.

4.7 금속과 세라믹에서 확산

처음에 분리되어 있다가 섞이는 두 기체에서 원자의 혼합을 시각화하는 것은 쉽다. 또한 우리는 물과 알코올처럼 두 액체의 혼합에 익숙하다. 원자와 분자는 액체 상에서 움직이기 때문에 어떻게 액체 원자나 분자가 섞이는 지 시각화 하는 것은 쉽다. 우리는 잉크가 물에 섞이는 것을 관찰할 수 있다. 그러나 깨끗하고 윤이 나는 표면을 가진 두 개의 다른 고체를 함께 압착하면 고체 원자도 섞일 수 있다는 것은 놀라움으로 다가올지도 모른다. 예를 들면, 그림 4.15a에 나온 것처럼 구리와 니켈의 표면을 잘 닦고, **확산쌍**(diffusion−couple)을 형성하는 고온에서 서로 압착하면 원자는 **확산**(diffusion) 과정에 의하여 서로 섞인다. 확산은 원자간 거리에 상응하는 단계에서 개개의 원자나 분자의 이동이다. 항공기에서 티타늄 합금의 확산 결합과 같은 확산의 흥미로운 응용분야가 있다. 확산결합에서 두 물체의 원자는 섞이고, 어느 한 쪽을 녹이지 않고서 서로 연결시킬 수 있다. 우주의 매우 깨끗하고 낮은 온도 상태에서 서로 붙어 있는 금속과 세라믹의 예기치 않은 확산 결합은 초기 우주 탐험 시 놀라운 발견 중의 하나였다. 깨끗한 우주 공간은 의도적으로 재료의 확산 결합을 위한 장소로 이용 가능하다. 또한 산화, 표면경화, 상변환, 수소가스 정

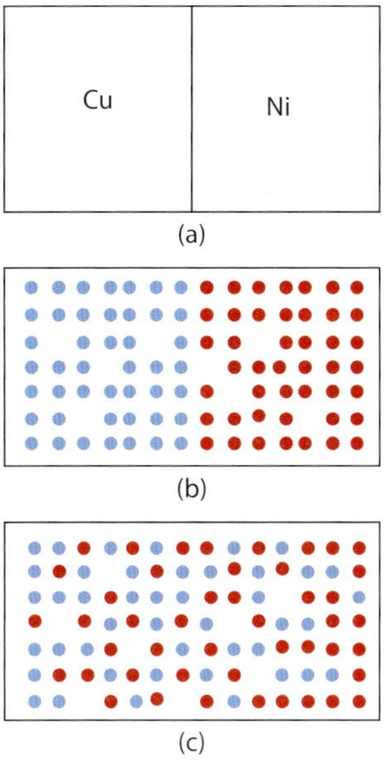

그림 4.15 확산에 의한 혼합의 여러 단계에서 구리와 니켈의 확산쌍의 모식도: (a) 확산이 일어나기 전 압착되어 확산쌍을 형성하는 구리와 니켈. (b) 확산이 일어나기 전 구리 및 니켈의 원자 및 공공. (c) 현저한 양의 확산이 일어난 후 구리 및 니켈 원자와 공공

제, 연료전지 작동 등을 포함한 재료의 많은 과정에서 확산은 중요하다.

4.7.1 공공확산

어떻게 Cu와 Ni처럼 비슷한 크기의 원자가 고체 안으로 이동하는가? 우리는 흔히 고체의 원자나 분자가 정해진 위치에 고정되어 있다고 생각한다. Cu와 Ni의 두 개의 결정 원자가 혼합되기 전을 그림 4.15b에, 섞인 원자를 그림 4.15c에 모식적으로 나타내었다. 니켈과 구리의 원자가 어떻게 고체 상태에서 서로 섞이는지 이해하는 문제는 20세기 초반에 아인슈타인(Albert Einstein)을 포함한 유명한 과학자의 도전의식을 북돋아 주었다. 원자는 작은 원을 회전하면서 섞인다는 제안이 있었다. 그림 4.15b는 모든 재료에 공공이 있음을 보여준다. 공공의 평형 농도는 B 형태 원자가 아니라 공공에 의해서 다시 쓰인 식 4.16에 의해 주어진다. 결정에서 오직 하나의 공공이라도 존재하면 니켈과 구리는 서로 섞이게 된다. 여러분은 그림 4.16에 보인 것처럼 숫자 맞춤 판에서 하나의 빈 곳 때문에 모든 숫자가 다시 정렬되는 것을 경험했을 것이다. 그림 4.16a에는 빨간 숫자판이 하얀 숫자판과 분리되어 있다. 우리는 원자에 숫자를 부여할 수 없으므로 원자 혼합의 예에서 숫자는 의미가 없다. 빨간 숫자판은 한 형태의 원자를 하얀 숫자판은 다른 형태의 원자를 나타낸다고 하자. 하나의 빈 공간으로 인해 그림 4.16b에서 빨간 숫자판과 하얀 숫자판은 완전하게 섞였다. 빈 공간이 없이 원자(숫자판)는 움직일 수 없다. 결정에서도 같은 원리가 적용된다. 그림 4.17a에 나온 것처럼 결정에 공공이 존재하면 인접하는 원자가 공공 자리로 뛰어들고 공공은 뛰어드는 원자의 원래 위치로 움직인다. 확산하는 원자와 공공 사이에 있는 원자들이 서로 멀리 떨어져 진동하며 이동하는 쉬운 길을 만들면, 확산하는 원자는 대부분 뛴다. 그림 4.17b는 양이온은 양이온 자리로 음이온은 음이온 자리로 확산되는 이온성 재료에서 공공의 확산을 보여준다.

그림 4.16 (a) 하나의 빈칸이 있는 채 빨간 숫자판과 하얀 숫자판은 색깔로 분리되어 있다. (b) 다른 위치지만 여전히 하나의 빈칸이 있는 채 빨간 숫자판과 하얀 숫자판은 섞여있다. *(사진제공: C. M. Gilmore)*

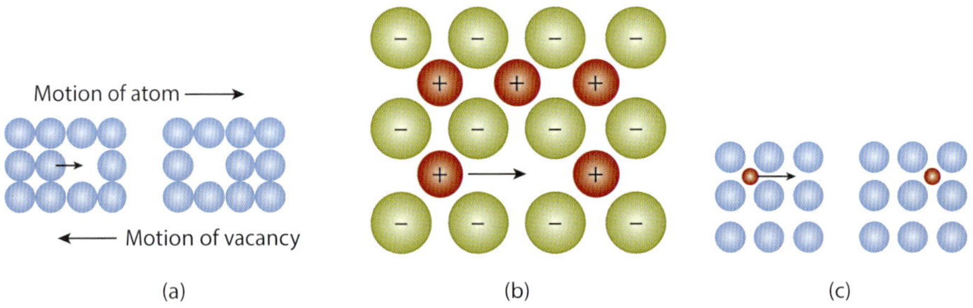

그림 4.17 (a) 결정성 금속이나 공유 결합 고체에서 공공 확산 기재. (b) 이온성 재료에서 공공 확산 기재. (c) 침입형 확산 *(Based on Askeland, D.R., Fulay, P.P., and Wright, W.J., The Science and Engineering of Materials, 6th ed. Cengage Learning, Stamford, CT. (2011), (a) and (c) p. 162, (b) p. 170. 1. CRC Handbook of Chemistry and Physics, ed.D.R. Lide, 90th ed. 2009–2010 pg. 12–80.)*

확산의 공공 모델을 바탕으로 격자 진동이 커질수록 확산속도는 커진다. 높은 온도는 큰 진폭의 격자진동을 유발시키므로, 실험적으로 증명되었듯이 확산속도는 온도에 따라 커진다. 또한 식 4.16에 나타낸 대로 온도가 증가할수록 공공의 농도도 증가한다. 공공의 수가 증가하면 공공 확산이 일어나는 자리의 수가 많아지게 된다.

4.7.2 침입형 원자 확산

철 속의 탄소 같은 침입원자의 확산에서 공공은 불필요하다. 침입 자리는 원자로 채워져 있지 않다. 그러므로 그림 4.17c에 보인 것처럼 침입 원자는 한 침입 자리에서 다른 자리로 이동한다. 이는 같은 온도에서 치환형 고용체에서 공공의 확산보다 침입형 고용체에서 빠른 확산을 유발한다.

4.7.3 금속과 세라믹에서 공공 확산속도

공공 확산속도는 공공의 존재를 필요로 한다. 일정한 온도와 압력 하의 결정에서 평형 공공농도는 식 4.16에 공공 형성 엔탈피를 넣음으로써 식 4.32와 같이 얻어진다.

$$\frac{N_v(\mathrm{eq})}{N} = \exp\left(-\frac{\Delta H_v}{kT}\right) \tag{4.32}$$

$N_v(\mathrm{eq})/N$ 항은 어느 개개의 자리에서 공공이 존재할 확률(P_v)이다. 원자가 인근의 공공으로 이동할 확률(P_m)은 식 4.33과 같이 주어진다.

$$P_m = \exp\left(-\frac{\Delta G_m}{kT}\right) = \exp\left(-\frac{\Delta H_m - T\Delta S_m}{kT}\right) = A\exp\left(-\frac{\Delta H_m}{kT}\right) \tag{4.33}$$

여기서 ΔG_m은 원자 이동을 위한 활성 깁스 자유에너지이고, A는 엔트로피 항을 포함한다. 전체 공공 확산 확률(P_D)은 형성 확률(P_v)과 이동 확률(P_m)의 곱으로 주어지며 식 4.34와 4.35에 나타나 있다.

$$P_D = P_vP_m = \exp\left(-\frac{\Delta H_v}{kT}\right)A\exp\left(-\frac{\Delta H_m}{kT}\right) = A\exp\left(-\frac{\Delta H_v + \Delta H_m}{kT}\right) \tag{4.34}$$

$$P_D = P_vP_m = A\exp\left(-\frac{\Delta H_D}{kT}\right) \tag{4.35}$$

여기서 $\Delta H_D = \Delta H_v + \Delta H_m$은 확산을 위한 활성 엔탈피이다. 식 4.27에서 확산속도는 식 4.36에 의해 구해진다.

$$R_D = C\exp\left(-\frac{\Delta H_D}{kT}\right) \tag{4.36}$$

여기서 상수 C는 진동주파수와 엔트로피 항을 포함한다. 식 4.32에서 공공 형성 깁스 자유에너지를 사용했다면 식 4.36에서 엔트로피는 C에 포함되고, 방정식은 같을 것이다. 호스트 격자에서 원자의 공공확산을 위한 활성 엔탈피를 표 4.4에 나타내었다. 지수 앞 상수 D_{0BA}는 4.7.6절에 설명되어 있다.

금속에서 자기확산은 주로 공공 확산에 의한 것이다. 자기확산은 순물질에서 원자의 확산을 말하며 조성 변화가 없기 때문에 공학적 응용에서는 중요하지 않다. 순수한 금속에서조차 원자는 임의적으로 뛰어서 이동한다. 같은 원소 비방사성의 호스트에서 방사성 동위원소의 이동을 관찰함으로써 자기확산은 측정된다. 자기확산은 화학적 원동력이 없는 확산이며, 화학적 상호작용이 없는 균질한 재료와 연관이 있으므로 연구된다. 그러므로 자기확산은 원자나 분자의 상이성으로 인한 복잡한 문제없이 확산에 관한 순수한 정보를 제공한다. 표 4.4에서 자기확산을 위한 활성 엔탈피는 같은 결정구조를 가지는 금속의 녹는점과 직접적으로 연관이 있다는 점을 살펴보자. 예를 들면, FCC 금속 중에서 납은 600 K에서, 구리는 1356 K에서 녹고, 구리에서 자기확산 활성 엔탈피는 납에서보다 두 배가 된다. 2장에서 강조했듯이 녹는점은 결합의 강도와 관련이 있고, 자기확산 활성 엔탈피 또한 결합의 강도와 연관이 있다.

MgO와 Al_2O_3처럼 금속 산화물 세라믹에서 금속과 산소 이온의 확산은 활성 엔탈피의 크기에서 나타나듯이 주로 공공 확산에 의해서 일어난다. 비록 Mg와 Al의 원자 번호가 산소보다 크지만, 각 세라믹에서 산소 확산 활성 엔탈피는 금속보다 크다는 점을 주목하자. 이는 산소 이온이 전자 전달 때문에 금속이온보다 크다는 사실 때문이다.

표 4.4 어떤 원소와 화합물에서 원자 확산을 위한 활성 엔탈피(ΔH_D)와 지수 앞 상수(D_{0BA}). D_{0BA}는 식 4.39에 정의되어 있다.

Diffusion Couple	ΔH_D kcal/mole	ΔH_D kJ/mole	ΔH_D eV/atom	D_{0BA} m^2/s
Interstitial Diffusion				
C in FCC Fe[1]	35.3	148	1.53	2.3×10^{-5}
C in BCC Fe	20.9	87.5	0.907	1.1×10^{-6}
N in FCC Fe	34.6	145	1.50	3.4×10^{-7}
N in BCC Fe	18.3	76.6	0.794	4.7×10^{-7}
H in FCC Fe	10.3	43.1	0.447	6.3×10^{-7}
H in BCC Fe	3.6	15.1	0.156	1.2×10^{-7}
Self-Diffusion				
Pb in Pb	25.9	108	1.12	1.27×10^{-4}
Al in Al	32.2	135	1.40	1.0×10^{-5}
Cu in Cu	49.3	206	2.14	3.6×10^{-5}
Fe in FCC Fe	66.7	279	2.90	6.5×10^{-5}
Fe in BCC Fe	58.9	247	2.56	4.1×10^{-4}
Zn in Zn	21.8	91.3	0.946	1.0×10^{-5}
Mg in Mg	32.2	135	1.40	1.0×10^{-4}
W in W	143	600	6.22	4.1×10^{-4}
Si in Si	110	460	4.77	1.8×10^{-1}
C in C (graphite)	163	657	7.08	5.0×10^{-4}
Heterogeneous Diffusion				
Ni in Cu	57.9	242	2.51	2.3×10^{-4}
Cu in Ni	61.5	257	2.67	6.5×10^{-5}
Zn in Cu	43.9	184	1.91	7.8×10^{-5}
Ni in FCC Fe	64	268	2.78	4.1×10^{-4}
Au in Ag	45.5	190	1.98	2.6×10^{-5}
Ag in Au	40.2	168	1.74	7.2×10^{-6}
Al in Cu	39.5	165	1.71	4.5×10^{-6}
Al in Al_2O_3	114	477	4.95	2.8×10^{-3}
O in Al_2O_3	152	636	6.60	1.9×10^{-1}
Mg in MgO	79	331	3.43	2.5×10^{-5}
O in MgO	82.1	344	3.46	4.3×10^{-9}

Based on data from from Askeland, D.R., Fulay, P.P., and Wright, W.J., The Science and Engineering of Materials, 6th ed. Cengage Learning, Stamford, CT. (2011), p. 164 and from (1) Smithells Metals Reference Book, eds. Gale, W.F., and Totemeier, T.C., Elsevier Butterworth-Heinemann, Oxford (2004), p. 13–21.

4.7.4 금속과 세라믹에서 침입형 확산속도

침입형 확산에서는 빈 침입 자리를 만들 필요가 없으므로 확산 엔탈피는 이동 엔탈피와 같다($\Delta H_D = \Delta H_m$). 그러므로 이동이 일어나기 전 공공이 먼저 형성되어야 하는 공공 확산보다 침입형 확산 활성 엔탈피는 보통 작다. 표 4.4에서 보듯이 철에서 탄소의 침입형 확산 활성 엔탈피는 철에서 철의 자기확산의 절반에 못 미친다. 많은 금속에서 수소는 침입형 기재에 의해 확산하는 양이온을 형성한다.

4.7.5 금속과 세라믹의 결함에서 확산속도

확산이 일어나기 위해서 표면에서는 공공이 존재할 필요가 없고, 표면 원자는 벌크 원자보다 약하게 결합되어 있기 때문에 원자가 재료 속을 통과해서 이동하는 것보다 표면을 따라서 이동하는 것이 쉽다. 따라서 표면에서 원자의 확산 속도는 재료 속에서 속도보다 크다. 표면 확산은 증기 증착에 의한 박막 재료를 성장시키는데 있어서 중요하다. 벌크와 비교하여 확산은 표면, 결정립계, 상계면과 칼날전위를 따라서 빠르게 일어난다. 표 4.5는 벌크 은에서 자기확산 활성 엔탈피는 결정립계에서 값의 두 배, 표면 확산에서 값의 5배가 됨을 보여준다. 원자 확산은 무전위 결정을 통해서보다는 칼날전위를 따라서 빠르게 일어난다. 원자간 거리가 큰 칼날전위에서 원자는 빠르게 확산한다. 칼날전위를 통한 확산은 파이프 확산이라고 일컬어진다. 비슷하게 원자가 벌크 재료를 통해 이동하는 것보다 틸트(tilt) 결정립계 공간에서 이동하는 것이 쉽다. 결정립계 확산은 가스터빈 블레이드처럼 고온 재료의 설계에 있어서 중요한 의미를 가진다. 블레이드는 결정립계 확산을 피하기 위해서 단결정으로 만든다. 9장에서 작용된 응력에 대한 재료 응답의 온도 및 시간 의존성 등 이 주제에 대해서 자세하게 다룰 것이다.

표 4.5 벌크 은 및 은 결정립계와 표면에서 자기확산 활성 엔탈피(ΔH_D)와 지수 앞 상수(D_0). D_0는 식 4.39에 정의되어 있다.

Diffusion Type	ΔH_D kcal/mole	ΔH_D kJ/mole	ΔH_D eV/atom	D_0 m^2/s
Bulk	45.7	191	1.98	1.00×10^{-4}
Grain Boundary	22.8	95.2	0.99	0.74×10^{-4}
Surface	8.9	37.3	0.39	0.47×10^{-4}

Based on data from Askeland, D.R., Fulay, P.P., and Wright, W.J., The Science and Engineering of Materials, 6th ed. Cengage Learning, Stamford, CT. (2011), p. 174.

4.7.6 정상상태 확산의 분석

정상상태 확산에서 원자의 농도는 시간에 따라 변하지 않는다. 정상상태의 예는 그림 4.18에 보인 수소 정제이다. 고순도의 수소는 연료전지 같은 많은 응용에서 필요하다. 수소 정제 시스템에서 약 14기압의 일정한 높은 압력에 있는 저순도의 수소가 약 773 K의 온도에 있는 팔라듐 튜브 안에 있다. 팔라듐 튜브의 고압부에서 수소의 분압(P_{Hhi})은 저압부의 수소 분압(P_{Hlo})보다 커야 한다. 왜냐하면 그림 4.18의 아래 그래프에서 보이듯이 팔라듐의 고압부에서 수소 농도(C_1 수소원자/m^3)가 저압부의 수소 농도(C_2 수소원자/

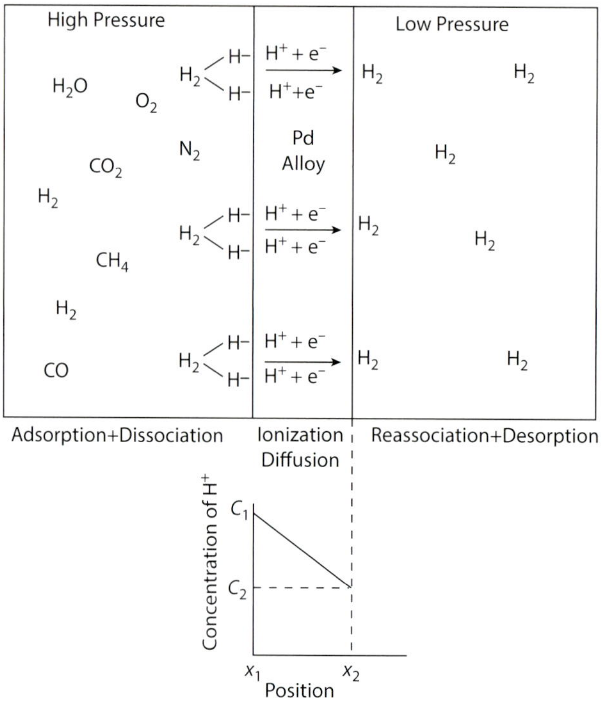

그림 4.18 위 그림은 수소 정제 셀의 모식도이다. 아래 그림은 재료 속 위치에 대한 팔라듐 금속 내의 수소 이온 농도를 보여주는 그래프이다.

m^3)보다 크기 때문이다. 수소 분자(H_2)는 고압부에서 팔라듐 표면에 **흡착**되고, H_2는 두 개의 H 원자로 분해된다. 원자나 분자는 표면에 붙을 때 흡수된다. 각 수소 원자는 이온화되고 전자는 팔라듐 금속의 전도 전자 중의 하나가 되며 매우 작은 H^+은 오직 핵으로 이루어져 있다. 작은 H^+의 핵은 팔라듐의 침입 자리로 매우 빠르게 확산되지만, 공기 중에 있는 큰 탄소, 산소 및 질소의 이온들은 팔라듐 속으로 쉽게 확산되지 않는다. 팔라듐 튜브는 오직 수소 이온의 빠른 확산만을 허용하는 필터 작용을 한다. 10^8개의 수소 원자 속에 1개의 불순물 원자를 가지는 수소는 낮은 수소 분압에 있는 튜브 바깥쪽 챔버에 축적된다.

식 4.37은 정상상태 원자의 확산속도를 예측하는 가장 일반적인 방정식이다.

$$J_B = -C_B B_B \frac{\partial G_B}{\partial x} \qquad \textbf{4.37}$$

여기서 J_B는 제곱미터를 초 당 지나가는 B 형태(위 예제의 경우 수소) 원자 수를, C_B는 위치 x에서 세제곱 미터 당 B 형태의 원자 농도를, B_B는 힘의 단위 당 속도의 단위를 가지는 B 형태의 이동도를 나타낸다. J_B는 B 형태의 원자 유속이라고 불린다. $\partial G_B/\partial x$ 항은 위치에 따른 A 형태의 재료 속에서 B 형태 원자의 깁스 자유에너지 구배이고, B 형태의 원자에 대해서 화학적인 힘이 된다. 원자는 항상 계의 깁스 자유에너지가 최소화 되는 방향으로 이동하고, 구배는 항상 음수이다. 원자의 확산을 나타내는 식 4.37은 열유속을 나타내는 식 4.10 및 전류 밀도를 나타내는 옴의 법칙과 비슷하다.

불행하게도 깁스 자유에너지나 재료 내에서 그 구배를 측정할 방법이 없다. 15장에 논의된 대로 B 형태 원자의 화학적인 농도는 위치에 대한 함수로 실험적으로 측정이 가능하다. 그림 4.5에 나와있는 Ni과 Cu

처럼 많은 경우에 원자는 고농도에서 저농도로 움직인다. 확산하는 원자가 호스트 원자 안으로 혼합되는 경우도 사실이다. 이상적으로 혼합되는 원자에서 농도구배는 깁스 자유에너지의 구배와 직접적인 연관이 있다. 이 경우 정상상태 방정식은 식 4.38과 같이 쓰인다.

$$J_B = -D_{BA}\frac{dC_B}{dx} \quad \textbf{4.38}$$

여기서 J_B는 A 형태의 재료에서 B 형태 원자의 확산속도이고, D_{BA}는 초 당 제곱미터의 단위를 가지는 확산도 또는 확산계수이며, dC_B/dx는 위치 x에 따른 농도 구배이다. 이러한 형태의 정상상태 확산방정식을 픽(Fick)의 제1 법칙이라고 한다. 확산계수의 온도 의존성은 식 4.39와 같이 주어진다.

$$D_{BA} = D_{0BA}\exp\left(-\frac{\Delta H_{DBA}}{kT}\right) \quad \textbf{4.39}$$

여기서 D_{0BA}는 A 형태의 재료에서 B 형태 원자의 확산계수이고, ΔH_{DBA}는 확산 활성 엔탈피이다. 표 4.4에 몇 가지의 D_{0BA}와 ΔH_{DBA} 값을 나타내었다. 그림 4.19~21은 $1/T$에 대한 다양한 재료의 확산계수를 나타낸다. 그림 4.19에는 우리가 앞서 논의한 자기확산인 BCC 철에서 철의 확산계수가 제시되었다. 그림

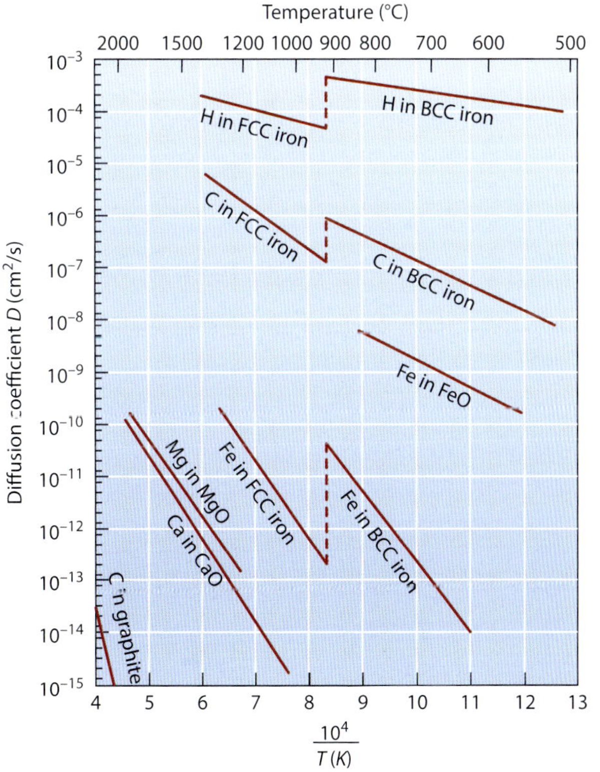

그림 4.19 몇 가지 금속과 세라믹에서 온도($10^4/T$)에 대한 원자의 확산계수 *(Based on Askeland, D.R., Fulay, P.P., and Wright, W.J., The Science and Engineering of Materials, 6th ed. Cengage Learning, Stamford, CT. (2011), p. 169.)*

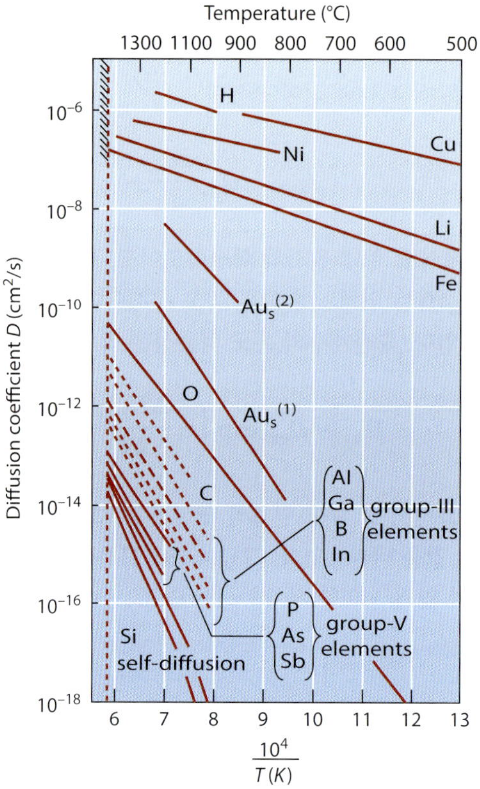

그림 4.20 실리콘에서 온도($10^4/T$)에 대한 원자의 확산계수 *(Based on "Diffusion and Diffusion Induced Defects in Silicon," by U. Gösele. In R. Bloor, M. Flemings and S. Mahajan (eds.), Encyclopedia of Advanced Materials, Vol. 1, 1994, p. 631.)*

4.20에는 실리콘에서 금의 확산계수가 Au_s^1, Au_s^2의 그래프로 그려져 있다. 금은 실리콘에서 침입형 고용체이다. 금의 농도는 Au_s^1에서 과포화 되어 있고, Au_s^2에서는 실리콘의 전위밀도가 증가하여 포화되지 않았다.

정상상태 확산방정식 4.38은 원자는 항상 고농도에서 저농도로 이동한다고 기술하고 있다. 비록 이것은 많은 경우에 일어나지만, 금속 원자가 고체에서 섞이지 않고 액체에서 섞이는 것처럼 원자가 저농도에서 고농도로 이동하는 경우도 있다. 구리와 은은 고체상태에서 섞이지 않기 때문에 상온에서 50% 구리−50% 은 합금은 거의 순수한 구리와 은으로 되어 있다. 구리와 은은 액체에서 섞인다; 응고하는 동안 구리와 은은 확산에 의해 분리가 되어야 한다. 두 개의 상으로 원자의 분리는 깁스 자유에너지를 낮추므로, 식 4.37은 이런 구리와 은의 분리를 설명한다. 그러나 식 4.38은 원자는 고농도에서 저농도로 움직인다고만 기술하고 있다. 식 4.38의 유도는 원자가 이상적으로 혼합되어야 함을 전제로 하고, 은과 구리는 이상적으로 혼합되지 않고 분리된다. 원자가 분리될 때 업힐 확산(uphill diffusion)이라고 한다. 이것은 깁스 자유에너지 측면에서 볼 때 업힐 확산은 아니다. 확산은 항상 깁스 자유에너지를 낮춘다. 어떤 것도 자발적으로 위로 이동하지 않는다.

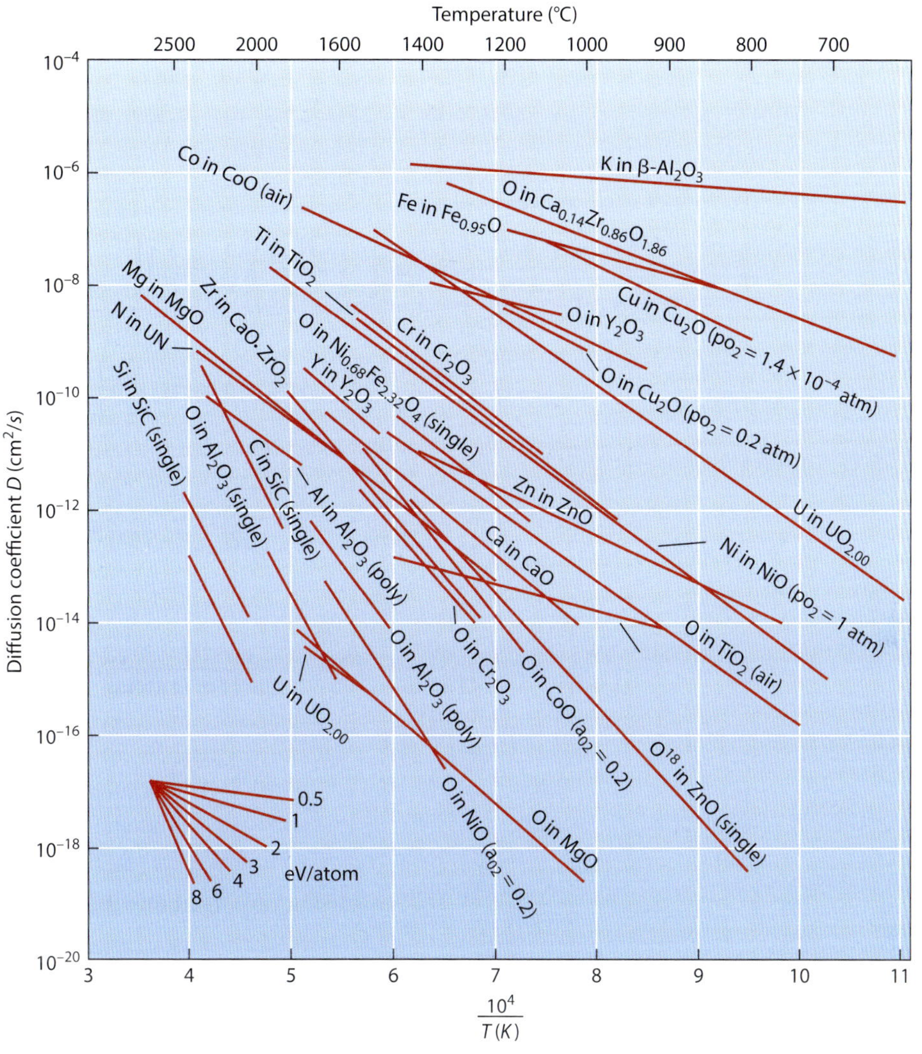

그림 4.21 다양한 세라믹에서 온도($10^4/T$)에 대한 이온의 확산계수 *(Based on Physical Ceramics: Principles for Ceramic Science and Engineering, by Y. M. Chiang, D. Birnie, and W. D. Kingery, Fig. 3-1, John Wiley, 1997.)*

예제 4.11

그림 4.20에 제시된 자료를 이용하여 실리콘에서 산소의 확산을 위한 활성 엔탈피와 지수 앞 상수를 구하여라.

풀이

실리콘에서 산소의 확산계수(D_{OSi})는 그림 4.20에 온도에 관한 함수로 나타나 있다. 온도에 대한 함수로서 확산계수는 식 4.39에 제시되어 있다. 식 4.39에 D_{0OSi}와 ΔH_{DOSi} 두 개의 미지수가 있다. 두 개의 방정식을 만들어서 미지수에 대하여 풀 수 있다. 그림에서 잘 구분되고 읽기 쉬운 두 개의 D_{OSi}

값을 선택하는 것이 좋다. 1점에 대해서 $D_{OSi} = 1 \times 10^{-12}\,cm^2/s = 1 \times 10^{-16}\,m^2/s$ 이고 $1/T_1 = 0.00072\ K^{-1}$ 또는 $T_1 = 1394$ K이다. 2점에 대해서는 $D_{OSi} = 1 \times 10^{-18}\,cm^2/s = 1 \times 10^{-22}\,m^2/s$이고 $1/T_2 = 0.00118\ K^{-1}$ 또는 $T_2 = 847$ K이다. 두 확산계수의 비를 취하면 하나의 미지수인 D_{0OSi}를 소거할 수 있다.

$$\frac{D_{OSi1}}{D_{OSi2}} = \frac{D_{0OSi}\exp\left(-\dfrac{\Delta H_{DOSi}}{kT_1}\right)}{D_{0OSi}\exp\left(-\dfrac{\Delta H_{DOSi}}{kT_2}\right)} = \exp\left[-\left(\frac{\Delta H_{DOSi}}{k}\right)\left(\frac{1}{T_1} - \frac{1}{T_2}\right)\right]$$

$$\frac{1 \times 10^{-16} m^2/s}{1 \times 10^{-22} m^2/s} = 1 \times 10^6 = \exp\left[-\left(\frac{\Delta H_{DOSi}}{k}\right)(0.00072 - 0.00118)\ K^{-1}\right]$$

확산계수 비의 양변에 자연로그를 취하면

$$13.82 = -\left(\frac{\Delta H_{DOSi}}{8.62 \times 10^{-5}\ eV/atom \cdot K}\right)(-0.00046\ K^{-1}) = -\Delta H_{DOSi}(-5.33)\frac{atom}{eV}$$

이를 ΔH_{DOSi} 에 관하여 풀면

$$\Delta H_{DOSi} = \frac{13.82}{5.33}\,\frac{eV}{O\ atom} = 2.59\,\frac{eV}{O\ atom} = 2.5 \times 10^5\,\frac{J}{mole\ of\ O\ atoms}$$

D_{0OSi} 값은 ΔH_{DOSi}를 1점 같은 자료점에 대입을 하면 얻을 수 있다.

$$D_{OSi1} = 1 \times 10^{-16}\,\frac{m^2}{s} = D_{0OSi}\exp\left(-\frac{\Delta H_{DOSi}}{kT_1}\right) = D_{0OSi}\exp\left(-\frac{2.59\ eV/atom}{(8.62 \times 10^{-5}\ eV/atom \cdot K)(1389\ K)}\right)$$

$$D_{OSi1} = 1 \times 10^{-16}\,\frac{m^2}{s} = D_{0OSi}\exp\left(-\frac{2.59\ eV/atom}{11.97 \times 10^{-2}\ eV/atom}\right) = D_{0OSi}\exp\ (-21.6) = D_{0OSi}(4.0 \times 10^{-10})$$

이것을 D_{0OSi}에 관하여 풀면

$$D_{0OSi} = \frac{1 \times 10^{-16} m^2/s}{4.0 \times 10^{-10}} = 0.25 \times 10^{-6}\,\frac{m^2}{s}$$

예제 4.12

그림 4.18에 도식화한 것처럼 연료전지에 사용하기 위해 수소 가스를 정제한다. 수소 정제기는 안쪽은 고분압(P_h), 바깥쪽은 저분압(P_l)이고 벽 두께가 t인 튜브로 되어 있다. **시버트(Sievert) 법칙**은 표면에서 기체의 농도는 기체의 분압의 제곱근에 비례한다고 기술하고 있다. 그러므로 금속 튜브 벽을 통한 수소의 농도 경사도는 다음과 같다.

$$\frac{dC_H}{dx} = B\frac{P_h^{1/2} - P_l^{1/2}}{t}$$

여기서 B는 기체와 금속에 의존하는 상수이다. 팔라듐-25% 은 합금 튜브를 통한 수소 이온 유속은 다음과 같이 구해진다는 점이 Ackerman과 Koskinas에 의해 실험적으로 증명되었다.

$$J_H = \left[4.86 \times 10^{-7}\left(\frac{P_h^{1/2} - P_l^{1/2}}{t}\right)\frac{\text{moles}}{\text{m}^2\text{s}}\right]\exp\left(-\frac{6.6 \times 10^3 \text{ J/mole}}{RT}\right)$$

지수 앞 상수는 수소의 확산도와 팔라듐−25% 은 합금에서 수소의 용해도 항을 포함한다. 저순도의 수소 분압이 0.69×10^6 Pa이고 고순도 수소 분압이 3.45×10^4 Pa 온도가 651 K, 벽 두께가 1.24×10^{-4} m인 팔라듐−25% 은 합금 튜브를 통한 수소 이온의 유속을 계산하여라.

풀이

주어진 조건을 J_H의 식에 대입하면,

$$J_H = \left[4.86 \times 10^{-7}\left(\frac{(0.69 \times 10^6 \text{ Pa})^{1/2} - (3.45 \times 10^4 \text{ Pa})^{1/2}}{1.24 \times 10^{-4}\text{ m}}\right)\frac{\text{moles}}{\text{m}^2\text{s}}\right]\exp\left(-\frac{6.6 \times 10^3 \frac{\text{J}}{\text{mole}}}{8.31\frac{\text{J}}{\text{mole}\cdot\text{K}}651\text{ K}}\right)$$

$$J_H = \left[4.86 \times 10^{-7}(0.52 \times 10^7)\frac{\text{moles}}{\text{m}^2\text{s}}\right]\exp(-1.22)$$

$$J_H = 2.52\frac{\text{moles}}{\text{m}^2\text{s}}(0.295) = 0.74\frac{\text{moles}}{\text{m}^2\text{s}}$$

이것은 수소 이온의 유속이다; 수소 가스의 몰은 이 양의 반이 된다.

4.7.7 시간 종속 확산

정상상태 확산방정식 4.38은 그림 4.18에 보인 팔라듐 금속을 통한 수소의 확산에서처럼 농도구배(dC/dx)가 일정한 곳에 적용된다. 식 4.38은 특정한 시간 t에서 농도구배(dC/dx)를 알면 농도구배가 시간에 따라 변하는 곳에도 또한 적용할 수 있다. 그러면 위치 x, 시간 t에서 원자유속 $J(x)$를 계산할 수 있다. 그러나, 정상상태 확산방정식은 예측능력이 없다; 만일 농도구배가 위치 x_2와 시간 t_2에서 알려져 있지 않으면 x_2와 t_2에서 유속을 예측할 수는 없다. 농도구배가 시간과 위치에 따라 변하는 문제를 해석하기 위해서 비정상상태 확산방정식을 유도할 필요가 있다. 비정상상태 예는 그림 4.15에 보인 구리와 니켈의 확산이다. 그림 4.15b에 보이는 바와 같이 시간 0에서 니켈과 구리원자는 완전히게 분리되어 있다. 시간 t 후 그림 4.15c에 보인 것처럼 니켈 원자는 구리 속으로 구리원자는 니켈 속으로 침투한다. 이런 형태의 문제는 부록 4E에서 유도된 픽(Fick)의 제 2법칙을 가지고 해석할 수 있다.

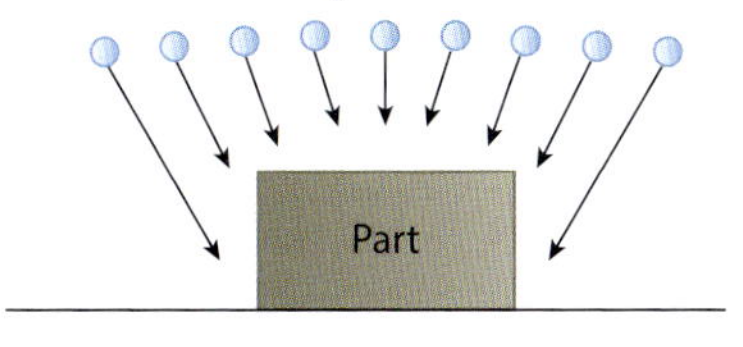

그림 4.22 A 형태의 원자로 이루어진 부품이 B 형태 원자 증기에 노출되어 있다. 이는 부품의 표면에 흡착되어 C_s의 표면 농도를 만든다.

표 4.6 오차함수 값

z	erf(z)	z	erf(z)	z	erf(z)
0	0	0.55	0.5633	1.3	0.9340
0.025	0.0282	0.60	0.6039	1.4	0.9523
0.05	0.0564	0.65	0.6420	1.5	0.9661
0.1	0.1125	0.70	0.6778	1.6	0.9763
0.15	0.1680	0.75	0.7112	1.7	0.9838
0.2	0.2227	0.80	0.7421	1.8	0.9891
0.25	0.2763	0.85	0.7707	1.9	0.9928
0.3	0.3286	0.90	0.7970	2.0	0.9953
0.35	0.3794	0.95	0.8209	2.2	0.9981
0.4	0.4284	1.0	0.8427	2.4	0.9993
0.45	0.4755	1.1	0.8802	2.6	0.9998
0.5	0.5205	1.2	0.9103	2.8	0.9999

http://en.wikipedia.org/wiki/Error_function

픽의 제 2법칙의 고전적인 해는 탄소 원자가 저탄소강 표면에 확산되는 표면경화 같은 과정에 적용된다. A 형태의 재료로 만들어진 부품이 B 형태 재료의 원천을 가지고 있는 환경에 놓여 있는 실험 모식도가 그림 4.22에 나타나 있다. 이것은 B 형태 재료가 표면농도(C_s)가 되는 결과를 낳는다. 질화 과정에서 B 형태 원자는 강에 흡수된 질소 가스일 수 있다. A 형태 재료 내에서 원래 B 형태 원자의 불순물 농도는 C_0이다. 이런 조건에서 픽의 제 2법칙에 대한 해는 A 형태 재료 내에서 B 형태 원자의 화학 농도 [$C_B(x,t)$]를 식 4.40 및 4.41과 같이 x와 t의 함수로 제공한다.

$$\frac{C_B(x,t)-C_0}{C_s-C_0}=1-\mathrm{erf}\left(\frac{x}{2(D_{BA}t)^{0.5}}\right)=1-\mathrm{erf}(z) \qquad \textbf{4.40}$$

$$z=\frac{x}{2(D_{BA}t)^{0.5}} \qquad \textbf{4.41}$$

이 때, erf(z)는 값이 표 4.6과 같이 주어지는 오차함수이다. 오차함수 값은 많은 수학 핸드북에서 찾아볼 수 있다. 이러한 erf(z)의 함수 형태는 식 4.42에 주어져 있다.

$$\mathrm{erf}(z)=2\pi^{-0.5}\int_0^z \exp^{-y^2}dy \qquad \textbf{4.42}$$

식 4.40을 해석하는데 시간이 0이면 어떤 유한한 x값에 대해서 z는 무한대이며, erf(∞)=1이다. 식 4.40으로부터 시간 0에서 다음을 얻을 수 있다.

$$\frac{C_B(x,t)-C_0}{C_s-C_0}=1-1=0$$

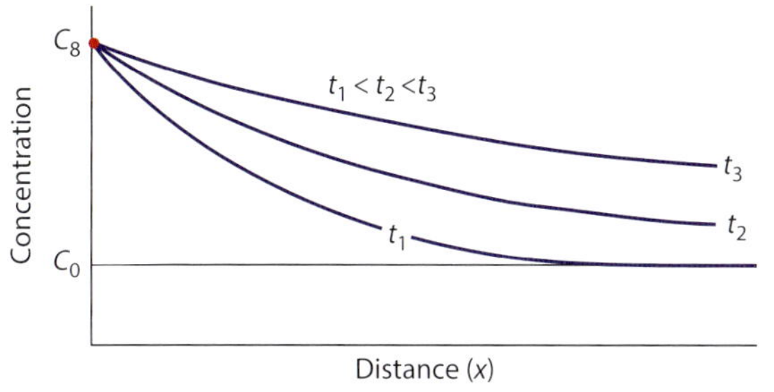

그림 4.23 A 형태 재료에서 서로 다른 세 가지 시간 t_1, t_2, t_3 동안 비정상상태 확산이 일어난 후 위치 x에 대한 B 형태 원자의 농도

따라서 유한한 위치 x에 대해서 $C_B(x,0)=C_0$이다. 이는 표면($x=0$)을 제외하고 시편 전체에서 조성은 원래 조성인 C_0와 같다는 것을 의미한다. 또한 x가 0보다 크고 시간이 매우 크면, z는 0에 가까워지고, erf(z) 값은 0이 되어 다음이 성립한다.

$$\frac{C_B(x,t)-C_0}{C_s-C_0}=1-0=1$$

따라서 $C_B(x,t)=C_s$이고, 이는 표면 농도가 벌크 시편 속으로 침투했다는 것을 의미한다. 다른 위치와 시간의 경우, 화학 조성은 식 4.40에 의해서 결정된다. 그림 4.23에는 다른 시간에서 농도가 도식화 되어 있다. 식 4.40은 화학 조성의 비이므로 무차원이다. 이런 이유로 식 4.40에서 화학농도(원자/m^3) 또는 원자 %나 질량 %로 된 화학 조성을 사용하는 것이 가능하다.

화학 조성은 $x/(D_{BA}t)^{0.5}$에 대한 함수임을 주목하자. 이 관찰은 몇 가지 확산 문제의 해에도 적용이 된다. 예를 들어, B 형태 원자가 A 형태 재료 속으로 1시간 동안 확산된다고 가정하자. 시편 속 위치 1 μm에서 화학조성은 1 원자%라는 점은 실험적으로 또는 계산에 의해 결정된다. 같은 온도에서, 2 μm에서 화학조성이 1 원자%가 되는데 필요한 시간은 얼마일까? 원하는 화학조성은 여전히 1 원자%이므로 식 4.40의 좌변은 동일하지만, 이 조성의 위치와 시간은 변한다. 온도가 일정하므로 D_{BA} 값은 일정하고 $x/t^{0.5}$도 일정하다. 만일 위치 x가 두 배이면, 식 4.40의 우변을 같게 하기 위해서 시간은 4배 커져야 한다.

예제 4.13

표면경화는 마모와 피로 크랙의 발생에 저항하기 위해서 탄소를 강 속으로 확산시켜 표면에 단단한 껍질을 형성시키고 파단에 저항하기 위하여 중심에는 부드러운 속을 남기는 과정이다. 초기에 0.1%의 탄소를 가지는 강이 1000°C에서 표면 농도를 1%로 만들어 주는 탄소 속에 묻혀 있다. 강 속의 1 mm 깊이에서 탄소 농도가 0.5%가 되도록 하는 데 걸리는 시간은 얼마인가? 그림 5.18에 있는 철-탄소 상태도는 1000°C에서 철의 상은 탄소 함유량이 0부터 1.6%인 FCC γ 상의 철이다. 이 문제에서 FCC γ 상이 존재한다.

풀이

이 문제에서 기술된 실험은 식 4.40에 주어진 것과 같다. 문제로부터 C_C (0.001 m, t) = 0.5%, C_0

= 0.1%, C_s = 1%, x = 0.001 m임을 알고 있다. D_{BA}와 t는 결정이 되어야 한다. D_{BA}를 결정하는 정보는 표 4.4에 나와 있다. γ 상 철에서 탄소의 확산계수($D_{C\gamma}$)는 식 4.39에서 계산할 수 있다.

$$D_{C\gamma} = D_{0C\gamma}\exp\left(-\frac{\Delta H_{C\gamma}}{kT}\right) = 2.3 \times 10^{-5}\frac{\text{m}^2}{\text{s}}\exp\left(-\frac{1.53\ \text{eV/atom}}{(8.62 \times 10^{-5}\ \text{eV/atom}\cdot\text{K})(1273\ \text{K})}\right)$$

$$D_{C\gamma} = 2.3 \times 10^{-5}\frac{\text{m}^2}{\text{s}}\exp(-13.94) = 2.3 \times 10^{-5}\frac{\text{m}^2}{\text{s}}(0.9 \times 10^{-6}) = 2 \times 10^{-11}\frac{\text{m}^2}{\text{s}}$$

오차함수에서 먼저 z 값을 결정하고 $D_{C\gamma}$를 식 4.40에 대입하여 시간을 찾을 수 있다. 확산방정식에서 모든 조성은 주어져 있으므로 식 4.40의 좌변은 다음과 같다.

$$\frac{0.5 - 0.1}{1.0 - 0.1} = \frac{0.4}{0.9} = 0.444 = 1 - \text{erf}(z)$$

$$\text{erf}(z) = 0.556$$

이제 표 4.6 오차함수 값에서 z 값을 찾을 수 있다. Erf(z) = 0.556은 표 4.6에 명확하게 나타나지 않으므로, z값을 찾기 위해서 오차함수 값 0.55와 0.50 사이에서 보간하는 것이 필요하다.

$$\frac{0.55 - 0.50}{0.5633 - 0.5205} = \frac{0.55 - z}{0.5633 - 0.556}$$

$$\frac{0.05}{0.0428} = \frac{0.55 - z}{0.0073}$$

$$0.55 - z = 0.0073(1.1682) = 0.0085$$

$$z = 0.55 - 0.0085 = 0.5415$$

식 4.41에서 위치 x, 시간 t 및 $D_{C\gamma}$와 관련이 있는 z가 구해졌다.

$$z = 0.5415 = \frac{x}{2(D_{C\gamma}t)^{1/2}} = \frac{0.001\ \text{m}}{2\left(20 \times 10^{-12}\frac{\text{m}^2}{\text{s}}t\right)^{1/2}} = \frac{0.001\ \text{m}}{2\left(4.47 \times 10^{-6}\frac{\text{m}}{\text{s}^{1/2}}\right)t^{1/2}} = \frac{1.12 \times 10^2\text{s}^{1/2}}{t^{1/2}}$$

z를 제곱하면

$$z^2 = 0.293 = \frac{1.25 \times 10^4\text{s}}{t}$$

시간 t에 대하여 풀면

$$t = \frac{1.25 \times 10^4\text{s}}{0.293} = 4.26 \times 10^4\text{s} = 11.8\ \text{h}$$

4.8 고분자의 혼합, 용해도, 확산과 투과성

비록 금속과 세라믹에 집중했지만 앞에서 언급한 재료의 많은 부분은 고분자에도 적용할 수 있다. 예를 들면, 식 4.13에 나타낸 깁스 자유에너지는 용매 안에 있는 고분자 및 고분자 혼합에 적용된다. 또한 얇은 고분자 박막을 통한 원자나 분자의 확산은 식 4.37과 4.38에 있는 픽의 제1법칙으로 모델링이 되고, 고체 고분자 표면으로 원자나 분자의 확산은 식 4.40에 있는 픽의 제2법칙으로 모델링이 된다. 만일 서로 다른 고체 고분자가 압착된다고 하더라도, 고분자는 서로 다른 재료 속으로 현저하게 확산되지 못하기 때문에 금속이나 세라믹과 고분자 사이에는 현저한 차이 또한 존재한다. LCM(long-chain molecule)을 이동시키는 양의 활성 엔탈피가 음의 온도-엔트로피 항보다 매우 크기 때문이다. 그러나 고분자가 액체이면 LCM은 확산된다.

4.8.1 용액에서 고분자의 이동

액체에서 고분자 사슬의 이동은 두 부분으로 나뉜다. 각 LCM은 주위의 고분자에 의해 제공되는 구속조건에 의해 그 크기가 결정되는 튜브 안에 있다고 가정한다. 마치 벌레가 구멍을 통해서 이동하는 방법과 비슷한 방법으로 고분자는 확산에 의해서 튜브를 통과한다. 이런 형태의 이동을 **렙테이션**(reptation)이라고 한다. 두 번째 형태의 움직임은 다른 LCM에 의해 제공되는 주위의 구속조건의 변화로 튜브 자체가 이동하는 것이다. 렙테이션 과정 하나에 기반한 확산계수(D)는 LCM의 몰질량(M)의 제곱의 역수에 비례한다. 용액에서 고분자의 확산도는 식 4.43에 나온 것처럼 몰질량의 2.4 제곱의 역수에 비례한다는 것이 실험을 통해 밝혀졌다.

$$D \propto M^{-2.4} \tag{4.43}$$

4.8.2 용액에서 혼합, 엔트로피, 깁스 자유에너지

다른 액체에서와 같이 몇 개의 다른 고분자는 액체 상태에서 섞이고 어떤 것들은 그렇지 않다. 고분자를 혼합하기 위해서 액체 상태에서 고분자가 혼합하는 지 또는 분리되는 지를 아는 것은 매우 중요하다. 왜냐하면 액체 상태에서 혼합의 양이 고체로 그대로 옮겨지기 때문이다. 혼합 과정에 의해서 깁스 자유에너지가 작아지면 고분자들은 섞인다. 서로 다른 고분자 A와 B에 대한 혼합 엔트로피(ΔS_m)는 A 형태의 결정에서 B 형태의 치환형 원자에 대한 식 4.12와 비슷한 형태를 가진다. 그러나 고분자의 혼합 엔트로피는 식 4.44에 나타낸대로 원자분율 대신에 LCM이 차지하는 부피에 기반한다.

$$\Delta S_m = -kV\left[\frac{\phi}{v_A}\ln(\phi) + \frac{(1-\phi)}{v_B}\ln(1-\phi)\right] \tag{4.44}$$

A 형태의 LCM이 차지하는 고분자의 부피분율(ϕ)은 식 4.45에 주어져 있다.

$$\phi = \frac{V_A}{V_A + V_B} \tag{4.45}$$

여기서 V는 전체 부피를, V_A는 A 형태의 LCM이 차지하는 부피를, V_B는 B 형태의 LCM이 차지하는 부피를 나타낸다. 유사하게 B 형태 LCM에 대한 부피분율은 식 4.46과 같이 주어진다.

$$1 - \phi = \frac{V_B}{V_A + V_B} \tag{4.46}$$

A 형태 하나의 분자가 차지하는 부피는 v_A이며 B 형태 분자 하나가 차지하는 부피는 v_B이다. 이 책에서는 A 형태의 재료가 차지하는 부피분율을 보통 v_A라고 쓰지만, 고분자 화학에서는 A 형태 부피분율을 기호 ϕ로 나타낸다. 다른 문헌과 통일성을 기하기 위하여 고분자 상호작용을 논할 때는 기호 ϕ를 쓸 것이다.

하나의 용매 분자는 전체 부피(V)에 비하여 매우 작은 부피를 차지한다. 용매에 대해 식 4.44에 있는 V/v_A 항은 매우 큰 수이고 ln ϕ는 음수이다. 용매는 혼합 엔트로피에 큰 양의 공헌도를 가지는데, 이것이 분자가 용매에 녹는 하나의 이유이다. 온도를 곱할 때 큰 혼합 엔트로피는 깁스 자유에너지 변화를 음수가 되게 한다.

10^7개의 단량체를 가지는 큰 LCM은 부피가 작은 용매 분자에 비해 약 10^7배 크기 때문에, V/v_A 항이 약 10^7배 감소한다. 따라서 LCM에 의해 제공된 혼합 공헌도는 상대적으로 매우 작다. A 형태 B 형태 모두 LCM이라면, 식 4.44에서 두 항에 의한 엔트로피 공헌도는 매우 작다. 이 작은 공헌도 때문에 대부분의 높은 분자 질량을 가진 LCM은 액체에서도 섞이지 않는다.

고분자의 혼합 엔탈피(ΔH_m)는 식 4.47에 의해 주어진다.

$$\Delta H_m = kTV\frac{\chi\phi(1-\phi)}{v} \tag{4.47}$$

여기서 χ는 두 고분자 사이의 상호작용 변수이고, ν는 기준 부피이다. 기준 부피는 단량체 부피와 거의 같다. 고분자 혼합물에 대한 상호작용 변수 값은 중성자 산란 같은 실험에서 온도에 대한 함수이다. 그림 4.24에 한 가지 종류의 실험에 대한 결과를 나타내었다. 이것은 포화 폴리부타디엔(SPB) 88과 SPB 78의 혼합물에 대한 것이다. LCM에서 탄소 이중결합이 없으면 고분자는 포화된다. 숫자 "88"과 "78"은 하나의 분자에서 부타디엔 단량체의 퍼센트를 나타내고, 나머지 퍼센트는 에틸렌 단량체를 나타낸다. 이 상호작용 변수는 양수이고 온도가 낮을수록 증가하며 혼합 엔탈피는 양수이고 온도가 감소할수록 증가한다. 양의 상호작용 변수 값에 기반하여 낮은 온도에서 혼합은 기대할 수 없다.

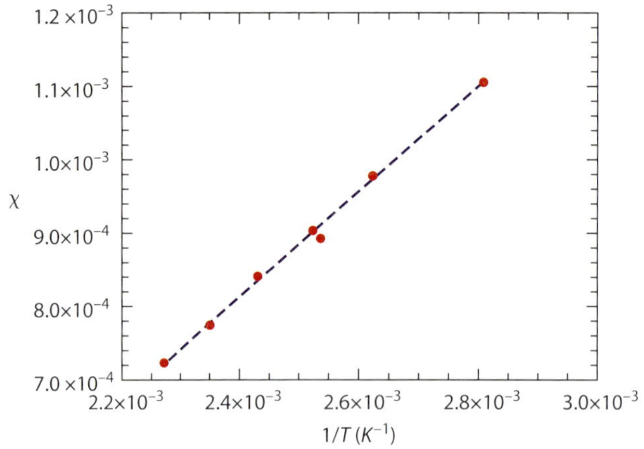

그림 4.24 절대온도의 역수에 대한 함수로서 SPB 88과 SPB 78에 대한 상호작용 변수(χ) 값
(Based on Balsara, N. P., Thermodynamics of Polymer Blends, in Physical Properties of Polymers Handbook, Mark, J.E. ed., AIP Press, Woodbury N.Y. (1996), p. 259.)

고분자의 혼합 또는 분리는 혼합 후 깁스 자유에너지 변화의 부호에 달려 있다. 열가소성 수지는 모든 분자 상호작용이 반데르발스 형태이고 매우 약해서 낮은 혼합 엔탈피를 가진다. 혼합에 의해서 엔탈피 변화가 음수 또는 거의 0이라면 두 개의 서로 다른 LCM은 액체 상태에서 섞인다. 혼합되는 고분자의 예는 천연고무와 폴리부타디엔, 폴리아미드(PA) 6와 PA 6,6, 폴리페닐렌과 폴리스티렌(PS)이다. 비교적 큰 양의 혼합 엔탈피는 양의 깁스 자유에너지 변화를 야기하고, A 형태와 B 형태의 LCM은 액체 상태에서도 서로 섞이지 않는다. 서로 섞이지 않는 예는 PS와 PE, PA와 PE, PP와 PE이다. 예상한대로 온도가 증가할 때 증가된 온도-엔트로피 변화 항의 깁스 자유에너지 변화에의 공헌도 때문에 혼합의 경향성은 커진다. 일반적인 규칙으로 작은 혼합 엔트로피 때문에 두 개의 LCM은 액체 상태에서도 섞이지 않는다; 그러나 혼합 엔탈피가 음수이거나 매우 작은 양수일 때 예외가 된다. 이에 대한 심층적인 논의를 위해서는 그림 4.24에서 참조한 Rubenstein과 Colby가 쓴 책이나 Balsara가 쓴 논문을 참고하기 바란다.

예제 4.14

다량체에 2000개의 단량체를 가진 부피 50%의 SPB 88과 SPB 78의 혼합물에 대해서 다음을 결정하시오.

(a) 혼합 엔트로피

(b) 393K (120°C)에서 혼합 엔탈피

(c) 이 온도에서 혼합 깁스 자유에너지 변화

(d) 이 온도에서 두 고분자는 섞일까? SPB 88과 SPB 78에 대한 단량체 부피는 0.116 nm^3이고, 기준 부피는 0.100 nm^3이며, 전체 부피는 1 m^3이다.

풀이

(a) 혼합 엔트로피는 $V = 1\ m^3$, $\phi = 0.5$를 가지고 식 4.44로부터 구할 수 있다. 각 고분자의 부피는 단량체 부피 곱하기 단량체의 수와 같으므로

$$v_A = v_B = (0.116 \times 10^{-27}\ m^3/\text{monomer})(2000\ \text{monomers/polymer molecule})$$

$$v_A = v_B = 0.232 \times 10^{-24}\ m^3/\text{molecule}$$

$$\Delta S_m = -1.38 \times 10^{-23} \frac{J}{K \cdot \text{molecule}} (1\ m^3)\left(2\frac{0.5 \ln 0.5}{0.232 \times 10^{-24} m^3/\text{molecule}}\right)$$

$$\Delta S_m = -1.38 \times 10^{-23} \frac{J}{K \cdot \text{molecule}} (-3.0 \times 10^{24}\ \text{molecules}) = 41.2 \frac{J}{K}$$

(b) 그림 4.24에서 393 K에서 상호작용 변수는 9.1×10^{-4}이다. 혼합 엔탈피는 $\upsilon = 0.1 \times 10^{-27}\ m^3$을 가지고 식 4.47로부터 구할 수 있다.

$$\Delta H_m = kTV \frac{\chi\phi(1-\phi)}{v}$$

$$\Delta H_m = 1.38 \times 10^{-23} \frac{J}{K \cdot \text{molecule}} (393\ K)(1\ m^3) \frac{(9.1 \times 10^{-4})(0.5)^2}{0.100 \times 10^{-27} m^3/\text{molecule}}$$

$$\Delta H_m = 542 \times 10^{-23} \frac{J}{\text{molecule}} (2.28 \times 10^{24}\ \text{molecules}) = 12{,}338\ J$$

(c) 120°C에서 깁스 자유에너지 변화는

$$\Delta G_m = \Delta H_m - T\Delta S_m = 12{,}338 \text{ J} - 393 \text{ K}\left(41.2\frac{\text{J}}{\text{K}}\right) = 12{,}338 \text{ J} - 16{,}203 \text{ J} = -3864 \text{ J}$$

(d) 깁스 자유에너지 변화가 음수이므로 고분자는 393 K에서 섞인다.

4.8.3 고분자 용해도 및 투과

혼합에 의해서 깁스 자유에너지가 낮아지면 용매와 고분자는 섞인다. 만일 고분자와 용매가 비슷한 구조를 가지고 있다면, 혼합의 가능성이 커진다. 고분자와 혼합하는 작은 양의 용매는 고분자 스웰(swell)을 일으키고 많은 양의 혼합은 고분자가 용매 속에 녹게 한다. 무정형의 고분자는 결정성의 고분자보다 용매와의 혼합에 대해 논의할 것이 더 많다. LCM 사이에 공유 교차결합을 가지는 열경화성 고분자는 용매에 녹이는 것에서 열가소성 고분자보다 논의할 것이 적다.

식 4.48의 용해 변수(δ)는 용매의 고분자와 섞이는 경향을 결정하는 데 사용된다.

$$\delta = \left(\frac{\Delta E}{V}\right)^{1/2} \qquad \textbf{4.48}$$

ΔE는 압력 0에서 고분자나 용매를 증발시키는 J/mol이나 cal/mole 단위의 에너지이고, V는 m^3 또는 cm^3 단위의 몰 당 부피이다. 고분자와 용매의 용해 변수 값은 표 4.7에 주어져 있다. 용해 변수의 차이가 2 $(MPa)^{0.5}$보다 작거나 1 $(cal/cm^3)^{0.5}$보다 작으면 일반적으로 용매는 고분자를 녹인다. 예를 들면, 아세톤은 20.2 $(MPa)^{0.5}$의 용해변수를 가지고 폴리염화비닐은 19.8 $(MPa)^{0.5}$의 용해변수를 가진다. 차이는 0.4

표 4.7 선택된 고분자와 용매의 용해 변수(δ) 값 (1 Pa = 1 N/m^2)

Polymer	δ $(MPa)^{0.5}$	Solvent	δ $(MPa)^{0.5}$
Epoxy resin	22.3	Acetone	20.2
Natural rubber	16.2	Benzene	18.8
Polyacrylonitrile	26.1	Carbon disulfide	20.4
Polyethylene	16.6	Ethanol	26.0
Polytetraforoethylene	12.7	Ethylene glycol	29.9
Polypropylene	18.8	Formic acid	24.7
Polystyrene	18.7	Methanol	29.6
Polyvinyl chloride	19.3	Methyl ethyl ketone	19.0
Polymethylmethacrylate	19.4[1]	Water	47.9
Polycarbonate	20.3[1]	Ammonia	33.3
Polyamide 6,6 (nylon)	27.8[1]	Xylene	18.0

Based on data from Du, Y., Xue, Y., and Frisch H. L., Solubility Parameters, in Physical Properties of Polymers Handbook, Mark, J. E. ed. AIP Press, Woodbury N.Y. (1996), p. 227 except where indicated.

1 Osswald, T.A., and Menges G., Materials Science of Polymers for Engineers, Hanser Publishers, Munich (2003), p. 231.

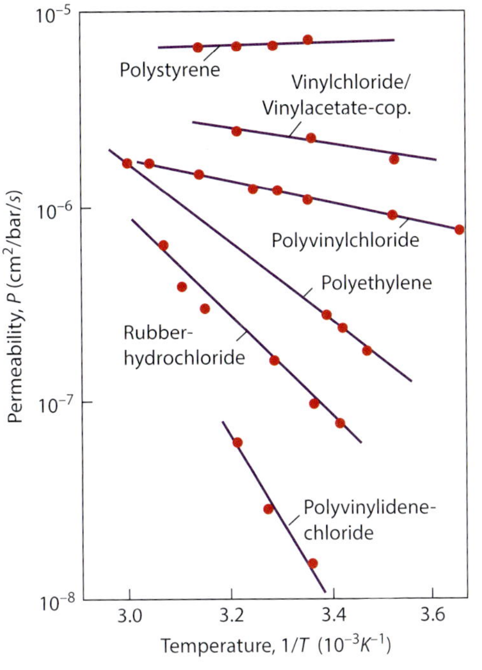

그림 4.25 다양한 고분자 재료 속으로 절도온도의 역수에 대한 물의 투과성. 1 bar = 10^5 N/m^2 *(Based on Osswald, T.A., and Menges G., Materials Science of Polymers for Engineers, Hanser Publishers, Munich (2003), p. 576.)*

(MPa)$^{0.5}$여서 아세톤은 폴리염화비닐을 녹인다. 그러나 폴리아미드 6,6 (나일론)은 27.8 (MPa)$^{0.5}$의 용해변수를 가지고, 아세톤과 차이는 7.6 (MPa)$^{0.5}$이다. 아세톤은 폴리아미드 6,6을 녹이지 못한다.

기체나 액체의 원자나 분자의 고분자로의 침투를 **투과**(permeation)라고 한다. 투과는 몇 가지 과정으로 이루어진다. 기체가 고분자로 투과하기 위해서는 기체가 고분자 표면에 **흡착**되어야 한다. 그리고 고분자 표면으로 흡수되고 고분자 속으로 확산되어야 한다. 흡수는 기체 원자가 재료의 표면을 뚫고 고분자 재료 속으로 확산되어 들어갈 때 일어난다. 투과는 침투하는 원자나 분자의 호스트에서 용해도와 침투하는 원자의 확산도를 곱한 것이다.

이종의 원자나 분자의 농도가 고분자 박막의 양쪽에서 일정하면, 원자와 분자의 고분자 박막을 통한 확산속도는 식 4.38에 기술된 픽의 제 1법칙을 따른다. 순수한 기체의 고분자 막을 통한 투과성(P)은 그림 4.18의 팔라듐 합금 박막을 고분자 박막으로 대체한 형태와 비슷하게 실험적인 식 4.49에 의해 결정된다.

$$P = \frac{\dot{m}\Delta x}{A\rho(P_h - P_l)} \tag{4.49}$$

A는 단면적, $\dot{m}$은 단위 시간 당 막을 통해 지나가는 원자나 분자의 질량, Δx는 막의 두께, ρ는 고분자의 밀도, Ph는 높은 압력, Pl은 낮은 압력을 나타낸다. 식 4.49로부터 투과의 단위는 (길이)2/압력/초이다. 그림 4.25는 물의 다양한 고분자로의 투과성을 절도온도의 역수에 대해서 나타낸 것이다. 이러한 고분자로 물 투과 활성 엔트로피는 그래프의 기울기로부터 구할 수 있다. 이 그래프에서 투과성(P)은 식 4.50과 같이 활성 엔탈피(ΔHP)를 가지는 아레니우스 형태의 방정식을 따른다.

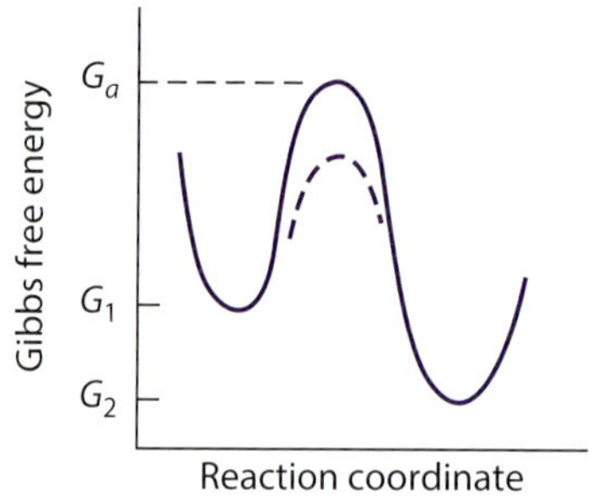

그림 4.26 보통 반응(실선)과 촉매가 있는 반응(파선)의 반응좌표에 대한 깁스 자유에너지

$$P = P_0 \exp\left(-\frac{\Delta H_P}{kT}\right) \quad \textbf{4.50}$$

투과성은 용해도 곱하기 확산도이므로 고분자에서 용해하기 쉬운 원자나 분자는 높은 투과성을 가진다. 가지가 있는 폴리에틸렌(PE)처럼 더 열린 고분자는 더 결정성인 고밀도 폴리에틸렌(HDPE)보다 높은 확산도를 가진다.

고분자 박막은 전해질을 분리시키기 위해서 연료전지에 사용된다. 형태는 수소 정제 시스템인 그림 4.18과 비슷하다. 연료전지에서는 고분자 박막은 수소의 투과를 허용하고, 다른 전해질은 막을 통해서 투과하지 못하게 한다. 이종의 원자나 분자의 벌크한 고분자로의 투과는 표면 경화를 위한 식 4.40과 같은 방정식을 따른다.

4.9 촉매 변환장치란 무엇인가?

과정의 변화속도(Rc)는 식 4.27에 보인 것처럼 활성 엔트로피를 줄임으로써 증가시킨다. 활성 엔트로피를 변화시키는 과학은 촉매작용이다. 자동차에는 산소와 화학반응($2CO + O_2 \rightarrow 2CO_2$)을 시켜 배기에서 일산화탄소 같은 유해한 가스를 없애는 촉매 변환장치가 장착되어 있다. 배기 가스에서는 매우 낮은 분자 밀도로 인해 CO와 O_2 분자가 충돌하고 반응할 확률은 매우 낮다. 그러나 가솔린 엔진의 촉매 변환장치에서는 가스는 세라믹 표면에 지지되는 팔라듐(Pd) 금속 입자의 표면에 흡착된다. 팔라듐 금속 표면에 흡착된 가스의 밀도는 배기가스에서보다 훨씬 크고, CO와 O_2 분자가 반응하는 확률이 높아진다. 또한 Pd 금속 표면에서 분자의 반응은 가스 상태에서 분자의 반응보다 낮은 활성 엔탈피를 가진다. 이는 높은 이산화탄소(CO_2) 형성 속도를 가져온다. 일산화탄소보다 덜 위험한 이산화탄소는 촉매 변환장치 표면에서 증발하여 배기가스로 들어간다. 촉매로 인한 감소된 활성 엔탈피를 가지는 반응의 도식도가 그림 4.26에 나타나 있다.

얼음의 형성은 표면을 포함하는 또 다른 친숙한 촉매 효과이다. 얼음은 물의 중간에서 형성되기 전에 처음에는 제빙 그릇의 표면이나 웅덩이의 가장자리를 따라서 표면에서 형성된다. 얼음이 처음에 그릇 표면에서 생기는 한가지 이유는 표면에서 얼음을 형성하기 위한 활성 엔탈피가 수중에서 얼음이 형성되기 위한 활성 엔탈피보다 작기 때문이다. 표면의 존재는 새로운 재료를 형성하기 위해 필요한 활성 엔탈피를 낮춘다. 이것이 구름이 비가 되기 위해서 소금이나 먼지의 작은 입자가 투입되어야 하는 이유이다. 입자는 물 증기의 구름 속에서 물방울 형성을 위한 표면을 제공한다. 표면에서 액체의 고체화 같은 상변화 중 촉매의 영향은 부록 5B.3과 5장의 이종 핵 생성에서 논의될 것이다.

요약

- 열(Q)은 뜨거운 계에서 찬 계로 전달되는 에너지의 양이다.
- 고체에서 온도가 증가할 때 평형상태에서 원자의 위치를 중심으로 한 원자의 진동폭은 커진다.
- 1몰의 재료에 대해서 재료에 추가되는 열의 증가(dQ)를 온도변화(dT)로 나눈 값은 열용량(C)이고, 열용량은 1몰의 재료를 1도 올리는 데 필요한 열의 양을 나타낸다.
- 비열(c)은 단위 질량 당 열용량이고, 원소에 대해서는 몰질량(M)으로 나눈 열용량 값과 같다.
- 높은 온도와 일정한 부피에서 고체의 열용량은 보편 기체상수의 3배($3R$)와 같다.
- 재료의 내부에너지는 모든 원자에 대한 운동에너지와 위치에너지의 합과 같다.
- 열역학 제 1법칙은 에너지가 보존된다는 것이다.
- 열역학 제 2법칙은 어떤 열기관도 100%의 효율을 가질 수는 없다는 것이다.
- 열역학 제 3법칙은 0 K에 있는 완벽한 결정체는 0 엔트로피를 가진다는 것이다.
- 막대의 온도가 dT만큼 올라가거나 내려갈 때, 막대의 길이가 dL만큼 커지거나 작아지는데, 이는 원래 길이(L_0) 곱하기 선형 열팽창계수(α_L) 곱하기 온도변화(dT)와 같다.
- 일반적으로 강한 화학결합은 낮은 α_L을 야기하고, 약한 화학결합은 높은 α_L을 야기한다. 열팽창은 원자간 거리의 함수로서 원자간 위치에너지의 비대칭성에 기인한다.
- 열(Q)은 항상 높은 온도에서 거리 dx에서 온도가 dT만큼 차이 나는 낮은 온도로 흐른다. 열유속(q)은 단위 시간(dt) 당 단위 면적(A)를 통과하는 열의 증가량을 말하고, q는 열전도도(k)와 온도 구배(dT/dx)의 곱에 −를 붙인 값이다.
- 열은 격자진동을 여기하여 진폭을 증가시킴으로써 재료를 통해서 전도한다. 강한 결합을 가지는 재료는 높은 열전도도를 가지고, 자유전자를 가지는 금속도 높은 열전도도를 가진다.
- 어떤 재료나 물체이든 열역학 계는 원자나 분자로 구성된다.
- 엔트로피는 계에서 무질서와 계를 배열시키는 방법의 수와 연관이 되어 있다. 계가 완벽하게 정렬되어 있고, 원자가 0 K에서 정지상태에 있으면, 계를 배열시키는 방법은 한 가지이고, 엔트로피는 0이 된다. 만일 계가 무질서 하다면 계를 배열시키는 방법은 많이 존재하며, 계는 높은 엔트로피를 가진다.
- 엔탈피는 내부에너지에 압력 곱하기 부피를 더한 값이다.
- 깁스 자유에너지는 엔탈피에서 온도와 엔트로피의 곱을 뺀 것이다. 깁스 자유에너지는 계가 일정한 압력과 온도에서 평형상태에 있을 때 최소값을 가진다.
- 원자가 혼합될 때, 무질서와 엔트로피를 증가시킨다.
- 고체에서 점결함은 무질서와 엔트로피를 높인다. 이것은 깁스 자유에너지를 최소화하는 평형 수를 야기한다.
- 열적으로 활성화 된 계에서 변화 속도는 아레니우스 속도방정식에 의해 주어진다. 일정한 온도와 압력 하에 있는 계의 변화 속도는 음의 활성 엔트로피를 절대온도를 나눈 값에 지수적으로 의존한다.
- 고체에서 비슷한 크기의 원자는 공공의 확산에 의하여 혼합된다.

- 작은 원자는 더 큰 원자를 가지는 고체 속으로 침입형 확산에 의해 섞인다.
- 벌크 재료보다 칼날전위, 표면, 결정립계, 상경계 같은 결함을 따라서 확산속도는 높아진다.
- 정상상태 확산은 확산하는 종의 위치에 따라 온도구배가 일정할 때 생긴다. 가장 일반적인 정상상태 확산속도 방정식은 원자가 깁스 자유에너지를 낮추도록 이동한다고 예측한다. 그러나, 깁스 자유에너지는 측정될 수 없으므로 이 방정식은 실험적으로 별로 쓸모가 없다.
- 픽의 제 1확산의 법칙은 일정한 농도구배에서 원자유속을 예측하고, 원자는 농도구배를 감소시키는 방향으로 이동함을 예측한다. 픽의 제 2법칙은 농도가 변하더라도 원자나 분자의 농도를 예측하게 해 준다.
- 긴사슬분자(LCM)를 혼합하는 엔트로피는 분자가 차지한 부피에 반비례한다. LCM은 개개의 원자에 비해 상대적으로 큰 부피를 차지하기 때문에, 깁스 자유에너지에서 온도-엔트로피 항의 공헌도가 거의 없다. 결과적으로 많은 LCM은 액체 상태에서도 섞이지 않는다.
- 용해 변수(δ)는 0 압력에서 고분자나 용매를 증발시키는 몰 당 에너지를 몰 부피로 나누고 이를 1/2 제곱한 것이다.
- 용해 변수가 비슷하면 고분자는 용매에 녹는다.
- 기체나 액체 원자나 분자의 고체 고분자로의 침투를 투과라고 한다. 투과는 원자나 분자의 고분자 표면에의 흡착, 고분자 표면으로 흡수, 그리고 고분자를 통한 확산의 3과정으로 구성된다.
- 과정의 활성 엔탈피를 변화시키는 것은 촉매작용이다.

CHAPTER 05

상변태와 상평형도

Phase Transformations and Phase Diagrams

이 장에서 이해해야 할 것

- 상변태 과정에서 발생하는 에너지와 엔트로피의 변화
- 물질이 상변태를 가지는 이유
- 결정핵생성 및 성장 변태
- 서로 다른 상이 평형상태에 있기 위한 조건
- 2원 상평형도를 해석하는 방법
- 상평형도에서 얻을 수 있는 정보의 종류
- 물질에 따라 서로 다른 상평형도를 가지는 이유
- 세라믹 혼합물의 2원 상평형도
- 마르텐사이트 변태
- 온도-시간 변태(TTT) 곡선
- 금속과 고분자에서의 형상 기억 효과
- 비결정질 물질의 결정 변태에 대한 온도-시간 변태 곡선
- 고분자 혼합물의 상평형도

광석으로부터 철을 생산하는 용광로의 사진이다. 철은 용광로에서 액체 상태로 방출된다. 철은 왜 고온으로 가열되었을 때 액체 상태로 변화할까? 어떤 물질이든 녹이기 위해서는 융해열이 필요하며, 이것은 에너지를 증가시킨다. 그림 4.7은 표면 위의 공을 나타내며, 이것은 항상 최소 내부 에너지 값을 가지려고 한다. 액체 상태의 철을 생산하기 위해 융해열의 형태로 에너지를 가하는 것은 공의 높이를 높이는 것과 같다. 만약 공을 자유롭게 둔다면 항상 더 낮은 내부 에너지 상태를 가지기 위해 낙하할 것이다. 그러나 액체 상태의 철은 용융온도 이상의 높은 내부 에너지 상태에서도 안정적이다. 왜 물질이 융해되며, 융해된 물질이 왜 높은 내부 에너지 상태에서도 안정적일 수 있는 지를 이해하기 위해, 우리는 엔트로피 변화 또한 고려하여야 한다. 이 장에서 우리는 왜 물질이 융해되는 지와 원자와 분자간의 혼합 그리고 상평형도를 배울 것이다.

© Rhea Eason/Alamy

5.1 소개

200°C 이상의 온도에서 가동하는 전기기계식 장비를 설계하는 중에 두 개의 구리 조각을 서로 납땜하려고 한다고 하자. 저장고에는 60% 무게비의 납과 40% 무게비의 주석으로 혼합된 납땜재가 있다. 부록 B를 참고하여 납의 용융온도(melting temperature)가 327°C, 주석의 용융온도가 232°C라는 것을 확인할 수 있다. 혼합비와 용융온도사이에 선형 비례 관계가 있다고 가정했을 때, 납땜재의 용융온도는 대략 275°C로 구해진다. 선형 비례 가정을 통해 쉽게 분석할 수 있다. 이제 조각들을 납땜하고 200°C의 온도에서 장비를 시험 가동하자. 의문스럽게도 납땜은 융해되고 두 개의 구리조각은 서로 떨어져 나간다. 만약 이 장에서 배울 구리와 주석의 상평형도(phase diagram)를 확인한다면, 납땜재가 183°C에서 융해된다는 것을 알 수 있을 것이다. 이는 심지어 각각의 구성 물질들의 용융온도보다도 낮으며, 앞서 계산한 값보다는 훨씬 더 낮은 값이다. 이 관계는 명백히 선형적이지 않다.

물질의 융해는 상변태이다. **상(phase)**은 균질한 물리적, 화학적 성질을 가지는 물질들의 균일한(homogeneous) 비로 이루어져 있다. **상변태(phase transformation)**는 물질이 하나의 상에서 다른 상으로 변화하는 것이다. 상변태는 납땜이나 용접과정, 또는 액체 상태의 금속을 주조하고 냉각하는 과정 등 많은 재료 공정 과정에서 발생한다. 상변태는 고체 상태에서도 발생한다; 예를 들어 철은 912°C의 온도에서 BCC 구조에서 FCC 구조로 변태한다.

납과 주석처럼 두 물질로 구성된 재료의 공정 과정에서 상평형도, 성분비 및 각 상의 양은 이 장에서 배울 2원 상평형도(binary phase diagram)를 통해 결정된다. 5.7절에서 우리는 앞서 납땜재가 275°C가 아니라 왜 183°C에서 용해되는지 배우게 될 것이다.

5.2 상변태 과정에서 에너지와 엔트로피의 변화

4장의 등온 등압 계에서 깁스 자유 에너지(GFE, Gibbs free energy)가 계의 평형 상태를 결정하는데 사용될 수 있었다는 점을 상기하자. 물과 같은 단일상 물질의 상변태가 발생할 때, 화학성분의 변화는 발생하지 않으나, 물에서 얼음으로의 변태와 같은 구조의 변화, 즉 엔트로피의 변화는 발생한다. 얼음은 하나의 상이며 물도 또 다른 상이다. 절대온도 T에서의 가역적 열전달(ΔQ_R)이 있을 때, 엔트로피의 변화(ΔS)는 식 5.1과 같다.

$$\Delta S = \frac{\Delta Q_R}{T} \tag{5.1}$$

위 식은 상변태와 열기관 효율에 대한 연구를 통해 전개되었다. Rudolph Clausius는 엔트로피의 개념을 처음으로 제안하였으며, 그 어원은 엔트로피가 그리스어로 변태의 의미를 가지고 있음에서 유래되었다. 계(system)가 열전달 중에 항상 평형상태를 유지한다면 그 열전달 과정은 가역적이다. 실제적인 관점에서, 이는 열이 매우 느린 속도로 흡수되거나 방출되어야 함을 의미한다. 식 5.1에 의해 계산된 엔트로피 변화량을 통해, 부록 5A는 GFE가 등온 등압 계에서 일을 할 수 있게 하는 에너지라는 것을 보여준다. 깁스 자유 에너지(G)라는 이름은 G가 등온 등압 계에서 자유롭게 일을 할 수 있게 해주는 에너지라는 의미에서 붙여졌다.

열 ΔQ가 물질에 흡수되고 온도가 증가하면, 엔트로피 또한 증가한다. 부가적으로, 얼음이 물로 변화할 때도, 반드시 표 5.1에서 주어진 융해열(ΔQ_f)이 물을 생성시키기 위해 얼음에 흡수된다. 식 5.1로부터 알 수 있듯이 흡수된 열에 의해 엔트로피는 증가한다. 또한 통계적 관점에서 물은 얼음에 비해 무질서하며, 따라서 더 높은 엔트로피 값을 가진다. 식 4.13으로부터 알 수 있듯이 얼음이 물로 융해되는 과정에서 증가한 엔트로피는 GFE를 감소시키며, 이는 1기압의 압력에서 273 K 이상의 온도에서 물이 얼음에 비해 낮은 GFE 값을 가지는 결과를 가져온다.

만약 물이 273 K보다 낮은 온도에서 얼음으로 변태된다면, 엔트로피는 감소할 것이다. 열역학 제 2법칙에 따르면 계의 엔트로피는 계 내의 어떤 변화에 의해서도 반드시 증가한다. 게다가 열역학적 명제 중 하나는 열역학적계는 항상 최대 엔트로피 상태를 갖는다는 것이다. 어는 과정에서 물의 엔트로피가 감소하므로 물이 얼음으로 변태되는 과정은 열역학 제 2법칙을 위반하는 형태로 보일 수 있다. 그러나 270 K와 같은 온도에서 무질서한 상태의 물이 정렬된 상태의 얼음으로 변태될 때, 발생하는 융해열에 의해 외부 환경으로의 열전달이 일어나게 되고, 따라서 주변 환경의 엔트로피는 ΔQ/270 K만큼 증가하게 된다. 예제 5.1로부터 알 수 있듯이, 이때 발생하는 엔트로피의 증가량은 물이 얼음으로 변태될 때 발생하는 엔트로피의 변화량 $-\Delta Q_f$/273 K을 상쇄시키기에 충분하다. 기억해야 할 것은, 응고처럼 원자나 분자가 정렬된 형태로 변화할 때와 같이, 물질의 엔트로피가 감소할 때 발생하는 외부 환경으로의 열전달에 의해서 계의 엔트로피는 항상 증가한다는 것이다.

표 5.1 몇몇 재료의 용융온도(T_m), 융해열(또는 엔탈피) (ΔQ_f), 증발온도(T_v), 증발열(또는 엔탈피)

Material	(T_m °C)	(ΔQ_f kJ/mole)	(T_v °C)	(ΔQ_v kJ/mole)
Aluminum	660.32	10.71	2519	294
Argon	−189.36	1.18	−185.85	6.43
Boron	2075	50.2	4000	480
Germanium	938.25	36.94	2833	334
Gold	1064.18	12.55	2856	324
Lead	327.46	4.774	1749	179.5
MoO_3	802	48.7	1155	138
Water	0.0	6.01	99.97	40.65

Based on data from CRC Handbook of Chemistry and Physics, ed. D.R. Lide, 90th ed. 2009–2010, p. 6–130.

예제 5.1

(a) 온도 273 K와 압력 1대기압의 평형상태에서 1몰의 물이 얼음으로 변태될 때, H_2O의 엔트로피 변화량을 계산하여라.

(b) 온도 270 K와 압력 1대기압에서 1몰의 물이 얼음으로 변태될 때, H_2O와 외부환경의 열역학적 계의 엔트로피 변화량을 계산하여라.

(c) 온도 373 K와 압력 1대기압의 평형상태에서 1몰의 물이 수증기로 변태될 때 H_2O의 엔트로피 변화량을 계산하여라.

풀이

(a) 식 5.1을 사용하여 H_2O의 엔트로피 변화량을 계산한다. 표 5.1에서 온도 273 K의 평형상태에서 얼음의 융해열 ΔQ_f는 6.01 kJ/mole과 같음을 알 수 있다. 물이 얼음으로 변태될 때 열은 H_2O로부터 방출되고, 열전달은 음의 값을 가진다.

$$\Delta S_1 = \frac{\Delta Q_1}{T} = \frac{-\Delta Q_f}{T} = \frac{-6.01\ \text{kJ/mole}}{273\ \text{K}} = -2.20 \times 10^{-2}\frac{\text{kJ}}{\text{mole}\cdot\text{K}}$$

(b) 얼음과 물은 273 K에서 평형상태이므로, 273 K에서 물은 얼음으로 질내 완선히 변태될 수 없다. 물을 얼음으로 변태시키기 위해서는 270 K와 같이 273 K보다 낮은 온도로 물을 과냉각시켜야 한다. 온도 270 K에서의 과냉각된 물과 얼음의 분자 배열은 273 K에서와 본질적으로 같다고 가정할 수 있으므로, 온도 270 K에서 물이 얼음으로 변태될 때 발생한 H_2O의 엔트로피 변화량은 ΔS_1과 거의 같다고 볼 수 있다. 그러나 270 K에서 얼음이 생성될 때 발생한 융해열에 의한 주변 환경으로의 열전달은 270 K의 온도에서 일어나며, 엔트로피의 변화량을 고려하기 위한, 열전달은 주변 환경에 대해 양의 값을 가진다. 물과 얼음 주위 공기의 온도는 270 K로 가정된다. 열전달에 의한 엔트로피 변화량(ΔS_2)은 식 5.1에 의해 다음과 같다.

$$\Delta S_2 = \frac{\Delta Q}{T} = \frac{6.01\ \text{kJ/mole}}{270\ \text{K}} = 2.23 \times 10^{-2}\frac{\text{kJ}}{\text{mole}\cdot\text{K}}$$

전체 엔트로피 변화량 ΔS는 ΔS_1과 ΔS_2의 합이다.

$$\Delta S = \Delta S_1 + \Delta S_2 = (-2.20 + 2.23) \times 10^{-2} \frac{\text{kJ}}{\text{mole} \cdot \text{K}} = 0.03 \times 10^{-2} \frac{\text{kJ}}{\text{mole} \cdot \text{K}}$$

물이 얼음으로 어는 과정에서 순 엔트로피(net entropy) 변화량은 양의 값이며, 이는 열역학 제 2법칙과 부합한다.

(c) 373 K의 평형온도에서 물과 수증기의 증발열(ΔQ_f)은 40.65 kJ/mole과 같다. 증발 과정에서 H_2O의 엔트로피 변화량은 다음과 같다.

$$\Delta S_v = \frac{\Delta Q_v}{T} = \frac{40.65 \text{ kJ/mole}}{373 \text{ K}} = 10.9 \times 10^{-2} \frac{\text{kJ}}{\text{mole} \cdot \text{K}}$$

예제 5.1에서, 수증기의 무질서도가 물에 비해 더 높기 때문에, 물이 수증기로 변태되는 과정에서 엔트로피의 변화량은 양의 값이다. 또한, 물이 수증기로 변태될 때 발생하는 엔트로피의 변화량은 얼음이 물로 변태될 때 발생하는 엔트로피의 변화량($+2.20 \times 10^{-2}$ kJ/mole · K)의 약 5배이다. 이는 얼음이 물로 변태될 때보다, 물이 수증기로 변태될 때 무질서도의 증가량이 훨씬 크다는 것을 보여준다.

5.3 단일 성분계의 상변태와 상평형도

얼음이 물로 변하기 위해 녹는 것은 상변태의 한 예이다. 상은 원자(atom) 또는 분자(molecule)의 성분(component)으로 구성되어 있다. 상변태 과정에서 분자가 바뀌지 않는다면, 분자는 성분이 될 수 있다. 물과 얼음은 모두 H_2O 단일 성분으로 구성되어 있는 두 개의 상이다. 얼음이 물로 변태될 때, H_2O 분자는 변하지 않는다; 오직 H_2O 분자의 배향(orientation)의 상대적인 변화만이 일어난다. 그림 5.1에 나타나있듯 일정한 압력 하에서 단일 성분으로 구성된 순수한 물질의 용융온도(T_m)는 고상(solid)과 액상

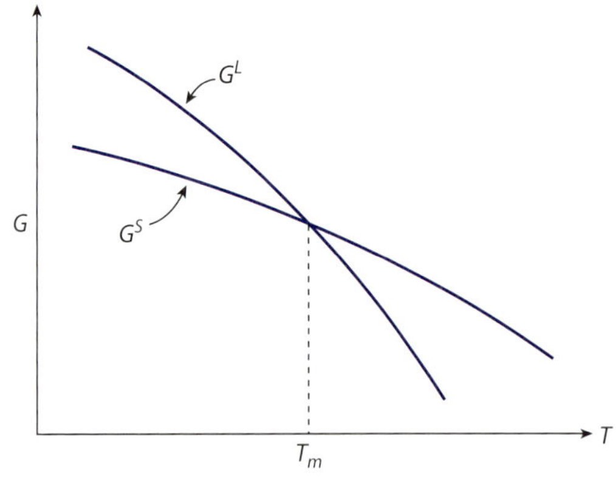

그림 5.1 온도(T)의 함수로 나타낸 순수한 물질 또는 혼합물의 액상(G^L)과 고상(G^S)에 대한 GFE의 변화. 용융온도(T_m)는 G^L과 G^S가 서로 교차하여 같아지는 지점이다.

(liquid), 각 상의 원자 당 깁스 자유 에너지(GFE)가 동일해지는 온도이다. 두 개의 상, 예를 들어 물과 얼음이 같은 GFE를 가질 때, 두 상은 서로 평형상태에 있으며 H_2O 분자는 둘 중 어떤 상으로도 선호되지 않는 상태가 된다. 그림 5.1은 H_2O와 같은 물질의 고상(G^S)과 액상(G^L), 각 상의 원자 당 GFE를 나타낸 것이다.

본 교재에서 위 첨자는 상의 종류를 뜻한다. 비록 그림 5.1에서 온도가 변화하는 것처럼 보이나, 물질은 선도의 점들을 따라, 등온 등압 조건 하에서 장시간에 걸쳐 적합한 에너지 상태에 도달하는 것으로 가정한다. 따라서 그림 5.1에서 물질은 각각의 점에서 등온 등압 상태이다. 이 절에서는 **가역적 변태(reversible transformation)**를 고려한다. 만약 α 상에서 β 상으로의 변태가 가역적이라면, α 상은 β 상으로 변태될 수 있고, 또한 β 상에서 α 상으로의 변태도 전체 계에서의 GFE 변화 없이 일어날 수 있다.

예제 5.2

온도 273 K의 단열 용기 내에 물과 얼음이 있다. 만약 온도 273 K, 1기압의 등온 등압 조건 하에서 1몰의 물이 얼음으로 변태되었다고 한다면, 물이 얼음으로 변태될 때 발생하는 GFE의 변화량은 얼마인가?

풀이

예제 5.1에서부터, 1몰의 물이 얼음으로 변할 때, 발생하는 엔트로피의 변화량은, 얼음이 물로 변할 때 계산 값의 음수 값이며, 따라서 -2.2×10^{-2} kJ/mole · K이다. 식 4.14로부터, GFE의 변화량은 다음과 같이 주어진다.

$$\Delta G = G - G_0 = \Delta E + P\Delta V - T\Delta S = \Delta H - T\Delta S$$

전달된 열량(ΔQ)은 엔탈피 변화량(ΔH)과 같다. 표 5.1에 변태열(heat of transformation)이 나열되어 있으나, 많은 표들은 수치적으로 동일한 변태 엔탈피(enthalpy of transformation)를 나타낸다. 물질이 얼 때 $-\Delta Q_f$ 만큼의 열이 물질로부터 방출되며 이는 냉각될 때의 엔탈피 변화량과 같다. 물이 273 K의 온도에서 얼 때, 6.01 kJ/mole만큼의 열이 물질로부터 방출되며 음의 값을 가지는데, 이는 관습적으로 물질로 열이 유입될 때 양의 값을 가지도록 정해졌기 때문이다. 이 값을 식 4.14에 대입하여 GFE의 변화량을 구하면

$$\Delta G = \Delta H - T\Delta S = -6.01\frac{\text{kJ}}{\text{mole}} - 273\text{ K}\left(-2.2 \times 10^{-2}\frac{\text{kJ}}{\text{mole}\cdot\text{K}}\right)$$

$$\Delta G = -6.01\frac{\text{kJ}}{\text{mole}} + 6.01\frac{\text{kJ}}{\text{mole}} = 0$$

물이 평형 온도 상에 있다면, 물이 얼음으로 변태될 때 GFE의 변화량은 0과 같다. 평형 온도 상에서 물질의 변태 시 GFE의 변화량이 0이므로, 이때 변태과정은 가역적이다. 아래에서 우리는 평형 온도 상에서 물질의 변태가 발생하는데 무한히 오랜 시간이 걸린다는 것을 볼 것이다. 물질을 유한한 속도로 변태시키기 위해서는 물질의 과냉각이 필수적이다.

만약 물질이 여러 상으로 존재할 수 있다면, 가장 낮은 원자 당 GFE를 가지는 상이 가장 안정적인 상이다. 용융온도보다 낮은 온도에서 고상(solid)의 원자 당 GFE는 액상(liquid)보다 낮고($G^S < G^L$), 용융온도보다 높은 온도에서 고상의 원자 당 GFE는 액상보다 높다($G^S > G^L$). 용융온도보다 높은 온도 상에 대해서도 고상의 GFE가 표기되어 있는데, 이는 안정적이지 않은 온도 상에서도 고상의 GFE는 계산될 수 있기 때문이다. 따라서 용융온도보다 낮은 온도에서 액상의 GFE 또한 계산될 수 있다. 부록 5B.1에 이 계산의 이론과 상변태의 열역학적 내용이 수록되어 있다. 그림 5.1의 원자 당 GFE는 온도가 증가할수록 감소하는 경향을 보이는데, 이는 식 4.13의 GFE의 $-TS$ 부분 때문이다. 온도가 증가할수록 물질의 내부에너지(internal energy)는 증가하고 동시에 $-TS$ 부분은 더욱 음의 값을 가진다. GFE−온도 선도의 실제 기울기는 반드시 계산되어야 한다. 액상의 엔트로피는 같은 물질의 고상 결정체의 엔트로피보다 더 큰 값을 가진다($S^L > S^S$). 그러므로 그림 5.1에 나타나 있듯이, 온도가 증가할수록 액상의 원자 당 GFE는 고상의 원자 당 GFE보다 더 빠르게 감소하며, 이는 $-TS^L$ 부분이 $-TS^S$ 부분에 비해 더 음의 값을 가지기 때문이다. 이것이 G^S와 G^L 선도가 교차하는 이유이며, 물질은 두 선도가 교차하는 온도에서 용융되게 된다. 액상과 고상의 GFE의 온도 의존도로 왜 물질이 녹는지를 설명할 수 있다.

증발에 대해서도 같은 논의가 이루어질 수 있다. 기상(vapor)은 액상에 비해 더 무질서하며, 따라서 기상의 엔트로피(S^V)는 액상의 엔트로피(S^L)보다 더 큰 값을 가진다. 그러므로 온도가 증가할수록 기상의 원자 당 GFE는 액상에 비해 빠르게 감소한다. 평형증발온도(equilibrium vaporization temperature)에서 단일성분계(one−component system)의 기상의 원자 당 GFE(G^V)와 액상의 원자 당 GFE(G^L)은 동일하다. 평형증발온도 이하의 온도에서 G^L은 $G^L G^V$에 비해 작은 값을 가지며, 평형증발온도 이상의 온도에서 G^L은 G^V에 비해 큰 값을 가진다. 어떤 온도에서, 기상과 액상의 원자 당 GFE 선도가 교차하며, 평형증발온도 이상에서 물질은 기상이다. 표 5.1은 고상과 액상사이의 평형온도, 융해열을 표기하고 있으며, 또한 평형증발온도와 증발열 또한 표기하고 있다. 어떤 고체는 용융되기보다 기체로 승화하는 경우가 있는데, 이는 고상과 기상의 원자 당 깁스 자유 에너지가 교차하는 지점이 고상과 액상의 원자 당 깁스 자유 에너지가 교차하는 지점보다 더 낮은 온도에서 나타나기 때문이다.

물질의 GFE는 식 4.13에 나타나있듯이, 온도와 더불어 압력의 함수이다. 그림 5.2의 H_2O의 **상평형도 (phase diagram)**와 같이 상이 평형 상태를 가지는 온도와 압력을 단일 성분 평형상평형도(equilibrium one component phase diagram)에 나타낼 수 있다. 본 교재의 모든 상평형도는 평형상평형도(equilib-

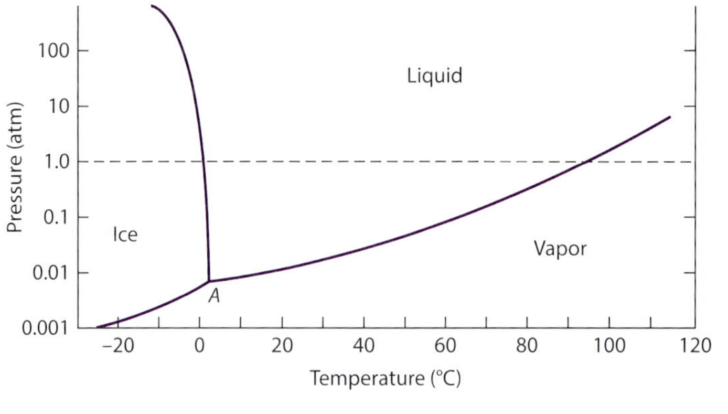

그림 5.2 온도(°C) 및 압력(atm)의 함수로 나타낸 H_2O의 상 *(Adapted from Chaing, Y-M., Birnie, D. B., and Kingery, W. D., Physical Ceramics—Principles for Ceramic Science and Engineering, John Wiley & Sons, New York (1997), p. 269.)*

rium phase diagram)이다. 그림 5.2에서 온도는 x축 상에 °C 단위로 나타나있고, 압력은 기압(atm)단위로 대수 단위(logarithmic scale)로 y축 상에 나타나있다. 상태는 선도 내부 공간에 표기되어 있다. 온도 축에서 선도 상에 수직선을 긋고 압력 축에서 선도 상에 수평선을 그어서 두 점이 교차하는 지점을 통해 특정 온도와 압력에서 H_2O의 상태를 결정할 수 있다. 예를 들어, 우리는 대기 중에서 물이 액체 상태라는 것을 알고 있으며, 선도 상에서도 23°C의 온도와 1대기압의 압력(선도 상의 점선 부분)을 가지는 구역이 액체 상태를 나타낸 다는 것을 알 수 있다. 물은 0°C의 온도와 1기압의 압력에서 얼게 된다. 물과 얼음은 이 조건 하에서 평형상태에 있으며, 따라서 이 점은 액상과 고상의 경계선 상에 위치한다. 물은 100°C의 온도와 1기압의 압력에서 끓게 되며, 물과 수증기는 이 조건 하에서 평형상태에 있다. 따라서 이 점은 액상과 기상의 경계산 상에 위치한다. 상평형도에서 두 상 사이를 구분하는 각 선도들은 평형 상태를 가지기 위한 조건을 나타낸다. 그림 5.2의 액상과 기상 사이의 선도는 액상과 기상이 평형 상태에 있기 위한 온도와 압력을 나타낸다. 선도에서 273.01 K(0.01°C)의 온도와 0.006 atm의 압력 하에서 고상, 액상, 기상 부분과 모두 맞닿아 있는 점 A가 있다. 3개의 상이 모두 평형 상태로 존재하는 이 점을 삼중점(triple point)이라 하며, 이 점은 또한 고정된 온도와 압력 값을 가지기 때문에 불변점(invariant point)이 된다. 5.4절에서 삼중점이 불변함을 예측하기 위해 깁스의 상율(Gibbs phase rule)에 대해 배울 것이다. 모든 원소와 화합물은 고상, 액상, 기상에 따른 상 안정도와 상평형의 구역을 나타내는 상평형도를 가진다.

5.3.1 상변태에서 핵생성과 성장

상변태를 연구하는 한 방법은 시간 당 일정량의 열이 물질로부터 방출될 때, 물질의 온도를 시간에 대한 함수로 나타내는 것이다. 예를 들어, 순수 철은 912°C의 평형 온도 이하에서 고온의 γ (FCC) 상에서 저온의 α (BCC) 상으로 변태된다. 만약 순수 철이 1000°C까지 가열되고 일정속도로 열이 방출된다면, 그림 5.3에 나타나있듯이 γ 상은 912°C 이상의 온도에서 일정속도로 냉각될 것이다. 시편이 ΔT 만큼 912°C온도 아래로 과냉각되면, 온도는 γ 구조에서 α 구조로의 변태가 발생하는 동안 일정하게 유지될 것이다. 한 번 변태가 시작되면, 모든 방출열(extracted heat, ΔQ)은 일정 온도에서의 변태열(heat of transformation)로부터 생성된다. 냉각 시의 상변태는 발열과정이며, 따라서 열은 물질로부터 방출된다. 따라서 ΔQ는 음의 값을 가지며, 엔트로피의 변화 또한 음의 값이다. 만약 과냉각이 발생하지 않는다면, 변태과정은 절대 완료될 수 없다. 왜냐하면 912°C의 온도는 γ 상과 α 상이 같은 GFE를 가지는 평형 온

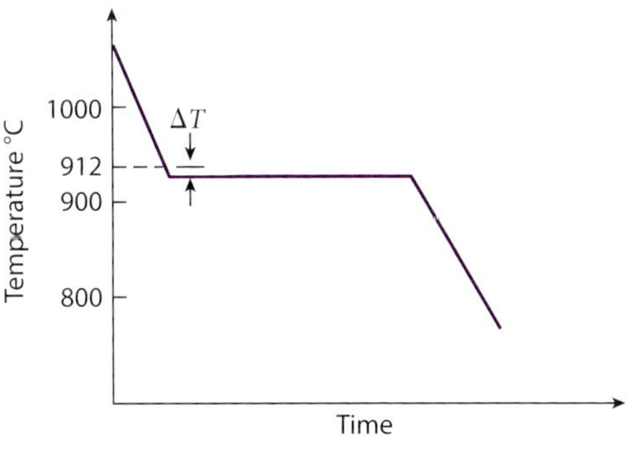

그림 5.3 912°C 이상의 온도에서부터 γ에서 α로의 상변태를 포함하여 열이 일정하게 방출될 때 시간의 함수로 나타낸 철 시험편의 온도의 변화

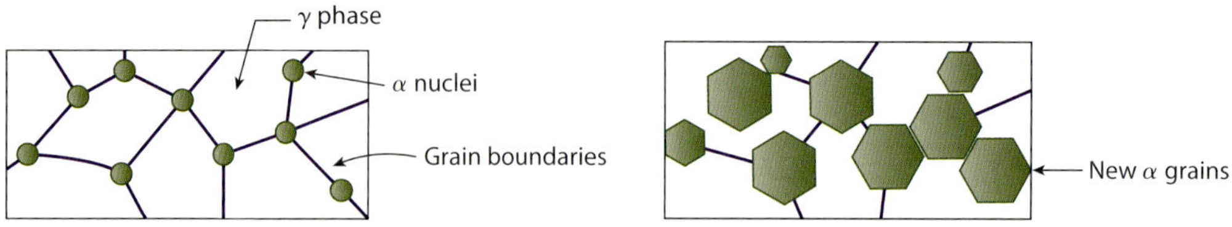

그림 5.4 (a) 철의 FCC γ 상의 결정립계에서 BCC α 상의 핵생성. (b) 새로운 결정의 성장

도이며, 따라서 두 상이 모두 존재할 수 있기 때문이다. 과냉각 양이 증가할수록 변태가 완료되는데 걸리는 시간은 감소한다. 한 번 변태가 완료되면 새로운 α 상은 방출되는 열에 따라 냉각되기 시작한다.

만약 912°C보다 낮은 온도에서 현미경을 통해 변태가 진행 중인 철을 관찰한다면, 그림 5.4a에 나타나있듯이 γ 상의 결정립계(grain boundary)의 교차점에서 α 상의 작은 핵들(nuclei)이 생성되기 시작하는 것을 관찰할 수 있을 것이다. 핵들은 새로운 결정구조 내에서의 몇몇 원자들의 확산에 의해 생성된다. 벌크 재료(bulk material)에서의 균일 핵생성(homogenous nucleation)에 대한 핵생성 이론은 부록 5B.2에 나타나있다. 평형온도상에서 α 상과 γ 상의 GFE가 같으므로 변태에 대한 구동력이 되는 GFE의 차이가 없다. 그림 5.1에 나타나있듯이 과냉각 양이 증가할수록, γ 상에서 α 상으로의 변태과정에서 GFE의 감소량은 증가한다. 결정립계에서의 원자가 재료의 벌크 부분에서의 원자에 비해 더 높은 에너지 상태에 있으므로, α 상의 핵들은 결정립계나 결정립 교차 부분에서 우선적으로 생성된다. 이 구역에서의 γ 철의 α 철로의 변태는 GFE의 큰 감소를 가져오게 된다. 부록 5B.3에 결정립계에서의 핵생성에 대한 이론이 수록되어 있다. 상당량의 과냉각에 의해 안정된 α 상의 원자핵 크기가 감소하므로, α 구조의 형성을 위해서 소수의 원자들이 결합하게 된다.

그림 5.4b에 나타나있듯이, α 철의 핵들은 γ 상에서 α 상으로 $\gamma-\alpha$ 경계선에서의 확산에 의해 성장하게 된다. 핵생성과 성장은 이러한 통제된 확산에 의한 변태과정이다. 성장속도(growth rate)는 $\gamma-\alpha$ 경계선에서의 원자의 확산속도에 의해 결정된다. 이는 그림 5.5에 나타나있는 온도와 시간에 대한 복잡한 함수이며, x축의 변태에서의 성장속도, y축의 온도로 도식적으로 나타나있다. $\gamma-\alpha$ 평형온도인 912°C에서는 γ 상에서 α 상으로의 확산이 일어나기 위한 화학적 구동력을 나타내는 식 4.37의 $(\partial G_{Fe}/\partial x)$ 값이 없으므로, 912°C의 평형온도 상에서 성장속도는 0이 된다. 원자의 하나의 상에서 다른 상으로의 우선적인 이동은 발생하지 않는다. 온도가 912°C 이하로 내려가면 확산을 위한 화학적 구동력$(\partial G_{Fe}/\partial x)$이 증가하게 되는데 이는 그림 5.1에 나타나있듯이 변태를 위한 ΔG_{Fe} 값이 온도가 평형온도 이하로 내려감에 따라 더욱 음의 값을 가지기 때문이다. 결과적으로 γ 상에서 α 상으로의 변태 속도는 온도가 912°C 이하로 내려감에 따라 증가한다. 그림 5.5에서는 온도가 더욱 내려감에 따라 결국 변태속도는 감소하기 시작함을 보이고 있다. 이러한 변태속도의 감소는 온도가 내려감에 따라 원자의 이동성(B_{Fe})가 감소하기 때문이며 이는 식 5.2에서 확인할 수 있다.

$$B_{Fe} = B_{Fe\,0}\exp - \left(\frac{\Delta H_{DFe}}{kT}\right) \qquad \textbf{5.2}$$

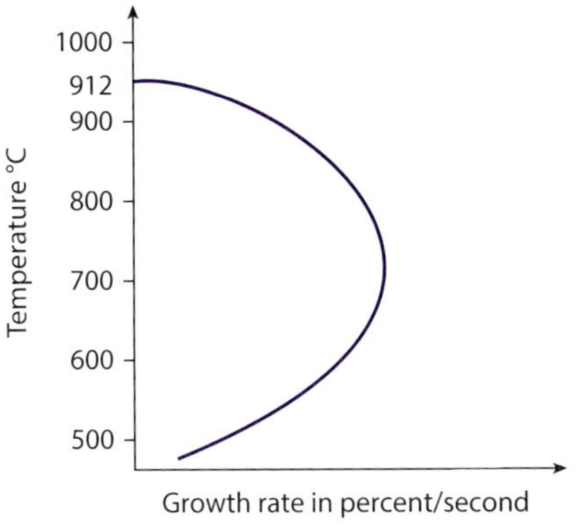

그림 5.5 (좌) 온도의 함수로 나타낸 γ철에서 α철로의 성장속도 모식도

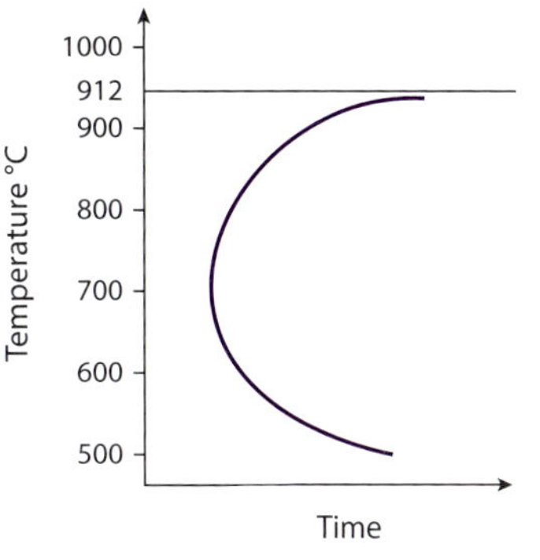

그림 5.6 (우) 온도의 함수로 나타낸 γ철에서 α철로의 50% 변태에 필요한 시간의 "C" 곡선 형태의 모식도

B_{Fe0}은 상수이며, 현재 예에서 ΔH_{DFe}는 철 원자의 확산을 위한 활성화 엔탈피(activation enthalpy)를 뜻한다. 그림 5.5에 나타나있듯 온도가 절대영도에 가까워지면, 원자의 이동성은 0으로 수렴하게 되며; 이는 변태속도 또한 0으로 수렴하게 되는 결과를 가져온다. 상변태 속도에 관한 이론은 부록 5B.4에 수록되어 있다.

상변태에 관한 본 연구에서, 성장속도보다는 변태시간이 대개 측정될 것이다. 변태시간은 변태속도와 역비례 관계가 있다. 그림 5.6에 나타나있듯 변태시간의 온도에 대한 함수는 "C"글자와 같은 형태를 가진다.

예제 5.3

263 K의 온도에서 1몰의 물이 얼음으로 변태될 때 GFE의 변화량을 계산하여라. 263 K에서 엔트로피와 엔탈피의 변화량은 평형온도에서 계산되어진 값과 동일하다고 가정한다. 위 값들은 재료의 구조에 의존하는 값이고, 263 K와 273 K에서의 물과 얼음의 구조는 본질적으로 같다고 볼 수 있으므로 위 가정은 합리적이라고 할 수 있다. 263 K의 변태 과정 중에는 물과 얼음 둘 다 나타나지만, 변태 종료 후에는 얼음만 나타난다.

풀이

예제 5.2에 나타나있듯이 엔트로피와 엔탈피의 변화량은 각각,

$$\Delta S = -2.2 \times 10^{-2} \frac{\text{kJ}}{\text{mole} \cdot \text{K}} \text{ and } \Delta H = -\Delta Q_f = -6.01 \frac{\text{kJ}}{\text{mole}}$$

이 값들을 식 4.14에 대입하면

$$\Delta G = \Delta H - T\Delta S = -6.01 \frac{\text{kJ}}{\text{mole}} - 263\ \text{K}\left(-2.2 \times 10^{-2} \frac{\text{kJ}}{\text{mole} \cdot \text{K}}\right)$$

$$\Delta G = -6.01 \frac{\text{kJ}}{\text{mole}} + 5.79 \frac{\text{kJ}}{\text{mole}} = -0.22 \frac{\text{kJ}}{\text{mole}}$$

GFE의 변화량은 음의 값이다. 이 변태는 263 K에서 자연적인 과정이며 비가역적이다.

5.4 깁스의 상율

H_2O의 상평형도를 통해 얼음, 물, 수증기가 불변점에서 평형상태이며, 물과 수증기가 상평형도의 선도를 따라 평형상태임을 식으로 표현할 수 있다. 깁스의 상율(Gibbs phase rule)을 통해 자유도(number of degrees of freedom, F)와 상의 수(number of phases, P), 성분의 수(number of components, C)를 계산할 수 있다. 만약 재료가 원자로 구성되어 있고, 다른 상에서도 서로 결합 가능하다면, 성분은 그 원자가 된다. 만약 재료가 H_2O와 같은 분자로 구성되어 있고, 다른 모든 상에서도 서로 결합한 채 남아있다면, 성분은 H_2O분자가 된다. 가능한 자유도(열역학적 변수)들은 온도, 화학적 조성비(chemical composition), 압력 등이 있으며, 깁스의 상율은 식 5.3과 같이 주어진다.

$$P + F = C + 2 \tag{5.3}$$

압력이 1기압으로 고정되고 온도와 조성비만 변화한다면, 깁스의 상율은 식 5.4와 같이 주어진다.

$$P + F = C + 1 \tag{5.4}$$

식 5.4를 기억하기 위해 다음과 같은 연상이 도움이 될 것이다 : 경찰(Police, P)의 힘(Force, F)은 캡틴(captain, C) 더하기 1이다.

예제 5.4

지시된 상(P)이 나타날 때, 압력과 온도가 가능한 변수일 때, H_2O의 자유도(F)를 결정하고, 이것을 그림 5.2의 상평형도와 연관하여 설명하여라.

(a) 오직 액상(liquid)만이 나타날 때

(b) 액상(liquid)과 기상(vapor), 둘 다 나타날 때

풀이

(a) H_2O는 단일 성분이므로 $C = 1$이다. $C = 1$일 때, 조성비는 변할 수 없다. 압력이 변수이므로 식 5.3을 사용하자. 만약 액상만 나타난다면, $P = 1$이고 $C = 1$이다.

$$P + F = C + 2$$
$$1 + F = 1 + 2$$

$$F = 2$$

자유도(F)는 2이다. 액상만이 나타날 때 온도와 압력은 둘 다 변할 수 있다.

(b) 액상과 기상 둘 다 나타날 때, $P = 2$이고 $C = 1$이다.

$$2 + F = 1 + 2$$
$$F = 1$$

액상과 기상 둘 다 나타날 때, 자유도는 오직 1이다. 만약 압력이 1기압으로 고정된다면, 온도는 고정될 수 없다. 1기압에서 액상과 기상이 둘 다 나타나기 위해서는 상평형도에 따라 온도는 오직 100°C이어야만 한다. 액상과 기상이 둘 다 나타나기 위한 또 다른 압력과 온도 값은 상평형도 상에서 액상 구역과 기상 구역 사이의 선도 부분으로 나타나 있다.

5.5 2성분계에서의 평형

많은 2성분재료들의 평형상태에 각기 다른 화학적 조성비를 가진 2상을 가진다. 저탄소강은 철과 탄소의 두 성분을 가지고 있고, 상온에서 2상을 가진다. 첫 번째 상은 α철로, 소수의 탄소 침입형 원자를 가지고 있는 BCC구조이며, 두 번째 상은 탄화철(iron carbide, Fe_3C)이다. α 상과 Fe_3C 상의 철 원자와 탄소 원자가 각 상으로 서로 이동하지 않도록 GFE의 변화량이 0이 되게 하는, 일정 온도와 압력 하에서 α 상과 Fe_3C 상은 평형 상태에 있다. 만약 그렇지 않다면, 원자가 다른 상으로 이동하여 GFE의 감소가 발생할 것이고, 상평형 상태는 일어날 수 없다. 식 5.5는 이러한 평형상태를 표현하고 있다.

$$\frac{\partial G^{\alpha}}{\partial N_{\mathrm{Fe}}} = \frac{\partial G^{\mathrm{Fe_3C}}}{\partial N_{\mathrm{Fe}}} \qquad \textbf{5.5}$$

∂G^{α}는 철 원자의 수가 ∂N_{Fe}만큼 변할 때, α 상에서 발생하는 GFE의 변화량이고, $\partial G^{\mathrm{Fe_3C}}$는 철 원자의 수가 ∂N_{Fe}만큼 변할 때, 탄화철 상에서 발생하는 GFE의 변화량이다. 10^{23}개의 원자 중 한 원자의 변화가 증분으로 간주될 수 있으므로, 미분 방정식으로 나타내는 것은 적합하다. α 상의 GFE는 또한 온도와 압력의 함수(단, 여기서 온도와 압력은 일정)이므로 식 5.5는 편도함수의 형태를 가진다. 식 5.5의 편도함수들은 화학포텐셜(chemical potential)로 α 상과 Fe_3C 상 각각에서 ($\mu_{\mathrm{Fe}}^{\alpha}$), ($\mu_{\mathrm{Fe}}^{\mathrm{Fe_3C}}$)로 정의된다. 상에서 특정 원자와 분자의 화학포텐셜은 그 상의 원자나 분자의 개수에 대한 GFE의 편도함수이다. 만약 하나의 원자나 분자가 상에 더해진다면, 상의 원자와 분자의 화학포텐셜은 GFE의 변화량과 같다. 철 원자의 화학포텐셜의 관점에서 식 5.5를 다시 쓰면 다음 식 5.6과 같다.

$$\mu_{\mathrm{Fe}}^{\alpha} = \frac{\partial G^{\alpha}}{\partial N_{\mathrm{Fe}}} = \frac{\partial G^{\mathrm{Fe_3C}}}{\partial N_{\mathrm{Fe}}} = \mu_{\mathrm{Fe}}^{\mathrm{Fe_3C}} \qquad \textbf{5.6}$$

유사한 식은 평형상태에 있는 α 상과 탄화철 상의 탄소 원자에도 적용될 수 있다. 식 5.6은 평형상태에 있는 다른 종류의 원자들($i, j, k, \cdots$), 상의 수($\alpha, \beta, \gamma, \cdots$)에 대해 일반화 될 수 있으며 식 5.7과 같이 나타낼 수 있다.

$$\mu_i^{\alpha} = \mu_i^{\beta} = \mu_i^{\gamma} \qquad \textbf{5.7}$$

화학포텐셜의 단위는 원자나 분자 당 에너지이다. 두 상이 평형상태에 있을 때 깁스 자유 에너지가 반드시 동일할 필요는 없다는 점을 주목하자; 오직 상의 원자나 분자의 화학 포텐셜이 동일해야 한다. 위 첨자는 상을 의미하며, 아래 첨자는 원자의 종류를 의미한다. 고상은 대개 그리스 문자로 표현되며, 액상은 L로 표현된다. 다른 문자가 쓰이는 예도 있는데, 얼음과 물의 경우 각각 i 와 w가 사용된다.

철과 같이, 원자나 분자의 종류가 한 가지일 때, 화학포텐셜은 원자 당 GFE와 동일한 절대치를 가진다. 단일 성분계에서 두 상이 평형상태에 있을 때 식 5.7에 의해 동일한 화학포텐셜 값을 가지며, 그림 5.1에 의해 원자당 깁스 자유 에너지 값 또한 동일하다. 그러나 Fe_3C와 같이 상이 철과 탄소의 두 종류의 원자로 구성되어 있을 때, 철 원자 당 GFE값을 계산하는 것은 불가능하다. 이는 철 원자와 탄소 원자가 결합되어 있을 때, 두 원자 간 결합에너지가 철 원자에 얼마나 갔는지, 탄소 원자에 얼마나 갔는지를 결정하는 것은 불가능하기 때문이다. 그러나 철 원자 하나가 Fe_3C입자에 더해질 때, GFE의 변화량을 계산하는 것은 가능하므로 이 GFE 변화량이 Fe_3C 내의 철 원자의 화학 포텐셜이 되는 것이다.

5.6 2원 상평형도

새로운 고온 가스터빈용 합금의 용융온도를 결정할 때, 우리는 상평형도를 사용한다. 두 종류의 원자(binary)가 특정 온도에서 혼합될 때 2원 상평형도는 현재 상태와, 각 상의 화학적 조성비와, 평형상태에서 각 상의 상대적인 양을 결정할 수 있게 한다. 앞서 배운 열역학적 고찰은 우리가 상평형도에 대해 이해하는데 도움이 될 것이다; 그러나 엔트로피와 GFE와 같은 변수들은 상평형도에 나타나지 않는다.

5.6.1 연속 고용체와 용액

그림 5.7a는 구리(copper, Cu)-니켈(nickel, Ni) 2원 상평형도를 나타낸다. Cu-Ni 합금은 높은 열전도도와 우수한 부식 저항성 때문에 해수와 같은 부식성 환경에서 열교환기와 배관으로 사용된다. 상평형도에서 2차 성분의 화학적 조성비가 x축 상에 원자비(atom percent)로 나타나있으며, 온도는 y축 상에 나타나있다. 원자의 개수(N)가 기본적인 열역학적 변수이므로, 여기서 원자비를 사용한다. 또한 화합물에서 원자비는 화합물의 화학량론과 일치한다; 그러나 질량비의 경우 화학량론과 일치한다는 명백한 증거가 없다. 그렇기는 하지만, 재료의 무게를 재는 것은 원자의 개수를 세는 것에 비해 훨씬 쉽고, 실제로 무게비 상평형도는 많이 사용되고 있다. 그림 5.7에서와 같은 2원 상평형도는 압력이 일정하고, 지정되지는 않았지만 1기압으로 가정한다. 단일성분 상평형도와 마찬가지로 2원 상평형도에서 압력은 표기되는 변수가 아니다. 특정 화학적 조성비와 온도에서 합금의 상태는 x축과 y축에서 각각 수직선과 수평선을 그림으로써 결정할 수 있다. 두 선도의 교차점이 상평형도 상에 표시된 상과 현 상태를 나타내는 점이 된다. 그림 5.7에서 Cu와 Ni의 고용체[solid solution, (Cu, Ni)부분]와 용액만 표기되어 있듯이 어떤 상평형도에서는 단상(single-phase)구역에 대해서만 표기되어 있는데, 단상구역 사이의 미표기 부분은 양쪽의 2개의 단상으로 구성된 2상 구역(two-phase region)으로 이해하면 된다. 상평형도의 구역은 또한 위상(phase field)으로 불린다. 보통 상온에서 상평형도의 좌측과 맞닿는 부분이 고상인 구역이 α 상으로 고안된다. 이 상평형도에서 고용체(Cu, Ni)가 α 상이며, 354.5°C 이상의 온도에서 α 상은 상평형도의 전 구역으로 확장된다.

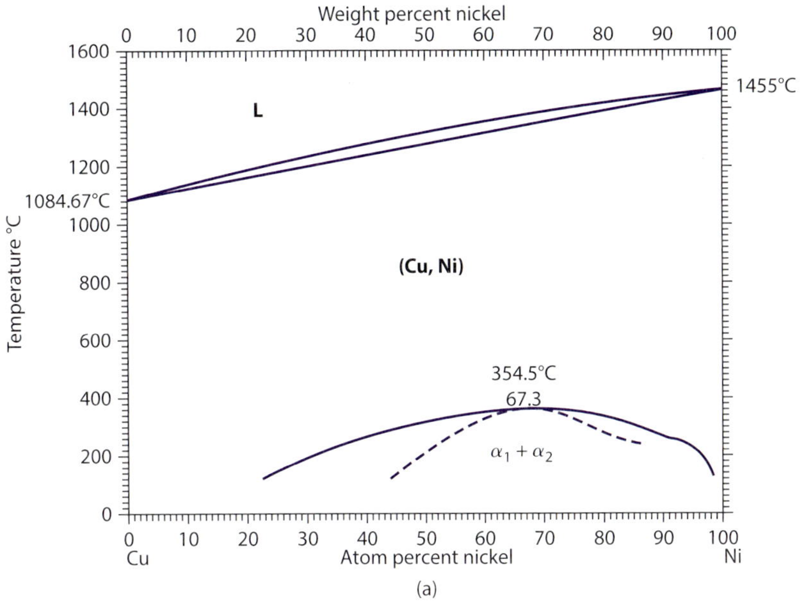

(a)

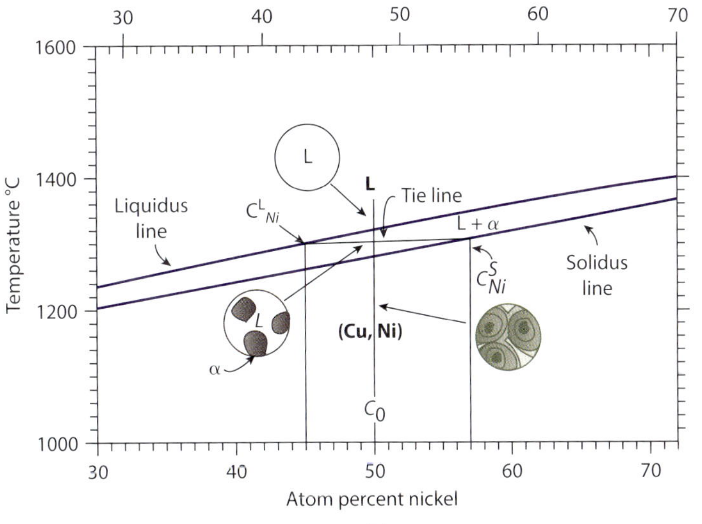

(b)

그림 5.7 (a) 구리와 니켈의 상평형도. (b) 수정된 구리와 니켈의 상평형도(50%의 니켈 원자비(C_0)의 수직선을 1300°C의 온도와 만나는 지점에서 수평으로 대응선을 그리면 액상선 및 고상선과 만나는 점을 찾을 수 있다. 이 두 만나는 점에서 수직선을 내리면 액상 성분 및 고상성분이 각각 45% 니켈 원자비 및 57% 니켈 원자비를 갖는 것을 알 수 있다. 미세구조의 모식도는 50% 니켈 원자비를 갖는 경우에 대하여 액상선 위, 1300°C, 고상선 아래인 1200°C인 경우에 대하여 나타내었다)

(Based on Binary Alloy Phase Diagrams 2nd ed. Editor Massalski,.T.B., ASM International (1990), p. 1444.)

그림 5.7a에서 1455°C 이상의 온도에 Ni 원자비 0%에서 100%까지의 구역에 연속 액상(continuous-liquid, *L*) 구역이 있다. 1455°C 이상의 온도에서는 모든 화학적 조성비와 온도 상의 점이 액상 구역에 포함되며, 오직 하나의 연속 액상 구역만 존재한다. 이것은 Cu와 Ni가 모든 화학적 조성비에서 액상으로 혼합됨을 나타낸다. 모든 원자나 분자들이 액상에서 혼합되는 것은 아니다; 예를 들어, 액상의 리튬(lithium)과 소듐(sodium)은 어떤 화학적 조성비 하에서는 혼합되지 않으며, 많은 고분자(polymer)들도 액상에서 혼합되지 않는다. 비슷한 원자와 분자들이 액상에서 혼합되는 경향이 있으며, 만약 액상에서 원자 간 혼합되지 않는다면, 이는 원자들이 서로 매우 다르다는 것을 나타낸다. 이 장의 나중에 액상에서 혼합되지 않는 금속들의 상평형도에 대해 설명할 것이다.

그림 5.7a의 온도 1084°C 이하, 354.5°C 이상의 구역에 Ni의 원자비 0%에서 100%까지의 구간에 연속 구역(Cu, Ni)이 있다. 모든 화학적 조성비와 온도 상의 모든 점은 (Cu, Ni) 구역에 포함된다. FCC 결정구조의 Cu에 치환된 Ni 원자로 구성되어 있는 (Cu, Ni) 상의 경우를 치환 고용체(substitutional-solid solution)라고 한다. 이 경우 (Cu, Ni) 고용체가 순수 Cu에서부터 순수 Ni까지로 확장되는데 이를 연속 고용도(continuous-solid solubility)라고 한다. 그림 5.7a의 상평형도의 우측에서 (Cu, Ni)는 또한 FCC 결정구조의 Ni에 치환된 Cu의 형태도 가지고 있다. 흄-로더리의 규칙(Hume-Rothery rules)은 두 금속 원소 간에 언제 연속 고용체가 발생할 수 있는지를 정의한 것이다. 연속 고용체를 형성하기 위해 각각의 금속 원소는 다음 조건을 만족해야 한다.

- 15% 이하의 원자 반지름 차이
- 같은 결정구조
- 비슷한 전기음성도(electronegativities)
- 비슷한 원자가(valence)

Cu와 Ni는 둘 다 FCC 결정 구조를 가지고 있다. Cu와 Ni은 주기율표 상에서 서로 인접해 있으며, 따라서 비슷한 원자가를 가진다. 전기음성도는 각각 1.9, 1.8로 매우 비슷하다; 격자 매개변수는 각각 0.363 nm와 0.352 nm로 서로 3.1%의 차이밖에 나지 않는다. 순수 Cu의 용융온도(1084.87°C) 이하, 354.5°C 이상의 온도에서는 어떤 화학적 조성비에서도 (Cu, Ni) 상을 가지는 것이 가능하다. 예를 들어, 1000°C의 온도에서 Ni 원자비 50%를 가지는 Cu-Ni 합금은 (Cu, Ni) 상 구역에 있으며, 오직 (Cu, Ni) 상 만이 존재한다. 이는 Ni 원자비 50% 지점에서 수직선을 긋고, 1000°C 온도 지점에서 수평선을 그어서, 두 직선이 만나는 교차점이 (Cu, Ni) 구역 내에 위치하는 것을 확인함으로써 결정할 수 있다. 5.12절에서는 상평형도의 용해도 간극(miscibility gap) 구역인 354.5°C 이하의 온도 구역을 고려할 것이다.

예제 5.5

(a) 만약 1000 K(727°C)의 온도, Ni 원자비 50%에서 Cu 결정 구조로의 혼합이 일어났다면, Ni의 Cu로의 용해 엔탈피가 0.03 eV/atom 일 때, Hultgren 등의 데이터를 참고하여, 총 원자 1몰의 GFE 변화량을 구하여라.

(b) 위 결과에 근거하여, 1000 K 온도에서 Ni 원자비 50%에서 Cu로의 혼합이 가능한가? 그 이유를 설명하여라.

풀이

(a) Ni 원자비 50%에서 Cu로의 혼합에서의 원자 1몰의 엔트로피를 결정하기 위해, 식 4.12에 화학 조성비 값을 대입한다. 문제가 몰 당 계산이므로, 식 4.12에서 R은 k로 대체한다.

$$\Delta S_m = -RN(C_{\text{Ni}} \ln C_{\text{Ni}} + C_{\text{Cu}} \ln C_{\text{Cu}})$$

$$\Delta S_m = -8.31 \frac{\text{J}}{\text{mole} \cdot \text{K}} (1 \text{ mole})[0.5 \ln 0.5 + 0.5 \ln 0.5] = -8.31 \frac{\text{J}}{\text{K}} [0.5(-0.693) + 0.5(-0.693)]$$

$$\Delta S_m = -8.31 \frac{\text{J}}{\text{K}} [-0.693] = 5.67 \frac{\text{J}}{\text{K}}$$

Ni가 Cu로 치환될 때, 용해 엔탈피는 Ni 원자 당 0.03 eV이다. Ni 원자 당 0.03 eV를 Ni원자의 몰 당 주울(joules per mole)로 변환하면,

$$\frac{0.03 \text{ eV}}{\text{Ni atom}} \times \frac{1.602 \times 10^{-19} \text{ J}}{1 \text{ eV}} \times \frac{6.023 \times 10^{23} \text{ Ni atoms}}{\text{mole of Ni}} = \frac{0.29 \times 10^4 \text{ J}}{\text{mole of Ni}}$$

그러나 1몰의 원자 중 오직 50%만이 Ni의 원자이다. Ni 원자 1몰의 50%의 엔탈피 변화량은

$$C_{\text{Ni}} N \Delta H_{\text{NiCu}} = 0.50 \frac{\text{mole of Ni}}{\text{mole of atoms}} (1 \text{ mole of atoms}) \left(\frac{0.29 \times 10^4 \text{ J}}{\text{mole of Ni}} \right) = 0.145 \times 10^4 \text{ J}$$

50% 원자비의 Ni 원자를 Cu로 치환할 때 발생하는 GFE의 변화량은 식 4.15로 계산된다.

$$\Delta G = G - G_0 = C_{\text{Ni}} N \Delta H_{\text{NiCu}} - T\Delta S_m = 0.145 \times 10^4 \text{ J} - (1000 \text{ K}) 5.67 \frac{\text{J}}{\text{K}}$$

$$\Delta G = 1450 \text{ J} - 5670 \text{ J} = -4220 \text{ J}$$

(b) GFE의 변화량은 음의 값이다. 1000°C 상에서 원자는 반드시 혼합되고 고용체를 형성할 것이다.

5.6.2 2원 상평형도의 2상 구역

그림 5.7a의 상평형도에서 Cu의 용융온도(1085°C)와 Ni의 용융온도(1455°C)를 연결하는 두 개의 선을 **고상선(solidus line)**과 **액상선(liquidus line)**이라 한다. 이 두 선은 Cu-Ni 상평형도의 확대도인 그림 5.7b에 표기되어 있다. 액상선과 고상선 사이의 구역은 그림 5.7b에 나타나있듯, α (Cu, Ni) 상과 액상(L)의 구역이다. 만약 온도-화학 조성비 점이 액상선 위쪽에 위치한다면 합금은 모두 액체이다. 예를 들어, Ni 50% 원자비와 1400°C의 온도인 점은 액상(L)로 표기된 구역에 위치하므로, 이 조건에서 합금은 완전히 액상이다. 단상인 액상은 원래 합금과 같은 화학적 조성비를 가져야만 한다. 그림 5.7b에 이 온도에서 현미경을 통해 관찰할 수 있는 미세조직(microstructure)의 도식도가 나와 있으며, 일정한 구조를 가진 원 형태의 액상을 나타내고 있다. 만약 온도-화학조성비 점이 고상선 아래쪽에 위치한다면, 합금은

모두 고체이다. 1200°C의 온도와 Ni 50% 원자비 점은 고상선 아래쪽의 (Cu, Ni)의 단상구역에 위치하므로, 합금은 완전히 고상(Cu, Ni)이다. 1200°C에서 미세조직의 도식도는 다결정질(polycrystalline) 고체의 형태로 나타난다. 어두운 부분은 변태과정의 이른 시점에 생성된 고상을 나타내고, 밝은 부분은 변태과정의 나중 시점에 생성된 고상을 나타내며, 이에 대한 논의는 아래 내용에서 이루어질 것이다.

만약 온도-화학조성비 점이 액상선과 고상선 사이에 위치한다면, 합금은 고체와 액체의 혼합물이다. 그림 5.7b에서, 그리고 앞으로의 논의에서 (Cu, Ni)와 α는 동일한 고체이다. 예를 들어, Ni 원자비 50% 합금은 1300°C에서 두 선도 사이인 L + α 구역에 있다. 미세조직 도식도에 나타나있듯이 이 점에서 합금은 액상(L)과 고상 α의 혼합물이다. 그림 5.7b에 나타나있듯이 액상과 고상 α 상의 평형에서의 화학적 조성비는 1300°C에서 L + α 구역으로 **수평선(대응선, tie line)**을 그림으로써 얻어질 수 있다. 대응선(tie line)은 2상 구역의 경계를 연결한다. 대응선이 액상선과 만나는 부분은 액상의 화학적 조성비(Ni 원자비 45%)를 나타내고, 고상선과 만나는 부분은 고상 α 상의 화학적 조성비(Ni 원자비 57%)를 나타낸다.

본래 합금의 화학적 조성비는 Ni 원자비 50%였는데 왜 1300°C에서는 액상의 Ni 원자비는 45%가 되고 고상의 Ni 원자비는 57%가 되는 것일까? 왜 둘 다 50%의 Ni 원자비를 가지지 않는 것일까? 액상과 고상이 평형상태에 있을 때, 고상과 액상 각각에서의 Ni 원자의 화학포텐셜은 식 5.7에 나타나있듯이 반드시 동일해야 한다; 그렇지 않으면 Ni 원자는 화학포텐셜이 더 낮은 상이 되고자 할 것이다. 액상과 고상에서의 Cu 원자에게도 같은 논의가 적용된다. 액상과 고상이 평형일 때, 만약 원자나 분자가 액상에서 고상으로 이동할 때, 또는 역방향의 이동에 대해서도 액상과 고상의 결합에서의 GFE의 변화는 발생하지 않는다. 화학포텐셜은 결합에너지에 의존한다. 액상과 고상에서의 결합력과 원자배열은 다르다. 액상과 고상에서 원자비가 둘 다 50%로 같을 때, 1300°C에서 Cu(또는 Ni)원자의 화학포텐셜이 액상과 고상에서 같다는 근거는 없다. Cu(또는 Ni)원자의 화학포텐셜의 동일함이 어떻게 Cu-Ni 상평형도에서의 평형 화학조성비의 결과를 가져오는가에 대한 시각적 증명은 부록 5C에 수록되어있다.

온도와 조성비의 교차점이 액상과 고상 2상 구역 내에 위치하면, 1300°C의 온도에서 원래 조성비와는 상관없이 같은 액상(Ni 원자비 45%)과 고상 α 상(Ni 원자비 57%)의 조성비를 가진다. 이 점을 증명하기 위해 Ni 원자비 50%의 합금에 Ni 원자가 더해져 Ni 원자비 55%의 조성비를 가지게 되었다고 하자. 1300°C에서 액상의 조성은 Ni 원자가 더해진 후, Ni 원자비가 45%보다 높아지는가? 고상의 Ni 원자비는 57%보다 높아지는가? 1300°C온도와 Ni 원자비 55%의 교차점은 액상과 고상 α 상의 2상 구역 내에 여전히 존재하므로, 두 개의 질문에 대한 대답은 모두 '아니오'이다. 2상 구역 내에서, 1300°C의 온도와 액상선과 고상선이 이루는 교차점에 의해서 액상은 항상 Ni 원자비 45%, 고상은 항상 Ni 원자비 57%이다. 더해진 5%의 Ni는 어떻게 된 것인가? 마치 질량 보존의 법칙이 위배되고, 추가된 Ni가 사라진 것처럼 보인다.

5.6.3 지렛대 법칙

질량 보존의 법칙의 적용은 추가 Ni 원자에 무슨 일이 일어났는지를 보여준다. 보편적인 적용을 위해, α 상과 β 상의 2상 구역 내에 위치한 A와 B 원자의 혼합물에 대해 고려해보자; α와 β는 액상이 될 수도 있다. 알고 있는 값은 혼합물이 생성될 때 더해진 B원자의 원자비로 정의되는 초기 조성비(C_0)값이다. 온도(T)에서의 각 상의 평형 화학조성비(C^α와 C^β)는 상평형도를 통해서 얻어낼 수 있다. 모르는 값은 α 와 β 각 상이 얼마만큼 존재하는 가이다. 재료의 각 상의 양은 각 상의 원자분율(atom fraction, f^α와 f^β)을 통해 측정된다. 식 5.8a에서처럼 α 상의 원자분율(f^α)은 α 상인 A와 B 원자들의 총합을 합금 내에 존재하는 원자들의 총합으로 나눔으로써 계산할 수 있다.

$$f^{\alpha} = \frac{N^{\alpha}}{N} = \frac{N_A^{\alpha} + N_B^{\alpha}}{N} \quad \textbf{5.8a}$$

$$f^{\beta} = \frac{N^{\beta}}{N} = \frac{N_A^{\beta} + N_B^{\beta}}{N} \quad \textbf{5.8b}$$

C^{α}는 α 상에서의 화학조성비이다; 식 5.9a에서처럼 α 상에 존재하는 B원자의 개수(N_{β}^{α})를 α 상의 총 원자개수(N^{α})로 나눈 값을 퍼센트로 표현하기 위해 100을 곱해준 값이다. α 상의 나머지 부분은 A원자로 구성된다. C^{β} 또한 이와 유사하게 식 5.9b를 통해 계산할 수 있다.

$$C^{\alpha} = 100\frac{N_B^{\alpha}}{N^{\alpha}} \quad \textbf{5.9a}$$

$$C^{\beta} = 100\frac{N_B^{\beta}}{N^{\beta}} \quad \textbf{5.9b}$$

C^{α}와 f^{α}를 혼동할 수 있으나, 재료에서 이 두 값은 전혀 다른 측면을 나타낸다. C^{α}는 α 상의 순도를 나타내는 것이다; 이 값은 α 상이 얼마만큼 존재하는 가에 대해서는 아무것도 말해주지 못한다. f^{α}는 α 상인 A와 B원자들의 분율을 나타내는 것이다; 이 값은 α 상의 순도에 대해 아무것도 말해주지 못한다. 상평형도에서의 혼동을 피하기 위해, 원자비(%)는 화학조성비(C^{α})로 사용되고, 원자분율은 f^{α}로 사용된다. 그러나 식 4.12의 혼합물의 엔트로피에 대한 계산에서, 화학조성비는 퍼센트가 아닌 분율을 사용해야 한다.

두 식은 원자의 보존에 대해 설명하였다. 2상 구역에서 각 상의 원자분율의 합은 반드시 1과 같아야 한다.

$$f^{\alpha} + f^{\beta} = 1 \quad \textbf{5.10}$$

식 5.8a와 식 5.9a로부터 $C^{\alpha} f^{\alpha}$는 α 상 내의 B 원자의 개수를 총 원자 개수로 나눈 값에 100을 곱한 값이며, $C^{\beta} f^{\beta}$는 β 상 내의 B 원자의 개수를 총 원자 개수로 나눈 값에 100을 곱한 값이다.

$$C^{\alpha}f^{\alpha} = \left(\frac{N_B^{\alpha}}{N^{\alpha}}100\right)\left(\frac{N^{\alpha}}{N}\right) = \frac{N_B^{\alpha}}{N}100 \quad \textbf{5.11a}$$

$$C^{\beta}f^{\beta} = \left(\frac{N_B^{\beta}}{N^{\beta}}100\right)\left(\frac{N^{\beta}}{N}\right) = \frac{N_B^{\beta}}{N}100 \quad \textbf{5.11b}$$

식 5.12는 식 5.11a와 b의 합으로 B원자의 총 개수를 총 원자 개수로 나눈 값에 100을 곱한 값이며, 이는 원래 화학 조성비 값(C_0)을 %로 나타낸 값과 같다.

$$C^{\alpha} f^{\alpha} + C^{\beta} f^{\beta} = C_0 \quad \textbf{5.12}$$

식 5.10과 식 5.12를 연립해서 풀면, 식 5.13 a와 b의 결과가 나온다.

$$f^{\alpha} = \frac{C^{\beta} - C_0}{C^{\beta} - C^{\alpha}} \qquad \textbf{5.13a}$$

$$f^{\beta} = \frac{C^{\alpha} - C_0}{C^{\alpha} - C^{\beta}} \qquad \textbf{5.13b}$$

식 5.13a와 b는 어떤 2상 구역에 대해서도 적용될 수 있으며, 이를 **지렛대 법칙(lever rules)**이라 한다. α 상의 원자분율(f^{α})의 계산에서, 분자는 상평형도 상에서 온도 T에서 $C_0 - C^{\beta}$간 거리를 대응선의 총 길이인 $C^{\alpha} - C^{\beta}$간 거리로 나눈 값과 같다. $C_0 - C^{\beta}$간 거리가 증가할수록, α 상의 양은 많고 β 상의 양은 적은 것이다. 이 식들은 지렛대에서 C_0에 지렛목이 위치할 때의 평형 힘을 계산하는 과정과 유사하다. 지렛대 법칙의 어원은 또한 화학조성비의 무게비(C)와 무게분율(f)의 사용에서 파생되었을 수도 있다.

예제 5.6

(a) 1300°C에서 Cu-Ni 합금의 초기 Ni 원자비가 50%일 때, 액상과 고상 α 상에서의 Cu와 Ni의 원자분율을 계산하여라.

(b) 합금의 초기 Ni 원자비가 55%일 때, 액상과 고상 α 상에서의 원자분율을 계산하여라.

풀이

(a) 문제를 풀기 위해 식 5.13 a와 b의 지렛대 법칙을 적용한다. 고상 α 상과 액상을 포함하는 구역에서, 식의 β 상은 액상으로 대체한다. 어떤 2상 구역에서든 α 상과 β 상은 2상 구역에 존재하는 각각의 2상으로 대체될 수 있다. 평형 화학조성비는 C^L = Ni 원자비 45%, C^{α} = Ni 원자비 57%, C_0 = Ni 원자비 50%이다. 식 5.13의 지렛대법칙에서 액상의 원자분율은

$$f^L = \frac{C^{\alpha} - C_0}{C^{\alpha} - C^L} = \frac{57 - 50}{57 - 45} = \frac{7}{12} = 0.58$$

그리고 식 5.10에서 α 상의 원자분율은

$$f^{\alpha} = 1 - f^L = 1 - 0.58 = 0.42$$

그러므로 총 원자의 0.58 분율이 액상이며, 총 원자의 0.42 분율이 α 상이다.

(b) Ni 원자비는 이제 55%로 증가하였다. 상평형도의 1300°C 상에서 C^L = Ni 원자비 45%, C^{α} = Ni 원자비 57%이고, 이제 C_0 = Ni 원자비 55%이다. 식 5.13의 지렛대 법칙을 통해 액상의 원자분율을 계산할 수 있다.

$$f^L = \frac{C^{\alpha} - C_0}{C^{\alpha} - C^L} = \frac{57 - 55}{57 - 45} = \frac{2}{12} = 0.17 \quad \text{액상의 원자분율}$$

식 5.10을 통해 α 상의 원자분율을 계산할 수 있다.

$$f^{\alpha} = 1 - f^L = 1 - 0.17 = 0.83$$

α 상과 액상의 2상 구역에 Ni가 더해졌을 때, 각 상의 화학조성비는 변하지 않는다; 각 상의 원자의 화학포텐셜이 동일한 값을 가져야 하므로, 화학조성비는 고정된다. 변하는 것은 α 상과 액상에 존재하는 총 원자의 분율이다. Ni가 더해졌을 때, 추가 Ni를 흡수함으로써 Ni가 풍부한 고상 α 상의 분율은 증가하며, 질량 보존의 법칙은 위배되지 않는다. 만약 화학조성비가 무게 퍼센트라면, f^{α}와 f^{L} 또한 무게 분율이 된다.

5.6.4 2상 영역에서의 냉각

50% 원자비의 Ni–Cu 합금을 1400°C까지 가열한 후 냉각시킨다고 가정하자. 그림 5.7b의 상평형도에서 원자비 50%에서의 수직선을 통해 1400°C에서 시작하는 냉각 과정을 볼 수 있다. 1320°C에서 2상 영역이 나타나는 지역인 수직선이 액상선과 교차하는 지점에서 고상이 형성되기 시작한다. 최초 형성되는 고상의 화학조성비는 Ni 원자비 60%이다. 이 값은 1320°C에서의 대응선이 고상선과 교차하는 지점을 통해 얻을 수 있다. 최초 고상은 소수의 원자들의 작은 핵들이다. 합금이 1320°C 이하로 냉각되면서 더 많은 핵들이 생성되고, 기존의 핵들에서 고상이 성장하기 시작한다. 이러한 형태의 응고가 핵생성과 성장(nucleation and growth)이다. 그림 5.7b 미세 도식도의 어두운 부분이 핵이다. 다결정질 고체의 결정(grain)을 형성하기 위해 핵들과 주변의 물질들이 함께 성장한다. 지렛대 법칙을 이용하면, 1320°C에서 α 상의 원자분율은 0이다. 충분한 양의 고상 α 상을 얻기 위해서 합금은 1320°C 이하의 온도로 더 냉각되어야만 한다. 예제 5.5에서 계산했던 것처럼, 원자비 50%의 Ni–Cu 합금이 1300°C로 냉각되면, α 상의 원자분율은 0.42, 고상 α 상의 화학조성비는 Ni 원자비 57%가 된다. 냉각과정에서 고상의 화학조성비가 적용되기 위해서, 냉각속도는 매우 느려야 한다. 합금이 1280°C까지 냉각되면 고상선과 교차하게 되고, 1280°C 이하로 냉각되게 되면, 합금은 평균 화학조성비 Ni 원자비 50%를 가지는 완전한 고상 α 상이 된다.

왜 원자비 50%의 Ni–Cu 합금은 물처럼 단일 온도에서 응고되지 않는 것일까? 그 이유 중 하나는, 물은 단일성분(H_2O)이고, Cu–Ni 합금은 2성분이기 때문이다. 50% 원자비의 액상 Cu–Ni 합금의 냉각에서, 1320°C와 1280°C의 온도 범위 내에서 온도가 감소함에 따라 고상의 양은 증가한다. 이 온도 범위에서 합금 혼합물은 1320°C에서는 고상이 거의 없고, 1280°C에서는 액상이 거의 없는 슬러시(slush)와 같은 형태가 된다. 1320°C에서 Ni 원자비 50% 액상의 Ni 원자와 같은 화학 포텐셜을 가지는 Ni 원사비 60%의 고상이 형성된다. 온도가 낮아지면, 액상의 Ni 원자의 화학포텐셜이 Ni 원자비 50% 고상의 Ni 원자의 화학포텐셜과 같아질 때까지, 액상과 고상의 화학조성비는 변화한다. 이는 1280°C에서 Ni 원자비 40%의 액상의 조성에서 발생하며, 잔여 액상은 Ni 원자비 50%의 고상으로 변태된다. Cu–Ni 합금의 Cu 원자에 대해서도 같은 논의가 반복될 수 있다.

Ni–Cu 상평형도로부터 냉각과정에서 액상과 α 상의 2상 구역에서 얻어진 화학조성비는 평형 화학조성비이며, 매우 느린 속도의 냉각과정에서만 얻어진다. 주조나 공정과정에서이 냉가속도를 고려했을 때, 평형 화학조성비는 현실적이지 않다. 만약 합금이 2상 영역을 통과할 때, 매우 빠른 속도로 냉각된다면, 화학조성비는 평형 값을 가지기에 충분한 시간을 갖지 못한다. Ni 원자비 50%의 화학조성비에서, 초기 생성되는 α 고상의 핵들은 Ni 원자비 60%의 화학조성비를 가진다. 그리고 합금이 더 냉각될수록, 그림 5.7b에서 나타나있듯 양파의 동심원 막과 같은 형태로, 생성된 핵 주변으로 더 많은 핵들이 생성되고 금속 원자들이 응고된다. 응고과정이 완료되었을 때, 고상의 평균 Ni 화학 조성비는 반드시 원자비 50%의 값을 가질 것이다. 그러나 초기 고상은 Ni 과다상태(60% 원자비)이고, 급속 냉각에 의해 확산에 의한 화학조성비의 평형이 이루어지지 않으므로, 급속 냉각 과정에서 초기 고상의 대부분의 Ni 원자는 유지된다. 결과적으로 1280°C에서 형성된 고상의 Ni 원자비는 50% 이하의 값을 가질 것이다. 그림 5.7b의 미세구조 도식도에 나타난 밝은 명암의 α 상 핵의 반경이 증가할수록, 결정의 중심부에서의 Ni 화학 조성비에 비해 외부 성장층의 Ni 화학조성비는 낮을 것이다. 응고과정에서 조성비의 변화를 **핵편석(coring)**이라 한다. 핵편석은 50% 원자비의 Ni–Cu 합금을 1200°C와 같이 고상 α 상의 구역에 있는 특정 온도에서 유지시켜, 원자가 균일한 화학조성비를 가지기 위한 충분한 확산 시간을 가지게 함으로써 제거할 수 있다. 상평형도는 평형 상평형도이므로, 급속냉각에 의해 발생하는 핵편석에 의한 화학 조성비는 상평형도 상에 나타내지 않는다.

예제 5.7

(a) 깁스의 상율을 사용해서, 1300°C와 1기압에서 Cu 원자비 50%, Ni 원자비 50% 화합물의 자유도를 결정하여라.

(b) 1000°C, 1기압에서 같은 화학조성비의 화합물의 자유도를 결정하라.

풀이

(a) 성분은 Cu와 Ni($C = 2$) 2개이다. 그리고 1300°C에서 상은 α와 액상(P = 2) 2개이다. 압력은 1기압이므로 식 5.4를 사용하면,

$$P + F = C + 1$$
$$2 + F = 2 + 1$$
$$F = 1$$

자유도는 1이다($F = 1$). 온도가 1300°C로 선택되면, 자유도 1이 활용되고, 2상 구역에서 상의 화학조성비를 설정하는 것은 불가능하다. 화학조성비는 2상의 원자가 같은 화학포텐셜을 가져야 하는 필요성에 의해 통제된다.

(b) 1000°C에서 오직 고상 α 상이 있다($P = 1$); 성분은 Cu, Ni 2개이다($C = 2$). 1기압이므로 식 5.4를 사용하면,

$$P + F = \mathrm{C} + 1$$
$$1 + F = 2 + 1$$
$$F = 2$$

자유도는 2이다($F = 2$). 고상 α 상의 단상구역에서, 온도 1000°C일 때 고상 α의 화학조성비를 Cu 원자비 50%, Ni 원자비 50%로 설정하는 것이 가능하며, 다른 어떤 화학조성비 상에서도 단상구역 내에 존재하게 된다.

5.7 2원 공정형 상평형도

2원 공정형 상평형도(binary eutectic phase diagrams)는 2원 합금(binary alloy)에서, 성분의 원자가 다른 종의 원자에 비해 동종의 원자와 우선적으로 결합할 때 형성된다. 공정형 상평형도 상의 합금에서, 금속 성분의 혼합은 제한되며, 동종 원자들이 분리된 상을 형성한다. 공정형 상평형도 상에서 합금은 본래 각 성분의 용융온도에 비해 상당히 낮은 용융온도를 가지는 조성비를 가진다. 납-주석, 은-구리와 같은 납땜재는 금속 체결에 활용된다. 공융염(eutectic salt)결합은 공융염을 태양에너지로 용융시킴으로써 태양열에너지를 저장하는데 사용된다. 이 에너지는 융해열(heat of fusion)의 형태로 공융염에 저장된다.

5.7.1 구리-은 합금의 공정형 상평형도

은 납땜재는 은(Ag)과 구리(Cu)의 합금이다. 납땜재는 액상으로 사용되며, 두 금속 조각을 용융시키지 않으면서 서로 결합시킨다. 그림 5.8a는 Ag-Cu 합금의 공정형 상평형도를 나타낸다.

Ag-Cu 공정형 상평형도는 그림 5.7a의 Cu-Ni 상평형도와 상당히 다른 형태를 띤다. 그림 5.8은 200°C 이하의 온도에서 모든 화학조성비에 대해 $\alpha + \beta$의 2상 구역에 포함됨을 나타낸다. α 상은 Ag 결정구조를 가지며, β 상은 Cu 결정구조를 가진다. Cu와 Ag가 모두 FCC 결정구조를 가짐에도 불구하고, 그들의 격자 매개변수는 Ag는 0.409 nm, Cu는 0.362 nm로 13%가 차이난다. 관례상으로 상평형도의 좌측의 상이 α 상으로, 우측의 상이 β 상으로 고안된다. α 상과 β 상은 최종 상인데, 그 이유는 상평형도의 끝점에서 나타나기 때문이다. 상평형도의 좌측에 α 의 단상구역과 $\alpha + \beta$의 2상 구역을 구분하는 선을 **고용한선(solvus line)**이라 한다; 이는 α 상의 Cu의 용해 한도를 온도에 대한 함수로 나타낸다. 이와 유사하게, 상평형도의 우측의 고용한선은 β 상의 단상구역과 $\alpha + \beta$의 2상 구역을 구분하며, 이는 β 상의 Ag의 용해 한도를 온도에 대한 함수로 나타낸다. 상평형도 상에서 200°C 이하의 온도에서 Cu는 α 상에서 본질적으로 불용성임을, Ag는 β 상에서 불용성임을 알 수 있다. Cu 원자비 50%의 Ag 합금은 200°C 상에서 평형이며, 그보다 낮은 모든 온도에서 서로 섞이지 않는 거의 순수한 Ag와 거의 순수한 Cu의 혼합물로 구성된다; 이를 편석(segregation)이라 한다.

Cu와 Ag의 편석은 합금의 GFE로 설명된다. Cu와 Ag의 13% 원자 크기 차이에 의해 결합은 비교적 높은 양의 값의 엔탈피를 가지게 되므로, Cu와 Ag는 서로 잘 결합되지 않는다. Hultgren 등에 의해 Cu가 Ag(α)(ΔH^{α}_{Cu})에 혼합될 때 엔탈피는 원자 당 0.25 eV로, Ag가 Cu(β)에 혼합될 때 엔탈피는 원자 당 0.39 eV로 보고되었다. 같은 온도에서 Ag가 Cu에 혼합될 때의 용해도보다 Cu가 Ag에 혼합될 때의 용해도가 더 높은 것은 Cu가 Ag 결정에 혼합될 때의 엔탈피가 더 낮은 것으로 설명할 수 있다. C_{Cu}의 Cu 조성비를 가지는 Ag결정의 GFE와 순수 Ag결정의 비는 식 4.15를 통해 결정된다. 식 4.12에서의 계산을 통해 원자의 혼합에서 발생하는 총 엔트로피의 변화(ΔS_T)와 혼합에서의 엔트로피(ΔS_m)가 동일하다고 가정할 수 있다. 식 4.15에서 주어진 GFE의 변화량(ΔG)이 양수이면, 원자는 혼합되지 않으며, 200°C 이하에서 Ag-Cu합금이 이와 같은 경우다. 예제 4.8에서 GFE의 변화량이 양수이므로, 1000K(727°C) 상에서 원자비 20% Cu가 Ag 결정에 혼합되지 않는다는 것을 계산하였다. 그러나 연습문제 4.14에서는 원자비 10%의 Cu가 Ag 결정에 치환될 수 있다는 것을 계산하였다. 상평형도에서 727°C의 온도에서 Cu의 Ag로의 용해 한도가 대략 원자비 11%라는 것을 통해 이 계산을 확인할 수 있다.

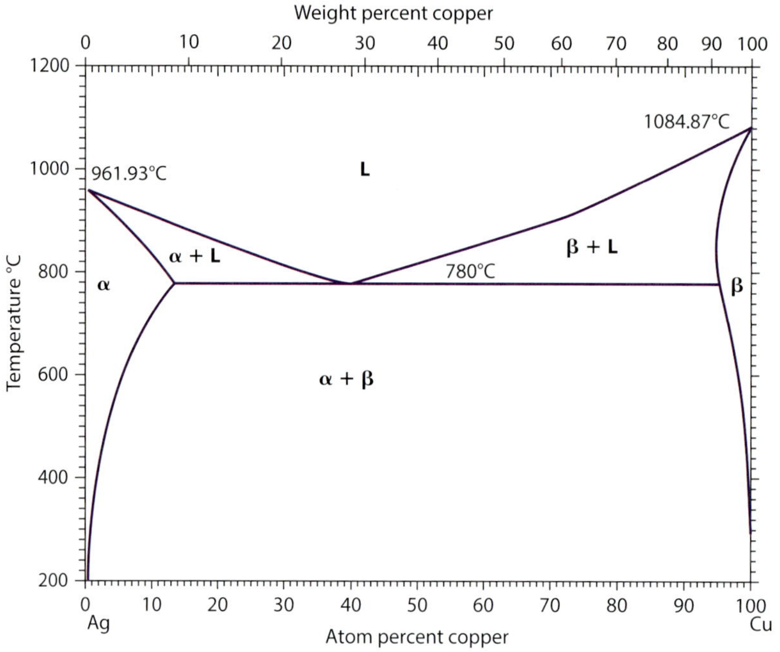

(a)

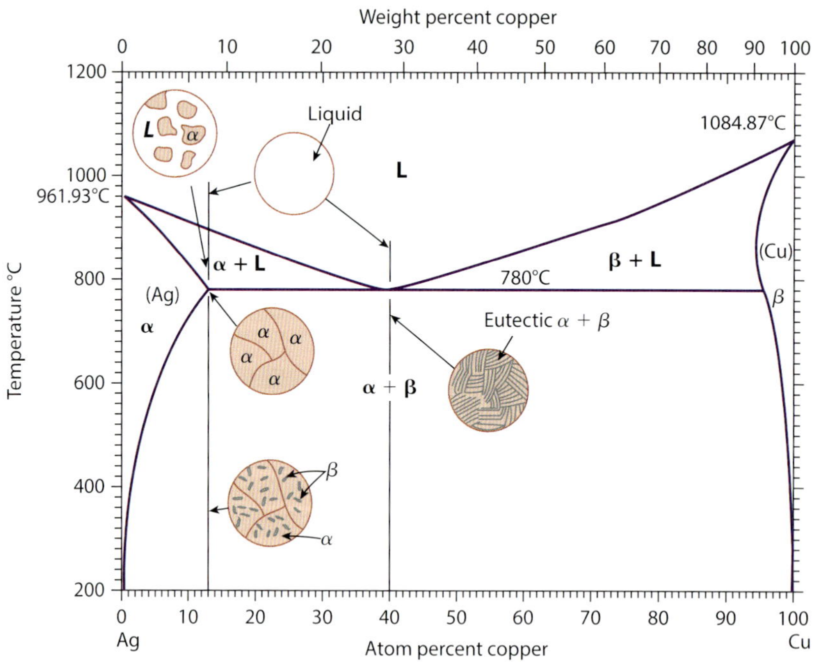

(b)

그림 5.8 (a) 은과 구리의 공정형 상평형도. (b) 수정된 은과 구리의 상평형도(미세구조의 모식도는 40%의 구리 원자비 및 13% 구리 원자비를 갖는 공정 조성비의 경우에 대하여 나타내었다)

(Based on Binary Alloy PhaseDiagrams 2nd ed. Editor Massalski, T.B., ASM International (1990), p. 29.)

그림 5.8은 200~780°C의 온도 범위에서, 온도가 증가함에 따른 α 상에 치환될 수 있는 Cu의 한도량과 β 상에 치환될 수 있는 Ag의 한도량을 나타내고 있다. α 상의 GFE를 최소화하는 Cu의 양은 식 4.16의 $\Delta H_{\text{Cu}}^{\alpha}$에서 주어진다. 식 4.16에 따르면 온도가 절대영도에 가까워짐에 따라 GFE를 최소화하는 Ag 내의 Cu 원자비는 0%에 가까워지며, 온도가 증가하면 이 원자비 또한 증가한다. 유사한 논의는 Cu 결정(β 상)에 치환된 Ag의 경우에도 적용될 수 있다. 식 4.16에서 α와 β 상의 고용한선의 온도에 대한 의존도는 일관적이다; 그러나 식 4.16상에 평형 화학조성비는 필수적으로 주어져 있지는 않다. α와 β의 고용한선 사이에서 α 상과 β 상은 모두 나타나며, 평형상태에 있다. 평형상태에서 α 상과 β 상 내의 Cu 원자의 화학포텐셜은 각각 동일하며 Ag 원자에 대해서도 마찬가지이다. 그러나 Cu와 Ag의 화학포텐셜은 서로 동일하다고 볼 수 없다. 이전 문장에서의 조건에 대한 설명은 α 상과 β 상의 결합의 GFE 최소값을 통해 보일 수 있다. 공정형 상평형도 상에서 깁스 자유 에너지 플로팅을 통한 α 상과 β 상의 평형 화학조성비를 도표상으로 증명한 내용이 부록 5D에 수록되어 있다. 부록 5D에 평형에 있는 두 고상의 고용한선 조성이 깁스 자유 에너지를 최소화하는 조성과 대개 근사하다는 것이 도표상으로 나타나있다. 2성분의 단상에서의 최소 깁스 자유 에너지를 예측하는 식은 식 4.16에 나타나있다.

상평형도 상에서 700°C와 같은 온도에서는 Cu 조성 0%에서 100%까지 3개의 구역이 나타난다. 초기 화학조성비 Cu 원자비 0%에서 9%까지는 α 상의 단상 구역이다. 초기 화학조성비 Cu 원자비 9%에서 96%까지는 $\alpha + \beta$ 상의 2상 구역이다. 700°C의 온도에서, $\alpha + \beta$의 2상 구역 내의 어떤 초기 화학조성비에서도, α 상과 β 상의 조성비는 α 상과 β 상의 고용한선을 연결하는 대응선을 그림으로써 알 수 있다. 700°C에서 대응선과 α 상과 β 상의 고용한선 간의 교차점을 통해 α 상과 β 상의 평형 화학조성비를 알 수 있다. α 상과 β 상 각각의 화학조성비는 Cu 원자비 9%와 Cu 원자비 96%로 주어진다. $\alpha + \beta$의 2상 영역에서 α 상과 β 상의 원자분율은 식 5.13 a와 b의 지렛대 법칙을 통해 주어진다. 초기 화학조성비 Cu 원자비 96~100%까지는 β 상의 단상구역이다.

예제 5.8

700°C의 온도에서 합금의 초기 화학 조성비가 Cu 원자비 50%, Ag 원자비 50%일 때, 다음을 결정하여라.

(a) 상태(phase present)
(b) 각 상의 화하조성비
(c) 각 상의 원자분율

풀이

(a) 700°C에서 수평선과 Cu 원자비 50%의 수직선의 교차점은 $\alpha + \beta$ 구역 내에 있으며, 따라서 두 상이 나타난다.

(b) 700°C에서의 대응선은 α 상의 고용한선과 Cu 원자비 9% 점에서 교차하고, β 상의 고용한선과 Cu 원자비 96% 점에서 교차한다. 이것이 α 상과 β 상의 화학조성비이다.

(c) 식 5.13의 지렛대 법칙에 의해 α 상의 원자분율이 계산될 수 있다.

$$f^{\alpha} = \frac{C^{\beta} - C_0}{C^{\beta} - C^{\alpha}} = \frac{96 - 50}{96 - 9} = \frac{46}{87} = 0.53$$

β 상의 원자분율은 식 5.10에 의해 계산될 수 있다.

$$f^{\beta} = 1 - f^{\alpha} = 1 - 0.53 = 0.47$$

총 원자의 53%가 α 상이고, 총 원자의 47%가 β 상이다.

그림 5.8a의 Ag–Cu 상평형도에서, 780°C에서 Cu 원자비 13%의 α 상과 Cu 원자비 95%의 β 상을 연결하는 등온선(isotherm)이 있다. 액상은 또한 780°C 등온선과 Cu 원자비 40% 조성비에서 연결된다. 780°C에서의 등온선을 **공정 등온선(eutectic isotherm)**이라고도 한다. 780°C 공정 등온선 상에서 세 개의 상(α, β, 액상)이 교차하므로, 공정 등온선 상에서는 Cu 원자비 13~95% 사이의 어떤 초기 화학조성비에서도 세 개의 상은 평형이다. 780°C에서 화학조성비 13%, 40%, 95% 원자비를 가지는 α, β, 액상 각 상에서 Cu의 화학포텐셜은 모두 동일하다; Ag에 대해서도 마찬가지이다. α, β, 액상이 모두 평형인 온도를 **공정 온도(eutectic temperature)**라 한다. 부록 5D에 780°C 상에서 이 세 개의 상의 GFE 에너지 선도를 통해 어떻게 α, β, 액상의 평형 화학조성비의 결과가 얻어지는 지를 도표적으로 나타낸 내용이 수록되어 있다.

780°C 상에서 합금에 발생하는 현상에 대한 최상의 연구는 Cu 원자비 40%의 **공정 조성(eutectic composition)**의 합금을 생산함으로써 행해질 수 있다. α와 β 상의 평형에 있는 액상의 조성은 공정 조성과 동일하다. 상평형도와 그림 5.8b의 미세조직 도식도에 나타나 있는 대로, 공정 조상의 합금이 780°C 이상의 온도로 가열되면, 합금은 Cu 원자비 40%를 가지는 완전한 액상이 된다. 만약 이 액상 합금이 냉각되면 합금은 780°C에 도달할 때까지 액상을 유지한다. 식 5.14에 나타나있듯, 공정 반응(eutectic reaction) 상에서 액상과 α, β 상은 모두 780°C에서 평형에 있다.

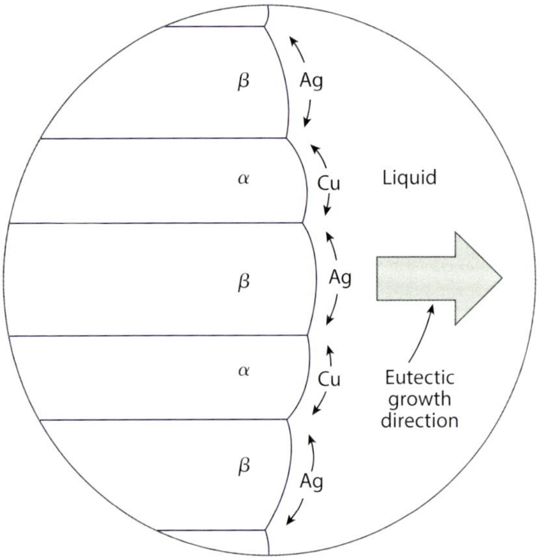

그림 5.9 공정 조성비를 갖는 액상 구리와 은이 얇은 층 형태의 고상 α 및 β 상으로 변태하여 고상 공정 미세구조를 형성하는 모식도 *(Based on Callister, W.D.,Materials Science and Engineering, An Introduction 6th ed. John Wiley &Sons NY (2003), p. 269.)*

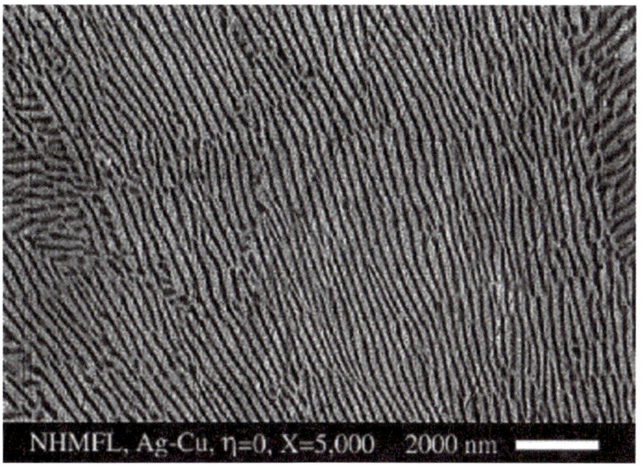

그림 5.10 반복적인 밝고 어두운 얇은 층 형태인 α 및 β 상으로 관찰되는 공정 조성비를 갖는 은-구리 합금의 미세구조 사진 *(Reprinted from Materials Science and Engineering: A, Volume 347, Issues 1–2, 25, Frank Heringhaus,Hans-Jörg Schneider-Muntau,Günter Gottstein, "Analytical modeling of the electrical conductivity of metal matrix composites: application to Ag–Cu and Cu–Nb," Pages No. 9–20, Copyright 2003, with permission from Elsevier.)*

$$L = \alpha + \beta \tag{5.14}$$

2원 공정형 상평형도는 공정 반응만 이루어지는 두 성분의 상평형도이다.

식 5.14에서처럼 등압에서 두 성분의 세 개의 상이 평형에 있다면, 식 5.4의 깁스의 상율에서 자유도는 0이 된다. 공정 반응은 불변 반응(invariant reaction)이다. 공정반응 상에서 반응에 참여하는 상들의 조성이나 평형 반응에서의 온도를 선정하는 것은 불가능하다. 만약 합금이 780°C 이하로 냉각된다면, Cu 원자비 40%의 액상은 Cu 원자비 13%의 α 고상과 Cu 원자비 95%의 β 상으로 변태된다. 780°C의 등온선 이하에서 조성은 온도의 증분에 따라 변화하는 대응선과의 교차점에 의해 결정된다. Ag-Cu의 공정반응에서 액상 내의 위치한 무작위 Ag원자는 Ag가 많은 α 상으로, Cu원자는 Cu가 많은 β 상으로 각각 확산되며, 이는 그림 5.9에 나타나있다. 액상의 Cu와 Ag원자는 α 상과 β 상을 형성하기 위해 많은 거리를 이동하지 않으므로, 그림 5.9에서처럼 고체 공정 구조는 α 상과 β 상의 교차하는 얇은 층으로 구성되며, 그림 5.10은 공정 미세구조의 현미경 사진을 나타낸다. 지렛대 법칙에 따라 평형에서 재료의 원자분율을 계산하는 것은 두 개의 상의 평형에서만 가능하므로, 780°C에서의 세 개의 상이 평형을 이루는 불변 온도에서의 원자분율을 구하려는 시도는 하지 않아야 한다.

예제 5.9

Cu 원자비 40%, Ag 원자비 60%의 공정조성을 가지는 은 납땜재 합금이 과열증기터빈의 열교환기 배관을 납땜하기 위해 사용되었다.

(a) 은 납땜재가 용융되기 시작하는 최소 온도는 몇인가?

(b) 만약 액상의 좋은 유동성을 보장하기 위해, 납땜재를 800°C까지 가열하였다면, 냉각 시에 납땜재가 응고되기 시작하는 온도는 몇인가?

(c) 만약 합금이 평형 상태를 갖기 위해 779°C로 냉각되고 유지되었다면, 나타나는 상태와 조성비, 그리고 각 상의 원자분율은 몇인가?

풀이

(a) 상평형도는 고체 α 상과 β 상이 780°C에서 액상과 평형상태에 있음을 보여준다. 합금을 액상이 되는 것을 보장하기 위해서는 780°C까지 가열하는 것이 필요하며, 더 높은 온도에서 합금은 더 빠르게 액상으로 변태될 것이다. 781°C에서 합금이 용융되기 위해서는 오랜 시간이 걸리겠지만, 결국에는 모두 용융될 것이다. 납땜재가 녹기 시작하는 최소온도는 780°C이지만, 실제적인 관점에서는 납땜재를 800°C와 같이 780°C보다 높은 온도로 가열하는 것이 필요할 것이다.

(b) 유사하게, 납땜재는 780°C 이하의 온도에서 응고되기 시작하지만, 실제적인 관점에서 납땜재를 응고시키기 위해 합리적인 시간이 소요되는, 780°C보다 더 낮은 온도로 냉각시키는 것이 필요할 것이다.

(c) 779°C에서 평형 상은 $\alpha + \beta$ 상이다. 779°C의 대응선과 α 상의 고용한선의 교차점을 통해 α 상의 조성은 Cu 원자비 13%이며, 대응선과 β 상의 고용한선의 교차점을 통해 β 상의 조성은 Cu 원자비 95% 임을 알 수 있다. 식 5.13의 지렛대 법칙에 의해 α 상의 원자분율을 계산할 수 있다.

$$f^{\alpha} = \frac{C^{\beta} - C_0}{C^{\beta} - C^{\alpha}} = \frac{95 - 40}{95 - 13} = \frac{55}{82} = 0.67$$

β 상의 원자분율은 식 5.10을 통해 계산할 수 있다.

$$f^{\beta} = 1 - f^{\alpha} = 1 - 0.67 = 0.33$$

779°C에서 합금 내의 총 원자의 0.67 분율은 α 상이고 0.33 분율은 β 상이다.

Ag–Cu의 상평형도는 온도가 780°C 이상으로 증가함에 따라, α의 Cu의 용해도와 β 상의 Ag의 용해도가 감소함을 보이는 "귀" 부분을 가짐을 볼 수 있다. 식 4.16을 통해 최소값의 GFE를 가지도록 하는 α 상에 치환된 Cu 원자의 조성이 온도가 상승함에 따라 증가함을 예측할 수 있다. 식 4.16과 이 구역에서의 상평형도의 모양은 일치하지 않는다. 평형에 있는 액상과 고상의 원자가 동일한 화학포텐셜을 가짐은 필요조건이며, 이에 의해 공정 온도 780°C 이상의 온도에서 온도가 증가함에 따라 α의 Cu의 용해도와 β 상의 Ag의 용해도가 감소한다. 부록 5D에 상평형도의 "귀"에서의 평형 화학 조성비에 대한 도표적 증명이 수록되어 있다.

Cu 원자비 40%의 공정 조성에서 용융온도는 780°C이다. 이 온도는 Ag(962°C)나 Cu(1085°C)의 용융온도에 비해 상당히 낮다. 따라서 이 합금은 Ag나 Cu보다 낮은 온도에서 용융되는 납땜재를 생산할 때 가치가 있다. 은 납땜재는 납–주석 납땜재가 용융되는 고온 환경에서 활용된다. 납 자체의 독성 때문에 납–주석 납땜재의 사용이 금지되어 있는, 가정용 수도 시스템과 같은 저온 환경에 사용하기 위해 은 납땜재에 비스무트나 아연과 같은 금속을 추가해서 용융온도를 낮추기도 한다. 5.7.2절의 납–주석 납땜재에서의 응고를 통해, 공정 등온선 이하에서 공정 조성이 아닌 합금 조성에서의 응고를 다룰 것이다.

또 다른 중요한 Ag–Cu 합금은 표준 은(sterling silver)이다. 표준 은은 약 13% 원자비의 Cu가 함유된 은 합금이다. 이는 은식기류의 원재료이다. 만약 Ag에 Cu가 함유되지 않는다면, 은식기류는 너무 약해서 포크로 소고기를 찌르려 할 때마다 날이 휘어질 것이다. 냉각과정에서 상평형도와 미세구조를 통해 왜 표준 은의 조성이 이와 같이 선택되었는 지, 왜 표준 은이 순수 은에 비해 강한 지 설명가능하다. 그리고 이는 석출 경화(precipitation hardening)라 불리는 중요한 금속의 강화 과정을 설명할 때 도입될 수 있다. 900°C 이상에서 Cu 원자비 13%의 Ag 합금은 액상이며, 그림 5.8b에 상평형도와 미세구조 삽입그림이 나타나있다. 액상 합금의 냉각과정에서 첫 고상이 형성되는 온도는 액상선과 맞닿는 900°C이다. 상평형도와 미세구조 삽입그림에서 820°C의 온도에서 합금은 액상과 α 상의 혼합물임이 나타나 있다. 780°C 상에서 Cu 원자비 13%는 α 상 구역 내에 있으므로, 그림 5.8b의 미세구조 삽입그림에서처럼 780°C에서 합금은 α 상으로 응고된다. 780°C 이하의 온도에서 합금은 $\alpha + \beta$ 상 구역에 위치한다. β 상은 미세구조 삽입그림 상에 나타나있듯이 침전물(precipitate)이라 불리는 작은 입자형태로 생성되며, 침전물은 합금을 강화시킨다. 이 금속합금이 특별이 강하다고 할 수는 없지만, 어떤 가장 강한 금속 합금들은 석출 경화로 생산되며, 7장에서 이에 대해 토론할 것이다.

5.7.2 납-주석 합금의 공정형 상평형도

그림 5.11a는 납-주석의 공정형 상평형도이다. 납-주석 납땜재는 재료 공정에서 중요한 금속인데, 열교환기의 Cu 전기 전도체와 Cu 배관과 같이 금속끼리의 접합에 주로 사용된다. 납-주석 합금의 용융과 응고 과정은 납땜이음과 같은 공정에서 중요하다. 순수 납은 327.5°C에서 용융되고 순수 주석은 232°C에서 용융되는데, 그림 5.11a의 상평형도에서 보이듯이, 납-주석 합금은 주석 원자비 73.9%(공정 화학 조성비)에서 183°C에서 용융된다.

그림 5.11a에 나타나있듯이 β 상의 주석은 13°C 이하의 온도에서 다이아몬드형 입방정(diamond cubic, DC) 구조를 가지며, 13°C 이하에서 주석은 반도체이다. DC 구조는 주기율표 상에서 14족에 해당하는 게르마늄, 실리콘 그리고 다이아몬드 원소가 구성하는 결정 구조와 같은 구조이다. 13°C 이상에서 β 상의 구조는 정방 정계(tetragonal)이며, 이 주석은 금속이다. 차후 논의에서, 온도는 항상 13°C 이상으로 가정할 것이며, 따라서 주석은 정방 정계의 금속 상을 가진다.

공정 조성에서 납-주석의 응고는, 공정 조성에서 Ag-Cu의 응고와 유사함을 위에서 다루었다. 주석 원자비 40%의 합금 납땜재의 용융 및 응고 거동은 주석 원자비 73.9% 공정 조성에서의 거동과 상당히 다르다. 공정 조성 왼쪽의 조성 합금은 **아공정(hypoeutectic)**합금이라고 하며; 공정 소성 오른쪽의 조성 합금을 **과공정(hypereutectic)**합금이라고 한다. 주석 원자비 40%의 아공정 합금이 가열되면 183°C에서 용융되기 시작하다. 그러나 그림 5.11b 상의 A점인 265°C 이상에 도날하기 전에는 완전한 액상이 아니다. 만약 이 합금이 300°C에 도달하면 완전한 액상이 된다. 만약 합금이 천천히 냉각되면, α 상의 응고는 그림 5.11b 상의 A점인 265°C에서 시작된다. 이 α 상의 화학조성비는 주석 원자비 19%이다. 이 화학조성비는 265°C에서 α 상과 액상 사이에 대응선을 그리면 얻을 수 있으며, 그림 5.11b의 B점인 주석 원자비 19% 지점에서 대응선과 α 상 구역은 교차한다. 265°C에서 지렛대 법칙을 적용하면 α의 원자분율은 0인데, 이는 본래 화학조성비와 액상선 간의 거리($C^L - C_0$)가 0이기 때문이다. 상당량의 α 상 고상을 생성하기 위해, 온도는 α + L의 2상 구역 내에서 250°C와 같은 온도까지 감소해야 한다. 250°C에서 주석 원자비 40%, 납 원자비 60%의 합금의 미세구조는 그림 5.11b에서와 같이, **초석(proeutectic)** α 상 입자와 액상의 매트릭스로 구성된다. 초석 α 상은 공정 반응 이전에 형성되는 α 상이다. 초석 α 상은 액상 내에서의 핵생성과 성장에 의해 형성된다.

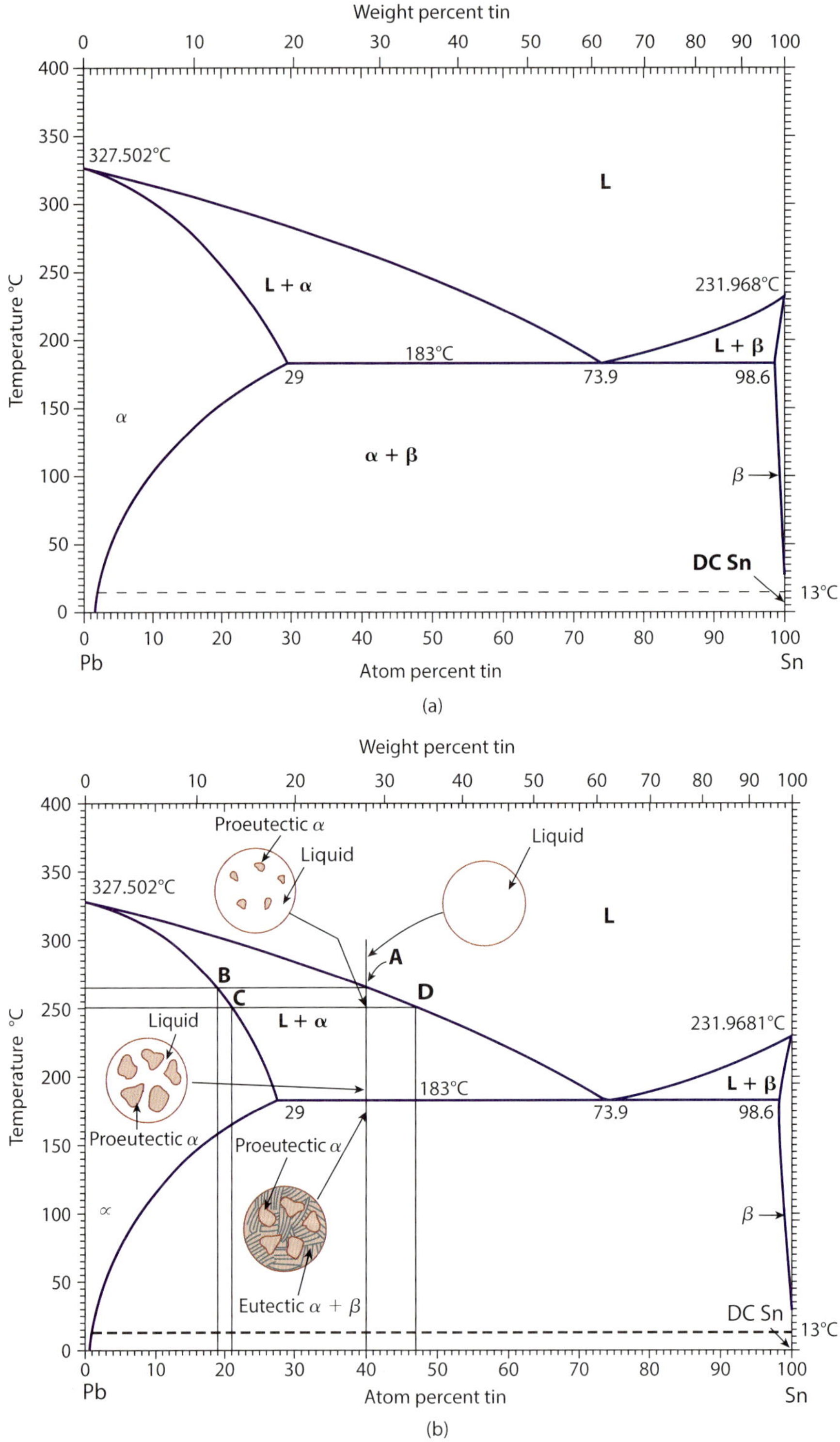

그림 5.11 (a) 납과 주석의 상평형도. (b) 수정된 납과 주석의 상평형도(40%의 주석 원자비를 갖는 화학 조성비에 대하여 미세구조의 모식도, 대응선, 평형시의 화학 조성비를 나타내었다)
(Based on Binary Alloy Phase Diagrams 2nd ed. Editor Massalski, T.B.,ASM International (1990), p. 3016.)

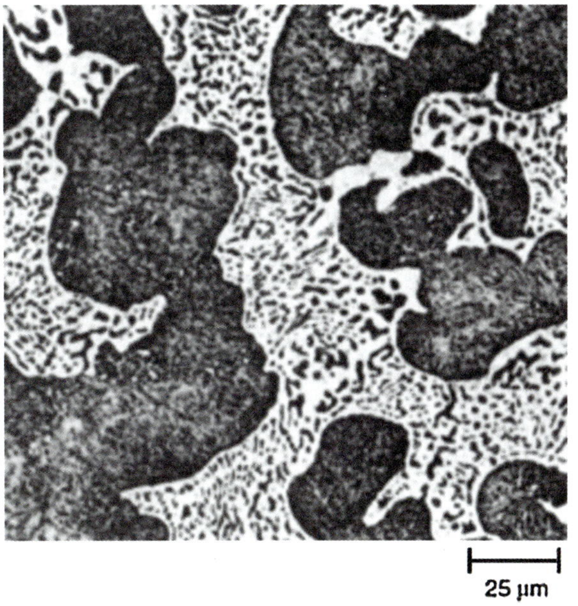

그림 5.12 공정 미세구조로 둘러 쌓인 어두운 납 중심의 초석 α상으로 구성된 40% 무게비를 갖는 주석과 납 합금의 미세구조 *(ASM Handbooks Online, http://www.asmmaterials.info, ASM International, 2004.)*

합금의 냉각에서, 잔여 액상의 화학조성비는 공정 화학조성비인 주석 원자비 73.9%로 향하는 경향을 보이며, 고상 α 상의 조성비는 주석 원자비 29%로 향하는 경향을 보인다. 250°C에서 184°C의 과정에서 미세구조의 변화는 초석 α 상의 원자분율은 증가하고, 액상의 원자분율은 감소하는 것이다. 그림 5.11b에 나타나있듯이, 183°C의 온도 이하에서 잔여 액상 매트릭스는 초석 α 상 결정을 둘러싸고 있는 $\alpha + \beta$ 고상 공정 구조의 매트릭스로 변태된다.

그림 5.12는 납-주석 아공정 합금의 미세구조를 나타낸다. 어두운 부분이 초석 α 상이다. 밝은 층과 어두운 층이 교차하는 부분은 잔여 액상이 공정 반응 상에서 고상으로 변태되어 형성된 공정 미세구조이다. 공정 미세구조의 어두운 부분이 α 상이고, 밝은 부분이 β 상이다.

예제 5.10

250°C에서 주석 원자비 40%, 납 원자비 60%의 합금에 대해:

(a) 나타나는 상(phse present)은 무엇인가?

(b) 상늘의 화학조성비는 몇인가?

(c) 각 상의 원자분율은 몇인가?

풀이

(a) 이 온도와 화학조성비에서, 상평형도 상에서 α 상과 액상이 나타난다.

(b) 250°C의 α 상과 액상을 교차하는 대응선은 α 상 선도와 주석 원자비 21%에서 교차하며(점 C),

액상과 주석 원자비 47%에서 교차한다(점 D).

(c) α 상의 원자분율은 식 5.13의 지렛대 법칙에 의해 결정된다.

$$f^{\alpha} = \frac{C^L - C_0}{C^L - C^{\alpha}} = \frac{47 - 40}{47 - 21} = \frac{7}{26} = 0.27 \quad \alpha \text{ 상의 원자분율}$$

액상의 원자분율은 식 5.10에 의해 계산된다.

$$f^L = 1 - f^{\alpha} = 1 - 0.27 = 0.73 \quad \text{액상의 원자분율}$$

예제 5.11

주석 원자비 40%, 납 원자비 60%의 합금에 대해,

(a) 184°C에서 나타나는 상과, 상의 화학 조성비와, 원자분율은 무엇인가?

(b) 182°C에서 나타나는 상과, 상의 화학 조성비와, 원자분율은 무엇인가?

(c) 공정 반응 중에 형성된 공정 미세구조의 $\alpha + \beta$ 상의 원자분율을 결정하여라.

(d) 상온에서 α 상과 β 상의 원자분율은 얼마인가?

풀이

(a) 184°C에서 주석 원자비 40%일 때, 2개의 상 : 초석 α과 액상이 나타난다. 초석 α 상의 화학조성비는 주석 원자비 29%이고, 액상은 주석 원자비 73.9%이다. 식 5.13의 지렛대 법칙을 이용하여 초석 α 상의 원자분율을 계산할 수 있다.

$$f^{\alpha} = \frac{C^L - C_0}{C^L - C^{\alpha}} = \frac{73.9 - 40}{73.9 - 29} = \frac{33.9}{44.9} = 0.76$$

액상의 원자분율은 식 5.10을 통해 계산할 수 있다.

$$f^L = 1 - f^{\alpha} = 1 - 0.76 = 0.24$$

184°C에서 액상과 초석 α, 2상의 결합에서 초석 α 상의 원자분율은 0.76이고 액상의 원자분율은 0.24이다.

(b) 182°C에서 α 상과 β 상이 나타난다. α 상은 초석 α 상과 공정 α 상 둘 다를 포함하고 있다. α 상의 화학조성비는 주석 원자비 29%이고, β 상은 주석 원자비 98.6%이다. 고상에서 α 상의 원자분율(f^{α})은 식 5.13의 지렛대 법칙을 이용해 계산할 수 있다.

$$f^{\alpha} = \frac{C^{\beta} - C_0}{C^{\beta} - C^{\alpha}} = \frac{98.6 - 40}{98.6 - 29} = \frac{58.6}{69.6} = 0.84 \quad (\alpha \text{ 상의 원자분율})$$

β 상의 원자분율은 식 5.10을 통해 계산할 수 있다.

$$f^{\beta} = 1 - f^{\alpha} = 1 - 0.84 = 0.16 \quad (\beta \text{ 상의 원자분율})$$

(c) 184°C에서 액상의 원자분율은 0.24이고, 182°C에서 액상으로부터 형성된 공정 미세구조를 가지는 고상의 원자분율 또한 0.24인데, 그 이유는 공정 재료는 공정 반응에서의 액상으로부터 왔기 때문이다.

(d) 상온으로의 서냉은 α 상과 β 상 모두에서 고용체(solid-solution) 원자가 방출(reject)되는 것을 야기한다. 상온에서 α 상의 조성은 오직 주석 원자비 1%이며, β 상의 납은 그보다 더 적다. β 상은 본질적으로 100% 주석이다. 상온에서, α 상의 원자분율은 식 5.13의 지렛대 법칙을 통해 계산된다.

$$f^{\alpha} = \frac{C^{\beta} - C_0}{C^{\beta} - C^{\alpha}} = \frac{100 - 40}{100 - 1} = \frac{60}{99} = 0.61 \quad (\alpha \text{ 상의 원자분율})$$

이는 초석 α 상과 공정 α 상의 합이다. β 상의 원자분율은 식 5.10을 통해 구한다.

$$f^{\beta} = 1 - f^{\alpha} = 1 - 0.61 = 0.39 \quad (\beta \text{ 상의 원자분율})$$

5.8 불변 반응이 포함된 2원 상평형도

깁스의 상율에 따르면, 불변 반응(invariant reaction)은 2원계($C = 2$)에서 등압 상태에서 3상이 평형 상태에 있을 때 발생한다. 공정 반응은 단지 가능한 하나의 반응이다. 그림 5.13은 몇몇 불변 반응을 나타내고 있다. 관습적으로, 반응식에서 그리스 문자는 고상을, L은 액상을 나타내며, 화살표는 냉각 시 반응을 나타낸다. 가열 시 반응은 반대 방향으로 일어난다. 그림 5.13은 이러한 반응들의 개략적인 상평형도를 나타낸다. 액상 대신 고체 γ 상이 α, β 상과 평형을 이룬다는 점을 제외하고, 상평형도에서 공석 반응(eutectoid reaction)은 공정 반응과 유사하게 나타난다. γ는 α, β 상과 다른 결정구조를 가지는 고상이다. 예를 들어, 매우 중요한 철-탄소 상평형도에서 공석반응은 $\gamma \rightarrow \alpha + Fe_3C$ 반응이며, 이때 γ는 FCC 철, α는 BCC철, Fe_3C는 탄화철(iron carbide)이다. 이러한 반응의 철-탄소 상평형도는 그림 5.18에 나타나있다. 1133°C 이하에서 액상과 AlNi가 Al_3Ni_2를 형성하기 위해 일어나는 포정 반응(peritectic reaction)은 알루미늄-니켈 상평형도에서 나타나며, 그림 5.15에 나타나있다. 또한 그림 5.15에는 700°C 온도 이하에서 AlNi와 $AlNi_3$가 반응하여 Al_3Ni_5를 형성하는 포정 반응도 나타나있다.

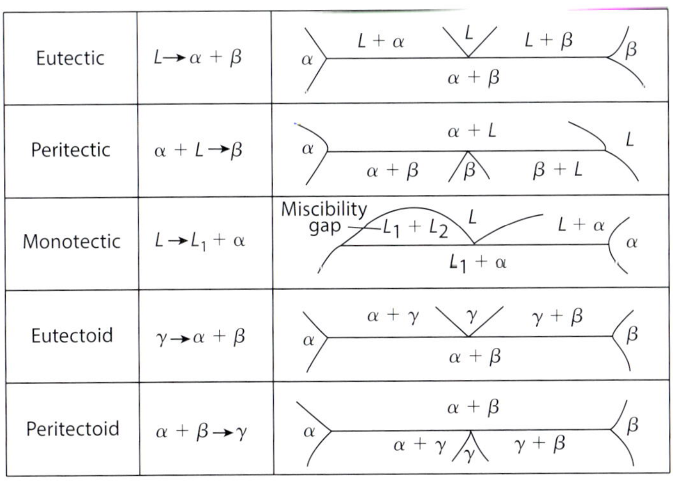

그림 5.13 반응명, 반응과정, 모식적인 상태도를 포함한 다섯 가지 불변 반응의 예 *(Based on Askeland, D.R., Fulay, P.P., and Wright, W.J., The Science and Engineering of Materials, 6th ed. Cengage Learning, Stamford, CT. (2011), p. 418.)*

5.9 화합물의 2원 상평형도

연속 고용체(continuous-solid solution)는 원자가 매우 유사하고, 혼합 엔탈피(enthalpy of mixing)가 매우 낮을 때 발생한다. 공정형 상평형도를 가지는 물질에서 높은 양수 값의 혼합 엔탈피에 의해 원자는 편석(segregation)된다. 혼합 엔탈피가 높은 음수 값이라면, 화합물(compound)이 형성되는 경향을 보인다. 혼합 엔탈피가 음수 값이면, 원자는 동종이 아닌 타종의 원자와 더욱 강하게 결합한다. 이는 원자 간 전기음성도가 상당히 차이날 때 종종 나타난다. 많은 중요한 화합물이 적용된 재료가 있다. 화합물은 금속 합금을 강화시킨다. 탄소강은 Fe_3C 화합물에 의해 강화된다; Al-Cu 합금을 강화시키는 화합물은 Al_2Cu이며, 고온 가스터빈의 Ni합금은 Ni_3Al에 의해 강화된다. 이러한 합금을 강화시키는 공정 절차의 활용을 이해하기 위해, 상평형도를 이해해야만 한다. 또한 가장 빠른 컴퓨터와 고효율 태양 전지는 갈륨-비소(GaAs) 화합물 반도체로 만들어진다. Ga-As의 상평형도는 간단한 형태를 가지므로 화합물 상평형도의 예로 쓰일 것이다. Ga는 전기음성도 1.6의 그룹 IIIB이며, As는 전기음성도 2.0의 그룹 VB이다.

갈륨-비소(Ga-As) 상평형도는 그림 5.14에 나타나있으며, 화합물 GaAs의 수직선은 As 원자비 50%에 일치한다. 이 수직선은 선상에서 GaAs의 화학조성비에 변화가 없음을 나타낸다; 하나의 Ga원자에 하나의 As원자가 있는 GaAs의 화학조성비만이 관찰된다. Ga와 As 원자는 서로를 강하게 끌어당기며, Ga 원자는 As원자를 둘러싸고, As원자는 Ga원자를 둘러싼다. Ga-Ga, As-As 결합은 발생하지 않는다.

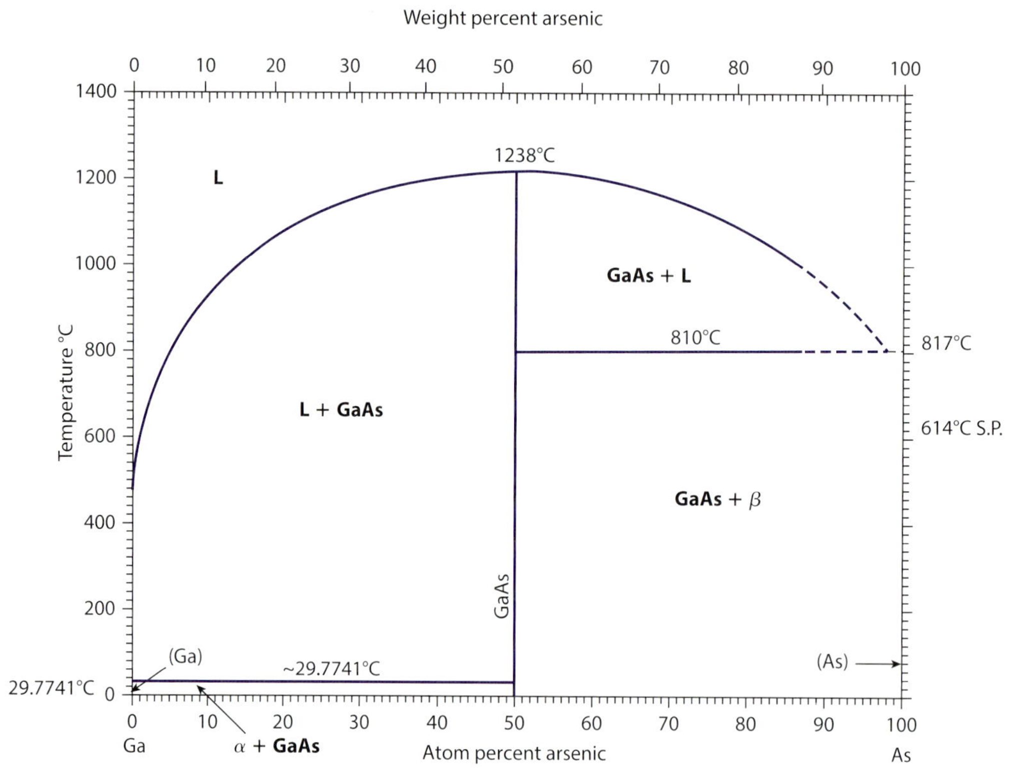

그림 5.14 갈륨과 비소의 상평형도

(Based on Binary Alloy Phase Diagrams 2nd ed. Editor T.B. Massalski, ASM International (1990), p. 283.)

As와 Ga 간의 강한 결합은 정렬과 화합물 배열을 생성한다.

29.77°C의 온도 이하에서, 0~50%까지 Ga–As 조성에서 α와 GaAs 두 상의 혼합물이 나타나며, 이 2상 구역 내의 각 상의 양은 지렛대 법칙에 의해 구할 수 있다. α 상은 본질적으로 순수 Ga이며, GaAs는 γ 상이다. As 조성비 50%에서는 오직 GaAs 상이 나타난다. 조성비 50~100% 원자비에서 β와 GaAs 두 상의 혼합물이 나타나며, β 상은 본질적으로 순수 As이다. 부록 5E에 25°C, 800°C, 1000°C, 1238°C 상에서 상과 조성에 따라 α, GaAs(γ), β 그리고 액상의 GFE가 어떻게 되는지에 대한 내용이 수록되어 있다.

그림 5.14의 29.77°C에서 As 원자비 0~50%에서의 등온선으로부터 순수 Ga는 29.77°C에서 용융되고, α + GaAs 2상 구역 내의 α 상 또한 29.77°C에서 용융됨이 나타나 있다. 순수 As는 614°C에서 승화(sublime)된다. As 원자비 50% 화학조성비에서 화합물 GaAs는 Ga(29.77°C)나 As(810°C)에 비해 높은 1238°C의 용융온도를 가진다. GaAs의 높은 용융온도는 Ga와 As간의 결합이 강함을 의미한다. GaAs는 1238°C에서 화학조성비의 변화없이 용융되며, 액상은 같은 화학조성비인 As 원자비 50%를 가진다. 고상이 용융될 때, 액상이 같은 화학조성비를 가지는 점을 정융점(congruent melting point)이라 한다.

예제 5.12

As 원자비 30%, Ga 원자비 70%의 합금이 완전 용융을 위해 1250°C로 가열되었다. 그리고 평형 상태에 근접시키기 위해 서냉되었다. 합금에 대해 다음 질문에 답하여라.

(a) 고상이 처음으로 형성되는 온도는 몇 도인가?

(b) 처음 형성된 고상의 화학조성비는 몇인가?

(c) 어느 온도 아래에서 합금은 완전히 고상이 되는가?

(d) 상온(23°C)에서, 나타나는 상과 화학 조성비, 각 상의 원자분율은 몇인가?

풀이

(a) As 원자비 30% 선은 액상선과 약 1180°C에서 교차한다; 그러므로 냉각 과정에서 이 온도에서 처음으로 고상이 형성되기 시작한다.

(b) 처음 형성된 고상의 화학조성비는 1180°C에서 액상선과 GaAs 간의 대응선을 그림으로써 알 수 있고, 이는 As 원자비 50%에서 GaAs 화합물 선도와 교차한다. 처음 형성되는 고상은 GaAs이며 화학 조성비는 As 원자비 50%이다.

(c) 29.77°C 온도 이하에서, 합금은 고상 α 상과 화합물 GaAs의 완전한 고체 혼합물이 된다.

(d) 23°C에서 α 상은 순수 Ga이며, γ 상은 As 원자비 50%, Ga 원자비 50%의 화학조성비를 가진다. 이 구역은 2상이며 α 상의 원자분율은 식 5.13의 지렛대 법칙에 의해 계산된다.

$$f^{\alpha} = \frac{C^{\gamma} - C_0}{C^{\gamma} - C^{\alpha}} = \frac{50 - 30}{50 - 0} = \frac{20}{50} = 0.40$$

γ 상의 원자분율은 식 5.10을 통해 계산된다.

$$f^{\gamma} = 1 - f^{\alpha} = 1 - 0.40 = 0.60$$

800°C의 As 원자비 6%보다 낮은 모든 초기 화학조성비에서, 액상만이 나타나며, 이 액상의 화학조성비는 초기 화학조성비와 동일하다. 800°C의 As 원자비 6% 이상, 50% 미만의 초기 화학조성비에서, GaAs와 평형의 액상이 존재한다. 이 액상의 화학조성비는 As 원자비 6%, Ga 원자비 94%이다. As 원자비 50%의 화학조성비에서는 오직 GaAs 고상만이 나타난다. 800°C의 As 원자비 50% 이상, 100% 이하의 화학조성비에서 본질적으로 순수한 As인 β 상과 GaAs는 평형상태이다. 그러나 As 원자비 87% 이상의 화학조성비에서 상평형도는 불확실하며, 점선으로 표시된다.

1000°C의 순수 Ga에서 As 원자비 14% 이하의 화학조성비에서, 오직 액상만이 나타나며, 하나의 상만이 존재하므로 액상의 화학조성비는 초기 물질의 화학조성비와 동일하다. 1000°C의 As 원자비 14% 이상, 50% 미만의 화학조성비에서 액상과 GaAs의 혼합물이 나타나며, 액상의 화학조성비는 As 원자비 14%이다. 1000°C의 As 원자비 50%의 화학조성비에서는 오직 GaAs 고상만이 나타난다. 1000°C의 As 원자비 50% 초과, 87% 미만의 화학조성비에서 GaAs와 As 원자비 87%를 가지는 액상의 혼합물이 나타난다. 초기 화학조성비 As 원자비 87% 이상의 구역에서 상평형도는 불확실하며, 점선으로 표시된다.

화학조성비 As 원자비 50%에서, 오직 GaAs 상이 나타나며, 이 화합물의 정융점은 1238°C이다. GaAs는 H_2O가 0°C에서 용융되는 것과 마찬가지로, 하나의 온도에서 용융되는데, 이는 GaAs나 H_2O 모두 화합물이기 때문이다. Ga나 As를 GaAs와 결합시키면 용융온도는 감소하는데, 이는 상평형도 상단

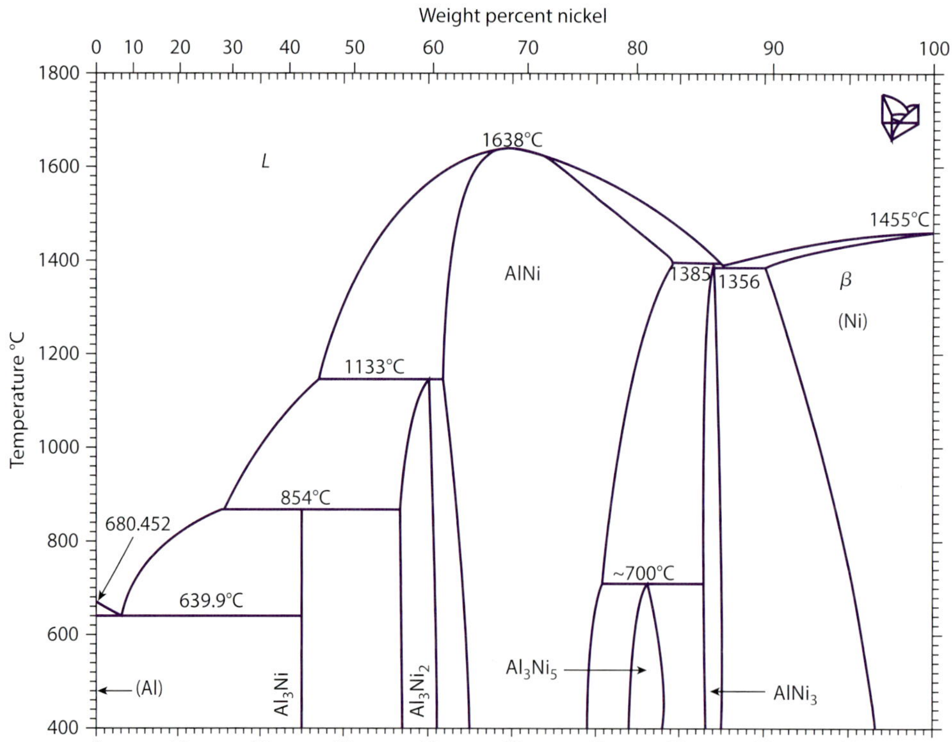

그림 5.15 알루미늄과 니켈의 상평형도

(Based on Binary Alloy Phase Diagrams 2nd ed. Editor Massalski, T.B., ASM International (1990), p. 183.)

의 액상선의 볼록한 모양을 통해 알 수 있으며, 이 선 위쪽은 모두 액상이다.

GaAs와 같은 중간체 화합물(intermediate compound)은 또한 중간상(intermediate phase)이나, 모든 중간상이 중간체 화합물인 것은 아니다. 차이점은 그림 5.15의 알루미늄-니켈 상평형도에서 증명된다. 이 상평형도는 $AlNi_3$와 같은 중간체 화합물을 포함한다. $AlNi_3$ 화합물은 고온 가스터빈에서 사용되는 Ni 기반 합금을 강화하는데 사용된다. 중간체 화합물은 상평형도 상의 매우 좁은 구역의 화학조성비 내에서 안정된 상태에 있으며, 상평형도 상에서 거의 수직선형태로 나타난다. AlNi는 중간상이지만 중간체 화합물은 아닌 예이다. AlNi가 가능한 화학조성비는 넓은 구역을 가지며, 따라서 AlNi 상에서 하나의 알루미늄 원자가 반드시 하나의 Ni 원자를 가질 필요는 없다는 것을 나타낸다. AlNi가 Al과 Ni 각각에 비해 높은 용융온도인 1638°C를 가진다는 점을 주목하자. 이러한 높은 용융온도는 Al-Ni 결합이 Al-Al 결합이나 Ni-Ni 결합에 비해 강하다는 것을 나타낸다. 높은 용융온도 덕분에, AlNi를 고온 가스터빈의 재료로 사용하는 연구는 계속되고 있다. 그러나 AlNi는 항공기 가스터빈에 사용되기에는 너무 쉽게 파단된다는 점도 발견되고 있다. AlNi는 정융점을 가진다는 점도 주목하자.

5.10 복합 2원 상평형도의 분석

그림 5.15의 알루미늄-니켈(Al-Ni)과 같이 어떤 상평형도들은 처음 보았을 때 매우 이해하기 힘들 것처럼 보인다; 그러나 공정형 상평형도에 비해 특별히 어려운 점은 없다. 먼저 상평형도 상에서 관심 있는 구역을 결정한다; 이는 초기 화학조성비와 선정된 온도의 교차점이 포함되는 구역으로 한다. 오직 이 구역만을 고려하면 되며, 전체 상평형도를 고려할 필요는 없다. 선택된 점은 대개 단상구역이나 2상 영역 내에 있을 것이다. 단상 구역의 화학조성비는 초기 화학조성비와 일치하므로, 단상구역을 분석하는 것은 간단하다. Al-Ni 상평형도에서는 오직 단상구역만이 표기되어 있다. 단상구역 사이의 구역이 2상 영역이며, 이는 2상 영역 양쪽의 각 단상의 2상으로 구성된다. 2상 영역에서 2상의 화학조성비는, 선정된 온도의 2상 영역 내를 가로지르는 대응선이 2상 경계와 교차하는 점의 조성으로 나타난다. 2상의 원자분율 또는 무게분율은 식 5.13 a와 b의 지렛대 법칙에 의해 얻어진다. 만약 초기 화학조성비와 온도의 교차점이 불변온도선(invariant temperature line)이나 불변점에 해당된다면, 불변반응에 참여하는 상들은 온도 증분(ΔT)의 이동이 불변온도 위쪽인지 아래쪽인지에 따라 분석될 것이다. 불변온도 위, 아래로는 오직 단상 또는 2상 구역만 있으며, 따라서 단상 또는 2상 구역에서의 분석이 사용될 것이다. 만약 초기 화학조성비와 온도에 의한 교차점이 고용한선, 액상선 또는 고상선에 해당한다면, 그 선도에 일치하는 상의 원자분율이나 무게분율은 1이 된다고 가정한다.

예제 5.13

1기압에서 Al-Ni 합금의 초기 화학조성비와 온도가 다음 목록과 같이 주어질 때, 다음 질문에 답하여라.

1. 나타나는 상
2. 깁스의 상율로부터, 재료의 자유도와 이 자유도에 적용된 열역학적 변수들은 무엇인지 결정하라.
3. 나타나는 각 상들의 화학조성비

4. 각 상의 원자분율
   (a) 1400°C에서 Ni 원자비 50%
   (b) 1000°C에서 Ni 원자비 70%
   (c) 854°C에서 Ni 원자비 25%
   (d) 855°C에서 Ni 원자비 25%
   (e) 853°C에서 Ni 원자비 25%

풀이

(a.1) 1400°C의 Ni 원자비 50%는 AlNi의 단상구역 내에 있다.

(a.2) $P = 1$, 깁스의 상율 ($P + F = C + 1$)에서 $1 + F = 2 + 1$ 이고 $F = 2$ 자유도는 2이다($F = 2$). 이 단상구역에서 온도와 화학조성비는 설정될 수 있다.

(a.3) AlNi 내의 Ni 원자는 $C_{Ni}^{AlNi} = 50\%$. 이는 AlNi의 화학량론적 화학조성비이다.

(a.4) $f^{AlNi} = 1$이며, 모든 원자는 AlNi 내에 있다.

(b.1) 1000°C의 Ni 원자비 70%는 AlNi와 $AlNi_3$의 2상 영역 내에 있다.

(b.2) $P = 2$, 깁스의 상율에서 $2 + F = 2 + 1$이고 $F = 1$이다. 온도 1000°C에서 자유도는 1이다. 임의로 화학조성비를 설정하는 것은 불가능하다.

(b.3) AlNi와 $AlNi_3$의 2상 영역에서 1000°C의 대응선에 의해, AlNi상의 화학조성비 C_{Ni}^{AlNi}는 Ni 원자비 63%이고, $AlNi_3$상의 화학조성비 C_{Ni}^{AlNi}는 Ni 원자비 73%이다. AlNi의 화학량론적 화학조성비는 Al, Ni 원자비 50%이다. Ni 원자비 63%는 Al에 치환된 Ni 원자에 의해 얻어졌다.

(b.4) 식 5.13의 지렛대 법칙에 의해 AlNi의 원자분율은 계산될 수 있다.

$$f^{AlNi} = \frac{C^{AlNi_3} - C_0}{C^{AlNi_3} - C^{AlNi}} = \frac{73 - 70}{73 - 63} = \frac{3}{10} = 0.30 \ \text{(AlNi의 원자분율)}$$

$AlNi_3$의 원자분율은 식 5.10에 의해 계산될 수 있다.

$$f^{AlNi_3} = 1 - f^{AlNi} = 1 - 0.30 = 0.70 \ (AlNi_3\text{의 원자분율})$$

AlNi상의 원자분율은 0.30이고 $AlNi_3$상의 원자분율은 0.70이다.

(c.1) 854°C의 Ni 원자비 25%, Al 원자비 75%는 3상의 평형에 있다: 액상, Al_3Ni_2, Al_3Ni이고 $P = 3$이다.

(c.2) 854°C에서 깁스의 상율에 의해 $3 + F = 2 + 1$이고 $F = 0$이다. 3상의 평형에서 임의의 온도와 화학조성비를 설정하는 것은 불가능하다.

(c.3) Al_3Ni_2, Al_3Ni, 액상의 화학조성비는 854°C에서 대응선과 각 상과의 교차점에 의해 얻어진다.

$$C_{Ni}^{L} = 15 \text{ atom percent Ni}, \ C_{Ni}^{Al_3Ni_2} = 37 \text{ atom percent Ni}, \ \text{그리고}$$

$$C_{Ni}^{Al_3Ni} = 25 \text{ atom percent Ni}.$$

(c.4) 3상은 평형상태에 있으므로, 지렛대법칙을 사용할 수 없다.

(d.1) 855°C의 Ni 원자비 25%, Al 원자비 75%는 액상과 Al_3Ni_2 평형이며, $P = 2$이다.

(d.2) 깁스의 상율에서 $2 + F = 2 + 1$이고 $F = 1$이다. 가능한 자유도 하나는 855°C온도를 설정

하는데 사용되었다. 화학조성비를 설정하는 것에 대한 자유도는 없다.

(d.3) Al_3Ni_2와 액상의 화학조성비는 855°C에서 대응선과 각 상과의 교차점에 의해 얻어진다.
$C_{Ni}^{L} = 15$ % Ni 원자비이고, $C_{Ni}^{Al_3Ni_2} = 37$ % Ni 원자비이다.

(d.4) 액상의 원자분율은 식 5.13의 지렛대 법칙에 의해 계산된다.

$$f^L = \frac{C^{Al_3Ni_2} - C_0}{C^{Al_3Ni_3} - C^L} = \frac{37 - 25}{37 - 15} = \frac{12}{22} = 0.55 \text{ (액상의 원자분율)}$$

Al_3Ni_2의 원자분율은 식 5.10에 의해 계산된다.

$$f^{Al_3Ni_2} = 1 - f^L = 1 - 0.55 = 0.45 \text{ (}Al_3Ni_2\text{의 원자분율)}$$

(e.1) 853°C의 Ni 원자비 25%, Al 원자비 75%는 Al_3Ni 의 단상구역이며, $P = 1$이다.

(e.2) 깁스의 상율에서 $1 + F = 2 + 1$이고, $F = 2$이다. 자유도는 2이며, 853°C의 온도를 설정하는 것과, Al_3Ni의 단상구역 내에서 화학조성비를 설정하는 것에 사용될 수 있다. 그러나 Ni 원자비 25%, Al 원자비 75%에서의 어떤 화학조성비 변화든, 단상 Al_3Ni 보다 더 많은 상이 생기는 결과를 가져올 수 있다.

(e.3) 단상의 화학조성비는 Ni 원자비 25%, Al 원자비 75%이다.

(e.4) 853°C에서 $f^{Al_3Ni} = 1.0$이다. 모든 원자는 Al_3Ni 상에 있다.

5.11 세라믹의 2원 상평형도

세라믹 재료에서의 상평형도는 금속-금속계에서의 모습과 유사하며, 같은 방식으로 해석된다. 그림 5.16은 Al_2O_3-Cr_2O_3의 상평형도이다. H_2O가 물의 성분이고, Ni와 Cu가 Cu-Ni 2원 상평형도의 성분인 것처럼, 이 상평형도에서 화합물 Al_2O_3와 Cr_2O_3가 성분이다. Al_2O_3-Cr_2O_3 상평형도는 그림 5.7a의 Cu-Ni 상평형도와 동일한 연속 고용도를 가진다. 이 상평형도의 해석에서, 고상선 아래의 온도에서 Al_2O_3와 Cr_2O_3의 모든 혼합물은 고용체이며, Cr_2O_3가 Al_2O_3 결정격자로 치환되고, Al_2O_3가 Cr_2O_3 결정격자로 치환된다. 액상선 위의 온도에서 Al_2O_3와 Cr_2O_3의 모든 혼합물은 액상이며, Al_2O_3와Cr_2O_3는 서로 혼합된다. 액상선과 고상선 사이에서 액상과 고상구조 모두 존재하다. 액상+고상의 2상 영역에서 Cu-Ni 상평형도에서와 같은 과정에 의해 각 상의 화학조성비와 원자분율을 결정할 수 있다. 세라믹 재료에서 고상선은 중요한데 이는 재료가 고상선 이상의 온도로 가열될 때, 원자의 이동성의 증가와 세라믹 입자의 용제(fusing)와 같은 공정상의 화학반응이 발생하기 때문이다.

예제 5.14

Al_2O_3 원자비 50%, Cr_2O_3 원자비 50%의 세라믹 혼합물이 2300°C로 혼합물을 가열함으로써 생산되었다. 그리고 혼합물은 2150°C로 냉각되었다. 2150°C에서 나타나는 상과 화학조성비 그리고 각 상의 원자분율은 얼마인가?

풀이

2150°C의 세라믹 조성에서 액상과 고상, 2상이 나타난다. 액상과 고상의 화학조성비는 2150°C상의 대응선과 액상선과 고상선과의 교차점을 통해 얻어진다. 액상의 화학조성비는

$$C^L_{Cr_2O_3} = 32\ \%\ Cr_2O_3 \text{ 원자비}$$

고상의 화학조성비는

$$C^\alpha_{Cr_2O_3} = 58\ \%\ Cr_2O_3 \text{ 원자비}$$

액상과 고상 α 상의 몰분율(molar fraction)은 식 5.13의 지렛대 법칙에 의해 얻어진다.

$$f^\alpha = \frac{C_0 - C^L}{C^\alpha - C^L} = \frac{50 - 32}{58 - 32} = \frac{18}{26} = 0.69 \text{ 의 } \alpha \text{ 상의 몰분율}$$

액상의 몰분율은 식 5.10에 의해 얻어진다.

$$f^L = 1 - f^\alpha = 1 - 0.69 = 0.31 \text{의 액상의 몰분율}$$

그림 5.17은 지르코니아(ZrO_2)와 50%까지의 산화칼슘(CaO) 분자비(molecular percent) 간에 나타나는 $ZrCaO_3$ 화합물의 상평형도를 나타낸다. 그림 5.17에 나타나있듯이, 공정과 화합물은 금속계에서와 마찬가지로 세라믹계에서도 형성된다. 그림 5.17의 기호 C_{ss}, T_{ss} 그리고 M_{ss}는 각각 입방형(cubic), 정방정계(tetragonal), 단사정계(monoclinic) 고용체(solid solution, ss)를 나타낸다. 이 고용체에서 CaO는 ZrO_2에 치환된다.

CaO가 ZrO_2에 치환될 때, 산소 원자 하나의 부족(deficiency)이 발생하며, 이는 지르코니아에 산소의 공석률(vacancy)을 생성한다. 이는 기술적으로 중요한데, 지르코니아의 전기전도도는 산소 부족에 의존

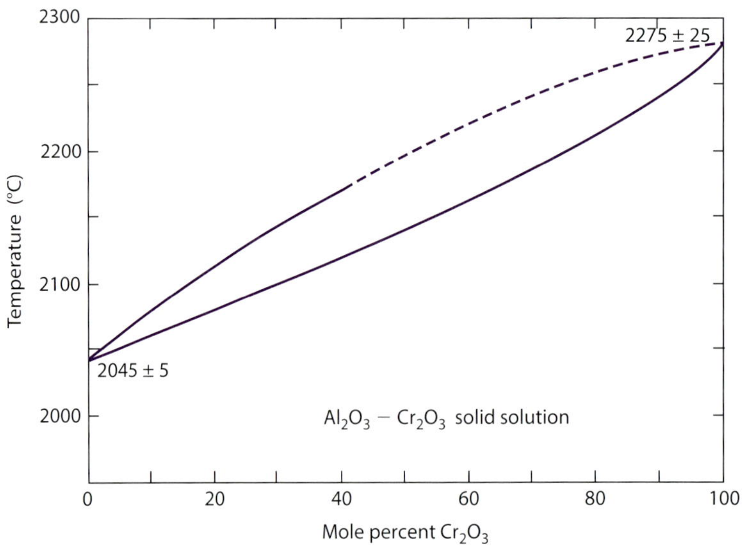

그림 5.16 Al_2O_3와 Cr_2O_3의 상평형도 *(Based on Bunting, E.N., Nat. Bur. Stds. J, 6, 948 (1931).)*

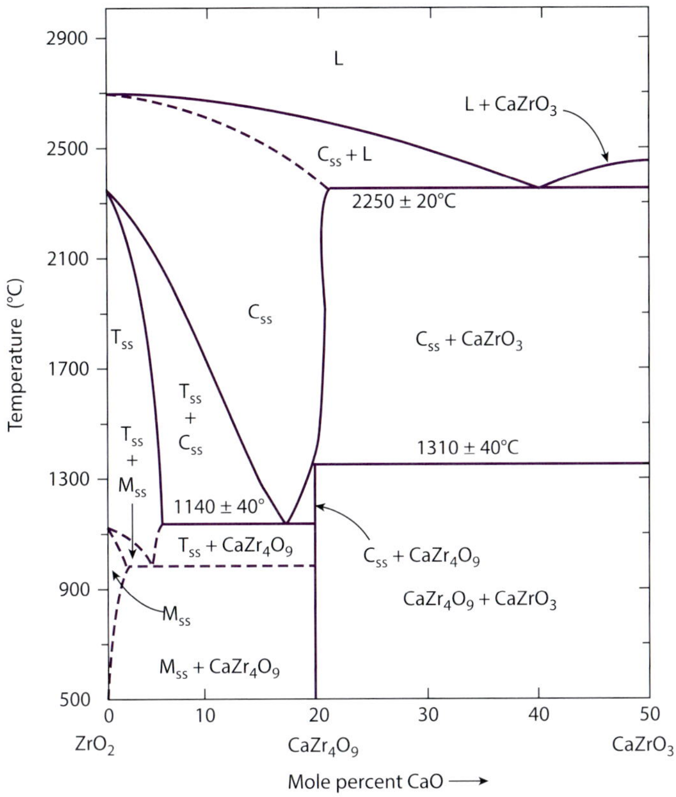

그림 5.17 ZrO_2와 $ZrCaO_3$로부터 얻어진 ZrO_2와 CaO의 상평형도 *(Based on Stubican, V.S. and Hellman, J.R., Advances in Ceramics 3 (1981), p. 25.)*

하기 때문이다. 이 산소 부족은 지르코니아 세라믹이 자동차 배기가스 시스템과 같은 분야에서 산소 센서로 사용되는 것을 가능하게 하는데, 산소 부족 지르코니아-산화칼슘 합금이 배기가스로부터 산소를 흡수하여 전기전도도가 변화하기 때문이다. 지르코니아의 전도도와 산소 센서로의 적용은 16.9절에서 더욱 자세히 다뤄진다.

입방형 지르코니아 고용체 ZrO_2(ss)는 보석으로 사용되는 원석 입방형 지르코니아의 구조를 가진다. 지르코니아는 약 2700°C의 매우 높은 용융온도를 가지므로, 지르코니아 세라믹은 중요한 고온용 소재이다. 지르코니아 세라믹은 CaO와 같은 물질이 적절한 양만큼 더해지고, 열처리 되었을 때, 어떤 세라믹보다도 높은 파단 저항성을 가진다. 지르코니아 세라믹의 파단 물성은 11장에서 자세히 다룰 것이다. 지르코니아 세라믹은 또한 고온 가솔린, 디젤엔진의 실린더 라이너, 밸브 코팅에도 적용된다.

5.12 금속과 세라믹 2원 상평형도에서의 용해도 간극

그림 5.7a의 Cu-Ni 상평형도에서 354.5°C 미만의 온도와 Ni 원자비 65.5%에서, FCC α 상은 FCC α_1 상과 α_2 상 두 상으로 분리된다. α_1 상은 Cu가 많은 상이고, α_2 상은 Ni가 많은 상이다. 용해도 간극에 대한 논의는 부록 5F에서 계속된다.

5.13 금속과 세라믹 2원 상평형도에서의 정렬

고온에서 금속과 세라믹 고용체를 가지고, 저온에서 정렬된 중간상 또는 화합물을 가지는 것은 가능하다. 정렬 반응(ordering reaction)에 대한 논의는 부록 5G에서 계속된다.

5.14 철–탄소 상평형도와 마르텐사이트 상변태

탄소강은 철과 탄소로 만들어진다. 철은 여전히 공학 응용에 가장 널리 사용되는 재료이다. 탄소강에서 새로운 유형의 변태를 알아볼 것이다. 마르텐사이트 상변태는 강이 고온에서 급랭될 때 발상한다. 마르텐사이트 상변태(martensitic phase transformation)는 핵생성과 성장 상변태 중 발생하는 원자의 확산보다는 결정의 변형에 의해 발생한다. 마르텐사이트 상변태는 티타늄 합금이나 금–카드뮴 합금과 같은 다른 금속에서도 발생한다. 또한 지르코니아와 같이 디젤, 가솔린 엔진의 관 라이너로 사용할 수 있는 세라믹에서도 발생하며 인듐–탈륨 반도체나 티타늄–니켈(TiNi)에서도 발생한다. TiNi에서 발생하는 마르텐사이트 상변태는 1장에서 보았던 관상동맥 스텐트와 같은 흥미로운 응용 사례에 사용된다.

5.14.1 철–탄소 상평형도

그림 5.18은 탄소의 무게 백분율이 최대 6.67인 철과 탄소의 상평형도를 보여준다. 강과 주철을 포함하므로 이 범위의 상평형도가 가장 많이 쓰인다.

5.3.1절에서, 912°C에서 γ 상 철에서 α 상 철로 변태하는 것을 고찰하였다. 그러나 보통 제조 공정으로 만든 순수 철은 매우 낮은 저강도 금속이다. 강을 만드는 데 철에 탄소를 첨가함으로써 재료의 강도가 비약적으로 증가한다.

순탄소강(plain-carbon steel)은 무게 백분율 1 미만의 탄소를 포함하고 있다. 보통 강의 조성비는 무게 백분율로 주어진다. 이후의 철–탄소 계에서 "% C"는 탄소의 무게 백분율을 의미한다. 철–탄소 상평형도에서는 0.77% C에서 공석 반응이 발생한다. 0.77% C 미만의 강은 아공석(hypoeutectoid)강이고, 0.77% C 이상의 강은 과공석(hypereutectoid) 강이다. 구조용 강과 차체용 강은 보통 0.2~0.4% C인 저탄소강이다. 높은 양의 탄소는 강을 더욱 강하게 만들지만, 저탄소강보다 취성이다. 철도 레일과 바퀴는 0.7% C와 같은 고탄소강으로 이루어져 있다. 주철은 2.11% C 이상의 탄소 함량을 가지고 있다. 8장 공학 재료에서 강 합금과 주철의 공학 응용에 대해 더 자세히 다루고 있다.

순탄소강의 상 변태를 공부하기 위해 공석 조성 0.77% C와 800°C처럼 공석 온도인 727°C 이상에 놓여 있는 강을 고찰해보자. 이 온도에서 구조는 0.77% C의 침입형 탄소 원자가 고용체 내에 포함된 100% FCC γ 상이다. 만약 0.77% C 공석 조성비를 갖는 강이 727°C까지 냉각된다면, γ 상은 α + Fe_3C 상과 평형을 이룰 것이다. α 상은 0.0218% C의 침입형 원자를 갖는 BCC이고 Fe_3C는 탄화철이다. 그러나 위에서 설명했듯이 727°C에서 변태는 절대 완료되지 않는다. 상당한 속도로 α +Fe_3C 상으로 변태하기 위해서는 γ 상을 600°C까지 급랭시킬 필요가 있다. **펄라이트(pearlite)**는 $\gamma \rightarrow \alpha + Fe_3C$ 공석 반응에 의해 생성되는 강의 미세 구조이다. 펄라이트 라는 이름은 이 재료의 생김새가 그림 5.19처럼 진주층과 비슷하게 관찰되었다는 점에서 비롯되었다. 펄라이트는 α 상 층으로 둘러싸인 Fe_3C 판상 구조로 되어 있다. 그림 5.20은 탄소 원자가 균일한 0.77% C를 갖는 γ 상과 0.0218% C 이하의 α 상으로부터 6.7% C를 갖

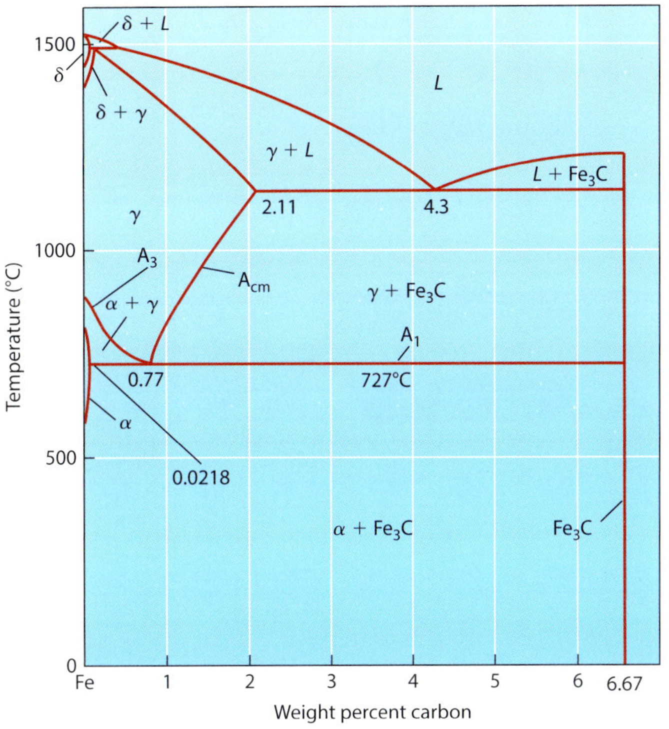

그림 5.18 0% 탄소 무게비에서 Fe_3C가 형성되는 6.67% 탄소 무게비(25% 탄소 원자비)에 대한 철과 탄소의 상평형도 *(Based on Askeland, D.R., Fulay, P.P., and Wright, W.J., The Science and Engineering of Materials, 6th ed. Cengage Learning, Stamford, CT. (2011), p. 472.)*

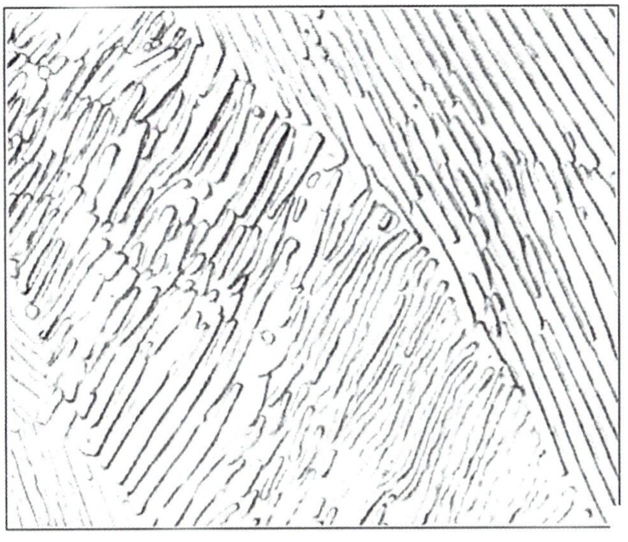

그림 5.19 2000배로 확대한 공석 조성을 갖는 탄소강의 미세구조사진(BCC 구조의 철에 Fe_3C가 판상으로 형성되어 있는 펄라이트 미세구조) *(ASM Handbook Volume 7, Powder Metal Technologies and Applications, 1998, ASM International in ASM Handbooks Online, http://www.asmmaterials.info, ASM International, 2004.)*

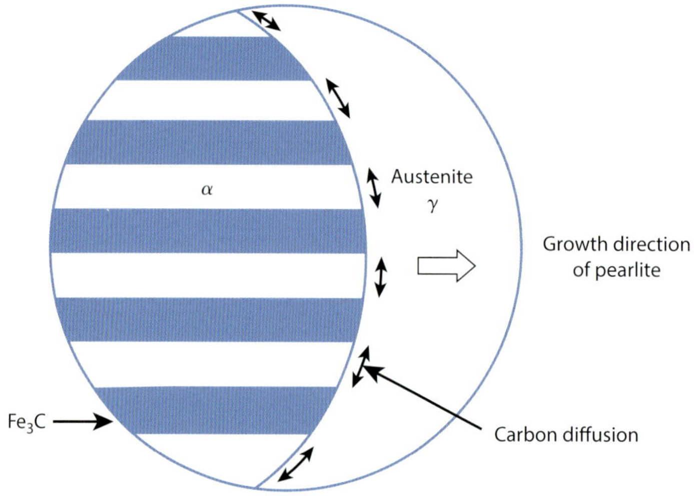

그림 5.20 탄소 원자의 확산에 의한 FCC 오스테나이트(γ)의 BCC 페라이트(α)와 Fe_3C로의 변태의 모식도

는 Fe_3C 상으로 어떻게 이동해야 하는지 보여준다. 이러한 변태는 탄소 원자의 확산에 의존하며 결과적인 미세 구조는 금속이 냉각되는 방식에 의존한다.

5.14.2 순탄소강에 대한 시간-온도-변태 선도

γ 상에서 α + Fe_3C 상으로의 변태는 시간-온도-변태(TTT, Time-Temperature-Transformation) 선도로 해석할 수 있다. 그림 5.21은 0.77% C 탄소강의 공석(eutectoid) 조성에 대한 TTT 선도이다. 시간은 *x*축이고 온도는 *y*축, 그리고 변태는 그림에 표시된 선으로 표시된다. 핵 생성(nucleation)과 성장(growth) 변태에 대해서 TTT 선도는 재료를 일정한 온도에 놓고(등온, Isothermal) 시간에 따른 변태 백분율을 관찰하면서 개발되었다. 이때 시편은 시작부터 마지막 처리까지 같은 온도를 유지한다고 가정한다. 800°C에서 600°C까지 빠르게 식은 뒤 600°C를 유지하는 공석 조성비인 0.77% C 탄소강을 예를 들어 계속 진행할 것이다. 그림 5.21에서 이 변태에 해당하는 TTT 선도를 보면 펄라이트(pearlite) 시작 선(P_s)에 접하기 직전인 약 1초까지는 상변태가 없다는 것을 볼 수 있다. **펄라이트 시작 선(P_s, pearlite start line)**은 펄라이트 핵이 관찰 가능한 크기로 성장하는데 필요한 시간이며 이는 온도의 함수이다. 그림 5.21의 A_1은 오스테나이트 또는 철의 γ(FCC) 상이다. γ 상은 727°C 이상에서 안정하며 이 온도 이하에서는 불안정하다. 불안정한 γ 상은 γ_u로 표시한다. *x*축이 $\log_{10}$ 축척임을 주의하라. 비선형 $\log_{10}$ 축척을 읽는 한 방법은 지수가 로그 축척에서 선형이기 때문에 10의 지수를 이용하는 것이다. 예를 들어, 로그 축척에서 1과 10의 중심은 $10^{0.5}$초 또는 3.16초이다. 몇몇 TTT 선도는 50% 완전 변태 선을 나타내는데, 이는 시작과 끝 선들 사이 거리의 약 50%이다. 600°C에서의 변태는 600°C 선이 $10^{0.8}$초 또는 6.3초의 펄라이트 완료 선(P_f)을 나타내는 두 번째 실선과 교차할 때 완료된다. **펄라이트 완료 선(pearlite finish line)**은 불안정한 γ가 완전히 펄라이트로 변태되는 시간을 나타낸다. 만약 이 합금이 상온까지 식는다면 펄라이트는 γ 철과 Fe_3C의 평형 상으로 이루어져 있기 때문에 펄라이트 구조가 남게 된다. 비록 냉각되는 과정에서 몇 개의 선들과 교차할 지라도 이러한 상황이 발생한다. 이 선들은 오직 불안정한 오스테나이트의 변태와 관련되어 있다.

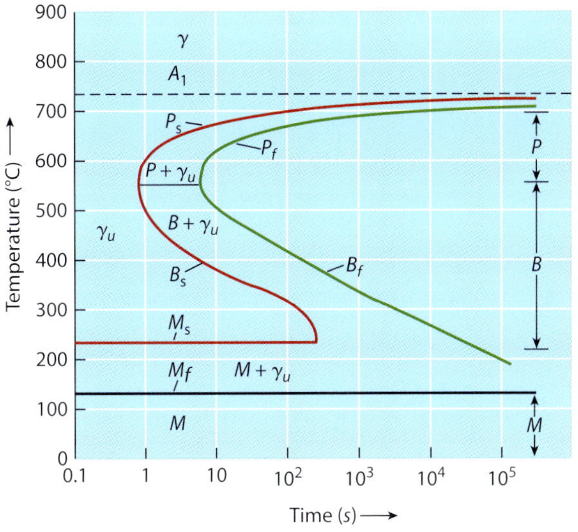

그림 5.21 공석 조성을 갖는 탄소강의 시간-온도-변태(TTT) 선도 *(Based on Askeland, D.R., Fulay, P.P., and Wright, W.J., The Science and Engineering of Materials, 6th ed. Cengage Learning, Stamford, CT. (2011), p. 472.)*

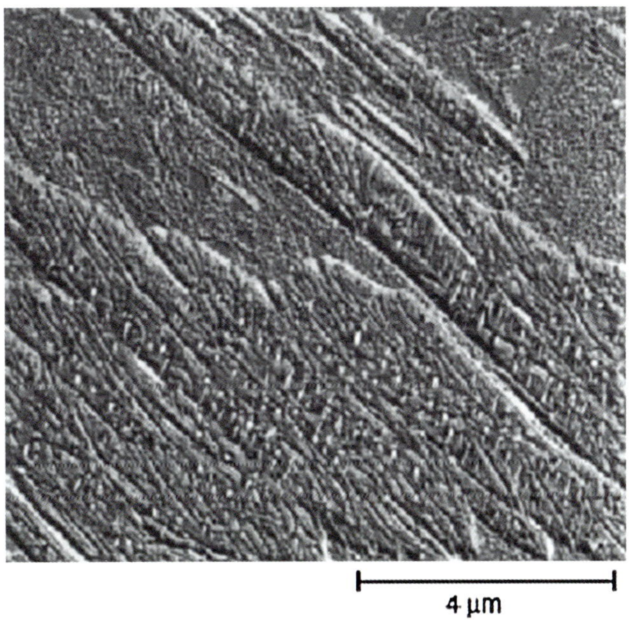

그림 5.22 탄소강에 형성된 베이나이트 미세구조의 전자주사현미경 사진. 한 방향으로 형성된 밝은 입자는 α(BCC) 철 기지 내에 형성된 미세 Fe_3C이다. *(ASM Handbook Volume 9, Metallography and Microstructures, 2004, ASM International, in ASM Handbooks Online, http://www.asmmaterials.info, ASM International, 2004.)*

550°C 이하의 등온과정에서는, 공석 반응의 생성물은 펄라이트가 아니라 베이나이트(B, bainate)이다. 그림 5.22에 나와 있는 것처럼 베이나이트는 α 상의 모재와 Fe_3C의 가지로 되어 있다. 가지들은 리본과 같이 얇고 좁다. 베이나이트의 Fe_3C 가지들은 펄라이트의 Fe_3C 판보다 작고 조밀하게 밀집되어 있다.

이는 낮은 온도에서 탄소 원자의 확산이 느리기 때문이다. 탄소 원자들은 펄라이트에서 보이는 것처럼 두꺼운 판상을 만들 수 있을 만큼 많은 거리를 이동할 수 없다. 낮은 온도에서는 공석 반응을 유도하는 화학적 작용력이 더 크다. 하지만 식 5.2에서 볼 수 있듯이 원자의 이동성이 낮다. 등온 과정의 온도가 낮아진다면 반응속도론 상 더 짧은 확산 거리를 갖는 구조가 선호될 것이며, 저온에서는 굵은 펄라이트 구조보다 더 미세한 베이나이트 구조가 형성된다.

만약 공석 합금이 500°C로 빠르게 식고(담금질, quench), 이 온도를 유지한다면 그림 5.21의 B_s 선에서 볼 수 있듯이 베이나이트가 1초 후에 가장 먼저 관찰될 것이며, 10초 후에는 불안정한 오스테나이트 상이 B_f 선에서 모두 베이나이트로 변태될 것이다. 만약 이 합금이 상온까지 냉각된다면 베이나이트 완료 선이 교차되고 합금이 α철과 Fe_3C의 평형 상으로 이루어져있기 때문에 베이나이트 구조는 남아있을 것이다.

철-0.77%탄소 합금의 온도가 위의 공석 평형 온도인 727°C에서 25°C인 낮은 온도까지 온도-시간 그래프에서 P_s나 B_s 시작 선들을 교차하지 않고 담금질 된다면 펄라이트나 베이나이트 구조가 형성될 시간이 부족하다. 수평 M_s 선은 마르텐사이트(martensite) 변태의 시작선이다. 마르텐사이트 변태에서 FCC γ 상 철은 체심정방 단위정(α')으로 왜곡변형 된다.

정방 단위정에서 $a = b$이지만 c는 a, b와 같지 않으며 단위정의 모서리 각도는 90도이다. 철 원자는 큰 원이며 작고 차있는 원들은 탄소 원자이다. FCC 입방체의 두 단위정들이 그림 5.23처럼 서로 옆에 붙어 있다. FCC 단위정은 또한 그림 5.23의 크고 차있는 원자들로 볼 수 있듯이 체심정방(BCT, body-centered tetragonal) 단위정으로 표시할 수 있다. 그러나 만약 BCT 단위정의 a 격자 매개변수가 증가하고 c 격자 매개변수가 압축된다면 BCT 격자는 $a = c$일 때 BCC가 된다. BCC 구조는 727°C 이하에서 철-탄소 합금의 평형 구조이다. 만약 합금이 담금질 된다면 FCC 구조에서 BCC 구조로 변하는데 필요한 시간이 불충분하다. 이 과정은 확산이 필요하며 핵 생성과 성장 과정을 통해 발생하기 때문이다.

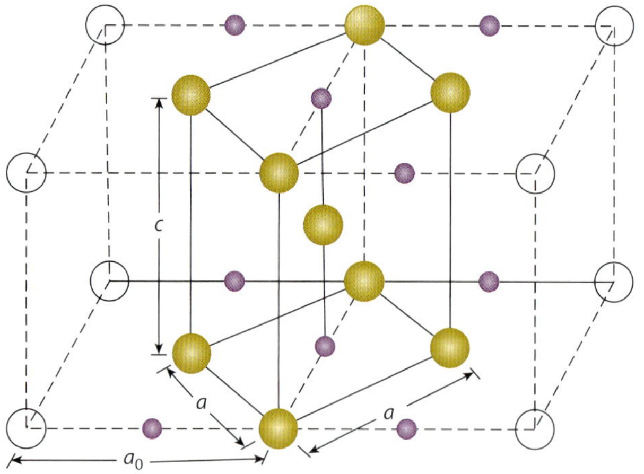

그림 5.23 나란한 두 개의 FCC 격자(점선). 큰 원자(큰 중공형 구)는 철 원자로 727°C 이상의 온도에서 FCC 구조를 갖고 작은 탄소 원자가 탄소 원자 사이에 위치한다. 탄소강 합금이 저온으로 담금질되면 BCT 구조(큰 금색구와 실선)가 형성된다. BCT 구조는 탄소 원자가 그림에서 나타낸 것과 같은 위치하면 BCC 구조와 유사하게 변화한다. *(Adapted from Eisenstadt, M. M., Introduction to Mechanical Properties of Materials, The Macmillan Co., New York (1971), p. 390.)*

FCC 구조는 확산이 없는 마르텐사이트 변태 과정으로 BCC에 가까운 BCT 구조로 변화한다. 마르텐사이트 변태에서 격자는 새로운 격자로 왜곡 변형되며 장거리 확산이 없다. 원자들은 격자 매개변수보다 짧은 거리를 이동한다. 공석 조성비 합금에 대해서는, FCC 격자 매개변수는 a_0 = 0.359 nm이다. 이 FCC 격자 매개변수는 그림 5.23에서 볼 수 있듯이 $a = b = 0.255$ nm, $c = 0.359$ nm를 갖는 정방 단위정을 만든다. 만약 탄소 원자가 그림 5.23에 나와 있는 것처럼 우선적으로 침입형 위치로 들어가게 된다면, a 격자 매개변수를 늘리고 c 격자 매개변수를 수축시키며 격자의 왜곡 변형을 발생시킬 것이다. 이러한 단위정의 왜곡 변형에 의해 격자 매개변수가 $a = b = 0.285$ nm, $c = 0.29$ nm가 될 것이며 이를 베인 변형(Bain distortion)이라 부른다. 이 단위정의 치수들은 0.2866 nm 치수를 갖는 BCC에 더욱 가까운 체심정방 단위정(α')을 만든다. 단지 0.77% 탄소가 있으며 그림 5.23에서 보이는 것처럼 단지 약간의 침입형 자리들만이 채워져 있다. 그림 5.24는 저탄소강의 마르텐사이트의 미세 구조가 가시 또는 바늘 모양이라는 것을 보여준다.

마르텐사이트 상변태 중 탄소 원자들의 적은 양의 운동이 펄라이트나 베이나이트를 형성해야 하는 장거리 확산보다 빠르게 발생한다. 오스테나이트(γ)와 마르텐사이트(α')상의 경계면은 상변태 중에 약 음속의 1/3 속도로 이동할 수 있다. 마르텐사이트 상변태 중 탄소 원자와 철 원자가 움직인 거리가 격자 매개변수보다 작아야 하기 때문에, 마르텐사이트 상변태는 매우 빠르게 일어난다. FCC γ 상에서 마르텐사이트로 변태되는 재료의 백분율은 단지 온도에만 의존하며, FCC γ 철이 펄라이트나 베이나이트로 변태하는 것처럼 시간에 의존하지 않는다. 순탄소강에서의 마르텐사이트 상변태는 비열(athermal) 과정이며 이는 변태하는 양이 온도에 의존하며 그 온도에서의 시간에 무관하다는 것을 의미한다. 비열 마르텐사이트 변태는 그림 5.3처럼 등온 영역을 가지고 있지 않다. 시간에 의존하는 마르텐사이트 변태를 하는 몇몇 금속이 있지만 대부분의 마르텐사이트 변태는 비열변태이다.

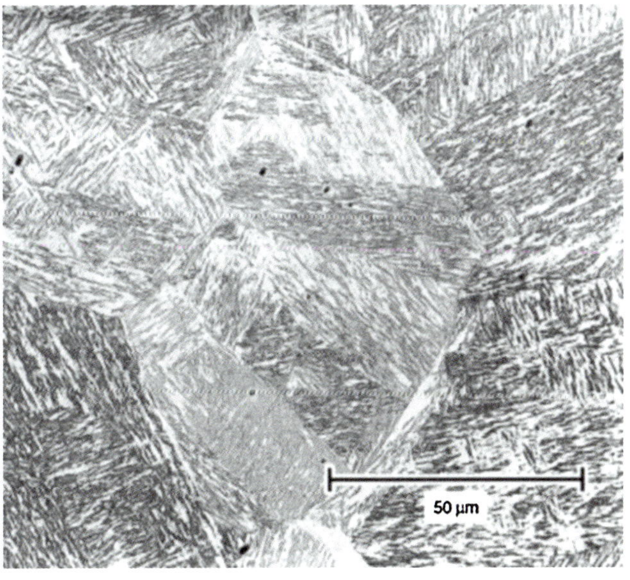

그림 5.24 물로 담금질된 저탄소강의 바늘모양을 갖는 마르텐사이트 미세구조의 사진
(ASM Handbook Volume 9, Metallography and Microstructures, 2004, ASM International, in ASM Handbooks Online, http://www. asmmaterials.info, ASM International, 2004.)

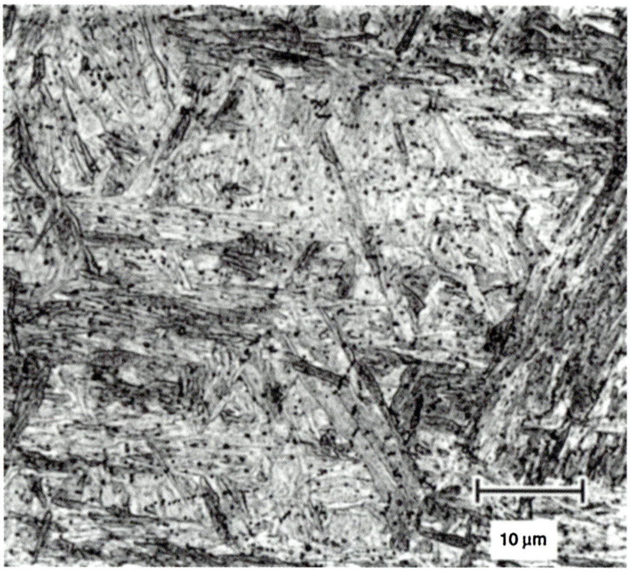

그림 5.25 α상의 철에 어두운 Fe_3C입자가 관찰되는 템퍼링된 마르텐사이트의 사진
(ASM Handbook Volume 9, Metallography and Microstructures, 2004, ASM International, in ASM Handbooks Online, http://www.asmmaterials.info, ASM International, 2004.)

그림 5.21에서 볼 수 있듯이 합금이 800°C에서 상온까지 10초 이내로 냉각된다면 철+0.077% C 합금은 100% 마르텐사이트이다. 이를 확인하기 위해 0.1초, 800°C에서 10초, 0°C까지 직선을 그려보자. 이 선은 P_s나 B_s 시작 선을 지나지 않으므로 펄라이트나 베이나이트가 존재하지 않는다. 이 선은 단지 마르텐사이트 시작선(M_s)과 완료선(M_f) 만을 지난다. 따라서 재료의 100%가 마르텐사이트가 된다. 마르텐사이트 시작선(M_s)은 잔여 불안정 γ 상이 α' 상으로 변태하기 시작하는 온도이며, 마르텐사이트 완료선(M_f)은 모든 γ 상이 마르텐사이트 변태를 통해 α' 상으로 변태되는 가장 높은 온도이다. 철-탄소 마르텐사이트는 매우 단단하고 취성이며 좀처럼 급랭 조건에서 공학적으로 사용되지 않는다. 준평형 철-탄소 마르텐사이트(α')는 템퍼링 되거나 600°C까지 가열되며 이 온도에서는 그림 5.25에서 볼 수 있듯이 마르텐사이트가 BBC α 상 철과 미세 입자들의 Fe_3C로 변태한다. 담금질과 템퍼링 과정은 합금의 많은 영역에 핵생성을 통한 Fe_3C 석출을 발생시킨다. 담금질과 템퍼링 된 강은 절삭 공구, 크랭크 축, 스프링, 기어, 피스톤 등에 사용된다.

예제 5.15

다음 냉각 과정을 통해 발생하는 초기 온도가 730°C인 공석 강(C_C = 0.77% C)의 변태 생성물을 결정하여라.

(a) 600°C로 급랭한 후 10초 동안 유지 후 상온으로 천천히 냉각
(b) 600°C로 급랭한 후 3.2(100.5)초 동안 유지 후 상온으로 급랭
(c) 600°C로 급랭한 후 1초 동안 유지 후 상온으로 급랭
(d) 500°C로 급랭한 후 1초 동안 유지 후 상온으로 급랭

(e) 500°C로 급랭한 후 3.2(100.5)초 동안 유지 후 상온으로 급랭
(f) 500°C로 급랭한 후 10초 동안 유지 후 상온으로 천천히 냉각
(g) 상온으로 1초 동안 급랭한 후 500°C로 가열 뒤 1000초 동안 유지

풀이

그림 5.21의 TTT 선도는 공석 조성 강에 대한 것이다. 따라서 그림 5.18의 철–탄소 상변태도를 통해 730°C에서는 100% 오스테나이트(γ)이고 그림 5.21에 A1으로 표시되어 있다.

(a) 600°C로 급랭한 후, 여전히 100% 불안정 오스테나이트(γ_u)가 존재한다. 온도가 600°C까지 즉각적으로 내려간다고 가정한다. 600°C에서 10초 동안 유지한 후에는 펄라이트 완료선(P_f)을 지나기 때문에 오스테나이트는 모두 펄라이트로 변태된다. 상온으로 냉각된 후, 펄라이트(α + Fe_3C)는 여전히 존재한다. 그림 5.18에서 볼 수 있듯이 727°C 이하에서 한 번 생성되면 안정하기 때문이다.

(b) 600°C에서 3.2(100.5)초 동안 유지 후에는 50%의 불안정 오스테나이트(γ_u)만이 펄라이트로 변태한다. 상온까지 급랭한 후에 50% 펄라이트는 여전히 존재하지만 급랭 중 M_s와 M_f 선을 지나기 때문에 불안정 오스테나이트(γ_u)는 마르텐사이트로 변태한다. 결과물은 50% 펄라이트와 50% 마르텐사이트이다.

(c) 600°C에서 1초간 유지한 후에는 여전히 100% 불안정 오스테나이트(γ_u)가 존재한다. 상온으로 급랭한 후에, 불안정 오스테나이트(γ_u)는 급랭 중 M_s와 M_f 선을 지나기 때문에 마르텐사이트로 변태한다. 결과물은 100% 마르텐사이트이다.

(d) 500°C에서 1초간 유지 후에는 여전히 100% 불안정 오스테나이트(γ_u)가 존재한다. 상온으로 급랭한 후에, 불안정 오스테나이트(γ_u)는 급랭 중 M_s와 M_f 선을 지나기 때문에 마르텐사이트로 변태한다. 결과물은 100% 마르텐사이트이다.

(e) 500°C에서 3.2(100.5)초 동안 유지 후에는 50%의 불안정 오스테나이트(γ_u)가 베이나이트로 변태한다. 상온으로 급랭한 후에, 이 50% 베이나이트(α + Fe_3C)는 여전히 존재하지만 급랭 중 M_s와 M_f 선을 지나기 때문에 불안정 오스테나이트(γ_u)는 마르텐사이트로 변태한다. 결과물은 50% 펄라이트와 50% 마르텐사이트이다. 결과물은 50% 베이나이트와 50% 마르텐사이트이다.

(f) 500°C로 급랭한 후에 여전히 100% 불안정 오스테나이트(γ_u)가 존재한다. 500°C에서 10초 동안 유지한 후에는 베이나이트 완료 선(B_f)을 지나므로 불안정 오스테나이트가 모두 베이나이트로 변태한다. 상온으로 냉각된 후, 이 베이나이트(α + Fe_3C)는 여전히 존재한다. 결과물은 100% 베이나이트이다.

(g) 1초간 상온으로 급랭한 후에는 급랭 중 단지 M_s와 M_f 선 만을 지나기 때문에 100% 마르텐사이트가 존재하다. 1000초 간 500°C에서 가열된 후에는 템퍼링 된 마르텐사이트가 존재하게 된다.

5.15 가역 마르텐사이트 상변태

철-탄소 합금에서 마르텐사이트 상변태는 비가역적이다. 이는 베인 변형 중 대변형을 나타내는 전위가 생성되기 때문이다. 전위의 생성은 마르텐사이트 상변태의 베인 변형 중 재료가 연속적이 되게 한다. 재료 내의 전위 생성은 가역 과정이 아니다. 만약 철-탄소 마르텐사이트가 오스테나이트가 평형 구조를 나타내는 온도인 727°C 이상으로 가열된다면 새로운 오스테나이트 상이 확산-제어 핵생성과 성장 과정을 통해 만들어진다. 오스테나이트는 마르텐사이트 변태의 역으로 발생하지 않는다.

가역적인 마르텐사이트 변태는 전위가 마르텐사이트 변태의 결과물로 생성되지 않는 재료에서 발생한다. 가역적인 마르텐사이트 변태에서, 전위는 원자결합의 신장이나 굽힘으로 발생하며 이는 가역적이다. 또한, 가역적인 마르텐사이트 변태에서 GFE의 변화는 0이다. GFE의 음의 변화는 결합 신장과 굽힘에 의한 GFE의 양의 변화와 균형을 맞추는 구조 변화 때문에 발생한다. 철-탄소 합금과 같은 비가역적인 마르텐사이트 변태에서는, GFE 변화는 음수이다.

가역적인 마르텐사이트 상변태는 AuCd, CuAlNi, CuZnAl과 같은 많은 금속 합금에서 관찰된다. 그러나 TiNi합금은 매우 많은 공학 분야에 사용된다. 이 토의에서는 TiNi 합금에 집중할 것이다. 그림 2.7에서 볼 수 있듯이 640°C 이상의 온도에서 TiNi는 BBC 구조 내에서 Ti와 Ni의 불규칙 혼합물이며, 이 온도 이하에서 Ti와 Ni는 CsCl 구조 내에서 질서를 이루고 있다. 철-탄소 합금과 유사하게, TiNi의 CsCl 구조는 오스테나이트 상이다. TiNi의 마르텐사이트 시작 온도(M_s)는 뜨거운 물 온도와 비슷한 약 70°C이다. Wang은 그림 5.26의 2차원 그림에 나타낸 것처럼, 마르텐사이트 변태를 전단 변형으로 설명하였다.

이 그림은 마르텐사이트 변태에서 TiNi 오스테나이트 상의 가능한 변형 형태 변수 중 두가지 만을 보여준다. TiNi에서의 각각의 입방 격자 매개변수($a = b = c$)는 양 또는 음의 x, y, z 방향으로 변형될 수 있다. TiNi의 가역 마르텐사이트 변태의 특징 중 하나는 그림 5.26 a와 b에서 볼 수 있듯이 마르텐사이트 변태 중 결정격자의 형태가 변할 지라도 전체적인 시편의 형태는 변하지 않는다는 것이다. TiNi에서 100% 마르텐사이트가 되는 마르텐사이트 완료 온도(M_f)는 보통 30~40°C이며 이는 마르텐사이트 시작 온도보다 낮다. TiNi 마르텐사이트 변태에서 마르텐사이트의 양은 시간에 의존하지 않고 온도에만 의존한다. 만약 그림 5.26b의 마르텐사이트 상이 가열된다면 결합 신장과 굽힘의 반대 과정으로 그림 5.26a처럼 다시 입방 오스테나이트 상으로 돌아온다. 가열을 시작하면, 그림 5.27에서 볼 수 있듯이 **오스테나이트 시작 온도(A_s, austenite start temperature)**에서 마르텐사이트에서 오스테나이트로의 변태가 시작되며 100% 마르텐사이트가 오스테나이트로 변태되는 **오스테나이트 완료 온도(A_f, austenite finish temperature)**에서

그림 5.26 (a) 입방 오스테나이트 상의 2차원 모식도. (b) 가역적 변형으로 인하여 변형된 마르텐사이트 격자

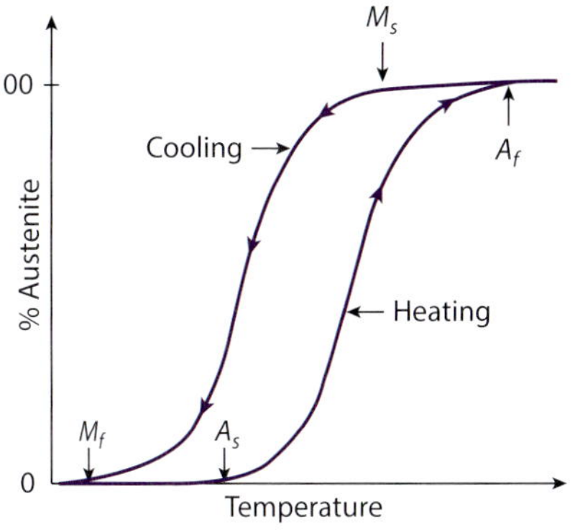

그림 5.27 TiNi의 가열과 냉각에 따른 온도의 함수로 나타낸 % 오스테나이트 변화

끝나게 된다. 그림 5.27에서 볼 수 있듯이 TiNi에서는 오스테나이트가 마르텐사이트로 변태하는 냉각과정과 마르텐사이트가 오스테나이트가 되는 가열과정의 사이클이 가능하다.

5.15.1 금속 합금의 형상 기억 효과와 훈련

형상 기억 효과는 TiNi의 가역적인 마르텐사이트 변태의 결과이다. 가역적인 마르텐사이트 변태를 하는 다른 금속 합금 또한 형상 기억 효과를 가지고 있다. 형상 기억 효과를 보기 위해서는 직선 형상이어야 하고, 그림 5.26a의 입방 구조를 갖는 A_f보다는 높고 640°C보다 낮은 온도의 TiNi 와이어를 구해야 한다. 만약 와이어의 M_f 온도가 약 30°C라면, 이 와이어는 상온에서 100% 마르텐사이트이고 그림 5.26b와 같은 구조를 가진다. 굽힘이 너무 심하지 않는 선에서 원하는 형상을 갖도록 와이어를 구부려 보아라. 그리고 나서 와이어를 A_f 온도 이상으로 가열한다면 그림 5.26a처럼 입방 구조로 되돌아오며 와이어는 초기 직선 형태로 돌아온다. 만약 와이어가 A_f 온도 이상에서 S자 같은 어떤 형태로 구부러져 있었다면, 이 와이어는 A_f 온도 이상으로 가열하였을 때 S자 형태로 되돌아올 것이다. 이것이 만약 직선 형태로 되돌아 오게 하기 위해서는 A_f 온도 이상에서 직선 형상으로 가공된 와이어를 필요로 하는 이유이다.

1장에서 본 것처럼, 관상동맥 스텐트 시술 시 형상기억 효과를 이용한다. 그러나 이 경우에는 체온인 37°C가 A_f 이상이 되도록 마르텐사이트 변태 온도를 낮출 필요가 있다. TiNi합금의 조성비를 조정하여 M_s, M_f, A_s, A_f 온도를 변화시킬 수 있다. 그림 5.28은 Ni와 Ti 비율을 변화시켜 M_s 온도가 어떻게 변화하는지 보여준다. 또한 Ni 원자를 Co 원자로 대체하여 M_s 온도를 낮출 수 있다. 예를 들어, Wang에 따르면 $TiNi_{0.8}Co_{0.2}$는 약 −13°C의 M_s를 가지고 있다. 또한 M_f 이하의 온도에서 TiNi를 특정 형태로 굽히고 A_f로 가열시킨 뒤 M_f 상태에서 다시 굽히고 A_f 이상으로 가열하는 사이클을 반복함으로써 TiNi가 M_f 온도 이하가 되었을 때 특정 형태를 띠도록 훈련시킬 수도 있다. 결국 TiNi는 M_f 이하로 냉각되었을 때 원하는 형상을 띠게 될 것이다.

초탄성은 가역적인 마르텐사이트 변태를 하는 금속의 또 다른 쓸모 있는 특성이다. 이 특성은 치아 배열을 튼튼하게 하는 데 TiNi가 사용될 수 있도록 한다. 초탄성은 6.8절에서 다루도록 하겠다.

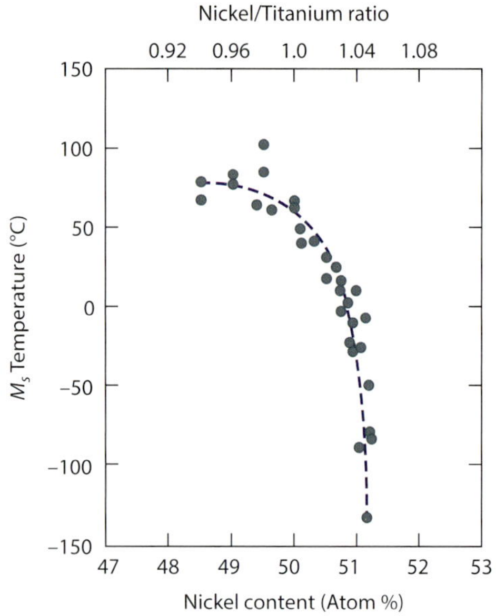

그림 5.28 TiNi의 니켈함량을 함수로 나타낸 마르텐사이트 시작 온도 선도(나타낸 데이터는 여러 문헌에서 얻었음). *(Based on figure Nitinol Ms vs Ni content by Tomduerig)*

5.16 형상 기억 고분자

형상 기억 효과가 고분자 복합재에서도 개발되었다. 그러나 형상 기억 고분자(SMPs, shape memory polymers)에는 어떠한 상 변태도 존재하지 않는다. SMPs는 부록 5H에서 다룰 것이다.

5.17 액체-결정 그리고 액체-비결정 재료 천이

만약 복잡한 결정구조를 갖는 재료가 액체 상태에서 용융온도보다 낮은 온도까지 매우 천천히 냉각된다면 결정질(crystalline) 재료가 생기게 된다. 이러한 예로는 그림 2.28a에서 볼 수 있는 실리콘과 산소 원자의 사면체 구조의 실리카(SiO_2)와 그림 2.17에서 볼 수 있는 폴리에틸렌이 있다. 액체에서 결정질 고체로의 변태는 위에서 설명한 핵생성과 성장 과정으로 발생한다. 만약 냉각 속도가 빠르다면, 2.10.4절에서 설명했듯이 실리카 사면체가 결정질 핵생성을 할 시간이 충분하지 않게 되어 결정이 생성되지 않으며, 액체의 구조가 결정질 재료의 용융온도보다 낮은 온도에서 남아있게 된다. 그림 5.21과 유사한 TTT 선도가 핵생성과 성장 변태과정을 통해 결정질 구조 또는 그림 5.29의 유리와 같은 비결정질 구조로 천이되는 재료에 대해 만들어질 수 있다. 그림 5.29에서 *G*로 표시된 영역은 비결정질 유리만을 포함하며 *G*+*C* 영역은 유리와 결정질 재료, 그리고 *C* 영역은 결정질 재료만을 포함한다. 왼쪽의 선(시작선)은 일정한 온도에서 처음으로 결정질 재료가 관측되는 시간을 나타내며 오른쪽의 선(완료선)은 모든 재료가 결정질이 되는 시간을 나타낸다. 만약 유리가 매우 빠르게 냉각되어 시간에 따른 온도가 TTT 선도에서 처음으로 결정질 재료가 관측되는 시간을 의미하는 시작선을 피해서 지나치게 된다면, 결정질 재료의 핵생성은 발생

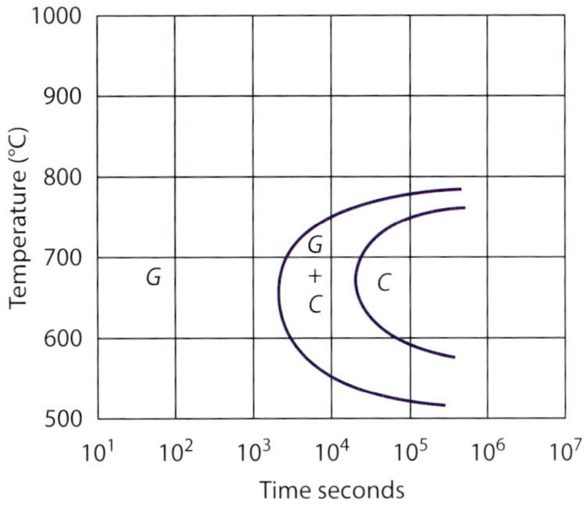

그림 5.29 온도 및 등온 유지시간에 따른 유리(G), 결정(C) 및 그 조합($G + C$)으로 나타나는 재료의 TTT 선도

하지 않는다. 대신에 이 재료는 비정질의 고체 유리를 형성하게 된다. 예를 들어, 만약 이 유리가 800°C에서 500°C까지 10^3초 동안 냉각된다면, 유리만이 관찰될 것이다. 그러나, 만약 유리가 800°C에서 620°C까지 급랭되고 620°C에서 유지된다면 결정이 10^3초 이후에 처음으로 관측되고 10^4초 후에 재료는 완전한 결정질이 될 것이다.

유리 세라믹(Glass-ceramics)은 몇몇 결정화가 유리 안에서 발생하는 재료이다. 종종 이산화 티타늄과 같은 기핵제(nucleating agent)가 결정화를 촉진시키기 위해 유리에 첨가된다. 만약 결정화가 부분적으로만 발생하면, 재료는 유리 가공 과정으로 가공될 수 있다. 이러한 재료는 열충격에 대한 저항성 때문에 취사도구로 쓰인다.

그림 5.29와 유사한 TTT 선도를 폴리에틸렌과 같은 고분자에 대해 만들 수 있다. 고분자에서 결정 핵생성 방식은 분자에 의존한다. 폴리에틸렌과 같이 유연하며 긴 사슬을 가진 분자들은 그림 2.21b에서 볼 수 있듯이 각각의 분자들이 접혀져 작은(나노 또는 마이크로 단위) 라멜라(lamellae)를 만드는 과정을 통해 핵들을 형성한다. 단단하고 긴 사슬을 가진 분자들은 서로 다른 평행 분자들의 결정핵들을 형성해야만 한다. 고분자 결정핵들의 성장은 긴 사슬 고분자의 부분이 결정질 핵으로 이동하는 것에 의존한다.

비결정질 순수 금속을 만드는 것은 매우 빠른 급랭 속도가 필요하므로 어렵다. 예를 들어, 비결정질 은을 만들기 위한 예상 냉각 속도는 10^{10} K/s이다. 그러나 금속 유리(metallic glass)로 알려진 비정질 금속을 만드는 것은 매우 다른 크기의 원자들을 가진 금속을 섞음으로써 가능하다. 영구자석으로도 사용되는 비정질 금속 합금 중 하나는 15~25%의 붕소를 포함하는 철이다. 철은 원자 반지름이 0.124 nm이며 붕소의 원자 반지름은 0.046 nm이다.

5.18 액정 고분자 블렌드의 상평형도

액정 고분자 블렌드는 두 개 또는 그 이상의 서로 다른 액정 고분자를 조합하여 만든다. 액정 고분자 블렌드의 상평형도는 혼합물의 온도, 엔트로피, 엔탈피를 통해 계산된다. 식 4.44는 고분자 혼합물의 엔트로피를 나타낸다. 혼합물의 엔탈피는 식 4.47의 상호 작용 상수(interaction parameter)로부터 계산된다. 그림 4.24는 포화된 폴리부타디엔(SPB) 88과 SPB 78의 상호 작용 상수를 보여주며, 그림 5.30은 이 두

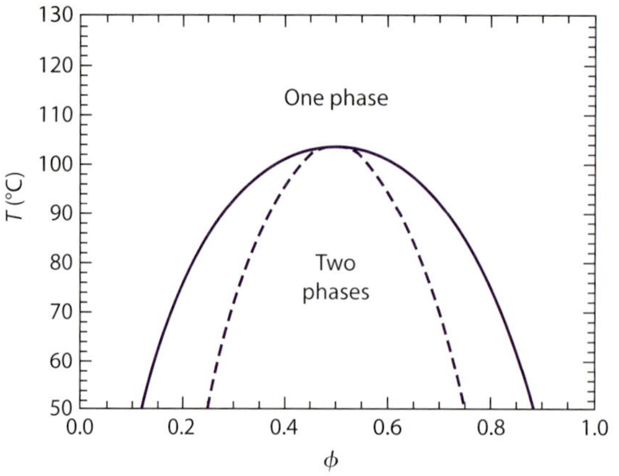

그림 5.30 분자당 200 모노머를 갖는 포화된 폴리부타디엔(SPB) 88 및 SPB 78의 혼합물에 대하여 계산된 상평형도(x축은 SPB88의 부피비를, y축은 온도를 나타냄) *(Based on Balsara, N. P., Thermodynamics of Polymer Blends, in Physical Properties of Polymers Handbook, Mark, J.E. ed., AIP Press, Woodbury N.Y. (1996), p. 259.)*

혼합물의 엔트로피와 엔탈피 계산을 기반으로 한 상평형도이다.

그림 5.30에서 x축은 처음 나열된 요소의 부피 분율이며 그 외에는 이는 금속과 세라믹의 상평형도와 유사하다. 이 상평형도는 102°C보다 높은 온도에서는 두 LCMs가 모든 요소에 대해 균일 혼합물을 형성한다는 것을 보여준다. 102°C보다 낮은 온도이거나 두 실선 안에 있는 요소들에 대해서 두 고분자들은 두 가지 상으로 나눠져 있다. 실선 안에 있는 어떤 블랜드라도 두 가지 상의 각 분자 형태의 부피 분율에 기반한 조성비는 관심있는 온도에서의 대응선과 실선의 교차점으로 주어진다. 그림 5.30의 점선은 스피노달 선(spinodal line)을 나타낸다. 이 상평형도는 그림 5.7의 Cu–Ni 상평형도에서 관찰할 수 있듯이 섞임도 간격(miscibility gap)과 스피노달 선을 가지고 있다. 섞임도 간격과 스피노달 선은 부록 5F에서 다룬다. 일정 온도에서 금속과 세라믹처럼, 두 고분자의 분자들은 혼합 시 GFE가 음수라면 섞일 것이며 양수라면 LCMs는 두 상으로 나눠져 있을 것이다. 연습문제 4.14에서, 한 분자 당 2000 단량체를 갖는 SPB 88과 SPB 78의 50% 혼합물이 120°C일 때 혼합과정의 GFE가 음수라는 것을 계산하였다. 따라서 분자들은 이 온도에서 섞일 것이다. 이 두 계산은 그림 5.34의 상평형도와 같은 맥락이다.

고분자에 대해 합금(*alloy*)과 블렌드(*blend*)는 금속의 경우보다 약간 다른 의미를 가진다. 고분자에 대해서 합금은 두 개 또는 그 이상의 고분자들이 균일한 하나의 상을 이루는 조합물을 의미한다. 블랜드는 두 개 또는 그 이상의 상 개수를 가지고 있는 고분자들의 조합물을 말한다. 금속에서 **합금(alloy)**은 몇 개의 상이 존재하든 상관없이 금속과 다른 원소가 섞여있는 혼합물을 의미한다.

예제 5.16

50도의 40% 부피(vol%)의 SPB 88과 60 vol% SPB78 고분자 블렌드에 대해서

(a) 얼마나 많은 상이 존재하는가?

(b) 조성은 어떻게 되는가?

(c) 각 상의 부피 분율은 어떻게 되는가?

풀이

(a) 50°C에서 40 vol% SPB 88과 60 vol% SPB 78의 고분자 블렌드는 두 상을 가지고 있다. 관습상 각 상을 α와 β 상이라 부를 것이다.

(b) 50°C 대응선을 실선까지 교차시키면 α 상의 조성비는 12 vol% SPB 88과 88 vol% SPB 78이며, β 상의 조성비는 88 vol% SPB88과 12 vol% SPB78이라는 것을 알 수 있다.

(c) 각 상의 부피 분율은 지렛대 원리로 구할 수 있다.

$$f^{\alpha} = \frac{\phi^{\beta} - \phi_0}{\phi^{\beta} - \phi^{\alpha}} = \frac{0.88 - 0.40}{0.88 - 0.12} = \frac{0.48}{0.76} = 0.63$$

$$f^{\beta} = 1 - f^{\alpha} = 1 - 0.63 = 0.37$$

Balsara의 최근 논문에 의하면 음수이며 온도 감소에 따라 선형적으로 감소하는 상호 작용 상수에 대해 상평형도가 제시되었다. 이러한 LCMs는 고온에서 분리되고 저온에서 혼합된다. 몇몇 매우 흥미있는 상평형도가 또한 상호 작용 상수가 비선형인 경우에 대해 제시되었다. 고분자와 금속, 세라믹에 대한 상평형도의 차이점은 금속과 세라믹에 대한 이 책의 상평형도는 완전히 실험에 의한 것인 반면에, 고분자에 대한 상평형도는 상호 작용 상수의 실험값에 근거한 GFE로부터 계산되었다는 것이다.

상평형도는 또한 고분자와 용매가 평형상태에 있을 수 있기 때문에 고분자가 용매와 함께 혼합될 때 사용된다. 4.8.3절에서 고분자의 용해도에 대해 논하였다. 공중합체에서 서로 다른 고분자들이 화학 반응에 의해 같은 LCM에서 섞이게 된다. 그러나 중합 반응은 평형 과정이 아니기 때문에, 이 과정은 상평형도로 나타낼 수 없다.

5.19 3원계 상평형도

3원계 상평형도는 세 요소에 대해 개발되었으며 세 가지 요소를 갖는 금속과 세라믹 합금에 대해 기술적으로 중요하다. 그러나 3원계 상평형도를 사용하는 방법에 대해 배우는 것은 재료들이 섞이고, 분리하고, 혼합물을 형성하기 위해 어떻게 서로 상호작용 하는지에 대해 어떤 새로운 것도 가르쳐 주지 않으므로 이러한 이유로 이 책에서는 이 주제를 다루지 않을 것이다. 상평형도에 대한 책들이 3원계 상평형도를 다룬다.

요약

- 절대온도 T에서 가역적인 열전달(ΔQ_R)이 있을 때, 엔트로피의 변화(ΔS)는 $\Delta S = \frac{\Delta Q_R}{T}$로 주어진다.
- 모든 엔트로피 변화를 고려할 때, 어떤 재료 변화에서라도 엔트로피는 증가할 것이며 엔트로피가 최대인 상태가 가장 가능성 높은 상태라고 상정한다.
- 고체의 용융온도(T_m)에서, 액체와 고체의 깁스 자유 에너지는 같으며, 액체의 증발온도(T_V)에서 액체와 기체의 깁스 자유 에너지는 같다.
- 일원계의 상평형도는 온도와 압력에 대한 상의 존재를 보여준다.
- 핵 생성과 성장 상변태에서 새로운 상의 핵은 확산에 의해 몇몇 원자들이 서로 모여 새로운 결정 구조를 형성함으로써 생성된다.
- 같은 재료의 액체와 고체상에 대한 평형 온도에서 상 변태 속도는 0이다. 냉각 중 유한한 속도로 상변태가 이루어지기 위해서는 약간의 과냉각이 필요하다. 낮은 온도에서는 확산 속도가 낮아지기 때문에 상변태 속도가 감소한다.
- 깁스의 상율(Gibbs phase rule)은 상의 개수(P)와 성분의 개수(C)로부터 자유도(F)를 계산한다. 가능한 자유도가 온도, 화학 조성, 압력일 때, 깁스의 상율은 $P + F = C + 2$이다. 만약 압력이 고정되고 온도와 조성비가 변할 수 있다면, 깁스의 상율은 $P + F = C + 1$이다.
- 한 상의 특정 원자나 분자의 화학 퍼텐셜은 그 상의 깁스 자유에너지를 이 종류의 원자나 분자의 수에 대해 편미분 한 값이다. 또한, 한 상의 한 원자나 분자의 화학 퍼텐셜은 만약 한 원자나 분자가 상에 추가되었을 때 깁스 자유에너지의 변화와 같다.
- 두 상이 평형을 이루고 있을 때, 두 상 내에서 특정 종류의 원자나 분자의 화학 퍼텐셜은 같다.
- 이원계 증발온도는 온도-두 성분의 조성비 선도이며 상의 존재와 각 상의 화학적 성분을 나타낸다.
- Hume-Rothery 규칙은 연속적인 고용체가 두 금속원자들 사이에서 발생할 수 있을 때, 즉 원소들이 원자 반지름 상 15% 이상 다르지 않을 때, 그들은 같은 결정 구조, 유사한 전기음성도, 유사한 원자가 수를 가지고 있어야 한다는 것을 보여준다.
- 지렛대 법칙은 이원계 상평형도에서 2상 영역에 존재하는 각 상의 원자나 무게 분율을 계산하는 데 쓰인다.
- 서로 다른 두 종류의 원자, 분자, 또는 화합물이 공석 상평형도를 형성할 때, 서로 다른 종류들은 두 번째 종류보다 같은 종류와 더 강하게 결합한다. 공정 조성비와 공정 온도에서, 액체와 두 고체상은 평형을 이룬다. 공정 조성은 각각 성분이 따로 있을 때 보다 더 낮은 온도에서 녹는다. 납-주석과 은-구리 땜납들은 에너지 저장에 사용되는 공정 염들이 상평형도를 가지는 것처럼 공정 상평형도를 가진다.
- 만약 두 성분이 있고 세 개의 상이 평형을 이루고 있다면 이는 깁스의 상율에 따라 불변점이다. 공정(eutectic), 공석(eutectoid), 포정(peritectic), 편정(monotectic) 상평형도들은 불변 반응을 가진다.
- 성분들이 다른 두 종류의 원자와 분자로 이루어져 있을 때, 같은 종류가 결합하는 것보다 서로 다른 종류들이 더 강하게 결합한다. 많은 화합물들이 높은 용융온도를 가지고 있다. 2원계 상평형도의 몇몇 중요한 화합물들은 고온 가스터빈의 초내열 합금을 강화시키는 Ni_3Al, 형상 기억 합

금에 사용되는 TiNi, 강화 탄소강에 사용되는 Fe_3C, 비행기 소재 알루미늄 합금을 강화시키는 Al_2Cu, 터빈 날개나 비행기 구조로 사용되는 티타늄 합금을 강화시키는 Ti_3Al 등이 있다.

- Al_2O_3와 Cr_2O_3와 같은 세라믹들의 상평형도에서 Al_2O_3와 Cr_2O_3는 성분이다. 그 외에 세라믹의 상평형도는 금속의 상평형도와 유사하다.
- 마르텐사이트 상변태는 탄소강이 고온에서부터 급랭될 때 발생한다. 마르텐사이트 상변태는 확산에 의한 핵생성과 성장 보다는 결정의 변형에 의해 발생한다.
- 시간-온도-변태(Time-Temperature-Transformation, TTT) 선도는 온도와 시간에 따른 상의 존재를 나타내며 등온 핵생성과 성장 변태와 마르텐사이트 변태 과정을 이해할 수 있다.
- TTT 선도에서 시간은 단지 등온 핵생성과 성장 변태의 시간이다.
- 철-탄소 합금의 마르텐사이트 상변태는 베인 변형 중 발생하는 대변형에 따른 전위를 생성하므로 가역적이지 않다.
- 가역적인 마르텐사이트 변태는 마르텐사이트 변태의 결과로 전위가 발생하지 않는 TiNi와 같은 재료에서 일어난다. 가역적인 마르텐사이트 변태에서, 변형은 원자 결합들의 가역적인 신장이나 굽힘에 의해 발생한다. TiNi의 가역적인 마르텐사이트 변태는 심장의 혈류를 증가시키는 스텐트와 같이 생의학 도구에 쓰이는 금속의 형상 기억 효과를 일으킨다.
- 형상 기억 고분자는 다른 두 고분자로 만들어진다. 한 고분자는 탄성이다. 다른 고분자는 유연하다가 단단해지고 다시 유연해지도록 하는 자극에 반응한다.
- TTT 선도는 비결정질 구조에서 결정질 구조로의 핵생성과 성장 변태를 하는 재료에 대해서도 만들 수 있다.
- 액정 고분자 블랜드의 상평형도는 온도와 혼합에 대한 엔트로피와 엔탈피로부터 계산된다.

CHAPTER 06

기계적 성질에 대한 소개

Introduction to Mechanical Properties

이 장에서 이해해야 할 것

- 부드러운 시편에서 측정되는 금속, 세라믹, 고분자의 기계적 성질을 결정하는 방법. 이 기계적 특성은 탄성변형률, 소성변형률, 응력, 탄성계수, 항복강도, 변형경화, 극한인장강도, 인성, 연성, 경도 등을 포함한다.
- 진응력과 진변형률
- 인장, 압축, 전단 및 정수압을 포함하는 주된 하중의 형태
- 금속, 세라믹, 고분자에서 탄성변형률과 소성변형률의 원인
- 탄성계수가 원자 사이의 화학결합과 연관되는 원리
- 주어진 재료에 대한 항복강도와 연성의 관계

위 사진은 보잉787 항공기 날개의 강도 시험을 보여준다.
아래 사진은 날개 시험의 확대된 사진이다.

© Rhea Eason/Alamy

MATERIALS SCIENCE AND **ENGINEERING PROPERTIES**

6.1 소개

공학자는 사고로부터 승객이 살아 남도록 자동차를, 지진으로부터 살아 남도록 건물을, 1000°C에서 작동되도록 가스터빈을, 빙산과의 충격에 견디도록 선박을 설계한다. 이러한 설계에서는 작용된 힘에 구조물의 기계적인 응답을 결정할 수 있어야 한다. 힘이 재료에 작용하면 재료는 변형된다. 즉, 재료의 크기가 변한다는 뜻이다. 힘이 제거되고 재료가 원래의 크기로 돌아오면, 탄성 변형이 일어난 것이다. 소성 변형은 영구적인 변형이다. 대부분의 기계 부품과 구소는 오직 탄성 변형만을 겪도록 설계되고, 소성 변형은 회피되어야 한다. 그러나 극단적인 힘에 대한 설계에서는 파단보다는 소성 변형을 일으키는 것이 바람직하다. 그러므로 만일 설계자들이 비극적인 파손을 피하는 설계에 소성 변형을 이용하고자 한다면, 설계자들이 소성 변형을 잘 이해해야 한다. 자동차의 충격에서 에너지 흡수가 그 예이다. 그림 1.3에 보이는 것처럼 자동차는 자동차 사고에서 찌그러지는 "크럼플 존"을 이용하여 충격에너지를 흡수하도록 설계된다. 만일 자동차가 구겨지지 않도록 만들어진다면 충격이 승객에게 전달되어 사망할 수도 있다. 고속도로 분리 표지판처럼 소성 변형보다 파단이 바람직한 설계도 있다.

6.2 응력과 변형률

6.2.1 인장과 압축

그림 6.1은 인장, 압축(음의 인장), 전단 등 재료에 가해질 수 있는 단축 힘과 그로 인한 변형을 나타낸다. 그림 6.1a의 모식도와 같이 **인장력**(F)을 가할 때 시편은 길이 l_0에서 l로 늘어난다. 그림 6.1b에 제시된 것처럼 시편을 압축할 때, 시편은 길이 l_0에서 l로 수축한다. 식 6.1에 보인 대로 인장과 압축에서 길이는 Δl 만큼 변한다.

$$\Delta l = l - l_0 \tag{6.1}$$

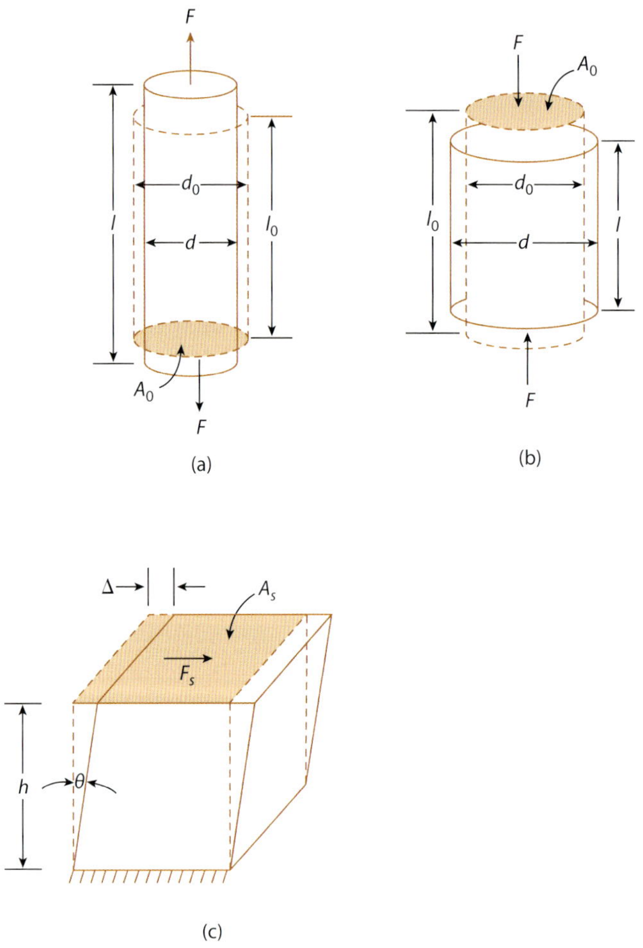

그림 6.1 (a) 원래 면적 A_0 및 원래 길이 l_0를 가지는 원통형의 시편에 인장력 F를 가할 때 모식도. 파선은 원래 시편의 형상을 나타내고, 실선은 최종 형상을 나타낸다. (b) 압축력의 작용. (c) 전단력 F_s의 작동으로 시편은 각도 θ만큼 전단된다. *(Adapted from Callister, W. D., Materials Science and Engineering: An Introduction, 6th ed., John Wiley & Sons, New York (2003), p. 114.)*

작용력(F)에 대한 변형의 크기(Δl)는 시편의 크기에 의존한다.

시편 응답의 크기에 대한 의존성을 없애기 위해 작용력과 변형은 정규화 된다. 단축 인장 또는 압축력(F)은 그림 6.1a와 b에 나온 것처럼 힘에 수직인 원래 단면적(A_0)으로 나눔으로써 정규화 되어 수직응력(σ)이 되고 식 6.2로 계산된다.

$$\sigma = \frac{F}{A_0} \tag{6.2}$$

응력의 단위는 단위 면적 당 힘, 국제 단위계로 N/m^2(Pa)이다. 1 m^2에 1 N이 작용하면 응력은 1 Pa이다. 10^6 Pa과 10^9 Pa의 약어는 MPa와 GPa이다. x 방향의 힘(F_x)에 의한 변형(Δl)은 시편의 원래 길이(l_0)로 나눔으로써 정규화 되어 무차원의 변형률(strain)이 되고 식 6.3으로 계산된다.

$$\varepsilon_x = \frac{\Delta l}{l_0} \tag{6.3}$$

고무밴드를 길게 늘리면, 그림 6.1a에 보이는 것처럼 길이가 늘어나는 동안 단면적은 감소한다. 하중 축 수직 방향 변형률(ε_y)의 하중 축 방향 변형률(ε_x)에 대한 음의 비를 포아송 비(Poisson's ratio)라고 하고 식 6.4와 같이 나타낸다.

$$\nu = -\frac{\varepsilon_y}{\varepsilon_x} \tag{6.4}$$

ε_y는 ε_x와 항상 반대 부호를 가지므로 음의 부호는 포아송 비가 양이 되게 한다. 인장이나 압축시험에서 ε_y 값은 식 6.3에 둥근 시편의 초기 및 최종 지름을 넣거나, 사각 시편의 초기 및 최종 폭을 넣어서 결정한다. 표 6.1에는 몇 가지 금속, 세라믹 그리고 고분자에 대한 포아송 비가 주어져 있다. 포아송 비는 SiO_2의 0.082부터 고무의 0.49까지 다양하다. 많은 재료는 약 0.3의 포아송 비를 가진다.

표 6.1 선택된 몇 가지 금속, 세라믹, 고분자의 영률(E), 전단계수(G), 포아송 비(ν)

Metals [(1)] 20°C	E GPa	G GPa	ν
Aluminum	70.3	26.1	0.345
Bismuth	31.9	12.0	0.330
Cadmium	49.9	19.2	0.300
Chromium	279.1	115.4	0.210
Copper	129.8	48.3	0.343
Gold	78.0	27.0	0.44
Iron	211.4	81.6	0.293
Iron (cast)	152.3	60.0	0.27
Lead	16.1	5.59	0.44
Magnesium	44.7	17.3	0.291
Nickel	199.5	76.0	0.312
Niobium	104.9	37.5	0.397

표 6.1 계속

Metals [1] 20°C	$\frac{E}{GPa}$	$\frac{G}{GPa}$	ν
Platinum	168.0	61.0	0.377
Silver	82.7	30.3	0.367
Tantalum	185.7	69.2	0.342
Tin	49.9	18.4	0.357
Titanium	115.7	43.8	0.321
Tungsten	411.0	160.6	0.280
Vanadium	127.6	46.7	0.365
Zinc	108.4	43.4	0.249
Ceramics [2]			
Diamond	1022	468	0.092
SiC	402	170	0.181
Al_2O_3	402	163	0.233
MgO	300	128	0.175
ZrO_2-12%Y_2O_3	233	89	0.31
SiO_2	95	44	0.082
Polymers [3]			
Polystyrene	3.2	1.2	0.33
PMMA	4.15	1.55	0.33
Nylon 6,6	2.35	0.85	0.33
LDPE	1.0	0.35	0.45
Rubber	0.002	0.0007	0.49

1 Kay, G.W.C. and Laby, T.H., Tables of Physical and Chemical Constants, 14th ed. Longman Group Ltd., London, (1973), p. 31.
2 Carter, C.B. and Norton M.G. Ceramic Materials: Science and Engineering, Springer, N.Y. (2007), p. 293.
3 van Krevelen, D. W., Properties of Polymers, Correlations with Chemical Structure, Elsevier, Amsterdam (1972), p. 150.

예제 6.1

반지름이 0.010 m이고 길이가 2.000 m인 강철 막대에 축 인장력 0.100 MN이 작용하여 막대가 0.308×10^{-2} m 늘어나는 것을 관찰하였다. 막대에서 인장응력과 축 변형률을 구하여라.

풀이

인장응력은 식 6.2에서 구할 수 있다.

$$\sigma = \frac{F}{A_0} = \frac{0.100 \times 10^6\ \text{N}}{\pi(0.010\ \text{m})^2} = 3.183 \times 10^8\ \frac{\text{N}}{\text{m}^2}$$

축 변형률은 식 6.3에서 구할 수 있다.

$$\varepsilon_x = \frac{\Delta l}{l_0} = \frac{0.308 \times 10^{-2}\ \text{m}}{2.00\ \text{m}} = 0.154 \times 10^{-2}$$

대부분의 공학적 응용에서 식 6.2와 6.3에 정의된 응력과 변형률은 재료의 응답을 적절하게 기술한다. 식 6.2와 6.3에서 면적이나 길이는 일정하고 고정된 값이기 때문에, 인장이나 압축 시험 시 시편의 단면적과 길이가 현저하게 변하면 응력과 변형률은 식에 의해 정확하게 정의되지 않는다. 식 6.5에 보인 **진응력**(σ_t)은 힘이 측정되는 시간에 측정된 단면적(A_i)으로 작용력(F)를 나눈 값이다.

$$\sigma_t = \frac{F}{A_i} \tag{6.5}$$

대부분의 응력-변형률 시험에서 원래 단면적(A_0), 힘(F), 그리고 변형(Δl)만 측정된다. 인장 시험 중에 A_i를 측정하는 것은 어렵기 때문에 보통 측정하지 않는다. 또한 대부분의 공학적 응용에서 단면적 변화는 매우 작고 이런 상황에서 A_i가 A_0와 같다는 가정은 대략적으로 합리적이다. 그러나 단면적 변화가 크면 진응력(true stress)을 이용하는 것이 더 정확하다.

진변형률(true strain)의 변화($d\varepsilon_t$)는 식 6.6에 나온 대로 측정 시의 길이로 길이 변화(dl)를 나눈 것으로 정의된다.

$$d\varepsilon_t = \frac{dl}{l} \tag{6.6}$$

l_0에서 l로 길이 변화를 겪은 시편의 전체 진변형률은 식 6.6에 있는 진변형률의 증가를 l_0에서 l까지 적분함으로써 구할 수 있다.

$$\varepsilon_t = \int_{l_0}^{l} \frac{dl}{l} = \ln \frac{l}{l_0} = \ln \frac{(l_0 + \Delta l)}{l_0} = \ln(1 + \varepsilon) \tag{6.7}$$

식 6.7로 공학변형률(engineering strain)과 진변형률(true strain)을 서로 바꾸는 것이 가능하다. 식 6.2의 공학응력에 A_0/A_i 값을 곱하면 식 6.5에 주어진 진응력을 얻을 수 있다. 이 책의 나머지 부분에서는 인장응력과 변형률은 식 6.2과 6.3에 나온 공학적 정의를 의미한다. 진응력과 진변형률이 표기가 되어 있다면 식 6.5와 6.7을 적용한다.

예제 6.2

1200 N의 힘이 초기 길이 0.250 m, 폭 0.020 m, 두께 0.00100 m인 라텍스 고무 시트에 축 방향으로 작용한다. 하중이 가해진 후 시편은 길이 1.750 m, 폭 0.009 m, 두께 0.00046 m가 된다. 두께는 마이크로미터로 측정되어 길이보다 더 정확하게 측정되었다. 이 재료에 대해서 다음을 구하여라.

(a) 공학변형률과 진변형률

(b) 공학응력과 진응력

(c) 진 포아송 비와 공학 포아송 비

풀이

(a) 축방향의 공학변형률(ε_x)은 식 6.3에 주어져 있다.

$$\varepsilon_x = \frac{\Delta l}{l_0} = \frac{1.750\ \text{m} - 0.250\ \text{m}}{0.250\ \text{m}} = \frac{1.500}{0.250} = 6.000$$

진변형률은 식 6.7에 주어져 있다.

$$\varepsilon_{tx} = \ln\frac{l}{l_0} = \ln\frac{1.750\text{ m}}{0.250\text{ m}} = \ln 7.000 = 1.950$$

(b) 공학응력을 계산하는 데에는 식 6.2가 사용된다.

$$\sigma = \frac{F}{A_0} = \frac{1200\text{ N}}{(0.020\text{ m})(0.00100\text{ m})} = \frac{1200\text{ N}}{2.000\times10^{-5}\text{ m}^2} = 600\times10^5\frac{\text{N}}{\text{m}^2} = 60\text{ MPa}$$

작용된 하중에 의한 단면적은

$$A = wt = (0.009\text{ m})(0.00046\text{ m}) = 4.1\times10^{-6}\text{ m}^2$$

작용된 하중에 의한 진 응력은

$$\sigma_t = \frac{F}{A_i} = \frac{1200\text{ N}}{4.1\times10^{-6}\text{ m}^2} = 293\times10^6\frac{\text{N}}{\text{m}^2} = 293\text{ MPa}$$

진 응력은 공학응력의 약 5배만큼 크다.

(c) 포아송 비는 다음과 같이 주어진다.

$$\varepsilon_y = -\nu\varepsilon_x$$

공학 축 변형률(ε_x)은 (a)에서 6.000이라고 계산되었고, 수직방향 변형률(ε_y)은 폭의 변화에서 계산된다.

$$\varepsilon_y = \frac{\Delta w}{w_0} = \frac{0.009\text{ m} - 0.020\text{ m}}{0.020\text{ m}} = \frac{-0.011}{0.020} = -0.550$$

따라서 공학 포아송 비는

$$\nu = -\frac{\varepsilon_y}{\varepsilon_x} = -\frac{-0.550}{6.000} = 0.092$$

진 값을 이용하여 y 방향의 변형률은

$$\varepsilon_{ty} = \ln\frac{w}{w_0} = \ln\frac{0.009\text{ m}}{0.020\text{ m}} = \ln 0.450 = -0.800$$

따라서 진 포아송 비는

$$\nu_t = -\frac{\varepsilon_{ty}}{\varepsilon_{tx}} = -\frac{-0.800}{1.950} = 0.410$$

계산된 포아송 비의 진 값은 표 6.1에 기술된 포아송 비인 0.49에 좀 더 가깝다.

깊은 바다를 탐험하는 데 사용되는 부품 같은 응용에서는 똑같은 인장 또는 압축응력이 모든 방향에서 작용하는데 이를 **정수압 응력**(hydrostatic stress, $\sigma_x=\sigma_y=\sigma_z$)이라고 한다. 식 6.8에 보인 것처럼 압축 정수압 응력은 압력(P)을 나타낸다.

$$P = \sigma_x = \sigma_y = \sigma_z \qquad \textbf{6.8}$$

정수압 응력은 초기부피 V_0를 가지는 물체에 부피 변화를 야기한다. **부피변형률**(ε_V)은 초기부피(V_0)로 부피변화(ΔV)를 나눈 값으로 식 6.9로 계산된다.

$$\varepsilon_V = \frac{\Delta V}{V_0} \tag{6.9}$$

모든 방향으로 같은 특성을 가지는 등방성 재료가 정수압 응력을 받으면 식 6.10에 나온 것처럼 부피변형률(ε_V)은 x축 방향 변형률(ε_x)의 3배가 된다.

$$\varepsilon_V = 3\varepsilon_x \tag{6.10}$$

6.2.2 전단

그림 6.1c에 나온 것처럼 시편의 윗면에 평행하게 힘(F_s)을 가하면 전단변형이 일어나고, 재료의 윗부분은 아래 부분과 비교하여 Δ만큼 이동한다. 식 6.11처럼 사각형의 **전단변형률**(γ)은 사각형의 높이(h)로 사각형 윗부분의 이동량(Δ)을 나눈 값으로 정의한다.

$$\gamma = \frac{\Delta}{h} = \tan\theta \tag{6.11}$$

θ는 전단력에 의해서 발생된 각도 변화이다. 식 6.12에서 보이듯이 **전단응력**(τ)은 전단력이 작용하는 면적(A_s)으로 전단력(F_s)을 나눈 값으로 정의된다.

$$\tau = \frac{F_s}{A_s} \tag{6.12}$$

전단에서 시편의 면적은 변하지 않기 때문에 전단에 대한 진 값과 공학 값을 구별하는 것은 불필요하다. 전단력이 가해지는 재료의 높이도 또한 변하지 않는다.

6.3 탄성계수

응력이 재료에 가해지면 그에 상응하는 변형률이 존재한다. 응력이 제거되고 재료가 원래의 크기로 돌아오면 재료의 변형률은 탄성적이다. 탄성변형률은 회복되는 변형률이다. 예를 들어, 고무밴드를 늘렸다가 놓으면 고무밴드는 원래의 상태로 돌아오는데 이것이 탄성변형률이다. 고무는 광범위한 탄성변형률 때문에 탄성중합체(elastomer)라고 불린다.

축 변형률에 대해서 인장응력의 그래프를 그리면 많은 재료들이 응력과 변형률 사이에 그림 6.2와 같은 선형 관계를 보인다. 그림 6.2와 같은 응력-변형률 선도는 기계나 유압시스템을 이용하여 힘을 작용시키고 기계나 전기시스템에 의해 시편의 변형이 측정되는 시험기에서 결정된다. 인장시험은 6.7.1에서 자세하게 다룬다.

응력과 변형률 사이에 선형 관계를 가지는 재료에서 축 탄성변형률에 대한 인장응력의 비를 **탄성계수**(elastic modulus, E)라고 한다.

$$E = \frac{\sigma}{\varepsilon_e} \tag{6.13}$$

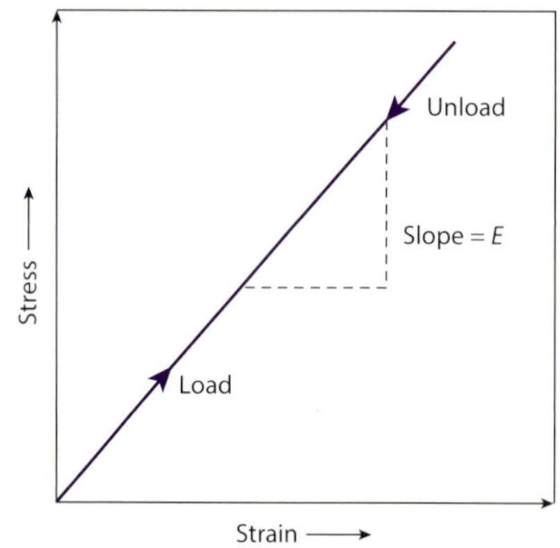

그림 6.2 하중 인가 시와 제거 시 선형관계를 보여주는 응력-변형률 선도의 모식도 *(Based on Askeland, D.R., Fulay, P.P., and Wright, W.J., The Science and Engineering of Materials, 6th ed., Cengage Learning, Stamford, CT. (2011), p. 199.)*

인장 탄성계수는 **영률**(Young's modulus)이라고도 하며, 식 6.13에 나타낸 응력과 변형률 사이의 선형관계는 **훅의 법칙**(Hooke's law)이라고 한다. 몇 가지 금속, 세라믹, 고분자에 대한 인장 탄성계수를 표 6.1에 나타내었다.

어떤 재료는 응력과 변형률 사이에 선형관계를 가지지 않는다. 그림 6.3은 비선형 응력-탄성변형률 선도의 모식도를 나타낸다. 이런 재료에서 탄성계수는 변형률 값에 따라 달라진다. 탄성계수를 정의하는 방법은 몇 가지가 있다. 응력 σ_1과 그에 대응되는 변형률 ε_1에서 **시컨트계수**(secant modulus) $[E_{sec}(\varepsilon_1)]$는 식 6.14에 보인 대로 응력을 변형률로 나눈 값이고, 그림 6.3에서 점선의 기울기이다.

$$E_{\text{sec}}(\varepsilon_1) = \frac{\sigma_1}{\varepsilon_1} \tag{6.14}$$

시컨트계수는 0 변형률과 응력이 측정되는 변형률 사이의 평균계수이다.

다른 방법은 그림 6.3과 식 6.15에 나온 대로 변형률 ε_1에서 측정된 접선계수 $[E_{tan}(\varepsilon_1)]$이다.

$$E_{\tan}(\varepsilon_1) = \frac{\Delta\sigma_1}{\Delta\varepsilon_1} \tag{6.15}$$

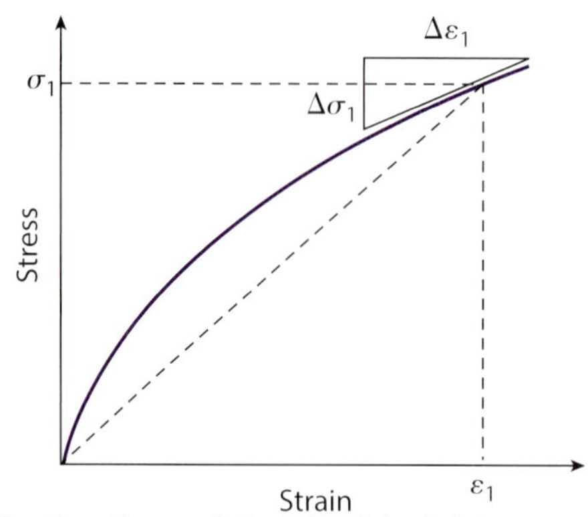

그림 6.3 비선형 응력-변형률 선도의 모식도. ε_1에서 시컨트계수(파선)는 σ_1/ε_1이고, 접선계수는 $\Delta\sigma_1/\Delta\varepsilon_1$이다.

접선계수는 그림 6.3에 보인 것처럼 특정한 변형률 값에서 응력-변형률 선도의 기울기이다. 접선계수는 가끔 0 변형률에서 정의된다. 그러나 변형률이 큰 고무 같은 재료에서는 다른 변형률 값에서 정의하는 것이 가능하다.

예제 6.3

예제 6.1에서 모든 변형이 탄성이라고 가정하고 변형률이 0.154×10^{-2}일 때 재료의 시컨트계수를 계산하여라.

풀이

예제 6.1에서

$$\sigma_1 = 3.183 \times 10^8 \text{ N/m}^2, \ \varepsilon_1 = 0.154 \times 10^{-2}$$

식 6.14를 적용하여 시컨트계수를 구하면

$$E_{sec}(\varepsilon_1) = \frac{\sigma_1}{\varepsilon_1} = \frac{3.183 \times 10^8 \text{ N/m}^2}{0.154 \times 10^{-2}} = 20.67 \times 10^{10} \frac{\text{N}}{\text{m}^2}$$

정수압 응력이나 압력(P)의 부피변형률(ε_V)에 대한 비를 **체적탄성률**(bulk modulus, B)이라고 한다.

$$B = \frac{P}{\varepsilon_V} \quad \textbf{6.16}$$

전단력(τ)의 탄성 전단변형률(γ)에 대한 비를 **전단계수**(shear modulus, G)라고 한다.

$$G = \frac{\tau}{\gamma} \quad \textbf{6.17}$$

등방성 재료에서 식 6.18과 6.19는 탄성계수와의 관계를 보여준다.

$$E = 2G(1 + \nu) \quad \textbf{6.18}$$

$$E = 3B(1 - 2\nu) \quad \textbf{6.19}$$

방향성의 특성을 보이지 않도록 가공한 다결정성 및 무정형의 재료는 등방성이다. 임의적인 방향성의 결정립을 가지는 어닐링 된 다결정 알루미늄 덩어리나 임의적인 방향성의 긴사슬분자(LCM)를 가지는 폴리에틸렌 덩어리는 등방성이다. 그러나 다결정 알루미늄이 포일(foil)로 압연되면 수직방향의 탄성계수와는 다른 압연방향의 탄성계수를 가진다. 다결정 알루미늄에서 조밀한 방향은 압연방향으로 쉽게 늘어나 임의적이지 않은 방향성을 가지는 입자가 된다. 폴리에틸렌이 유리전이온도 바로 위에서 미세한 필라멘트로 인발이 되면 긴사슬분자는 인발 방향으로 늘어난다. 그래서 강한 공유결합이 필라멘트 축을 따라서 정렬되고 필라멘트의 수직방향으로는 긴사슬분자 사이에 약한 반데르발스 결합이 존재한다. 미세한 폴리에틸렌 필라멘트는 축 방향으로는 매우 높은, 축의 수직방향으로는 낮은 탄성계수를 가진다.

예제 6.4

충격흡수기(shock absorber)는 천연고무 0.01 m 두께의 천연고무를 두 개의 얇은 강판 사이에 끼워 넣어서 만든다. 이 샌드위치의 넓이는 10^{-3} m^2이다. 아래 강판은 고정되어 있고, 3000 N의 전단력이 위 강판에 평행하게 작용한다. 고무의 전단계수는 3.4 MPa이다.

(a) 고무에서 전단응력을 계산하여라.

(b) 고무에서 전단각을 계산하여라.

(c) 아래 강판 대비 위 강판의 선형 변형을 계산하여라. 강판에서 변형률은 고무에 비해 매우 작아 무시할 수 있다.

풀이

전단응력은 식 6.12로 구할 수 있다.

$$\tau = \frac{F_s}{A_s} = \frac{3000 \text{ N}}{1 \times 10^{-3} \text{ m}^2} = 3000 \times 10^3 \frac{\text{N}}{\text{m}^2} = 3.000 \text{ MPa}$$

전단변형률은 식 6.17로 계산할 수 있다.

$$\gamma = \frac{\tau}{G} = \frac{3.000 \text{ MPa}}{3.4 \text{ MPa}} = 0.880$$

식 6.11에서 전단각은 전단변형률로부터 다음과 같이 계산된다.

$$\tan\theta = \gamma = 0.880$$

$$\theta = \tan^{-1}(0.880) = 41°$$

고정된 아래 강판 대비 위 강판의 변형(Δ)은 식 6.11에서 계산할 수 있다.

$$\Delta = \gamma h = (0.88)(0.01 \text{ m}) = 0.880 \times 10^{-2} \text{ m} = 0.880 \text{ cm}$$

6.3.1 비탄성 재료

비탄성 재료에서는 하중 제거 시 응력-변형률 선도는 하중 인가 시 응력-변형률 선도를 따르지 않는다; 그러나 그림 6.4에 모식화 한대로 응력이 0일 때 변형률은 0으로 돌아간다. 강의 체심입방형(BCC) 결정구조가 입방축을 따라서 인장응력을 받으면 탄소원자가 인장 축을 따라 우선적으로 침입형 사이트에 정렬하고 격자변수가 인장축을 따라 커지므로 탄소강은 비탄성이다. 응력이 제거되면 탄소원자는 다양한 단위셀 축을 따라 임의적 방향성을 가지고 단위셀은 BCC 구조로 돌아간다. 탄소강은 대부분의 변형률이 하중 제거 즉시 회복하므로 보통 탄성이라고 고려한다. 탄소강의 비탄성 거동은 회전기계 장치나 구동축의 베드에서처럼 진동에너지가 흡수되어야 하는 응용에서 중요성을 가진다. 고무는 또 다른 비탄성 재료이다.

6.3.2 원자간 포텐셜과 탄성계수

원자 수준에서 인장이나 압축 탄성변형률은 평형 원자 위치에서 벗어나는 원자의 움직임에 대응되고, 응력이 제거되면 원자는 평형 원자 위치로 돌아간다. 2장에 소개된 원자간 포텐셜은 결정의 탄성계수를 계산하는 데 사용될 수 있다. 한 쌍의 원자에 대해서 접선계수를 유도함으로써 이 개념을 증명할 수 있다.

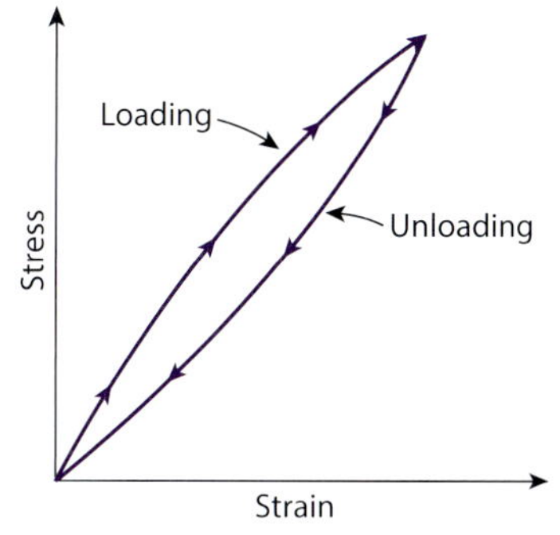

그림 6.4 비탄성 응력-변형률 선도의 모식도

두 원자 사이 포텐셜이 식 2.9와 비슷한 식으로 주어진다고 가정하자. 기준 원자는 위치 $r=0$에 고정되어 있고, 다른 원자는 평형 원자간 거리 $r=r_0$에 위치해 있다. 양의 힘 F_A가 r_0에 있는 원자에 작용하면 그 위치는 r_0+dr이 된다. 두 번째 원자를 r_0에서 r까지 이동시키는데 필요한 힘은 식 6.20에 나타낸 대로 r에서 원자간 포텐셜의 구배이다.

$$F_A = \frac{dV_p}{dr} \tag{6.20}$$

원자 쌍의 단면적이 A이면 응력은 F_A/A이다. 변형률(ε)은 $(r-r_0)/r_0$이며 원자 쌍의 단면적은 변하지 않는다고 가정한다. 0에서 접선계수를 구하기 위해서 이 값을 식 6.15에 대입하면 식 6.21이 된다.

$$E_{\tan}(\varepsilon = 0) = \frac{d\sigma}{d\varepsilon} = \frac{d\left(\frac{F_A}{A}\right)}{d\left(\frac{r-r_0}{r_0}\right)} = \frac{r_0}{A}\frac{d^2V_P}{dr^2} \tag{6.21}$$

일차원 원자 쌍에 대한 이 탄성계수는 원자간 포텐셜의 곡률에 비례한다. 강한 화학 결합으로 인해 원자간 포텐셜이 높은 곡률은 원자간 거리를 변화시키는 데 큰 힘이 필요하다는 것을 의미하고 높은 탄성계수를 나타낸다. 삼차원 고체에 대한 모든 탄성계수는 원자간 포텐셜로부터 구할 수 있다. 삼차원에서 유도는 더 복잡하나, 적용되는 물리는 같다.

녹는점과 탄성계수 사이에는 상관관계가 있다. 예를 들어, 텅스텐은 411 GPa의 높은 탄성계수와 3683 K의 녹는점을, 석영(SiO_2)은 95 GPa의 탄성계수와 2983 K의 녹는점을, LDPE는 약 1.2 GPa의 탄성계수와 400 K의 녹는점을 가진다. 높은 녹는점은 강한 화학 결합을 의미하고 이는 높은 탄성계수를 야기한다.

표 6.1에 나타낸 금속에 대한 모든 탄성계수는 원소에 대한 것이다. 금속이 합금이 될 때, 탄성계수는 크게 변하지 않고 작은 변화만이 관찰된다. 예를 들면, 알루미늄의 탄성계수는 70.3 GPa이다. 가장 강한 알루미늄 합금 중의 하나는 아연 5.5%, 구리 1.6%, 마그네슘 2.5% 및 다른 원소들이 추가되어 있을 뿐이다. 이 합금의 탄성계수는 72 GPa이다. 합금 양이 많아질수록 탄성계수의 변화는 커진다.

6.3.3 고무에서 탄성과 비탄성 변형률

고무에서 탄성변형률의 기재는 결정성 고체에서와 확연한 차이가 있다. 그림 6.5에 보인 응력에 대한 함수로서 변형률은 그림 2.24에 보인 코일형의 교차결합 구조를 관찰함으로써 이해될 수 있다. 경화된 고무에서 코일형의 긴 사슬 분자는 몇 백 개의 단량체마다 황 원자에 의해 교차결합되어 있다. 고무가 변형이 되면 코일형의 사슬은 풀어지고, 이는 그림 6.5에 보인 것처럼 변형률 5까지 낮은 탄성계수를 보이게 한다. 긴 사슬 분자의 코일이 풀릴수록, 사슬에서 반데르발스 결합은 끊어지고 다른 이웃의 분자들과 재형성된다. 반데르발스 결합에 의해 교차결합된 긴 사슬 분자는 점성 매개체에서처럼 움직인다. 사슬 분자의 교차결합은 서로 미끄러짐을 방해한다. 고무에서 변형률이 6보다 클 때, 탄소 사이에 공유결합을 가진 긴 사슬 분자는 작용된 인장응력과 평행한 방향으로 늘어나 일직선이 된다. 그래서 높은 변형률에서 고무의 탄성계수는 커지며, 변형률의 함수가 된다. 고무에 작용하는 응력이 0이 되면, 늘어났던 사슬 분자가 코일형 구조로 회복되고, 교차결합된 분자는 거의 원래의 상태로 돌아간다. 그러나 사슬의 움직임 때문에 에너지는 점성 매개체에서처럼 흡수된다. 이 때문에 고무는 비탄성 거동을 보이고 좋은 에너지 흡수 재료가 된다. 많은 응용에서 고무는 탄성이라고 고려한다. 그러나 점성 매개체 거동 때문에 모든 변형률이 회복되기 위해서는 시간이 필요하다. 뒤에서 논의되는 대로, 이 비탄성 특성이 고무에게 에너지 흡수 능력을 부여한다. 고무와 합성고무의 기계적 특성은 8.3.5절에서 다룬다.

고무는 임의의 방향성을 가지는 코일형 구조에서 하중축과 평행하게 늘어난 분자구조로 변하므로, 분자구조에서 엔트로피 변화가 일어난다. 고무의 탄성계수를 계산하는 데 식 6.20과 6.21을 사용하는 대신에 엔트로피 변화를 사용한다. 유도에 대한 열역학은 이 책의 범위를 벗어나지만, 결과는 응력(σ)과 최종 길이의 원래 길이에 대한 비($L/L_0=\lambda$) 사이에 식 6.22와 같은 관계가 있다는 것이다.

$$\sigma = \frac{\rho RT}{M_c}\left(\lambda - \frac{1}{\lambda^2}\right) \qquad \textbf{6.22}$$

여기서 ρ는 고무의 밀도, M_c는 고무의 교차결합 위치 사이에서 평균 몰질량, R은 보편 기체상수, T는 절대온도를 나타낸다. 식 6.22에서 괄호 앞의 항은 고무의 탄성계수와 비례하고 괄호 안의 항은 탄성변형률과 비례한다. 식 6.22에서 주어진 λ 값을 얻기 위한 응력은 M_c가 작아질수록 커진다. 작은 M_c는 더 많

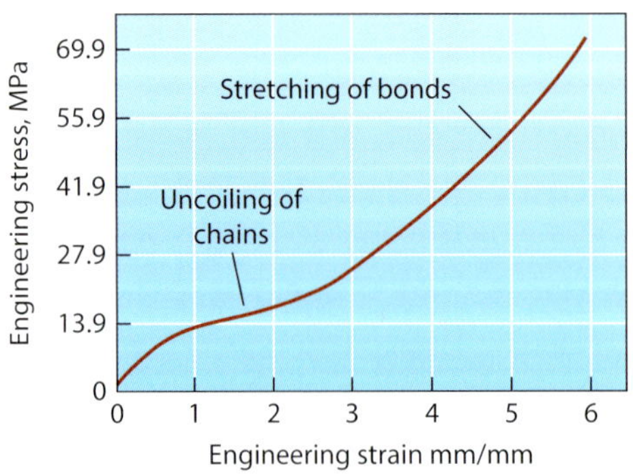

그림 6.5 고무의 응력-변형률 선도 *(Based on Askeland, D.R., Fulay, P.P., and Wright, W.J., The Science and Engineering of Materials, 6th ed., Cengage Learning, Stamford, CT. (2011), p. 632.)*

은 교차결합의 결과이고, 이는 단단하고 뻣뻣한 고무가 되게 하기 때문에 이 관찰은 충분히 예상할 수 있다. 고무의 탄성에 관한 좀 더 고차원적인 논의는 Rubenstenin과 Colby의 책을 참고하기 바란다.

6.4 변형에너지

응력-변형률 선도 아래의 면적은 재료를 ε까지 변형시키는 데 필요한 단위 부피 당 일(work)이다. 먼저 그림 6.2에 나와 있는 선형 응력-변형률 선도의 원점에서 응력 σ와 변형률 ε까지 고려하자. 응력(F/A)의 단위는 N/m^2이고, 변형률의 단위($\Delta l/l$)는 m/m이다. 선형 응력-변형률 선도 아래 넓이는 다음과 같다.

$$\text{면적} = \frac{1}{2}\sigma\varepsilon = \frac{F\Delta l}{2Al} = \frac{W}{V} = SED \tag{6.23a}$$

여기서 W는 시편을 Δl 만큼 신장시키기 위해 필요한 일이고, V는 시편의 부피, SED는 변형에너지 밀도(strain energy density)로 부피 당 일이다. $\frac{1}{2}$ 인자는 힘이 0에서 시작해서 F에서 끝나므로 필요하다. 선형 탄성 재료의 경우 재료를 단축으로 변형시키는 데 필요한 단위 부피 당 변형에너지는 다음과 같이 주어진다.

$$SED = \frac{1}{2}\sigma\varepsilon = \frac{E\varepsilon^2}{2} = \frac{\sigma^2}{2E} \tag{6.23b}$$

전단 변형에너지 밀도(SSED, shear strain energy density)를 계산하기 위해서 다음과 같은 비슷한 방정식이 사용된다.

$$SSED = \frac{1}{2}\tau\gamma = \frac{G\gamma^2}{2} = \frac{\tau^2}{2G} \tag{6.24}$$

그리고 정수압 변형에너지 밀도(HSED, hydrostatic strain energy density)는 다음과 같이 계산된다.

$$HSED = \frac{1}{2}P\varepsilon_V = \frac{B\varepsilon_V^2}{2} = \frac{P^2}{2B} \tag{6.25}$$

재료의 거동이 비선형이면 식 6.23부터 6.25는 적용되지 않는다. 그림 6.3에 보이는 것처럼 재료가 비선형 탄성 재료이면, 탄성 변형에너지 밀도를 계산하기 위해서 응력-변형률 선도 아래 면적을 적분해야 한다.

예제 6.5

예제 6.1의 시편에 흡수된 탄성 변형에너지 밀도를 계산하여라. 재료는 이 변형률까지 선형 탄성이라고 가정한다.

풀이

단축 변형에너지 밀도는 식 6.23a에 의해서 구할 수 있다.

$$SED = \frac{1}{2}\sigma\varepsilon = \frac{(3.183\times10^8\ \text{N/m}^2)(0.154\times10^{-2}\ \text{m/m})}{2} = 0.245\times10^6\ \frac{\text{N}\cdot\text{m}}{\text{m}^3} = 0.245\times10^6\ \frac{\text{J}}{\text{m}^3}$$

그림 6.4는 하중의 인가 시와 제거 시, 비탄성 재료의 특성을 보여준다. 루프 안의 면적은 이력(hysteresis) 루프이며, 하중 인가 제거 사이클에서 재료에 의해서 흡수되는 변형에너지 밀도이다. 하중 제거 시 회복될 때보다 재료를 변형시키기 위해서 더 많은 에너지가 필요하고, 두 에너지의 차이가 재료에 의하여 흡수된다. 재료에 영구적인 손상을 주지 않는 에너지 흡수는 기계적 진동이나 소리 진동을 감쇠하는 데 있어서 중요하다. 이렇게 에너지를 흡수하는 능력은 고무가 모터 마운트나 다른 진동 고립 응용에 사용되는 이유이다.

6.5 소성변형률

작용된 하중이 0으로 감소하더라도 재료에 남아 있는 영구적인 변형률을 소성변형률이라고 한다. 그림 1.3에 보인 자동차의 전방 충돌에서 크럼플 존에 소성변형률이 존재한다. 그림 6.6은 인장시험에서 선형 탄성 응력-변형률 영역을 넘어 비선형이 되는 영역까지 충분하게 응력이 가해지는 금속 합금과 같은 재료의 응답을 보여준다. 금속 합금과 같은 많은 재료에서 하중이 제거될 때 탄성계수와 같은 기울기를 보이며, 이때 회복되는 변형률을 탄성변형률(ε_e)이라고 한다. 하중을 제거하는 중 탄성변형률 회복은 원래 자리로 돌아가는 원자들 때문이다. 응력이 0으로 감소된 후에도 영구적으로 남아있는 변형률은 소성변형률(ε_p)이다.

예제 6.6

저탄소강이 21.0×10^7 Pa, 전체 변형률 0.10까지 인장력을 받고, 응력이 제거된다. 탄성계수가 211 GPa라고 가정하고 기대되는 탄성변형률과 소성변형률을 구하여라.

풀이

응력과 탄성계수 및 탄성변형률 사이의 관계는 식 6.13에 주어져 있다. 응력은 21.0×10^7 Pa이고, 탄성계수는 211×10^9 Pa이므로, 탄성변형률에 대해서 풀면

$$\varepsilon_e = \frac{\sigma}{E} = \frac{21.0 \times 10^7\ \text{Pa}}{211 \times 10^9\ \text{Pa}} = 0.10 \times 10^{-2}$$

소성변형률은 전체 변형률에서 탄성변형률을 뺀 값이므로

$$\varepsilon_p = \varepsilon - \varepsilon_e = 0.10 - 0.001 = 0.099$$

6.5.1 고분자에서 소성변형률

소성변형률의 원인은 재료의 형태에 달려 있다. 교차결합이 없는 열가소성 비정질 고분자에서 소성변형률은 가해진 인장응력에 의해서 LCM 사이의 반데르발스 결합이 끊어지고, 그림 6.7에 보인 대로 LCM이 서로 미끄러질 때 일어난다. 한 장의 종이가 다른 종이 위에서 미끄러져서 전단변형률을 만드는 것처럼 LCM의 미끌림은 분자에 전단변형률을 만드는 전단력 때문이다. 일단 LCM이 미끄러지고 다시 결합하

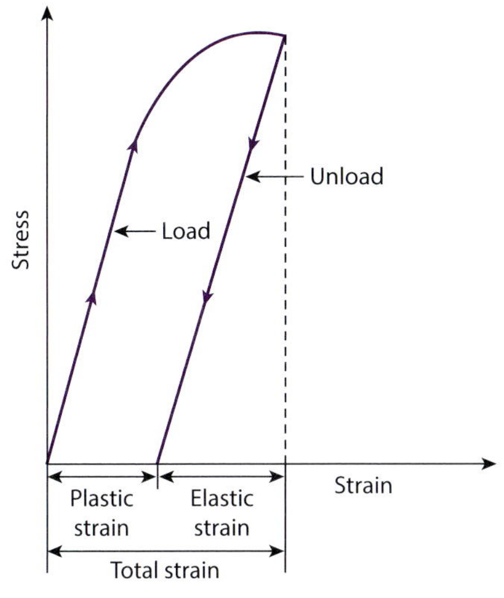

그림 6.6 하중제거 시 탄성변형률과 소성변형률을 보이는 재료의 응력-변형률 선도의 모식도

게 되면, 사슬이 원래 상태로 돌아가게 하는 복원력이 없다. 실에 달린 공들이 임의적으로 존재하다가 이 끌리게 되면 정렬하듯이, 소성변형률은 LCM을 인장응력 방향으로 정렬하게 한다. 인장력으로부터 어떻게 전단응력이 나오는 지 6.6절에서 보게 될 것이다.

그림 6.8a에 보인 반 결정성 고분자에서 결정 사이에 있는 무정형 부분이 먼저 변형하고, 그림 6.8b에 보인 대로 LCM은 인장력 방향으로 정렬한다. 그림 6.8c처럼 높은 변형률에서는 결정영역은 분리되고 회전되어 인장력 방향으로 정렬된다.

6.5.2 유리에서 소성변형률

그림 2.28에 보인 것처럼 4면체 배열을 가지는 석영유리에서 실리콘 원자는 4개의 산소원자에 의해 둘러싸여 있고, 그림 3.3에 보인 것처럼 산소 원자는 사면체 사이를 이어주는 다리 역할을 한다. 유리전이온도 위에서 실리콘 원자와 다리 역할을 하는 산소 원자 사이의 결합은 계속해서 끊어지고 다시 형성된다.

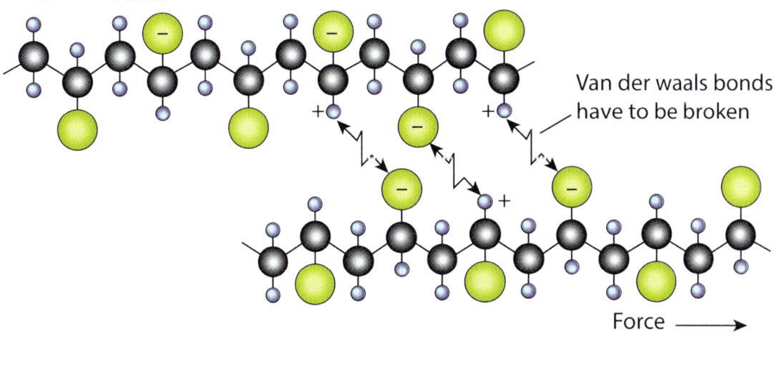

그림 6.7 수소(+)와 염소(−) 사이의 반데르발스 결합을 끊고 LCM이 서로 미끌려서 영구적인 전단변형률을 남기는 PVC 사슬의 모식도 *(Based on Askeland, D.R., Fulay, P.P., and Wright, W.J., The Science and Engineering of Materials, 6th ed., Cengage Learning, Stamford, CT. (2011), p. 40.)*

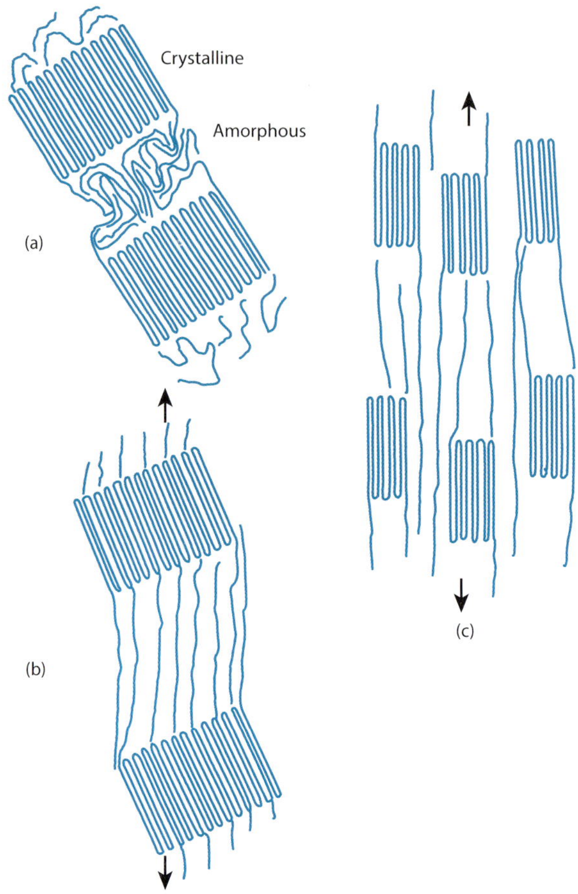

그림 6.8 반 결정성 고분자의 변형: (a) 두 개의 얇은 판과 주위의 무정형 재료 (b) 무정형 재료가 먼저 변형한다. (c) 높은 변형률에서 얇은 판은 회전하고 서로 떨어진다.

실리콘−산소 원자 결합이 순간적으로 끊어질 때 석영유리에 응력이 가해지면 다리 역할을 하는 산소 원자는 다른 사면체의 원자와 결합할 수 있고, 이것이 소성변형률을 야기한다. 온도가 높을수록 더 높은 주기로 결합이 깨지며, 주어진 응력에 대해 더 큰 소성변형률이 발생한다.

6.5.3 결정성 금속과 세라믹에서 소성변형률

그림 6.9에서 보듯이 구리 같은 완전한 결정 금속의 원자면이 다른 원자면 위에서 미끄러져서 소성변형을 시키는데 필요한 전단응력을 계산하는 것이 가능하다. 이론적인 전단강도는 전단계수를 30으로 나눈 값(G/30)과 대략적으로 같다. 구리에 대한 이론적인 전단강도는 약 1.4×10^9 Pa이다. 그러나 어닐링 된 고순도의 구리 결정에서 소성변형률이 나타나는 실험적인 응력은 약 0.6×10^9 Pa이다. 이는 실제 결정이 완전하지 않기 때문에 이론적인 계산과 실험은 서로 다르다는 사실에서 기인한다. 실제 결정은 전위 같은 결함을 포함한다. 그림 6.10은 몰리브덴 금속에 있는 전위의 투과 전자현미경 사진을 보여준다. 전위는 어두운 선으로 나타나 있다. 모든 금속은 응고 과정 동안 생기는 전위를 가지고 있다. 공유결합을 가지는 실리콘 결정은 전위 없이 생산되고 있으나, 대부분의 실리콘 결정은 수 개의 전위를 가지고 있다.

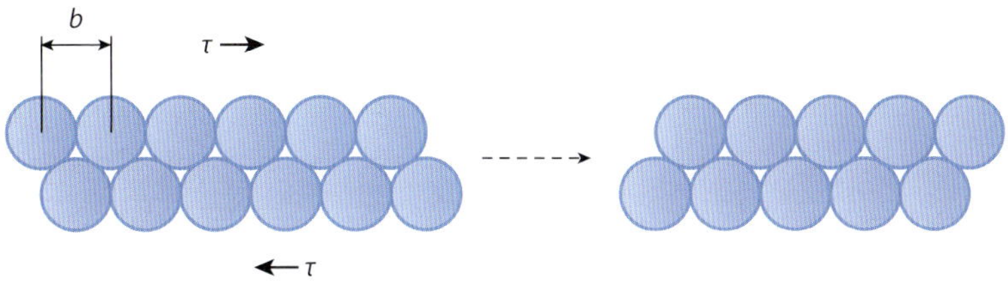

그림 6.9 위 원자면이 아래 면 위에서 미끄러지면서 발생하는 완전한 결정의 전단 변형

녹는점에 비해서 낮은 온도에 있는 결정성 금속에서 소성변형률은 전위의 이동 때문에 주로 나타난다. 대부분의 고순도 결정성 금속의 경우 전위는 상온에서 쉽게 이동한다. 결정성 재료에서 전위의 이동과 소성변형률 사이의 관계는 결정 크기 $L \times L \times L$에 대해 그림 6.11에 나타나 있다.

그림 6.11b에서 전단응력(τ)이 작용되고, 위치 A에 칼날전위가 형성되어 결정의 왼쪽에 Burger 벡터(b)와 같은 크기의 계단을 만든다. 전위는 표면과 경계면에서 형성됨이 관찰되었고, 금속 결정에 자연적으로 존재한다. 이 논의에서는 전위가 어떻게 형성되는 지는 중요하지 않다. 그림 6.11 b와 c는 한 위치에서 다른 위치로 전위 이동의 모식도이다. 전위를 A 위치에서 B 위치로 이동시키기 위해서 필요한 것은 전위 주위에서 원자를 끄는 것이다. 그림 6.9에 나온 것처럼 원자가 서로의 위를 움직일 필요가 없다. 만일 전위 근처에서 다른 결함이 없고, 결정의 표면이 전위로부터 멀리 떨어져 있으면 전위 주위의 원자 배열은 위치 A와 B에서 같다. 그러므로 위치 A와 B에서 전위의 에너지는 같다. 그러나, 전위 주위에서 원자를 끄는 것은 적은 양의 에너지가 필요하다; 그러므로 내부 마찰에 의한 에너지 손실은 전위를 이동시키는 것과 연관이 있다. 결과적으로 전위를 이동시키는 데 필요한 전단응력은 이론적인 전단강도보다 훨씬 작다. 전위가 결정을 가로질러 이동을 하면, 그림 6.11d에 나온 것처럼 결정의 오른쪽에 Burger 벡터(b)와 크기가 같은 계단을 형성한다. 결정은 다음과 같은 소성 전단변형률의 크기를 가진다.

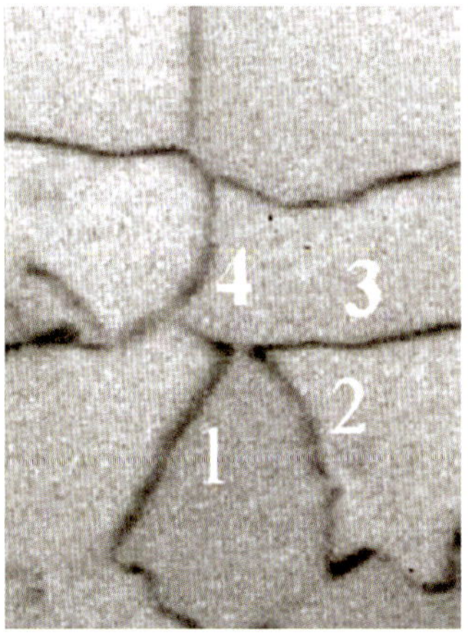

그림 6.10 몰리브덴에서 전위(어두운 선)를 보여주는 투과 전자현미경 사진. 배율의 표시로 1의 꼭대기 부분과 4의 수평과 수직 부분의 교차점 사이의 거리는 200 nm이다. 숫자는 특별한 의미가 없다. *(Reprinted by permission from Macmillan Publishers Ltd: NATURE, Vol 440, Vasily V. Bulatov,Luke L. Hsiung,Meijie Tang,Athanasios Arsenlis,Maria C. Bartelt et al., "Dislocation multi-junctions and strain hardening," copyright 2006.)*

$$\gamma_P = \frac{b}{L} \qquad \textbf{6.26}$$

전위가 결정을 가로지르지 않고 x만큼 부분적으로 이동하면, 결정을 가로질러 이동하는 거리의 분율은 x/L이다. 이는 또한 전위 이동거리 x에 의하여 발생하는 소성변형률의 분율이 된다. 그러므로 소성변형률은 다음과 같다.

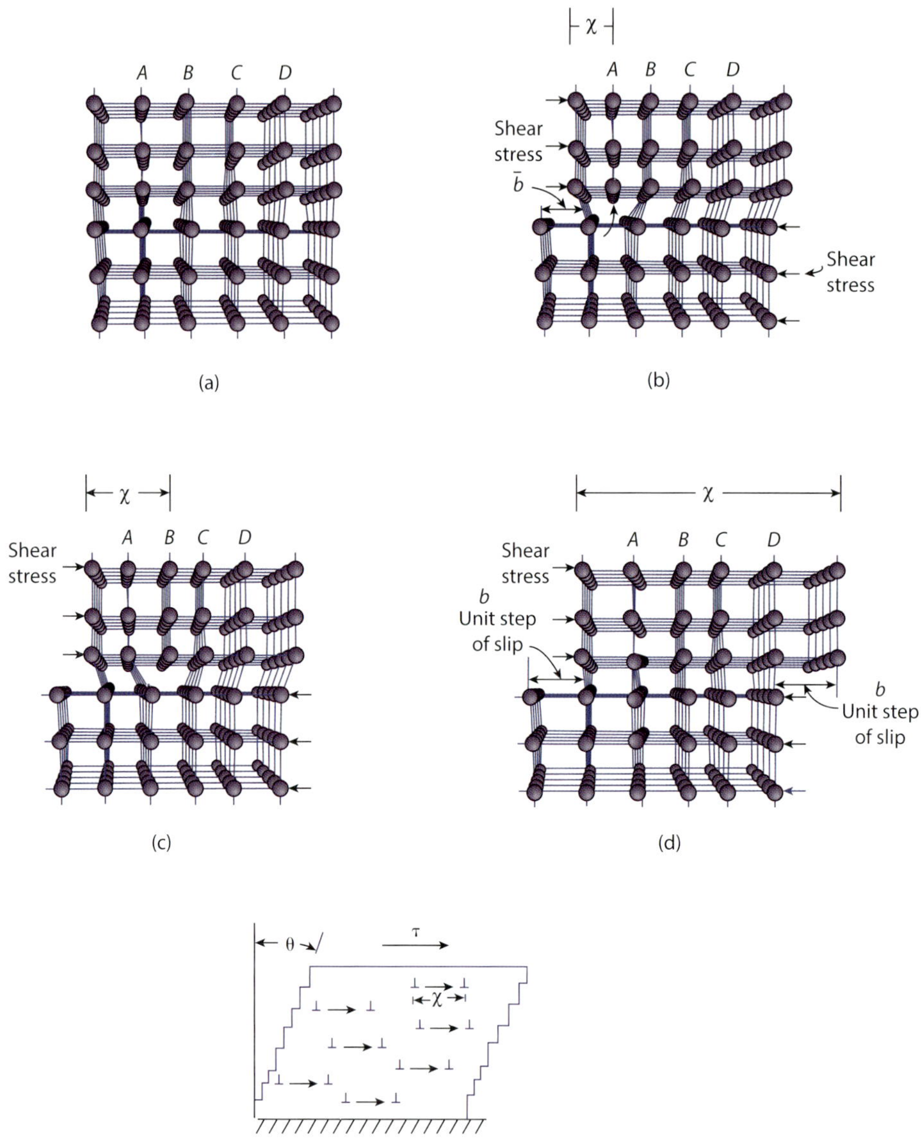

그림 6.11 (a) 전위가 없는 결정. (b) 전단응력이 가해지고, 전위가 결정의 왼쪽에 형성되고 A 위치로 이동한다. (c) 전단응력이 더 증가하면 전위는 B 위치로 이동한다. (d) 전위는 결정을 벗어나고, 결정의 위 부분이 아래 부분에 비해 b만큼 오른쪽으로 이동한다. (e) 기호(⊥)로 표시된 N개의 전위를 가지고, 소성 전단변형률(γ_p)을 만들며 모양을 θ만큼 변화시키는 결정의 모식도. 그림 6.11e에서 화살표는 평균 거리 x에 대해 양의 전위 운동방향을 나타낸다.
((b)–(d) Based on A. G. Guy, Essentials of Materials Science, McGraw-Hill, 1976.)

$$\gamma_P = \frac{bx}{L^2} \quad \textbf{6.27}$$

그림 6.11e에 나타낸 것처럼 기호(⊥)로 표시되고 평균 거리 x를 이동하는 N개의 전위가 있으면 소성 전단변형률은 다음과 같다.

$$\gamma_P = \frac{Nbx}{L^2} \quad \textbf{6.28}$$

만일 각 전위가 결정의 길이만큼 이동한다고 가정하면, 각 전위선은 길이 L을 가지고, 전위의 총 길이는 NL이 된다. 식 6.28의 분자와 분모에 L을 곱하면 다음과 같다.

$$\gamma_P = \frac{NLbx}{L^3} \quad \textbf{6.29}$$

NL/L^3 항은 단위 부피 당 움직이는 전위의 총 길이 또는 **이동 전위밀도**(mobile dislocation density, ρ)라고 한다. 다음 식도 소성 전단변형률을 나타낸다.

$$\gamma_P = \rho bx \quad \textbf{6.30}$$

소성 전단변형률은 이동 전위밀도(ρ), 전위의 평균 이동거리(x), Burger 벡터의 크기(b)의 함수이다. 식 6.30은 소성변형률의 거시적인 공학적 특성을 원자 레벨의 결함(전위)과 그 이동에 연관을 짓는다. 소성변형률과 전위 이동 사이의 관계 유도에서 전위의 길이가 L이고, 결정의 길이만큼 이동했다고 가정하였다. 실제 결정에서 전위는 이런 형상을 갖지 않는다. 그림 6.10의 몰리브덴 전위의 투과 전자현미경 사진은 전위가 직선이 아님을 보여준다. 그러나 Burger 벡터의 크기(b)를 가지는 전위의 이동 전위밀도(ρ)의 평균 이동거리(x)는 소성 전단변형률(γ_p)을 발생시킨다. 위 유도에서 칼날전위만을 고려하였지만 나선전위도 또한 소성 전단변형률을 만든다.

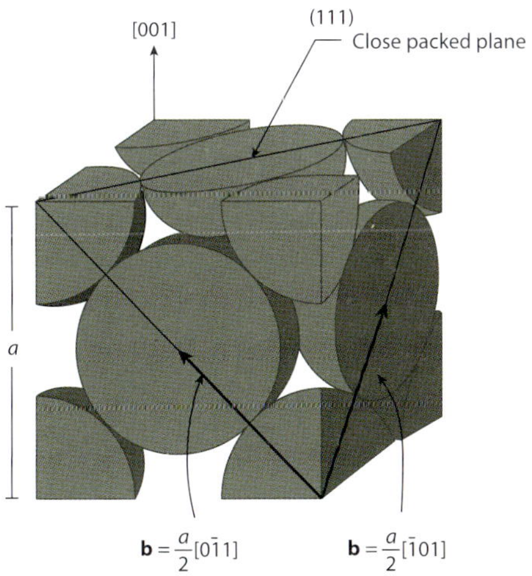

그림 6.12 [001] 방향을 수직으로 하는 면심 입방형(FCC) 결정은 (111) 조밀 충진면과 나타날 수 있는 Burger 벡터 $b = \frac{a}{2}[0\bar{1}1]$과 $b = \frac{a}{2}[1\bar{0}1]$을 보인다. *(Adapted from Callister, W. D., Materials Science and Engineering: An Introduction, 6th ed., John Wiley & Sons, New York (2003), p. 33.)*

예제 6.7

(a) 박막의 두께(t)는 1.00×10^{-7} m이고, 모든 전위는 박막의 표면과 평행하다고 가정하고 그림 6.10에 보인 박막의 전위밀도를 구하여라. 박막의 실제 두께는 투과 전자현미경에서 쌍정면처럼 평평한 면을 알고 있는 각도로 틀고 사영된 면에서 변화를 관찰함으로써 결정될 수 있다.

(b) 그림 6.10에서 3% 소성변형률($\gamma_p = 0.03$)을 유발하는 전위의 평균 이동거리를 계산하여라. 시편이 변형하는 동안 전위밀도는 변하지 않고, Burger 벡터 (**b**)는 $\frac{a}{2}[111]$이다. BCC 몰리브덴의 격자변수는 0.315 nm이다.

풀이

(a) 전체 전위 길이 NL = 19 cm는 그림 6.10에서 측정할 수 있다. 이것은 지도에서 거리를 재는데 사용되는 것과 같이 할 수 있다. 배율이 1.3 cm = 200 nm로 주어져 있다. 사진에서 측정된 전위길이를 배율로 환산하면 재료 속의 실제 전위 길이가 나온다.

$$NL = 19\ \text{cm}\left[\frac{200\ \text{nm}}{1.3\ \text{cm}}\right] = 2923\ \text{nm} = 2.9 \times 10^{-6}\ \text{m}$$

전체 사진의 넓이는 4.3 cm × 5.8 cm, 즉 25 cm^{2}이다. 이것도 배율로 환산하여 실제 넓이를 얻는다.

$$A = 25\ \text{cm}^2\left[\frac{200\ \text{nm}}{1.3\ \text{cm}}\right]^2 = 59 \times 10^4\ \text{nm}^2$$

가정된 두께는 100 nm이다. 이 박막의 부피는

$$V = At = (0.59 \times 10^6\ \text{nm}^2)(100\ \text{nm}) = 0.59 \times 10^8\ \text{nm}^3\left[\frac{1 \times 10^{-27}\ \text{m}^3}{1\ \text{nm}^3}\right] = 0.59 \times 10^{-19}\ \text{m}^3$$

따라서 전위밀도는

$$\rho = \frac{NL}{V} = \frac{2.9 \times 10^{-6}\ \text{m}}{0.59 \times 10^{-19}\ \text{m}^3} = 4.9 \times 10^{13}\frac{\text{m}}{\text{m}^3}$$

(b) 3%의 변형률을 일으키는 동안 전위가 이동한 거리는 식 6.30에서 계산된다.

$$\gamma_p = \rho b x = 0.03$$

BCC 몰리브덴의 Burger 벡터는

$$\mathbf{b} = \frac{a}{2}[111] = \frac{0.315 \times 10^{-9}\ \text{m}}{2}(1^2 + 1^2 + 1^2)^{1/2} = 0.273 \times 10^{-9}\ \text{m}$$

유일한 미지수는 이동거리 x이다. 이에 대해 풀면

$$x = \frac{\gamma_p}{\rho b} = \frac{0.03}{(4.9 \times 10^{13}\ \text{m/m}^3)(0.273 \times 10^{-9}\ \text{m})} = 0.22 \times 10^{-5}\ \text{m} = 2200\ \text{nm}$$

그림 6.10에 있는 사진의 폭은 4.3 cm이고 1.3 cm = 200 nm의 배율을 가지고 있으므로 실제 폭은 662 nm이다. 3%의 변형률을 위해 전위는 사진의 폭의 3배가 되는 거리를 이동해야 한다.

3장에서 전위의 Burger 벡터는 결정에서 이웃하는 두 개의 격자점을 연결한다고 하였다. 또한 가장 짧은 Burger 벡터는 가장 조밀하게 충진된 면에서 가장 조밀하게 충진된 방향으로 존재한다. 예를 들면, 그림 6.12에 보인 면심입방형(FCC) 금속에서 조밀 충진된 면은 {111} 면족이고, Burger 벡터는 조밀 충진 면에 있는 ⟨110⟩ 형의 방향 중의 하나이다. (111) 면에 있는 가능한 Burger 벡터는 $\frac{a}{2}[1\bar{1}0]$이다. 입방정 구조에서 [111] 방향은 (111) 면에 수직이다. 내적 $[1\bar{1}0] \cdot [111]$은 0이므로 $[1\bar{1}0]$ 방향은 (111) 면에 존재한다. 그림 6.11에 그려진 기재인 칼날전위는 Burger 벡터와 접선벡터에 의해 정의된 **슬립면** 위에서 **슬립**에 의한 이동에 한정된다. 슬립면에서 **슬립방향**은 가장 조밀하게 충진된 방향이다. 슬립면과 슬립방향은 결정에 대한 **슬립계**를 형성한다. 나선전위에서 Burger 벡터는 접선벡터와 평행하므로 어떠한 슬립면도 정의되지 않는다. 나선전위는 어떤 면에서도 이동한다. 그러나 전위는 가장 조밀하게 충진된 면에서 가장 움직임이 활발하다.

그림 2.5에 보인 면심입방형(BCC) 결정은 조밀하지 않다. 가장 조밀하게 충진된 면은 {110} 면족이고, 이 면에서 가장 조밀하게 충진된 방향은 ⟨111⟩ 형의 방향이다. 이것은 BCC 금속에서 가장 흔한 슬립계이지만, 다른 슬립계도 발견된다. (110) 면에서 가능한 Burger 벡터는 $\frac{a}{2}[1\bar{1}1]$이다. 내적 $[1\bar{1}1] \cdot [110]$는 0이므로 Burger 벡터 $\frac{a}{2}[1\bar{1}1]$는 (110) 면에 존재한다.

이온결합과 공유결합을 가지는 결정성 재료에서는 고순도의 금속에서보다 전위를 이동시키는 데 더 많은 에너지가 필요하다. 필요한 에너지 차이는 Burger 벡터가 단순한 금속에서보다 이런 결정성 재료에서 더 크기 때문이다. Burger 벡터는 이웃하는 격자점을 연결하고, 격자점은 서로 동일하다. 따라서 모든 격자점은 같은 형태의 원자를 가져야 한다. 이온결정에서 Burger 벡터는 같은 전하를 가지는 이온을 연결하고, 그림 3.10에서 보이는 MgO 같은 이온결정에서 같은 전하 이온 간 거리는 다른 전하 이온과의 거리의 두 배가 된다. 단위 길이의 전위를 이동시키는데 필요한 전단응력은 Burger 벡터의 크기에 비례한다. 이온결정에서는 큰 Burger 벡터 때문에 전위를 이동시키는 임계응력은 금속에서보다 크다. 또한 공유결합 재료에서는 결합각이 변하는 것에 대한 저항성이 있다. 예를 들면, 다이아몬드에서 원자간 결합각은 109.5°이고, 이 각도를 변화시키기 위해서는 큰 힘이 필요하다. 공유결합 재료에서 전위 주위의 원자를 이끄는 것은 원자 사이의 각도 변화를 필요로 하고, 이 변형률은 금속에서보다 더 많은 에너지를 필요로 한다. 결정성 이온과 공유결합 재료에서 전위의 이동의 어려움을 제외하면 소성변형률은 금속에서와 같이 식 6.30에 의한 전위의 이동과 관계가 있다. 이온결합과 공유결합을 가지는 결정성 재료는 열진동이 전위의 이동을 활성화 시키는 데 도움을 주는 높은 온도에서 전위의 이동의 의해 소성적으로 변한다.

6.6 단결정과 다결정에 대한 인장응력–변형률 선도

소성변형이 전단변형률을 발생시키는 전단응력에 의한 것이라면, 어떻게 인장 또는 압축시험에서 전단응력이 나타나고 전단변형률을 발생시키는가? 그림 6.13은 인장력(F)이 작용하는 시편을 보여준다. 이것은 상온의 단결정 금속이고 소성변형은 조밀 충진면에서 전위의 이동에 의한 것이라고 가정하자. 전위는 그림 6.13에서처럼 인장력에 각각 대해 ϕ와 λ의 각으로 기울어진 조밀 충진면에서 조밀 충진된 방향으로 가장 쉽게 이동한다.

축력(F)의 슬립방향 분력(F_s)은 식 6.31에 의해 주어진다.

$$F_S = F\cos\lambda \qquad \textbf{6.31}$$

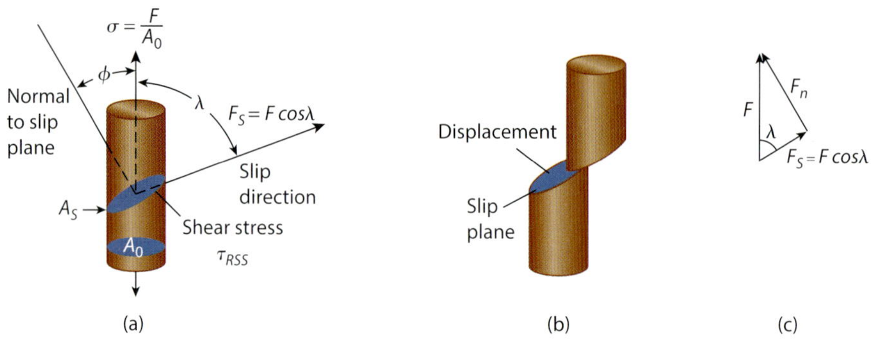

그림 6.13 (a) 축력 F가 작용하는 단면적 A_0, 슬립면 면적 A_s인 원통형의 단결정 시편. 축방향은 슬립면의 법선벡터 및 슬립방향과 각각 ϕ와 λ 각도를 이룬다. (b) 슬립면을 따르는 변위 (c) 슬립방향과 수직인 힘(F_n)과 평행한 전단력(F_s)으로 축력 F의 분력 *(Based on Askeland, D.R., Fulay, P.P., and Wright, W.J., The Science and Engineering of Materials, 6th ed., Cengage Learning, Stamford, CT. (2011), p. 132.)*

슬립면 A_s 상에 존재하므로 힘 F_s는 전단력이다. 전위 이동 방향으로 배분된 전단응력(τ_{RSS})은 Schmid 식이라고 하는 식 6.32에 의해 결정된다.

$$\tau_{\text{RSS}} = \frac{F_S}{A_S} = \frac{F\cos\lambda}{\dfrac{A_0}{\cos\phi}} = \frac{F}{A_0}\cos\lambda\ cos\ \phi = \sigma\cos\lambda\ cos\ \phi \qquad \textbf{6.32}$$

결정의 슬립면에서 전위의 이동은 일정한 **임계배분 전단응력**(τ_{CRSS})에서 시작된다. 배분된 전단응력이 임계값(τ_{CRSS})과 같을 때, 식 6.33에 보인 것처럼 축 인장응력은 **비례한도**(σ_{PL})와 같다.

$$\tau_{\text{CRSS}} = \sigma_{\text{PL}}\cos\lambda\ cos\,\phi \qquad \textbf{6.33}$$

그림 6.14a의 응력-변형률 선도에서 보인 것처럼 비례한도에서 소성변형률이 시작되고, 응력과 변형률 사이의 선형관계는 끝난다. 표 6.2는 몇 가지 FCC 단결정에 대해서 임계배분 전단응력 값을 제공한다. 단결정에서 비례한도는 일정하지 않고 결정면과 슬립방향에 의존한다. 예를 들면, 그림 6.14a는 다른 슬립면과 슬립방향에서 단결정 안트라센의 응력-변형률 선도를 보여준다. 일정한 것은 τ_{CRSS}이다. 그림 6.14b는 단결정 안트라센의 비례한도를 $\cos\lambda\cos\phi$에 대한 함수로 보여준다. 파선은 임계배분 전단응력이 0.137 MPa일 때 식 6.33의 그래프이다. 함수 $\cos\lambda\cos\phi$는 45°에서 최대값 0.5를 가지고, 45°보다 커지거나 작아지는 ϕ와 λ에 대해서는 작아진다. τ_{CRSS}는 일정하므로 $\cos\lambda\cos\phi$의 최대값은 비례한도의 최소값을 준다. 이는 안트라센 결정의 최소 인장강도가 $\phi=\lambda=45°$에서 일어남을 그림 6.14b에서 확인할 수 있다. 비례한도는 $\cos\lambda\cos\phi$가 0.5에서 감소할수록, ϕ가 45°에서 증가하거나 감소할수록 증가한다.

다결정 재료는 많은 다른 방향성을 가지는 결정립을 가지고 있다. 결정립이 임의적 방향성을 가지면 λ와 ϕ 값이 45°가 되는 결정립이 몇 개 존재하고 소성변형률은 이 결정립에서 먼저 시작된다. 임계배분 전단응력 τ_{CRSS}를 가지는 다결정 재료에서 비례한도 응력(σ_{PL})은 45°를 식 6.33에 대입하여 대략적으로 임계배분 전단응력의 두 배가 됨을 예측할 수 있다. 그러나 조밀 충진면과 방향이 45°가 되지 않는 결정립은 45°에 있는 결정립의 소성변형률을 방해하고 그 결과 다결성 재료의 비례한도는 식 6.34와 같이 주어진다.

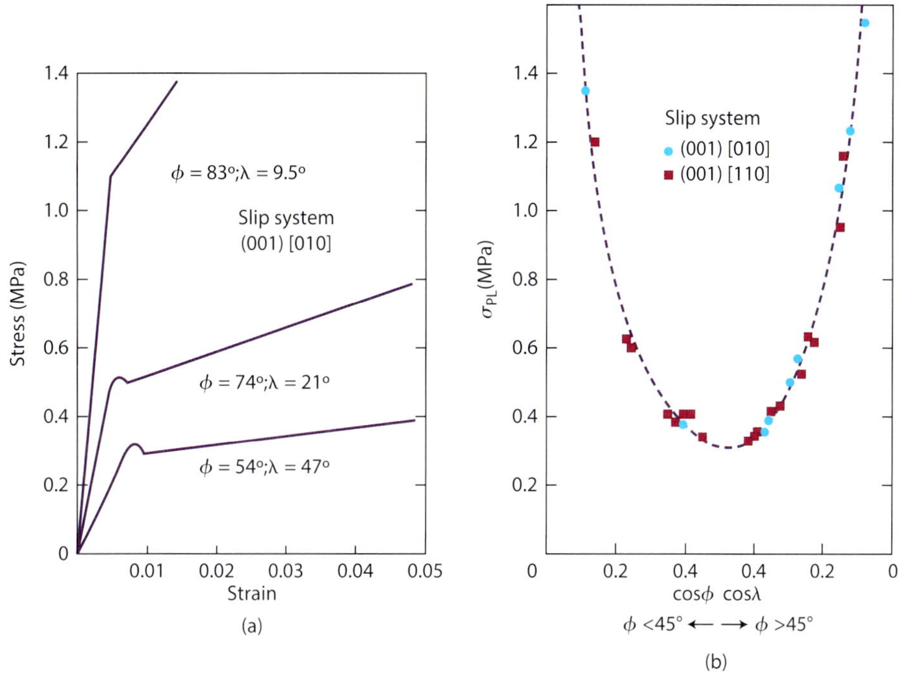

그림 6.14 (a) ϕ와 λ의 다른 슬립계를 가지는 단결정 안트라센의 인장 응력−변형률 선도 (b) ϕ가 45°보다 작거나 클 때 $\cos\phi\cos\lambda$의 함수로서 단결정 안트라센의 축 비례한도 응력. 파선은 τ_{CRSS}=0.137 MPa일 때 식 6.33의 그래프이다. *(MPa. Original data from Robinson, P.M., and Scott, H.G., Acta Met. 15 (1967) 1581. Based on Hertzberg, R.W., Deformation and Fracture Mechanics of Engineering Materials, 3rd ed. John Wiley & Sons N.Y. (1989), p. 85.)*

$$\sigma_{PL} \approx m\tau_{CRSS} \tag{6.34}$$

여기서 m은 FCC 금속에 대해서는 3.1, BCC 금속에 대해서는 2.75이다.

표 6.2 몇 가지 FCC 금속에 대한 임계배분 전단응력

Metal	Purity	Slip System	Critical Resolved Shear Stress MPa
Cu*	99.999	{111} <110>	0.63
Ag†	99.999	{111} <110>	0.37
Au‡	99.99	{111} <110>	0.91
Al§	99.996	{111} <110>	1.02

Based on data from Reed-Hill, R.E., and Abbaschian, R., Physical Metallurgy Principles, 3rd. ed. PWS, Boston (1994), p. 141.
*Rosi, F. D., *Trans. AIME*, 200,1009 (1954).
†daC. Andradc, E. N., and Henderson, C., *Trans. Roy. Soc.* (London), 244,177 (1951).
‡Sachs, G., and Weerts, J., *Zeitschrift fur Physik*, 62,473(1930).
§Rosi, F. D., and Mathewson, C. W., *Trans. AIME*, 188,1159 (1950).

예제 6.8

표 6.2에 주어진 임계배분 전단응력을 가진 FCC 결정성 알루미늄이 [001] 방향으로 인장되고 있다. 이 결정의 예측되는 비례한도 응력은 무엇인가?

풀이

FCC 결정에 대한 조밀면은 {111}이고 조밀 방향은 ⟨110⟩이다. 그림 6.12는 (111) 조밀면과 (111) 면에 있는 두 개의 가능한 Burger 벡터 $b = \frac{a}{2}[0\bar{1}1]$과 $b = \frac{a}{2}[\bar{1}01]$을 보여준다. (111) 면에 대한 수직방향은 [111]이고 [111] 방향은 [001]과 코사인 값이 다음과 같은 각도를 이룬다.

$$\cos\phi = \frac{1}{\sqrt{3}}$$

⟨110⟩ 형 방향은 45°에 있으므로, λ의 코사인 값은

$$\cos\lambda = \frac{1}{\sqrt{2}}$$

표 6.2에서 $\tau_{CRSS} = 1.02$ MPa을 가지고 비례한도 응력은 식 6.33으로 계산할 수 있다.

$$\tau_{CRSS} = \sigma_{PL}\cos\lambda\cos\phi$$

$$1.02 \times 10^6\,\text{Pa} = \sigma_{PL}\frac{1}{\sqrt{2}}\frac{1}{\sqrt{3}}$$

결정의 비례한도 응력에 관하여 풀면

$$\sigma_{PL} = \sqrt{2}\sqrt{3}(1.02 \times 10^6\,\text{Pa}) = 2.45(1.02 \times 10^6\,\text{Pa}) = 2.50 \times 10^6\,\text{Pa}$$

6.7 인장응력-변형률 선도와 공학재료의 기계적 성질

6.7.1 인장시험의 소개

매끈한 시편을 파단시키는 인장시험은 응력에 대한 재료의 응답에 관한 매우 중요한 정보를 제공한다. 인장시험으로부터 우리는 인장 탄성계수, 포아송 비, 항복응력, 극한인장강도, 연성, 그리고 인성을 결정할 수 있다. 이 모든 변수들은 응용을 위해 적절한 재료를 선택하는 데 있어 매우 중요하다.

그림 6.15a에 지름 $\frac{1}{2}$ 인치 표준 인장 시편의 도면을 보이고 있다. 미국재료시험협회(ASTM)는 시험 재료에 대한 표준 절차를 출판한다. 이 책에서 다루어지는 재료의 인장 또는 압축시험을 포함하는 몇 개의 출판은 다음과 같다.

- E8-금속 재료의 인장에 대한 표준 시험 방법
- C39-원형 콘크리트 시편의 압축에 대한 표준 시험 방법
- C1273-주위의 온도에서 단일 종류의 파인 세라믹의 인장에 대한 표준 시험 방법

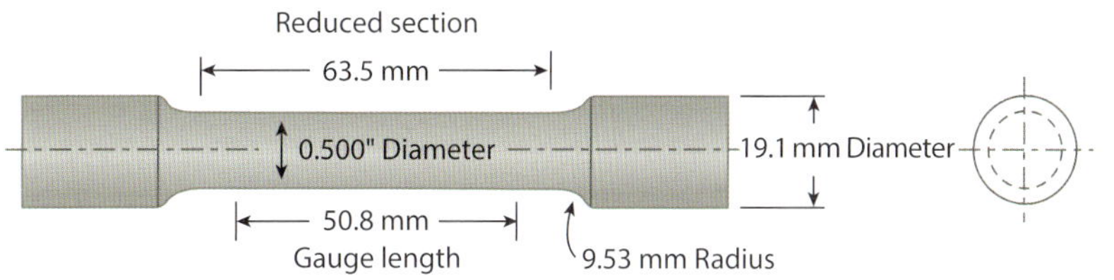

(a)

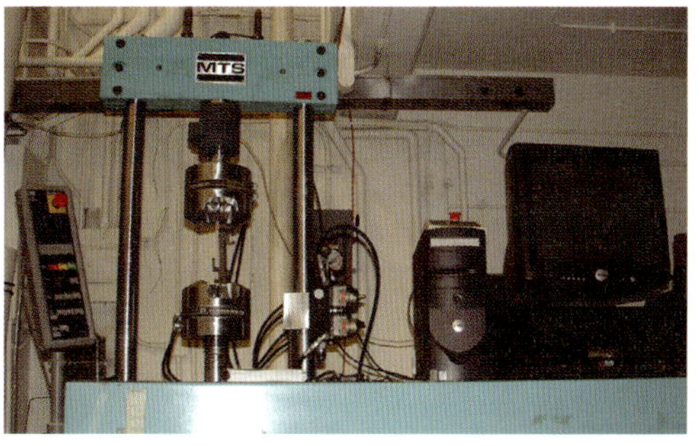

(b)

그림 6.15 (a) 지름 $\frac{1}{2}$인치 표준 인장시험 시편의 도면 (b) 컴퓨터로 제어되는 서보 유압 시험 장치
(Photo by C.M. Gilmore)

- D638–플라스틱의 인장에 대한 표준 시험 방법
- D3039–고분자 기지 복합재료의 인장에 대한 표준 시험 방법

예를 들면, ASTM E8은 폭이 6.35~38.1 mm인 평평한 판 시편과 지름이 2.87~12.7 mm인 둥근 시편의 인장 시험을 다룬다.

인장과 압축시험을 수행할 수 있는 서보 유압 시스템이 그림 6.15b에 나타나 있다. 인장시험을 위해서는 이 기계의 위의 죄는 부분은 고정되어 있고, 아래의 죄는 부분은 유압 시스템에 의해서 아래로 당겨져 죄는 부분 사이에서 시편을 늘린다. 압축 시험은 죄는 부분을 평판으로 바꾸고, 그 사이에 시편을 두고 행해진다. 유압시스템에 의해 아래 판이 들어 올려지고 시편을 압축한다.

6.7.2 응력–변형률 선도와 재료의 형태

그림 6.16은 상온의 사파이어(Al_2O_3), 저탄소강, 천연고무 및 122°C에서 시험된 폴리메틸메타아크릴레이트(PMMA)에 대한 응력–변형률 선도를 보인다. 이 절에서는 응력–변형률 선도의 차이점에 대해서 설명할 것이다. 사파이어에 대한 응력–변형률 선도는 파단까지 거의 선형적이다. 파단은 그림 6.16a에서 ×로 표시되어 있다. 천연고무에 대한 응력–변형률 선도는 그림 6.16c에 보이는 것처럼 비선형적이고, 기울기는 높은 응력에서 빠르게 증가한다. 고무에 대한 응력과 변형률의 스케일은 그래프의 오른쪽과 위쪽에 각각 표기되어 있다. 그림 6.16 b와 d에 있는 저탄소강과 PMMA에 대한 응력–변형률 선도는 낮은 응력에서는 선형적이나 높은 응력에서는 비선형적이고, 최고점에 다다른 후 기울기는 음수가 된다.

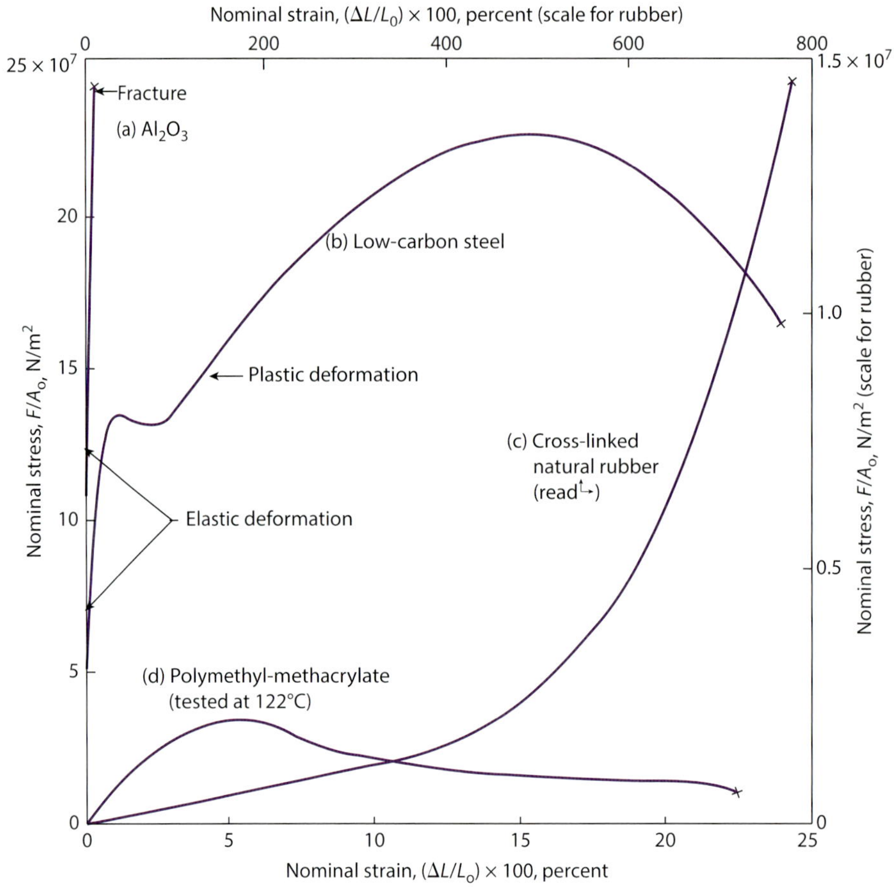

그림 6.16 4가지 다른 재료에 대한 인장 응력-변형률 선도: (a) 사파이어(Al_2O_3) (b) 저탄소강 (c) 천연고무, 모두 상온에서 측정되었다. (d) 122°C에서 시험된 폴리메틸메타아크릴레이트(PMMA). 고무에 대한 스케일은 오른쪽과 위쪽에 표시되어 있다. *(Based on Guy, A.G. Introduction to Materials Science, McGraw-Hill, N.Y. (1972), p. 400.)*

6.7.3 항복응력

냉간가공(CW)된 1020 강(0.2 wt% C)의 응력-변형률 선도는 그림 6.17 a와 b에 나타나 있다. 초기 선형 탄성부를 가지는 재료에서 비례한도(σ_{PL})는 응력과 변형률 사이에 선형 관계가 끝나고 소성변형률이 시작되는 곳에서의 응력이다. 그러나 비례한도 값은 실험의 정밀도에 달려있다. 매우 정밀한 계측시스템은 덜 정밀한 시스템보다 더 낮은 응력에서 소성변형률을 검출할 수 있다. 그러므로 대부분의 공학적 응용에서 비례한도보다는 **항복응력**(σ_y)이 사용된다. 항복응력을 결정하기 위해서 그림 6.17 a에서와 같이 응력-변형률 선도에 초기 기울기와 평행한 선을 0.002 변형률 오프셋을 가지도록 그린다. 이 선과 단축 인장응력-변형률 선도와 만나는 곳에서의 응력이 항복응력이다. 이 재료에 대한 항복응력은 455 MPa이 된다.

몇 가지 상업적으로 순수한(보통 99% 순수한) 다결정 금속과 어닐링 처리된 보통 탄소강의 인장 항복강도가 표 6.3에 주어져 있다. 문헌에서 항복응력과 항복강도라는 말이 쓰인다. 강도는 작용된 응력에 대해 재료가 가지는 저항성이다. 작용되는 응력이 항복강도와 같을 때, 재료는 항복한다. 재료가 항복할 때

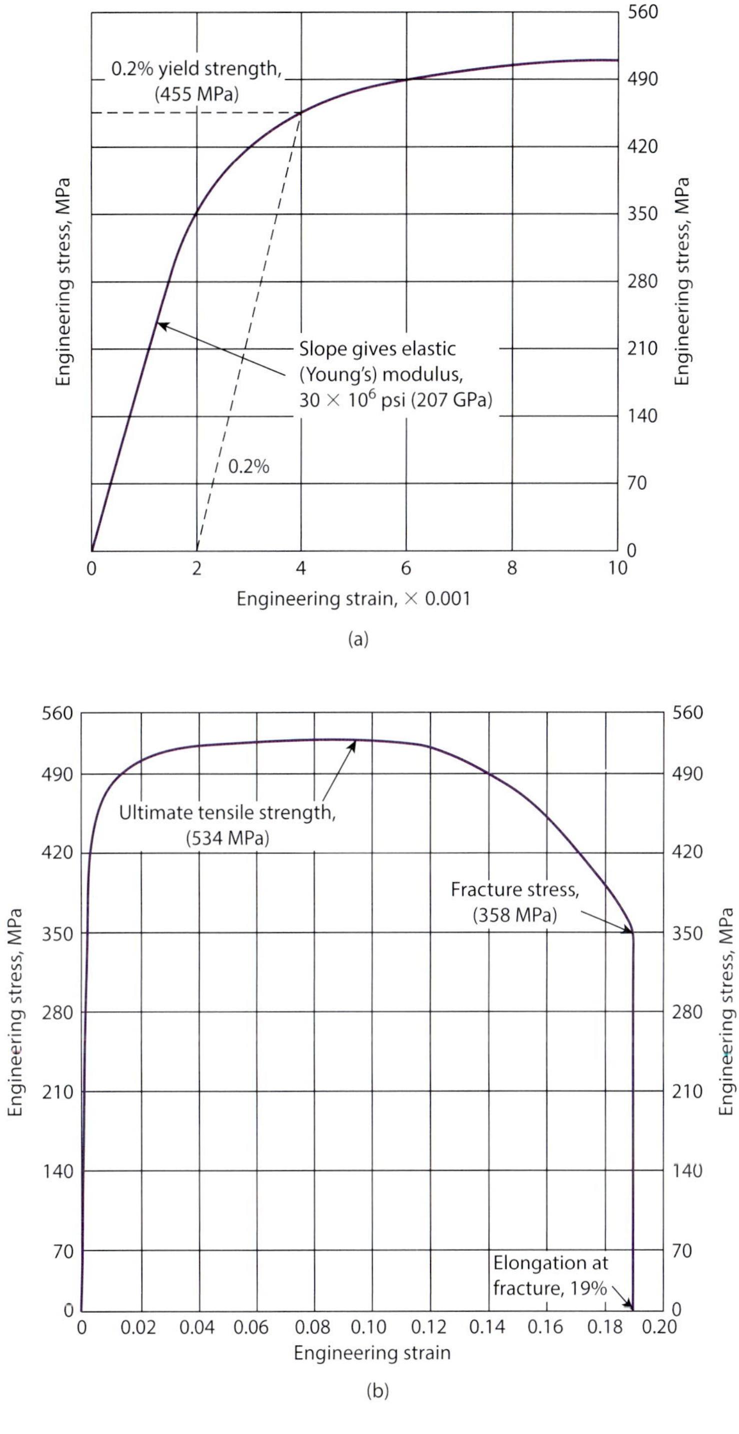

그림 6.17 (a) 항복응력을 결정하기 위한 작도를 보여주는 CW 1020 강의 응력-변형률 선도의 저 변형률 부분, (b) 파단점까지 나타낸 CW 1020 강의 응력-변형률 선도의 전체 부분 *(Brooks, C.R., Heat Treatment, Structure, and Properties of Nonferrous Alloys, American Society for Metals, (1982), p. 2. Based on Atlas of Stress-Strain Curves 2nd ed. ASM International Metals Park, (2002), p. 74.)*

표 6.3 상업적으로 순수한 몇 가지 금속과 보통 탄소강의 항복응력(σ_y), 극한인장강도(σ_u), 파단점에서 공학변형률(ε_f)

Material	σ_y (MPa)	σ_u (MPa)	ε_f (%)
Al (FCC)	34.5	89.6	45
Cu (FCC)	33.3	210	60
Fe (BCC)	50	540	—
Ti (HCP)	140	220	54
Mg (HCP)	90	160	15
1020 steel	295	395	36.5
1040 steel	350	515	30
1060 steel	370	625	22
1080 steel	380	615	25

1 Based on data primarily from *http://www.matweb.com.*

작용된 응력 또한 항복응력이다. 표 6.3에 주어진 어닐링 된 1020 강의 항복응력은 그림 6.17a에 보인 냉간가공된 1020 강의 455 MPa에 비하면 고작 295 MPa임을 주목하자. 냉간가공은 어닐링 된 강의 항복강도를 높인다. 7장에서 어닐링과 냉간가공의 항복응력에 대한 효과를 다룰 것이다. 표 6.3에서 보통 탄소강은 10XX라고 표시되어 있다. 첫 번째 X에 의해 나타내진 숫자 앞에 소수점을 찍어 탄소의 무게 %를 나타낸다. 1020 강은 주요 합금 원소로 0.2 wt%의 탄소를 가진다. 모든 10XX 강은 BCC 철과 탄화철의 합이다. 다른 금속의 넘버링 규칙과 특성은 8장에서 다룰 것이다. 이 장의 뒤 부분에서 극한인장강도, 파단점에서의 변형률, 단면감소율에 대해서 다룰 것이다.

예제 6.9

CW 1020 강에 대한 응력-변형률 선도가 그림 6.17에 나타나 있다. 변형률 0에서 접선 탄성계수를 구하여라.

풀이

변형률 0에서 접선 탄성계수는 원점에서 응력-변형률 선도에 접선을 그리고 그 직선의 기울기를 정함으로써 구할 수 있다. 접선은 변형률 0.002~0.414 GPa인 점을 지난다. 식 6.15에서

$$E_{\tan}(\varepsilon = 0) = \frac{\Delta\sigma_0}{\Delta\varepsilon_0} = \frac{(0.414 - 0)\text{ GPa}}{2.0 \times 10^{-3} - 0} = \frac{0.414\text{ GPa}}{2.0 \times 10^{-3}} = 207\text{ GPa}$$

표 6.1에 나타낸 탄성계수 값은 211 GPa로서 이 계산 결과와 매우 가깝다. 합금 원소의 농도가 낮으면 금속 합금은 순수 금속과 매우 가까운 탄성계수를 가진다. 많은 합금의 탄성계수는 8장에 제시되어 있다.

표 6.3에 나와 있는 금속의 항복강도는 결정구조(2장에서 다룸), 결함(3장에서 다룸), 존재하는 상(5장에서 다룸)과 관련이 있다. FCC 금속은 전위 이동을 위한 다수의 {111} 조밀 충진면을 가지므로 낮은 항복응력과 파단점에서 높은 소성변형률을 가진다. 식 6.33에 따르면 각 결정립에서 전위 이동에 호의적인 방향성을 가지는 {111} 평면이 있다. BCC 금속은 항복강도가 차선으로 낮다. BCC 금속은 조밀 충진면이 없지만 {110} 면처럼 전위 이동이 일어날 수 있는 상대적으로 높은 충진 밀도를 가지는 수많은 면들이 있다. HCP 금속에는 전위 이동이 기저면에서 일어나고 다결정에서 각 결정립은 하나의 기저면 방향이 존재하므로(식 6.33에 따르면 이 방향은 전위 이동에 호의적인 방향이 아닐 수 있다), 상업적으로 순수한 금속 중에서 가장 높은 항복강도를 가진다. 다결정 금속이 항복하기 위해서는 대부분의 결정립에서 소성변형률이 일어나야 한다. 그렇지 않으면 탄성의 결정립이 광범위한 소성변형률을 갖지 못하도록 한다.

보통 탄소강에서는 탄화철(Fe_3C) 침전물이 전위의 이동을 방해하므로 항복강도는 순수한 금속과 비교하여 현저히 증가한다. 더 많은 양의 탄소가 추가될수록 항복강도는 더욱 증가한다. 6.7.6절에서 다루게 될 극한인장강도 또한 탄소의 양과 함께 증가한다. 그러나 극한인장강도는 0.6 wt%에서 정체기에 이른다. 그림 5.18에 나온 철과 탄소의 상태도는 0.77 wt%의 탄소가 공석 조성에 대응됨을 보여준다. 또한 보통 탄소강의 파단점에서 변형률은 탄소의 양이 0.2에서 0.6 wt%로 증가할 때 감소한다; 탄소 양이 많아질수록 파단점에서 소성변형률을 줄이는 단단한 탄화철 상이 많아진다. 파단 전 소성변형률은 0.6과 0.8 wt% 탄소강에서 상대적으로 일정하다.

그림 6.16b의 저탄소강의 응력–변형률 선도에서 상부 항복응력이라고 하는 날카로운 항복응력이 있고, 그 후 응력은 하부 항복응력이라고 하는 낮은 응력으로 떨어지는 현상을 살펴보자. 상부 하부 항복응력은 많은 탄소강에 존재한다. 그림 6.16b에서 **상부 항복응력**은 약 135 MPa이고 **하부 항복응력**은 약 131 MPa이다. 상부 항복응력은 강에서 전위를 탄소 원자에서 멀리 이동시키는 데 필요한 에너지와 관련이 있다. 일단 전위가 탄소 원자에서 멀어지면, 하부 항복응력은 결정을 통해 전위를 이동시키는 데 필요한 응력이다. 항복응력에의 탄소 원자의 효과에 대해서 7장에서 다룰 것이다. 상부 하부 항복응력을 가진 재료에서 상부 항복응력이 항복응력으로 보고되어 있다. 순수한 금속은 상부 하부 항복응력을 가지지 않는다.

취성이 아닌 금속이나 고분자에서 압축 시 항복응력은 보통 인장에서 항복응력과 같다. 세라믹은 상온에서 항복하지 않는다. 세라믹은 보통 항복하기 전에 파단하거나, 항복할 때 파단한다.

6.7.4 회복력

재료의 회복력(resilience)은 하중이 제거될 때 저장된 에너지를 돌려주는 능력과 연관이 있다. 공학자는 회복력 계수와 충격 회복력 두 가지로 회복력을 측정한다. 회복력 계수는 재료가 스프링으로 사용되는 응용에서, 충격 회복력은 재료가 충격 흡수재로 사용될 때 중요하다.

회복력 계수는 재료가 흡수했다가 하중 제거 시 내놓는 부피 당 최대에너지이다. 스프링은 소성변형의 시작에 상응하는 항복응력까지 선형인 금속으로 만든다. 항복응력이 변형률이 탄성인 최대응력이라고 가정하면, 항복응력에서 재료가 내놓는 탄성 변형에너지 밀도(R)는 식 6.23b와 같이 결정된다. 식 6.35는 소성변형이 항복응력에서 시작하는 재료에서 회복력 계수 값을 준다.

$$R = \frac{1}{2E}\sigma_y^2 \qquad \textbf{6.35}$$

회복력의 단위는 부피 당 에너지, J/m^3이다. 회복력은 시편에서 하중 제거 시 항복응력으로부터 회복하는 변형에너지 밀도이다.

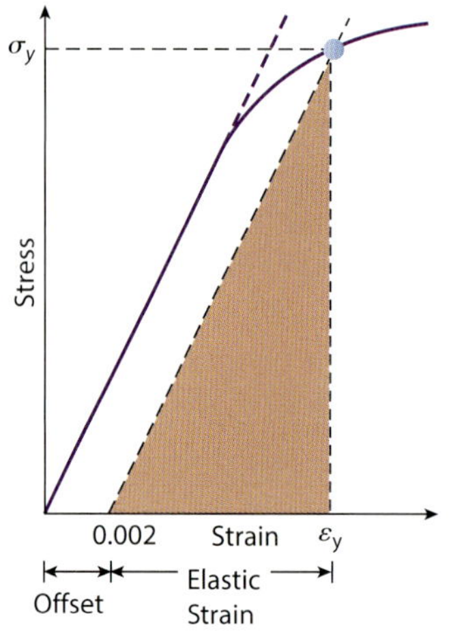

그림 6.18 항복응력에서 회복하는 탄성 변형에너지로부터 회복력(색칠한 부분)의 결정

식 6.35로 계산되는 것은 그림 6.16a에서 보듯이 소성변형률이 항복응력에 존재하는 1020 강같은 재료의 회복력을 계산함으로써 이해할 수 있다. 항복응력으로부터 하중을 제거하는 동안 선형 탄성재료에서 회복되는 탄성변형률($\varepsilon_{y-\mathrm{el}}$)의 크기는 식 6.36에 의해 결정된다.

$$\varepsilon_{y-\mathrm{el}} = \frac{\sigma_y}{E} \qquad \mathbf{6.36}$$

그림 6.18은 항복응력(σ_y), 전체 변형률(ε_y), 항복 시 탄성변형률($\varepsilon_{y-\mathrm{el}}$), 소성변형률($\varepsilon_{y-\mathrm{pl}}=0.002$)을 보여주며, 회복력은 색칠한 부분이다. 식 6.35로 회복력을 계산할 때, 식 6.36에 주어진 탄성변형률이 사용되어야 한다. 전체 변형률은 0.002 만큼의 소성변형률을 포함하고, 이것은 회복하지 않기 때문에 항복응력에서의 전체 변형률을 쓰면 안 된다. 항복응력으로부터 하중이 제거되면, 응력-변형률 선도는 응력 0에서 영구 변형률 0.002까지 탄성계수 선에 평행한 그림 6.18의 파선을 따른다. 세라믹, 유리 및 단단한 고분자처럼 취성인 재료는 항복하기 전에 파단한다. 이런 재료에서 회복력은 파단 시까지 탄성 변형에너지 밀도와 같다.

예제 6.10

그림 6.22의 1045 강의 회복력을 계산하여라. 표 6.1에 철에 대해 나와 있듯이 1045 강의 탄성계수는 211 GPa라고 가정한다.

풀이

그림 6.22에서 1045 강의 항복응력은 640 MPa이다. 식 6.35를 이용하여

$$R = \frac{\sigma_y^2}{2E} = \frac{(640 \times 10^6\ \mathrm{Pa})^2}{2(211 \times 10^9\ \mathrm{Pa})} = \frac{(6.40 \times 10^8\ \mathrm{Pa})^2}{0.422 \times 10^{12}\ \mathrm{Pa}} = (40.96 \times 10^{16})(2.37 \times 10^{-12})\,\frac{\mathrm{N \cdot m}}{\mathrm{m^3}} = 97.1 \times 10^4\,\frac{\mathrm{J}}{\mathrm{m^3}}$$

식 6.35에서 재료는 높은 항복응력 또는 작은 탄성계수를 가짐으로써 높은 회복력 계수를 가진다는 점을 알 수 있다. 스프링에 사용된 강처럼 강한 재료는 높은 항복응력 및 높은 회복력 계수를 가진다.

고분자의 충격 회복력 큰 변형률이 허용되면 고무는 많은 양의 변형에너지를 흡수하는 좋은 재료이다. 고무에서 응력-변형률 선도는 비선형이고 변형률 속도에 대한 함수이므로 회복력 계수를 계산하는 것은 어렵다. 비선형성으로 인해 고무와 다른 고분자 재료에서는 충격 회복력 시험이 사용된다. 이 시험에서 강구가 초기 높이(h_1)에서 재료 시편의 평평한 면에 떨어져서 어떤 높이(h_2)까지 튀어 오른다. 이 때 충격 회복력은 비 h_2/h_1이다. 충격 회복력이 1이라는 것은 순수한 탄성재료를, 0이라는 것은 완전한 소성재료를 의미한다. 이 시험은 얼마나 많은 변형에너지 밀도를 흡수하거나 내보내는 지를 결정하지 않는다.

6.7.5 변형경화

변형경화(strain-hardening)는 소성변형에 의해 재료의 강도가 증가하는 것을 말하며, 가공경화(work-hardening)라고도 한다. 변형경화는 저강도 금속을 강화하는 중요한 과정이다. 구리로 된 무기와 공구는 청동이나 탄소강이 나오기 전에 망치로 두들겨 변형경화를 시켰다. 자동차 몸체에 쓰이는 저탄소강 시트 금속의 항복응력은 변형경화에 의해 0.7×10^8에서 0.7×10^9 Pa까지 약 10배 증가한다. 7장에서 변형경화를 포함하여 강화과정에 대해서 다룰 것이다.

그림 6.17의 1020 강은 항복응력 후에 광범위한 변형경화를 보여준다. 변형경화를 관찰하기 위해서 그림 6.19에서 보인 것처럼 낮은 응력에서 소성변형률을 가지는 재료를 분석하는 것이 가장 쉬운 방법이다. 그림 6.19에서 탄성에서 소성변형률로 전이를 고려하는 것은 불필요하다. 변형경화 되는 재료에서 추가적인 소성변형률을 얻기 위해 필요한 응력은 증가한다. 그 결과 응력-변형률 선도는 탄성 및 소성변형률의 조합이 있으므로 선형이 아니다. 원자 결합이 응력에 저항하고 작용된 응력이 변할 때마다 원자간 거리가 변하므로 재료가 응력을 지지할 때마다 탄성변형률은 발생한다.

그림 6.19에서 초기 하중에 대하여 항복응력은 σ_y이다. 초기 항복응력 이상에서도 시편에 응력이 가해진다. 그러고 나서 화살표로 나타낸 것처럼 하중을 제거하였다가 다시 하중을 가한다. 하중 제거 시 오직 탄성변형률이 회복되므로 응력-변형률 선도는 재료의 탄성계수와 같은 기울기를 가진다. 회복된 탄성변

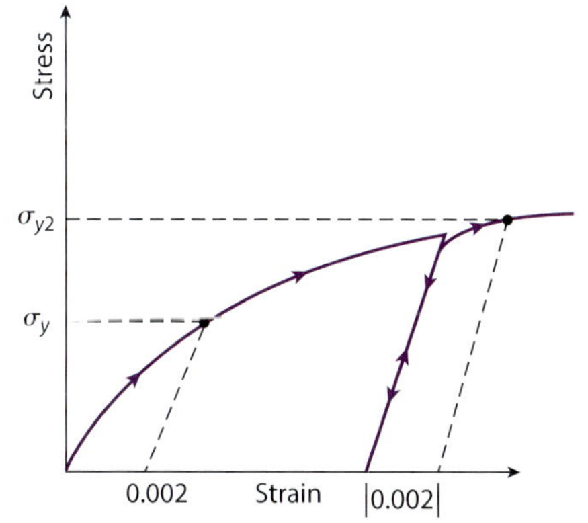

그림 6.19 초기 항복응력 σ_y를 가지고 낮은 응력에서 소성변형률을 보이는 재료에 대한 응력-변형률 선도의 모식도. 재료에서 하중을 제거하면 탄성 및 소성변형률의 회복을 볼 수 있고, 다시 하중을 가하면 두 번째 항복응력 σ_{y2} 과 변형경화를 볼 수 있다.

형률은 원자가 평형 원자 위치로 돌아가기 때문이며, 그 크기는 식 6.13에 주어져 있다. 하중 제거 후 잔류 변형률은 소성변형률과 같다. 원래 하중 방향으로 다시 하중을 가하면 대부분의 재료에서 응력-변형률 선도는 하중 제거 시 탄성계수의 기울기를 가지는 경로를 따라간다. 두 번째 하중 인가 시 재료는 하중 제거 전 최대 응력과 비슷한 응력 σ_{y2}에서 항복한다. 이 때 항복응력의 증가($\sigma_{y2}-\sigma_y=\Delta\sigma$)가 변형경화 또는 변형강화이다. 강도 증가($\Delta\sigma$)와 연관된 변형률의 증가($\Delta\varepsilon$)는 탄성 및 소성변형률로 구성되어 있다. 선형 탄성재료에 대해서 탄성변형률 증가($\Delta\varepsilon_e$)는 식 6.37에 나타나 있다.

$$\Delta\varepsilon_e = \frac{\Delta\sigma}{E} \tag{6.37}$$

식 6.38은, 소성변형률 증가($\Delta\varepsilon_p$)는 남은 변형률 증가임을 보여준다.

$$\Delta\varepsilon_p = \Delta\varepsilon - \Delta\varepsilon_e \tag{6.38}$$

재료에서 소성변형률이 있으면 전체 변형률의 크기는 커질 수 있으므로 변형경화 되는 재료에 대해서 응력과 변형률 사이의 비선형 해석적 관계는 식 6.39처럼 진응력과 진변형률의 항으로 나타낼 수 있다.

$$\sigma_t = K\varepsilon_t^n \tag{6.39}$$

여기서 강도계수 K는 응력의 단위를 가지는 상수이고, n은 변형경화 지수이다. 몇 가지 금속에 대한 K와 n 값은 표 6.4에 제시되어 있다. 8장에서 4340 강, 304 스테인리스 강, 2024 알루미늄 합금에 대해서 다룬다. 변형경화 지수의 크기는 진변형률의 로그 값에 대한 진응력의 로그 값의 그래프 기울기로부터 구할 수 있다.

고분자 과학자와 공학자는 변형률과 함께 나타나는 응력의 증가를 모델링 하는데 점탄성 방정식을 사용한다. 9장에서 점탄성 모델에 대해서 다룬다. 고분자의 변형경화는 부품을 압출하거나 필라멘트를 인발하는 과정에서 나타난다. 이 과정에 대해서는 13장에서 다룰 것이다.

표 6.4 몇 가지 금속 합금의 변형경화 지수(n)와 강도계수(K) 값

Material (structure)	n	K MPa
Titanium (HCP)[2]	0.05	1208
Low-carbon steel, annealed (BCC)[1]	0.26	530
4340 steel, annealed (BCC)[1]	0.15	640
304 stainless steel (FCC)[1]	0.45	1275
Aluminum 1100-O (FCC)[1]	0.20	180
Aluminum alloy 2024, heat treated (FCC)[1]	0.16	690
Copper, annealed (FCC)[1]	0.54	315
Copper plus 30 weight percent zinc, annealed (FCC)[1]	0.49	895
Molybdenum (BCC)[2]	0.13	725

1 Kalpakjian, S., Manufacturing Processes for Engineering Materials, Addison-Wesley Publ. Co. (1984), p, 38.

2 Askeland, D.R., Fulay, P.P., and Wright, W.J., The Science and Engineering of Materials, 6th ed., Cengage Learning, Stamford, CT. (2011), p. 295.

6.7.6 극한인장강도

그림 6.20은 초기에는 선형 탄성이다가 항복하고, 현저한 소성변형률 이후 파단하는 금속의 공학응력-변형률 선도의 모식도이다. 공학응력은 최대에 달하고 파단에 다다를 때까지 감소한다. 인장에서 최대 공학응력을 **극한인장강도**(σ_u)라고 한다. 재료가 최대로 하중을 견디는 능력은 극한인장강도 곱하기 원래 단면적이다. 극한인장강도에서의 변형률을 넘어가면 시편이 하중을 견디는 능력은 감소한다.

그림 6.20의 시편 사진에서 보이는 것처럼 변형률이 극한인장강도에서의 변형률보다 작으면, 인장시편에서 변형은 균일하다. 그러나 그보다 크면, 시편에서 변형은 균일하지 않고 그림 6.20의 사진처럼 시편에 넥(neck)이 발생한다. 균일한 변형률에서 네킹으로의 전이 조건은 식 6.40처럼 작용력(F)을 진응력(σ_t)과 면적(A)과 연관시켜 얻을 수 있다.

$$F = A\sigma_t \qquad \textbf{6.40}$$

극한인장강도에서 작용력은 최대이다. 따라서 식 6.41과 같이 작용력의 미분값은 0이고, 진응력과 면적은 변수이다.

$$dF = A\,d\sigma_t + \sigma_t\,dA = 0 \qquad \textbf{6.41}$$

변수를 재정렬하면 식 6.42가 된다.

$$\frac{d\sigma_t}{\sigma_t} = -\frac{dA}{A} \qquad \textbf{6.42}$$

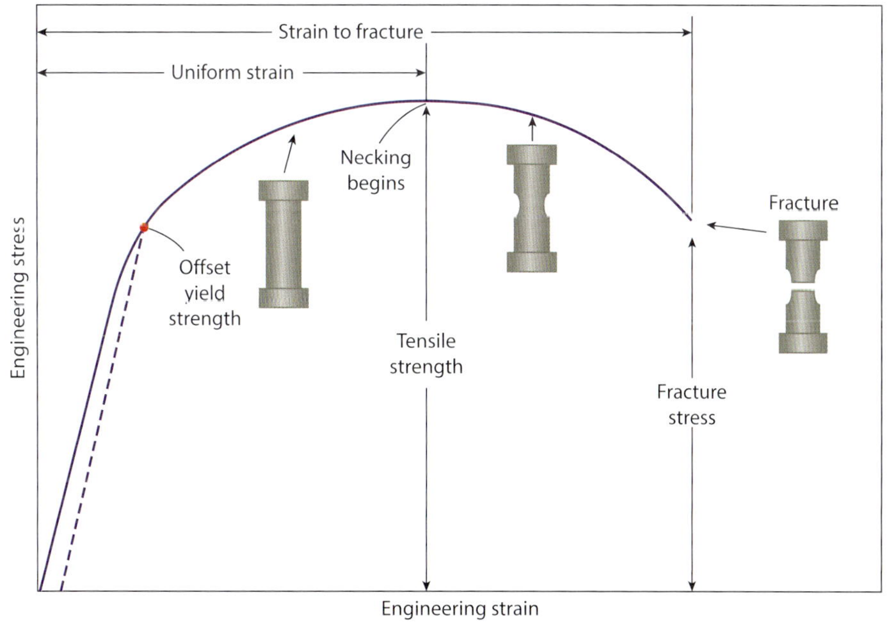

그림 6.20 0.002 오프셋 항복강도, 극한인장강도, 네킹, 파단 시 변형률, 파단응력 등을 보이는 공학응력-변형률 선도 *(Adapted from from Moosbrugger, C., ed., Atlas of Stress-Strain Curves, 2nd ed, ASM International, Metals Park, OH (2002), p. 1.)*

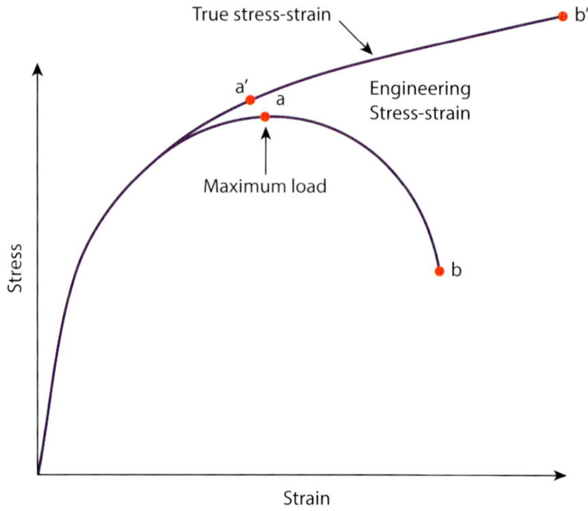

그림 6.21 극한인장강도(a)와 파단(b)을 보여주는 공학응력–변형률, 그리고 진응력–변형률 선도

공학 극한인장강도(σ_u)는 진응력(강도)의 변화를 진응력을 나눈 값이 단면적의 변화를 단면적으로 나눈 값과 같다는 조건에 상응한다.

그림 6.21은 공학응력–변형률 선도와 진응력–변형률 선도를 비교한다. 점 a는 공학응력–변형률 선도에서 극한인장강도이고, a'은 진응력–변형률 선도에서 a에 상응하는 점이다. 진응력은 넥 부분의 최소 단면적에서 결정되고, 그림 6.21에서 모식적으로 보이듯이 극한인장강도 위의 응력까지 계속해서 증가한다. 진응력의 계산에서 작용력이 실제 넥 부분의 면적으로 나눠지기 때문에 진응력은 계속해서 증가한다. 극한인장강도 시 변형률보다 큰 변형률에서 공학응력의 감소는 작용력이 원래 면적으로 나눠져서 넥에서 단면적의 감소가 고려되지 않기 때문이다.

그림 6.22는 중탄소강인 1045 강에 대한 진응력–변형률 선도이다. 그림 6.16의 저탄소강의 공학응력–변형률 선도의 차이점을 살펴보자. 그림 6.16은 극한인장강도에서 최대 공학응력을 보이고, 응력은 감소한다. 반대로 그림 6.22에서 진응력의 감소는 없다. 시편의 하중 지지 능력은 극한인장강도 점 이후에 감소하지만, 그림 6.22의 진응력–변형률 선도에서는 관찰되지 않는다.

그림 6.21에서 점 a와 a'로 표기한 것처럼 극한인장강도에서 진변형률은 공학변형률보다 작다. 이는 식 6.6과 6.7에 나타낸 대로 진변형률은 극한인장강도 점까지 시편의 실제 길이에 대하여 측정되기 때문이다. 시편의 실제 길이는 변형률이 증가함에 따라 커지고 길이는 진변형률 방정식의 분모에 있다. 반대로 공학변형률은 식 6.3처럼 원래 길이에 대비하여 측정된다.

또한 그림 6.21에서 점 b와 b'로 표시한 것처럼 파단 시 진변형률은 공학변형률보다 크다는 점을 살펴보자. 왜 진변형률과 공학변형률의 상대적인 크기가 반대로 되었는가? 이 역전을 이해하기 위해서 우리는 극한인장강도 점보다 큰 변형률에서 진변형률의 새로운 측정법을 개발해야 한다. 예제 6.11에서 보인 대로 극한인장강도에서 매우 큰 소성변형률을 가지는 재료에서 소성변형률은 탄성변형률보다 크다고 가정한다. 결정에서 전위의 이동이 부피를 변화시키지 않고, 고분자에서 긴사슬분자가 서로 미끄러지는 것 또한 부피를 변화시키지 않으므로 소성변형률은 부피를 보존한다. 부피가 보존된다는 가정은 식 6.43을 가져다 준다.

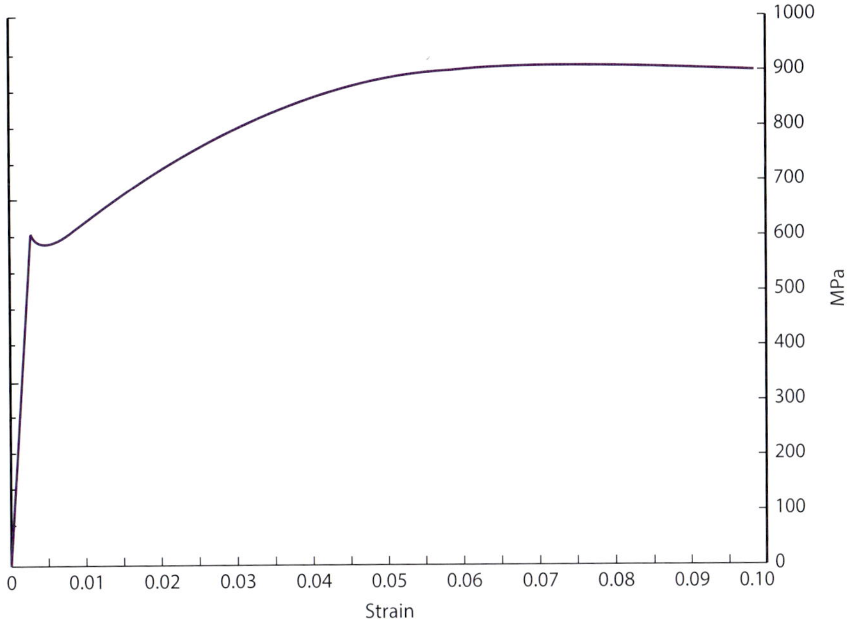

그림 6.22 1045 강에 대한 진응력-변형률 선도 *(Based on Boyer, H.E., (Editor), Atlas of Stress-Strain Curves, ASM International, Metals Park, OH (1987), p. 193.)*

$$V = V_0 = Al = A_0 l_0 \qquad \textbf{6.43}$$

여기서 V, A, l은 각각 재료의 넥 부분에서 순간의 부피, 면적, 길이를 나타내고, V_0, A_0, l_0는 원래 값을 의미한다. 식 6.43을 l/l_0에 관하여 풀면 식 6.44가 된다.

$$\frac{l}{l_0} = \frac{A_0}{A} \qquad \textbf{6.44}$$

식 6.7에서 균일한 진변형률은 최종 길이이 원래 길이에 대한 비(l/l_0)의 자연로그 값으로 정의되시반, 식 6.44를 이용하여 넥 부분의 진변형률(ε_t)은 식 6.45에 보이는 것처럼 면적의 항으로 정의된다.

$$\varepsilon_t = \ln \frac{A_0}{A} \qquad \textbf{6.45}$$

그림 6.21에서 보이는 것처럼 연성재료에서 파단 시 진변형률(점 b')은 공학변형률보다 크다. 이는 극한인장강도 점보다 큰 변형률에서 진변형률은 넥에서 면적비(A_0/A)로 계산되고, 면적은 연성재료에서 작은 수이기 때문이다. 반대로 식 6.3의 공학변형률 계산은 변형률은 넥에서 집중됨에도 불구하고 변형률은 시편의 길이에 대해 균일함을 가정한다.

예제 6.11

그림 6.17b의 1020 강 시편에서 극한인장강도 점에서 탄성변형률과 소성변형률을 결정하여라.

풀이

극한인장강도 점에서 전체 변형률은 약 0.09이다. 하중 제거 응력-변형률 그래프는 탄성계수의 기울기를 따른다는 점을 가정하고, 극한인장강도 점에서 변형률은 하중을 제거하는 동안 회복하는 변형률에서 구할 수 있다. 1020 강의 탄성계수는 207 × 10^9 Pa이고, 그림 6.17b에서 극한인장강도는 534 × 10^6 Pa이다. 극한인장강도에서 탄성변형률은 다음과 같이 계산된다.

$$\varepsilon_{e-\mathrm{u}} = \frac{\sigma_\mathrm{u}}{E} = \frac{534 \times 10^6\ \mathrm{Pa}}{207 \times 10^9\ \mathrm{Pa}} = 2.58 \times 10^{-3}$$

소성변형률(ε_p)은 전체 변형률(ε)에서 탄성변형률($\varepsilon_{e-\mathrm{u}}$)을 뺀 값이다.

$$\varepsilon_p = \varepsilon - \varepsilon_{e-\mathrm{u}} = 90 \times 10^{-3} - 2.58 \times 10^{-3} = 87.4 \times 10^{-3}$$

앞의 식 6.43에서 가정한 대로 극한인장강도에서 1020 강의 경우, 탄성변형률은 소성변형률보다 작다.

예제 6.12

그림 6.16에 보이는 저탄소강 응력-변형률 선도에서 그림 6.15a에 나온 표준 인장시편에 대한 최대 하중 지지 능력을 계산하여라.

풀이

최대 하중 지지 능력은 식 6.2에서 응력을 극한인장강도로 바꾸면 구할 수 있다. 그림 6.16에서 저탄소강의 극한인장강도는 255MPa이다. 시편의 지름은 1.27 cm = 1.27 × 10^{-2} m이다.

$$A_0 = \frac{\pi d^2}{4} = \frac{\pi(1.27 \times 10^{-2}\,\mathrm{m})^2}{4} = \frac{\pi(1.61 \times 10^{-4}\,\mathrm{m}^2)}{4} = 1.27 \times 10^{-4}\,\mathrm{m}^2$$

$$F_{\max} = \sigma_\mathrm{u} A_0 = \left(255 \times 10^6 \frac{\mathrm{N}}{\mathrm{m}^2}\right)(1.27 \times 10^{-4}\,\mathrm{m}^2) = 323 \times 10^2\,\mathrm{N}$$

6.7.7 인성

재료의 **인성(toughness)**은 인장 시험에서 시편을 파단시키는 데 필요한 단위 부피 당 에너지이다. 인성은 파단점까지 응력-변형률 선도의 아래 면적을 적분을 해서 구할 수 있다. 파단까지 높은 강도와 높은 변형률의 조합이 높은 인성을 만들어낸다. 파단까지 매우 작은 변형률을 가지는 재료는 취성 재료이고 낮은 인성을 가진다. 응력-변형률 선도의 수치적 모델이 있다면 인성은 수치 적분을 통해서 구할 수 있다. 응력-변형률 선도가 인쇄된 형태로 이용 가능하면 면적계를 가지고 면적을 재거나 사다리꼴 방법을 이용할 수 있다.

예제 6.13

그림 6.17b에 있는 1020 강의 인성을 결정하여라.

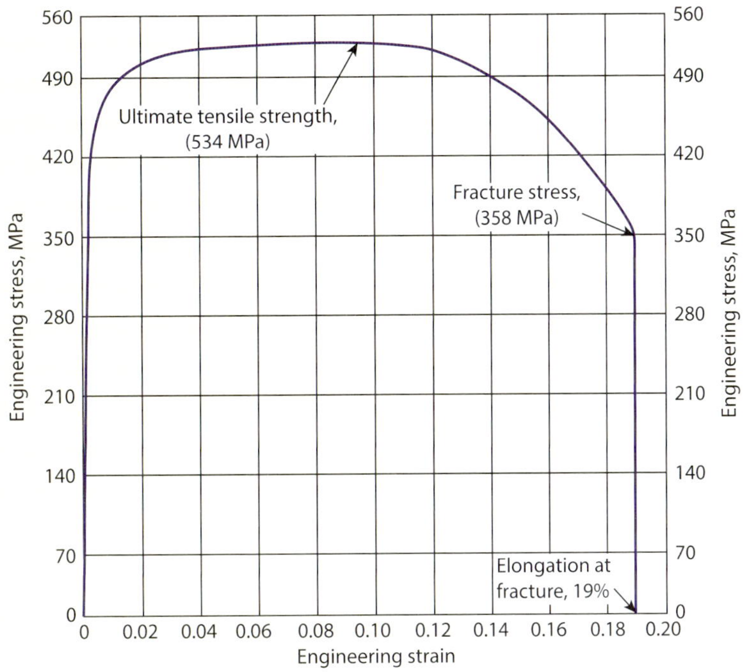

(b)

그림 6.17 (c) 인성을 계산하기 위한 면적을 가지는 CW 1020 강의 파단점까지의 전체 응력-변형률 선도 *(Based on Atlas of Stress-Strain Curves 2nd ed. ASM International Metals Park, (2002), p. 74.)Stress-Strain Curves 2nd ed. ASM International Metals Park, (2002), p. 74.)*

풀이

응력-변형률 선도 아래 면적은 시편을 파단 시키기 위한 부피 당 변형에너지 또는 인성이다. 이 면적을 추정하는 한 가지 방법은 응력-변형률 선도를 사다리꼴로 나누고 각 사다리꼴의 넓이를 구하는 것이다. 그림 6.17c에 보여주듯이 변형률 0.02 간격을 사용하고, 변형률 0에서부터 번호를 붙인다. 면적 번호 1은 폭 0.02를 가지고, 면적은 시작 응력 350 MPa에서 끝 응력 500 MPa까지 대략적으로 구할 수 있다. 면적 $A1$에 의해서 나타내진 부피 당 에너지는

$$A1 = \frac{1}{2}\left[0.02\,\frac{\text{m}}{\text{m}}\left(350 \times 10^6\,\frac{\text{N}}{\text{m}^2} + 500 \times 10^6\,\frac{\text{N}}{\text{m}^2}\right)\right] = 8.5 \times 10^6\,\frac{\text{N}\cdot\text{m}}{\text{m}^3} = 8.5 \times 10^6\,\frac{\text{J}}{\text{m}^3}$$

이와 같이 $A2$에서 $A9$까지 구하면

$$A2 = \frac{1}{2}\left[0.02\,\frac{\text{m}}{\text{m}}\left(500 \times 10^6\,\frac{\text{N}}{\text{m}^2} + 520 \times 10^6\,\frac{\text{N}}{\text{m}^2}\right)\right] = 10.2 \times 10^6\,\frac{\text{J}}{\text{m}^3}$$

$$A3 = \frac{1}{2}\left[0.02\,\frac{\text{m}}{\text{m}}\left(520 \times 10^6\,\frac{\text{N}}{\text{m}^2} + 524 \times 10^6\,\frac{\text{N}}{\text{m}^2}\right)\right] = 10.4 \times 10^6\,\frac{\text{J}}{\text{m}^3}$$

$$A4 = \frac{1}{2}\left[0.02\,\frac{\text{m}}{\text{m}}\left(524 \times 10^6\,\frac{\text{N}}{\text{m}^2} + 526 \times 10^6\,\frac{\text{N}}{\text{m}^2}\right)\right] = 10.5 \times 10^6\,\frac{\text{J}}{\text{m}^3}$$

$$A5 = \frac{1}{2}\left[0.02\,\frac{\text{m}}{\text{m}}\left(526 \times 10^6\,\frac{\text{N}}{\text{m}^2} + 524 \times 10^6\,\frac{\text{N}}{\text{m}^2}\right)\right] = 10.5 \times 10^6\,\frac{\text{J}}{\text{m}^3}$$

$$A6 = \frac{1}{2}\left[0.02\,\frac{\text{m}}{\text{m}}\left(524 \times 10^6\,\frac{\text{N}}{\text{m}^2} + 520 \times 10^6\,\frac{\text{N}}{\text{m}^2}\right)\right] = 10.4 \times 10^6\,\frac{\text{J}}{\text{m}^3}$$

$$A7 = \frac{1}{2}\left[0.02\,\frac{\text{m}}{\text{m}}\left(520 \times 10^6\,\frac{\text{N}}{\text{m}^2} + 488 \times 10^6\,\frac{\text{N}}{\text{m}^2}\right)\right] = 10.1 \times 10^6\,\frac{\text{J}}{\text{m}^3}$$

$$A8 = \frac{1}{2}\left[0.02\,\frac{\text{m}}{\text{m}}\left(488 \times 10^6\,\frac{\text{N}}{\text{m}^2} + 455 \times 10^6\,\frac{\text{N}}{\text{m}^2}\right)\right] = 94.3 \times 10^6\,\frac{\text{J}}{\text{m}^3}$$

$$A9 = \frac{1}{2}\left[0.02\,\frac{\text{m}}{\text{m}}\left(455 \times 10^6\,\frac{\text{N}}{\text{m}^2} + 390 \times 10^6\,\frac{\text{N}}{\text{m}^2}\right)\right] = 8.45 \times 10^6\,\frac{\text{J}}{\text{m}^3}$$

면적 $A10$은 변형률 0.18에서 시작하여 0.19로 끝나서, 변형률 간격이 0.01이다. $A10$에서 응력은 390 MPa에서 시작하고, 파단이 350 MPa에서 일어난다.

$$A10 = \frac{1}{2}\left[0.01\,\frac{\text{m}}{\text{m}}\left(390 \times 10^6\,\frac{\text{N}}{\text{m}^2} + 350 \times 10^6\,\frac{\text{N}}{\text{m}^2}\right)\right] = 3.70 \times 10^6\,\frac{\text{J}}{\text{m}^3}$$

인성은 위의 모든 면적의 합 또는 응력-변형률 선도 아래 면적에 의해 나타내진 부피 당 에너지이다.

$$\text{인성} = A1 + A2 + A3 + A4 + A5 + A6 + A7 + A8 + A9 + A10$$

$$\text{인성} = (8.5 + 10.2 + 10.4 + 10.5 + 10.5 + 10.4 + 10.1 + 9.43 + 8.45 + 3.70) \times 10^6\,\frac{\text{J}}{\text{m}^3}$$

$$\text{인성} = 92.2 \times 10^6\,\frac{\text{J}}{\text{m}^3}$$

6.7.8 고분자의 응력-변형률 선도

초기 선형 탄성영역, 항복점, 소성변형률을 가지는 고분자의 응력-변형률 선도의 모식도와 선도에서 (a)부터 (e)점에서 대응되는 고분자 시편의 형상을 그림 6.23에 나타내었다. 응력-변형률 선도는 금속과 비슷하지만, 현저한 차이도 있다. 금속에서처럼 많은 고분자에서 시편을 따라서 변형이 균일한 초기 선형 탄성영역이 있다. 넥 부분에서 고분자의 변형경화는 넥의 인접한 영역으로 변형률 이동을 야기하고, 이런 식으로 넥은 시편을 따라서 이동한다. 고분자에서 넥 이동은 금속에서의 거동과 다르다. 금속에서는 넥이 형성되면, 변형률은 넥 부분에 집중되고 넥은 이동하지 않는다. 식 6.39를 제외하고 응력-변형률 선도와 관련되어 이 장에서 유도된 방정식은 금속, 세라믹 그리고 고분자에 적용된다.

그림 6.24에 보이는 것처럼 고분자는 그림 6.23의 응력-변형률 선도에서 변화된 선도를 가진다. 표 6.5는 PMMA와 폴리스티렌(PS) 같이 상온에서 시험된 고분자는 상대적으로 높은 극한인장강도와 파단 시 3% 밖에 되지 않는 매우 낮은 신장량을 가진다는 것을 보여준다. 이것들은 매우 단단하고 취성인 재료들이다. 이런 재료에서 응력-변형률 선도에서 탄성 부분은 존재하지만, 소성변형률은 거의 보이지 않는다.

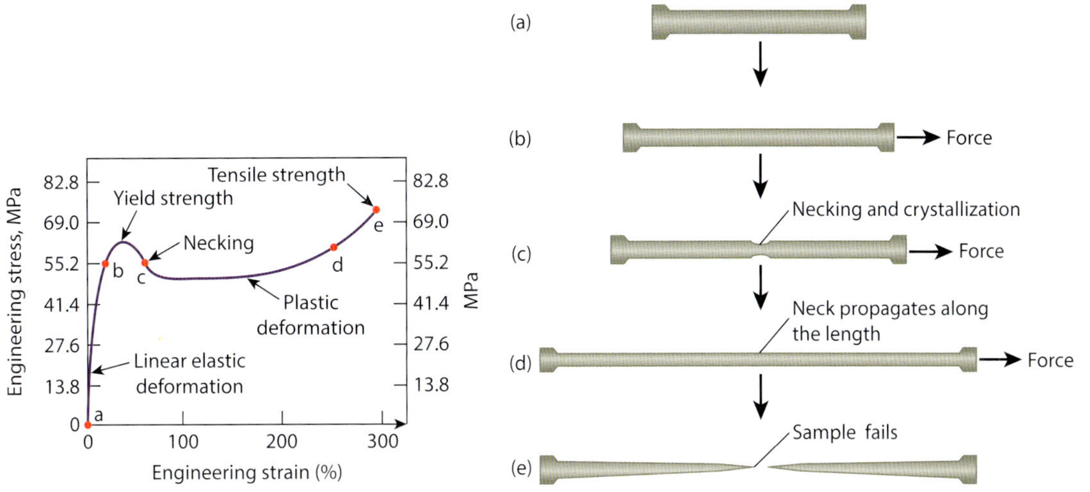

그림 6.23 항복응력, 그 뒤의 소성변형률을 가지는 고분자의 응력-변형률 선도의 모식도와 선도의 (a)에서 (e)까지 점에서 시편 변형의 그림 *(Based on Askeland, D.R., Fulay, P.P., and Wright, W.J., The Science and Engineering of Materials, 6th ed., Cengage Learning, Stamford, CT. (2011), pp. 625-626.)*

이런 재료는 파단 시 작은 변형률 때문에 항복하기 전에 파단한다. PMMA와 PS는 모두 입체장애(steric hindrance)를 가진다. 입체장애는 큰 사이드 그룹 분자에 의해 제공되는 LCM의 미끌림에 대한 저항이다.

LDPE와 PTFE는 낮은 항복응력과 파단 시 400~600%의 매우 큰 신장량을 가진다. 이런 재료에서 응력-변형률 선도는 소성변형률이 지배적이다. 이 재료들은 연하고 강인하다. 이들의 인성은 광범위한 소성변형률 때문에 상대적으로 크다. 그러나 낮은 항복강도와 파단강도는 인성의 크기를 제한한다. 이 두 재료에서 LCM은 탄소원자에 오직 수소원자(LDPE)나 플루오르 원자(PTFE)가 붙어 있으므로 입체장애를 가지지 않는다.

탄성영역, 상대적으로 높은 항복응력, 파단 시까지 매우 높은 소성 신장량(100~600%)을 가지는 고분

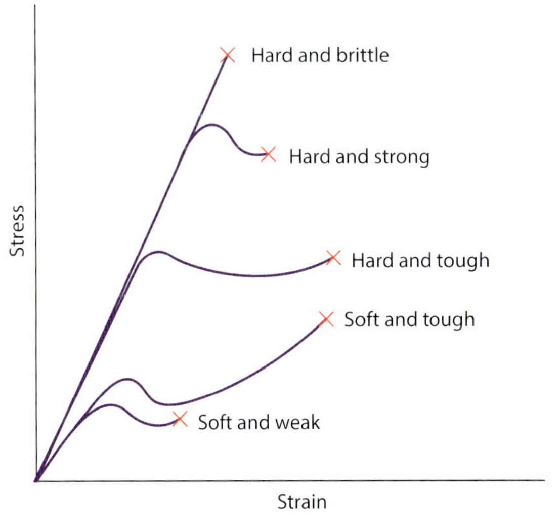

그림 6.24 다양한 형태의 고분자에 대한 응력(y축)-변형률(x축) 선도

표 6.5 몇 가지 고분자의 항복응력(σ_y), 극한인장강도(σ_u), 항복 시 변형률(ε_y), 파단 시 변형률(ε_f). 이것은 전형적인 값이나, 특정한 샘플에 대한 실제 값은 이 값과 다를 수 있다.

Material	σ_y (MPa)	ε_y (%)	σ_u (MPa)	ε_f (%)
LDPE	8.5	20	13	600
HDPE	30	9	27	450
PP	32	12	33	650
PS	Does not yield		50	3
PVC	50	3	55	30
PTFE	13	62.5	23	400
PMMA	Does not yield		70	3
Nylon 6,6	57	25	80	170
Phenolformaldehyde	Does not yield		55	1
Polyester resin	Does not yield		45	1

Based on van Krevelen, D. W., Properties of Polymers, Correlations with Chemical Structure, Elsevier, Amsterdam (1972), p. 181.

자는 단단하고 강인하다. 이런 형태의 응력-변형률 선도를 가지는 고분자는 HDPE, PP 그리고 나일론 6,6이 있다. PVC는 단단하고 강한 고분자의 예이다. 이것은 HDPE와 비교하여 상대적으로 높은 항복응력과 파단점까지 작은 변형률을 가진다.

그림 6.16의 122°C에서 시험된 PMMA는 중간 정도로 연성이다. 그러나 같은 PMMA가 상온에서 시험되면, 표 6.5에 보이는 것처럼 파단점에서 3%의 신장을 가진다. 이는 사실상 취성이다. 온도가 고분자 성질에 미치는 영향에 대해서는 9장에서 더 자세하게 다룬다. 상온의 PMMA 같은 고분자에서 LCM의 미끌림에 의한 소성변형률은 그림 2.19에 보인 것처럼 LCM 상의 큰 메틸과 아크릴 사이드 그룹에 의해 방해되므로 항복응력은 파단응력보다 높다. 낮은 온도에서 서로 미끄러지기 위해서 LCM은 높은 온도에서보다 더 큰 응력을 필요로 한다.

페놀포름알데히드는 3차원 네트워크 고분자이고, 폴리에스테르 수지는 3차원 네트워크를 형성하는 교차결합을 가지고 있다. 이런 고분자에서 공유결합이 3차원에서 분자를 연결하므로 LCM은 서로 미끄러져서 항복하지 못한다. 이것은 단단하고 취성인 고분자이다.

6.7.9 매끈한 인장시편의 파단과 연성

그림 6.25는 매끈한 금속 시편의 인장시험에서 관찰되는 파손의 형태를 보여준다. 파단된 시편의 연성은 시편의 초기 단면적(A_0)을 파단 위치에서 최종 단면적(A_f)과 비교함으로써 결정된다. 연성의 한 가지 측정법은 식 6.46 a와 b에서 보인 것처럼 파단부에서 퍼센트로 표현된 분수 단면적 변화($\%RA$)이다.

$$RA = \frac{A_0 - A_f}{A_0} \qquad \textbf{6.46a}$$

$$\%RA = 100\left(\frac{A_0 - A_f}{A_0}\right)\% \qquad \textbf{6.46b}$$

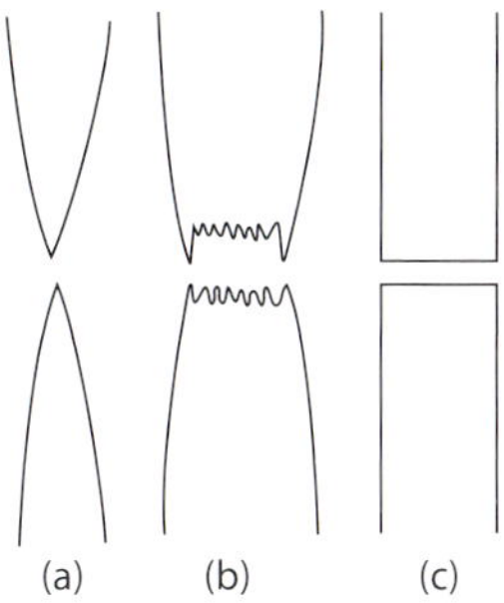

그림 6.25 부드러운 금속 시편은 인장 시험에서 3가지 파손 모양을 발생시킨다: (a) 연성재료 (b) 중간 정도로 연성인 재료 (c) 취성인 재료

또한 식 6.47은 파단부에서 연성의 측정 방법인 식 6.45로 결정된 진소성변형률(ε_{tf})을 나타낸다.

$$\varepsilon_{tf} = \ln \frac{A_0}{A_f} \tag{6.47}$$

그림 6.25a에 보이듯이 연성재료에서는 단면적의 변화는 100%까지 도달하고, 표 6.5의 LDPE 값에서 보듯이 신장량은 700%까지 이른다. 이런 재료에서는 사실상 초기 순수 탄성영역이 없이 소성변형률은 매우 낮은 응력에서 시작한다. 이런 형태의 재료는 상온에서 시험된 납, 구리, 알루미늄, 철, 금과 같이 어닐링 된 고순도 부드러운 금속을 포함한다. 잘 어닐링 된 순수한 금속에서 전위는 쉽게 움직이므로 소성변형률은 매우 낮은 응력에서 시작한다. 상온에서 시험된 PE나 PTFE(테트론^{TM}) 같은 단순한 고분자는 LCM의 미끄러짐이 쉽게 발생하므로 거의 100% 연성이다. 극단적으로 연성인 재료는 시편의 단면적이 0으로 갈 때 파손된다. 씹던 껌을 늘리면 이러한 모드의 파손을 관찰할 수 있다.

중간 정도로 연성인 재료는 그림 6.25b에서 보이는 것과 같이 파손된다. 그림 6.16의 저탄소강과 122°C에서 시험한 PMMA의 예처럼, 이 재료는 보통 초기 탄성영역과 그 뒤의 소성변형률을 가진다. 중간 정도로 연성인 재료의 다른 예는 나일론이나 폴리카보네이트 같은 고분자뿐만 아니라 알루미늄, 구리, 티타늄 합금 등을 포함한다. 파단점에서 25%*RA*를 가지는 재료는 중간 정도로 연성인 재료라고 인정된다.

취성인 재료는 그림 6.25c에서 보인 것처럼 파단 후 현저한 영구적인 단면적 감소가 없다. 여러분은 분필을 부러뜨려 이런 형태의 파손을 관찰할 수 있다. 그림 6.16a에 있는 사파이어는 취성인 재료이다. 취성인 재료는 파단점에서 아주 작은 소성변형률을 가진다. 파단응력이 항복응력보다 낮으면 재료는 취성이다. NaCl, MgO, Al_2O_3, ZrO_2과 같은 이온결합 결정성 재료에서 큰 Burger 벡터 때문에 상온에서 전위 이동이 어려워 취성인 재료가 된다. 실리콘, 다이아몬드, 게르마늄 같은 공유결합 결정성 재료에서 공유결합은 쉽게 굽어지지 않기 때문에 상온에서 전위 이동이 어렵다. 결정성 재료에서 전위 이동의 부재가 이들을 취성으로 만든다. 주철 같은 금속은 합금에서 탄화철 같은 취성인 상의 부피분율이 크므로 상온에서 취성이다. 취성 파손을 가지는 다른 재료는 유리, 분필, 콘크리트, 마그네시아, 실리콘 등이 있다.

6.7.10 항복강도와 연성의 관계

일반적으로 탄소강처럼 주어진 재료의 강도가 높을수록 연성은 낮다. 표 6.3에서 1080 강은 380 MPa의 항복강도와 25%의 *RA*를 가지고, 1020 강은 295 MPa의 항복강도와 36.5%의 *RA*를 가진다. 표 6.5

에서 PMMA는 항복하지 않지만, 파단강도는 전형적으로 70 MPa, 파단 시 신장량은 3%이다. 반대로 LDPE는 8.5 MPa의 항복강도와 신장량 600%를 가진다.

공학재료를 다루는 8장에서 저탄소강에 합금 원소를 추가하여 연성은 크게 감소시키지 않고 강도를 향상시키는 고강도 저합금강에 대해서 다룰 것이다. 이와 비슷하게 57 MPa의 전형적인 항복강도와 170%의 신장량을 가지는 나일론 6,6처럼 큰 연성을 유지하면서 증가된 강도를 가지는 고분자도 있다.

6.7.11 취성의 세라믹 재료에 대한 인장 및 압축강도

몇 가지 취성인 세라믹 재료의 인장 및 압축강도가 표 6.6에 제시되어 있다. 이 재료들은 항복하지 않으며, 항복강도는 제시되어 있지 않다. 표 6.6에서 재료의 압축 파단강도는 인장강도보다 5~10배 정도 클 수 있다는 점에 주목하자. 이는 취성인 세라믹 재료에서 인장 파단은 보통 작은 크랙을 형성하는 결함에서 시작되고, 이 작은 크랙이 재료를 관통해 이동하여 큰 크랙을 형성할 때 발생하기 때문이다. 예를 들면, 부드러운 면을 가지는 유리는 구부려 파단시키기 어렵지만, 표면에 커터로 스크래치를 만들면 새긴 선을 따라서 유리는 쉽게 부러진다. 취성 재료의 단축 압축파단은 압축 축에 대해 약 45°에 있는 전단 크랙의 이동 때문이거나, 포아송 비에 의해 발생된 압축 축의 수직방향으로 인장 변형에 의한 파손 때문이다. 취성인 재료는 매우 높은 정수압 압축 응력을 견딜 수 있다.

세라믹 재료에 대한 열압법(hot pressing)과 같은 가공처리를 13장 재료가공에서 다룰 것이고, 부분 안정화되고 상변태 강화된 지르코니아를 11장 파손과 피로에서 다룰 것이다.

6.7.12 취성재료와 복합재료의 강도시험

압축시험은 세라믹, 취성 고분자, 복합재료 및 나무에 대해서 행해질 수 있다. 이 재료는 시편이 그립(grip)부에서 부서지는 경향이 있으므로 그림 6.15에서 보인 것과 같은 표준 시편을 이용하여 인장시험을 하기는 어렵다. 취성 재료에 나사산을 가공하면, 주로 나사부에서 부서져서 의미없는 시험 결과가 나올 것이다. 유효한 시험 결과를 얻기 위해서는 시편이 균일한 면적에서 파손되어야 한다. 인장시험을 위해 나사산이 없는 다른 그립부가 설계되었지만, 취성인 시편은 그립에 의해 발생된 응력집중 때문에 그립부에서

표 6.6 선택된 몇 가지 세라믹에 대한 압축 및 인장강도

Material	Compressive Strength MPa	Tensile Strength MPa
Alumina (85% dense)[1]	1620	125
Alumina (99.8% dense)[1]	2760	205
SiC (sintered)[2]	3864	173
Si_3N_4 (hot pressed)[2]	3450	552
Si_3N_4 (reaction bonded)[2]	1035	138
ZrO_2 (partially stabilized 9% MgO)[1]	1860	449
ZrO_2 (transformation toughened)[1]	1760	350

1 Guide to Engineering Materials Vol. 1(1) ASM, Metals Park, OH (1986), pp. 16, 64, and 65.

2 Askeland, D.R., Fulay, P.P., and Wright, W.J., The Science and Engineering of Materials, 6th ed., Cengage Learning, Stamford, CT. (2011), p. 575.

부서지는 경향이 있다. 그림 6.26에 보인 도그본(dog-bone) 그립이 주로 콘크리트처럼 취성인 재료를 위해 설계되었다. 파단이 최소 단면적에서 일어나도록 그립과 시편이 설계가 되었지만, 이 설계에서도 시편이 처음 그립을 접촉하는 점에서 파단이 자주 일어난다. 오직 인장 파단강도만이 이 시험을 통해 결정된다. 파단 하중과 최소 단면적이 측정되고 파단응력을 결정하기 위해서 식 6.2가 사용된다. 그러나 시편의 단면적이 균일하지 않기 때문에 시편에서 응력과 변형률도 균일하지 않다. 그러므로 이 장에서 논의한 많은 특성들이 이 시험으로 결정되지는 않는다. 예를 들면, 시편에서 변형률이 결정될 수 없으므로 탄성계수도 결정될 수 없다.

그림 6.27에 보인 3점 굽힘시험에서는 취성인 세라믹 재료를 그립하는 문제를 피할 수 있다. 굽힘시험에서 직사각형 단면 보의 아래 면은 식 6.48에 주어진 최대 인장응력을 가진다. 여기서 F는 하중, L은 지지점 사이의 거리, w와 h는 시편의 폭과 높이이다.

$$\sigma_b = \frac{3FL}{2wh^2} \qquad \textbf{6.48}$$

시편의 위 면은 아래 면의 인장응력과 크기는 같고 반대 부호를 가지는 최대 압축응력을 가진다. 굽힘시험에서 취성 재료는 표 6.6에서 보듯이 압축강도보다 매우 낮은 인장강도 때문에 아래 인장 면에서 항상 파단한다. 3점 굽힘시험에서 파단강도는 파단 시 하중을 식 6.48에 넣어 계산되는 굽힘강도이다. 3점 굽힘시험에서 결정되는 탄성계수는 식 6.49에 주어진 굽힘계수(E_b)이다.

$$E_b = \frac{FL}{4wh^3\delta} \qquad \textbf{6.49}$$

여기서 δ는 보의 중심에서 처짐이다. 식 6.48과 6.49는 재료역학 시간에 전개되었고, 여기에서 따로 유도하지는 않는다. 원형 단면적을 가지는 보에 대한 방정식도 유도되었다. 또한 두 지지점으로부터 같은 거리에서 두 하중이 작용하는 4점 굽힘시험도 있다.

그림 6.26 취성 재료인 콘크리트 시편의 인장시험을 위한 도그본 그립부 *(Photo by C.M. Gilmore)*

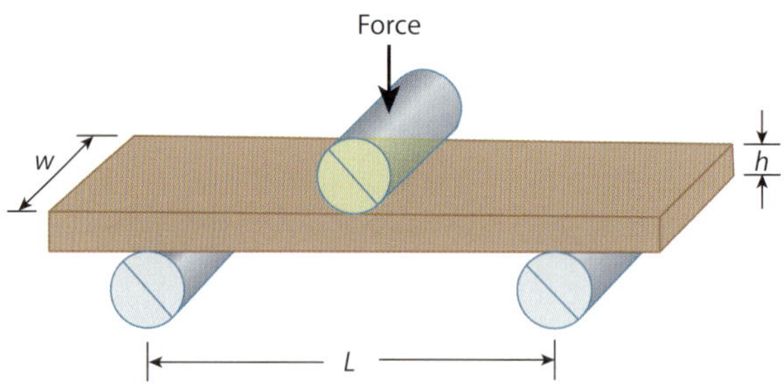

그림 6.27 3점 굽힘시험 모식도 *(Based on Askeland, D.R., Fulay, P.P., and Wright, W.J., The Science and Engineering of Materials, 6th ed., Cengage Learning, Stamford, CT. (2011), p. 219.)*

단축 복합재료와 나무에서는 수직 인장강도나 계수보다도 굽힘강도와 계수가 자주 결정된다. 유리섬유나 나무 같은 단축 복합재료를 섬유를 인장축과 평행하게 한 채 표준 인장시험을 하면, 섬유와 기지의 경계면을 따라서 그립부에서 파단하고 강한 섬유는 그립부 밖으로 이끌려 나온다. 12장 복합재료에서 단축 복합재료와 나무에 대하여 다룬다.

6.8 초탄성

5장에서 가역적인 마르텐사이트 변형을 가지는 TiNi과 같은 재료를 다루었다. 이 재료는 형상 기억 효과를 가지고, 마르텐사이트 개시 온도(M_s) 위에서 변형하면 **초탄성**이다. **초탄성**은 10%처럼 매우 큰 변형률이 회복된다는 뜻이다. 초탄성은 평형 원자간 위치로 돌아가는 원자들 때문에 나타나는 전통적인 탄성이 아니므로 의탄성(pseudoelasticity)이라고 한다. TiNi과 같이 가역적인 마르텐사이트 변태를 가지는 재료에서 초탄성은 마르텐사이트로 변태하는 동안 일어나는 결정 격자 왜곡의 회복에 의한 것이다. 전통적인 고강도 재료에서 회복되는 변형률은 수 % 정도이다. 이런 재료들은 초탄성 효과 때문에 치아 교정에 응용할 수 있다.

오스테나이트 상을 가지는 합금이 M_s 온도 위에서 변형할 때 응력-변형률 선도의 모식도가 그림 6.28에 나타나 있다. 점 *A*까지 선도의 초기 부분에서 오스테나이트 상은 보통의 선형 탄성 거동을 보인다. 마르텐사이트 변태를 보이는 재료에서 고온 상은 철-탄소계에서의 명명과 유사하게 오스테나이트라고 불린다. 더 높은 응력에서 응력-변형률 선도는 선형에서 벗어난다. 그러나 이 곳은 항복점이 아니다. 응력이 그림 5.26b에 보이는 왜곡을 통해서 오스테나이트를 마르텐사이트로 변태하게 만든다. 온도가 M_s보다 크므로 깁스 자유에너지 변화로만 마르텐사이트로 변태시키기 충분하지 않다. 그러나 작용된 응력이 그림 5.26b에 보이는 왜곡을 돕는다면, 마르텐사이트 변태는 M_s 위의 온도에서 일어날 수 있다. 보통 초기 탄성 영역의 범위는 M_s에 대한 주위의 온도에 달려있다. 주위 온도가 M_s 위에서 보다 커질수록 더 큰 범위의 오스테나이트 탄성영역이 존재하고, 마르텐사이트로 변태시키기 위해 필요한 에너지는 더 커진다. 응력-변형률 선도의 *B* 부분은 응력이 유발한 오스테나이트에서 마르텐사이트로의 변태가 일어나는 곳이고, 이 부분에서 변형률의 범위는 보통 0.1이다. *B* 부분에서 하중이 제거되면 마르텐사이트는 *D* 경로를 따라서 다시 오스테나이트로 변태하고 마르텐사이트에 있는 왜곡은 회복된다. 온도가 M_s 위에 있고 마르텐사이트가 소성 변형하지 않는 한 모든 변형률은 회복된다. 이때 변형률 회복은 초탄성이다.

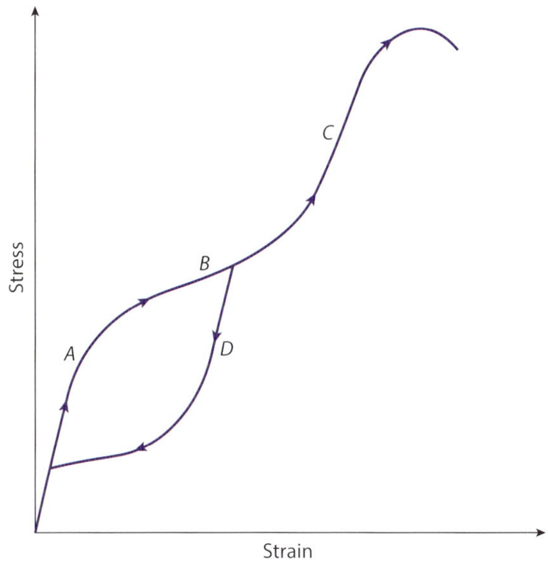

그림 6.28 마르텐사이트 개시 온도 위에서의 초탄성 재료의 응력-변형률 선도

초탄성 영역(B)의 끝에서 오스테나이트는 모두 마르텐사이트로 변태하고, 왜곡은 모두 재료의 연속성을 허용하는 가장 호의적인 방향이다. 응력이 유도한 마르텐사이트 영역(B)보다 높은 응력에서는 마르텐사이트 상이 탄성 변형을 하는 영역(C)이 존재한다. 이보다 더 높은 응력에서 응력-변형률 선도는 마르텐사이트 상이 소성변형을 하는 비선형 거동을 보인다.

TiNi과 같은 초탄성 재료는 치아 교정 응용에 이상적이다. 와이어가 오스테나이트 상에서 변형되도록 M_s 이상의 온도에서 설치되고 늘려진다. 와이어의 응력에 반응하여 치아가 움직이기 시작할 때, 초탄성 변형률 회복이 응력을 계속 작용시켜 치아를 극한의 위치로 이끈다. 스테인리스강 같은 보통의 탄성 와이어에서는 치아의 작은 이동이 응력을 빠르게 감소시켜 0이 되게 한다.

6.9 경도, 미소경도, 초미소경도

경도시험은 그림 2.12에 보이는 것처럼 압입자의 침투에 대한 재료의 저항성을 측정한다. 경도시험은 재료에 가장 자주 행해지는 시험이다. 경도시험은 상대적으로 수행하기 쉽고 단순하다. 재료는 파괴되지 않고 아주 작은 압입 흔적만 남으며, 경도 값은 재료의 기계적 특성의 지표를 제공한다. 부품을 생산하는 데 사용되는 재료가 사양을 따르는지 것을 보증하기 위해 품질관리에서 경도시험이 쓰인다. 표 6.7은 몇 가지 다른 경도 측정 시스템, 압입자 형태, 하중(F), 전형적인 응용분야를 보여준다.

압입자는 작고 강한 강이나 탄화텅스텐 볼 또는 끝이 뾰족한 다이아몬드이다. 로크웰 브레일과 비커스, 누프 압입자는 모두 뾰족한 다이아몬드이다. 로크웰 볼은 강이고 브리넬 볼은 무른 재료에 대해서는 강, 단단한 재료에 대해서는 탄화텅스텐이다.

브리넬(HB), 비커스(HV), 누프(HK) 경도시험에서는 압입자를 빼고 난 다음 압흔의 크기를 현미경에

표 6.7 압입자, 하중 및 전형적인 응용분야를 보여주는 다양한 경도시험

Test	Indenter	Load	Application
Brinell	10-mm ball	3000 kg	Cast iron and steel
Brinell	10-mm ball	500 kg	Nonferrous alloys
Rockwell *A*	Brale	60 kg	Very hard materials
Rockwell *B*	1.59 mm ball	100 kg	Brass, low-strength steel
Rockwell *C*	Brale	150 kg	High-strength steel
Rockwell *D*	Brale	100 kg	High-strength steel
Rockwell *E*	3.18 mm ball	100 kg	Very soft materials
Rockwell *F*	1.59 mm ball	60 kg	Aluminum, soft materials
Vickers	Diamond square pyramid	10 kg	All materials
Knoop	Diamond elongated pyramid	500 g	All materials

Based on data from Askeland, D.R., Fulay, P.P., and Wright, W.J., The Science and Engineering of Materials, 6th ed., Cengage Learning, Stamford, CT. (2011), p. 222.

인쇄된 길이 스케일을 이용하여 측정한다. *HB*, *HV*, *HK*에 대해서 압흔의 모양과 측정 크기가 표 6.8에 나타나 있다.

식 6.50~6.52까지 표 6.8에 제시된 크기, 브리넬 볼의 지름(D)과 작용된 하중(F)으로 *HB*, *HV*, *HK* 값을 제공한다.

$$HB = \frac{2F}{\pi D[D - (D^2 - d^2)^{0.5}]} \tag{6.50}$$

$$HV = \frac{1.854F}{[0.5(d_1 + d_2)]^2} \tag{6.51}$$

$$HK = \frac{14.2F}{l^2} \tag{6.52}$$

표 6.8 *HB*, *HV*, *HK* 경도 압입 시험에서 모양과 크기 명명

Test	Shape of Indentation Top View
Brinell	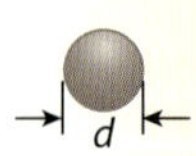
Vickers microhardness	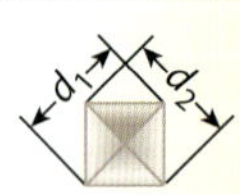
Knoop microhardness	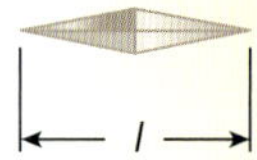

HB, HV, HK의 단위는 단위 면적 당 힘이다. 원래 이용된 경도 단위는 밀리미터의 제곱 당 킬로그램 힘이었다. 그러나 최근의 경향은 미터 제곱 당 뉴턴이나 밀리미터 제곱 당 뉴턴 등의 SI 단위를 쓰는 것이다. 경도 값을 쓸 때 단위도 분명하게 표시해야 한다.

로크웰 경도시험에서는 일정한 하중 하에서 재료 속으로 압입자의 침투량이 기계에 의해 자동적으로 측정된다. 경도 값은 다이얼 게이지를 읽어서 구할 수 있다. 표 6.7은 몇 가지 다른 로크웰 경도 스케일을 보여준다. 다양한 재료의 경도는 넓은 범위에 걸쳐 있기 때문에 서로 다른 스케일이 필요하다. 폴리에틸렌처럼 무른 재료에 대해서 1/8인치 강 구처럼 큰 압입자가 로크웰 E 스케일에서 이용된다. 담금질 되고 불린 고강도 강에서는 150 kg 힘을 가지는 다이아몬드 브레일 압입자가 로크웰 C 스케일에서 이용된다.

그림 6.29는 브리넬 경도를 표준으로 하여 몇 가지 다른 경도 스케일을 비교한다. 몇 가지 재료의 대략적인 브리넬 경도는 다이아몬드 6000, 공구강 800, 고강도강 200, 구조강 150, 구리와 알루미늄 합금 60, 플라스틱 20이다.

몇 가지 재료에 대해서 경도와 극한인장강도(σ_u)는 대략적으로 상관관계가 있다. 예를 들면 강의 MPa 단위의 극한인장강도는 로크웰 B 경도와 식 6.53과 같은 관계가 있다.

$$\sigma_u \cong 3.45\ R_B\,\text{MPa} \tag{6.53}$$

다른 형태의 경도 시험에 대해서도 비슷한 방정식이 존재한다. 경도시험은 인장시험이 행해질 수 없을 때 기대되는 재료의 극한인장강도에 대한 지표를 제공한다.

미소경도 시험은 마이크로 크기(10^{-6} m)의 압입자를 사용한다. 작은 압입을 관찰하기 위해서 현미경이 필요하다. 미소경도 시험의 예는 2 N 또는 그보다 작은 낮은 하중(F)이 사용될 때, 비커스나 누프 경도시험이다. 미소경도 시험은 시편의 표면에서 다른 결정립이나 상처럼 다른 점의 경도를 결정하는 데 사용된다.

주사 터널링 현미경과 원자힘 현미경의 개발로, 이제 나노미터 단위의 압입을 관찰할 수 있다. 나노 단위의 압입자는 극도로 작지만 관찰할 수 있는 압흔을 만들어 낸다. 초미소경도의 결정은 연구의 대상이지만 재료의 표준 평가방법으로 사용되지는 않는다.

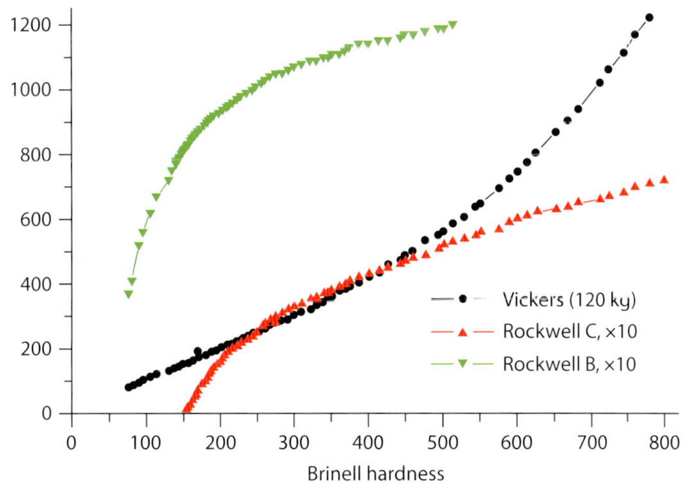

그림 6.29 표준으로 브리넬 경도를 이용한 다양한 경도 스케일의 비교 *(Based on http://en.wikipedia.org/wiki/Hardness_comparison)*

요약

- 재료에 작용되는 하중의 주 형태는 인장, 압축(인장의 음수), 전단이다. 사각형 재료에 작용하는 인장력은 재료를 인장력 방향으로 신장시킨다. 사각형의 표면에 작용하는 전단력은 꼭지점에서 각도를 변화시킨다.
- 단축 인장이나 압축력이 힘에 수직인 원래 단면적으로 나누어지면 수직응력이 된다.
- 축 변형률은 축력에 의해 생성된 축 방향 변형량을 시편의 원래 길이로 나눈 것이다.
- 포아송 비는 하중 축에 수직인 방향의 변형률을 하중 방향의 변형률로 나누어 음수를 취한 값이다.
- 진응력은 힘이 측정되는 순간에 잰 단면적으로 하중을 나눈 값이다.
- 진변형률의 변화는 측정 시의 길이로 나눈 길이 변화로 정의된다. l_0에서 l까지 길이 변화를 겪는 시편의 전체 진변형률은 l_0에서 l까지 진변형률의 증가를 적분하면 얻어진다.
- 모든 방향에서 응력이 같을 때 정수압 상태의 응력이라고 한다. 압축적인 정수압 응력은 압력이다.
- 전단변형은 시편의 위 면에 힘이 평행하게 작용될 때 발생하고, 시편의 위 면은 아래 면에 대하여 상대적으로 이동한다. 전단변형률은 위 면의 상대적인 이동을 높이로 나눈 값이다.
- 전단응력은 전단력을 작용하는 면적으로 나눈 값이다.
- 재료에 응력이 작용될 때 그에 상응하는 변형률이 발생한다. 응력이 0으로 감소하고 재료가 원래 길이로 돌아오면 변형률은 탄성적이다.
- 비탄성 재료에서 하중 제거 시 응력-변형률 거동은 하중을 가할 때의 응력-변형률 선도를 따르지 않으며, 변형률도 즉각적으로 0으로 돌아오지 않는다. 그러나 응력 0에서 변형률은 충분한 시간 동안 분명히 0으로 돌아온다.
- 고무를 제외한 재료에서 탄성변형률은 원자간 결합이 늘어남으로써 나타난다. 이런 재료의 탄성계수는 원자간 포텐셜의 곡률에 비례한다.
- 고무 같은 탄성중합체에서 탄성변형률은 긴사슬분자의 풀림 때문이다. 고무의 탄성계수는 이 풀림에서 야기되는 엔트로피 변화의 함수이다.
- 응력-변형률 선도의 아래 넓이는 재료에 변형을 일으키는 데 필요한 단위 부피 당 변형에너지이다.
- 소성변형률은 작용 응력이 0으로 감소했으나 재료에 남아있는 영구적인 변형률이다.
- 교차결합이 없는 열가소성 무정형의 고분자에서는 작용된 응력에 의해 긴사슬분자 사이에 반데르발스 결합이 끊어져 자유스럽게 서로 미끄러지면서 소성변형률이 발생한다.
- 반 결정성 열가소성 고분자의 소성변형률에서, 결정 부분 사이의 무정형 부분이 먼저 변형되고, 긴사슬분자는 인장방향으로 정렬한다. 그리고 나서 결정 부분이 인장 방향으로 회전한다. 더 높은 소성변형률에서 결정부분은 분리된다.
- 유리전이온도 위의 온도에서 실리콘과 산소원자 사이의 결합이 계속적으로 끊어지고 작용된 응력이 원자를 이동시켜 다른 원자와 결합하기 때문에 석영유리의 소성변형률이 발생한다.
- 녹는점에 비해 낮은 온도에 있는 결정성 금속에서 소성변형률은 전위의 이동에 의한 것이다.
- 단위 길이의 전위를 이동시키는 데 필요한 전단응력은 Burger 벡터의 크기에 비례한다. 이온성 재료에서 Burger 벡터가 금속에서보다 크므로 이온결정에서 전위를 이동시키는 임계응력은 금속에서보다 크다.

- 공유 결합성 결정 고체에는 결합의 각도의 변화에 대한 저항성이 있다. 전위 주위에서 원자를 끄는 것은 원자 사이의 각도 변화를 필요로 하고, 금속보다 공유 결합성 고체에서 더 많은 변형에너지를 필요로 한다.
- 이온성 및 공유결합성 재료는 열진동이 전위의 이동을 활성화 시키는 높은 온도에서 전위의 이동에 의해 소성적으로 변형한다.
- 결정의 특정한 조밀 충진면에서 전위의 이동은 일정한 임계분해 전단응력에서 일어난다. 조밀 충진면과 충진방향의 함수인 단결정 재료에 대해서 전위 이동에 필요한 일정한 임계분해 전단응력은 전위 이동이 시작되는 인장응력(비례한도)을 야기한다.
- 다결정성 금속에서 비례한도는 FCC 금속에서는 임계분해 전단응력의 3.1배, BCC 금속에서는 2.75배이다.
- 항복응력은 0.002의 변형률 오프셋을 가지고 응력-변형률 선도의 초기 기울기와 평행하게 그린 직선과 선도가 만나는 점에서의 응력이다.
- 회복력 계수는 재료가 흡수하였다가 하중 제거 시 모두 회복하는 최대 변형에너지이다.
- 고무와 고분자의 충격 회복력 시험에서 강구가 초기 높이 h_1에서 시편의 평평한 면에 떨어진다. 강구는 높이 h_2까지 튀어 오른다. 이때 충격 회복력은 h_2/h_1이다.
- 재료의 인장에서 최대 공학응력은 극한인장강도이다.
- 재료의 인성은 인장시험에서 시편을 파단시키는 데 필요한 단위 부피 당 변형에너지이다. 인성은 응력-변형률 선도의 아래 면적을 파단점까지 적분하면 구할 수 있다.
- 연성의 한 가지 측정법은 파단점에서 % 단면적 변화이다.
- 연성의 다른 측정법은 파단점에서 최종 단면적으로 초기 단면적을 나눈 값에 로그를 취해 결정되는 진 소성변형률이다.
- 연성이 큰 재료에서는 단면적 변화는 100%에 이른다. 중간 정도의 연성인 재료에서는 단면적 변화는 25%에 이른다. 취성인 재료에서 단면적 변화는 거의 0이다.
- 일반적으로 주어진 재료의 강도가 높을수록 연성은 낮아진다.
- 취성인 세라믹 재료에서 압축 파단강도는 인장 파단강도보다 5~10배 높다.
- 취성인 재료와 복합재료에서 인장 기계적 성질은 도그본 모양의 시편이나, 3점 또는 4점 굽힘시험을 통하여 얻어진다.
- TiNi처럼 가역적인 마르텐사이트 변태를 가지는 재료에서 초소성은 마르텐사이트 변태 중에 일어나는 결정 격자 왜곡의 회복에 의한 것이다.
- 재료의 경도는 고정된 하중 하에서 압입자의 재료 속으로의 침투에 대한 저항성이다.
- 어떤 재료에 대해서는 경도와 극한인장강도 사이에 대략적인 상관관계가 있다.
- 미소경도 시험은 마이크로 크기의 압흔을 남기는 압입자로 수행된다.
- 주사 터널링 현미경과 원자힘 현미경의 발전으로 나노 미터 크기의 압흔을 관찰할 수 있고, 압입자도 작은 크기로 만들 수 있다. 초미소경도의 결정은 현재 연구 중이지만, 재료의 표준 평가 방법으로 쓰이지는 않는다.

CHAPTER 07

재료 강화

Making Strong Materials

이 장에서 이해해야 할 것

- 금속이 경화되는 방법
- 변형 경화(strain-hardened)된 금속의 연성이 어닐링에 의해 증가되는 방법
- 전위 밀도, 결정립의 크기, 분산 입자의 함유, 침전물 등이 금속의 항복 강도에 미치는 영향
- 취성 세라믹의 경화
- 위스커(whisker)와 그들의 강도
- 사슬 분자량, 결정화도, 사슬 배열 등에 의한 폴리머의 강화
- 폴리머의 화학적 변화에 의한 폴리머의 강화
- 3차원 폴리머
- 교차접합(cross-linking)에 의한 폴리머의 강화
- 열경화성 및 열가소성 탄성중합체

다마스쿠스 스타일의 강철 칼 사진. 다마스쿠스 강은 중세인 서기 1100~1700년에 생산되었다. 다마스쿠스 강은 탄성이 있고 강하며 인성이 좋다. 또한 이 강으로 만들어진 칼은 날카로운 날을 자랑한다. 다마스쿠스 강을 만드는 기술의 기원은 기원전 약 500년의 인도이며, 이 금속은 우츠강 이라고 불렸다. 인디언들의 기술은 1.1절에서 다뤘던 매우 낮은 탄소를 함유한 연철에서부터 시작되었다. 연철은 밥그릇 만한 작은 세라믹 도가니 안에 천연 재료인 탄소를 제공할 수 있는 나무나 나뭇잎과 함께 봉해졌다. 봉해진 도가니는 철과 탄소를 녹일 수 있는 용광로에 넣어졌다. 그 결과 인디언들은 매우 질 좋은 탄소강을 얻을 수 있었다. 다마스쿠스의 대장장이는 이 기술을 이용해 다마스쿠스 강을 만들었다. 하지만 용광로에 넣을 탄소 재료의 첨가는 철저하게 비밀로 붙여졌다. 이 때문에 불행이도 다마스쿠스 철을 만드는 공정은 소실되었고, 현재의 과학자들이 다마스쿠스 강을 만들어 내려 시도해 보았으나 실패했다. 이 강은 구별되는 굽어진 무늬가 있으며, 이 무늬는 강철 빌릿을 단조하여 얇은 박판으로 만든 후 다시 접은 후 용접하고 가열한 후 단조한 패턴 용접 무늬와 유사하다. 패턴 용접은 강에 많은 얇은 층과 무늬를 형성한다. 흥미로운 점은, 다마스쿠스 철로 만든 칼에서 탄소 나노튜브가 발견되었다는 점이다.

MATERIALS SCIENCE AND **ENGINEERING PROPERTIES**

7.1 소개

구리, 알루미늄, 철과 같이 열처리된 순도 높은 금속의 항복 강도와 폴리에틸렌 중합체(PE, polymer polyethylene)의 항복 강도는 고성능을 필요로 하는 구조물에 사용되기에는 매우 낮다. 그러나 재료의 적질한 가공 및 화학 조성 변화를 통해 이러한 재료들의 항복 강도를 상당히 높일 수 있다. 예를 들어, 상업적으로 사용되는 열처리된 순수 알루미늄의 인장 항복 강도는 3.45 MPa 정도이지만, 항공기에 사용되는 알루미늄 합금의 항복 강도는 500 MPa을 넘는다. 우유병 등을 제작하는데 사용되는 저밀도 폴리에틸렌의 최대 인장 강도는 대략 13 MPa 정도이지만, 가공을 통해서 최대 인장 강도가 3300 MPa이 넘는 섬유로 제작할 수 있다. 이는 고강도 강보다 강한 수준이다. 이 장에서 우리는 위에서 언급한 것과 같이 고체를 더 강하게 만들어낼 수 있는 여러 가지 방법들에 대해서 공부할 것이다.

7.2 금속 재료의 강화

결정구조를 갖는 금속이 용융점 절반 이하의 온도에서 소성변형이 일어나는 이유는 전위의 움직임 때문이다. 구리, 알루미늄, 철과 같이 전위의 밀도가 낮고 순도 높은 단결정 금속에서는 전위의 움직임을 방해하는 장애물이 거의 없기 때문에 전위의 이동이 쉬우며, 쉬운 전위의 이동은 금속의 항복 강도를 낮아지게 한다. 모든 종류의 금속은 응고 되는 과정에서 전위를 포함하게 된다. 높은 항복 강도를 갖는 금속을 생성하기 위해서는 금속 내부에 존재하는 전위의 움직임을 방해하는 요소들을 포함시켜야 한다.

7.2.1 금속의 변형 경화

그림 6.16과 그림 6.17은 소성변형이 발생했을 때 변형 경화된 금속을 보여준다. 변형 경화(strain hardening)는 금속이 소성변형 되었을 때 금속의 항복 강도가 증가되는 현상을 말한다. 그림 7.1에 나타난 바와 같이 금속이 소성변형 되었을 때 금속 내의 전위 밀도가 증가하는 것을 관찰할 수 있다(검정색 선

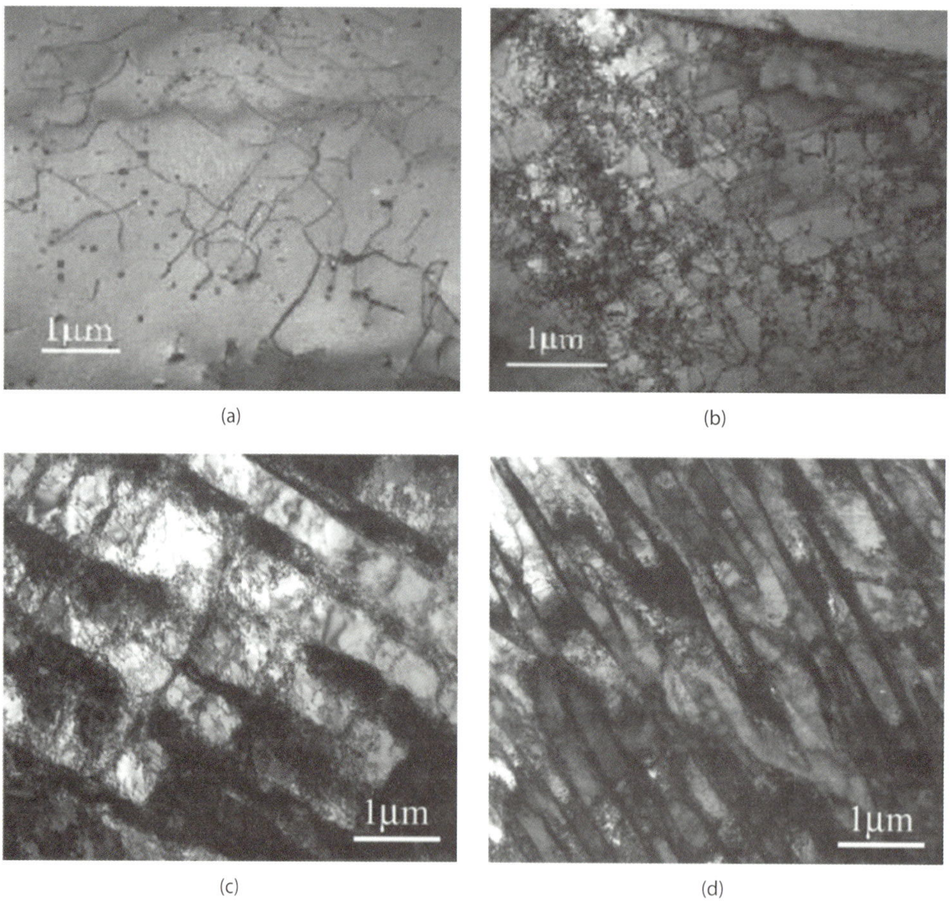

그림 7.1 900℃에서 1시간 동안 풀림처리 된 탄소(0.15 중량 퍼센트) 규소(0.15~0.35 중량 퍼센트) 강 내부 전위의 투과 전자 현미경 사진. (a) 0% 냉간가공, 전위 밀도 $5 \times 10^{13} m^{-2}$. (b) 압연에 의한 5% 냉간가공, 전위 밀도 $2 \times 10^{14} m^{-2}$. (c) 압연에 의한 10% 냉간가공, 전위 밀도 $6 \times 10^{14} m^{-2} \sim 10 \times 10^{14} m^{-2}$. (d) 압연에 의한 20% 냉간가공. 전위의 조밀한 세포상 조직으로 인해 (c)와 (d)의 정확한 전위 밀도를 결정하기 어렵다.
(© 2009 IEEE. Reprinted, withpermission, from Kikuchi, H., et al., "Effect of Microstructure Changes on Barkhausen Noise Properties and Hysteresis Loop in ColdRolled Low Carbon Steel," IEEE Trans, Magnetics, 45 (6) 2744–2747.)

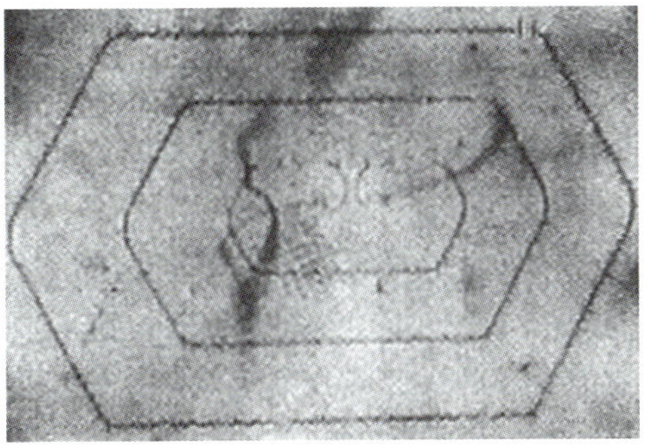

그림 7.2 Frank–Read 전위의 투과 전자 현미경 사진(완성된 두 개의 전위 고리와 생성 중인 1개의 전위 고리) *(Professor Dinker B. Sirdeshmukh, Lalitha Sirdeshmukh, K. G. Subhadra, "Defects in Crystals II: Dislocations," Atomistic Properties of Solids. Springer Series in Materials Science Volume 147, 2011, pp 511-559, Figure 36, with kind permission from Springer Science+Business Media B.V.)*

이 전위이다). 소성변형이 일어나는 동안 전위는 금속의 표면, 결정립계, 균열 선단과 같은 금속의 결정 구조 내의 결함에 의해 생성된다. 특정 배열을 갖는 전위는 그림 7.2에 나타나있는 **Frank-Read source** 메커니즘에 따라 새로운 전위를 생성할 수 있다. Frank–Read source의 기원은 고정되어 있는 전위 세그먼트이다. 분해 전단응력(resolved shear stress)의 임계값이 Frank–Read source에 가해지면, 그림 7.2에서 볼 수 있듯이 다수의 전위 고리가 생성된다. Frank–Read source는 연속적으로 이러한 전위 고리를 형성할 수 있다.

그림 7.3은 항복이 일어날 때 구리의 분해 전단응력은 전위 밀도의 제곱근에 비례하는 함수로 표현됨을 보여준다. 그리고 전위 밀도가 10^{10} m/m^{3}에서 10^{15} m/m^{3}으로 증가할 때 분해 전단응력이 거의 100 MN/m^{2}만큼 증가하는 것을 확인할 수 있다. 인장 항복 강도(σ_y)와 전단 항복 강도(τ_y)는 전위의 밀도와 관련이 있으며, 식 7.1 a와 b 같은 관계식을 만족한다. 여기서 G는 전단 계수이며, σ_0와 τ_0는 각각 전위 밀도가 0

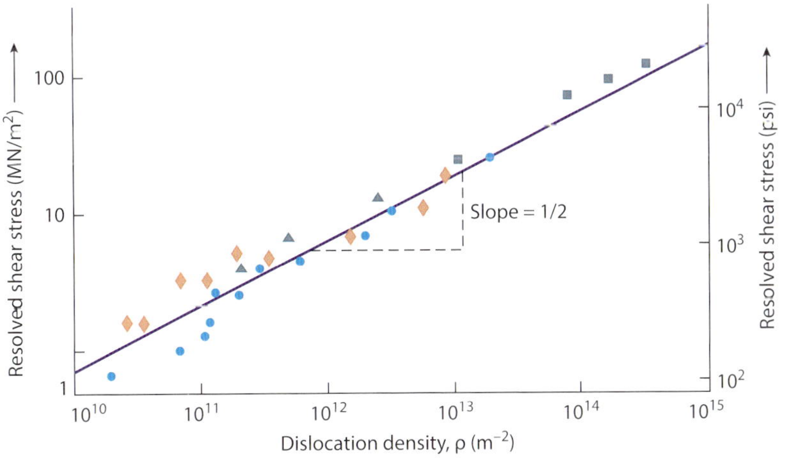

그림 7.3 전위 밀도의 제곱근의 함수로 나타낸 다양한 결정 형태에 대한 구리의 항복 시 전단응력 분력(상온에서 실험) □–다결정, ○–단결정/단일 슬립 시스템, ◇–단결정/2개의 슬립 시스템, △–단결정/6개의 슬립 시스템 *(Based on Courtney, T.H., Mechanical Behavior ofMaterials, 2nd ed. McGraw-Hill, N.Y. (2000), p. 180.)*

에 가까워질 때의 인장 및 전단 항복 강도이다. k_{dt}와 k_{ds}는 상수이다. 전단 항복 강도를 구하기 위한 τ_0와 k_{ds}는 대략적으로 인장 항복 강도를 구하기 위한 σ_0와 k_{dt}의 1/3이다.

$$\sigma_y = \sigma_0 + k_{dt}\, G\rho^{-1/2} \tag{7.1a}$$

$$\tau_y = \tau_0 + k_{ds}\, G\rho^{-1/2} \tag{7.1b}$$

전위가 소성변형을 일으키는 원인이 될 때, 왜 전위의 밀도가 증가함에 따라 항복 강도가 증가할까? 고정된 전위는 전위반응에 의해 생성된다. 고정된 전위는 다른 전위들의 움직임을 방해하는 장애물로 작용한다. 만약 전위의 슬립 면이 결정체의 조밀면이 아니라면, 칼날전위는 슬립 면에서 움직이지 않는다. 높은 응력을 받는 금속에서 몇몇 조밀면들은 충분히 높은 분해 전단응력을 갖는다. 이때 전위들은 각각 서로 다른 평면에서 움직인다. 그리고 서로 다른 조밀면에 있는 전위들은 조밀면간의 교차 선에서 반응한다. 두 개의 전위가 반응할 때, 두 전위는 새로운 세 번째 전위를 생성한다. 이때 생성되는 전위의 버거스 벡터는 반응하기 전 두 전위의 벡터 합과 같다. 때문에 서로 다른 조밀면에 속해있는 전위가 교차할 때, 생성된 새로운 전위가 조밀면에 속해있지 않는 것 또한 가능하다. 예를 들어, FCC 결정 구조에서 조밀면상에 있는 두 개의 전위 $\mathbf{b}_1$과 $\mathbf{b}_2$는 식 7.2의 관계식을 통해 새로운 전위인 $\mathbf{b}_3$를 형성한다.

$$\mathbf{b}_1 + \mathbf{b}_2 = \frac{a}{2}[110] + \frac{a}{2}[1\bar{1}0] = a[100] = \mathbf{b}_3 \tag{7.2}$$

위의 식에서 볼 수 있듯이 $\mathbf{b}_3$ 전위는 {111} 조밀면 상에 있지 않으며, FCC 금속 결정체에서 이동할 수 없는 전위이다. 전위 밀도가 높을수록 고정된 전위의 밀도 또한 높아진다. 다음의 비유를 생각해보자. 자동차는 한 장소에서 다른 장소로 이동하기 위한 훌륭한 교통수단이다. 그러나 만약 자동차가 대도시의 출퇴근 시간에 신호에 걸려 교차로 한 가운데에 멈춰서 있다면, 이 자동차는 다른 자동차들의 원활한 흐름을 방해하는 걸림돌이 된다.

변형 경화의 예로 항복 강도가 약 7×10^7 Pa인 강판이 냉간압연(cold-rolling) 후에 항복 강도가 약 7×10^8 Pa으로 증가하는 것을 들 수 있다. 냉간 압연 시, 변형경화가 발생하는 온도에서 금속판의 두께는 감소한다. 냉간단조(cold-forging), 형단조(stamping), 인발(drawing)과 같은 가공 공정에 의해서도 재료에서 변형 경화가 발생한다. 이러한 재료의 가공 공정들의 자세한 내용은 13장에서 다루어진다. 냉간 가공(Cold work)은 재료의 재결정 온도 이하의 온도에서 재료의 변형 경화를 일으키는 공정들의 통칭이다. 변형 경화는 비싼 합금 성분을 추가하지 않고 일반적인 금속 변형 공정만으로도 가능하다. 따라서 변형 경화는 금속의 강도를 증가시키는 가장 경제적인 방법이다.

금속의 변형 경화되는 능력은 적층결합에너지(stacking-fault energy)에 따라 결정된다. 만약 적층결합에너지가 높으면, 전위들은 전위인 상태 그대로 남아있을 것이다. 순수한 나선전위들은 한 조밀면으로부터 교차되는 다른 조밀면으로 이동할 수 있으며 이를 크로스슬립(cross-slip)이라고 한다. 나선전위의 크로스슬립은 식 7.2에 나타난 것처럼 더 많은 전위반응과 변형 경화가 일어날 가능성을 높인다.

만약 금속이 낮은 적층결합에너지를 가지고 있다면, 전위는 분리된 적층 결합에 의해 두 개의 부분 전위로 분리되며, 이는 부록 3A에 자세히 설명되어 있다. 부분 전위가 전체 전위와 같이 쉽게 크로스슬립을 일으키지 못하는 현상이 관찰되었다. 만약 크로스슬립이 발생하지 않는다면, 금속은 크로스슬립이 발생한 금속만큼 변형 경화가 발생하지 않을 것이다. 왜냐하면 전위의 교차에 의한 전위반응이 발생하지 않기 때문이다. 탄피 황동(cartridge brass)의 낮은 적층결합에너지는 이 금속이 비용이 많이 드는 변형 경화 없이도 얇은 박판으로 가공될 수 있게 해준다.

예제 7.1

(a) 그림 7.3의 구리에 대해서 식 7.1b의 τ_0와 k_{ds}를 평가하여라.
(b) 전위 밀도가 1×10^{16} m^{-2}인 구리의 전단 항복 강도를 계산하여라.

풀이

(a) 표 6.1로부터 구리의 전단 탄성계수는 48.3 GPa이다. 그림 7.3에서 τ_0은 전위 밀도가 0으로 외삽되었을 때의 전단항복응력이다. 이 그림만으로는 전위 밀도가 0일 때로 외삽하는 것이 불가능하기 때문에, 우리는 2개의 미지수인 τ_0과 k_{ds}를 계산하기 위한 두 개의 식이 필요하다. 전위 밀도가 10^{11} m^{-2}일 때 전단 항복 강도는 $10^{0.33}$ MPa 또는 2.1 MPa이다. 전위 밀도가 10^{15} m^{-2}일 때의 전단항복강도는 $10^{2.21}$ MPa 또는 162 MPa이다. 식 7.1b를 이용하여 위의 두 경우를 표현하면 다음과 같다.

$$\tau_y = \tau_0 + k_{ds}\, G\rho^{1/2}$$

1. $2.1 \times 10^6 \text{ Pa} = \tau_0 + k_{ds}(48.3 \times 10^9 \text{ Pa})(10^{11} \text{ m}^{-2})^{1/2} = \tau_0 + k_{ds}(48.3 \times 10^9 \text{ Pa})(10 \times 10^{10} \text{ m}^{-2})^{1/2}$
2. $162 \times 10^6 \text{ Pa} = \tau_0 + k_{ds}(48.3 \times 10^9 \text{ Pa})(10^{15} \text{ m}^{-2})^{1/2} = \tau_0 + k_{ds}(48.3 \times 10^9 \text{ Pa})(10 \times 10^{14} \text{ m}^{-2})^{1/2}$

우변의 숫자들을 곱한 후 위의 식 1과 2를 정리하면 다음과 같다.

1. $2.1 \times 10^6 \text{ Pa} = \tau_0 + k_{ds}(153 \times 10^{14} \text{ Pa} \cdot \text{m}^{-1})$
2. $162 \times 10^6 \text{ Pa} = \tau_0 + k_{ds}(153 \times 10^{16} \text{ Pa} \cdot \text{m}^{-1})$

우변의 숫자들을 곱한 후 위의 식 1과 2를 정리하면 다음과 같다.

$$160 \times 10^6 \text{ Pa} = k_{ds}(151 \times 10^{16} \text{ Pa} \cdot \text{m}^{-1})$$

위의 식을 k_{ds}에 대하여 풀면 다음과 같이 정리된다.

$$k_{ds} = \frac{160 \times 10^6 \text{ Pa}}{151 \times 10^{16} \text{ Pa} \cdot \text{m}^{-1}} = 1.06 \times 10^{-10} \text{ m}^{-1}$$

계산된 k_{ds}를 식 2에 대입하여 풀면 다음과 같이 τ_0를 계산할 수 있다.

$$162 \times 10^6 \text{ Pa} = \tau_0 + 1.06 \times 10^{-10} \text{ m}^{-1}(153 \times 10^{16} \text{ Pa} \cdot \text{m}^{-1})$$
$$\tau_0 = 162 \times 10^6 \text{ Pa} - 162 \times 10^6 \text{ Pa}) = 0$$

구리의 τ_0가 위와 같이 매우 작게 계산됨을 알 수 있다. 이러한 결과로부터 낮은 전위밀도를 갖고 있는 구리의 항복강도는 매우 낮다는 것을 확인할 수 있다.

(b) 전위 밀도가 10^{16} m^{-2}인 경우는 다음과 같이 계산된다.

$$\tau_y = k_{ds} G\rho^{1/2} = (1.06 \times 10^{-10} \text{ m}^{-1})(48.3 \times 10^9 \text{ Pa})(1 \times 10^{16} \text{ m}^{-2})^{1/2}$$
$$\tau_y = (51.2 \times 10^{-1} \text{ Pa} \cdot \text{m}^{-1})(1 \times 10^8 \text{ m}^{-1}) = 51.2 \times 10^7 \text{ Pa}$$

만약 전위 밀도가 1×10^{16} m^{-2}로 높아진다면, 전단 항복 강도는 512 MPa이 될 것으로 예측된다. 만약 다결정질 시편의 인장 항복강도가 전단 항복강도의 2~3배라면, 구리의 인장 항복강도는 적어도 1000 MPa 이상이어야만 한다. 이러한 강도는 표 6.3의 탄소강보다 더 강한 값이다.

7.2.2 금속의 풀림

풀림(Annealing)은 재료의 가공 경화와 반대 되는 개념이다. 가공 경화된 금속에 풀림처리를 하면, 금속 재료는 일정 시간동안 열을 받아 온도가 상승되고 강도는 감소하게 된다. 이때, 금속이 가열되는 동안에 석출경화(precipitation hardening) 현상은 일어나지 않는다고 가정한다. 그림 7.4는 0°C에서 5% 초기 변형된 철의 잔여 가공 경화 양을 풀림 시간과 온도의 함수로 나타낸 것이다. 온도가 높고 풀림처리 된 시간이 길수록 철의 가공 경화 정도가 낮아지는 것을 확인할 수 있다. 금속을 가열하는 것은 전위의 이동성을 상승시키며, 다른 방향을 향하던 전위들이 서로를 끌어당기게 한다. 만약 다른 방향을 향하던 두 개의 전위가 가까워져 하나의 평면에 존재하게 되면, 그 둘은 원자의 연속된 면을 형성하고 이 두 개의 전위는 그림 7.5 a와 b에서 볼 수 있듯이 결정체로부터 떨어져 나가게 된다. 제거된 두 개의 전위는 금속 결정체 내의 전위 밀도를 감소시키고, 감소된 전위 밀도로 인해 금속의 항복 강도는 감소된다. 이러한 회복 열처리 과정으로 인해 금속 재료의 연성이 회복되고 항복 강도는 감소된다.

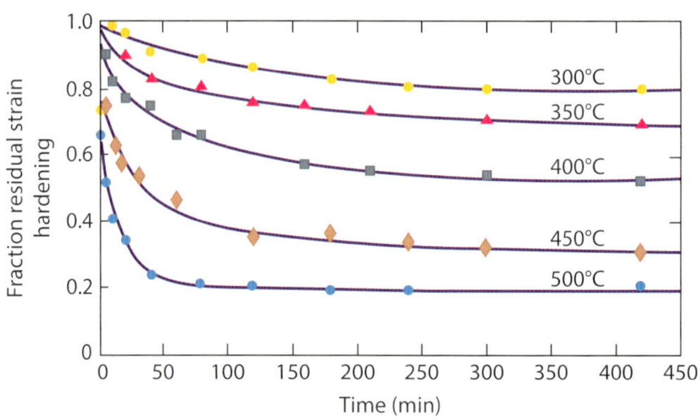

그림 7.4 초기 변형률이 5%이고 초기 온도가 0°C인 철의 풀림 온도별 시간에 따른 잔여 가공 경화의 양
(Based on Leslie, W.C., Michalak, J.T., and Aul, F.W., Annealing of Cold-Worked Iron in Ironand its Dilute Solid Solutions, eds. Spencer, C.W., and Werner, F.E., Interscience Publ. NY (1963), p. 128.)

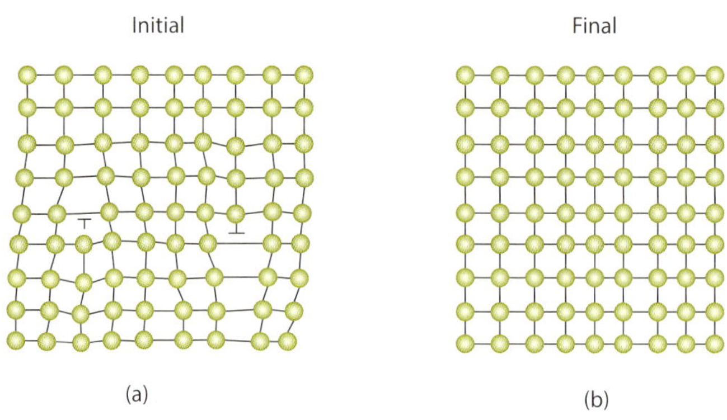

그림 7.5 (a) 2개의 서로 다른 방향의 칼날전위가 동일 슬립면에 존재하는 결정 구조. 두 전위 사이에는 인력이 작용. (b) 서로 만나 상쇄된 두 전위로 인해 형성된 연속된 원자 평면 *(Adapted from Eisenstadt, M. M., Introduction to Mechanical Properties of Materials, The Macmillan Co., N.ew Y.ork (1971), p. 240.)*

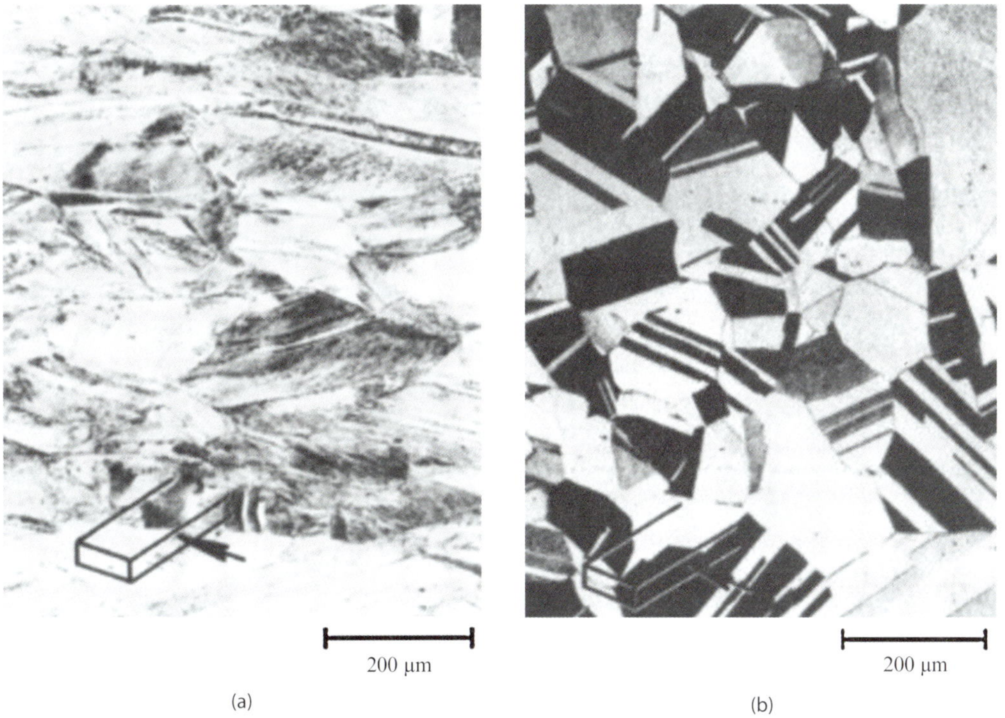

그림 7.6 (a) 37% 냉간가공 된 탄피 황동의 미세구조. (b) 냉간가공 후 결정립 크기가 120 mm로 재결정화 된 탄피황동의 미세구조. (a)와 (b)의 압연 방향을 각 그림 왼쪽 하단에 하중 방향으로 화살표를 이용해 나타내었음. *(ASM Handbooks Online, http://www.asmmaterials.info, ASM International, 2004.)*

전체적으로 가공 경화된 금속재료의 최대 연성을 얻기 위해서는 금속은 재결정화 과정을 거쳐야만 한다. 재결정은 새로운 결정립을 형성하는 과정을 말한다. 광범위하게 냉간 가공된 금속이 적절한 온도에서 가열되면 재결정화가 일어나게 된다. 그림 7.6a는 냉간가공 된 황동의 미세조직이다. 여기서 결정립 내의 검정색 직선들은 표면으로 나온 전위를 말하며 그림 6.11에 잘 묘사되어 있다. 그림 7.6b에서 볼 수 있듯이 새로 형성된 결정립은 이전의 결정립과 동일한 결정 구조를 가지지만 매우 낮은 전위 밀도를 갖는다. 금속에 충분하게 재결정화가 일어나면 이 전에 수행되었던 가공 경화에 의한 효과는 모두 사라진다.

7.2.3 금속의 결정립계 강화

그림 7.7에서 볼 수 있듯이, 다결정 재료에서의 결정립계는 다른 방향을 가지는 두 개의 결정 또는 결정립의 계면과 다른 방향을 가지는 결정립의 조밀면을 지칭한다. 버거스 벡터 $\mathbf{b}_1$의 칼날전위는 결정립 1에서 움직일 수 있다. 왜냐하면 결정립 1의 조밀면 상(직선)에 위치해 있기 때문이다. 만약 이 전위(버거스 벡터 $\mathbf{b}_1$)가 결정립계를 넘어 결정립 2로 이동한다면 버거스 벡터 $\mathbf{b}_1$은 보전되지만 $\mathbf{b}_1$은 결정립 2의 조밀면상에 위치하고 있지는 않을 것이다. 따라서 버거스 벡터 $\mathbf{b}_1$을 가지고 있는 칼날전위는 결정립 2에서는 움직일 수 없다. 대신, 이 전위는 그림 7.7에서와 같이 결정립 1의 결정립계에 쌓이게 된다. 따라서 결정립계는 전위의 움직임을 방해하는 장애물이 되며, 이는 재료의 항복 강도를 증가시킨다. 그림 7.8는 스테인리스강의 쌍정립계에서의 전위의 쌓임 현상을 보여준다.

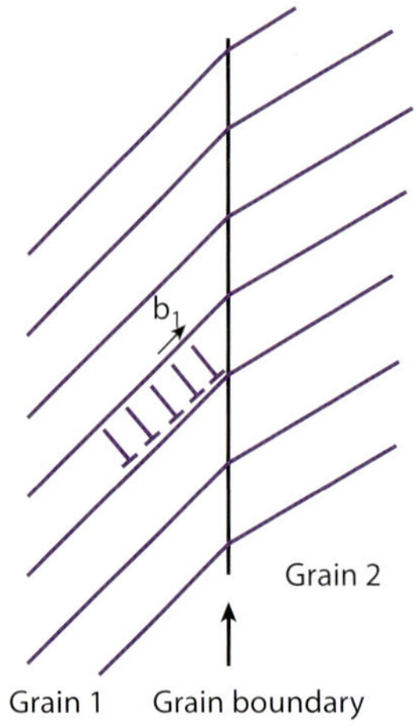

그림 7.7 결정립 1 상에서 결정립계에 쌓인 전위(버거스 벡터 b_1)의 개략도. 결정립 2는 실선으로 표현된 조밀면을 가지고 있으며 결정립 1의 조밀면과 방향이 다름.

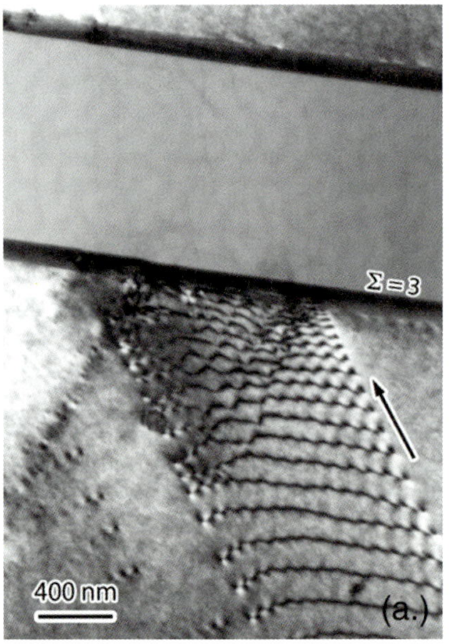

그림 7.8 스테인리스 강의 쌍정립계(Σ=3 방향의 어두운 직선)에 쌓여있는 전위들(화살표를 따라 늘어져 있는 어두운 물결무늬)의 투과 전자 현미경 사진 *(Reprinted from Acta Materialia, Volume 59, Issue 1, Michael D.Sangid,Tawhid Ezaz,Huseyin Sehitoglu,Ian M. Robertson, "Energy of slip transmission and nucleation at grain boundaries," PagesNo. 283–296, Copyright 2011, with permission from Elsevier.)*

그림 7.9는 항복 강도가 483 MPa인 상업적으로 사용되는 순수한 티타늄(A70)의 항복 강도 또는 유동 응력이 결정립 크기의 역수의 제곱근에 비례하는 것을 나타낸다. 그림 7.9에서 $\sigma(0.08)$은 0.08의 진 초기 변형률이 금속의 결정립 성장 및 초기 가공 경화 전에 적용되었음을 나타낸다. 식 7.3 a와 b에 나타나 있는 바와 같이 금속의 인장 항복 강도(σ_y)와 전단 항복 강도(τ_y)는 Hall−Petch 관계를 갖는다. 식 7.3에서 d는 평균 결정립 지름을 나타내며, σ_0와 τ_0는 각각 결정립의 크기가 무한하거나 $d^{-1/2} = 0$인 시편의 인장

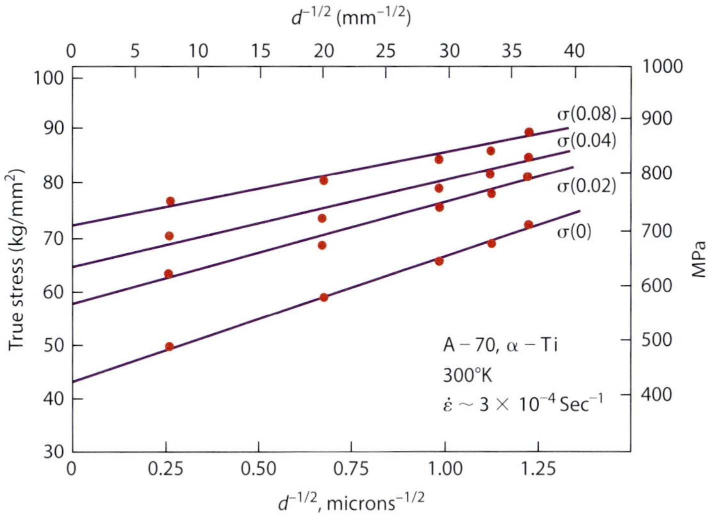

그림 7.9 결정립 크기의 −1/2지수승의 함수로 나타낸 A70 티타늄 시편의 항복강도(초기 변형률 0, 2, 4, 8%)
(Based on Jones, R.L., and Conrad, H.,TMS-AIME 245 (1969) 779.)

항복 강도와 전단 항복 강도를 나타낸다. k_{gt}와 k_{gs}는 상수이다. 식 7.3을 통해 더 작은 결정립 크기를 갖는 금속의 항복 강도가 비교적 큰 결정립 크기를 갖는 금속의 항복 강도보다 더 높다는 것을 알 수 있다. 왜냐하면 결정립의 크기가 작으면 작을수록 단위 부피당 더 많은 결정립계를 보유하고 있기 때문이다.

$$\sigma_y = \sigma_0 + k_{gt}\, d^{-1/2} \qquad \textbf{7.3a}$$

$$\tau_y = \tau_0 + k_{gs}\, d^{-1/2} \qquad \textbf{7.3b}$$

결정립의 크기가 작으면 강이 매우 우수한 물성을 갖게 된다는 사실은 이전부터 널리 알려져 있었다. 흔히 실제 공학 응용을 위해 설계 관련 문서에서 결정립의 크기가 매우 작은 강의 사용을 명시하고 있다. 이러한 공학적 요구에 따라, 연구자들은 최근 100 nm 또는 이보다 더 작은 크기의 결정립 그기를 갖는 재질을 만들 수 있는 기술을 개발하고 있다. 결정립계 강화는 금속을 강화시키기 위한 비교적 저렴한 기술이다. 왜냐하면 이 기술은 비싼 합금 성분을 추가할 필요가 없으며 일반적인 금속 가공 절차들을 통해서 적용될 수 있기 때문이다. 예를 들어 액체 상태인 금속이나 세라믹을 상온에서 빠르게 냉각시키면 매우 작은 결정립을 형성할 수 있다.

예제 7.2

그림 7.9의 티타늄에 대하여 식 7.3을 이용하여 초기 변형률이 2%일 때의 σ_0와 k_{gt}를 계산하여라. (SI 단위 시스템을 사용하여라)

풀이

그림 7.9에서 σ_0는 58 kgf/ mm^{2}이다. σ_0는 결정립의 크기가 무한하거나 $d^{-1/2}$가 0일 때의 응력 값이

다. SI 단위계에서 응력은 N/m^{2}이고 kgf/mm^{2}과의 변환 계수는 다음과 같다.

$$1\frac{\text{kgf}}{\text{mm}^2} = 9.806\ \text{MPa}$$

따라서 σ_0는 다음과 같이 계산된다.

$$\sigma_0 = 58\frac{\text{kgf}}{\text{mm}^2} = 569\ \text{MPa}$$

그림 7.9의 $d^{-1/2}$축 상에서, 만약 결정립의 크기가 1μ $(1\times10^{-6}\ \text{m})$라면, $d^{-1/2}$ 값은 $1.0\times10^3\ \text{m}^{-1/2}$이다. $d^{-1/2}=1.25\ \mu^{-1/2}=1.25\times10^3\ \text{m}^{-1/2}$일 때의 항복강도는 식 7.3을 통해 다음과 같이 계산된다.

$$\sigma_y = 83\frac{\text{kgf}}{\text{mm}^2} = 814\ \text{MPa} = \sigma_0 + k_{gt}d^{-½} = 569\ \text{MPa} + k_{gt}(1.25\times10^3\ \text{m}^{-½})$$

식 7.3a에서 σ_y에서 σ_0를 빼고 $d^{-1/2}$로 나누어 k_{gt}에 대하여 풀면 다음과 같은 결과 값을 얻을 수 있다.

$$k_{gt} = \frac{(814-569)\times10^6\ \text{Pa}}{1.25\times10^3\ \text{m}^{-1/2}} = \frac{245\times10^6\ \text{Pa}}{1.25\times10^3\ \text{m}^{-1/2}} = 196\times10^3\ \text{Pa}\cdot\text{m}^{1/2}$$

예제 7.3

결정립의 크기를 나노미터 스케일로 감소시키는 연구를 통해 고강도 금속은 꾸준히 개발되어 왔다. 그림 7.9의 티타늄에 대해서 초기 변형률이 2%일 때의 항복강도를 예측하라. 만약 결정립의 크기가 100 nm 이하일 경우 예제 문제 7.2의 결과 값을 사용하여라.

풀이

$$d = 100\times10^{-9}\ \text{m} = 10\times10^{-8}\ \text{m}$$
$$d^{½} = 3.16\times10^{-4}\ \text{m}^{½}$$
$$d^{-½} = 0.316\times10^4\ \text{m}^{-½}$$

예제 문제 7.2에서의 σ_0와 k_{gt}값은 다음과 같다.

$$\sigma_0 = 58\frac{\text{kgf}}{\text{mm}^2} = 569\ \text{MPa}$$

$$k_{gt} = 196\times10^3\ \text{Pa}\cdot\text{m}^{1/2}$$

σ_0과 k_{gt}, $d^{-1/2}$ 값을 식 7.3a에 대입하면 σ_y는 다음과 같이 계산된다.

$$\sigma_y = \sigma_0 + k_{gt}\text{d}^{-½} = 569\times10^6\ \text{Pa} + (196\times10^3\ \text{Pa}\cdot\text{m}^{½})(0.316\times10^4\ \text{m}^{-½})$$
$$\sigma_y = 569\times10^6\ \text{Pa} + 62\times10^7\ \text{Pa} = 1189\ \text{MPa}$$

따라서 결정립의 크기가 큰 티타늄의 항복 강도는 569 MPa이고, 결정립의 크기가 100 nm인 티타늄의 항복강도는 이전 값의 2배 이상인 1189 MPa이다.

7.2.4 분산 강화

금속 내부에 단단한 물질의 입자가 침투하게 되면 금속은 **분산강화** 된다. 분산강화의 한 예로 그림 7.10의 니켈-토리아(ThO_2)를 들 수 있다. 니켈-토리아는 고온의 가스터빈에 사용되며, 탄화물 절삭 기구 및 치과용 드릴의 재료로 사용되는 코발트-텅스텐 탄화물 등에도 사용된다. 코발트-텅스텐 탄화물의 경우, 연성 금속인 코발트는 다른 물질들을 잡아주는 연속적인 모재이고 딱딱한 분산 입자가 탄화텅스텐이다. 니켈-토리아와 코발트-텅스텐 탄화물과 같은 물질들은 복합 재료이며, 분산강화를 위한 관계식들은 복합 재료를 위한 관계식들과 동일하게 사용된다. 표 7.1은 다양한 분야에서 사용되고 있는 분산강화된 물질들의 예를 보여준다.

분산강화 된 물질의 인장 강도는 혼합물의 법칙(rule of mixture)에 의해 설계된다. 혼합물의 법칙에서, 각 상들이 인장 강도에 미치는 영향은 식 7.4에 나와 있듯이 각 상들의 부피율에 비례한다.

$$\sigma_u = \nu_d \, \sigma_d + \nu_m \, \sigma_m \qquad \textbf{7.4}$$

위의 식에서 σ_u는 복합재료의 인장 강도를 의미한다. ν_d는 분산된 물질의 부피율이며 σ_d는 분산된 물질의 인장 강도를 의미한다. ν_m은 모재의 부피율이며, σ_m은 모재의 인장 강도를 의미한다. 분산된 물질의 부피율은 분산된 입자의 전체 부피(V_d)를 물질의 전체 부피(V)로 나눈 값이다. 복합 재료의 전단응력과 탄성계수 또한 식 7.4와 유사한 식으로 계산할 수 있다. 연성 모재의 분산강화는 단단한 분산 입자들이 연성 모재 내의 전위의 움직임을 방해하면서 발생하며, 이 단단한 분산 입자들은 연성 금속 입자의 변형을 막아준다.

몇몇 물질에서의 분산강화는 재료 특성에 있어 다양한 이점을 주기도 한다: 고온에서의 니켈-토리아를

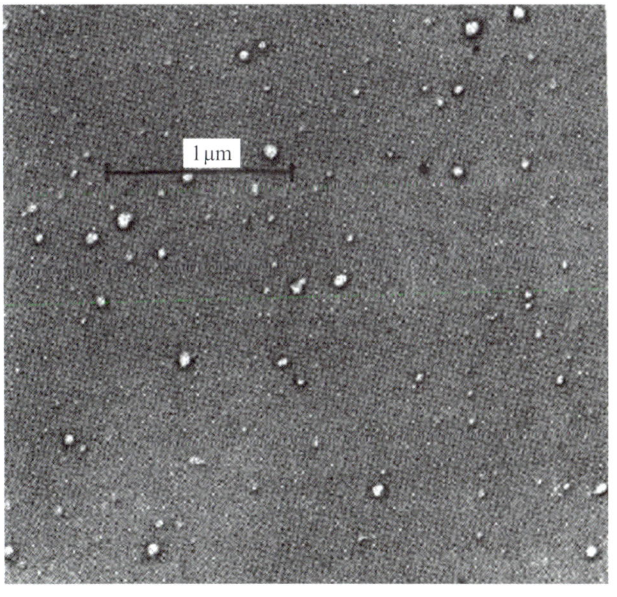

그림 7.10 니켈-토리아의 주사 전자 현미경 사진. 니켈은 연속적인 회색 물질이며 토리아 입자는 하얀색임.
(Cremens, W. S.; Norris, L. F.; Weeton, J. W. "Overlay copy technique to provide high-contrast electron micrographs for automatic metallographic analysis," NASA Technical Report, Glenn Research Center, 1966.)

표 7.1 분산강화된 금속-세라믹 시스템의 활용

System	Applications
Ag-CdO	Eiectrical contact materiais
$Al\text{-}Al_2O_3$	Possible use in nuclear reactors
Be-BeO	Aerospace and nuclear reactors
$Co\text{-}ThO_2Y_2O_3$	Possible creep-resistant magnetic material
Ni-20% $Cr\text{-}ThO_2$	Turbine engine components
Pb-PbO	Battery grid
$Pt\text{-}ThO_2$	Filaments, electrical components
$W\text{-}ThO_2$, ZrO_2	Filaments, heaters

1 Based on data from Askeland, D.R., Fulay, P.P., and Wright, W.J., The Science and Engineering of Materials, 6th ed., Cengage Learning, Stamford, CT. (2011), p. 654.

예제 7.4

분산강화된 알루미늄 합금은 75%의 부피율을 가진 상업용 알루미늄 모재와 25%의 산화알루미늄 입자들로 이루어져 있다. 표 6.1에서 알루미늄의 탄성계수가 70.3 GPa인 것을 확인할 수 있으며, 표 6.3에서 항복강도가 34.5 MPa인 것을 확인할 수 있다. 알루미나의 탄성계수가 386 GPa이고 파괴강도는 400 MPa라 하자. 이 합금의 항복강도와 탄성계수를 계산하여라.

풀이

식 7.4로부터 항복강도는 다음과 같이 계산된다.

$$\sigma_c = v_d\sigma_d + v_m\sigma_m = 0.25(400\ \text{MPa}) + 0.75(34.5\ \text{MPa}) = 100\ \text{MPa} + 25.9\ \text{MPa} = 125.9\ \text{MPa}$$

또한 탄성계수는 다음과 같이 계산된다.

$$E_c = v_d E_d + v_m E_m = 0.25(386\ \text{GPa}) + 0.75(70.3\text{GPa}) = 96.5\ \text{GPa} + 52.7\ \text{GPa} = 149\ \text{GPa}$$

이 계산에서 탄성계수의 평가는 항복강도의 평가보다 더 신뢰할 수 있다. 왜냐하면 탄성계수의 계산에서 각각의 값을 더하는 것은 각각의 재질의 변형이 탄성 범위 내에서 일 때 신뢰할 수 있기 때문이다. 평가된 알루미늄의 항복강도는 0.002의 소성변형률 일 때의 값과 잘 일치한다. 하지만 알루미나는 항상 탄성재료이다. 우리는 서로 다른 변형 모드를 갖는 응력 값들을 더하고 있으며, 따라서 결과는 정확하지 않을 수 있다. 그러나 이러한 계산을 통해 우리는 실험에 의해 계산될 실제 값에 대해 예측해 볼 수 있다.

예로 들어보자. 니켈-토리아 내에서 토리아 입자는 니켈 결정립이 커지는 것을 막아준다. 세라믹 토리아 입자는 매우 안정적이고 강한 물질이다. 이로 인해 토리아 입자는 니켈이 고온에서 열화되어 강도가 약해지는 현상을 막아준다.

하지만 위와는 반대로 분산강화 된 니켈-토리아는 재료 특성에 몇몇 단점들도 발생한다. 예를 들어, 니켈과 토리아는 서로 균형을 이루고 있지 않으며 때때로 니켈 입자와 토리아 입자 사이에 상호확산 및 반응이 일어나기도 한다. 때로는 모재와 분산 물질의 용융점이 크게 다르기 때문에, 분말 야금(powder metallurgy) 기술이 필요하다. 분말 야금에 대해서는 13장에서 자세히 다루기로 한다. 그런데 분말 야금 처리된 금속 내에서 분산 입자와 모재의 계면에 존재하는 작은 동공(void)은 균열을 발생시킬 수 있다. 13장에서 우리는 분말 야금 공정에서 어떻게 동공이 발생하게 되는지에 대해서 공부할 것이다. 분말 야금 기술을 사용하기 위해서는 다양한 기술들이 필요하며, 이러한 조건들 때문에 분산강화는 비용이 많이 드는 금속 강화 기술이다. 분산강화는 고용체, 석출 경화 등의 다른 금속 강화 공정들과 혼합해서 사용할 수 있다. 우리는 이에 대해 7.2.5절과 7.2.6절에서 다룰 것이다.

7.2.5 고용체 강화

고용체는 치환형 원자 또는 침입형 원자가 모재에 삽입되면서 형성된다. 니켈과 크롬은 스테인리스강을 생산하기 위해 철에 더해지는 치환형 원자이고, 마그네슘 치환형 원자는 알루미늄을 강화한다. Cr_2O_3는 Al_2O_3의 치환형 원자이다. 또한, 매우 소량의 탄소(727°C에서 0.022 중량 퍼센트까지)는 탄소강의 침입형 원자이다. **고용체 강화**는 외부의 고체 용해 원자가 칼날전위의 변형장과 반응할 때 발생한다. 그림 7.11에서 보는 바와 같이 칼날전위에서 슬립면 위의 원자들은 압축력을 받게 되고 슬립면 아래에 있는 원자들은 인장력을 받게 된다. 작은 치환형 원자들은 슬립면 위의 압축 변형 영역으로 당겨진다. 왜냐하면 작은 치환형 원자들은 압축 변형을 완화시키기 때문이다. 이러한 변형의 완화는 덩치가 매우 큰 사람이 만원 지하철에서 내리고 덩치가 작은 사람이 그 자리를 대신하게 되는 현상과 유사하다. 이는 지하철에서의 압축 변형을 감소시킨다. 그림 7.11에서 큰 치환형 원자는 칼날전위의 인장 변형 영역으로 당겨진다. 왜냐하면 큰 원자는 칼날전위 주변의 인장 변형을 완화시키기 때문이다. 침입형 원자들 또한 슬립면 아래의 큰 침입형 공간으로 당겨진다. 전위 주변의 원자들은 확산 현상에 의해 움직일 수 있기 때문에, 원자들은 고용체 원자들과 칼날전위의 변형 에너지를 최소화하기 위해 전위 주변의 공간으로 이동하게 된다. 순수한 나선전위에는 인장 변형장과 압축 변형장이 존재하지 않는다. 그래서 고용체 원자는 나선전위 주변으로는 당겨지지 않는다. 그러나 실제 금속에서 대부분의 전위들은 혼합형 전위의 형태를 띠고 있어 고용체 원자들은 혼합형 전위 중 칼날전위의 영향에 의해 전위 방향으로 당겨지게 된다.

만약 전단응력이 고용체 강화된 금속에 가해지면, 금속 내의 전위와 고용체 원자들을 떨어뜨려 놓는 것이 더 어려워진다. 왜냐하면 가해진 전단응력은 고용체 강화된 금속 내의 전위의 에너지를 순수한 금속과 비교했을 때 더 낮게 만들기 때문이다. 식 7.5 a와 b 같은 관계식과 같이 인장 항복 강도(σ_y)와 전단 항복

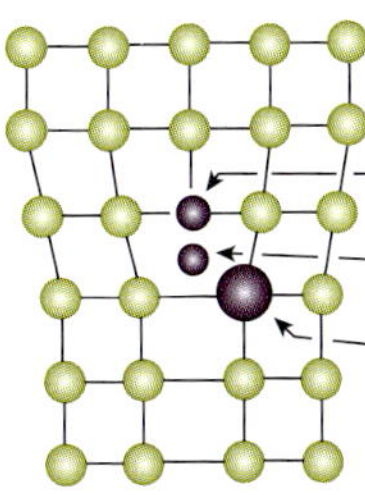

그림 7.11 낮은 에너지를 갖는 위치에서 고용체 원자와 함께 결정체 내에 존재하는 칼날 전위

강도(τ_y)는 원자 분율(c_s)로 나타내어지는 용질의 화학적 조성에 따라 증가한다.

$$\sigma_y = \sigma_0 + k_{st}\, c_s^{1/2} \quad \textbf{7.5a}$$

$$\tau_y = \tau_0 + k_{ss}\, c_s^{1/2} \quad \textbf{7.5b}$$

여기서 σ_0와 τ_0는 각각 고용체 원자가 없을 때의 인장 항복 강도와 전단 항복 강도이며, k_{st}와 k_{ss}는 상수이다. 그림 7.12는 철의 항복 강도가 고용화 된 탄소원자의 원자 분율의 1/2 제곱에 선형적으로 비례한다는 것으로 확인할 수 있다.

저탄소강과 1045 강의 상항복점과 하항복점은 그림 6.16과 그림 6.22에 각각 나타나 있다. 상항복점은 전위를 탄소 고용체 원자와 떨어뜨려 놓기 위해 필요한 힘에 해당하는 항복 강도이다. 고정된 전위에서의 고용체 원자의 농도는 일반적인 고체의 고용체 원자의 농도보다 훨씬 크다. 왜냐하면 고용체 원자들은 전위 쪽으로 끌어당겨지기 때문이다. 전위가 고용체 원자와 멀어지는 방향으로 힘을 받으면, 전위가 고용체 원자 고르게 분포된 금속 내부를 통해 움직이기 위한 응력이 낮아지게 된다. 이는 하항복점에 해당하는 응력과 같다.

고용체 강화는 변형경화, 결정립계 강화, 분산강화 등의 다른 강화 기재들과 함께 사용될 수 있다. 고용체 강화는 용접되거나 가열된 금속에 사용되는 강화 방법이다. 왜냐하면 가공 중에 발생하는 열은 사용 중 강도에 영향을 미치지 않기 때문이다. 고용체 원자들은 용접과 같은 공정에서 불순물이 더해지지 않는 한 가열 전과 여전히 같은 농도로 나타난다.

만약 고용체 원자의 농도가 매우 높다면, 침전물이 형성된다. 예를 들면, 727°C의 철에서 탄소 고용체의 최대 농도는 0.022 중량 퍼센트이다. 만약 이 철에 더 많은 탄소 원자가 더해지면 탄화철 침전물이 형성되게 된다.

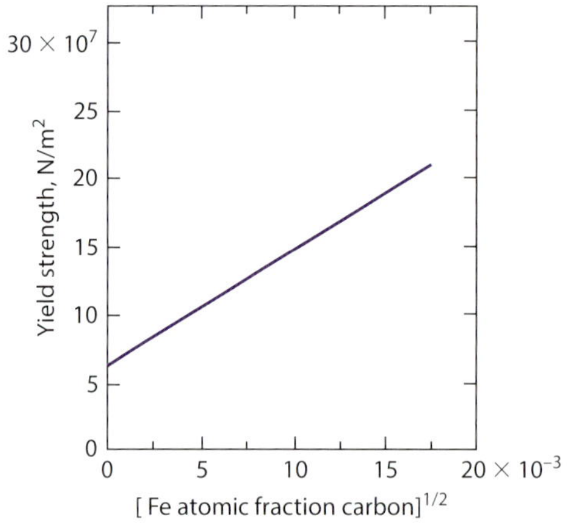

그림 7.12 고용화된 탄소원자의 원자분율의 1/2 지수승의 함수로 나타낸 철의 항복강도
(Basedon Guy, A.G. Introduction to Materials Science, McGraw-Hill, N.Y. (1972), p. 226.)

7.2.6 석출 경화

석출 경화된 금속에서는 기존의 금속보다 작은 입자 크기를 가지는 두 번째 새로운 상이 형성되며, 이로 인해 금속의 항복 강도는 증가하게 된다. 다시 말하면 석출 경화는 금속의 강도를 매우 강하게 하는 방법이다. 예를 들어, 알루미늄이 4% 원자 농도의 구리로 합금화 되었다면, 석출 경화된 합금의 항복 강도는 상업적으로 사용되는 어닐링 된 순수 알루미늄의 항복 강도보다 약 10배 정도가 더 높아진다. 석출 경화된 알루미늄 합금은 높은 강도를 가지며 낮은 밀도를 지니는 특성 때문에 항공기의 재료로 사용된다. 석출이란 용어는 일기 예보에서 눈, 비와 유사한 개념이다. 석출물은 기존과 다른 새로운 상을 형성되는 것이고, 날씨의 경우 석출물은 눈 또는 비를 말한다. 탄소강에서 형성된 Fe_3C 입자들은 석출물이다. 그림 7.13은 알루미늄-리튬 합금에서 석출된 입자들을 보여준다.

알루미늄-구리 합금은 석출 경화를 설명하기 위한 매우 훌륭한 예시이다. 450°C 이상의 온도조건에서 4 중량 퍼센트의 Cu가 포함된 알루미늄 합금에서는, 그림 7.14의 상평형 그래프에서 알 수 있듯이 구리 원자들은 고용체 형태로 존재한다. 그림 7.15a는 이를 도식적으로 보여준다. 그러나 450°C 이하의 온도에서는 Al_2Cu 석출 입자가 형성된다. 이를 그림 7.15 b와 c에서 확인할 수 있다.

Al_2Cu 석출 입자는 알루미늄 내에서의 전위의 이동을 막아준다. 이러한 현상은 알루미늄의 소성변형을 감소시키고 항복 강도를 증가시킨다. 석출 경화된 합금의 인장 항복 강도(σ_y)와 전단 항복 강도(τ_y)는 식 7.6 a와 b를 이용해 구할 수 있다.

$$\sigma_y = \sigma_0 + \alpha \frac{Gb}{L} \tag{7.6a}$$

$$\tau_y = \tau_0 + \alpha \frac{Gb}{L} \tag{7.6b}$$

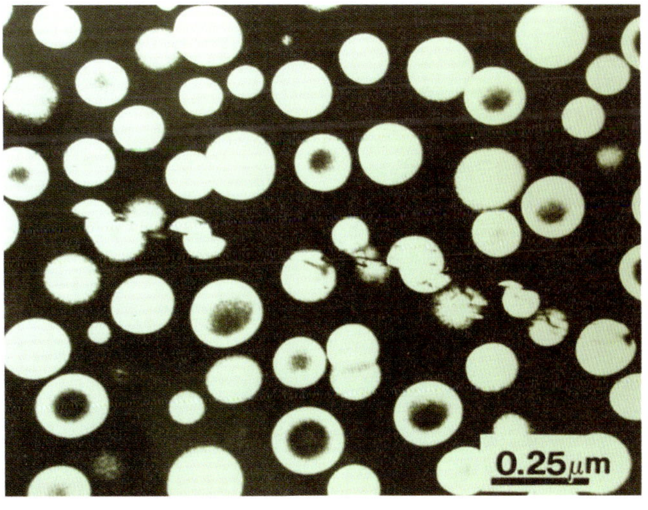

그림 7.13 260°C에서 50시간 동안 과시효된 알루미늄-리튬(12.9 원자 분율) 합금에서 석출된 균질의 Al_3Li 석출 입자의 투과 전자 현미경 사진. 이는 전자 빔이 Al_3Li(암시야상)에 의해 회절되어 찍힌 사진이므로 Al_3Li 석출 입자는 밝은 색임. *(Photo courtesy of Dr. S. Baumann, Department of Materials Science and Engineering, Lehigh University, presently with Alcoa Mill Products.)*

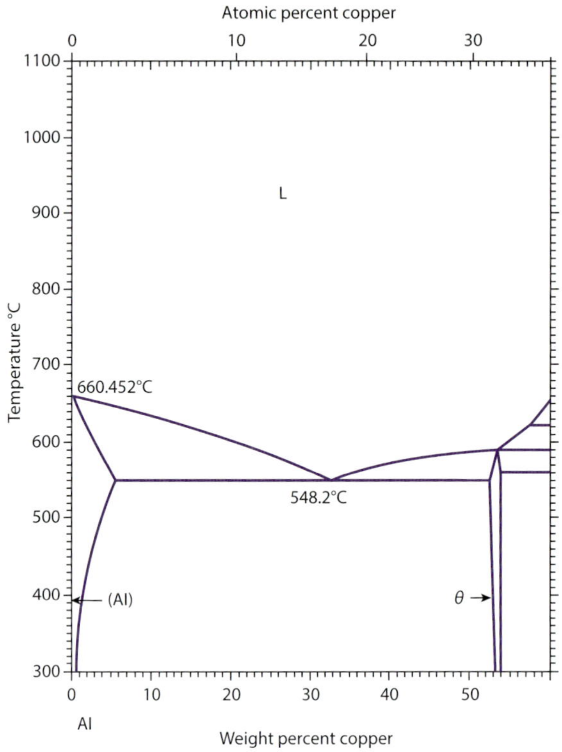

그림 7.14 알루미늄-구리(0~60 중량 퍼센트) 합금의 상평형 그림 *(Based on American Society for Metals Handbook Vol. 3, ASM International, Metals Park, OH (1992).)*

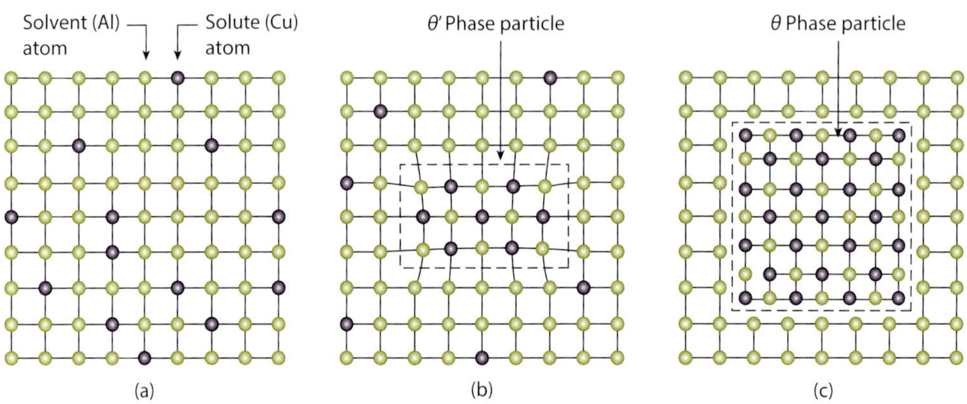

그림 7.15 Al_2Cu(θ상) 석출 입자의 형성 단계 모식도. (a) 용해 온도가 450℃ 이상일 때 고용 현상이 나타남. (b) 450℃ 이하의 온도에서 시효의 초기 단계가 진행되는 동안 균질의 고용체 입자(θ'상)가 형성됨. (c) 시효가 길게 지속된 후에 불 균질한 석출 입자(θ상)가 형성됨.

여기서 σ_0와 τ_0는 각각 석출 강화가 일어나지 않은 금속의 인장 항복 강도와 전단 항복 강도를 의미한다. G는 모재 금속의 전단 계수(shear modulus)이고, b는 모재 금속의 버거스 벡터의 크기이다. α는 상수이며 인장 항복 강도를 구할 경우에는 2를 대입하고 전단 항복 강도를 구할 경우에는 1을 대입한다. 마지막으로 L은 석출 입자들 사이의 거리이다. 석출 입자들 간의 거리는 그림 7.16 a와 b에 표현되어 있다. 항복 강도의 증가는 석출 입자간의 거리에 반비례한다. 따라서 석출 입자 사이의 거리(L)가 최소일 때 항복 강도는 최대값을 갖는다.

석출 경화를 통해 기대하는 효과를 얻기 위해서는 정해진 열처리 과정을 따라야만 한다. 4 중량 퍼센트의 Cu가 포함된 알루미늄 합금으로 예를 들면, 열처리의 첫 번째 과정은 그림 7.15a에 표현된 것과 같이 고용체 내에서의 구리 원자의 균일한 분포를 위한 용체화 처리(solution treatment)이다. 이러한 분포는 위의 알루미늄 합금을 450°C 이상의 온도에서 일정 시간동안 두었을 때 얻을 수 있다. 이러한 구성과 온도는 그림 7.14의 상평형 그래프의 α-상 고용체 영역에서 확인할 수 있다. 이때의 온도에서 충분한 시간을 보내면, 이전에 형성된 어떠한 석출물들도 고용체 형태로 모재 금속에 용해된다. 그런 다음, 합금을 물, 기름, 소금 수용액, 액체 질소와 같은 낮은 온도의 담금질재 내에 두어 담금질(quenching)을 한다. 담금질재는 합금에 필요한 물성을 얻기 위해 담금질 속도 및 최종 온도 등을 고려해 다양하게 선택할 수 있다. 담금질은 금속을 빠르게 냉각시키고, 구리 원자의 분포를 변화 시킬 수 있는 확산을 막은 채로 석출 과정을 시작하기 위함이다. 담금질 과정 또는 시효의 초기 단계 동안 매우 작은 석출 입자(θ')가 그림 7.15b에서와 같이 발생된다. 석출 입자가 처음 형성될 때, 이 입자들은 대게 모재와 밀착 되어있다. 이러한 **정합 석출물(coherent precipitate)**에서 석출된 원자들은 모재의 원자들과 함께 균일하게 배열되어 있다. 만약 균일한 석출물과 모재 사이의 격자 변수에 차이가 있다면, 이는 석출물과 모재 사이의 거리를 크게 떨어뜨려 재료가 변형되는 결과를 야기한다. 내부 응력은 각 재료의 탄성계수와 격자 변형률로부터 계산된다. 내부 응력은 외력이 가해지지 않은 상태에서의 변형이다. 담금질된 합금이 250°C의 온도에서 더욱 시효됨에 따라, 생성된 석출 입자는 그림 7.15c에서 보이는 것과 같이 더 큰 **부정합 석출물(incoherent precipitate)** (θ) 입자로 성장한다. 부정합 석출물의 경우 그림 7.15c에서 볼 수 있듯이 모재와 입자 사이에 접촉면이 생기게 되며, 석출 입자의 원자들은 더 이상 모재의 원자들과 가지런히 배열되어 있지 않게 된다. 이러한 재료의 시효는 알루미늄-구리 합금의 경우 250°C에서 일어난 것처럼 대게 고온에서 시행되며, 때로는 상온에서 자연스럽게 발생되기도 한다. 따라서 원하는 만큼의 석출 입자 생성 및 성장을 위해서 재료의 시효

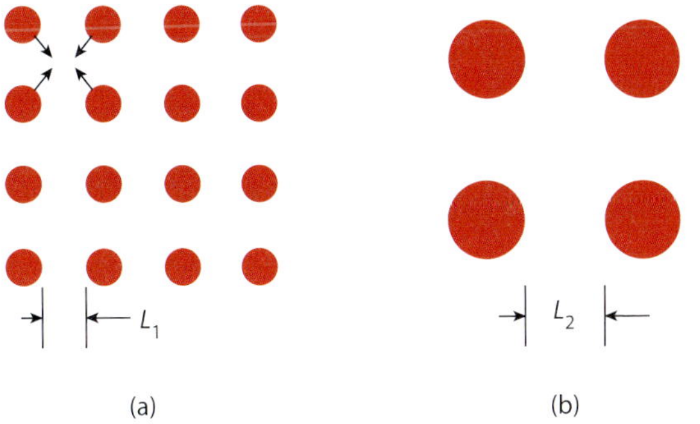

그림 7.16 (a) 작은 입자간 거리(L_1)를 갖는 작은 석출 입자. (b) 시효된 석출 입자는 합체되어 큰 입자간 거리(L_2)를 갖는 큰 석출 입자가 됨.

는 특정 온도에서 특정 시간 동안 수행되어야 한다.

시효된 합금의 항복 강도는 시효되는 시간과 온도에 의해 결정된다. 그림 7.17을 보면 4.4 중량 퍼센트의 구리를 포함하고 있는 알루미늄-구리 합금 2014의 항복 강도가 시효 시간에 대한 함수로 나타나 있으며, 항복 강도의 그래프는 최대값이 있는 형상이다. 시간에 따라 항복 강도가 급격하게 증가하는 시효의 초기단계에서는 석출 입자들이 더 많이 형성되며 석출 입자의 크기 또한 빠르게 커진다. 그 결과 입자간의 간격(L)은 줄어들고 항복 강도(σ_y)는 증가한다. 정합 석출물에 의한 내부 압력 또한 합금을 상당히 경화시킨다. 왜냐하면 전위는 내부 응력과 반응하기 때문이다. 만약 석출물이 정합에서 부정합의 형태로 바뀐다면, 재료의 시효가 진행될수록 강도는 감소될 것이다. **과시효된 합금**의 강도는 최대 강도에 비해 낮아지게 된다. 시효의 특정 시점에서 형성된 석출물의 양이 평형상태에 다다르고, 이 시점을 지나면 시효가 더 진행되어도 추가적인 석출물은 형성되지 않는다. 합금의 과시효가 더 많이 진행됨에 따라 석출 입자들 간의 거리는 더 증가하게 된다. 왜냐하면 형성될 수 있는 모든 Al_2Cu이 석출되기 때문이다. 하지만 석출 입자의 평균 크기는 계속적으로 증가한다. 이러한 현상은 석출입자의 크기가 커짐에 따라 입자의 수가 줄어들기 때문에 발생된다. 과시효는 더 작은 석출 입자들을 이용해 최대 크기의 석출 입자들이 형성되게 한다. 이러한 현상은 입자들 간의 거리를 증가시키고 식 7.6에 따라 항복 강도는 감소한다. 또한, 부정합 석출물과 모재 사이에 형성된 접촉면은 긴 범위의 내부 응력들을 제거하며, 이는 합금의 항복 강도 감소에 기여한다. 부식 환경, 반복하중 등과 같은 특정 조건에서는, 과시효 된 합금들이 최대 강도를 가지도록 시효된 합금의 수명보다 더 길 수 있다.

그림 7.17은 107°C 정도의 낮은 온도에서는 재료가 최대 강도에 도달하기 위해서 10^4의 시간이 필요한 것을 보여준다. 왜냐하면 낮은 온도에서는 석출물을 형성하기 위한 입자들의 확산이 느리기 때문이다. 재료의 온도가 감소함에 따라 확산율은 지수적으로 감소한다. 온도의 증가는 확산율을 증가시키고 따라서 석출 입자의 형성 또한 증가된다. 그림 7.17을 보면 온도가 증가함에 따라 최대 응력에 도달하는 시간이 줄어드는 것을 알 수 있다. 260°C에서 합금이 시효되어 최대 응력을 갖게 되기 위해서는 10^{-1} 또는 6분 정도의 짧은 시간만이 필요하다.

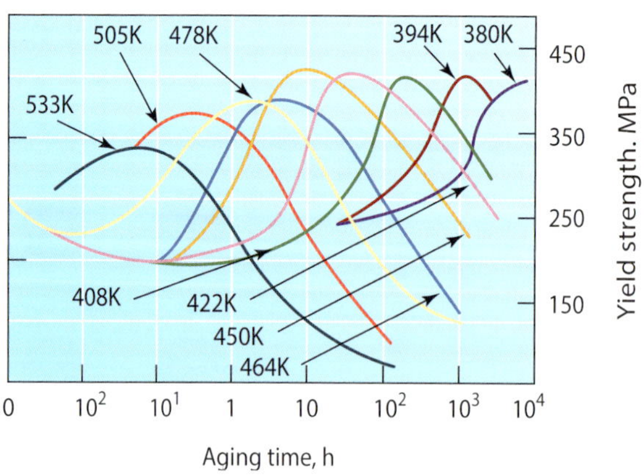

그림 7.17 2014 알루미늄 합금의 온도에 따른 등온 시효 곡선(107°C, 121°C, 135°C, 149°C, 191°C, 232°C, 260°C)
(Based on Hatch, J.E. ed. Aluminum Properties and Physical Metallurgy, ASM, Metals Park, OH (1984), p. 178.)

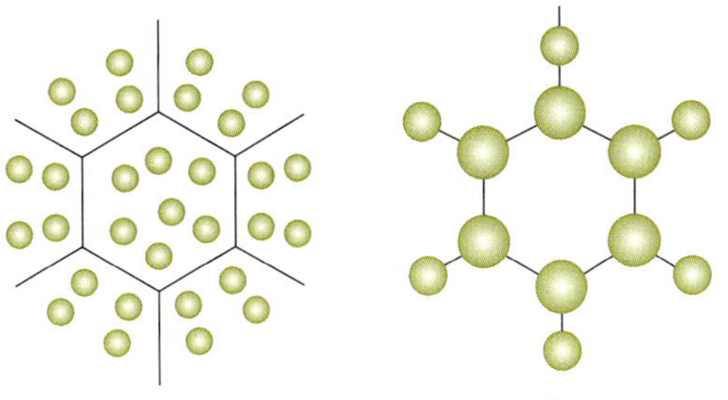

그림 7.18 (a) 용체화 처리, 담금질, 시효 등에 의에 형성되어 고르게 분포되어 있는 석출 입자의 모식도. (b) 합금이 용체화 처리 온도에서 시효 온도까지 냉각되면 석출 입자는 우선적으로 결정립계에서 형성됨.

석출물을 형성하기 위해 용체화 처리(solution treating), 담금질(quenching), 시효(aging) 등의 복잡한 절차를 따르는 것이 왜 중요할까? 왜 합금을 용체화 처리 온도에서부터 시효화를 위한 온도까지 단순히 냉각시키면 안 되는 걸까? 담금질은 그림 7.18a와 같이 석출물이 결정립에 균일하게 분포하도록 하는 효과가 있다. 왜냐하면 고용체 원자들은 담금질제 온도에서는 멀리까지 확산될 수 없기 때문이다. 시효 온도까지 단순하게 냉각된 합금은 그림 7.18b와 같이 결정립계에 우선적으로 석출 입자들을 형성한다. 250 °C 정도의 시효 온도에서 구리 원자들은 결정립계 내부에서 석출물을 형성한 후 결정립계로 확산될 것이다. 이러한 현상은 합금의 강도를 낮아지게 할 뿐 아니라 합금이 취성 결정립계를 갖도록 할 수 있다. 절차에 따른 용체화 처리, 담금질, 시효를 통해 높은 강도 및 좋은 연성을 갖는 금속 합금을 만들 수 있다.

분산강화와 비교했을 때 석출 경화의 한 가지 장점은 모재와 석출 입자가 평형상태로 존재한다는 점이다. 석출 경화의 경우 고온 환경에서 석출물과 모재 사이에 반응이 일어나지 않는 반면에, 분산강화에서는 고온에서 반응이 일어날 수 있다. 모재와의 평형상태는 고온의 가스 터빈에 사용되는 Ni_3Al 석출물에 의해 강화된 니켈에 있어 큰 장점이 된다. 그러나 만약 4 중량 퍼센트의 구리를 함유한 석출 경화된 합금이 450°C로 가열될 경우, 그림 7.14의 상평형 그래프에 나타난 것처럼 석출물이 모재에 용해된다. 따라서 석출 경화를 위한 온도 한계는 증가된 온도에서의 석출물의 안정성에 따라 결정된다.

예제 7.5

그림 7.17의 149°C에서 피크강도까지 시효된 2014 알루미늄 합금의 석출 입자간의 평균 거리를 예측하여라. 담금질된 합금의 초기 항복강도 σ_0는 138 MPa으로 가정한다. 이 값을 0°F에서 가장 짧은 시간동안 시효된 합금의 항복강도이다. 또한, 이 합금에는 석출 입자가 없으며, FCC 알루미늄의 격자 변수는 0.405 nm라고 가정한다.

풀이

석출 경화된 합금의 인장 항복강도는 식 7.6을 이용하여 계산할 수 있다.

$$\sigma_y = \sigma_0 + \alpha \frac{Gb}{L} \text{ with } \alpha = 2$$

알루미늄의 경우, 합금 전단계수(G)는 26.1 GPa로 가정한다. 이 값은 표 6.1에서 볼 수 있듯이 순수 알루미늄의 전단계수이다. 합금으로 인한 전단계수의 변화는 크지 않다. FCC 금속에서 버거스 벡터의 크기(b)는 다음과 같이 계산된다.

$$b = \frac{a}{2}[110] = \frac{0.405 \times 10^{-9}\,\text{m}}{2}[1^2 + 1^2 + 0]^{1/2} = 0.2025 \times 10^{-9}\,\text{m}\,[2^{1/2}] = 0.286 \times 10^{-9}\,\text{m}$$

그림 7.17로부터 149°C에서 최대 항복강도가 약 430 MPa인 것을 확인할 수 있다. 따라서 미지수는 석출 입자 사이의 거리인 L 뿐이다.

$$\sigma_y = \sigma_0 + \alpha\frac{Gb}{L} = 430 \times 10^6\,\text{Pa} = 138 \times 10^6\,\text{Pa} + 2\left[\frac{(26.1 \times 10^9\,\text{Pa})(0.286 \times 10^{-9}\,\text{m})}{L}\right]$$

$$\sigma_y = 430 \times 10^6\,\text{Pa} = 138 \times 10^6\,\text{Pa} + \frac{14.9\,\text{Pa} \cdot \text{m}}{L}$$

위의 식을 L에 대해서 정리하면 다음과 같다.

$$L = \frac{14.9\,\text{Pa} \cdot \text{m}}{292 \times 10^6\,\text{Pa}} = 0.051 \times 10^{-6}\,\text{m} = 51\,\text{nm}$$

51 nm의 입자간 거리는 그림 7.13에서 관찰된 석출 입자들 간의 거리와 비슷하다.

7.3 세라믹 재료의 강화

대부분의 세라믹(ceramic) 재료들은 상온에서 취성 재료의 특징을 보이며, 고온에서는 상온에서 보다 좀 더 연성 재료의 특징을 갖는다. 만약 유리가 불을 이용해 가열되면, 유리는 쉽게 소성변형을 일으킨다. 한 예로 유리 공예가들은 큰 덩어리의 유리를 뜨겁게 달군 후 소성변형 시켜 아름다운 꽃병을 만들기도 한다. 대부분의 세라믹 재료들은 상온에서의 파괴응력이 항복 강도보다 낮기 때문에 취성재료의 특징을 갖게 된다. 이 절에서는 세라믹 재료의 파괴응력을 높여 세라믹 재료를 강화하는 방법에 대해 중점적으로 살펴볼 것이며, 이는 주로 세라믹 재료 내의 결함을 제거하여 달성된다. 그러나 이온결합 또는 이온결합과 공유결합이 함께 존재하는 몇몇 단결정 세라믹 재료들은 상온에서 항복을 일으키기도 한다. 이러한 재료들을 강화하기 위해서는 금속 강화를 위해 제안되었던 몇몇 방법들을 적용한다.

7.3.1 단결정 세라믹의 강화

NaCl과 MgO와 같은 단결정은 둘 다 상온에서 항복을 일으키며 소성변형 된다. 이러한 현상은 이전 절에서 언급했었던 금속의 고용체 강화 과정에서 발견되었으며, NaCl, MgO와 같은 단결정 물질의 연성을 강화하기 위해 적용될 수 있다. 예를 들면, 6.2몰 농도의 NiO에 의해 고용체 강화된 MgO의 압축 항복 강도가 순수 MgO의 압축 항복 강도 보다 두 배 이상 높아진 것을 확인할 수 있다. 또한 calcium이 치환형 원자로 첨가된 NaCl 단결정의 항복 강도 증가는 식 7.5를 따르는 것을 알 수 있다. 더 많은 공유결합과 복잡한 결정 구조를 가지는 단결정 세라믹은 상온에서 연성을 가지고 있지 않다. 예를 들어, 알루미나(Al_2O_3) 단결정의 경우 온도가 900°C 이상으로 올라가기 전 까지는 취성재료의 특징을 보인다.

7.3.2 다결정 세라믹의 강화

왜 단결정 MgO는 상온에서 소성변형을 일으킬 수 있는 반면에 다결정 MgO는 온도가 1000°C로 올라갈 때까지 취성 재료의 특징을 보이는 것일까? 그 이유는 다결정 재료가 소성변형을 일으키는 동안에 재료가 연속성을 유지하려고 하는 성질 때문이다. 결정립은 재질 내에 빈 공간(opening space)이 발생하지 않으면서도 형태가 변화할 수 있어야 한다. 다결정 재질의 연속성을 유지하기 위해서는 각각의 결정립이 최소 5개의 슬립 시스템을 가지고 있어야만 한다. 단결정에서 광범위한 소성변형은 단 1개의 활성 슬립 시스템을 가질 때 가능하다. 왜냐하면 단결정의 표면은 자유롭게 변형을 일으킬 수 있기 때문이다. 다결정 MgO와 같은 재료들에 있어서, 5개의 활성 슬립 시스템을 갖는다는 것은 매우 높은 임계 분해 전단응력(critical resolved shear stress)을 요구하는데, 취성 파괴가 발생하기 전에 5개의 슬립 시스템이 모두 활성화 되는 것은 불가능하다. 단 몇 개의 슬립 시스템을 갖는 다결정 세라믹에서, 균열은 결정립계를 가로지르는 활성 슬립 시스템에 있는 전위들에서 발생하게 될 것이다. 여기서 우리는 모든 다결정 세라믹 재료들은 상온에서 취성 거동을 보인다고 가정한다.

취성 다결정 세라믹 재료의 강도를 증가시키기 위해서, 파괴강도는 증가되어야만 한다. 재료의 파괴에 대해서는 11장에서 자세히 다룰 것이며, 또한 취성 재료의 파괴강도를 가장 효과적으로 증가시킬 수 있는 방법은 균열(crack)이나 공극(pore)과 같은 결함의 크기를 줄이는 것이라는 점에 대해서도 확인할 것이다.

세라믹 재료의 높은 용융점 때문에, 용융은 세라믹을 이용해 제품을 만드는 공정에 사용되지 않는다. 대부분의 세라믹 재질로 만들어진 파트는 열간 정수압 소결법(HIP, hot isostatic pressing)과 같은 기술을 이용해 가루가 되어 형상을 만든다. 먼저 가루화 된 세라믹에 1차적으로 압력을 가해 파트의 형상을 만든다. 그런 다음 형성된 파트 형상에는 고온과 고압을 가해 확산접합(diffusion bonding) 또는 소결(sintering) 현상을 이용해 파트를 완성한다. 하지만 이때 세라믹 가루 입자들은 녹지 않는다. HIP 공정을 거치면 그림 7.19에서 볼 수 있듯이 세라믹 가루 입자들 사이에 공극이나 동공이 생길 수 있다.

그림 7.19 소결된 바륨 마그네슘 탄탈라이트의 결정립과 결정립 사이 공극의 현미경 사진 *(Heather Shirey)*

세라믹 재료의 파괴강도와 탄성계수는 공극률(porosity)을 최소화함으로써 증가시킬 수 있다. 더 높은 온도와 압력을 사용해 세라믹 재료를 가공할수록 공극률은 작아지며, 더 긴 시간동안 노출할수록 동공 또한 줄일 수 있다. 표 7.2는 다양한 알루미나(alumina) 제품의 밀도, 굽힘 강도, 탄성계수를 나타내고 있다. 알루미나의 이론적인 밀도(ρ_t)는 3.97 g/cm^{3}이다. 만약 각각의 제품이 순수한 알루미나라면, 공극율의 분율(P)은 다음의 식 7.7에 의해 계산될 수 있다.

$$P = \frac{\rho_t - \rho_0}{\rho_t} = 1 - \frac{\rho_0}{\rho_t} \tag{7.7}$$

여기서 ρ_0는 측정된 밀도이다.

공극이 존재하는 재료의 강도 및 탄성계수 등을 구하기 위한 다양한 모델들이 제안되어 왔다. 그 중 굽힘 강도(σ_f)에 대한 식은 식 7.8과 같이 제안된다.

$$\sigma_f = \sigma_0 \exp(-nP) \tag{7.8}$$

여기서 σ_0는 공극율이 0일 때의 재료의 강도이며, n은 4~7 사이의 숫자이다. 공극율은 부피 분율이다. 탄성계수를 위한 유사한 식이 다음의 식 7.9와 같이 제안되었다.

$$E = E_0 \exp(-mP) \tag{7.9}$$

또한 Si_3N_4나 ZrO_2와 같은 세라믹들의 강도는 재료의 미세구조를 변형시켜 증가시킬 수 있다는 것이 발견되었다. Si_3N_4의 경우, 그림 7.20에서 보이는 침상형(길게 늘려진) 결정립은 MgO, Al_2O_3, CaO, Y_2O_3와 같은 다른 세라믹을 첨가해서 만들어진다. Si_3N_4의 소결 동안에는 첨가되는 세라믹들은 액체 상태로 형성되며, Si_3N_4의 침상형 결정립 성장을 촉진한다. Si_3N_4의 침상형 미세구조는 파괴에 저항하는 성질을 갖는다. 이는 복합 재료의 파괴 저항성이 뛰어난 것과 유사하다. 증가된 에너지는 모재로부터 침상형 결정립을 당기게 된다. 위와 같은 효과들로 인해 Si_3N_4는 1100 MPa의 굽힘 강도와 320 GPa의 탄성계수를 갖게 된다.

ZrO_2의 파괴 강도는 이 세라믹 재료에서 발생되는 마르텐사이트 상 변형을 제어함으로써 증가될 수 있다. MgO, CaO, MgO, Y_2O_3, Ce_2O_3와 같은 다른 세라믹들을 첨가함으로써, ZrO_2의 안정성은 변화된다. 첨가된 세라믹들은 ZrO_2의 정방정 상(tetragonal phase)으로부터 단사정 상(monoclinic phase)으로의

표 7.2 소결된 알루미나의 밀도(g/cm^3), 굽힘강도(MPa) 및 탄성계수(GPa). (설계 목적으로 사용 불가)

Density	Flexural Strength	Young's Modulus
3.42	296	221
3.60	338	276
3.70	352	303
3.90	379	370
3.92	400	386

Based on data from (http://www.coorstek.com/materials/ceramics/alumina.asp)

그림 7.20 소결된 Si_3N_4의 바늘모양 결정립 미세구조의 주사 전자 현미경 사진 *(Photo courtesy of Dr. J. Wallace of the National Institute of Standards and Technology and presently with the Nuclear Regulatory Commission.)*

마르텐사이트 변형 온도를 제품의 가동 온도 범위까지 낮아지게 한다. 그림 5.17의 ZrO_2–CaO 상평형 그래프는 이러한 현상을 잘 보여준다. 10 중량 퍼센트로 CaO와 혼합된 ZrO_2는 가동 온도에서 cubic 상이 혼합된 정방정 상을 형성하기 위해 열처리를 받는다. 높은 응력이 작용하는 환경에서는 균열과 공극에서의 정방정 상은 부피의 팽창이 균열 선단에 압축 응력을 발생시킴으로 인해 단사정 상으로 변형된다. 균열에서의 압축응력은 균열의 진전을 지연시켜 재료의 파괴 저항성을 높인다. 우리는 이 주제에 대해서 11장에서 좀 더 자세하게 논하기로 한다. 변형된 ZrO_2 세라믹은 가솔린 엔진이나 디젤 엔진과 같은 고온 환경에서 작동되는 기기 등에 사용될 수 있다.

취성 재료의 최대 인장 강도를 높이는 복합재료를 만드는 것 또한 가능하다. 철근 콘크리트(steel-reinforced concrete)는 이러한 재료의 한 예이다. 만약 균열이 취성이 매우 높은 콘크리트에서 발생한다면, 균열 진전은 연성이 높은 철근에 의해 멈추게 된다. 유사하게, 우주 왕복선에 사용되는 취성 carbon-carbon 타일은 흑연 섬유를 포함함으로써 타일의 강도를 강화시킨다. 우리는 이러한 복합 재료에 대해서는 12장에서 다루기로 한다.

7.3.3 비정질 세라믹의 강화

가장 일반적인 비정질 세라믹(amorphous ceramic)은 유리이다. 유리의 강도는 뜨임(tempering)을 통해 강해질 수 있다. 뜨임을 위해, 유리는 유리전이온도(glass transition temperature) 이상, 용융점 이하의 온도 범위에서 가열된다. 그런 다음 유리의 표면은 빠르게 분출되는 공기에 의해 냉각된다. 유리의 표면 온도는 유리전이온도 이하로 내려가며 이로 인해 단단해진다. 유리의 중심부는 유리전이온도 이상이며 과냉각 액체 상태이다. 유리의 중심부는 냉각됨에 따라 수축되고, 동시에 단단한 유리의 표면도 강제로 수축시킨다. 단단한 유리 표면의 강제 수축은 유리 표면에 압축 변형과 압축 응력을 가하게 되는 결과를 가져온다. 또한 단단한 유리 표면은 유리의 중심부가 냉각됨에 따라 발생하는 열 수축을 막아준다. 즉, 중심부의 원자는 평형 상태에서의 원자 간의 거리보다 늘어나게 되고, 이로 인해 인장 변형과 인장 응력을 받게 된다. 뜨임의 결과 유리의 외 표면에는 압축 잔류 응력이 형성되고 중심부에는 인장 응력이 형성된다. 가해진 응력이 0이기 때문에 재료 내부에 존재하는 모든 내부 응력의 합은 0이어야만 한다. 유리의 파괴는 일반적으로 표면의 스크래치나 균열에서부터 시작된다. 표면 압축 응력은 뜨임 처리된 유리의 파손에 대한 저항도를 높이며 따라서 유리의 파괴 강도는 높아진다.

화학적 뜨임의 과정에서, K나 Na과 같이 Si보다 큰 이온들은 SiO_2의 Si와 교체된다. 더 큰 이온들은 유리의 풀림(annealing)온도 이하의 온도에서 확산현상에 의해 표면에 흡수된다. 그리고 이러한 확산현상은 가해진 전기장에 의해 가속화 된다. 화학적 뜨임 처리된 유리는 350 MPa의 인장 강도를 보인다. 이는 구조용 강과 비슷한 정도의 강도이다.

만약 유리 섬유들이 섬유의 표면에 손상을 입지 않은 채로 녹여져 인발(drawing)되었고, 만들어진 즉시 단축 인장 시험을 받는다면, 유리 섬유는 0.7×10^4 MPa이라는 믿을 수 없을 만큼 높은 파괴 응력(σ_f)를 가지게 된다. 섬유유리(fiberglass) 내의 유리 섬유는 0.5×10^4 MPa의 파괴 응력을 갖는다. 만약 우리가 일반적인 창문의 유리를 실험한다면, 인장 파괴응력이 약 69 MPa로 급격히 감소하는 것을 확인할 수 있다. 두 유리의 차이점은 일반적인 유리 내부에 존재하는 균열과 다른 종류의 결함들 때문이다. 갓 인발된 유리 섬유에는 결함이 없다. 유리는 표면 균열과 다른 종류의 결함들을 제거하면 믿을 수 없을 만큼 강하게 만들 수 있다. 고강도 유리 섬유의 한 예는 섬유유리에의 사용이다.

7.4 위스커 : 거의 완전한 단결정체

열역학적으로는 전위와 결함이 없는 결정체를 만드는 것이 가능하다. 왜냐하면 결정체에는 전위와 균열의 평형 농도가 없기 때문이다. 전위나 균열이 없는 상태에서, 결정체의 전단 항복 강도는 이론적으로 대략 전단 계수(shear modulus)의 1/30로 계산된다(G/30). 철의 경우 G/30는 2720 MPa이다. 이 전단 항복 강도는 그림 6.9에 볼 수 있듯이 한 평면에 있는 모든 원자들이 다른 평면으로 이동하기 위해 필요한 응력이다. 실험적으로는 잘 풀림처리 되어 전위의 밀도가 매우 낮은 철 결정체의 전단 항복 강도는 14 MPa이다. 거의 200배에 가까운 이 차이는 철 결정체 내의 전위의 존재에 의해 나타나고, 전위의 움직임을 방해하는 장애물이 거의 없는 결정체에서는 전위의 움직임이 쉽기 때문이다.

전위가 없는 실리콘 단결정체들을 만드는 것은 가능하다. 그러나 전위가 없는 실리콘 단결정체들만을 포함하는 금속 덩어리를 만드는 것은 불가능하다. 왜냐하면 결정체들이 모여 금속 덩어리가 만들어질 때 전위의 형성이 매우 쉽게 되기 때문이다. 금속 내에서 전위는 응결 공정 시 형성된다.

우리는 진공에서 금속, 사파이어, 실리콘, 탄화규소, 질화규소, 흑연 등의 **위스커(whisker)**를 만들 수 있다. 위스커는 재질의 이론적인 강도에 상당히 근접한 강도를 가질 수 있다. 위스커는 일반적으로 지름이 미크론 단위이며 길이는 밀리미터에서 센티미터 단위 정도를 갖는다. 위스커는 중심 하단부에 하나의 나선전위를 포함하고 있으며 이를 그림 7.21에 그림으로 나타내었다. 그림 7.21을 보면 알 수 있듯이 위스커는 나선전위의 회전 메커니즘에 의해 생성된다. 새로운 원자가 위스커의 끝부분에 용착되면, 이 원자들은 나선전위가 생겨나는 끝 부분(step)으로 확산된다. 이 원자들은 step에서 위스커에 붙는다. 왜냐하면 원자가 용착된 부분은 그렇지 않은 고른 표면에서 보다 더 많은 결합을 형성할 수 있기 때문이다. 원자가 step에 붙을 때, 이는 step을 움직이게 하고 위스커의 길이는 step이 위스커 축 주변을 나선형으로 돌아가는

그림 7.21 나선 전위 주위의 원자 배열과 위스커의 원자 배열 *(Adapted from Barrett, C. R., Nix, W. D., and Tetelman, A. S., The Principles of Engineering Materials, Prentice-Hall, Englewood Cliffs, NJ (1973), p. 82.)*

만큼 길어진다.

위스커 상단 중심부의 단일 나선전위는 식 6.32에 주어진 분해 전단응력을 가지고 있지 않다. 둘 다 위스커가 위스커 축 방향으로 인장력을 받으면 λ와 ϕ는 모두 90°를 이룬다. 따라서 나선전위를 움직이게 하는 분해 전단응력은 존재하지 않는다. 또한 위스커에는 균열이 존재하지 않는다. 위스커의 인장 강도는 대략 이론적으로 계산된 값에 근접한다. 예를 들어, (111) 방향의 철 위스커의 인장 항복 강도는 Brenner에 의해 12 GPa에 근접하게 측정되었다. 이론적인 전단 항복 강도는 $G/30$이며, 이론적인 인장 항복 강도는 $G/10$이다. 시험 결과 철의 인장 항복 강도는 이론적인 값인 $G/10$ (8.16 GPa)보다 오히려 높게 측정이 되었다.

대표적인 위스커의 인장 강도와 탄성계수를 표 7.3에 나타내었다. 포아송비가 0.3인 등방성 물질의 경

표 7.3 주요 위스커의 인장강도(TS) 및 탄성계수(*E*)

Material	TS in GPa	*E* in GPa
Al_2O_3	20.7	428
Cr	8.9	242
Graphite	20.7	703
SiC	20.7	483
Si_3N_4	13.8	380

Based on data from Askeland, D.R., Fulay, P.P., and Wright, W.J., The Science and Engineering of Materials, 6th ed., Cengage Learning, Stamford, CT. (2011), p. 669.

우 전단 탄성률은 식 6.18에 의해 계산되며, 탄성계수는 전단 탄성률을 2.6으로 나눈 값과 같다.

위스커는 구조 복합 재료에 속한다. 하지만 현재 위스커의 가격은 매우 비싸다. 때문에 위스커는 가격이 매우 높고 중요한 제품 혹은 구조물을 만들 때만 사용된다.

7.5 탄소나노튜브, 그래핀, 나노와이어

탄소나노튜브와 그래핀은 그림 2.16 e와 f에 각각 그림으로 나타내었다. 탄소나노튜브는 지름 1 nm 원통형 흑연으로 구성되어 있으며, 나노튜브는 단중벽 또는 다중벽의 면(sheet)으로 만들어진다. 그래핀은 흑연구조를 가지는 한 장의 탄소로 이루어져 있다. 이 글을 쓰는 동안에도 탄소나노튜브는 0.18 m까지 길어져 있다. 탄소나노튜브와 그래핀은 지금까지 시험된 재료 중 가장 강하고 단단한 재료이다. 탄소나노튜브의 인장 강도는 11~150 GPa의 범위에서 측정되었으며, 탄성계수는 270~5000 GPa의 범위에서 측정되었다. 나노튜브 물성치의 범위가 이처럼 넓은 이유는 흑연 시트간의 서로 다른 정렬 방향, 나노튜브가 단일벽 구조인지 다중벽 구조인지의 여부, 결함(vacancy)의 존재 여부, 그리고 1 nm의 극도로 얇은 튜브의 시험에 대한 오차 때문이다. 그래핀의 탄성계수와 인장 강도는 나노 압입시험을 통해 각각 1000 GPa과 130 GPa로 측정되었다. 또한 탄소나노튜브와 그래핀은 각각 3800 $Wm^{-1}K^{-1}$과 5000 $Wm^{-1}K^{-1}$의 극단적으로 높은 열전도율을 갖는다.

탄소나노튜브와 그래핀의 작은 크기 때문에, 탄소나노튜브는 기계적으로 사용되기 위해 대부분 복합 재료에 응용된다. 그림 1.11은 복합 재료에 사용될 수 있는 정렬된 탄소 나노튜브 다발을 보여준다. 탄소나노튜브 다발은 대량 생산된 탄소 나노튜브이며, 이상적인 물성치를 가지는 단일 개체로는 활용되고 있지 않다. 현재의 탄소나노튜브 복합재는 풍력 발전기 터빈이나 자전거, 스키, 서핑보드 하키 스틱과 같은 고성능 스포츠 장비 등에 활용되고 있다.

생물 의학 분야에서는 탄소나노튜브를 암세포에 넣은 후 방사주파(radiofrequency wave)를 가해 암을 치료하기 위해 탄소나노튜브를 사용한다. 방사주파는 초단파 가열(microwave heating)과 유사한 방법으로 나노튜브를 가열한다. 그러나 나노튜브의 효과적인 가열 메커니즘은 여전히 연구가 진행 중이다. 탄소나노튜브를 통해 집중된 열은 암 세포를 죽일 수 있다. 더 나아가서 탄소나노튜브는 방탄복 및 기타 기계적으로 응용될 수 있는 많은 복합재료 분야에서 활용되고 있다. 흥미롭게도 과거에 만들어진 다마스쿠스의 철제 검은 탄소나노튜브를 포함하고 있다. 만약 다마스쿠스 철제 검을 만드는 제련 기술이 다시 밝혀진다면, 탄소나노튜브를 이용해 더 강화된 강을 만드는 것이 가능해질 것이다.

그래핀의 기계적 응용법은 아직까지 개발되어 있지 않다. 왜냐하면 그래핀을 분리시키는 기술이 매우 최근인 2005년에 개발되었기 때문이다. 또한 그래핀의 판상 구조는 복합재료에 합성되기 쉽지 않은 구조이다. 그러나 모든 항공우주 산업 및 생물 의학 분야에서 사용되고 있는 활용법들이 그랬듯이 그래핀의 활용법 또한 머지않아 개발될 수 있을 것으로 보인다.

탄소나노튜브와 그래핀은 잠재적으로 전자 제품에도 사용될 수 있을 것으로 보인다. 왜냐하면 탄소나노튜브와 그래핀은 전기적으로 매우 우수한 도체이며 이 둘은 반도체로도 만들어질 수 있기 때문이다. 따라서 탄소나노튜브와 그래핀은 전자 집적회로에서 도체와 반도체를 대체할 수 있을 것이다.

현재 금 또는 SiC, BN, Si_3N_4와 같은 세라믹 재료들을 이용해 나노와이어를 만들어 활용하기 위한 연구가 진행 중이다. 이러한 재료들로 만들어진 나노미터 단위 지름을 갖는 와이어는 매우 강한 강도를 갖는다. 하지만 이 재료들에 대한 연구는 아직은 탄소나노튜브에 대한 연구만큼 진행되어 있지 않다.

7.6 열가소성 폴리머의 강화

저밀도 폴리에틸렌(LDPE, low density polyethylene)과 같은 폴리머는 일반적으로 13 MPa 정도의 인장 강도를 갖는다. 그러나 폴리머는 다양한 방법을 통해 강화시킬 수 있다. LCM의 분자량을 증가시킬 수도 있고, 폴리머의 side chain을 제거할 수도 있고, 분자 구조를 좀 더 결정화 시킬 수도 있다. LCM의 구조를 변형시킬 수도 있고, LCM을 교차 결합시킬 수도 있으며, 외력이 가해지는 방향으로 분자 사슬의 방향을 변형시킬 수도 있다. 예를 들어, 폴리에틸렌은 폴리머 사슬의 방향을 섬유의 축 방향으로 정렬시켜 인장 강도가 3300 MPa인 섬유로 만들어진다. 이어지는 절에서 우리는 폴리머의 강도를 증가시키는 방법에 대해 공부할 것이다. 그런 다음 우리는 폴리머의 구조를 화학적 변화를 통해 mer 구조로 변화시켜 강도를 증가시키는 방법에 대해서도 공부할 것이다.

7.6.1 특정 열가소성 폴리머 강화

분자량 증가를 통한 열가소성 폴리머의 강화 폴리머의 강도를 증가시키는 방법 중 한 가지는 각 사슬 당 단위 mer의 수를 증가시킴으로 인해 LCM의 분자량을 증가시키는 것이다. 사슬의 평균 길이를 증가시키는 것은 결합되어 있는 다른 사슬로부터 분자의 수를 증가시키고, 이로 인해 폴리머의 강도는 증가한다. 이는 긴 길이를 갖는 두 분자들 사이를 전단시키는 것이 짧은 길이를 갖는 두 분자들 사이를 전단시키는 것보다 더 큰 힘을 필요로 하게 되기 때문이다. 낮은 분자량의 폴리머는 종종 액상을 띠기도 하며 분자량이 증가할수록 강도는 증가한다. 폴리카보네이트에서의 이러한 현상은 그림 7.22에 나타나 있다. 이 그림을 보면, 폴리카보네이트가 낮은 분자량을 갖고 있을 때 사슬의 분자량이 증가할수록 강도가 급격하게 증가하는 것을 확인할 수 있다. 하지만 분자량이 임계치인 약 12500 g / mole을 넘어가면 인장 강도가 더 이상 증가하지 않는 것을 알 수 있다. 다시 말하면, 분자량 증가에 따른 폴리머의 경화효과에는 한계가 존재한다.

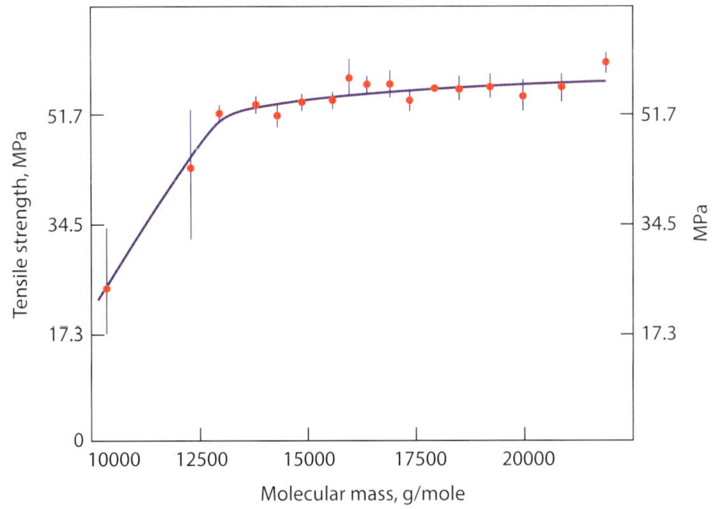

그림 7.22 원자질량단위(amu)의 분자량의 함수로 나타낸 폴리카보네이트의 인장강도
(Based on Golden, J.H., Hammant, B.L., and Hazell, E.A. J. Polym. Sci. 2A, (1964) 4787.)

결가지 제거를 통한 열가소성 폴리머의 강화 폴리머의 구조에서 곁가지를 제어/제거함으로써 폴리머를 강화시킬 수 있다. 폴리머의 곁가지는 그림 3.5에 나타나 있다. 넓게 펼쳐져 있는 폴리머의 곁가지는 폴리머의 밀도를 낮게 하고 강도를 약화시키는 결과를 가져온다. 왜냐하면 LCM 들이 결합을 이룰 만큼 가까이 갈 수 없기 때문이다. LCM 사이의 약한 결합은 표 7.4에 나타나 있는 것처럼 LDPE 폴리머의 인장 강도를 7~17 MPa로 감소시킨다. 고밀도 폴리에틸렌(HDPE, high density polyethylene)는 LDPE에 비해 더 긴 LCM을 가지며 곁가지 또한 거의 없다. 그렇기 때문에 HDPE의 인장 강도는 20~40 MPa 정도로 높다.

구조 결정화를 통한 열가소성 폴리머의 강화 폴리머 내부 구조의 결정화 정도는 폴리머의 인장 강도에 영향을 미친다. 그림 7.23은 상업적으로 사용되고 있는 PE의 인장 강도를 결정화도에 대한 함수로 나타내고 있다. 결정화도가 65%인 PE와 95%인 PE의 인장 강도는 두 배 이상의 차이를 보인다. 만약 폴리머가 결정질이라면, 각 분자들은 결정 구조에서 각자 정해진 위치에 있을 것이고 이는 가장 단단한 결합을 이루게 될 것이며 이로 인해 폴리머의 강도는 최대값을 갖게 될 것이다. 결정화도는 폴리머의 용융 후 서서히 냉각 시킬 때 증가한다. 왜냐하면 그럴 때의 LCM의 내부 구조가 결정질 구조로 정렬되고 강한 결합을 형성할 시간이 좀 더 길어지기 때문이다. 만약 폴리머의 곁가지가 최소화되고 LCM이 균일해 지면 PE와 폴리테트라 플루오로에틸렌(PTFE, polytetrafluoroethylene)에서와 같이 결정화도는 증가될 것이다.

표 7.4 특정 폴리머의 탄성계수(E), 인장강도(TS), 파손 변형률(ε_f)

Polymer	E (GPa)	TS (MPa)	ε_f (%)
LDPE[1]	0.14–0.3	7–17	200–900
HDPE[1]	0.7–1.4	20–40	100–1000
OUHMWPE[2]	172	3300	—
PP[1]	1.1–2	30–40	100–600
PVC (rigid)[1]	1–3.5	40–75	30–80
PS[1]	2.4–3.2	30–60	1–4
PC[1]	2.1–2.4	70–90	100–120
PEEK[1]	3.6	90–200	50
PMMA[1]	2.5–3.3	55–75	3–5
ABS[1]	2–2.8	30–50	5–70
Kevlar 29[3]	59	3500	—
Kevlar 49[3]	124	3600	2.3
PF[4]	5.6–12	25	0.4–0.8
Epoxy[1]	3–5	30–90	1–2

1 Brostow, W., et al., Mechanical Properties, Physical Properties of Polymers Handbook, Mark, J. E. ed., AIP Press, Woodbury, N.Y. (1996), p. 331

2 Askeland, D.R., Fulay, P.P., and Wright, W.J., The Science and Engineering of Materials, 6th ed., Cengage Learning, Stamford, CT. (2011), p. 693.

3 Wen, J., Some Mechanical Properties of Typical, Polymer-Based Composites, in Physical Properties of Polymers Handbook, Mark, J. E. ed., AIP Press, Woodbury, N.Y. (1996), p. 372.

4 Osswald, T.A., and Menges G., Materials Science of Polymers for Engineers, Hanser Publishers, Munich (2003), Table I.

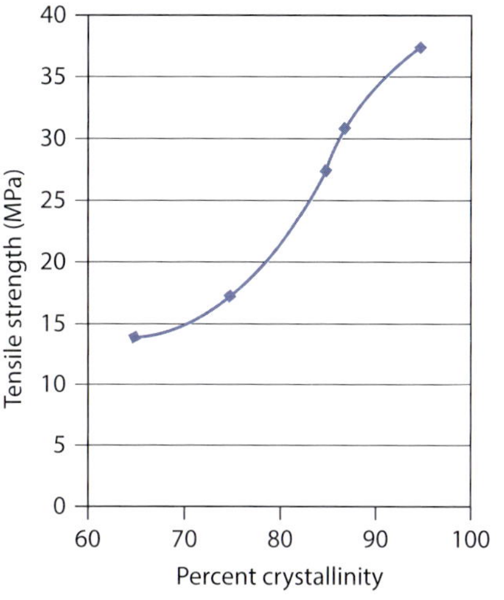

그림 7.23 결정화도의 함수로 나타낸 상업용 PE의 인장강도 *(Based on Boening, H.V., Polyolefins: Structure and Properties, Elsevier Press, Lausanne, (1966), p. 57.)*

LCM의 정렬을 통한 열가소성 폴리머의 강화 폴리머의 LCM들은 재료가 흐르는 방향으로 정렬되어 있다. 이때 재료가 흐르는 방향은 유리전이온도(glass transition temperature)보다 약간 높은 온도 범위에서 폴리머를 빠르게 변형시킴으로 인해 정해진다. 만약 폴리머가 유리전이온도보다 낮은 온도 범위에서 변형된다면, 폴리머는 취성을 띠게 되며 파손된다. 그리고 만약 유리전이온도 이상에서 잘 변형된다면, 폴리머의 흐름과 변형은 LCM의 방향으로 정렬되지 않는다. 변형되지 않은 비정질 폴리머의 경우, LCM들은 방향은 일정하지 않다. 인장력이 가해진 연성 폴리머의 경우, 그림 6.23의 인장 응력-변형률 선도의 탄성 영역을 지난 후 초기 최대 응력에서 네킹이 형성된다. 계속 변형을 받으면 네킹은 점점 더 진행된다. 네킹이 발생하는 부분에서 LCM은 그림 7.24에서 볼 수 있는 것과 같이 재료가 흐르는 방향으로 정렬된다. 그렇게 되면 LCM의 방향을 따라 형성된 강한 탄소-탄소 결합은 쌍극자 결합으로 연결된 이전의 LCM에 비해 응력에 대한 저항성이 높아진다. 따라서 정렬된 LCM들은 폴리머를 강화하는 효과가 있다.

우리는 폴리머를 강화시키기 위해 소성변형이 발생하는 동안 LCM이 정렬되는 현상을 활용할 수 있다. 예를 들어, 폴리에틸렌이 연신 초고분자량 폴리에틸렌(OUHMWPE, oriented ultra high molecular weight polyethylene)의 섬유로 만들어졌을 때, 극한 인장 강도는 약 3300 MPa까지 상승된다. 그리고 정렬된 아라미드 폴리머 섬유인 Kevlar의 극한 인장 강도는 3600 MPa이다. 그림 7.25에서 아라미드 폴리머(aramid polymer)의 분자구조를 볼 수 있다.

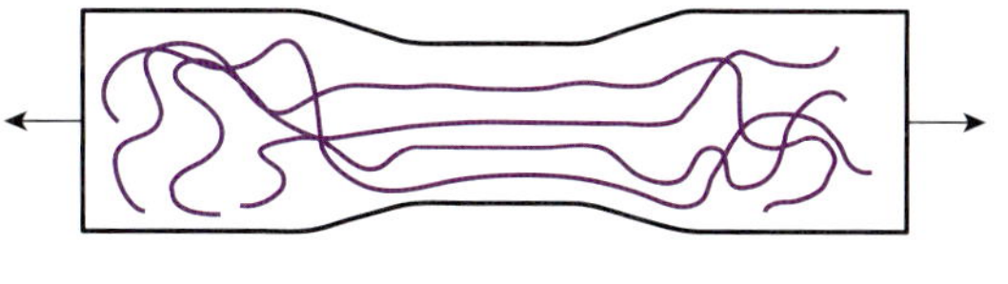

그림 7.24 유리전이온도 이상에서 빠르게 변형된 폴리머 내부 LCM의 배열에 대한 모식도. 시편의 그립 부분에서는 폴리머의 변형이 일어나지 않기 때문에 폴리머 본래의 무작위 분자배열을 보임. 시편의 변형이 일어난 부분에서는 폴리머의 변형이 일어나고 LCM은 변형이 일어난 방향으로 정렬됨.

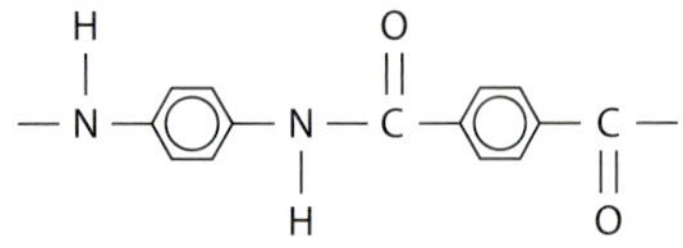

그림 7.25 아라미드 폴리머의 mer 구조 *(Based on Askeland, D.R., Fulay, P.P., and Wright, W.J., The Science and Engineering of Materials, 6th ed., Cengage Learning, Stamford, CT. (2011), p. 670.)*

OUHMWPE와 Kevlar과 같은 섬유는 **용액 방사(solution spinning)**를 통해 생성된다. 용액 방사를 위해서, 섬유의 LCM들의 결정질 구조를 유지하기 위해 먼저 파라핀 오일과 같은 섬유 물질을 솔벤트에 녹인다. 이 용액과 결정질 LCM은 작은 오리피스(orifice)를 통해 압출 성형된다. 용매가 증발되면 섬유에는 결정질 LCM들 만이 남게된다. 이렇게 만들어진 섬유는 유리전이온도 이상, 용융점 이하의 온도에서 인장되어 LCM들은 한 방향으로 정렬된다. 이는 와이어의 인발 과정과 유사하다. 이 과정에서 LCM은 섬유의 축 방향으로 길게 늘어진다. 이러한 방법으로 고강도 철로 만들어진 와이어와 비슷한 수준의 높은 인장 강도를 갖는 폴리머 섬유를 생성할 수 있다.

위의 과정을 통해 만들어진 폴리머는 또한 섬유의 축 방향으로 높은 탄성계수를 갖는다. 왜냐하면 분자의 공유결합이 섬유의 축 방향으로 정렬되기 때문이다. 그림 7.26은 OUHMWPE에서 발생하는 탄성계수의 증가를 인발비의 함수로 나타내었다. 인발비는 축 방향으로의 폴리머의 변형량이다. 폴리머 분자들의 정렬은 인발에 의해 발생되는 금속의 변형 경화와는 다르다. 만약 정렬된 폴리머가 가열되면, 사슬의 방향성은 변하지 않으며 강도 또한 유지되지만, 인발된 금속 와이어가 가열되면 금속의 풀림 효과에 의해 와이어의 강도는 감소된다.

블렌드 및 합금을 통한 열가소성 폴리머의 강화와 약화 **폴리머 블렌드**는 2개 이상의 폴리머들이 합성되어 만들어진다. 이때, 합성된 폴리머의 미세 구조는 2개 이상의 서로 다른 상을 갖고 있게 된다. 예를 들면, 폴리스티렌(PS, polystyrene)과 PE는 서로 섞이지 않으며, 만약 이 둘이 혼합하게 되면 블렌드가 형성된다. PE에 PS를 첨가해 주면 PE의 강도는 높아진다. 폴리머 블렌드의 물성치는 식 7.4와 같이 합성된 폴리머들의 부피율에 따라 결정된다. 일반적으로 폴리머 블렌드는 각각의 폴리머들에 펠릿(pellet)을 혼합

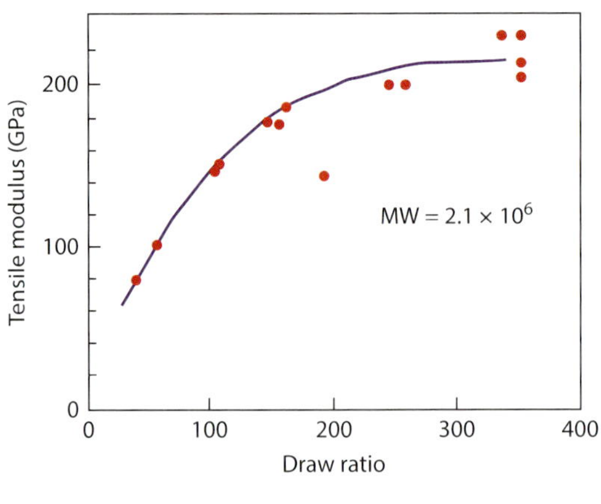

그림 7.26 OUHMWPE가 생성될 수 있는 높은 인발비의 함수로 나타낸 UHMWPE의 탄성계수 *(Based on Osswald, T.A., and Menges G., Materials Science of Polymers for Engineers, Hanser Publishers, Munich (2003), p. 417.)*

한 후 압출가공과 같은 원하는 형상을 위한 공정을 거쳐 만들어진다. 13.4.1절에서는 폴리머의 압출가공에 대해 다룰 것이다.

폴리머 블렌드와 마찬가지로, **폴리머 합금** 또한 2개 이상의 폴리머들이 합성되어 만들어진다. 하지만 합성된 폴리머 합금의 미세구조는 균일한 단일 상을 형성한다. 예를 들어, 폴리페닐린 에테르(PPE, polyphenelene ether)와 PS는 혼합되어 합금을 형성한다. 이렇게 형성된 합금은 PPE나 PS와는 전혀 다른 물성을 갖게 된다. 합금은 폴리머 필렛을 용융점 이상의 온도에서 가열하여 형성할 수 있다.

폴리머 블렌드를 형성하거나 폴리머 합금을 형성하는 방법은 매우 다양하다. 폴리머의 블렌드를 형성하거나 합금을 형성하는데 사용되는 비용은 원하는 물성을 갖는 새로운 폴리머를 개발하는 비용에 비해 매우 저렴하다. 그러나 생성된 폴리머 블렌드나 폴리머 합금은 재활용되기가 어렵다는 단점이 있다.

가소제(plasticizer)는 폴리머의 강도나 탄성계수를 낮춰주는 용액이다. 순수한 PVC는 상온에서 취성 폴리머이다. 하지만 가소제인 프탄산디옥틸(dioctylphthalate)을 첨가해주면 PVC의 유리전이온도가 상온보다 낮아지게 된다. PVC의 유리전이온도가 상온보다 낮아지게 되면, PVC가 연성을 갖게 된다. 가소제는 더 낮은 온도에서 폴리머의 형태를 변형시키기 위해 폴리머에 첨가된다. 그림 7.27은 50% 가소제가 첨가된 PVC의 온도에 따른 전단 탄성률의 변화를 보여준다. 이를 보면 상온에서 가소제가 첨가된 PVC의 전단 탄성률은 가소제가 첨가되지 않은 PVC의 전단 탄성률보다 낮아진 것을 확인할 수 있다.

7.6.2 Mer 변형을 통한 열가소성 폴리머의 강화

폴리머를 강화시키는 방법은 단일 mer에서 수소 원자들을 제거하는 것이다. PVC에서 PE mer의 수소원자는 염소원자로 치환된다. PE에서 LCM들 사이의 결합은 주로 요동쌍극자 결합(fluctuating-dipole bond)이다. PVC 또한 요동쌍극자 결합을 갖고 있으며, 염소는 그림 2.22에서 볼 수 있듯이 LCM들 사이에 영구쌍극자 결합(permanent-dipole bond)을 추가로 갖게 도와준다. 표 7.4에서 볼 수 있듯이 영구쌍극자 결합은 PVC의 인장 강도와 탄성계수를 증가시킨다. 그림 2.19와 그림 2.20은 PE, PVC, PMMA와 같은 일반적인 폴리머 분자구조를 보여준다.

아크릴 수지(PMMA, polymethly methacrylate)에서 PE에 있는 일부 수소원자들은 보다 더 큰 메틸 그룹과 아크릴 그룹으로 치환된다. 입체 장해(steric hindrance) 현상은 수소원자에 비해 크기가 큰 메틸과 아크릴 그룹을 포함하고 있는 PMMA의 LCM들이 서로 간에 슬립이 일어나는 것을 방해힌다. 이러

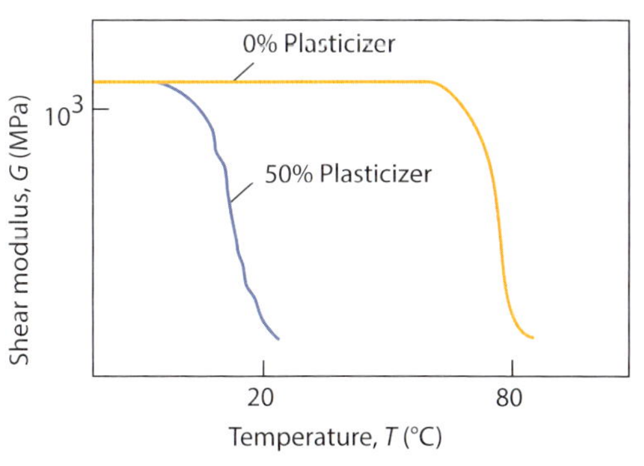

그림 7.27 온도의 함수로 나타낸 50% 가소제가 첨가된 PVC의 전단 탄성률 *(Based on Osswald, T.A., and Menges G., Materials Science of Polymers for Engineers, Hanser Publishers, Munich (2003), p. 410.)*

한 결과, 아크릴 수지는 상온에서 55~75 MPa의 보다 높은 항복 강도를 가지게 된다. 이는 표 7.4에 나와 있듯이 20~24 MPa의 HDPE의 항복 강도보다 더 높은 수치이다.

LCM의 기본 구조로 탄소 외에도 산소, 질소, 또는 벤젠과 같은 원자 혹은 분자들을 갖는 것 또한 가능하다. 그림 2.20의 폴리카보네이트(PC, polycarbonate)와 폴리에테르에테르케톤(PEEK, polyetheretherketone), 그림 7.25의 aramid Kevlar 등을 예로 들 수 있다. 이러한 원자나 분자들이 탄소원자를 대체하면 더 강한 LCM을 형성할 수 있고 LCM들 간에 더 강한 영구쌍극자 결합을 형성할 수 있으며 입체 장해 될 수 있다. PEEK는 표 7.4에서 볼 수 있듯이 90~200 MPa의 매우 높은 인장 강도를 갖는 비방향성 폴리머 중 하나이며, 탄성계수 또한 3.6 GPa로 매우 높다. 또한 PEEK는 용융점이 열가소성 폴리머 중 334°C로 매우 높은 편이다. 이러한 특성 때문에 PEEK는 고온 환경에서 작동하는 기기나 항공우주 분야의 재료로 주로 사용된다. PEEK와 같은 고성능 열가소성 폴리머에는 polypenylene ether (PPE), polyetherketone (PEK), polysulfone (PSU), 그리고 polysthersulfone (PES) 등이 있다.

7.6.3 열가소성 혼성중합체의 강도

그림 3.6과 같이 혼성 중합체(copolymer)를 이루기 위해서는 서로 다른 폴리머가 혼합되어 단일 LCM을 형성한다. 내 충격성 폴리스티렌(IPS, Impact-resistant polystyrene)은 PS(≈30%)와 butadiene rubber(≈70%)가 혼성 중합체를 형성함으로 인해 생성된다. IPS의 내 충격성은 PS보다 일곱 배 정도 더 높다. SAN(styrene acrylonitrile)은 PS(≈70%)와 PAN(≈30%)의 무정형 random 혼성 중합체이다. PAN은 섬유로 사용된다(Orlon™). SAN의 내 충격성은 PS보다 더 크지만 IPS 만큼 크지는 않다.

SAN 보다 더 높은 내 충격성을 갖는 폴리머를 만들기 위해서는, 혼성 중합체인 acrylonitrile butadiene rubber styrene (ABS)를 형성하기 위해 BR이 SAN에 첨가되어야 한다. 혼성 중합체에 각각의 폴리머들이 함유되어있는 정도에 따라 혼성 중합체는 서로 다른 기계적 물성을 나타낸다. 표 7.4의 물성들은 가장 널리 사용되고 있는 구성요소들이다. ABS는 상온에서 가장 일반적으로 활용되는 엔지니어링 플라스틱이다.

7.7 열경화성 폴리머의 강도

열경화성 폴리머에는 두 가지 종류가 있다. 하나는 Bakelite™로 잘 알려진 페놀포름알데히드(PF, phenol formaldehyde)와 같은 망상조직 폴리머(network polymer)이며 또 다른 하나는 고무, 에폭시, 폴리에스테르와 같은 교차결합 폴리머(cross-linked polymer)이다.

7.7.1 망상조직 열경화성 폴리머의 강도

그림 7.28a는 포름알데히드(CH_2O)가 2개의 페놀(링 구조)과 반응하여 PF를 형성하고 부산물로 물(H_2O)을 생성하는 것을 보여준다. 포름알데히드와 페놀의 부착은 그림 7.28a에 원형으로 표시되어 있는 수소원자가 있는 세 곳에서 발생할 수 있다. 그림 7.28b는 평면적 배열에서의 복합 지점에서의 결합을 나타낸다. 그러나 링 구조의 방향은 평면을 벗어날 수도 있다. 이는 공유결합을 하고 있는 3차원 네트워크 구조체를 형성하게 한다. 이러한 폴리머는 표 7.4에서 볼 수 있는 것과 같이 상대적으로 높은 강도를 갖게 되고, 탄성계수 또한 어떠한 비방향성 열가소성 폴리머보다 높은 값을 갖는다. 왜냐하면 PF는 세 방향으

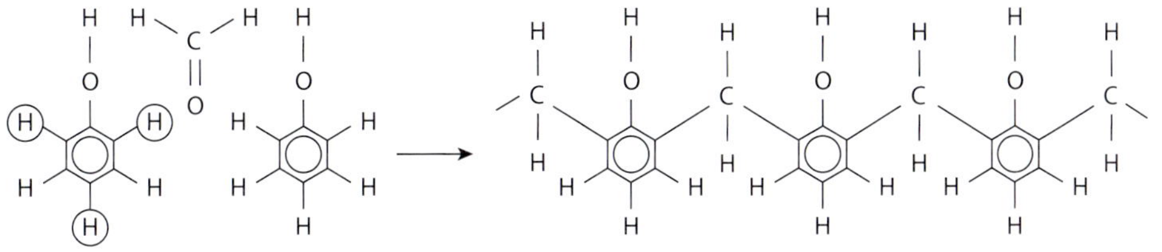

(a)

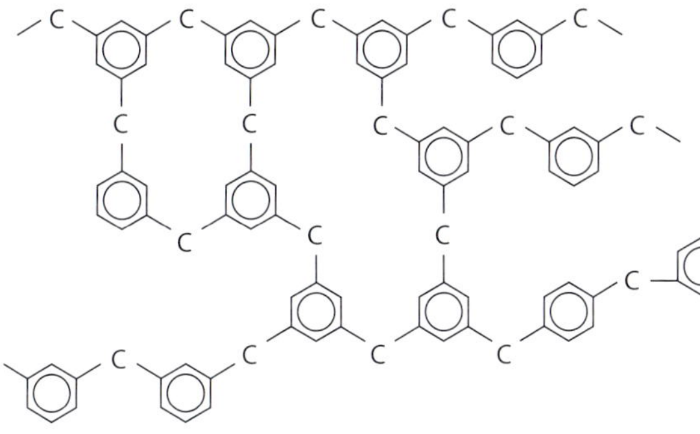

(b)

그림 7.28 (a) 페놀포름알데히드(PF)를 생성하기 위한 포름알데히드와 2개의 페놀(링 구조) 분자의 반응. 프롬알데히드는 페놀의 벤젠고리 주변의 3개의 수소원자 중 하나와 반응할 수 있으며, 맨 왼쪽의 수소 원자와 반응함. (b) 페놀 분자와 포름알데히드의 결합 시 가능한 3가지 결합 방법에 의해 공유결합에 의한 3차원 네트워크 구조체가 생성됨. *(Based on Askeland, D.R., and Phule, P.P., The Science and Engineering of Materials, 4th ed. Thomson-Brooks/Cole, Pacific Grove, CA (2003), p. 705.)*

로 공유결합을 형성하고 있기 때문이다. 또한, LCM 슬라이딩의 소성 변형 메커니즘은 3차원 공유결합을 형성하고 있는 이러한 고체에서는 발생할 수 없다. 그리고 표 7.4에서 볼 수 있듯이 파손되기 위한 변형률은 1% 이하이다. PF의 파손에 대한 저항성은 분쇄 유리섬유 또는 셀룰로오스 등과 같은 필러가 첨가될 때 복합재 효과에 의해 증가한다. 또 다른 망상조직 폴리머로는 요소-포름알데히드와 멜라민 포름알데히드 등이 있다.

7.7.2 교차결합 된 열경화성 폴리머의 강도

폴리머들에서 LCM의 교차결합(cross-linking)은 상당한 재료 강도 및 탄성계수의 증가와 연성의 감소를 일으킨다. LCM간의 교차결합은 그림 2.23에 도식적으로 잘 나타나 있다. 고무는 일반적으로 질 일려진 교차결합 폴리머 중 하나이다. 액체 고무로부터 고체 고무를 형성하기 위해 라텍스는 가황(vulcanization)이라는 공정으로부터 황과 교차결합을 이루고 있다. 이는 그림 2.24에 잘 표현되어 있다. 가황처리 되지 않은 천연고무는 열가소성이다. 미가황 고무는 그림 7.29에서 볼 수 있는 것과 같이 매우 낮은 탄성계수를 보이며, LCM간의 슬라이딩에 의해 소성 변형이 발생한다. 가황 공정 동안 천연고무에 첨가된 황 원자들은 천연고무 LCM들과 가교를 이룬다. 교차결합은 LCM의 슬라이딩을 감소시키며, 그림 7.29와 같이 상당히 높은 탄성계수와 강도를 갖는 열경화성 탄성중합체를 생성한다. 인장되었던 고무의 외력이 제거되었을 때, LCM들은 인장되기 전에 원래 있었던 꼬인 위치로 되돌아가게 된다. 왜냐하면 황과 고무 LCM간의 교차결합 때문이다. 가황처리 된 천연고무는 재료의 파단 없이 원래 길이의 600%까지 인장될 수 있으며, 외력이 사라질 경우 다시 인장되기 이전의 모습으로 되돌아갈 수 있다.

그림 7.30a는 열가소성 액상 폴리머 에폭시 수지와 에틸렌디아민 경화제(ethylene diamine hardener)의 분자구조를 보여준다. 에폭시는 폴리머 LCM 끝단의 동그라미 쳐진 부분이며 대개 bisphenol A와 같은 페놀기를 포함하고 있다. 에틸디아민에서 분자 구조의 양쪽 끝은 아민(NH_2)이며, 나머지 에틸렌 분자(C_2H_4)는 n번 반복되어 나타난다. 열가소성 액상 폴리머 에폭시 수지는 경화제로 인한 에폭시 수지 LCM의 화학적 반응에 의해 그림 7.30b과 같은 분자구조를 갖는 단단한 고형 열경화성 에폭시로 변화된다. 이러한 화학적 반응에서 에폭시 그룹의 산소와 CH_2 사이의 결합은 깨지며, CH_2는 NH와 에틸렌디아민 경화제의 끝단에서 결합한다. 에폭시 그룹의 산소는 에틸렌디아민 끝단에서 떨어져 나온 수소 원자와 결합한다. 에틸렌디아민 분자의 다른 끝단의 아민은 두 개의 LCM이 교차결합을 형성하기 위해 그림 7.30b와 같이 다른 에폭시 수지 분자와 반응한다.

에폭시의 기계적 물성은 표 7.4에서 확인할 수 있다. 에폭시의 인장 강도는 30~90 MPa이며 LDPE의 인장 강도인 7~17 MPa에 비해 높다. 또한, 에폭시의 탄성계수는 3~5 GPa로 LDPE의 탄성계수인 0.14~0.3 GPa에 비해 더 높다. 에폭시 수지의 탄성계수가 더 높은 값을 보이는 이유는 교차결합을 이루고 있는 에폭시는 LCM들 간에 공유결합을 형성하고 있기 때문이다. 에폭시에 응력이 작용하면 공유결합들은 작용한 응력에 강하게 저항한다. 교차 공유 화학 결합들은 에폭시 LCM간의 슬라이딩을 방해한다. 이는 에폭시의 항복 강도를 증가시키지만, 또한 재료의 파손까지 1~2%의 인장만을 허용하도록 재료를 취화시키기도 한다.

액상 에폭시 수지와 액상 경화제가 혼합되면, 혼합물은 주조되어 형상을 만들거나 섬유나 직물구조를 강화하여 복합재를 만들기 위한 충분한 시간동안 액상으로 남아있다. 이는 에폭시를 복합 재료와 사용하기에 이상적인 재료로 만들어준다. 왜냐하면 에폭시 수지와 경화제 혼합물을 액상으로 만들기 위해 가열

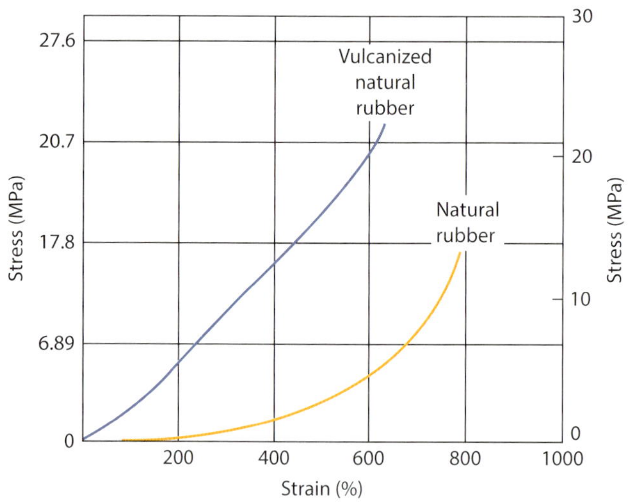

그림 7.29 천연고무 및 가황처리 된 천연고무의 응력-변형률 선도
(Based on Eisenstadt, M.M., Introduction to Mechanical Properties of Materials, The Macmillan Co. N.Y. (1971), p. 89.)

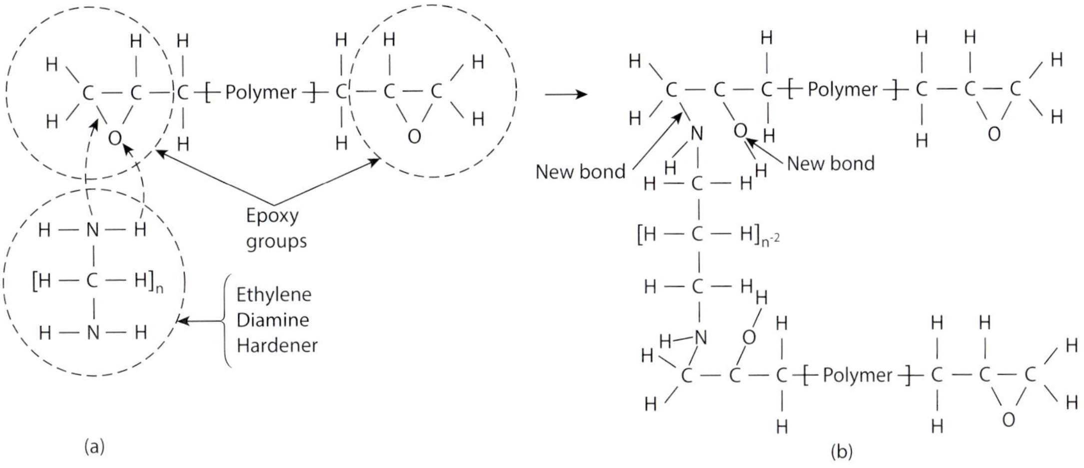

그림 7.30 (a) 단일 선형 에폭시 수지 폴리머와 에틸렌디아민 경화제. (b) 교차결합된 열경화성 에폭시를 생성하기 위한 두 개의 선형 열가소성 에폭시 수지 폴리머와 에틸렌디아민 경화제의 반응

할 필요가 없기 때문이다. PEEK와 같은 열가소성 복합재료의 모재가 액상화 되어 직물 복합재 내부로 침투하기 위해서는 용융점 이상으로 가열되어야 한다. 에폭시와 유사하게 교차결합을 형성하고 있는 복합재는 폴리에스터(polyester), 비닐에스터(vinyl ester), 폴리우레탄(polyurethane) 등이 있다.

열경화성 폴리머는 열이 가해졌을 때 녹지 않는다. 왜냐하면 LCM들 사이가 공유결합으로 연결되어 있기 때문이다. 산소가 있는 곳에서 열경화성 폴리머는 산화되며 손상된다. 열경화성 폴리머의 재활용을 위해서는 용융점 이상의 온도가 필요하다. 열경화성 폴리머와 열경화성 폴리머로 이루어진 복합재료는 대개 분말 형태로 분쇄되며, 분쇄된 가루는 아스팔트 또는 다른 폴리머의 충전재료 활용된다.

요약

- 금속이 소성 변형을 일으키거나 변형경화 될 때 금속 내의 전위 밀도는 증가한다. 금속의 항복강도는 전위 밀도의 제곱근에 비례하여 증가한다.
- 변경경화 된 금속이 풀림처리 될 때, 이 금속은 항복강도와 전위 밀도가 감소될 때까지 가열된다. 회복 열처리 과정에서, 연성은 회복되고 항복강도는 감소된다. 최대의 연성을 얻기 위해서는 금속은 재결정화 되어야만 한다. 재결정화는 새로운 결정립이 형성되고 성장하는 과정이다.
- 결정립계는 전위의 거동에 있어 장애물이며, 이는 금속의 항복강도를 증가시키는 역할을 한다. 금속의 항복강도는 평균 결정립 지름의 −1/2지수승에 비례한다. 이를 Hall−Petch 관계라고 한다.
- 금속은 금속보다 단단한 입자를 첨가함으로써 분산강화 된다. 분산강화 된 재료의 인장강도는 부피율에 대한 혼합물 법칙을 따른다. 분산강화 메커니즘은 다음과 같다. 전위가 단단한 분산입자의 경계에 접근하면 단단한 분산 입자가 연성 모재에서의 전위의 거동을 멈추게 한다. 때문에 연성 금속 입자들의 변형은 단단한 분산입자에 의해 제한된다.
- 금속의 고용체 강화는 모재와는 다른 재질을 갖는 고용체 원자들이 칼날 전위의 변형장과 상호작용할 때 발생한다.
- 석출 경화된 금속에서 기존의 금속보다 작은 입자 크기를 갖는 새로운 두 번째 상이 형성되며, 이는 금속의 항복강도를 증가시킨다. 항복강도의 증가는 석출 입자간의 거리에 반비례한다. 따라서 석출 입자 사이의 거리(L)가 최소일 때 항복강도는 최대값을 갖는다. "시효"는 석출물을 형성하기 위해 금속을 특정 온도와 시간에 정체시키는 것이다. 핵의 생성과 성장이 석출물의 형성 과정이다. 시효의 초기 단계에서, 항복강도는 정합 석출물이 형성되고 성장됨에 따라 급격하게 증가한다. 이는 입자간의 거리(L)를 감소시키고 항복강도(σ_y)를 증가시킨다. 만약 석출물이 정합에서 부정합의 형태로 바뀐다면, 금속은 최대 강도를 갖게 된다. 과시효 된 합금의 강도는 최대 강도에 비해 낮아지게 된다. 왜냐하면 합금이 과시효 됨에 따라, 석출 입자 사이의 간격이 증가하기 때문이다.
- 대부분의 세라믹은 상온에서 취성의 특징을 보이며, 이로 인해 파괴응력이 항복응력보다 낮아지게 된다. 세라믹을 강화시키기 위해서는 파괴응력을 증가시키는 것이 중요하며, 파괴응력은 우선적으로 세라믹 내의 결함을 제거하여 증가시킬 수 있다. 세라믹의 인장강도와 탄성계수는 공극률의 음의 지수에 비례한다.
- 유리의 강도는 뜨임을 통해 강해질 수 있다. 유리에 뜨임처리를 해준 결과, 외 표면에는 압축 잔류 응력이 발생하며 이로 인해 인장강도가 증가하게 된다. 유리의 화학적 뜨임에서 표면에서의 압축응력은 실리콘 원자에 대한 더 큰 원자로의 치환에 의해 발생된다.
- 만약 유리 섬유들이 섬유의 표면에 손상을 입지 않은 채로 녹여져 인발(drawing) 되었고, 만들어진 즉시 단축 인장 시험을 받는다면, 유리 섬유는 0.7×10^4 MPa이라는 믿을 수 없을 만큼 높은 파괴 응력(σ_f)를 가지게 된다. 갓 인발된 유리 섬유에는 결함이 없는 반면에 보통의 창문에 쓰이는 유리는 결함을 포함하고 있다.
- 잘 만들어진 위스커는 재료의 이론적인 강도에 상당히 근접한 강도를 가질 수 있다. 위스커는 일반적으로 지름이 미크론 단위이며 길이는 밀리미터에서 센티미터 단위 정도를 갖는다. 위스커는 중심 하단부에 나선전위를 포함하고 있으며, 위스커는 나선전위의 회전 메커니즘에 의해 생성된다.
- 탄소 나노튜브는 단일 또는 다중벽을 지닌 면(sheet)으로 만들어져 있으며, 지름이 약 1 nm인 원

통형 흑연으로 구성되어 있다. 그래핀은 흑연구조를 가지는 한 장의 탄소로 이루어져 있다. 지금까지 개발된 탄소 나노튜브는 0.18 m까지 길어질 수 있다. 탄소 나노튜브와 그래핀은 지금까지 시험된 재료 중 가장 강하고 단단한 재료이다.

- 만약 각 사슬 당 단위 mer의 수가 증가함에 따라 LCM의 분자량이 증가한다면 폴리머는 강화될 수 있다.
- 폴리머의 곁가지들은 폴리머의 밀도와 강도를 낮아지게 한다. 왜냐하면 곁가지들로 인해 LCM들이 결합을 이룰 만큼 충분히 가까이 갈 수 없기 때문이다.
- 만약 폴리머가 결정질이라면, 각 분자들은 결정 구조에서 각자 정해진 위치에 있을 것이고 이는 가장 단단한 결합을 이루게 될 것이며 이로 인해 폴리머의 강도는 최대값을 갖게 될 것이다.
- 폴리머의 LCM들은 변형이 발생하는 방향으로 정렬된다. 이때 재료가 흐르는 방향은 유리전이 온도보다 약간 높은 온도 범위에서 폴리머를 빠르게 변형시킴으로 인해 정해진다. 이로 인해 폴리머 섬유는 고강도 강선과 맞먹는 높은 극한 인장강도를 갖게 된다.
- 폴리머 블렌드는 2개 이상의 폴리머들이 합성되어 만들어진다. 이때, 합성된 폴리머의 미세 구조는 2개 이상의 서로 다른 상을 갖고 있게 된다. 폴리머 블렌드의 물성은 일반적으로 각각의 폴리머의 물성치의 평균값을 갖는다.
- 폴리머 합금은 2개 이상의 폴리머들이 합성되어 만들어진다. 하지만 합성된 폴리머 합금의 미세 구조는 균일한 단일 상을 형성한다.
- 이렇게 형성된 폴리머 합금의 물성은 각각의 요소들의 물성과는 전혀 다른 값을 갖게 되며, 각각의 요소들의 물성의 평균값과도 전혀 다른 값을 갖는다.
- PE와 같은 단일 mer에서 수소 원자들을 다른 원자나 분자들로부터 제거함으로써 폴리머를 강화하고 탄성계수를 증가시킬 수 있다. 이로 인해 LCM들 사이에는 요동쌍극자 결합과 영구쌍극자 결합이 생성된다. 만약 수소원자가 큰 분자들로부터 제거되면, LCM들 사이에 슬립이 일어나는 것을 방해하는 입체 장해 현상이 발생된다.
- 가소제는 폴리머와 섞여 폴리머의 강도나 탄성계수를 낮춰주는 용액이다.
- 혼성 중합체(copolymer)를 이루기 위해 서로 다른 폴리머가 혼합되어 단일 LCM을 형성한다. 혼성 중합체에 각각의 폴리머들이 함유되어있는 정도에 따라 혼성 중합체는 서로 다른 기계적 물성을 나타낸다. 혼성 중합체 ABS는 상온에서 가장 일반적으로 활용되는 엔지니어링 플라스틱이다.
- 열경화성 폴리머에는 두 가지 종류가 있다. 하나는 망상조직 폴리머이며 또 다른 하나는 교차결합 폴리머이다. 망상조직 폴리머는 3차원 폴리머이며 대표적인 예로는 페놀포름알데히드(PF)가 있다. PF는 상대적으로 높은 인장강도와 탄성계수를 갖고 있지만, 파손되기 위한 변형률은 1% 이하이다. 교차결합 폴리머로는 고무, 에폭시, 폴리에스테르 등이 있으며, 화학적 반응에 의해 LCM들을 3차원 공유결합으로 결합된다. 폴리머들에서 LCM의 교차결합은 재료 강도 및 탄성계수를 증가시키며 파손 변형률을 감소시킨다.

CHAPTER 08

공학 재료

Engineering Materials

이 장에서 이해해야 할 것

- 엔지니어링 디자인에서 활용되는 금속, 세라믹, 폴리머들
- 위의 소재들의 대표적인 재료 물성(밀도, 인장강도, 항복강도, 탄성계수, 파손 변형률 등)
- 금속의 명명법
- 소재의 처리 공정에 따른 명명법
- 위의 소재들의 강도에 영향을 미치는 강화 메커니즘과 처리 공정
- 기계적 물성을 결정하기 위한 정보들의 실제 소스
- 주요 소재들의 일반적인 활용 방법

Wright flyer의 첫 비행 사진. 라이트 형제는 공기보다 무거운 항공기를 날린 첫 번째 사람들이다. 1903년 12월 12일, North Carolina주 Kitty Hawk에서 라이트 형제의 비행기는 36.6 m(120 ft)를 12초 동안 날았다. 비행기의 프레임은 가문비나무와 물푸레 나무(ash wood)로 만들어 졌으며 이를 천(면)을 덮어서 만들었다. 12마력의 내연기관 가솔린 엔진이 주철과 강을 이용해 만들어져 있었지만, 엔진을 가볍게 하기 위해서 크랭크 케이스는 8%의 구리를 함유한 알루미늄으로 만들어졌다.

알루미늄은 1886년 개발된 Hall-Heroult 전해질 강화 공정에 의해 상용화 되었다. 이후 항공기의 재료는 라이트형제로부터 상당히 변화했다. 최근에 만들어지는 비행기의 프레임은 고강도 알루미늄 또는 티타늄 합금이다. 보잉787과 같은 상용 항공기의 표면은 고강도 알루미늄 박판과 그래파이트 섬유 강화 에폭시로 만들어졌다. 우주왕복선의 외표면의 고온부는 그래파이트 강화 탄소로 덮여있다. 제트 항공기의 엔진은 터빈이며 35,000마력의 힘을 발휘할 수 있고, 압축기는 티타늄 합금이며 고온부는 초합금으로 제작되고 있다.

8.1 금속 합금

기본적인 상용 구조 금속 합금은 알루미늄, 구리, 니켈, 오스테나이트계의 스테인리스강과 같은 면심 입방 격자(FCC, face-centered cubic), 철과 같은 체심 입방 격자(BCC, body-centered cubic), 마그네슘 및 티타늄과 같은 조밀 육방 격자(HCP, hexagonal close-packed)를 포함한다. 이 장의 표들은 다음과 같은 번호 체계를 이용한다; The Aluminum Association (AA), the American Iron and Steel Institute (AISI), the American Society for Testing Materials (ASTM), the Society of Automotive Engineers (SAE), the Unified Numbering System (UNS).

UNS에서 각각 금속 합금의 명칭은 하나의 문자 다음의 다섯 개의 숫자로 이루어져 있다. UNS 숫자들은 종종 다른 시스템에서의 사용하는 번호체계를 차용한다. 그러나 항상 그렇지는 않다. 문자는 금속의 종류를 가리킨다. 예를 들어, 다음의 리스트에서 볼 수 있듯이 스테인리스강(stainless steels)은 S로 시작한다.

Axxxxx — Aluminum Alloys
Cxxxxx — Copper Alloys, including Brass and Bronze
Fxxxxx — Iron, including Ductile Irons and Cast Irons
Gxxxxx — Carbon and Alloy Steels
Hxxxxx — Steels — AISI H Steels

Jxxxxx — Steels — Cast
Kxxxxx — Steels, including Maraging, HSLA, Iron-Based Superalloys
L5xxxx — Lead Alloys, including Babbit Alloys and Solders
M1xxxx — Magnesium Alloys
Nxxxxx — Nickel Alloys
Rxxxxx — Refractory Alloys
  R03xxx — Molybdenum Alloys
  R04xxx — Niobium(Columbium) Alloys
  R05xxx — Tantalum Alloys
  R3xxxx — Cobalt Alloys
  R5xxxx — Titanium Alloys
  R6xxxx — Zirconium Alloys
Sxxxxx — Stainless Steels and Iron-Based Superalloys
Txxxxx — Tool Steels
Zxxxxx — Zinc Alloys

8.1.1 금속 합금의 가공

금속은 다양한 조건으로 구입할 수 있다. 금속에 대한 두 가지 주요 조건은 **세공(wrought)** 및 **주조(cast)**이다. 세공 합금(wrought alloys)은 압연, 압출, 드로잉과 같은 기계적 변형 공정에 의해 제조된 것들이다. 이 합금에 대한 조건은 재결정, 열처리 풀림, 응력 완화, 열간 압연, 냉간 압연, 담금질과 뜨임 등을 포함한다. 재결정은 가장 낮은 강도와 가장 높은 연성을 갖는 금속을 생산한다. 다음에 나타난 순서대로 금속에 대한 강도는 증가되고 연성은 감소된다: 풀림, 응력 완화, 열간 압연, 냉간 압연, 담금질, 시효 혹은 뜨임.

모든 금속이 담금질과 뜨임에 의해 강화될 수는 없다. 합금이 열처리가 가능해 지기 위해선 충분한 농도와 적절한 분배를 형성하는 석출물이 반드시 있어야 한다. 아래의 표에는 사용 가능한 열처리 재료(annealed material)와 고강도 재료(high-strength material)에 대한 정보가 나타나 있다. 주조 합금(cast alloy)에서 액체 금속은 원하는 고체 형상의 구멍(cavity)을 가진 금형(mold)에 주입되어 만들어진다. 주조 합금은 강도를 증가시키기 위해 열처리 될 수 있다.

아래에 있는 강도에 대한 표는 가장 강한 합금은 담금질과 시효, 혹은 뜨임의 열처리에 의해 생산된다는 것을 보여준다. 몇몇의 담금질 제(quenching media)는 금속 합금에 사용되며, 가장 자주 사용되는 담금질 제는 냉각속도가 빠른 순서대로 소금물, 물, 기름, 공기 순이다. 또한 금속을 휘젓는 것은 냉각 재료로부터 떨어진 증기포(vapor bubbles)의 움직임에 의한 냉각속도를 증가시킬 수 있다. 담금질은 금속을 변형시키며 변형된 금속 내부에 잔류응력(residual stresses)을 형성시킬 수 있다. 강의 잔류응력은 뜨임을 통해 완화되며, 다른 금속들의 잔류응력은 시효 되는 동안 완화된다. 강의 뜨임과 알루미늄, 마그네슘, 구리의 적절한 구성 합금의 시효는 강도를 높이는 석출물 입자들을 형성시킨다.

8.1.2 알루미늄 합금

알루미늄은 대략 탄소강보다 10배 비싸다. 또한 알루미늄은 탄소강보다 낮은 탄성계수를 가지고 있으며, 탄소강은 어떠한 알루미늄 합금보다 더 높은 항복강도와 인장 강도를 가지고 있다. 그러나 알루미늄은 특정 금속을 설계하는 데에 필요한 물성치를 가지고 있다. 예를 들어, 알루미늄 합금은 대략 2.71 g/cc의 밀도를 가지며 탄소강의 밀도는 대략 7.87 g/cc이다. 알루미늄 합금은 강보다 1/3의 밀도를 가지고 있고, 이 때문에 무게가 재료 선택에 중요한 요소로 작용하는 항공기 구조물, 연료 효율이 높은 자동차, 트럭, 기차, 주방용품이나 수공도구와 같이 사람 손으로 들어야 하는 곳에서 알루미늄 합금이 더 선호된다. 강도를 밀도로 나눈 값인 비강도와 비탄성계수는 알루미늄에서 둘 다 모두 높고, 이것은 8.1.8절에서 다뤄질 것이다. 알루미늄은 공기에 대한 부식 저항력이 있지만 바닷물에는 그렇지 않다. 공기 중에서는 알루미늄 합금의 표면에 Al_2O_3가 형성되어 모재를 산화로부터 보호하기 때문이다. 알루미늄 산화 저항력은 알루미늄 창문과 문의 프레임과 같은 적용 사례에서 나타난다. 알루미늄은 좋은 열 전도성과 전기전도성을 지녔기 때문에 열 교환기와 전기 전도체와 같은 곳에 적용되기도 한다. 알루미늄은 FCC이기 때문에 쉽게 소성 변형이 일어나며, 이러한 성질 덕분에 막(sheet), 판(plate), 막대(bars or rod), 선(wire) 그리고 압출(extrusions) 등의 세공(wrought forms)에 이용 가능하다. 알루미늄은 660°C의 비교적 낮은 용융점을 가지고 있기 때문에 다른 금속에 비해 상대적으로 주조를 통해 가공되기에 용이하다. 순수 알루미늄은 매우 낮은 온도에서도 연성을 띄며 이로 인해 극저온에서도 사용될 수 있다.

AA는 세공 알루미늄 합금(wrought aluminum alloys)에 대해 다음과 같은 숫자 시스템(numbering system)으로 표현된다.

Alloy Series	Major Alloying Element
1xxx	99.00% minimum aluminum
2xxx	Copper
3xxx	Manganese
4xxx	Silicon
5xxx	Magnesium
6xxx	Magnesium and silicon
7xxx	Zinc
8xxx	Other elements

주조 알루미늄 합금(cast aluminum alloys)은 다음과 같은 AA 숫자 시스템으로 표현된다.

Alloy Series	Major Alloying Element
1xx.x	99.00% minimum aluminum
2xx.x	Copper
3xx.x	Silicon plus copper and/or magnesium
4xx.x	Silicon
5xx.x	Magnesium
6xx.x	Unused series
7xx.x	Zinc
8xx.x	Tin
9xx.x	Other elements

UNS에서는 알루미늄을 첫 글자를 따서 A로 표시하며 세공 합금에 대해서는 “9”, 주조 합금에 대해서는 “0~6”을 사용한다. 마지막 4개의 숫자는 보통 AA 숫자에 상응한다. 표 8.1은 상용되는 몇몇 알루미늄 합금의 물성 및 그에 해당하는 UNS와 AA 숫자 체계를 보여준다.

알루미늄 합금은 다음과 같이 처리법을 가리키는 명칭들을 가지고 있다.

F — as fabricated
Hxy — strain hardened
O — annealed and recrystallized
T — solution heat treatment plus age hardening

Hxy에 대하여, 첫 번째 자리의 x는 변형 경화 후의 열처리를 나타낸다.

x=1 — strain hardened
x=2 — strain hardened and partially annealed
x=3 — strain hardened and stabilized

두 번째 자리 y는 변형 경화의 상대적인 양을 나타낸다.

y=2 — quarter-hard
y=4 — half-hard
y=8 — full-hard
y=9 — extra-hard

예를 들어, “H32”는 약 1/4 정도 변형 경화된 후 안정화된 알루미늄 합금을 나타낸다.

고용화 열처리 및 시효경화 명칭(T)은 다음과 같다.

T1 — Naturally aged (aged at ambient temperature)
T2 — Annealed (applies to cast products only)
T3 — Solution heat treated, cold worked, and then naturally aged
T4 — Solution heat treated and then naturally aged
T5 — Artificially aged
T6 — Solution heat treated and then artificially aged
T7 — Solution heat treated and then artificially over-aged
T8 — Solution heat treated, cold worked, and then artificially aged
T9 — Solution heat treated, artificially aged, and then cold worked
T10 — Artificially aged and then cold worked

홈페이지 “*www.keytometals.com*”은 금속 합금의 뜨임 표기방법(the temper designations)에 대한 자세한 설명을 제공한다.

표 8.1에는 AA 명칭, UNS 명칭, 열적(T) 혹은 기계적 Hxy의 처리법, 주요 합금 요소의 화학적 구성(CC), 상온에서의 밀도(ρ), 극한 인장 강도(σ_u), 항복강도 (σ_y), 파단 연신율(elongation to failure) (ε_f), 그리고 탄성계수 (E)가 나타나 있다. 열처리는 합금의 밀도를 크게 변화시키지는 않는다. 따라서 해당 합금의 첫 번째 항목에 대해서만 표시되어 있다. 표 8.1의 물성들은 가장 일반적으로 사용되는 합금들의 다

표 8.1 합금의 AA와 UNS 명칭, 처리법(T), 상온 밀도(ρ), 극한 인장강도(σ_u), 항복강도(σ_y), 파단연신율(ε_f) 및 탄성계수(E)

AA (UNS)—T	ρ g/cc	σ_u MPa	σ_y MPa	ε_f %	E GPa
(a) Wrought Aluminum Alloys					
1100 (A91100)-O	2.71	89.6	34.5	45	68.9
1100 (A91100)-H18		165	152	15	68.9
2024 (A92024)-O	2.78	179	75.8	20	73.1
2024 (A92024)-T62		415	340	5	72.4
2090 (A92090)-O	2.59	210	190	11	76.0
2090 (A92090)-T86		550	520	6	76.0
3003 (A93003)-O	2.73	110	41.4	40	68.9
3003 (A93003)-H18		200	186	10	68.9
4032 (A94032)-T6	2.68	379	317	9	78.6
5052 (A95052)-O	2.68	193	89.6	30	70.3
5052 (A95052)-H38		290	255	8	70.3
6061 (A96061)-O	2.70	124	55.2	30	68.9
6061 (A96061)-T6		310	276	7	68.9
7075 (A97075)-O	2.81	228	103	17	71.7
7075 (A97075)-T6		572	503	11	71.7
8090 (A98090)-T651	2.54	515	450	6	77.0
(b) Cast Alloys (all are sand cast)					
295 (A02950)-T62	2.81	249	193	2	70.0
356 (A03560)-T6	2.68	207	138	3	72.4
443 (A04430)-O-F	2.69	117	48.3	3	71.0

The data are primarily from www.matweb.com. The data should not be used for design purposes.

양한 물성들의 한 예로 나타낸 것이며, 나열된 것들 이외에도 더 많은 합금들이 존재한다. 더 깊은 공부를 위해 홈페이지 "*www.webmat.com*"에서 다른 합금들에 대해 검색해 볼 수 있다. 유사한 정보들은 미국금속학회(American Society for Metals Handbook)에서도 보유하고 있지만, "*www.webmat.com*"은 모든 학생들이 이용 가능하다. 표 8.1에는 각 합금에 대한 대표적인 물성들이 나열되어 있다. 그러나 이 값들은 해당 합금의 물성 중 가장 낮은 값으로, 기계적 특성을 고려하여 "*www.webmat.com*"에서 더 자세하게 알아볼 수 있다. 만약 합금의 화학적 구성의 범위에 대한 정보가 주어진다면, 범위의 중간 값과 주요 합금 요소만이 나타나 있다. 이 장에서 화학적 구성을 표현하는 백분율은 항상 중량 퍼센트를 의미한다. 합금마다의 적절한 열처리 조건과 고강도 조건을 고려한 정보들이 표현되어 있다. 이러한 열처리 및 고강도 정보로부터, 학생들은 다양한 강화 공정들의 효과에 대해 알아볼 수 있다. 합금의 강화에 대한 공정들은 7장에서 이미 다루어진 바 있다. 또한 합금의 물성이 재료의 두께에 따라 달라질 수 있으며, 표 8.1에서는 두께가 12.7 mm일 때를 기준으로 물성을 나타내었다. 표 8.1에 (a) 세공 알루미늄 합금과 (b) 주조 합금에 대해 나열되어 있다.

다음에는 표 8.1에 나열된 합금들의 화학적 구성(중량 퍼센트)과 적용되고 있는 예에 대해 나타내었다.

(a) 세공 합금 (Wrought Alloys)

1100 (not heat treatable) — Si+Fe<1 — 식품 및 약품 저리 기기, 저장 장치, 열 교환기

2024 (heat treatable) — Cu=4.4, Mg=1.5 — 항공기, 기어와 축, 볼트, 컴퓨터 부품, 유압밸브 부품, 미사일 부품, 피스톤, 체결장치, 기어, 트럭 휠, 기계 부품 등

2090 (heat treatable) — Cu=2.7, Li=2.3 — 저밀도 항공기 구조 부품, 초저온 탱크 등

3003 (not heat treatable) — Mn=1.25, Si<0.6 — 요리용 도구, 압력 용기, 배관 등

4032 (heat treatable) — Si=12.3, Cu=0.9, Mg=1.05, Ni=0.9 — 주 브레이크 실린더, 전달 밸브, 래크 앤드 피니언 시스템을 위한 부싱, 베어링, 유압 장치, 단조 피스톤 등

5052 (not heat treatable) — Mg=2.6, Cr=0.25 — 항공기 연료 및 오일 라인, 항공기 연료 탱크, 기기 부품, 리벳, 와이어 등

6061 (heat treatable) — Mg=1.0, Si=0.6 — 항공기 피팅류, 배 피팅류 및 장비, 전기 기구 및 커넥터, 브레이크 피스톤, 밸브 및 부품, 트럭 본체, 카누스, 철도 차량, 가구, 파이프라인 등

7075 (heat treatable) — Zn=5.6, Mg=2.5, Cu=1.6 — 고 응력 항공기 구조 등

8090 (heat treatable) — Li=2.5, Cu=1.3, Mg=0.9, Zr=0.1 — 저밀도 항공기 구조 등

(b) 주조 합금 (cast alloys)

295 (heat treatable castings) — Cu=4.5, Si=1.1 — 플라이 휠, 뒷 차축 하우징, 버스 및 항공기 휠, 크랭크 케이스 등

356 (heat treatable castings) — Si=7.0, Mg=0.3 — 항공기 펌프 부품, 자동차 변속기 케이스, 수냉식 실린더 블록 등

443 — Si=5.3 — 요리 및 식품 처리용 도구, 배 피팅류, 박편 주조, 금형 주조 등

상용되는 순수 1100- 계열의 합금은 가공경화만 가능하다. 3000- 계열과 5000- 계열 합금은 고용경화 및 가공경화가 둘 다 가능하나 석출경화는 되지 못한다. 2000-, 6000-, 7000-, 8000- 계열의 합금은 석출경화 될 수 있다. 7000- 계열 합금은 최고 강도 알루미늄 합금이다. 7000- 계열 중 가장 뛰어난 합금 중 하나인 7075는 572 MPa의 항복강도를 가지고 있다.

알루미늄 합금은 일반적으로 불활성 상태(inert atmosphere)에서 용접된다. 만약 산소환경에서 용접하면 금속에 큰 산화가 발생한다. 상업용 순수 알루미늄(1100)과 고용 경화 합금(3xxx, 5xxx)은 용접할 수 있다. 6061과 같은 일부 석출 경화된 합금은 용접 가능하다. 7075와 2024같은 다른 석출 경화된 합금은 용접이 미세조직 내의 석출 분포(precipitate distribution) 및 합금의 강도를 변화시킬 수 있기 때문에 용접을 잘 수행하지 않는다. 만약 이러한 합금이 용접된다면, 용접부위는 모재의 강도를 가지고 있지 않기 때문에 그 부위에서 재료의 파괴가 발생할 수 있다.

8.1.3 구리 합금

구리는 FCC 구조를 갖고 있으며 연성이 높고 강도가 낮은 금속이다. 높은 연성 때문에 순수한 구리는 선(wire), 시트(sheet), 막대(rod), 판(plate), 그리고 압출 형태(extruded shape)의 세공형태(wrought form)로 비교적 쉽게 가공될 수 있다. 세공된 구리는 연성 풀림(O) 조건에 있을 수 있으며, 강한(H) 냉간가공 조건에 있을 수도 있다. 구리는 FCC 결정체 구조이기 때문에 이것은 크게 변형 및 변형경화 될

수 있다. 대부분의 구리합금은 고용경화 된 상태이다. 그것들은 변형경화 될 수 있으며 결정립미세화강화(grain size strengthening)될 수 있다. 세공된 많은 구리합금의 항복강도는 변형경화에 의해 대략 4배로 증가될 수 있다. 탄피황동(cartridge brass)과 같은 몇몇 합금은 탄약 케이스 등에 적합한 박판 튜브형태처럼 크게 소성변형 될 수 있다. 구리-베릴륨 합금은 석출경화(precipitation hardened)된다. 열처리된 구리-베릴륨 합금(1.9 중량 퍼센트)의 항복강도는 열처리된 순수 구리에 비해 상대적으로 13배 정도 증가되고, 탄성계수는 14% 정도 증가된다. 이 합금들은 높은 강도의 구리 합금이며, 그들은 마모 및 부식에 대한 저항성을 가지고 있다. 그래서 베어링과 같이 고성능 재료를 필요로 하는 곳에서 사용된다. 또한 구리는 1085°C의 비교적 낮은 용융점을 가지고 있어 주조 가공되기 쉽다.

구리 및 대부분의 구리 합금들은 공기와 소금물에 내 부식성을 가지고 있다. 이러한 특성 때문에 구리 합금은 열 교환기 및 배의 부품과 같은 곳에 적용된다. 구리 및 구리 합금은 높은 열과 전기 전도성을 가지고 있으며 이러한 특성으로 인해 열전도체 및 전기전도체의 제작 등에 사용된다. 또한 구리는 FCC 결정구조를 갖기 때문에 낮은 온도에서도 높은 연성을 보이며, 이로 인해 극저온 제품에 이용하기에 좋다.

구리 합금은 **황동(brass)**과 같은 이름으로 알려져 있다. 황동 합금은 구리와 아연으로 이루어져 있으며, 황동의 내 부식성 때문에 소금물 환경에서 사용되는 기구들에 널리 활용되고 있다. 또한 황동은 총알 카트리지 케이스와 같은 가공경화보다는 큰 소성변형이 요구되는 곳에서 활용된다. **청동** 합금은 구리와 아연과는 다른 요소들로 이루어져 있다. 황동과 청동 합금은 고용경화 된 합금이며, 또한 표 8.2에서 볼 수 있듯이 냉간가공 될 수 있다. 구리-니켈 합금은 매우 높은 내 부식성을 가지고 있다. 이러한 성질 때문에 비록 열 전도성이 순수 구리보다는 떨어지지만 바닷물 환경에서 작동하는 열교환기 등에 사용된다.

양은(Nickel-silver)은 니켈과 아연을 함유하고 있는 구리 합금으로써, 이름과는 다르게 최초로 합금이 될 때 은이 필요하지는 않다. 1~6 중량 퍼센트의 납이 들어있는 구리 합금은 쾌삭급(free machining grades) 기계의 부품에 사용된다. 아래의 리스트는 구리 합금에 대한 UNS 시스템이다. 구리 합금은 모두 C로 시작되며 다섯 개의 숫자가 따라온다. C10100부터 C79900까지는 단조 합금에 대한 번호 체계이며 C80100부터 C99750까지는 주조 합금에 대한 번호 체계이다.

(a) **세공 합금** *(Wrought Alloys)*

C10100-C15760 — Pure and low-alloy copper greater than 99% Cu
C16200-C16500 — Cadmium copper
C17000-C17700 — Copper-beryllium (beryllium bronzes)
C18000-C19900 — High-alloy copper greater than 96% Cu
C20500-C29800 — Copper-zinc brasses
C31000-C35600 — Leaded brasses (Cu + Zn + Pb)
C40400-C49080 — Tin brasses (Cu + Zn + Sn + Pb)
C50100-C52900 — Phosphor bronzes (Cu + Sn + P)
C53200-C54800 — Leaded phosphor bronzes (Cu + Sn + P + Pb)
C55180-C56000 — Cu-Ag-P and Cu-P brazing filler metal
C60600-C64400 — Aluminum bronzes
C64700-C66100 — Silicon bronzes
C66200-C66420 — Copper alloys
C66700-C67820 — Manganese bronzes

C68000–C69950 — Silicon brasses and other Cu–Zn alloys
C70100–C72950 — Copper–nickel alloys
C73150–C79900 — Nickel silvers and leaded nickel silvers (Cu + Ni + Zn + Pb) not Ag

(b) **주조 합금** *(Cast alloys)*

C80100–C81200 — Greater than 99% Cu
C81300–C82800 — Chromium copper and beryllium copper (〉96% Cu)
C83300–C85800 — Red, yellow, and leaded brasses
C86100–C86800 — Manganese bronzes and leaded manganese bronzes
C87300–C87900 — Silicon brasses and bronzes
C89320–C89940 — Cu–Sn–Bi–(Se, Zn, or Ni) alloys
C90200–C94500 — Tin bronzes and leaded tin bronzes
C94700–C94900 — Nickel–tin bronzes
C95200–C95810 — Aluminum bronzes
C96200–C96800 — Copper–nickel alloys
C97300–C97800 — Nickel silver alloys (Cu + Ni + Zn) not Ag
C98200–C98840 — Leaded copper alloys
C99300–C99750 — Other copper alloys

구리 합금에 대한 열처리 명칭은 다음과 같다.

- Annealed — O
- Annealed to a grain–size requirement of 0.xxx mm — OSxxx
- As manufactured — M
- Cold worked — H
- Heat treated — T

위의 각각의 카테고리 안에는 많은 하위 범주들이 "*www.keytometals.com*"에 설명되어 있다. 표 8.2에 제시된 합금의 성질에 대한 몇 가지 예는 다음과 같다.

- O61 — Annealed
- OS050 — Annealed to a grain size of 0.050 mm
- H00 — Cold worked to one–eighth hard
- H01 — Cold worked to one–fourth hard
- H02 — Cold worked to one–half hard
- H04 — Cold worked to full hard
- H10 — Cold worked to extra–spring hard
- M01 — As sand cast
- TF00 — Cold worked to one–eighth hard and then precipitation hardened
- TQ50 — Quench hardened and temper annealed

표 8.2 구리 합금의 일반명, 처리법(T), 상온 밀도(ρ), 극한 인장강도(σ_u), 항복강도(σ_y), 파단연신율(ε_f) 및 탄성계수(E)

Name (UNS)	T	ρ g/cc	σ_u MPa	σ_y MPa	ε_f %	E GPa
(a) Wrought Copper Alloys						
Electrolytic	H00	8.89	250	65	40	115
Tough pitch						
Beryllium	TF00	8.36	1130	890	3–10	131
Copper						
Cartridge	H00	8.53	380	275	48	110
Brass	H04		525	435	8	110
High	H01	8.83	325	250	30	110
Conductivity	H10		540	525	3	110
Bronze						
Phosphor	OSO50	8.86	325	130	64	110
Bronze	H04		560	515	10	110
Copper	O61	8.94	380	125	36	150
Nickel	H02		515	485	15	150
(b) Cast Alloys						
Leaded	M01	8.45	235	83	35	76
Yellow Brass						
Aluminum	M01	7.47	515	205	12	110
Bronze	TQ50		620	310	6	110

Based on data primarily from www.matweb.com.

표 8.2(a)는 몇몇의 세공된 구리 합금을, 표 8.2(b)에서는 몇몇의 주조 합금을 나열하였다.

다음에는 표 8.2에서 제시했던 구리 합금의 일반명, UNS 명칭, 화학적 조성(중량 퍼센트) 등에 대해서 나열하였고, 각 합금의 사용 예시를 나열하였다.

(a) 세공 합금*(Wrought Alloys)*

Electrolytic tough pitch, C11000 — all<1 — 지붕 배수관, 재붕재료, 개스킷, 자동차 라디에이터, 전기 버스 바, 못, 인쇄 롤, 리벳, 전기 배선, 전기 전도체 등

Beryllium copper, C17200, Be=1.9 — 스프링, 벨로즈(bellows), 발사 핀, 부싱, 밸브, 다이어프램(탄성이 있는 얇은 막) 등

Cartridge brass, C26000, Zn=30 — 라디에이터 코어, 손전등 셜, 램프 고정기구, 잠금장치, 경첩, 탄약 케이스, 배관 악세서리, 리벳 등

High-conductivity bronze, C40500, Zn=4, Sn=1 — 미터 클립, 터미널, 퓨즈 클립, 접촉 및 전달 스프링, 와셔 등

Phosphor-bronze, C51000, Sn=5.0, P=0.35 — 벨로우, 다이어프램, 부르돈 관, 클러치 디스크, 잠금장치, 잠금 와셔, 배선 브러쉬, 화학 하드웨어, 섬유 기계, 용접 봉 등

Copper-nickel, C71500, Ni=31, Fe=0.6 — 콘덴서, 콘덴서 판, 증류기 배관, 증발기 및 열 교환기 관, 페룰(ferrule), 해수 배관 등

(b) **주조 합금** *(Cast alloys)*

Leaded yellow brass, C85400, Zn=28, Pb=2.5, Sn=1 — 가구, 장식용품 주물, 라디에이터 피팅, 선박 트리밍, 배터리 클램프, 밸브, 피팅 등

Aluminum-bronze, C95400, Al=11, Fe=4, Ni<2.5 — 펌프 임펠러, 베어링, 기어, 웜 기어, 부싱, 밸브 시트 및 가이드, 방폭용 기구

8.1.4 철 합금

일반 탄소강 및 합금강 일반 탄소강 및 저합금강은 건물의 구조재, 자동차의 외형, 다리 등을 만드는데 주요 재료로 사용된다. **강**은 철, 탄소 및 다른 합금 원소로 이루어져 있다. **일반 탄소강**은 주요 강화 요소로서 탄소와 0.45~1.5% 정도의 망간 및 기타 합금 원소들로 구성되어 있다. 망간은 강을 환원시키고 고용경화를 일으키기 위해 모든 강에 더해진다. 강이 탈산(deoxidized)되거나 탈질화(denitrided)될 때 산소와 질소는 고용경화로부터 제거되며 산화물 및 질화물 입자로 형성된다. 강에서 탄소 함유량은 일반적으로 1% 이내이다. **저탄소강**은 0.25% 이하의 탄소를 포함한다. 이러한 강들은 담금질이나 뜨임되지 않으며 미세구조는 페라이트와 펄라이트로 구성되어 있다. 이 합금들은 상대적으로 저 강도이지만 연성을 갖고 있으며, 자동차 차체, 구조용 빔, 배관 같은 곳에 활용된다. **중탄소강**은 0.25~0.6%의 탄소를 포함한다. 이러한 강들은 강도를 높이기 위해 담금질을 되거나 뜨임되기도 한다. **고탄소강**은 0.6% 이상의 탄소를 함유하고 있으며, 이들 또한 담금질 혹은 뜨임될 수 있다. 강의 명칭들은 강의 합금 원소를 바탕으로 한다. AISI/SAE 시스템에서 각각의 숫자들은 표 8.3에서 볼 수 있는 것과 같이 네 개의 숫자를 포함한다. 첫 번째 숫자는 탄소 이외의 다른 합금원소를 가리킨다. 예를 들어, 1.5% 이하의 망간(Mn)을 가진 일반 탄소강은 10XX라는 명칭이 주어지며 0.XX는 합금에서 탄소의 중량 퍼센트이다. 따라서 1020 강은 0.20 중량 퍼센트의 탄소를 포함하고 있는 합금강을 의미한다. 최대 1.5%의 망간이 10XX 강에 대해 언급되어 있으며, 이것은 1.6~1.9%의 망간을 가진 13XX강을 제외한 표 8.3에 있는 모든 강에 적용된다.

일반 탄소강은 가격이 가장 저렴한 반면 몇 가지 한계가 있다. 침탄, 담금질, 뜨임 등에 의해 강도가 강해짐에 따라 연성이 큰 폭으로 감소한다. 또한 일반 탄소강은 저온에서 취화된다. 우리는 9장과 11장에서 이 주제에 대해서 좀 더 자세히 다룰 것이다. 일반 탄소강은 부식에 약하다. 이러한 이유 때문에, 탄소강의 특성을 개선해 합금강이 개발된다.

저합금강은 일반적으로 5% 이하의 합금원소를 포함한다. 합금강에서 표 8.3에서 볼 수 있듯이 다른 첫 번째 숫자가 적용된다. 예를 들어, 합금강 4340은 일반적으로 1.82%의 니켈(Ni), 0.80%의 크롬(Cr), 0.25%의 몰리브덴(Mo), 0.4%의 탄소(C)를 포함한다. 몰리브덴은 강을 상당히 강화시킨다. 니켈, 구리, 그리고 실리콘은 강의 고용경화를 일으킨다. 실리콘과 알루미늄은 산소, 질소와 결합하기 위해 강에 추가된다. 이들은 강을 탈산화 또는 탈질화 시켜 산화물과 질화물 입자를 형성한다.

표 8.4는 AISI/SAE 명칭, UNS 명칭, 주요 합금 원소, 밀도, 인장 강도, 항복강도, 파손까지의 연신율, 몇몇의 탄소 및 저합금강의 탄성계수 등을 나타내고 있다. 일반 탄소 및 합금강에 대한 UNS 명칭 시스템은 G로 시작되며 다섯 개의 숫자가 따라온다. AISI/SAE 명칭에 대한 처음 4개의 숫자는 표 8.3에 주어져 있다. 표 8.4에서 열처리 방법은 풀림된 강은 A, 유냉 및 풀림은 OQT, 압연(rolled)은 AR, 냉간압연

표 8.3 AISI/SAE에서의 강의 주요 분류법

10xx—Mn = <1.5
11xx—Free machining S = 0.08–0.33
12xx—Free machining S = 0.10–0.35, P = 0.04–0.12
13xx—Mn = 1.6–1.9
2xxx—Ni = 3.5–5
3xxx—Ni = 1.25–3.5, Cr = 0.65–1.57
40xx—Mo = 0.20–0.30
41xx—Mo = 0.08–0.35, Cr = 0.4–1.1
43xx—Mo = 0.2–0.3, Ni = 1.65–2.00, Cr = 0.4–0.9
46xx—Mo = 0.15–0.30, Ni = 0.70–2.00
5xxx—Cr = 0.2–1.15
61xx—Cr = 0.5–1.6, V = >0.15
7xxx—W
8xxx—Ni = 0.2–0.7, Cr = 0.4–0.6, Mo = 0.08–0.4
9xxx—Si = 1.2–2.2, Ni = 0–3.5, Cr = 0–1.4

The major alloy elements are listed in weight percent. Manganese of less than 1.5% but more than 0.45% is present in all alloys, unless otherwise listed.

표 8.4 단조 일반 탄소강 및 저합금강의 AISI/SAE 명칭(UNS 명칭), 처리법(T), 상온 밀도(ρ), 극한 인장강도(σ_u), 항복강도(σ_y) 및 파단연신율(ε_f)

AISI/SAE (UNS)	T	CC wt%	σ_u MP	σ_y MPa	ε_f %
1020 (G10200)	A	C = 0.20, Mn = 0.45	395	295	37
1020 (G10200)	CR		420	350	15
1040 (G10400)	A	C = 0.40, Mn = 0.75	515	350	30
1040 (G10400)	OQT		722	500	27
1060 (G10600)	A	C = 0.60, Mn = 0.75	625	370	22
1060 (G10600)	OQT		965	634	20
1080 (G10800)	AR	C = 0.80, Mn = 0.75	965	585	12
1080 (G10800)	OQT		1165	841	15
4140 (G41400)	A	C = 0.40, Mo = 0.20,	655	415	26
4140 (G41400)	OQT	Cr = 0.90, Mn = 0.88	965	800	18
4340 (G43400)	A	Mo = 0.25, Ni = 1.8	745	470	22
4340 (G43400)	OQT	Cr = 0.8, Mn = 0.7	1255	1165	14
6150 (G61500)	A	Cr = 0.95, V = >0.15	670	415	23
6150 (G61500)	OQT	Mn = 0.8, Si = 0.2	1240	1225	15

Based on data primarily from www.matweb.com.

(cold-rolled)은 CR로 나타낸다. 표에 몇몇 합금강의 탄소의 양은 나열되지 않았다. 왜냐하면 탄소가 탈산되면서 다른 합금 원소가 침투할 공간을 만들어주기 때문이다. 단, 탄소의 양은 AISI/SAE 명칭으로부터 추론될 수 있다. 주어진 합금에 대한 화학적 조성(CC, chemical composition)은 표에서 두 줄을 차지할 수도 있다. 밀도는 일반적으로 7.85 g/cc로 동등하기 때문에 포함되지 않으며, 탄성계수는 모든 합금에 대해 약 205 GPa로 동등하다.

다음은 표 8.4에 나열되어 있는 일반 탄소 및 저합금강의 사용 예이다.

1020 샤프트, 저 강도 기어, 보호막, 핀, 체인, 중심부 강도가 중요하지 않은 표피경화부품
1040 기계, 쟁기, 캐리지 볼트, 결속 선, 실린더-헤드 스터드, 기계 부품, U 볼트, 콘크리트 철근, 단조, 저 강도 스프링
1060 스프링 와이어, 단조 금형, 철도 바퀴
1080 악기용 강선, 스프링, 끌, 망치, 도끼 헤드, 단조 금형 블록
4140 항공기 가스터빈 엔진 및 변속기를 위한 기어
4340 피스톤 핀, 베어링, 기어, 금형, 압력 용기
6150 자동차 판 스프링, 밸브 스프링, 피스톤 봉, 펌프 부품, 스플라인 샤프트

표 8.4에서 주목할 몇 가지를 살펴보자. 일반 탄소강에서 탄소의 양을 0.20%에서 0.80%로 증가시키면 항복강도는 두 배로 늘어나지만, 이는 반대로 파단 연신율 또한 4배 감소시킨다. 0.40%의 탄소강에 탄화물을 형성하는 크롬, 바나듐(V), 그리고 몰리브덴(Mo)을 1% 이하로 추가하면 항복강도를 두 배로 증가시킬 수 있다. 크롬, 바나듐, 몰리브덴은 특정 온도에서 철보다 탄소와 더 쉽게 반응하며, 펄라이트의 판상 철 탄화물보다 작은 탄화물 입자를 형성한다. 크롬, 바나듐, 몰리브덴, 니오븀(Nb)을 포함하고 있는 합금강은 일반적으로 담금질 된 후 뜨임된다. 이때의 뜨임 온도는 탄소와 이들 원소의 반응이 탄소와 철의 반응과 비교했을 때 최대가 되는 온도이다. 그 결과 합금 원소들 사이의 간격이 작다면 석출경화에 의해 탄소강의 강도가 크게 증가할 수 있다. 항복강도는 식 7.6에 주어져 있다. 담금질 및 뜨임 조건에서 합금 4140, 4340, 6150은 고강도 강이며, 이러한 강들은 추가적인 강화로 인해 경량화가 필요한 분야에 활용될 수 있다. 예를 들어, 트럭이나 기차 등의 운송 수단에서, 차체의 경량화는 이동 수단의 연비를 높여 연료 절감에 따른 비용 절감 효과를 가져온다.

표 8.4는 담금질 및 뜨임에 의해 고강도이면서 충분한 연성을 갖춘 강이 생성될 수 있음을 알 수 있다. 그림 8.1은 1050 강의 기계적 특성에서 뜨임 온도의 효과를 보여준다. 일반적으로, 뜨임 온도가 증가될 때, 항복강도 및 인장 강도는 감소하며 연성은 증가한다.

강의 경화능(hardenability)은 조미니 시험(Jominy test)에 의해 측정된다. 경화능이란 열처리에 따른 강의 상변화로 인해 특정 깊이에서 합금이 경화되는 능력을 말한다. 조미니 시험에서, 지름이 1인치, 길이가 4인치인 강봉(rod)은 미세구조가 100% 오스테나이트(FCC)를 형성하기 위해 충분히 가열된다. 초저탄소강은 910°C 이상으로 공석강(eutectoid steel)은 727°C 이상으로 가열되면 100% 오스테나이트를 생성한다. 그런 다음, 강봉의 한쪽 끝에 물을 분사한다. 물이 분사된 끝은 매우 빠르게 식으며, 다른 한쪽 끝은 공기 냉각처럼 매우 천천히 식는다. 냉각 후에 원주의 양 반대편(180° 간격)에 연삭으로 두 개의 평평한 면을 가공한다. 그 후, 강의 경도는 조미니 시편(Jominy specimen)을 따라 1/16 인치 간격으로 측정된다. 그림 8.2은 이렇게 측정된 다양한 합금강의 경도 변화를 보여준다. 이를 통해 4340 강의 경화능이 가장 높다는 것과 1050 강의 경화능이 가장 낮다는 것을 확인할 수 있다. 담금질을 하는 동안 페라이트 및

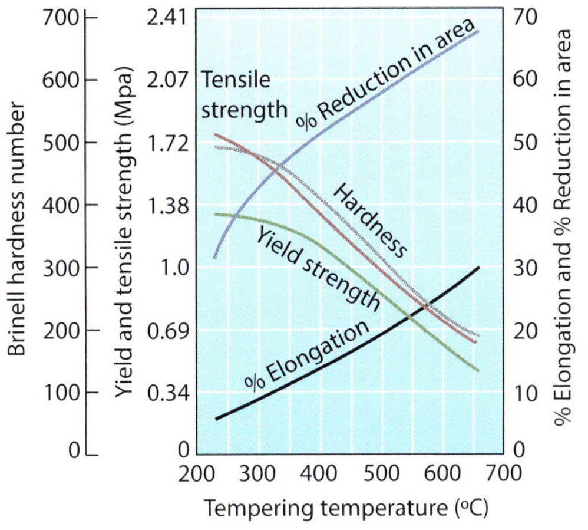

그림 8.1 1050 강의 기계적 물성에 대한 뜨임 온도의 영향 *(Based on Askeland, D. R., Fulay, P. P., and Wright, W. J., The Science and Engineering of Materials, 6th ed., Cengage Learning, Stamford, CT (2011), p. 504.)*

철 탄화물의 형성을 지연시키고 마르텐사이트를 생성하는 합금 원소들은 높은 경화능을 가져온다.

고 강도 저 합금(HSLA, high-strength low-alloy)강에서 크롬, 바나듐, 몰리브덴, 니오븀과 같은 매우 적은 양의 원소들은 Fe_3C 이외의 탄화물을 형성하기 위해 추가되며, 이는 열처리 강(quenched-and-tempered steel)의 강도를 증가시킨다. 고 강도 저 합금(HSLA, high-strength low-alloy)강에서 크롬, 바나듐, 몰리브덴, 니오븀과 같은 매우 적은 양의 원소들은 Fe_3C 이외의 탄화물을 형성하기 위해 추가되며, 이는 담금질과 뜨임 처리된 강의 강도를 증가시킨다. SAE 및 AISI 표준에 특정 기계적 물성을 달성하기 위해 제조자들에게 허용된 합금 성분과 범위가 인용되어 있다. 중간정도의 강도 값은 표 8.5에서 확

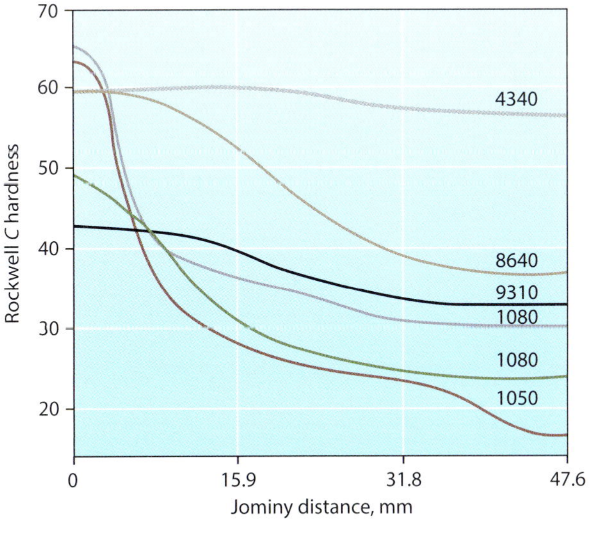

그림 8.2 조미니 시편 거리(mm)의 함수로 나타낸 다양한 강재의 Rockwell C 경도 *(Based on Askeland, D.R., Fulay, P.P., and Wright, W.J., The Science and Engineering of Materials, 6th ed., Cengage Learning, Stamford, CT. (2011), p. 512.)*

인할 수 있다. 추가된 합금 원소들로 인해 HSLA 강은 일반 탄소강보다 더 높은 내 부식성을 갖기도 한다. 추가되는 합금의 양은 매우 적기 때문에 밀도와 탄성계수는 철과 크게 달라지지는 않으며 밀도는 약 7.87 g/cc, 탄성계수는 약 205 GPa 정도를 갖는다. ASTM에서 HSLA 합금은 A로 표시된다. 그 뒤에는 합금의 강도를 의미하는 3개의 숫자 및 알파벳이 따라온다. 알파벳의 시작으로부터 글자가 더 많을수록 합금의 강도가 더 높아진다. UNS 시스템에서 HSLA 합금은 K로 시작한다. 표 8.5에 몇몇의 HSLA 강의 물성을 확인할 수 있다.

표 8.5에 있는 HSLA 강의 ASTM 표기, 합금의 화학적 조성(중량 퍼센트), 활용 예 등을 아래에 나열하였다.

A588-B : C = < 0.2, Cr=0.55, Cu=0.3, Mn=1.0, Ni=0.38, Si=0.23, V=0.05 — 용접, 볼트 및 리벳 이음 구조물, 다리 및 건물 등

A633-A : C = < 0.18, Mn=1.18, Nb = < 0.05, Si=0.23 — 용접, 볼트 및 리벳 이음 구조물, −45℃ 이상의 다리 및 건물 등

A633-E : C = < 0.22, Mn=1.33, Nb=0.030, Si=0.33, V=0.076 — 용접, 볼트 및 리벳 이음 구조물, −45℃ 이상의 다리 및 건물 등

A690 : C = < 0.22, Cu=0.5, Mn=0.75, Ni=0.58 — 내부식성이 요구되는 부두, 바다 벽, 벌크 헤드의 해수 비말대 등

공구강 **공구강**은 텅스텐(W), 몰리브덴, 크롬, 바나듐과 같이 탄화물 형성 요소로 합금된 고탄소강으로, 표 8.6에 제시되어 있다. 이 강들은 일반적으로 담금질 및 뜨임되어 높은 강도를 갖는다. 이 강들은 절삭 공구, 칼, 다이, 드릴과 같이 날카로운 모서리를 형성하거나 제한된 마모(limited wear)가 요구될 때 사용된다. 공구강은 이름과 최근에는 T로 시작하는 UNS 명칭에 의해 나타난다. 공구강은 공냉, 유냉, 수냉 등에 의해 냉각된 후 뜨임(AQT, OAT, WQT)되며, 표 8.6에 뜨임표시(T)와 함께 나타나있다.

철에 추가된 합금의 화학적 조성 및 공구강의 사용 예시를 아래에 나열하였다.

A9 — C=0.5, Cr=5.1, Mo=1.55, Ni=1.5, Si=1.0, V=1.1, Mn 0.5 — 냉간 성형, 블랭킹 및 굽힘 다이(성형 롤, 드릴 부싱, 널링 툴, 마스터 게이지, 다이)

H13 — C=0.36, Cr=5.20, Mo=1.36, S=1.0, V=1.0 — 압력 다이 캐스팅 공구, 압출 공구, 금형 단조 다이, 열간 전단 블레이드, 스탬핑 다이, 플라스틱 금형, 알루미늄 다이캐스팅 공구

W1 — C=0.60~1.4, Mn=0.25, Si=0.25 — 대장간 공구, 목공 공구

표 8.5 고강도 저합금(HSLA) 강의 ASTM 명칭과 등급, 극한 인장강도(σ_u), 항복강도(σ_y) 및 파단연신율(ε_f)

ASTM (UNS)	σ_u MPa	σ_y MPa	ε_f %
A588-B (K12043)	≥483	≥345	≥21
A633-A (K01802)	434–572	≥290	≥23
A633-E (K12202)	552–689	≥414	≥23
A690 (K12249)	≥483	≥345	≥18

Based on data primarily from www.matweb.com.

표 8.6 고합금 공구강의 명칭(UNS 명칭), 조질 기호(T), 상온 밀도(ρ), 극한 인장강도(σ_u), 항복강도(σ_y), 파단연신율(ε_f) 및 탄성계수(E)

Name (UNS)	T	ρ g/cc	σ_u MPa	σ_y MPa	ε_f %	E GPa
A9 (T30109)	AQT	7.78	2200	1780	5	210
H13 (T20813)	OQT	7.80	1990	1650	9	210
W1 (T72301)	WQT	7.83	1680	1500	3.5	205

Based on data primarily from www.matweb.com.

스테인리스강 **스테인리스강**은 적어도 11% 이상의 크롬(Cr)이 합금된 철이다. 스테인리스강을 개발하는 주요 이유는 탄소 및 저 합금강의 낮은 내 부식성을 개선하기 위함이다. 대표적인 스테인리스강을 표 8.7에서 보여준다.

철은 물에서 OH^- 와 반응하여 녹을 형성하며 녹은 철이 추가적으로 산화되는 것을 보호하지 않는다. 적어도 11 중량 퍼센트 이상의 크롬이 철에 더해진다면, 철을 형성하는 산화물은 대개 철 산화물이 아닌 크롬 산화물이 된다. 만약 철이 11% 이상의 크롬과 합금된다면, 철은 크롬 산화물에 의해서 추가적인 산화로부터 보호된다.

철에 더해진 합금의 화학 조성 및 표 8.7에 있는 스테인리스강의 활용은 아래에 나열되어 있다.

403 — C = < 0.15, Cr=12.3 — 컴프레서 블레이드, 터빈 부품

표 8.7 스테인리스강의 AISI 명칭, UNS 명칭, 상온 밀도(ρ), 극한 인장강도(σ_u), 항복강도(σ_y), 파단연신율(ε_f) 및 탄성계수(E)

AISI (UNS)	ρ g/cc	σ_u MPa	σ_y MPa	ε_f%	E GPa
Annealed Ferrite					
403 (S40300)	7.80	515	275	35	200
409 (S40930)	7.76	434	241	33	200
Quenched-and-Tempered Martensite-Ferrite					
440 (S44002)	7.80	1750	1280	4	200
Precipitation-Hardened Martensite					
17-4 (S17400)	7.80	1158	1117	16	197
17-7 (S17700)	7.81	830	345	35	200
Annealed Austenite					
301 (S30111)	8.03	515	205	40	212
304 (S30400)	8.00	505	215	70	197
316LS (S31603)	7.81	586	434	88	193

Based on data primarily from www.matweb.com.

409 — C=0.01, Cr=11, Mn=0.30, Ni=0.25, Nb=0.15, Si=0.41, Ti=0.17 — 배기 매니 폴드, 배기 파이프, 촉매 변환 장치, 머플러, 테일 파이프, 연료 필터 하우징, 전기 변압기 하우징, 열 교환기 튜브, 농업 기계 부품, 발전 터빈 블레이드 및 날개

440 — C=0.60~0.75, Cr=17 — 칼, 수술 도구, 베어링 등

17-4 — C = < 0.07, Cr=17, Ni=4, Cu=4, Nb+Ta=0.30 — 석유 공급 밸브 부품, 화학 공정 장비, 항공기 피팅, 패스너, 펌프 샤프트, 원자로 부품, 기어, 제지 공장 설비, 미사일 피팅, 제트 엔진 부품 등

17-7 — C=0.09, Cr=17, Ni=7, Al=1.1 — 고강도 스프링, 벨로우즈, 우주 항공 분야, 칼, 압력 용기 등

301 — C = < 0.15, Cr=17, Ni=7, Mn = < 2 — 자동차 성형 및 트림, 휠 커버, 컨베이어 벨트, 주방 설비, 지붕 배수 시스템, 호스 클램프, 스프링, 트럭 및 트레일러 차체, 철도 및 지하철 차량 등

304 — C = < 0.08, Cr=19, Ni=9.3 — 맥주 통, 벨로우즈, 화학 설비, 석탄 호퍼 라이닝, 조리기구, 냉각 코일, 극저온 용기, 유제품 장비, 증발기, 식기류 용품, 급수 배관, 플렉서블 금속 호스, 식품 가공 설비, 병원의 수술 장비, 피하 주사 바늘, 부엌 싱크, 해양 장비, 원자로 용기, 냉각 설비, 압력 용기, 위생 설비, 밸브, 배송용 드럼, 섬유 가공 장비, 튜브 등

316LS — (LS=low sulfur, S = < 0.01) — C = < 0.30, Cr=18, Ni=14, Fe=62, Mn = < 2, Mo=2.25~3.5 — 의료 임플란트

스테인리스강에 더해지는 또 다른 원소는 니켈이다. 니켈은 FCC 구조를 갖고 있는 반면에 상온에서의 철은 BCC의 페라이트 상이다. 그러나 912°C 이상의 온도에서의 철은 FCC 오스테나이트 상으로 변환한다. FCC인 니켈을 BCC인 철에 첨가하는 것은 페라이트와 오스테나이트가 평형상태에 있거나 니켈이 철의 FCC 오스테나이트 상을 안정화 시키는 온도를 감소시킨다. 대략 9 중량 퍼센트의 니켈은 상온에서 스테인리스강의 오스테나이트 상을 안정화 시키기에 충분하다. 또한 오스테나이트인 스테인리스강에 니켈의 첨가는 BCC 페라이트 상의 스테인리스강보다 해수 환경에서의 내 부식성이 커지는 결과를 가져온다. FCC 결정체 구조의 오스테나이트 계의 스테인리스강은 저온에서의 BCC 페라이트 계의 스테인리스강보다 더 연성이다. 오스테나이트 계의 스테인리스강은 풀림 조건에서 사용되며 그들은 상대적으로 낮은 항복강도를 갖는다. 오스테나이트 계의 스테인리스강은 또한 강자성(ferromagnetic)이 아니지만, 반대로 페라이트 계의 스테인리스강은 강자성이다. 따라서 우리는 자석으로 스테인리스강이 오스테나이트 계인지 체크해 볼 수 있다. 만약, 강이 자석을 끌어당기지 않는다면 오스테나이트 계이고, 자석을 끌어당긴다면 페라이트 계이다. 더 낮은 탄소를 가지고 있는 페라이트 계의 스테인리스강은 풀림 조건에서 사용되지만, 반면에 440과 같은 높은 탄소를 가지고 있는 강은 뜨임된 마르텐사이트를 형성하기 위해 담금질 및 뜨임된다. 스테인리스강 17-7PH는 금속 화합물 Ni_3Al과 함께 석출경화 되며 담금질 및 뜨임 후에 이것은 뜨임 마르텐사이트 계의 구조를 갖는다.

AISI 표시 체계에서 오스테나이트 스테인리스강은 2 또는 3으로 시작되는 세자리 숫자로 표시되고, 페라이트 스테인리스강은 4로 시작되는 3자리 숫자로 표시된다. UNS 표시체계에서 모든 스테인리스강은 S로 시작되며 3자리의 AISI 숫자가 이어 사용된다. 석출경화된 스테인리스강 17-4와 17-7에서 크롬의 함량은 모두 17%이며, 니켈의 함량은 각각 4%와 7%이다.

주철 **주철**은 2~4.5 중량 퍼센트의 탄소를 포함하고 있는 철이다. 그림 5.18의 철과 탄소의 상평형 그림

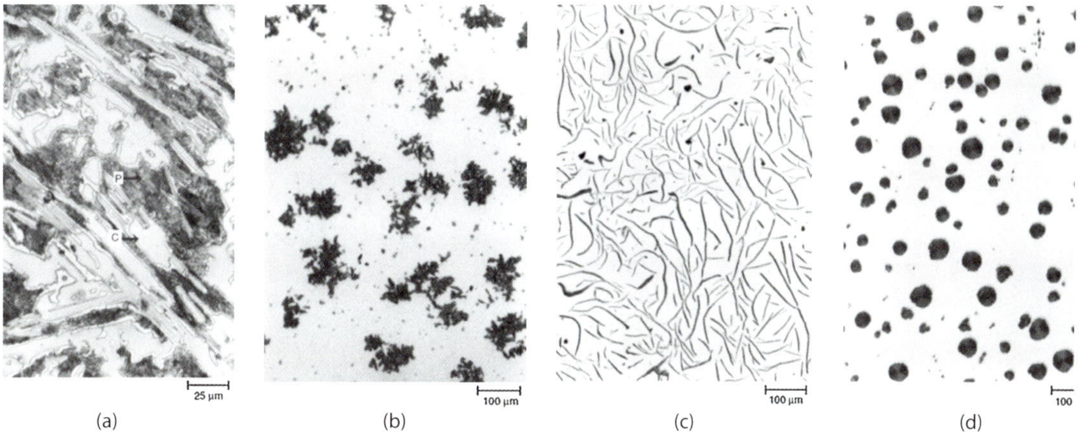

그림 8.3 (a) 펄라이트(P)가 모재와 시멘타이트(C) 입자로 이루어진 백철광. (b) 페라이트 모재와 흑연 입자로 이루어진 가단주철. (c) 페라이트 모재와 흑연 박판으로 이루어진 회주철. (d) 페라이트 모재와 구상 흑연으로 이루어진 풀림처리 된 연성철 *(ASM Handbooks Online, http://www.asmmaterials.info, ASM International, 2004.)*

에서 볼 수 있듯이, 1153°C에서 액체상태의 철이 Fe_3C를 포함한 γ 상 철로 변형되는 공석반응이 발생한다. 이때의 철은 4.26 중량 퍼센트의 탄소를 함유하고 있다. 이 온도는 순수한 철의 용융점인 1538°C보다 훨씬 낮다. 약 4%의 탄소를 함유한 철은 저탄소강보다 훨씬 쉽게 용융되고 주조된다. 만약 탄소를 함유한 철이 공융점 근처에서 상온으로 냉각된다면, 이것은 백철광(white cast iron)을 형성하며, 그림 8.3a에서 확인할 수 있듯이 미세구조는 펄라이트의 매트릭스 및 시멘타이트(Fe_3C) 입자를 갖는다. 백철광의 이름은 파단면(fracture surface)의 흰 외관에서 비롯되었다. 백철광은 매우 단단하고 깨지기 쉬우며, 이러한 특성 때문에 가공되기가 어렵다. 이 철은 마모 및 마멸에 대한 저항성 때문에 종종 사용되기는 하지만, 주로 다른 주철의 형태로 변환된다.

열처리를 통해서 철 탄화물을 흑연과 페라이트로 변환시키는 것이 가능하다. 고농도의 탄소와 고온 조건에서 흑연과 철은 Fe_3C보다 훨씬 안정적이고, Fe_3C는 철과 흑연으로 분해된다. 만약, 백광철이 장시간 동안 850°C의 온도에서 유지된다면, 표 8.8에시 보는 비와 같이 철 탄화물은 페리이트 철의 모재에서 흑연의 덩어리로 변환되어 연성이 6~10%인 가단주철(malleable iron)을 형성한다. 미세구조는 그림 8.3b에 나타나 있다.

실리콘과 합금된 주철의 열처리는 그림 8.3c에서 볼 수 있는 것과 같이 철 탄화물을 철과 회주철을 생산하는 흑연의 박편으로 분해시킨다. 회주철은 흑연 박편 형태가 철기지(matrix)에서 날카로운 균열선단을 형성하고 있기 때문에 취성을 띤다. 회주철이 파손될 때, 흑연의 박편을 따라 파손이 일어나면서 회색의 파단면을 형성한다. 때문에 회주철(gray cast iron)이라고 명명되었다.

주철에 마그네슘을 추가함으로써 그림 8.3d에서와 같이 구상 흑연(nodular graphite)이 형성된다. 생주물(as cast) 조건에서, 철은 구상 탄소를 포함하고 있는 펄라이트로 구성되어 있다. 그러나 몇 시간 동안 700°C의 열처리를 함으로써, 펄라이트는 구상 탄소로 확산되는 탄소를 포함하고 있는 페라이트로 변환된다. 이 페라이트는 보다 더 높은 연성을 띤다. 그림 8.3d에 이러한 미세구조를 확인할 수 있으며, 이러한 구조로 인해 표 8.8에서 볼 수 있듯이 18%의 큰 연성을 갖게 된다. 만약, 구상 철이 727°C의 아공융 온도 이상으로부터 담금질 된다면, 미세구조는 마르텐사이트가 될 것이며 뜨임 될 수 있다.

표 8.8 주철의 SAE 또는 ASTM 명칭(UNS 명칭), 처리법(T), 극한 인장강도(σ_u), 항복강도(σ_y) 및 파단연신율(ε_f)

SAE-ASTM (UNS)	T	σ_u MPa	σ_y MPa	ε_f%
Gray				
J431-G1800 (F10004)		118		
J431-G3000 (F10006)		>207		
J431-G4000 (F10006)		>276		
Malleable				
32510 (F22200)		345	224	10
50005 (F23530)		483	345	5
Ductile				
60-40-18 (F32800)	A	414	276	18
120-90-02 (F36200)	OQT	827	621	2

Based on data primarily from www.matweb.com.

UNS 명칭 시스템에서 주철은 모두 F로 시작한다. 회철은 숫자가 1로 시작하며, 가단철은 2로 시작하고, 연철은 3으로 시작한다. 이전의 UNS 시스템에서 주철은 SAE 및 ASTM 시스템에 의해 명시되었다. 구상 주철에 대해 ASTM에서는 인장 강도, 항복강도 및 연신율에 대한 정보를 제공한다. 구상 주철의 열처리는 풀림(A)과 유냉 및 뜨임(OQT)이다.

주철에 추가된 합금의 화학적 조성 및 표 8.8에 제시된 주철의 활용은 다음과 같다.

J431-G1800 — C=3.55, Mn=0.65, Si=2.55 — 강도가 상대적으로 중요하지 않은 다양한 철 주물

J431-G3000 — C=3.25, Mn=0.75, Si=2.10 — 가솔린 및 디젤 엔진 실린더 블록, 실린더 헤드, 플라이 휠, 차동 케이스, 피스톤, medium-duty 브레이크 드럼 및 클러치 판 등

J431-G4000 — C=3.15, Mn=0.83, Si=1.95 — 디젤 엔진 주물, 라이너, 실린더, 피스톤 등

32510 — C=2.5, Mn=0.40, Si=1.4 — 상온 및 고온에서 일반적인 공학적 사용, 우수한 기계가공성 및 열충격 저항성

50005 — C=2.35, Mn=0.75, Si=1.38 — 상온 및 고온에서의 일반적인 공학적 사용

60-40-18 — C = > 3.0, Si = < 2.5 — 고온에서 사용되는 압력 관련 부품, 증기 및 화학 공장 설비에 대한 밸브와 피팅 등

120-90-02 — C=3.7, Si=2.3, Cu=0.5, Mn=0.5 — 피니언, 기어, 롤러, 슬라이드

8.1.5 마그네슘 합금

구조적 금속으로써 마그네슘의 주요 이점은 1.7×10^3 kg/m^{3}의 낮은 밀도와 651°C의 낮은 용융점을 가지고 있어 낮은 온도에서 주조될 수 있는 있다는 점이다. 마그네슘은 상대적으로 낮은 탄성계수(45 GPa), 강도, 연성, 용융점, 그리고 다른 금속에 비해 뛰어난 내 부식성을 가지고 있다. 그러나 낮은 밀도

때문에 비강도는 여전히 높아서, 수공구 및 항공 우주 분야와 같이 무게가 중요한 분야에서 활용된다. 또한 마그네슘은 HCP 구조로 인한 제한된 슬립면에 의해 낮은 연성을 갖는다. 오직 조밀면이 기저면이다. 마그네슘은 알루미늄으로 고용경화될 수 있으며, 망간, 아연, 지르코늄, 토륨의 추가적인 합금으로 석출경화 될 수 있다. 세공 합금은 변형 경화될 수 있다. 그러나 작은 연성이 이 강화 메커니즘을 제한시킨다. 주조합금은 금속에 대해 매우 낮은 연성을 가지고 있다. 마그네슘 합금은 주로 재료의 높은 강도와 연성보다는 경량화가 더 중요한 곳에서 활용되며, 또한 부식에 대한 저항성이 크게 중요하지 않은 곳에서 활용된다. 표 8.9는 몇 개의 마그네슘 합금에 대한 기계적 성질을 보여준다.

마그네슘 합금의 명칭은 2개의 주요 합금 원소와 관련된 2개의 글자로 시작한다. 표 8.9에 있는 합금 원소에 대한 글자는 알루미늄(A), 토륨(H), 지르코늄(K), 실리콘(S), 아연(Z)이다. 합금 원소의 추가적인 리스트는 "*www.keytometals.com*"에서 제공하고 있다. 합금의 명칭과 관련된 두 개의 글자 뒤에 두 개의 숫자가 따라온다. 이는 두 합금 재료의 중량 퍼센트를 반올림한 숫자이다. 첫 번째 합금과 그 조성은 글자 A와 이어오는 퍼센트로 주어지며, 두 번째 합금과 그 퍼센트 조성은 B 등으로 주어진다. 그 다음 대시(-) 및 열처리 명칭이 따라온다. 열처리 명칭은 다음과 같다.

F — As fabricated
O — Annealed
H10, H11 — Slightly strain hardened
H23, H24, H26 — Strain hardened and partially annealed
T4 — Solution heat treated
T5 — Artifically aged only
T6 — Solution heat treated, cold worked, and artificially aged

표 8.9 (a) 세공 마그네슘 합금 및 (b) 주조 마그네슘 합금의 명칭 – 조질기호(*T*)(UNS 명칭), 상온 밀도(ρ), 극한 인장강도(σ_u), 항복강도(σ_y), 파단연신율(ε_f) 및 탄성계수(E)

Name—T (UNS)	ρ g/cc	σ_u MPa	σ_y MPa	ε_f %	E GPa
(a) Wrought Alloys					
AZ31B-O (M11311)	1.77	255	150	21	45
AZ31B-H26 (M11311)		275	190	10	45
AZ80A-F (M11800)	1.80	330	230	11	45
AZ80A-T6 (M11800)		340	250	5	45
HK31A-O (M13310)	1.80	200	125	30	45
HK31A-T6 (M13310)		220	105	8	45
(b) Cast Alloys					
AS41A-F (M10410)	1.78	214	138	6–15	45
AZ91D-F (M11916)	1.81	230	150	3	44.8
ZK61A-T6 (M16611)	1.83	310	195	10	45

Based on data primarily from www.matweb.com.

마그네슘 합금에 대한 UNS 명칭은 M으로 시작하며 1과 네 개의 숫자가 따라온다. 표 8.9에서는 몇 개의 알루미늄 합금의 이름, 성질 표시, UNS 명칭, 밀도, 인장 강도, 항복강도, 파단 연신율 및 탄성계수가 나타나 있다.

마그네슘에 더해진 합금의 화학적 조성 및 표 8.9에 있는 마그네슘 합금들의 응용분야가 아래에 나타나 있다.

AZ31B — Al=3.0, Zn=1.0, Mn = > 0.2 — 적당한 기계적 특성을 가진 단조 및 압출 바, 봉, 튜브 등
AZ80A — Al=8.0, Zn=0.50, Mn = > 0.12 — 압출 제품 및 프레스 단조 등 (열처리 가능)
HK31A — Th=3.25, Zr=0.70 — 우수한 용접성 및 성형성을 가진 시트 및 판 등
AS41A — Al=4.25, Mn=0.35, Si=1.0 — 177°C까지의 자동차 구조 다이캐스팅 부품으로 사용
AZ91D-F — Al=9.0, Mn = > 0.13, Zn=0.67 — 다이 캐스팅에 사용, 마그네슘 합금에 대한 우수한 내 부식성
ZK61A — Zn=6.0, Zr=0.80 — 높은 응력을 받는 간단한 항공 우주 부품 및 균일한 단면의 군사 주물. 복잡한 형상의 주조는 수축에 의해 미소공동(microporosity) 및 균열이 발생. 용접은 잘 되지 않음.

8.1.6 초합금

초합금(superalloy)은 고온에서 사용되기 위해 개발된 니켈, 코발트 혹은 철을 기반으로 한 금속 합금이다. 니켈은 고온의 가스 터빈에서 사용되는 대부분의 초합금의 기초 금속이다. 몇몇의 초합금은 표 8.10에 나열되어 있다. 더 많은 초합금의 구성 및 특성은 *ASM* **핸드북**에서 찾아볼 수 있으며, 본 교재에서는 9장에서 다룰 예정이다. 니켈을 기반으로 한 초합금에서, 알루미늄과 티타늄은 고온에서의 강도를 위해 석출물 Ni_3Al 혹은 Ni_3Ti의 형태로 더해진다. 그림 5.15의 알루미늄-니켈 상평형 그림에서 볼 수 있듯이, Ni_3Al 석출물은 1385°C에서 안정되며, 이 석출물은 1000°C 이상의 온도까지 강도를 유지한다. 초합금은 또한 크롬, 니오븀, 몰리브덴, 텅스텐, 탄탈륨과 같은 높은 용융 온도를 갖는 금속과 합금된다. 이 모든 원소들은 초합금으로 고용경화 되며, 이들은 모두 강한 탄화물로 구성되어 있다. 초합금 내에서 몇몇 다른 탄화물들이 형성되며, 형성된 탄화물들은 초합금이 높은 고온강도를 갖게 한다. 니켈, 코발트, 철의 산화물보다 강한 표면에 생성된 Cr_2O_3와 Al_2O_3 보호 산화물로 인해 크롬 및 알루미늄을 포함한 초합금은 높은 고온 내 부식성 및 고온 산화 저항성을 갖는다. Inconel 6000과 같은 몇몇의 초합금은 토리아(ThO_2) 혹은 산화이트륨(Y_2O_3)와 같은 확산입자로 인해 강화된다. 비록, 니오븀, 몰리브덴, 텅스텐, 탄탈륨과 같은 내화금속(refractory metal)이 초합금보다 더 높은 용융점을 가졌지만, 초합금은 고온에서 작동되는 가스 터빈의 재료에 필요한 비교적 높은 용융점, 내 부식성, 연성, 밀도의 조합을 가지고 있다. 초합금에 대한 UNS 명명법은 매우 다양하다. 니켈을 기반으로 한 초합금은 N으로 시작하며, 코발트를 기반으로 한 초합금은 R3로, 철은 K 혹은 S로 시작한다.

비록 초합금이 상대적으로 높은 용융점을 가졌지만, 터빈 블레이드와 같은 몇몇의 부품은 초합금을 이용해 주조된다. 초합금으로 주조를 하는 이유는, 초합금은 고온에서 형상 변형에 매우 강하기 때문이다. 초합금은 다결정체(PCs), 1방향 응고(DS), 단결정(SCs)으로 주조된다. 우리는 정밀주조법을 이용해 DS 및 SC 터빈 블레이드를 생산하는 기술에 대해 13장에서 다룰 것이다. 그림 9.13은 터빈 블레이드가 이러한 기술로 만들어진 것을 보여준다.

DS에서 주조는 한쪽 끝에서 냉각된다. 이것은 고체와 액체의 경계면을 차가운 끝에서 뜨거운 끝으로 전파시키며, 결정립은 냉각 방향과 평행하게 성장한다. 높은 온도에서 결정립은 약해지며, 결정성 물질보다 더 낮은 온도에서 용융된다. 왜냐하면, 결정립계는 더 무질서한 상태이고, 더 높은 에너지 상태에 있으며, 불순물이 결정립계에 집중되기 때문이다. 터빈 블레이드에서, 터빈 회전에 의해 블레이드 축과 평행한 결정립계는 결정립계에서 인장 응력을 받지 않게 된다. 이것은 식 6.32를 통해 증명할 수 있다. 슬립 면과 슬립 방향이 모두 블레이드 축과 평행한 결정립계를 따른다고 가정하면, φ와 λ 둘 다 0이 되고, 분해 전단응력은 0이 된다. 이러한 이유 때문에, DS 터빈 블레이드는 PC 블레이드보다 더 높은 온도에서 운전될 수 있다. 그러나 결정립계는 고온에서 결정성 물질보다 더 높은 부식을 겪으며, 이러한 이유로 SC 터빈 블레이드는 고온에서의 활용성이 DS 블레이드보다 더 우수하다. 표 8.10에 MM-0011-DS 및 MM-0011-PC를 나열하였다. DS 합금이 PC 합금에 비해 상대적으로 높은 강도를 갖는 것을 관찰할 수 있다.

합금 PWA 1480-SC는 표 8.10에서 유일한 SC 합금이며, 이 합금의 물성은 상온 및 980°C에 대해 제시되어 있다. 상온 및 980°C에서의 초합금들의 탄성계수는 표 8.11에 나타나 있다. SC 터빈 블레이드는 결정립계가 없으며, 이것들은 운전온도가 매우 높다. 표 8.10에 나타난 초합금의 화학적 조성 및 활용이 아래에 나타나 있다.

표 8.10 초합금의 명칭, 상온에서의 밀도(ρ), 극한 인장강도(σ_u), 항복강도(σ_y), 파단연신율(ε_f), 및 고온 기계 물성(상온 물성의 아랫줄)

Name—UNS	ρ g/cc	σ_u MPa	σ_y MPa	ε_f %
Inconel 718 (RT)	8.19	1375	1100	25
At 650°C		1100	980	18
Inconel 6000 (RT)	8.1	1295	1285	4
At 538°C		1155	1010	6
Nimonic 901 (RT)	8.14	1200	875	15
At 550°C		1030	800	10
Pyromet CTX-3 (RT)	8.28	1180	830	14
At 538°C		1040	673	16
Rene 95 (RT)	8.2	1560	1140	8.6
At 760°C		1170	1100	15
Waspalloy (RT)	8.19	1276	897	23
At 650°C		1115	690	34
MM-0011-PC (RT)	8.5	1035	825	8
At 870°C		825	550	6
MM-0011-DS (RT)	8.5	1085	855	12
At 870°C		950	710	13
PWA 1480-SC (RT)	8.7	1140	895	4
At 980°C		685	495	20

Based on data primarily from www.matweb.com and from Sims, C., et al. Superalloys II: High Temperature Materials for Aerospace and Industrial Power, John Wiley, N.Y. (1987).
1. This ultimate strength is for 650°C (1200°F).

Inconel 718 — Ni=53, Al=0.5, Cr=19, Fe=17, Mo=3.0, Nb=5.3, Ti=0.9 — 650°C 이하의 온도에서 작동되는 가스 터빈, 로켓 모터, 우주선, 우주 왕복선, 원자로, 펌프, 펌프 씰 및 금형. 석출경화로 인한 뛰어난 용접성 및 700°C 이상에서의 높은 크리프 강도

Inconel 6000 — Cr=15, Al=4.5, W=4, Ti=2.5, Co=2.0, Mo=2, Ta=2, Y_2O_3=1.1 — 분말야금 열간 등압 성형(HIP)을 수행한 입자 분산 강화 합금

Nimonic 901 — Ni=43, Cr=12.5, Fe=33, Mo=5.75, Ti=2.95 — 가스 터빈 디스크 및 샤프트, 600°C까지 높은 크리프 저항성

Pyromet CTX3 — Fe=39, Ni=38, Co=14, Nb+Ta=5, Ti=1.5 — 석출 경화 가능, 넓은 온도 범위에서의 낮은 열팽창 계수, 높은 열 피로 저항성

Rene 95 — Ni=62, Al=3.5, Cr=13, Co=8.0, Mo=3.5, Nb=3.5, Ti=2.5, W=3.5 — 425~650°C의 온도 범위에서 작동 가능한 고강도 합금 중 하나. 고압 터빈 디스크 및 터빈 블레이드. 분말 야금 및 압출성형 된 빌릿으로 사용 가능

Waspalloy — Ni=57, Cr=19.5, Co=13, Mo=4.3, Ti=3, Al=1.4, Fe=1, Zr=0.7 — 터빈 하드웨어, 우주 왕복선 터보 펌프 씰

MM-0011 — Ni=60, Cr=8.3, Co=10, Mo=0.7, W=10, Ta=3, Al=5.5, Ti=1, Hf=1.5 — 1100°C까지 활용 가능한 고온 DS 및 SC 주조합금 중 하나. 터빈 블레이드 및 노즐에 사용.

PWA 1480 — Ni=63, Cr=10, Co=5.0, W=4.0, Ta=12, Al=5, Ti=1.5 — 1100°C까지 활용 가능한 고온 DS 및 SC 주조합금 중 하나. 터빈 블레이드에 사용.

몇몇의 초합금은 분말야금(PM) 공정에 의해 형성되며, 분산강화 된 합금은 PM 기술에 의해 가공된다. PM 기술로 형성된 표 8.10에 있는 초합금은 Rene 95와 Inconel 6000을 포함한다. Inconel 6000은 입자 분산 강화되었다.

8.1.7 티타늄 합금

티타늄(Ti) 합금은 다른 금속 합금에 비해 여러 가지 이점을 가지고 있다. 티타늄 합금은 바닷물 혹은 화학 처리 공장과 같은 가혹한 환경에서 내 부식성이 가장 큰 금속 중 하나이다. 그것들은 강보다 덜 조밀하지만 상대적으로 높은 용융 온도를 갖고 있다. 또한, 그것들은 표 8.12에서 볼 수 있는 것과 같이 강과

표 8.11 다른 종류의 초합금의 상온 및 980°C에서의 탄성계수(*E*)(GPa)

Superalloy Type	*E* at RT	*E* at 980°C
Nickel-based PC	199	145
Nickel-based DS & SC	128	87
Cobalt-based PC	225	137
Iron-based PC	202	151

Based on data from Superalloys II, p. 565.

1. At 650°C, because iron-based superalloys are not capable of achieving the high temperatures of nickel- and cobalt-based alloys.

비슷한 강도를 가지고 있다. 티타늄의 우수한 내 부식성은 상온에서 금속을 보호하는 TiO_2의 표면층 때문이다. 순수 티타늄 금속은 산소와의 반응성이 높다. 예를 들어, 티타늄을 기계가공 할 때 빠른 산화에 의해 금속 칩에 불이 붙지 않게 조심해야 한다. 산화 보호 층은 의료용 임플란트로 사용될 때 티타늄이 내 부식성을 갖도록 하며, 이것은 신체에서 거부 반응이 일어나지 않도록 한다. 의료용 임플란트 합금은 일반적으로 매우 낮은 격자 간격을 가지고 있다(ELIs). 티타늄에서 주요 격자 간격은 산소이고 ELI 최대 등급은 0.2 중량 퍼센트이다. 티타늄 ELI 합금은 또한 균열에 대해 높은 저항성을 요구하는 기계적 제품에서 사용된다. 합금의 고온에서의 강도와 내 부식성 때문에, 티타늄은 초음속 제트기, 제트 엔진 압축기와 같은 고 성능 항공기의 표면 재에 사용된다. 하지만, 고온에서 산소에 대한 티타늄의 반응성은 티타늄의 활용을 대략 550°C 정도로 제한하며, 이 온도 이상에서 티타늄은 많은 산소 및 다른 격자 간 원자를 흡수하고 취성이 된다. 산소에 대한 티타늄의 반응은 너무 효과적이어서 초고진공 시스템을 구축할 때 시스템으로부터 산소를 제거하기 위해 고온의 티타늄 금속을 사용한다.

표 8.12에 있는 티타늄 합금의 화학적 조성, UNS 명칭, 밀도 및 몇몇의 활용 분야가 아래에 나타나 있다.

CP Ti (R50250 & R50700) — 4.51(0.163) — 기체(Airframe) 부품, 극저온 용기, 열 교환기, 응축기 튜브, 피클링 바스켓

표 8.12 세공 티타늄 합금의 합금 명칭, 열처리(T), 극한 인장강도(σ_u), 항복강도(σ_y), 파단연신율(ε_f) 및 탄성계수(E)

Name (UNS)	T	σ_u MPa	σ_y MPa	ε_f %	E GPa
α-Alloys					
CP Ti—Grade 1	A	330	240	30	100
CP Ti—Grade 4	A	660	590	20	105
5Al-2.5Sn—ELI	A	775	720	15	110
Near-α-Alloys					
8Al-1Mo-1V	DA	950	941	18	124
8Al-1Mo-1V	STA	1180	1070	17	120
6Al-2Sn-4Zr-2Mo	DA	940	860	15	113.8
6Al-2Sn-4Zr-2Mo	STA	1035	966	15	113.8
$\alpha + \beta$ Alloys					
6Al-4V	A	950	880	14	113.8
6Al-4V	STA	1170	1100	10	114
6Al-4V-ELI	A	860	790	15	113.8
β-Alloys					
10V-2Fe-3Al	A	970	900	9	110
10V-2Fe-3Al	STA	1240	1200	6	106
13V-11Cr-3Al	A	950	860	18	99
13V-11Cr-3Al	STA	1210	1140	7	110

Based on data primarily from www.matweb.com.

Ti-5Al-2.5Sn (R54521) — 4.48(0.162) — 가스 터빈 엔진 케이스 및 링, 화학 공정 장비
Ti-8Al-1Mo-1V (R54810) — 4.37(0.158) — 팬과 압축기 블레이드, 디스크, 스페이서, 씰, 링
Ti-2Sn-4Zr-2Mo (R54620) — 4.54(0.164) — 고온의 제트 엔진 부품, 압축기 블레이드, 디스크, 스페이서, 고성능 자동차 밸브, 후기 연소기 구조재, 고온의 기체 표면
Ti-6Al-4V (R56400) — 4.43(0.160) — 팬 및 압축기 블레이드, 디스크, 링, 기체, 잠금장치, 허브, 단조
Ti-10V-2Fe-3Al (R54610) — 4.65(0.168) — 고강도 기체 부품, 랜딩 기어 구조재 및 헬리콥터 로터
Ti13V-11Cr-3Al (R58010) — 4.82(0.174) — 315°C (600°F) 까지의 고 강도 기체 부품, 단조에 주로 사용됨

순수 티타늄은 상온에서 육방조밀구조 α 상으로 존재한다. 그러나 대략 890°C 이상의 온도에서, 티타늄은 1668°C의 용융 온도까지 BCC의 β 상이다. β-트랜서스는 티타늄 합금이 100% BCC일때의 최소 온도이다. 알루미늄이나 산소 같은 몇몇의 합금 원소들은 β-트랜서스의 온도를 올리고, α 상 구조를 안정화시킨다. BCC 금속인 철, 바나듐, 크롬과 같은 다른 원소들은 β-트랜서스 온도를 줄이고, BCC의 β 상을 안정화시킨다. 이것은 FCC의 니켈인 스테인리스강에서 FCC γ 상을 안정화시키는 것과 유사하다. 주석(Tin)은 티타늄 합금에서 또 다른 일반적인 합금 원소이다. 주석의 상온 구조는 정방정이며, 이것은 β-트랜서스에서 미치는 영향에 중립적이다. 티타늄 합금에 대한 β-트랜서스는 웹 사이트 "www.matweb.com" 및 Lutjering과 Williams의 책에 주어져 있다. 표 8.12는 상업적인 티타늄 합금의 네 가지 카테고리를 제시한다 : α, near-α, $\alpha + \beta$ 및 β.

알파 합금에는 상용되는 순수(CP) 티타늄과 알루미늄 및 소량의 β 상 안정화 원소가 포함된 티타늄 합금이 포함된다. CP 티타늄은 강의 탄소 강화와 유사한 방법으로 격자 간 산소와 고용경화 된다. 산소의 양이 높아질수록 더 강해진다. 그러나 CP 티타늄은 철-탄소 합금처럼 열처리 할 수 없다. Ti-5Al-2.5Sn과 같은 알루미늄(<5%)과 주석으로 고용경화 된 티타늄의 합금은 또한 열처리 될 수 없는 α 상의 티타늄 합금이다. α 상의 티타늄 합금은 크게 변형 경화되지 않는다. 그러므로 α 상 합금은 일반적으로 풀림 조건에서 사용되지 않는다. 결정립 미세화에 의한 강화는 α 상의 티타늄 합금에서 효과적인 강화 메커니즘이다. 티타늄의 HCP 구조는 등방성(isotropic)이 아니기 때문에, 압연 혹은 사출과 같은 과정에 의해 상당한 소성변형을 받은 α 상의 티타늄 합금은 등방성이 아니다. 단상의 α 티타늄 합금은 최고의 내식성 티타늄 합금이다. 열처리 할 수 없는 고용경화된 α 상의 합금은 용접에 적합하다. 5% 이상의 알루미늄이 포함된 합금은 열처리 할 수 있다. 5%보다 더 높은 알루미늄의 농도에서 Ti_3Al 석출물은 티타늄 합금을 형성한다. Ti_3Al의 형성은 고온 크리프 강도를 개선하지만, 이것은 연성 및 파괴 저항성을 줄인다. Ti_3Al 석출물의 형성에 의한 티타늄 합금 강화는 용접에 적합하지 않다.

만약 바나듐, 철, 몰리브덴과 같은 β 상의 안정화된 원소들이 상당량 티타늄과 더해진다면, 합금은 $\alpha + \beta$의 두 가지 상이 존재하게 된다. α 상에 가까운 티타늄 합금에는 β 상의 물질을 소량 포함하고 있는 α 상이 존재한다. 또한 $\alpha+\beta$ 상의 티타늄 합금에는 α와 β 상이 동일하게 존재한다. Ti-6Al-4V와 같은 이상의 $\alpha + \beta$ 합금에서, α 상의 안정화 된 원소(Al)는 α 상에 집중되며 β 상의 안정화된 원소(V)는 β 상에 집중된다. $\alpha + \beta$ 합금은 풀림 조건 혹은 열처리 및 시효 조건에서 이용 가능하다.

풀림 조건에서 $\alpha + \beta$ 티타늄 세공 합금에 대해 가능한 다른 미세 조직이 있다. 풀림 조건에서 $\alpha + \beta$ 세공 합금 과정에는 네 가지 과정이 있다. 균질화, 변형(롤링, 압연, 인발 등), 재결정, 풀림이다. 최종 미세조직은 이 과정의 온도에 따라 달라진다. 모든 $\alpha + \beta$ 합금은 처음으로 β 상 트랜서스 이상의 온도에서 균질화 된다. 변형 후에 재결정은 β-풀림 합금에 대한 β-트랜서스 이상의 온도에서 수행된다. 그런 후에 α

+ β 상 온도로 냉각되고 이후 풀림 된다. β-풀림 과정은 층간의 미세조직을 생성한다. $\alpha + \beta$ 미세조직 층에서, β 상의 입자는 길어지며 α 상은 β 상의 결정립계를 형성한다. β 상의 재결정 온도부터 $\alpha + \beta$ 풀림 온도까지의 냉각 속도는 β 상 입자 층의 크기를 결정한다. 빠른 냉각은 더 작은 입자를 생성한다. 결정립 미세화에 의한 강화는 풀림된 $\alpha + \beta$ 합금에서 효과적인 강화 메커니즘이다.

만약 변형 후에 $\alpha + \beta$ 티타늄 합금의 재결정 과정이 $\alpha + \beta$ 상의 필드이고 β-트랜서스 온도 이하에서 수행된다면, 두 개의 다른 미세조직이 형성될 수 있다. $\alpha + \beta$ 상의 필드의 더 높은 재결정 온도에서, 상대적으로 α 상의 결과의 등축정인 층상 $\alpha + \beta$ 매트릭스는 이정 혹은 양면 풀림으로 불린다. 다른 가능한 미세조직은 $\alpha + \beta$ 상 필드에서 더 낮은 재결정 온도로부터 나온 $\alpha + \beta$ 상의 등축정이다. 이 조건은 "공장 소둔(mill annealed)"이라고 불리며, 합금은 변형 과정 후에 재결정 되지 않는다. 이것은 오직 β-트랜서스 이하의 온도에서만 풀림 된다.

몇몇의 $\alpha + \beta$ 티타늄 합금은 고용화 열처리 및 시효되어 형성되는 것으로 알려져 있다. 이것은 β-트랜서스와 가까운 온도에서 처음 재결정(열처리)된 합금을 말하며, 그 후 금속 간 화합물 Ti_3Al이 석출되는 온도에서 시효되어 고강도의 합금을 형성한다. 예를 들어, 표 8.12에 있는 고용경화 및 시효(STA)된 Ti-6Al-4V는 900~955°C 사이에서 열처리 되고 540°C에서 시효된 것이다. 이 합금에 대한 β-트랜서스는 995°C이다. 550°C 이상의 온도에서 Ti_3Al은 고용된다. 그러므로 540°C에서 유지하는 것은 시효이고 600°C에서 유지하는 것은 시효가 아닌 풀림이다. 600°C에서 석출물이 형성되지 않기 때문이다.

Near-α 합금은 위에서 논의되었던 $\alpha + \beta$ 합금과 유사한 방법으로 풀림 혹은 열처리 및 시효된다. 고온에서 활용하기 위한 몇몇 near-α 합금은 1040°C까지 안정된 화합물 Ti_5Si_3을 형성하는 실리콘이 첨가되어 있다. STA near-α 합금은 티타늄 합금의 고온-크리프 저항을 가지고 있으며, 그들은 가스터빈 팬 블레이드와 같은 고온 기기에서 활용된다.

β 합금은 바나듐, 철, 크롬, 몰리브덴과 같은 BCC β 상의 안정화된 요소를 가지고 있는 합금이다. 이 합금들이 β-트랜서스 이상으로 담금질 될 때, β의 단상은 상온에서 준 안정적이다. 비상용 티타늄 합금은 단일 β 상의 구조를 상온에서 안정화 시키는 요소들을 많이 포함하고 있다. 평형 상은 α보다 β가 더 많은 $\alpha + \beta$이며, β 합금에 대한 β-트랜서스는 일반적으로 700~900°C이다. 대부분의 β 합금은 위에서 논의된 것처럼 β-풀림에 의해 처리된다. 상온에서 그들은 β 상 결정립과 결정입계에서 α 상을 가지고 있는 층상 구조를 가지고 있다. 풀림된 β 합금에서, 최종 열처리 온도는 α 상이 석출되지 않는 β-트랜서스에 가깝나. 만약 최종 열처리가 β-트랜서스 아래의 온도에서 일어난다면, 이것은 β 상 매트릭스에서 α 상의 석출물이 생성되게 되며, 이것은 합금을 강화시킨다. 석출물이 형성되기 때문에, 최종 열처리는 풀림이 아닌 시효이다. 이 합금들은 STA로 나열되어 있다. α 상 및 $\alpha + \beta$ 상의 합금과 관련된 β 상 합금의 이점은 저온에서 더 연성인 BCC 구조를 형성할 수 있다는 점과 STA 조건에서 높은 강도를 가진다는 점이다. β 합금의 주요 활용은 랜딩 기어와 같은 고 응력 항공기 구조이다. 표 8.12에서 열처리(T)아래 글자 A는 풀림을 나타낸다. DA는 양면 풀림을 의미하며, STA는 고용 경화 및 시효이다.

티타늄 합금은 일반적으로 합금의 구성에 의해 지성되며, 약어로서 각각 주요 합금 원소의 중량 퍼센트 숫자와 함께 "Ti"으로 알려져 있다. 예를 들어, 6%의 알루미늄 및 4%의 바나듐이 추가된 티타늄 합금은 Ti-64로 알려져 있다. ASTM은 다른 합금을 등급에 따라 나타내는 시스템을 개발해 왔다. 예를 들어, 등급 1부터 4까지는 모두 격자 간 원자가 산소인 상용적인 순수 티타늄(CP Ti)이다. 그리고 등급에 따라 강도가 증가한다. 등급 5는 Ti — 6%Al — 4%V 합금이다. 등급 6은 Ti — 5%Al — 2.5%Sn 합금이며, 등급 38(Ti — 4%Al — 2.5%V — 1.5%Fe)까지 이처럼 표시된다. UNS 시스템에서, Ti 합금은 R

로 시작하며 일반적으로 합금의 퍼센트 숫자를 포함한 5개의 숫자가 따라온다. 예를 들어, Ti-6Al-4V는 R56400이다. 표 8.12에 있는 합금들은 세공조건이다. 동일한 티타늄 합금들은 흑연 몰드, 정밀 주조를 통해 주조될 수 있다. 혹은 티타늄 합금 분말은 열간 등압 성형될 수 있다.

8.1.8 구조 금속의 비 항복강도와 비 탄성계수

위에서 논의된 다른 금속 합금들은 다른 강도, 탄성계수, 밀도를 가지고 있다. 항공기, 고효율 및 고성능 자동차와 같은 다양한 활용 분야에서는, 단위 밀도 당 높은 강도를 갖는 것이 중요하다. **비 항복강도(specific yield strength)**와 **비 탄성계수**는 항복강도와 탄성계수를 각각 **비중(SG, specific gravity)**으로 나눈 값 이다. 비중은 재료의 밀도를 물의 밀도로 나눈 값이며, 무차원수이다. SI 단위계에서, 물의 밀도는 4°C에서 1×10^3 kg/m^{3}이다. 예를 들어, 알루미늄 합금 7075의 밀도는 2.81×10^3 kg/m^3, 물의 밀도는 1×10^3 kg/m^{3}이다. 따라서 알루미늄 7075의 비중은 2.81이다. 7075의 항복강도는 503 MPa이며, 비 항복강도는 503 MPa을 2.81로 나눈 179 MPa이다. 영국 단위계에서의 비중은 SI 단위계에서의 값과 동일하다. 파단 연신율 10%를 갖는 가장 강한 재료의 비중, 비 항복강도, 비 탄성계수는 표 8.13에 나타나 있다.

표 8.13에서, 알루미늄 합금 7075-T6은 가장 높은 비 항복강도를 가졌으며, 4340 강은 가장 높은 비 탄성계수를 가졌다. 따라서 무게가 매우 중요하며, 항복강도가 가장 중요한 설계 요소라면 고강도의 알루미늄 합금은 표 8.13에서 가장 좋은 설계 재료가 된다. 만약, 강성 혹은 탄성 변형이 가장 중요한 설계 요소라면, 강 합금이 가장 좋은 설계 해결책이 된다. 예제 8.1은 비 항복강도와 비 탄성계수 모두 중요한 설계 요소일 때 문제 해결의 접근 방법을 보여준다. 또한 비용, 내 부식성, 파손, 피로와 같은 다른 설계사항들도 고려되어야 한다. 14장에서 우리는 설계에서 재료의 선택 시 고려되는 다른 요소들에 대해서 살펴볼 것이다.

표 8.13 상기 제시된 표 중 가장 강한 합금들의 합금 명칭, 처리법(T), 상온 비중(SG), 비 항복강도($S\sigma_y$) 및 비 탄성계수(SE)

Alloy Name	T	SG	$S\sigma_y$ MPa	SE GPa
Al-7075	T6	2.81	179	25.5
Beryllium copper	TF00	8.36	106	15.7
4340 steel	OQT	7.85	148	26.1
Mg-ZK61A	T6	1.83	106	24.6
Inconel 718	STA	8.19	134	24.4
Ti-8Al-1Mo-1V	STA	4.37	130	14.6

The data should not be used for design purposes.

예제 8.1

우주왕복선의 프레임과 같이 하중이 가장 중요한 설계 요소이고 비 항복강도와 비 탄성계수가 동일하게 중요성을 띠는 설계에서, 표 8.13의 7075-T6과 4340 OQT 중 어떤 재료가 더 좋은 선택인가?

풀이

설계에 있어서 비 항복강도와 비 탄성계수의 영향을 더하기 위해, 재질의 최대 항복강도와 최대 탄성계수로 각각을 나누어 정규화 시키는 방법을 생각해 볼 수 있다. 비 항복강도에 대한 최대 항복강도는 179 MPa이고 비 탄성계수에 대한 최대 탄성계수는 26.1 GPa이다. 각 값을 정규화 시켜 아래와 같이 표에 나타내고 재료별로 정규화 된 값을 더한다.

Material	$S\sigma_y$ /179 MPa	SE/26.1 GPa	Sum
7075-T6	1.0	0.98	1.98
4340 OQT	0.83	1.0	1.83

비 항복강도와 비 탄성계수의 중요성이 동일하다면, 7075-T6이 가장 큰 합을 보인다. 만약 강성이 강도보다 두 배 더 중요하게 고려되어야 한다면, 비 탄성계수 값에 계수인 2를 곱해주면 된다.

8.1.9 귀금속

귀금속에는 대표적으로 은, 금, 백금, 팔라듐, 로듐, 루테늄, 이리듐, 오스뮴 등이 있다. 귀금속은 대개 FCC 또는 HCP 결정 구조를 갖는다. 그들은 부식에 저항하는 경향이 있다. 금은 공기 중에서 산화되지 않는 유일한 금속이다. 또한, 귀금속은 좋은 열 및 전기 전도체이다. 귀금속 중 몇몇은 백금(1769°C), 팔라듐(1552°C), 로듐(1966°C), 루테늄(1966°C), 이리듐(2454°C)와 같은 높은 용융 온도를 가지고 있으며 이러한 금속들은 고온에서 적용될 수 있다. 은(961°C) 및 금(1063°C)은 상대적으로 낮은 용융 온도를 가지고 있다. 낮은 용융 온도 덕분에 금과 은은 주조로 성형될 수 있다.

순수한 귀금속은 연성이며 낮은 강도를 갖는다. 그리고 그것들은 구조용 재료로 사용되기 위해서는 충분히 강화 되어야만 한다. 그러나 이 금속들은 일단 구조재로 사용하기에는 너무 비싸기 때문에 재료의 비용이 비교적 중요하지 않은 보석, 의료용 장비, 항공 우주용 장비 등을 만드는데 주로 사용된다. 그러나 최근에는 백금의 경우 자동차의 가솔린 기관의 부품 중 하나인 점화플러그를 제조하는데 사용되기도 한다. 팔라듐은 가솔린 엔진의 촉매 변환기 재료로 사용되며, 백금은 디젤 엔진의 촉매 변환기 재료로 사용된다.

8.1.10 내화 금속

내화 금속은 매우 높은 용융 온도를 갖는 금속이다. 대표적인 내화 금속의 용융 온도는 니오븀(2468°C), 몰리브덴(2610°C), 텅스텐(3410°C), 탄탈륨(2996°C)이다. 이들은 모두 BCC 구조를 갖는 전이 금속이며, 금속 및 공유결합으로 인한 강한 결합을 형성하고 있다. 결과적으로, 내화금속은 높은 탄성계수와 항복강도를 가지고 있다. 이 금속들은 온도가 극단적으로 높은 곳에 활용된다. 그러나 이 금속들은 모두 고온에서 쉽게 산화되는 경향이 있다. 텅스텐은 전구, X-선 튜브, 음극선 튜브의 필라멘트 재료이다. 그러나 이 기기의 텅스텐은 진공 혹은 불활성 가스 내에 있어야 한다. 또한 텅스텐은 비 소모성 용접 전극으로 사용된다. 몰리브덴은 높은 강도 및 경도로 인해 압출 다이 재료로서 사용된다. 탄탈륨은 150°C 이하의 온도에서 매우 강한 내 부식성이 있다. 때문에 탄탈륨은 다른 기구들 사이의 기계판막의 재료와 같은 곳에 활용될 수 있다. 이 금속들은 또한 모두 고용경화를 막는 고강도 강 합금에 소량 사용되며, 강한 탄화물을 형성한다.

8.1.11 기타 금속들

지르코늄은 티타늄(Ti)과 유사한 HCP 구조를 갖는 금속이다. 그러나 지르코늄의 밀도는 티타늄보다 높다. 지르코늄은 상대적으로 열중성자의 영향을 적게 받기 때문에 클래딩(코팅) 재료로서 사용된다. 티타늄과 같이 지르코늄은 내 부식성이 있기 때문에 부식 환경에서 활용될 수 있다. 반면에 아연은 내 부식성이 약한 낮은 강도의 금속이다. 따라서 아연은 부식으로부터 다른 제품을 보호하기 위한 유전양극의 재료로 활용되기도 한다. 아연으로 코팅된 강인 아연 도금 강을 그 예로 들 수 있다. 우리는 10장에서 금속 및 아연도금의 부식에 대해 다룰 것이다.

8.2 세라믹, 유리, 유리-세라믹

가장 널리 활용되는 구조적 세라믹은 유리 형태의 실리카(SiO_2)이다. 유리의 강도는 유리의 형상과 열처리 방법에 달려있다. 막 인발된 실리카 유리 필라멘트는 24 GPa의 높은 강도를 가지고 있으며, 이것은 원자 결합의 이론적 강도에 근접할 만큼 강한 강도이다. 섬유 유리에서 유리 필라멘트 또한 대략 3 GPa의 높은 강도를 가지고 있다. 유리 강도는 표면의 스크래치와 마모에 의해 큰 폭으로 감소된다. Bansal 및 Doremus의 연구 결과는 마모된 수산화나트륨 석회 규산염 유리(soda-lime silicate glass) 및 붕규산 유리(borosilicate glass)의 상온 굽힘 강도가 103 MPa로 낮아질 수 있음을 보여준다. 그러나 물에 노출된 수산화나트륨 석회 유리는 대략 35 MPa의 강도를 가지고 있다. 유리의 설계 강도는 환경 노출 및 표면 상태의 정도에 따라 변화한다. 유리의 강도를 줄일 수 있는 다양한 요소들 때문에 유리 강도는 명확하게 보고되지 않으며, 이 때문에 표 8.14의 세라믹에 나열되지 않는다. 유리의 설계 강도는 20 MPa 혹은 더 적은 값을 취해야 한다. 이 책 후반부의 reference 리스트에 있는 Bansal 및 Doremus의 유리 물성에 대한 핸드북에는 다양한 유리들에 대한 탄성계수 및 점성에 대한 정보를 제공해주고 있다.

유리-세라믹은 유리로 시작하는 재료이지만, 열처리 중에 결정성 물질은 그림 5.29에서 볼 수 있는 것과 같이 유리 내부에서 생성된다. 유리-세라믹은 이산화규소(silica)의 첨가에 따라, 다양한 공학적 물성들을 보여준다. Al_2O_3 및 Li_2O가 첨가된 유리-세라믹은 낮은 열팽창 계수 및 좋은 열 충격 저항성을 가지고 있다. 이 유리-세라믹은 Corningware™과 Pyroceram™와 같은 취사도구에 활용된다. 유사한 화학적 구성을 갖는 또 다른 유리 세라믹은 항공기의 노즈콘 및 레이돔 등에 활용된다. 기계 가공성 유리-세라믹은 유리 혹은 세라믹에서 발생하는 큰 균열보다는 가공 중에 평판이 쉽게 작은 균열로 발전할 수 있는 틈을 가진 작은 결정질 결정립을 가지고 있으며, 이 결정립은 균일하지 않게 분산되어 있다. 유리-세라믹의 이점 중 하나는 유리와 같은 방법으로 가공되며, 그 결과 공극이 존재하지 않는다는 것이다.

결정질 세라믹에서 알루미나(Al_2O_3)가 함유된 세라믹은 다른 모든 세라믹보다 더 많은 곳에서 사용된다. 구조재로 사용되는 다른 세라믹들은 탄화규소(SiC), 질화규소(Si_3N_4), 지르코니아(ZrO_2) 등을 포함한다. 이 세라믹들의 밀도, 굽힘 강도, 탄성계수 및 용융 온도는 표 8.14에 나타나 있다. 세라믹들의 물리적 특성은 분자 간의 강한 이온결합 및 공유결합으로부터 기인한다. 다결정 세라믹은 상온에서 취성이고, 절연체 혹은 반도체로서 사용되며 높은 용융 온도를 가지고 있다. 세라믹의 물리적 특성 때문에 고온 혹은 높은 전기 저항이 필요한 환경에서 많이 활용된다. 몇몇의 상용되는 세라믹은 표 8.14에서 나타나 있으며, 이 재료들은 표 다음에 추가적으로 논의된다. ID 열에 나열된 비율들은 표에 나열된 화합물의 비율이다. 대부분의 경우의 나머지 부분은 다공성이다. 표 8.14에서는 결정성 물질의 밀도가 증가 할수록, 강도와 탄성계수가 증가하는 것을 보여준다. 따라서 결정성 물질에서 밀도가 증가하면 공극률은 감소한다.

표 8.14 세라믹 재료의 ID, 밀도(ρ), 굽힘 강도(FS)(MPa), 탄성계수(E), 포아송 비(ν), 결정질 재료의 용융점(T_m) 또는 유리 연화 온도

ID	ρ (g/cm^3)	FS MPa	E GPa	υ	T_m (°C)[1]
Glass[2]					
Soda-lime glass	2.5	—	72	0.25	700[2]
Pyrex borosilicate	2.23	—	64	0.20	820[2]
Potash-soda-lead	2.86	—	61	0.21	630[2]
Lime-MgO-Al_2O_3	2.52	—	88	0.25	915[2]
Sodium borosilicate	2.24	—	60	0.22	710[2]
E-glass fibers	2.61	—	72	0.22	840[2]
Alumina—The data are from *http://www.coorstek.com/materials/ceramcis.asp*					
85% Al_2O_3	3.42	296	221	0.22	2054
90% Al_2O_3	3.60	338	276	0.22	2054
94% Al_2O_3	3.70	352	303	0.21	2054
96% Al_2O_3	3.72	358	303	0.21	2054
99.5%Al_2O_3	3.90	379	370	0.22	2054
99.9%Al_2O_3	3.92	400	386	0.22	2054
Silicon carbide—The data are from *http://www.coorstek.com/materials/ceramcis.asp*					
Sintered	3.15	480	410	0.21	2837
Reaction-bonded	3.10	462	393	0.20	2837
CVD-99.9995%	3.21	517	434	0.21	2837
Silicon nitride[3]					
Hot-pressed	3.31	906	311	0.27	2151[4]
Reaction-bonded	2.5	338	179	0.23	2151[4]
Zirconia—The data are from *http://www.coorstek.com/materials/ceramcis.asp*					
MgO PS	4.01	450	200	0.30	2677[5]
Y_2O_3 PS sintered	6.02	1240	210	0.23	2677[5]
Y_2O_3 PS HIPed	6.07	1720	210	0.23	2677[5]

The data should not be used for design purposes.

1. Melting temperatures for crystalline ceramics from Carter, C. B., and Norton, M.G., *Ceramic Materials: Science and Engineering*, Springer, NY (2007), p. 622.
2. Glass data and softening temperatures from Bansal, N. P., and Doremus, R. H., *Handbook of Glass Properties*, Academic Press, Orlando, Fl (1986), p. 34.
3. Silicon nitride data is from Schwartz, M., *Handbook of Structural Ceramics*, McGraw-Hill, NY (1992), p. 3.15.
4. This material sublimes.
5. The melting temperature is for pure zirconia.

실리카는 SiO_2이다. 결정질 실리카는 석영이고, 비정질 조건에서 이것은 석영유리이다. 석영은 유리보다 높은 온도에서 구조적 강성이 남아있기 때문에 비교적 더 높은 온도에 활용된다. 석영의 크리스토발석 형태는 1717°C에서 용융되며, 예를 들어 E-유리는 840°C에서 연화된다. 석영은 또한 압전기이며, 이것은 시계용 액추에이터로서 사용된다. 석영의 물성을 변경하고 점도를 낮추기 위해 실리카는 소다(Na_2O),

석회(CaO), 칼륨(K_2O), 마그네시아(MgO), 산화 납(PbO), 붕소산화물(B_2O_3), 알루미나(Al_2O_3)와 같은 다양한 혼합물을 섞는다. 유리 형태의 실리카는 섬유유리의 섬유, 광섬유 케이블의 섬유 및 발포 단열재 등의 많은 산업용품에 활용된다. 다양한 용도로 사용되는 대표적인 유리의 화학적 조성은 표 8.15에 나타나 있다.

알루미나(Al_2O_3)는 주로 육방(corundum) 결정체 구조로 발견된다. 알루미나의 질은 표 8.14에서 나타나듯이 재료의 알루미나 함유량에 따라 달라진다. 함유량이 낮은 알루미나에서 그 차이는 주로 다공성 때문이다. 다결정 알루미나 제품은 고압 및 고압에 의해 소결된다. 함유량이 높은 알루미나를 만들기 위해서는 더 높은 온도와 압력, 긴 시간과 많은 비용이 필요하다. 알루미나는 주로 내화물에 활용되거나 전기 절연체로서 사용된다. 알루미나는 주로 가솔린 엔진 점화 플러그에서 전기 절연체로 활용되며, 그림 1.2에 나타나 있다. 알루미나는 또한 치과 재건에서 의료용 임플란트 재료로서 사용된다. 또한 연마재 및 절삭 공구로 활용되기도 한다. 단일 결정형 형태에서 알루미나는 화이트 사파이어이다. 만약 순수 알루미나 이거나 철 및 티타늄의 불순물을 갖는 경우 이것은 블루 사파이어이며, 크롬의 불순물을 갖는 경우 루비 사파이어가 된다. 루비는 레이저 재료 및 귀금속 보석 같은 곳에 사용된다.

탄화규소(SiC, silicon carbide)는 다이아몬드 구조의 파생 구조인 섬아연광(ZnS) 결정체 구조에서 형성된다. 탄화규소는 0, 0, 0에서 실리콘(Si) 원자를 가지고 $\frac{1}{4}, \frac{1}{4}, \frac{1}{4}$에서 탄소(C)의 원자를 가진 FCC 구조이다. 다이아몬드에서는 이런 원자 구조들에 모두 탄소 원자가 자리잡고 있다. 탄화규소는 매우 단단해서, 고온에서 매우 높은 강도를 보이며 반도체의 특성을 갖고 있다. 또한 표면에 SiO_2의 보호 산화물을 형성하기 때문에 좋은 고온 산화 저항성을 가지고 있다. 표 8.14에서 "sintered"은 2000°C 혹은 더 높은 온도에서 탄화규소 분말이 소결됨을 의미한다. 탄화규소 분말은 대략 2000°C의 온도에서 탄소와 실리카의 반응에 의해 만들어진다. 반응소결 탄화규소는 탄소와 용융된 실리콘이 합쳐진 SiC 분말이다. 탄소와 용융된

표 8.15 유리의 다양한 화학적 조성에 따른 활용

Glass	SiO_2	Al_2O_3	CaO	Na_2O	B_2O_3	MgO	PbO	Others
Fused silica	99							
Vycor™	96				4			
Pyrex™	81	2		4	12			
Glass jars	74	1	5	15		4		
Window glass	72	1	10	14		2		
Plate glass/Float glass	73	1	13	13				
Light bulbs	74	1	5	16		4		
Fibers	54	14	16		10	4		
Thermometer	73	6		10	10			
Lead glass	67			6			17	10% K_2O
Optical flint	50			1			19	13% BaO, 8% K_2O, ZnO
Optical crown	70			8		10		2% BaO, 8% K_2O
E-glass fibers	55	15	20		10			
S-glass fibers	65	25				10		

Based on data from Askeland, D.R., Fulay, P.P., and Wright, W.J., The Science and Engineering of Materials, 6th ed., Cengage Learning, Stamford, CT. (2011), p. 587.

실리콘이 반응하면 SiC 입자가 서로 결합하게 된다. 탄화규소의 화학 기상 증착(CVD, chemical vapor deposition)공정에서 실리콘과 탄소를 포함한 가스는 고체 표면에 흡수되어 탄화규소를 형성한다. SiC는 연마 숫돌의 휠, 입자 및 섬유 보강재, 높은 온도에서 산화를 막기 위해 사용되는 탄소 및 탄소 섬유에 대한 코팅, 고온기로 난방 요소 등에 활용된다.

질화규소(Si_3N_4) 결정체는 사면체 구조이다. 표 8.14에서 "hot pressed"는 고온, 고압 조건에서 거의 전밀도(full density)인 파트를 형성하게 되는 결합된 질화규소 분말을 의미한다. 질화규소 분말은 실리콘 분말과 질소의 반응에 의해 생성된다. 반응 소결된 질화규소에서 파트는 순수 실리콘으로 생성되었으며, 고온에서 질소와 반응한다. 이렇게 생성된 재료는 표 8.14의 저밀도 부분에서 확인할 수 있듯이 15~20%의 공극률을 가지고 있으며, 기계적 특성은 상당히 줄어든다. 그러나 본질적으로 반응 소결된 질화규소는 크기의 변화가 없으며, 이러한 특성은 생성된 파트를 가공하는데 도움을 준다. 질화규소는 1000°C까지 좋은 강도를 유지한다. 그러나 온도가 1200°C를 넘어가면 강도는 급격하게 감소한다. 고온에서 강도를 증가시키기 위한 시도는 복합재를 형성함으로써 질화규소 입자 및 필라멘트를 강화하는데 초점이 맞춰져 있다. 질화규소는 자동차 터보 과급기, 절삭 공구 및 베어링에서 회전자로 사용된다. 그림 8.4는 다양한 질화규소 베어링을 보여준다. 질화규소는 밸브, 밸브 가이드, 피스톤 링, 피스톤 핀, 캠팔로워 패드 등을 포함해 다양한 자동차 엔진 부품에 사용될 것으로 예상된다. 또한 가스 터빈에서는 잠재적으로 날개, 실, 덕트 등을 제작하는데 활용될 것이다.

지르코니아(ZrO_2)는 가솔린 엔진에서 배기가스에 포함된 산소를 측정하는 센서를 만들기 위해 사용된다. 왜냐하면 이온 전도성은 지르코니아 산소 농도에 따라 달라지기 때문이다. 부분 안정화(PS)된 지르코니아는 상대적으로 높은 파손 저항성 때문에 구조재로 많이 사용된다. PS 지르코니아는 7.3.2절에서 이미 논의되었으며, 11장에서 지르코니아의 안정화에 대해서 더 자세하게 설명될 것이다. 지르코니아는 표 8.14에서 MgO, Y_2O_3와 같은 산화물의 양에 의해 안정화 된다. 표 8.14에서 HIP화는 열간 정수압 성형이다. HIP는 분말 입자를 고체로 결합시키기 위해 압력 하에 고온에서 재료의 분말을 가열하는 과정이다.

그림 8.4 다양한 종류의 질화규소 베어링 *(David W. Richerson and Douglas W. Freitag; Oak Ridge National Laboratory)*

HIP는 13장, 재료 제조과정 부분에서 좀 더 자세하게 논의될 것이다. PS 지르코니아의 활용에는 금속 압출 다이, 절삭 공구, 고온에서의 가스 터빈 블레이드를 위한 단열코팅 등이 있다. 미래에는 밸브, 피스톤, 고온에서의 디젤 및 가스 엔진을 위한 실린더 라이너 등에도 활용될 것으로 기대된다. 단결정 큐빅 지르코니아는 준 보석의 원석이다.

티탄산 바륨($BaTiO_3$)은 축전기 및 압전기의 재료이다. 축전기 및 압전기 재료는 16장에서 논의된다.

탄화붕소(B_4C)는 세 번째로 강한 재료로 알려져 있다. 때문에 탄화붕소는 방탄 갑옷 및 마모 저항성이 요구되는 곳에 주로 활용된다.

근청석($2MgO$-$2Al_2O_3$-$5SiO_2$)은 전기장치에서 활용되며, 자동차 및 트럭에서 가솔린 및 디젤 엔진을 위한 백금, 팔라듐, 로듐 촉매 변환장치에 대한 보조 재료로도 사용된다.

다이아몬드(C)는 가장 강한 천연 물질이다. 산업용 등급의 다이아몬드는 연마 및 절삭 공구에서 사용된다. 다이아몬드 형 물질(sp^3 결합의 비 결정성 탄소)의 코팅은 기상증착(vapor deposition)에 의해 생성될 수 있으며, 이 코팅은 다이아몬드와 가장 유사한 특성을 가지고 있다. 다이아몬드는 열을 받으면 이산화탄소로 변화하기 때문에, 고온 산화 대기상태에서 사용할 수 없다. 단결정 다이아몬드는 귀금속의 원석이다.

리드 지르코늄 티타네이트(Pb-$ZrTiO_3$)는 압전기 재료이며, 이것은 소리 및 초음파 생성 및 탐지 시스템을 만드는 데에 사용된다.

시알론은 실리콘 알루미늄 산질화물로, 각각의 원소의 구성이 다양하게 조합된다. 하나의 가능한 조성은 $Si_3Al_3O_3N_4$이다. 절삭 공구에서 활용되며 고온 및 마모 조건에서 사용되는 기구에서도 사용된다.

이산화티탄(TiO_2, Titanium dioxide) 혹은 티타니아는 단결정 형태일 때 금홍석이라 불리는 준 보석의 원석이다. 티타니아는 또한 페인트 및 선크림의 하얀 색소로 사용된다.

티타늄 디보라이드(TiB_2)는 훌륭한 열 및 전기 전도체이며, 이것은 세라믹에 대해 높은 인성을 가지고 있다. 고온 열처리 요소에서 활용된다.

탄화텅스텐(WC, Tungsten carbide)은 절삭 공구에 사용된다.

8.3 폴리머

8.3.1 범용 열가소성 폴리머

표 8.16은 매우 일반적으로 사용되는 열가소성 폴리머(thermoplastic polymer)의 기계적 물성들을 보여주며, 이 표는 하나의 복합 재료[PP(polypropylene) 40% glass fiber filled under grade]에 대한 내용을 담고 있다. 표 8.16에서 Grade는 폴리머의 필러 또는 변형에 대한 내용을 포함하고 있다. 복합 재료는 12장에서 다뤄질 것이다. 표 8.16에서 IS는 파손에 대한 저항성을 측정한 Izod 충격강도이며, 이 시험법은 11.2.7절에서 다뤄진다. 표 8.16에 제시되어 있는 몇몇 범용 폴리머는 아래에서 다루어질 것이다. 우리는 필러 혹은 복합 재료에 대해서가 아닌 순수 폴리머의 특성에 대해서만 논의될 것이다.

폴리에틸렌(PE, polyethylene)은 가장 널리 사용되는 열가소성 폴리머이다. 표 8.16은 저 밀도 폴리에틸렌(LDPE, low density polyethylene), 고 밀도 폴리에틸렌(HDPE, high density polyethylene), 초 고분자량 폴리에틸렌(UHMWPE, ultra-high molecular weight polyethylene) 등을 포함하고 있다. 폴리에틸렌은 1000%의 파단 연신율로 인한 높은 인성을 가지고 있다. 또한 폴리에틸렌은 내 부식성이 있으며 훌륭한 절연체이기도 하다. 이러한 특성들 때문에 폴리에틸렌은 용기, 병, 화학 배관, 전기 절

표 8.16 상용 폴리머의 폴리머 명칭 및 축약어, 등급, 밀도(ρ), 탄성계수(E), 인장강도(σ_u), 파단연신율(ε_f), Izod 충격강도(IS), 및 구조(A-무정형,C-결정형). 충격 강도에서 NB는 부서지지 않음을 나타냄.

Polymer	Grade	ρ g/cm^3	E GPa	σ_u MPa	ε_f %	IS J/m	Structure
PE LD, LDPE Polyethylene, low density		0.915–0.93	0.14–0.3	7–17	200–900	NB	C
PE HD, HDPE Polyethylene, high density		0.94–0.97	0.7–1.4	20–40	100–1000	30–200	C
PE UHMW, UHMW PE Polyethylene, ultra-high molecular weight		0.93–0.94	0.1–0.7	20–40	200–500	NB	C
PP polypropylene	Homopolymer	0.90–0.91	1.1–2	30–40	100–600	20–75	C
PP polypropylene	−40% glass fiber filled	1.22–1.23	6.8–7.2	60–110	1.5–4	75–110	
PP	Copolymer	0.89–0.905	0.9–1.2	28–40	200–500	60–750	C
PVC Poly(vinyl chloride)	Rigid (RPVC)	1.32–1.58	1–3.5	40–75	30–80	20–1000	A
PVC	Flexible (FPVC, plasticized)	1.16–1.70	0.05–0.15	6–25	150–400	—	A
PS Polystyrene		1.04–1.05	2.4–3.2	30–60	1–4	13–25	A
SB Styrene-butadiene	Rubber-modified PS High-impact PS, HIPS	0.98–1.10	1.5–2.5	15–40	15–60	50–400	A
ABS Acrylonitrile-butadiene-styrene	Medium IS	1.03–1.06	2–2.8	30–50	15–30	130–320	A
ABS Acrylonitrile-butadiene-styrene	High IS	1.01–1.04	1.6–2.5	30–40	5–70	350–600	A
SAN Styrene-acrylonitrile		1.07–1.09	3.4–3.7	55–75	2–5	15–30	A
ASA Acrylate-styrene-acrylonitrile		1.05–1.07	2.2–2.4	30–50	20–40	450–600	A

Based on data from Brostow, W., Kubat, J, and Kubat, M., Mechanical Properties, Physical Properties of Polymers Handbook, Mark, J. E. ed., AIP Press, Woodbury, N.Y. (1996), p. 331.

연체 등에 활용된다. 폴리에틸렌은 또한 포장 필름 및 액체 폐기물을 걸러내기 위한 시트지로도 사용된다. 연신 초 고분자량 폴리에틸렌(OUHMWPE, oriented ultra-high molecular weight polyethylene)은 기계적 특성이 표 7.4에 제시된 고강도 섬유로 만들어진다. Spectra 및 Dyneema™은 상용되는 OUHMWPE의 대표적인 형태이다.

폴리염화비닐(PVC, polyvinyl chloride)은 두 번째로 널리 사용되는 열가소성 폴리머이다. PVC는 HDPE보다 높은 인장 강도(40~75 MPa)를 가지고 있다. PVC는 높은 내 부식성을 가지고 있으며, 그 결과 많은 곳에서 활용될 수 있다. PVC는 물 배관 및 하수구 배관, 빌딩 측선, 전기 도관 등에 사용된다.

PVC는 종종 물성을 변형시키기 위해 다른 폴리머와 혼합된다. 표 8.16은 150~400% 사이로 연성을 개선시키기 위해 변형된 가소화 PVC의 물성을 보여준다.

폴리프로필렌(PP, polypropylene)은 세 번째로 널리 사용되는 열가소성 폴리머이다. PP의 인장 강도는 30~40 MPa로 HDPE와 비슷하다. PP는 PE보다 고온에서 강도를 더 잘 유지한다. 그 결과, PP에 비해 더 높은 온도에서 사용되는 폴리머로써 활용된다. 이러한 성질 때문에 PP는 병, 실험용 도기, 가전제품 부품, 자동차 펜더, 팬 슈라우드 및 히터 덕트 같은 곳에서 사용되고 있다. 또한 PP는 두께가 매우 얇은 필름 포장 재료로 사용되기도 한다.

폴리스틸렌(PS, polystyrene)은 네 번째로 널리 사용되는 열가소성 폴리머이다. 각 mer 단위당 페닐렌기 고리는 PS가 비정질화 되고 매우 투명하게 보이도록 만든다. 페닐렌기 고리는 또한 긴 체인형 분자 구조를 형성해 서로간의 미끄러짐을 방지함으로써 입체 장애(steric hindrance) 효과를 가져온다. 그래서 표 8.16에서 볼 수 있듯이 PS는 30~60 MPa의 높은 인장 강도와 1~4%의 낮은 파단 연신율을 갖는다. PS는 주변 환경으로 인해 열화되며, 솔벤트 혹은 기름과 같은 화학제품에 의해 손상되기도 한다. PS는 자동차 내장재, 가전제품 부품 등에 활용된다. 또한 PS는 절연 용기를 형성하기 위해 발포된다. PS는 종종 연성을 개선시키기 위해 다른 폴리머와 혼합되기도 한다.

PS 혼성 중합체(SBR, ABS, SAN)는 필요한 공학적 물성을 얻기 위해 형상 및 배열 등을 조절할 수 있다. PS는 스틸렌부타디엔고무(SBR, styrene butadiene rubber)를 형성하기 위해 부타디엔고무(BR, butadiene rubber)끼리 중합되면서, 높은 내 충격성을 갖게 되며, 이를 내 충격성 폴리스틸렌(HIPS, high impact polystyrene)이라고 부른다. SBR은 자동차 내장재, 가전제품의 하우징, 다이얼 및 손잡이, 자전거 헬멧, 가정용품 등을 만드는데 사용된다.

비정질 혼성중합체인 아크릴로니트릴부타디엔스티렌(ABS, acrylonitrile butadiene styrene)은 폴리아크릴로니트릴(PAN, polyacrylonitrile), BR, PS로 구성된다. PS 와 PAN의 mer 구조들은 그림 2.19에서 볼 수 있으며, BR의 mer 구조는 고무에 대한 고찰과 함께 표 8.19에 나타난다. 각각의 폴리머의 양이 ABS에서 변할 수 있기 때문에, ABS의 기계적 물성은 매우 넓은 범위를 포괄한다. ABS에서 PAN은 환경 저항성 및 고온 강도를 제공하고, PS는 강성 및 투명성을 제공하며, BR은 인성 및 높은 연신율을 제공한다. ABS은 저 비용 공학용 플라스틱에 다양하게 활용되고 있기 때문에 필수 플라스틱으로 고려된다. ABS는 드릴, 톱, 안전 헬멧, 골프 카트 펜더, 스노우 모바일 커버, 텔레비전 및 라디오와 같은 전자제품의 하우징, 수하물 외관 등과 같은 곳에서 사용된다. 그림 8.5에서 나타나있는 리프 송풍기는 ABS 플라스틱으로 만들어졌다.

스티렌아크릴로니트릴(SAN, styrene acrylonitrile)은 PS와 PAN의 비정질 혼성 중합체로, 일반적으로 65~70%의 PS를 가지고 있다. PS와 SAN의 기계적 물성은 유사하지만, PS와 비교했을 때 대략 10°C 정도 더 높은 열 저항성을 갖는다. SAN은 식기세척기-안전용기에 활용되며 내유성 용기, 음식 포장 용기, 제약 및 화장품 포장용기, 자동차 계기판 렌즈, 가전제품의 손잡이, 블렌더 및 믹서 그릇, 의료용 주사기, 건설용 안전유리, 플라스틱 잔 등의 다양한 분야에서 사용된다. 또한 PAN은 섬유로써 사용되며, 대표적인 상품으로는 Orlon™이 있다.

8.3.2 엔지니어링 열가소성 폴리머

표 8.17은 몇몇 엔지니어링 열가소성 플라스틱(engineering thermoplastic polymer)의 기계적 특성을 나타낸다. 대부분의 엔지니어링 플라스틱은 다음과 같은 특징을 갖는다.

그림 8.5 ABS 플라스틱으로 만들어진 낙엽 청소기 하우징 *(Photo by C. M. Gilmore)*

- 상대적으로 높은 강도와 탄성계수
- 넓은 온도 범위에서의 기계적 특성의 보존
- 상대적으로 높은 인성
- 사용 온도 범위를 넘어선 치수 안정성
- 환경 저항성

폴리아미드(PA, polyamide) 6,6(표 8.17)은 그림 2.20에 있는 폴리아미드(nylon)의 경우와 같이 반복되는 아미드 그룹을 가지고 있다. 폴리아미드 뒤의 6,6은 반복되는 단위 mer가 6개의 폴리아미드와 6개의 탄소 원자로 이루어져 있음을 의미한다. Mer 단위의 복잡성에도 불구하고 나일론은 고결정성 분자 구조를 이루고 있다. 이러한 구조 때문에 나일론은 투명하지 않다. 나일론 내에는 N — H 결합과 C — O 결합에 의한 영구 쌍극자가 존재한다. 이 쌍극자의 양 끝인 N과 O는 음의 성질을 갖고 있다. 나일론의 인장 강도는 75~90 MPa이며 연성은 20~80%로 상대적으로 높다. 또한 나일론 분자의 결정 구조는 나일론의 강도를 높이는데 기여한다. 나일론은 낮은 마찰계수를 가지고 있으며 환경 조건에 민감하다. 예를 들어, 나일론은 내부의 영구 쌍극자의 결합 때문에 물과 같은 극성 분자를 흡수한다. 나일론은 기어, 베어링, 롤러 바퀴, 임펠러, 지퍼 등에 사용된다. 그리고 나일론은 직물, 카펫, 로프를 형성하는 섬유로 사용되기도 한다.

표 8.17 열가소성 엔지니어링 폴리머의 명칭 및 축약어, 등급, 밀도(ρ), 탄성계수(E), 인장강도(σ_u), 파단연신율(ε_f), Izod 충격강도(IS), 및 구조(A−무정형,C−결정형)

Polymer	Grade	ρ g/cm^3	E GPa	σ_u MPa	ε_f %	IS J/m	Structure
PA 6[a] Polyamide 6 (Polycaprolactam)		1.13	3	80	50–120	30–120	C
PA 6[b] Polyamide 6 (Polycaprolactam)			1.5	50	160–200	160	
PA 6[a] Polyamide 6 (Polycaprolactam)	30–35% glass fiber	1.35–1.42	8–10	170–180	2–4	50	C
PA 6[b] Polyamide 6 (Polycaprolactam)	30–35% glass fiber		5.5	110		95	
PA 6,6[a] Polyamide 6,6 [Poly(hexamethyleneadipamide)]		1.14	3.4	75–90	20	30–55	C
PA 6,6[b] Polyamide 6,6 [Poly(hexamethyleneadipamide)]			1.7–2	50	80	50–110	C
PA 11[a] Polyamide 11 [Poly(11-aminoundecanoic acid)]		1.04	1.5	45–50	400–500	100–NB	C
POM Polyacetal Polyoxymethylene	Homopolymer	1.42	3.1	65–70	25–75	60–120	C
POM Polyacetal Polyoxymethylene	Copolymer	1.41	2.8	65–72	40–75	50–80	C
PET Poly(ethylene terephthalate)		1.29–1.40	3	50	50–300	12–40	C
PBT Poly(butylene terephthalate)		1.31	2.3–2.5	50–60	120–200	40–55	C
PBT Poly(butylene terephthalate)	+30% glass fiber	1.52	10	100–140	2–4	80–130	
PC Polycarbonate		1.2	2.1–2.4	70–90	100–120	650–1000[c]	A
CA Cellulose acetate		1.27–1.32	1.5–2.5	25–45	10–70	100–450	A
CAB Cellulose acetate butyrate		1.18	1.4–1.8	30–35	30–100	50–500	A
PMMA Poly(methyl methacrylate)		1.17–1.20	2.5–3.3	55–75	3–5	10–20	A
PTFE Polytetrafluoroethylene		2.15–2.20	0.41	7–30	200–400	150	C
PSU (PSO) Polysulfone		1.25	2.5–2.6	70	50–100	65–70	A
PES Polyethersulfone		1.37	2.5	80–90	40–80	75–120	A

표 8.17 계속

Polymer	Grade	ρ g/cm³	E GPa	σ_u MPa	ε_f %	IS J/m	Structure
PPS Poly(phenylene sulfide)		1.35	3.6	65–75	1–2	70	C
PPO (PPE) Poly(phenylene oxide) or -ether	Modified with PS	1.06–1.08	2.2–2.7	50–60	200–350	200–370	A
PEEK Polyetheretherketone		1.32	3.6	90–200	50	80	C
PEEK Polyetheretherketone	30% glass fiber	1.49	10	100	2	100	C

Based on data from Brostow, W., Kubat, J, and Kubat, M., Mechanical Properties, Physical Properties of Polymers Handbook, Mark, J. E. ed., AIP Press, Woodbury, N.Y. (1996), p. 332.
[a]dry as molded.
[b]at 50% relative humidity.
[c]thickness 3.2 mm.

폴리카보네이트(PC, polycarbonate)는 70~90 MPa의 높은 인장 강도, 100~120%의 높은 파단 연신율을 갖고 있으며, 인장 강도나 파단 연신율에 비해서도 상대적으로 높은 파손 저항성을 가지고 있기 때문에 다양한 분야에서 활용되고 있는 엔지니어링 플라스틱이다. 높은 인장 강도의 원인은 그림 2.20에 있는 복잡한 mer 구조에 의한 입체 장해이다. 복잡한 mer 단위는 비정질 구조를 가지도록 하며, 또한 PC는 투명하다. PC는 폴리머로써 좋은 온도 특성을 가지고 있으며, 매우 높은 전기 저항성이 있다. PC는 많은 화학 약품들에 대한 저항성이 있으나, 이것은 염소, 극성 용매 및 알칼리성 용액에는 취약한 특징을 갖는다. 응용제품으로는 기어, 캠, CD, 기계 부품(창문, 헤드라이트 및 미등 하우징, 안전유리 렌즈, 안전 방패, 방탄 창과 같은), 공구, 가전제품, 컴퓨터에 대한 하우징 등과 같은 기계적 부품을 포함한다. PC를 이용한 상품으로는 Lexan™을 예로 들 수 있다.

아세트산셀룰로오스(CA, cellulose acetate)는 나무 및 직물과 같은 재료로부터 얻어진 셀룰로오스로부터 만들어진다. 원료 셀룰로오스는 잘게 다져진 후 초산, 무수 아세트산, 황산으로 화학적 처리가 된 후 PC로 형성된다. CA는 공구, 브러쉬 핸들, 안경 테, 펜 배럴 및 셀로판 포장 필름 등에 사용된다. 영화 필름은 CA로 만들어진다. 또한 CA는 아세테이트라고 알려진 섬유로 만들어진다. 아세트산 뷰티르산 셀룰로오스(CAB, cellulose acetate butyrate)는 아세트산셀룰로오스보다 더 질기며 데이터 키보드, 가벼운 커버, 핸들, 자동차 트림 부분 및 포장 등에 사용된다. CAB는 CA를 형성하기 위한 산의 혼합물에 낙산을 더함으로써 생성된다. 낙산은 폴리머에서 부티릴기를 형성한다.

폴리메타크릴산(PMMA, polymethylmethacrylate)은 매우 높은 투명도를 가진 비정질 폴리머이다. PMMA는 그림 2.19에 있는 LCM에 부착되어 있는 큰 메틸기 및 아크릴산염 때문에 비정질이 된다. PMMA 시트는 종종 높은 파손 저항성이 요구되는 상황에서 유리를 대신하여 사용되기도 한다. 상업용으로는 Plexiglass™ 및 Lucite™으로 알려져 있다. 표 8.3을 보면 PMMA는 55~75 MPa의 상대적으로 높은 인장 강도를 갖고 있으며 2.0~5.5%의 낮은 파단 연신율을 갖고 있다. PMMA의 강도에 대해서는 7.6.2절에서 다뤄진다. PMMA는 화학 물질에 대해 좋은 저항성을 가지고 있을 뿐만 아니라 좋은 환경 저항성도 가지고 있다. 때문에 PMMA은 보트, 항공기, 채광창, 자동차 라이트 커버, 안전 방패, 안경 렌즈를 위한 유리 재료 등에 널리 사용되고 있다.

폴리테트라플루오르에틸렌(PTFE, polytetrafluoroethylene)은 부분적으로 결정질 구조를 갖고 있다. 이것은 7~30 MPa의 상대적으로 낮은 인장 강도 및 200~400%의 매우 높은 연성을 가지고 있다. 또한 PTFE는 2.14~2.20의 높은 비중을 가지고 있다. PTFE에서 폴리에틸렌 LCM의 모든 수소 원자는 그림 2.19에서 볼 수 있는 것과 같이 플루오린으로 대체된다. PTFE는 낮은 마찰계수를 가지고 있어 그 스스로 윤활의 특성을 갖는다. 또한 PTFE는 표 3.2에서 볼 수 있듯이 낮은 표면 에너지를 갖는다. 낮은 표면 에너지는 다른 재료들이 쉽게 결합하거나 들러붙지 못하게 한다. PTFE는 260°C까지 유용한 기계적 특성을 유지할 수 있기 때문에 취사도구에도 널리 사용되고 있다. PTFE는 강한 탄소-불소 결합 때문에 높은 전기 저항성을 가지고 있으며, 화학 및 환경 조건에 높은 저항성을 보이기도 한다. PTFE는 화학부품을 위한 파이프 및 펌프 부품, 고온 전기 케이블의 절연부품, 성형 전기 부품, 전기 테이프, 프라이팬의 코팅, 개스킷, O-링, 씰 등에서 사용된다. PTFE의 상업용 이름은 Teflon™이다.

폴리에스테르(PET, polyester)는 가장 널리 사용되고 있는 엔지니어링 열가소성 폴리머 중 하나로, 물리적 특성들을 표 8.17에서 확인할 수 있다. 폴리에스테르의 mer는 그림 2.20에 나타나 있다. Mer의 중추는 폴리머에 강도 및 강성을 주는 탄소-산소 및 벤젠 고리의 결합을 가지고 있다. 폴리에스테르는 LCM의 배향과 부분적인 폴리머의 결정화에 의해 강화될 수 있기 때문에 박편에서 널리 이용된다. 그러나 폴리에스테르에서 결정화의 양은 폴리머의 투명도에 크게 영향을 주지 않는다. 열가소성 PET는 음료 용기에서 주로 사용되는 폴리머이며, 다른 박편의 응용에는 사진 보호 필름, 자기 보호 테이프, 전기 절연체, 장식 필름 등이 포함된다. 또한 펌프 하우징, 와이퍼 암, 선루프 프레임 및 경량 기어 등 다양한 분야에서 공학적 용도로도 사용되고 있다. 폴리에스테르는 앞에서 언급한 바와 같이 열가소성 이지만 열경화성 폴리에스테르도 있다. 열경화성 폴리에스테르에 대해서는 이후에 다룰 것이다.

8.3.3 고성능 열가소성 폴리머

표 8.17에서 폴리머 폴리술폰(PSU, polysulfone), 폴리에테르술폰(PES, polyethersulfone), 폴리페닐렌설파이드(PPS, polyphenylene sulfide), 폴리페닐렌옥사이드(PPE, polyphenylene oxide), 폴리에텔에텔케톤(PEEK, polyether ether ketone)은 고성능 열가소성 폴리머(high-performance thermoplastic polymer)로 간주된다. 이런 폴리머들의 구조적 중추(backbone)는 주로 벤젠고리로 구성되어 있다. 그림 2.20은 PES 및 PEEK의 단위 mer을 보여준다. 벤젠 고리가 산소 원자에 의해 이어지는 것이 에테르 결합이며, 결합이 C=O에 의해 이어지는 것이 케톤 결합이다. PEEK mer는 두 개의 산소 원자 결합과 한 개의 C=O 결합을 가지고 있기 때문에 폴리에텔에텔케톤이라고 불린다. 벤젠고리의 중추는 고 강도, 고 강성 및 고 충돌 저항성, 우수한 고온 성능 및 내 용제성(solvent resistance), 저 가연성 등의 특성을 가진 폴리머를 생성 한다. 이 폴리머들은 종종 고 성능 복합 재료에서 보강섬유와 결합된다.

폴리술폰(PSU 및 PES)은 그림 2.20에서 보이는 것처럼 SO_2와 결합된 벤젠 고리가 있는 단위 mer를 가지고 있다. SO_2는 폴리술폰의 분자에 강성과 강도를 더하며 고온 변형에 대한 저항성을 높인다. 예를 들어, PES는 80~90 MPa의 높은 인장 강도 및 40~80%의 훌륭한 파단 연신율을 가지고 있다. 또한 PES는 비정질이고 투명해질 수 있다. PES의 응용제품은 온수 파이프, 회로 차단 부품, 회로 기판, 엔진부의 자동차 부품, 식기 세척기 부품 등이 있다.

폴리에텔에텔케톤(PEEK)는 그림 2.20에서 볼 수 있듯이 벤젠고리가 있는 단위 mer를 가지고 있다. PEEK는 고 인장 강도 폴리머(90~200 MPa) 중 하나이며, 50%의 파단 연신율을 가지고 있다. 또한 PEEK의 용융 온도는 열가소성 폴리머 중 가장 높은 334°C이며, 화학 물질에 대한 좋은 저항성을 가지고 있다. PEEK의 주요 응용제품은 항공 우주 산업에서 탄소 섬유 강화 복합 재료의 매트릭스 물질이다.

8.3.4 열경화성 폴리머

대표적인 열경화성 폴리머(thermosetting polymer)에 대한 기계적 물성이 표 8.18에 나타나 있다. 열경화성 폴리머는 3차원 공유결합으로 형성되어 있으며, 이로 인해 상대적으로 높은 경도, 인장강도, 탄성계수, 낮은 연성 등의 특징을 보인다.

7.7.2절에서 다루었듯이, **에폭시**는 LCM의 교차결합을 형성하는 반응이 두 액체의 혼합에 의해 수행되기 때문에 넓게 사용된다. 액체 에폭시 수지와 액체 경화제가 혼합된 후 굳어지기 전까지 약 한 시간 정도 액체 상태로 남아있기 때문에, 에폭시는 복합 재료의 제조에서 모재로서 사용된다. 이때, 혼합된 액체는 합성물을 제조하는 섬유재료로 사용될 수 있다. 에폭시는 낮은 경화 수축률을 가지고 있다. 그래서 최종적으로 형성된 단단한 고체의 형상은 액체의 형상과 유사하다. 표 8.18에 주어진 에폭시의 인장 강도는 30~90 MPa로 상대적으로 높으며, 탄성계수는 3~5 GPa이다. 모든 열경화성 폴리머에 대한 파단 연신율은 대부분의 열가소성 폴리머의 파단 연신율과 비교했을 때 상대적으로 작다. 에폭시는 높은 화학 및 환경 저항성, 높은 전기 저항성을 가지고 있다. 에폭시는 용기, 가전제품, 자동차 부품 등을 보호하기 위한 코팅 재료로도 널리 사용된다. 또한 높은 전기 저항성으로 인해 고 전압 절연체, 전기 와이어 코팅, 집적회로의 피막과 같은 응용제품에서도 이용된다.

폴리에스테르는 열경화성 폴리머를 형성하는 불포화 폴리에스테르(PET)를 사용함으로써 교차 결합된다. 그림 2.20에 나타나 있는 PET의 mer는 포화되며, 이는 열가소성 PET의 LCM을 만들기위해 사용되는 형상이다. 불포화 PET를 합성하기 위해, 에틸렌 구조를 갖는 두 개의 수소 원자가 PET mer 영역으로부터 제거되며, 두 탄소 원자들 사이의 이차 결합으로 대체된다. 불포화된 PET는 짧은 분자로부터 만들어지며 따라서 액체이다. 고체 열경화성 PET를 생산하기 위해, 탄소 원자 사이의 이차 결합은 폴리에스테르 분자 사이의 교차 결합을 발생시키는 과산화물과 같은 반응 개시제에 의해 열리게 된다. 표 8.18에 주어진 열경화성 PET의 인장 강도는 30~40 MPa이고, 탄성계수는 1.5~2.5 GPa이다. 에폭시는 열경화성 PET보다 더 강하나, 폴리에스테르의 성분이 에폭시의 경화제 보다 독성이 약하기 때문에 열경화성 PET는 에폭시와 같은 곳에서 많이 활용된다.

페놀(phenolics)은 그림 7.28에서 볼 수 있듯이 3차원 그물구조를 갖는 고형 물질이다. PF와 같은 페놀은 다른 열경화성 플라스틱보다 낮은 인장 강도와 파단 연신율을 가졌지만, 표 8.18에서 확인할 수 있듯이 더 높은 탄성계수를 가지고 있다. 상업적인 페놀은 Bakelite™를 들 수 있다. 페놀은 높은 강성, 전기 및

표 8.18 열경화성 폴리머의 폴리머 명칭, 상온 밀도(ρ), 인장강도(σ_u), 파단연신율(ε_f) 및 탄성계수(E)

Name	ρ g/cm^3	σ_u MPa	ε_f %	E GPa
Epoxy	1.2–1.3	30–90	1–4	3–5
Polyester	1–1.4	30–40	1.5–2.5	2–4.5
Phenolformaldehyde	1.4	25	0.4–0.8	5.6–12

Based on data from Brostow, W., Kubat, J, and Kubat, M., Mechanical Properties, Physical Properties of Polymers Handbook, Mark, J. E. ed., AIP Press, Woodbury, N.Y. (1996), p. 333, and from Osswald, T.A., and Menges G., Materials Science of Polymers for Engineers, Hanser Publishers, Munich (2003), Table I.

표 8.19 다양한 고무에 대한 폴리머 명칭 및 축약어, 등급, 밀도(ρ), 탄성계수(E), 인장강도(σ_u) 및 파괴 신장률(ε_f)

Polymer	Grade	ρ g/cm^3	E MPa	σ_u MPa	ε_f
NR (Natural rubber) *Cis*-polyisoprene	Unfilled vulcanisate	0.93	1–2	17–30	650–900
SBR Styrene-butadiene rubber	Unfilled, vulc. (23–25% styrene)	0.93–1.0	1–2	1.4–2.8	450–600
IIR (Butyl rubber) Isobutylene-isoprene rubber	Unfilled, vulc.	0.91–0.98	—	17–21	750–950
NBR (Nitrite rubber) Acrylonitrile-butadiene rubber	Unfilled, vulc. (AN content 26–27%)	0.92	—	4–7	350–800
CR (Chloroprene rubber) Poly(2-chloro-1, 3-butadiene)	Unfilled, vulc.	1.2–1.25	1–3	13–22	800–1000
EPDM Ethylene-propylene rubber	Unfilled, vulc.	0.85–0.87	—	1.2	400

Based on data from Brostow, W., Kubat, J, and Kubat, M., Mechanical Properties, Physical Properties of Polymers Handbook, Mark, J. E. ed., AIP Press, Woodbury, N.Y. (1996), p. 333.

열 저항성 그리고 화학 및 환경 저항성을 가지고 있다. 페놀의 응용제품은 자동차 변속기 부품, 전기 수공구를 위한 하우징, 전기 저항 부품, 전기 절연체, 합판 및 파티클 보드를 위한 접착제, 기기부품 및 패널 등이 있다.

8.3.5 열경화성 탄성중합체

경화 특성 고무(NR, vulcanized natural rubber)는 황과의 교차결합을 갖는 열경화성 탄성중합체의 한 예로 그림 2.24에 나타내는 바와 같다. NR에서 폴리머는 시스-폴리아이소프렌(cis-polyisoprene)이다. 소량의 황을 함유하고 있는 경화 NR의 기계적 특성은 표 8.19에 나열된 것과 같다. NR의 가장 중요한 탄성중합체 특성은 900%의 매우 높은 파단 연신율이다. 만약 탄성중합체가 파괴되지 않는다면, 응력은 제거되며 대부분의 변형률은 즉시 회복된다. 변형은 탄성구간에서 발생하며, 탄성중합체의 이름은 "탄성(elastic)"과 "중합체(polymer)"의 합성어이다. 고무(rubber)라는 이름은 이 재료의 가장 기초적인 활용법 중 하나인 연필 표시를 비벼 지우는(rub) 지우개로부터 유래된다.

고무의 탄성과 강도는 함유된 황의 양에 의해 결정된다. 유연한 고무 글러브는 2~3%의 소량의 황을 함유하고 있다. 자동차 타이어는 3~4%의 황을 가지며, 타이어의 강도, 인열 저항성 및 마모 저항성을 증가시키기 위해 카본 블랙(carbon black)이 첨가된다. 카본 블랙은 NR의 색을 밝은 갈색에서 검정색으로 변화시키며, 가황된 NR은 높은 수준의 탄성, 탄력, 에너지 흡수율이 요구되는 고무 글러브, 직물, 자동차 타이어, 진동 절연 마운팅, 고무 밴드와 같은 다양한 곳에서 활용된다. 더 많은 양의 황이 첨가될수록 고무는 점점 더 경화되며, 휴대폰 및 배터리 케이스와 같은 곳에서 사용되고 있다.

합성고무는 제 2차 세계대전 중 NR의 주요 공급처이던 동남아시아로부터 NR의 공급이 중단되었기 때문에 개발되기 시작하였다. NR의 공급 중단은 부타디엔, 부틸, 네오프렌(클로로프렌이라 불리기도 한다), 에틸렌 프로필렌을 포함한 많은 합성고무 개발의 시발점이 되었다. NR, 부타디엔, 부틸, 클로로프렌의 분자 구조는 표 8.20에 나타나 있다. 그림 2.24에서 볼 수 있듯이, 부틸 고무(폴리아이소부틸렌)를 제외한 모든 mer들은 황과 교차 결합을 한 탄소-탄소 이차결합을 갖는다. 지금은 대략 90%의 폴리머 시스-폴리아이소프렌을 가진 합성 고무가 개발되었다. 하지만 천연고무는 낮은 비용과 더 좋은 물성을 갖고 있기 때문에 여전히 더 선호된다.

부타디엔 고무(BR, butadiene rubber)와 NR의 mer 구조의 차이점은 BR은 NR의 메틸기가 있는 자리에 수소 원자가 있다는 점이다. 이과 같은 차이를 표 8.20에서 확인할 수 있다. 메틸기는 NR에 입체 장해를 발생시키고, 이는 BR이 보다 더 높은 강도와 강성을 가지게 한다. 낮은 강도의 결과로 BR은 SBR과 아크릴로니트릴 고무(NBR, acrylonitrile rubber)를 형성하기 위해 PS 및 아크릴로니트릴(AN, acrylonitrile)과 같은 다른 폴리머와 함께 주로 혼성 중합체로 사용되며, 부나-n 또는 ABS 혼성 중합체로 알려져 있다. 혼성 중합체에 대해서는 8.3.1장에서 다루어진다. 24%의 스티렌을 함유하고 있는 경화 SBR의 특성은 표 8.19에 나타나 있다. SBR은 NR보다 훨씬 낮은 인장 강도를 가졌으나, 비슷한 강성과 더 좋은 파단 연신율을 가지고 있다. SBR은 기름 및 산화 저항성이 좋지 않고 UV 방사선에 민감하다. SBR의 응용제품에는 신발, 전선 절연체, 접착제, 개스킷, 씰 등이 있다. 26~27%의 AN을 가지는 경화 NBR은 SBR보다 더 높은 인장 강도 및 좋은 파단 연신율을 가지고 있으며 이것은 표 8.19에서 확인할 수 있다. 그러나 이러한 특성들은 여전히 NR과 동일하지 않다. NBR은 SBR에 비해 상대적으로 기름 및 산화 저항성이 개선됐으나, NBR은 SBR보다 더 비싸다. NBR의 응용제품에는 기름 및 연료 라인, 개스킷, 씰, 컨베이어 벨트, 프린트 롤의 코팅 등이 있다.

부틸 고무, 혹은 **폴리아이소부틸렌**은 탄소에 붙은 두 개의 메틸기와 두 번째 탄소에 붙은 수소원자를 가지고 있으며, 이는 표 8.20에 나타나 있다. 부틸 고무와 부타디엔 고무는 다른 고무이므로 혼동하면 안 된다. 부틸 고무는 가황을 위해 필요한 어떤 탄소-탄소 이중결합도 가지고 있지 않다. 그래서 부틸 고무는 일반적으로 가황을 위해 탄소-탄소 이중결합을 가지는 약 2%의 아이소프렌과 혼성 중합된다. 표 8.19는 아이소프렌을 가지고 있는 가황된 경화 부틸 고무가 NR과 비교될 만한 강도와 파단 연신율을 가지고 있으며, 좋은 산화 및 풍화 저항성을 가지고 있다는 것을 보여준다. 부틸 고무에 대한 주요 응용제품에는 진동 댐퍼, 내부 튜브 타이어, 고온 호스, 틈 마개, 사운드 댐퍼 등이 있다.

클로로프렌(CR, chloroprene)은 **네오프렌 고무**로도 알려져 있다. 표 8.20에서 볼 수 있듯이, CR의 시스-폴리아이소프렌 NR에 속해 있는 메틸기는 염소 원자로 내체된다. 염소 원자는 분자 및 영구 이중 쌍극자의 결합을 위한 입체 장해를 발생시킨다. 이것은 CR의 물성이 NR과 유사하게 만들어준다. 그러나 CR의 강도는 NR보다 약간 낮다. 또한 CR은 내유성(oil resistance)이 좋다. CR은 연료 호스, 부츠, 신발 밑창, 화재 방지 매트리스 폼, 잠수복, 잠수복의 코팅 등의 제품에 활용된다.

에틸렌프로틴계 이종화합 단량체(EPDM, ethylene propylene diene monomer) 고무는 에틸렌과 프로필렌 디엔의 혼성 중합체를 형성함으로써 만들어진다. 프로필렌 디엔(propylene diene)은 에틸렌기 mer의 두 개 수소 원자를 대체하는 두 개의 메틸기를 가지고 있다. 이 혼성 중합체는 경화를 위한 어떠한 탄소-탄소 이중결합도 가지고 있지 않다. 대신에, 폴리머는 과산화수소수와 함께 가열되고, 과산화수소수는 폴리머의 일부 위치에서 수소를 제거하며, 이는 다른 LCM들이 각각 교차결합 될 수 있게 만들어 준다. EPDM 고무는 NB보다 강성이 크지만, 표 8.19에서 보다시피 강도 자체는 높지 않다. EPDM 고무의 응용 제품은 자동차 창문, 문, 트럭을 위한 씰, 지붕 재료, 호스, 튜브, 와이어 및 케이블 절연체, 타이어 측벽 등이 있다.

표 8.20 탄성중합체의 폴리머 명칭, 단위 mer 구조, 및 제품에의 활용

Polymer	Repeat Unit	Applications
Polyisoprene	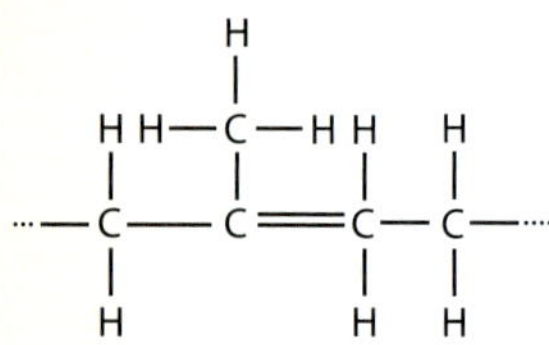	Tires, golf balls, shoe soles
Polybutadiene (or butadiene rubber or Buna-S)	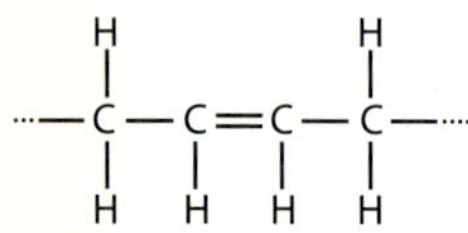	Industrial tires, toughening other elastomers, inner tubes of tires, weatherstripping, steam hoses
Polyisobutylene (or butyl rubber)	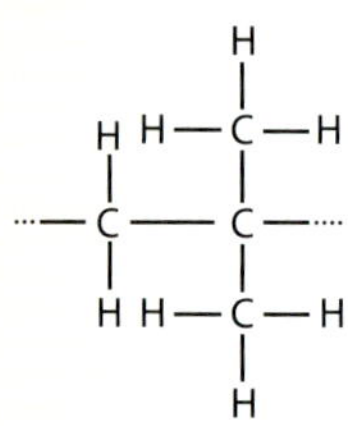	
Polychloroprene (Neoprene)	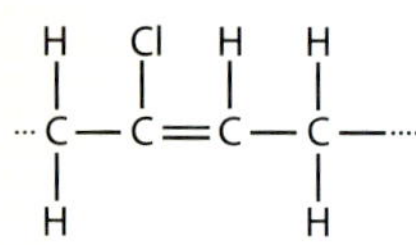	Hoses, cable sheathing
Butadiene-styrene (BS or SBR rubber)	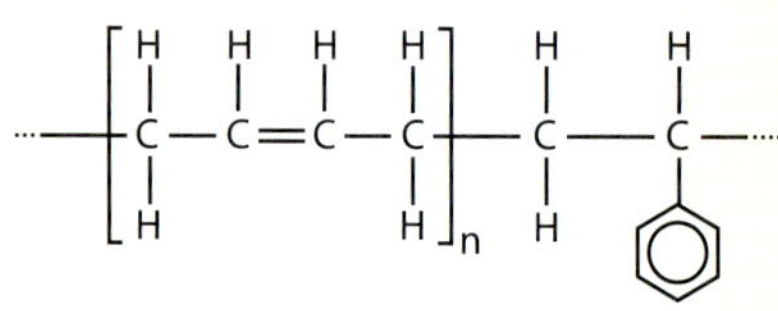	Tires
Butadiene-acrylonitrile (Buna-N)	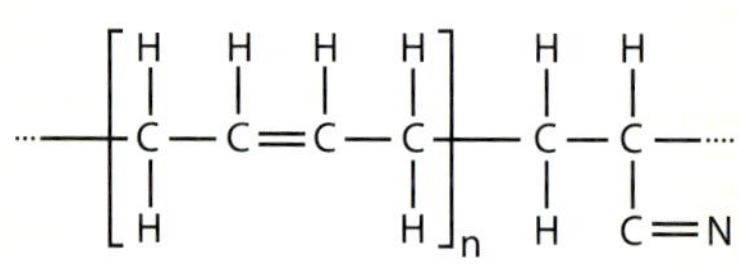	Gaskets, fuel hoses
Silicones	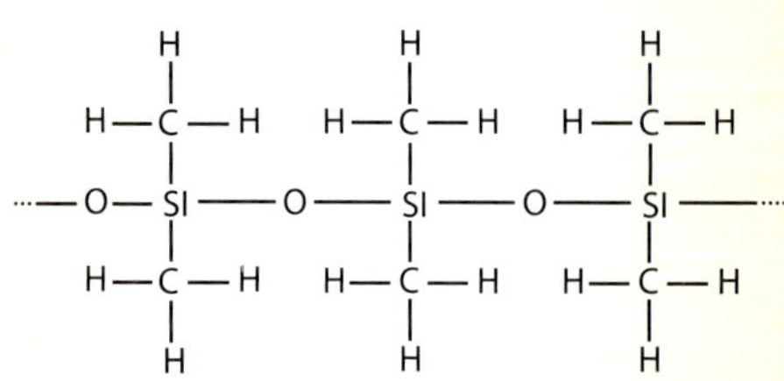	Gaskets, seals

Based on data from Askeland, D.R., Fulay, P.P., and Wright, W.J., The Science and Engineering of Materials, 6th ed., Cengage Learning, Stamford, CT. (2011), p. 633.

8.3.6 열가소성 탄성중합체

고무와 같은 열경화성 탄성중합체는 일단 교차 결합되거나 굳어지면 다른 형상으로 가공될 수 없다. 왜냐하면 폴리머는 가열해도 연화되지 않기 때문이다. 그렇기 때문에 열경화성 탄성중합체는 반드시 교차 결합 과정 중에 성형되어야 한다. **열가소성 탄성중합체**는 가열과 변형에 의해 성형된다. 그림 8.6에 도시된 바와 같이 열가소성 탄성중합체는 폴리머 사슬을 서로 고정하기 위해 폴리머가 겹치는 영역에서 극성 결합과 같은 강한 결합을 사용한다. 강한 결합을 형성하고 있는 면적 부분은 탄성 회복력을 갖는다. LCM 간의 간격이 더 떨어져 있어 약한 결합이 형성되어 있는 영역은 쉽게 변형되며, 전체적인 탄성중합체 구조에 큰 변형을 가져온다. 다양한 종류의 열가소성 탄성중합체는 PS, 폴리우레탄, 폴리에스테르, 폴리아미드를 기반으로 강한 결합과 약한 결합의 조합을 통해 개발되었다. 열가소성 탄성중합체는 신발, 성형 및 압출된 상품, 탄성 섬유 등에 활용된다. Spandex™ 및 Lycra™은 대표적인 열가소성 탄성중합체 섬유이다.

8.3.7 플루오로 탄성중합체

플루오로 탄성중합체(fluoroelastomer)는 불화계 탄화수소(fluorinated hydrocarbon), 그 중에도 특히 비닐리덴(vinylidene) 불소를 바탕으로 생성된다. 비닐리덴 불소는 에틸렌 mer의 두 개의 수소 원자 대신 두 개의 불소 원자를 가지고 있다. 플루오로 탄성중합체는 200°C까지의 온도에서 훌륭한 화학 저항성을 갖는다. 플루오로 탄성중합체의 응용제품으로는 O-링, 개스킷, 기름 씰, 윤활제, 호스 및 배관 등이 있다. Viton™는 플루오로 탄성중합체의 상업용 제품 중 하나로, 이것은 O-링에 사용된다.

8.3.8 실리콘

실리콘은 탄소보다는 규소(silicon)를 바탕으로 한 폴리머이다. 규소는 원소기호 주기율표에서 그룹 IV에서 탄소 바로 아래에 위치하고 있으며, 탄소와 규소 사이에는 몇몇의 화학적 유사성을 가지고 있다. 그러나 또한 상당한 차이점이 있다. 규소는 탄소와는 다르게 이중결합을 형성하지 않는다. 그래서 탄소를 기초로 한 mer에 사용되는 중합공정(polymerization processes)과 탄소를 기초로 한 폴리머에 사용되는 교

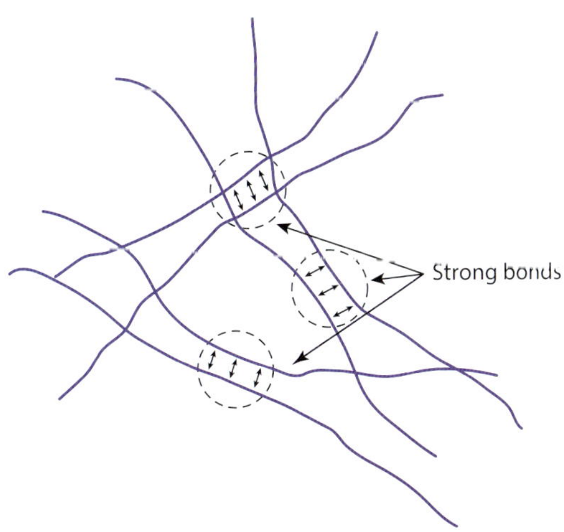

그림 8.6 열가소성 탄성중합체 내의 강한 결합 영역 및 약한 결합 영역에 대한 모식도

차 결합은 규소에 적용되지 않는다. 표 8.20에서 볼 수 있듯이, 폴리실록산(polysiloxane) 혹은 실리콘을 생산하기 위해 규소는 LCM의 중추를 따라 산소와 교차된다. 낮은 분자 중량의 실리콘은 기름이며, 높은 분자 중량의 실리콘은 고체이다. 표 8.20에 있는 mer는 규소 원자에 붙어있는 메틸기가 결합되어 있다. 그러나 메틸은 페닐을 형성하는 벤젠, 혹은 다른 원자들, 혹은 특정 성질을 가지는 원자들로 대체될 수 있다.

실리콘 탄성중합체는 물이나 이산화탄소와 같이 실리콘을 가황할 수 있는 분자들과 반응할 수 있는 실리콘 폴리머에 활성 그룹을 추가하여 생성할 수 있다. 수증기와 이산화탄소 모두 상온에서 실리콘을 실온가황(RTV, room temperature vulcanization) 시키면서 실리콘에 흡수된다. 실리콘은 코킹 및 실리콘 방수 처리를 위해서 RTV 실리콘 탄성중합체를 사용한다. 또한 탄성중합체를 만들기 위해 실리콘 폴리머에 과산화수소수와 같은 분자를 추가하는 고온 가황(HTV, high temperature vulcanization)이 있다. 이는 에폭시에 있는 경화제와 유사한 반응을 하는 특정 액체 경화제를 이용하면 가능하다. 실리콘에는 낮은 표면장력, 내 용제성(solvent resistance), 열 안정성, 산화 저항성, 낮은 결빙 온도, 고온에서 낮은 휘발성, 낮은 인화성, 화학적 불활성 등의 여러 가지 이점이 있다. 실리콘은 실생활에서 밀폐제, 코킹, 방수, 접착제, 임플란트 재료 등을 만드는데 활용된다.

8.3.9 폴리우레탄

기본적인 **우레탄** 반응은 그림 8.7에서 볼 수 있으며, 히드록시기(O — H)를 가진 분자는 우레탄을 형성하기 위해 아이소시아네이트기(N — C — O)를 함유한 분자와 반응한다. 여기서 R^1 및 R^2는 이와 같은 반응에 참여하지 않는 다른 분자나 원자가 될 수 있다. R^1과 R^2는 생성된 우레탄의 물리적 특성을 변화시킬 수 있다. 히드록시기는 C — O — H가 포함된 알코올의 형태에서 나타날 수 있다. **폴리우레탄(PUR, Polyurethane)**은 폴리올(다중 알코올 혹은 다중 O — H) 및 다중 N = C = O 그룹을 가지고 있는 폴리이소시아네이트의 화학적 반응의 결과이다. PUR은 폴리올이 수지나 경화제인 폴리이소시아네이트로 고려되는 점에서 에폭시와 같다. 폴리올과 폴리이소시아네이트는 모두 일반적으로 액체 형태이며, 고체를 형성하기 위해 반응한다.

폴리올, 폴리이소시아네이트, R^1, R^2의 분자량에 따라서, 생성된 PUR는 열가소성, 열경화성, 열경화성 탄성중합제, 열가소성 탄성중합제, 단단한 고체, 부드러운 고체, 액체 등이 될 수 있다. PUR 분자에는 교차 결합 및 열경화성 폴리머를 형성할 수 있는 이중결합이 있다.

열경화성 PUR는 자동차 범퍼 및 신발 밑창에 사용된다. PUR 열가소성 탄성중합체 섬유는 Spandex 및 Lycra를 포함한다. PUR 코팅은 나무, 금속, 고무 위에 사용된다. PUR은 발포 고무 및 섬유로 형태로 만들어진다. PUR 발포 고무는 신축성 침구, 시트 쿠션, 카펫 패딩 등에 사용된다. 또한 단단한 PUR 발포 고무는 절연체 및 포장에 사용된다.

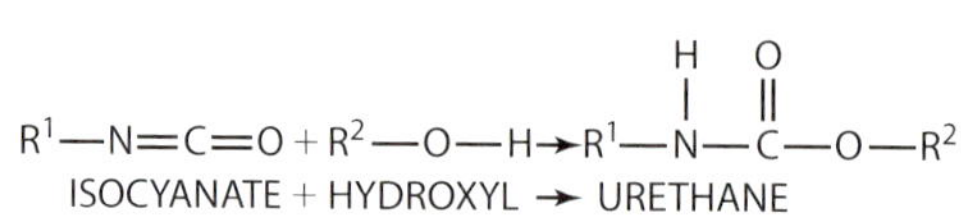

그림 8.7 우레탄 분자 형성을 위한 아이소시아네이트기(N–C–O)와 히드록시기(O–H)의 반응

예제 8.2

항공기의 기체에 사용되는 체결 볼트(fastener bolt)는 단면의 넓이가 2.0 cm^2이고 길이가 5.0 cm이다. 이 볼트는 5.0×10^4N의 인장력을 견딜 수 있어야 하며, 안전계수를 고려하여 이 인장력에 의해 작용되는 응력은 볼트의 인장 항복응력의 50%를 넘어서는 안 된다. 또한 이 볼트의 손상허용치는 10% 파단 연신율을 만족해야 한다. 이 항공기의 설계에서 부품의 무게는 중요한 설계 변수이며, 이 볼트에 사용될 수 있는 최대 무게는 30 g이다. 기체의 체결부는 고온 또는 저온의 환경에 영향을 받지는 않는다. 이 장에서 다루고 있는 재료 중 최적의 설계를 위해서는 어떤 재료가 사용되어야 하는가? 체결용 볼트는 항공기의 재료이기 때문에 가장 싼 재료를 사용할 필요는 없지만 지나치게 비싼 재료 또한 피해야 한다.

풀이

먼저 세라믹은 고려 대상에서 제외되어야 한다. 왜냐하면 높은 인장 하중을 받는 설계에서 취성이 강한 세라믹은 사용되지 않기 때문이다. 재료의 선택에 있어서 재료 자체의 무게는 중요한 요구조건이다. 부품의 최대 밀도(ρ)는 사용될 수 있는 부품의 최대 무게를 부품의 부피로 나누어서 다음과 같이 구할 수 있다.

$$\rho = \frac{W}{V} = \frac{W}{Al} = \frac{30g}{2.0 \times 10^{-4}\,\text{m}^2(5.0 \times 10^{-2}\,\text{m})} = \frac{30 \times 10^{-3}\text{kg}}{10 \times 10^{-6}\,\text{m}^3} = 3.0 \times 10^3 \frac{\text{kg}}{\text{m}^3} = 3.0 \frac{\text{g}}{\text{cm}^3}$$

이 장에서 다루어지고 있는 재료 중, 알루미늄과 마그네슘의 금속 합금은 위의 무게 조건을 모두 만족시키며 모든 종류의 폴리머들 또한 이 조건을 만족한다. 다음으로 응력 조건으로 몇몇 재료들을 고려 대상에서 제외시킬 수 있다. 단면에 작용되는 응력(σ)은 작용되는 힘을 단면적으로 넓이로 나누어 다음과 같이 계산할 수 있다.

$$\sigma = \frac{F}{A} = \frac{5.0 \times 10^4\,\text{N}}{2.0 \times 10^{-4}\,\text{m}^2} = 2.5 \times 10^8 \frac{\text{N}}{\text{m}^2} = 250 \times 10^6 \frac{\text{N}}{\text{m}^2}$$

문제에서 제시하고 있는 제한조건에 따르면 재료의 항복응력은 작용되는 응력보다 적어도 2배 이상은 커야 한다.

$$\sigma_y = 500 \times 10^6 \frac{\text{N}}{\text{m}^2}$$

이 조건을 적용하면 마그네슘 합금은 위의 항복강도 조건을 만족하지 못하므로 고려 대상에서 제외된다. 알루미늄 합금 중에서, Alloy 2090-T86과 7075-T6은 위의 항복강도 조건을 충분히 만족한다.

마지막으로 파단 연신율에 대해 고려해 보자. Alloy 2090-T86의 파단 연신율은 6%로 문제에서 제시하고 있는 10%의 파단 연신율 조건을 만족하지 못한다. Alloy 7075-T6의 파단 연신율은 11%로 위의 모든 조건을 만족한다. 폴리머 및 유리 강화된 폴리머들은 강도 조건을 모두 만족시키지 못하므로 제외된다.

요약

- 주요 상용 구조 금속 합금은 알루미늄 합금, 구리 합금, 니켈 합금, 그리고 오스테나이트계 스테인리스 강과 같은 FCC 합금, BCC 철, 강 및 페라이트계 스테인리스강, HCP 마그네슘 및 티타늄 등이 있다.
- 상업용 금속은 다양한 번호체계를 이용하여 불린다. 대표적인 명명법으로 Aluminum Association (AA), American Iron and Steel Institute (AISI), American Society for Testing Materials (ASTM), Society of Automotive Engineers (SAE), 그리고 unified numbering system (UNS) 등이 있다.
- 금속은 가공 방법에 따라 크게 세공 합금과 주조 합금으로 분류된다. 세공 합금은 압연, 압출, 인발 등의 기계적 변형 공정에 의해 만들어진 합금을 의미한다. 세공법의 종류로는 재결정화, 풀림, 응력 제거, 열간 압연, 냉간 압연, 용체화 처리 담금질(STQ), 시효, 용체화 처리 담금질 및 뜨임 등이 있다. 주조 합금은 액체 상태의 금속을 금형에 부어 원하는 형상을 만들어 내는 방법이다. 주조합금의 강도를 증가시키기 위해 다양한 열처리 방법들이 사용된다.
- 설계에 있어 알루미늄의 장점으로는 2.71 g/cc의 낮은 밀도, 높은 비 항복강도, 공기 중에서의 뛰어난 내식성, 좋은 열 및 전기전도율, 높은 연성, 660°C의 상대적으로 낮은 용융점, 매우 낮은 온도에서의 높은 연성 등이 있으며, 낮은 용융점으로 인해 주조가 가능하다. 몇몇 알루미늄 합금은 변형경화 되며, 고강도 알루미늄 합금의 경우 석출경화 된다.
- 구리는 매우 뛰어난 연성재료이며 순수한 상태일 때의 강도는 매우 낮다. 상업용 순수 구리와 구리의 합금은 탄피 황동과 같은 이름으로 알려져 있다. 높은 연성 때문에 순수 구리와 대부분의 구리 합금은 다양한 형태의 세공법에 의해 비교적 쉽게 가공될 수 있다. 탄피 황동과 같은 몇몇 합금들은 얇게 소성변형 되어 두께가 얇은 배관으로 사용될 수 있다. 구리는 1085°C의 상대적으로 낮은 용융점을 갖고 있기 때문에 주조로 형상을 만들 수 있다. 대부분의 구리 합금은 고용경화 되며, 또한 변형경화 될 수 있다. 구리-베릴륨 합금은 석출경화 된다. 구리와 대부분의 구리 합금은 공기 중과 바닷물 환경 속에서 내부식성이 있다. 구리와 구리 합금은 높은 열전도도 및 전기전도도를 띄고 있기 때문에 다양한 곳에 활용이 가능하다. 또한 구리는 FCC 결정구조로 인하여 매우 낮은 온도에서도 연성을 지나고 있기 때문에 극저온 환경에서도 활용이 가능하다.
- 일반 탄소강과 저합금강은 건축 구조물, 자동차, 다리 등의 주요 재료로 사용된다. 강은 철, 탄소(<1%), 그리고 기타 여러 합금 요소들로 구성되어있다. 망간은 강을 환원시키기 위해 대개 1% 이하로 첨가되며, 망간의 첨가로 인해 강은 고용경화 된다. 일반 저탄소강은 0.25% 이하의 탄소를 포함하고 있으며, 낮은 강도를 지닌다. 이러한 강은 자동차 차체, 구조용 기둥, 파이프 등에 활용된다. 중탄소강은 0.25~0.6%의 탄소를 포함하고 있다. 중탄소강은 높은 강도를 얻기 위해 담금질 및 뜨임 처리를 해준다. 고탄소강은 0.6% 이상의 탄소를 포함하며, 또한 높은 강도를 위해 담금질 및 뜨임처리 된다. 일단 탄소강은 가장 저렴한 강이다. 하지만 탄소첨가 및 담금질, 뜨임으로 인해 높은 강도를 갖는 특성 때문에 연성은 현저하게 낮아진다. 일반 탄소강은 저온에서 취성을 띠며 부식에 약한 성질을 갖는다. 합금강은 탄소강의 물성을 개선시키기 위해 개발되었다. 저합금강은 일반적으로 5% 이하의 합금 요소들을 포함하고 있으며, 대표적인 합금 원소로는 Mn, Al, Cu, Ni, Si, V, Mo 등이 있다.

- 강의 경화능은 조미니 시험에 의해 측정된다. 경화능이란 열처리에 따른 강의 상 변화로 인해 특정 깊이에서 합금이 경화되는 능력을 말한다.
- 고강도 저합금(HSLA) 강에서 Cr, V, Mo, Nb과 같이 매우 소량의 합금 원소들은 Fe_3C 이외의 탄화물을 형성하기 위해 첨가되며, 이러한 탄화물들은 열처리 강(quenched-and-tempered steel)의 강도를 증가시킨다. 합금 원소들은 합금을 통해 얻고자 하는 재료의 특정 기계적 물성에 따라 그 첨가되는 양이 달라진다.
- 공구강은 고탄소강으로 W, Mo, Cr, V와 같은 탄화물 형성 요소들을 포함하고 있는 합금이다. 이러한 강들은 일반적으로 용체화 처리 담금질(STQ) 및 뜨임을 거쳐 높은 강도를 갖는다. 공구강은 날카로운 모서리를 필요로 하거나 마모에 매우 강한 절삭 공구, 칼날, 드릴, 다이 등에 활용된다.
- 스테인리스강은 일반 탄소강과 저합금강으로부터 내부식성을 개선시키기 위해 개발되었다. 재료를 보호하기 위한 산화크롬을 형성하기 위해 철에 적어도 11%의 Cr이 첨가되어야 한다. Cr이 첨가되어 있는 스테인리스강 합금은 주로 BBC 페라이트 결정 구조를 갖는다. 만약 대략 9%의 니켈이 스테인리스강에 첨가되면 스테인리스강은 상온에서 오스테나이트 FCC 상을 가질 수 있다. 오스테나이트 계 스테인리스강은 페라이트 계 BCC 스테인리스강과 비교했을 때 바닷물 환경에서 더 좋은 내부식성을 갖는다. 오스테나이트 계 스테인리스강은 풀림되어 비교적 낮은 항복강도를 갖는다. 오스테나이트계 스테인리스강은 강자성을 띠고 있지 않지만 페라이트계 스테인리스강은 강자성을 띠고 있다. 탄소 함유량이 낮은 페라이트 계 스테인리스강은 풀림되며, 탄소 함유량이 높은 페라이트 계 스테인리스 강은 담금질 및 뜨임되어 템퍼드 마르텐사이트(tempered martensite)를 형성한다. 스테인리스강 17-7PH는 금속 화합물 Ni_3Al과 함께 석출경화 되며, 담금질 및 뜨임 후에 템퍼드 마르텐사이트 구조를 갖는다.
- 주철은 2~4.5%의 탄소를 포함하고 있는 철이다. 4.26%의 탄소를 포함하고 있는 철에서, 1153°C에서 액체상태의 철이 Fe_3C를 포함한 γ 상 철로 변형되는 공석반응이 발생한다. 만약 탄소를 함유한 철이 공융점 근처에서 상온으로 냉각된다면, 이것은 백철광(white cast iron)을 형성한다. 백철광은 매우 단단하고 깨지기 쉬우며, 이러한 특성 때문에 가공되기가 어렵다. 백철광은 마모 및 마멸의 저항성을 필요로 하는 곳에서 주로 활용된다. 만약 백철광의 온도를 충분한 시간동안 850°C로 유지한다면, 철 탄화물은 페라이트 철의 모재에서 흑연 덩어리로 변환되어 연성이 6~10%인 가단주철을 형성한다. 실리콘과 합금된 주철이 열처리를 받으면 철 탄화물을 철과 회주철을 생산하기 위한 흑연 박편으로 분해시킨다. 회주철은 흑연 박편이 날카로운 균열 선단을 형성하고 있기 때문에 취성을 띠고 있다. 주철에 마그네슘을 추가하면 Fe_3C는 구상 흑연과 철로 변하고, 이로 인해 주철은 18%의 높은 연성을 갖는다.
- 구조용 금속으로써의 마그네슘의 가장 큰 장점은 1.7×10^3 kg/m^3의 낮은 밀도와 651°C의 낮은 용융점이며, 이처럼 낮은 용융점으로 인해 마그네슘은 낮은 온도에서도 주조될 수 있다. 마그네슘은 다른 구조용 금속과 비교했을 때 45 GPa의 상대적으로 낮은 탄성계수를 가지고 있으며, 낮은 강도, 연성, 내부식성의 특성을 갖는다. 마그네슘은 알루미늄과 함께 고용경화 될 수 있으며, 망간, 아연, 지르코늄, 토륨 등의 원소들과의 합금으로 인해 석출경화 될 수 있다. 세공합금은 변형경화를 통해 강화될 수 있다. 하지만 낮은 연성 때문에 이 메커니즘으로 충분히 강화시키기는 어렵다. 주조 합금은 금속으로써 매우 낮은 연성을 갖는다. 마그네슘 합금은 높은 강도와 연성,

내부식성 등 보다 경량화가 더 중요한 설계 이슈인 곳에서 주로 활용된다.

- 초합금은 고온 환경에서 사용되기 위해 설계된 금속 합금으로, 니켈 코발트 또는 철을 기반으로 합금되었다. 니켈은 고온의 가스터빈에서 사용되는 대부분의 초합금의 모재 금속이다. 니켈을 기반으로 한 초합금은 고온에서의 강도를 확보하기 위한 Ni_3Al or Ni_3Ti 침전물을 형성하기 위해 알루미늄과 티타늄이 첨가된다. 또한, 초합금은 크롬, 니오븀, 몰리브덴, 텅스텐, 탄탈럼과 같은 높은 용융점을 갖는 금속들과 합금된다. 이 모든 원소들은 초합금을 고용경화 시키며, 또한 모두 강한 탄화물을 형성하도록 한다. 크롬과 알루미늄을 첨가하면 초합금은 고온에서의 내부식성 및 내산화성을 갖게 왜냐하면 이들은 모재 금속의 표면에 산화를 방지할 수 있는 Cr_2O_3과 Al_2O_3을 각각 형성하기 때문이다. 일부 초합금은 토리아(ThO_2) 혹은 산화이트륨(Y_2O_3)와 같은 분산 입자로 인해 강화된다. 그리고 이러한 합금뿐만 아니라 몇몇 다른 합금들은 분말 야금에 의해 처리되기도 한다. 터빈 블레이드와 같은 곳에 사용되는 초합금은 주조되어 형성되기도 한다. 초합금은 주조되면 다결정체(PC), 단방향 응고(DS), 단결정(SC) 등의 결정구조를 갖는다. 단결정 결정구조를 갖는 터빈 블레이드는 초고온의 환경에서 다결정 및 1방향 응고 결정구조를 갖는 터빈 블레이드에 비해 높은 성능을 보인다.
- 티타늄 합금은 가혹한 환경에서 매우 뛰어난 내부식성을 갖는 금속 중 하나이다. 티타늄 합금은 강보다 낮은 밀도를 갖고 있음에도 불구하고 높은 강도를 보이며 상대적으로 용융점 또한 높다. 티타늄 합금의 뛰어난 내부식성은 표면에 형성되어 있는 TiO_2 층 때문이다. 이러한 산화 보호 층은 티타늄 금속을 의학용 임플란트로 사용될 수 있게 도와주며, 우리 몸으로부터 거부반응도 보이지 않는다. 티타늄 합금의 고온에서의 높은 강도와 내부식성 때문에 티타늄은 초음속 제트기와 같은 고성능 항공기 및 항공기의 제트 엔진 압축기의 표면 재료로 사용된다. 하지만 고온에서의 산소와 티타늄의 반응성 때문에 티타늄은 약 550°C 이상의 온도에서의 사용이 제한된다. 순수 티타늄은 상온에서 육방조밀구조 α 상으로 존재한다. 그러나 대략 890°C 이상에서 용융점인 1668°C까지의 온도 범위에서 티타늄은 BCC의 β 상이다. 알루미늄이나 산소 같은 몇몇의 합금 원소들은 β-트랜서스의 온도를 올리고 α 상 구조를 안정화시킨다. 반면에 BCC 금속인 철, 바나듐, 크롬 등은 β-트랜서스 온도를 낮추고 BCC의 β 상을 안정화시킨다. 상업용 티타늄 합금은 α, near-α, α + β, β 상의 네 가지 종류로 나누어진다. α 합금에는 상업용 순수(CP) 티타늄과 알루미늄 및 소량의 β 상의 안정화 원소가 함유된 티타늄 합금 등이 있다. 5% 이상의 알루미늄이 포함된 티타늄 합금은 열처리는 가능하지만 용접에는 적절하지 않다. 만약 바나듐, 철, 몰리브덴과 같은 β 상의 안정화 원소들이 상당량 티타늄과 더해진다면, 합금은 α + β 상이 된다. α + β 상의 합금은 풀림 또는 용체화 처리 및 시효(STA)될 수 있다. β 합금은 β 상의 안정화 원소를 포함하고 있는 합금이다. 이 합금들이 β-트랜서스 온도 이상에서 담금질 될 때, β의 단상은 상온에서 준 안정적이다. 저온에서도 연성 BCC 구조에서 변형이 일어날 수 있고 또한 용체화 처리 및 시효(STA)를 통해 높은 강도를 가질 수 있다는 점은 β 합금의 장점이다. β 합금은 랜딩 기어와 같이 높은 응력을 받는 항공기 구조물 등에 활용될 수 있다.
- 항공기, 고성능-고효율 자동차와 같은 곳에 활용되는 금속 재료들은 높은 비 항복강도와 높은 비 탄성계수를 갖는 것이 매우 중요하다. 비 항복강도와 비 탄성계수는 항복강도와 탄성계수를 비중(specific gravity)으로 나누어 준 값이다. 고강도 알루미늄 합금은 높은 비 항복강도를 갖고 있으며, 강은 높은 탄성계수를 갖고 있다.

- 가장 널리 사용되고 있는 구조용 세라믹은 유리 형상의 실리카(SiO_2)이다. 유리의 설계 강도는 20 MPa 또는 그보다 더 적은 값이어야만 한다. 결정질 세라믹에서 알루미나(Al_2O_3)는 다른 모든 세라믹보다 더 많은 곳에서 사용된다. 구조용으로 활용되고 있는 다른 종류의 세라믹으로는 탄화규소(SiC), 질화규소(Si_3N_4), 지르코니아(ZrO_2) 등이 있다. 세라믹들의 물리적 물성은 그들의 강한 이온결합 및 공유결합으로부터 기인한다. 다결정 세라믹은 상온에서 취성이고 높은 용융온도를 갖고 있다. 또한 절연체 혹은 반도체로서 사용된다. 세라믹의 물리적 특성 때문에 세라믹은 우선적으로 고온 및 높은 저항성을 필요로 하는 곳에 활용된다.
- 가장 널리 사용되는 상용 열가소성 폴리머는 PE, PVC, PP, PS와 ABS와 같은 혼성중합체가 있다. ABS는 값 싼 엔지니어링 플라스틱으로 가장 널리 사용되는 폴리머이다. 상용 열가소성 폴리머는 금속과 비교하여 매우 낮은 인장 항복강도와 탄성계수를 갖고 있고, 용융점도 매우 낮다. 또한 금속이 비해 상대적으로 낮은 밀도를 갖는다. 상용 열가소성 폴리머는 가해지는 응력과 온도가 낮고 무게가 중요하지 않은 곳에 주로 적용된다. 상용 열가소성 폴리머는 높은 강도와 탄성계수를 갖고 있으며, 넓은 온도 범위에서 기계적 성질을 유지하는 특징을 갖고 있다. 또한 열가소성 폴리머는 높은 인성과 사용되는 온도 범위 내에서의 치수안정성, 그리고 환경 저항성을 갖는다. 공업용 열가소성 폴리머에는 PA, PC, PMMA, CA, PTFE 등이 있다. 고성능 열가소성 폴리머에서, 폴리머의 중추는 주로 벤젠고리이다. 이로 인해 고성능 열가소성 폴리머는 높은 강도, 강성, 내충격성, 좋은 고온 성능, 낮은 가연성, 그리고 좋은 내용제성을 갖는다. 고성능 열가소성 폴리머에는 PSU, PES, PPS, PPE, PEEK 등이 있다. PEEK의 334°C의 용융점은 열가소성 폴리머 중 가장 높으며, PEEK는 화학적 손상에 대한 저항성이 매우 좋다. PEEK는 우주 항공 산업 분야의 탄소 섬유 강화 복합체의 모재로 가장 많이 사용된다.
- 열경화성 폴리머는 3차원 공유결합을 가지고 있으며, 이로 인해 높은 경도, 인장강도 및 탄성계수를 가지고 있으나 연성은 비교적 낮다. 에폭시와 폴리에스테르는 2개의 용액을 혼합하여 만들어지며 교차결합을 형성한다. 에폭시와 폴리에스테르는 복합 재료의 모재로 활용되며 주조 부품으로도 활용된다. 페놀은 3차원 그물구조를 갖는 고체이다. 페놀은 높은 강성, 전기 및 열 저항성 그리고 화학 및 환경 저항성을 가지고 있다.
- 대표적인 열경화성 탄성 중합체로는 황과 합성 고무의 교차결합으로 이루어진 경화 특성 고무(NR)가 있다. NR에 첨가되어있는 황의 양에 따라 고무의 강도와 유연도가 결정된다. 탄성 중합체의 가장 중요한 특징은 900%의 매우 높은 파괴 신장률이다. 만약 탄성중합체가 파괴되지 않고 응력이 제거되면, 거의 대부분의 변형이 즉시 회복된다. 합성 고무에는 부타디엔, 부틸, 네오프렌(클로로프렌), 에틸렌 프로필렌 등이 있다.
- 열가소성 탄성 중합체는 가열 및 변형에 의해 성형된다. 열가소성 폴리머는 폴리머 사슬을 서로 고정하여 탄성 회복력을 높이기 위해 극성 결합과 같은 강한 결합을 사용한다. 약한 결합이 형성된 곳에서는 쉽게 변형이 일어나며 탄성 중합체의 대변형이 일어날 수 있다. 이러한 열가소성 탄성중합체는 신발, 성형 및 압출된 상품, 탄성 섬유 등을 제조하는데 활용된다.
- 실리콘은 탄소보다는 규소를 바탕으로 한 폴리머이다. 실리콘 폴리머는 LCM의 중추에서 실리콘이 산소와 번갈아가며 나타난다. 저 분자량 실리콘은 액체(oil) 상태이며, 고 분자량 실리콘은 고체 상태이다. 탄성 중합체는 실리콘 폴리머와 물, 이산화탄소 또는 특정 액체 경화제와의 교차결합에 의해 형성된다. 실리콘은 낮은 표면장력, 내용제성(solvent resistance), 열 안정성, 산화

저항성, 낮은 결빙 온도, 고온에서 낮은 휘발성, 낮은 인화성, 화학적 불활성 등의 많은 장점을 갖고 있다. 이 때문에 실리콘은 실생활에서 밀폐제, 코킹, 방수, 접착제, 임플란트 재료 등에 활용되고 있다.

- 플루오르 탄성중합체는 불소화된 탄화수소, 특히 비닐리덴 불소를 바탕으로 합성된 탄성중합체이다. 플루오르 탄성중합체는 200°C(400°C)까지의 온도에서 화학적 손상에 대한 뛰어난 저항성을 갖는다. 플루오르 탄성중합체는 O-링, 개스킷, 기름 씰, 윤활제, 호스 및 배관 등에 널리 활용되고 있다.
- 폴리우레탄(PUR)은 폴리올(다중 알코올 혹은 다중 O-H 그룹)과 다중 질소-탄소-산소(NCO) 원자 그룹을 갖는 폴리아이소시아네이트의 화학반응으로부터 합성된다. 폴리우레탄은 폴리올이 수지, 아이소시아네이트가 경화제와 대응된다는 점에서 에폭시와 유사하다. 폴리올과 아이소시아네이트는 일반적으로 액체 상태이다. 폴리우레탄 분자에는 교차결합의 통해 열경화성 폴리머를 형성할 수 있는 이중결합이 있다. 폴리우레탄은은 mer의 원자 혹은 분자, 또는 분자량 등을 변화 시키면 열가소성 폴리머, 열가소성 폴리머, 열경화성 탄성중합체, 열가소성 탄성중합체, 단단한 고체, 부드러운 고체, 액체 등으로 합성될 수 있다. 폴리우레탄은 또한 발포고무, 코팅제 및 섬유 등으로 만들어진다. 열경화성 폴리우레탄은 자동차 범퍼 및 신발 밑창 등에서 사용된다.

CHAPTER 09

시간, 온도, 그리고 기계적 성질

Time, Temperature, and Mechanical Properties

이 장에서 이해해야 할 것

- 재료의 탄성계수, 항복강도, 연성에 대한 온도의 효과
- 유체의 소성 변형률 속도, 응력, 온도 및 점도 사이의 관계
- 금속과 세라믹의 크리프 변형의 시간 및 온도 의존성 모델
- 설계에서 파단시간 변수의 사용
- 금속, 세라믹, 유리 및 폴리머에 대한 크리프 변형의 메커니즘
- 유리 및 폴리머에 대한 변형률과 크리프의 점탄성 모델
- 응력 완화에 대한 메커니즘 및 모델

F-22 랩터는 터보 팬 엔진의 높은 추진력으로 인해 고성능 비행을 할 수 있다. 이 엔진에서 터빈 날개의 표면은 최대 1150°C까지 도달한다. 이러한 온도에서 고성능을 발휘할 수 있는 터빈 날개를 설계하는 것은 터빈 날개 재료의 시간, 온도, 응력의 이해를 필요로 한다.

© Rhea Eason/Alamy

MATERIALS SCIENCE AND **ENGINEERING PROPERTIES**

9.1 소개

2차 세계대전 동안 제트 추진 항공기가 처음으로 소개되었을 때, 작동 시 표면온도 650°C인 터빈 블레이드의 작동시간은 약 10~25시간이었다. 그 후, 금속 부품들은 엔진의 후면에서 사라지기 시작한다. 현대 터빈 블레이드 재료들은 터빈 블레이드가 고 성능 엔진에서 1150°C까지의 표면온도에서 작동할 수 있도록 하며, 상용 비행기에서 검사 전까지 20,000시간 동안 작동할 수 있도록 한다. 터빈의 가동온도를 제한하는 요소는 바로 블레이드 재료이다. 터빈 설계자들은 2000°C의 블레이드 온도에서 터빈을 작동시키고 싶어 하지만 현재 재료들로는 불가능하다. 고온 소성 변형의 메커니즘에 대한 이해도를 바탕으로 재료 과학자 및 엔지니어들은 최초의 제트 항공기 가스 터빈에 비하여 터빈 작동 온도를 극적으로 증가시킨 새로운 터빈 합금을 개발할 수 있었다. 이 장에서는 소성 변형 및 파단시간을 예측하는 방정식을 통하여 고온 재료의 소성 변형의 메커니즘이 소개된다.

9.2 탄성계수와 온도

결정형 재료에서 탄성 변형은 일차 원자 결합의 인장과 관련이 있다. 원자들은 탄성 변형이 순간적으로 발생하는 응력에 대해 매우 빠르게 반응하기 때문에 특정 응력에서 탄성 변형은 시간에 독립적이다. 그러나 결정성 물질의 탄성계수는 온도에 의존한다. 탄성계수(E)는 대부분의 재료에서 온도가 증가함에 따라 감소하며, 용융 온도에 접근함에 따라 급격하게 감소하기 시작한다. 예를 들어, 상온에서 알루미늄에 대한 탄성계수는 70.3 GPa이며, 327°C에서는 대략 50 GPa이다. 상온에서 강철의 E는 211 GPa이며, 527°C에서 E는 120 GPa이다. 온도가 증가할 때 탄성계수가 감소하는 이유는 고온에서의 원자는 저온에서보다 평균적으로 더 멀리 떨어져 있어 그들 사이의 결합이 더 약하기 때문이다. 그림 9.1에서 유리의 탄성계수가 0°C에서 57 GPa이었지만 300°C에서 45.5 GPa까지 떨어지는 것을 볼 수 있다. 온도가 증가할 때 탄성계수가 증가하는 예로써 TiNi가 있는데, 이 재료에서는 가열 시에 상변화가 수반된다.

9.3 액체 및 비결정질 고체의 소성 변형

점도(η)는 유리 및 폴리머와 같은 액체와 과냉각 액체에서 전단응력에 대한 소성 전단 변형률의 비와 관련된다. 그림 9.2는 두 평판 사이의 액체를 나타내고 있다. 아래 평판은 고정 되어있고, 면적이 A인 위쪽 평판은 전단력(F)을 받고 있다. 이 전단력은 전단응력(τ), 액체의 속도(v), 액체의 소성 전단 변형률(γ_p)을 발생시킨다. 이 구조는 고정된 베어링과 회전축 사이의 윤활유와 유사하다. **적용된 전단력**은 시간이 지남에 따라 액체의 소성 변형률의 계속적인 증가를 가져오며, 소성 전단 변형 속도는 $d\gamma_p/dt$ 이다.

뉴턴 유체에서 소성 전단 변형 속도($d\gamma_p/dt$)는 식 9.1에서 나타나듯이 적용된 전단응력(t) 및 점도(η)와 선형적인 관계를 나타낸다.

$$\frac{d\gamma_p}{dt} = \frac{\tau}{\eta} \tag{9.1}$$

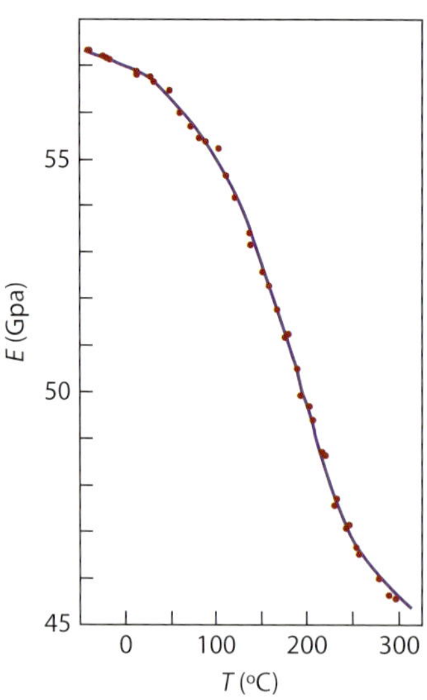

그림 9.1 소다 석회 유리의 온도(T)에 대한 인장 탄성계수(E)
(Based on Bansal, N.P., and Doremus, R.H., Handbook of Glass Properties, Academic Press, Orlando, Fl. (1986), p. 319.)

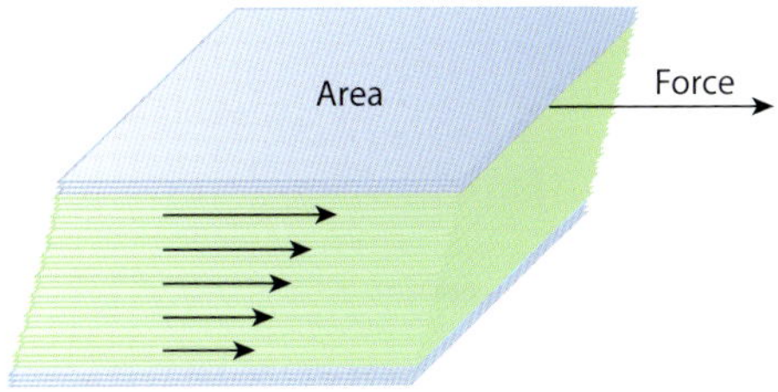

그림 9.2 고정된 바닥 판과 전단력을 받고 있는 움직이는 상판(파란색) 사이의 유체(초록색)의 점성 유동. 화살표는 유체 또는 재료의 속도(v)를 나타냄. *(Based on http://www.insula.com .au/physics/1250images/Image448.gif)*

점도에 대한 SI 단위는 Pa · s이다. 더 오래된 점도에 대한 단위는 poise(10 poise = 1 Pa · s)이다. 비-뉴턴 유체에서 소성 전단 변형 속도 및 전단응력 사이의 관계는 식 9.2와 같이 비선형을 나타낸다.

$$\left(\frac{d\gamma_p}{dt}\right)^n = \frac{\tau}{\eta} \quad \textbf{9.2}$$

여기서, n은 1보다 작거나 크며, 1과 같지 않은 값을 가질 수 있다. 점도의 온도 의존성은 식 9.3과 같이 주어진다. 여기서, η_0는 지수 앞의 상수이며, ΔH_p은 소성 변형률에 대한 활성화 엔탈피이고, k는 볼츠만 상수(Boltzmann's constant)이다.

$$\eta = \eta_0 \exp\left(\frac{\Delta H_p}{kT}\right) \quad \textbf{9.3}$$

석영 유리, 소다 석회 유리, 순수한 산화 붕소(B_2O_3)의 로그스케일 점도의 온도 의존성은 1000/T의 함수형태를 나타내며, 그림 9.3에 표현되어 있다. 온도가 증가함에 따라 1000/T의 값은 더 작아지게 되며, 결과적으로 점도는 감소하게 된다. 우리는 6.5.2절에서 석영 유리(SiO_2)의 소성 변형에 대해 논의했다. 간략하게 얘기해서, 고온에서는 실리콘-산소의 결합이 순간적으로 깨지고 다른 이웃한 원자와 재결합할 수 있게 되면서 유리의 유동을 가능하게 한다. 같은 온도에서 소다 석회 유리가 석영 유리(SiO_2)보다 더 작은 점도를 가지고 있는 이유는 그림 3.3에 도식적으로 나타나 있듯이 유리에서 소다(Na_2O)와 석회(CaO) 이온들이 규소(Si)와 산소(O) 사이의 결합을 깨뜨리기 때문이다. 나트륨 및 칼슘 원자는 침입형 원자이며, 소다와 석회에 포함된 추가적인 산소 원자는 규소-산소 4면체의 산소 원자가 다른 규소 원자와 결합을 가지지 않도록 한다.

아마도 꿀이나 메이플 시럽과 같은 액체의 점도 변화를 경험해 봤을 것이다. 냉장고에서 막 시럽을 꺼냈을 때, 시럽이나 꿀은 우리가 만든 팬케이크 위에서 쉽게 흐르지 않을 것이다. 하지만 시럽을 가열하면 이들은 더욱 쉽게 흐르게 된다. 시럽의 온도를 증가시킴으로서, 우리는 식 9.3에서 예측한대로 이들의 점도를 감소시킬 수 있다. 식 9.1에 따르면 점도의 감소는 결과적으로 소성 전단 변형 속도의 증가를 가져오게 된다. 뉴턴 유체에 대한 식 9.1에 식 9.3을 대입하면 결과적으로 식 9.4의 Arrhenius 속도 식 형태로 나타나게 된다.

$$\frac{d\gamma_p}{dt} = \frac{\tau}{\eta_0} \exp - \left(\frac{\Delta H_p}{kT}\right) \quad \textbf{9.4}$$

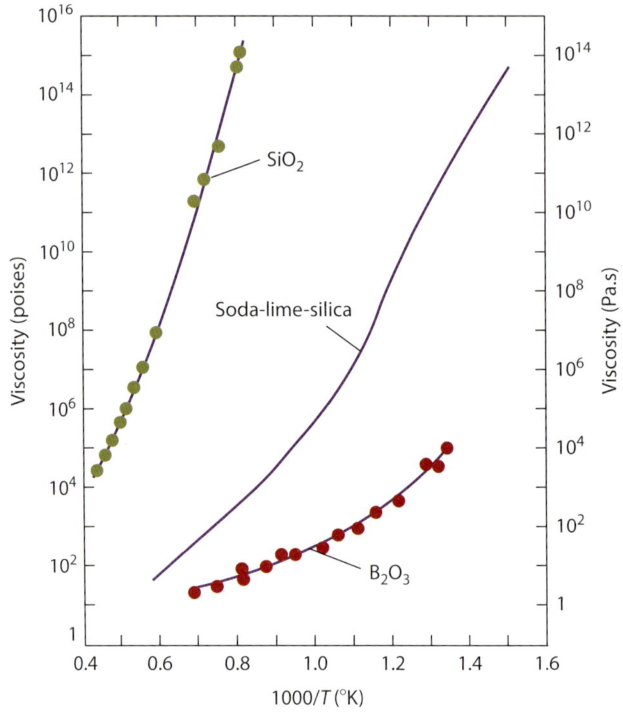

그림 9.3 온도에 따른 석영 유리(SiO_2), 소다 석회 유리, 산화 붕소(B_2O_3)의 점도(B_2O_3)
(Based on Kingery, W.D., John Wiley & Sons, N.Y. (1960), p. 574.)

이 식은 전단응력 혹은 온도가 증가함에 따라, 액체의 소성 전단 변형 속도가 증가함을 보여준다. 만약 인장 응력(σ)이 비결정질 재료에 유리전이온도 이상의 온도에서 작용된다면, 점도와 인장 변형 속도 사이의 관계는 식 9.1과 유사하게 나타나며, 이는 식 9.5와 같이 표현된다.

$$\frac{d\varepsilon_p}{dt} = \frac{\sigma}{3\eta_0} \quad \textbf{9.5}$$

이 재료에 대한 인장 변형 속도의 온도 의존성은 식 9.6에 주어진다.

$$\frac{d\varepsilon_p}{dt} = \frac{\sigma}{3\eta_0} \exp - \left(\frac{\Delta H_p}{kT}\right) \quad \textbf{9.6}$$

유체는 인장 응력에 대한 저항성이 없다. 비정질 및 반 결정성 과냉각 유리와 폴리머들은 인장응력에 대한 저항성을 가지고 있다.

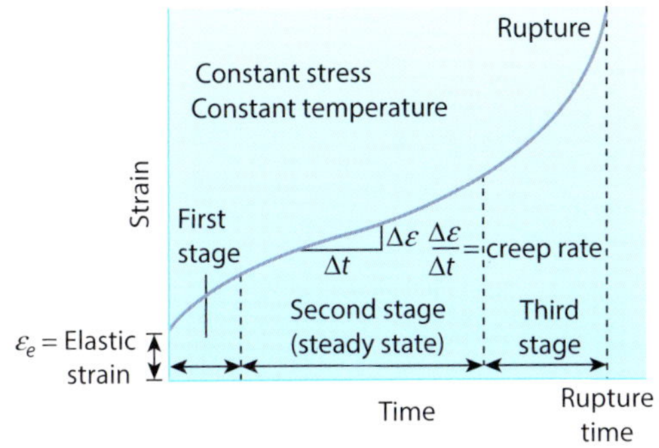

그림 9.4 응력과 높은 온도가 장시간 동안 작용되는 시편의 변형률 선도 *(Based on Askeland, D.R., Fulay, P.P., and Wright, W.J., The Science and Engineering of Materials, 6th ed., Cengage Learning, Stamford, CT. (2011), p. 277.)*

9.4 고체의 크리프 변형 및 응력 파단

크리프 변형은 시간 의존성을 가지는 소성 변형이다. 만약 항복강도보다 더 크거나 작은 응력이 일정하게 재료에 적용된다면, 소성 변형은 시간에 따라 누적될 수 있다. 크리프 변형은 재료의 온도가 절대 용융 온도의 절반 이상이라면 특히 중요하다. 변형은 그림 9.4에서 개략적으로 나타나듯이 시간의 함수로서 측정된다. 식 9.7은 Hooke의 법칙에 의해 주어진 초기의 즉각적인 탄성 변형(ε_e)을 나타낸다.

$$\varepsilon_e = \frac{\sigma}{E} \quad \mathbf{9.7}$$

탄성 변형 후에 **크리프 I 단계**의 변형이 나타난다. 크리프 I 단계에서는 비선형 천이 소성 변형률 속도($d\varepsilon_I/dt$)가 식 9.8과 같이 고려된다. 식 9.8에 나타나듯이 비선형 천이 소성 변형률 속도는 시간(t)과 반비례하고, $B(\sigma, T)$항을 통하여 고려되는 응력 및 온도와 직접적으로 관련이 있다.

$$\frac{d\varepsilon_I(\sigma, \mathrm{t})}{dt} = \frac{B(\sigma, \mathrm{T})}{t} \quad \mathbf{9.8}$$

식 9.8에서는 과도 소성 변형률 속도가 시간에 따라 감소할 것으로 예상할 수 있으며, 이는 그림 9.4에서 확인할 수 있다. 식 9.8을 시간에 대해 적분하면 식 9.9와 같이 된다.

$$\varepsilon_I(\sigma, \mathrm{t}) = B(\sigma, \mathrm{T}) \ln t + C \quad \mathbf{9.9}$$

여기서, C는 적분 상수이다.

크리프 I 단계가 진행되는 동안, 모든 재료들은 소성 변형에 의한 변형 경화를 겪게 된다. 금속 및 세라믹 소재에서는 이와 동시에 고온 환경에서의 열적 진동에 의해 발생하는 응력 풀림의 결과로 연화(softening)가 발생한다. 크리프 I 단계에서는 변형 경화율이 연화율을 초과하기 때문에 소성 변형률 속도는 변형률이 증가함에 따라 감소한다.

금속 및 세라믹 소재에서 변형 경화율이 풀림에 의한 연화율과 동일하게 될 때, 크리프 I 단계는 **크리프 II 단계**로 변화되게 된다. 크리프 II 단계는 정상상태 크리프라고도 한다. 온도가 높아질수록 풀림율이 증가하고, 따라서 II 단계 크리프 변형률 속도도 더 높아진다. 결정성 재료 및 세라믹 소재에서 II 단계 크리

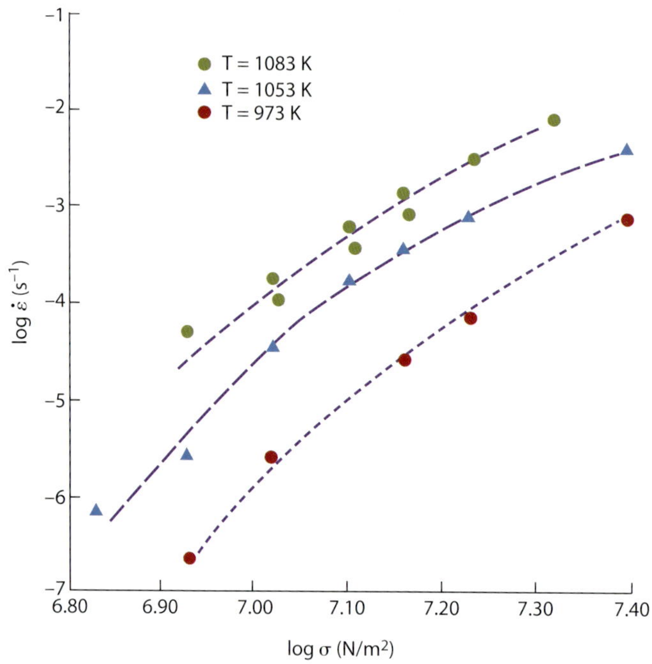

그림 9.5 서로 다른 세 개의 온도에서 응력의 함수(log sclae)로 나타낸 지르코늄의 Ⅱ단계 크리프 변형률(log scale) 선도 *(Based on Courtney, T.H., Mechanical Behavior of Materials, McGraw-Hill, N.Y. (1990), p. 284.)*

프 인장 변형률 속도($d\varepsilon_{II}/dt$)가 식 9.10에 주어져 있다. 이는 식 9.6과 비슷하지만, 응력과 선형적인 관계는 갖지 않는다.

$$\frac{d\varepsilon_{II}}{dt} = A\sigma^n \exp - \left(\frac{\Delta H_p}{kT}\right) \tag{9.10}$$

그림 9.5에서는 지르코늄에 대하여 세 개의 다른 온도 조건에서 II 단계 크리프 속도에 대한 데이터들이 응력의 함수로 표현되었다. 이때, 크리프 속도 및 응력은 모두 로그스케일로 표현되었다. 더 높은 응력 및 온도조건은 더 높은 II 단계 크리프 속도를 나타내게 한다. 식 9.10에서 응력에 고려된 지수 n은 그림 9.5에서 그래프의 기울기로부터 획득된다. 만약 크리프 변형률 속도가 그림 9.5에서 제시되지 않은 온도조건에서 요구된다면, 이 속도를 계산하기 위해서 식 9.10을 사용할 필요가 있다. 크리프에 대한 활성화 엔탈피 값은 서로 다른 두 온도 조건에서 식 9.10을 적용함으로써 결정될 수 있다.

예제 9.1

지르코늄의 세 개의 다른 온도에서의 응력(log scale)에 대한 II단계 크리프 속도(log scale)는 그림 9.5에서 확인할 수 있다.

(a) log σ = 7.10이고 온도가 1053K와 1083K 사이일 때, 지르코늄의 크리프에 대한 활성화 엔탈피(eV/atom)를 구하여라.

(b) 1083K에서 II단계 크리프에 대한 크리프 속도 방정식의 응력의 지수 값을 구하여라. $\log \sigma = 7.00$과 $\log \sigma = 7.20$ 응력 값 사이의 데이터를 이용하여라.

(c) 1083K와 $\log \sigma = 7.16$에서의 선지수 상수(preexponential constant) A를 구하여라.

풀이

(a) (a), (b), (c)에서 구하게 될 미지수는 세 가지이다. 만약 두 개의 상이한 온도와 같은 응력조건에서 변형률 속도의 비가 적용된다면, 응력의 지수 값 n과 상수 값 A는 서로 상쇄된다. 이 방정식으로부터 두 개의 미지수가 제거되며, 활성화 엔탈피를 구할 수 있다. 첫 번째 포인트로 $T_1 = 1083\text{ K}$와 $\log \sigma_1 = 7.10$을 적용시켜라. 그러면 $\log (d\varepsilon / dt)$는 -3.35이다. -3.35의 진수를 적용시키면 변형률은 다음과 같다.

$$\frac{d\varepsilon_1}{dt} = 4.467 \times 10^{-4}\,\text{s}^{-1}$$

$$\frac{d\varepsilon_1}{dt} = 4.467 \times 10^{-4}\,\text{s}^{-1} = A\sigma^n \exp - \left(\frac{\Delta H_p}{kT_1}\right) = A\sigma^n \exp - \left(\frac{\Delta H_p}{k(1083\text{ K})}\right)$$

두 번째 점으로 $T_2 = 1053\text{ K}$와 위와 같은 응력 값인 $\log \sigma_2 = 7.10$을 적용시켜라. 그러면 $\log (d\varepsilon_2 / dt)$ 값은 -3.81이다.

$$\frac{d\varepsilon_2}{dt} = 1.55 \times 10^{-4}\,\text{s}^{-1} = A\sigma^n \exp - \left(\frac{\Delta H_p}{kT_2}\right) = A\sigma^n \exp - \left(\frac{\Delta H_p}{k(1053\text{ K})}\right)$$

이제, 두 온도에 대한 변형률의 비를 적용시켜라.

$$\frac{\dfrac{d\varepsilon_1}{dt}}{\dfrac{d\varepsilon_2}{dt}} = \frac{4.467 \times 10^{-4}\,\text{s}^{-1}}{1.55 \times 10^{-4}\,\text{s}^{-1}} = \frac{A\sigma^n \exp - \left(\dfrac{\Delta H_p}{k(1083\text{ K})}\right)}{A\sigma^n \exp - \left(\dfrac{\Delta H_p}{k(1053\text{ K})}\right)} = \frac{\exp - \left(\dfrac{\Delta H_p}{k(1083\text{ K})}\right)}{\exp - \left(\dfrac{\Delta H_p}{k(1053\text{ K})}\right)}$$

$$2.884 = \exp - \frac{\Delta H_p}{k}\left(\frac{1}{1083\text{ K}} - \frac{1}{1053\text{ K}}\right) = \exp - \frac{\Delta H_p}{k}(9.234 \times 10^{-4}\,\text{K}^{-1} - 9.497 \times 10^{-4}\,\text{K}^{-1})$$

$$2.884 = \exp - \frac{\Delta H_p}{k}(-2.63 \times 10^{-5}\,\text{K}^{-1})$$

방정식의 양쪽에 자연 로그를 취하고 볼츠만 상수(Boltzmann's constant) 값을 넣어라.

$$1.059 = -\frac{\Delta H_p}{8.62 \times 10^{-5}\dfrac{\text{eV}}{\text{atom}\cdot\text{K}}}(-2.63 \times 10^{-5}\,\text{K}^{-1}) = \Delta H_p\left(0.305\frac{\text{eV}}{\text{atom}}\right)$$

위의 식을 정리하면 크리프 속도에 대한 활성화 엔탈피를 구할 수 있다.

$$\Delta H_p = 3.47\frac{\text{eV}}{\text{atom}}$$

(b) 응력의 지수를 구하기 위해, 같은 온도와 두 개의 다른 응력에 대한 변형률의 비를 적용시켜라.

이는 방정식과 온도 의존성을 갖는 항들에서 A가 제거된다. 온도 1083 K 값과 응력값 $\log \sigma_1 = 7.02$ 혹은 $\sigma_1 = 1.05 \times 10^7$ Pa을 이용하라.

$$\log\left(\frac{d\varepsilon_1}{dt}\right) = -4$$

$$\frac{d\varepsilon_1}{dt} = 1.0 \times 10^{-4}\ \text{s}^{-1}$$

1083 K에서 $\log \sigma_2 = 7.16$ 혹은 $\sigma_2 = 1.45 \times 10^7$ Pa 값을 이용하라.

$$\log\left(\frac{d\varepsilon_2}{dt}\right) = -3$$

$$\frac{d\varepsilon_2}{dt} = 1.0 \times 10^{-3}\ \text{s}^{-1}$$

두 변형률의 비를 적용시키고 양쪽 모두 응력 값을 뺀 나머지를 소거시킨다.

$$\frac{\frac{d\varepsilon_1}{dt}}{\frac{d\varepsilon_2}{dt}} = \frac{1.0 \times 10^{-4}\text{s}^{-1}}{1.0 \times 10^{-3}\text{s}^{-1}} = 1.0 \times 10^{-1} = \frac{A\sigma_1^n \exp -\left(\frac{\Delta H_p}{k(1083\ \text{K})}\right)}{A\sigma_2^n \exp -\left(\frac{\Delta H_p}{k(1083\ \text{K})}\right)} = \frac{\sigma_1^n}{\sigma_2^n} = \left(\frac{\sigma_1}{\sigma_2}\right)^n$$

위의 식에 로그를 취하면 다음과 같이 n 값을 구할 수 있다.

$$-1 = n \log\left(\frac{\sigma_1}{\sigma_2}\right) = n \log \frac{1.05 \times 10^7\ \text{Pa}}{1.45 \times 10^7\ \text{Pa}} = n \log(0.72) = n(-0.14)$$

$$n = \frac{1.0}{0.14} = 7.0$$

(c) A를 구하기 위해 임의의 한 점에서의 방정식에 n 값과 크리프 변형률의 활성화 엔탈피를 넣어라. 예를 들어, $T = 1083$ K와 응력 값 $\log \sigma_2 = 7.16$ 혹은 $\sigma_2 = 1.45 \times 10^7$ Pa을 넣어보자. 그림 9.5에서 이 응력에 대한 로그 변형률 값은 3이다.

$$\log \frac{d\varepsilon_1}{dt} = -3$$

$$\frac{d\varepsilon_1}{dt} = 1.0 \times 10^{-3}\ \text{s}^{-1}$$

이 변형률 속도를 변형률 속도 공식에 넣어보자.

$$\frac{d\varepsilon_1}{dt} = 1.0 \times 10^{-3}\ \text{s}^{-1} = A\sigma_1^n \exp -\left(\frac{\Delta H_p}{kT_1}\right) = A(1.45 \times 10^7\,\text{Pa})^7 \exp -\left(\frac{3.47\frac{\text{eV}}{\text{atom}}}{\left(8.62 \times 10^{-5}\frac{\text{eV}}{\text{atom}\cdot\text{K}}\right)(1083\ \text{K})}\right)$$

$$1.0 \times 10^{-3}\,\text{s}^{-1} = A(13.5 \times 10^{49}) \exp\left(\frac{-3.47\dfrac{\text{eV}}{\text{atom}}}{9.34 \times 10^{-2}\dfrac{\text{eV}}{\text{atom}}}\right) = A(13.5 \times 10^{49}) \exp(-37.1)$$

$$1.0 \times 10^{-3}\,\text{s}^{-1} = A(13.5 \times 10^{49})(7.72 \times 10^{-17}) = A(104 \times 10^{32})$$

양 변을 소거하여 A [MPa]를 구하면 다음과 같다.

$$A = \frac{1.0 \times 10^{-3}\,\text{s}^{-1}}{1.04 \times 10^{34}} = 0.96 \times 10^{-37}$$

이 상수들과 함께 변형률 속도 공식을 이용하면 이 문제에서 가정하고 있는 모든 온도와 응력 값에서 변형률 속도를 결정할 수 있다.

그림 9.4에서 나타난 **크리프 III 단계**는 재료가 파괴를 향하여 진행되고 있는 과정이다. 대부분 사례에서, 크리프에 의한 파손은 용융 온도(kelvin 단위)의 50% 이상의 온도에서만 발생한다. 일부 설계에서는 소성 변형률의 누적은 중요하지 않기 때문에 오직 파단까지의 시간만 요구된다. 제트 엔진의 경우, 터빈 블레이드가 너무 많이 인장된 경우에는 엔진에 닿을 수 있기 때문에, 터빈 블레이드와 엔진 내부표면 사이의 간격은 아주 중요한 요소이다. 그러나 발전소에서의 고온 고압의 가스를 운반하는 파이프라인은 발전소의 고장 없이 상당한 양의 변형을 할 수 있지만, 이는 절대 파단점까지 변형되지 말아야 한다. **파단(rupture)**은 시편 혹은 부품의 파손을 말한다. 특히, 온도 및 시간이 파손과 관련될 때 이를 표현하기 위해 파단이라는 표현이 종종 사용된다. 응력과 온도 모두의 함수로서 표현되는 재료의 파단 시간은 중요한 공학적 설계 정보이다. 파단은 크리프 III 단계의 마지막 결과이다.

알루미늄의 온도가 보정된 파단시간에 대한 응력-파단 시험 데이터가 그림 9.6에 응력의 함수로서 도시되어 있다. 그림 9.6에 나타나 있듯이 만약 파단시간(t_r)에 식 9.4, 9.6, 9.10 등의 소성-변형률 속도 방정식들에 나타나는 것과 같은 지수 항을 곱하면, 모든 데이터가 응력의 함수로써 나타나는 단일 라인으로 표현된다. 우리는 이 그래프를 통하여 오직 응력의 함수이고 그림 9.6의 x 축의 값과 동일한 함수 $\theta_r(\sigma)$인 방정식 식 9.11a를 작성할 수 있다.

$$\theta_r(\sigma) = t_r \exp -\left(\frac{\Delta H_p}{kT}\right) \qquad \textbf{9.11a}$$

파단 시간의 역수($1/t_r$)는 파단 접근 속도이다. ($1/t_r$)에 대해 식 9.11a를 정리하면 식 9.11b와 같으며, 이것은 식 9.4, 9.6, 9.10의 형태와 유사하다.

$$\frac{1}{t_r} = \frac{1}{\theta_r(\sigma)} \exp -\left(\frac{\Delta H_p}{kT}\right) \qquad \textbf{9.11b}$$

크리프 파단 시간의 계산이 요구되는 공학적 상황에서, 가장 일반적으로 이용되는 크리프 관계식은 경험에 의한 **라슨-밀러지수**(P_{LM}, Larson-Miller parameter)이다. 우리는 파단 접근 속도가 크리프 II 단

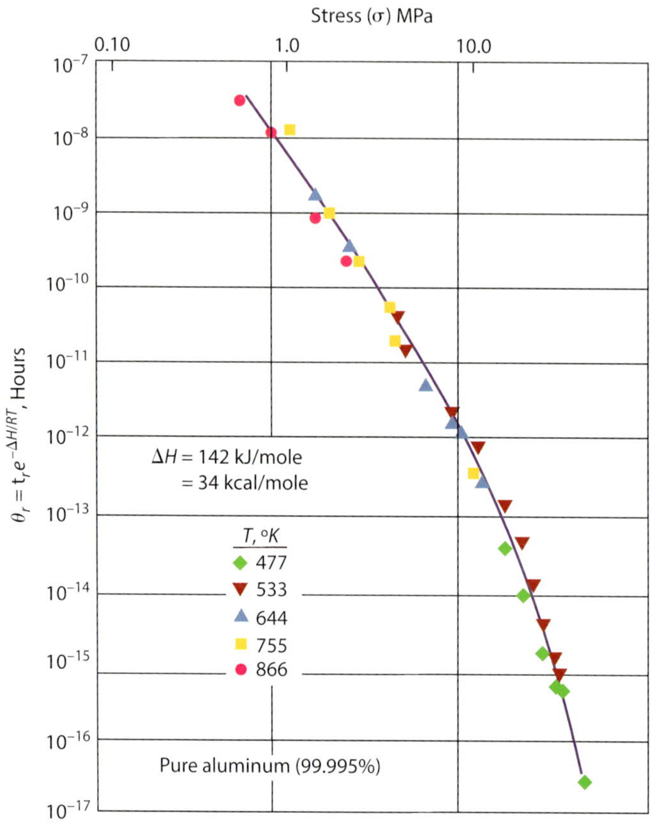

그림 9.6 서로 다른 다섯 개의 다른 온도에서 응력의 함수로 나타낸 대한 온도-보정 파단 시간(compensated) 선도 *(Based on Dorn, J.E., Creep and Recovery, ASM, Metals Park, OH (1957), p. 267.)*

계의 소성 변형률 축적 속도와 비례한다고 가정한다. P_{LM}은 식 9.12에 나타나 있듯이 먼저 식 9.10의 크리프-변형률 속도 방정식의 양변에 자연 로그를 취함으로써 구할 수 있다.

$$\ln \frac{d\varepsilon_{II}}{dt} = -\frac{\Delta H_p}{kT} + g(\sigma) = \ln\dot{\varepsilon}_{II} = \ln\frac{c}{t_r} \quad \textbf{9.12}$$

g(σ)항은 식 9.10에서의 응력 항과 상수 A를 포함한다. 식 9.10과 식 9.11b 사이의 유사성에서 나타나듯이 파단시간은 II 단계의 변형률 속도와 반비례하는 것으로 가정한다. 식 9.12를 정리하면 식 9.13과 같이 나타난다.

$$T[\ln t_r - \ln c + g(\sigma)] = \left(\frac{\Delta H_p}{k}\right) \quad \textbf{9.13}$$

P_{LM}은 절대온도와 식 9.13에서 괄호 안의 항들 중 앞의 두 항의 곱으로써 표현된다. P_{LM}은 식 9.14에서 나타나듯이, 밑이 10인 로그를 사용한다.

$$P_{LM} = T[\log t_r + C] \quad \textbf{9.14}$$

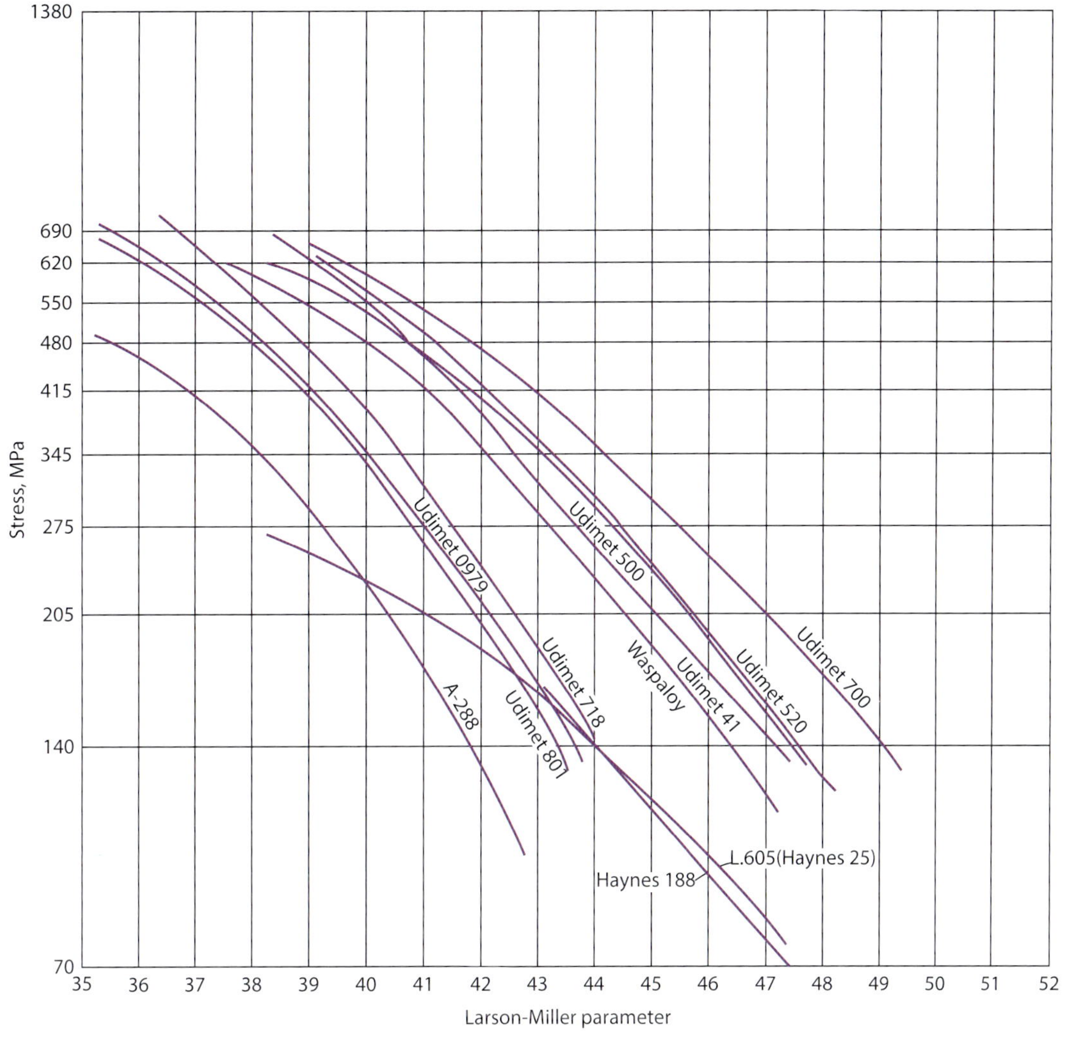

그림 9.7 여러 가지 단련 초합금에 대하여 응력의 함수로 나타낸 Lanson−Miller parameter (P_{LM})($\times 10^{-3}$). 이 선도에서 C=20, 온도는 Rankine 온도(R) 이고, 시간은 hour(h)임. 이 그림에 있는 단련 초합금의 화학적 구성물은 부록 9A의 표 9A.1에 제시되어 있음. *(Based on Donachie, M.J. and Donachie, S.J, Superalloys: A Technical Guide, American Society for Metals International, Metals Park, OH, (2002), p. 248.)*

식 9.13에서 항 $T[\ln t_r - \ln c]$이 $Tg(\sigma)$ 에 더해지기 때문에, P_{LM}은 응력의 함수이다. 이 합은 식 9.13의 우변의 항과 그 값이 같고, 이것은 상당히 높은 온도 범위에서 일정한 값을 가진다. 식 9.14에서 상수 (C)는 일반적으로 대략 20이다. P_{LM}은 응력의 함수로서 그림 9.7에 다양한 종류의 단련 초합금에 대하여 도시되었다. 그림 9.7은 파손 시간, 온도 및 응력의 세 변수 중 두 개가 알려져 있을 때 설계에서 이용되며, 알려지지 않은 세 번째 변수는 그림 9.7을 이용하여 찾을 수 있다.

그림 9.8은 705~1095°C까지의 온도범위에서 단련 고용체 강화 초합금의 10,000시간 파단강도를 나타낸다. 몇몇의 합금의 기계적 특성은 8.1.5절에 나타나 있으며, 여기에 소개된 모든 합금의 화학적 조성은 부록 9A에 나타나 있다.

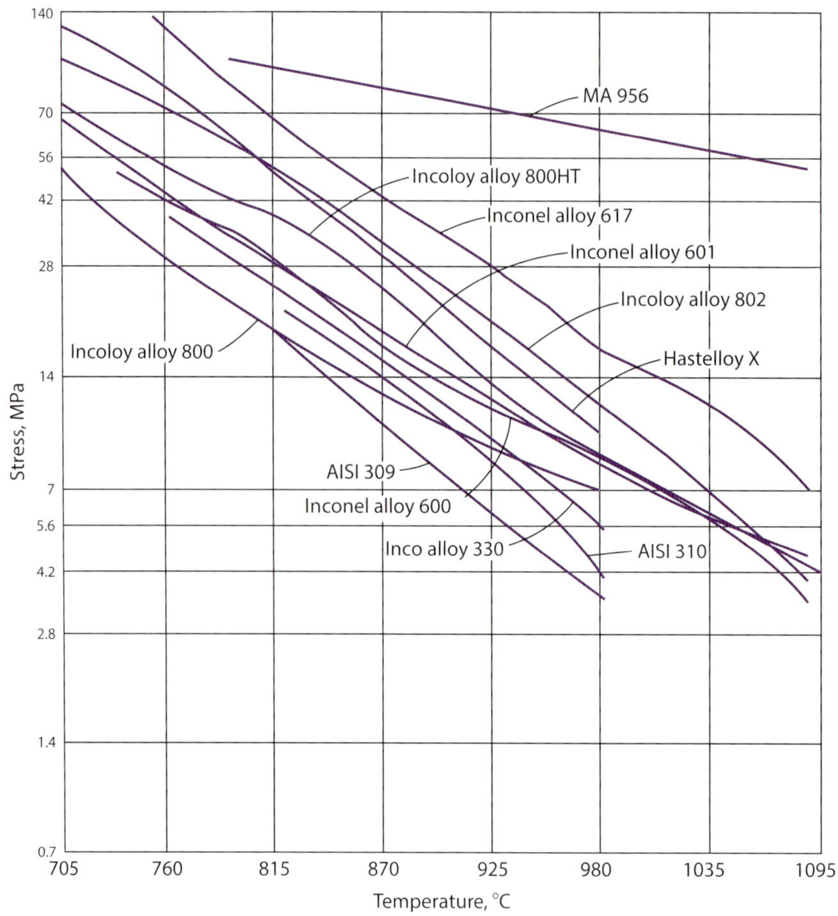

그림 9.8 온도의 함수로 나타낸 단련 고용체 강화 초합금, 니켈 계 초합금 및 스테인리스강의 10,000시간 크리프 파단 강도. 합금 MA 936은 철을 기반으로 한 입자분산강화합금(oxide dispersion strengthened alloy)임.
(Based on Donachie, M.J. and Donachie, S.J, Superalloys: A Technical Guide, American Society for Materials International, Materials Park, OH, (2002), p. 244.)

예제 9.2

Udimet 41로 이루어진 한 부품은 1000 K에서 205 MPa의 작용 응력을 받는다. 이 부품이 파손될 것으로 예상되는 시간은 언제인가?

풀이

그림 9.7로부터 작용 응력 205 MPa에 대한 P_{LM}은 45×10^3이다. 이 그림으로부터 P_{LM}의 방정식은 다음과 같다.

$$45 \times 10^3 = T[20 + \log t_r] = 1800\ \mathrm{R}[20 + \log t_r]$$

위의 식에서 파단 시간(t_r)을 구해보자.

$$\log t_r = \frac{45 \times 10^3}{1.8 \times 10^3} - 20 = 25 - 20 = 5$$

$$t_r = 10^5\ \text{h} = 100{,}000\ \text{h}$$

9.4.1 결정질 금속의 II단계 크리프 메커니즘

용융 온도의 절반 이하의 온도 상태의 결정성 금속에서, 크리프 변형의 주요 메커니즘은 전위 활주이다. 전위 활주는 그림 6.11에 설명되어 있으며, 전위가 결정을 가로질러 이동할 때 발생한다. 고 항복강도 재료에서 발생하는 활주의 경우, 전위는 반드시 고 항복강도를 발생시키는 강화 메커니즘을 피해야 한다. 고온 조건으로부터 기인하는 열적 진동은 전위가 장애물들을 피하는데 도움을 준다. 저온에서 나사 전위는 그림 9.9에 나타나듯이 장애물 주위로 **교차 슬립(cross-slip)** 할 수 있다. 나사 전위에서 전위 라인의 버거스 벡터 및 탄젠트 벡터는 서로 평행하기 때문에, 고유 슬립면이 없고, 나사 전위의 슬립면은 버거스 벡터 및 탄젠트 벡터가 이루는 평면에 의해 정의된다. 장애물에 의해 진행이 막힌 나사 전위는 원래의 조밀면으로부터 또 다른 조밀면으로 크로스슬립 할 수 있다. FCC 결정구조에서, 많은 이용 가능한 조밀면 및 교차 슬립면이 있다. 이것은 FCC 금속의 높은 연성에 기여한다.

대략 용융점의 절반 혹은 이보다 더 높은 온도에서, 그림 9.10에 개략적으로 나타낸 대로 칼날전위가 장애물의 위로 상승할 수 있으며, 이는 금속의 크리프 변형에 상당한 기여를 한다. 만약, 공동이 칼날 전위의 중심부로 확산된다면, 칼날 전위의 일부는 한 층의 격자 거리만큼 상승하게 된다. 전체 전위가 상승하기 위해서는 장애물에 의해 방해받는 전위의 전체 길이에 대하여 그들의 중심으로 공동이 확산되어야만 한다. 이러한 방식으로 칼날 전위는 장애물을 상승하여 통과하게 된다. 고온에서는 공동의 밀도가 더욱 높

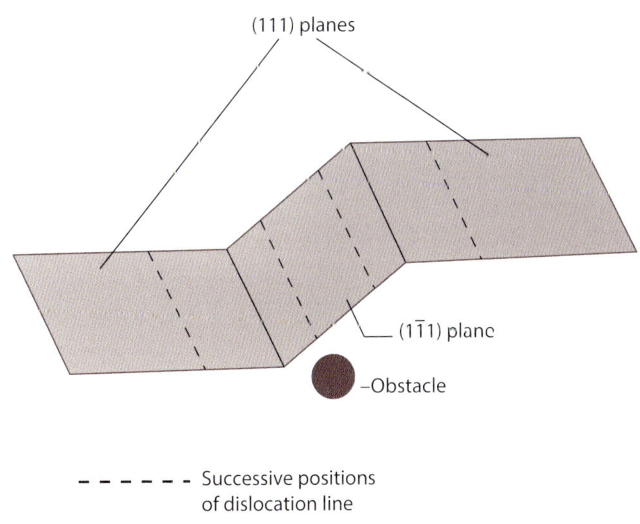

그림 9.9 FCC 금속 격자 내에서 교차 슬립(cross-slipping)하고 있는 나사전위의 모식도 ((111)→(1$\bar{1}$1)→(111)). 이 과정은 (111)면상에 장애물이 존재할 경우 발생함. *(Adapted from Courtney, T. H., Mechanical Behavior of Materials, 2nd ed., McGraw-Hill, New York (2000), p. 100.)*

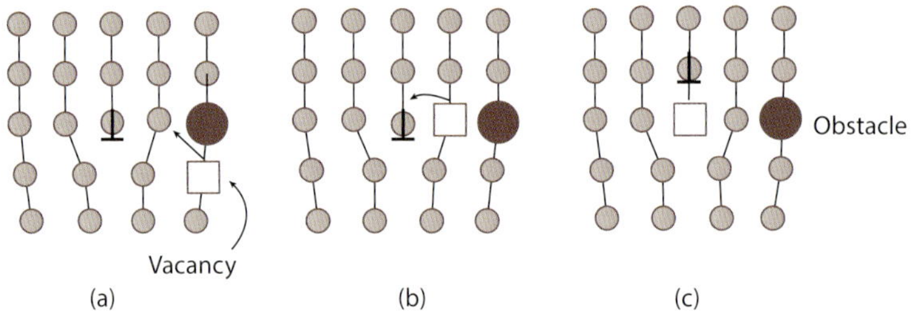

그림 9.10 (a) 슬립면에서 전위는 장애물에 의해 활주할 수 없음. (b) 공공은 전위 쪽으로 확산됨. (c) 공공이 전위의 중심으로 향할 때 전위는 전위 상승으로 인해 다른 슬립면 까지 이동함. 이제 전위는 장애물 위에 있는 새로운 슬립면에서 활주할 수 있음.

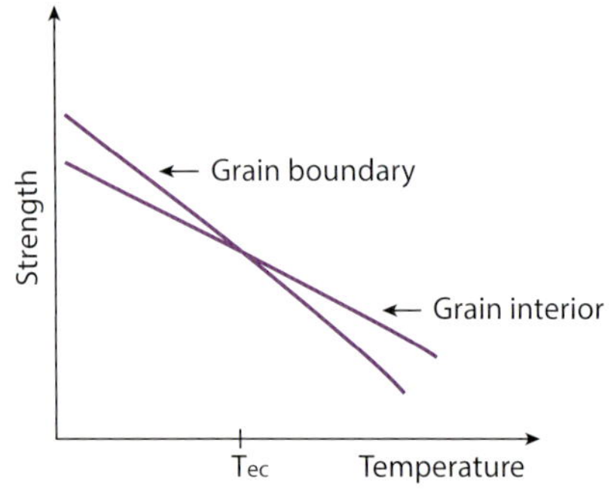

그림 9.11 온도의 함수로 나타낸 결정립 내부(결정형) 및 결정립계에서의 강도. 입내와 입계의 강도가 같은 곳의 온도를 equi-cohesive temperature(T_{ec})라 함.

아지며, 또한 더 빨리 확산된다. 칼날 전위 상승 메커니즘을 또한 전위 크리프라고도 부른다.

그림 9.11에 개략적으로 나타나듯이 온도가 상승함에 따라 다결정 금속의 입계가 결정성 물질보다 더 빨리 약화된다. 이는 결정성 물질에 비하여 결정립계가 더 무질서하고 구조적으로 초 냉각 액체와 같은 형태를 나타내기 때문이다. Equi-cohesive temperature(T_{ec})보다 낮은 온도에서의 결정립계는 결정보다 더 강하다. 결정립계는 저온에서 금속을 강화시킨다. Equi-cohesive temperature보다 더 높은 온도에서 결정립계는 결정성 물질보다 더 약하고, 그림 9.12에서 나타내었듯이 결정립계의 슬라이딩은 크리프 변형 및 결정립계 균열의 형성에 기여한다. 또한, 상승된 온도에서 원자의 확산은 결정립계를 따라 발생한다. 결정립계를 따라 발생하는 원자의 이동은 형상의 변화를 수반하며, 이를 **Coble 크리프**라고 부른다.

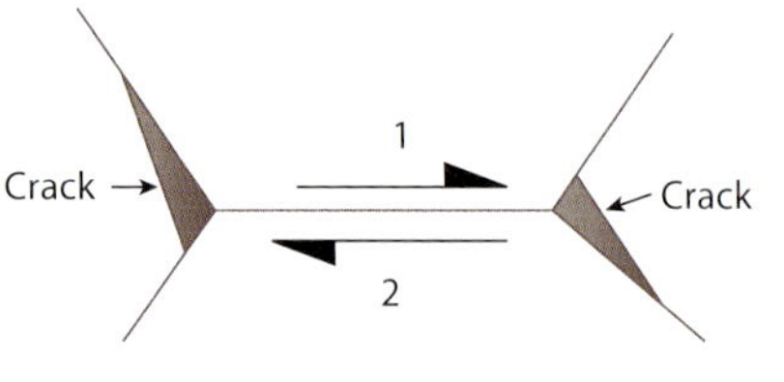

그림 9.12 두 결정립(1과 2) 사이의 결정립계 슬라이딩 모식도. 결정립계는 어두운 실선으로 표시함. 전단 응력 분력의 결과, 변위는 입계의 양쪽에 있는 두 개의 화살표 방향으로 발생하고, 균열은 인접한 결정립의 경계가 교차되는 곳에 형성됨.

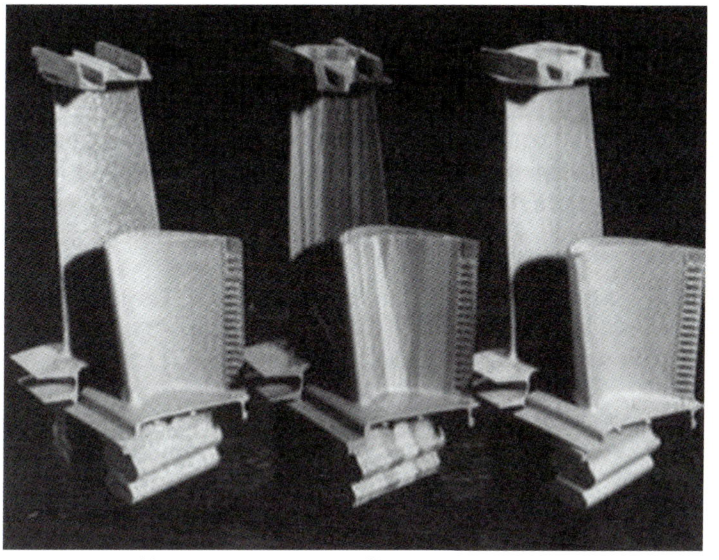

그림 9.13 (a) 결정립 구조 보이는 다결정질 가스 터빈 블레이드(앞)와 스테이터 베인(뒤). (b) 방향성을 보이며 응고된 블레이드와 베인. (c) 단결정 터빈 블레이드와 베인 *(Reprinted from Donachie, M.J. and Donachie, S.J, Superalloys: A Technical Guide, 2nd Edition, 2002, ASM International.)*

결정립계 슬라이딩 및 고온에서의 결정립계가 약화되는 현상 때문에, 일부 고 효율 가스 터빈 블레이드 및 고정자 블레이드(stator blade)는 단방향 응고 금속을 이용하여 제작되고, 여기에는 그림 9.13b에서 볼 수 있듯이 주형 결정(columnar grain)이 나타난다. 터빈 블레이드 축과 평행한 결정립계는 터빈의 회전에 의해 인장방향의 힘으로부터 전단응력을 받지 않는다.

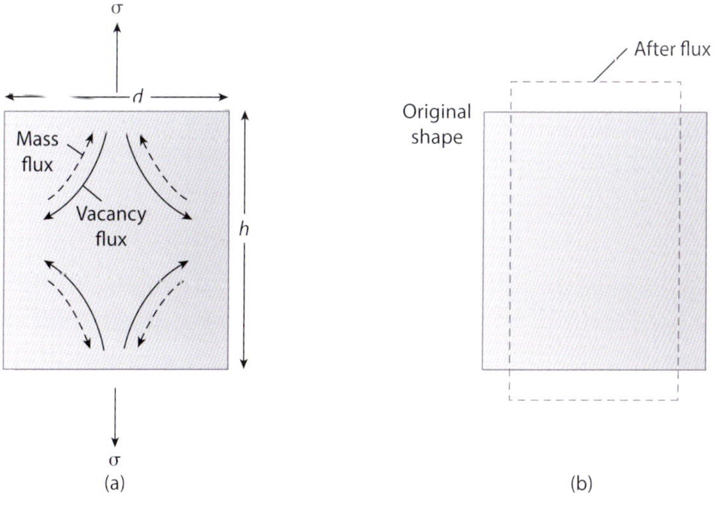

그림 9.14 (a) 인장 응력으로 인해 발생되는 금속 및 세라믹 재료에서 확산에 의한 고온 물질 이동. 원자는 시편을 인장시키는 응력 방향으로 유동하고, 공공은 수축하는 수직 방향으로 움직임. (b) 물질 이동의 결과로 인한 치수 변화 *(Adapted from Courtney, T. H., Mechanical Behavior of Materials, 2nd ed., McGraw-Hill, New York (2000), p. 301.)*

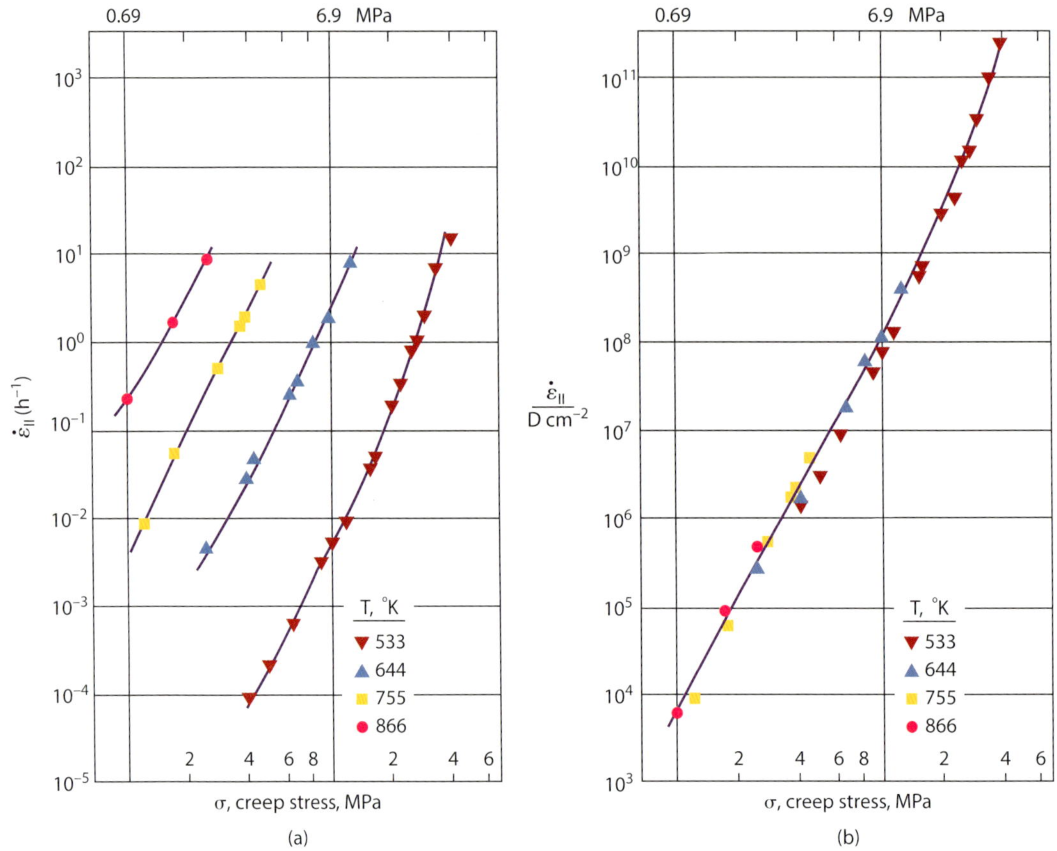

그림 9.15 (a) 4 가지 온도에 대하여 응력의 함수(log scale)로 나타낸 알루미늄의 II 단계 크리프 속도(log scale). (b) 4 가지 온도에 대하여 응력의 함수(log scale)로 나타낸 확산율로 나눠진 II 단계 크리프 속도(log scale)
(Based on Sherby, O.D. and Burke, P.M., Prog. Mater. Sci., 13 (1968), p. 331.)

단일 결정 터빈 블레이드는 다결정 혹은 단방향 응고 초합금보다 더 긴 고온 파단 수명을 갖는다. 단일 결정 터빈 블레이드는 결정립계를 가지고 있지 않다. 그들은 결정립계 슬라이딩에 의해 약화되지 않으며, 또한 단일 결정 터빈 블레이드는 고온에서 더 큰 부식 저항성을 갖는다. 결정립계는 결정체보다 더 높은 에너지를 가지고 있다. 이러한 높은 에너지로 인해 결정립계에 위치하는 원자는 결정체 내부의 원자보다 더 반응성이 높다. 또한, 잘 정렬된 결정체 보다는 무질서한 결정립계에 상대적으로 더 많은 공간이 있기 때문에 불순물 원자는 결정립계로 집중되는 경향이 있다. 결정립계에 존재하는 불순물들은 결정체 내부에서보다 더 반응성이 높을 수 있다. 단일 결정체의 생성 과정에 대하여는 13장에서 다룰 예정이다.

그림 9.14에서 개략적으로 보여주듯이 용융 온도의 절반 이상의 온도 상태에서 금속에 인장응력이 작용하면, 공동이 시편의 가장자리로 움직이고 원자가 시편의 길이를 늘이기 위하여 인장길이 방향으로 움직이는 공동의 확산에 의한 물질의 이동이 생긴다. 원자 수준에서 작용된 인장 응력은 각각의 원자들에 작용하는 힘이다. 결정체에서 확산에 의한 각 원자들이 움직임에 따라, 인장응력은 응력이 가해진 방향으로 각각의 원자를 당기는 힘을 제공한다. 이것은 인장 응력 방향으로의 알짜 원자 유동을 생성한다. 이러한 원자의 유동은 인장응력 방향으로 시편을 신장하도록 하고 인장 축의 수직 방향으로는 수축하게 한다. 결

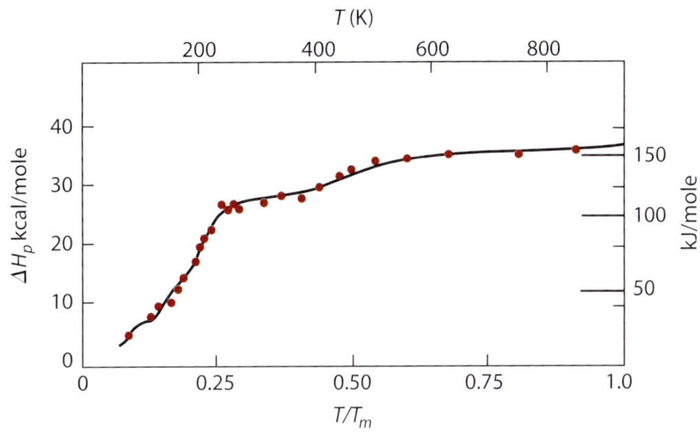

그림 9.16 온도의 함수로 나타낸 크리프를 위한 알루미늄의 활성화 엔탈피의 변화 *(Based on Sherby, O.D. and Burke, P.M., Prog. Mater. Sci.,13 (1968), p. 328.)*

정체 자체 내부에서의 확산에 의한 원자의 유동을 **Herring-Nabarro 크리프**라 한다.

용융점 절반 이상의 온도상태에서 발생하는 대부분의 금속의 크리프 변형은 공동 확산의 결과이다. 만약, 그림 9.15a에 나타나 있는 II 단계 크리프 속도가 금속의 자가 확산계수에 의해 나눠진다면, 그림 9.15b처럼 모든 크리프 속도 데이터는 한 라인으로 나타낼 수 있다. 공동 확산에 의한 확산계수(D)는 식 4.39에 주어지며, 이것은 식 9.15의 형태를 가진다.

$$D = D_0 \exp -\left(\frac{\Delta H_v}{k}\right) \qquad \textbf{9.15}$$

여기서, D_0는 상수이며, ΔH_v는 공동 확산의 활성화 엔탈피이다.

위에서 지금까지의 논의는 금속의 크리프 변형에 대한 메커니즘이 온도 증가에 따라 변한다는 것을 보여준다. 낮은 활성화 엔탈피를 요구하는 전위 활주와 같은 소성 변형 과정은 저온 조건에서 활성화 된다. 또한 높은 활성화 엔탈피를 요구하는 공동 확산과 같은 소성 변형 과정은 고온 조건에서 활성화 된다. 확산은 전위 상승, Herring-Nabarro 크리프, 그리고 Coble 크리프 등이 발생하기 위하여 필요한 현상이다. 그림 9.16에서 알루미늄에 대해 나타난 바와 같이, 금속에서 크리프를 위해 요구되는 활성화 엔탈피는 온도에 따라 증가한다. 그림 9.16에서, T/T_m = 0.25 이하는 전위의 활주 및 크로스슬립에 해당한다. 0.25~0.5의 T/T_m값을 가지는 상태는 장애물 주위의 전위 상승과 관련되며, T/T_m = 0.5 이상의 값을 나타내는 조건은 Herring-Nabarro 크리프 및 Coble 크리프를 포함한 확산 유동과 관련된다. 알루미늄에서 크리프에 대한 활성화 엔탈피는 확산을 위한 활성화 엔탈피와 같은 값으로 수렴하며, 표 4.4에 주어진 바와 같이 약 466 K에서 그 값은 135 kJ/mole이다. 466 K는 알루미늄의 용융점인 933 K의 반에 해당한다.

9.4.2 결정질 세라믹의 II단계 크리프 메커니즘

공유결합을 갖는 물질에서는 저온조건에서 전위의 움직임이 힘들기 때문에, 전위 활주가 발생하기 전에 절대 용융 온도의 약 50%로 세라믹의 온도를 증가시킬 필요가 있다. 저온 조건에서는 전위 활주가 발생하기 전에 취성 파단이 발생한다. 고온에서는 세라믹 결정의 크리프 II 단계 메커니즘은 금속과 비슷하며, II 단계 크리프 속도는 식 9.10을 따른다.

금속과 세라믹 모두에서 관찰된 크리프 II 단계 메커니즘은 입자 크기에 대한 함수이다. 예를 들어, 32 μm의 입자 크기를 가진 MgO에서, Coble 크리프는 주요 크리프 메커니즘으로 관찰되지 않는다. 그러나 10 μm의 입자 크기를 가진 MgO에 대하여는, Coble 크리프가 온도가 용융 온도의 50%인 조건에서 낮은 응력이 작용된 경우 주요한 크리프 II 단계 메커니즘으로 관찰된다. 세라믹의 경우 Herring–Nabarro 크리프는 오직 최고 온도에서만 발생한다. 이것은 세라믹 결정에서 공동 확산에 대한 활성화 엔탈피가 매우 크기 때문이다.

9.4.3 결정질 금속과 세라믹의 II 단계 크리프 변형 메커니즘 선도

위에서 논의된 금속 및 세라믹에 대한 다양한 크리프 메커니즘은 변형 메커니즘 선도에 표현할 수 있으며, 이를 그림 9.17에서 은에 대해 나타내었다. Homologous 온도, 즉 절대 온도 단위로 현재 온도를 용융 온도로 나눈 온도(T/T_m)는 하단 수평 축에 나타내었으며, 섭씨온도를 상단에 나타내었다. 정규화 된 응

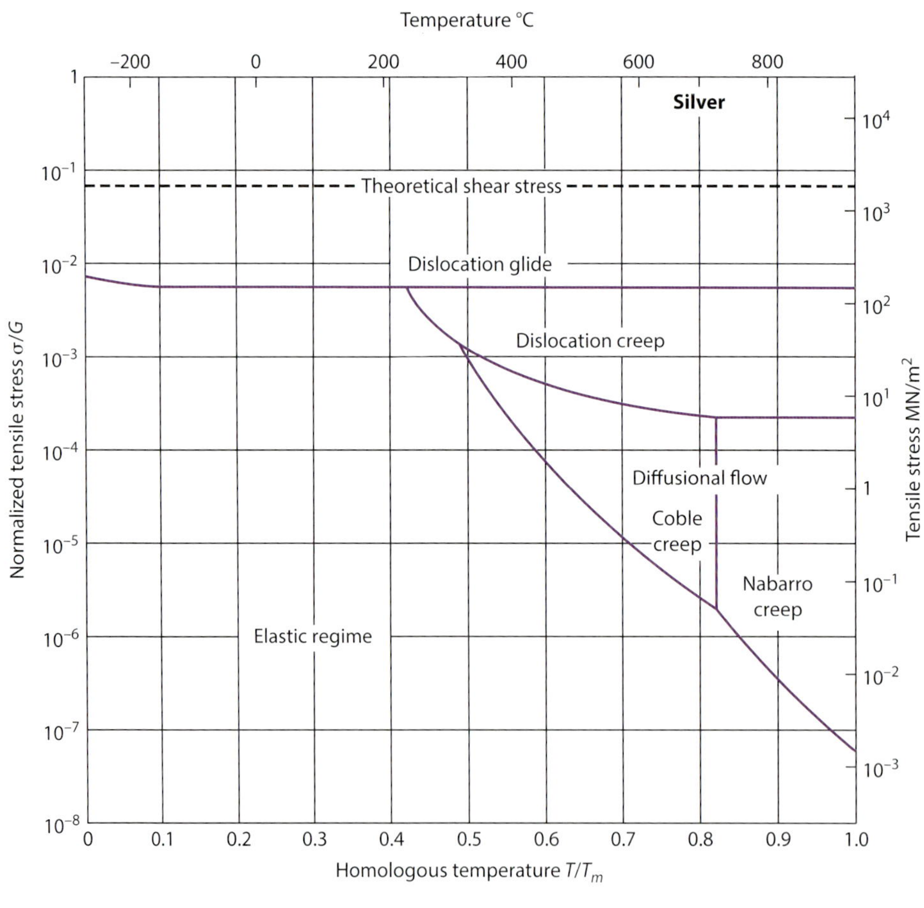

그림 9.17 결정립의 크기가 32 μm이고 변형 속도가 10^{-8} s^{-1}인 순수 은의 변형 메커니즘 선도
(Based on Crossman, F.W., and Ashby, M.F., Acta Met. 23 (1975), p. 887.)

력, 즉 전단계수로 나눈 인장 응력은 왼쪽 수직 축에 나타내었으며, 실제 인장 응력은 오른쪽에 나타내었다. 다양한 변형 메커니즘의 변형률 속도는 변형 모델의 계산에 의해 결정되며, 최대 변형률을 가진 메커니즘이 선도에 나타나게 된다. 그림의 좌측 하단에 상응하는 저온 및 저 응력 조건에서, 변형은 탄성범위에서 발생한다. 만약, 저온 조건에서 응력이 증가한다면, 전위 활주 경계선이 10^{-2}보다 약간 낮은 정규화 응력에서 만나게 된다. 두 변형 메커니즘 사이의 경계는 두 변형 메커니즘에 대한 변형률 속도의 계산 값이 동일하게 나오는 곳이다. 마찬가지로, 세 개의 메커니즘이 함께 만나는 지점은 모든 변형 메커니즘이 같은 변형률 속도를 가지는 곳이다. 그림 9.17의 상단에서, 점선은 이론적 전단 항복강도이며, 이것은 전위가 없는 완벽한 결정을 전단하는데 필요한 응력이다. 이론적 전단 항복강도는 대략 전단계수의 1/10과 같다. 이론적 전단 강도는 참조를 위하여 표현되었다: 위스커(whisker)를 제외한 어떠한 금속도 이 항복강도를 가지지 않는다. 전위 활주는 $10^{-2.2}$보다 높은 정규화 응력 범위와 용융 온도까지 모든 온도 범위에서 주요 크리프 메커니즘이다. 용융 온도($T/T_m = 1.0$)에 근접한 고온 조건 및 $10^{-2.2}$ 미만이거나 $10^{-3.6}$ 이상인 정규화 된 응력 범위에서 주요한 크리프 메커니즘은 전위 크리프이다; 이것은 위에 묘사된 것과 같이 전위 상승과 관련되어 있다. $T/T_m = 0.82$ 이상의 온도 및 $10^{-3.6}$ 이하의 정규화 된 응력에서 변형 메커니

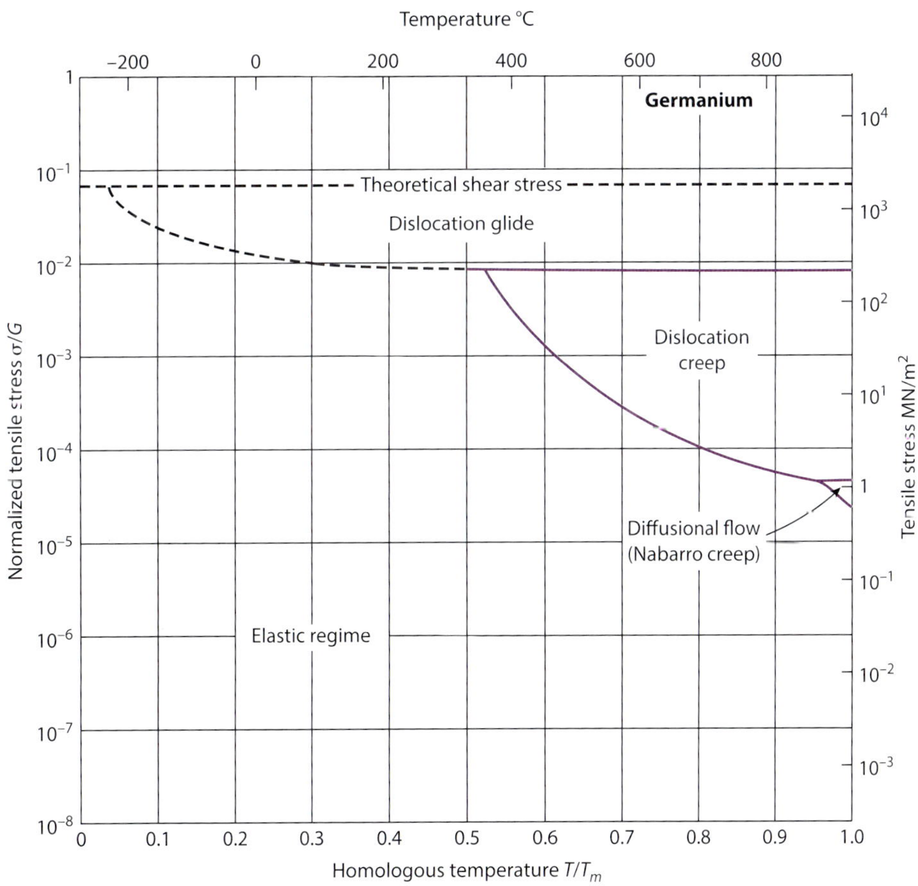

그림 9.18 결정립의 크기가 32 μm이고 변형 속도가 $10^{-8}\ s^{-1}$인 게르마늄의 변형 메커니즘 선도
(Based on Crossman, F.W., and Ashby, M.F., Acta Met. 23 (1975), p. 887.)

즘은 주로 Herring-Nabarro 크리프이다. Herring-Nabarro 크리프는 금속결정 자체를 통한 원자 유동의 결과이다. Coble 크리프는 0.82~0.50 사이의 homologous 온도 범위, 그리고 전위 크리프가 발생하는 정규화 응력보다 낮은 범위에서 주요하게 나타난다.

세라믹 결정에서 크리프에 대한 메커니즘은 결정 금속에 대한 메커니즘과 유사하며, 이것은 공유결합된 게르마늄에 대한 그림 9.18의 변형 메커니즘 선도에서 보인다. 전위의 이동이 저온 조건의 공유결합 물질에서는 발생하기 어렵기 때문에, 전위 활주가 발생하기 전에 게르마늄 및 다른 세라믹 재료들의 온도를 증가시킬 필요가 있다. 저온 조건에서는 전위 활주가 발생하기 전에 취성 파괴가 발생할 수 있기 때문에 전위 활주 라인은 저온에서 점선으로 표시된다. 확산적 유동에 의한 Herring-Nabarro 크리프는 오직 높은 온도에서만 발생한다. 이것은 게르마늄의 공동 확산에 대한 활성화 엔탈피가 금속에 비해 크고, 확산 유동이 공동 확산을 필요로 하기 때문이다.

9.4.4 금속과 세라믹의 초소성 변형

그림 9.19에서 보다시피, 초소성은 물질들이 수백에서 수천 퍼센트까지 극단적으로 높은 소성 변형을 겪을 때 발생한다. 일반적으로 초소성은 절대 용융 온도의 50% 이상의 온도에서 발생한다. 초소성은 고온에서의 결정립계의 슬라이딩과 원자의 확산 유동의 결과이다. 결정립계가 슬라이딩 하는 동안, 결정들은 그들의 모양을 유지하지만 서로에 대해 상대적으로 이동한다. 초소성은 일반적으로 10 μm보다 더 작은 지름의 등축정(equiaced grains)을 요구한다. 초소성 변형의 변형률 속도는 전형적으로 $10^{-3}\,s^{-1}$ 가량이다; 이런 변형률 속도는 일반적으로 크리프 변형과 관련된 변형률 속도보다 높다.

초소성인 물질들은 또한 **변형률 속도에 민감**하다. 변형률에 민감한 재료에서, 진 응력은 지수가 1에 접근하는 변형률 속도에 대한 함수이다. 초 소성 물질에서 이 지수는 0.8~1이다. 넥(neck)이 소성 변형동안 형성되기 시작할 때, 소성 변형은 넥에 국부적으로 발생된다. 변형률 속도에 대한 민감성이 특히 높은 물질에서, 넥에서 증가된 변형률 속도는 더 이상의 변형이 발생하는데 필요한 응력을 상당히 증가시킨다. 그 이상의 변형은 더 작은 응력에서 소성변형 할 수 있는 시편의 더 적게 변형된 지역으로 이동한다. 초소성에서 관찰되는 높은 변형률은 넥이 소성 변형의 결과로 형성되지 않도록 요구한다. 넥을 형성하는 금속은 높은 변형률 속도에 민감하지 않고, 또한 그 재료들은 초 소성을 나타내지 않는다. 모든 금속 및 세라믹은 고온에서 크리프 현상을 나타내지만, 모든 금속 및 세라믹이 고온에서 초 소성을 나타내지는 않는다. 초소성 특성을 나타내는 몇몇의 티타늄, 알루미늄, 철 합금 및 세라믹은 표 9.1에 나열되어 있다. 우리는 13장에서 금속 및 세라믹의 초소성의 가공에 대해 논의할 것이다.

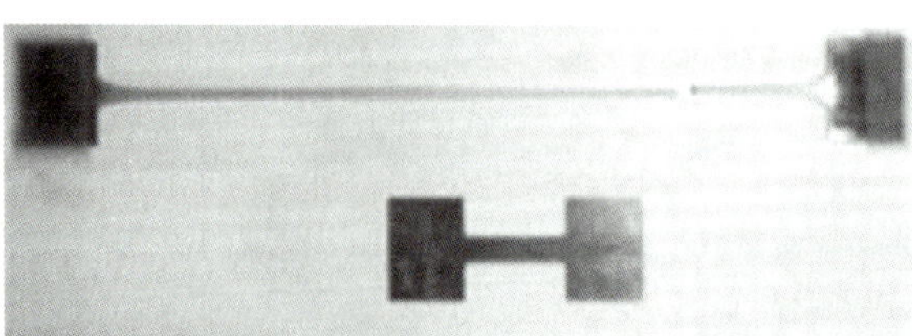

그림 9.19 Al-Mn-Mg-Sc 합금의 초소성 변형 사진(상단 이미지). 사진 하단은 변형 전 시편의 형상 *(PNNL)*

표 9.1 몇몇의 초소성 금속 합금과 세라믹 재료의 초소성 온도(℃), 신장율(%) 및 변형 속도

Alloy	Superplastic Temperature	% Elongation (At Strain Rate Listed Here)	Strain Rate (1/S)
Ti-6% Al-4% V	927	1000−2000	2×10^{-4}
Al-4.5% Cu-0.5% Zn (Supral 100)	450	600−1000	10^{-3}
Al-4.5% Zn-4.5% Ca	565	500	10^{-3}
Fe-26% Cr-6.5% Ni	900	1000	5×10^{-5}
3mol. % Yttria-97% Zirconia	1450	>160	10^{-4}
Al_2O_3 - 0.05% MgO - 0.05% Yttria	1550	65	10^{-4}
80wt.% of (3mol.%Yttria, 97% Zirconia) - 20wt.% Al_2O_3	1650	500	10^{-3}

Reprinted from Askeland, D.R., and Phule, P.P., The Science and Engineering of Materials, 4th ed. Thomson-Brooks/Cole, Pacific Grove, Ca. (2003), p. 343.

9.4.5 비결정질 세라믹의 소성 변형과 크리프

전위는 정렬된 물질에서만 확인될 수 있기 때문에, 전위 운동은 비결정질 물질에는 적용되지 않는다. 유리에서 크리프 변형은 서로 다른 SiO_2 4면체 사이의 결합이 끊어지고 난 후 규소 및 산소의 4면체가 회전 및 이동 후에 재결합 될 수 있도록 요구한다. 결합의 끊어짐은 열적으로 활성화되는 과정이며, 온도가 높아질수록 더 많은 결합이 끊어지게 된다. 또한, 소다(NaO) 및 석회(CaO)와 같은 화합물의 첨가는 그림 3.3에서 볼 수 있듯이 비 가교 산소(nonbridging oxygen) 원자의 발생을 가져온다. 소다 및 석회의 첨가는 그림 9.3에서 보다시피 크리프 속도를 증가시키고 유리의 점도를 감소시킨다. 유리전이온도(glass transition temperature)보다 높은 온도에서 유리와 같은 비 결정질 세라믹의 소성 변형률 속도는 식 9.1부터 식 9.6까지의 방정식들로 모사된다.

유리에서는 점도가 특정 값을 가지는 지점에서의 온도가 중요하게 고려되고 명명된다. 가공점(working point)은 점도가 10^3 Pa · S (10^4 P)일 때의 온도이다. 점도에 대한 연구에서 poise 단위(P) 또한 사용된다. 점도의 SI 단위는 Pa · S이고, 10 poise는 1 Pa · S 와 동일하다. 가공점에서 유리는 쉽게 모양을 바꿀 수 있게 된다. 연화점은 점도가 $10^{6.6}$ Pa · S ($10^{7.6}$ P)일 때의 온도이다. 연화점에서, 길이가 24 cm이고 지름 0.7 mm인 유리 막대는 자중에 의하여 1 mm/minute의 속도로 늘어난다. 풀림점은 점도 $10^{12.4}$ Pa · S ($10^{13.4}$ P)일 때의 온도이다. 풀림점에서 큰 내부 변형률을 가지는 유리는 15분 후에 변형률이 없는 상태가 된다.

9.4.6 폴리머의 소성 변형, 크리프 및 응력 파단

폴리머의 소성 변형률 속도는 식 9.1에서 9.6으로 모델링되며, 여기서 소성 변형률 속도는 점도, 응력 그리고 온도 등과 관련된다. 폴리머의 점도는 폴리머의 분자량에 의존한다. 낮은 분자량에서, 점도는 분자량이 증가함에 따라 선형적으로 증가한다. 그러나 임계 분자량을 넘어서게 되면, 점도는 대략 분자량의 3.4 지수승에 의존한다. 폴리머의 점도는 식 9.3에 주어진 대로 Arrhenius 관계식 형태로 온도에 의존한다.

대부분의 폴리머 유체는 뉴턴 유체가 아니다. 물은 뉴턴 유체의 대표적인 예이다. 만약, 비 뉴턴 유체에 대한 방정식 식 9.2에서 지수(n)가 1 미만이라면, 그림 9.20에서처럼 전단 변형률 속도가 증가함에 따라, 작용 전단응력 대 변형률 속도의 기울기가 낮은 전단 변형률 속도에서의 값보다 작아지게 된다. 이런 폴리머들을 전단박화(shear-thinning) 폴리머라 하며, 대부분의 폴리머는 전단박화 특성을 가진다. 그림 9.21은 변형률이 증가함에 따라 Polystyrol™의 점도가 감소하며, 또한 온도가 증가함에 따라 점도가 감소하는 것을 보여준다. 폴리스타이롤(Polystyrol)은 내 충격성 폴리스티렌(HIPS)에 대한 상표명이다. 전단박화가 발생하면 낮은 전단 속도에서 LCM들은 서로 엮이고 강한 결합을 형성할 시간을 더 많이 가질 수 있다. 역으로, 높은 전단 변형률 속도 조건에서는 결합이 그렇게 강하지 않고, 증가하는 변형률 속도에 대해 요구되는 추가적인 응력이 작다. 전단박화는 폴리머 가공에서 중요하며, 이것은 사출 성형과 같은 공정에서 높은 전단 변형률 속도를 허용할 수 있도록 해준다. 만약, 비 뉴턴 유체에 대한 방정식 식 9.2에서 지수(n)가 1 이상이라면, 그림 9.20에서처럼 전단 변형률 속도가 증가함에 따라, 작용 전단응력 대 변형률 속도의 기울기가 낮은 전단 변형률 속도에서의 값보다 커지게 된다. 이러한 폴리머들을 전단농화(shear-

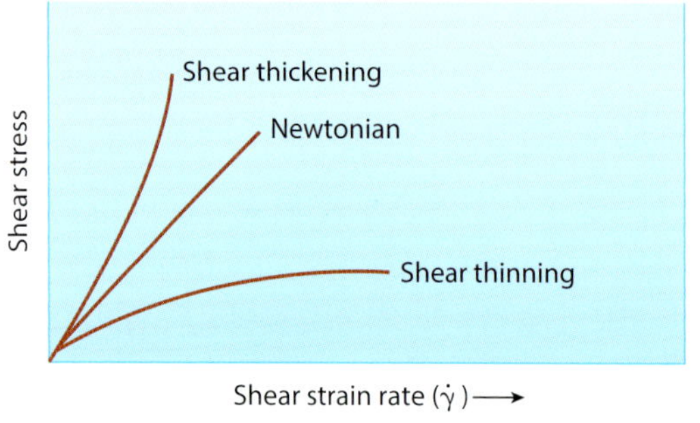

그림 9.20 Newtonian 폴리머, 전단 박화(shear-thinning)된 폴리머, 전단 농화(shear-thickening)된 폴리머의 전단 변형률 속도에 대한 전단 응력 선도 *(Based on Askeland, D.R., Fulay, P.P., and Wright, W.J., The Science and Engineering of Materials, 6th ed., Cengage Learning, Stamford, CT. (2011), p. 202.)*

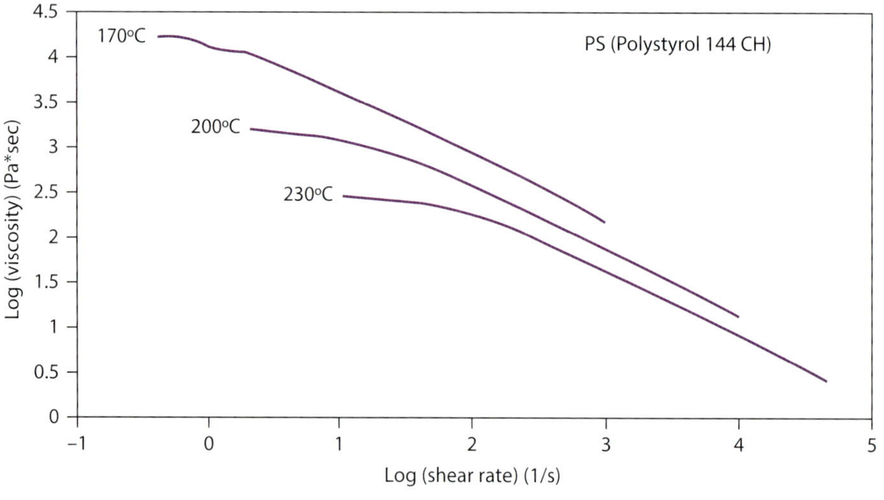

그림 9.21 폴리스타이롤의 전단 변형률 속도(log scale)에 대한 점도(log scale) 선도 *(Based on Osswald, T.A., and Menges G., Materials Science of Polymers for Engineers, Hanser Publishers, Munich (2003), p. 132.)*

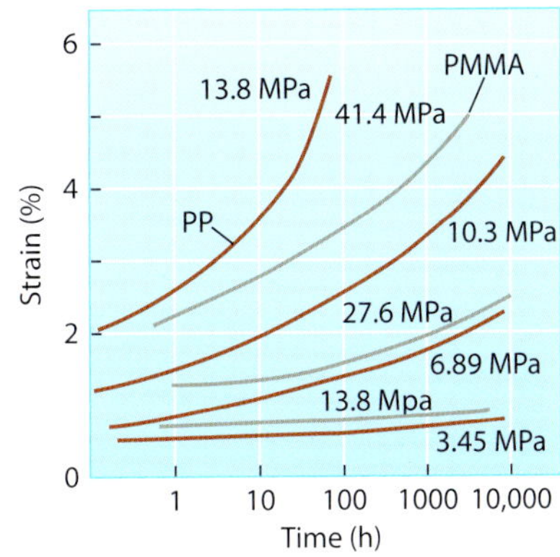

그림 9.22 20°C일 때 서로 다른 응력에 대하여, PMMA(파랑)과 PP(빨강)의 시간(h, log sclae)의 함수로 나타낸 크리프 변형률(%) 선도 *(Based on Askeland, D.R., Fulay, P.P., and Wright, W.J., The Science and Engineering of Materials, 6th ed., Cengage Learning, Stamford, CT. (2011), p. 627.)*

thickening) 폴리머라 한다. 이런 거동은 이온 교차결합을 가지는 폴리머들 혹은 이오노머에서 관찰된다.

열가소성 폴리머 PMMA 및 PP에 대한 크리프 곡선은 그림 9.22에 20°C에서 몇몇 응력조건들에 대하여 나타나 있다. 이들 크리프 곡선들은 그림 9.4에 도시된 곡선과 유사하다. 열가소성 폴리머는 소성 변형에 의해 가공 경화되며, 또한 열적 진동은 폴리머의 소성 변형을 활성화한다. 그러나 폴리머의 변형 경화는 온도의 증가에 따라 풀림 되지 않는다. 대신, 열가소성 폴리머는 온도가 증가함에 따라 연화된다. 폴리머의 크리프 변형률의 크기는 온도에 의존해 변한다. 유리전이온도보다 낮은 온도에서, 폴리머는 강성을 나타내고 크리프특성을 거의 나타내지 않는다. 그러나 유리전이온도 이상의 온도에서 폴리머의 크리프 속도는 온도가 증가함에 따라 급격하게 증가한다. 폴리머의 크리프 메커니즘은 인장시험에서 폴리머의 소성

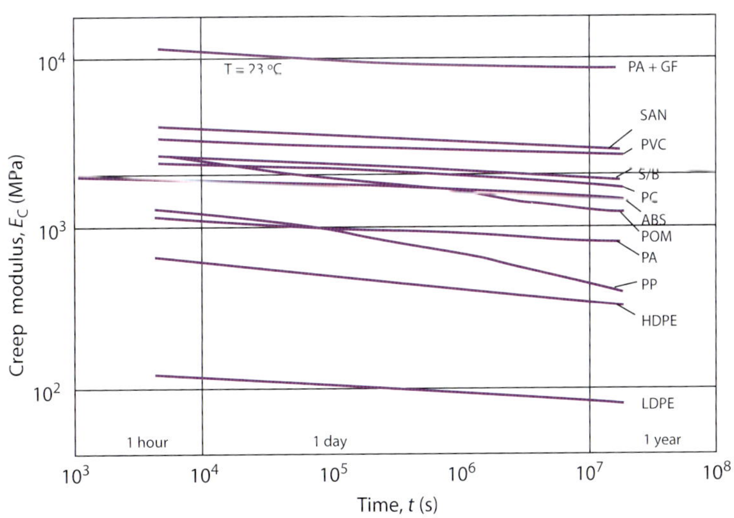

그림 9.23 23°C일 때, PA(나일론) + GF(유리섬유) 및 몇몇의 폴리머들에 대한 시간에 따른 크리프 계수 선도 *(Based on Osswald, T.A., and Menges G., Materials Science of Polymers for Engineers, Hanser Publishers, Munich (2003), p. 391.)*

변형과 유사하다. 비결정성 열가소성 폴리머에서, 소성 변형은 상대적인 LCM들의 슬라이딩 때문이다. 부분적인 결정성 폴리머의 소성 변형은 결정성 부분을 서로 떨어트리고 회전시키고 신장되도록 한다. 또한 LCM들은 그림 6.8에 도시한 바와 같이 인장 응력의 방향으로 정렬된다. 같은 폴리머 내에서 결정질 영역은 비결정질 영역보다 더 낮은 속도로 크리프 변형이 발생한다. 열가소성 폴리머의 소성 변형률 속도는 식 9.6으로 모델링된다.

열경화성 폴리머는 또한 LCM들을 연결하는 공유결합이 없는 영역에서 LCM들의 슬라이딩을 통해 크리프 변형이 될 수 있다. 그러나 3차원 및 교차 공유결합은 크리프 되지 않고, 또한 크리프 변형량을 제한하기 때문에, 열경화성 폴리머의 크리프 변형량은 열가소성 폴리머보다 작다.

위에서 논의된 데이터들에 더하여, 폴리머 연구자 및 공학자들은 크리프 계수(E_c)를 사용한다. 이것은 식 9.16과 같이 작용된 응력(σ)을 총 변형률(ε)로 나눈 값이다.

$$E_c = \frac{\sigma}{\varepsilon} \tag{9.16}$$

그림 9.23은 몇몇 폴리머의 크리프 계수를 보여준다. 총 변형량이 시간에 따라 증가하고 작용하는 응력이 일정하다고 가정하기 때문에, 시간에 따라 크리프 계수는 감소한다.

9.5 금속, 폴리머, 세라믹의 온도와 응력 – 변형률 선도

우리는 소성 변형이 응력에 의해 활성화되는 현상 이외에 추가적으로 열적으로 활성화됨을 살펴보았다. 온도가 증가함에 따라 인장시험에서의 소성 변형의 양은 증가한다. 이것은 온도의 증가에 따라 금속의 항복강도를 감소시키고, 또한 그림 9.24에 개략적으로 나타낸 것과 같이 철과 같은 BCC 결정구조의 금속에 대하여 파단 연신율을 증가시키는 결과를 가져온다. BCC 금속은 조밀하지 않으며, HCP 금속은 오직 기저 조밀면만을 가진다. 전위 활주 및 크로스슬립의 발생량이 제한되기 때문에, BCC 및 HCP 금속은 낮은 온도에서 취성을 나타낸다. FCC 다결정 금속에서, 밀집 구조에 존재하는 낮은 온도에서도 슬립 가능한 많은 슬립 시스템을 발생시키기 때문에 전위활주 및 크로스슬립이 발생할 수 있고, 따라서 높은 연성이 절대온도가 0 K에 접근할 때까지 유지될 수 있다. FCC 금속에서, 항복강도는 온도가 감소함에 따라 증가한다. 다결정 세라믹은 상온에서 취성을 나타낸다. 그러나 일반적으로 용융 온도의 반 이상의 충분히 높은 온도에서는 약간의 연성을 나타낸다.

폴리머에서 또한 온도가 증가함에 따라 항복강도는 감소하고, 파단 연신율은 증가하게 된다. 이 현상은 그림 9.25에서 나타난 PMMA에 대한 예를 통하여 확인할 수 있다. 그림 9.25에서, 퍼센트로 나타낸 연신율을 변형률로 바꾸기 위해서는 수평축의 값을 100으로 나누어야 한다. 온도의 증가는 LCM사이의 van der Waals 결합을 파괴할 수 있는 열에너지의 증가를 유발하고, 이는 LCM들이 서로 슬라이딩 할 수 있도록 한다. 유리전이온도보다 낮은 온도에서는 LCM들 사이의 van der Waals 결합을 깨기에는 열적에너지가 불충분하기 때문에, 비정질 폴리머는 유리전이온도 아래에서 취성을 나타낸다.

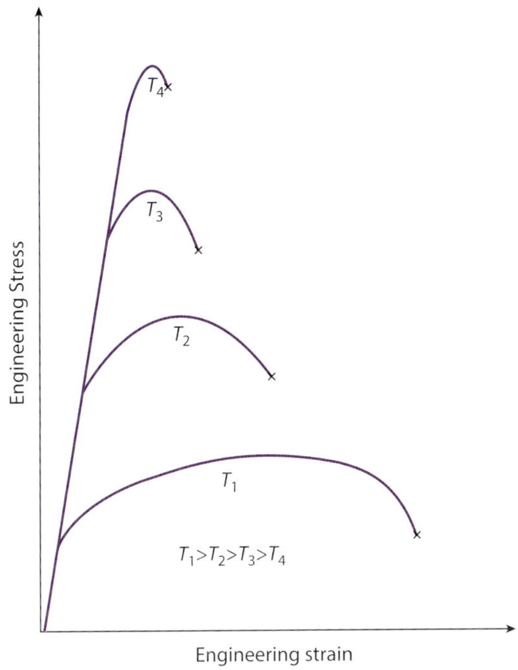

그림 9.24 서로 다른 온도에 대한 철과 같은 BCC 금속의 공칭 응력-공칭 변형률 선도

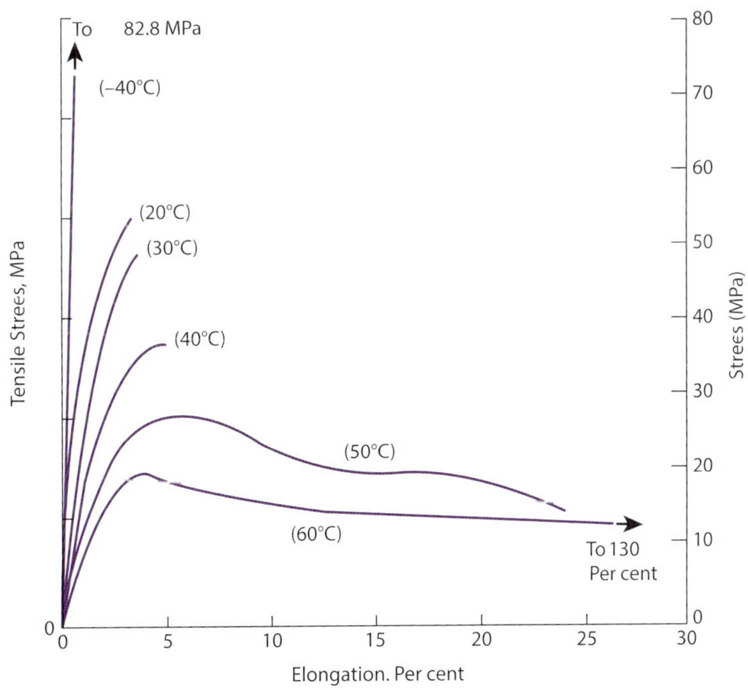

그림 9.25 특정 온도(60°C, 50°C, 40°C, 30°C, 20°C, −40°C)에서 PMMA의 연신율 대비 인장응력 선도 *(Based on Carswell, T.S. and Nason, H.K., Effect of Environmental Conditions on the Mechanical Properties of Organic Plastics, in Symposium on Plastics, ASTM Philadelphia, PA (1944), p. 25.)*

9.6 탄성 및 소성 변형의 점탄성 변형 모델

재료의 전체 변형은 탄성 및 소성 변형의 합이며, 이들 각각은 서로 다른 메커니즘으로부터 발생한다. 고체의 탄성 변형은 원자 간의 결합의 늘어남 혹은 굽힘의 결과로 발생한다. 탄성 변형의 모델은 그림 9.26a에 개략적으로 나타낸 대로 작용되는 하중이 사라졌을 때 변형이 원래 상태로 복구되는 스프링이다. 탄성 고체에 대하여, 탄성 변형률(ε_e)은 식 9.7로 주어지며, 탄성 변형률 속도($d\varepsilon_e/dt$)는 식 9.17로 나타낸다.

$$\frac{d\varepsilon_e}{dt} = \frac{1}{E}\frac{d\sigma}{dt} \tag{9.17}$$

오직 응력이 시간에 대해 변동될 때에만 탄성 변형률 속도가 정의된다.

이 장에서 논의되었듯이, 물질과 온도에 의존하는 소성 변형에 대한 다양한 메커니즘이 있다. 고체에서 모든 종류의 소성 변형에 대한 기계적 모델은 대시포트이며, 그림 9.26b에 나타나 있다. 대시포트는 유체가 내부에 존재하고 플런저(plunger)가 있는 실린더이다. 플런저는 플런저와 실린더 사이의 간격을 통하여, 혹은 플런저의 오리피스를 통하여 유체가 흐르게 한다. 만약 대시포트에서 가해진 응력이 0으로 줄어든다면, 플런저의 변형은 복구되지 않는다. 소성 변형률 속도($d\varepsilon_p/dt$)는 점성유체에 대한 방정식으로 식 9.5에 주어져 있다.

점탄성 모델은 재료에서 관찰되는 변형률 속도를 예측하기 위하여 탄성과 소성(점성) 변형률 속도 요소들을 조합한 모델이다. 예를 들어, 그림 9.4에서 보이는 변형률-시간 곡선을 얻기 위해 어떤 탄성과 소성 변형 요소의 결합이 필요할까? **Maxwell 고체**는 그림 9.26c에서 볼 수 있듯이, 스프링과 대시포트의 직렬 조합이다. 직렬 배열에서, 스프링 및 대시포트는 같은 응력을 가지고 있고, 이 상태를 다른 말로 등응력(isostress)이라 한다. 만약 일정한 응력이 처음에($t = 0$) Maxwell 고체에 가해진다면, 스프링은 탄성적으로 즉시 변형한다. 탄성 변형은 식 9.7에 주어지며, 그림 9.27에 표현되었다. 대시포트에 의해 주어진 소성 변형은 그림 9.27에서 주어진 총 변형률을 얻기 위해 시간의 경과에 따라 식 9.5를 적분하여 얻어진다.

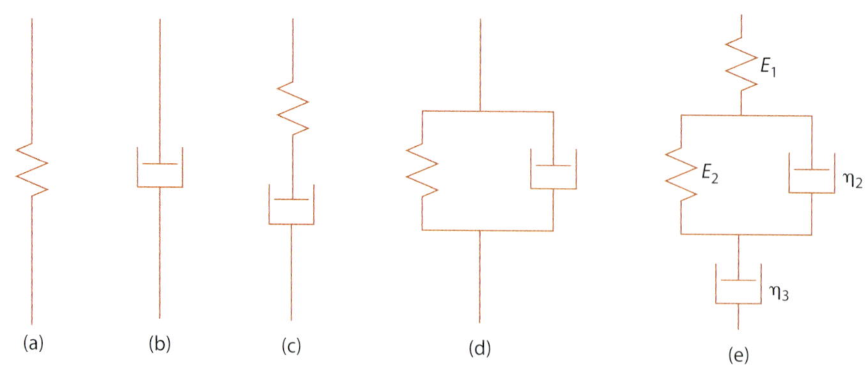

그림 9.26 재료의 변형에 대한 기계적 모델. (a) 스프링, 탄성 변형에 대한 기계적 모델 (b) 대시포트, 소성 변형에 대한 기계적 모델. (c) 스프링과 대시포트가 직렬인 Maxwell 모델. (d) 스프링과 대시포트가 병렬인 Voigt 모델. (e) 스프링과 대시포트가 직렬과 병렬인 4 요소 점탄성 모델

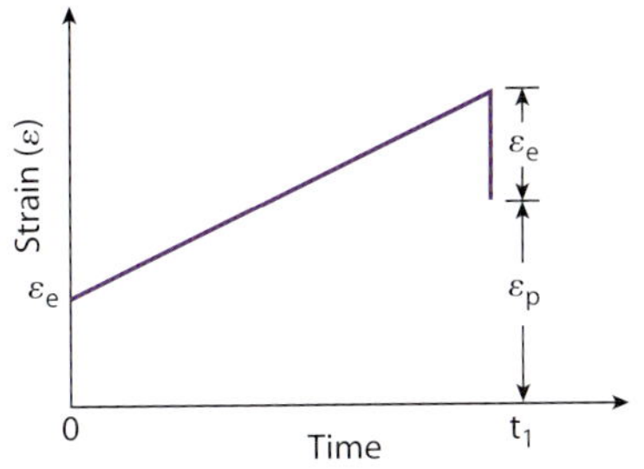

그림 9.27 응력이 가해진 Maxwell 고체의 변형률(ε)–시간(t) 선도. t=0 일 때, 변형률은 ε_e 만큼 발생하며 탄성 변형임. 소성 변형률 ε_p은 시간이 감에 따라 축적됨. t_1에서 시편에 하중이 제거되고, 탄성 변형(ε_e)이 회복됨.

$$\varepsilon_p = \frac{\sigma^n}{3\eta} t \tag{9.18}$$

그림 9.27에 도시된 바와 같이, 일정한 응력이 가해질 때 Maxwell 고체에서 소성 변형은 시간이 지남에 따라 선형적으로 누적된다. 만약, Maxwell 고체의 응력이 $t = t_1$에서 0으로 줄어든다면, 스프링의 탄성 변형은 복구된다. 하지만 대시포트에 의하여 누적된 소성 변형(ε_p)은 복구되지 않는다. Maxwell 고체는 크리프 변형 I 단계를 거치지 않는다.

Voigt 고체에서, 스프링 및 대시포트는 그림 9.25d에 나타난 바와 같이 병렬 조합된다. 병렬 배열에서, 스프링 및 대시포트는 같은 변형률, 다른 말로 등변형률(isostrain)을 가진다. 자동차의 충격 흡수장치는 스프링 및 대시포트의 병렬 배열이다. 만약, 처음에(t = 0) 응력이 Voigt 고체에 가해지고 응력이 일정하게 유지된다면, 변형–시간 곡선은 그림 9.28에서와 같이 나타난다. 식 9.18에서 보다시피, t = 0일 때 대시포트는 늘어나지 않기 때문에 초기 탄성 변형은 없다. 스프링은 반드시 대시포트를 따라 늘어나야 하고, 대시포트는 시간에 따라 늘어난다. 그러나 변형함에 따라 스프링이 더 많은 응력을 지지하고 대시포트는

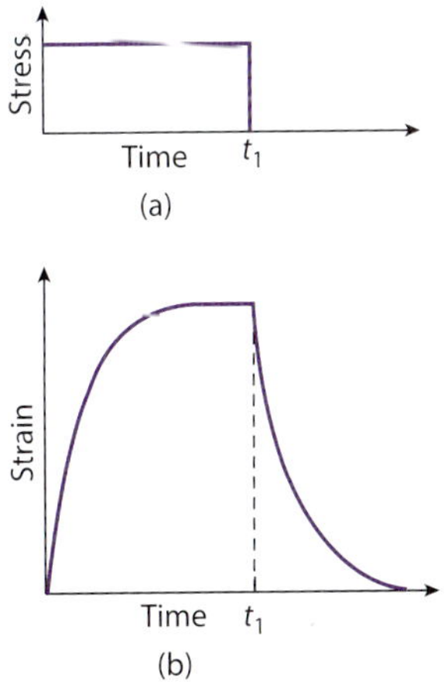

그림 9.28 (a) Voigt 고체에 시간에 따라 적용된 응력. (b) Voigt 고체에 (a)의 응력이 가해졌을 때, 시간 따른 변형률 선도

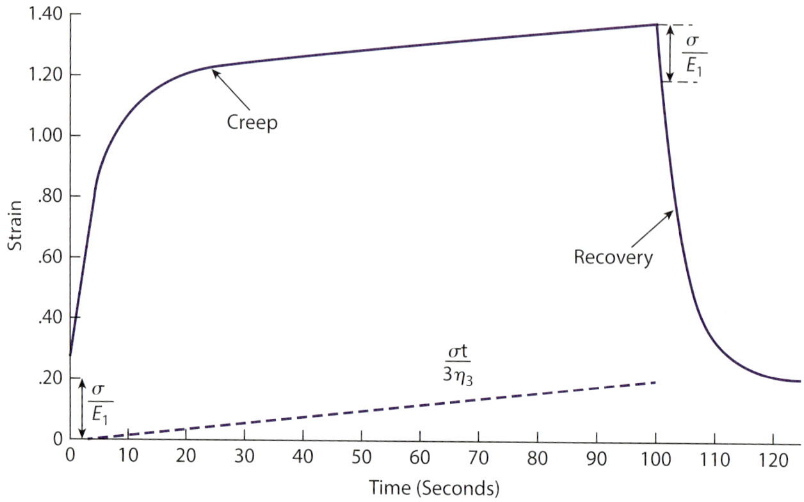

그림 9.29 4 요소 모델에 100 MPa의 응력이 작용했을 때의 크리프 반응(E_1=500 MPa, E_2= 100 MPa, η_2=500 MPa · s, η_3=16.7GPa · s) *(Based on Nielsen, L., Mechanical Properties of Polymers, Litton Educational Publishing, Van Nostrand Reinhold N.Y. (1962), p. 51.)*

더 적은 응력을 지지하기 때문에, 시간에 대한 대시포트의 변형의 함수는 선형적이지 않다. 그러므로 대시포트에서의 변형의 속도는 시간에 따라 스프링이 모든 응력을 지지하여 변형의 속도가 0이 될 때까지 감소한다. 만약, Voigt 고체가 $t = t_1$에서 하중이 제거된다면, 그림 9.28에서와 같이 스프링은 다시 수축하기 때문에 변형은 시간에 따라 복구된다. 일단 하중이 제거된다면 스프링은 결국 원래 길이로 완전히 복구되기 때문에, 충분한 시간이 지난다면 모든 변형은 복구된다. 비록 모든 변형은 복구되지만, 변형 복구는 시간에 의존한다. Voigt 고체는 비탄성이다.

4요소 모델(four-element model)에서, Maxwell 및 Voigt 고체는 그림 9.26e에 나타나듯이 직렬로 연결되며, 이 물질에 대한 변형-시간 곡선은 그림 9.29처럼 나타난다. 그림 9.29에서의 곡선은 그림 9.27 및 9.28b보다는 그림 9.4의 크리프 곡선과 더 닮았다. 그림 9.29에서 응력은 t=0에서 가해지며, 응력은 100초에서 제거된다.

예제 9.3

그림 9.29의 폴리머에 대해, 식 9.5와 그림의 설명에 주어진 특성들을 활용하여 변형률-시간 선도에 의해 결정된 II 단계 크리프 속도를 비교하라.

풀이

그림 9.29의 선도에서, 100초에서의 정상 상태인 II 단계 크리프 속도는 0.20이며, 변형률은 다음과 같다.

$$\frac{d\varepsilon_p}{dt} = 0.20 \times 10^{-2}\,\mathrm{s}^{-1}$$

식 9.5를 이용하여 소성 변형률을 구하기 위한 작용 응력은 100 MPa이다. 점도가 16.7 GPa일 때의 η_3에 상응하는 대시포트를 통해 II 단계 크리프 속도를 구할 수 있다.

$$\frac{d\varepsilon_p}{dt} = \frac{\sigma}{3\eta} = \frac{100\text{ MPa}}{3(16.76 \times 10^3\text{ MPa}\cdot\text{s})} = 2 \times 10^{-3}\text{ s}^{-1}$$

따라서 그래프로부터 구한 크리프 속도와 위의 식에 의해 계산된 크리프 속도 값이 동일한 것을 확인할 수 있다.

9.7 응력 완화

응력 완화(stress relaxation)는 일정한 변형률이 가해진 재료에서 응력이 감소하는 현상이다. 응력 완화에서, 일정한 변형률(ε)은 $t = 0$에서 시편에 가해지고, 이때의 응력은 σ_0로 측정된다. 일정 시간(t) 후에, 응력은 그림 9.30에서처럼 $\sigma(t)$로 감소하는 것이 관찰된다. 식 9.18에 따르면 어떠한 소성변형도 누적에 필요한 시간을 요구하기 때문에, $t = 0$에서의 변형률(ε)은 모두 탄성이다. 초기 응력값(σ_0)은 식 9.19에 도시된 바와 같이 탄성계수 및 Hooke의 법칙으로부터 계산된다.

$$\sigma_0 = E\varepsilon \tag{9.19}$$

시간의 함수로서 응력을 계산하기 위해 재료는 Maxwell 고체처럼, 즉 직렬로 연결된 탄성 및 소성 요소들처럼 행동한다고 가정한다. Maxwell 고체가 변형될 때, 초기 변형은 모두 탄성이다. 그 후, 시간이 지남에 따라 대시포트가 소성 변형을 제공하기 때문에 스프링은 완화, 즉 탄성 변형이 감소하게 된다. 이 해석에 대한 방정식은 식 9.20에 나타난 바와 같이 전체 변형(ε)은 탄성 및 소성 변형의 합이며, 전체 변형은 일정하다는 것이다.

$$\varepsilon = \varepsilon_e + \varepsilon_p = \text{Constant} \tag{9.20}$$

또한, 전체 변형은 ε으로 일정하기 때문에, 식 9.21에서 나타나듯이 소성 및 탄성 변형률의 변화율의 합은 0이다.

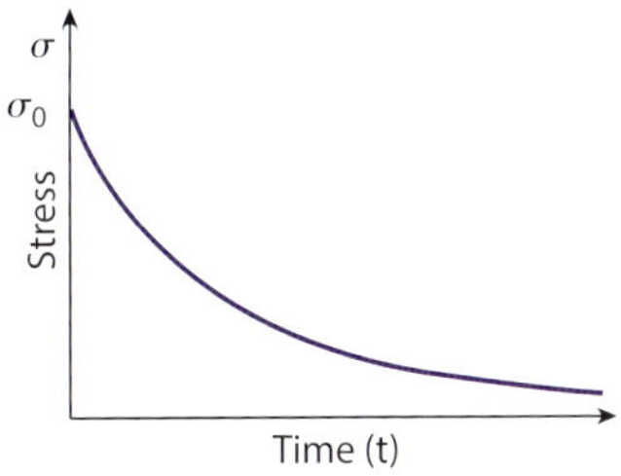

그림 9.30 변형률이 일정할 때, Maxwell 고체의 시간(t)에 따른 응력(σ) 선도. t=0에서 응력은 σ_0이며, 시간에 따라 응력은 기하급수적으로 완화 혹은 감소함.

$$\frac{d\varepsilon}{dt} = 0 = \frac{d\varepsilon_e}{dt} + \frac{d\varepsilon_p}{dt} \qquad \textbf{9.21}$$

변형율의 합이 일정하기 때문에, 식 9.20은 소성 변형의 모든 증가분은 그 크기가 동일하지만 반대방향으로 탄성 변형을 감소시킴을 보여준다. 재료의 소성부분이 뉴턴 유체($n = 1$)와 같이 응답한다고 가정하면, $n = 1$을 식 9.5에 대입하고, 다시 식 9.21에 식 9.5 및 9.17을 대입하면 식 9.22와 같은 식이 도출된다.

$$0 = \frac{1}{E}\frac{d\sigma}{dt} + \frac{\sigma}{3\eta} \qquad \textbf{9.22}$$

식 9.22를 정리한 식이 식 9.23이다.

$$\frac{d\sigma}{\sigma} = -\frac{E}{3\eta}dt \qquad \textbf{9.23}$$

식 9.23을 적분하면 적분상수 C가 생성된다.

$$\text{In}\,\sigma = -\frac{E}{3\eta}t + C \qquad \textbf{9.24}$$

$t = 0$, $\sigma = \sigma_0$ 의 경계 조건을 반영하면 $C = \ln\sigma_0$이 되고 식은 식 9.25와 같이 결정된다.

$$\text{In}\,\sigma = -\frac{E}{3\eta}t + \text{In}\,\sigma_0 \qquad \textbf{9.25}$$

식 9.25를 정리한 식이 식 9.26이다.

$$\text{In}\,\frac{\sigma}{\sigma_0} = -\frac{E}{3\eta}t \qquad \textbf{9.26}$$

식 9.26의 양변에 지수를 취하면 식 9.27과 같다.

$$\frac{\sigma}{\sigma_0} = \exp - \left(\frac{E}{3\eta}t\right) \qquad \textbf{9.27}$$

$t = 0$에서, 응력은 σ_0과 동일하고, 시간이 증가함에 따라 그림 9.30에 개략적으로 나타난 것과 같이 σ는 기하급수적으로 감소한다. 식 9.27에서 $E/3\eta$항은 완화 시간(t_R)이다. 이를 대입하여 얻은 식은 식 9.28과 같다.

$$\frac{\sigma}{\sigma_0} = \exp\left(-\frac{t}{t_R}\right) \qquad \textbf{9.28}$$

시간(t)이 완화 시간(t_R)과 같을 때, 식 9.28에 따르면 응력(σ)은 $\sigma_0\exp(-1)$과 동일하다. Maxwell 고체와 같은 변형 모델 없이는 식 9.27을 유도하기 어려웠을 것이다.

예제 9.4

t = 0일 때 폴리머 시편은 5×10^{-4} 만큼 변형되고, 이를 위해서는 3×10^{7} Pa의 초기 응력이 필요하다. 이 변형은 10일 동안 유지되며, 폴리머의 응력은 1×10^{7} Pa까지 감소한다. 이 폴리머를 점성 요소가 뉴턴 유체와 같이 거동하는 Maxwell 고체로 가정한다면, (a) 이 재료의 탄성계수 및 점도를 구하여라. (b) 30일 동안 변형이 유지되었을 때, 이 시편의 응력은 얼마인가?

풀이

(a) t = 0에서 초기 탄성 변형은 탄성계수와 관련이 있다.

$$E = \frac{\sigma}{\varepsilon} = \frac{3 \times 10^{7}\,\text{Pa}}{5 \times 10^{-4}} = 0.6 \times 10^{11}\,\text{Pa}$$

식 9.27을 이용하면 응력의 감소로 인해 발생되는 점도를 구할 수 있다.

$$10\text{ days} = 240\text{ hours} = 14{,}400\text{ minutes} = 8.64 \times 10^{5}\text{ seconds}$$

$$\frac{\sigma}{\sigma_0} = \frac{1 \times 10^{7}\,\text{Pa}}{3 \times 10^{7}\,\text{Pa}} = \frac{1}{3} = \exp -\left(\frac{E}{3\eta}t\right) = \exp -\left(\frac{0.6 \times 10^{11}\,\text{Pa}}{3\eta}(8.64 \times 10^{5}\,\text{s})\right)$$

위의 식의 양 변에 자연 로그를 취해라.

$$-1.1 = -\frac{0.6 \times 10^{11}\,\text{Pa}}{3\eta}(8.64 \times 10^{5}\,\text{s})$$

그러면 점도는 다음과 같이 계산된다.

$$3\eta = \frac{0.6 \times 10^{11}\,\text{Pa}}{1.1}(8.64 \times 10^{5}\,\text{s}) = 4.7 \times 10^{16}\,\text{Pa}\cdot\text{s}$$

$$\eta = 1.57 \times 10^{16}\,\text{Pa}\cdot\text{s}$$

(b) 30일 후의 응력을 구하기 위해 식 9.27과 이미 알고 있는 탄성계수(E)와 점도(η)의 값을 이용하라. 그리고 시간으로는 30일에 상응하는 25.92×10^{5} sec을 대입하라.

$$\frac{\sigma}{\sigma_0} = \frac{\sigma}{3 \times 10^{7}\,\text{Pa}} = \exp -\left(\frac{E}{3\eta}t\right) = \exp -\left(\frac{0.6 \times 10^{11}\,\text{Pa}}{4.7 \times 10^{16}\,\text{Pa}\cdot\text{s}}(25.92 \times 10^{5}\,\text{s})\right)$$

따라서 응력은 다음과 같이 계산된다.

$$\sigma = (3 \times 10^{7}\,\text{Pa})\exp(-3.3) = 3 \times 10^{7}\,\text{Pa}(0.036) = 0.11 \times 10^{7}\,\text{Pa}$$

요약

- 특정 응력에서의 탄성 변형률은 시간에 따라 변하지 않는다. 왜냐하면 원자들은 발생하는 응력에 대해 순간적으로 탄성 변형으로 보일 만큼 매우 빠르게 반응하기 때문이다.
- 탄성계수는 상변화를 제외하고 시간이 증가함에 따라 감소하며, 이는 용융 온도에 접근함에 따라 급격하게 감소하기 시작한다. 그 이유는 고온일 때의 원자가 저온에서보다 평균적으로 서로 더 멀리 떨어져 있기 때문이다. 따라서 결합은 더 약해진다.
- 점도는 유리와 폴리머 같은 액체와 과냉각 액체에서 전단응력에 대한 소성 전단 변형률의 비와 관련된 특성이다. 뉴턴 유체의 소성 전단 변형률은 점도로 나누어진 작용 전단응력과 같다. 비 뉴턴 유체에서, 지수가 1이 아닌 값을 가진 소성 변형률은 점도로 나누어진 작용 전단응력과 같다. 액체 및 미결정 과냉각 액체의 소성 전단 변형의 온도 의존성은 Arrhenius-type equation에 의해 주어진다.
- 크리프 변형은 시간 의존성을 가지는 소성 변형이다. I 단계 크리프에서, 비선형 천이 소성 변형률은 시간과 반비례 하고, 응력 및 온도와 비례한다. II 단계 혹은 정상상태 크리프는 결정성 고체에서 변형 경화율이 풀림에 의한 연화율과 같아질 때 발생한다. 결정성 고체에서 II 단계 크리프 속도는 응력의 지수승을 곱한 Arrhenius-type equation으로 표현된다. III 단계 크리프에서는 그래프 변형 속도가 증가하며 파단을 야기한다. 파단시간의 역수 또한 응력에 따른 시간과 관련된 Arrhenius관계를 따른다. 파단 시간, 응력, 온도는 설계를 위하여 Larson-Miller parameter와 같은 관례로 표현된다.
- 결정성 금속에서 용융 온도의 절반 이하의 온도에서 크리프 변형의 주요 구조는 전위 활주이다. 대략적으로 용융점의 절반 혹은 이보다 더 높은 온도에서 칼날 전위가 장애물 위로 상승하는 것은 금속의 크리프 변형에 상당한 기여를 하게 된다. Equi-cohesive 온도보다 더 높은 온도에서 결정립계는 결정성 물질보다 더 약하고, 결정립계의 슬라이딩은 크리프 변형에 기여한다. 또한, 고온에서 원자의 확산은 결정립계를 따라 발생하며, Coble 크리프를 발생하게 한다. 결정립계의 슬라이딩과 고온에서의 결정립계의 일반적인 약화 때문에 고성능 가스 터빈 블레이드는 방향성을 가지고 응고된 금속 혹은 단결정 금속에 의해 제작된다. 용융 온도 절반 이상의 온도에서 금속에 인장이 작용되면, 공공의 확산에 의해 물질의 이동이 생기며, 원자는 Herring-Natator 크리프에 의해 인장이 발생되어 시편이 늘어나는 방향으로 움직인다.
- 공유 결합된 물질에서는 저온에서 전위가 움직이기 힘들기 때문에, 전위 활주가 발생하기 전에 절대 용융 온도의 대략 50%로 세라믹의 온도를 증가시킬 필요가 있다. 고온에서 결정성 세라믹의 II 단계 크리프의 메커니즘은 금속과 비슷하고, 크리프 변형을 예측하는 식은 금속과 같다.
- 금속 및 세라믹에 대한 다양한 크리프 메커니즘은 변형 메커니즘 선도에 표현된다.
- 초소성은 금속 및 세라믹이 수백에서 수천 퍼센트의 매우 높은 소성 변형을 겪을 때 발생한다. 일반적으로 초소성은 절대 용용온도의 50% 이상의 온도 및 $10^{-3}\ s^{-1}$의 변형률, 그리고 변형률에 매우 민감한 재료에서 발생한다. 초소성은 고온 결정립계 슬라이딩 및 원자의 확산 유동의 결과이다.
- 유리에서의 크리프 변형은 서로 다른 SiO_2 사면체 사이의 결합 파괴의 결과이며, 이로 인해 실리콘 및 산소의 사면체가 회전 혹은 이동 및 재결합이 가능하다. 유리에서의 크리프 변형을 예측하기 위한 식은 점탄성 모델을 기반으로 하며, 이 모델은 변형률을 점도, 응력 및 온도와 관련시킨다.

- 폴리머에서 소성 변형률과 크리프 변형은 점탄성 식으로 모델링된다. 비결정성 열가소성 폴리머에서 소성 변형은 상대적인 LCM들의 슬라이딩 때문에 발생한다. 부분적으로 결정성인 폴리머에서 소성 변형은 결정성 부분을 분리, 회전, 신장되도록 한다. 그리고 LCM들은 인장응력의 방향으로 정렬된다.
- 인장 시험에서 온도가 증가함에 따라 금속의 항복강도는 감소하고, 열가소성 폴리머는 증가되며, 파단 변형 또한 증가된다. 세라믹에서도 온도가 용융 온도의 절반 이상일 때 유사한 재료 거동이 관찰된다.
- 응력 완화는 일정한 변형률이 가해진 부품 혹은 시편에서 응력이 감소하는 현상이다. 응력 완화는 Maxwell 고체와 같은 점탄성 모델로 모델링된다.

CHAPTER

10 산화, 물성저하, 부식, 전기적 처리, 배터리, 연료전지

Oxidation, Degradation, Corrosion, Electroprocessing, Batteries, and Fuel Cells

이 장에서 이해해야 할 것

- 어떤 재료가 산화되기 쉬운가?
- 금속과 세라믹의 산화 메커니즘
- 부동태화된 금속표면에 산화보호막 형성을 위한 조건
- 금속의 산화속도를 나타내는 식
- 고분자 안으로 용매를 침투시키기 위한 조건
- 고분자의 기계적 특성에 대한 용매의 효과
- 고분자의 풍화 영향
- 부식, 전기적 처리, 연료전지에 적용되는 기본적 전기화학
- 부식의 종류
- 전기가공, 전해 연마, 전기 도금
- 배터리와 연료전지의 작동

한 때 유용했던 보트에 해수 환경으로 인한 부식의 손상효과가 나타나 있다.

© Rhea Eason/Alamy

MATERIALS SCIENCE AND **ENGINEERING PROPERTIES**

10.1 소개

왜 연료 전지를 부식과 같은 단원에서 다루는가? 금속의 부식은 전기화학 반응이며 연료전지의 작동과 같은 반응이기 때문이다. 이 장에서는 배터리, 전기증착, 전기연마, 전기가공과 같은 전기화학분야에 대해서 다룰 것이다. 금속의 산화, 고분자의 풍화, 금속의 부식 등은 재료의 기계적 물성 저하를 일으킨다. 공학자는 제품에 사용된 재료의 환경에 대한 영향을 이해하고 고려해야 한다. 고성능 바람 발생기 구조가 바다 내에 설치가 가능할 정도로 충분히 내구성이 있는지, 그리고 5년 후에도 내구성을 유지할 수 있는지에 대해서 고려해야 한다.

10.2 금속/세라믹의 산소와의 반응

산소와 반응을 하는 구조적 재료는 금속물질을 포함하고 있는지 뿐만 아니라 탄소, 보론, 실리콘, 질화실리콘, 탄화 실리콘과 같이 공유결합으로 이루어진 재료를 포함하는지 여부가 중요하다. 금속/세라믹의 산소와의 반응은 고온에서의 사용이나 설계제약에 한계를 가지고 있다. 몰리브데늄이나 니오븀과 같이 높은 용융점을 갖는 재료들은 높은 온도에서도 구조적으로 강하다. 그러나 이러한 재료들은 고온에서 산소와 쉽게 반응하기 때문에 고온에서 산화가 이루어지는 환경에서는 사용될 수 없다. 고온용 가스터빈을 설계하는 설계자는 작동 온도를 높여야 한다. 그러나 고온으로 상승된 온도조건에서 산소와 반응을 하지 않는 니켈 합금보다 높은 용융점을 갖는 금속은 없다. 가스터빈에서 크롬과 알루미늄에 산화보호막을 생성하기 위한 금속은 니켈이다.

재료 산화의 깁스 자유 에너지가 재료 추가 산소 깁스 자유 에너지보다 낮을 때 재료는 산소와 반응한다. 산소와 반응을 할 때 유일하게 깁스 자유 에너지가 양의 변화를 갖는 금속은 금 뿐이다. 모든 재료들은 산화가 되지만 금은 산화가 되지 않는다. 탄소는 산화될 때 탄화 일산화물과 탄화 이산화물을 생성한다. 염화물이나 불소물과 같이 이온 결합을 갖는 재료들은 산화물을 형성하기 위한 깁스 자유 에너지가 증가하는 쪽(양의 방향)으로 변하기 때문에 산화되지 않는다. 대부분의 산화물들은 쉽게 산화되지 않는다. FeO의 경우는 산화가 더 진행되면 Fe_2O_3으로 된다.

다행스럽게도, 산소와 반응하는 재료들은 산화물로 순간적으로 변화하지 않는다. 어떠한 재료들은 그림 10.1과 같이 산화물 코팅이 재료와 산소 사이의 보호층을 생성한다. 예를 들면, 알루미늄은 건조한 공기상태에서 알루미늄 표면에 형성된 Al_2O_3층에 의해 추가적인 산화로부터 보호받는다. Al_2O_3는 알루미늄 표면을 보호하는 역할을 한다. 추가적인 산화물을 형성하기 위해서는 산소원자와 알루미늄 원자가 서로 만나 반응을 해야하기 때문이다. Al_2O_3층은 공기 중의 산소와 알루미늄의 반응을 방해한다. 이 장에서 Al_2O_3이 산소와 알루미늄 이온의 확산의 장애물이라는 것에 대해서 고찰을 할 것이다.

공유결합으로 결합된 실리콘 또한 실리카(SiO_2) 산화보호막을 형성한다. 실리콘은 산화보호막을 형성하지 않는 공유결합으로 결합된 재료들(탄소, 붕소)을 코팅하기 위해서 사용된다. 이러한 재료들은 실리콘으로 코팅될 때, 실리콘은 재료의 표면에 SiO_2를 형성하여 탄소와 붕소의 추가적인 산화를 막아준다.

산화물의 보호도는 금속 이온이나 산소 이온의 확산률, 산화물의 기계적 순수도의 함수로 나타낼 수 있다. 일반적으로, 이온의 확산률이 느릴수록, 산화물은 더욱 안정적이다. 금속이온과 산소이온의 상대적 확산률은 어떤 재료의 표면에서 산화물이 형성되는지에 따라 결정된다. 그림 10.1a는 철의 산화과정을 나타낸다. 철의 경우, Fe_2O_3이 형성될 때, $Fe^{2+}Fe^{2+}$의 확산률은 O_2^-의 확산률보다 높다. 따라서 Fe_2O_3의 외부표면에 새로운 산화물이 형성된다. 금속 표면에 산화물이 형성되면, 추가적인 산화를 위해서는 철 이온(Fe^{2+})과 두 개의 전자 ($2e^-$)는 필수적이다. 철 이온와 두 개의 전자는 산화물 표면으로 확산되어 새로운

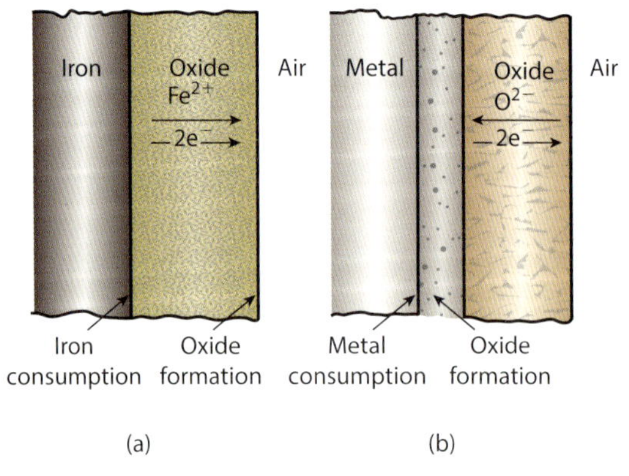

그림 10.1 (a) 철의 산화, 철이온(Fe^{2+})과 두 개의 전자 ($2e^-$)는 공기–산화물 계면에서 산화물을 형성하기 위해 산화층을 통해 확산된다. (b) 산소이온(O^{2-})은 재료–산화물 계면에서 산화물을 형성하기 위하여 산화물 층을 통해 확산된다. 두 개의 전자($2e^-$)는 마찬가지로 반대방향으로 확산된다.

산화물을 형성한다. 산화물의 두께가 성장할수록 산화보호막에서 산화율은 감소한다. 그 이유는 산화막의 성장을 위해서는 더욱 두꺼운 산화물 층에 대한 철 이온의 확산이 필요하기 때문이다. 탄탈륨(tantalum), 니오븀(niobium), 하프늄(hafnium), 티타늄(titanum), 지르코늄(zirconium)과 같은 금속 산화물에서 산소이온은 금속이온보다 더 빠르게 확산된다(그림 10.1b).

금속 표면을 보호하기 위한 산화물은 연속적이어야 하고 기공이 없어야 한다. 생성된 산화물의 부피가 산화물을 형성시키는 금속 원자의 부피와 거의 같을 때를 의미한다. 산화물의 부피가 소비된 금속의 부피보다 작을 경우, 최종 형성된 산화물은 기공이나 간극을 가지게 되며, 금속의 표면을 보호할 수 없게 된다. 산화물이 소비된 금속보다 더 큰 부피를 갖는다면, 산화물의 압축응력은 공정상에서 작은 칩의 금속표면으로부터 산화물 파괴를 발생시킬 수 있으며, 이러한 현상은 스포올링(spalling)이라고 한다.

산화물에서 금속 원자의 부피 대비 형성된 산화물의 부피비를 **Pilling-Bedworth ratio** (*PBR*)이라고 한다(식 10.1). *PBR*이 1과 근사할수록 산화물은 보호 산화막이 될 가능성이 높다.

$$PBR = \frac{\text{volume of oxide formed}}{\text{volume of metal consumed}} \qquad \textbf{10.1}$$

보호 산화물을 갖는 금속과 *PBR* 값은 다음과 같다; Cu (1.68), Al (1.29), Cr (1.99), Co (1.99), Pd (1.60).

일반적으로, *PBR*이 1보다 낮거나 2보다 높은 금속들의 산화물들은 보호적이지 않다. 보호적이지 않은 산화물들로는 다음과 같은 금속들이 있다; Li (0.57), Na (0.57), K (0.45), Mg (0.81), Ta (2.47), Mo (3.40), W (3.40), V (3.18). 보호적이지 않은 산화물은 다공성이며(MgO) 크랙이 발생하며(Ta_2O_5) 금속 표면과의 접착력이 매우 낮다. 이러한 낮은 기계적 순도를 갖는 산화물에 의해 산화율은 빠르게 감소된다.

예제 10.1

3.97 g/cm^{3}의 밀도를 갖는 Al_2O_3을 형성하기 위한 알루미늄 산화의 *PBR*을 구하여라.

풀이

몰을 기준으로 정리한다. 산화 후에 2몰의 Al은 산화 후에 1몰의 Al_2O_3이 된다. Al 2몰의 질량은 Al 몰 질량의 2배와 같다.

$$m_{2Al} = 2\text{ moles}\left(26.98\,\frac{\text{g}}{\text{mole}}\right) = 53.96\text{ g}$$

Appendix B에서 알루미늄의 밀도는 2.71 g/cm^{3}이다. Al 2몰의 부피는 Al 2몰의 질량과 같다.

$$V_{2Al} = \frac{m_{2Al}}{\rho_{Al}} = \frac{53.96\text{ g}}{2.71\text{ g/cm}^3} = 19.91\text{ cm}^3$$

Al_2O_3 1몰의 질량은 다음과 같다.

$$m_{Al_2O_3} = 2\text{ moles of Al}\left(26.98\,\frac{\text{g}}{\text{mole}}\right) + 3\text{ moles of O}\left(16.00\,\frac{\text{g}}{\text{mole}}\right)$$

$$m_{Al_2O_3} = 53.96\text{ g} + 48\text{ g} = 101.96\text{ g}$$

Al_2O_3 1몰의 부피는 다음과 같다.

$$V_{Al_2O_3} = \frac{m_{Al_2O_3}}{\rho_{Al_2O_3}} = \frac{101.96 \text{ g}}{3.97 \text{ g/cm}^3} = 25.68 \text{ cm}^3$$

$$PBR = \frac{V_{Al_2O_3}}{V_{2Al}} = \frac{25.68 \text{ cc}}{19.91 \text{ cc}} = 1.29$$

*PBR*은 1~2 사이의 값이므로 알루미늄 산화물 층은 보호적이다.

산화물이 보호적인지의 여부를 판단하는 요소는 *PBR*만이 아니다. 예를 들면, FeO로 산화되기 위한 철의 *PBR*은 1.7이다. 다른 금속들의 판단기준으로 고려하였을 때 FeO는 보호 산화물이다. 철이 물에서 산화되었을 때 형성되는 녹이나 $Fe(OH)_3$은 보호 산화물이 아니다. 보호 산화물인지를 판단하는 다른 요소에는 '산화물이 금속과 강력한 접착상태를 가지고 있는지', '작동온도에서 취성 파괴에 강한지', '전자의 이동을 방해할 수 있는 낮은 전기전도성을 갖는지', '열팽창계수가 본 재료와 비슷한지' 가 있다. 이러한 모든 물성들은 산화물로의 전달률, 기공, 크랙, 스포올링으로의 전달률 등에 영향을 주고, 또한 인접한 산화물 층으로의 확산에 영향을 미친다.

어떠한 재료가 산화가 될 때, 즉 산소원자를 갖게 될 때, 질량이 증가하고 산화물의 두께가 증가한다. 산화막의 성장은 산화막의 두께와 단위면적당 질량과 관련이 있다. 실험적으로 산화보호막은 포물선이나 대수적 성장 법칙을 따른다. 포물성 성장 법칙은 시간의 함수로 나타낼 수 있다(식 10.2).

$$w = A_1 t^{1/2} \tag{10.2}$$

식 10.3은 대수성장법칙을 나타낸 수식이다.

$$w = A_1(\text{In} A_3 t + A_4) \tag{10.3}$$

식 10.2, 10.3, 10.4의 A_i는 온도와 관련된 상수이다. 보호적이지 않은 산화물은 선형성장법칙을 따르며, 식 10.4와 같이 나타낼 수 있다.

$$w = A_5 t \tag{10.4}$$

그림 10.2는 산화시간에 따른 단위 면적당 질량 증가 그래프이다. 재료가 산화될수록 산소 원자를 얻게 되고, 질량이 증가한다.

산화막을 형성하지 않는 철과 같은 금속들은 합금화에 의해 산화에 더 강하게 만들 수 있다. 크롬을 합금화한 철의 경우, 철의 표면에 크롬 산화물이 형성된다. 초합금의 경우, 니켈은 알루미늄과 크롬을 합금화하여 산화보호막을 형성한다.

많은 공학 적용분야에서 산화를 막기 위한 또 다른 방법으로는 코팅이 있다. 자동차의 페인트는 철의 표면에 녹이 형성되는 것을 막기 위한 것이다. 크롬은 크롬보호막을 형성하기 때문에 크롬 코팅도 자동차의 산화를 막기 위해 사용된다. 티타늄 표면의 티타늄-알루미늄 코팅은 티타늄 가스터빈 블레이드의 사용온도를 높일 수 있다. 지르코니아 코팅은 고온가스터빈에서 터빈 블레이드의 작동 온도를 올리기 위하여 사용된다. 우주 왕복선에 사용되는 탄소-탄소섬유 복합재료 타일은 우주왕복선이 대기에 다시 재진입하

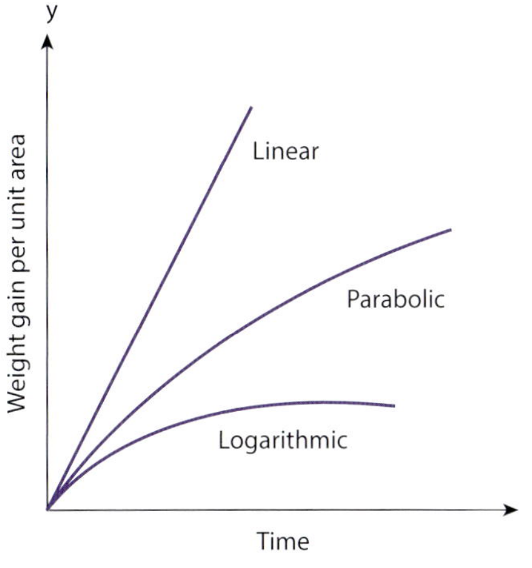

그림 10.2 산화 시간에 따른 단위면적당 질량 증가; 선형, 포물선형, 대수형

는 동안 발생하는 산화를 막기 위해 실리콘 탄화물로 코팅이 되어있다. 실리콘 탄화물의 실리콘은 산소와 반응하여 SiO_2를 형성하고, 이 SiO_2는 탄소-탄소 타일을 보호한다.

예제 10.2

Deal and Grove [Deal, B., and Grove, A., J. Appl. Phys. 36 (1965), 3770]에 따르면 1기압에서 실리콘의 산화는 식 10.5로 표현할 수 있다. 이때 h는 산화막의 두께이다.

$$h^2 + Ah = B(t + t_0) \qquad \textbf{10.5}$$

1000°C에서, 각 상수는 다음과 같다. $A = 0.165 \times 10^{-6}$m, $B = 3.25 \times 10^{-18}$m^2/s, $t_0 = 1224$s. 이때, 1000°C에서 100 nm의 실리콘 산화막을 형성하기 위한 시간을 계산하여라.

풀이

$$h = 100 \text{ nm} = 100 \times 10^{-9}\text{m} = 1.00 \times 10^{-7}\text{m}$$

두께 h 를 식 (10.5)에 대입하면 다음과 같이 계산된다.

$$1.00 \times 10^{-14}\text{m}^2 + (0.165 \times 10^{-6}\text{m})(1.00 \times 10^{-7}\text{m}) = 3.25 \times 10^{-18}\text{m}^2/\text{s}(t + 1224\text{ s})$$

$$1.00 \times 10^{-14}\text{m}^2 + 1.65 \times 10^{-14}\text{m}^2 = t(3.25 \times 10^{-18}\text{m}^2/\text{s}) + 0.40 \times 10^{-14}\text{m}^2$$

$$2.25 \times 10^{-14}\text{m}^2 = t(3.25 \times 10^{-18}\text{m}^2/\text{s})$$

$$t = \frac{2.25 \times 10^{-14}\text{m}^2}{3.25 \times 10^{-18}\text{m}^2/\text{s}} = 0.69 \times 10^4\text{ s} = 1.91\text{ h}$$

10.3 고분자의 물성저하

10.3.1 고분자 용매의 흡수와 투과

4.8절에서 고분자의 용매 용해성과 고분자로 원자와 분자의 침투에 관해 다루었다. 이 장에서는 4.8절에서 다룬 고분자의 성능저하와 관련된 중요한 내용들에 대하여 간단히 요약하였다. 원자나 분자의 침투는 원자나 분자가 고분자로 투과하는 것을 의미하고, 이것은 분자나 원자의 용해도과 확산도에 의해 결정된다. 분자나 원자가 고분자에 용해되고 확산도가 높을 때, 분자나 원자가 고분자로 침투한다. 그러나 분자나 원자의 확산도와 용해도가 낮을 때, 고분자로 침투할 수 없다. 큰 용매 분자는 고분자에 낮은 확산도를 가지려는 경향이 있으며 투과하지 못한다. 작은 분자와 원자는 높은 확산도를 가지고 고분자로 투과 가능하다. 고분자와 비슷한 용해도를 갖는 용매는 고분자에 흡수되기 쉽다. LCM사이의 결합이 극성이면, 극성분자는 고분자 내로 흡수될 가능성이 있다. 예를 들면, 나일론은 LCM에 영구 쌍극자를 가지고 있고, 물은 분자 영구 쌍극자를 가진다. 나일론은 팽창과 연화에 의해 물을 흡수한다. PE와 PTFE는 극성분자가 아니기 때문에 PE와 PTFE는 물을 흡수하지 않는다. PTFE는 극성분자에 의한 화학적 변화에 가장 저항력이 강한 고분자 중의 하나이다. 용매와 LCM의 분자 구조가 비슷할 경우, 용매는 고분자에 흡수되기 쉽다. PS는 LCM의 수소원자가 대체되어 생성된 벤젠링을 가지고 있고 벤젠은 PS에 용해되기 쉽다.

원자나 분자가 고분자에 용해가능하고 투과가 가능할 때, 고분자의 기계적 물성들은 저하되는 현상이 발생한다. 그림 10.3은 세 가지 용액에서 PVC가 각각 다른 응력에서 파괴되는 시간을 나타낸다. PVC 튜브는 용액으로 가득 차 있고, 압력을 받고 있다. 압력은 튜브의 둘레를 따라 후프응력(hoop stress)을 발생시킨다. 후프응력이라는 용어는 나무 배럴을 고정시켜주는 스틸후프로부터 유래되었으며 배럴의 내부 압력을 버티는 역할을 한다. 아이소프로판올(isopropanol)은 1000시간 파괴수명 동안 약 13.8 MPa로 스트레스를 감소시킨다. 반면에 물은 34.5 MPa의 스트레스를 갖는다. 그림 10.4는 용매의 용해도에 따른

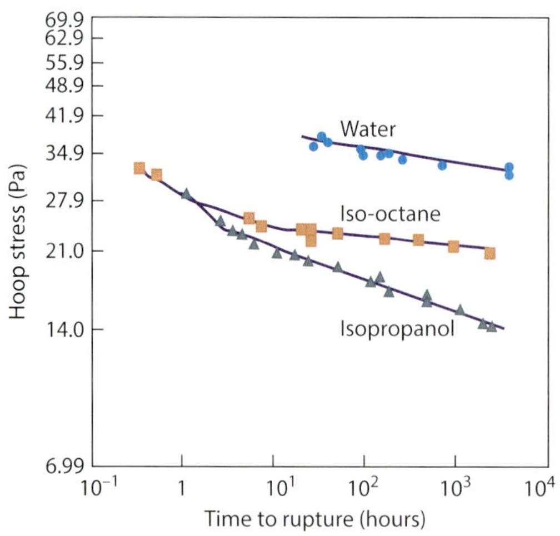

그림 10.3 23°C에서 다양한 용액에 따른 PVC 파이프에 작용하는 후프응력 및 파괴수명
(Based on Riddell, M.N., Plast. Eng., 40 (4) (1974), p. 71.)

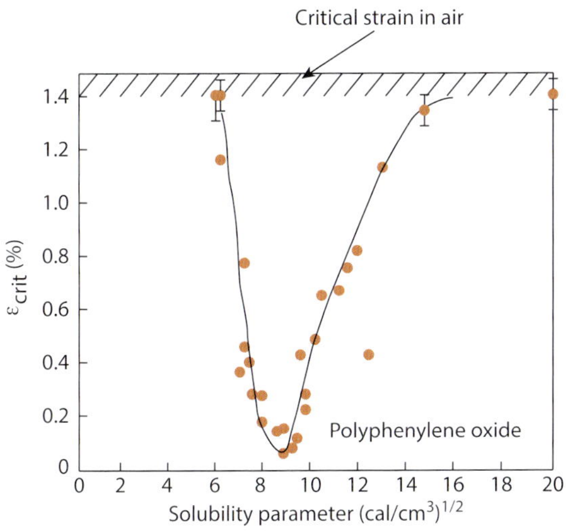

그림 10.4 용매의 용해도에 따른 폴리프로필렌 산화물의 파괴 변형률 *(Based on Osswald, T.A., and Menges G., Materials Science of Polymers for Engineers, Hanser Publishers, Munich (2003), p. 513.)*

폴리페닐렌(polyphenylne) 산화물의 파괴 변형률을 나타낸다. 용해도가 ±1 (cal/cm^3)$^{0.5}$ 이내이고, 고분자의 용해도가 ±2 (MPa)$^{0.5}$와 유사할 때, 용매와 고분자의 혼합이 예상되고, 고분자의 파괴가 발생하기 위한 변형률은 크게 감소한다. 폴리프로필렌 산화물의 용해도는 8.65 (cal/cm^3)$^{0.5}$이거나 19.3 (MPa)$^{0.5}$이고, 이때 파괴가 발생하는 변형률은 감소하였다.

10.3.2 빛 방사에 의한 고분자의 성능 저하

UV가 고분자에 흡수될 때, UV는 LCM들의 결합과 LCM과 관련된 결합을 파괴시키고, 그 결과 재료의 기계적 물성을 저하시킨다. UV의 광자는 대략 1~1000 eV의 에너지대의 전자기 방사 집합체이다. 화학적 결합 에너지는 일반적으로 원자 한 쌍당 2~10 eV이다. UV 광사가 결합에너지보다 높은 에너지를 갖게 되면 광자는 고분자의 화학적 결합을 끊을 수 있다. LCM의 결합이 끊어진다면 고분자의 분자량은 감소하고 물리적 물성이 변한다. 또한 고분자가 산소조건에서 UV에 조사되면 산소와 고분자는 화학반응을 일으킨다.

고분자의 풍화는 UV를 포함한 빛 조사과 대기조건에서 산소, 물, 질소 원자와 분자의 반응에 의해서 발생한다. 풍화는 그림 10.5와 같이 고분자에 크랙을 발생시키고 파괴에 저항하는 능력을 저하시킨다. 그림 10.5는 HDPE로 제작된 U채널이며, 약 15년간 바다-공기 조건에 노출되었다. 그림 10.6은 다양한 지역에서 PVC의 시간에 따른 상대 충격 강도를 도시하였다. 싱가포르에서는 5년 후에 충격강도가 초기 강도의 5%로 감소하였으며, 반면에 독일은 초기 강도의 90%를 나타내었다. 이 실험 결과를 통해, 싱가포르의 온화한 기후, 높은 습도 그리고 높은 일조량은 고분자의 파괴 저항성을 저하시켰다는 것을 확인할 수 있다. 충격강도는 11장 '피로와 파괴'에서 다룰 것이다.

그림 10.5 15년간 바다 공기에 노출된 HDPE로 제작된 U 채널. 검은 선은 크랙이다. *(Photo by C. M. Gilmore)*

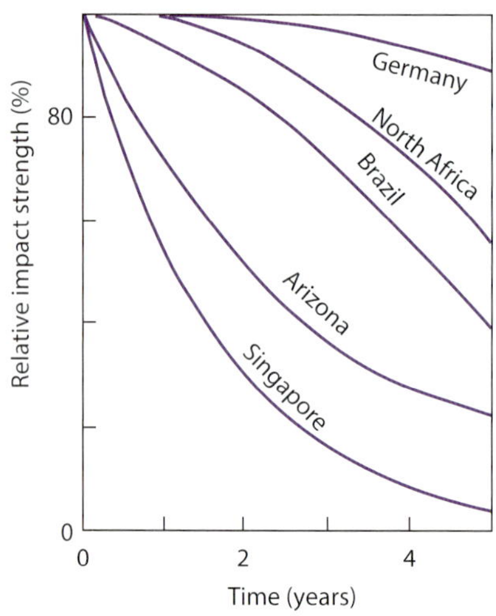

그림 10.6 다양한 지역에서의 풍화에 따른 PVC의 상대충격강도 변화. *(Based on Osswald, T.A., and Menges G., Materials Science of Polymers for Engineers, Hanser Publishers, Munich (2003), p. 508.)*

10.4 전기 화학의 기초

전기화학 반응은 전자 전도체(금속, 반도체)의 전극과 이온 전도체(전해질) 사이에서 발생하는 반응 중 하나이다. 전기화학 반응은 금속의 부식, 전기증착, 전기 연마, 전기가공, 배터리와 연료전지 내에서 발생한다. **전해질**은 이온을 운반하는 임의의 재료이다. 산과 염기와 같은 액체 전해질, 지르코니아와 같은 고체 전해질과 고분자 전해질이 있다. 연료전지의 세라믹 전해질과 고분자 전해질은 10.4.12절에서 다룰 것이다.

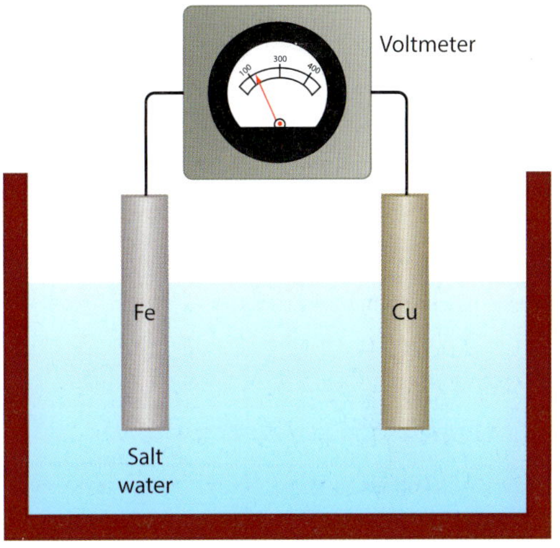

그림 10.7 철 조각과 구리 조각을 소금물에 반 쯤 담그고 전압계로 서로 연결하였다. 전압을 측정하였고, 철은 천천히 소금물에 용해되었다.

전기화학반응의 효과는 바다에서 사용하는 보트의 구멍을 막기 위해 철 나사를 이용하여 구리 시트를 붙일 때 관찰할 수 있다. 몇 년 후, 보트는 가라앉았다. 그 이유는 철(Fe) 나사가 바닷물에 의해 용해되어서 구리(Cu)시트가 보트로부터 떨어졌기 때문이다. 떨어진 구리시트를 되찾아서 검사한 결과, 구리시트에는 문제가 없었고, 철 나사가 녹아있었다.

우리는 이러한 보트-패치 파괴 실험을 수행하였다(그림 10.7). 철과 구리는 소금물에 담가졌고, 전압계를 통해 전기적으로 연결되어있다. 누구든지 화학실험실이나 재료실험실에서 이 실험을 따라할 수 있다. 약간의 소금을 금속물질을 포함하지 않은 물에 녹인다. 구리조각과 철조각을 부분적으로 소금물에 담가주고, 남은 부분은 물 위로 나오게 한다. 물 밖으로 노출된 철과 구리의 끝 부분을 전압계로 연결하고 십 분 후에 철 전압을 측정한다. 철과 구리가 소금에 전기적으로 접촉 상태가 되면 철 전극은 식 10.6에 따라 용해되고, 구리전극은 용해되지 않는다.

$$Fe \rightarrow Fe^{2+} + 2e^{-} \qquad \textbf{10.6}$$

원자가 전자를 잃을 때(식 10.6), 이 반응을 **산화반응**이라고 부른다. 산화는 전기화학 전지의 **양극**에서 발생한다. 이 경우에 산화는 산소를 필요로 하지 않는다.

10.4.1 표준 전극 전위

그림 10.8은 철과 같은 물질의 **표준 전극 전위**나 전압을 측정하기 위한 실험의 개략도를 나타낸다. 표준 전극 전위(V_0)는 표 10.1에 나타내었다. 그림 10.8의 왼쪽에 표시된 철의 표준 전극 전위 값은 1몰($1\ cm^{-3}$ 안에 존재하는 물질의 이온들을 1몰이라고 함)의 용액에서 측정되었다. 물에 황산철과 같은 용해가 발생한 결과, 철 이온의 농도 증가가 발생하였다. 오른쪽에 표시된 표준 전극은 플래티늄 전극이 아닌 수소 전극이다. **기준 전극**은 1기압에서 수소기체와 접촉하고 있는 HCl에 포함된 수소이온 1몰의 용액이다. 기준전극의 플래티늄은 이 반응에 관여하지 않는다. 플래티늄은 수소 가스 기포를 발생하는 표면 역할을 한다.

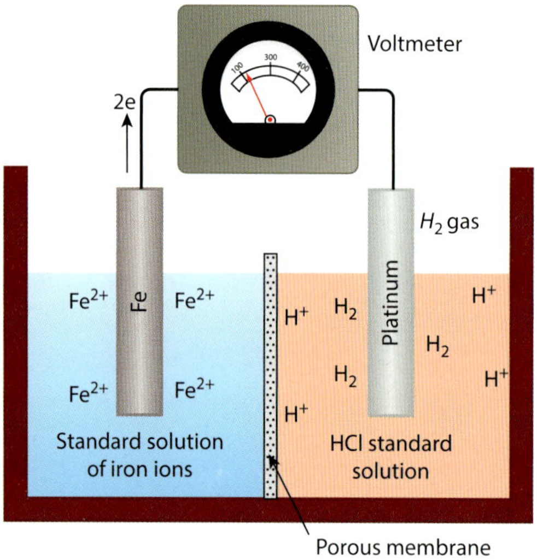

그림 10.8 철의 표준 전극 전위를 측정하기 위한 전기화학 전지의 개략도

표 10.1 25°C에서의 발생하는 환원 반응들의 표준 전극 전위(V_0).

	Reaction	Electrode Potential V_0 (Volts)
Anodic ↑	$Li^+ + e^- \rightarrow Li$	−3.05
	$Mg^{2+} + 2e^- \rightarrow Mg$	−2.37
	$Al^{3+} + 3e^- \rightarrow Al$	−1.66
	$Ti^{2+} + 2e^- \rightarrow Ti$	−1.63
	$Mn^{2+} + 2e^- \rightarrow Mn$	−1.63
	$Zn^{2+} + 2e^- \rightarrow Zn$	−0.76
	$Cr^{3+} + 3e^- \rightarrow Cr$	−0.74
	$Fe^{2+} + 2e^- \rightarrow Fe$	−0.44
	$Ni^{2+} + 2e^- \rightarrow Ni$	−0.25
	$Sn^{2+} + 2e^- \rightarrow Sn$	−0.14
	$Pb^{2+} + 2e^- \rightarrow Pb$	−0.13
	$2H^+ + 2e^- \rightarrow H_2$	0.00
	$Cu^{2+} + 2e^- \rightarrow Cu$	+0.34
	$O_2 + 2H_2O + 4e^- \rightarrow 4(OH)^-$	+0.40
	$Ag^+ + e^- \rightarrow Ag$	+0.80
	$Pt^{4+} + 4e^- \rightarrow Pt$	+1.20
	$O_2 + 4H^+ + 4e^- \rightarrow 2H_2O$	+1.23
Cathodic ↓	$Au^{3+} + 3e^- \rightarrow Au$	+1.50

Based on data from Askeland, D.R., Fulay, P.P., and Wright, W.J., The Science and Engineering of Materials, 6th ed., Cengage Learning, Stamford, CT. (2011), p. 858.

왼쪽 전극에서 금속이 철일 경우 철은 Fe^{2+} 상태로 용액에 존재한다. 식 10.6의 두 개의 전자는 기준전극으로 이동한다. 2개의 전자는 기준 전극에서 수소가스를 형성하기 위해 H^+ 이온과 결합한다. 이 반응은 식 10.7과 같이 나타낼 수 있다.

$$2H^+ + 2e^- \rightarrow H_2 \qquad \mathbf{10.7}$$

환원반응은 식 10.7과 같이 이온이 전자를 얻었을 때 발생한다. 환원 반응은 **음극**에서 발생한다.

전지에서 용액들은 이온들이 용액사이를 이동할 수 있는 반투막에 의해 분리되어 있다. 전자의 흐름에 의해 발생한 전류는 다공성 막을 통해 두 전지사이를 이동하는 이온의 흐름에 의해 균형이 잡힌다. 그렇지 않으면 용액들은 충전이 되고 반응은 곧 정지한다. 전지의 양 쪽은 반쪽전지로 가정한다. 편의상, 표 10.1의 표준 전극 전위는 화살표 방향으로 진행되는 환원반응을 정리한 것이다. 또한 관례상, 수소 환원 반응은 기준전극이 되는 것이므로 0V가 걸리는 것으로 한다. 산화 반응들은 표 10.1에 언급된 반응들의 역반응이다. $Fe \rightarrow Fe^{2+} + 2e^-$의 산화반응은 +0.44V의 반전지 전위를 갖는다. 산화반응에서 반전지 전위는 표 10.1에 나와 있는 환원반응에서 전지전위의 반대 값을 갖는다. 전극에서 발생한 전압은 완전체인 전기화학 전지에서 발생하는 전압의 **절반값**을 갖기 때문에, 이 전압은 반전지 전위라고 불린다. 전체 전기화학 전지의 전위는 음극과 양극에서 발생하는 반전지 반응에서 발생한 전압의 합이다. 철전극과 표준 수소 전극으로 구성된 예제의 경우, 전체 전지 전위는 +0.44V이고, 이 값은 양극의 반전지 반응에서 발생한 전압(+0.44V)과 음극의 반전지 반응에서 발생한 전압(0V)의 합이다. 환원반응에서 양성인 표준 전극 전위를 지닌 재료일수록 덜 반응적이고, 더 비활성적이다. 반대로 음성인 표준 전극 전위일수록 더 반응적이다.

식 10.8은 구리의 환원반응을 타나낸다. 구리의 환원반응은 수소환원반응(0V)보다 더 양성 표준 전극전위 +0.34V를 갖는다.

$$Cu^{2+} + 2e^- \rightarrow Cu \qquad \mathbf{10.8}$$

구리가 그림 10.8에 도시화된 것처럼 Cu^{2+} 이온이 1몰이 있는 용액에서 철로 대체된다면 Cu^{2+} 이온은 감소하고 구리 전극에 전기증착이 된다. 수소는 표준 전극에서 $H_2 \rightarrow 2H^+ + 2e^-$ 반응에 따라서 산화된다. 전기증착에 관해서는 10.4.10절에서 다룰 것이다.

그림 10.9는 Fe^{2+} 이온이 용해된 1몰의 용액 안에 있는 철 전극과 Cu^{2+} 이온이 용해된 1몰의 용액 안에 있는 구리 전극을 나타낸다. 표 10.1에 명시된 것처럼 구리는 비활성 전극이며 +0.34V의 전기적 양성 표준 전극 전위를 갖는다. 철은 더 전기적 음성이며 −0.44V의 표준 전극 전위를 갖는다. 따라서 구리가 식 10.8의 환원반응에 따라서 구리가 감소하거나 전극에 증착되며 +0.34V의 전위를 생성한다. 그리고 식 10.6의 반응에 따라서 철은 산화되거나 용해되며, −(−0.44V) = +0.44V의 전위를 생성한다. 전지 전압은 환원반응과 산화반응에서 발생한 전압의 합과 같으며 식 10.9와 같이 나타낼 수 있다.

$$V = V_{red} + V_{oxid} \qquad \mathbf{10.9}$$

지금까지 보트에 철 나사가 용해된 이유에 대해서 살펴보았다. 철은 구리보다 더 반응적이며, 소금물과 같은 전해질에서 구리와 전기적으로 접촉을 할 경우, 철은 용액에 녹는다.

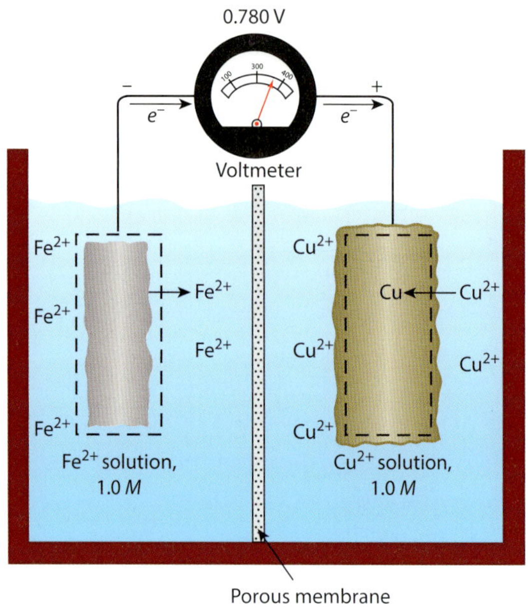

그림 10.9 구리이온과 철 이온이 1몰씩 있는 용액에 있는 Fe와 Cu의 개략도. 점선은 각 시편은 원래 시편 크기를 의미한다.

10.4.2 표준 전극 전위와 깁스 자유 에너지

전기화학 전지에서 발생한 전압은 반응에서 깁스 자유 에너지(Gibbs Free Energy) 변화와 직접적인 관련이 있다. 깁스 자유 에너지는 일정한 온도, 압력 조건에서 일을 할 수 있거나 자유로운 에너지이다. 표준전극 전위는 25°C, 1기압에서 평형조건 하에 성립한다. 식 10.6을 따르는 철의 산화과정에서 두 개의 전자는 철 전극에서 기준 전극으로 이동을 한다. 기준 전극으로부터 철 전극으로 이 두 전자를 가져오는데 필요한 일(ΔW)은 표준 전극 전위 V_0에 대해서 식 10.10처럼 계산할 수 있다.

$$\Delta W = 2eV_0 \qquad \textbf{10.10}$$

철 전극에서 산화반응 시 단위 이온 당 깁스 자유 에너지의 변화량(ΔG)은 음의 ΔW이다. 그 이유는 깁스 자유 에너지의 변화는 식 10.11처럼 기준전극으로 두 전자를 이동하는데 사용되고 전압 V_0를 생성시키기 때문이다. 부록 5A에 깁스 자유 에너지의 변화는 일정한 온도, 압력 조건에서 일을 할 수 있는 에너지와 같다고 명시되어 있다.

$$\Delta G = -\Delta W = -2eV_0 \qquad \textbf{10.11}$$

위 식은 이온의 변화량(Z)으로 대체하면 더 일반화 시킬 수 있다. ΔG가 단위 몰 단위라면, 깁스 에너지 변화량은 식 10.12처럼 나타낼 수 있다.

$$\Delta G = -ZFV \qquad \textbf{10.12}$$

패러데이 상수(F)는 단위전하의 1몰의 양이온에 있는 쿨롬이고, 이 값은 전자의 전하량의 크기와 아보가드로 수(96,488 쿨롱)를 곱한 값과 같다.

예제 10.3

1몰의 철이 1몰의 Fe^{2+}의 용액에 25°C에서 용해될 때, 깁스 자유 에너지를 계산하여라

풀이

$Fe \rightarrow Fe^{2+} + 2e^-$의 산화반응이 발생한다. 표 10.1로부터 이 반응에서의 전위는 +0.44V이다. 이 값은 표 10.1에서 음수이다. 왜냐하면 $Fe \rightarrow Fe^{2+} + 2e^-$의 산화반응은 표 10.1의 역반응이기 때문이다. 기준 전극에서 $2H^+ + 2e^- \rightarrow H_2$ 반응은 표준 전극 전위는 0V이기 때문에 전압을 발생시키지 않는다. 식 10.12로부터 깁스 자유 에너지는 다음과 같다.

$$\Delta G = -ZFV = -2\frac{\text{electrons}}{\text{ion}}\left(9.65 \times 10^4 \frac{\text{C}}{\text{mole of electrons}}\right)(0.44\text{ V})$$

$$\Delta G = -8.49 \times 10^4 \frac{\text{J}}{\text{mole of ions}}$$

$Fe \rightarrow Fe^{2+} + 2e^-$ 반응은 이 반응에 의해 깁스 자유 에너지가 감소하기 때문에 자발적으로 발생한다. 따라서 자발적 반응동안 전지 전압은 양의 값이다. 계산된 전압이 음수라면 양극과 음극에서 잘못된 가정이 이루진 것이다. 이 반응은 깁스 자유 에너지의 증가에 의해 발생하는 것이기 때문에 음의 전압은 발생할 수 없다(식 10.12 참고).

예제 10.4

그림 10.8과 같이 구리는 금속전극이고 25°C의 1몰의 Cu^{2+} 용매에 담가져 있다.
(a) 전극에서 어떠한 반응이 발생하는가?
(b) 전지에서 얼마만큼의 전압이 발생하는가?
(c) 이 반응에 포함된 단위 구리 이온 당 깁스 자유 에너지는 얼마인가?

풀이

(a) 구리의 환원반응 $Cu^{2+} + 2e^- \rightarrow Cu$은 수소 환원 반응 $2H^+ + 2e^- \rightarrow H_2$보다 전기 양성적이고, 구리는 용매에 녹지 않는다. 구리는 $Cu^{2+} + 2e^- \rightarrow Cu$ 반응에 따라서 구리 전극에 증착된다. 그리고 기준 전극에서 산화반응은 $H_2 \rightarrow 2H^+ + 2e^-$이다. 수소 이온들은 수소 가스를 발생한다.
(b) 발생된 전압은 환원반응 $Cu^{2+} + 2e^- \rightarrow Cu$에서 발생한 +0.34V이다. 수소 산화 반응은 0V를 발생시킨다.
(c) 깁스 자유 에너지는 식 10.12에 의해 계산된다.

$$\Delta G = -ZFV$$

$$\Delta G = -ZFV = -2\frac{\text{electrons}}{\text{ion}}\left(9.65 \times 10^4 \frac{\text{C}}{\text{mole of electrons}}\right)(0.34\text{ V})$$

$$\Delta G = -6.56 \times 10^4 \frac{\text{J}}{\text{mole of ions}}$$

깁스 자유 에너지의 변화가 음의 값이므로 이 반응은 자발적으로 발생한다.

10.4.3 전극 전위와 Nernst 방정식

모든 분석은 25°C 표준 1몰 용액안에 있는 이온에 대해 이루어진다. 용액이 1몰이 아닐 경우, 전극의 환원반응에서 반전지 전압(V)은 1몰 용약의 표준전압(V_0)을 포함하는 **Nernst 방정식**(식 10.13)으로 계산할 수 있다.

$$V = V_0 + \frac{RT}{ZF}\ln C \qquad \textbf{10.13}$$

이때, R은 보편기체상수(8.31 J/mole · K), T는 전지의 절대온도, F는 패러데이 상수, C는 전극에서 이온의 상대농도이다. 표준 전위가 25°C에서 측정되었기 때문에 이 장의 모든 문제는 25°C의 조건에서 이루어진다고 가정한다. 위의 상수들을 식 10.13에 대입하면 식 10.14를 얻을 수 있다.

$$V = V_0 + \frac{0.0257}{Z}\ln C = V_0 + \frac{0.0592}{Z}\log C \qquad \textbf{10.14}$$

V_0는 환원반응에서 관례상 표로 나타내기 때문에, 식 10.13과 10.14는 환원반응의 전압을 사용한다. 재료가 산화반응을 일으킨다면, 우선 이 식들을 환원반응에 적용시킨다. 그리고 산화반응에 적용하기 위해 계산된 전압에 음의 부호를 붙여서 환원반응에 적용시켜서 계산한다.

예제 10.5

25°C의 $1 \times 10^{-3}\text{m}^3$안에 Cu^{2+} 이온이 31.77 g 녹아있는 용액에 구리전극이 담겨 있다. 또 다른 전극은 1몰의 수소 전극이다.

(a) 환원반응의 전압은 얼마인가?

(b) 각 전극에서는 어떤 반응이 발생하는가?

(c) 전지에서 발생한 전압은 얼마인가?

풀이

(a) 환원반응 전압을 계산하고 더 양성전위를 갖는 전극은 환원되고, 더 음성인 전위를 가진 전극은 산화된다. 구리의 환원반응은 $Cu^{2+} + 2e^- \rightarrow Cu$이다. 1몰의 Cu^{2+} 용액에는 63.54 g의 Cu^{2+} 이온이 들어가 있다. 따라서 31.77 g의 Cu^{2+}의 상대농도는 다음과 같이 계산된다.

$$C_{Cu} = \frac{31.77\text{ g}}{63.54\text{ g}} = 0.5$$

구리전극에서 Cu^{2+}의 농도는 0.5몰이고 수소전극에서 H^+의 농도는 1몰이다. 1몰의 용액의 구리전극에서 반전지 전압(V_0)은 +0.34V이다. 0.5몰의 구리용액에서 환원반응이 일어날 때 반전지 전압은 식 10.14로부터 얻을 수 있다. 식 10.14에 구리의 농도와 반전지 전압을 대입하면 다음과 같다.

$$V_{Cu} = V_0(\text{Cu}) + \frac{0.0592\text{ V}}{Z}\log C = 0.34\text{ V} + \frac{0.0592\text{ V}}{2}\log 0.5$$

$$V_{Cu} = 0.34\text{ V} + 0.0296(-0.30)\text{ V} = 0.34\text{ V} - 0.01\text{ V} = 0.33\text{ V}$$

수소전극은 1몰이고, 이때 반전지 전압은 0V이다.

(b) 구리전극의 반전지 전위는 수소전극의 반전지 전위보다 더 양성적이다. 따라서 구리전극에서는 환원반응이 발생하고, 수소전극에서는 산화가 발생한다.

$$Cu^{2+} + 2e^- \rightarrow Cu$$

따라서, 구리는 음극이고 수소는 양극이다.

$$H_2 \rightarrow 2H^+ + 2e^-$$

따라서, 구리는 음극이고 수소는 양극이다.

(c) 측정된 전체 전압은 환원반응과 산화반응에서 발생한 반전지 전압들의 합과 같다.

$$V = V_{red} + V_{oxid} = 0.33V + 0.0V = 0.33V$$

예제 10.6

25°C의 $1 \times 10^{-3} m^3$ 안에 Cu^{2+} 이온이 12.7 g 녹아 있는 용액에 구리전극이 담겨 있다. 또 다른 전극은 철전극이며 $1 \times 10^{-3} m^3$ 안에 Fe^{2+} 이온이 67 g 녹아있는 용액에 담겨 있다.

(a) 환원반응의 전압은 얼마인가?

(b) 두 전극에서는 어떤 반응이 발생하는가?

(c) 전지에서 발생한 총 전압은 얼마인가?

풀이

(a) 1몰의 Cu^{2+} 이온은 63.54 g이고, 12.7 g의 Cu^{2+} 이온이 들어있는 용액의 농도는 다음과 같다.

$$C_{Cu} = \frac{12.7\ g}{63.54\ g} = 0.2$$

구리전극에서 Cu^{2+}의 농도는 0.2몰이다. 1몰의 용액의 구리전극에서 반전지 전압(V_0)은 +0.34V이다. 0.2몰의 구리용액에서 환원반응이 일어날 때 반전지 전압은 식 10.14로부터 얻을 수 있다.

$$V_{Cu} = V_0(Cu) + \frac{0.0592}{Z} \log C = 0.34\ V + \frac{0.0592\ V}{2} \log 0.2$$

$$V_{Cu} = 0.34\ V + 0.0296(-0.70)\ V = 0.34\ V - 0.02\ V = 0.32\ V$$

Fe^{2+} 이온에는 55.847 g의 철이 들어있다. 67 g의 Fe^{2+} 이온이 들어있는 용액의 농도는 다음과 같다.

$$C_{Fe} = \frac{67\ g}{55.85\ g} = 1.2$$

철 전극에서 Fe^{2+} 이온 용액의 농도는 1.2몰이다. 1몰의 용액의 구리전극에서 환원반응(Fe^{2+} +

$2e^- \rightarrow Fe$)이 발생하고 반전지 전압(V_0)은 −0.44V이다. 1.2몰의 구리용액에서 환원반응이 일어날 때 반전지 전압은 식 10.14로부터 얻을 수 있다.

$$V_{Fe} = V_0(\text{Fe}) + \frac{0.0592\text{ V}}{Z}\log C = -0.44\text{ V} + \frac{0.0592\text{ V}}{2}\log 1.2$$

$$V_{Fe} = -0.44\text{ V} + 0.0296(0.08)\text{ V} = -0.44\text{ V} + 0.002\text{ V} \approx -0.44\text{ V}$$

(b) 구리의 환원반응 $Cu^{2+} + 2e^- \rightarrow Cu$은 철의 환원반응 $Fe^{2+} + 2e^- \rightarrow Fe$보다 더 전기적 양성을 나타낸다. 구리는 구리전극(음극)에 증착된다($Cu^{2+} + 2e^- \rightarrow Cu$). 그리고 양극에서 철은 산화가 발생한다($Fe \rightarrow Fe^{2+} + 2e^-$).

(c) 측정된 전체 전압은 환원반응과 산화반응에서 발생한 반전지 전압들의 합과 같다.

$$V = V_{red} + V_{oxid} = V_{Cu} + V_{Fe} = 0.32\text{V} + 0.44\text{V} = 0.76\text{V}$$

10.4.4 전기화학 반응에 의한 전극 변화율

그림 10.9는 양극에서 철이 제거되고 양극에서 구리가 증착되는 전기화학 전지를 보여준다. 전기화학 전지에서 양극에서 제거되는 질량이나 음극에서 증착되는 질량(m_{ch})은 전지의 전류(I)로부터 계산할 수 있다. 그림 10.9에 나타나있듯이, 전기화학 전지에서 철과 구리 이온 하나씩은 회로를 통해 이동한다. 철 원자 하나는 양극의 용액으로 이동하고 하나의 구리원자는 음극에 증착된다. 전류(I)는 회로에 흐르는 단위 초당 쿨롱의 양과 전류시간(t)의 곱이다. 양 전극에서 질량의 증가나 손실은 식 10.15 a와 b로 계산할 수 있다.

$$\frac{m_{ch}\text{ g}}{M\text{ g/mole}}\left(Z\frac{\text{mole of electrons}}{\text{mole of ions}}\right)F\frac{\text{C}}{\text{mole of electrons}} = I\frac{\text{C}}{\text{s}}t\text{ s} \qquad \textbf{10.15a}$$

$$\frac{m_{ch}}{M}ZF = It = iAt \qquad \textbf{10.15b}$$

M은 몰 질량, Z는 전극에서 이온들의 전하량, F는 패러데이 상수이다. 회로를 통해 들어온 전류(I)는 전류밀도(i) [전류밀도(i) = 단위면적당 암페어 전극의 면적(A)]에 의해 발생한다. 식 10.15는 모든 전기화학 전지에 적용가능하다.

전극의 형상이 일정하다고 가정한다면 재료의 박막화와 증착률은 질량 변화로부터 예측할 수 있다. 형상의 변화가 있다면 식 10.16처럼 연당 0.001인치로 나타낼 수 있다.

$$mpy = \frac{534m_{ch}}{\rho At} \qquad \textbf{10.16}$$

식 10.16의 질량 변화량은 밀리그람(mg) 단위이다. ρ는 질량 증감량의 밀도, A는 시편의 면적, t는 노출시간이다. 식 10.17은 식 10.16을 SI단위로 변환한 식이다. mm는 밀리미터를 의미하고, A는 시편의 면적이다.

$$\frac{mm}{y} = \frac{87.6m_{\text{ch}}}{\rho A t} \quad \textbf{10.17}$$

식 10.16, 10.17은 균일 부식, 전기증착, 전기연마, 균일 전기부식에 적용할 수 있다.

10.5 부식

부식은 환경조건에서 발생하는 전기화학 반응이기 때문에 재료의 물성을 저하시킨다. 부식이라고 하면 일반적으로 전해질을 포함하고, 이온이 생성되고 전자가 이동하여 발생하는 물성 저하로만 생각한다. 미국에서 1998년에 부식으로 인한 연간 손실 비용은 276만 달러로 보고되었다. 부식은 균일부식(uniform corrosion), 전기부식(garvinic corrosion), 틈부식(crevice corrosion), 구덩이부식(pitting corrosion), 입계부식(intergranular corrosion), 선택침출(selective leaching), 침식부식(erosion corrosion), 응력부식(stress corrosion) 등이 있다. 응력부식 균열은 11장에서 파괴의 개념에 대해 배우고 난 뒤에 다룰 것이다.

10.5.1 균일부식

균일부식은 재료 전반적으로 다른 재료들와 접촉없이 균일하게 나타나는 부식의 한 종류이다. 은 식기류는 녹이 슬기 시작하면 균일하게 부식된다. 소금물에서 철 파이프는 균일하게 녹이 슨다. 균일부식은 재료가 환경조건에 주어졌을 때 발생한다. 균일부식 속도는 일반적으로 식 10.15~10.17에 의해 예측될 수 있다. 재료 실험이 적절한 환경에서 수행된다면, 엔지니어는 균일부식을 예방할 수 있는 재료를 선정하여 제작할 수 있고, 재료의 수명을 예측할 수 있다.

철에서 발생하는 녹은 그림 10.10의 강아지 조형물이 녹슨 것처럼 다른 재료와의 접촉없이 발생한다. 철은 물과 산소와 접촉할 때 식 10.18과 같은 식에 의해 녹이 슨다.

그림 10.10 균일부식이 발생한 강아지 조형물. 조형물은 저탄소강으로 제작되었으며 원래의 색깔은 밝은 철색이다. *(Photo by C. M. Gilmore)*

$$2Fe + \frac{3}{2}O_2 + 3H_2O \rightarrow 2Fe(OH)_3 \qquad \textbf{10.18}$$

$Fe(OH)_3$은 녹이다. 철의 녹은 균일부식의 한 형태이고, 녹은 용해되지 않으며, 구조적으로 사용할 수 없다.

예제 10.7

순수 구리는 3% 질량분율의 물에서 하루에 10 g/m^{3}의 속도로 균일하게 부식된다. 구리표면에서 전류 밀도를 계산하여라. 구리산화반응은 $Cu \rightarrow Cu^{2+} + 2e^-$이다.

풀이

전류밀도는 구리 원자로부터 두 전자의 이동에 의한 결과이다. 구리원자는 이온의 형태로 용액으로 이동한다. 전류밀도는 식 10.15b와 같다.

$$\frac{m_{ch}}{M}ZF = It = iAt$$

$Z = 2$, $F = 9.65 \times 10^4$ C/mole, $M_{Cu} = 63.55$ g/mole, $A = 1m^2$ 이다.
시간은 초로 계산한다.

$$t = 1\text{ d} = \frac{24\text{ h}}{1\text{ d}}\left(\frac{3600\text{ s}}{1\text{ h}}\right) = 8.64 \times 10^4\text{ s}$$

8.64×10^4s 동안 10 g의 질량이 손실된다. 이 값을 식 10.15b에 대입하면 다음과 같다.

$$\frac{m_{ch}}{M} = iAt = \frac{10\text{ g}}{63.55\text{ g/mole of Cu}}\left(2\frac{\text{moles of electrons}}{\text{mole of Cu}}\right)9.65 \times 10^4\frac{\text{C}}{\text{mole of electrons}}$$

$$iAt = 3.04 \times 10^4\text{ C} = i(1\text{ m}^2)(8.64 \times 10^4\text{ s})$$

$$i = \frac{3.04 \times 10^4\text{ C}}{(1\text{ m}^2)(8.64 \times 10^4\text{ s})} = 0.35\frac{\text{C}}{\text{m}^2\text{. s}} = 0.35\frac{\text{A}}{\text{m}^2}$$

10.5.2 전기부식

전기부식은 금속이 더 안정적인 금속과 전해질 속에서 전기적으로 연결되었을 때 금속이 용해되는 것을 의미한다. 이것의 한 예는 구리 판에 붙어있는 철 나사가 용해되는 부식이다. 표 10.1에 있는 금속들은 더 음성의 표준 전극 전위를 가지며 양성 표준 전극 전위보다 더 반응적이다. 더 반응적인 금속들은 전기적으로 양성이거나 덜 활성적인 재료와 접촉하면 용해되거나 부식된다. 하지만, 표 10.1의 표준 전극 전위는 통제된 실험조건 하에서의 순수 금속 물질 대한 값들이다. 실제 대부분의 현장에서는 금속합금들이 사용되고, 바닷물이나 부식하기 쉬운 환경조건을 가지고 있다. 표 10.2의 전기적 열(galvanic series)은 바닷물 조건 하에서 상업용 금속 합금의 상대 전기 부식 저항을 나타낸다. 표 10.2의 상단에 있는 재료들은 표의 하단에 있는 재료들과 접촉했을 때 전기적으로 부식되고, 하단에 있는 재료들은 부식이 되지 않는다.

표 10.2 해수에 대한 상대물질 부식 저항성

Active. Anodic End	Magnesium and Mg alloys
	Zinc
	Galvanized steel
	5052 aluminum
	3003 aluminum
	1100 aluminum
	Alclad
	Cadmium
	2024 aluminum
	Low-carbon steel
	Cast iron
	50% Pb–50% Sn solder
	316 starless steel (active)
	Lead
	Tin
	Cu-40% Zn brass
	Nickel-based alloys (active)
	Copper
	Cu-30% Ni alloy
	Nickel-based alloys (passive)
	Stainless steels (passive)
	Silver
	Titanium **(passive)**
	Graphite
	Gold
	Platinum
	Noble, Cathodic End

Based on data from ASM Metals Handbook, Vol. 10, 8th ed., ASM International, 1975.

산화보호막이 있는 금속들은 '수동적'이라고 표시되어 있고, 산화보호막이 없는 금속들은 '능동적'이라고 표시되어 있다. 한 금속이 다른 금속과 전기적으로 전촉된 상태가 아니어도, 전해질에 새로운 금속 이온이 생성될 만큼 오랫동안 두면 금속과 용액의 깁스 자유 에너지가 감소하여 부식될 수 있다. 그러나 금속간의 전기적 연결이 없다면 이 부식은 전기부식이 아니다.

철 나사가 철 판에 오랫동안 방치되었다면 이 부식은 전기부식이라기 보다는 균일부식에 가깝다. 전기부식은 균일부식보다 구리 시트와 접촉된 철 나사의 분해를 가속시킨다. 양극물질은 용액으로 가고 음극물질은 증착되면서 깁스 자유 에너지가 감소하기 때문이다. 넓은 구리판 아래의 작은 부분에 접합된 철 나사의 부식이 가속되는 것은 전기 부식의 면적효과를 보여주는 좋은 예이다. 면적효과는 두 금속이 전해질 안에서 접촉한 상태일 때, 부식이 발생하는 양극 재료은 부식이 발생하지 않는 음극재료에 비해서 면적이 넓어야 한다는 것이다(예제 10.8).

철의 머리부분은 오직 수 mm 두께이므로 수 년 이내에 철의 머리 부분은 용해된다.

예제 10.8의 mm/year의 계산에서 볼 수 있듯이, 철 양극의 면적은 분모에 해당한다. 나사가 구리이고 판이 철로 되어 있고, 같은 전류가 흐른다고 가정한다면 철판의 두께가 감소하는 속도는 겨우 0.58×10^{-2} mm/year이다. 넓은 면적을 갖는 양극의 두께는 작은 면적의 양극보다 천천히 감소한다.

예제 10.8

보트의 패치에 있는 철 나사의 총 면적은 1 cm^{2}이고, 철 나사는 구리판(100 cm^2)에 박혀 있다. 양극의 철과 보트패치와 같은 면적을 갖는 구리 음 전극으로 실험 준비를 하였다. 소금물의 부식 전류(I)는 50 μA이다.

(a) 일년 동안 철 나사의 감소한 질량은 얼마인가?

(b) 일년 동안 철로부터 제거된 철의 두께는 얼마인가?

풀이

(a) 감소한 철의 질량은 식 10.15를 이용하여 계산하면 다음과 같다.

$$\frac{m_{ch}}{M} ZF = It = iAt$$

$Z = 2$, $F = 9.65 \times 10^4$ C/mole, $M_{Fe} = 55.85$ g/mole, $A = 1\text{cm}^2$ 이다.
시간은 초로 계산한다.

$$t = 1\text{ y} = \frac{365\text{ d}}{\text{y}}\left(\frac{24\text{ h}}{\text{d}}\right)\frac{3600\text{ s}}{1\text{ h}} = 31.54 \times 10^6\text{ s}$$

질량 변화는 다음과 같다.

$$m_{ch} = \frac{MIt}{ZF} = \frac{55.85\text{ g/mole of Fe}(50 \times 10^{-6}\text{ A})(31.54 \times 10^6\text{ s})}{(2\text{ moles of electrons/mole of Fe})(9.65 \times 10^4\text{ C/mole of electrons})} = 0.46\text{ g}$$

(b) 두께 손실은 식 10.17로 계산이 가능하다.

$$\frac{mm}{y} = \frac{87.6 m_{ch}}{\rho A t}$$

$$m_{ch} = 460\text{ mg}$$

1년을 시간으로 환산하면 다음과 같다.

$$t = 1\text{ y} = 31.54 \times 10^6\text{ s}\,\frac{1\text{h}}{3600\text{ s}} = 8.76 \times 10^3\text{ h}$$

철의 밀도는 7.87 g/cm^{3}이다.

$$\frac{mm}{y} = \frac{87.6 m_{ch}}{\rho A t} = \frac{87.6(460\text{ mg})}{7.87\text{ g/cm}^3(1\text{ cm}^2)(8.76 \times 10^3\text{ h})} = 584 \times 10^{-3}\,\frac{mm}{y} = 0.58\,\frac{mm}{y}$$

그림 10.11 2년간 40°C 이하에서 바닷물이 흐르는 열 냉각기 시스템의 316 스테인리스-스틸 플랜지의 도장 아래에서 발생한 틈 부식 *(ASM Handbooks Online, http://www.asmmaterials.info, ASM International, 2004.)*

10.5.3 틈 부식

틈 부식은 재료가 전해질과 같은 부식성 용액에 노출되었을 때 발생하는 강렬한 국부 부식이다. 틈부식은 틈의 내부, 볼트나 리벳의 헤드 아랫부분, 못으로 고정된 판들의 사이, 개스킷(gasket)의 아랫부분 등과 같이 제한적인 노출 부위를 갖는 곳에서 발생한다. 그림 10.11은 스테인리스-스틸 플랜지의 표면에 틈부식이 발생한 것을 보여준다.

식 10.18에서와 같이 철의 녹은 산소와 물이 존재할 때 생성된다. 산소 흐름이 제한된 틈에서 산소의 공급은 제한되고 철에서 녹을 생성하는 반응에 의해 열화가 발생할 수 있다. 그러나 철이온은 지속적으로 용액으로 이동한다. 산소에 의한 열화는 용매에 철이온(Fe^{2+})의 초과를 발생시킨다. 염소이온(Cl^{-})은 초과된 철이온에 의해 틈(crevice)으로 이동하고, 그 결과 틈 안에 염소이온의 농도 증가 현상이 발생한다. 용매안의 염소이온의 높은 농도는 철이 용매로 이동하는 것을 가속화시키고 최종적으로 틈 부식을 발생시킨다.

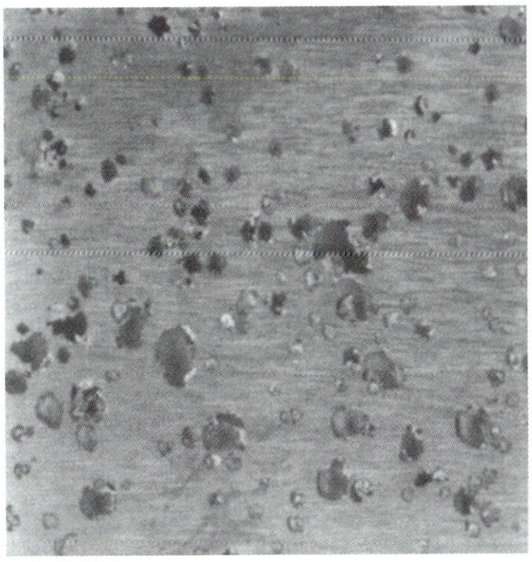

그림 10.12 금속의 구덩이 부식 *(ASM Handbooks Online, http://www.asmmaterials.info, ASM International, 2004.)*

10.5.4 구덩이 부식

구덩이 부식(Pitting corrosion)은 균일 부식과 대조적으로 재료의 표면에 매우 작은 구멍에 의해 발생한다. 그림 10.12는 구덩이 부식이 발생한 금속 조각을 나타낸다.

구덩이 부식은 재료표면에 국부적인 결함들(스크래치, 결함, 화학적 변화)이 존재할 때 발생하기 시작한다. 구덩이 부식은 아주 국부적인 화학적 변화의 결과이다. 금속이온(M^+)이 용매로 이동할 때, 금속이온들은 부식환경에 있는 Cl^-과 같은 부식성 음이온을 끌어오게 된다(그림 10.13). Cl^-의 높은 농도는 작은 구덩이(pit)를 생성시키고 Cl^-을 모으게 되어, 철과 같은 금속의 용해를 가속화 시킨다.

구덩이 부식의 발생을 예방하기 위한 방법으로는 금속표면을 연마하거나 적절한 재료를 선택하는 방법 등이 있다. 예를 들어, 크롬과 니켈 성분이 많은 스테인리스-스틸은 이러한 성분이 적은 스테인리스-스틸보다 구덩이 부식에 강하다.

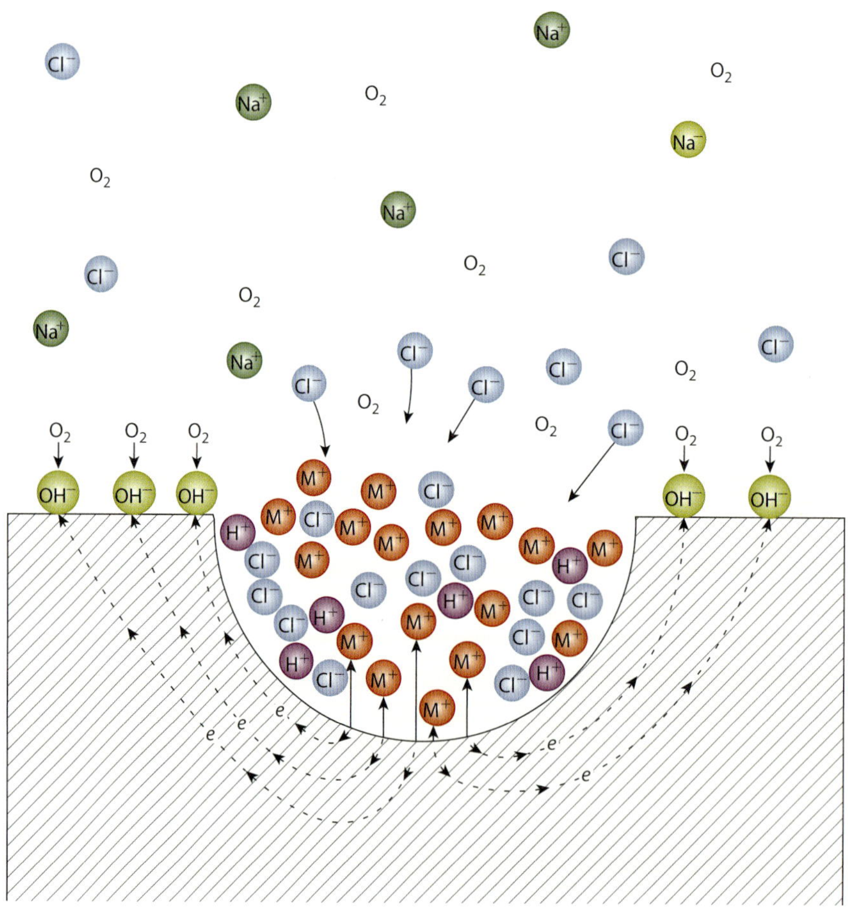

그림 10.13 바닷물에서의 금속의 구덩이 부식의 개략도. 구덩이(pit) 안의 높은 염소 이온농도와 구덩이 안에서의 금속의 용해가 가속화되는 것을 나타냄. *(Based on Fontana, M. G., Corrosion Engineering, McGraw-Hill, N.Y. (1986), p. 67.)*

10.5.5 입계 부식

입계 부식(Intergranular corrosion)은 결정립 내에서보다 결정립계를 따라서 더 많이 발생한다. 입계 부식 결정립 외부에서부터 결정립계의 화학적 성분의 차이에 의해 발생한다. 금속의 부적절한 열처리, 용접에 의해서 화학적 성분 변화가 발생한다. 예를 들어, 18−8 스테인리스 스틸은 부식에 강한 철이다. 그러나 510~788°C 사이에서 열처리가 될 결우, 결정립계에서 크롬 카바이드($Cr_{23}C_6$)가 형성된다. 크롬 카바이드는 입계근방의 고용체에서 부식에 강한 물질인 크롬의 양을 감소시킨다. 따라서 18−8 스테인리스 스틸은 이 구간의 온도범위에서의 열처리를 피하는 것이 좋고, 크롬카바이드 형성을 피하기 위해서 저탄소 스테인리스 스틸을 사용해야 한다. 예를 들면, 입계 부식에 강한 18−8 스테인리스 스틸을 만들기 위해 탄소 함유량은 0.2 질량 분율에서 0.08로 감소시켜야 한다. 저 탄소강은 용접과 같은 공정이나 탄소를 기반으로 하는 용액에서의 철 클리닝 공정을 통해 쉽게 얻을 수 있다.

10.5.6 선택 침출

선택 침출(Selective leaching)은 금속합금에서 어느 한 물질만을 제거하는 것을 의미한다. 가장 기본적인 예는 열교환기에 사용되는 30%의 아연, 70%의 구리로 구성된 황동 합금으로부터 아연이 제거되는 현상이다. 발전소 보일러의 따뜻한 물이 산성이라면 황동으로부터 아연을 제거할 수 있고 황동은 다공성으로 변하게 되며 강도 또한 감소하게 된다. 이러한 문제를 피하기 위해서는 아연이 덜 함유된 황동을 사용해야한다. 예를 들면, 아연 15%, 구리 85%로 구성된 단동(red brass)을 사용하면 선택 침출을 막을 수 있다. 선택 침출은 산성 환경에 노출되기 쉬운 합금에서 발생된다. 예를 들면, 산성 환경에서 일루미늄은 알루미늄 청동으로부터 선택적으로 침출되고 실리콘은 실리콘 청동으로부터 침출된다.

10.5.7 침식 부식

침식 부식(Erosion corrosion)은 부식 환경과 금속의 상대운동이 균일 부식보다 부식률이 빠를 때 발생한다. 침식 부식이 발생할 수 있는 한 예는 배의 프로펠러이다. 프로펠러는 부식성이 높은 바닷물 안에서 매우 빠른 속도로 돌이간다. 그러나, 침식부식은 파이프 구조물의 꺾이는 지점(elbow), 펌프 임펠러(pump impeller), 열교환기 배관, 터빈 날개, 노즐 등에서 많이 발생한다. 침식 부식은 Cr_2O_3과 같은 부동태화된 금속을 보호하기 위한 코팅 층이 부식성 환경에 처했을 때 발생하기도 한다. 물 분자에 의한 고속충격은 금속을 보호하지 못하고, 부식을 가속화하기 쉽다.

침식부식의 특이한 형태는 공동(cavitation)이다. 공동은 부식성 액체에서 거품이 발생하고, 거품은 폭발한다. 거품의 폭발은 액체를 통해 400 MPa만큼의 충격파를 보내고, 재료에 충격을 가한다. 침식 부식을 막기 위한 방법에는 재료선정과 티타늄 합금과 같은 더욱 강한 산화보호막을 생성시키거나 금속에 충격이 직접 전해지지 않게 설계를 변경하는 방법이 있다. 코팅, 음극 방식(cathodic protection)은 침식 부식에 더 효과적이다. 이 두 방법은 10.5.8절에서 다룰 것이다.

10.5.8 부식 방지 설계

아래의 몇 가지 공정과 설계 절차를 통해 부식을 방지할 수 있다;

- 전해질에 전기적으로 접촉하고 있는 갈바닉 시리즈에 분리된 금속을 넓게 사용하는 설계를 피한다.
- 더 우수한 금속(noble metal) 및 반응성 금속을 도금한다. 철에 더 우수한 금속인 주석, 구리, 금, 은

과 같은 물질을 도금한다. 실버가 도금된 철은 칼, 포크, 숟가락으로 사용된다. 또한 주석은 음식 캔 안에 철 위에 도금된다. 이러한 유형의 보호 하에, 더 반응성 있는 금속에 노출된 귀금속의 스크래치는 노출된 면에 전기적 부식을 발생시킨다.

- 금속에 덜 강한 금속을 도금한다. 덜 강한 금속과 접촉하고 있는 위험성이 있는 구조적 금속이 있다고 가정한다면, 덜 강한 금속은 용해되고 더 강한 구조금속은 보호된다. 예를 들면, 아연 도금 강판(galvanized steel)은 아연으로 코팅이 되어있다. 이때 아연은 시간에 따라 용해되는 **유전 양극**이다. 강한 금속(noble metal)을 코팅하는 것과는 달리 아연은 철에 완전히 코팅하지 않는 것이 더 효과적이다. 철과 아연은 전기적으로 연결될 필요가 없다. 외부가 철로 된 배는 물이 닿는 라인의 아랫부분에 아연 블록이 부착되어 있는데, 이 아연블록은 용해될 때마다 교체된다. 배 전체는 아연으로 코팅되지 않는다. 이 기술은 음식이 아연이온에 오염되기 때문에 음식 저장용기에는 사용하지 않는다.
- 금속의 **산화 보호막**을 형성하여 표면을 부동태화 한다. 티타늄은 표 10.2의 전기적 연쇄에 따르면 강한 금속(noble metal)과 같은 거동을 나타낸다. 그러나 순수 티타늄은 매우 반응성이 좋다. 티타늄이 공기에 노출되면 쉽게 산화티타늄(TiO_2)를 형성하고 표면을 부동태화 시킨다. 산화티타늄 보호막은 티타늄 금속의 공기 중으로의 추가적인 노출을 막아준다. 이러한 보호법은 티타늄과 티타늄 합금을 바닷물이나 부식환경으로부터 비활성화되게 만든다. 산화티타늄에 스크래치가 발생하여 순수 티타늄(Ti)이 노출되었다면, 티타늄은 환경조건 하에 산소와 반응하여 산화티타튬 보호막을 형성한다. 이러한 방법은, 손상된 티타늄 부분은 산화티타늄 층을 형성하여 "자가치유"를 한다. 양극처리된 알루미늄은 Al_2O_3의 산화보호막을 가지고 있고, 순수 알루미늄은 또한 Al_2O_3보호층을 형성한다. 그러나 Al_2O_3는 Cl^-가 존재할 때 안정적이지 않으며, 산화된 알루미늄은 소금물에서 부식된다. 대조적으로 산화티타늄은 Cl^- 하에서 상대적으로 안정적이기 때문에 티타늄은 소금물에서 부식에 강한 구조적 재료 중 하나이다. 스테인리스 스틸의 경우, 스테인리스 스틸의 표면을 부동태화 하기 위한 안정적인 Cr_2O_3을 형성하기 위해서 하기 최소 11%의 질량 분율의 Cr이 철에 추가되어야 한다. 표 10.2에 "Passive"라고 라벨처리 된 스테인리스-스틸은 산화막으로 부동태화 되어있다. 반응적인 316 스테인리스 스틸은 산화막을 갖지 않지만 산소에 의해 부동태화 되었다.
- 음전하를 적용하여 **음극보호처리**를 한다. 충분한 전압을 지닌 배터리의 응극 단자에 부식 환경에 있는 철을 부착한다면 Fe^{2+}는 용매로 이동하지 않고, 음극에 부착된다. 철로된 기찻길의 선로, 다리 건물 구조들은 모두 음극보호 처리되어 있다. 강철도로교 아래를 보면, 강철구조물에 배터리가 부착되어 있는 것을 확인할 수 있을 것이다. 대부분의 배터리는 다리를 건널 때 태양전지 판에 의해 충전된다. 일반적으로 배터리는 12볼트이다.
- **비활성 코팅**을 적용한다. 철을 부식 환경으로부터 격리시킨다면, 철은 부식되지 않는다. 이것은 자동차나 배의 페인트의 역할과 같다. 그러나 코팅에 난 스크래치는 순수 금속을 노출시킬 것이다. 그럼에도 불구하고 이러한 경우, 순수한 금속은 강한(noble) 금속 코팅 안에 있기 때문에 가속화된 전기적 부식은 위험하지 않다.

예제 10.9

아연도금강판은 아연으로 코팅되어 있다. 강철 배는 아연 희생 전극에 의해 보호받는다. 전해질 안에 있는 강철에서 아연의 효과는 그림 10.9와 비슷한 전기화학 전지에 의해 예상되었다. Fe^{2+} 이온들이 있는 1몰의 용매에 철 전극이 있고 1몰의 Zn^{2+} 용매에 아연 전극이 있다.
(a) 전극에서는 어떤 반응이 발생하는가?
(b) 전지에서 발생한 전압은 얼마인가?
(c) 반응에 포함된 1몰의 이온당 깁스 자유 에너지는 얼마인가?

풀이

(a) 철의 환원반응은 아연의 환원반응보다 더욱 전기적 양성이다. 철 이온은 철 전극에 증착되고(2 + Fe^{2+} → Fe), 아연은 아연 전극에서 용해된다(Zn → 2e + Zn^{2+}).
(b) 발생된 전압은 철의 환원반응에서 발생한 전압 −0.440V와 아연의 산화반응에서 발생한 전압 +0.763V의 합과 같다. 따라서 최종 전압은 +0.323V이다.
(c) 이온의 몰수에 따른 깁스 자유 에너지는 식 10.12와 같다.

$$\Delta G = -ZFV$$

$$\Delta G = -ZFV = -2\frac{\text{electrons}}{\text{ion}}\left(9.65 \times 10^4 \frac{\text{C}}{\text{mole of electrons}}\right)0.323\ \text{V}$$

$\Delta G = -6.233 \times 10^4$ J/mole of ions. 깁스 자유 에너지의 음의 변화를 나타내었고, 이 반응은 자발적이다. 철은 부식환경에서 아연과 접촉할 때 보호된다.

10.6 전기가공, 전기연마 그리고 전기도금

10.4.1절에서, 양극과 음극의 반응에 대해 이야기하였고, 음극에서의 금속의 환원이 어떠한 방식으로 금속의 증착을 야기하는지에 대해 설명하였다. 유사하게, 양극에서의 금속의 산화가 어떠한 방식으로 금속의 용해를 야기하는지에 대해서도 설명하였다. 이러한 전기화학 과정은 금속 처리에 활용이 가능하다. 전기가공은 전기화학 기반의 금속 처리 기술의 하나이다.

전기가공은 전기화학 기술을 이용한 특정 범위의 재료를 제거하는 기술이다. 예를 들면, 강철에 구멍을 뚫기 위해 구멍이 뚫려질 표면에 양극에 철, 음극에 백금선으로 된 전기화학전지를 이용한 전기화학적인 방식이 있다. 양극단자는 강철 그리고 음극단자는 백금에 접합된 상태로 강철에 전압이 가해진다. 이러한 구성은 비평형 상태를 만들고, 금속의 제거 과정을 가속화한다. 제거된 재료의 총량은 식 10.15를 통해 계산할 수 있다.

전기연마는 표면을 평탄하게 하기 위해 전기화학 전지의 한 부분의 금속을 일정하게 제거하는 기술이다. 연마된 금속은 양극이고, 음극은 양극 금속을 균일하게 제거하기 위해 충분히 커야 한다. 예를 들면, 주조 금속으로 만든 조각상을 균일하게 전기연마하기 위해서는, 조각상을 음극으로 둘러싸야만 한다. 금속 제거 속도를 증가시키거나 인가된 전압이 없이 발생하지 않는 반응을 일으키기 위해서 전압은 전기화학 전지에 가해진다. 예를 들면, 만약 이온이 용액 내로 들어가도록 충분한 전압이 귀금속의 양극에 충전된다면, 은이나 금과 같은 귀금속은 전기가공 되거나 전기연마가 될 것이다.

전기도금은 전기화학 전지의 전극 위에 금속을 증착하는 기술이다. 예제 문제 10.4를 보면 표준 전지의 음극 위에 구리를 전기도금하는 것에 대해 설명되어있다. 그러나 표준 전지에서, 구리가 음극에 증착될 때, 용매의 Cu^{2+}의 일정한 농도를 유지하기 위해서 계속해서 구리를 용매에 넣어야 한다. 만약 양극이 구리인 경우, 구리가 음극에 증착되기 시작하면, Cu^{2+}는 양극에서 용매로 들어가고 구리의 일정한 농도는 유지된다. 구리가 음극에 증착되기 위해 전압이 인가되어야 한다. 전압은 일반적으로 1~10V이며, 전류 밀도는 일반적으로 0.03~1 A/cm^2이다. 높은 전류 밀도는 다공성 증착의 원인이 될 수 있다. 그러나 용액의 교반, 일부의 이동, 용매 온도의 증가시키는 것은 더 높은 전류 밀도를 허용한다.

크롬 도금은 크롬 양극을 가지고 크롬 산 용매에서 종종 실행된다. 그림 10.14는 고전 자동차에 쓰인 강철 부분에 크롬으로 도금이 된 것을 보여준다.

평형 상태에서 전기증착이 되지 않는 이온은 충분히 큰 전압이 가해지면 증착된다. 예를 들면, 아연 양극과 Zn^{2+} 이온의 용매에 철 음극을 담그면 아연이 철 위에 전기도금이 되면서 아연 철판이 만들어진다. 철 음극이 붙여진 음극 단자와 아연 양극이 붙여진 양극단자로 된 전극에 전압이 가해진다. 음극 위의 음전하는 철의 표면으로 전기도금이 되도록 Zn^{2+} 이온을 끌어들인다. 아연 양극은 철에 증착된 Zn^{2+}를 다시 채운다.

전기도금에서, 식 10.15b로 계산되는 물질의 질량은 전기도금과정의 효율이 100%로 가정할 경우 나온 값이다. 실제 증착된 총량은 이 값보다 작고, 감소된 증착 총량은 전류 효율에 기인한다. 만약 전류 효율이 50%이면, 증착되는 물질의 총량은 식 10.15b에서와 같이 계산된 총량의 50%이다. 효율이 5%보다 낮은 경우도 있지만, 보통 30% 정도이다.

그림 10.14 크롬 도금된 부분을 가진 T FORD의 수정된 모델 *(© Images-USA / Alamy)*

예제 10.10

부식을 방지하고 외부를 장식하기 위해 면적이 10 cm^2인 강철 위에 구리를 두께 0.01 cm으로 도금하려고 한다. 철 전극은 직류 전원과 연결되어 있고, 철에 음전하를 구리 전극에 양전하를 충전한다. 실험을 통해 1A의 전류가 높은 질의 구리 코딩을 생성한다는 것을 알 수 있었다. 효율을 100%로 가정했을 때, 요구되는 코팅의 두께를 생산하기 위한 시간을 구하여라.

풀이

이 문제를 해결하기 위해서는 식 10.15b를 이용하여야 한다. 전류는 주어져 있고, 재료의 밀도와 부피로부터 필요한 물질의 질량을 계산하여야 한다. 식 10.15b의 모든 항들은 시간을 제외하고 모두 주어져 있다.

철 음극에서의 구리 환원 반응이 $Cu^{2+} + 2e^- \rightarrow Cu$이고 $Z = 2$라고 가정하자. 구리의 밀도는 $\rho_{Cu} = 8.96\ g/cm^3$, 부피는 면적 곱하기 두께로 $V = 10cm^2\ (0.01\ cm) = 0.1\ cm^3$이다. 구리의 증착된 질량은

$$m_{Cu} = V\rho_{Cu} = 0.01cm^3(8.96\ g/cm^3) = 0.9g$$

이미 알고 있는 다른 값들은 $F = 9.65 \times 10^4$ C/mole, $M_{Cu} = 63.55$ g/mole이다. 이러한 값들을 식 10.15b에 대입하면,

$$\frac{m_{Cu}}{M}ZF = \frac{0.9\ g}{63.55\ g/\text{mole of Cu}}\left(2\,\frac{\text{moles of electrons}}{\text{mole of Cu}}\right)9.65 \times 10^4\,\frac{C}{\text{mole of electrons}}$$

$$\frac{m_{Cu}}{M}ZF = 0.273 \times 10^4\ C = It = 1\ A(t)$$

시간 t에 대해 풀면,

$$t = 0.273 \times 10^4\ s = 2730\ s$$

10.7 배터리

위의 예제를 보면 전기화학 반응은 전류와 전압을 발생시키므로, 식 10.11과 10.12에 보이는 것과 같이 그것들은 에너지의 근원이 된다. 배터리는 전기 에너지를 생산하는 하나 이상의 전기화학 전지들로 이루어져 있다. 자동차에 쓰이는 납-산 축전지 역시 전기화학 전지이다. 표 10.1을 보면, 전기화학 전지의 전극으로 납과 수소를 사용하여 전압을 발생시켰다. 그러나 납-산 축전지에서는 납과 수소 전극이 사용되지 않았다. 납-산 축전지는 양극은 납, 음극은 산화납(PbO_2)이 사용되었다. 전해질은 황산(H_2SO_4)이다. 양극에서 반응은 식 10.19에 주어져 있다.

$$Pb + H_2SO_4 \rightarrow PbSO_4 + 2H^+ + 2e^- \tag{10.19}$$

식 10.20은 음극의 반응을 보여준다.

$$PbO_2 + H_2SO_4 + 2H^+ + 2e^- \rightarrow PbSO_4 + 2H_2O \tag{10.20}$$

전기화학 반응의 결과로 $PbSO_4$와 H_2O가 생성되고, 각각의 전기화학 전지는 대략 2.10V를 생성한다. 12-V의 배터리는 6개의 직렬 전지의 연결로 얻을 수 있다. 식 10.19와 10.20의 반응식은 배터리가 충전될 때 반대로 일어나며, 양극 위에 납(Pb)과 음극위에 산화납(PbO_2)이 증착된다.

10.8 연료 전지

그림 10.15에서 보듯이, **연료 전지**는 연료를 소비하여 전기에너지를 바로 생산하는 전기화학 전지이다. 수소-산소 연료 전지는 물을 생성하면서 수소를 산화시킨다. 이 과정은 수소와 산소를 생산하는 전기 분해법과 반대이다. 자동차, 트럭, 발전의 에너지원으로써 연료 전지가 내연 엔진과 가스 터빈을 대체 가능하다고 제안되어 왔다. 지게차에 적용한 성공적인 사례가 있는데, 이것이 가능했던 이유는 지게차가 작동하고 있는 창고에 수소 충전소가 있고 충전하는데 몇 분이 안 걸렸기 때문이다. 현재 연료 전지는 발전소에 사용되고 있다. 왜냐하면, 연료 전지는 출력이 일정하고 병원, 통신 센터, 집, 연구소, 배, 상업 건물 등과 같은 곳에 비상 전원을 공급할 수 있기 때문이다. 휴대가능한 연료 전지 전원 장치는 군사용 물품, 휴대폰, 컴퓨터, 디지털 카메라와 같은 곳에 사용된다. 표 10.3에 나와 있는 연료전지의 5개의 주된 유형은 다음 절에서 설명할 것이다.

그림 10.15의 연료 전지와 같이, 주 구성요소는 전극과 전해질이다. 전극은 다음과 같은 역할을 수행한다; 전자의 이동, 전극반응을 위한 표면 제공, 적절한 이온의 확산 허용, 주변 환경의 안정화.

산, 알칼리, 양성자 교환막(PEM) 연료전지의 전극은 초기에 다공성 백금이다. 그러나 백금은 비싸기 때문에, 작은 백금 입자로 쌓인 탄소 입자로 만들어진 전극이 개발되었다. 백금 코팅된 탄소 입자는 먹지나 직물에 사용된다. 전해질은 연료 전지의 이온이 이동하도록 하고 전자가 양극으로부터 음극으로 걸리는 부하를 통과하기 위해서 전자에 높은 저항을 가한다.

산 전해질을 가지는 수소 연료 전지는 그림 10.16에 나타나 있다. 반응식 10.21에 따르면, 이 연료 전지에서는 수소 이온과 전자가 양극에서 생성된다.

$$2H_2 \rightarrow 4H^+ + 4e^- \qquad \textbf{10.21}$$

수소 이온은 전해질을 통해 확산한다. 그러나 산 전해질은 전자가 이동에 대한 높은 저항을 가진다. 인산은 연료 전지의 산 전해질 중 최적의 산이며, 수소 이온은 액체 산 중 이동성이 좋다. 전자는 모터, 조명 등의 음극의 부하를 이겨낸다. 음극으로 들어온 산소는 반응식 10.22와 같이 수소 이온과 반응하여 물을 생성하고, 표 10.1에 나와 있듯이 표준 전극 전위인 1.23V와 1.23eV의 에너지가 하나의 수소 이온이 소비될 때마다 발생한다.

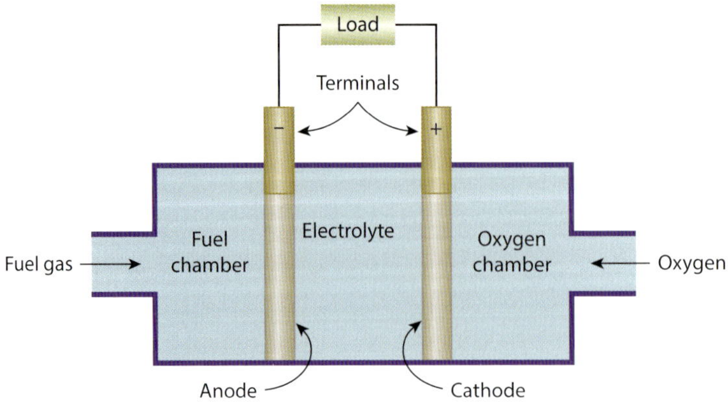

그림 10.15 연료 공급원, 전해질 내의 양극과 음극, 산소 공급원으로 구성된 연료 전지 계통도

표 10.3 연료 전지 유형, 이동 이온, 운전온도, 응용분야

Fuel Cell Type	Mobile Ion	*T*	Applications
Acid	H^+	220	Small power plants of 200 kW
Alkaline	OH^-	50–200	Space vehicles, including *Apollo*, *Gemini*, and the space shuttle
Molten carbonate	CO_3^{-2}	650	Medium to large power plants of 1 MW
PEM[1]	H^+	50–100	Vehicles and small power plants
Solid oxide	O^{-2}	600–1000	Small to large power plants

1 Proton-exchange membrane

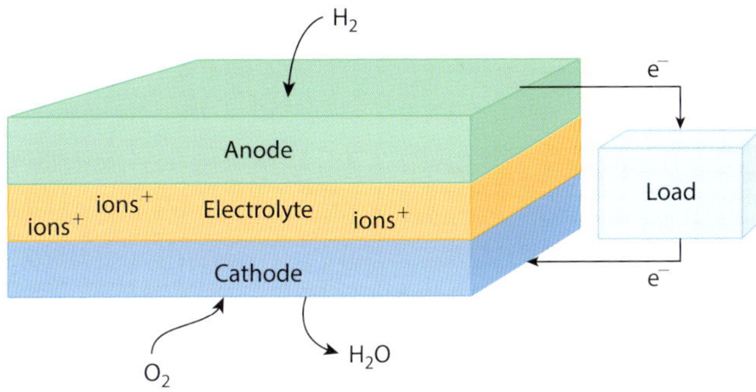

그림 10.16 산 전해질을 가지는 수소 연료 전지의 블록 선도
(Based on http://en.wikipedia.org/wiki/File:Fuel_Cell_Block_Diagram.svg)

$$O_2 + 4H^+ + 4e^- \rightarrow 2H_2O \qquad \mathbf{10.22}$$

알칼리 전해질을 가지는 수소 연료 전지는, 반응식 10.23과 같이, 수산화물 이온(OH^-)은 양극에서 생성된 전자와 물과 산소가 반응하여 음극에서 생성되며, 부하를 이겨낸다.

$$O_2 + 4H^- + 2H_2O \rightarrow 4OH^- \qquad \mathbf{10.23}$$

수산화물 이온은 수산화칼륨(KOH) 수용액과 같이 알칼리 전해질을 통해 양극 방향으로 확산된다. 양극에서는, 수산화물 이온이 반응식 10.24와 같이 수소와 반응하여 반응식 10.23에 필요한 물과 4개의 전자를 생성한다.

$$2H_2 + 4OH^- \rightarrow 4H_2O + 4e^- \qquad \mathbf{10.24}$$

PEM(양성자 교환막) 연료 전지는 고분자 물질의 막을 전해질로써 사용한다. 보통 음극과 양극은 위에서 언급된 백금으로 코팅된 작은 탄소 입자의 얇은 복합재료로 만들어진 시트이다.

음극과 양극의 반응은 산 전해질 연료 전지와 같다. 전해질은 수소 이온이 이동할 수 있고 전자 이동에 높은 저항을 가지는 고분자 시트이다. 고분자 전해질 중 하나는 그림 10.17에 나타난 수정된 폴리테트라플루오로에틸렌(PTFE)이다. PTFE는 산소 원자가 긴 고리 분자 구조에 삽입되고, HSO_3 계열이 끝부분에 붙여진 형태로 수정된 고분자 물질이다. 일반적인 PTFE는 소수성이여서 물이 묻지 않는 성질을 가진

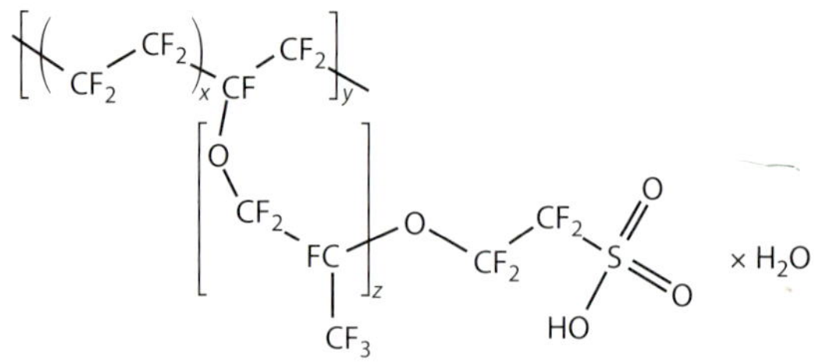

그림 10.17 PEM 연료 전지의 전해질로 사용되는 끝부분이 아황산수소(HSO_3) 계열인 LCM의 가능한 분자 구조. 여기서 x,y,z는 이 단위가 반복되는 횟수를 나타낸다.
(Based on http://upload.wikimedio.org/wikipedia/commons/thumb/3d/Nafion2.svg/200px-Nafion2.svg.png)

다. 그러나 HSO_3 계열은 친수성이여서 PEM의 황산과 비슷한 기능을 하는 작은 영역을 만들면서 물을 끌어들인다. 수소 이온은 하나의 친수성 지점에서 다른 곳으로 막을 통과해서 확산된다. 이러한 막은 수소 이온들이 순조롭게 전도되도록 수분을 잘 흡수한다. 이 막은 50×10^{-6} m 정도로 얇아서 차량에 적당한 낮은 밀도을 갖는 매우 얇은 전지를 만들 수 있다. 간헐적인 전력원에는 50~100°C로 낮은 작동 온도가 적당하다.

고체-산화물 연료전지(SOFC)에서는 전해질이 산화물이며, 대표적인 산화물은 ZnO_2, CeO_2, $LaGaO_3$, $BaZrO_3$이다. SOFC에서는, 반응식 10.25에 따라 산소 분자(O_2)가 양극에서 생성된 4개의 전자와 결합하여 음극에서 산소 음이온이 생성된다.

$$O_2 + 4e^- \rightarrow 2O^{2-} \quad \textbf{10.25}$$

산소 이온은 반응식 10.26에 따라, 양극에서 수소 연료와 반응하며 세라믹 산화물 전해질을 통해서 확산된다. 이 반응을 통해 반응식 10.25에서 사용되는 물과 4개의 전자가 생성된다.

$$2H_2 + 2O^{2-} \rightarrow 2H_2O + 4e^- \quad \textbf{10.26}$$

고체 산화물 연료 전지는 일산화탄소 또한 연료로 사용한다. 산소는 음극으로 들어가고 산소 이온은 반응식 10.25에 따라 생성된다. 양극에서 일산화탄소는 산소 이온과 반응하여 반응식 10.27과 같이 이산화탄소를 생성한다.

$$2CO + 2O^{2-} \rightarrow 2CO_2 + 4e^- \quad \textbf{10.27}$$

600~1000°C의 높은 온도에서, SOFC에 사용된 산화물은 산소-공핍 확산에 의해 산소에 대한 높은 전도성을 가진다. 게다가, 산소가 다른 산화물 또는 요소들과 추가적인 산소 공핍을 생성하면서 합금화 또는 주입된다. SOFC의 전극은 보통 ZrO_2과 같은 세라믹과 니켈의 다공성 혼합물을 사용한다. 니켈은 화학 반응의 표면 촉매 역할을 하고 전자에 전도성을 제공한다. SOFC는 600~1000°C의 높은 온도에서 반응하기 때문에, 차량 내의 간헐적인 운전에는 부적합하고, 연속적인 운전의 전력원으로 사용하기에 적절하다. 높은 운전 온도의 이점은 높은 온도의 배출 가스와 냉각 유체가 빌딩이나 터빈 작동의 열원으로 사용할 수 있다는 것이다. 또한, 천연 가스와 같은 연료로부터 수소를 분리하는 데 사용할 수 있다.

연료 전지의 연료로 사용되는 수소와 일산화탄소에 대해 이야기하였다. 그러나 연료 전지는 메탄, 메탄올, 천연가스를 포함한 다른 연료로도 작동할 수 있다. 가장 대표적인 연료 전지의 연료는 천연가스이다.

재생가능하다고 여겨지는 연료 전지의 연료 중 하나는 ADG(anerobic disgester gas)이다. ADG는 주로 생물분해성의 물질을 잘게 쪼개기 위해 사용되는 가스이며, 폐수처리장, 작물이나 동물 폐기물, 양조장, 농산물 처리 설비로부터 방출되는 메탄과 이산화탄소로 구성된 가스이다.

예제 10.11

반응식 10.22와 같이 화학 반응하는 수소–산소 연료 전지의 1몰의 수소 원자의 반응 결과로 얻어지는 일의 최대량은 얼마인가?

풀이

주어진 식 10.12의 깁스 자유 에너지 변화식을 이용하여 일정한 온도와 압력에서 일의 총량을 계산할 수 있다. 전압은 표 10.1에 따라 +1.23V가 발생되고, 수소 원자 하나당 $-e$만큼 발생되는 하나의 전자가 있다.

$$\Delta W = \Delta G = ZFV_0 = 1\,\frac{\text{electron}}{\text{ion}}\left(9.65 \times 10^4\,\frac{\text{C}}{\text{mole}}\right)(1.23\ \text{V})$$

$$\Delta W = 11.87 \times 10^4\ \text{J/mole of hydrogen atoms}$$

위의 값 만큼의 일이 생성되었고, 반응의 생성물은 오직 물 뿐이다. 이것이 연료 전지 분야가 관심받는 이유이다. 그러나 수소와 산소의 초기 생성이 필수적인 전원은 환경오염을 발생시킬 수 있다. 실제로 환경오염에서 연료 전지가 자유롭기 위해서는, 수소와 산소 생성을 위한 전력원이 환경오염에서 자유로워야 한다.

요약

- 금을 제외한 모든 금속은 산소와 반응한다. 산소는 실리콘, 탄화물, 질화물과 같은 세라믹과 반응한다. 산소와 고분자의 반응은 풍화의 한 종류이다. 고온에서 구조 금속과 산소의 반응은 각 부분들의 수명에 큰 제약을 준다. 산화막의 깁스 자유 에너지가 금속의 깁스 자유 에너지보다 작을 때 금속은 산소와 반응한다.
- 산화 코팅이 증가할수록 전자와 재료의 이온 뿐만아니라 산소 이온은 산화물에 확산된다.
- 표면을 보호하기 위한 산화물들의 경우, 연속적이어야 하고 기공이 없어야 한다. 금속의 경우, 형성된 산화물의 부피가 산화물을 형성하는 금속원자의 볼륨과 비슷하거나 Pilling-Bedworth ratio가 1과 같을 때 산화보호막이 발생하기 쉽다.
- 실험적으로 산화보호막은 시간에 대해서 포물선이나 로그 성장법칙을 따른다. 반산화보호막의 경우는 선형성장법칙을 따른다.
- 산화보호막은 금속에 형성되고 금속 산화물 코팅은 부식에 저항하며 이러한 현상을 부동태화라고 한다. 부동태화는 티타늄이 바닷물이나 다른 부식환경에 강한 이유이다.
- 강철과 같이 산화보호막을 형성하지 않는 금속은 산화막을 형성하기 위해서 합금화처리된다. 스테인리스 스틸의 경우 철은 보호 크롬 산화물을 형성하기 위해 크롬과 합금화 된다.
- 고분자의 기계적 물성은 고분자에 용해되는 원자나 분자의 흡수에 의해 저하된다.
- UV가 고분자에 흡수되면 LCM사이의 결합과 LCM을 따라 형성된 결합을 끊어서 고분자의 물성저하를 발생시킨다.
- 고분자의 풍화는 UV를 포함한 빛의 조사와 대기 중의 산소, 질소 물 원자나 분자와의 반응이 동시에 일어날 때 발생한다.
- 부식은 환경조건 하에서 전기화학 반응에 의한 재료의 성능 저하이다. 부식은 주로 금속에서 발생한다. 세라믹은 금속보다 부식에 강하다. 고분자가 환경에서 물성 저하가 발생할 지라도 부식은 고분자에 적용되지 않는다.
- 원자가 전자를 잃을 때, 이 반응을 산화반응이라고 한다. 산화는 전기화학 전지의 양극에서 발생하고 양극은 전해질에 용해된다. 이온이 전자를 얻을 때, 이 반응을 환원반응이라고 한다. 환원반응은 음극에서 발생하며 전해질속의 이온은 전기화학 전지의 음극에 증착된다.
- 표준 전극 전위 값은 한 금속의 이온 1몰을 포함한 용액에서 측정된 값이다. 기준 전극은 수소 이온 1몰을 포함한 용액에서 측정한 값이다. 전기화학 전지의 전압은 산화반응과 환원반응에서 발생한 전압의 합과 같다. 수용액이 1몰이 아닐 때, 환원반응의 반전지전압은 Nerst 식에 의해 계산된다.
- 전기화학전지에서 발생한 전압은 반응에서의 깁스 자유 에너지와 직접적인 관계가 있다.
- 전기화학 전지의 경우, 전극에서 감소하거나 증착된 재료의 질량은 전지 전류의 함수로 나타난다.
- 부식의 종류에는 균일 부식, 전기 부식, 틈 부식, 구덩이 부식, 입계 부식, 선택 침출, 침식 부식이 있다.
- 전기적 부식은 한 금속이 더 반응성이 낮은 금속과 전해질 속에서 전기적으로 연결되었을 때 발생하는 금속의 용해 현상이다. 가바닉 시리즈는 금속 합금이 소금물 안에 있을 때 상대 전기 부식

저항을 나타낸다. 재료의 선택, 대면적 양극과 소면적 음극 사용, 반응성이 낮은 재료로 코팅, 금속에 희생전극 부착, 부식환경에서 부동태화된 금속 사용, 음극 보호법 적용, 비활성 코팅으로 전기적 부식을 막을 수 있다.

- 양극에서 금속의 감소가 발생할 수 있고, 음극에서는 재료의 증착이 발생할 수 있다. 전기 가공법에서는 금속은 음극과 양극에 전압을 인가하여 양극의 특정부분이 제거된다. 전기연마에서 재료의 매끄러운 표면을 형성하기 위하여 적절한 크기의 음극을 선택하면 양극의 재료는 균일하게 제거된다. 전기증착은 음극에 금속이 증착되는 것을 의미한다. 반응을 가속화시키거나 강제화하기 위해 전지에 전압을 가한다.
- 전기화학 반응은 전류와 전압을 발생시킨다. 따라서 전류와 전압은 에너지 소스이다. 연료전지는 연료를 소비하고 전기적 에너지를 생산한다. 연료전지는 수소, 메탄, 메탄올, 일산화탄소, 자연가스, 혐기성 소화가스를 포함한다. 연료전지의 전해질은 산, 염기, 용융 탄산염, 양성자 교환막, 고체 산화물을 포함한다. 연료전지 반응에서의 유일한 생산물은 에너지, 물, 일산화탄소이다.

CHAPTER

11 파괴와 피로

Fracture and Fatigue

이 장에서 이해해야 할 것

- 취성 파괴의 원리
- 국소 표면 소성 변위의 파괴 원리
- 소성변위와 파괴강도의 관계
- 유효 임계 응력 강도 계수의 기준
- 파괴 강도에 대한 온도와 환경의 영향
- 파괴 역학을 고려한 설계
- 크랙을 검출하기 위한 비파괴 검사
- 인장 실험에서의 재료의 파괴역학
- 피로파괴에서 반복 응력과 피로 수명의 관계
- 피로파괴의 확률적 특성
- 피로 균열 발생과 국소 소성 변형율의 관계
- 파괴에 있어서 파괴 역학과 균열 성장 사이클 사이의 관계
- 피로와 파괴 데이터에 와이불 통계 분포 적용

우주왕복선 컬럼비아호의 폭발은 재료의 파괴로 인한 가장 극적인 비극이다. 2003년 1월 16일, 이륙 후 약 82초가 경과한 뒤 외부 연료탱크에서 발포된 단열재에 여행가방 크기의 파편이 떨어져 나왔고, 이 파편이 컬럼비아호의 좌측 날개의 전연부를 타격하였다. 날개의 전연부는 1장 및 12장에서 논의할 탄소-탄소 강화타일(RCC)로 덮여 있다. 충격은 RCC 타일을 파손시키고 날개에 약 25cm 정도의 구멍을 만들었을 것으로 판단된다. 재돌입 시 날개의 전연은 약 1650°C에 이르게 되는데, 만약 RCC 타일이 없다면 날개의 내부 금속구조는 이러한 온도에 그대로 노출되게 된다. 재돌입 시에 컬럼비아호는 폭발하였고, 일곱 명의 우주비행사의 목숨을 앗아갔다. 이 장에서는 파괴를 유발하는 조건을 결정하고, 이러한 파괴를 피하는 설계방법에 대하여 공부한다.

© Rhea Eason/Alamy

MATERIALS SCIENCE AND **ENGINEERING PROPERTIES**

11.1 소개

재료가 2개 이상으로 분리될 때, 또는 미세 부하 용량이 작용하는 점에서 재료가 분리될 때 재료의 파괴가 발생한다. 그림 11.1에서 재료 파괴의 예시를 보여준다. 이 그림은 스키넥터디 도시의 리비티유조신이 거의 반으로 갈라진 그림이나. 선박이 −3°C의 대기 온도와 4°C의 잔잔한 물 온도에 떠있는 동안 갈라졌다. 관련 보고서에는 파괴가 갑자기 발생했고 수 마일까지 폭발적인 소리가 들렸다고 명시되어 있다. 리버티선은 세계 2차 대전의 화물선이면서 장대 강철구조로 생산된 유조선이었다. 선박 주변을 일체형의 강철 용접들로 완전히 감싸고 있었기 때문에 많은 선박이 완전히 두 쪽으로 부러졌다. 선박의 중앙 프레임은 각각의 강철 판으로 고정되어 있었다; 균열은 강철 판의 끝부분에서 확장될 수 있다. 2710대의 리버티 선박이 만들어졌는데, 이 중에서 1500대에 상당한 균열이 있었고 12대가 빈으로 부러졌다.

리버티 선박의 침몰은 설계에 있어서 재료의 균열을 이해하고 균열 이론이 발달하는데 집중적인 노력을 초래하였다. 우주왕복선 **콜롬비아**의 파국파괴는 날개의 RCC 타일의 균열 때문이다. 이것은 현대에 취성 파괴가 알려졌다 하더라도 균열은 여전히 발생하므로, 균열의 가능성은 핵심 구조물의 설계에 있어서 고려되어야 한다는 것을 나타낸다.

이 장에서는, 지속적으로 증가하는 응력에 따른 균열에 의한 재료 파괴를 주제를 먼저 다루었다. 균열이 생긴 시편이 파괴가 일어나기 전까지 견딜 수 있는 최대 응력을 파괴 실험을 통

그림 11.1 1943년 1월 16일, 스키넥터디 리버티 선박이 선착장 앞의 잔잔한 물 위에 있는 동안 거의 두 개로 분열되었다.

해 테스트한다. 이 장의 후반부에서는 다중응력에 따른 균열의 발달과 성장의 **피로파괴**를 다룬다.

11.2 파괴

11.2.1 취성 파괴의 이론

탄성 변형 없이 파괴가 일어났을 때 재료는 취성이다. A. A. Griffith는 취성 재료의 이론을 적립했다. 그는 만약 유리 섬유들이 표면 손상 없이 녹여서 압연된다면, 단방향 인장 테스트를 했을 때, 유리 섬유들은 7 GPa의 매우 높은 파괴 응력(σ_f)을 갖는다는 것을 관찰했다. 유리 섬유들은 취성 파괴에서 어떠한 소성 변형 없이 끊어진다. 그러나 유리의 다른 형태는 더 낮은 응력에서 부러진다. 섬유 유리 중에 S-유리 섬유는 5 GPa의 파괴 응력을 갖는다. 만약 우리가 일반적인 창문 유리를 테스트 한다면, 인장 파괴 응력은 69 MPa까지도 떨어진다. 어떻게 같은 물질인데 이렇게 다른 파괴 강도를 가질 수 있을까? Griffith는 파괴 응력이 다르게 나오는 것은 균열과 같은 다른 크기의 결함 때문이라고 결론지었다. 새롭게, 압연된 유리 섬유들은 거의 완벽한 표면을 가진다; 일부 결함 또는 균열은 원자 크기이다. 유리 섬유로 쓰이는 섬유유리(fiberglass)는 마모와 주변 환경의 반응에 의해 조그마한 표면 균열이 생긴다. 이러한 나노미터 크기의 균열들은 예제 문제 11.1에서 설명된다. 일반 창문 유리는 미세한 사이즈의 모서리를 따라 큰 균열과 결함을 가지고 있다.

그림 11.2a는 길이 a의 모서리 균열이 생긴 재료를 나타내고, 그림 11.2b는 길이 $2a$의 내부 균열을 나타낸다. $2a$ 길이의 내부 균열이 발생한 이유는 두 균열 선단을 가지고 있기 때문이다; 길이 a의 경우 각 균열 선단에 해당한다. 길이 a의 모서리 균열은 길이 a의 각 경우에 두 모서리 균열들의 결과로서, 그림 11.2b에서의 재료가 반으로 잘라질 경우 발생된다.

만약 재료에 크기(V)의 응력(σ)이 균열 없이 가해진다면, 이 재료에는 변형에너지(U_0)가 생긴다.

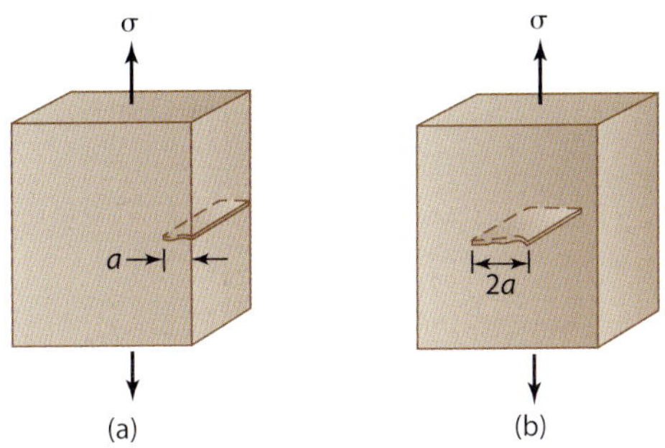

그림 11.2 (a) 큰 플레이트에서 a 깊이의 모서리 또는 표면 균열의 개략도이다. (b) 총 길이 2a의 큰 플레이트에서의 내부 균열 *(Askeland, D.R, Fulay, P.P, and Wright,W. The Science and Engineering of Materials, 6th ed., Cengage Learning, Stamford, CT(2011),p.248.)*

$$U_0 = \frac{\sigma^2 V}{2E} \qquad \textbf{11.1}$$

만약 $2a$ 길이의 내부 균열이 재료 안에 작용한다면 표면 균열을 따라 원자간 결합은 끊어지고, 이것은 균열의 모서리를 따라 응력을 완화한다. 원자간 결합이 끊어지기 때문에 어떠한 응력도 균열을 통해 유지될 수 없다. 그림 11.3은 절단 위 아래로 응력을 완화시키면서 시트가 늘어질 때 고무 시트의 절단이 어떻게 발생하는지 설명한다. 만약 손가락을 고무가 잘리는 부분 위 아래로 밀 경우 고무는 쉽게 변형되고 느슨해진다; 반면 잘리는 부분과 먼 곳은 늘어나면서 빳빳해진다.

무한 평면상에 $2a$길이의 중앙 균열의 이론적인 분석으로는 균열의 발생에 의한 변형에너지(U_r)를 완화시키는 것으로 이것은 식 11.2에서 계산된다.

$$U_r = -\frac{\sigma^2}{2E}(2\pi a^2 t) \qquad \textbf{11.2}$$

t는 시편의 두께이다. 음수 부호는 재료에서 변형에너지의 감소를 나타낸다. 식 11.2에서, $2^{1/2}a$의 반경을 갖는 재료의 부피와 같고, 두께 t는 거의 0 응력으로 완화되었다. 균열이 발생했을 때, 응력이 완화될 뿐만 아니라 $2(2at)$ 면적 두 개의 새로운 표면도 생기고 단위 면적당 에너지 γ_s 값을 갖는다. 두 표면의 발생으로 인해 증가하는 에너지(U_s) 값은 식 11.3에서 계산된다.

$$U_s = 2(2at\gamma_s) = 4at\gamma_s \qquad \textbf{11.3}$$

식 11.4는 부피 V를 가지고 두께 t로 확상된 내부에 $2a$ 길이의 균열이 있는 응력을 가진 시편의 총 에너지(U)를 구할 수 있다.

$$U = U_0 - \frac{\pi\sigma^2 a^2 t}{E} + 4at\gamma_s \qquad \textbf{11.4}$$

응력값이 고정되고 균열의 길이가 매우 작을 경우 a^2은 a보다 매우 작기 때문에 응력완화 음수 항은 표면 에너지 양수보다 작다. 균열의 크기가 매우 작을 경우 균열의 길이는 늘어나고 안정적이다. 표면 에너지 항 $4at\gamma_s$가 응력완화 항$(-\pi\sigma^2 a^2 t/E)$보다 매우 빠르게 증가하기 때문이다. 그리나 균열의 크기가 커질

그림 11.3 인장 응력이 적용된 고무시트의 커트, 커트 주변의 고무에서 응력의 완화가 나타난다. *(C.M.Gilmore)*

때, 몇몇 임계균열 길이(a)는 길이 da로 증가하고, 응력완화 항($-2\pi\sigma^2 tada/E$)의 미분값은 표면 에너지 항($4t\gamma_s da$)의 미분값보다 커진다. 이러한 관점에서, da로 늘어난 균열 길이는 내부에너지를 감소시키기 때문에 균열은 불안정하다. 응력(σ)과 균열 길이(a)의 결합은 임계값에 이르고, da 길이의 균열 성장에 필요한 에너지의 증가는 0에 가깝다. 그리고 시편은 파괴된다. 이론적으로 식 11.5는 이러한 조건을 나타낸다.

$$\frac{dU}{da} = 0 = -\frac{2\pi\sigma_f^2 at}{E} + 4t\gamma_s \tag{11.5}$$

시편의 모든 변수를 식 11.5의 왼쪽 항에 나타냈고 모든 재료상수를 식 11.6의 오른쪽 항에 나타냈다.

$$\sigma_f(\pi a)^{1/2} = (2E\gamma_s)^{1/2} \tag{11.6}$$

또한, $a(d^2U/da^2)$에 대한 총 에너지(U)의 2차 미분 값은 음수이다. 이것은 총 변형 에너지가 최대값이라는 것을 나타낸다. 이 조건은 길이 a의 균열 시편이 흡수할 수 있는 최대 변형에너지에 해당한다. 시편에 작용하는 응력이 증가하면, 시편은 불안정해 지고 빠르게 균열이 발생한다. 이것은 응력 σ_f 값에서 파괴가 길이 a에서 균열이 생기는 조건이다. 파괴응력(σ_f)에 의해 식 11.6을 풀면 식 11.7을 구할 수 있다.

$$\sigma_f = \left(\frac{2E\gamma_s}{\pi a}\right)^{1/2} \tag{11.7}$$

식 11.7에서 $E\gamma_s$가 상수이기 때문에, 균열 길이(a)가 증가하고, 파괴 응력(σ_f)이 감소하는 것이 나타난다. 파괴응력은 재료상수가 아니다; 이것은 재료의 결함 또는 균열의 길이에 영향을 받는다. 균열이 커질수록 파괴응력은 감소한다. 이것은 왜 유리가 종류에 따라 파괴 강도가 다른지 설명한다.

만약 재료에 균열이 없다면 균열 길이(a)는 격자정수에 근접한다. 0.4212 nm의 격자정수, 1.5 J/m^{2}의 표면에너지, 그리고 300 GPa의 탄성계수를 갖는 산화마그네슘을 이용한 예로 식 11.7을 통해 계산하면 이론적인 26 GPa의 강도가 나온다. 그러나 압축 소결된 산화마그네슘은 균열과 같은 행동을 하는 조그맣고 많은 공극을 가지고 있고, 인장 강도는 대략 105 MPa이다. 많은 균열을 가진 산화마그네슘의 강도는 균열이 없는 것보다 100배 이상 크다. 표 7.3에 나온 것처럼, 세라믹 알루미나의 선들은 약 21 GPa의 인장 강도를 가지고 있다. 이 값은 산화마그네슘의 이론적인 값과 거의 일치한다. 산화마그네슘의 단일 격자정수를 포함한 입방구조에 의해 이론적인 강도는 계산됐다. 알루미나는 두 개의 격자정수를 갖는 육각형이고, 계산하는 것은 매우 복잡하다.

식 11.6에서, 오른쪽 모든 항들은 재료 상수이고 이러한 상수들의 곱 또한 상수이다. 식 11.8에서, Y값이 기하학적인 계수일 때, **임계응력강도계수**(K_{Ic}) 또한 재료상수이다.

$$K_{Ic} = Y\sigma_f(\pi a)^{1/2} = Y(2E\gamma_s)^{1/2} \qquad \textbf{11.8}$$

균열은 시편의 기하학적 구조와 가해지는 응력에 상대적으로 다른 방향일 수 있기 때문에, 기하학적 계수 Y가 식 11.8에서 소개된다. 그림 11.2b에서 내부 균열은 Y값이 1.0이다. 그리고 그림 11.2a의 모서리 균열의 Y값은 1.1이다.

이런 분석은 세라믹, 콘크리트, 취성 폴리머, 그리고 회주철과 같은 취성 금속을 포함하는 모든 취성 재료에 적용된다. 또한 K_{Ic}는 파괴인성이라 부른다. 그러나 파괴인성은 인성과 혼란될 수 있다. 인성은 매끈한 시편의 인장 실험을 했을 때, 응력–변형율 곡선의 파괴지점 아래 면적이다. 이런 혼란을 피하기 위해, 이 책에서는 임계응력강도 계수 K_{Ic}로 사용한다.

예제 11.1

실리카 유리 섬유는 파괴 응력 0.5 × 10^4 MPa 값을 갖고, 일반적인 유리창은 69 MPa의 파괴응력을 갖는다. 이 재료들의 파괴는 취성이다. 만약 실리카 유리의 K_{Ic}가 0.79 MPa · m$^{1/2}$이라면 어떤 길이 결함이 이런 형태의 실리카 유리의 파괴를 일으키는지 구하여라. 균열은 표면 균열이라고 가정한다.

풀이

파괴 응력과 균열 또는 결함 길이 사이의 관계가 식 11.8에 나와 있다.

$$K_{Ic} = Y\sigma_f(\pi a)^{1/2}$$

표면 균열이 가정되었기 때문에 $Y = 1.1$ 그리고 $K_{Ic} = 0.79$ Mpa · m$^{1/2}$

유리 섬유의 경우, $\sigma_f = 5000$ MPa

$$K_{Ic} = 0.79 \text{ MPa} \cdot \text{m}^{1/2} = (1.1)(5000 \text{ MPa})(\pi a)^{1/2}$$

균열 길이(a)로 풀면,

$$(\pi a)^{1/2} = \frac{0.79 \text{ MPa} \cdot \text{m}^{1/2}}{5500 \text{ MPa}} = 1.4 \times 10^{-4} \text{ m}^{1/2}$$

$$(\pi a) = 2.0 \times 10^{-8}\ \text{m}$$

$$a = 0.64 \times 10^{-8}\ \text{m} = 6.4\ \text{nm}$$

실리카 유리 섬유의 균열은 나노미터 크기이다.
벌크 유리의 경우, $\sigma_f = 69$ MPa

$$K_{Ic} = 0.79\ \text{MPa} \cdot \text{m}^{1/2} = (1.1)(69\ \text{MPa})(\pi a)^{1/2}$$

균열 길이(a)로 풀면,

$$(\pi a)^{1/2} = \frac{0.79\ \text{MPa} \cdot \text{m}^{1/2}}{76\ \text{MPa}} = 1.0 \times 10^{-2}\ \text{m}^{1/2}$$

$$(\pi a) = 1.0 \times 10^{-4}\ \text{m}$$

$$a = 0.32 \times 10^{-4}\ \text{m}$$

벌크 유리의 균열은 실리카 유리 섬유의 균열보다 거의 10,000배 크다.

그림 11.2와 11.4a에 나타난 것처럼, 균열에 인장 응력을 가해주면 균열은 증가한다. 이러한 파괴는 유형 I 파괴라고 불리고, 유형 I 파괴의 임계응력계수는 K_{Ic}이다. 전단응력 또한 균열에 가해질 수 있는데, 그림 11.4 b와 c에 나타난 것처럼 유형 II 그리고 유형 III 파괴로 각각 K_{IIc}, K_{IIIc} 값을 갖는다. 인장 균열 증가의 K_{Ic}는 가장 많이 쓰이는 임계응력강도계수이다.

11.2.2 취성 재료의 파괴 : 세라믹, 금속, 폴리머

세라믹 재료와 유리 재료는 취성이다. 표 11.1에는 몇 가지 취성 세라믹 재료의 상온에서의 K_{Ic} 값들이 나와 있다.

부분적으로 안정화된 지르코니아(PSZ)와 정방 지르코니아 다결정(TZP)은 안정화된 입방체 지르코니아나 다른 세라믹 재료들보다 상대적으로 높은 K_{Ic} 값을 갖는다. PSZ나 TZP가 고온 가솔린 및 디젤 엔

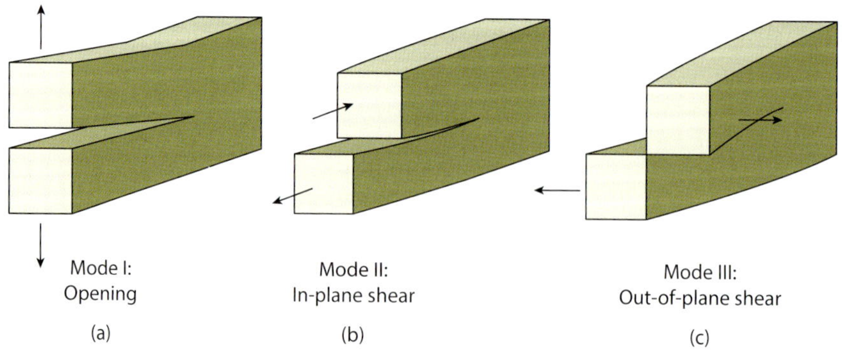

그림 11.4 파괴의 세가지 기본 유형. (a) 유형 I, 표면 균열은 인가된 인장력에 수직이다. (b) 유형 II, 전단 응력은 인가된 전단력과 평행한 방향으로 균열을 전파한다. (c) 유형 III, 인가된 전단력 방향에 수직 방향으로 균열은 전파된다. *(http://upload.wikimedia.org/commons/e/e7/Fracture_modes_v2.svg)*

표 11.1 상온에서 일부 취성 세라믹 재료의 K_{Ic}

	$K_{Ic}(\mathrm{MPa \cdot m^{1/2}})$
Silicate glasses	0.7–0.9
Glass ceramics	~2.5
Single crystal NaCl	~0.3
Single crystal Si	~0.6
Single crystal MgO	~1
Single crystal SiC	1.5
Sintered, hot-pressed SiC	4–6
Single crystal Al_2O_3	
(0001)	4.5
$(10\bar{1}0)$	3.1
$(10\bar{1}2)$	2.4
$(11\bar{2}0)$	2.4
Polycrystalline Al_2O_3	3.5–4
Al_2O_3-Al composites	6–11
Reaction-bonded Si_3N_4	2.5–3.5
Sintered, hot-pressed, and gas-pressure sintered Si_3N_4	6–11
Cubic stabilized ZrO_2	~2.8
MgO-partially stabilized zirconia (PSZ)	9–12
Tetragonal zirconia polycrystals (Y-TZP, Ce-TZP)	6–12
Al_2O_3-ZrO_2 composites	6.5–13
Single crystal WC	~2

Reprinted from Chaing, Y-M., Birnie D. B., and Kingery, W. D., *Physical Ceramics—Principles for Ceramic Science and Engineering*, John Wiley & Sons, N.Y. (1997), p. 484.

진용 실린더 라이너에 응용되는 이유는 2715°C의 높은 용해 온도와 함께 높은 K_{Ic} 값을 갖기 때문이다. PSZ는 상대적으로 높은 K_{Ic} 값을 갖는데, 이것은 마르텐사이트 변태에 따른 응력-유기 때문이다. 순수한 지르코니아는 그림 5.17의 지르코니아(ZrO_2) -산화칼슘(CaO)의 상태도에 나타난 것처럼, 세 가시 결정 구조를 갖는다. ZrO_2는 2370°C의 용해온도에서 입방체이다. 2370°C에서 1170°C로 온도가 감소할 때, 순수한 지르코니아는 정방결정이고, 1170°C 밑으로 내려갈 때, 순수한 지르코니아는 마르텐사이트 상 변태를 통해 단결정으로 변이한다. 칼시아(산화칼슘), 세리아(산화세륨), 마그네시아(산화마그네슘), 이트리아(산화이트륨)와 같은 화합물들이 지르코니아에 더해질 때, 성방설정과 단결정으로 변이하는 온도가 감소한다. 약 10몰 비율의 MgO를 지르코니아에 더하고, 혼합물에 특수 열처리를 하면, 부분적으로 안정화된 미세 결과물들이 상온에서 입방체-지르코니아 기지를 갖는다. 그리고 정방결정의 지르코니아 입자들을 침전시킨다. 그림 11.5의 개략도에 나타나듯이, 균열의 끝 부분에서 정방결정 구조의 재료는 단결정 구조로 마르텐시티컬하게 변형되기 위한 응력으로 유기된다.

변형 에너지는 안정적이지 못하게 정방 위상의 에너지를 증가시키고, 그리고 인가된 응력은 낮은 에너지와 온도를 갖는 단결정 상으로 원자의 이동을 돕는다. 또한 인가된 힘(F)에 따라 변이하는 동안 원자 이

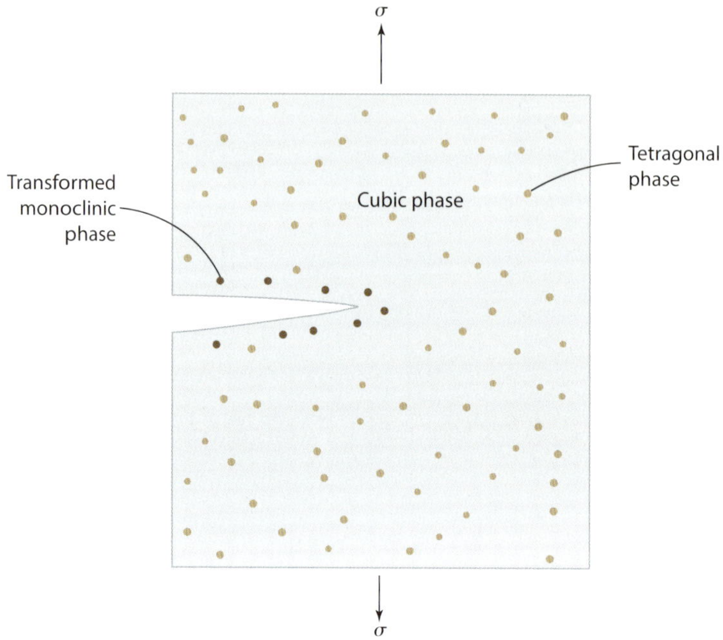

그림 11.5 열처리로 부분적으로 안정화된 지르코니아 시편의 인장 응력(σ)에 의한 균열의 개략도. 매트릭스는 원처럼 나타나는 벌크 재료의 정방계 입자들과 함께 입방체 지르코니아이다. 균열의 끝에서 응력들은 단결정의 마르텐시티컬 변이를 위해 정방계의 입자들을 유기시킨다. 검은 원으로 보이는 것처럼, 균열의 끝 부분에서 압축 응력을 유발하고 에너지를 흡수한다. *(Courtney, T.H., Mechanical Behavior of Materials 2nd ed., McGraw-Hill, N.Y. (2000), p.469.)*

동 거리(Δx)는 에너지 $F\ \Delta x$를 흡수한다. 식 11.4에서, 흡수된 에너지($F\ \Delta x$)는 재료의 균열에 해당하는 새로운 양수 에너지 항을 추가한다. 추가로, 단결정 상에서 정방결정으로 마르텐시틱 변태를 하는 동안 4.7%의 체적 팽창이 생기기 때문에, 압축 응력들은 단결정상이 존재하는 균열의 끝에서 발생한다. 균열 끝 부분에서의 응력의 압축 상태는 균열 전파를 억제한다. 균열 전파는 압축 응력이 아닌 인장 또는 전단 응력의 결과이다.

TZP에서, MgO와 같은 충분한 혼합물들은 동작 운동에서 정방결정의 안정을 위해 지르코니아에 추가된다. 그러나 정방결정에서 단결정상으로의 마르텐시틱 변태는 PSZ에 만들어진 동일한 방법으로 균열의 끝부분에서 응력에 의해 유기된다. 또한 정방결정상에서 단결정상으로 재결성되는 4.7%의 팽창에 의해 발생된 균열의 끝 부분에서 압축 응력은 발달된다.

낮은 온도에서의 BBC 금속, 고강도 강철공구, 흰색과 회색 주철과 같은 몇몇 금속들은 취성 방법에서 부러진다. 그러나 균열이 있는 많은 금속들은 파단면을 따른 국소 소성 변위의 파괴가 일어날 수 있다. 이러한 내용은 11.2.3절에서 다룬다. 일부 폴리머들은 낮은 온도에서의 PMMA, 에폭시, 고무처럼 취성이다. 그러나 많은 폴리머들 또한 파단면을 따라 몇몇 국소 소성 변위로 파괴가 일어난다.

11.2.3 국소 소성변위의 파괴

취성 파괴에 대한 분석은 표본의 벌크 탄성을 유지하면서, 파단면에 한정된 소성 변형을 갖는 파괴물질로 확장되었다. 다음과 같은 분석은 이러한 조건을 만족시키는 모든 재료에 적용할 수 있다. 만약 소성 변형이 시편의 벌크 쪽이 아닌 파단면만 따라 생긴다면, 이것은 파단면과 연관된 단위 면적(γ_p) 당 소성일이다. 그러면 우리는 식 11.7, 11.8에서의 표면에너지(γ_s) 값을 ($\gamma_s + \gamma_p$) 값으로 대체할 수 있다. 식 11.9, 11.10에서 보여진다.

$$\sigma_f = \left(\frac{2E(\gamma_s + \gamma_p)}{\pi a}\right)^{1/2} \qquad \mathbf{11.9}$$

$$K_{Ic} = Y\sigma_f(\pi a)^{1/2} = Y(2E(\gamma_s + \gamma_p)^{1/2} \qquad \mathbf{11.10}$$

또한 여전히 균열과 연관된 표면이 있으므로, 표면 에너지 항은 식 11.9와 식 11.10에 나타난다. 그러나 일반적인 단위 면적당 소성 일은 단위 면적당 표면 에너지보다 훨씬 크다($\gamma_s << \gamma_p$).

그림 11.6에 나타난 것처럼, 소형 인장 시편은 종종 금속의 K_{Ic} 값을 구하기 위해 종종 사용된다. 그림 11.6에 소형 인장 시편의 부하가 나타난다. 노치가 시편으로 가공되고, 그 후 시편은 선명한 피로 균열 길이(a)가 나타날 동안 반복된다. 그러면 시편 부하가 걸리고 파괴된다. K_{Ic}값의 판별을 위한 시편은 중앙 균열을 갖도록 설계되었다. 다른 설계는 모서리 균열과 3점 굽힘을 이용한다. 그림 11.6의 시편에서는 F_c의 힘이 파괴에 부하되는 곳에서 식 11.11을 통해 K_{Ic}값이 결정된다.

$$K_{Ic} = \frac{F_c}{Wt}(a)^{1/2}\left[(29.6 - 185.5\left(\frac{a}{W}\right) + 655.7\left(\frac{a}{W}\right)^2 - 1017\left(\frac{a}{W}\right)^3 + 638.9\left(\frac{a}{W}\right)^4\right] \qquad \mathbf{11.11}$$

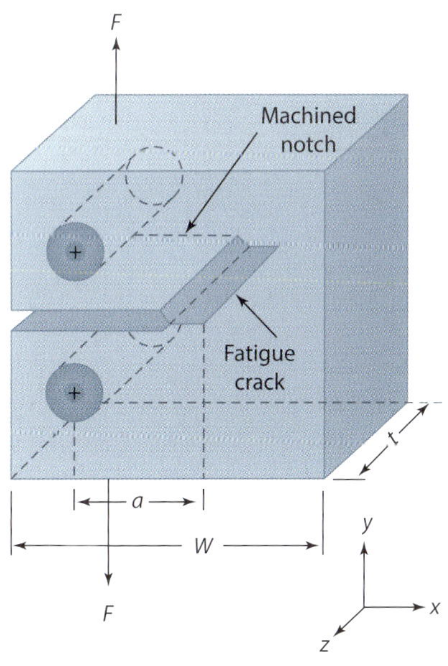

그림 11.6 K_{Ic}값 결정을 위한 밀집 인장 시편의 설계
(Smith, W.F., and Hashemi,j.,Foundations of Materials Science and Engineering, 5th ed., McGraw-Hill, N.Y. (2010), p290.)

11.2.4 금속의 파괴

표 11.2에 나타나는 고강도 강철, 티타늄 합금, 알루미늄 합금과 같은 금속들의 K_{Ic} 값은 표 11.1에 나타나는 취성 재료의 값보다 훨씬 크다. 취성 세라믹 에서만 존재하는 표면 에너지(γ_s)의 크기와 비교해서 금속의 표면 소성 일(γ_p)의 크기가 이 차이에 대한 주된 이유다. 취성 세라믹은 상온에서 어떠한 표면 소성 일을 갖지 않는다. 표 11.2에서 알루미늄 합금은 가장 낮은 K_{Ic} 값을 갖는다. 이러한 이유 중 한 가지는 알루미늄은 116 GPa의 티타늄, 211 GPa의 강철보다 낮은 70 GPa의 탄성계수를 갖기 때문이다.

식 11.10은 임계응력강도계수가 탄성계수와 선형관계로 있다는 것을 보여주고 있다.

재료의 각 유형에 따라 폭넓은 K_{Ic} 값이 존재한다. 예를 들어, 4340 강철은 1550 MPa의 항복응력을 갖고, 60.4 MPa · $m^{1/2}$의 K_{Ic} 값을 갖는다. 4340 강철이 더 낮은 항복응력 860 MPa 값을 가질 때는 98.9 MPa · $m^{1/2}$의 K_{Ic} 값을 갖는다. 식 11.10에 따르면 같은 균열 길이 a에서 높은 K_{Ic} 값에 따라 더 높은 파괴 응력을 갖는다. 식 11.9로부터 단위 면적당 소성일(γ_p)이 증가할수록 파괴응력은 증가되었다. 반대로 재료의 항복 응력이 증가하면, 연성은 감소하고 파괴강도는 감소하였다. 주어진 균열 길이 a에 따른 파괴 응력이 예제 문제 11.2에 나타나 있다.

표 11.2 실온에서의 K_{Ic}, 항복응력 σ_y, 일부 금속의 항복 응력에서 임계 균열 길이 a_c

Material	K_{Ic} MPa$\sqrt{\text{m}}$	σ_y MPa	a_c mm
2014-T651	24.2	455	3.6
2024-T3	~44	345	~21
2024-T851	26.4	455	4.3
7075-T651	24.2	495	3.0
7178-T651	23.1	570	2.1
7178-T7651	33	490	5.8
Ti-6A1-4V	115.4	910	20.5
Ti-6A1-4V	55	1035	3.6
4340	98.9	860	16.8
4340	60.4	1515	2
4335 + V	72.5	1340	3.7
17-7PH	76.9	1435	3.6
15-7Mo	49.5	1415	1.5
H-11	38.5	1790	<0.6
H-11	27.5	2070	0.23
350 Maraging	55	1550	1.6
350 Maraging	38.5	2240	<0.4
52100	~14.3	2070	~0.06

Reprinted from Hertzberg, R. W., *Deformation and Fracture Mechanics of Engineering Materials*, 3rd ed., John Wiley & Sons, N.Y. (1989), p. 304.

예제 11.2

1-mm-깊이의 볼트가 제트 엔진의 에어 프레임에 들어갔다. 1-mm-깊이의 표면 균열이 스레드라고 가정하자. 표11.2에서, 두 개의 서로 다른 4340 강철로 볼트를 만들었을 때를 비교하여라.

풀이

균열 길이와 파괴 응력간의 관계는 식 11.10에서 주어진다.

$$K_{Ic} = Y\sigma_f(\pi a)^{1/2}$$

1515 MPa의 항복 응력을 갖는 4340 강철의 K_{Ic}는

$$K_{Ic} = 60.40\ \text{MPa}\cdot\text{m}^{1/2} = Y\sigma_f(\pi 0.001\ \text{m})^{1/2} = 1.1\sigma_f(0.056\ \text{m}^{1/2}) = 0.062\ \text{m}^{1/2}\sigma_f$$

파괴응력으로 풀면

$$\sigma_f = \frac{60.4\ \text{MPa}\cdot\text{m}^{1/2}}{0.062\ \text{m}^{1/2}} = 974\ \text{MPa}$$

스레드를 갖는 이 강철의 파괴응력은 항복응력의 63%이다. 이 재료는 항복 전에 파괴가 일어난다.
860 MPa의 항복 응력을 갖는 강철의 경우, K_{Ic} 값은

$$K_{Ic} = 98.9\ \text{MPa}\cdot\text{m}^{1/2} = Y\sigma_f(\pi 0.001\ \text{m})^{1/2} = 1.1\sigma_f(0.056\ \text{m}^{1/2}) = 0.062\ \text{m}^{1/2}\sigma_f$$

파괴응력으로 풀면

$$\sigma_f = \frac{98.9\ \text{MPa}\cdot\text{m}^{1/2}}{0.062\ \text{m}^{1/2}} = 1595\ \text{MPa}$$

낮은 항복강도를 갖는 강철은 높은 항복 강도를 갖는 강철보다 높은 파괴강도를 갖는다. 이번 응용에서, 낮은 항복강도의 강철은 파괴 전에 항복이 일어난다. 높은 항복강도를 갖는 강철은 항복강도에 다다르기 전에 파괴가 일어난다. 항복강도가 충분히 높아야 하는 설계에서는 파괴 전에 항복이 일어나는 게 가장 좋기 때문에 낮은 항복강도의 강철을 선택하는 것이 좋다.

그림 11.7a에서는 금속의 파단면에서의 소성변형으로 발생하는 미세공극을 보여준다. 파단면에 나타나는 공극들의 유착은 높은 에너지를 흡수한 연성 재료를 나타난다.

그림 11.7b를 보면, 낮은 온도에서 고탄소강철들은 파단면에서 입자 내의 **분열**이 일어난다. 입자 내의 분열에 있어, 균열 면에서의 결정입자에 의한 균열 파괴는 소금 또는 다이아몬드의 분열과 비슷하다. 입자 내의 분열은 미세공극 유착만큼 많은 에너지를 흡수하지는 않는다. 입자 내의 분열을 갖는 금속은 미세공극 유착에 의해 파괴된 동일한 조성을 갖는 금속보다 더 낮은 K_{Ic} 값을 갖는다. 그림 11.7c에서는 더 적은 에너지를 흡수하는 금속의 입계파괴를 보여준다. **입계파괴**에서, 파단면은 결정립계를 따른다. 입계파괴는 취성 결정립계 금속에서 발생한다. 그림 11.7c에서, 평면은 결정립계의 표면이다. 석출-경화 합금에서, 취성 결정립계는 부적절한 열처리로 발생할 수 있고, 그림 7.18b에 나타나 있다. 주석 또는 납 같은 금속에 오염된 강철 같은 금속은 결정립계가 취성이 될 수 있다. 주석이나 납은 강철의 결정립계를 집중시키고 취성을 유기시킨다.

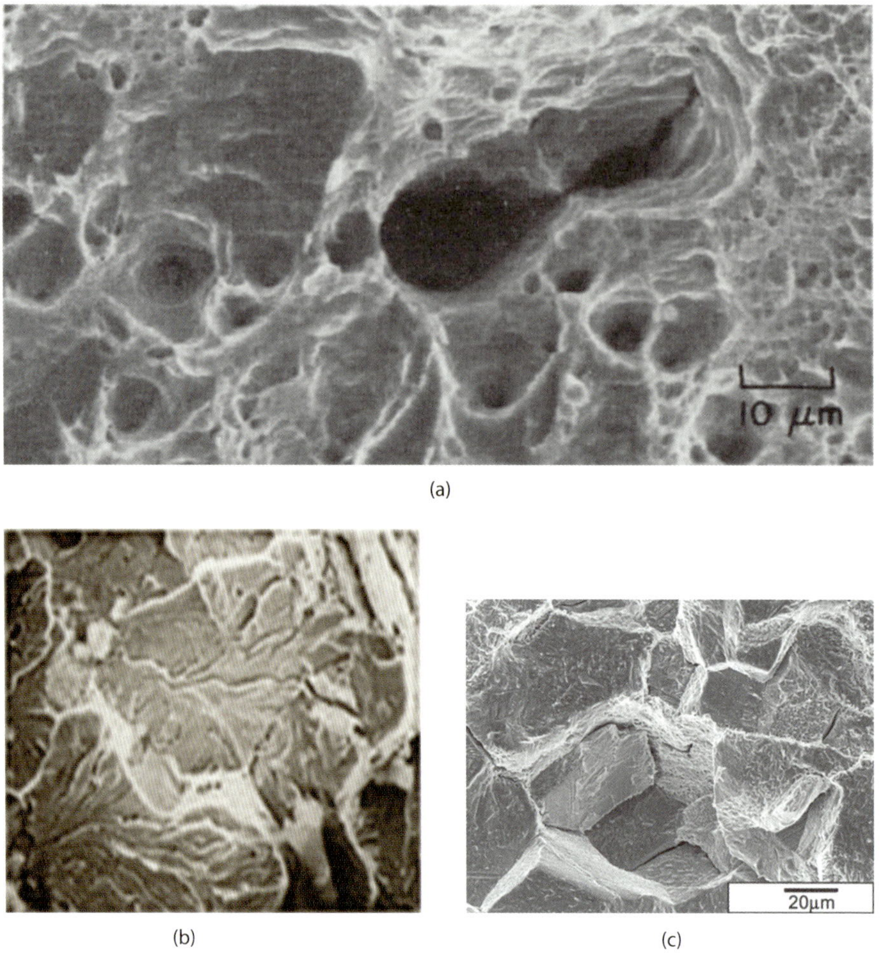

그림 11.7 파단면의 SEM이미지. (a) Cu–27wt%, Ni–9wt%, Fe 연성 합금 파단면의 미세공극 (b) 취성 탄소강 안의 입자 내 분열 *(ASM Handbooks Online, http://www.asmmaterials.info, ASM International, 2004)*

11.2.5 폴리머 파괴

폴리머에 대한 표 11.3과 금속에 대한 표 11.2를 보면 폴리머는 금속에 비해 매우 낮은 K_{Ic} 값을 갖는다. 그 이유 중 하나는 폴리머의 탄성계수(E)가 금속보다 매우 낮기 때문이다. 그리고 식 11.8을 보면 K_{Ic}는 탄성계수와 선형관계이다. 또한, 표 3.2를 보면 폴리머의 표면에너지는 금속에 비해 100배 이상 작다.

폴리머에서, LCMs간의 공유결합과 비교해 약한 반데르발스 결합은 금속이나 세라믹에 존재하는 것과는 다른 파괴 역학을 유발한다. 그림 11.8a를 보면, 폴리머는 충분한 인장 응력을 받을 때, LCMs를 유지시키는 반데르발스 결합이 끊어진 경우 인장 축에 수직인 형태로 크레이즈가 형성된다. 그러나 사슬형 분자에 의한 공유결합은 끊어지지 않는다. 크레이즈 형태는 세라믹에서 발견되는 작은 균열에 적용된다; 세라믹에서는 균열의 두 표면사이에 원자결합이 없다. 폴리머 LCMs 또는 소섬유에서 크레이즈가 있는 재료를 유지한다. 약한 쌍극자 결합이 끊어지기 때문에 폴리머는 크레이즈의 형성에 크게 약화되지 않는다. 그림 11.8b에는 일부 LCMs가 끊어졌을 때, 크레이즈가 어떻게 미세공극이 되는지 나와 있다. 미세공극

표 11.3 일부 폴리머의 실온에서의 K_{Ic}

Polymer	$K_{Ic}/(J \cdot cm^{-3} \cdot m^{1/2})$
epoxy	0.6
polyester thermoset	0.6
polystyrenes	0.7–1.1
high-impact polystyrenes	1–2
poly(methyl methacrylate)s	0.7–1.6
poly(ether sulfone)	1.2
acrylonitrile-butadiene-styrene	2.0
polycarbonate	2.2
poly(vinyl chloride)s	2–4
polyamide (nylon 6,6)	2.5–3
polyethylenes	1–6
polypropylenes	3–4.5
polyoxymethylene	4
poly(ethylene terephthalate)	5

Note: $J \cdot cm^{-3} \cdot m^{1/2} = MPa \cdot m^{1/2}$
Reprinted from Brostow, W., Kubat, J., and Kubat, M., *Mechanical Properties, Physical Properties of Polymers Handbook*, Mark, J. E., ed., AIP Press, Woodbury, N.Y. (1996), p . 331.

은 그림 11.8c처럼 균열을 형성하기 위해 연결된다. 파단면위에 연성폴리머의 미세공극이 관찰된다.

PMMA와 같은 연성 폴리머는 상온에서 파단면의 첫 부분이 유리처럼 매끄럽다. 매끄러운 부분은 거울 영역이라 불린다. 성장의 후기에서, 균열이 거친 표면으로 된 크레이즈 영역으로 바뀐다.

11.2.6 임계응력강도계수에 시편두께 영향

파괴시험에서 단순히 파단면 위에 소성변형이 있을 경우, 소성변형은 난위 면직딩 표면일이 아니기 때문에 위의 분석은 유효하지 않다. 이러한 시나리오는 재료가 매우 연성이거나 파괴 시편이 매우 얇은 경우에 일어난다. 그림 11.9를 보면 (a) 얇고 (b) 두꺼운 시편은 인장으로 파괴된다. 두꺼운 시편의 경우, 취성재료 용으로 파단면은 인장 하중에 수직이다. 두꺼운 시편에서는 소성변형이 파단면에 한정되어 있다. 시

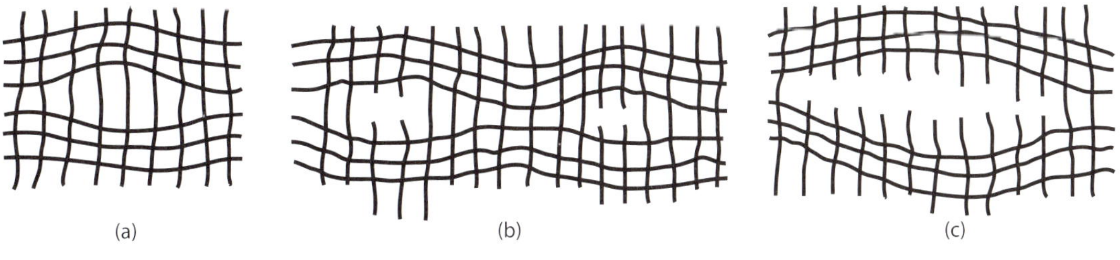

그림 11.8 (a) 폴리머에서 인장응력에 수직 방향으로 크레이즈가 생성된다. 이 설명을 위해, 인장 응력은 페이지에 수직한다. (b) 인장응력의 일부 LCMs를 끊을 때 미세공극이 형성된다. (c) 일부 미세공극이 연결될 때 균열이 형성된다.

료의 두께를 줄이면, 인장축에 수직인 파단면의 비율이 감소되고 소성변형의 상대적인 양이 증가한다. 매우 얇은 파단면 시편이 인장축에 대해 45도이면, 그림 11.9a에 나타나는 것처럼 그것들은 치즐 모서리를 중심으로 만난다. 그림 11.9a를 보면 파단면 근방 재료 전체에 소성변형이 있다.

벌크형태의 얇은 시편에서 증가된 소성변형은 두꺼운 시편과 비교하여 재료의 단위 체적당 파괴하는데 필요한 일의 증가로 만들었다. 얇은 시편에서 증가된 일은 식 11.10에서 소성 일(γ_p) 값의 증가와 임계응력강도계수의 증가를 나타낸다. 그림 11.10은 두께의 함수로서 파괴의 응력강도계수의 개략도이다. 가장 보존적인 허용 가능한 K_{Ic} 값은 파단면이 인장하중 방향에 수직인 파단시험에서 얻을 수 있다.

측정된 응력강도계수의 다른 높은 값들은 K_c로 분류됐고, 응력강도계수로 불린다. 그러나 임계응력강도계수와 K_{Ic}는 아니다. K_c 값은 K_{Ic}의 값처럼 유효한 값이 아니다. 유효한 K_{Ic} 조건은 식 11.12에 나타는 조건을 만족시키는 그림 11.6에 나오는 두께 (t) 값을 갖는다.

$$t > 2.5\left(\frac{K_{Ic}}{\sigma_y}\right)^2 \qquad \textbf{11.12}$$

파단면이 인장축에 수직인 경우, 두께 방향(z)으로 상당한 소성변형이 없기 때문에 이것은 평면-변형 파괴라고 한다. 그림 11.6에는 $x-y$ 평면의 모든 변형이 판별되어있다. 평면응력 항이 인장 축에 45도인 파단면에 적용되고, 치즐 모서리를 형성한다.

11.2.7 K_{Ic}에 미치는 온도의 영향

파단 시의 소성 일의 총량은 온도와 함께 증가하기 때문에, 온도가 증가할수록 K_{Ic} 값은 증가한다. 식 11.10을 보면 표면 소성 일이 증가하면 K_{Ic} 값이 증가한다. 온도가 증가할수록 소성 일의 양은 증가한다. 왜냐하면 고온에서 결정성 재료는 열적으로 활성화 전위 운동이 있고, 폴리머보다 많은 체인 이동이 있기 때문이다.

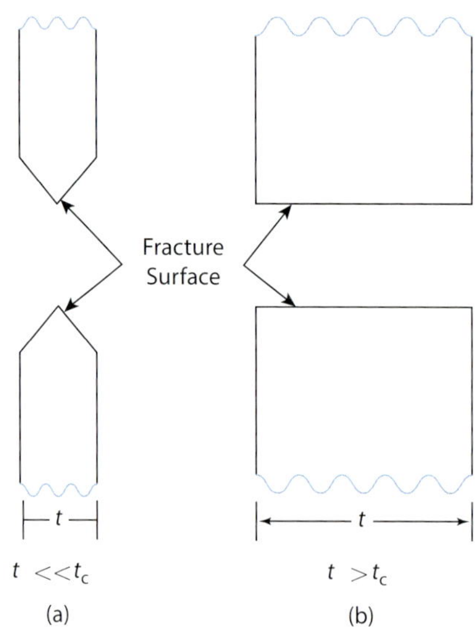

그림 11.9 (a) 임계 두께 t_c보다 훨씬 작은 두께의 시편의 45도 치즐 모서리 파단면의 개략도, (b) 임계 두께 t_c보다 큰 두께를 갖는 시편의 평탄한 파단면의 개략도

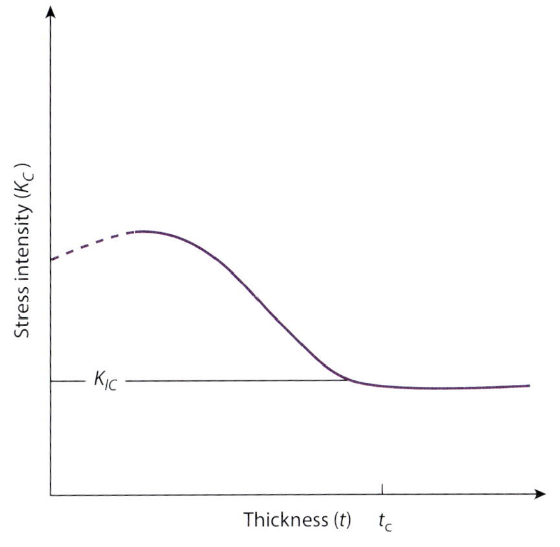

그림 11.10 두께의 함수로 측정된 파괴에 필요한 응력 강도의 개략도. K_{Ic}의 유효한 값은 두께가 임계 두께보다 큰 경우이다.

시편이 파괴되는데 필요한 에너지의 온도 의존성은 종종 Charpy 또는 Izod 충격 시험에서 검토되고 있고 개략도가 그림 11.11a에 나와 있다. Charpy와 Izod 시험용 시편의 방향은 그림 11.11b와 진자 아래에 나와 있다. 이러한 각각의 시험에 대해, 초기 높이(h_0)의 초기 포텐셜 에너지를 가진 진자는 가공된 노치 시편을 친다. 진자가 인장 응력에 따른 굴곡을 갖는 노치 시편을 치면, 시편을 파괴시키기 충분한 에너지를 갖고있다. 시편의 파괴는 진자 에너지 일부를 흡수한다. 진자는 마지막으로 측정된 높이(h_f)로 측정된다. 진자로부터 시편에 흡수된 에너지는 높이 차이에 의해 결정되고, 흡수된 에너지는 시험기에 표시된다.

Charpy와 Izod 시편의 두께가 식 11.12의 유효한 시험 시편의 K_{Ic} 값처럼 크지 않기 때문에, 유효한 K_{Ic} 값을 갖는 파괴 시편보다 Charpy와 Izod 파괴는 주어진 온도에서 소성 변형을 갖는 재료보다 더 큰 비율을 가질 것이다.

따라서, Charpy와 Izod 파괴의 결과는 식 11.10에 적용되는 K_{Ic} 값과 설계 응력을 얻기 위해 사용할 수 없다. 그러나 Charpy와 Izod 결과는 에너지 흡수가 낮은 경우 피괴의 응용에 있어서 문제가 될 수 있는 가능성 지표를 제공한다. 다양한 강철의 Charpy 에너지는 온도의 함수로 그림 11.12에 나와있다. 1022, 1031과 같은 구조용 강철은 373K(100°C)처럼 높은 온도와 상대적으로 비교해서 273K(0°C)에서 흡수 용량을 50% 잃는다. 제로 섭씨 온도는 구조용 강철의 용도에 일반적인 온도이다. 0에 가까운 온도에서 더 높은 비율의 탄소강의 낮은 에너시 흡수는 리버티 선박이 차가운 물과 차가운 공기 중의 취성 파괴가 일어난 이유이다.

연성-취성 변이 온도(T_{DBTT})의 정의는 재료의 에너지 흡수 용량이 완전한 연성 파괴로부터 50% 감소된 지점의 온도이다. T_{DBTT} 값을 결정하기 위해서 위쪽 선반 에너지와 아래쪽 선반 에너지를 측정한다; 이러한 측정값들은 흡수된 에너지가 높은 온도와 낮은 온도가 수평이 되는 곳에 각각 있다. T_{DBTT} 값을 결정하기 위해, 우리는 에너지 흡수가 위쪽 선반에 흡수된 에너지와 아래쪽 선반에 흡수된 에너지의 차이가 50%인 지점을 결정한다. 예를 들어, 1022 철강의 위쪽 선반에 흡수된 에너지는 180 J이며, 아래쪽 선반에 흡수된 에너지는 약 10 J이다. 차이는 170 J이며, 차이의 50%는 85 J이다. 85 J을 위쪽 선반에 흡수된

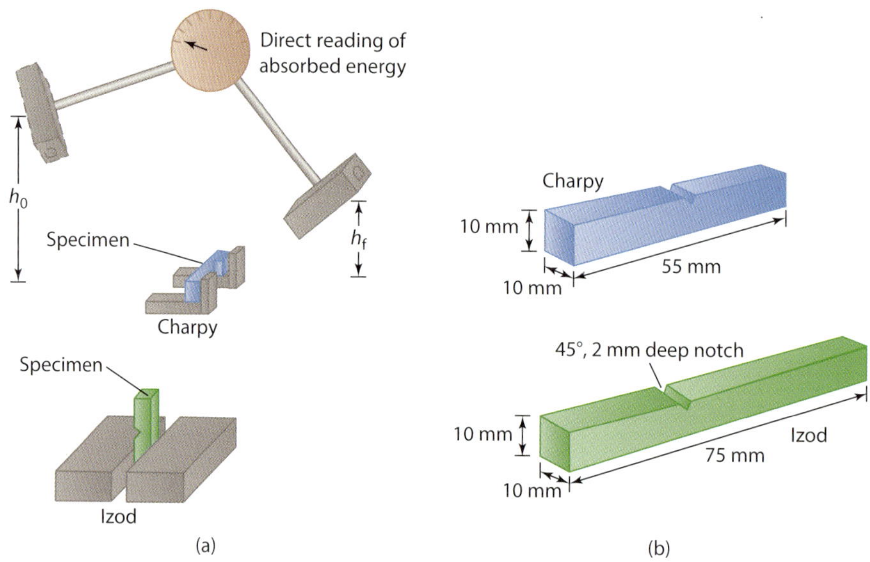

그림 11.11 (a) Charpy와 Izod 충격 시험, 왼쪽 위 그림, 진자에 붙여진 충격 망치는 높이 h_0에서 시작하여 시편을 파괴한 후 높이 h_f에서 멈춘다. (a)의 밑은 Charpy와 Izod 시험용 시편의 배치 구성을 보여준다. (b) Charpy(위)와 Izod(아래)의 충격 파괴 시편의 설계 *(Askeland, D.R, Fulay, P.P, and Wright,W. The Science and Engineering of Materials, 6th ed., Cengage Learning, Stamford, CT(2011),p.227)*

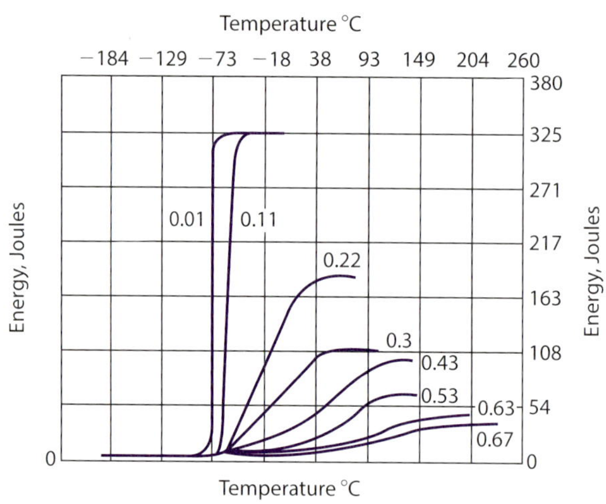

그림 11.12 온도의 함수로서 탄소 함량을 변화시키는 보통 탄소강의 충격 에너지 *(Rineholt, J.A., and Harris, W.J., Trans. American Society for Metals, 43(1951), p1175.)*

에너지로 감산한 결과는 95 J이다. T_{DBTT} 값은 1022 강철이 95 J을 흡수하는 지점이고 대략 250 K(−23°C)이다.

T_{DBTT} 값을 측정하는 다른 방법은 파괴의 50%가 연성이 있는 온도를 결정하는 것이며 나머지 50%는 취성이다. 연성 파괴는 그림 11.6에서 보이는 것처럼 미세공극이 표면을 치는 빛을 막기 때문에 흐릿한 회색 표면이 나타난다. 연성파괴는 입자 내 분열이나 입계 파괴보다 더 많은 에너지를 흡수한다. 그림 11.6

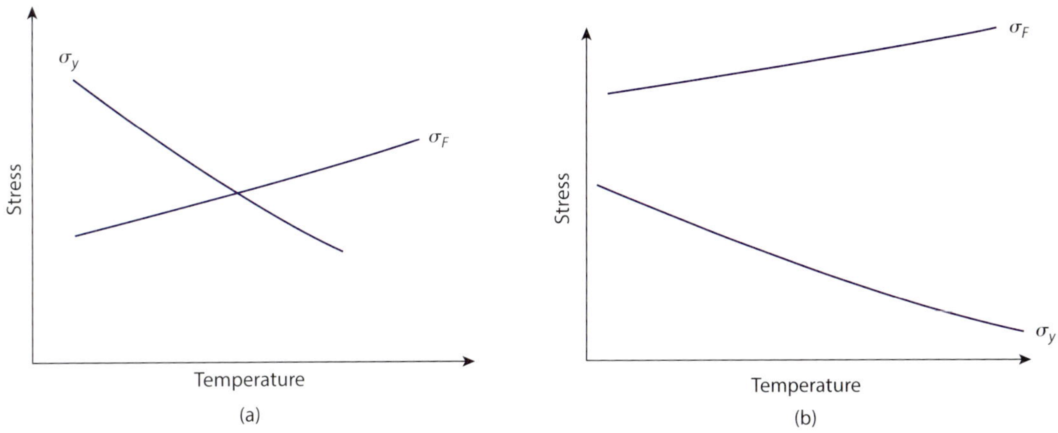

그림 11.13 (a) 탄소강철 같은 BBC 금속에 대한 온도의 함수로 항복 및 파괴 강도. (b) 구리, 니켈, 알루미늄, 오스테나이트계 스테인리스 강철 같은 고순도 FFC 금속에 대한 온도의 함수로 항복 및 파괴강도

에 나타나는 입자 내 분열이나 입계파괴에서는 빛이 평면 결정 벽개면 또는 결정립계에서 반사를 하기 때문에 밝은 반사 표면을 생성한다. 소성 변형에 의해 파단면의 50%가 흐릿하고, 입자 내 분열 또는 입계파괴에 의해 50%의 표면이 밝을 때의 온도가 T_{DBTT} 값이다. 연성 파괴와 입자 내 분열의 비율은 육안 또는 현미경 검사기술을 통해 결정된다.

T_{DBTT} 값은 정확하게 일치하지 않을 수 있지만 다른 기술로 측정이 된다; 그러나 각 측정 값은 취성 파괴와 낮은 파괴 응력이 문제가 될 가능성의 지침을 보여준다. 그림 11.12에서 나타나는 파괴 시험은 에너지 흡수가 매우 크게 감소함에 따라 매우 작은 온도의 변화가 있을 수 있기 때문에 설계에 적용되는 최저 온도까지 이루어져야 한다. 강철이 연성-취성 변이에 적용된 이유는 그림 11.13a에 개략적으로 도시되어 있다. 여기에서 항복 응력과 강철의 파괴 응력은 온도의 함수로 표시되어 있다. 온도가 상승하면 소성 변형은 항복 응력의 저하를 초래하고 낮은 응력으로 활성화 된다. 식 11.10에서 복수의 표면 소성 변형이 파괴 응력을 증가시키는 것을 보여준다. 강철 시편은 파괴 전에 소성처럼 변형되고 파괴된 후에는 연성이다. 더 낮은 온도에서 파괴 응력은 항복 응력보다 낮고, 항복 되기 전에 시편은 파괴된다. 이것은 취성 재료임을 의미한다. 온도의 함수로 나타낸 경우 연성에서 취성 파괴의 전이는 항복응력에서 파괴응력으로 바뀔 때 일어난다.

그림 11.13b는 구리, 니켈, 알루미늄, 오스테나이트계 스테인리스 강철 같은 고순도 FCC 금속에 대한 온도의 함수로 나타난 항복 강도와 파괴 강도이다. 모든 온도에서 파괴 강도는 항복 강도보다 크다. 이러한 재료는 연성-취성 전이가 발생하지 않는다. 항복 강도가 커지고, 파괴 응력을 교차할 수 있기 때문에 높은 합금 및 고강도 FCC 금속의 경우에 T_{DBTT} 값을 가질 수 있다.

11.2.8 금속, 폴리머, 세라믹의 파괴에 관한 환경 영향

재료가 어려운 환경에 있는 경우 K_{Ic} 값은 감소한다. 금속의 경우, 부식은 균열의 끝에서 취성 반응을 만들고 부식된 금속은 낮은 K_{Ic} 값에서 파괴된다. 또한, 그림 10.13에서처럼 용액 안의 금속 이온들로부터 부식은 구덩이 형성 뿐만 아니라 균열을 성장시키는 결과를 초래할 수 있다. 금속의 K_{Ic} 값을 감소시키는 응력과 부식의 조합을 응력부식균열이라고 부른다. 응력 부식 균열 조건에서 임계응력강도는 K_{ISCC}이다.

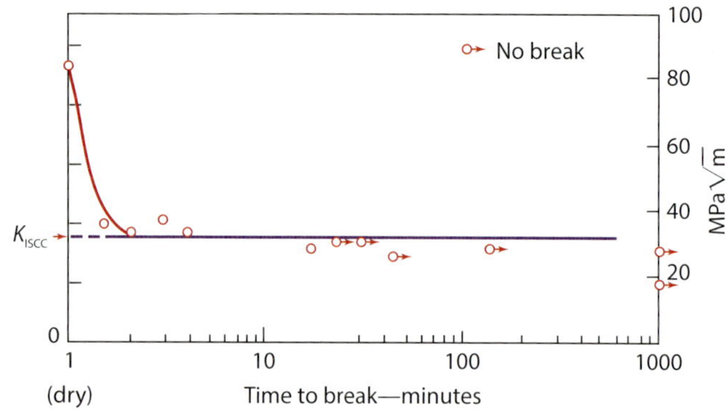

그림 11.14 3.5%의 NaCl 물 용액에서 티타늄 합금 Ti-8Al-1Mo-1V에 대한 응력-강도 계수(K_I)의 다양한 값에 대한 파괴 시간 *(Brwon, B.F., Naval Engineers Journal, 78(3) (1966), p.457)*

그림 11.14는 시간의 함수로 바닷물 중 티타늄 합금에 대한 응력 강도 계수의 값을 보여준다. 부식 작용은 시간을 필요로 하고, 티타늄 합금의 시간에 의존적이지 않은 K_{ISCC}의 값은 약 38 MPa · $m^{1/2}$이다. 공기 중에 티타늄 합금의 K_{Ic} 값은 100 MPa · $m^{1/2}$이다. 금속의 임계응력 강도를 저하시키는 환경으로는 물, 바다, 산, 수소, 중성자 조사 그리고 수은과 같은 액체 금속을 들을 수 있다.

폴리머의 K_{Ic} 값은 산소, 물, 산, 용매, 그리고 자외선 조사 환경에서 저하된다. 균열 환경은 균열의 끝에서 LCDMs간의 결합을 끊고, 균열 성장과 강도의 손실을 가져올 수 있다. 그림 10.6은 다양한 환경에서 시간의 함수인 PVC의 충격 강도의 감소 비율을 보여준다. 싱가포르처럼 덥고 습한 환경에서 4년 이후 PVC의 충격 강도는 90% 이상 감소했다.

세라믹은 물, 바닷물, 산 그리고 기본 환경에서 균열의 끝 부분에서 K_{Ic} 값이 낮아지는 반응이 일어난다. 이러한 환경들은 균열의 끝에서 새로운 물질을 생성한다. 또한 산화마그네슘 같은 상당한 이온결합을 갖고 있는 세라믹은 그 안의 이온들이 물과 같은 용매 안의 솔루션으로 들어갈 수 있다. 부식 이외의 환경, 예를 들어 자외선 방사선으로 K_{Ic} 값을 줄일 수 있기 때문에 일반적으로 환경-지원-균열이 파괴응력을 저감하는 환경에서 임계-응력 강도(K_{IEAC})를 위해 이용된다. 만약 어떤 물질이 시간이 지남에 따라 K_{Ic}의 값을 작게 할 수 있는 환경에 적용되고, 파괴-회피 설계가 요구되는 경우 모든 설계 계산을 할 때 설계자들은 적용 환경을 위한 유효한 K_{IEAC} 값을 이용해야 한다.

11.2.9 파괴역학과 설계

표 11.1이나 표 11.3에 나와있는 K_{Ic}의 값은 비파괴적인 시험을 통해서 구조체의 균열의 길이를 측정하는 것에 사용된다. 그리고 식 11.10을 이용하면 K_{Ic} 값으로부터 파괴구조를 측정할 수 있다. 몇몇 비파괴적 시험(NDT)들이 다음에 소개되어 있다. 여기서 다루는 NDT들은 염색 침투액, X선이나 감마선을 관통시키거나 초음파, 와상 전류, 그리고 자분을 이용한 방법들이다. 만약 균열이 발견되지 않는다면, 하나 이상의 균열이 존재한다는 것을 추측할 수 있다. 그리고 그것들은 실험 기구로 관찰 가능한 정도 이하의 길이일 것이다. 우리는 그 균열들이 존재하지 않는다는 사실을 증명할 수 없기 때문에 그것들이 존재한다고 가정해야 한다.

구조체가 균열에 최대한의 저항을 갖기 위해서, 설계자들은 반드시 가장 높은 K_{Ic} 값을 가진 물질을 골라야 한다. 왜냐하면 그것들은 충분한 내구성을 지니고 있기 때문이다. K_{Ic} 요건을 만족하고 나면, 높은 항복강도를 지녀야 한다. 이와 같은 물질은 일반적으로 낮은 연성과 파괴저항을 갖고 있고, 최종 제품은 반드시 최소한의 균열 길이를 가져야 한다. 이러한 조건은 표면 균열을 초래하지 않는 정교한 기계가공이 이뤄져야 하고, 기공이나 내포물과 같이 내부 균열을 일으킬 만한 여지가 없는 낮을 결함을 가진 재료를 선택해야 하며, 그리고 정교한 비파괴적 조사가 이뤄져야 함을 의미한다. 다음 장에서는 균열을 발견할 수 있는 기본적인 비파괴적 테스트에 대하여 설명하도록 하겠다.

11.2.10 비파괴 시험

염색 침투액은 표면균열과 다른 결함들이 침투액을 흡수하는 과정 속에서 그것들을 발견해낸다. 염색 침투액은 빠르고, 간단하며 비용이 저렴하고, 그리고 표면 균열을 금새 발견할 수 있는 비파괴적 시험이다. 염색 침투액을 통한 비파괴적 시험을 수행하기 위해서 먼저 표면은 깨끗해야 한다. 침투를 통해서 균열을 발견해낼 염색액은 그 균열 부위를 감싸야 한다. 침투액이 균열을 관통할 정도로 충분한 시간이 지나고 나면, 균열을 표시하는 침투액을 제외한 표면의 그 침투액은 제거된다. 그리고 나면 현상액을 투여해서 그 균열이 있는 부위를 더 시각적으로 잘 보이게끔 한다. 다양한 염색액들이 사용가능하기 때문에 단순한 시각 검사를 통해서 대조가 가능하고, 형광 침투 염색액의 경우에는 자외선에서도 볼 수 있다. 표면의 결함만 발견될 수 있다면 어떠한 물질에서라도 염색침투액은 사용될 수 있는 방법이다.

초음파를 이용한 NDT는 균열을 찾는 데 초음파 파장의 흡수와 반사를 이용한다. 그리고 이 방법을 이용하면 균열 이외에 기공이나 밀도의 변화도 관찰할 수 있다. NDT는 균열을 발견하는데 널리 사용되는 방법 중 하나이다. 초음파의 파장은 20,000 Hz 이상의 파동을 보인다. NDT에 사용되는 대부분의 초음파 파장의 경우는 PZT를 이용하여 발생된다. PZT는 일종의 결정체인데, 이 결정체는 전압에 의해서 팽창하거나 수축하는 모양새를 보인다. PZT결정체는 16장에서 다뤄질 것이다. PZT결정체에 가해지는 고주파 전압은 크리스탈 내부에서 변형된 고주파 파동을 형성한다. 이런 식의 변형된 파동은 접속매질을 통해서 구조체에 초음파의 형태로 전송된다. 접촉매질은 액체나 젤의 형태를 띨 수 있다. 그리고 마른 접촉매질의 경우도 또한 사용이 가능하다. 초음파 파동의 밀도는 시험을 하는 부위에 위치하는 균열들에 의하여서 감소한다. 그리고 이러한 균열 부위는 초음파를 흡수하면서 이 부분에서 열이나 흩뿌리는 듯한 파동을 만들어낸다. 기공이나 균열들을 초음파를 흩뿌리는 효과를 가져온다. 그리고 그러한 상태가 된 파동들 중 일부는 다시 원래의 PZT의 밀도 수준으로 돌아가는 경우도 생긴다. 또한 줄어드는 밀도는 파동의 밀도를 감소시키는 결과를 낳는다. 초음파는 공기 중에서 잘 퍼지지 아니하며, 그것들은 진공상태에서는 절대로 퍼질 수 없다.

초음파를 이용한 NDT는 두 가지 방식을 갖는다. 바로 pulse-echo 모드와 pitch-catch 모드이다. pulse-echo 모드의 경우에는, 먼저 PZT가 신호를 보내고 시험 부위에 있는 균열에서부터 반사되어 돌아온 신호를 다시 받는다. PZT는 또한 접촉매질을 경유하여 테스트 시험 부분으로부터 전달된 변형된 파동을 다시 전압으로 전파할 수 있다. 이렇게 전환된 전압은 전기적인 방법으로 신호로 변형되어 균열의 위치를 알리게 된다. Pitch-catch 모드는 하나의 PZT에서 나온 신호가 다른 PZT에 의하여 발견되는 방식이다. 이 모드 하에서는 두 번째 PZT가 pitching PZT와 받는 PZT 사이에 균열이 있을 경우 신호의 밀도가 줄어든 것을 감지해낸다. 초음파 신호는 균열의 길이를 알기 위해서 전형적인 균열에서 나오는 신호와 비교된다. UNDT는 내부균열을 발견할 수 있다. 하지만 파동의 전달방향과 평행한 방향으로 발생되어 있는 균열의 경우에는 이 방법으로 감지해내기가 어렵다. UNDT는 어떠한 물질에도 사용될 수 있다. 예를 들어, 의료적인 초음파의 경우에는 사람의 세포나 태아 기관 그리고 혈관들을 UNDT 방법에 의하여 묘사해 낸다.

와상전류를 이용한 NDT 방법의 경우에는 물질에서부터 유도된 와상전류의 변화로부터 균열이나 화학적 구조의 변경, 그리고 기공의 존재 여부를 감지된다. 와상 전류를 이용한 감지 법의 한 예로써 해변가에서 쇠붙이를 찾아내는 기계를 생각해 볼 수 있다. 와상전류를 이용한 NDT 방법에서는 교번자기장을 전도부의 코일에서 유도하여 낸다. 전도부의 와상 전류는 자기장을 바꾸는데, 이렇게 바뀐 자기장은 두 번째의 리시버 코일에 의하여 감지된다. 금속 물체에서의 균열은 그 부분에서 감지되는 와상전류의 정도를 줄인다. 그리고 이렇게 줄어든 와상전류는 리시버 코일에 의하여 감지된다. 와상전류를 이용한 NDT 방식은 표변과 내부균열, 화학 구성의 변화 등을 모두 발견해낸다. 그런데 ECNDT는 금속이나 흑연과 같은 전도체에서만 사용될 수 있는 시험방법이다. ECNDT는 금속 관이나 철도 등과 같이 균등 연속 전도를 일으키는 물질에서 균열을 발견하는 것에 가장 유용한 방법이다. ECNDT는 접촉이나 변형을 필요로 하지 않는다. 콘크리트 안에 있는 철근 구조물이나, 에폭시 안에 있는 흑연 섬유의 균열을 발견해 내는 것에 ECNDT를 사용하는 것이 이와 같은 특성의 좋은 사례가 될 것이다.

방사선을 이용한 NDT 방식의 경우에는 물질의 밀도 변화를 X선과 감마선을 이용해서 포착해낸다. 뼈가 부러진 적이나 이가 썩었던 경험이 있는 사람들은 어떻게 X선이 물질의 결함을 포착해 내는지 목격한 경험이 있을 것이다. X선과 감마선은 모두 빛과 같은 전자기적인 방사선이다. 이들에 대해서는 앞으로 18단원에서 자세히 다루게 될 것이다. X선은 광자로 이루어졌는데 이들은 100 eV나 100,000 eV의 에너지를 가지고 있다. 그리고 감마선은 여기다가 곱하기 1000을 한 정도의 에너지를 보유하고 있을 것으로 추정된다. X선은 목표 전자를 정상적인 궤도에서 천이시키기 위해서 높은 에너지를 가진 전자를 타겟에 쏘는 과정 하에서 발생한다. 그리고 빈 궤도를 다른 전자들이 채우는 과정 하에서 X선은 발생하게 된다. 감마선은 방사성 물질에 의하여 방출된다. Co^{60}이 가장 대표적인 방사성 물질의 원료이다. 이 물질은 방사성 붕괴 과정 속에서 1.17 MeV에서 1.33 MeV 정도의 에너지를 가진 감마선을 방출시킨다. 다른 몇몇 방사성 원료로 꼽을 수 있는 물질을 들자면 Cs^{137}(0.66 MeV)이나 Ir^{192}(0.31, 0.47, 0.60 MeV) 등을 들 수 있을 것이다.

X선의 에너지는 앞에서 이야기했던 천이 과정 속에서, 금속 물질에 의하여 흡수된다. 그리고 저에너지의 감마선도 동일한 메커니즘에 의하여 흡수된다. 그러나 높은 에너지의 감마성은 원자핵에 의하여 흡수된다. 높은 밀도의 전자를 가진 물질은 이로 인하여 X선을 쉽게 흡수된다. 방사선을 이용한 NDT방식을 수행하기 위하여 요구되는 에너지는 실험을 수행하는 실험자가 어떤 방법론을 사용할 것인지에 달려있다. RNDT를 통해서 얇은 고분자 부분(thin polymer part)을 분석할 때는 대략적으로 10,000 eV 정도의 에너지를 가진 낮은 수준의 에너지를 가진 X선이 요구된다. 그러나 만약에 이 방법을 통해서 unopened train box car 안에 있는 방사성 물질을 관찰하기 위해서는 1,000,000 eV 정도의 에너지를 가지고 있는 감마선이 반드시 요구된다. 높은 정도의 에너지를 가진 방사선일수록, 물체에 더 깊이 파고들 수 있다. Photographic film은 감마선과 X선을 처음으로 감지해낸 장치이다. 하지만 이제 실시간으로 이미지를 제공하는 전자적인 방식의 감지 시스템을 우리는 사용할 수 있다. 균열과 밀도의 변화는 필름이나 전자 스크린에서 시각적으로 관찰이 가능하다. 균열이나 빈공간, 아니면 낮은 밀도의 물질들은 높은 밀도를 가진 물질만큼 X선을 흡수하지 못한다. 썩은 치아에 대해서 우리 한 번 생각해 보자. 썩은 치아를 관찰하기 위해서 X선을 이용하여 사진을 찍게 되면 치아의 썩은 부분은 어둡게 나타난다. 이는 치아가 썩어서 치아의 밀도가 낮아지게 된 부분은 필름에 투사가 가능한 만큼의 X선을 흡수해 내지 못하기 때문이다. 반면에 충치가 없는 부분은 하얗게 나타난다. 이는 충치가 없는 정상적인 부분의 치아는 필름을 하얗게 보이게 할

정도로 필름에 투사할 X선을 충분히 흡수할 수 있기 때문이다. RNDT방식은 물질의 성질이나 모양새에 관계없이 어떠한 경우에라도 사용이 가능하다. 이 방법을 통해서라면 내부균열이나 외부균열이 모두 감지가 가능하다. 하지만 아주 미세한 균열이나 X선의 방향과는 수직의 방향으로 발생해 있는 균열을 발견해내는 것은 어렵다. **CT**촬영의 경우를 RNDT의 사례로 들 수 있다. 이 기술을 통해서 우리는 다른 각도에서 바라본 이미지들을 종합하여 삼차원의 형태로 실험체를 살펴볼 수 있다.

자력검사(MΠ)는 균열이나 기타 결함의 존재에 강자성 재료의 자기장의 변화를 감지한다. MΠ는 BBC 강철 등의 강자성 재료로 표면 균열을 감지하기 위한 경제적 방법이다. 강자성 재료는 17장에서 설명하고 있다. MΠ에서 강자성 부분은 안 부분으로 자화되어 있다. 하지만 일부 결함은 자화 방향을 어지럽힌다. 균열이나 포어는 일부 자기장에 의해 자화 방향을 향하고 미세한 건조 강자성 입자는 표면을 피복함으로써 감지된다. 하지만, 크랙이나 포어에서 자성을 띤 입자들은 방해를 받고, 이것은 시각적으로 관찰할 수 있다. 자성을 띤 입자들은 빨강, 회색, 검은색에서 유효하고, 형광 자성 입자들 또한 유효하다. MΠ는 사용하기 쉽고, 값싸고, 거의 모든 모양의 파트를 실험할 수 있으며, 이것은 표면 균열에 매우 민감하다. 하지만, MΠ는 BCC 금속과 같은 강자성 재료에만 사용할 수 있고 표면 균열과 결함만을 감지할 수 있다.

Proof test에서, K_{Ic} 값을 알고 있는 파트를 특정 응력(σ)에서 실험하고, 만약 그 파트가 파손되지 않는다면, 이것은 크랙이 식 11.10에 의해 결정되는 a보다 길지 않다는 것을 보증해준다. 우리는 여전히 하나 또는 더 많은 크랙들이 (a)보다 짧은 증가를 보인다고 가정해야만 한다. 왜냐하면 proof test는 그러한 크랙들의 길이가 존재하지 않는 것을 증명할 수 없기 때문이다. 불행하게도 만약 proof test가 실패하면, 그 파트는 파괴된다. 마치 로켓의 모터용 덮개가 우주선을 우주로 나아가게 하는 것처럼, proof test는 실험 동안 파손이 허락되지 않는 크리티컬 파트로 실험이 진행된다. Proof test는 피로균열의 성장을 일으키는 반복응력을 대상으로 할 때 쓸모가 있다. 11.3.5절에서 보듯이, proof test의 결과로 얻어진 가정된 크랙의 길이는 피로수명이나 점검의 주기를 계산하는데 쓰인다.

예제 11.3

비파괴검사는 크리티컬 파트로 진행되고, 크랙은 발견되지 않았다. 찾을 수 있는 가장 작은 크기의 크랙의 길이는 NDT 기술로 찾은 내부 균열 0.2 mm이다. 이 파트는 표 11.2의 4340 steel이며 항복응력은 1515 MPa이다. NDT에 기초하여, 파괴응력과 항복응력 모두에 안전계수 2를 적용하였을 때, 이 파트의 최대허용응력은 무엇인가?

풀이

NDT로 찾은 가장 작은 크랙의 길이가 0.2 mm이기 때문에, 우리는 0.2 mm보다 작거나 완전히 같은 크랙이 금속 내에 존재한다고 가정해야 한다. 내부 크랙에서, 0.2 mm는 $2a$와 같으므로, a는 0.1 mm이다. 표 11.2에서, 이 재료의 K_{Ic}는 60.4 MPa · m$^{1/2}$이다. K_{Ic}들 간의 관계에서, 크랙의 길이와 파괴강도는 식 11.10에서 주어진다. 내부 크랙에서 $Y = 1$이다.

$$K_{Ic} = Y\sigma_f(\pi a)^{1/2} = \sigma_f([\pi][0.0001\text{ m}])^{1/2} = 0.018\text{ m}^{1/2}\sigma_f = 60.40\text{ MPa}\cdot\text{m}^{1/2}$$

파괴응력을 풀어보면,

$$\sigma_f = \frac{60.4\text{ MPa}\cdot\text{m}^{1/2}}{0.018\text{ m}^{1/2}} = 3407\text{ MPa}$$

이 파괴응력은 항복응력과 극한인장응력(극한인장응력을 초과하지 않으면 금속은 파괴되지 않는다)을 모두 넘는다. 안전계수 2를 파괴응력에 적용하면, 최대 적용 응력은 1704 MPa이 된다. 항복응력에 안전계수 2를 적용하면 결과는 다음과 같다.

$$\sigma_{\text{des}} = \frac{\sigma_{ys}}{2} = \frac{1515}{2}\ \text{MPa} = 758\ \text{MPa}$$

이 문제에서는, 가장 낮은 응력인 항복응력에 안전계수를 적용하여 결정된 758 MPa가 설계응력이 된다.

예제 11.4

표 11.2에 있는 4340 steel 재질이며 항복강도 1515 MPa인 한 파트를 proof test한다. Steel이 1515 MPa의 예리한 상-항복응력을 가지기 때문에, 그 파트는 영구적인 변형 없이 90%의 상-항복응력으로 proof test 될 수 있다고 담당 엔지니어가 결정하였다. 그 파트는 proof test를 통과하였다. 파트 내부에 생길 수 있는 균열의 최고 길이는 얼마인가?

풀이

K_{Ic}들 사이의 관계, 균열의 길이, 파괴강도는 식 11.10에 주어져 있고, 내부 균열에서 $Y = 1$이다. 파트는 1515 MPa의 90%인 1364 MPa의 응력을 가진다. 이것이 최대로 주어진 응력이기 때문에, 만약 그 응력이 조금이라도 증가하게 된다면 그 파트는 파괴될 것이라고 가정할 수 있다. 비록 그 파트가 파손되지 않는다고 하더라도 1364 MPa은 파괴응력과 같다고 가정할 수 있다. 왜냐하면 1364 MPa 이상으로 매우 작은 크기의 응력이 가해진다고 해도 개지지 않는다고는 증명되지 않았기 때문이다.

$$K_{Ic} = Y\sigma_f(\pi a)^{1/2} = 1364\ \text{MPa}(\pi a)^{1/2} = 60.40\ \text{MPa} \cdot \text{m}^{1/2}$$

이 파트에서 생길 내부 균열의 최고 길이를 풀어보면,

$$(\pi a)^{1/2} = \frac{60.4\ \text{MPa} \cdot \text{m}^{1/2}}{1364\ \text{MPa}} = 0.044\ \text{m}^{1/2}$$

$$\pi a = 0.002\ \text{m}$$

$$a = 0.0006\ \text{m}$$

$$2a = 0.0012\ \text{m, or } 1.2\ \text{mm}$$

이것이 이러한 재질에서 가능한 균열의 최대길이이다. 왜냐하면 1364 MPa에서 이보다 큰 균열이 생긴다면 그것은 파괴를 일으키기 때문이다.

11.2.11 파괴역학, 연성 인장시험 시편의 파괴

연성 시편을 통한 인장실험은 가장 일반적인 기계적 특성 실험이다. 파괴역학 분석은 연성 시편의 인장 실험에서 그것에 넥킹에 의한 연성파괴나 광범위한 소성변형이 나타나지 않을 때 실시한다. 그림 11.15는 연성 시편의 인장실험에서 나타난 파괴의 Mode 1, 2, 3이다. 이 파괴모드들은 그림 11.4에서 시편에 나타난 주된 균열들과는 다른 것이다.

그림 11.15 a와 b에 나타난 파괴유형 I은 취성파괴이다. 이것은 파괴에 앞서서 소성변형이 일어나지 않고, 그림 11.16의 응력-변형율 그래프의 파괴유형 I에 해당하는 'x'에서 파괴가 일어난다. 파괴는 응력(σ)과 결함길이(a)의 조합이 식 11.10을 만족할 때 재료의 결함에서 시작한다. 이것은 유리, 도자기, 낮은 온도에서의 BCC 금속, 회주철 그리고 백철광 등의 취성 재료에서 생기는 파괴모드이다. 파괴는 그림 11.15a에서 보이는 균열에서 시작한다. 다결정질의 재료에서, 균열의 성장은 입자 내 분열(그림 11.15a), 또는 입자 간 분열(그림 11.16b)이 될 수 있다. 그림 11.17b는 입자 내 분열에서 파괴 면이 발생하는 것을 보여주고, 그림 11.17c는 입자 간 분열에서 파괴 면이 발생하는 것을 보여준다.

이러한 파괴된 표면들의 등장은 파괴유형 I, II, II에 적용된다. 만약 재료가 유리나 비정질 폴리머와 같은 비정질 재료라면, 크랙은 비정질재료를 통해서 인장응력과 수직한 방향으로 성장한다. 파괴유형 I에서, 단면적의 감소나 인장시편의 넥킹은 없다.

그림 11.15 c와 d에서 국부적인 소성변형에 앞서서 파괴를 야기하는 충분한 길이의 결함을 가지고 있지 않을 때 파괴유형 II의 금속에서 발생한다. 국부적인 소성변형은 식 11.10의 파괴역학의 기준과 같은 응력(σ)에서 파괴를 일으키는 충분한 길이(a)인 크랙의 대형을 야기한다. 다결정질의 재료에서, 크랙은 그림 11.15c와 같이 입자 내에 있거나, 그림 11.15d처럼 입자 사이에 있다. 파괴유형 II에서, 파괴가 일어난 이후 시편 영역의 두드러지는 감소는 없다.

파괴유형 II의 "x"의 파단 전에 소성변형이 적은 그림 11.16과 같이 응력-변형율 곡선이 나타난다.

그림 11.15 e와 f에서 나타나는 금속의 파괴유형 III에서는 시편 전체에 걸친 광범위 소성 변형 전의 재료의 파괴를 야기하는 충분한 길이의 균열이 일어나지 않는다. 다결정 금속의 광범위한 소성 변형의 결과로, 입내 미세균열들은 그림 11.15e의 형태를 형성하고, 입계 미세균열들은 그림 11.15f처럼 형성될 수 있다. 파괴유형 III에서 많은 작은 균열들이 파괴 역학 기준 방정식 11.10을 만족시키는 응력(σ)에서 임계-길이 균열(a)을 형성하기 위해 연결 될 수 있다. "x"에서 파괴가 일어나는 응력-변형율 곡선이 그림 11.16에 나타나있다. 유형 III는 파괴 전에 감소하지 않는 부하-용량이다. 파괴 유형 III은 파괴 전 시편 면적이 1~10% 감소가 생기는 것이다; 그러나 넥킹은 발생하지 않는다.

그림 11.15g에 나타나는 금속의 연성 파괴는 시편 전체에 걸쳐 광범위한 소성 변형이 발생할 때 일어난다. 연성 파괴에서 시편의 단면적을 감소시키는 넥을 형성한다. 그림 11.16에 나타나는 것처럼 이러한 재료의 응력-변형율 곡선은 부하-용량의 저하와 함께 극한 인장 강도를 보여준다. 파손은 식 11.10에 의해 정의된 소성 변형이 아닌 파괴에 의해 발생한다. 매우 연성인 재료에서 면적의 감소는 100%에 근접하고, 면적의 극단적인 감소에 의해 파손이 일어난다. 중간 강도의 강철, 티타늄, 알루미늄 합금과 같은 금속에서 약 10~30%의 작은 면적의 감소도 존재한다. 강철의 공극들은 내포물 인근에 형성된다. 내포물은 황화철 같은 불순물 입자이다. 내포물과 철강 사이의 계면은 철강보다 약하고, 계면은 파괴된다. 작은 공극이 내포물-강철 계면을 발생시킨다. 공극들은 서로 연결되어 최종적으로 넥 영역의 파손으로 이어질 균열을 형성한다. 연성 강철의 둥근 인장 시편은 그림 11.17에 나타난 것처럼 일반적으로 컵-콘 모양을 갖는 파단면처럼 파손된다. 공극들은 시편의 중앙과 시편의 바깥쪽 모서리에 형성되고, 시편은 전단에 의해 떨어져 당겨진다. 인장축(전단 립)에 대한 45도의 경사면이 되면 이것은 전단 변형의 증거이다. 파괴된 인장시험 시편에서의 표면과의 각도가 45도보다 커지면 파손에 의한 소성 변형도 커진다. 일부 금속 합금의

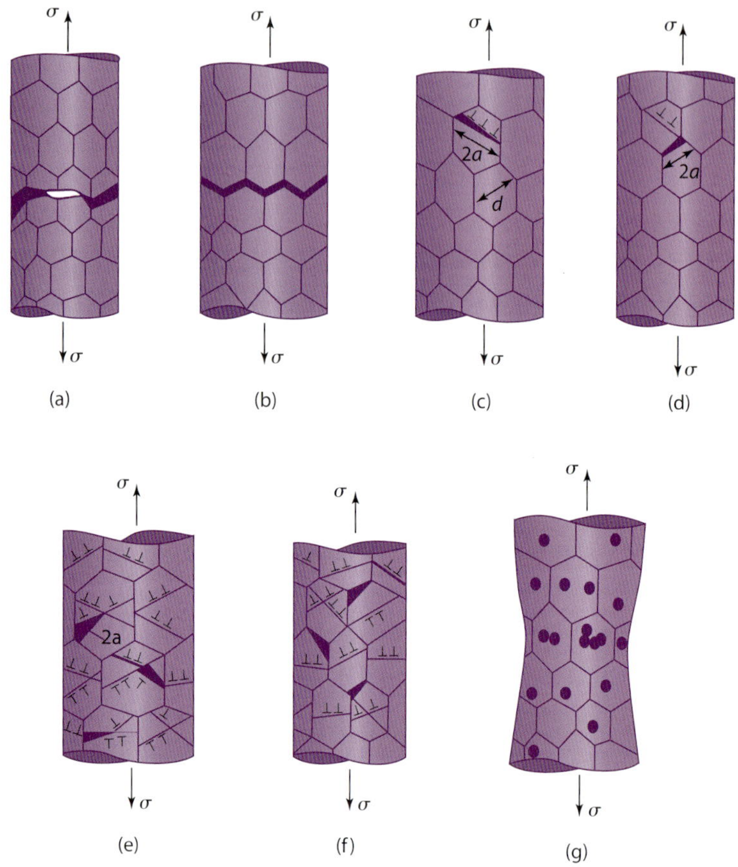

그림 11.15 파괴유형 I의 취성파괴는 (a)에서 볼 수 있듯이 입내균열(보라색 영역)에 의한 크랙의 성장, 즉 흰색 부분으로 나타난 임계길이 결함의 발생 때문이다. 그리고 (b)에서 입자 간 크랙의 성장(어두운 경계 영역)은 파괴를 야기시킨다. 파괴유형 II, 독립적인 소성변형이 점점 성장하여 입자 내 파괴를 야기시키는 입내균열(변위 기호⊥가 있는 어두운 경계부분)을 생성시킨다. (d)에서, 입자 간 균열(어두운 경계영역)이 소성변형에 의해 생성되고, 입자 간 파괴를 야기시킬만큼의 크기로 성장한다. 파괴유형 III에서, 광범위한 소성 변형(변위의 기호⊥⊥⊥로 나타나 있는)은 많은 크랙들이 생성되게 만든다; (e)를 보면 크랙이 임계길이가 될 때 까지 입자 내 균열들이 생성되고, 성장하고, 연결된다. 그리고 (f)에서도 크랙이 임계길이가 될 때 까지 입자 간 균열들이 생성되고, 성장하고, 연결된다. (g)에서, 광범위한 소성병형은 서로 합쳐져서 연성파괴를 일으키는 미세공간들을 생성한다.
(Courtney, T.H., Mechanical Behavior of Materials, 2nd ed., McGraw-Hill, N.Y. (2000), p.481.)

파단면은 경사 전단 파괴라고 불리는 인장 축과 45도이다. 직사각형의 단면을 갖는 일부 고강도 알루미늄 합금의 인장 시편의 사면은 전단 파괴에 의해 파손된다.

부드러운 폴리머의 인장 시편은 모드 I, II, II에서 파손이 일어난다; 입내, 입계 분화는 폴리머에 적용되지 않는다. 모드 I에서 저온에서의 PMMA나 에폭시 같은 취성 폴리머들은 상당한 소성 변형이 없이 파괴된다. 균열은 가공, 처리에의한 표면 결함이 될 수 있고, 내부 결함이 될 수도 있다. 파괴 모드 2는 폴리머 중에 약간의 소성 변형 임계 길이로 성장할 공극을 형성할 때 발생하고 그림 11.8에 나타난다.

폴리머의 파괴 유형 III에서, 미세공극이나 균열의 연결에 의해 광범위한 소성 변형이 발생하고 임계 길이 균열을 일으킨다. 그림 6.23의 열가소성 폴리머의 응력-변형 곡선에서 파괴 모드 I은 가파른 항복점

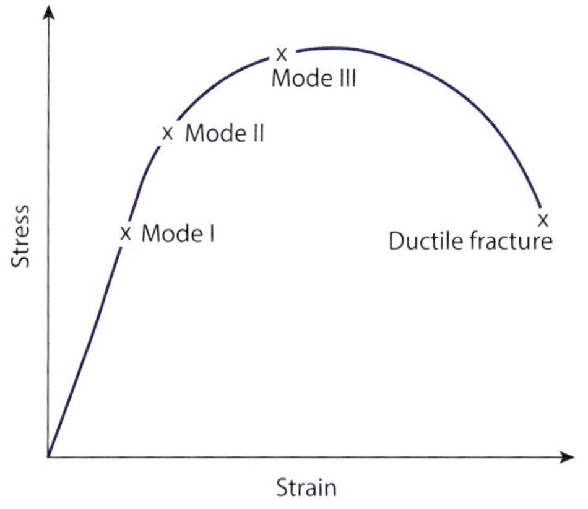

그림 11.16 응력-변형율 곡선의 개략도. 시편의 파괴가 일어나는 파괴유형 I, II, II 또는 연성 파괴 지점에서 "×"표시

전에 발생하고, 파괴 모드 II는 가파른 항복점 직후 발생한다. 파괴 모드 III은 상당한 소성 변형 후 발생하고, 연성파괴는 큰 소성 변형 후 발생한다.

연성 파괴는 상온에서 시험한 PE나 고온에서 시험한 PMMA와 같은 폴리머에서 발생한다. PE는 가장 연성인 폴리머 중 하나이다; 상온에서 시험할 때, LCM 슬라이드에서 발생하는 소성 유동에 의해 면적의 감소가 100%에 근접한다. 열가소성 폴리머의 경우, 저온과 고강도는 파괴모드 III, II, I을 유발하는 크레이즈, 미세공극 그리고 균열의 형성에 호의적이고 온도는 내려간다. 높은 온도와 낮은 강도는 LCMs의 슬라이딩과 연성 파손에 호의적이다.

그림 11.17 연성 알루미늄 합금의 캡, 콘 파괴. 캡 파괴 표면은 오른쪽, 콘 파괴의 표면은 왼쪽
(sciencephotos /Alamy)

11.3 피로파괴

11.3.1. 개요

피로파괴는 응력을 오랫동안 반복적으로 받음에 따라 나타나는 파괴를 말한다. 피로파괴의 한 사례로 그림 11.18에 있는 회전축으로부터 바퀴로 전해진 토크 때문에 발생된 홈을 나타낸다. 회전축은 많은 시간 응력에 잘 견뎌왔으나 결국에는 표시된 홈으로부터 시작된 크랙 때문에 파괴가 일어나게 되었다. 균열이 시작된 구간은 조개 껍질 같은 줄무늬의 시작점이라 할 수 있다. 응력이 반복적으로 적용됨에 따라 크랙이 전파되게 되며, 이것이 명백한 균열전파의 증거가 된다. 항공기 또는 기차와 같은 사고의 원인을 찾기 위해 표면의 줄무늬를 조사하게 되는데, 이는 피로 파괴로 인해 부분적으로 응력 집중이 되었는지 조사하기 위해 수행한다. 균열은 파괴가 발생할 때까지 식 11.10에 의해 주어진 파괴역학의 기준에 따라 균열 길이가 성장하게 된다.

균열은 불연속성으로 인한 부분적인 응력집중 때문에 발생하게 된다. 식 11.13은 **응력집중계수**(K_s)를 나타내는데 이는 불연속성이 발생한 부분의 최대 응력(σ_{max})과 평균 응력(σ_{av})의 비로 나타내게 된다.

$$K_s = \frac{\sigma_{max}}{\sigma_{av}} \tag{11.13}$$

응력집중계수는 그림 11.19 및 식 11.14에 나와 있듯이, 균열의 길이(a)와 곡률(r)에 관련이 있다.

그림 11.18 피로파괴 된 회전축의 단면. 균열이 시작된 점은 위쪽 홈 부분이다. 균열은 시작점으로부터 줄무늬와 같은 것들을 생성시키며 마지막 파단이 일어나기 전까지 계속 전파된다
(Wulp, D.J., Understanding How Components Fail, 1985, ASM International).

$$K_s \approx 2\sqrt{\frac{a}{r}} \qquad \textbf{11.14}$$

11.3.2. 연성 금속 및 고분자 시편의 피로시험

피로시험은 혹독한 환경을 가정하여 반복(N_f)적으로 응력을 가하게 된다. 그림 11.20에 반복적 응력이 적용 가능한 몇몇 사례가 나타나 있다. 그림 11.20에는 인장 및 압축 응력이 반복적으로 동일한 크기로 작용하고 있음을 확인할 수 있다. 이는 완전한 응력 반전이라 할 수 있다. 평균응력은 식 11.15에 표현되어 있으며, 이는 완전한 응력 반전의 경우 0의 값이 나오게 된다.

$$\sigma_m = \frac{\sigma_{\max} + \sigma_{\min}}{2} \qquad \textbf{11.15}$$

응력 범위는 식 11.16으로부터 표현된다.

$$\sigma_r = \sigma_{\max} - \sigma_{\min} \qquad \textbf{11.16}$$

그리고 응력의 크기는 식 11.17로부터 표현된다.

$$\sigma_a = \frac{\sigma_{\max} - \sigma_{\min}}{2} = \frac{\sigma_r}{2} \qquad \textbf{11.17}$$

그림 11.20b는 인장 및 압축 응력이 동일하지 않은 반복적인 사인형태의 응력을 나타내고, 그림 11.20c는 무작위 응력이 발생하는 경우를 나타낸 것이다. 응력이 반복적으로 가해지는 경우 기대수명은 응력의 크기 및 응력의 범위와 밀접한 관련이 있다.

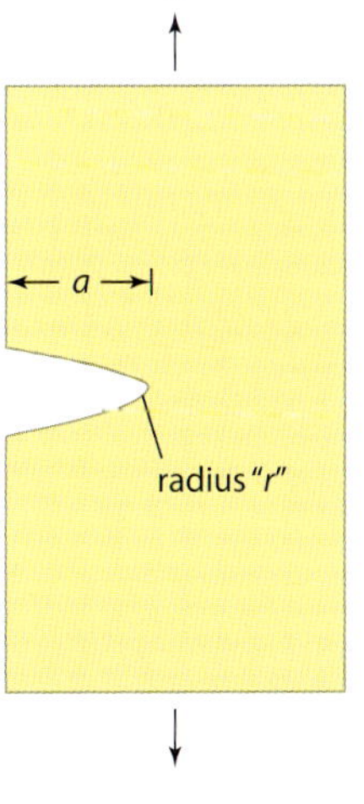

그림 11.19 응력 집중의 발생 요소인 균열의 길이 a 및 곡률 r *(Askeland, D.R., Fulay, P.P., and Wright, W.J., The Science and Engineering of Materials, 6th ed, Cengage Learning, Stanford, CT(2011), p.252)*.

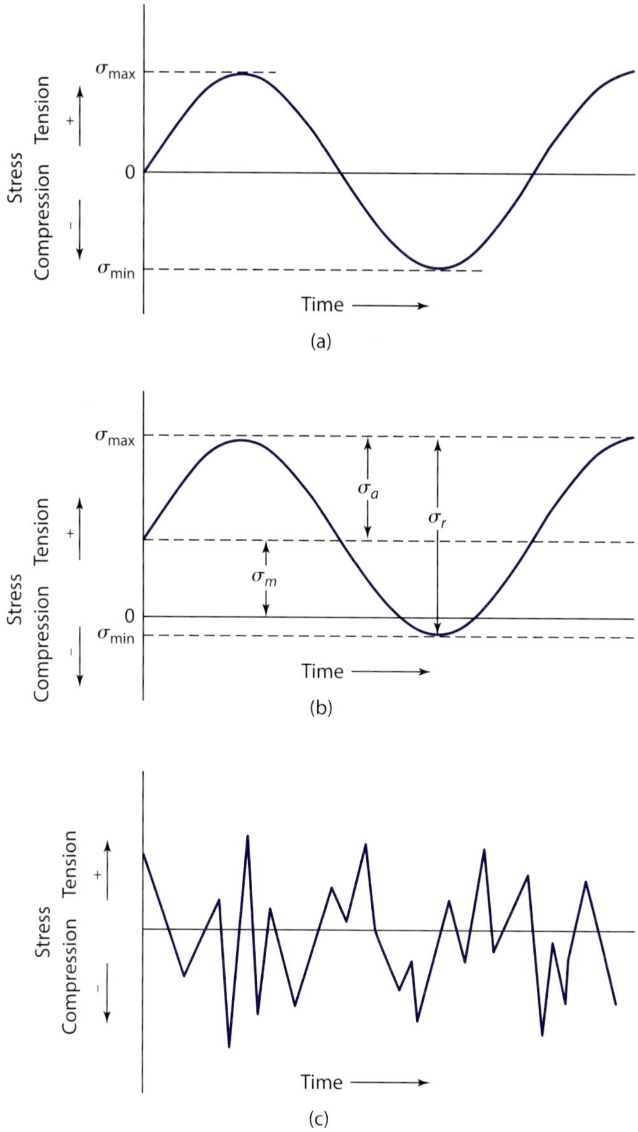

그림 11.20 시간에 따른 응력 변화 (a) 완전한 응력 반전의 경우 압축 및 인장 응력이 동일한 크기로 번갈아가면서 나타나게 된다. (b) 반복 응력 하에서 인장 응력이 압축 응력보다 더 크게 작용하는 경우 (c) 무작위의 응력이 시편에 걸리는 경우 *(Callister, W.D., Materials science and Engineering, An Introduction, 6th ed, John Wiley & Sons, N.Y. (2003), p.212.)*

피로시험은 인장-압축, 비틀림, 굽힘과 같은 여러 종류의 응력 하에서 실시하게 된다. 그림 11.21은 두 가지 금속(1045 철 및 2014-T6알루미늄)에 대해 응력의 크기에 따른 파단이 일어나는 반복 횟수(N_f)를 나타낸 것이다. 본 데이터들은 *S-N* 그래프라고 불리며 파단이 일어나기 위해 몇 번의 응력이 반복적으로 가해져야 하는 지의 정보를 포함하고 있다. 앞에서 언급했듯이, 본 그래프에서 언급하는 반복응력은 압축-인장이 반복적으로 작용하는 응력을 말한다.

응력의 크기가 증가할수록 파단이 일어나기 위한 반복 횟수는 감소한다. 그리고 *S-N*그래프에서 응력이

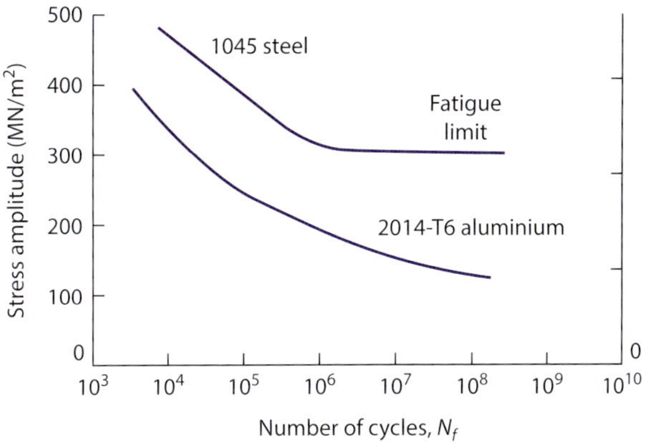

그림 11.21 1045 철 및 2014-T6 알루미늄의 응력 크기에 따른 피로파괴가 발생하는 응력의 반복 횟수를 나타내는 그림. 1045 철이 2014-T6 알루미늄보다 피로파괴에 있어서 더욱 잘 버틸 수 있는 것으로 보임. *(Courtney, T.H., Mechanical Behavior of Materials, 2nd ed., McGraw-Hill, N.Y. (2000), p.577.)*

높은 구간은 기울기가 큼을 확인할 수 있다. 피로파괴가 높은 응력에서 적은 반복횟수에서 일어나는 경우, 저반복 피로파괴라 불린다. 큰 응력이 작용하는 경우 응력이 작용할 때 탄성 및 소성변형이 일어나게 된다. 예를 들어, 그림 11.21에 있는 1045 철은 475 MPa의 응력의 크기에서 104번의 횟수에서 파단이 일어나게 된다. 1045철의 항복점은 450에서 650 MPa 사이에 존재한다. 따라서 475 MPa의 응력이 작용하는 경우 가해지는 항복점에 해당하는 응력이 반복됨에 따라 소성변형이 많이 일어나게 된다. 가해지는 응력의 크기가 항복점 아래로 감소할 경우, 파단이 되는 반복 횟수가 증가하게 된다.

1045 철에 대해, 350 MPa 이하의 응력 크기에 대해서는 파단을 위한 반복횟수에 큰 차이가 있음을 *S-N* 곡선에서 확인할 수 있다. 작은 응력에서는 높은 반복 횟수에서 파단이 일어나게 되는데 이를 고반복 피로파괴라고 부른다. 높은 반복 횟수의 경우 대부분의 변형이 탄성 범위 내에서 일어나게 된다. 하지만, 정말로 완전한 탄성 변형이 일어났다면 피로파괴는 일어날 수 없기 때문에 응력의 크기가 작더라도 아주 약간의 소성 변형이 일어나게 된다. 1045 철에 대해 응력의 크기가 300 MPa 아래로 가게 되면 응력의 크기에 따른 기대수명이 무한대에 가깝게 크게 증가하는데, 이를 **피로내구한도**라 부른다. 이러한 피로내구한도는 실제 적용을 위한 응력의 크기를 1045 철의 경우 250 MPa 이하와 같이 정해주는 역할을 해준다. 여기서 철은 항복응력의 크기가 내구한도라 할 수 있다. 반면, 알루미늄의 경우 철과는 달리 *S-N* 곡선에서 기울기가 상대적으로 완만한 것을 확인할 수 있는데 반복 응력이 아무리 낮아져도 피로파괴가 일어나는 반복횟수가 무한대로 수렴하지 않는다. 표 11.4는 재료의 파괴가 나타날 때 까지의 사이클 수에 따른 반대 응력 사이클 재료의 응력을 나타낸다. 응력이 내구성 한계로 나타나 있지만, 알루미늄과 같은 이러한 재료의 일부는 2014-T6 알루미늄 합금과 유사한 방식으로 거동하고 *S-N* 곡선에서 수평이 아니다. 표 11.4에 나타난 결과들은 파괴 파괴까지의 사이클 수의 허용 응력이다.

응력이 어느 일정 수준에서 계속해서 떨어지지 않는다는 뜻이 곧 피로수명이 무한인 것은 아니다. 예상되는 피로수명에 대한 응력의 정도는 통상 항복응력의 35~60% 정도임을 항상 염두에 두어야 한다. 만약 요소(part)가 다중응력상태에 있을 경우 작용되는 응력은 항복응력보다 훨씬 밑에 있어야 한다. 실제로 설계를 할 때 통상 항복응력의 50%를 넘지 않도록 설계를 한다. 하지만 사이클 수가 많이 일어나는 조건이라면 50%조건의 설계는 충분한 보수적인 설계가 아닐 수도 있다.

표 11.4 일부 금속 합금의 수명으로 표시된 인장강도 σ_u, 항복강도 σ_y 응력진폭 σ_f

Material	Condition	σ_u MPa	σ_y MPa	σ_f MPa
Steel Alloys[a] (Endurance limit based on 10^7 cycles)				
1015	Cold drawn—0%	455	275	240
1015	Cold drawn—60%	710	605	350
1040	Cold drawn—0%	670	405	345
1040	Cold drawn—50%	965	855	410
4340	Annealed	745	475	340
4340	Q & T (204°C)	1950	1640	480
4340	Q & T (427°C)	1530	1380	470
4340	Q & T (538°C)	1260	1170	670
HY140	Q & T (538°C)	1030	980	480
D6AC	Q & T (260°C)	2000	1720	690
9Ni–4Co–0.25C	Q & T (315°C)	1930	1760	620
300M	—	2000	1670	800
Aluminum Alloys[b] (Endurance limit based on 5×10^8 cycles)				
1100-0		90	34	34
2014-T6		483	414	124
2024-T3		483	345	138
6061-T6		310	276	97
7075-T6		572	503	159
Titanium Alloys[c] (Endurance limit based on 10^7 cycles)				
Ti–6Al–4V		1035	885	515
Ti–6Al–2Sn–4Zr–2Mo		895	825	485
Ti–5Al–2Sn–2Zr–4Mo–4Cr		1185	1130	675
Copper Alloys[c] (Endurance limit based on 10^5 cycles)				
70Cu–30Zn Brass	Hard	524	435	145
90Cu–10Zn	Hard	420	370	160
Magnesium Alloys[c] (Endurance limit based on 10^8 cycles)				
HK31A-T6	—	215	110	62–83
AZ91A	—	235	160	69–96

[a] *Structural Alloys Handbook*, Mechanical Properties Data Center, Traverse City, MI, 1977.

[b] *Aluminum Standards and Data 1976*, The Aluminum Association, New York, 1976. (See source for restrictions on use of data in design.)

[c] *Materials Engineering* 94(6) (Dec. 1981), Penton/IPC Publication, Cleveland, OH.

Reprinted from Hertzberg, R. W., *Deformation and Fracture Mechanics of Engineering Materials*, 3rd ed., John Wiley & Sons, New York (1989), p. 477.

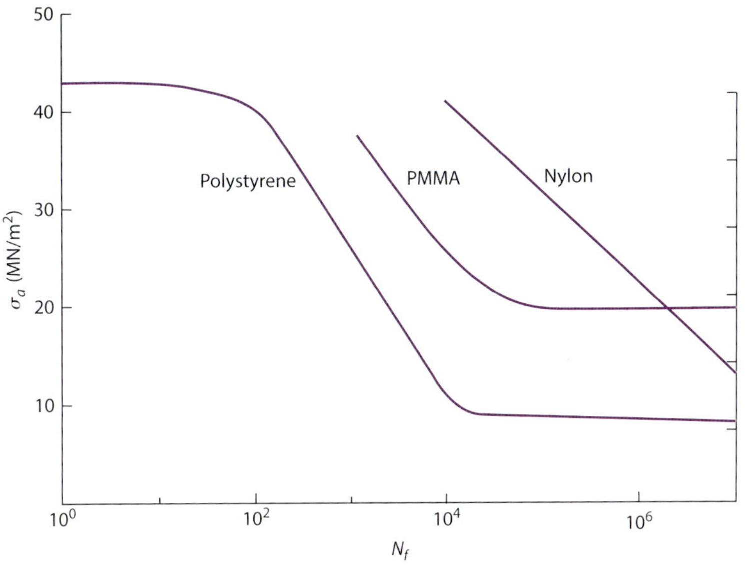

그림 11.22 PS, PMMA, 나이론의 응력 진폭 함수로 파괴까지의 사이클
(Data for nylon and PMMA from Riddell, M.N., Koo,G.O., and O'Toole,J.L., Polymer Engr.Sc.,6(1996),363. Data for Polystyrene from Beardmore, P., and Rabinowitz, S., Treat.Matls.Sc.and Tech., 6(1957), 267. Figure reprinted from Courtney,T. H.,Mechanical Behavior of Materials, 2nd ed., McGraw-Hill, N.Y.(2000), p.607.)

그림 11.22는 폴리머의 *S-N* 선도가 금속의 선도와 비슷한 양상을 보인다는 것을 보여준다. 하지만 PS 폴리머의 *S-N* 선도에서는 낮은 경사를 갖는 저사이클 피로가 존재하는 것을 볼 수 있다. PS에 대한 시험은 대개 36~52 MPa 범위의 극한인장강도 영역에서 진행이 되는데, 이는 피로수명시험에서 충분한 크레이즈(craze)를 형성하는 조건이 된다. 이런 크레이즈는 미세공공(microvoid)이 발생하여 미세균열(micro crack)과 균열(crack)로 성장하는 발생 장소를 제공함으로써 폴리머가 주어진 사이클 수에 대하여 파손이 일어나지 않게 하는 응력값을 제한하는 역할을 한다. 이러한 크레이즈는 폴리머에서는 나타나지만 금속에서는 나타나지 않는 현상이다. 즉, 크레이즈 형성은 금속과 폴리머의 피로 거동 메커니즘을 다르게 설명하는 원인 중에 하나가 된다.

실제 시험을 할 때는 시편에 파손이 일어나는 정확한 사이클 수가 정해져 있는 것은 아니지만, 그림 11.23에서 볼 수 있듯이 파손될 때의 응력과 사이클 수의 거동이 다양한 확률(*P*)별로 존재한다. 파손이 일어날 때의 사이클 수를 평균적으로 얘기할 때는 보통 제시된 응력에서 50% 비율로 파손이 일어날 때의 사이클 수로 말한다. 예를 들어, 그림 11.23을 보면 7075-T6 합금의 경우 응력이 250 MPa일 때 10^6 사이클 내에 파손이 일어날 확률이 50%임을 나타내고 또한 10^5 사이클 내에서는 10%의 확률로 파손이 일어난다는 것을 의미한다. 따라서 피로수명 설계를 할 때에는 반드시 확률에 대해서 생각해야만 한다. 평균적으로 피로 수명을 얘기할 때는 50%의 확률로 말하는데 이는 항공분야와 같은 곳에는 절대 허용할 수 없는 확률 수치이다.

까다로운 조건으로 요소를 설계할 때에는 파손이 일어날 수 있는 확률을 1%보다 낮게 해야 하는 경우도 있다. 하지만 그런 설계를 한다면 평소 사용할 때의 응력 범위에서 요소의 크기가 매우 커지거나 무거워지는 문제가 발생할 수 있기 때문에 비실용적일 수도 있다. 파손의 통계에 관한 내용은 11.5절에서 다뤄진다.

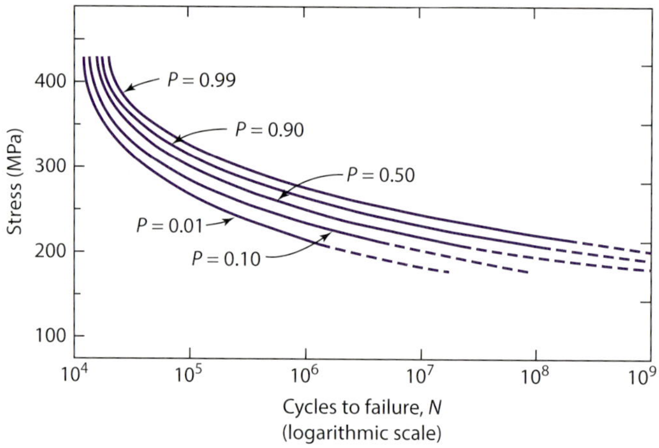

그림 11.23 알루미늄 합금 7075-T6의 파괴에 응력 진폭과 사이클의 함수로서 파괴 확률(P)
(Sinclair, G.M., and Dolan T.J., Trans. ASME, 75 (1953), 867.)

예제 11.5

그림 11.23에서 7075-T6 알루미늄 합금인 경우에 10^6 사이클 수에서 90%의 확률로 버틸 수 있는 응력조건을 결정하여라.

풀이

90%의 확률로 버틸 수 있다는 것은 10% 확률로 파손이 일어난다는 뜻이다.
그림 11.23에서 10^6 사이클 수에 해당하는 수직선과 10% 파손조건이 만나는 점을 보면, 그에 해당하는 응력값은 대략 240 MPa이다.

11.3.3 금속과 폴리머에서의 피로균열 발생

표 11.4에서 보면 알 수 있듯이 피로파손은 항복응력에 도달하기 전에 파손이 일어나는 현상을 말한다. 7075-T6 알루미늄 합금의 항복응력은 505 MPa이지만 10^8 사이클 수에서 50%의 확률로 200 MPa에서 파손이 일어나고 PMMA의 경우는 항복응력은 54~73 MPa이나 10^4 사이클 수에서 50%의 확률로 20 MPa에서 항복이 일어나는 등을 예로 들 수 있다. 이렇게 피로에 의해 재료가 항복응력보다 낮은 응력에서 파손하는 이유는 무엇일까?

탄성영역에서는 주어진 하중을 제거하게 되면 재료 내 원자들의 배열이 다시 제 자리로 돌아가게 된다. 즉, 엄격하게 얘기하면 탄성재료는 피로에 의해 파손이 일어나지는 않는다. 따라서 금속과 폴리머에서 피로에 의한 파손이 일어난다는 것은 사이클이 진행되면서 비가역적인, 즉 소성 과정이 진행된다는 것을 의미한다.

따라서 7075-T6 합금이 200 MPa에서, PMMA가 20 MPa에서 파손이 일어난다는 것은 탄성변형이 원인인 것은 아니라는 것을 알 수 있다. 인장시험에서는 낮은 응력에서 육안으로 소성 변형이 일어나고 있는 것은 확인할 수 없기 때문에 소성 변형은 매우 작거나 마이크로 단위의 변형일 것이라는 것을 추측해 볼 수 있다. 그러나 사이클 수가 증가 할수록 마이크로 단위의 변형이 축적되다가 결국 피로파손이 일어나게 된다.

7075-T6와 같은 고인장 알루미늄 합금에서도 취약한 부분에서부터 소성 변형이 시작되어 그 부분에 변형이 집중되는데 이 재료의 피로파손 응력이 항복응력의 35%까지 떨어진다는 것을 보면 탄성영역에서도 재료는 100% 탄성이라 말할 수 없다는 것을 알 수 있다.

그림 11.24는 탄성영역에서 탄성변형과 소성변형의 상대적인 크기를 나타내고 있다. 0~20% 영역에서는 대부분의 재료는 소성변형이 없고($\varepsilon_{pl} = 0$), 크랙이나 다른 결함이 있지 않는 한 피로파손은 발생하지 않는다. 20~50% 영역에서는 소성변형이 존재하지만 탄성변형에 비해 매우 작고($\varepsilon_{pl} << \varepsilon_{el}$), 인장시험에서는 소성변형이 육안 상으로 보이지는 않는다. 이러한 매우 작은 소성변형을 미세소성변형(microplastic strain)이라 한다. 이러한 미세소성변형 때문에 재료는 작은 응력에도 피로파손이 일어날 수 있다. 50~90% 영역에서는 소성변형이 더욱 커지게 되지만 탄성변형보다는 작다($\varepsilon_{pl} < \varepsilon_{el}$). 항복응력지점에서는 소성변형이 탄성변형과 비슷해지고($\varepsilon_{pl} \cong \varepsilon_{el}$), 항복응력을 넘어서게 되면 이제는 소성변형이 탄성변형보다 더 커진다($\varepsilon_{pl} > \varepsilon_{el}$). 연성재료에서 볼 수 있는 극한강도범위까지 오게 되면, 소성변형이 탄성변형보다 매우 큰 경우도 볼 수 있다($\varepsilon_{pl} >> \varepsilon_{el}$).

그림 11.24는 인장시험을 할 때 소성변형이 일어난다는 것을 설명하는 것이지만 이를 사이클이 발생하는 피로파손의 소성변형과 동일하다는 생각을 해서는 안 된다. 왜냐하면 변형경화(strain hardening)의 양상이 인장시험일 때와 피로파손일 때는 다르기 때문이다. 단순히 탄성영역 내에서도 항복응력보다 훨씬 낮은 응력에서도 파손이 일어날 수 있다는 것을 강조하려고 설명한 것이다.

표면이 매끄럽고 폴리싱 처리가 된 시편 같은 경우에는 시험이 시작될 때 표면에 균열이 없다고 가정한다. 시험이 시작된 후 사이클 수가 증가할수록 취약부분에서 소성변형이 발생하고 이것이 집중되면, 피로균열(fatigue crack)이 시작된다. 그림 11.25에서는 전단응력이 작용할 때 연성 결정체 금속의 피로균열이 시작되는 것을 나타냈다.

사이클 수가 증가할수록 미세변형이 일어나는 방향이 서로 역전되지 않는다면 국소소성변형은 시편 표면에 요철(intrusion and extrusion)을 발생시킨다. 이 요철이 사이클 수 증가로 더욱 발전하여 이것이 결국 균열(crack)이 되는 것이다.

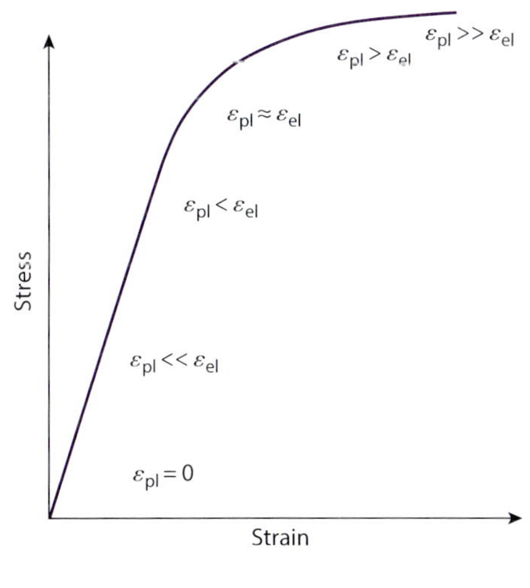

그림 11.24 응력-변형 곡선에 탄성변형과 소성변형의 크기의 관계

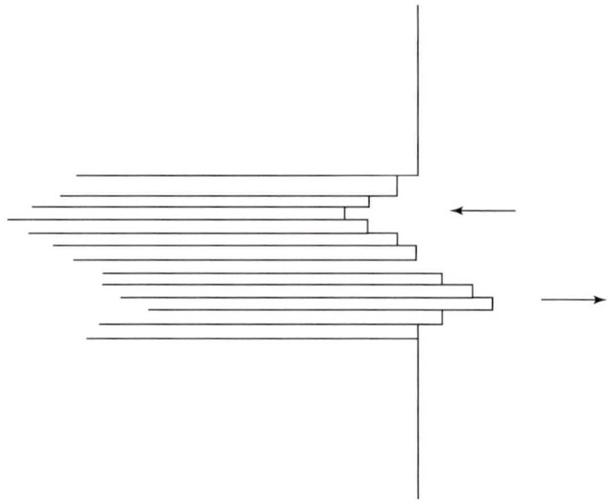

그림 11.25 화살표 방향의 교차 전단 응력에 의한 슬립 전위 운동으로부터의 금속 표면의 침입, 돌출 형성
(Wood, W.A., The Study of Metal Structures and Their Properties, Pergamon Press, Elmsford, N.Y. (1971), p.266)

폴리머의 경우, 거리와 위치에 따라 다양한 LCM 사이의 국소결합강도가 존재한다. 거리가 먼 LCM에서 취약부분이 존재하게 되고 이러한 취약부분이 그림 11.8에서 볼 수 있듯이 크레이즈(craze) 발생부위가 된다. 이 크레이즈는 미세공공(microvoid)으로 전환되고 미세공공의 성장과 함께 서로 연결되어 미세균열(microcrack)로 성장하고 더 성장한 것이 균열(crack)이 된다.

매끄럽고 폴리싱 처리된 금속과 폴리머 시편의 경우, 피로수명(N_f)은 균열이 발생하는 사이클 수(N_i)와 균열 전파로 인한 파손이 일어나는 사이클 수(N_p)의 합이다.

금속과 폴리머는 국소소성변형으로 피로균열이 발생하지만 세라믹 재료에서는 낮은 온도 범위에서는 소성변형이 일어나지 않는다. 따라서 이때는 균열 발생에 따른 소성변형 프로세스는 없다. 폴리싱 처리된 결정형 세라믹의 경우 재료 내 미세균열과 공공이 있어 이것이 크랙으로 성장하여 파손이 일어난다고 가정한다. 이때 파손이 일어나는 사이클 수는 곧 균열전파로 인해 파손이 일어나는 사이클 수가 된다.

11.3.4 피로수명 개선

적절한 디자인과 처리과정을 한다면 크랙이 발생하는 사이클 수(N_i)를 늘려 볼 수 있다. 스크레치나 물체자국(tool mark) 등과 같은 면결함 발생이 N_i를 줄이게 하는 원인을 제공하는데, 이 때 폴리싱 처리를 하게 된다면 N_i는 늘어나게 된다.

마찬가지로 내부에서는 개재물(inclusion)이나 공공(void) 등과 같은 결함요인들이 N_i를 줄어들게 하기 때문에 재료는 내부적으로 균일한 것 일수록 좋다.

큰 항복응력을 가지고 있는 재료 같은 경우에는 재료 내부에 매우 작은 양의 소성 변형이 존재하기 때문에 피로에 의한 파손이 덜 일어난다.

표면경화(case hardening)는 표면에 탄소나 질소와 같은 원소를 주입시키거나 확산시킴으로써 항복강도를 높이는 처리과정이다.

표면경화처리를 하게 되면 재료 외부에 마치 고탄성 쉘(shell)을 갖게 되어, 균열 발생을 억제시키고 내부의 연성 부분을 파괴로부터 보호하는 역할을 한다. 또한 표면에 원소들을 첨가했기 때문에 표면에 압축

응력이 작용하게 하는 역할도 한다. 균열 끝 부분이 압축 상태로 있게 되면 더 이상 균열이 전파될 수 없기 때문에 요소들의 표면에 압축응력이 가해지는 처리를 많이 한다. 또한 **샷피닝(shot peening)**이나 열처리 과정을 통해 표면을 소성 가공하여 압축응력을 가지게 할 수도 있다. 샷피닝 공정에서는 조그맣고 딱딱한 구체를 금속 요소 표면에 고속으로 발사하는 과정을 거치는데 이러한 충격에 의하여 표면을 소성 가공하여 표면에 압축응력을 부가한다. 7.3.3절에서 다뤘던 뜨임공정을 거친 유리(tempering glass)는 열처리를 통한 표면의 압축응력을 부과한 한 예이다.

강화 메커니즘을 통해 재료를 처리할 때는 반드시 어느 한 부분을 약하게 하거나 강하게 하는 것 없이 전체적으로 균일하게 하는 것이 중요하다. 예를 들면, 석출 경화(preciditation hardening)된 금속의 경우, 큰 입자가 넓은 공간을 차지하게 하는 것 보다는 작은 입자가 좁은 공간에 고루 분포하게 하는 것이 좋다. 하지만 석출되는 입자는 반복하중을 받을 때 안정적일 수 있을 정도의 크기는 가져야 한다. 만약 입자가 너무 작으면 전위(dislocation)에 의하여 절단되어 안정 상태일 때의 최소 입자 크기보다 작아지게 되어 사라지게 된다. 결국 그 부분이 취약부위가 되고 이것이 곧 피로균열 발생의 원인이 된다. 그림 7.13은 전위에 의하여 절단된 석출입자들을 보여준다.

또한 탄소강의 펄라이트 내에 Fe_3C와 같은 큰 입자들과 그 주변을 둘러싸고 있는 α-상 모재 사이에서 사이클 수가 증가하면서 균열이 발생할 수 있다.

유사한 원리로, 복합재료에서의 계면은 높은 강성계수를 가진 강화재와 낮은 강성계수를 가닌 모재가 만나는 곳이므로 강성계수의 불연속성에 의하여 피로균열이 발생하는 장소가 된다. 그래서 복합재료 내에서 강화재와 모재 사이의 결합이 약하게 된다.

11.3.5 피로균열 전파

피로균열에 대해 연구할 때, 그림 11.26과 같이 크랙 길이(a)는 실험적으로 사이클 수(N)의 함수로 측정된다.

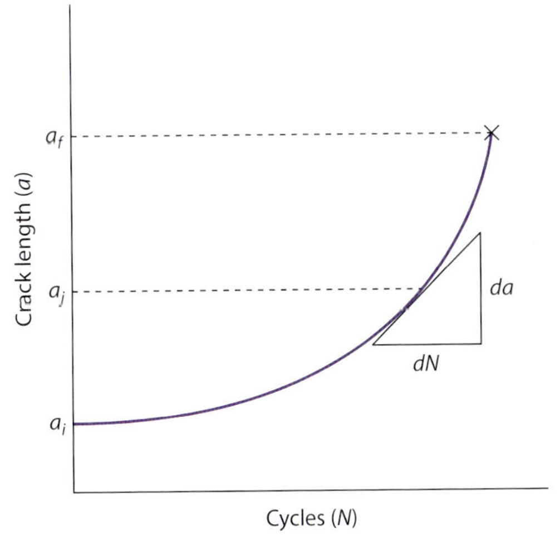

그림 11.26 초기 균열 길이 a_i에서부터 파단시의 균열 길이 a_f까지의 적용된 사이클 수(N)에 관한 함수인 균열 길이(a)의 개략도

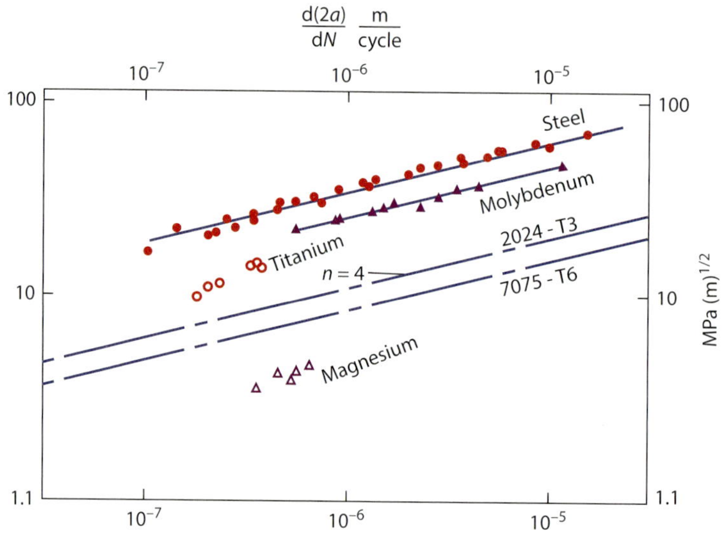

그림 11.27 일부 금속에 대한 응력-강도 범위 ΔK의 함수로 된 피로 균열 전파 속도. $2a$의 균열 길이는 내부 균열로 사용된다. *(Paris, P.C., Fatigue-An Interdisciplinary Approach, 10th Sagamore Conference, syracuse University Press, Syracuse, N.Y.(1964). p.107.)*

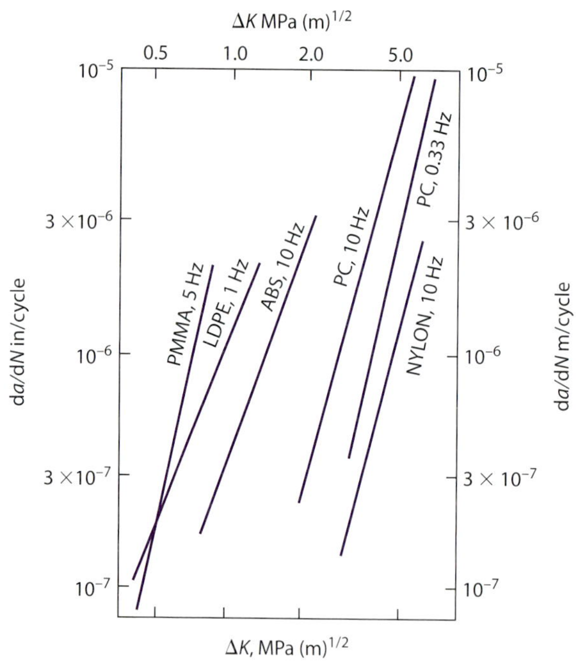

그림 11.28 응력-강도 범위 ΔK 의 함수로 나타난 일부 폴리머의 피로-균열 전파 비율(da/dN)
(Based on Hertzberg, R.W., Nordberg, H., and Manson, J.A, J.Matls. Sc., 5 (1970), p.521.)

균열 전파의 분석은 광범위한 균열 전파 속도의 결과로 직선이 균열 전파속도(da/dN)의 로그값과 응력 강도 범위(ΔK)의 로그값으로 나타난다. 그림 11.27에는 일부 금속이, 그림 11.28에는 일부 폴리머가, 그

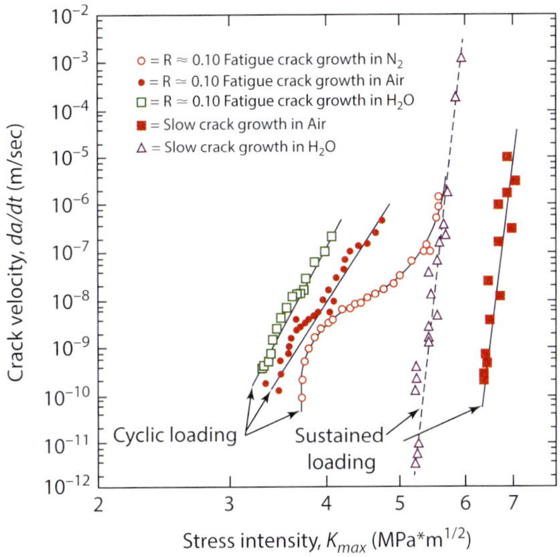

그림 11.29 지르코니아에 9 wt% MgO를 추가한 물질의 반복, 지속 응력에 따른 최대 응력 강도의 함수로 나타난 균열 속도(da/dt) *(Ritchie, R.O., Materials Science and Engineering, A103 (1988), p.27.)*

리고 그림 11.29에는 지르코니아로 안정화된 세라믹이 나와있다. 응력 강도 범위는 식 11.18에서 주어진다.

$$\Delta K = Y\sigma_r(\pi a)^{1/2} = Y\Delta\sigma(\pi a)^{1/2} \qquad \textbf{11.18}$$

그리고 $\Delta\sigma$는 응력 범위(σ)이다. 그림 11.29의 세로축의 단위는 초당 미터로 균열 전파 속도이다; 이것은 초당 사이클 주기의 사이클 시간 당 미터와 동일하다. 또한 그림 11.29의 하단 가로축은 K_{max}이다. 각 시험의 응력 비율($\sigma_{min}/\sigma_{max}$)에 따라 K_{max}에서 ΔK로 변환할 수 있다.

$\log(da/dN)$ 대 $\log(\Delta K)$의 값이 선형인 경우, 기울기는 n과 같고, 그러면 식 11.19는 직선의 방정식을 따른다.

$$\log\frac{da}{dN} = n\log\Delta K + \log A \qquad \textbf{11.19}$$

A가 상수일 때, 식 11.19에서 로그를 제거하고, Y가 1이라고 가정 되는 Paris 방정식 11.18로 ΔK 값을 넣어준다.

$$\frac{da}{dN} = A\,\Delta K^n = A\,\Delta\sigma^n(\pi a)^{n/2} \qquad \textbf{11.20}$$

예제 11.6

그림 11.27의 7075-T6 합금에 대하여, 식 11.20의 균열 전파 속도에 대한 지수 n값과 사전 지수상수 A를 구하여라.

풀이

2개의 미지수가 있으므로 두 방정식을 풀어야 한다.

10^{-4} mm/cycle (10^{27} m/cycle)과 10^{-2} mm/cycle (10^{-5} m/cycle)과 같은 중요한 두 포인트로 구분하여라. 이러한 두 개의 균열 전파 속도에 대한 ΔK의 값은 $10^{0.7}$ MPa · $m^{1/2}$과 $10^{1.25}$ MPa · $m^{1/2}$ 또는 5.0 MPa · $m^{1/2}$과 17.8 MPa · $m^{1/2}$ 값이다. 이 값들로 방정식을 풀어라.

1. 10^{-7} m/cycle = $A(5.0 \text{ Mpa} \cdot \text{m}^{1/2})^n$
2. 10^{-5} m/cycle = $A(17.8 \text{ Mpa} \cdot \text{m}^{1/2})^n$

식 1을 식 2로 나눠서 A값을 제거하고, n값을 구할 수 있다.

$$\frac{10^{-7}\text{ m/cycle}}{10^{-5}\text{ m/cycle}} = 10^{-2} = \frac{(5.0\text{ MPa}\cdot\text{m}^{1/2})^n}{(17.8\text{ MPa}\cdot\text{m}^{1/2})^n} = (0.28)^n$$

이 식에 log값을 취하면

$$-2 = n\log(0.28)$$

n값을 풀면

$$n = \frac{-2}{\log 0.28} = 3.63$$

사전 지수 상수 A 값은 n값을 식 1 또는 식 2에 대입하면 구할 수 있다. 식 1을 선택해서 풀면

$$10^{-7}\text{ m/cycle} = A(5.0\text{ MPa}\cdot\text{m}^{1/2})^{3.63}$$
$$10^{-7}\text{ m/cycle} = A(3.45\times 10^2\text{ MPa}^{1.815}\cdot\text{m}^{1.815})$$

지수 1.815 값 때문에 A값의 단위가 이상할 것이다. A단위에 지수를 포함하는 것 대신에 A의 단위를 MPa · m로 하자. A에 대하여 풀면,

$$A = 0.29\times 10^{-9}\text{ MPa}\cdot\text{m units}$$

피로에 의해서 파손된 부분의 표면은 연속된 줄무늬가 나타나고, 그림 11.30에 고배율로 표시되어 있다. 각각의 줄무늬는 특정 사이클의 균열 끝 부분에 위치한다.

연성 금속과 폴리머에서 피로 파단면에 줄무늬가 생성되고 이 역학이 그림 11.31에 나와 있다. 그림 11.31b에 나타난 사이클의 인장파트 동안 확장된 균열 x의 끝에서 소성 변형이 발생하고, 결국 그림 11.31c에 나타난 것처럼 균열의 끝 부분을 무디게 하고 성장을 저지한다. 그리고 사이클의 압축파트 동안 그림 11.31c와 같이 균열 끝 부분이 다시 날카롭게 된다. 그림 11.31e에서는 그림 11.31a보다 상대적으로 균열이 성장했다. 이런 연속적인 과정으로 파단면에 줄무늬가 생성되고, 이로 인해 피로 파면에서 균열 성장이 증가한다.

파단면에서의 줄무늬들은 부품에 가해지는 응력의 이력 책과 같은 것으로, 부품이 파손된 방법을 결정하는 조사에 도움이 된다. 그림 11.30에 나타는 파손된 시편의 균열 전파 속도는 한 부하 사이클(dN = 1)의 줄무늬 간격(da) 측정과 함께 계산된다. 일단 균열 전파 속도가 결정되면, 식 11.20의 유일한 미지수는 응력 범위($\Delta\sigma$) 항이다. 측정된 균열-전파 속도와 함께 ΔK 값은 그림 11.27처럼 결정된다. 파단면에서 균열의 크기(a)가 측정된다. ΔK와 a 값을 구하면 $\Delta\sigma$ 값은 식 11.18에 의해 유추된다. 심각한 구조의 파

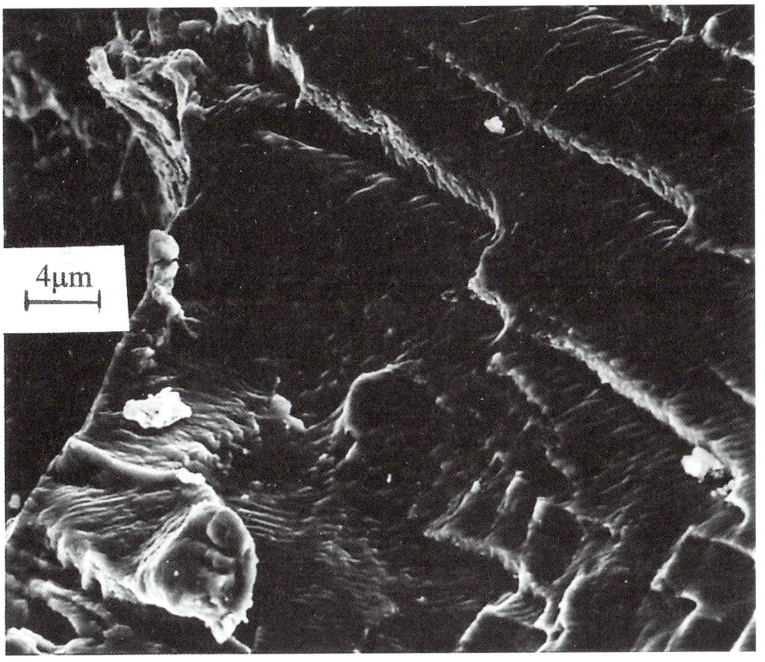

그림 11.30 낮은 사이클 피로에서 상용적인 고순도 티타늄 시편의 피로-균열 성장의 증가를 보여주는 피로 줄무늬 *(C.M. Gilmore)*

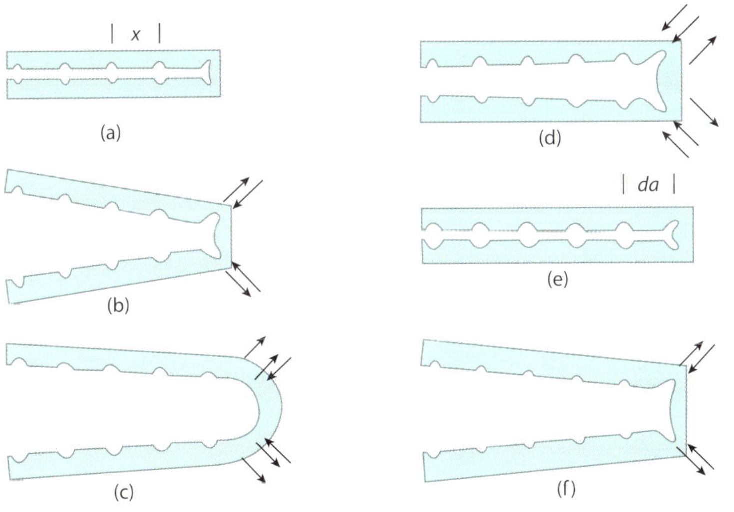

그림 11.31 연성 재료의 피로 줄무늬 형성의 역학. (a) x 줄무늬 간격의 피로 균열. (b) 응력이 인가된 인장은 균열을 열림. (c) 소성 변형이 확장되고 균열이 무뎌짐. (d) 응력 반전이 닫히고 균열이 다시 날카롭게 됨. (e) 소성 변형이 닫히고 다시 균열을 날카롭게 하고 균열은 초기 길이 (a)에서부터 길이 da로 성장함. (f) 인가된 인장 응력은 균열을 다시 연다. *(Laird, C.M., "The Influence of Metallurgical Structure on the Mechanisms of Fatigue Crack Propagation," In Fatigue Crack Propagation, ASTM STP 415, Philadelphia, PA (1966), p.136)*

손이 발생한 후 연구자들은 오류가 발생한 부품 또는 얻어진 단편을 취득하려고 하고, 이렇기 때문에 응력 범위를 결정하기 위한 균열의 크기와 줄무늬 사이의 간격 측정이 필요하다. 부품에 인가되면서 파손을 유발하는 응력의 이력은 파단면의 줄무늬로부터 추론될 수 있다.

예제 11.7

추락한 비행기 부품의 파단면에서 사이클 당 1.0 μm 간격으로 피로 줄무늬가 발견되었다고 가정한다. 부품은 7075-T6 알루미늄으로 만들어졌고, 그림 11.27에 나와 있는 균열 전파 속도 값은 이 부품에 예상되는 부하 사이클과 환경 조건에서 측정되었다. 피로 줄무늬가 관측된 위치의 내부 균열의 거시적 길이는 $2a = 0.02$ m이다. 파단면에서 피로 줄무늬가 생성된 순간 합금에 적용된 응력 범위는 얼마인가?

풀이

줄무늬 간격은 1.0 μm per cycle 또는 그림 11.27에 사용되는 단위인 1×10^{-6} m/cycle이다. 줄무늬의 사이의 간격은 한 사이클에 대응한다. 또는 $dN = 1$이다. 균열 전파 축에 1×10^{-6} m/cycle 를 위치시키면 이것은 7075-T6 합금에 대한 9 MPa · $m^{1/2}$의 ΔK 값에 대응한다. 줄무늬가 측정된 위치에서 관찰된 균열 길이는 $2a = 0.02$ m 또는 $a = 0.01$ m으로 관찰된다. 식 11.18은 ΔK, $\Delta\sigma$, a 값에 관련된 식이고, Y 값을 1이라고 가정한다.

$$\Delta K = \Delta\sigma(\pi a)^{1/2} = 9 \text{ MPa} \cdot \text{m}^{1/2} = \Delta\sigma(\pi 0.01 \text{ m})^{1/2}$$

응력 범위 $\Delta\sigma$에 대하여 풀면

$$\Delta\sigma = \frac{9 \text{ MPa} \cdot \text{m}^{1/2}}{(\pi 0.01 \text{ m})^{1/2}} = \frac{9 \text{ MPa} \cdot \text{m}^{1/2}}{0.177 \text{ m}^{1/2}} = 51 \text{ MPa}$$

알루미늄의 항복 응력이 약 505 MPa이기 때문에 이것은 작은 응력 범위이다. 낮은 응력 범위는 비행기가 과다하게 높은 응력이 아닌 높은 사이클 피로에 의해 파손된 것임을 보여준다.

11.3.6 피로-균열-전파 수명

log(da/dN) 대 log ΔK의 plot은 부하 및 환경의 특정 유형으로 알려져 있다. 초기 균열 길이(a_i)에서 최종 균열 길이(a_f)까지의 균열 성장으로 사이클 수를 측정할 수 있다. 식 11.20에서 a의 함수로 모든 항들을 정리하고, 우항으로 놓으면 식 11.21처럼 나타난다.

$$dN = \left(\frac{1}{A\Delta\sigma^n \pi^{n/2}}\right) a^{-n/2}\, da \qquad \textbf{11.21}$$

식 11.21에서 dN을 0 사이클에서부터 파손(N_f)이 나타나는 균열-전파-사이클 수 만큼 적분한다. 그리고 식 11.21의 우항을 초기 균열 길이(a_i)에서부터 최종 균열 길이(a_f)까지 균열 길이(a)의 함수로 적분한다. 이 결과가 식 11.22에 나타나있다.

$$N_f = \int_0^{N_f} dN = \int_{a_i}^{a_f}\left(\frac{1}{A\Delta\sigma^n\pi^{n/2}}\right)a^{-n/2}\,da = \frac{1}{\left(-\frac{n}{2}+1\right)}\left(\frac{1}{A\Delta\sigma^n\pi^{n/2}}\right)\left(a_f^{-n/2+1} - a_i^{-n/2+1}\right) \quad \textbf{11.22}$$

응력 범위가 상수라고 가정한다. 식 11.22에서 초기 균열 길이(a_i)는 균열 길이로 측정되거나 또는 비파괴 분석을 했을 때 균열이 발견되지 않으면, 초기 균열 길이는 비파괴 검사 장치의 최소 검출 균열 길이로 가정할 수 있다. 파괴의 수명을 계산하는 경우, 최종 균열 길이는 최대 응력 강도 계수(K_{max})가 (K_{Ic}) 값과 같을 때의 길이이다. 식 11.23에 (K_{max}) 값이 K_{Ic}값과 같은 경우가 나와있다.

$$K_{max} = Y\sigma_{max}(\pi a_f)^{1/2} = K_{Ic} \quad \textbf{11.23}$$

식 11.23을 항복 파괴가 일어나는 균열 길이에 대해 풀면

$$a_f = \frac{1}{\pi}\left(\frac{K_{Ic}}{Y\sigma_{max}}\right)^2 \quad \textbf{11.24}$$

부품 및 구조 설계를 하기 위해서는 가장 긴 피로 균열 전파 수명을 가지고 있어야 한다. 가장 중요한 요인은 예제 문제 11.8에서 나타난 바와 같이 최소한의 초기 균열 길이를 갖는 것이다. 개재물(inclusion)과 같은 내부 균열이 없는 재료를 선택하거나, 연마 또는 가공 처리 같은 좋은 표면 처리하거나 표면의 불연속성을 제거하는 좋은 설계를 통해 달성할 수 있다. 또한, 완성된 부품을 비파괴 검사장비의 최소 검출 균열 길이로 검사할 수 있다. 또한 최대 K_{Ic}값을 갖는 재료를 선택할 수 있다.

예제 11.8

항공기 착륙 장치는 공기 중 상온에서 54 MPa · m$^{1/2}$의 K_{Ic} 값의 강철로 만들어진다. 표면 또는 내부의 균열이 발견되지 않으면 비파괴 검사를 한다. 비파괴 검사 장치의 최소 검출 균열 길이는 $2a$ = 0.2 mm이고, 연구실 시험에서 착륙 및 이륙 사이클에 근사하는 응력 사이클에 대한 균열 성장 속도는 $A = 4 \times 10^{-13}$ 값인 경우 $da/dN = a(\Delta K)^4$ 관계를 보여주고 MPa과 미터 단위로 이루어진다. 응력 사이클은 90 MPa의 평균 응력과 $\Delta\sigma$ = 189 MPa의 응력 범위에서 근사된다.

(a) 이런 응력 사이클에서, 실온에서 공기 중의 내부균열을 가정할 때, 강철의 파괴를 일으키는 균열의 길이는 얼마인가?

(b) 부품의 파손을 야기하는 응력 사이클의 수는 얼마인가?

풀이

(a) 이런 응력 사이클에서, 응력은 0에서 180 MPa 값으로 올라간다. 부품은 180 MPa의 최대 응력에서 부서진다. K_{Ic} 값은 54 MPa · m$^{1/2}$이다.

$$K_{max} = Y\sigma_{max}(\pi a_f)^{1/2} = K_{Ic} = 54\text{ MPa}\cdot\text{m}^{1/2} = 180\text{ MPa}(\pi a_f)^{1/2}$$

식 11.23으로부터 파괴시 파괴 길이를 구할 수 있다.

$$a_f = \frac{1}{\pi}\left(\frac{54\text{ MPa}\cdot\text{m}^{1/2}}{180\text{ MPa}}\right)^2 = \frac{1}{\pi}(0.3\text{ m}^{1/2})^2 = \frac{0.09\text{ m}}{\pi} = 2.86\times10^{-2}\text{ m}$$

내부 균열에서,

$$2a_f = 5.72 \times 10^{-2}\text{ m, or }5.72\text{ cm}$$

(b) 응력 범위는 180 MPa이고, $n = 4$이다. A값이 MPa단위로 주어졌기 때문에 응력은 MPa 단위이어야만 한다. 식 11.22를 통해

$$N_f = \frac{1}{\left(-\frac{n}{2}+1\right)}\left(\frac{1}{A\Delta\sigma^n \pi^{n/2}}\right)\left(a_f^{-n/2+1} - a_i^{-n/2+1}\right)$$

$$N_f = \frac{1}{\left(-\frac{4}{2}+1\right)}\left(\frac{1}{4\times 10^{-13}(180\text{ MPa})^4(\pi)^2}\right)\left[(2.86\times 10^{-2}\text{ m})^{-4/2+1} - (1\times 10^{-4}\text{ m})^{-4/2+1}\right]$$

식 11.22에서 MPa 단위와 미터 단위는 상수처럼 사용된다; 그러나 단위는 복잡하고, 계산에서 제외된다.

$$N_f = -\left(\frac{1}{4.14\times 10^{-3}}\right)[0.35\times 10^2 - 1\times 10^4]$$

$$N_f = -0.24\times 10^3(-1\times 10^4) = 0.24\times 10^7\text{ cycles}$$

부품의 수명에 가장 중요한 요인은 비파괴 검사에 의해 결정된 초기 균열 길이이다. K_{Ic} 값과 관련하여 최종 균열 길이로부터 나온 항들은 파손까지의 사이클 수에 약간의 연관이 있다. 검사는 계산된 피로 수명의 가장 중요한 부분이다. 이러한 이유에 의해, 비파괴적인 시험으로 찾을 수 있는 파손이 일어나는 것을 발견한 경우에는 즉시 부품의 비파괴 검사를 실시하는 것이 중요하다.

많은 요인이 식 11.20에 들어가는 균열 전파 속도, 전 지수 항(A), 힘(n)에 영향을 미칠 수 있다. 비록 응력 범위($\Delta\sigma$)가 식 11.20에 직접 들어가지만, 응력 비율($\sigma_{max}/\sigma_{min}$)은 중요한 변수이다. 정확한 응력 비율을 위해 데이터가 있어야 한다. 환경 또한 균열 −전파 속도에 중요한 영향을 끼친다. 높은 온도는 균열 끝 부분에서 금속의 산화를 유발하고 균열 전파 속도를 높인다. 부식 환경, 수소, 액체, 조사 등의 유무는 재료 균열의 끝(tip) 부분을 취성으로 만들고 균열 전파 속도를 향상시킨다. 만약 균열 전파 속도 데이터가 피로 수명을 예측하는데 사용된다면, 시험 데이터는 가능한 한 엄격하게 검증되어야 한다; 심지어 시험의 빈도는 실제 부하 적용 주기와 비슷해야 한다.

11.4 지속적인 부하 균열 전파

그림 11.29에 보이듯이, 부분적으로 가해지는 일정한 응력(하중에 의한)에 의한 균열의 확장속도는 지르코니아가 안정시킨다. 하중이 가해지는 균열에는 응력이 일정하게 유지되고, 균열의 길이가 식 11.8이나 11.10에서 주어진 임계 길이보다 짧더라도 균열의 확장이 관찰된다. 그림 11.29에서 볼 수 있는 것처럼 균열이 시간 t동안 속도(da/dt)로 천천히 확장되면 응력−강도 인자(K_{Ic})가 증가한다. 균열은 K_{Ic}(공기

중)나 K_{IEAC}(부식되는 환경)을 이용해 계산된 임계 길이에 도달할 때까지 확장된다. 환경적인 보조를 해서 균열의 확장을 늦추는 방법은 11.2.7절에서 다루었다. 그림 11.29에 적혀있듯이 주어진 균열 확장속도를 지르코니아가 부분적으로 안정시킬 때, K_{max}의 값은 공기 중보다 물에서 더 낮아진다. 지르코니아나 마그네시아는 상당한 양의 이온결합을 가지고 있고, 이온들은 균열의 끝에서 물로 녹아들어서 균열의 확장을 야기한다. 부식 환경에 있는 유리나 세라믹의 균열의 끝에서는 금속과 비슷한 방식의 반응이 관찰된다.

금속에서 시간에 따른 균열의 성장은 종종 균열의 끝 부분에서 부식이나 환경적인 반응에 의해 일어난다. 예를 들어, 용액 중에 Cl^- 같은 부식성 이온이 균열 끝부분에서 금속과 반응한다. 금속 부식 생성물의 K_{IEAC}이 금속의 K_{Ic}보다 훨씬 낮다. 금속 염화물과 같은 부식 생성물은 균열 끝 부분에서 파괴 균열을 확장하고 새로운 금식 부식성 이온에 노출된다. 또한, 금속 이온들이 용액에 들어감으로써 금속 염화물의 용해가 가능하다. 새로운 금속이 용액에 노출되었을 때, 이러한 처리가 반복되고 임계 길이에 도달 할 때까지 균열은 천천히 성장한다.

고분자, 산소, 물, 바닷물, 용매, 산, 염기, 자외선 조사등에 의한 환경은 저속 균열 성장을 만들고, 균열 끝 영역에서 LCMs의 파괴를 가져온다.

11.5 파손 통계

연성금속의 인장시험에서 다른 시편의 극한인장강도는 정확하게 같지 않지만, 이 값들은 유사하다. 왜냐하면 연성금속의 극한인장강도는 금속의 많은 영역에서 발생하는 소성유동과정들에 의존하기 때문이다. 가령 다른 금속 시편들을 같은 과정과 같은 조성을 가지고 진행한다면 금속 전체의 소성유동과정들은 시편에서 시편까지 유사하다. 그러나 취성 세라믹의 모든 시편은 유사한 인장 응력에서 파손이 되지 않는다. 강화된 소경 다결정 알루미나 세라믹 섬유의 강화된 복합 재료가 한 예이다. 이 재료의 인장 파괴 강도는 4가지 요인에 의해 달라질 수 있다. 취성 세라믹 재료에서는 파괴 응력이 시편의 가장 큰 결함 길이에 의존한다. 결함의 길이가 취성 재료의 시편에 따라 크게 다르면, 파괴 강도 또한 시편에 따라 크게 다르다.

와이불(Weibull)은 응력(σ)이 인가된 동일한 크기의 시편에 대해, 생존 확률을 식 11.25의 $P_s(\sigma)$로 제안했다.

$$P_s(\sigma) = \exp - \left(\frac{\sigma}{\sigma_0}\right)^m \quad \textbf{11.25}$$

여기서 σ_0는 재료의 강도 특성이며, m값은 형상 매개변수이다. 인장 시험에서 생존 확률을 결정하기 위해, 시편과 유사한 N표본은 파괴 테스트됐다. 인장 파괴 강도에 가장 낮은 강도 1에서부터 가장 높은 강도 N까지 순위(n)를 부여했나. 만약 n번째 순위의 시편이 σ의 응력에서 부러지면 이 응력에서의 파손 확률은 $[P_f(\sigma)]$으로 주어지고 식 11.26에 나타난다.

$$P_f(\sigma) = 1 - P_s(\sigma) = \frac{n}{N+1} \quad \textbf{11.26}$$

식 11.25는 인가된 응력이 증가하면, 생존 확률은 기하 급수적으로 감소한다. 강도 특성의 의미는 식 11.25에 나타난 특성 강도(σ_0)에 동일하게 작용하는 응력(σ)을 설정함으로써 얻을 수 있다. 그러면 생존 확률은 식 11.27에서처럼 구할 수 있다.

$$P_s(\sigma_0) = \exp(-1) = \frac{1}{e} = 0.368 \quad \textbf{11.27}$$

인가된 응력이 응력 강도와 동일 할 때, 생존 가능성은 e의 역수와 동일하고, $P_s(\sigma_0)$의 역수의 자연로그(ln)는 식 11.28에 나타난 것처럼 1과 동일하다.

$$\ln \frac{1}{P_s(\sigma_0)} = \ln e = 1 \quad \textbf{11.28}$$

식 11.28에 자연로그를 적용하면

$$\ln\left(\ln \frac{1}{P_s(\sigma_0)}\right) = \ln 1 = 0 \quad \textbf{11.29}$$

식 11.29에 나타난 것처럼 특성 강도(σ_0)는 생존확률 역수의 자연 로그(로그) 값이 0과 같을 때의 응력이다. 식 11.25의 형상 매개변수(m)는 생존확률의 역수에 자연로그를 해주었을 때 구할 수 있고, 식 11.30에서 보여진다.

$$\ln \frac{1}{P_s(\sigma)} = \left(\frac{\sigma}{\sigma_0}\right)^m \quad \textbf{11.30}$$

식 11.30에 자연로그를 적용하면

$$\ln\left(\ln \frac{1}{P_s(\sigma)}\right) = m \ln \sigma - m \ln \sigma_0 \quad \textbf{11.31}$$

만약 11.31의 왼쪽 항이 응력(σ)의 자연로그의 함수로 그려진다면, 그림 11.32에서처럼 기울기는 형

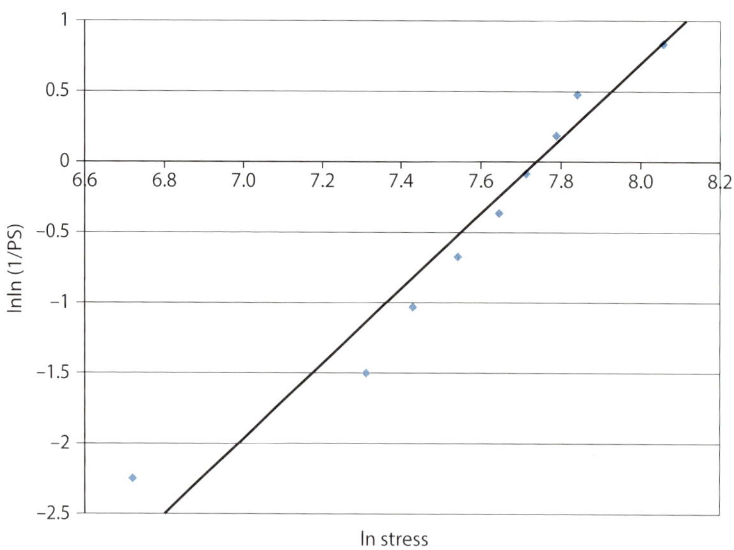

그림 11.32 9개의 알루미나 섬유 시편에 대해 파손 응력의 자연 로그 함수로서 생존 확률 역수의 자연 로그(로그)의 그래프

예제 11.9

길이가 같고 지름이 같은 아홉 개의 알루미나 필라멘트로 인장파괴 실험을 진행하였다. 인장강도는 828, 1496, 1685, 1886, 2089, 2237, 2410, 2543, 3151 MPa의 단계로 설정하였다.

(a) 만약 강도의 자연로그와 생존확률의 역수의 이중자연로그 사이의 관계가 선형이라면 가시적으로 데이터를 그래프로 나타내어라.

(b) 이 알루미나 시편들의 특성강도와 Weibull 모양 매개변수를 결정하여라.

(c) 90% 생존확률의 응력은 몇인가?

풀이

(a) 설정된 파괴강도에 따른 생존확률은 n이 단계별 숫자이고 $N = 9$일 때로 식 11.26에 주어져 있다. 표 11.5는 그림 11.32를 형성하는데에 필요한 식 11.31의 계산을 나타낸다. 표 11.5에서 $\ln[\ln(1/P_s)]$이 응력의 자연로그형태인 함수$[\ln(\sigma)]$를 나타내는 그림 11.32에 그려져 있다.

(b) 특성강도는 데이터의 그래프에서 y축의 0과 같아지는 응력이다.

$$\ln \sigma_0 = 7.73$$

$$\sigma_0 = 2276 \text{ MPa}$$

데이터 그래프에서, 기울기(m)는

$$m = \frac{1.0 + 2.5}{8.1 - 6.8} = \frac{3.5}{1.3} = 2.7$$

(c) 표의 첫째줄을 보면, 90% 생존확률의 알루미나 섬유들의 응력은 828 MPa이다.

표 11.5 시편 순위(n), 생존 확률(P_s), 생존 확률의 역수($1/P_s$), ln ($1/P_s$), ln[ln ($1/P_s$)], 응력(σ), 그리고 응력의 자연 로그[ln (σ)]

Rank = n	$P_s = 1 - \frac{n}{N+1}$	$1/P_s$	$\ln(1/P_s)$	$\ln[\ln(1/P_s)]$	σ MPa	$\ln(\sigma)$
1	0.9	1.111111	0.105361	−2.25037	828	6.719013
2	0.8	1.25	0.223144	−1.49994	1496	7.31055
3	0.7	1.428571	0.356675	−1.03093	1685	7.429521
4	0.6	1.666667	0.510826	−0.67173	1886	7.542213
5	0.5	2	0.693147	−0.36651	2089	7.644441
6	0.4	2.5	0.916291	−0.08742	2237	7.712891
7	0.3	3.333333	1.203973	0.185627	2410	7.787382
8	0.2	5	1.609438	0.475885	2543	7.8411
9	0.1	10	2.302585	0.834032	3151	8.055475

상 매개변수(m)와 동일하다. 형상 매개변수(m)의 값은 콘크리트 블록이나 알루미나 섬유의 파괴 인장 강도처럼 낮은 3에서부터 강철의 파괴 인장 강도인 100까지 달라진다. 형상 매개 변수(m)가 작은 값은 강도 시험 결과의 차이가 큰 것으로 볼 수 있고, 형상 매개변수의 큰 값은 모든 시편에 대해 매우 유사한 강도

시험 결과라고 볼 수 있다.

와이불(Weibull) 분포는 피로 파손을 분석하는데 사용된다. 피로에서 두 개의 가능한 변수가 있다: 인가된 반복 응력과 파손까지의 주기이다. 와이불 분포가 오직 하나의 변수만을 가지고 있기 때문에, 우리는 하나의 변수에 대해 피로 문제를 줄여야 한다. 피로 시험에 있어 고정된 값(σ_a)에 있어서 인가된 교차 응력을 유지하고 표본 시편을 파손시키는 사이클 변수 수(N)를 결정하는 것이 일반적이다. 인가된 대체 응력(σ_a)에 대해 파손이 생기는 사이클의 순위를 매기면, N이 변수인 경우 사이클 생존 확률 $P_s(N)$ 값은 결정된다. 대체 응력(σ_a)이 인가될 때 피로 파손이 나타나는 와이불 분포가 식 11.32에 주어진다.

$$P_s(N) = \exp - \left(\frac{N}{N_a(\sigma_a)} \right)^{m(\sigma_a)} \qquad \textbf{11.32}$$

여기서 $N_a(\sigma_a)$는 σ_a의 대체 응력이 인가된 경우 특성 수명이 있다. N 값이 특성 수명과 동일할 때, 생존 확률은 값은 $1/e$이다. 형상 매개변수 $m(\sigma_a)$는 대체 응력(σ_a)의 함수이다.

요약

- 재료는 적어도 2개의 조각으로 분리될 때 또는 상당한 부하 용량을 가지고 있는 부분에서 분리될 때 파괴가 일어난다.
- 균열이 있는 재료의 파괴는 작용된 응력과 균열 길이의 조합이 임계 값에 달하고, 필요한 에너지가 증가함에 따라 생기는 균열이 0과 같을 때 발생한다.
- 파괴 역학 분석은 취성 재료 또는 파단면의 국소 소성변형을 갖는 재료에 적용된다. 파괴 역학 분석은 이 조건을 만족시키는 세라믹, 금속, 폴리머에 적용된다.
- 지르코니아의 정방결정상에서 단결정 상으로 응력이 유도된 마르텐사이트 변태는 균열 전파동안 에너지를 흡수하고 균열의 끝 부분에서 압축 응력을 유도하기 때문에, 부분적으로 안정화된 지르코니아(PSZ)와 정방형 지르코니아 다결정(TZP) 세라믹은 상대적으로 높은 K_{Ic} 값을 갖는다. PSZ 및 TZP 세라믹은 일부 파괴 저항을 필요로 하는 고온 용도로 검토되고 있다.
- 높은 K_{Ic} 값을 갖는 구조용 금속 합금은 파괴동안 국소 소성 변위와, 상대적으로 높은 탄성 계수와 상대적으로 높은 표면 에너지를 갖는다. 세라믹은 파괴 시 국소 소성 변위 에너지를 갖고 있지 않기 때문에 상대적으로 낮은 K_{Ic} 값을 갖는다. 폴리머는 낮은 탄성 계수와 낮은 표면 에너지를 갖기 때문에 낮은 K_{Ic} 값을 갖는다. 폴리머는 파단 시 국소 소성 변위를 갖는다.
- 가장 보전적인 허용 값인 K_{Ic} 값은 파단면이 인장 하중 방향에 수직한 시편 두께의 파괴 시험을 통해 얻을 수 있다.
- 온도와 함께 파괴 시의 소성 일의 양이 증가하기 때문에 K_{Ic} 값은 온도와 함께 증가한다. 파괴의 온도 의존성은 종종 Charpy 또는 Izod 충격 시험에서 연구된다. 하지만 이 시험은 설계를 위해 사용할 수 있는 K_{Ic} 값을 제공하지는 않는다. 연성-취성 변이 온도(T_{DBTT})는 파괴의 50%가 연성, 그리고 50%가 취성인 부분에서 발생한다. 연성-취성 변이는 온도가 감소 할 때 항복 응력의 증가와 파괴 응력의 감소로 설명된다. 파괴 응력이 항복응력보다 작은 경우 재료 파괴는 취성이다.
- 파괴 역학 분석은 비파괴 시험의 최소-검출 길이를 이용해서 균열 길이 존재여부를 파악하는데 적용된다. 파괴응력은 K_{Ic} 값으로부터 계산된다. 가능한 비파괴 시험(NDTs) 방법으로는 육안검사, 염색 침투액, X선, 감마선 침투, 초음파, 와전류, 자기입자 방법이 있다.
- 파괴 역학 분석은 넥킹이나 확장 소성 변형으로 일어나는 연성 파손이 없을 때 매끈한 인장 시편의 파괴에 적용된다.
- 응력 집중 계수(K_s)는 불연속이 없는 시편의 평균 응력에 대한 불연속에서의 최대 응력 비율이다.
- 피로 파손은 시편에 다중 응력 사이클이 작용할 때의 파손을 말한다. 피로 시험에서, 여러 사이클(N_f)에 의해 파손이 일어날 때까지 예상되는 사용 환경을 시뮬레이션 하는 다중 응력 사이클이 적용된다. 높은 응력 강도와 낮은 사이클 수에 의한 피로 파손은 낮은-사이클(low-cycle) 파손이라고 불리고, 낮은 응력 강도와 많은 사이클 수에 의한 파손은 높은-사이클(high-cycle) 파손이라고 불린다. 파손까지의 사이클 수에 대한 응력 강도의 그래프가 수평이 되고 무한으로 수렴하면, 이 응력의 크기를 피로 내구 한도라고 한다.
- 파손까지의 사이클 수는 통계적 분포를 가지고 있다.

- 응력이 항복 응력보다 작게 인가될 때, 금속이나 폴리머에서 미세 소성 변위가 발생한다. 국소 소성 변형의 축적으로 연성 금속이나 폴리머에서 피로-균열이 발생한다. 다결정 세라믹에서는 미세 균열, 공극 또는 균열이 존재하고 전파될 수 있다고 가정할 수 있다.
- 매끈하게 마모된 연성 금속 또는 폴리머의 시편에서 파손이 일어날 때의 피로 수명은 균열 발생 사이클과 파손을 일으키는 균열 전파의 사이클의 합과 같다. 다결정 세라믹의 파손 사이클 수는 균열 전파 사이클과 같다. 왜냐하면 세라믹에서는 조그만 균열이 이미 발생되었다고 가정해야 하기 때문이다.
- 대부분의 금속에서 응력 강도 범위의 로그에 대한 균열 전파 속도의 로그 값은 광범위한 균열 전파 속도에 따라 직선을 형성한다.
- 피로 파손의 분석에서 균열 전파 속도는 파손 파단면의 줄무늬 사이의 간격으로 측정된다. 인가된 응력 범위는 응력 강도 범위와 균열 길이의 함수로 된 균열 전파 속도 데이터로 측정된다.
- 균열 전파에서 파손 사이클 수는 균열 전파 속도에 관한 방정식을 초기 균열 길이부터 최종 균열 길이로 적분하여 계산된다.
- 부품의 수명 설계에서 가장 중요한 요소는 조그만 초기 균열 길이 또는 비파괴 검사를 통한 작은 최소 검출 균열 크기이다.
- 응력이 인가되었을 때 시편의 생존 확률은 와이불(Weibull) 분포를 통해 계산된다. 와이불 분포의 매개변수는 파괴 응력에 대한 생존확률의 그래프를 통해 얻어진다. 와이불 분포는 응력 강도가 고정되었을 때, 사이클 수에 따른 피로 파괴에 적용된다.

CHAPTER 12

복합재료

Composite Materials

이 장에서 이해해야 할 것

- 이용할 수 있는 강화재 및 기지 재료
- 작은 지름의 단 섬유가 높은 강도를 가지는 이유
- 복합재료의 등변형률과 등응력 모델
- 열과 전기 전도도 모델
- 직물 평면 내에서 준 등방성 특성을 갖는 직물의 적층
- 건축물 판의 굽힘 저항
- 단 섬유 복합재료의 기계적 특성
- 연속적인 단 섬유 복합재료의 강도와 균열
- 열응력의 근원과 해석
- 독특한 연속적인 섬유 강화 복합재료의 제작 절차
- 나무, 콘크리트, 아스팔트 등의 건축용 복합재료의 구조와 특성

F1의 경주용 차 사진이다. 1981년에 처음으로 탄소-섬유-강화 에폭시로 차대를 설계한 McLaren MP4를 선보였다. 지금은 모든 F1의 차량들이 높은 기록을 위해 이 기술을 사용하고 있다. 결국 앞으로 종래의 자동차들이 탄소-섬유-강화 에폭시로 만들어진 차대를 사용할 것으로 예측된다.

© Rhea Eason/Alamy

MATERIALS SCIENCE AND **ENGINEERING PROPERTIES**

12.1 소개

복합재료는 최소 두 가지의 서로 다른 재료를 각각의 재료가 뚜렷하게 남게 하여 하나의 재료로 결합하는 것이다. 대부분의 복합재료는 **입자**, 섬유 또는 판으로 둘러싸이고 연속적인 모재 상을 가지고 있는데 일반적으로 입자, 섬유 또는 판의 구조가 복합재료의 독특한 특성을 결정한다. 예를 들어, 은-에폭시 저항기에서는 은 입자가 전도도를 제공하고, 에폭시-탄소섬유 낚싯대에서는 탄소섬유가 강도와 강성을 제공한다. 유리섬유같이 사람이 만든 복합재료도 있지만, 셀룰로오스 결정체와 리그닌 수지로 자연적으로 만들어진 나무 같은 복합재료도 있다. 또, 다른 복합재료에는 철근 콘크리트, 탄화물 절삭공구, 산화 및 분산방지 초합금, 우주왕복선에 사용되는 강화 탄소-탄소 타일 등이 있다. 산화방지 초합금과 탄화물 절삭공구는 입자 복합재료이다. 우리는 이 재료들의 강도를 7.2.4절에서 다루었다. 그림 12.1은 에어버스380 항공기의 복합재료 구조를 보여준다.

12.2 강화 재료

설계자들은 작은 지름 단 섬유로 만들어진 복합재료가 아주 높은 강도를 가지는 것을 보고

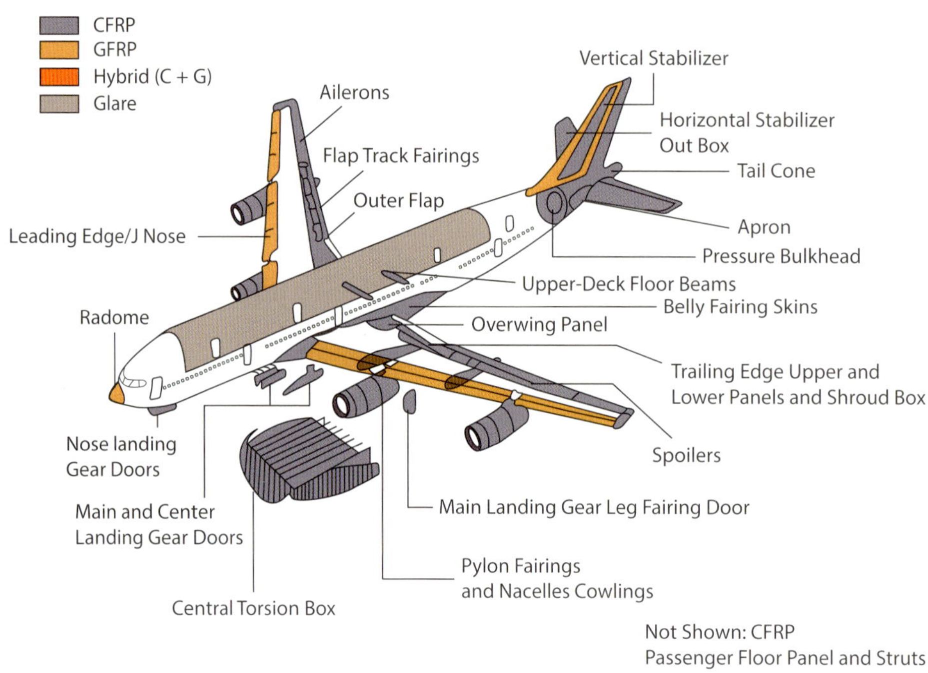

그림 12.1 에어버스380의 복합재료 파트이다. 에어버스380에는 탄소섬유 강화플라스틱(CFRP), 유리섬유 강화플라스틱(GFRP), 탄소-유리 강화 플라스틱(Hybrid C+G), 유리섬유 강화 에폭시 알루미늄 래미네이트(Glare)가 사용되었다. *(FAA, New Large Aircraft Composite Fire Fighting, http://www.airporttech.tc.faa.gov/safety/bagot2/asp)*

복합재료에 관심을 갖기 시작했다. 예를 들어, 유리와 PE 단 섬유의 강도는 순수 glass와 순수 PE의 강도의 100배이다. 복합재료는 강화재료로 이 같은 단 섬유들을 포함할 수 있는데 표 12.1에 몇몇 높은 강도를 가지는 강화 위스커, 섬유, 금속 와이어들의 특성이 실려 있다. 가격이 싼 섬유 중 하나인 유리섬유는 전자제품용으로 개발된 E-glass나 E-glass보다 비싸지만 더 높은 강도를 가지는 S2-glass 등 복합재료로서 넓은 범위에서 사용된다. 유리섬유는 높은 강도를 가지지만 탄소나 Kevlar, OUHMWPE같은 다른 단 섬유들보다 높은 밀도를 가진다는 단점이 있다.

탄소, Kevlar, OUHMWPE같이 낮은 밀도, 높은 인장강도, 높은 탄성을 가진 단 섬유들은 재료가 특유의 높은 강도와 탄성을 가지게 한다. 그림 12.2에 몇몇의 강화 섬유들의 강도와 탄성이 순수 금속과 고분자의 강도와 탄성과 같이 그래프로 그려져 있다. 그림 12.2의 PE는 OUHMWPE이다. 그림 12.2에서 재료가 오른쪽 위에 있을수록 높은 강도와 탄성을 가지고, 왼쪽 아래에 있을수록 낮은 강도와 탄성을 갖는다.

첨단 복합재료에 가장 광범위하게 사용되는 강화 섬유는 탄소섬유로 보잉787의 강화섬유, F1 경주용 차량의 차대, 높은 성능을 위한 스포츠카의 차대 등 많은 분야에 사용되고있다. 탄소섬유는 아주 높은 강도와 비교적 낮은 밀도를 가지고 있지만 잘 부러진다. 탄소섬유는 주로 섬유 축을 따라 배향된 그래파이트 판, 비결정질 탄소, 작은 알갱이의 다결정질 그래파이트의 혼합물이다.

OUHMWPE와 Kevlar는 복합재료로 활용되는 높은 방향성을 가진 고분자섬유이다. OUHMWPE는 높은 강도의 금속 와이어보다 더 단단하고 낮은 밀도를 가지며 약간의 연성을 가지지만 낮은 표면에너지 때문에 에폭시와 잘 붙지 않는다. Kevlar는 유리보다 낮은 밀도와 약간의 연성을 가지고 에폭시와도 잘 접합한다. 또 복합재료에 강도 외에 부가 파괴저항을 제공한다. OUHMWPE와 Kevlar 둘 모두 직물

표 12.1 복합재료의 지름(*D*), 밀도(*ρ*), 축의 영률(*E*), 푸아송비(*ν*), 인장강도(TS), 파괴 변위(FS), 축의 열팽창계수(ACTE)를 나타낸다.

Material	*D* 10^{-6} m	*ρ* g/cm^3	*E* GPa	*ν*	TS GPa	FS %	ACTE 10^{-6} K^{-1}
Whiskers							
Graphite		2.2	700		20		
Al_2O_3		4.0	430		21		
Si_3N_4		3.2	360		14		
SiC		3.2	480	0.3	21		4.0
Fibers							
E-glass	3−20	2.4	72.4	0.22	3.45	2.6	4.9
S2-glass	10−20	2.4	86.9		4.59		
Boron	142	2.5	400	0.20	2.80	0.7	5.0
HS[1] carbon	8	1.75	230	0.20	3.4	1.1	−0.4
HM[2] carbon	8	1.95	380	0.20	2.4	0.6	−0.7
UHM[3] carbon	8	2.0	520	0.20	1.0	0.2	−1.1
SiC	15	2.6	190	0.20	2.0	1.0	6.5
Saffil™[4]	3	3.4	300	0.26	2.0	0.7	7.0
FP™ (Al_2O_3)	20	3.9	380	0.26	2.0	0.4	8.5
Kevlar 49	12	1.44	130	0.35	3.6	2.8	−2
OUHMWPE	38	0.97	117		2.6	3.5	
Cellulose		1.0	80	0.3	2.0	3.0	
Metal wires							
HS steel		7.9	210	0.29	2.4		
Tungsten		19.4	410		4.0		

1 HS—High strength
2 HM—High modulus
3 UHM—Ultra high modulus
4 Saffil™—Al_2O_3

형태로 만들어서 방탄복에 사용되는데 이는 복합재료는 아니다.

표 12.1에 그래파이트 같은 위스커들의 믿기 힘들만큼 높은 인장강도가 적혀 있다. 그래파이트 위스커들은 높은 강도를 가지는 금속 와이어의 강도의 8배보다 더 큰 강도를 가진다. 그러나 위스커는 매우 비싸기 때문에 높은 성능이 가격보다 더 중요할 때만 사용된다. 게다가 불행하게도 위스커의 길이는 대략 0.01 m밖에 되지 않고, 연속적인 섬유 형태로 만들 수 없다.

7.5절에서 다루었던 탄소 나노튜브는 가장 최근에 개발된 높은 강도와 높은 탄성을 가지는 재료이다. 그림 1.11에서 보이는 것처럼 연속적인 섬유의 묶음으로 되어있는 탄소 나노튜브는 최근 풍력발전기의 부품, 자전거, 스키, 화살, 서핑보트, 하키 스틱 같은 높은 성능의 스포츠 용품 등 여러 분야에 적용되어 나타나기 시작했다.

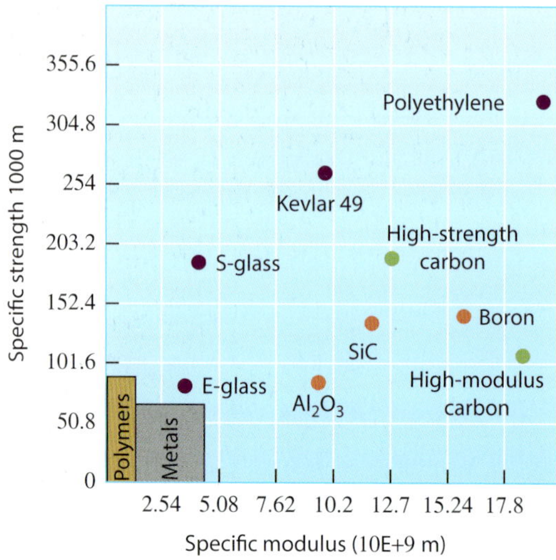

그림 12.2 몇몇 강화 섬유들의 강도와 탄성. 순수 고분자와 금속은 왼쪽 아래에 위치하는 것을 보여준다.
(Based on Askeland, D.R., Fulay, P.P., and wright, W.J., The science and Engineering of Materials, 6th ed., Cengage Learning, Stamford, CT. (2011), p.668.)

12.3 기지 재료

기지 재료의 순수 물성은 8장에서 다루었다. 건축용 복합재료의 구조에서 매트릭스 구조는 주로 강화재를 강하게 잡고 있다. 표 8.18에 나오는 에폭시 나 폴리에스테르같은 열경화성 고분자는 대기상태에서 액상을 띠고 있어서 섬유 사이사이에 침윤시키기 용이하기 때문에 복합재료 제품에 많이 이용된다. 혼합된 에폭시나 폴리에스테르는 수 시간 만에 단단한 고체로 경화된다. 탄소섬유 강화 에폭시는 항공기, 자동차, 레저용품 등 다양한 높은 성능의 제품들에 적용되었다. 특히 보잉787 동체에 탄소섬유 강화 에폭시가 선택된 것은 이 재료를 받아들인 한 예로 볼 수 있다.

열가소성 고분자나 금속은 섬유 사이사이로 스며들게 하기 위해 녹여야 한다. 열가소성 고분자는 연속적인 섬유나, 잘게 썬 섬유, 또는 실리카나 나무입자 같은 입자들로 강화된다. 표 8.17을 보면 폴리에테르에테르케톤(PEEK)은 334의 가장 높은 녹는점을 가진 열가소성 고분자로, 높은 온도에 적합한 기지재료이다. 열가소성 고분자재료의 녹는점 때문에 복합재료의 사용에 한계가 있다.

알루미늄, 코발트, 마그네슘, 니켈, 티타늄이 금속 매트릭스 복합재료의 금속으로 사용된다. 드릴이나 톱, 공구 비트 같은 절단공구들은 텅스텐 카바이드나 다이아몬드 같은 입자와 코발트 같은 연성금속의 모재로 되어있다. 니켈 및 니켈기반 합금과 토리아(ThO_2) 및 이트리아(Y_2O_3)로는 분산강화 복합재료를 만들 수 있다. 이 같은 합금은 세라믹 분산에 의해 높은 고온강도를 가지기 때문에 가스터빈 같은 높은 온도를 견뎌야 하는 곳에 활용된다. 이트리아로 상화된 인코넬 6000의 성질은 표 8.10에 나와 있다. 금속 모재 안의 입자들은 밀도를 낮추는데도 사용될 수 있다. 포드 자동차 회사는 경주용 차와 고성능 자동차의 고속 회전을 위해 붕소 카바이드 입자가 들어간 알루미늄 드라이브 샤프트를 개발했다. 또, 비슷한 합금이 고성능 바이크에도 사용됐다.

F-22전투기는 터빈의 노즐 액추에이터에 실리콘 카바이드 장섬유로 강화된 티타늄 복합재료를 사용하고, F-16전투기에는 비슷한 금속을 랜딩기어의 부품으로 사용한다. 또, 붕소 섬유로 강화된 알루미늄은 우주왕복선의 관 모양 지지대로 사용되고, 알루미늄과 그래파이트 섬유로 만든 고출력 안테나 붐은 허블 우주 망원경에 사용된다. 이런 적용처의 대부분이 복합재료의 적은 휨 때문에 선택한 것이다. 그러나 장섬유로 강화된 금속 모재 복합재료의 경우 장섬유의 상대적으로 비싼 제작비용 때문에 아직까지 광범위한 적용분야를 찾지 못하였다. 단섬유의 복합재료는 금속 가공 과정에서 일반적으로 사용된다. 단섬유 강화 복합재료는 장섬유 강화 복합재료와 기계적 성질이 같지는 않지만 금속 모재보다 높은 항복강도와 등방성의 성질을 가진다.

섬유나 필라멘트, 막대로 강화된 세라믹 모재는 순수 세라믹보다 파괴저항이 증가하는데 이는 섬유와 모재간의 마찰력 때문에 섬유나 필라멘트, 막대가 에너지를 흡수해 빠져나오기 때문이다. 탄소모재와 탄소 섬유로 만들어진 복합재료는 지구 대기권 재돌입체와 로켓모터의 열 차폐 재료, 가스터빈의 부품, 항공기의 브레이크 재료로 사용된다. 탄소 복합재료의 뛰어난 성질 중 하나는 2000 이상에서도 그 강도를 유지하는 것이다. 콘크리트는 취성파괴에 대한 저항을 증가시키기 위해 철근으로 강화할 수 있다.

복합재료는 단일재료로는 만들 수 없는 성질들을 나타낸다. 예를 들어, 탄소섬유-에폭시 복합재로 만든 낚싯대가 있다. 탄소섬유 복합재가 믿을 수 없을 만큼 강하고 낮은 밀도를 가지고 있기 때문에 현재 우리는 탄소섬유 낚싯대보다 강하고 가벼운 금속 낚싯대를 만들 수 없다. 탄소섬유는 에폭시보다 강하고 응력을 최소화하고 지지하기 때문에 낚싯대 설계에 사용한다. 복합재료는 어떻게 설계되어야 하는지와 어떤 조건을 만족시켜야 하는지 다음의 해석에서 보여줄 것이다.

12.4 평행하중이 걸린 단축 연속-강화 복합재료의 해석

단단한 강화부분과 약한 모재의 복합재료는 강화부분이 대부분의 응력을 가져갈 경우 단단해진다. 이 절에서는 높은 탄성계수를 갖는 부분이 높은 응력을 운반한다는 것을 알아볼 것이다. 단방향 복합재료의 구조의 한 예로 탄소섬유 낚싯대를 들 수 있다. 탄소섬유 낚싯대는 낚싯대의 축 방향에 평행한 탄소섬유와 탄소섬유를 둘러싸고 고정시키는 에폭시로 구성되어 있다. 표 12.1과 표 8.18에서 볼 수 있듯이 에폭시는 탄소섬유와 비교해서 매우 낮은 강도를 가지고 있다. 그림 12.3에서 이를 도식적으로 나타내었다.

만약 힘(F)이 강화섬유의 방향과 같은 방향으로 주어진다면, 섬유에 가해지는 힘(F_f)과 모재에 가해지는 힘(F_m)은 식 12.1로 나타낼 수 있다.

$$F = F_f + F_m \tag{12.1}$$

복합재료의 각 요소에 가해지는 힘은 각 요소의 면적(A)과 응력(σ)의 곱과 같다. 식 12.1을 응력과 면적의 결과로 다시 쓰면 식 12.2가 나온다.

$$\sigma A = \sigma_f A_f + \sigma_m A_m \tag{12.2}$$

σ는 복합재료의 평균응력이고 A는 복합재료의 단면적이다. σ_f는 섬유 내의 응력을, A_f는 섬유의 단면적을 나타내고, σ_m은 모재 내의 응력을, A_m은 모재의 단면적을 나타낸다. 섬유의 응력(σ_f)과 모재의 응력(σ_m)이 재료의 실제 응력을 대표한다. 하지만 복합재료의 평균응력(σ)은 복합재료의 어떠한 실제 응력도 나타내지 않는다. 섬유와 모재 둘 모두 연속적이고 같은 길이(L)를 갖는다고 가정하면 식 12.2의 좌변과

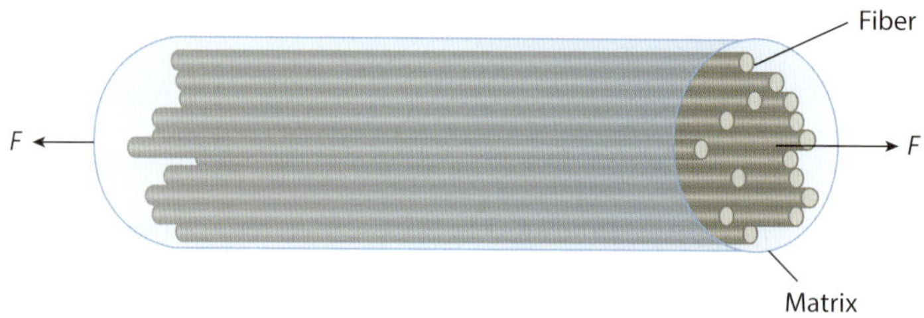

그림 12.3 단방향 강화섬유에 평행하게 가해지는 힘(F)

우변에 길이 L을 곱해서 식 12.3으로 나타낼 수 있다.

$$\sigma AL = \sigma_f A_f L + \sigma_m A_m L \tag{12.3}$$

AL은 복합재료의 총 부피(V)로 나타낼 수 있고, $A_f\ L$은 섬유의 부피(V_f)로, $A_m\ L$은 모재의 부피(V_m)로 나타낼 수 있다. 식 12.3을 부피 항으로 치환해서 다시 쓰면 식 12.4가 나온다.

$$\sigma V = \sigma_f V_f + \sigma_m V_m \tag{12.4}$$

식 12.4의 좌변과 우변을 총 부피(V)로 나누면 식 12.5가 나온다.

$$\sigma = \sigma_f (V_f / V) + \sigma_m (V_m / V) = \sigma_f v_f + \sigma_m v_m \tag{12.5}$$

여기서 v_f 는 섬유의 체적 비를 뜻하고, v_m은 모재의 체적 비를 뜻한다. 식 12.5는 혼합 재료의 물리적 특성을 각 구성 재료의 체적비로 나타낸 식인데 이를 **혼합법칙(rule of mixtures)**이라고 부른다. 따라서 강한 복합재료를 만들기 위해서는 강한 섬유가 하중의 대부분을 받아야 하고 섬유의 체적 비 또한 높아야 한다.

섬유, 모재, 복합재료의 응력들을 결정하기 위해서 셋 모두 같은 변형률(ε)을 갖는 등변형도로 가정해야 한다. 힘이 강화섬유에 평행하게 가해지고, 강화부분이 하중방향에 평행한 판형태일 때 등변형도 가정이 가능하다. 등변형도 가정은 섬유와 모재 사이가 접착이 잘 되어있고 미끄러짐이 없을 때 설명이 가능하다. 식 12.5를 같은 변형률($\varepsilon = \varepsilon_f = \varepsilon_m$)로 나누면 복합재료의 섬유방향 탄성계수($E_c$)를 혼합법칙으로 구할 수 있는 식 12.6이 나온다.

$$\frac{\sigma}{\varepsilon} = E_c = \frac{\sigma_f}{\varepsilon_f} v_f + \frac{\sigma_m}{\varepsilon_m} v_m = E_f v_f + E_m v_m \tag{12.6}$$

이제 섬유와 모재의 체적비와 탄성계수를 안다면 복합재료의 섬유방향 탄성계수(E_c)를 구할 수 있다. 또, 섬유가 모재에 비해 높은 탄성계수를 가지고 있고 체적 비 또한 높을 때, 복합재료는 높은 탄성계수를 가질 것이다. 하지만 섬유의 체적 비는 대략 75%가 한계이다. 만약 섬유가 너무 높은 체적 비를 가지면 기지 재료가 모든 섬유와 접착하기에 부족하고, 섬유사이에 크랙을 일으키는 공동이 생겨서 강도가 떨어지게 된다.

식 12.7은 복합재료의 변형률을 나타낸다.

$$\varepsilon = \frac{\sigma}{E_c} \qquad 12.7$$

등변형도 가정에 의해 섬유와 모재의 응력을 식 12.8과 12.9를 이용해 각각 구할 수 있다.

$$\sigma_f = \varepsilon E_f \qquad 12.8$$

$$\sigma_m = \varepsilon E_m \qquad 12.9$$

예제 12.1

지름이 1.27 cm인 원통형의 탄소섬유 체적비가 70%, 에폭시의 체적비가 30%인 단축복합재료가 있다. 축 방향으로 100,000 N의 힘이 가해지고 있고, 탄소섬유의 탄성계수는 500 GPa, 극한인장강도(UTS, Ultimate Tensile Strength)는 3 GPa, 에폭시의 탄성계수는 5 GPa, 극한인장강도는 0.05 GPa이다.

(a) 복합재료의 축 방향 탄성계수를 구하여라.

(b) 복합재료의 축 방향 응력과 변형률을 구하여라.

(c) 탄소섬유와 에폭시의 축 방향 응력을 구하여라.

(d) 이 응력들을 복합재료의 요소들이 견뎌낼 수 있는가?

풀이

(a) 복합재료의 탄성계수는 식 12.6의 혼합법칙으로 구할 수 있다.

$$E_c = E_f v_f + E_m v_m = 500\ \text{GPa}\ (0.70) + 5\ \text{GPa}\ (0.30) = 350\ \text{GPa} + 1.5\ \text{GPa} = 352\ \text{GPa}$$

(b) 복합재료의 평균응력은 하중과 단면적을 이용해 구할 수 있다.

$$\sigma = \frac{F}{A} = \frac{100{,}000\ \text{N}}{\pi[6.35 \times 10^{-3}\ \text{m}]^2} = \frac{1 \times 10^5\ \text{N}}{1.27 \times 10^{-4}\ \text{m}^2} = 0.79 \times 10^9\ \frac{\text{N}}{\text{m}^2}$$

식 12.7을 이용하면 복합재료의 탄성계수와 응력으로 변형률을 구할 수 있다.

$$\varepsilon = \frac{\sigma}{E_c} = \frac{790 \times 10^6\ \text{N/m}^2}{352 \times 10^9\ \text{N/m}^2} = 2.24 \times 10^{-3}$$

(c) 등변형도 모델로 가정하면 식 12.8과 12.9를 이용해 섬유와 에폭시의 응력을 구할 수 있다.

$$\sigma_f = \varepsilon E_f = (2.24 \times 10^{-3})(500 \times 10^9\ \text{Pa}) = 1120 \times 10^6\ \text{Pa} = 1.12\ \text{GPa}$$

$$\sigma_m = \varepsilon E_m = (2.24 \times 10^{-3})(5 \times 10^9\ \text{Pa}) = 11.2 \times 10^6\ \text{Pa} = 0.0112\ \text{GPa}$$

(d) 섬유에 걸리는 응력은 1.12 GPa로 한계강도 3 GPa보다 작고, 에폭시도 0.0112 GPa로 한계강도 0.05 GPa보다 작기 때문에 둘 모두 견딜 수 있다. (c)의 결과를 보면 섬유의 응력이 모재의 100배가 나왔다. 등변형도 모델에서 응력 비는 탄성계수의 비와 같다.

12.5 수직하중이 가해진 단축 연속-강화 복합재료의 해석

두 개의 다른 재료 (a)와 (b)가 적층되어 만들어진 복합재료에 적층된 강화 재에 수직인 하중이 가해진다면 그림 12.4처럼 나타낼 수 있다. 부재가 재료를 완전히 가로지르는 판으로 제작된 복합재료는 계산을 단순화 하지만 우리는 마지막에 어떻게 이 모델이 모재와 섬유에 적용되는지 알아볼 것이다.

각 층(a와 b)은 같은 힘을 받고, 단면적이 같아야 하며, 받는 응력도 같아야 한다. 이 모델일 **등응력 모델**이라 하고 수학적으로 식 12.10처럼 나타낼 수 있다.

$$\sigma_c = \sigma_a = \sigma_b = \frac{F}{A_c} \qquad \textbf{12.10}$$

여기서 σ_c는 복합재료가 받는 응력을 나타내고, σ_a는 재료 a가 받는 응력, σ_b는 재료 b가 받는 응력을 각각 나타낸다. 그림 12.4처럼 힘이 주어지면 복합재료 전체의 변형률을 각 부재의 변형율과 체적 비를 이용한 혼합법칙으로 식 12.11과 같이 나타낼 수 있다.

$$\varepsilon_c = v_a\varepsilon_a + v_b\varepsilon_b \qquad \textbf{12.11}$$

여기서 ε_c는 복합재료의 변형률을, v_a와 ε_a는 각각 부재 a의 체적비와 변형률을, v_b와 ε_b는 부재 b의 체적비와 변형률을 나타낸다. 복합재료의 탄성계수(E_c)는 식 12.12를 이용해 구할 수 있다.

$$E_c = \frac{\sigma_c}{\varepsilon_c} = \frac{\sigma_c}{v_a\varepsilon_a + v_b\varepsilon_b} = \frac{\sigma_c}{v_a\dfrac{\sigma_a}{E_a} + v_b\dfrac{\sigma_b}{E_b}} \qquad \textbf{12.12}$$

등응력 조건($\sigma_a = \sigma_b = \sigma_c$)이므로 식 12.12에서 우변의 응력 항을 지우고 분모 분자에 E_aE_b를 곱해주면 식 12.13이 나오게 된다.

$$E_c = \frac{\sigma_c}{\varepsilon_c} = \frac{E_aE_b}{v_aE_b + v_bE_a} \qquad \textbf{12.13}$$

등응력 모델을 이용한 탄성계수 식은 힘에 수직한 판 모양의 모델에서 비롯되었지만 섬유가 힘에 수직한 방향으로 배치된 단축 복합재료에서도 근삿값을 구할 수 있다. 단축 복합재료의 횡 방향 탄성계수의 심화 모델들은 Hull and Clyne같은 다른 책들에서 찾아 볼 수 있다.

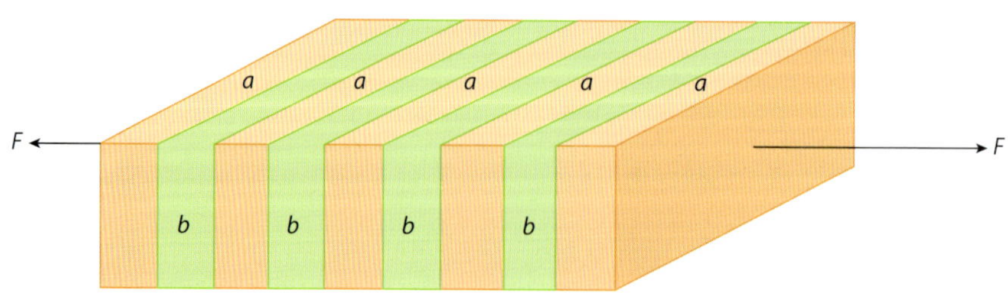

그림 12.4 층이 적층된 방향으로 수직의 힘이 가해지고 있는 서로 다른 두 개의 재료 (a)와 (b)의 적층으로 만들어진 복합재료

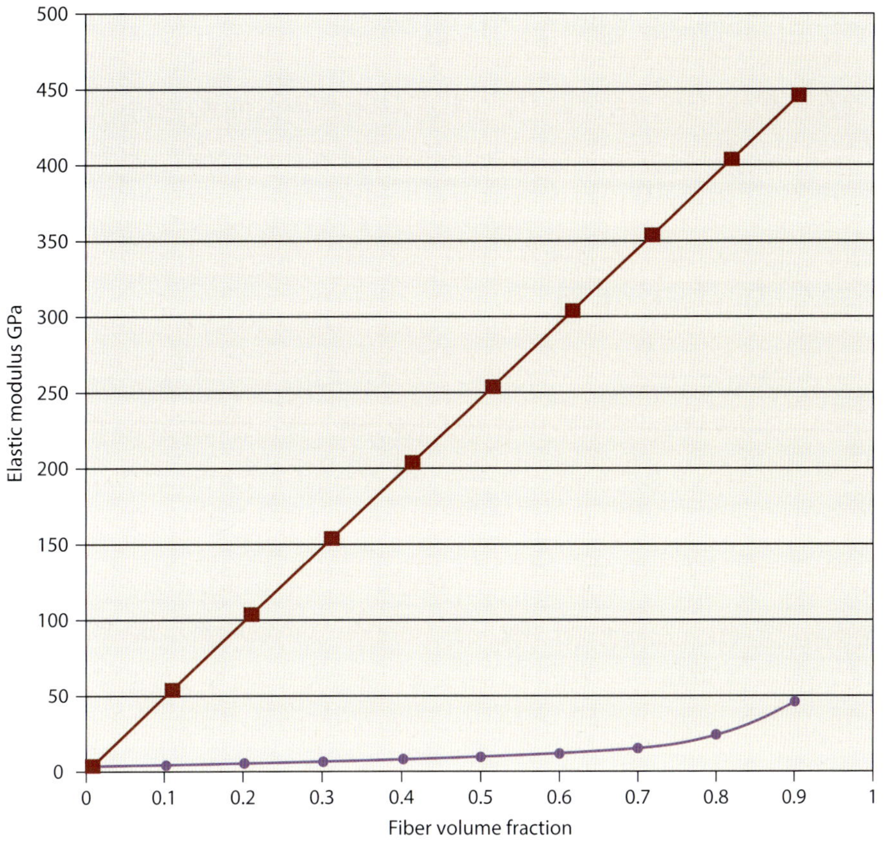

그림 12.5 예제 12.1의 섬유와 모재에서 섬유의 체적 비에 따른 섬유에 평행한 방향의 탄성계수(갈색)와 수직한 방향의 탄성계수(파란색)의 그래프

그림 12.5에서 보여주는 것처럼 강화재로 강화된 단축 복합재료는 모재보다 높은 탄성계수를 가지고, 등변형률 탄성계수는 항상 등응력 탄성계수보다 높다. 또, 그림 12.5를 이용하면 섬유와 모재로 이루어진 예제 12.1에 나오는 복합재료의 수직 방향과 수평 방향의 탄성계수를 섬유의 체적비로 계산할 수 있다.

예제 12.2

예제 12.1의 복합재료를 등응력 모델로 가정하고 섬유에 수직인 방향의 탄성계수를 구하여라.

풀이

등응력 모델의 탄성계수는 식 12.13을 이용해 구할 수 있다. 여기서 섬유를 a, 모재를 b로 하여 구하면 다음과 같다.

$$E_c = \frac{E_a E_b}{v_a E_b + v_b E_a} = \frac{(500\ \text{GPa})(5\ \text{GPa})}{(0.7)(5\ \text{GPa}) + (0.3)(500\ \text{GPa})} = \frac{2500\ \text{GPa}}{3.5 + 150} = 16.3\ \text{GPa}$$

축방향의 탄성계수(352 GPa)와 비교해보면 약 22배의 차이가 난다. 따라서 이 복합재료는 횡방향보다 축방향이 더 단단하다.

12.6 복합재료의 열&전기 전도성

복합재료에서는 전기와 열의 유동이 섬유나 판과 평행하게 이루어진다면 혼합법칙 식 12.5를 이용해 전도성을 구할 수 있고, 섬유나 판에 수직한 방향으로 이동한다면 식 12.13에서 탄성계수를 전기전도도나 열전도도로 치환해서 구할 수 있다.

12.7 복합재료의 배열

예제 12.1과 12.2가 보여주듯이 단축 복합재료는 극도의 이방성을 가질 수 있다. 섬유의 단축배치는 축 방향으로 가해지는 응력에 대해서는 강해지지만 응력이 섬유에 수직인 방향으로 가해지면 매우 약해진다. 단축 섬유-강화 복합재료에서 섬유에 수직인 방향은 기지 재료보다 인장강도가 더 낮고, 모재와 섬유간의 접착이 약할 경우에는 더 낮아질 수도 있다. 이러한 이유로 하중이 여러 방향으로 가해진다면 섬유의 방향 또한 여러 방향이 되어야 한다.

섬유를 여러 방향으로 배열하기 위해서는 그림 12.6에서 볼 수 있는 것처럼 섬유구조들이 서로 90°로 배열되어야 한다. 복합재료 제작의 마지막 단계는 층층이 쌓인 섬유구조에 기지 재료를 스며들게 하는 것이다. 이렇게 만들어진 복합재료는 수직방향의 섬유는 없기 때문에 수직방향의 힘에 매우 약하다. 직물 구조를 3차원으로 만드는 것으로 이 문제를 해결할 수 있지만 매우 비싸고 어렵다.

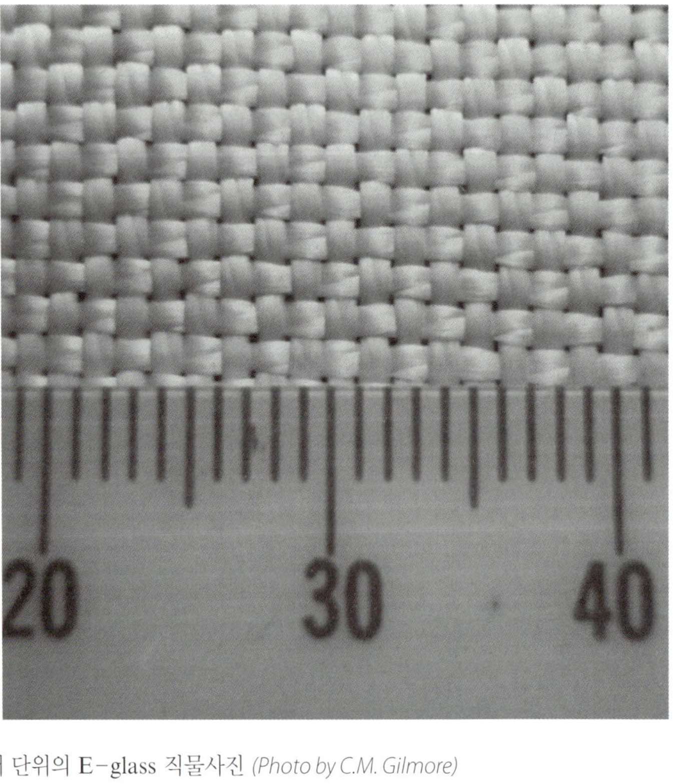

그림 12.6 밀리미터 단위의 E-glass 직물사진 *(Photo by C.M. Gilmore)*

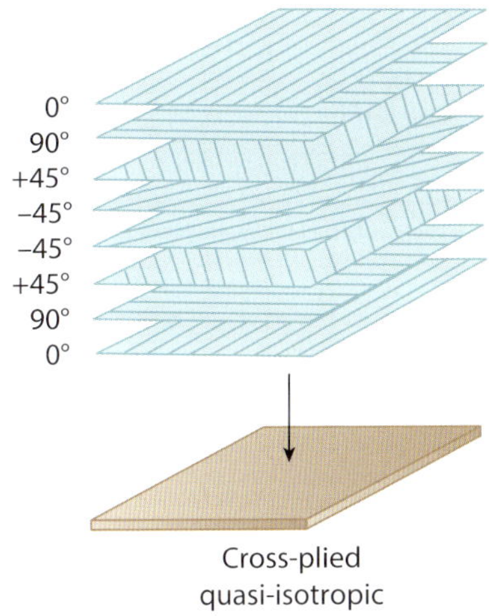

그림 12.7 준 등방성 복합재료를 만들기 위해 섬유직물을 쌓는 방향의 예 *(Based on Askeland, D.R., Fulay, P.P.,and wright, W.J., The Science and Engineering of Materials, 6th ed., Cengage Learning, Stamford, CT. (2011),p. 667.)*

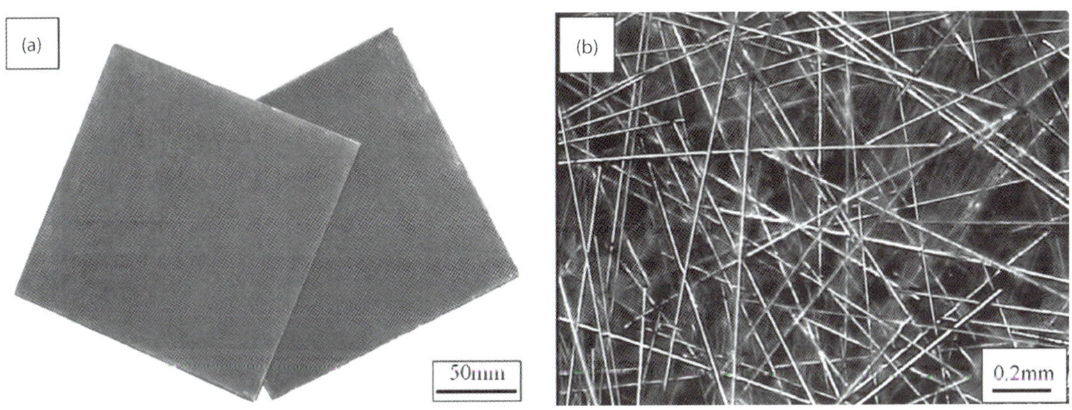

그림 12.8 (a) 폴리아빈 보새에 유리로 코팅된 비결정질 금속(철, 고발트, 실리콘, 붕소)을 짧게 잘라 넣어 만든 복합재료 사진. (b) 광학현미경으로 씩은 짧은 섬유들의 방향 *(Reprinted from Materials Science and Engineering: B, Volume 175, Issue, Zhihao Zhang, Chengduo Wang, Yanhong Zhang, Jianxin Xie, "Microwave absorbing properties of composites filled with glass-coated Fe_{69}, Co_{10}, Si_8, B_{13} amorphous microwire", pages 233-237, Copyright 2010, with permission from Elsecier.)*

그림 12.8처럼 섬유를 무작위로 배열한 것을 **매트**라고 한다. 같은 체적 비를 가질 때 매트로 제작한 복합재료가 직물 구조로 배열된 복합재료보다 약하다.

복합재료 판은 그림 12.9처럼 그림 12.7에 나오는 다층 복합재료나 굽힘 저항 매트 복합재료를 가운데가 빈 벌집구조물의 양면에 붙여서 만든다.

다층 복합재료 안의 섬유나 모재의 응력 또는 변형률을 해석하는 기술은 Hull and Clyne같은 대부분의 복합재료 책에서 다루고 있고, 복합재료 층 해석을 위한 컴퓨터 프로그램들도 개발되었다.

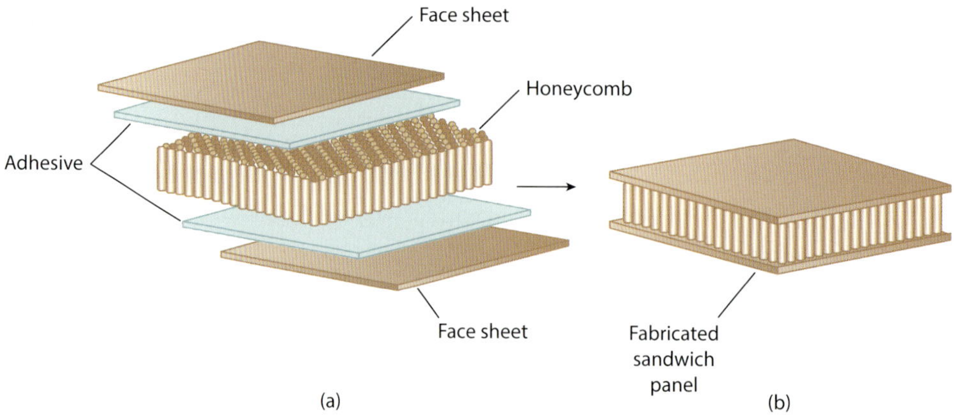

그림 12.9 (a) 접착제, 벌집구조, 두 개의 표면 시트 복합재료로 구성된 벌집-샌드위치 복합재료 패널. (b) 결합된 벌집-샌드위치 패널 *(Based on Askeland, D.R., Fulay, P.P., and Wright, W.J., The Science and Engineering of Materials, 6th ed., Cengage Learning, Stamford, CT. (2011), p. 688.)*

12.8 단섬유 복합재료의 해석

12.4절과 12.5절에서는 연속섬유 복합재료의 해석과 토론을 해보았다. 그러나 많은 복합재료가 제작 과정의 편의성 때문에 짧거나 잘게 잘린 섬유로 만들어진다. 장섬유 직물을 이용해 만드는 복합재료의 경우, 기계를 이용해 자동으로 층을 쌓고 고분자 기지재료가 스며들게 하기 힘들기 때문에 주로 손으로 만들어진다. 잘게 잘린 섬유는 생산단가를 낮추기 위해 액체로 된 기지 재료에 넣어져 액체상태로 뿌려지거나, 열가소성 고분자처럼 틀에 넣어져서 변형된다. 게다가 위스커의 경우 재료 중 가장 높은 강도를 보여주는데 단섬유로밖에 가공이 되지 않는다. 그림 12.10에서 무작위로 배향된 짧게 잘린 섬유 복합재료를 도식적으로 보여준다.

이제 높은 탄성계수를 가진 강화재로 강화된 저 탄성계수 모재에 대해 말해보자. 단섬유 복합재료는 각 섬유의 끝에서 인장응력이 0으로 떨어지기 때문에 연속섬유 복합재료만큼 강하지 않다. 앞서 연속섬유 복합재료의 응력과 변형률을 구할 때 썼던 식들은 단섬유 복합재료가 등변형률, 등응력 가정을 위배하기 때문에 단섬유 복합재료의 응력과 변형률을 구할 때는 사용할 수 없다.

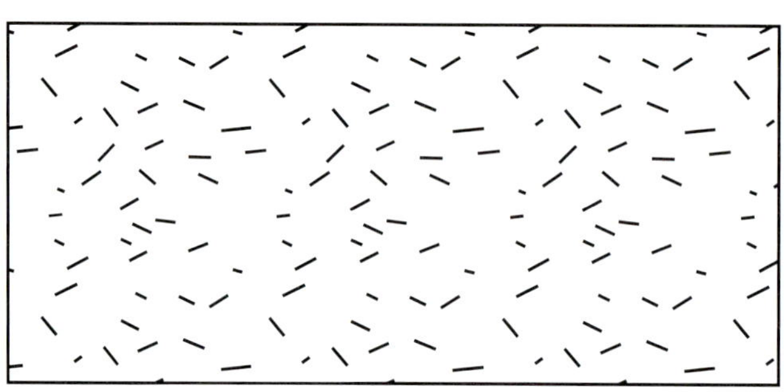

그림 12.10 섬유가 무작위로 배열된 단섬유 복합재료의 도식

단섬유 복합재료의 해석의 목표는 섬유가 받는 응력들, 복합재료가 받는 응력, 탄성계수 변형률을 계산하는 것이다. 이 모든 것들은 섬유의 길이와 지름, 그리고 체적 비를 이용해 구할 수 있다. 그림 12.12a에 축 방향으로 인장 응력(σ_c)이 가해지는 원통형 단섬유 복합재료가 도식적으로 나타나있다. 하중의 방향과 섬유의 방향이 모두 평행하다고 가정하였다. 그림 12.11b에는 섬유의 길이가 x에서 $x + dx$로 증가했을 때 생기는 모재와 섬유 사이의 전단응력(τ_{mf})과 섬유의 인장응력(σ_f)이 그려져 있다. 그림 12.11c은 복합재료가 응력(σ_c)을 받음으로 인해 생기는 섬유의 전단응력과 인장응력을 설명하는데 도움을 준다.

그림 12.11c에 있는 복합재료는 양끝의 고분자에 나삿니가 있어서 표본이 당겨질 때 힘 F가 모두 고분자 재료에 가해지고, 강화재 봉은 각각의 고분자를 관통하지만 인장력이 가해지지는 않는다. 평형을 위해 고분자로 둘러싸인 강화재 봉의 중앙부분은 인장력 F가 가해져야 하지만 직접적으로 봉에 인장력이 작용하지는 않고 봉을 둘러싼 고분자에 의한 전단응력에 의해 인장력이 발생한다. 봉의 인장력은 봉의 양끝에서 0이고, 고분자의 끝부분으로 갈수록 F로 증가한다.

12.11b에서는 x점에서 모재의 인장응력 때문에 섬유의 표면에 전단응력(τ_{mf})이 생긴다는 것을 보여준다. 0점은 섬유의 중심이고, x점에서는 섬유에 인장응력 σ_f이, $x + dx$점에서는 인장응력 $\sigma_f + d\sigma_f$ 이 작용한다. 그림 12.11b에서 모든 요소가 평형을 이루고 있기 때문에 식 12.14a처럼 모든 요소에 작용하는 힘의 합은 0이 되어야 한다.

$$\frac{\pi d_f^2}{4} d\sigma_f - \tau_{mf}(\pi d_f)\, dx = 0 \qquad \textbf{12.14a}$$

각 항을 정리하면 식 12.14b가 나온다.

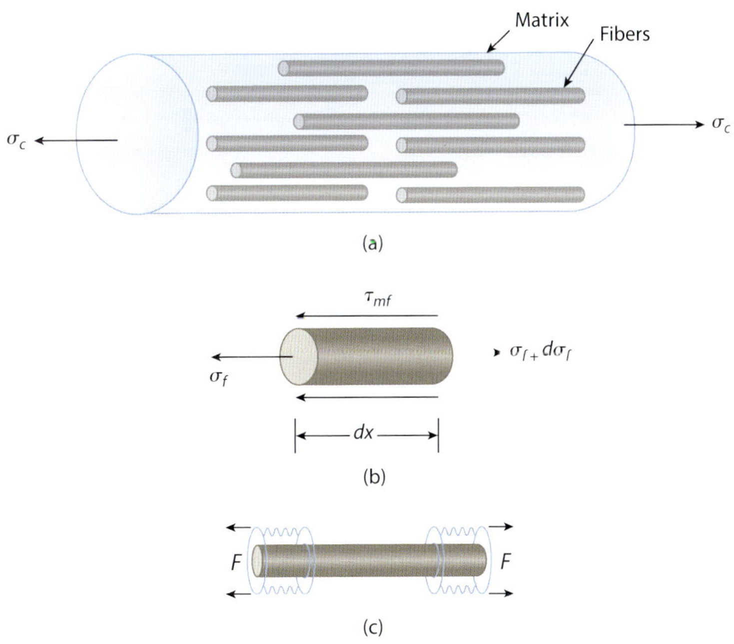

그림 12.11 (a) 응력 σ_c가 가해지고 있는 단섬유 복합재료의 도식. (b) 길이가 dx인 단섬유. 섬유의 축 방향을 따라 x인 점에서 섬유가 받는 응력은 σ_f이고, $x + dx$인 점에서는 섬유의 계면에 생기는 전단응력(τ_{mf}) 때문에 섬유가 받는 응력은 $\sigma_f + d\sigma_f$ 가 된다. (c) 양 끝이 투명한 고분자로 마감된 복합재료의 도식. 양 끝의 고분자에 전단력 F가 가해지고 있고, 복합재료는 연속적이다.

$$d\sigma_f = \frac{4\tau_{mf} dx}{d_f} \qquad \textbf{12.14b}$$

섬유의 모든 점에서의 인장응력을 구하기 위해 식 12.14b를 적분하려면 추가 조건이 필요하다. 단섬유 복합재료에서는 섬유의 표면에서 전단응력이 최대가 되고 중앙에서는 0이 된다. 섬유와 고분자가 강하게 접착되어 있다면 섬유의 양 끝 부분이 작은 인장응력을 갖는다고 할 수 있으므로 그림 12.12c와 마찬가지로 각각의 섬유 끝부분의 인장응력을 0으로 가정할 수 있다. 섬유의 중앙에서 인장응력은 최대가 된다.

단섬유 복합재료의 응력이 증가할수록 섬유의 전단응력도 결국 불안정점에 도달해 모재와 섬유의 계면에 파손이 일어나거나 모재의 항복이 일어난다. 불안정성은 인장응력처럼 섬유의 끝에서 시작해서 중앙으로 이동한다. 섬유에 가해지는 최대 응력은 모재와 섬유 사이의 전단응력으로, 모든 섬유가 같다. 만약 섬유가 충분히 길면, 그림 12.12a에 나오는 것처럼 섬유의 중앙(x = 0)에서의 응력은 연속섬유 복합재료의 변형률이 ε_c일 때의 응력($\sigma_f^c = \varepsilon_c E_f$)과 비슷해진다.

연속섬유 복합재료의 응력에 가까울 때, 섬유의 길이를 임계 길이(critical length, l_c)라 한다. 섬유길이 l_c에서 인장응력이 섬유 끝부분 0부터 섬유의 중앙으로 갈수록 σ_c로 증가한다고 가정하면 식 12.14b를 섬유 중앙부분 (x = 0)부터 섬유의 끝부분(x = l/2)까지 적분할 수 있다. 결과는 식 12.15로 나온다.

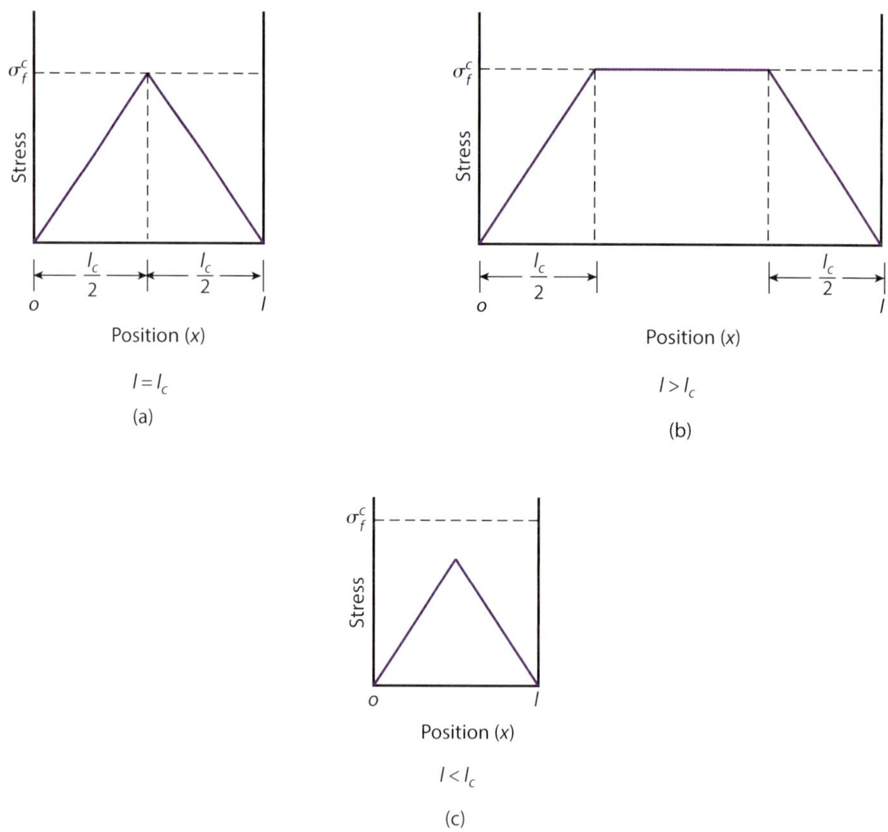

그림 12.12 단섬유의 위치에 따른 섬유응력
(a) 임계길이와 같을 때, (b) 임계길이보다 길 때, (c) 임계길이보다 짧을 때

$$\sigma_f^c = \frac{4\tau_{mf}^* l_c}{2d_f} = \frac{2\tau_{mf}^* l_c}{d_f} \qquad \textbf{12.15}$$

임계 길이를 섬유의 지름으로 나누면 **임계종횡비**(l_c/d_f)가 된다. 식 12.15에 적용하면 식 12.16이 나온다.

$$\frac{l_c}{d_f} = \frac{\sigma_f^c}{2\tau_{mf}^*} \qquad \textbf{12.16}$$

식 12.16을 이용하면 단섬유의 평균응력을 계산할 수 있다. 만약 섬유의 길이가 임계 길이보다 길면 그림 12.13b에서 볼 수 있는 것처럼 양끝에서 $l_c/2$보다 먼 부분은 응력이 σ_c로 동일하다. 그림 12.13b를 이용하면 섬유의 평균응력을 구할 수 있다. 섬유의 길이 비가$(l-l_c)/l$인 점의 응력은 σ_f^c로 동일하고, l_c/l의 평균응력은 $\sigma_f^c/2$이다. 이를 이용해 길이 비와 평균응력을 곱해서 섬유의 평균응력($\bar{\sigma}_f$)을 구하면 식 12.17이 나온다.

$$\bar{\sigma}_f = \left(\frac{l-l_c}{l}\right)\sigma_f^c + \frac{l_c}{2l}\sigma_f^c = \sigma_f^c\left(1 - \frac{l_c}{2l}\right) \qquad \textbf{12.17}$$

만약 섬유의 길이가 임계 길이보다 짧으면 그림 12.13c에서 볼 수 있듯이 섬유의 중심의 응력은 $\sigma_f^c(l/l_c)$까지 증가하고, 식 12.18로 나타낸 것처럼 평균응력($\bar{\sigma}_f$)은 최대응력의 반과 같다.

$$\bar{\sigma}_f = \frac{l}{2l_c}\sigma_f^c \qquad \textbf{12.18}$$

단섬유의 길이에 대한 복합재료의 응력을 구하는 식은 식 12.19와 같다.

$$\sigma_c = v_f\bar{\sigma}_f + v_m\sigma_m \qquad \textbf{12.19}$$

섬유의 길이가 임계 길이보다 길 때, 즉 $l > l_c$일 때 섬유의 평균응력($\bar{\sigma}_c$)은 식 12.17을 이용해 구할 수 있고, $l < l_c$일 때의 평균응력은 식 12.18을 이용해 구할 수 있다. $l = l_c$일 때는 식 12.17과 12.18 둘 모두를 이용할 수 있다. 식 12.19에서 모재의 응력 σ_m은 $\varepsilon_c E_m$이다. 우리는 섬유에서 떨어진 부분에 있는 모재의 변형률이 복합재료의 변형률과 같다고 가정하였는데, 이것은 등변형가정과 비슷하지만 길이가 임계 길이보다 긴($l > l_c$) 섬유의 중심부분에서는 섬유의 변형률과 모재의 변형률이 다르다는 점에서 차이가 있다.

식 12.19의 항을 탄성계수와 변형률의 항으로 치환해서 다시 쓰면 임계 길이보다 긴 섬유의 경우 식 12.20이 나온다.

$$\varepsilon_c E_c = v_f\left(1 - \frac{l_c}{2l}\right)\varepsilon_c E_f + v_m\varepsilon_c E_m \qquad \textbf{12.20}$$

식 12.20에서 양변을 변형률로 나누면 복합재료의 탄성계수를 구하는 식 12.21이 나온다.

$$E_c = v_f\left(1 - \frac{l_c}{2l}\right)E_f + v_m E_m \qquad \textbf{12.21}$$

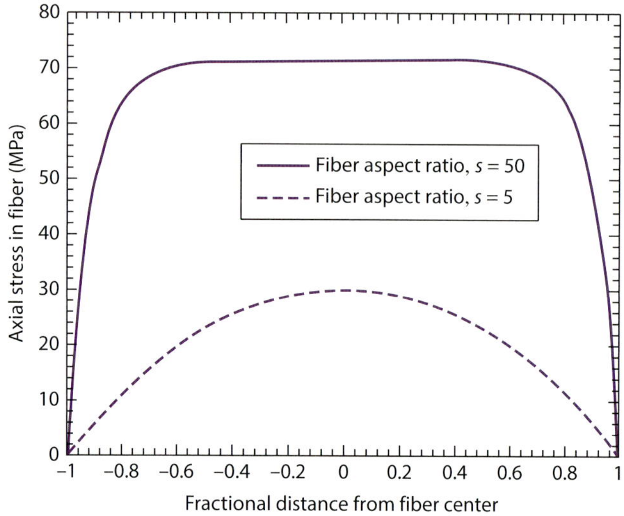

그림 12.13 인장응력이 걸려있는 섬유의 길이 비에 따른 전단응력 계산모델. 섬유의 중앙을 0으로 하고 양끝을 +1과 −1로 하였다. 폴리에스테르 모재에 30%의 유리섬유를 첨가해서 제작한 복합재료에 변형률이 0.001이 되도록 인장력을 주었고, 섬유의 종횡비는 각각 50과 5이다. *(Based on Hull, D. and Clyne, T.W., An Introduction to Composite Materials 2nd ed. Cambridge University Press, Cambridge (1996), p. 110.)*

비슷한 방법으로 섬유의 길이가 임계 길이보다 짧은 복합재료의 탄성계수를 계산하는 식을 구해보면 식 12.22가 나온다.

$$E_c = v_f \frac{l}{2l_c} E_f + v_m E_m \tag{12.22}$$

아래의 해석은 좋은 결과를 주는 근사 해석이다. 더 정확한 전단 지연 모델의 해석은 Hull and Clyne 책에서 찾아볼 수 있다. 그림 12.13에는 폴리에스테르 모재에 체적 비 30%만큼의 짧은 유리섬유를 한 방향으로 평행하게 넣어 제작한 복합재료에 축 방향으로 0.001의 변형률을 일으켰을 때, 복합재료의 섬유 방향에 대한 전단지연 모델의 해석이다. 그림 12.14에서 섬유의 길이는 $2L$, 반지름은 r이고, 섬유의 중심을 0으로 하고 종횡비는 L/r이다. 이 계산에서 섬유의 양 끝에서 받는 축 응력은 0으로 가정하였다. 그림 12.13의 모델에서 종횡비가 50인 섬유가 섬유의 중앙 부분에서 받는 응력은 같은 체적비의 연속섬유 복합재료의 섬유가 받는 응력과 같지만, 종횡비가 5인 섬유가 받는 응력은 모든 점에서 연속섬유 복합재료의 섬유가 받는 응력과 다르다. 종횡비 50인 섬유의 하중허용용량이 종횡비 5인 섬유의 하중용량보다 더 크다. 같은 응력을 받을 때 섬유의 종횡비가 낮은 쪽이 높은 쪽보다 모재에 더 높은 응력을 받게 한다는 것을 식 12.1에서 볼 수 있다. 섬유의 종횡비(s)가 커질수록 연속섬유 복합재료의 섬유가 받는 응력과 같아지지만, 섬유 끝에서 응력이 줄어들기 때문에 단섬유 복합재료는 같은 체적 비를 가지는 연속섬유 복합재료만큼의 하중용량을 가질 수 없다.

예제 12.3

부피 비 50%의 에폭시 수지에 부피 비 50%의 단섬유 E-glass섬유를 표본의 축에 평행하게 배열해서 복합재료를 제작하였다. E-glass섬유의 길이는 300×10^{-6} m이고 지름은 10×10^{-6} m, 탄성계수는 76×10^{9} Pa이다. 에폭시 수지의 탄성계수는 4×10^{9} Pa이고, 에폭시와 E-glass 사이의 계면은 50×10^{6} Pa의 전단강도를 가진다. 인장 실험에서 이 복합재료 변형률 4×10^{-3}까지 선형으로 변형했고 그 직후 탄성계수가 급격히 감소되었다. 복합재료의 변형률이 4×10^{-3}일 때, 다음에 답하여라.

(a) 임계 길이를 구하여라.

(b) E-glass 섬유가 받는 평균 응력을 구하여라.

(c) 복합재료가 받는 응력을 구하여라.

(d) 복합재료의 탄성계수를 구하여라.

풀이

(a) 식 12.16을 이용해서 임계 길이를 구할 수 있다.

$$\frac{l_c}{d_f} = \frac{\sigma_f^c}{2\tau_{mf}^*}$$

$$l_c = \frac{d_f \sigma_f^c}{2\tau_{mf}^*} = \frac{d_f(E_f)(\varepsilon_c)}{2\tau_{mf}^*} = \frac{10 \times 10^{-6}\,\text{m}(76 \times 10^9\,\text{N/m}^2)(4 \times 10^{-3})}{2(50 \times 10^6\,\text{N/m}^2)}$$

$$l_c = \frac{3040\,\text{N/m}}{100 \times 10^6\,\text{N/m}^2} = 30.4 \times 10^{-6}\,\text{m}$$

연속섬유 복합재료라면 섬유가 받는 응력은 다음과 같다.

$$\sigma_f^c = \varepsilon_c E_f = (76 \times 10^9\,\text{N/m}^2)(4 \times 10^{-3}) = 304 \times 10^6\,\text{N/m}^2$$

(b) 섬유의 길이가 임계 길이의 약 10배이므로 식 12.17을 이용해 섬유의 평균응력을 구한다.

$$\overline{\sigma}_f = \sigma_f^c\left(1 - \frac{l_c}{2l}\right) = 304 \times 10^6\,\frac{\text{N}}{\text{m}^2}\left(1 - \frac{30.4 \times 10^{-6}\,\text{m}}{2(300 \times 10^{-6}\,\text{m})}\right)$$

$$\overline{\sigma}_f = 304 \times 10^6\frac{\text{N}}{\text{m}^2}(1 - 0.05) = 289 \times 10^6\,\frac{\text{N}}{\text{m}^2}$$

연속섬유 복합재료의 섬유가 받는 응력과 비교했을 때 약 5% 작은 결과가 나왔다.

(c) 복합재료가 받는 응력은 식 12.19를 이용해서 구할 수 있다. 모재가 받는 응력은 복합재료의 변형률에 모재의 탄성계수를 곱한 값과 같다.

$$\sigma_c = v_f\overline{\sigma}_f + v_m\sigma_m = v_f\overline{\sigma}_f + v_m E_m \varepsilon_c$$

$$\sigma_c = 0.5(289 \times 10^6\,\text{Pa}) + 0.5(4 \times 10^9\,\text{Pa})(4 \times 10^{-3}) = 145 \times 10^6\,\text{Pa} + 8.0 \times 10^6\,\text{Pa}$$

$$\sigma_c = 153 \times 10^6\,\text{Pa}$$

(d) 복합재료의 탄성계수는 다음과 같이 구한다.

$$E_c = \frac{\sigma_c}{\varepsilon_c} = \frac{153 \times 10^6 \text{ Pa}}{4 \times 10^{-3}} = 38.3 \times 10^9 \text{ Pa}$$

12.9 복합재료의 파괴

12.9.1 단축 연속섬유 복합재료의 축 방향 인장파괴

복합재료에서 섬유가 모재보다 아주 강하다고 하더라도 항상 복합재료의 인장시험에서 모재가 먼저 파손되는 것은 아니다. 단축 연속 복합재료에 섬유 방향에 평행하게 하중을 주었을 때, 재료는 작은 변형률에서부터 파손이 시작될 것이다. 이는 섬유와 모재가 같은 변형률을 가지지만 다른 응력을 받기 때문이다. 표 12.1에 섬유들의 파괴응력과 변형률이 쓰여 있고, 모재의 재료의 파괴응력이나 변형률 같은 특성들은 8장의 많은 표들에 쓰여 있다. 몇몇 단축 연속 복합재료의 축 방향 인장강도가 표 12.2에 쓰여 있다.

취성 섬유와 취성 모재 복합재료의 파손에 대해 말할 때 섬유가 취성방법으로 파괴된다고 가정하는데 이는 OUHMWPE, Kevlar, 금속 와이어 같은 연성 재료를 제외한 유리, 탄소, 붕소, 알루미늄, 실리콘 카바이드 등 대부분의 복합재료 섬유에서 성립한다. 열경화성 고분자, 세라믹, 탄소 같은 취성 모재가 사용

표 12.2 네 가지 종류의 단일방향 복합재료의 기계적 물성
탄성계수의 단위는 GPa, 강도의 단위는 MPa이다.

Direction/Property	E-Glass	Kevlar	Carbon	S-Glass
Axial				
Modulus	44.8	75.8	145	56
Tensile strength	1124	1241	1517	1980
Compression strength	896	276	2068	626
Transverse				
Modulus	11.0	5.52	10.3	11.4
Tensile strength	31	14	48	31
Compression strength	138	55	138	138
Shear (in the fiber plane)				
Modulus	4.14	2.41	5.52	4.48
Strength	71.7	34.5	82.7	71.7

Based on data from the Assessment of Research Needs for Wind Turbine Rotor Materials, National Academy Press, 37 (1991), http://www.nap.edu/openbook.php?isbn=0309044790

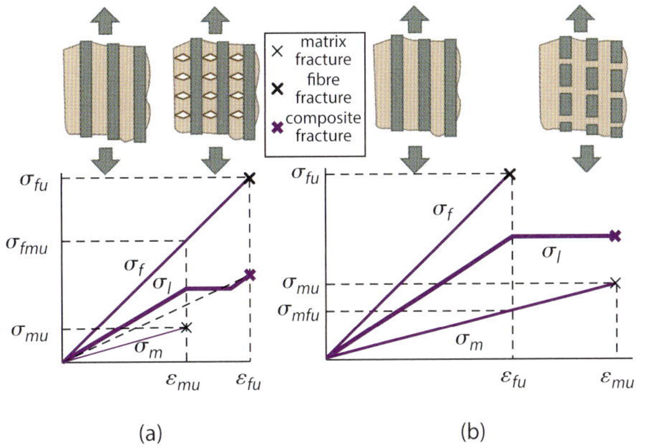

그림 12.14 취성 모재와 섬유로 된 복합재료의 응력-변형률 그래프. 복합재료가 받는 응력은 두꺼운 선, 섬유는 중간 굵기의 선, 모재는 얇은 선이다. (a) 그래프 위에서 강화되기 전의 취성 모재가 도식적으로 나타나 있다. 점선은 $v_f\ \sigma_f$ 를 나타낸다. (b) 그래프 위에 취성 복합재료에서 모재보다 섬유가 먼저 파괴되는 것을 도식적으로 보여준다. *(Based on Hull, D. and CLyne, T.W., An Introduction to Composite Materials 2nd ed. Cambridge University Press, Cambridge (1996),p. 160.)*

된 복합재료의 파괴에 대해 먼저 고려하고, 그림 12.14 a와 b에 도식적으로 보여준다. 그림 12.14는 복합재료가 받는 축 방향 응력(σ), 모재가 받는 응력(σ_m)이 변형률의 함수로 그려져 있다. 만약 취성 모재에 섬유보다 더 낮은 변형률에서 균열이 일어났다면 그때의 변형률이 탄성계수의 급격한 변화가 없는 모재의 극한 인장강도에서의 변형률(ε_{mu})이다. 그림 12.14a에서 탄성계수의 변화가 없는 최대 응력은 σ_1이다. 이 응력은 섬유와 모재가 탄성이라 가정하고 혼합법칙 식 12.5에 ε_{mu}를 대입해서 계산한 것이다. 모재의 단면 전체에 균열이 발행하면 모재가 받는 응력은 0이 되고, 모든 응력을 섬유가 받게 된다. 이때, 복합재료 전체가 받는 응력은 섬유의 체적비와 섬유가 받는 응력의 곱($v_f\ \sigma_f$)이 되는데, 이에 대해 그림 12.14a에 점선으로 그려져 있다. 복합재료가 받는 응력은 섬유의 변형률(ε_{fu})에 따라 증가하게 된다.

그림 12.14b에 취성재료보다 섬유가 먼저 파괴된 복합재료에 대해 응력-변형률 그래프가 그려져 있다. 탄성계수의 급격한 변화가 없는 복합재료의 최대 응력은 섬유의 파괴변형률(ε_{fu})을 식 12.5에 대입해 구할 수 있다. 연속섬유 복합재료에서는 파괴가 일어나기 시작하면 부서진 긴 섬유들이 우리가 12.8에서 토론했던 장섬유들처럼 되어서 복합재료는 계속 응력을 받는다. 섬유들이 부서지고 섬유들에 의해 전달되는 힘이 감소하므로 변형률이 증가해도 복합재료가 받는 응력이 똑같이 증가하지는 않는다. 그러나 섬유가 점점 파괴될수록 모재가 파괴변형에 이를 때까지 모재에 가해지는 응력이 증가한다.

취성 섬유와 연성 모재 만약 금속이나, 열가소성 고분자 같은 모재재료에 항복응력이 주어진다면 복합재료의 응력-변형률 곡선은 강화재의 파괴응력보다 항복응력의 크기에 따라 달라진다. 또, 섬유가 모재의 항복변형률보다 낮은 변형률에서 파괴된다면 복합재료의 응력-변형률 곡선과 탄성계수의 급격한 변화가 없을 때의 최대 응력에 대한 해석은 모재보다 낮은 변형률에서 파괴된 섬유 그림 12.14b와 같을 것이다. 복합재료의 불안정은 섬유의 파괴변형률(ε_{fu})에서 발생한다.

만약 기지재료의 항복이 재료의 파괴보다 먼저 일어난다면 복합재료는 모재의 항복변형률(ε_{my})까지 선형으로 변하고, 탄성계수 또한 혼합법칙 공식 12.6을 이용해 구할 수 있을 것이다. 모재의 항복 후에는 복합재료의 응력은 계속 증가하지만 그림 12.15처럼 탄성계수의 영향은 줄어든다. 탄성계수의 영향이 줄어

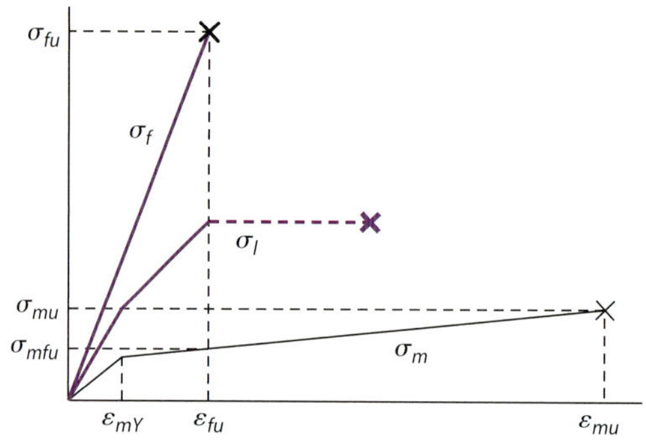

그림 12.15 ε_{my}의 항복변형률을 가진 연성 모재와 ε_{fu}의 파괴 변형률을 가진 섬유로 제작한 복합재료의 응력-변형률 그래프. 복합재료가 받는 응력은 두꺼운 선, 섬유는 중간 굵기의 선, 모재는 얇은 선으로 나타냈다.
(Based on Hull, D. and Clyne, T.W., An Introduction to Composite Materials 2nd ed. Cambridge University Press, Cambridge (1996),p. 172.)

드는 정도는 기지 재료의 변형 경화 정도에 달려있다. 만약 기지 재료에 변형경화가 없다면 기지재료가 복합재료의 탄성계수에 영향을 끼치지 못하므로 복합재료의 탄성계수(E_c)는 $E_f\ v_f$와 같다. 복합재료의 응력은 모재 항에 상수 $\sigma_{my}\ v_m$을 대입하고 섬유 항에 $\varepsilon E_f\ v_f$를 대입한 식 12.5의 혼합법칙을 이용해 구할 수 있다. 섬유의 파괴변형률(ε_{fu})에 도달하면 연속이었던 섬유들이 부서져서 길이를 가지는 섬유들이 된다. 변형률이 계속 증가해도 섬유들이 계속 파괴되기 때문에 복합재료가 받는 응력은 증가하지 않는다. 섬유가 계속 파괴될수록 적은 응력을 받지만 복합재료가 받는 응력은 일정하기 때문에 모재가 받는 응력이 증가해야 한다. 부서진 섬유들이 응력 집중을 발생시켜 부분 변형률이 증가하기 때문에 모재의 파괴변형률에서 낮은 변형률에서 복합재료의 파괴가 일어난다. 점선은 각 변형률에서 응력 σ_1이 얼마나 불안정한지 나타낸다.

예제 12.4

체적 비 70%의 연속 탄소섬유와 30%의 에폭시로 단축 복합재료를 만들었다. 복합재료의 탄성계수는 500 GPa이고, 에폭시의 탄성계수는 5 GPa이다. 탄소섬유의 인장강도는 3 GPa, 에폭시의 극한 인장강도(UTS)는 0.05 GPa이다. 다음을 구하여라.

(a) 섬유와 모재가 모두 취성이고 파괴까지 선형으로 변한다고 가정할 때, 복합재료가 불안정하기 전의 최대 변형률

(b) 복합재료가 불안정할 때의 응력

풀이

(a) 먼저 섬유와 모재가 파괴될 때의 변형률을 구해야 한다. 우선 섬유의 파괴 변형률은 다음과 같다.

$$\varepsilon_{fu} = \frac{\sigma_{fu}}{E_f} = \frac{3\ \text{GPa}}{500\ \text{GPa}} = 0.006$$

모재의 파괴 변형률은 다음과 같다.

$$\varepsilon_{mu} = \frac{\sigma_{mu}}{E_m} = \frac{0.05\ \text{GPa}}{5\ \text{GPa}} = 0.01$$

섬유가 모재보다 더 먼저 변형률 0.006일 때 파괴된다.

(b) 위에서 구한 변형률과 에폭시의 탄성계수 5 GPa을 이용해 섬유가 파괴될 때 에폭시의 응력을 구할 수 있다.

$$\sigma_m = E_m \varepsilon_m = 5\ \text{GPa}(0.006) = 0.03\ \text{GPa} = 30\ \text{MPa}$$

섬유가 파괴되는 응력은 3 GPa이다. 이를 등변형모델을 이용한 식 12.5에 대입해서 복합재료가 불안정할 때 받는 응력을 구하면 다음과 같다.

$$\sigma_1 = \sigma_f v_f + \sigma_m v_m = 3000\ \text{MPa}(0.7) + 30\ \text{MPa}(0.3) = 2100\ \text{MPa} + 9\ \text{MPa} = 2109\ \text{MPa}$$

12.9.2 단축 연속섬유 복합재료의 횡 방향 인장파괴

횡 방향 인장응력은 단축 복합재료가 섬유에 수직인 방향으로 인장력을 받았을 때 발생한다. 횡 방향 인장응력이 가해질 때, 모재 혼자일 때보다 더 낮은 응력(σ_{2u})에서 횡 방향 인장 파괴가 일어난다. 표 12.2에서 볼 수 있듯 단축 복합재료의 횡 방향 인장강도는 축 방향 인장강도보다 훨씬 낮은 값을 가진다. 단축 복합재료에서 섬유와 일치하는 방향을 "1" 방향, 수직이거나 가로지르는 방향을 "2"와 "3" 방향이라고 한다.

단축 복합재료의 횡 방향 인장강도 모델에서 섬유들이 있는 곳을 구멍이라고 가정하면 예측했던 실험결과와 거의 일치하는 결과를 얻을 수 있다. 식 12.23은 사각의 모재 안의 원형 섬유나 구멍을 기하학적으로 해석한 결과이다.

$$\sigma_{2u} = \sigma_{mu}\left[1 - 2\left(\frac{v_f}{\pi}\right)^{0.5}\right] \tag{12.23}$$

예제 12.5

극한 인장강도(UTS)가 50 MPa인 에폭시에 50%의 연속 탄소섬유를 넣어 제작한 단축 복합재료의 횡 방향 인장강도를 구하여라.

풀이

식 12.23을 이용하면 횡 방향 인장강도를 구할 수 있다.

$$\sigma_{2u} = \sigma_{mu}\left[1 - 2\left(\frac{v_f}{\pi}\right)^{0.5}\right] = 50\ \text{MPa}\left[1 - 2\left(\frac{0.5}{\pi}\right)^{0.5}\right] = 50\ \text{MPa}\,[1 - 0.80] = 10\ \text{MPa}$$

체적 비 50%의 섬유복합재료의 횡 방향 인장강도는 모재의 극한인장강도(UTS)의 20%밖에 되지 않는다. 따라서 횡 방향 응력이 상당히 있을 경우 복합재료의 섬유는 여러 방향으로 배치되어야 한다. 단축 복합재료는 순수한 인장응력이나 굽힘이 있는 경우에만 사용해야 한다.

12.9.3 단축 연속섬유 복합재료의 압축파괴

표 12.2에서 볼 수 있는 것처럼 단축 복합재료는 섬유에 평행한 방향에 작용하는 압축응력에는 강하다. 섬유에 평행한 방향으로 작용하는 압축하중에 의한 파괴에는 몇 가지 형태가 있다. 그림 12.16에서 킹크 밴드를 이루고 있던 섬유가 휘는 것을 볼 수 있다. 섬유의 부피비가 증가할수록 섬유 서로가 휘는 것을 막거나 지지해서 복합재료의 압축강도가 증가한다.

단축 복합재료에 섬유방향과 평행한 방향의 압축응력을 가했을 때 볼 수 있는 또 다른 파괴 양상은 섬유와 모재간의 계면에서 균열이 일어나는 것이다. 이는 섬유와 모재간의 계면과 수직한 방향의 푸아송비 때문에 섬유와 모재가 일부분 당겨져서 균열을 형성한다. 섬유와 모재간의 접착은 반데르발스 결합에 의한 접착이기에 약하다. 표 12.2에서 볼 수 있는 것처럼 횡 방향 인장하중을 받는 단축 복합재료는 매우 약하다. 복합재료에 섬유 방향과 평행한 방향에 압축 응력을 가했을 때 발생한 균열의 푸아송 비에 의해 생

그림 12.16 나무 표본에 수직 압축 힘을 가했을 때 힘 방향과 평행한 셀룰로오스 섬유들이 부분적으로 파괴되는 것을 보여주는 사진 *(Photo by C. M. Gilmore)*

그림 12.17 수직 힘으로 압축되어 표본의 위부터 V형태로 셀룰로오스 섬유의 부분 파괴가 일어난 나무 표본. 또, 푸아송비 때문에 생긴 횡 방향 변형률 때문에 표본의 중앙에 균열이 생겼다. *(Photo by C.M. Gillmore)*

기는 횡 방향 변형률과 횡 방향 인장을 가했을 때의 변형률이 비슷하다. 그림 12.17에 셀룰로오스 섬유방향으로 압축했을 때 셀룰로오스 섬유에 킹크밴드를 형성하고, 섬유에 평행한 방향으로 균열이 생긴 것을 볼 수 있다. 이처럼 복잡한 파괴형상 때문에 복합재료의 압축강도 모델을 정하기가 어렵다.

표 12.2에서 볼 수 있는 것처럼 단축 복합재료에서 횡 방향 압축강도는 섬유와 평행한 방향의 압축강도보다 많이 약하다. 만약 연성모재로 만들어진 단축 복합재료를 횡 방향으로 압축하면 모재는 항복이 일어나고 섬유들은 서로 전단해서 지나갈 것이다. 이것은 압축된 나무 표본에서 관찰할 수 있다. 섬유는 분산강화와 비슷하게 모재에 압축강도를 제공한다. 만약 섬유와 모재의 계면에서 서로 접착이 잘 되어 있다면, 횡 방향 압축이 가해지는 연성 모재 복합재료의 압축강도는 분산 강화된 모재의 압축강도와 비슷하다.

12.9.4 단축 연속섬유 복합재료의 전단파괴

단섬유 복합재료의 전단강도는 섬유의 방향과 전단응력이 작용하는 방향 사이의 각도에 달려있다. 모재와 섬유간의 결합이 약하기 때문에 단축 복합재료에서는 섬유에 평행한 방향으로 면내 전단강도라 불리는 약한 전단 강도를 가진다. 균열은 기지 재료에서 비교적 높은 비율로 발달한다. 표 12.2에서 면내 전단강도가 축 방향 인장강도에 비해 상당히 낮고, 횡 방향 인장강도의 대략 절반이라는 것을 볼 수 있다.

12.9.5 단섬유 복합재료의 파괴

앞에서 다루었던 장섬유 복합재료의 파괴 양상을 단섬유 복합재료에서 볼 수 있다. 하지만 단섬유 복합재료에는 계면에서의 전단 때문에 섬유의 둘레에서 섬유와 모재의 접착이 떨어지는 파괴 양상이 있다. 이 계면의 전단응력은 섬유의 끝에서 최대치에 도달한다. 섬유들이 응력방향에 평행하게 배향된 단섬유 복합재료에서는 기지 재료에서 섬유가 빠져나오거나 섬유 끝부분에서 전단이 일어나서 균열이 생긴다.

12.9.6 복합재료의 임계응력강도인자

몇몇 복합재료의 상온에서의 K_{Ic}가 표 12.3에 쓰여 있다. 고장력(HTS) 탄소 강화 에폭시 같은 복합재료의 임계응력강도인자가 42 MPa · $m^{1/2}$라는 것을 볼 수 있다. 탄소섬유 강화 에폭시만으로는 임계응력강도인자가 0.3~0.5 MPa · $m^{1/2}$밖에 되지 않고 탄소섬유도 취성이다. 혼합법칙(Rule of mixture)은 임계응력강도인자가 42 MPa · $m^{1/2}$인 복합재료에서는 절대 사용할 수 없다. 취성 모재와 취성 섬유로 만들어진 복합재료에서 주 에너지 흡수방법으로 모재로부터 섬유가 빠져나오는 것이 제안되었다. 그림 12.18에서 유리 모재와 SiC 섬유로 만들어진 복합재료에서 섬유가 빠져나오는 것을 볼 수 있다. 파괴되는 동안

그림 12.18 파괴 표면에서 유리 모재로부터 빠져나온 SiC섬유의 주사전자현미경사진
(ASM Handbook Volume 9, Metallography and Microstructures, 2004, ASM International, in ASM Handbooks Online, http://www.asmmaterials.info, ASM International, 2004.)

표 12.3 괄호 안에 표시된 섬유의 체적 비(v_f)를 가진 에폭시모재로 만든 단축 복합재료의 임계응력강도인자(K_{Ic})

Fiber (v_f)	K_{Ic} (MPa · $m^{1/2}$)
HM-Carbon (0.6)	24
HTS-Carbon (0.7)	42
Boron (0.7)	47

Data from Beaumont, P.W.R., Schultz, J., and Friedrich, K., Failure Analysis of Composite Materials, CRC Press, Boca Raton, FL., (1990), p. 99.

모재에서 섬유가 빠져나옴으로써 모재와 섬유 사이에 파괴에 필요한 에너지와 임계응력강도인자를 증가시키는 마찰력이 생긴다. 이것은 인발에너지를 증가시키기 위해 표면에 철근으로 리브를 넣어 강화한 콘크리트와 비슷하다. 섬유는 취성재료의 파괴에 대한 저항을 증가시킬 수 있다.

12.10 복합재료 내의 열응력

섬유의 열팽창계수가 표 12.1에 쓰여 있고, 기지재료의 열팽창 계수가 표 4.2에 적혀있다. 이 둘의 차이가 온도가 변할 때 복합재료 내에 내부응력 중 하나인 열응력을 발생시킨다. **내부응력**은 외부 힘에 의해 발생하지 않은 응력을 뜻한다. 예를 들어, 열팽창계수 -0.4×10^{-6} K^{-1}인 고강도 탄소섬유와 55×10^{-6} K^{-1}인 에폭시로 만든 복합재료가 있다. 이 둘의 큰 차이가 복합재료 내의 열응력을 만든다. 표 12.1의 열팽창계수는 K^{-1} 단위로 쓰여 있고, 표 4.2의 열팽창계수는 $°C^{-1}$ 단위로 나타냈는데, 열팽창 계수는 식 4.12를 이용해 구하는데 온도의 변화를 이용하고 1 K와 1°C가 같기 때문에 둘이 같다고 할 수 있다.

복합재료가 제작되고 사용처에 사용될 때 온도의 변화가 있을 수 있다. 금속이나 열가소성 모재로 만드는 복합재료는 만드는 과정에서 액체상태로 녹여서 섬유 강화재에 침투시킨다. 강화재와 모재는 모재의 녹는점에서는 응력을 받지 않지만 모재가 냉각되면 서로 열팽창계수가 다르기 때문에 열응력이 발생한다. 열경화성 모재로 만든 복합재료는 재료가 경화하는 200°C같은 높은 온도에서 경화시키곤 하는데 그 동안에는 응력을 받지 않는다고 하지만 복합재료가 상온으로 냉각되면 냉각되는 동안 내부에 열응력이 생기게 된다.

ΔT의 온도변화로 인해 생기는 탄성 변형력과 변형률의 크기는 재료의 열팽창계수와 탄성계수를 이용해 구할 수 있다. 그림 12.19 a와 b에서 같은 길이의 강화 재와 모재 판이 초기온도 T_1일 때의 모습을 볼 수 있다. 길이의 변화가 변형률과 같게 되도록 길이를 1로 설정하였다. 대부분의 복합재료가 얇은 강화재 층이나 섬유들로 만들어지지만 판 모델이 나타내기에는 용이하기에 판으로 나타내었다. 그림 12.19c는 강화재와 모재가 각각 독립적으로 분리되어 가열되었을 때 확장된 모습이다. 분리된 모재와 섬유들은 각각 $\alpha_m \Delta T$와 $\alpha_f \Delta T$ 만큼 변형하였다. 그러나 섬유와 모재가 접착되었을 때 최종 길이는 그림 12.19d와 같다. ΔT의 온도변화로 인해 모재는 ε_m만큼, 섬유는 ε_f만큼 탄성 변형하였다. 그림 12.19d에 나온 복합재료의 변형률 ε_c와 $\varepsilon = \alpha \Delta T$를 이용해 복합재료의 열팽창계수($\alpha_c$)를 구할 수 있다.

식 12.20을 이용해서 복합재료의 열팽창계수를 구하는 식 12.24와 식 12.25를 구할 수 있다.

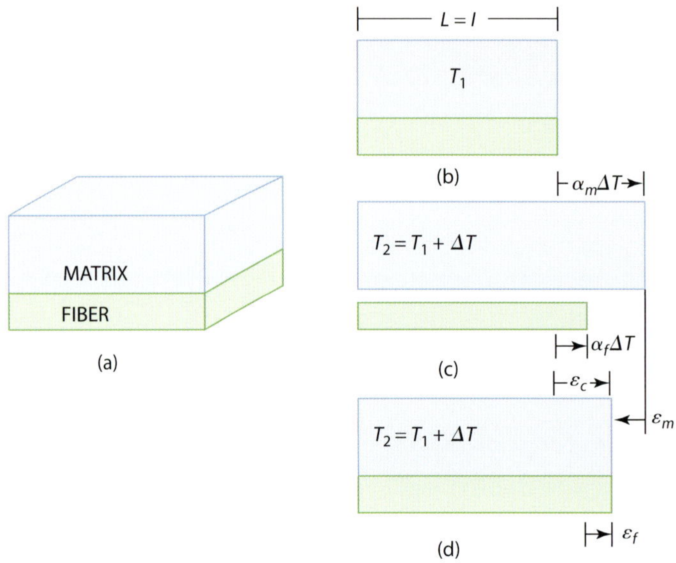

그림 12.19 (a) 연속섬유 강화재(green)와 모재(blue)로 만든 복합재료의 3차원 열팽창모델. (b) 서로 같은 상온 T_1에서 복합재료의 모재와 강화재의 길이. (c) 높은 온도 T_2에서 서로 다른 길이를 가지고 있는 모재와 강화재. (d) 높은 온도 T_2로 상승했을 때 같은 길이로 확장된 복합재료의 모재와 강화재. 열변형률은 화살표와 같다.

$$\varepsilon_c = \alpha_c \Delta T = \alpha_m \Delta T + \varepsilon_m \quad \textbf{12.24}$$

$$\varepsilon_c = \alpha_c \Delta T = \alpha_f \Delta T + \varepsilon_f \quad \textbf{12.25}$$

식 12.24에서 식 12.25를 빼면 변형률 평형공식인 식 12.26이 나온다.

$$(\alpha_f - \alpha_m)\Delta T + (\varepsilon_f - \varepsilon_m) = 0 \quad \textbf{12.26}$$

복합재료에 응력이 작용하지 않기 때문에, 식 12.27처럼 섬유의 열응력과 모재의 열응력의 합은 0이 되어야 한다. 응력은 힘의 평형을 위해 부피 비율에 비례해 추가된다.

$$\sigma_c = v_f \sigma_f + v_m \sigma_m = 0 \quad \textbf{12.27}$$

열응력에 의한 응력들이 탄성이라고 가정하면 식 12.27은 식 12.28로 다시 쓸 수 있다.

$$v_f E_f \varepsilon_f + v_m E_m \varepsilon_m = 0 \quad \textbf{12.28}$$

식 12.24부터 12.28까지를 종합해서 대수적으로 풀면 복합재료의 강화재에 평행한 방향의 열팽창계수는 식 12.29를 이용해 구할 수 있다.

$$\alpha_c = \frac{\alpha_m v_m E_m + \alpha_f v_f E_f}{v_m E_m + v_f E_f} \quad \textbf{12.29}$$

예제 12.6

SiC섬유 66.6%와 에폭시 수지 33.3%로 제작한 단축 장섬유 복합재료로 축을 제작하였다. 복합재료는 175°C(448 K)에서 경화되었고, 25°C(298 K)에서 냉각되었다. SiC의 탄성계수는 400 GPa, 열팽창계수는 4×10^{-6} °C^{-1}이고, 에폭시의 탄성계수는 4 GPa, 열팽창계수는 60×10^{-6} °C^{-1}이다.

(a) 175°C(448 K)에서 경화된 복합재료가 25°C(298 K)로 냉각되었을 때 복합재료와 섬유의 내부 응력을 수치와 기호 둘 모두를 이용해 구하여라. 각 재료가 경화 후 탄성변형을 하고, 계면에서 접착이 잘 되어있다고 가정한다.

(b) 복합재료가 175°C(448 K)에서 25°C(298 K)로 냉각되었을 때 복합재료의 변형률을 구하여라.

풀이

두 개의 미지수(섬유와 모재의 변형률)가 있다. 만약 우리가 복합재료의 변형률을 안다면 탄성변형을 한다고 가정했으므로 응력을 구할 수 있고, 섬유와 모재의 변형률을 안다면 식 12.24나 12.25를 이용해 복합재료의 변형률을 구할 수 있다. 따라서 우리는 문제를 해결하기 위해 두 미지수를 알아야 한다. 복합재료에 응력이 가해지지 않으면 힘에 평형에 의해 다음 식을 얻을 수 있다.

$$\sigma_c = v_f \sigma_f + v_m \sigma_m = 0$$

$$0 = 0.66\sigma_f + 0.33\sigma_m$$

$$2\sigma_f = -\sigma_m$$

탄성변형을 한다고 가정했기 때문에 섬유와 모재의 내부응력과 훅의 법칙을 사용하여 섬유와 모재의 변형률을 구할 수 있다.

$$\varepsilon_f = \frac{\sigma_f}{E_f} \text{ and } \varepsilon_m = \frac{\sigma_m}{E_m} = \frac{-2\sigma_f}{E_m}$$

열 변형과 탄성변형의 관계식 12.26을 이용한다.

$$(\alpha_f - \alpha_m)\Delta T + (\varepsilon_f - \varepsilon_m) = 0$$

위의 식에 섬유와 모재의 변형률에 관한 항을 대입하면 섬유의 응력을 구할 수 있다.

$$(4 \times 10^{-6}\text{ K}^{-1} - 60 \times 10^{-6}\text{ K}^{-1})(298\text{ K} - 448\text{ K}) + \sigma_f\left(\frac{1}{E_f} - \frac{-2}{E_m}\right) = 0$$

$$(-56 \times 10^{-6}\text{ K}^{-1})(-150\text{ K}) + \sigma_f\left(\frac{1}{400 \times 10^9\text{ Pa}} + \frac{2}{4 \times 10^9\text{ Pa}}\right) = 0$$

$$8400 \times 10^{-6} + \sigma_f[0.0025 \times 10^{-9}\text{ Pa}^{-1} + 2(0.25 \times 10^{-9}\text{ Pa}^{-1})] = 0$$

이를 이용해 모재의 응력을 구할 수 있다.

$$\sigma_f = \frac{-8.4 \times 10^{-3}}{0.503 \times 10^{-9}\text{ Pa}^{-1}} = -16.7 \times 10^6\text{ Pa}$$

$$\sigma_m = 33.4 \times 10^6 \text{ Pa}$$

복합재료의 변형률은 식 12.24 또는 식 12.25를 이용해서 구할 수 있다.

$$\varepsilon_c = \alpha_m \Delta T + \varepsilon_m$$

$$\varepsilon_c = (60 \times 10^{-6} \text{ K}^{-1})(-150 \text{ K}) + \frac{33.4 \text{ MPa}}{4000 \text{ MPa}} = -9 \times 10^{-3} + 8.35 \times 10^{-3} = -0.65 \times 10^{-3}$$

섬유는 내부 압축응력을 가지고, 에폭시 모재는 내부 인장압력을 가진다. 표 8.18에서 에폭시의 인장강도는 30~60 MPa로 적혀있다. 이 복합재료의 모재에 걸린 인장응력은 에폭시의 인장강도의 범위에 있다. 섬유에는 비교적 작은 압축응력이 걸린다.

12.11 연속섬유 복합재료의 공정

연속섬유 복합재료를 만드는 공정에는 많은 방법이 있고, 적용되는 형태에 따라 달라진다. 카약이나 항공기의 표면을 만드는 것과 단축 복합재료를 이용한 낚싯대를 제작하는 공정에는 상당한 차이가 있다. 이 절에서는 연속섬유 복합재료의 일반적인 제작방법 몇 가지를 다룬다. 표 12.1에는 복합재료에 사용되는 지름이 약 10μm인 필라멘트들의 몇몇 인자들이 쓰여 있다. 필라멘트는 지름이 약 10 μm이기에 휘어질 수 있지만 복합재료가 만들어지기 위해서는 많은 양이 들어가야 한다.

고분자 모재로 만드는 단섬유 복합재료의 제작공정은 입자를 넣은 고분자의 공정과 같고, 금속 모재의 단섬유 복합재료의 제작공정은 분산강화 금속의 공정과 같다. 우리는 이것을 13장에서 다룰 것이다.

12.11.1 단축 연속섬유 복합재료의 공정

낚싯대나 골프채의 샤프트 같은 제품은 단축 복합재료를 이용해 만든다. 그 중의 한 방법이 그림 12.20에 나오는 **풀트루전(pultrusion)**법이다. 풀트루전법에서는 섬유를 에폭시 같은 고분자가 액체상태로 있는 욕조에 넣은 후 원하는 모양의 다이를 통과시켜 모양을 만든다. 만약 모재가 에폭시 같은 열경화성 고분자

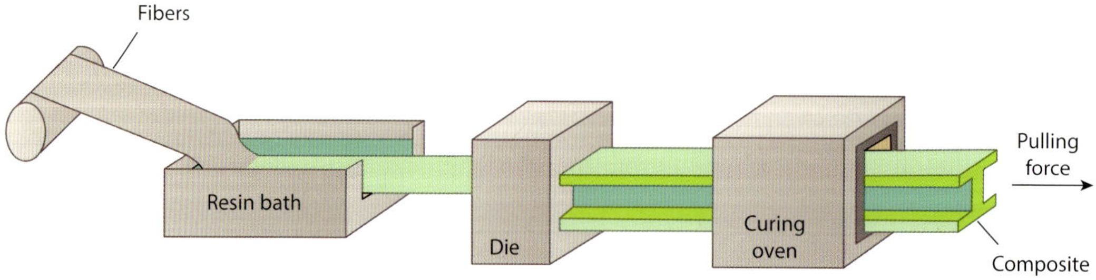

그림 12.20 풀트루전법의 복합재료 제작단계 *(Based on Askeland, D.R., Fulay, P.P., and Wright, W.J., The Science and Engineering of Materials, 6th ed., Cengamge Learning, Stamford, CT. (2011), p.676.)*

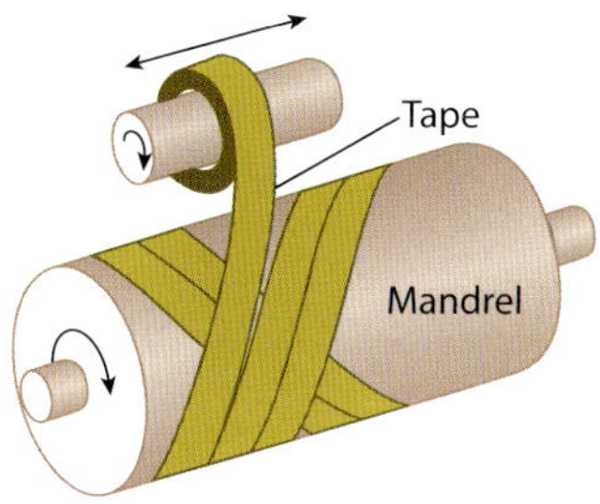

그림 12.21 제품의 모양과 같은 맨드릴 위를 강화 재 테이프로 감는 필라멘트 와인딩법. 맨드릴이 회전하는 동안 테이프가 움직이면서 테이프가 감기는 위치를 결정한다. 맨드릴은 복합재료가 경화된 후에 제거된다.
(Based on Askeland, D.R., Fulay, P.P., and Wright, W.J., The Science and Engineering of Materials, 6th ed., Cengamge Learning, Stamford, CT. (2011), p.676.)

면 경화공정을 빠르게 하기 위해 복합재료를 높은 온도의 오븐에서 경화시킨다. 풀트루전법은 I빔이나 봉 같이 연속적인 형태에 적합하다.

압력용기나 액체저장탱크, 로켓 모터케이싱같은 복합재료 제품들은 그림 12.21에서처럼 멀티필라멘트 테이프 형태로 된 강화재로 필라멘트 와인딩을 이용해 제작한다. 필라멘트 와인딩법은 원하는 형태를 하고 있는 맨드릴을 테이프로 감는 방법이다. **맨드릴**을 감는 위치는 테이프의 위치에 따라 결정된다. 감고 난 맨드릴은 액체 기지재료에 담가서 복합재료를 만들거나 테이프를 프리프레그를 사용해 복합재료를 제작한다.

프리프레그-테잎은 섬유테이프에 액체상태의 에폭시나 폴리에스테르를 경화제와 섞은 것을 침윤시킨 것이다. 프리프레그-테잎은 경화를 막기 위해 즉시 냉장시켜야 한다. 냉장고에서 나와 맨드릴을 감싸게 되면 경화가 시작된다. 필라멘트 와인딩법에는 단축 섬유테이프나 촘촘하게 짜인 직물테이프가 사용될 수 있다.

12.11.2 직물 연속섬유 복합재료의 공정

필라멘트는 매우 얇고, 직물로 짜면 유연하고 그림 12.22에 나오는 기술로 다양한 형태로 가공할 수 있기 때문에, 그림 12.6에 나오는 것과 같은 직물을 직물섬유 강화 복합재료 제품에 사용하기 시작했다. 금형에 손으로 직물의 원하는 층수와 방향을 결정하고, 에폭시나 폴리에스테르를 침윤시킨 후 그림 12.22a에 그려진 것처럼 롤러를 이용해 기지 재료를 펼치고 형태를 만든다. 그림 12.22b는 공기압을 이용해 형태를 형성하는 것을 보여주고, 그림 12.22c에서는 고체 다이를 이용해 모양을 만드는 것을 볼 수 있다.

그림 12.23의 **진공 배깅법(Vacuum bagging)**은 고성능의 복합재료를 만들 때 사용된다. 밀폐된 플라스틱 백에 액체상태의 열경화성 고분자 모재로 만든 복합재료와 금형을 넣고 진공펌프를 이용해 플라스틱 백 안의 공기를 배출시켜 백의 외부에서 복합재료에 금형의 모향대로 성형이 되도록 압력을 주어 제작한다. 복합재료에 가해지는 압력은 복합재료에서 남는 액체 기지 재료도 짜낸다. 진공은 복합재료의 액체 모재에서 공기방울을 제거해주고, 직물의 표면에서 수증기도 제거해 준다. 열경화성 고분자 재료가 경화하면 진공 백을 제거한다.

그림 12.24는 **RTM(Resin Transfer molding)**성형법을 도식으로 나타내었다. RTM법은 금형에 직물을 넣고 금형을 압력 하에 닫은 다음 주입펌프로 액체 기지 재료를 주입하는 것이다. 금형은 액체 기지 재

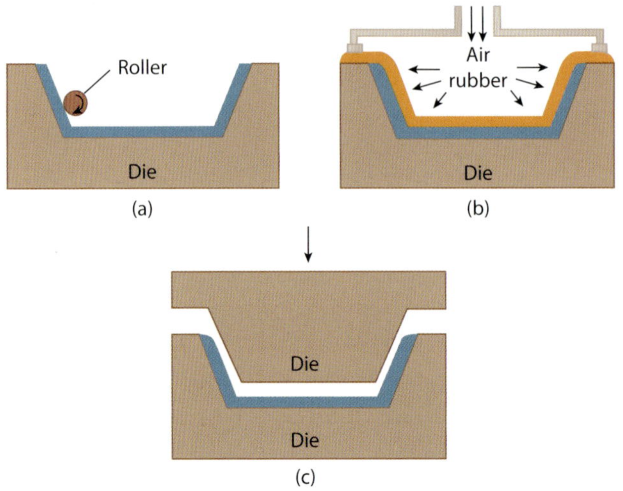

그림 12.22 직물 복합재료의 형태를 만드는 기술. 파란색이 복합재료의 부분이다.
(a) 손으로 층을 쌓아 모양을 만들고 액체 열경화성 기지재료를 침윤시킨 후 몰드나 다이 안에서 롤러 같은 수동도구로 형태를 만드는 방법. (b) 공기압을 이용해 형태를 형성하는 방법. (c) 고체 다이를 이용해 형태를 만드는 방법

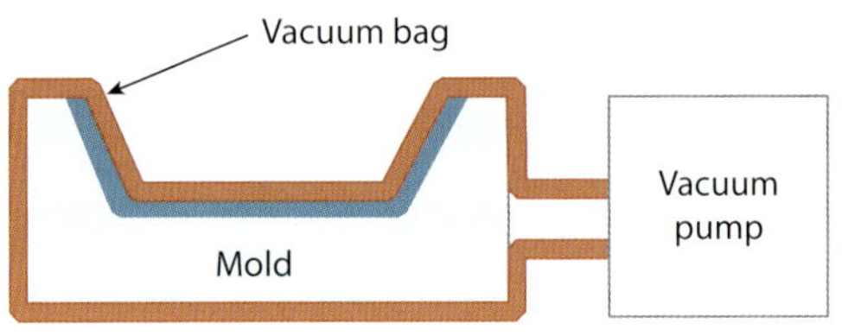

그림 12.23 복합재료를 만드는 진공백 공정. 진공백은 갈색, 복합재료는 파란색으로 나타냈다.

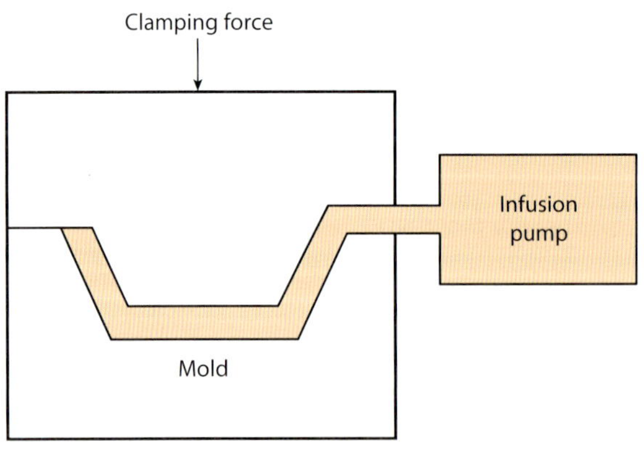

그림 12.24 RTM 공정의 개략도. 주입펌프는 폴리머재료(갈색)를 몰드 안으로 주입시킨다. 몰드 안은 주입된 폴리머 재료와 혼합될 수 있는 강화재나 강화용 입자를 포함할 수 있다.

료가 직물에 주입되기 용이하도록 진공으로 유지한다. 항공기나 자동차의 큰 판들은 이 같은 방법으로 만들어진다. 열경화성 모재 복합재료는 경화속도를 빠르게 하기 위해 오븐이나 오토클레이브로 가열해서 튼튼한 제품으로 만든다. 무작위로 배향된 매트도 그림 12.22부터 12.24까지의 방법을 이용할 수 있지만 직물을 이용한 복합재료만큼 강하지 않다.

직물 복합재료를 이용한 많은 물품들은 서로 다른 특성들과 기능을 가지고 있다. 만약 카약이나 서핑보드 같은 사람들이 접촉하는 복합재료의 경우 폴리에스테르로 만든 아주 가능 직물이나 나일론 직물을 사용해서 좋은 표면처리와 연성 표면층을 갖게 할 것이다. 유리나 탄소 같은 취성 필라멘트는 부서지거나 밖으로 튀어나와서 거친 표면으로 인해 피부 찰과상을 야기할 수 있다. 거친 로빙의 직물은 표면에 사용되면 거친 표면을 만들기 때문에 강도와 강성을 제공하기 위해 내부에 사용되어야 한다. 내부에는 전체적인 강성을 위해 탄소를 사용하고, 굽힘 강도를 위해 벌집 구조를 사용한다.

12.12 섬유강화 복합재료의 재활용

표 12.1의 대부분의 강화섬유를 사용하는 복합재료는 기지재료가 재활용이 가능하더라도 섬유를 모재에서 분리하기가 쉽지 않아서 재활용이 불가능하다. 열경화성 기지 재료는 아스팔트 같은 것을 제외하면 재활용을 할 수 없다. 열가소성 기지 재료는 녹여서 강화재를 분리해 낼 수 있다면 재활용을 할 수 있다.

PE모재와 OUHMWPE섬유로 만든 복합재료의 경우 잘게 자르고 녹이면 작은 알갱이 형태의 100% PE가 되기 때문에 재활용이 가능하다. 셀룰로오스 섬유를 이용한 복합재료도 셀룰로오스 섬유가 자연적으로 분해되기 때문에 재활용이 가능하다. 고분자 모재는 섬유가 자연적으로 분해되면 재활용이 가능하기 때문에 파인애플 잎이나 아마, 나무에서 나온 셀룰로오스 섬유를 이용한 복합재료의 사용이 고려되고 있다. 셀룰로오스 섬유는 표 12.1에서 나온 것처럼 E-glass섬유보다 더 좋은 강도를 가지고 있다.

12.13 건축을 위한 복합재료

12.13.1 나무

나무는 압축이나 굽힘에 자주 활용되는 단축 복합재료이다. 나무는 그 구조 때문에 방향에 따라 강도가 다르다. 나무는 그림 12.25에서 볼 수 있는 것처럼 나이테가 생기면서 자라는데 봄에는 춘재가 형성되고, 여름동안에는 추재가 형성된다. 그림 12.25 c와 d는 **리그닌**으로 접착된 얇은 셀룰로오스 세포들을 보여준다. 리그닌은 페놀성 고분자수지로 3차원 교차결합을 형성한다. 춘재의 셀룰로오스 세포가 추제의 셀룰로오스 세포보다 크다. 셀룰로오스 세포는 결정질이고 공유결합으로 결합되어 있다. 표 12.1에서 볼 수 있는 것처럼 셀룰로오스는 거의 2 GPa의 극한인장강도(UTS)와 80 GPa의 탄성계수를 가지고, 약 3%의 파괴 변형률을 가진다. 그림 12.25a의 선들은 나무의 반경방향으로 물과 영양소를 옮기는 경실이다.

나무판자는 일반적으로 판자의 긴 부분이 셀룰로오스 섬유의 방향과 평행이 되도록 자른다. 이것을 세로(L)방향이라 한다. 방사(R)방향은 나무의 중심에서 바깥지름 쪽 방향을 뜻하고 횡 방향은 세로방향과 방사방향에 수직인 방향을 말한다. 몇몇 나무의 여러 방향에 대한 탄성계수와 강도 특성이 표 12.4에 쓰여 있다.

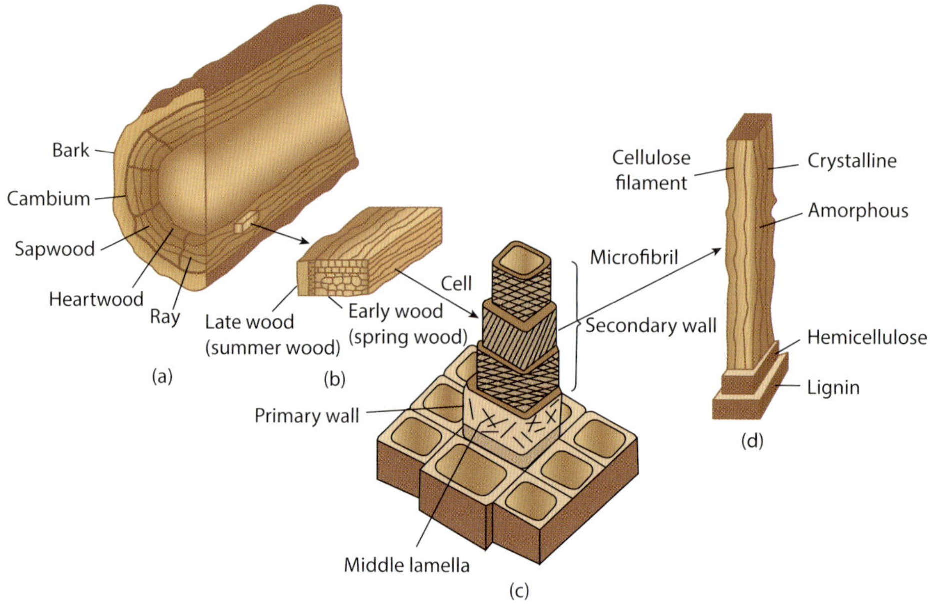

그림 12.25 나무의 구조 (a) 도식적으로 나타낸 나무의 단면 (b) 춘재와 추재층 (c) 나무세포 (d) 결정질의 셀룰로오스와 비결정질의 리그닌 *(Based on Askeland, D.R., Fulay, P.P., and Wright, W.J., The Science and Engineering of Materials, 6th ed., Cengamge Learning, Stamford, CT. (2011), p.699.)*

표 12.4 다양한 목재의 기계적 특성[GPa(10^6psi)], 강도[MPa(10^3psi)]

Wood	E^1	TSL^2	TSR^3	CSL^4	CSR^5
Pine	8.3(1.2)	73(10.6)	2.1(0.31)	33(4.8)	3.0(0.44)
Fir	14(2.0)	78(11.3)	2.7(0.39)	38(5.5)	4.2(0.61)
Maple	10(1.5)	108(15.7)	7.6(1.1)	54(7.8)	10(1.5)
Oak	13(1.8)	78(11.3)	6.5(0.94)	43(6.2)	5.6(0.81)

Strength data based on F. F. Wangaard, "Wood: Its Structure and Properties," J. Educ. Models for Mat. Sci. and Engr., Vol. 3, No. 3, 1979.
1 Longitudinal tensile elastic modulus.
2 Tensile strength in the longitudinal direction (TSL).
3 Tensile strength in the radial direction (TSR).
4 Compressive strength in the longitudinal direction (CSL).
5 Compressive strength in the radial direction (CSR).

높은 강도를 가진 셀룰로오스의 축 방향 인장 응력에 비해 횡 방향 인장파괴가 일어난 리그닌-셀룰로오스 계면이 약하기 때문에, 세로방향의 인장강도(TSL)는 방사방향의 인장강도(TSR)보다 최소 10배 크다.

나무에 대한 세로방향의 압축 힘(CSL)에 의한 나무의 항복은 초기에 그림 12.16에서 관찰된 것과 비슷한 가늘고 긴 셀룰로오스 기둥의 압축과 45° 방향에 대한 전단응력에 의해 생기는 셀룰로오스 섬유의 부분적 파괴에 의해 생긴다. 그 후에는 그림 12.17에서 볼 수 있는 것처럼 푸아송비 때문에 생기는 인장 변형률에 의해 섬유와 평행하게 균열이 발생한다. 푸아송비에 의한 변형은 그 방향에 인장응력이 없어도 약한 셀룰로오스와 리그닌사이의 계면을 당긴다. 나무의 세로방향 압축강도는 인장강도의 약 50%이다.

나무가 섬유에 수직한 방향이나 방사방향으로 압축 하중을 받으면 셀룰로오스 섬유는 리그닌 모재에서 서로 미끄러져서 결과적으로 낮은 CSR을 야기한다. 만약 나무가 충분히 압축된다면 셀룰로오스 세포가 무너지고 밀도가 높아져서 결과적으로 꽤 단단해질 것이다. 이런 방식으로 압축된 나무는 금속 스키날이 개발되기 전까지 스키날의 재료로 사용되었다.

나무는 표 12.4에서 볼 수 있는 것처럼 이방성 재료이다. 등방성인 목제를 얻기 위해서는 세로방향이 서로 90°가 되도록 층을 쌓아서 합판 형식으로 만들어야 한다. 높은 강도의 마이크로 래미네이트 구조의 빔은 매우 얇은 나무의 층이 적층되어 만들어진다.

12.13.2 콘크리트

콘크리트는 가는 모래부터 굵은 돌까지 다양한 크기의 강화재가 섞인 수화된 **포틀랜드 시멘트**이다. 포틀랜드 시멘트는 60~65%의 석회(CaO)와 20~25%의 실리카(SiO_2), 7~12%의 알루미나(Al_2O_3), 7~12%의 산화철(Fe_2O_3)이 혼합되어 만들어지기 시작했다. 이 구성물들을 갈아서 파우더로 만들고, 섞은 후 약 1500°C로 가열하면 서로 반응하여 주로 규산 삼칼슘($3CaO-SiO_2$), 규산 이칼슘($2CaO-SiO_2$), 알루민산 삼칼슘($3CaO-Al_2O_3$), 철 알루민산 삼칼슘($3CaO-Al_2O_3-Fe_2O_3$)이 생성된다. 이 재료들은 갈린 후에 시멘트의 경화를 조절하기 위해 석고($CaSO_4-2H_2O$)와 섞는다. 이 구성물들은 약간의 공유결합을 하고, 주로 이온 결합을 한다. 포틀랜드 시멘트는 세라믹 재료이다.

포틀랜드 시멘트는 물이 섞이면 모래알갱이부터 돌까지 다양하고 단단한 입자들이 혼합된 콘크리트 슬러리가 된다. 돌들은 콘크리트에 압축강도를 제공하고, 모래는 돌들 사이의 빈 공간을 채워준다. 포틀랜드 시멘트 모재는 골재를 함께 잡아두는데 일반적으로 체적 비 약 15%의 시멘트를 사용하여 반드시 골재를 전부 덮어야 한다. 콘크리트의 단면은 그림 12.26에서 볼 수 있다. 크고 밝은 입자는 굵은 골재이고, 그 주위를 둘러싼 검은 부분은 골재에 접착된 포틀랜드 시멘트이다.

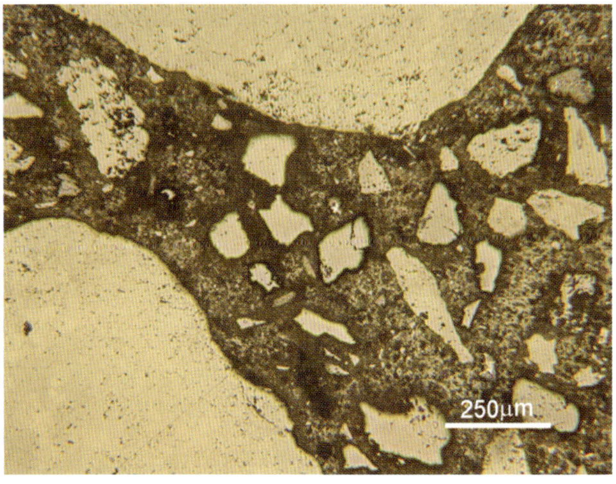

그림 12.26 골재(밝은색)와 포틀랜드시멘트(검정색)로 만들어진 콘크리트의 현미경사진

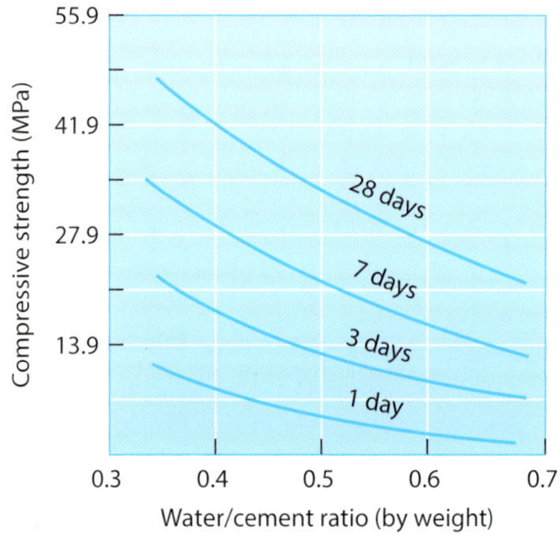

그림 12.27 물-시멘트 비율과 경화시간에 따른 콘크리트의 압축강도

콘크리트 시멘트가 경화되면서 물과 시멘트 간에 반응이 일어난다. 수화반응의 예는 다음과 같다.

$$2(3CaO \cdot SiO_2) + 6H_2O \rightarrow 3CaO \cdot 2SiO_2 \cdot 3H_2O + 3Ca(OH)_2$$

다른 수화반응은 시멘트의 다른 구성물들의 반응이다. 수화반응이 일어나면서 콘크리트가 고체화하면서 골재와의 접착이 생긴다. 시간에 따른 콘크리트의 강도나 물과 시멘트의 비율에 따른 강도가 그림 12.28에 나와 있다. 시멘트-물 비에 대해 시간이 많이 주어질수록, 수화반응이 많이 일어날수록 강도가 높아진다. 수화반응은 28일 이상 지속되지만 반응의 상당한 양은 짧은 시간동안 발생한다. 그림 12.27에 나와 있는 강도의 단위는 MPa이다. 물이 무게의 0.3 이상이면 물이 증발하면서 콘크리트에 기공이 남으므로 강도가 약해진다. 포틀랜드 시멘트는 수화성이여서 물에서도 경화가 가능하다.

콘크리트는 깨지기 쉬운 복합재료이다. 콘크리트는 인장하중이 가해질 때 인장하중의 방향에 수직한 방향의 균열의 확산으로 파괴된다. 약한 골재와 시멘트사이의 계면은 파괴되고, 파괴된 계면은 균열로 작용한다. 콘크리트안의 구멍 또한 균열로 작용한다. 콘크리트의 제작에는 다양한 서로 다른 방법이 가능하기 때문에 기계적 특성은 범위로 표시된다. 압축탄성계수는 17~50 GPa이고, 가장 중요한 특성인 압축강도는 14~40 MPa이다. 인장강도는 다른 많은 세라믹 재료들처럼 압축강도의 십분의 일인 1.4~4 MPa이다.

콘크리트가 압축될 때, 시멘트와 골재의 계면을 따라 전단균열이 확산되기 때문에 콘크리트는 한 방향으로 파괴되고, 균열의 모양은 압축력의 방향과 평행하다. 푸아송비에 의한 인장변형률 때문에 생기는 금은 압축력에 수직한 방향으로 생성된다.

건설에 쓰이는 콘크리트는 일반적으로 파괴에너지의 흡수를 증가시키기 위해 연성 금속 봉이나 철망으로 강화된다. 그림 1.5에서 콘크리트 건축물에 쓰인 금속 강화 봉을 보여준다.

12.13.3 아스팔트

도로포장에 쓰이는 **아스팔트**는 골재의 조각들과 역청으로 만든 복합재료이다. **역청(Bitumen)**은 석유에서 얻을 수 있는 비교적 약한 열가소성 고분자이다. 골재는 보통 시멘트의 것과 비슷하다. 골재의 크기의 범위는 높은 골재 충전율을 얻을 수 있어야 한다. 아스팔트 표면의 최대 경도를 얻으려면 골재의 체적

비가 가능한 한 높아야 하고, 역청과 골재가 서로 완벽하게 접착해야 한다.

재활용된 재료들은 도로를 위한 아스팔트에 쓰일 수 있다. 미국의 연방고속도로는 15%의 재활용된 유리가 포함된 골재가 고속도로에 좋은 마모를 제공한다는 것을 발견했다. 25%의 유리가 섞인 아스팔트는 기초 계층에 사용될 수도 있다. 캘리포니아 주에서는 30년 넘게 18~22%의 잘게 조각낸 타이어를 도로의 아스팔트에 고무를 입히는데 사용해왔다. 고무로 덮인 아스팔트는 ASTM기준 D6114으로 검사했다.

요약

- 복합재료는 둘 또는 그 이상의 서로 다른 재료들을 각각의 재료가 본래의 성질을 유지하게 하여 결합한 결과물이다.
- 많은 복합재료가 유리나 탄소, Kevlar, OUHMWPE같은 얇고 높은 강도를 지닌 필라멘트로 강화되었다.
- 대부분의 복합재료가 입자 또는 섬유의 강화부분과 연속적이면서 그것을 둘러싸고 있는 기지 재료로 구성되어있다.
- 에폭시나 폴리에스테르 열경화성 고분자는 상온에서 액체 수지와 경화제를 섞어 액체상태로 섬유에 침윤시킬 수 있기 때문에 복합재료 제작에 많이 사용된다. 혼합물은 짧은 시간 안에 경화되고, 단단한 고체가 된다. 열가소성 고분자와 금속은 섬유에 침윤시키기 위해 녹여서 액체 기지재료로 만든다.
- 세라믹은 원래 부서지기 쉽지만 섬유로 강화된 세라믹 모재 복합재료는 파손이 되는 동안 섬유가 모재로부터 빠져나가면서 에너지를 흡수하기 때문에 파괴저항이 증가한다.
- 강화재가 하중의 방향과 평행한 단축 복합재료에서 재료를 등변형률 모델이라고 가정하면 혼합법칙을 이용해 복합재료의 탄성계수를 구할 수 있고, 응력을 탄성계수로 나누어 복합재료의 변형률도 계산할 수 있다. 강화재와 모재의 응력은 복합재료의 변형률과 각 재료의 탄성계수를 이용해 구할 수 있다.
- 복합재료의 내부에서 전기나 열의 유동이 강화재에 평행한 방향으로 진행된다면 전기전도도와 열전도도를 혼합법칙을 이용해 구할 수 있고, 강화재에 수직한 방향으로 진행된다면 등응력 모델의 탄성계수 공식과 같은 형태의 식을 이용해서 전기전도도와 열전도도를 구할 수 있다.
- 준 등방성 특성을 얻기 위해 섬유는 0°와 90°로 배향돼서 직물로 짜인다. 이렇게 짜인 직물들을 서로 ±45°나 ±60°의 각도를 이루게 하여 층을 쌓으면 준 등방성 복합재료를 얻을 수 있다. 이렇게 직물의 층을 쌓아 만든 복합재료는 직물 층에 수직한 방향이 아주 약하다. 섬유를 무작위로 배향하여 만든 복합재료를 매트라 하는데 직물로 만든 복합재료만큼 강하지는 못하다. 다층 복합재료나 굽힘 저항 매트 복합재료를 가볍고 가운데가 빈 벌집구조물의 양면에 붙여서 복합재료 판을 만든다.
- 복합재료 중 하중과 섬유사이의 각도가 0, ±60°, ±90° 일 때, 인장응력을 가해도 전단변형이 일어나지 않는데 이를 균형 잡힌 복합재료(balanced composites)라고 한다. 만약 섬유 층의 각도가 0°, 60°, 120°, 120°, 60°, 0°일 때, 복합재료는 균형이 잡히고 한 면에 대해 위아래가 같은 대칭이 된다.
- 많은 복합재료가 제작과정의 편의성 때문에 짧거나 잘게 잘린 섬유로 만들어진다. 잘게 잘린 섬유는 생산단가를 낮추기 위해 액체로 된 기지 재료에 넣어져 액체상태로 뿌려지거나 열가소성 고분자처럼 틀에 넣어져서 변형된다. 단섬유 복합재료는 섬유 끝에서 응력이 줄어들기 때문에 같은 체적 비를 가지는 연속섬유 복합재료만큼의 하중용량을 가질 수 없다. 섬유의 종횡비가 10이면 부하용량은 약 5%로 줄어든다.
- 섬유가 임계 길이일 때 단섬유의 중앙부분의 축 방향 응력의 크기는 연속섬유 복합재료와 같고, 섬유의 끝부분으로 갈수록 0으로 감소한다.

- 단축 복합재료에서 횡 방향 강도를 계산할 때, 섬유가 있는 공간을 구멍으로 가정하면 실험결과와 비슷한 결과를 얻을 수 있다.
- 단축 복합재료를 섬유방향에 평행하게 압축했을 때 보이는 파괴양상에는 두 가지가 있다. 하나는 섬유가 킹크밴드를 형성하면서 휘는 것이고, 다른 하나는 푸아송 비에 의해 생기는 변형률 때문에 섬유와 모재사이의 계면에 균열이 생기는 것이다.
- 단축 복합재료의 횡 방향 압축강도는 섬유에 평행한 방향의 압축강도보다 훨씬 약하다. 섬유는 모재에 분산강화와 유사하게 횡 방향 압축강도를 제공한다.
- 단섬유 복합재료에서도 장섬유 복합재료에서 관찰되었던 파괴양상들을 모두 볼 수 있다. 게다가 섬유가 기지재료부터 빠져나가면서 섬유 끝에서 섬유와 모재사이의 접착이 끊기는 것을 볼 수 있다.
- 기지재료와 강화재의 열팽창계수가 다르기 때문에 온도의 변화가 있을 때 복합재료 내에 내부응력이 생긴다.
- 단축 연속섬유 복합재료를 제작하는 방법에는 풀트루전, 필라멘트 와인딩 등이 있다.
- 프리프레그는 섬유테이프에 액체상태의 에폭시나 폴리에스테르를 경화제와 섞은 것을 침윤시킨 것이다. 프리프레그는 경화를 막기 위해 즉시 냉장시켜야 한다. 상온에서 경화가 진행되기 때문에 냉장고에서 꺼내면 즉시 사용해야 한다.
- 연속섬유 직물 복합재료의 성형 법은 손으로 금형에 쌓는 것과 공기압을 이용하는 방법, 수지 주입 법 그리고 진공 배깅법이 있다.
- 나무는 압축이나 굽힘에 자주 활용되는 단축 복합재료이다. 나무의 강도는 고분자 리그닌에 단단하게 박힌 결정화된 셀룰로오스 세포들로부터 생긴다. 나무의 기계적 특성은 매우 큰 이방성을 가지기 때문에 등방성 재료로 만들기 위해 여러 층을 방향을 다르게 쌓아서 합판 형태로 만든다.
- 콘크리트는 가는 모래부터 굵은 돌까지 다양한 크기의 강화재가 섞인 수화된 포틀랜드 시멘트이다. 포틀랜드 시멘트와 물, 골재가 같이 섞이면 골재를 잡아두면서 고체 콘크리트가 되는 수화반응이 일어난다. 콘크리트는 깨지기 쉬운 복합재료인데 인장강도가 압축강도의 십분의 일밖에 되지 않는다. 건설에 쓰이는 콘크리트는 일반적으로 파괴에너지의 흡수를 증가시키기 위해 연성 금속 봉이나 철망으로 강화된다.
- 아스팔트는 골재의 소삭들과 역청으로 만든 복합재료이다. 재활용 유리와 잘게 잘린 고무타이어가 도로의 아스팔트에 사용된다.

CHAPTER 13

재료의 가공

Materials Processing

이 장에서 이해해야 할 것

- 연성 재료를 최종 모양으로 변형시키기 위한 과정
- 초소성 성형
- 금속 주조 기술
- 단결정 금속과 세라믹을 만드는 기술
- 단단한 금속과 세라믹을 위한 분말법
- 금속과 세라믹을 위한 용접, 경납접, 연납접의 기술
- 취성인 세라믹을 성형하는 과정
- 플라스틱을 성형하고 연결하는 과정

경도의 증가 없이 큰 두께 감소가 요구될 때
강은 열간압연 된다.

© Rhea Eason/Alamy

MATERIALS SCIENCE AND **ENGINEERING PROPERTIES**

13.1 소개

이 장에서는 변형, 주조, 분말, 입자, 접합 기술을 이용하여 어떻게 재료를 원하는 모양으로 만드는 지에 대해서 다룬다. 또한 단결정이 어떻게 만들어지는 지를 공부한다. 강이 용광로에서 만들어지는 등의 재료의 원래 생성 과정은 다루지 않는다. 재료는 구입할 수 있다고 가정하고 재료를 원하는 모양의 부품으로 만드는 것이 공학자의 역할이다. 드릴링(drilling)이나 밀링(milling)처럼 재료를 절삭하는 처리 작업에 대해서도 다루지 않는다. 이윤을 창출할 수 있는 가격으로 부품이 생산되어야 하기 때문에 재료를 가공하는 계획은 설계 과정에 포함되어 있어야 한다. 선택된 재료가 부적절하게 가공이 되면 원하는 특성이 결여되므로 부품은 설계 사양을 만족하지 않을 수도 있다. 예를 들면, T6 처리를 거친 고강도의 알루미늄 합금을 구매하여 원하는 모양으로 변형시키기 위해 가열하면 시효처리 되고, 과시효 되면 강도가 감소한다. 공학자는 재료의 특성에 대한 가공의 효과를 잘 알고 있어야 한다.

13.2 금속의 가공

연성인 금속은 녹이지 않고 변형시켜 모양을 만든다. 초소성인 금속은 1000%처럼 극도로 큰 변형률을 겪는다. 초소성 성형(superplastic forming, SPF)은 보통 금속의 절대 녹는점의 절반 이상의 온도에서 일어난다. 마그네슘 및 납과 같이 낮은 온도에서 녹는 금속은 주조를 하여 원하는 모양을 만든다. 초합금과 같이 변형 가공을 할 수 없는 매우 단단한 금속도 또한 주조를 하여 원하는 모양을 만든다. 쉽게 변형되거나 주조되지 않는 매우 단단한 금속은 금속분말법으로 가공된다.

13.2.1 금속의 변형가공

연성의 고체 금속을 최종 모양으로 만드는 가공은 그림 13.1과 같이 압연, 단조, 압출, 인발, 스탬핑 등이 있다. 그림 13.1a의 **압연**(rolling)은 두 개의 롤 사이에서 재료를 압축하여 두께를 감소시킨다. 막대, 시트, I 빔, U 채널, 철도 레일과 같이 개방된 모양의 부품은 그에 맞는 모양의 롤로 압연된다. 알파벳 "C"와 같이 닫힌 모양의 부품은 압연이 불가능하다.

그림 13.1b의 **단조**는 금속을 압축하거나 두들겨서 3차원 형상을 만든다. 자유단조(open-die forging)에서 재료는 변형이 되지만 단조된 면에 특정한 모양이 새겨지지 않는다. 금형은 재료에 힘을 가해 모양을 만든다. 자유단조는 다른 형태의 성형법의 전 단계 과정으로 쓰일 수 있다. 밀폐형 단조(close-die forging)에서는 부품의 모양이 금형에 새겨져 있다. 가하는 힘은 주로 압축력이고 금속에 어떤 크랙도 형성시키지 않으므로, 단조는 높은 파단강도를 가지는 부품을 생산해낸다. 공구나 피스톤 로드같이 고강도가 필요한 부품은 단조로 생산된다.

압출(extrusion)에서 재료는 힘을 받아 금형의 구멍을 통하여 원하는 모양이 된다. 그림 13.1c의 위는 직접 압출을, 아래는 간접 압출을 보여준다. 직접 압출은 튜브 밖으로 치약을 짜내는 것과 같다. 이음매가 없는 파이프, 튜브, 막대, "U"나 "I" 같은 모양이 압출되며, 닫힌 모양도 압출될 수 있다.

그림 13.1d의 **인발**(drawing)에서 금형을 통하여 금속이 끌어 당겨져서 단면적이 감소한다. 와이어, 막대 및 튜브 등이 인발된다. 인발은 높은 가공경화를 가지는 금속에서만 행해진다. 인발된 금속의 기하학적인 안정성을 위해서 응력이 항복응력 아래에 있어야 한다. 그러나 금속이 금형을 통과하기 위해서는 응력은 항복응력 위에 있어야 한다. 금속에 많은 양의 변형경화가 있으면 가능하다. 인발된 금속에 가해지는 힘은 공급 금속에 전달되어 응력을 만든다.

그림 13.1e의 **스탬핑**(stamping)에서 금속 시트는 펀치(punch)로 금형에 압축된다. 자동차의 강 펜더나 문 패널이 스탬핑으로 만들어진다. 스탬핑에서 고려해야 할 사항은 스프링백(spring-back)이다. 금형에서 힘이 제거될 때, 스프링백 탄성회복이 부품의 모양을 금형의 모양과 다르게 만든다. 스프링백은 금형의 모양 설계 시 반영되어야 한다.

13.2.2 금속의 냉간가공(cold-working)

순수한 구리, 알루미늄, 저탄소강과 같은 연성인 재료는 재결정 온도 또는 녹는점의 절반보다 낮은 온도에서 변형가공에 의하여 **냉간가공** 된다. 경동(hard copper)이라 불리는 직선 구리 배관은 냉간가공 된다. 냉간가공은 금속에 변형경화를 일으키고 연성을 감소시킨다. 강도의 증가나 적은 변형이 필요할 때 냉간가공이 이용된다. 냉간가공으로 훌륭한 치수공차 및 좋은 표면처리가 가능하다. 자동차 차체의 강판은 냉

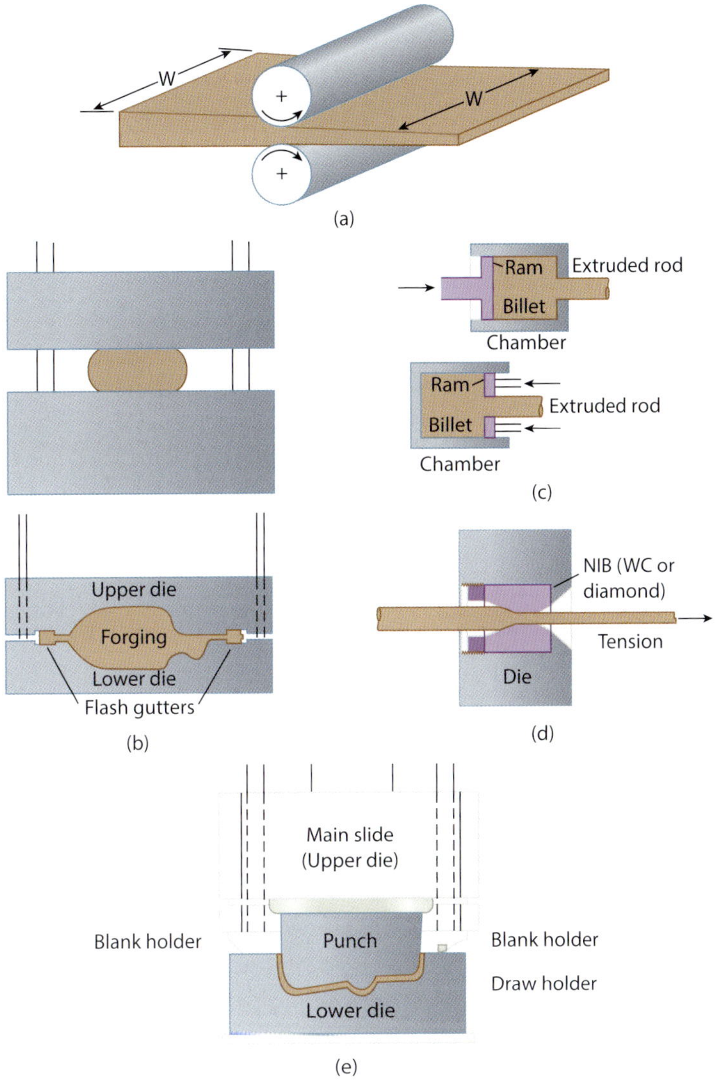

그림 13.1 금속 변형가공의 모식도. 가공되는 금속은 살색의 재료이다. (a) 압연. (b) 위 부분은 자유단조, 아래 부분은 밀폐형 단조이다. (c) 위 그림은 직접 압출, 아래 그림은 간접 압출을 나타낸다. (d) 인발. (e) 스탬핑
(Based on Meyers, M.A., and Chawla, K. K., Mechanical Behaviors of Materials, 2nd Edition. Cambridge University Press, 2009, Fig. 6.1.)

간압연되어 항복강도가 거의 10배 증가한다. 냉간압연으로 야기되는 재료의 결정립 변형의 모식도가 그림 13.2a에 나타나 있다. 냉간가공에서는 금속의 전체 치수 변화에 비례하여 결정립이 변형한다. 재결정 온도 이하의 온도에서 변형된 결정립에 회복이 일어날 수 있다.

몇 가지 금속은 냉간가공에 적합하지 않다. 티타늄 합금이나 HSLA 강과 같은 고강도 금속은 너무 단단해서 냉간가공을 할 수 없다. 마그네슘과 같이 육각형 결정을 가지는 금속은 제한된 수의 슬립계를 가진다. 그래서 마그네슘은 낮은 온도에서 제한된 연성을 가지고, 오직 작은 정도의 냉간가공만 가능하다.

냉간가공은 재료 내부에 잔류응력을 발생시킨다. 예를 들어, 압연은 시트의 표면에서 압축응력을, 시

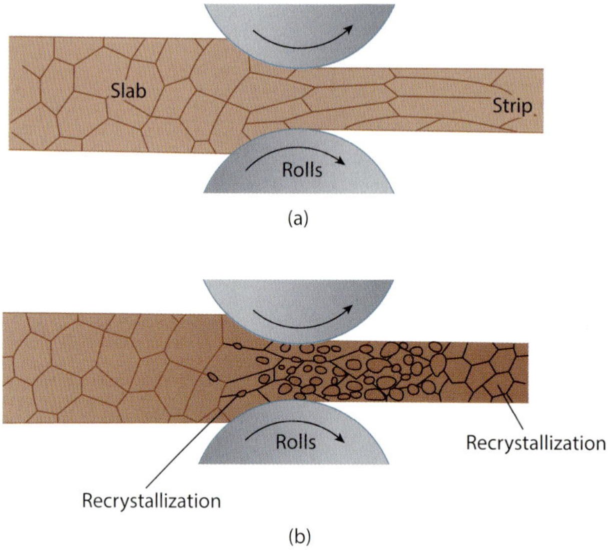

그림 13.2 (a) 금속을 스트립으로 냉간압연 후 결정립의 모습, (b) 압연 중 및 후에 재결정을 보이는 열간압연 후 결정립의 모습

트 중심에서는 인장응력을 발생시킨다. **잔류응력**은 내부응력의 형태이며, 냉간가공 후에 존재하기 때문에 "잔류"라고 불린다. 잔류응력은 장점도 있다. 예를 들어, 압축응력이 존재할 때 피로 크랙은 덜 발생한다. 가공의 결과로 표면이 압축응력을 가지도록 부품을 설계하면 공학자는 잔류응력을 이용할 수 있다.

잔류응력은 텍스처(texture) 및 호의적인 방향성(preferred orientation)을 야기한다. 그림 13.2a에서 보듯이 금속의 냉간가공 중 결정립은 변형되고 **텍스처**를 유발한다. 금속에서 소성변형은 가장 조밀하게 충진된 면에서 가장 조밀하게 충진된 방향으로 슬립에 의해서 발생한다. 가장 조밀하게 충진된 방향이 변형 방향으로 회전되는 경향이 텍스처를 발생시킨다. 호의적인 방향성은 재결정에 의해서 제거되지 않는다.

텍스처와 호의적인 방향성은 탄성계수, 항복강도, 극한인장강도, 인성 및 파괴인성 등의 금속의 성질에 이방성을 부여한다. 예를 들면, α−철의 탄성계수는 $\langle 111 \rangle$ 방향에서 276 GPa, $\langle 100 \rangle$ 방향에서 129 MPa이지만, 임의적인 결정립 방향성을 가지는 다결정 α−철에서 탄성계수는 209 GPa이다. 압연된 철에서 발견되는 하나의 호의적인 방향성은 압연 축과 평행한 $\langle 100 \rangle$ 방향에 있다. 이 방향성은 압연방향과 평행인 방향에 낮은 탄성계수를 가지도록 한다. 또한 Kaufman, Shilling, Nelson에 따르면, 두께가 0.045 m로 가공된 7075−T651 알루미늄 판에서 압연방향과 수직이고 판의 횡방향으로 전파하는 크랙에 대해서 K_{Ic} 값은 29.7 MPa(m)$^{1/2}$이고, 판의 두께에 수직이고 판의 횡방향으로 전파하는 크랙에 대해서 K_{Ic} 값은 17.8 MPa(m)$^{1/2}$이다.

냉간가공은 전위밀도를 증가시키고 전위는 전자를 산란시켜 금속의 전기전도도를 감소시킨다. 그러나 전력 수송을 위한 전기선에서 그 정도의 전기전도도 감소는 용인되므로 인장강도를 증가시키기 위해서 냉간인발 된다.

냉간가공으로 금속 제품을 생산하기 위해서 큰 변형이 필요할 때 금속이 냉간가공 되는 동안 너무 단단해지면 어닐링(annealing)을 시킬 필요가 있다. 어닐링은 금속을 무르게 하고 연성을 회복시킨다.

13.2.3 금속의 열간가공

그림 13.2b에서 보이는 것처럼 재결정 온도 또는 절대 녹는점의 50% 위에서 금속은 **열간가공** 된다. 높은 온도에서 변형을 발생시키는데 필요한 힘은 감소하고 소성변형률 속도는 증가한다. 금속이 너무 강해서 냉간가공 하기 어렵거나 큰 변형이 필요한 경우 금속은 열간가공 된다. 그림 13.2b는 변형하는 동안 재결정이 시작되고 변형 후에도 계속 되는 금속을 보여준다. 변형하는 동안 재결정을 겪은 금속은 니켈, 구리, 황동, γ−철 같은 FCC 금속을 포함한다.

몇 가지 재료는 열간가공을 하는 동안 높은 회복속도를 보이고, 결과적으로 재결정 하지 않는다. 열간가공 시 높은 회복률을 겪은 금속은 그림 13.2a에서 보인 대로 가공방향으로 신장된 결정립을 가진다. 이러한 금속은 알루미늄과 같은 FCC 금속과 α−철과 같은 BCC 금속, 지르코늄과 같은 HCP 금속을 포함한다. 회복은 변형된 후 뜨거운 금속에서 또한 일어난다. 변형 후 회복은 로에서 일어나는 회복과 같다.

열간가공을 하는 동안 금속은 회복하거나 재결정 하므로 가공경화 되지 않는 동시에 소성변형에 의해 가공경화 한다. 열간가공의 결과 강도나 연성의 증가는 없다. 그러나, 금속의 강도는 결정립 크기의 변화에 의해 변한다. 두꺼운 주괴는 열간가공으로 얇은 시트로 계속적으로 축소될 수 있다. 열간가공된 금속이 재결정 하더라도 등방성은 아니다. 가공과정은 2차 상 입자와 삽입물을 가공방향으로 신장시킨다. 압축 열간가공은 공공을 닫고 표면을 확산접합 시켜 효과적으로 공공을 제거하고 파단강도를 향상시킨다.

산화된 열간가공 금속은 제거되어야 하는 표면 산화물을 만든다. 이는 보통 산 세척을 통해서 이루어진다. 산화물이 없어져야 하고 냉각 시 열수축을 고려해야 하면 열간가공에서 면밀한 치수공차를 유지하는 것은 어렵다. 베릴륨, 텅스텐과 같이 산소와 매우 반응성이 좋은 금속은 불활성 기체 분위기에서 열간가공 된다.

13.2.4 금속과 세라믹의 초소성 성형

초소성 성형(SPF)은 금속과 세라믹을 원하는 모양으로 초소성 변형을 시키는 것이다. 티타늄은 다른 변형가공에 의해 성형하기 어렵기 때문에 항공기의 프레임과 외피를 생산하는 데 SPF가 채택되었다. 큰 변형률로 최종 치수에 가까운 복잡한 형상이 성형된다. 9.4.4절에서 초소성의 이론과 필요한 조건에 대해서 다루었다. 몇 가지 알루미늄, 철, 티타늄 합금 및 세라믹은 절대 녹는점의 50% 위의 온도에서 초소성이며 이를 표 9.3에 나타내었다. 초소성 변형률은 4900%만큼 클 수 있다. 초소성은 결정립계 미끄럼과 비슷한 고온 변형과 고온 크리프를 발생시키는 결정립계를 따르는 원자의 확산적 흐름 때문이다. SPF에서 변형률 속도는 전형적으로 $10^{-3}\ s^{-1}$인데 이것이 SPF의 단점 중의 하나이다. 재료가 서서히 변형하여 원하는 모양이 되는 시간은 수 시간이 될 수 있다. 그림 13.3에 나타낸 것처럼 SPF를 진공이나 고압가스와 결합하여 최종 형상에 도달하는데 걸리는 시간을 줄일 수 있다. 진공과 불활성 가스는 티타늄에서 산소의 흡착을 낮춘다. 또한 고용융점 금속과 세라믹의 SPF에 필요한 고온은 또 하나의 단점이다. 그러나 고온 때문에 SPF는 13.2.8절에서 다룰 확산접합과 자주 함께 쓰인다.

13.2.5 금속의 주조

주조에서는 액체 금속이 주형 속에서 원하는 모양대로 성형되고 냉각되어 고체가 된다. 주형은 액체에 형상을 제공한다. 주조되는 납, 아연, 알루미늄, 마그네슘과 같은 몇몇 금속은 낮은 녹는점을 가진다. 주철과 터빈 블레이드 재료와 같은 금속은 변형가공을 하기에는 너무 단단하기 때문에 주조된다. 또한 변형가

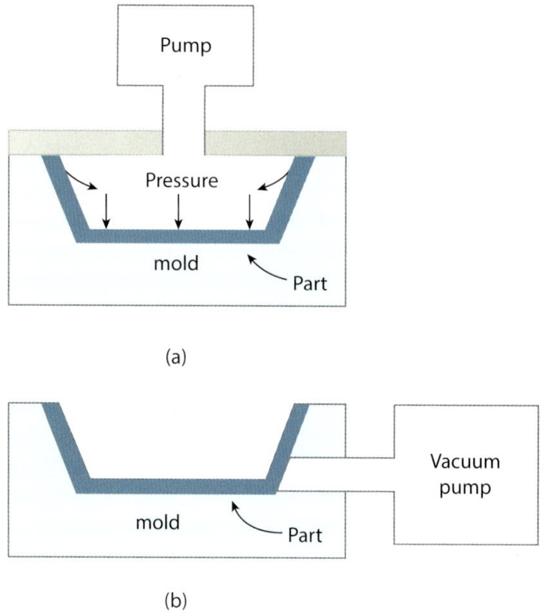

그림 13.3 (a) 가스펌프에 의한 고압 가스와 결합된 초소성 성형(SPF). 부품은 진한 모양이다. 평판으로 시작하여 “U” 모양으로 변형한다. (b) 진공과 결합된 SPF. 압력이나 진공을 유지하기 위해 밀폐되어야 한다.

공을 할 수 없는 복잡한 형상을 가지는 제품도 주조된다. 다양한 주조 기술의 모식도가 그림 13.4에 나타나 있다. 금속의 주조 기술은 사형주조, 영구주형주조, 인베스트먼트 주조를 포함한다. 그림 1.34 a와 b에 보인 사형주조에서 모래와 결합재를 혼합하여 원하는 형상을 가지는 모형을 감싸서 주형을 만든다. 그러고 나서 그림 13.4a처럼 주형은 분리되고 13.4b처럼 모형이 제거되어 액체 금속이 부어질 공간을 형성한다. **사형주조**에서 주형을 건드리지 않고 모형을 제거하는 것이 가능해야 한다. 이 점이 주조될 수 있는 모양을 제한한다. 주조된 부품이 탈거될 때, 사형 주형은 보통 파괴된다.

그림 13.4c에서 보이는 것과 같은 영구적인 금속 주형은 재사용이 가능하다. 이 점을 제외하고는 영구주형주조는 사형주조와 비슷하다. 주형은 부품으로 쓰일 금속의 녹는점보다 훨씬 높은 녹는점을 가지는 재료로 만들어져야 한다. 내연기관에 쓰이는 피스톤은 영구주형에서 주조된다. 주형이 영구적이려면, 부품이 탈거되기 쉬워야 한다. 이 점이 영구주형으로 만들 수 있는 형상을 제한한다. 금속의 다이캐스팅(die-casting)이 그림 13.4d에 보인다. 다이캐스팅에서 액체 금속이 압력 하에서 원하는 형상의 공간을 가지는 금형 속으로 주입된다. 금형은 수많은 부품을 만들기 위해서 재사용 된다. 그래서 다이캐스팅에서 금형 또는 부품 형상은 재사용 주형과 같은 한계점을 가진다.

주형으로부터 쉽게 탈거되지 않는 복잡한 형상은 인베스트먼트 주조를 이용한다. 그림 13.3e에 보인 인베스트먼트 주조는 로스트 왁스(lost-wax) 기술을 이용한다. 원하는 부품의 형상이 왁스, 고분자, 금속과 같은 저용융점 재료로 만들어진다. 원하는 형상을 가지는 저용융점 재료는 세라믹 재료의 슬러리(slurry)로 코팅된다. 슬러리가 건조되어 가주형(green mold)이 된다. 높은 온도로 가열하여 세라믹을 소결시키고 저용융점 재료를 녹인다. 액체가 주형 밖으로 흘러 나와 원하는 형상의 공간을 남긴다. 액체 금속이 주형 속으로 주입되고 원하는 모양으로 응고된다. 세라믹 주형은 부품을 탈거하기 위해서 파괴되어야 한다.

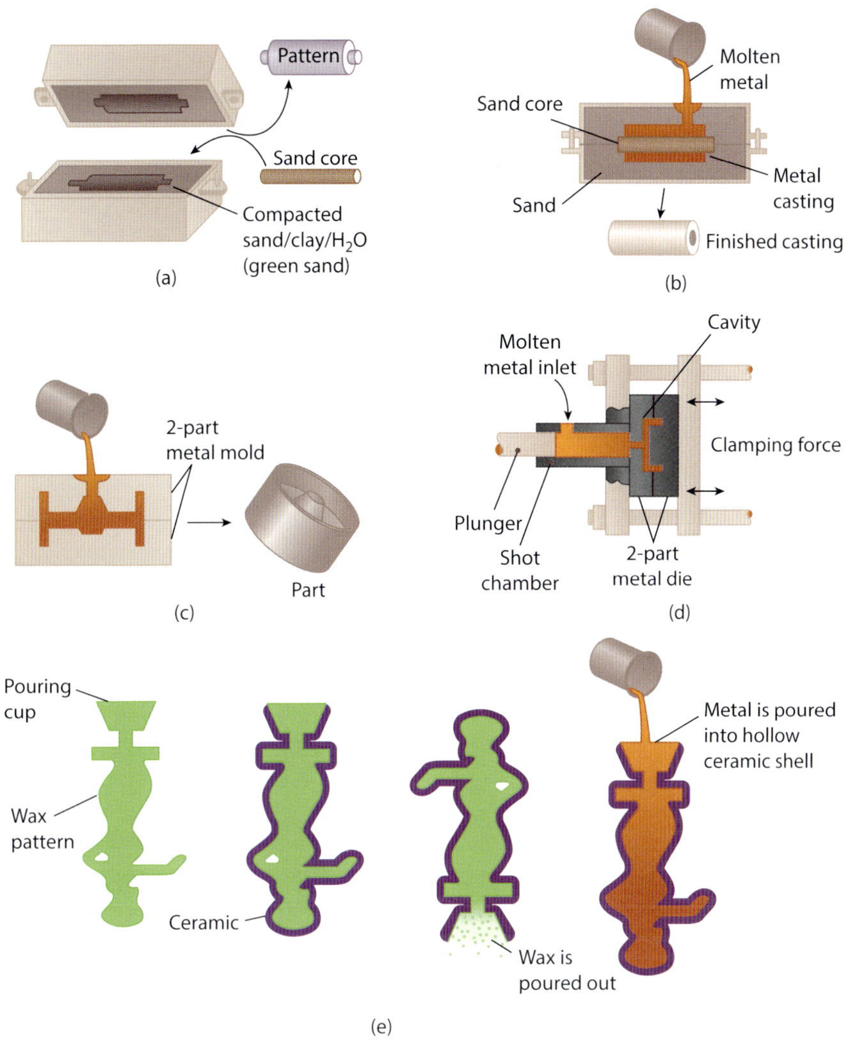

그림 13.4 금속의 주조 절차. (a) 시편 모양을 형성하는 사형주형과 모형, (b) 모형이 제거된 사형주형에 액체 금속의 주입, (c) 영구주형과 그 결과물 부품, (d) 금속 금형을 가지는 다이캐스팅, (e) 인베스트먼트 주조는 맨 위 부분을 제외하고 세라믹을 씌운 왁스나 고분자 모형으로 시작한다. 열이 왁스나 고분자를 제거하고 세라믹을 소결시킨다. 액체 금속이 세라믹 주형에 주입된다. *(Based on Askeland, D.R., Fulay, P.P., and Wright, W.J., The Science and Engineering of Materials, 6th ed., Cengage Learning, Stamford, CT. (2011), p. 352.)*

액체 금속이 공간을 채우는 경로가 확보되는 한 매우 복잡한 형상도 **인베스트먼트** 주조가 가능하다. 몇몇의 가스터빈 블레이드는 인베스트먼트 주조로 만들어진다.

13.2.6 금속과 세라믹을 위한 분말법

너무 단단하여 소성 변형될 수 없는 금속과 매우 높은 녹는점을 가지는 금속이나 세라믹은 분말법(powder techniques)으로 가공한다. 코발트와 탄화텅스텐으로 만든 카바이드 절삭공구에서처럼 금속이 세라믹과 혼합될 때 분말법이 필요하다. 특히 산화토륨이나 산화이트륨이 분산되어 고온 가스터빈을 만드는 몇 가지 합금은 분말법으로 생성된다.

분말법에서 금속과 세라믹 분말은 압착되어 원하는 모양인 **압분체**(green compact)를 형성한다. 그러고 나서 높은 온도에 노출되면 그림 13.5에 보인 것처럼 소결에 의해 분말 입자가 서로 결합한다. 소결은 7.3.2절에서 다루었다. 입자 표면은 낮은 에너지를 가지는 결정립 또는 상경계에 의해 대체된다. 또한 그림 13.5에서 모식적으로 보인 것처럼 확산은 원자를 이동시켜 공공의 크기를 줄인다. 그러나 분말 가공된 부품에서 모든 공공을 제거하는 것은 극도로 어렵다. 최종 부품의 파단인성을 최대화 하기 위해서 공공의 크기는 가능한 최소 크기가 되어야 한다. 반응성 금속의 소결은 불활성 기체 분위기에서 행해진다. 또한 탄화물 같은 몇 가지 세라믹은 산소와 반응하므로 불활성 기체에서 가공된다. 산화물은 공기 중에서 가공된다. 열간 정수압 **소결법**(hot isostatic pressing)에서 금속이나 세라믹은 압력 하에서 가열되고 **열압법**(hot pressing)에서 금속이나 세라믹은 가열되고 단축 방향으로 압축된다. **액상 소결**(liquid-phase sintering)에서 재료 혼합물 속에 존재하는 적은 양의 재료가 녹아 고체 상을 적신다. 액상은 입자 결합과 밀도를 높이는 데 도움이 된다.

13.2.7 금속과 세라믹의 단결정 성장

단결정 재료는 16장에서 다룰 집적 전기회로에서 실리콘, 18장에서 다룰 루비와 *pn*접합 레이저 재료, 고성능 태양광 전지, 9.4.1절에서 다룬 고성능 가스터빈 블레이드 등의 응용에 사용된다. 그림 13.6의 단결정을 성장시키는 Bridgeman-Stockbarger법에서 바닥에 뾰족한 끝을 가지고 액체 금속을 담고 있는 도가니(crucible)가 낮아져 고온부를 벗어나고 액체-고체 평형 온도 아래의 온도로 떨어진다. 도가니는 알루미나처럼 매우 안정한 고온 재료로 되어 있다. 도가니가 로의 저온부로 낮아지면서 뾰족한 끝에 있는 금속이 먼저 응고한다. 이때 오직 하나의 결정이 도가니의 뾰족한 끝에서 핵을 이루고 이 결정만 성장되어야 한다. 녹지도 않고, 성장하는 결정과 반응하지 않아야 하는 도가니 속에 재료가 존재 때문에 Bridgeman-Stockbarger법은 금속이나 다른 저용융점 재료에 사용된다.

단결정 터빈 날개는 **Bridgeman-Stockbarger**법을 수정하여 형성된다. 그림 13.7에 보인 대로 날개 아래 코일 부분과 함께 터빈 날개 모양이 인베스트먼트 주조로 만들어진다. 액체 금속을 포함하는 인베스트먼트 주형은 그림 13.6처럼 로를 통해 낮아진다. 그림 13.7의 "냉각"이라고 표시된 부분의 금속은 녹는점 아래로 냉각되고 많은 결정들이 응고한다. 그러나 코일 부분은 인베스트먼트 주형이 낮아지면서 오직 하

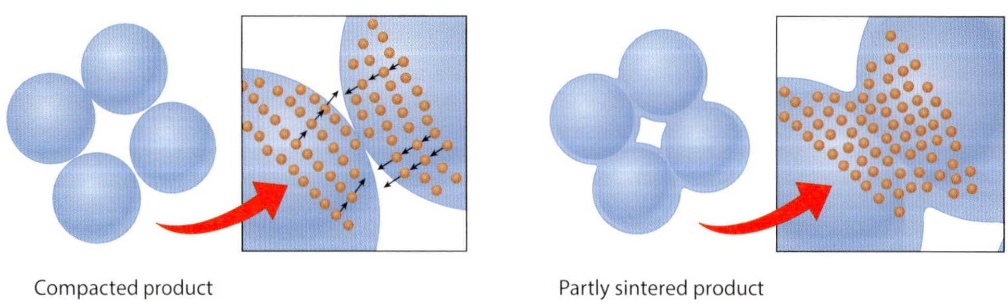

그림 13.5 소결의 모식도. 왼쪽 그림에서 금속이나 세라믹 입자는 압착되고, 오른쪽 그림에서 가열되고 원자(오렌지색)의 확산이 입자 사이의 표면을 제거하여 서로 결합시킨다. *(Based on Askeland, D.R., Fulay, P.P., and Wright, W.J., The Science and Engineering of Materials, 6th ed., Cengage Learning, Stamford, CT. (2011), p. 183.)*

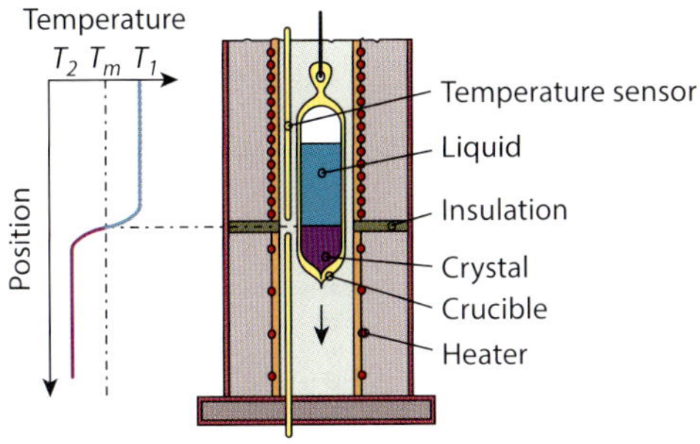

그림 13.6 단결정을 성장시키는 Bridgeman–Stockbarger법의 모식도 *(Based on https://commons.wikimedia.org/wiki/File:Bridgman-Stockbarger-Verfahren.svg)*

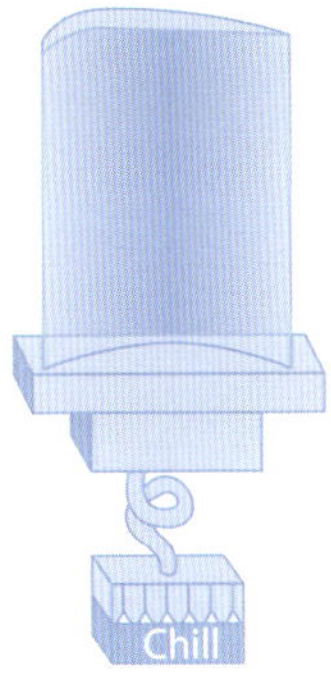

그림 13.7 단결정 터빈 날개 성장의 모식도 *(Based on Askeland, D.R., Fulay, P.P., and Wright, W.J., The Science and Engineering of Materials, 6th ed., Cengage Learning, Stamford, CT. (2011), p. 357.)*

나의 결정만 코일을 통과해 자라도록 설계된다. 그 결과물은 그림 9.12에 보인 단결정 터빈 날개이다.

다른 형태의 단결정 성장은 그림 13.8에 보인 **Czochralski**법(CT)이다. CT에서 작은 단결정 또는 씨앗이 액체 재료 속으로 낮아진다. 씨앗은 다시 액체 바깥으로 당겨져 재료의 녹는점 바로 아래의 영역으로 들어간다. 로의 온도는 위치에 대한 함수로 왼쪽에 나타나 있다. 모세관 인력이 씨앗 결정 위에 있는 액체를 당긴다. 새로운 재료의 성장은 씨앗 결정에 있는 원자와 결정학적으로 정렬한다. 존재하는 결정성 재료와의 새 결정 재료의 정렬을 **에피택셜** 성장(epitaxial growth)이라고 한다. 이 기술은 금속, 실리콘 그리고 루비의 단결정을 성장시키는 데 사용된다. 이 방법의 한 가지 장점은 성장하는 결정이 도가니와 접촉하지 않는다는 점이다. 단결정 실리콘이 그림 13.9에 나타나 있다. 이 방법으로 지름 30 cm까지 단결정 재료가 생성된다. 결정 재료는 얇게 잘려 웨이퍼가 되고 전자시스템을 위한 집적회로와 태양전지를 만들도록 가공된다. 터빈 날개처럼 복잡한 형상은 CT법으로 만들지 못한다.

13.2.8 금속의 접합: 용접, 경납접, 연납접

하나의 고체 조각으로 원하는 제품을 만드는 것이 불가능하거나 이득이 없을 때가 있다. 이런 경우 부품은 여러 조각이 함께 접합되어 최종적으로 원하는 제품이 된다. 이 절에서 다루게 될 재료를 접합하는 공정은 용접, 경납접, 연납접을 포함한다. 볼트나 리벳을 사용하는 공정은 이 책에서 다루지 않는다. 그

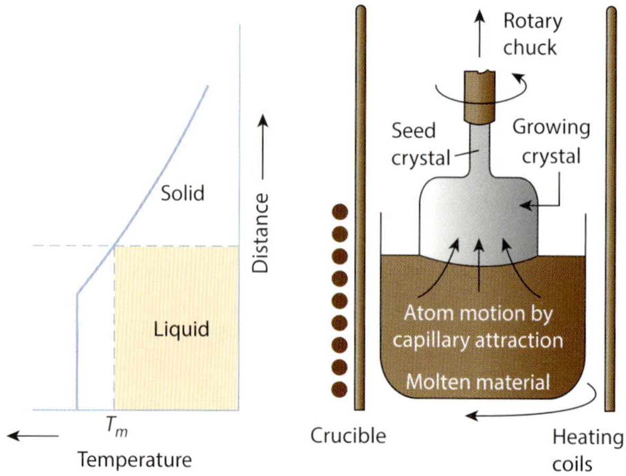

그림 13.8 액체 재료, 성장하는 고체 단결정, 씨앗 결정을 보여주는 Czochralski법의 모식도
(Adapted from Askeland, D. R., Fulay, P. P., and Wright, W. J., The Science and Engineering of Materials, 6th ed., Cengage Learning, Stamford, CT (2011), p. 745.)

림 13.10에서 모식적으로 보인 **용융용접**(fusion welding)에서 금속 부품은 접합부 부근에서 녹고, 녹은 충진 금속이 용접부에 추가될 수 있다. 두 개의 금속 조각을 연결하기 위해서 녹은 금속이 응고하는 **용융부**가 그림 13.10b에 표시되어 있다. 용접봉 형태의 충진 금속은 균일한 표면을 제공하는 데 사용된다. 충진 금속은 기지 재료와 비슷하다. 그리고 녹지 않으나 금속의 특성이 열에 의해 변화되는 **열영향부**(HAZ, heat-affected zone)가 있다. 금속이 냉간가공 되었으면 HAZ에서 강도는 감소한다. 석출경화가 있으면

그림 13.9 Czochralski법으로 성장된 단결정 실리콘 *(Peter Sobolev / Shutterstock.com)*

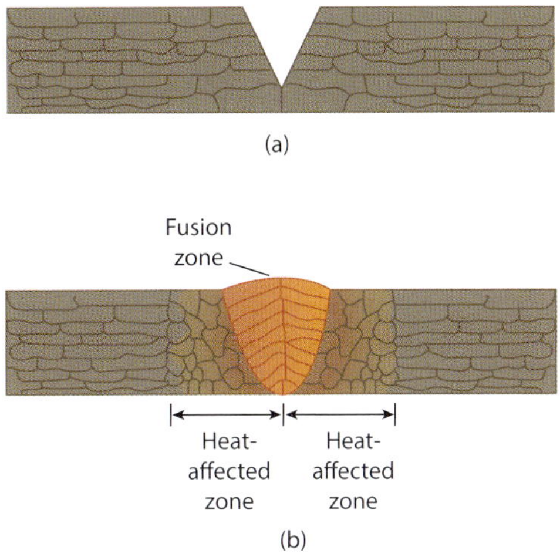

그림 13.10 (a) 용융용접으로 연결될 두 부품. (b) 용융부와 열영향부를 보여주는 용접된 두 부품
(Based on Askeland, D.R., Fulay, P.P., and Wright, W.J., The Science and Engineering of Materials, 6th ed., Cengage Learning, Stamford, CT. (2011), p. 361.)

HAZ에서 석출물이 변한다. 이런 이유로 고도로 냉간가공 되거나 석출경화된 합금을 용접하는 것은 추천되지 않는다. 석출경화된 알루미늄 합금은 고용체 원자가 HAZ에 남아 있으므로 용접에 적합하다. 용접할 재료는 산소 아세틸렌 토치, 전자빔 또는 레이저로 가열된다. 이 세 가지 방법에서 충진 금속은 별도의 막대모양이다. 금속 전기 아크용접에서 금속 전극이 소모되면서 충진 금속을 제공한다. 이형의 금속이 용접될 수 있지만, 보통 같은 형태의 금속을 접합할 때 용접이 사용된다. 알루미늄과 티타늄 합금은 녹는점까지 가열될 때 산소와 빠르게 반응하기 때문에 불활성 기체 분위기에서 용접되어야 한다.

다른 형태의 용융용접은 **마찰용접**이다. 마찰용접에서 한 부분은 높은 주기로 회전하고 다른 부분은 정지 상태에 있거나 반대 방향으로 회전한다. 두 부분이 맞대어지고 서로 문질러져서 생기는 마찰이 접촉면에서 재료를 가열하고 녹여서 용접된다. 마찰용접에서 충진 금속은 없다. 마찰용접의 예는 강 막대를 회전시키면서 힘을 주어 반대로 회전하는 강 디스크에 붙이는 것이다.

그림 13.11a에 모식적으로 보인 **저항용접** 또는 점용접에서 전극과 용접될 두 개의 금속 판의 작은 부분을 통해 전류가 흐른다. 그림 13.11b와 같이 용접을 하는 동안 전극이 시드에 입력을 가한다. 경계면은 더 높은 저항을 가지므로 두 금속판의 경계면에서 주로 열이 발생한다. 이렇게 두 금속이 점에서 용융된다. 점용접의 결과는 그림 13.11c에서 보이는 것처럼 두 판 사이의 점 용융부이다. 점용접에서는 충진 금속이 필요 없다. 오직 필요한 준비는 용접될 표면을 깨끗이 하는 것이다. 강판은 점용접이 되는 주요 금속이다. 점용접은 자동차 강 섀시를 만드는데 광범위하게 사용된다. 알루미늄이나 티타늄과 같이 산화 때문에 불활성 기체 분위기를 필요로 하는 금속은 점용접을 할 수 없다.

경납접과 **연납접**은 금속이나 세라믹으로 된 두 개의 다른 부품이 녹지 않고 접합되는 공정이다. 경납접은 고온 공정이고, 연납접은 저온 공정이다. 녹여진 충진 금속이 두 부품을 결합시킨다. 예를 들면, 두 조각의 강은 황동 충진 금속으로 경납접이 될 수 있다. 황동 충진 막대가 녹지만 두 강 조각은 녹지 않는다. 경납접에서 충진 재료와 접합될 부분의 경계에서 확산 혼합이 일어난다.

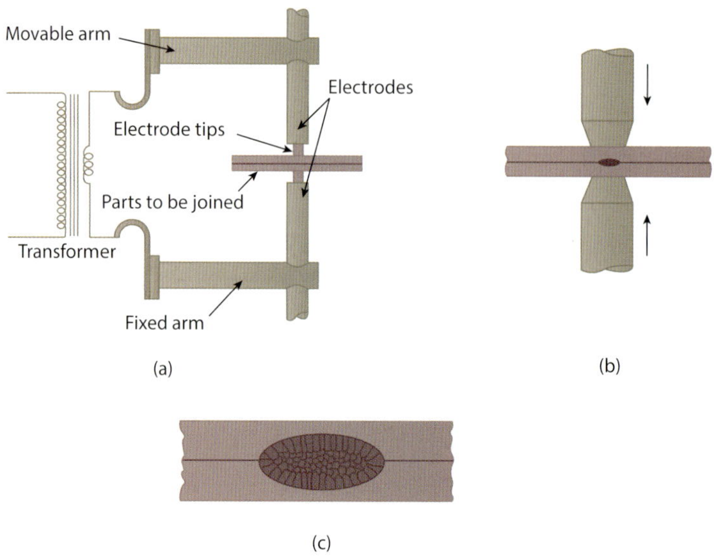

그림 13.11 (a) 저항용접 또는 점용접 장치의 모식도. (b) 전류를 흐르게 하는 구리 전극이 압력을 가하면서 용접되는 두 금속판, (c) 두 금속판에서 결정립 구조를 보여주는 점용접의 상세도
(Based on Timings, R.L., Engineering Materials 2nd ed. Addison Wesley Longman Ltd. Essex, England (1998), p. 272.)

연납접은 저용융점 납을 이용하여 납과 부품 사이에 뚜렷한 확산 혼합이 없이 두 부품을 연결하는 과정이다. 연납은 낮은 저용융점 공융(eutectic)을 형성하는 원자의 혼합물이다. 연납접에서 납-부품 경계에서 확산이 있기도 하지만 현저하지는 않다. 구리 전도체와 구리 접점을 연결하기 위해서 납-주석 연납이 전자시스템에서 사용된다. 그림 5.11에 제시된 납-주석 상태도는 납과 주석의 공융 조성은 183°C에서 녹는다는 것을 보여준다. 그림 5.8에 있는 은-구리의 상태도는 공융 조성의 녹는점은 780°C임을 나타낸다. 더 높은 온도에서 녹는 은-구리 합금을 사용하는 것을 경납접이라고 한다. 납은 중독성 때문에 가정용 수도 시스템을 접합하는 데 사용되지 않는다. 그래서 은-구리-비스무스와 다른 원소의 연납이 납-주석의 공융과 비슷한 녹는점을 가지도록 개발되었다. 금속의 납접에서는 금속 표면에서 산화물 층을 제거하고 충진 금속이 용접될 두 금속의 고체 표면을 잘 적시도록 하는 **용제**가 사용된다.

확산용접은 그림 13.12에 모식적으로 나타나 있다. 확산결합은 항공기 구조의 티타늄 초소성 성형법과 결합되어 자주 사용된다. 확산결합에서 공공을 최소화 하고 경계면에서 최대한의 접촉을 가지는 것이 필요하기 때문에 두 금속 부품은 0.4 μm보다 작은 표면조도까지 폴리싱 된다. 두 부품은 단축 하중이나 정수압 압력에 의해 함께 압착되고 절대 녹는점의 50~80%까지의 온도로 가열된다. 힘이나 압력은 표면을 변형시켜 더 좋은 접촉을 만들어 내지만, 항복응력을 넘어가지는 않는다. 정수압 압력은 부품의 모양을 변화시키지 않으므로 단축압보다 훨씬 더 높게 할 수 있다. 압력과 온도의 조합이 두 재료를 결합시키는 확산을 만들어 내고, 크리프는 경계면에서 공공을 닫는다. 금속의 확산결합은 산화를 방지하기 위해서 보통 진공이나 불활성 기체 분위기에서 행해진다. 또한 확산결합은 금속을 세라믹에, 세라믹을 세라믹에 용접하는 데 사용되는데, 이는 13.3.3절에서 다룰 것이다.

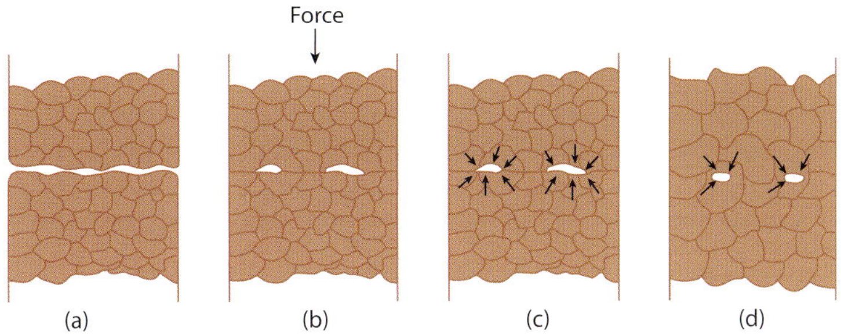

그림 13.12 확산결합의 단계. (a) 폴리싱 된 표면이 맞대어진다. (b) 힘과 고온이 가해진다. (c) 확산에 의하여 경계면에서 두 부품은 결합되고, 공공은 감소한다. (d) 시간이 흐를수록 공공의 크기는 계속해서 감소하고 결정립 성장이 일어난다. *(Based on Askeland, D.R., Fulay, P.P., and Wright, W.J., The Science and Engineering of Materials, 6th ed., Cengage Learning, Stamford, CT. (2011), p. 187.)*

13.3 세라믹 가공

세라믹은 높은 녹는점을 가지기 때문에 액체 세라믹을 부품의 모양으로 주조하는 것은 대부분의 공학 분야에서 실용적이지 않다. 다결정 세라믹은 녹는점의 50% 아래의 온도에서 취성이므로 세라믹의 변형가공 또한 실용적이지 않다. 이런 한계점 때문에 대부분의 세라믹은 분말로 가공된다. 세라믹 부품은 13.2.6절에서 다룬 금속에서와 같이 압축과 가열의 분말법 절차에 의해 만들어진다. 표 9.1에 보이는 것처럼 몇 가지 세라믹은 SPF에 적합하다. 세라믹의 높은 녹는점 때문에 용융용접은 어렵지만, 경납접과 연납접에 의해서 용접된다.

유리와 세라믹 유리는 세라믹보다 낮은 녹는점을 가지며 액체로 가공된다. 유리와 세라믹 유리는 용융용접, 경납접과 연납접이 모두 가능하다.

13.3.1 세라믹의 슬립 가공

슬립은 작은 입자, 물, 유동 특성을 부여하는 첨가제의 혼합물이다. 세라믹 슬립에 적용되는 가공 방법은 슬립 주조, 테이프 주조, 압출과 사출성형을 포함한다. 슬립의 이용은 점토를 원하는 모양으로 만드는 데서 비롯되었다. 점토는 알루미늄 규산염 세라믹 입자의 혼합물이며 **수소성**(hydroplastic)이다. 이는 물과 결합하여 쉽게 소성 변형을 한다는 뜻이다. 슬립에 세라믹 입자가 섞여 있을 때, 혼합물은 원하는 모양으로 쉽게 성형된다. 성형된 세라믹 슬립은 건조되어 가부품(green part)이 된다. 이 세라믹 가부품이 900~1400°C까지의 온도에서 소결된다. 그림 13.5에서 보인 대로 소결은 물과 다른 첨가제를 증발시키고 강도를 확보하기 위해서 세라믹 입자를 확산 결합시킨다. 기원전 27,000년 인류는 그림 1.1에 보인 것과 같은 작은 점토 조각상을 만들었고, 점토 세라믹은 인류가 만든 최초의 재료이다.

그림 13.13에 보인 슬립주조에서 세라믹 슬립이 소석고로 만든 주형에 주입된다. 슬립에 있는 물은 소석고에 의해 흡수되거나 증발한다. 얇은 벽을 가지는 세라믹 제품은 주형 표면에 얇은 코팅이 생성된 후 여분의 슬립 액체를 부어내어 만든다. 부피가 있는 제품은 주형 전체를 슬립으로 채워서 만든다. 이후 가부품은 소결된다. 더 복잡한 모양을 위해서는 분리 주형이 사용되기도 한다.

테이프 주조법은 주로 전자시스템에서 캐패시터나 패키징 용도로 세라믹의 얇은 막을 생성하는데 사용

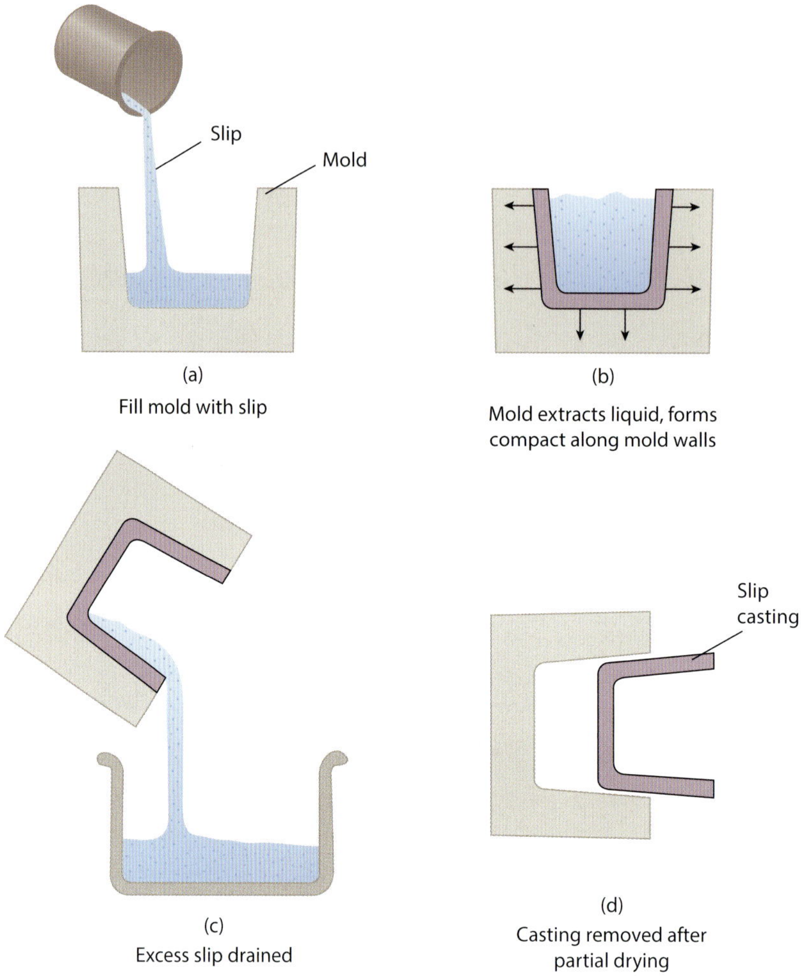

그림 13.13 슬립주조의 모식도
(Based on Modern Ceramic Engineering, by D. W. Richerson, Marcel Dekker. (1992), p. 462.)

된다. 그림 13.14에 보이는 테이프 주조에서 슬립이 일정한 폭을 가지는 연속적인 테이프 위에 도포된다. 슬립에서 물을 흡수하기 위해서 종이 같은 다공성의 테이프가 사용된다. 세라믹 슬립의 두께는 정밀 블래이드나 게이트(gate)에 의해서 조절된다. 테이프는 건조되고 타일 모양으로 절단되어 소결된다.

세라믹 슬립은 연성 금속이나 고분자가 가공되는 대부분의 방법으로 가공될 수 있다. 그림 13.1c와 비슷한 설비에서 세라믹 슬립은 막대나 다른 모양으로 압출될 수 있다. 압출 후 세라믹 슬립은 건조되고 소결된다. 그림 13.4d에 보인 금속의 다이캐스팅과 비슷한 공정에서 세라믹 슬립은 압력 하에 원하는 모양의 주형이나 금형 속으로 주입된다. 슬립은 금형 속에서 건조되고 가부품을 형성한다. 가제품은 금형으로부터 분리되고, 여분의 재료는 제거되어 최종 제품이 되기 위해 소결된다.

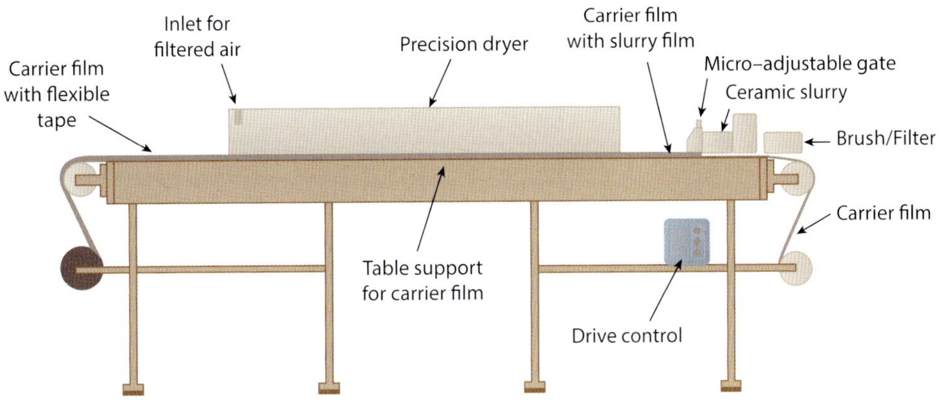

그림 13.14 테이프 주조법의 모식도
(Based on Schwartz, M., Handbook of Structural Ceramics, McGraw-Hill Inc. N.Y. (1992), p. 5.17.)

13.3.2 유리와 세라믹 유리 가공

유리와 세라믹 유리는 결정성 세라믹이 흐르는 것보다 낮은 온도에서 흐르고, 유리는 가공온도와 같거나 높은 온도에서 소성 흐름에 의해 성형된다. 9.4.5절에서 다루었듯이 유리가 가공되는 점도는 대략 10^3 Pa·s 또는 10^4 poise이다. 예를 들면, 그림 9.3의 소다라임 석영유리(soda-lime silica glass)는 대략적으로 1250 K나 977°C의 가공온도를 가진다. 가공온도 하의 유리는 많은 방법을 통해서 원하는 모양으로 성형된다. 유리 부는 직공이 취관의 끝에 있는 유리 한 방울을 아름다운 꽃병으로 만드는 것을 여러분은 보았을 것이다. 유리 방울은 로에서 가공온도까지 가열되고, 풍선을 불듯이 속이 빈 취관을 통해 바람을 불어 넣어 팽창시킨다. 유리를 팽창시키기 위해 계속 바람을 불어 넣는 동안 취관을 회전시키면서 뜨거운 유리를 강 블레이드로 눌러서 꽃병의 모양을 만든다. 가공온도에 있는 유리를 불어 주형에서 간단한 모양을 성형하는 기계적 장치가 개발되어 유리 부는 직공이 없어졌다. 가공온도에 있는 유리는 그림 13.15에 보인 공정에 의해 성형되기도 한다.

유리섬유는 그림 13.17과 같은 장치에서 섬유로 뽑아냄으로써 만들어진다. 녹은 유리는 백금 금형같은 작은 구멍을 통해서 인발되고 유리가 가공온도에 있는 동안 당겨져서 섬유 직경을 감소시킨다. 그 후 미세한 유리섬유는 롤에 감긴다.

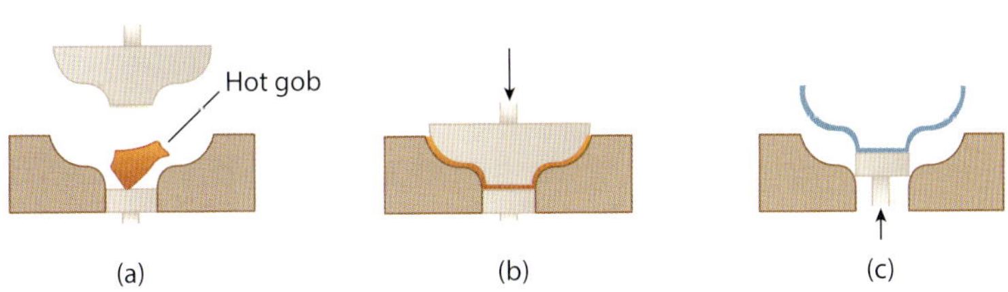

그림 13.15 유리를 압축하는 단계 (a) 뜨거운 유리 덩어리를 주형 안에 놓는다. (b) 유리 덩어리는 원하는 모양으로 압착된다. (c) 성형된 유리가 냉각되어 고체가 되면 꺼낸다. *(Based on Askeland, D.R., Fulay, P.P., and Wright, W.J., The Science and Engineering of Materials, 6th ed., Cengage Learning, Stamford, CT. (2011), p. 587.)*

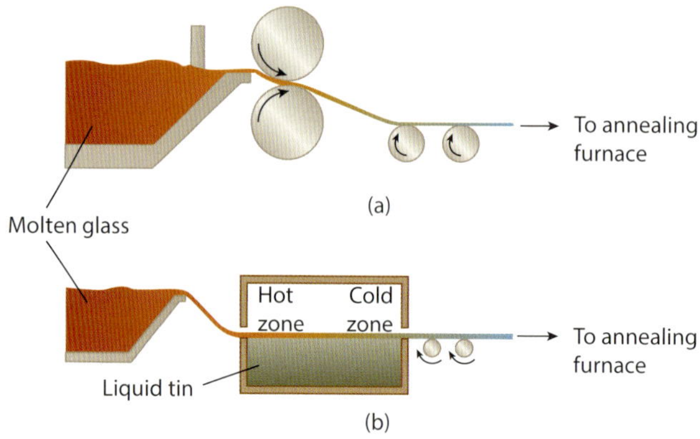

그림 13.16 판유리를 만드는 기술 (a) 압연에 의한 판유리 성형. (b) 액체 유리를 액체 주석 위에 펼쳐 판유리를 성형 *(Based on Askeland, D.R., Fulay, P.P., and Wright, W.J., The Science and Engineering of Materials, 6th ed., Cengage Learning, Stamford, CT. (2011), p. 586.)*

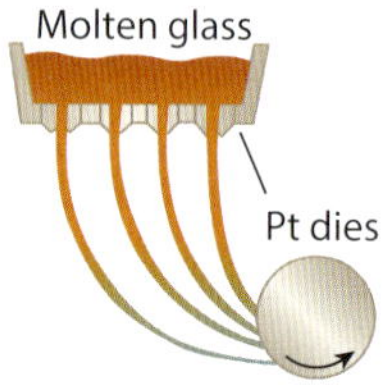

그림 13.17 유리섬유를 생산하는 공정 *(Based on Askeland, D.R., Fulay, P.P., and Wright, W.J., The Science and Engineering of Materials, 6th ed., Cengage Learning, Stamford, CT. (2011), p. 587.)*

13.3.3 세라믹의 접합

세라믹은 레이저 빔, 전자 빔, 전기 아크, 초음파 및 마찰을 이용한 용융용접과 같이 금속을 금속에 접합하는 것과 비슷한 공정을 통하여 다른 세라믹이나 금속에 접합된다. 그러나 많은 경우 용융용접을 하는 동안 발생된 열응력이 세라믹의 파단을 야기한다. 이런 이유로 세라믹을 접합하는 데에는 용융용접보다 경납접이 더 자주 이용된다. Sn, Cu, Ag, Au, Ti을 주요 성분으로 가지는 합금에 기반하여 세라믹에 대한 금속 경납접이 개발되었다. 경납접하는 동안 금속이 세라믹 표면을 적시도록 세라믹의 표면에너지는 금속보다 높아야 한다. 표 3.2에서 보듯이 주석 같은 몇 가지 금속은 몇 가지 세라믹보다 작은 표면에너지를 가져서 주석을 기반으로 한 경납접이 개발되었다. 그러나 많은 금속은 세라믹보다 높은 표면에너지를 가져서 세라믹 표면을 적시지 못해 접합이 되지 않는다. 이런 문제를 해결하기 위해 다양한 공정이 개발되었다. 한 가지 방법은 세라믹 표면과 반응하는 금속을 이용하는 것이다. 예를 들면, 티타늄 합금 경납에서 티타늄은 Al_2O_3와 반응하여 알루미나 세라믹에서 알루미늄 원자를 대체하여 경계면에서 좋은 결합을 제공한다. 다른 방법은 세라믹을 코팅하는 낮은 표면에너지를 가지는 금속을 이용하고 더 높은 표면에너지를 가지는 금속을 충진 금속으로 사용하는 것이다.

낮은 녹는점을 가지는 유리 연납은 세라믹과 세라믹, 세라믹과 금속을 접합하기 위해서 개발되었다. 대부분의 저온 유리 연납은 B_2O_3-PbO-ZnO 또는 B_2O_3-PbO-SiO_2 혼합물에 기반한다. 더 높은 녹는점을 가지는 유리 연납은 CaO, SiO_2, MgO, MnO와 같은 세라믹과 혼합된 Al_2O_3에 기반한다.

13.2.8절에서 다루었듯이 세라믹은 확산결합에 의해 다른 세라믹이나 금속에 접합된다. 결합을 촉진하기 위해 확산접합되는 부품들 사이에 귀금속, 알루미늄 또는 전이금속의 얇은 막을 두기도 한다.

13.4 고분자 가공

13.4.1 열가소성 고분자의 변형가공

열가소성 고분자가 반 결정체라면 상대적으로 낮은 녹는점을 가지고, 무정형이라면 낮은 유리전이온도를 가진다. 그래서 녹는점에 가까운 온도나 유리전이온도 이상에서 쉽게 변형된다. 이 절에서 다룰 가공 공정은 열가소성 수지를 쉽게 흐를 수 있도록 가열하고 힘을 가하여 모양을 변형시킨다. 공정 중에 열과 힘으로 인해 초기 재료인 고체 고분자 알갱이들이 살짝 녹아 고체 조각 형태가 되고, 입자 사이의 공공이 제거된다. 높은 온도에서 힘으로 열가소성 플라스틱 제품을 생산하는 주된 공정은 압출, 사출성형(injection molding), 블로성형(blow forming), 열성형(thermoforming), 그리고 캘린더링(calendaring)이다.

그림 13.18에 보인 **압출**은 플라스틱 파이프, 막대, U자 채널 등 대부분의 연속적인 모양을 만드는 데 사용된다. 고분자 압출은 13.2.1에서 다룬 금속의 압출과 비슷하다. 고분자 압출에서 플라스틱과 첨가물이 호퍼에 장착되고, 가열되고, 스크류에 의해 힘이 가해져서 금형 모양이 된다. 금형은 원하는 모양을 제공한다. 압출된 부품은 냉각되고 금형을 통과하여 잡아당겨진다. 얇은 시트를 생산하거나 와이어를 플라스틱 절연체로 코팅하는 금형도 가능하다.

그림 13.19에 보이는 **사출성형**에서는 가열된 열가소성 플라스틱이 주형 공동을 채우도록 힘을 받는다. 플라스틱은 스크류에 의해서 주입된다. 만일 플라스틱이 피스톤에 의해 주입되면 램 사출성형이라고 한다. 사출성형으로 복잡한 형상을 만들 수 있지만, 부품은 주형으로부터 탈거가 가능해야 한다. 분리주형은 복잡한 형상을 가지는 제품의 탈거를 가능하게 한다.

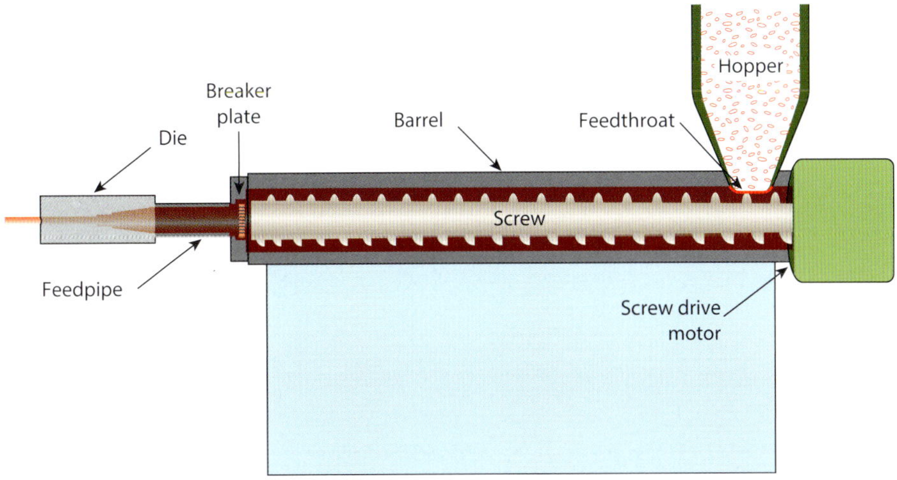

그림 13.18 플라스틱(빨간 색칠된 부분) 압출 설비 *(Based on http://en.wikipedia.org/wiki/Plastics_extrusion)*

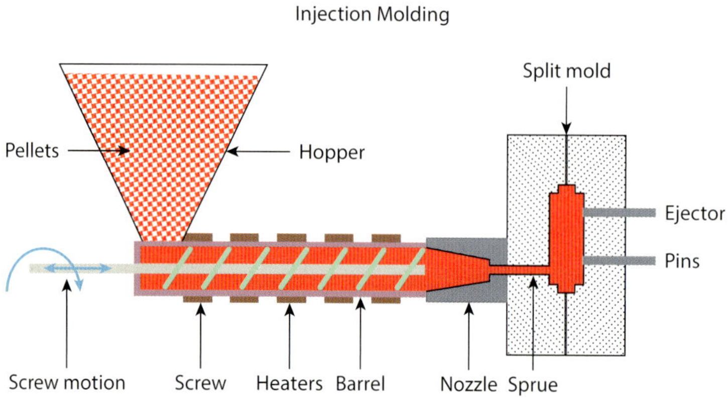

그림 13.19 플라스틱 부품의 사출성형. 주입 챔버 주위에 가열기가 표시되어 있다. 플라스틱 주입 후 부품 탈거를 위해 분리주형이 열린다. *(http://www.substech.com/dokuwiki/doku.php?id=injection_molding_of_polymers)*

플라스틱 병 같은 모양은 **블로성형**으로 만든다. 블로성형으로 만든 병은 분리주형에서 만들어진다. 블로성형의 두 가지 기초적인 형태는 "**파리손**"이라고 불리는 병의 예비 성형품이 어떻게 만들어지느냐에 달려있다. 그림 13.20에 보인 사출 블로성형에서는 닫힌 말단부를 가지는 파리손은 전 단계에서 사출성형으로 만들어진다. 가열된 파리손은 분리주형 속으로 들어가고, 파리손 속으로 공기를 불어 넣어 팽창시켜서 병의 모양을 만든다. 플라스틱은 주형에 의해 냉각되고 주형을 열어 부품을 꺼낸다.

압출 블로성형에서는 파리손인 뜨거운 튜브를 압출기가 성형한다. 압출기를 떠난 파리손은 분리주형을 관통하여 위치한다. 파리손의 열린 단부는 주형의 폐쇄에 의해 닫힌다. 파리손 속으로 공기가 주입되고 플라스틱을 팽창시켜 병의 모양이 된다. 압출 블로성형은 연속적인 작업이 가능하다.

그림 13.21에 보인 **열성형**은 원하는 모양으로 변형시키기 위해서 열과 힘을 이용하는 공정이다. 작용된 힘은 진공으로부터 오지만, 공기압이나 원하는 형상을 가지는 플러그를 이용할 수 있다. 부품을 성형시키기 위해서 플러그가 쓰이면 플라스틱 시트와 플러그가 모두 가열된다. 열성형된 몇 가지 제품은 달걀곽, 제품포장, 욕조, 자동차 계기판, 트럭 펜더 등이 있다. 두꺼운 플라스틱 시트와 얇은 박막 모두 열성형 된다. 그림 13.1에 보인 금속의 열간 압연과 비슷하게 **캘린더링**은 시트로 만들기 위해 뜨거운 플라스틱을 압연하는 것이다.

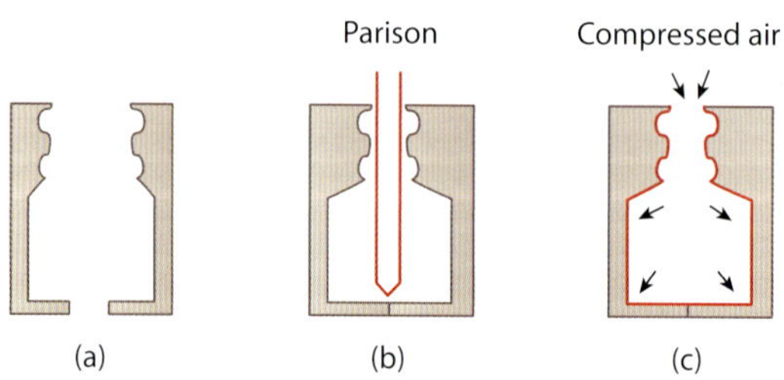

그림 13.20 사출 블로성형의 모식도 (a) 열린 주형. (b) 가열된 파리손이 주형속으로 들어가고 주형은 닫힌다. (c) 뜨거운 파리손 속으로 공기를 불어넣고 병의 모양으로 팽창시킨다. *(Based on Askeland, D.R., Fulay, P.P., and Wright, W.J., The Science and Engineering of Materials, 6th ed., Cengage Learning, Stamford, CT. (2011), p. 641.)*

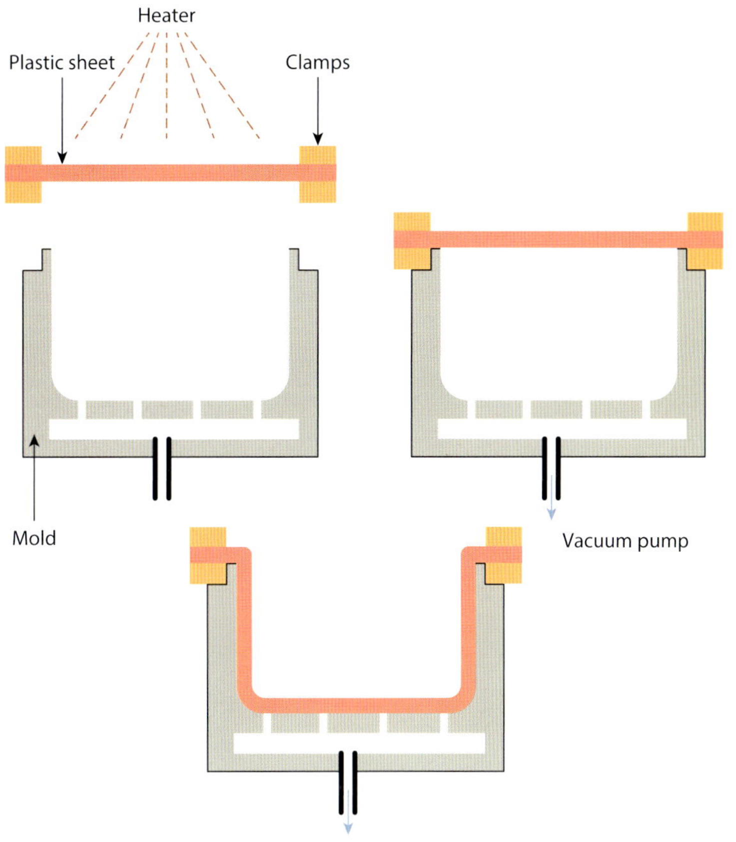

그림 13.21 진공 보조 열성형법. 플라스틱 시트는 핑크로 나타내었다. 단계의 순서는 플라스틱이 가열되는 왼쪽 위부터 시작된다. 오른쪽 위에서 플라스틱이 주형 위로 낮아진다. 아래 중간 그림에서 가열된 플라스틱 시트가 진공에 의해 주형 안쪽으로 당겨져서 모양을 만든다. *(Based on http://www.substech.com/ dokuwiki/lib/exe/detail.php?id=thermoforming&cache=cache&media=vacuum_thermoforming.png)*

13.4.2 열가소성 고분자의 저온성형법

열가소성 고분자는 금속과 세라믹에 적용된 분말법과 비슷한 **냉간성형** 또는 **고상성형**으로 제품을 만들 수 있다. 이 공정에 붙여지는 이름은 비슷하다. 저온에서 성형되는 몇몇의 열가소성 플라스틱은 ABS, PC, PTFE, PVC, 폴리아미드이다. 공정은 열가소성 플라스틱 알갱이로 시작된다. 열린 주형에 플라스틱을 붓는다. 주형은 그림 13.22a에 보인 압축성형의 주형과 외관 상 비슷하다. 냉간성형에서 주형은 가열되지 않는다. 고상성형에서 주형은 녹는점의 훨씬 아래 온도나 유리전이온도로 가열된다. 주형 속에 플라스틱을 부은 후 주형은 닫히고 열가소성 고분자는 압축된다. 주형 속에 있는 재료에 가해지는 압력은 알갱이 입자를 압착하여 연결시키고, 대부분의 공공을 없애며, 고분자를 성형하여 압분체를 만드는 데 충분하다. 금속과 세라믹에서와 같이 압분체는 낮은 강도를 가진다. 강도를 증가시키기 위해서 압분체는 소결된다. 소결하는 동안 고분자는 가열이 되지만, 녹지는 않는다. LCM은 입자 경계를 가로질러 확산하여 입자를 서로 결합시킨다. 소결은 주형 속에서 또는 분리된 공정으로 행해진다. 열이나 다른 내부응력은 소결온도보다 낮은 온도에서 어닐링 함으로써 감소한다.

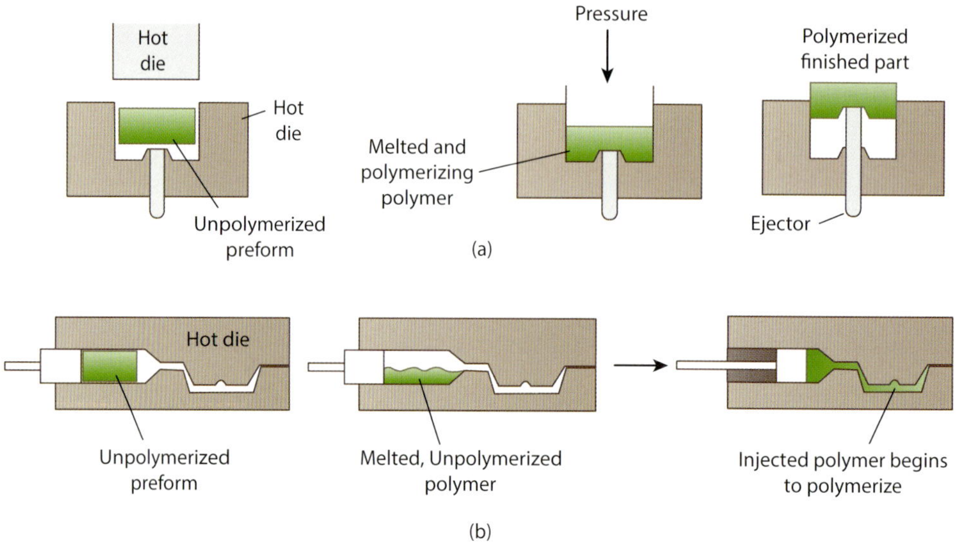

그림 13.22 열경화성 플라스틱의 (a) 압축성형. (b) 전이성형 *(Based on Askeland, D.R., Fulay, P.P., and Wright, W.J., The Science and Engineering of Materials, 6th ed., Cengage Learning, Stamford, CT. (2011), p. 642.)*

13.4.3 열경화성 고분자의 변형가공

열경화성 고분자로 부품을 생산하는 주된 변형가공은 그림 13.22 a와 b에 나타낸 압축성형과 전이성형이다. 이 두 공정에서 합성수지와 경화제는 사용 전에 섞여서 **성형 복합체**를 만든다. 성형 복합체는 밀가루 반죽 같은 농도를 가지는 반고체이며, 차가울 때 쉽게 흐른다. 성형 복합체는 성형되기 전까지 숙성을 피하기 위해서 낮은 온도에 저장된다. 성형 복합체는 압력에 의해서 모양으로 만들어지고, 금형에 열이 가해진다. 열경화성 고분자가 충분히 숙성되어 부품이 탈거될 때까지 뜨거운 금형은 닫힌 상태로 존재해야 한다. 상온이나 고온에서 추가적인 숙성이 일어날 수 있다. 그림 13.22a에서 보인 **압축성형**에서 성형 복합체는 열린 뜨거운 금형 안에 놓여 압축되고 가열된다. 압축성형된 몇 가지 제품은 안전모, 방진고무, 자동차 차체 패널이 있다.

그림 13.22b에 보인 **전이성형**에서 성형 복합체는 숙성이 되는 뜨거운 금형 속으로 주입된다. 전이성형은 압축성형에서보다 더 복잡한 형상의 제품이나 높은 치수공차를 필요로 하는 부품을 만드는 데 사용된다. 전이성형에서 변형된 것이 **반응 사출성형**(RIM, reaction injection molding)이다. RIM에서 합성수지와 경화제는 혼합기에 주입되고, 뜨거운 금형 속으로 압력 하에 주입된다.

자동차 타이어는 이 장에서 다룬 방법으로 만든다. 트레드, 사이드월, 라이너는 모두 다른 고무 성분을 가진다. 이 고무 성분들은 먼저 황과 함께 준비되고, 타이어를 생산하기 위해 필요한 일반적인 모양으로 압출된다. 이 단계에서 고무는 숙성되지 않고 껌과 같은 농도를 가진다. 강 벨트와 사이드월 섬유가 고무 층과 반복되어 적층 된다. 고무, 강 벨트, 사이드월 섬유를 포함한 타이어의 구성 요소는 타이어를 만드는 기계(TBM)에서 조립된다. TBM은 타이어 구성 요소의 적층을 가능하게 하는 원통이다. 이 가타이어(green tire)를 주형 속에 넣고 안쪽에서 압력을 가하여 주형 형상과 트레트를 만든 후 고무를 경화시키기 위해서 약 177°C로 가열한다.

13.4.4 고분자 주조

액체 고분자의 주조는 큰 압력 없이 형상을 만드는 공정이다. 합성수지와 경화제를 섞은 직후 열경화성 고분자는 액체 상태여서 원하는 모양으로 주조가 가능하다. 액체 열경화성 고분자는 **녹는점** 위까지 가열된다. 용매에 떠다니거나 녹여진 플라스틱 입자나 분말은 주조되는 액체를 형성한다. 용매는 증발되거나 고분자와 반응하여 고체를 만든다.

주조의 가장 일반적인 형태는 그림 13.4c에서 보인 금속의 영구주형 주조와 비슷한 공정으로 액체를 열린 주형으로 붓는 **주형주조**이다. 주조에서 압력이 거의 없으므로 주형은 에폭시, 실리콘 또는 소석고 등과 같이 상대적으로 저강도 재료로 만들 수 있다. 좀 더 영구적인 주형으로 금속이 사용될 수 있다. 플라스틱 속에서 공공을 없애고 액체가 주형을 꽉 채운 것을 보장하기 위해 보통 주형에 진공을 가한다. 부품이 응고된 후 주형으로부터 탈거된다.

주형주조와 비슷한 공정은 **엠베딩**(embedding)이다. 이 공정에서 전기장치와 같은 부품이 액체 고분자로 채워진 주형 속으로 들어가서 고분자가 부품을 감싸도록 한다. 응고된 후 플라스틱에 싸여진 부품이 주형으로부터 탈거된다. 이 공정은 민감한 전기장치를 외부로부터 보호하기 위해 사용된다. 롤러 블래이드 바퀴는 롤러 형상의 주형 속에 포함된 우레탄에 베어링을 넣어서 만든다.

딥캐스팅(dip casting)에서 플라스틱으로 코팅이 되는 부품은 액체 플라스틱 속에 담궈지고 꺼내어진다. 그 후 플라스틱은 경화한다. 전기 플라이어 핸들의 플라스틱 코팅은 딥 코팅된 것이다.

슬러시 주조(slush casting)에서 액체 플라스틱은 주형 공동에 부어진다. 주형 공동은 장갑의 바깥 모양과 같이 원하는 제품의 외부 모양을 가진다. 주형은 닫혀지고 회전되어 액체 플라스틱이 주형의 안쪽 면을 코팅한다. 적당한 양의 플라스틱이 주형 표면에서 응고된 후 나머지 과도한 액체 플라스틱은 주형 밖으로 부어진다. 응고된 후 복잡한 형상의 부품이 유연하면 주형으로부터 탈거된다. 부츠나 장갑처럼 안쪽이 열려있는 플라스틱 제품은 슬러시 주조로 생산된다.

가장 자리는 가스켓으로 막혀 있고 두 장의 폴리싱된 유리로 된 주형에서 플라스틱 시트는 **셀 주조**되고 액체 플라스틱이 주형 속으로 부어진다. 플라스틱 시트는 가장 자리가 막히고 회전하는 두 개의 스테인리스 강 벨트 사이로 액체 플라스틱을 부음으로써 연속적으로 주조된다.

13.4.5 플라스틱 접합

플라스틱을 연결하는 두 가지 방법은 접착제와 용융용접을 이용하는 것이다. **접착제 접합**으로 플라스틱 부품은 녹지 않는다. 접착제가 고분자 표면을 덮고 반데르발스 힘에 의해 부착된다. 접착제의 표면에너지가 고분자의 표면에너지보다 작아야 하고, PE 같은 몇 가지 고분자는 매우 낮은 표면에너지를 가진다. 열가소성과 열경화성 고분자 모두 접착제에 의해서 연결된다. 접착제 재료는 에폭시, 폴리우레탄, 아크릴, 시아노아크릴레이트, 혐기성, 실리콘, 페놀 및 요소수지 등을 포함한다. 이들 재료 중 몇 가지는 8.3절에서 자세하게 다루었다. 에폭시는 합성수지와 경화제로 이루어진 2성분 접착제이다. 폴리우레탄은 폴리올과 이소시아네이트를 조합하고, 폴리올은 물일 수도 있다. 폴리올이 물이라면 폴리우레탄은 공기 중에 있는 물 증기와 접촉하면 경화된다. 아크릴은 두 구성 요소를 다량체화 하여 경화한다. 한 요소는 연결될 한 쪽 표면에 다른 요소는 다른 쪽 표면에 가해진다. 이 두 표면이 접촉되면 아크릴은 경화한다. 시아노아크릴레이트(초강력 접착제)는 공기 중의 물 증기와 접촉하여 경화하는 단일성분 접착제이다. 혐기성 접착제는 산소 없이 다량체화 하는 단일 성분 접착제이다. 두 표면 사이에 접착제를 두고 압착될 때 산소는 제거된다.

산소가 표면에서 배제되면 접착제는 경화한다. 단일 성분 실리콘은 공기 중의 물 증기와 접촉하여 경화한다. 2성분 실리콘은 구성요소를 섞음으로써 경화한다. 페놀과 요소수지는 단일성분과 2성분으로 이용 가능하다. 이런 접착제는 나무와 플라이우드에 적용된다.

PE, 나일론, PP 같은 열가소성 고분자는 녹아서 핫멜트(hot melt) 접착제로 이용되고 연결될 표면에 가해진다. 오직 접착제만 녹고 부품은 녹지 않는다. 핫멜트 글루건은 이런 형태의 연결을 이용한다. 산업적 응용에서는 뜨거운 공기가 플라스틱 접착제 막대를 녹이는데 사용된다.

용융용접에서 열가소성 고분자 부품은 가열되어 연결된 표면을 따라서 부드러워지고 서로 압착된다. 연결되는 두 부품의 경계면에서 LCM의 혼합에 의해 결합된다. 표면은 열풍, 초음파, 무선주파수, 마찰 등에 의해 가열된다. 열풍 가열은 헤어 드라이어와 비슷한 산업적인 장치이다. 초음파 용접에서 고주파 음파가 용접될 열가소성 재료의 표면으로 향한다. 음파는 열진동을 활성화 시켜 재료를 부드러워지는 온도로 가열하고, 결합시키기 위해 압착된다. RF 용접에서 RF파가 고분자의 쌍극자를 무선주파수로 진동시키면 가열된다. 가열된 재료가 열에 의해 부드러워질 때 압착된다. 마찰용접에서 재료를 녹이는 데 필요한 열은 한 부품의 다른 부품에 대한 상대적인 운동에 의해 제공된다. 예를 들면, 고분자 막대가 고분자 판에 있는 구멍 속에서 회전하면 구멍에 대한 막대의 마찰이 막대와 구멍의 표면을 녹인다. 회전이 멈추면 막대와 판은 냉각되고 결합한다. 고분자를 부드럽게 하는 열에 기반한 모든 접합 공정은 열가소성 재료에서만 가능하다. 열경화성 재료는 접착제나 기계적 방법으로 결합된다.

요약

- 연성인 고체 금속을 최종 모양으로 변형시키는 공정은 압연, 단조, 압출, 인발, 그리고 스탬핑이 있다. 금속은 재결정 온도 이상이나 녹는점의 50% 이상의 온도에서 열간가공 되고, 이 온도 아래에서 냉간가공 된다.
- 몇 가지 금속과 세라믹이 매우 작은 결정립을 가지고 매우 높은 변형경화율을 가지면 녹는점의 50%보다 높은 온도에서 초소성 성형된다.
- 주조에서 금속은 액체 상태로 원하는 모양으로 성형되고, 액체는 냉각되어 고체가 된다. 주조가 되는 금속은 납, 아연, 알루미늄, 마그네슘과 같이 낮은 녹는점을 가진다. 주철이나 터빈 블레이드 재료같은 금속은 변형가공을 하기에는 너무 단단하므로 주조된다. 금속을 위한 주조 기술은 사형주조, 영구주형 주조, 다이캐스팅, 인베스트먼트 주조가 있다.
- 너무 단단해서 소성 변형할 수 없고 높은 녹는점을 가지는 금속은 분말법에 의해 압착되어 원하는 모양이 된다. 분말법은 세라믹 혼합물, 금속-세라믹 혼합물에 사용된다. 분말법은 분말이 원하는 모양으로 압축되어 압분체를 형성하는 과정, 압분체를 소결시키는 가열과정으로 구성되어 있다. 액상 소결에서는 입자를 서로 결합시키기 위해서 입자 혼합물의 구성요소가 녹는다.
- 단결정 금속과 세라믹은 Bridgeman-Stockbarger법과 Czochralski법으로 만들어진다. 터빈 날개 같이 복잡한 모양은 Bridgeman-Stockbarger법으로 생성된다. Czochralski법은 전자공학을 위한 실리콘과, 레이저를 위한 루비 같은 원통형의 단결정을 만드는 데 사용된다.
- 금속과 세라믹을 연결하는 공정은 용융용접, 경납접, 연납접, 확산접합이 있다. 용융용접에서는 접해 있는 재료가 녹고, 어떤 용접은 충진 금속을 필요로 한다. 금속 부품은 자주 용융용접 된다. 그러나 세라믹을 녹이기 위해 필요한 높은 온도는 세라믹을 파단시키는 열응력을 야기한다. 경납접에서 연결되는 부품은 녹지 않는다. 경납 충진 재료가 녹고 연결될 부품 속으로 확산한다. 경납접은 금속과 세라믹에 이용이 가능하다. 연납접에서는 충진 재료가 녹고 연결된 부품의 표면을 적시지만 연납과 부품 사이에 확산이 거의 없다. 금속은 Pb-Sn과 Ag-Cu으로 납접되고 유리납접이 세라믹을 위해서 개발되었다. 확산결합에서 연결될 부품은 폴리싱 되고 서로 압착되어 절대 녹는점의 50~80%까지 가열된다. 반응성 금속은 진공이나 불활성 기체 분위기에서 가열된다. 두 부품 사이에서 원자의 확산으로 부품은 결합한다.
- 높은 온도에서 힘을 기하여 열가소성 고분자 부품의 형상을 만들기 위한 주된 공정은 압출, 사출성형, 블로성형, 열성형, 캘린더링이 있다.
- 냉간성형은 상온에서, 고상성형은 약간 가열된 온도에서 열가소성 고분자 알갱이가 압분체가 된다. 두 공정에서 모두 압분체를 형성하기 위해 압력이 가해진다. 강도를 증가시키기 위해서 압분체는 소결되고 내부응력이 존재하면 어닐링 된다.
- 열경화성 고분자로 제품을 생산하기 위한 주된 변형가공은 압축성형과 전이성형이다. 이 두 공정에서 이전에 혼합된 합성수지와 경화제는 성형 복합체를 형성한다. 압축성형에서 성형 복합체는 열린 뜨거운 금형 속에 넣고 압축하여 모양을 만든다. 전이성형에서 성형 복합체는 뜨거운 금형에 주입되고 성형 복합체는 그 안에서 경화한다.
- 액체 금속의 주조는 큰 압력이 없이 제품을 성형한다. 열경화성 고분자는 합성수지를 경화제와 섞은 직후 주조된다. 열가소성 고분자는 녹는점 위의 온도에서 주조된다. 플라스틱 입자나 분말

은 용매 속에 섞이거나 용매에 녹아서 주조되는 액체를 형성한다. 주조 방법은 주형, 엠베딩, 딥 캐스팅, 슬러시 주조, 셀주조, 그리고 연속주조 등이 있다.

- 플라스틱을 연결하는 두 가지 방법은 접착제나 용융용접을 이용하는 것이다. 접작제 이음에서 플라스틱 부품은 녹지 않는다. 접작제가 연결되는 고분자 표면을 덮고 반데르발스 힘으로 부착된다. 접작제 재료는 에폭시, 폴리우레탄, 아크릴, 시아노아크릴레이트, 협기성, 실리콘, 페놀 및 요소수지 등이 있다. 용융접합에서 열가소성 고분자 부품은 가열되어 연결될 표면을 따라서 부드러워지고 압착된다. 표면은 연결될 부품의 경계에서 LCM의 혼합으로 용융접합된다. 용융접합에서 표면은 열풍, 초음파, RF 주파수, 마찰에 의해 가열된다.

CHAPTER 14

재료선택

Material Selection

이 장에서 이해해야 할 것

- 부품의 비용이 미치는 영향
- 다양한 재료의 상대 비용
- 제조 공정의 상대 비용
- 단위 가격 당 성능을 계산하는 방법
- 무게-임계 설계를 위한 재료의 상대 이익을 계산하는 방법
- 고관절 임플란트(hip implants) 재료의 설계 요구 조건
- 재료의 지속 가능한 공급
- 재활용 또는 생분해 가능한 재료
- 재료 물성 자료와 비용 정보

보잉787 항공기는 기체와 날개가 탄소 섬유 강화 에폭시로 제작된 첫 번째 거대 상업 비행기이다. 이번 장에서는 재료 물성과 비용을 기반으로 이러한 설계에서 탄소섬유 강화 에폭시를 사용한다는 결정을 정당화 하는 방법론을 개발하게 된다.

© Rhea Eason/Alamy

MATERIALS SCIENCE AND **ENGINEERING PROPERTIES**

14.1 재료 기계 물성 설계

이전 장에서는 재료의 기계적, 물리적 물성을 공부하였고 공학적 설계에 적용 가능한 재료에 대해 배웠다. 8장에서는 세라믹, 금속, 고분자에 대해 배웠고 12장에서는 복합재에 대헤 기술하였다. 이번 장에서는 더욱 광범위한 재료에 대한 데이터베이스를 토의하게 된다. 약 100,000종의 재료가 설계에 적합하다고 알려져 있다. 설계를 위한 재료를 선택하는 공학자는 이러한 가능성 있는 재료를 모두 알고 있어야 한다. 재료 선택은 수치적인 설계의 한 부분이다. 이전 장에서는 항복강도, 인장강도, 연성, 파괴인성, 피로수명, 크립 파괴 수명 등을 수치적으로 계산하였다. 이러한 데이터는 비용과 함께 재료 선택에서 수치적 해석의 한 부분이다. 설계 중에 공학자는 재료의 어떠한 물리적 물성이 중요한 지를 알 필요가 있다.

- 변형률의 양이 중요한가? 그렇다면, 6.3절에서 의논한 것처럼 재료의 어떠한 탄성계수가 적절한 변형률을 제시하는가?
- 만약 높은 응력이 가해지고 있다면, 재료가 충분한 항복강도를 가지고 있는가? 11.2.9절에서 논의한 것처럼 재료의 임계 응력 확대 계수(K_{Ic})가 최대 응력에서 파괴를 방지할 만큼 충분한가?
- 만약 가해지는 응력이 시간에 따라 변한다면, 11.3절에서 논의한 것처럼 피로 수명이 설계 수명 이내에서 파괴되지 않을 만큼 충분한가?

- 만약 적용 온도가 매우 높다면, 9.4절에서 논의한 것처럼 설계 온도에서 재료의 크립 저항력이 충분한가?
- 만약 적용 환경이 부식을 일으키는 조건이라면, 10.5절에서 논의한 것처럼 부식 조건에서 재료의 부식 저항력이 충분한가?

공학자는 또한 설계 조건에 따라 재료의 성능이 어떻게 영향을 받는지 알고 있어야 한다. 날카로운 각, 나사산, 키 홈은 국부적으로 응력을 상승시키는 응력 집중부로서 작용할 수 있으며, 재료의 임계 응력 확대 계수가 충분하지 않다면 균열이 생성될 수 있다. 만약 응력이 시간에 따라 변한다면, 11.3절에서 의논한 것처럼 응력 집중은 피로 균열 생성, 피로 균열 전파, 그리고 재료 파괴로 이어질 수 있다. 만약 부식 환경이 존재한다면, 서로 다른 금속의 접촉에 의해 전류를 일으키는 갈바닉 부식(Galvanic corrosion)으로 이어질 수 있다.

재료를 선택하는 공학자는 13장에서 의논한 것처럼 재료가 어떻게 부품으로 제조되는지 알고 있어야 하며, 만약 제조 공정이 바뀐다면 부품 내 재료의 기계 물성이 바뀐다는 것 또한 알아야 한다. 예를 들어, 설계상 고강도 석출 경화 알루미늄 합금이 필요하다면, 이러한 합금의 경우 용접에는 적합하지 않다. 용접부의 열 영향부에서 합금의 기계 물성이 변화하며 항복강도가 감소하기 때문이다. 압연, 인발, 단조와 같은 공정은 저탄소강과 같은 연성 금속의 항복 강도를 증가시키며, 연성과 임계 응력 확대 계수를 감소시킨다.

재료선택과 관계된 공학 물성이 이 책의 이전 장에 나타나 있다. 이전에 다루지 않았던 것은 재료를 선택할 때 필수적으로 고려해야 하는 비용이다. 여기서는 재료 선택과 설계에 있어서 비용을 어떻게 성능에 포함시키는지에 대해 자세히 배우게 될 것이다.

14.2 비용 분석

제품의 구매자에게 초기 비용에 영향을 주는 많은 요소들이 표 14.1에 나타나 있다. 이 요소들은 이러한 특정 제품을 생산하는 것과 연관된 비용과, 공학자의 재료 선택과 무관한 고정 비용, 그리고 생산자의 이익을 포함하고 있다.

재료의 선택은 제품 설계, 생산, 검수, 그리고 차후 책임에 대한 비용에 영향을 줄 수 있다. 예를 들어, 자동차의 조향 제어 암(control arm)의 저강도, 저탄소 강을 고강도, 저 합금 강으로 교체하는 것은 더 가벼운 무게를 가지도록 하며 전체적인 크기 감축을 가능하게 한다. 그러나 이 부품은 재설계 되어야 하며

표 14.1 제품의 구매가격에 영향을 주는 비용

Costs of Production	Fixed Costs	Manufacturer's Profit
Design	Research and development	
Materials	Administration	
Manufacture	Sales and marketing	
Inspection	Factory overhead	
Liability		

따라서 재설계 비용이 필요하다. 생산자에게 이 부품을 고강도 강으로 만드는 것은 더 많은 비용이 들게 한다. 왜냐하면 이 재료를 적절한 형태로 변형시키기 위해서는 더 큰 힘과 더 높은 온도가 필요하기 때문이다. 고강도 강은 저강도 강보다 낮은 K_{Ic}를 갖는다. 더 낮은 K_{Ic}를 갖는 고강도 강에 더 큰 응력이 가해진다면, 파괴를 일으키는 균열의 임계 크기는 저 강도 강의 임계 크기보다 더 작다. 따라서 고강도 강에 대한 검수 절차는 저강도 강의 경우보다 더 작은 결함도 찾아낼 수 있어야 한다. 이를 위해서는 검수 절차의 변화나, 새로운 검수 장비가 필요할 것이다.

공학자는 또한 차후 책임에 대한 비용이 필요한지 결정해야 한다. 자동차 라디오 버튼과 같이 중요하지 않은 부품에 대해서는 차후 책임을 고려하지 않아도 될 것이다. 반대로 조향 제어 암의 파손은 조향제어를 불가능하게 하여 치명적인 사고를 일으킬 수 있다. 만약 파손이 잘못된 설계, 재료 선택, 생산 또는 검수로부터 발생하였다면, 생산자는 소송 대상이 될 수도 있다. 조향 제어 암과 같은 중요 부품을 설계할 시에는 소송에 대해서만이 아니라 수리비용이나 사망에 관련된 잠재적 비용이 책정되어야 한다. 예를 들어, 이 책의 저자는 자동차 조향 제어 암의 파손과 관련된 사건에 대한 컨설턴트였다. 생산자의 가장 저렴한 모델의 제어 암은 가장 낮은 파손 빈도를 보였고, 가장 비싼 모델은 가장 높은 파손 빈도를 보였다. 조사 중 비용 절감을 위해 모든 모델에 대해 같은 조향 제어 암이 사용되었음이 밝혀졌다. 더 비싼 모델은 더 무거운 무게 덕분에 제어 암에 더 높은 응력이 가해졌다. 이는 구매자가 더 많은 비용을 내고 더 좋은 질의 생산품을 받지 못한 사건이었다. 소송은 이 제어 암의 파손에 따른 사망사건에 기인하였다. 이러한 시나리오를 피하기 위해서 공학자들은 제어 암을 설계할 때 몇 가지 선택지들을 가지고 있다. 예를 들어, 그들은 무거운 자동차에 사용되는 제어 암을 이 요소가 파손 없이 견딜 수 있는 응력을 증가시키기 위해 재설계 할 수 있다. 또는, 만약 회사가 모든 자동차에 대해 같은 모델의 제어 암을 사용하기를 원한다면(무게에 상관없이), 공학자들은 가장 무거운 자동차 모델에 사용 가능하도록 공차를 두어 제어 암을 설계할 수도 있다. 이는 모든 생산라인의 모든 차에 대해 이 요소가 안전하도록 할 것이다. 이 절에서는, 재료비용만을 계산할 것이다. 표 14.1에 나타난 다른 모든 비용들은 이 책의 범위를 벗어난다. 설계 공학자가 표 14.1에 나타난 모든 비용을 고려하고 이 값에 생산자의 이익을 더한 뒤에도 제품의 최종 가격은 여전히 고객에게 매력적이어야 하며, 그렇지 않다면 제품은 팔리지 않을 것이다.

14.2.1 재료 비용과 성능

재료 생산자, 배급업자, 그리고 소매업자에 따라 서로 다른 수준의 재료 비용이 존재한다. 공학자들은 보통 다량의 재료를 구입할 때에는 배급업자에게서 재료를 구입하고 소량을 구입할 때에는 소매업자에게서 구입한다. 나열된 값의 재료를 찾는 것은 꽤나 어렵다. 왜냐하면 재료의 가격은 인플레이션이나 디플레이션에 따라 급속하게 변동할 수 있기 때문이다. 또한, 몇몇 배급업자들은 그들의 가격들을 아는 것에 대한 경쟁을 원하지 않는다. 만약 공학자가 원하는 재료의 형태와 하나의 주문을 위해 얼마나 많은 양이 필요한지 알고 있다면, 그들은 배급업자로부터 재료 가격의 견적을 요청할 수 있다. 몇몇 소매업자들은 인터넷에 제품 가격을 올려놓는다. 소매상 McMaster-Carr는 금속 가격을 올려놓았다. 표 14.2는 이 사이트에서 첨부한 몇몇 공업용 금속에 대한 1 m^3 당 최근 가격을 보여준다. 이는 지름 0.0254 m와 길이 1.83 m를 갖는 봉재에 기반한 값이다.

표 14.2에 나열된 금속들은 표준 순도(standard-purity) 재료에 대한 금속이다. 그러나 몇몇 적용 사례는 고 순도(higher-purity) 금속을 필요로 한다. 예를 들어, 잠수함 제작에 사용되는 강은 매우 낮은 탄소 함유량과 다른 침입형 물질을 필요로 한다. 이로 인해 강은 낮은 온도에서 높은 K_{Ic}를 갖게 되며, 따라

표 14.2 몇 가지 공업용 금속들의 입방미터당 비용

Metals	Cost $10^4\$/m^3$
Aluminum Alloys	
2024	6.57
4032	9.44
6061	3.76
7075	8.20
Copper Alloys	
CP[1] Copper (C11000)	21.62
Naval brass	19.32
Nickel Alloys	
CP nickel	111.69
Monel 400	82.25
Hastelloy X	80.17
Inconel 625	82.25
Steel	
1045	4.38
1117	3.98
4340	10.78
8620	4.66
Stainless Steel	
410 (ferritic)	8.41
304 (austenitic)	10.37
15-5 PH[2]	21.50
17-4 PH	13.20
Titanium Alloys	
CP Ti (R50500)	50.32
Ti-6Al-4V (R56400)	65.80
Tungsten[3]	221.72

1 CP = commercial purity
2 PH = precipitation hardened
3 Price based on a length of 0.305 m

서 잠수함의 갑판이 깊고 차가운 물속에서, 심지어 북극의 빙산 아래에서도 파손에 대해 저항할 수 있도록 한다. 유사하게, 고온 가스터빈의 로터에 사용되는 티타늄 합금은 낮은 수준의 침입형 물질을 필요로 한다. 이러한 낮은 수준의 침입형 물질을 갖는 합금은 표 14.2에 나타나 있는 표준 순도 금속보다 더욱 비싸다. 표 14.2는 왜 많은 금속 생산품이 탄소강으로 제작되었는지 보여준다. 탄소강은 단위 부피당 가장 저렴한 금속 중 하나이며 좋은 기계 물성을 가지고 있다. 이 때문에 자동차 프레임과 건축물 프레임이 대부분 탄소강으로 제작된다. 그러나 자동차의 무게 감축에 따라 연비가 상승한다.

표 14.3 미화로 나타낸 몇 가지 공업용 플라스틱들의 입방미터 및 킬로그램당 비용

Material	10^4\$/m^3	\$/kg
ABS	3.20	26.70
Acetal	9.65	67.96
Nylon	9.41	82.54
PEEK	36.59	281.46
LDPE	1.35	14.67
HDPE	1.16	12.21
UHMWPE	0.94	10.10
PP	1.46	16.04
PUR	7.17	59.75
PVC	1.60	11.43
Phenolic	13.11	93.64
Teflon	4.66	21.47

자동차를 더욱 가볍게 제작할 수 있는 방법 중 하나는 탄소강을 4340과 같은 고강도 강 합금으로 교체하는 것이다. 그러나 강에 대한 몇몇 합금 요소는 알루미늄, 크로뮴, 몰리브데늄, 니켈 등이며 이들은 강의 가격을 증가시킨다. 또한 자동차에 사용되는 강(밀도 55.8 × 10^3 kg/m^3)을 알루미늄(밀도 27 × 10^3 kg/m^3)으로 교체함으로써 무게를 매우 많이 감소시킬 수 있다. 그러나 표 14.2에 따르면 알루미늄은 강보다 비싸다. 강은 보통 알루미늄보다 강성, 강도가 높고 임계 응력집중계수도 더 높다. 그렇다면 설계 공학자는 탄소강, 고 강도 강, 고 강도 알루미늄 중에 어떤 재료를 사용할지 결정해야 하는 경우에 어떤 방법으로 결정해야 할까? 이러한 선택에 도움을 주는 절차들이 다음에 소개되어 있다.

표 14.3은 몇몇 공업용 플라스틱의 비용을 보여준다. 제시된 값은 *www.totalplastics.com*에 나열되어 있는 2.54 × 10^{-2}m의 길이 또는 폭을 갖는 원형 또는 사각형 단면을 갖는 봉재에 대해 0.305 m의 단위 길이 당 최근 가격이다. kg 당 가격은 1 m^3 당 가격을 밀도로 나눈 값이다.

표 14.3의 가격들은 특정 길이로 준비된 작은 양의 재료에 대한 가격에 대한 값이다. 표 14.3은 고분자 재료 중 UHMWPE 와 PEEK 사이에 한 자리수 이상 가격 차이가 난다는 것을 보여준다.

몇몇 웹 사이트는 복합재의 가격을 나열해 놓았다. 웹사이트 *www.totalplastics.com*에는 유리섬유-에폭시 복합재 생산품의 가격이 있으며, 웹사이트 *www.dragonplate.com*에는 탄소-에폭시에 대한 가격이 있다. 표 14.4는 0.0254 m의 지름과 1.22 m 길이를 갖는 유리-에폭시 봉재와, 지름 0.00635 m와 1.22 m 길이를 갖는 탄소섬유 봉재에 대한 가격을 보여준다.

G-10 유리섬유는 미국 전기 공업회(MEMA, National Electrical Manufacturers Association)의 표준으로 사용된다. 표 14.2에서 14.4까지 콘크리트가 단위 부피당 가격이 가장 싸다. 이것이 다리, 댐, 기초, 건물 벽과 같은 많은 거대 건축물에서 철근 콘크리트가 사용되는 이유이다. 만약 낮은 가격으로 빈 공간을 재료로 채우는 것이 목표라면, 콘크리트가 가장 좋은 선택이다.

14.2.2 제조비용

재료비용은 재료를 선택할 때 발생하는 비용들 중 하나일 뿐이다. 제품을 판매할 경우 충분한 이익을

표 14.4 몇몇 복합재의 비용

Material	Cost 10^4\$/m^3
Figerglass-epoxy (G-10)	28.26
Carbon fiber-epoxy	38.84
Concrete	0.013

얻을 수 있는 비용으로 제품을 생산하는 것이 가능하다. 제조 비용은 초기 구입된 재료를 최종 제품으로 만드는 데 필요하다. 제조 과정에서, 초기 재료는 최종 제품으로 가공된다. 예를 들어, 유리섬유로부터 만들어진 많은 제품 형태들은 손으로 제작되며 제품이 생산되는데 필요한 가격이 비싸지게 된다.

가장 낮은 제조비용은 설계상 표준 형태로 재료 사용이 가능할 때 발생한다. 예를 들어, 세라믹, 금속, 고분자는 원형이나 사각 봉재 또는 판재 형태가 가능하다. 만약 이러한 표준 형태가 시작 재료로 사용이 가능하다면, 그리고 만약 필요한 추가 공정이 최소화 된다면, 경제적 설계가 가능하게 된다. 그러나 많은 요소들이 표준 재료 형태로부터 제작하기에는 형태상 너무 복잡하고, 초기 재료는 유동 공정을 통해 원하는 형태로 만들어져야 한다. 이러한 재료는 고체, 액체 또는 가루 형태와 같은 새로운 형태로 만들어 질 수 있다. 13장에서 재료 형태를 형성하는 공정을 설명하였다.

유동 공정(flow process)은 고체 또는 액체의 유동을 이용해 초기 재료의 형태를 최종 제품 형태로 변화시킨다. 고체 금속을 유동을 이용해 형태를 바꾸는 공정은 단조(forging), 압연(rolling), 인발(drawing), 압출(extrusion) 성형 등이 포함된다. 또한 금속은 주조를 통해 액체 상태로 형상이 만들어질 수 있다. 모래 주조와 정밀 주조(investment casting)는 주조 공정 당 하나의 제품을 생산하며 많은 노동력과 비용이 필요하다. 또한 고온 금속을 녹이는 경우 금속을 녹이는 데 상당한 에너지가 필요하다. 그러나, 고온 가스 터빈 합금은 매우 강하여 고체 상태에서의 유동 공정이 불가능하다. 대신에, 이 경우 정밀 주조를 사용한다. 금속은 또한 영구형(permanent mold)과 금형 주조(die cast)를 이용한 주조가 가능하다. 영구형과 금형들은 제작하기에 비싸고 제한적인 수명을 가지고 있다. 그러나 자동차 엔진 피스톤과 같은 많은 부품들이 이러한 공정을 통해 적합한 가격으로 제작된다. 금속이 너무 단단하여 고체 상태에서 쉽게 변형할 수 없거나 금속이 쉽게 녹지 않을 경우 분말 야금 기술이 사용된다. 예를 들어, 금속-세라믹 혼합물(cermets)과 니켈 토리아(nickel thoria)와 같이 세라믹 확산으로 강화되는 금속이 있다. 분말 야금 기술은 기공 없이 제품을 만들 때 고온에서 오랜 시간 재료에 압력을 가해야 하므로 보통 고비용이며, 또한 재료가 산소와 반응성이 있을 경우 비활성 기체 상태도 필요하다.

변형으로 가공되는 열가소성 고분자의 초기 재료는 보통 고체 펠릿이며, 이러한 고체 펠릿은 압출, 사출, 열성형, 캘린더링(calendaring), 블로우 성형(blow molding)을 통해 형상을 갖추게 된다. 고분자를 연화시키는 온도가 낮고 강도도 낮으므로, 고분자 공정에 필요한 에너지는 크지 않다. 또한 고분자 변형 공정을 위한 장비는 금속을 위한 것만큼 튼튼할 필요가 없으며 따라서 가격이 낮다. 이러한 모든 요소들이 고분자의 변형 공정비용이 금속의 것보다 싸게 만든다. 고분자는 또한 주조도 가능하며 낮은 녹는점 또는 낮은 유리 전이 온도 덕분에 낮은 비용의 공정이 가능하다. 이러한 이유 때문에 고분자의 성형은 금속의 성형에 비해 비용이 낮다.

열경화성 고분자의 초기 재료는 주조되는 액체와 압축 몰드(compression mold) 또는 트랜스퍼 몰드(transfer mold)되는 몰딩 화합물(molding compound)이다.

세라믹 고체는 낮은 온도에서 취성이며 매우 높은 녹는점을 가진다. 따라서 세라믹은 보통 초소성 성형을 제외하고는 고체나 액체 상태에서 유동 성형하지는 않는다. 예외는 유리인데, 유리는 녹은 뒤 블로우, 인발, 압축 또는 고온 압연 등으로 성형된다. 결정성 세라믹 부품은 보통 분말 기술로 제작된다. 분말 세라믹은 압축되고 소결되어 고체 부품이 된다. 0.1% 정도의 낮은 기공을 갖는 세라믹을 만들기 위해서는 고비용이 필요하다. 세라믹은 또한 압출에 의한 슬립(slip)이나 슬립 주조를 이용한 수가소성(hydroplastic) 성형 기술로 형상을 갖추게 된다. 슬립 성형은 분말 기술보다 비용이 낮다.

만약 부품이 유동 공정만으로 원하는 형태로 완벽히 성형될 수 없다면 기계 가공(machining)을 이용해 형상을 갖출 수 있다. 기계 가공 공정은 밀링(milling), 선반(lathe)을 이용한 선삭(turning), 톱질(sawing), 드릴링(drilling)이 포함된다. 이러한 공정은 보통 재료의 기계 물성에는 영향을 주지 않으므로 이 책에서는 다루지 않는다. 하지만 기계 가공을 통해 키 홈에 균열이나 날카로운 모서리가 생성될 수 있으며 이는 재료의 파괴강도를 낮춘다. 기계 가공은 보통 고 비용 공정이다. 유동 공정으로 최종 형상을 만드는 것이 보통 더 저렴하다. 그러나 나사선, 키홈, 나사 구멍과 같은 경우 기계 가공은 꼭 필요한 공정이다. 대부분 금속과 고분자는 납, LDPE와 같이 매우 연한 재료나 매우 단단한 금속이 아니라면 기계 가공이 가능하다. 매우 연한 재료들은 절삭 공구로 재료가 제거되기 보다는 소성변형 하기가 더욱 쉽기 때문에 기계 가공이 어렵다. 마찬가지로 초합금과 같은 매우 단단한 재료의 경우 절삭 공구 자체에 손상을 주므로 쉽게 기계가공 되지 않는다. 만약 기계가공이 공정의 상당한 부분을 차지한다면 엔지니어는 쉽게 기계가공 되는 재료를 고려해야 한다.

제품 제작의 최종 단계는 **조립(fabrication)**이다. 조립은 각각의 부품을 최종 제품으로 연결시키는 과정이다. 조립의 한 예는 자동차 몸체의 생산이다. 몸체는 기계적, 야금학적 또는 화학적 방법으로 연결되는 판재 강으로 주로 이루어져있다. 기계적 방법은 볼트, 스크류, 리벳, 클리핑을 사용하여 체결하는 방법이다. 야금학적 방법은 용접, 블레이징(blazing), 납땜이 있으며 화학적으로 연결하는 방법은 접착제를 사용하는 것이다. 13장에서 금속과 고분자를 용접, 블레이징, 납땜으로 연결하는 공정을 배웠다. 리벳, 볼트, 스크류를 이용하거나 접착제를 이용한 조립 과정은 보통 비싸지 않으며 재료의 물성을 변화시키지 않는다. 용접과 블레이징은 더욱 비싸며 열 영향부 내의 재료 물성이 바뀔 수 있다. 고분자 부품은 접착, 볼트, 스크류, 클리핑, 용접을 이용하여 결합체로 조립된다. 세라믹은 매우 취성이기 때문에 한정된 기계적 조립 기술만이 존재한다. 세라믹은 세라믹 부품이 압축력을 받고 나사산이 세라믹에 없다는 조건 하에 볼트나 스크류로 체결될 수 있다. 세라믹은 매우 고온에서 녹고 취성이다. 따라서 세라믹은 보통 융접(fusion weld)되지 않는다. 세라믹은 블레이징 또는 납땜되며 이는 13장에서 다루었다. 또한 대부분의 접착제는 고분자 기반이며 고온에서 견딜 수 없기 때문에 접착제를 이용한 결합은 세라믹을 고온에 적용하는 경우 불가능하다.

14.2.3 기타 비용

엔지니어가 고려해야 하는 또 다른 비용은 소유하는 데 드는 비용이다. 소유 비용은 구입 가격, 작동, 유지, 수리, 검수, 그리고 보험을 포함한다. 비록 소유 비용이 제품을 만드는 비용에 영향을 주지 않을 지라도 이는 제품 판매, 이익, 그리고 제품의 가치에 영향을 준다. 제품의 **가치(value)**는 제품이 성능 조건을 만족시키는 정도이다. 만약 고객이 제품에 대해 특정 가격에 좋은 가치를 가진다고 느낀다면 고객은 그 제품을 구입할 것이다. 제품의 가치가 고객의 구매에 어떻게 영향을 미치는지에 대한 예시들이 많이 있다. 고객들은 특정 자동차를 매우 우수한 수리 이력, 낮은 유지비용, 낮은 작동비용, 좋은 재판매 가격을 가지고 있다고 생각하며, 이러한 자동차들은 좋은 가치를 가지고 있다고 볼 수 있다. 이러한 인식으로 인해 생산자들은 그들의 자동차에 할증금을 붙여 소유자에게 가격을 증가시킬 수 있고 이 회사는 다른 자동차 회사들 보다 더욱 이익을 얻게 된다.

자동차의 작동 비용은 연료 가격이 증가함에 따라 매우 중요하다. 연료가 비쌀 때에는 자동차 회사들은 대형 오픈 트럭이나 SUV 차량을 보통 가격에 판매할 수 없으며 판매를 위해서는 매우 큰 할인이 필요하다. 충돌 테스트에서 좋은 성능을 보이는 자동차들은 낮은 보험 적용율을 가지며 이는 소유 비용을 줄이고 소유자의 안전을 증가시킨다. 이러한 두 특징은 안전을 생각하는 잠재 구매자들에게 자동차의 가치를 증가시킨다. 자동차를 유지하기 위한 비용은 가치에 영향을 준다. 낮은 유지비용은 더 높은 가치를 나타낸다.

보잉787 드림라이너는 좋은 가치에 대한 또 다른 예이다. 이 비행기는 흑연으로 강화된 복합재를 사용하는 것과 엔진 설계 향상으로 가벼워졌다. 이러한 성능 향상이 비행기의 연비를 크게 향상시킬 것으로 기대되며 현재 제트 연료의 높은 가격에 따라 잘 판매된다. 검수가 매우 중요한 소유 비용인 한 예가 바로 상업용 비행기이다. 비행기는 규칙적인 검사 주기를 갖도록 설계된다. 만약 검수 주기가 우수한 재료 사용이나 설계로 인해 확장된다면 이는 비용 절감으로 이어진다. 또한 만약 비행기가 더 낮은 비용으로 검수할 수 있게 설계된다면 이는 소유 비용의 절감과 가치 증가로 이어진다.

이번 장에서는 소유 비용을 해석하지는 않는다. 그러나 충분한 회사의 이익을 감안하면서 최대의 제품 가치를 제공하는 것은 공학자의 의무이다. 공학자는 현명한 설계와 재료 선택으로 이를 달성할 수 있다.

14.3 재료 선택 절차

설계를 위한 재료를 고려할 때, 공학자는 초기에 모든 가능한 재료들을 포함시켜야 한다. 재료를 선택하기 전에 공학자는 먼저 설계 요구조건을 알아야 한다. 예를 들어, 자동차 내에서 인장력을 받는 환봉을 생각해 보자. 설계 요구조건은 다음과 같다. 재료는 탄성계수가 최소 100×10^9 Pa, 인장 항복 응력이 최소 1.0×10^9 Pa, 임계 응력확대계수가 최소 40 MPa $\cdot$ $m^{0.5}$이어야 하며, 밀도가 8×10^3 kg/m^3을 넘어서는 안 된다. 추가적으로, 설계 조건을 만족시키면서 비용 상 가장 효율적인 재료를 찾고자 한다. 모든 재료의 전체 집합 중 어떤 종류의 재료가 설계조건을 만족할 수 있는지 한 눈에 보기 위해 표 14.5를 만들었다. 표 14.5를 채우고 있는 데이터들은 이전 장에서 가져왔다. "수용(accept)" 결정은 이전 장에서 나타났던 데이터에 근거하여 최소 몇 개의 재료가 설계 조건을 만족한다는 뜻이며, 이러한 종류의 재료는 이후 고려 사항에서도 수용될 것이다. "불합격(reject)" 결정은 이 종류의 어떤 재료도 설계 조건을 만족시키지 못한다는 뜻이다.

몇몇 금속, 세라믹, 그리고 고분자의 탄성 계수가 표 6.1에 나타나 있다. 몇몇 금속의 항복강도가 표 6.3에 나타나 있으며, 몇몇 고분자의 탄성계수는 표 6.5에 나타나 있다. 세라믹 재료의 인장강도는 표 6.6에 나타나 있다. 세라믹, 금속, 고분자들의 K_{Ic}는 표 11.1, 11.2, 11.3에 각각 나타나 있다. 몇몇 단방향 복합재의 탄성계수, 인장강도가 표 12.2에, 임계 응력확대계수가 표 12.3에 나타나 있다. 부록 A로부터 주석과 구리의 밀도는 둘 다 8×10^3 kg/m^3 이상이며, 이 금속들의 합금은 매우 비싸다. 이러한 요인으로부터 고려사항에서 이 금속들을 제외할 수 있다. 세라믹은 매우 높은 탄성계수를 가지고 있다. 예를 들어, 꽉 들어찬 산화 알루미늄은 415×10^9 Pa의 탄성 계수를 가지고 있다. 그러나 인장 강도는 99.8% 밀집도를 갖는 산화 알루미늄의 경우 0.2×10^9 Pa에 불과하며 K_{Ic}는 3.5 MPa $\cdot$ $m^{0.5}$에 불과하다. 세라믹은 낮은 인

표 14.5 설계에서 요구되는 재료의 등급의 지속성

Material	E	σ_y	K_{Ic}	ρ	Cost	Decision
	Design Requirements					
Ceramics	H	F	F	A	High	Reject
Polymers	F	F	F	H	A	Reject
Aluminum alloys	F	F	F	H	High	Reject
Titanium alloys	A	A	A	H	High	Accept
Steel alloys	A	A	A	A	A	Accept
Composite materials	A	A	A	H	High	Accept

H—Exceeds the requirement
A—Meets requirement, acceptable
F—Does not meet requirement

장 강도와 낮은 K_{Ic}때문에 이 적용 사례에서 제외시켜야 한다. 고분자는 낮은 탄성계수와 낮은 항복 강도, 낮은 K_{Ic}때문에 제외시켜야 한다. 알루미늄 합금은 약 70 × 10^9 Pa의 탄성계수를 가지고 있고, 항복 강도는 최대 70 × 10^9 Pa이며 고 강도 합금의 경우 보통 K_{Ic}는 25 MPa · $m^{0.5}$이다. 알루미늄 합금은 어떠한 기계 물성도 충분히 높지 않으므로 제외시켜야 한다. 티타늄 합금은 약 115 × 10^9 Pa의 탄성계수를 가지고 있고 항복강도는 최대 120 × 10^9 MPa이다. 고 강도 합금에 대한 K_{Ic}는 보통 50 MPa · $m^{0.5}$이고 밀도는 약 4.5 × 10^3 kg/m^3이다. 티타늄 합금은 설계 조건을 만족한다. 철의 탄성계수는 211 × 10^9 Pa이고 몇몇 강 합금은 1 × 10^9 Pa 이상의 항복강도, 50 MPa · $m^{0.5}$ 이상의 K_{Ic}를 가지고 있다. 철의 밀도는 7.86 × 10^3 kg/m^3이다. 강 합금은 설계 조건을 만족한다. 탄소섬유 강화된 에폭시 복합 재료 또한 설계 조건을 만족한다. 예제 문제 12.3은 탄소-에폭시 복합재를 보여준다. 취성 모재 이전에 취성 섬유의 파괴가 먼저 일어나며 따라서 인장 강도와 항복 강도가 그림 12.15b에 나타나 있는 것과 같다. 탄소-에폭시 복합재에 대한 표 12.2, 12.3의 데이터는 단방향 복합 재료에 대한 것이며 이러한 복합재료의 탄성계수나 강도가 횡 방향에 대해 더 낮다는 점에 근거하면 횡 방향에 대한 물성은 설계 조건을 만족하지 않을 것이다. 그러나 현재 설계는 인장력을 받는 봉에 대한 것이므로 단방향 복합 재료는 이러한 경우 매우 효과적이다. 따라서 탄소-에폭시 복합 재료를 추가적인 고려를 위하여 선택할 수 있다.

이제 설계 조건을 만족시키는 재료의 비용을 고려해 보자. 설계를 위한 재료 선택에 있어서 가능한 많은 재료를 고려해야 한다. 그러나 이 해석에서는 표 14.2에서 14.4까지의 재료와 이전 장에서 충분한 기계 물성을 가지고 있는 재료만을 고려하였다. 표 14.6은 기계적 물성 데이터와 이 재료들의 비용을 보여준다.

표 14.6에서는 금속에 대한 σ_y와 K_{Ic}는 표 11.2로부터 가져왔으며, 금속 합금에 대한 E와 ρ의 출처는 웹사이트 *www.matweb.com*이다.

재료의 주문량이 많아질수록 가격은 낮아질 것이다. 이는 상대 가격을 이해하는 데 도움이 된다. 1 m^3 당 가격은 1인치 지름을 갖는 봉재에 대한 McMaster-Carr의 데이터를 기반으로 한다. 그리고 단축 탄소-에폭시 봉재의 비용은 웹사이트 Dragonplate로부터 얻을 수 있었다. 이러한 예측은 후보 재료들이 다음 고려 단계로 넘어갈 때 시세로부터 직접 확인할 수 있다. 복합 재료의 항복 강도는 탄소섬유 강화 에폭시가 항복을 일으키지 않기 때문에 인장 강도와 같다고 볼 수 있다.

표 14.6 후보 재료의 탄성계수(E), 항복강도(σ_y), 임계 응력확대계수(K_{Ic}), 밀도(ρ) 및 단위부피당 비용(C_V)

Material	E 10^9 Pa	σ_y 10^6 Pa	K_{Ic} MPa · $m^{1/2}$	ρ 10^3 kg/m^3	C_V 10^4 \$/m^3
Ti-6Al-4V	113.8	910	115.4	4.43	65.80
Ti-6Al-4V	113.8	1035	55	4.43	65.80
4340	205	860	98.9	7.85	10.78
4340	205	1515	60.4	7.85	10.78
17-7PH	204	1435	76.9	7.83	16.55
15-7Mo	204	1415	49.5	7.83	21.50
Carbon-epoxy	138	1447	40	1.67	38.84

This mechanical property and cost data should not be used for actual design or material selection.

14.3.1 비용 단위 당 성능을 위한 재료 선택

무게가 중요하지 않은 설계에서 비용 분석은 Waterman의 Fulmer Material Optimizer에 나타나 있다. 표 14.7에서는 다양한 하중 조건에서 탄성계수(E), 항복강도(σ_y), 임계 응력확대계수(K_{Ic})에 대해 단위 비용 당 성능에 대한 공식을 제공한다. 예를 들어, 인장력을 받는 환봉은 하중이 항복이나 파손을 일으키지 않는다는 설계 조건을 포함한다. 단위 비용 당 항복 강도에 대한 성능은 (σ_y/C_V)로 주어진다. 공식에서 볼 수 있듯이, C_V가 감소하거나 σ_y, E, K_{Ic}가 증가할수록 단위 비용 당 성능은 높아진다. 만약 최대 인장강도가 항복강도보다 중요하다면 표 14.7에서 최대 인장강도가 항복강도를 대신할 수도 있다. 만약 단위 무게 당 비용(C_W)이 주어졌다면, 단위 부피 당 비용(C_V)은 C_W와 밀도(ρ)의 곱이 된다. 표 14.7은 이 책에서는 다루지 않지만 공학자들이 추후 마주칠 수 있는 몇몇 하중 조건을 제시한다. 표 14.7에 제시되지 않은 하중 조건에 대해서는 Waterman과 Charles의 문헌을 참고하라.

이제 표 14.6에 나와 있는 기계물성 데이터와 단위 부피 당 비용을 표 14.7의 식들에 대입함으로써 표 14.8을 만들어보자. 표 14.8은 밀도가 8×10^3 kg/m^3 이하인 것을 제외하고는 무게가 중요하지 않다고 가정한 인장력을 받는 환봉을 위한 것이다.

표 14.7 다른 하중조건에 대한 단위비용당 성능식

Loading Conditions	Performance per Unit Cost Formulas		
	Stiffness	Ductile Yield	Brittle Fracture
Rod in tension	E/C_V	σ_y/C_V	K_{Ic}/C_V
Short column in compression	E/C_V	σ_y/C_V	K_{Ic}/C_V
Thin-walled pipe or pressure vessel under internal pressure	E/C_V	σ_y/C_V	K_{Ic}/C_V
Rod in bending	$E^{1/2}/C_V$	$\sigma_y^{2/3}/C_V$	$K_{Ic}^{2/3}/C_V$
Plate in bending	$E^{1/3}/C_V$	$\sigma_y^{1/2}/C_V$	$K_{Ic}^{1/2}/C_V$
Slender column in buckling	$E^{1/2}/C_V$		
Block in shear	G/C_V	τ_y/C_V	K_{IIc}/C_V

표 14.8 표 14.6의 자료를 이용하여 10^4\$/m^3의 단위를 갖는 부피당 비용(C_V) 으로 정규화한 10^9 Pa을 단위로 한 탄성계수(E), 10^6 Pa을 단위로 한 항복강도(σ_y), MPa(m)$^{1/2}$을 단위로 하는 임계 응력확대계수(K_{Ic})

Material	E/C_V	σ_y/C_V	K_{Ic}/C_V
Ti-6Al-4V	1.73	13.8	1.75
Ti-6Al-4V	1.73	15.7	0.84
4340	19.0	79.8	9.17
4340	19.0	141	5.60
17-7PH	12.3	86.7	4.65
15-7Mo	9.49	65.8	2.30
Carbon-epoxy	3.55	37.3	1.03

표 14.9 표 14.8의 자료를 이용하여 부피당 비용(C_V)으로 정규화한 상대 탄성계수(RE), 상대 항복강도($R\sigma_y$), 상대 임계 응력확대계수(RK_{Ic})

Material	RE/C_V	$R\sigma_y/C_V$	RK_{Ic}/C_V
Ti-6Al-4V	0.09	0.10	0.19
Ti-6Al-4V	0.09	0.11	0.09
4340	1.0	0.57	1.0
4340	1.0	1.0	0.61
17-7PH	0.65	0.62	0.51
15-7Mo	0.50	0.47	0.25
Carbon-epoxy	0.19	0.27	0.11

표 14.8에서 K_{Ic}의 단위가 E와 σ_y와는 다르기 때문에 표 14.9처럼 각 재료와 물성에 대한 무차원의 단위 비용 당 상대적인 성능이 필요하며, 이는 표 14.8의 각 열에 제시되어 있는 숫자를 열의 최대 숫자로 나누어줌으로써 각 항의 상대적인 값을 얻을 수 있다.

만약 각각 물성이 설계상 동등하게 중요하다면, 주어진 재료에 대한 단위 비용 당 상대 성능(Relative performance per unit cost, RPC)의 값은 그 합을 성능 인자의 개수로 나눈 값이다. 만약 한 인자가 다른 인자보다 더 중요하다면, 가중치(weighting factor)를 적용할 수 있으며 최대 점수가 1이 되도록 분모를 조절한다. 동등하게 가중치가 적용된 세 가지 인자에 대한 각 재료에 대한 단위 비용 당 상대 성능(RPC)은 식 14.1로 계산될 수 있으며, 표 14.10에 나타나 있다.

$$RPC = \frac{1}{3}\left(\frac{RE}{C_V} + \frac{R\sigma_y}{C_V} + \frac{RK_{Ic}}{C_V}\right) \qquad \textbf{14.1}$$

이번 해석에서는 가장 높은 인장강도를 갖는 4340 강(4340 steel)이 가장 높은 단위 비용 당 성능을 보여준다. 이 이유 중 하나는 항복강도가 설계조건의 세 배나 되기 때문이다. 만약 공학자가 항복보다 파괴를 더 피하고 싶다면, 더 낮은 항복강도와 더 높은 K_{Ic}를 갖는 4340 강이 대신할 수 있다. 두 강 모두 열처리 비용이 비슷하다는 전제 하에 재료에 대해 같은 비용을 발생시킬 것이다. 더 높은 항복강도를 갖는 강

표 14.10 표 14.9의 각 재료의 단위 비용당 상대 성능

Material	*RPC*
Ti-6Al-4V	0.13
Ti-6Al-4V	0.10
4340	0.86
4340	0.87
17-7PH	0.59
15-7Mo	0.41
Carbon-epoxy	0.19

은 피로 균열 발생에 대해서는 더 높은 저항을 보일 것이며 반대로 피로 균열 전파에 대해서는 더 낮은 저항력을 보일 것이다. 공학자는 어떤 물리적 물성이 가장 중요한지 결정해야 한다. 만약 설계 대상이 인장력을 받는 봉이 아닌 굽힘을 받는 판재라고 한다면 비용 해석은 표 14.7에 나타난 것처럼 $E^{1/3}/C_V$, $\sigma_y^{1/2}/C_V$, $K_{Ic}^{1/2}/C_V$를 기반으로 하여야 한다. 비용해석에 대한 추가적인 고찰을 위해서는 Waterman의 문헌을 참고하라.

14.3.2 임계 무게 설계를 위한 재료 선택 절차

비행기, 고성능 스포츠 장비, 고효율 자동차와 같이 무게가 중요할 경우, 가장 높은 비 탄성계수(specific elastic modulus)나 비강도(specific strength)를 갖는 재료가 가장 효율적이다. 비 탄성계수는 E/ρ이며 유사한 방식으로 비 강도나 비 임계 응력확대계수 또한 각 항을 밀도로 나눔으로써 구할 수 있다. 표 14.6에 나타난 각 항을 밀도로 나눈 비 기계 물성들이 표 14.11에 나타나 있으며, C_V/ρ는 단위 무게 당 비용이다. 표 14.12는 표 14.11로부터 얻은 상대적인 값을 보여준다.

만약 각 설계 조건이 동등하게 중요하고 비용도 성능 상 동등하게 중요하다면, 각 후보 재료에 대한 상대 장점(relative merit, *RM*)은 식 14.2와 같이 주어진다.

$$RM = \frac{1}{4}\left(\frac{RE}{\rho} + \frac{R\sigma_y}{\rho} + \frac{RK_{Ic}}{\rho} + 1 - \frac{RC_V}{\rho}\right) \qquad \textbf{14.2}$$

비용이 상대 장점에 미치는 영향은 가장 낮은 상대 가격의 재료가 우선시되기 때문에 $1-RC_V/\rho$로 주어진다. 식 14.2를 후보 재료들에 적용한 결과가 표 14.13에 나타나 있다.

표 14.12는 상대적인 관점에서 탄소섬유 강화된 에폭시 소재가 무게가 중요한 설계상 가장 높은 장점을 갖고 있다는 것을 보여준다. 이러한 점 때문에 탄소섬유 강화된 에폭시 소재는 무게가 중요한 응용 사례에서 많이 사용된다. 경주용 자동차나 고성능 자동차는 이미 탄소 강화된 에폭시 소재를 섀시와 같은 부품에 적용하고 있다. 탄소섬유 강화된 에폭시는 비행기 부품이나 낚싯대, 테니스 라켓, 모든 종류의 경주용 보트 등에도 사용된다. 1장과 12장에서 고려하였던 것처럼, 그리고 이번 장을 시작할 때 보았던 것처럼 보잉은 탄소섬유 강화된 에폭시 소재를 787드림라이너의 기체에 적용하고 있다. 기계 물성이나 재료 비용 측면에서, 탄소섬유 강화된 에폭시는 표 14.13과 같이 가장 높은 상대 장점을 확실히 보여준다. 그러나 이 소재로 비행기를 제작하는 것은 어려운 문제이다. 탄소섬유 강화된 에폭시와 같이 상대적으로 새로운

표 14.11 표 14.6에 나타낸 후보 재료의 비강성, 비항복강도, 비임계 응력확대계수 및 킬로그램당 비용

Material	E/ρ	σ_y/ρ	K_{Ic}/ρ	C_V/ρ
Ti-6Al-4V	25.7	205	26.0	14.85
Ti-6Al-4V	25.7	234	12.4	14.85
4340	26.1	110	12.6	1.37
4340	26.1	193	7.70	1.37
17-7PH	26.1	183	9.82	2.11
15-7Mo	26.1	181	6.32	2.75
Carbon-epoxy	82.6	866	24.0	23.26

표 14.12 표 14.11에 나타낸 후보 재료의 밀도로 나눈 비강성, 비항복강도, 비임계 응력확대계수 및 입방미터당 비용의 상대값

Material	RE/ρ	$R\sigma_y/\rho$	RK_{Ic}/ρ	RC_V/ρ
Ti-6Al-4V	0.31	0.24	1.0	0.64
Ti-6Al-4V	0.31	0.27	0.48	0.64
4340	0.32	0.13	0.48	0.06
4340	0.32	0.22	0.30	0.06
17-7PH	0.32	0.21	0.38	0.09
15-7Mo	0.32	0.21	0.24	0.12
Carbon-epoxy	1.0	1.0	0.92	1.0

소재를 설계에 적용하는 것은 곧 높은 개발 비용을 의미한다. 탄소섬유 강화된 에폭시의 재료 물성과 제조 공정은 7075-T6 알루미늄과 같은 표준 재료들만큼 잘 알려져 있지 않다. 예를 들어, 탄소섬유 강화된 에폭시의 결합 공정은 알루미늄처럼 잘 수립되어 있지 않다. 탄소섬유 강화된 에폭시는 용접될 수 없으나, 접착제를 통해 결합할 수 있다. 그러나 접착제는 탄소섬유 강화된 에폭시만큼 강하지 않다. 탄소섬유 강화된 에폭시는 기계적으로 체결할 수 있으나, 재료를 파손시키거나 섬유-에폭시 간 전단을 허용하지 않도록 주의해야 한다. 새로운 설계 시 탄소섬유 강화된 에폭시를 사용함에 따라 개발, 제조비용이 크게 증가할 수 있다. 이 비용들은 표 14.13에 포함되지 않았다. 과거에는 아음속(subsonic) 상업용 비행기의 기체는 이번 해석에서 고려하지 않는 고강도 알루미늄 합금으로 제작되었지만, 문제 14.1에서는 이 재료를 고려할 것이다.

속도가 음속의 2.5배를 넘는 초음속(supersonic) 비행기에 대해서는 고온 강도를 갖는 티타늄 합금이 기체 재료로 사용된다. 비행기 구조 재료의 선택과 사용에 대한 추가 고찰은 Charles의 문헌을 참고하라.

14.3.3 고관절 인공관절 전치환술의 지주 스템을 위한 재료 선택 (Material selection for an anchor stem of a total artificial hip replacement)

고관절 전치환술(total hip replacement)에서 고관절 뼈는 그림 14.1 모식도에 나타난 것처럼 기계 시스템으로 교체된다. 대퇴 스템(femoral stem)은 고분자 뼈 시멘트를 이용해 대퇴부(femur)에 고정된

표 14.13 설계에서 요구되는 후보재료의 상대 장점(*RM*)

Material	*RM*
Ti-6Al-4V	0.48
Ti-6Al-4V	0.35
4340	0.47
4340	0.44
17-7PH	0.45
15-7Mo	0.41
Carbon-epoxy	0.73

다. 스템에 부착되는 것은 소켓(비구 요소, acetabular component)에 맞는 머리(head) 부분이며 이 소켓은 스크류(screw)나 골시멘트(bone cement) 또는 두 방법 모두를 사용하여 골반과 연결된다. 머리 부분은 보통 스템과 같은 재료로 만들어지며 가끔 다결정 알루미늄과 같은 다른 재료로 만들어진다. 소켓은 보통 금속으로 만들어진다. 그림 14.1a처럼 소켓과 대퇴골두 사이에 존재하는 라이너(liner)는 운동과 윤활을 용이하게 해준다. 라이너는 UHMWPE, 폴리옥시메틸렌 동종 중합체(polyoxymethylene homopolymer), 다결정 알루미늄(polycrystalline allumina), 터보플라스틱 흑연(turboplastic graphite) 재료로 만들어진다.

스템 재료는 다음 요구조건을 만족해야 한다.

1. 생체에 적합하고 무독성
2. 체내 환경에 대한 열화 저항성
3. 영구변형을 방지하기 위해 최소 500 MPa의 항복강도
4. 체내에서 10^7 사이클에 대해 최소 400 MPa의 피로강도
5. 650 MPa의 최대 인장강도
6. 취성파괴 방지를 위해 최소 8% 연성
7. 요소 무게 절감을 위해 높은 비 강도

500 MPa의 항복강도 조건 때문에 모든 고분자는 제외된다. 8% 연성 조건은 고려사항에서 모든 세라믹을 제외시킨다. 남는 재료는 금속과 복합재이다. 다양한 스테인리스 강이 스템 재료로 사용되어 왔으며 316L이 현재 대퇴 스템으로 가장 많이 사용되는 스테인리스 강이다. 그러나 316L은 체내 액체 환경에서 틈 부식(crevice corrosion)을 일으킨다. Co-27Cr-5Mo-0.3C나, 최근 Co-20Cr-35Ni-9.5Mo-0.01C와 같은 코발트 기반의 합금들이 관절 대치술을 위한 스템 재료로 개발되었다. 이 합금들은 316L 스테인리스 강보다 틈 부식에 대한 저항성이 더 높고 생체에 훨씬 더 적합하기 때문이다. Co-27Cr-5Mo-0.3C 합금은 보통 주조 조건에서 사용되며, Co-20Cr-35Ni-9.5Mo-0.01C는 가공 조건에서 사용된다. 의학적 시험을 통해 티타늄 합금이 금속 합금 중 가장 생체에 적합하고 부식 저항성이 높아 신체 임플란트에 적합하다는 것을 알게 되었다. 임플란트로 가장 많이 사용되는 티타늄 합금은 Ti-6Al-4V 초저불순물(ELI, extra-low-interstitial)급이다. 노치 민감도 때문에 Ti-6Al-4V 합금은 표면 처리가 매우 중요하다. 질소 이온을 이용한 Ti-6Al-4V 표면처리를 통해 마모를 발생시키는 부식을 감소시킬 수 있다는 것이 알려져 있다. 316L, Ti-6Al-4V, Co-Cr-Mo 합금의 기계 물성, 밀도, 그리고 비용이 표

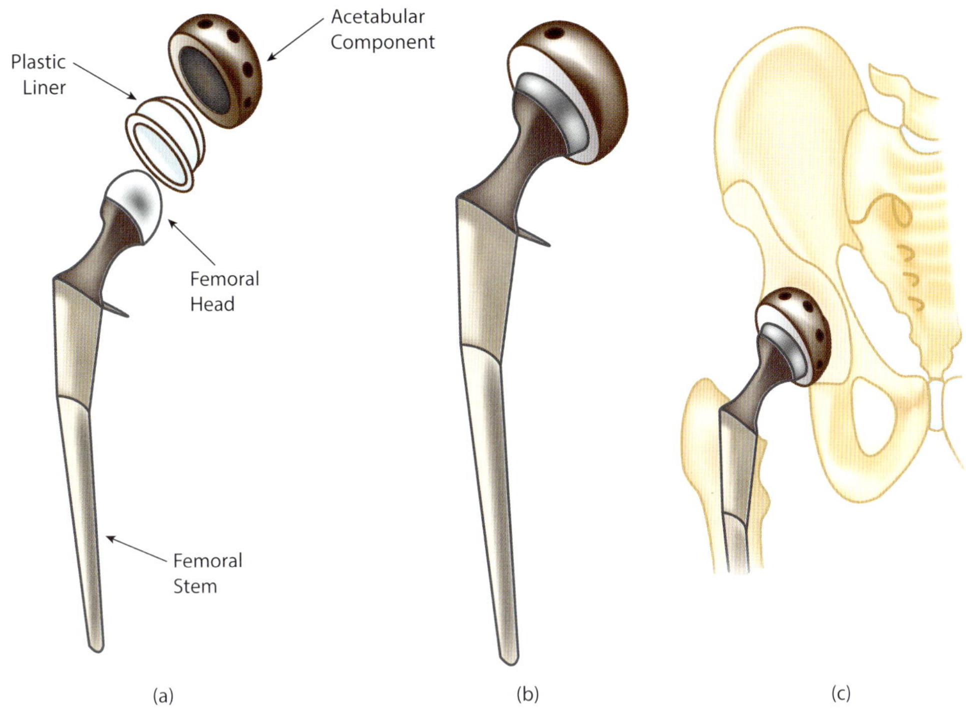

그림 14.1 (a) 인공 고관절 전치환술을 위한 부품들 (b) 인공 고관절의 조립도 (c) 골반에서 허벅지로 인공 고관절을 이용하여 연결한 치환 모식도 *(Based on http://orthoinfo.aaos.org/topic. cfm?topic=a00377)*

14.14에 나타나 있다. ELI 등급의 Ti-6Al-4V가 표 14.2에 나와 있는 표준 등급 재료보다 저렴하다고 기대할 수는 없지만, 이 가격들은 시세 가격들이다. 보통 조건에서, ELI 등급은 더욱 비싸다는 것을 고려해야 한다.

고관절 스템의 경우 주요 하중은 스템과 부착된 머리에서 발생하는 굽힘이며 이 위치에서 스템은 환봉 형상을 하고 있다. 고관절 이식이 좋은 신체소선을 가지고 있는 든든한 사람을 대상으로 한다고 가정하자. 따라서 스템의 무게는 크게 중요하지 않다. 만약 약한 사람을 대상으로 한다면 무게가 중요할 것이다. 표 14.15는 표 14.14에 나와 있는 각 재료의 단위 비용 당 성능을 보여준다. 풀림(annealing)된 316 L 스테인리스 강의 항복강도는 480 MPa로, 500 MPa 조건보다 낮다. 풀림 처리를 약간 적게 하거나 약간 더 저온에서 시행한다면 이 합금은 더 높은 항복강도와 파괴에 저항할 수 있을 만큼 충분한 연성을 가지게 될 것이다. 따라서 이 해석에서 이 재료를 고려한다.

표 14.14에 나와 있는 임계 응력확대계수는 공기 중에서 결정된 것이므로 이 응용 사례에서는 체내 환경을 모의 실험하여 결정해야 한다. 각 재료에 대한 단위 비용 당 상대 성능이 표 14.16에 나타나 있다.

각 재료의 세 가지 성능 인자를 이용한 비용과 관련된 상대 성능(RPC)이 식 14.3으로 계산될 수 있으며 표 14.17에 나타나 있다.

$$RPC = (RE^{1/2}/C_V + R\sigma_y^{2/3}/C_V + RK_{Ic}^{2/3}/C_V)/3 \qquad \textbf{14.3}$$

316L 스테인리스 강은 이러한 인자들에 대해 세 가지 재료들 중 확실히 가장 높은 단위 비용 당 상대성

표 14.14 인공 고관절 전치환에 사용되는 스템에 사용되는 몇 가지 합금의 항복강도(σ_y), 극한강도(σ_U), 파단변형률(ε_f), 탄성계수(E), 한계 응력확대계수(K_{Ic}), 밀도(ρ) 및 비용(C_v)과 같은 기계적인 물성

Alloy	σ_y MPa	σ_u MPa	ε_f %	E GPa	K_{Ic} MPa · $m^{\frac{1}{2}}$	ρ 10^3 kg/m^3	C_V 10^4\$/m^3
316L	480	860	37	196	260	8.0	15.4
Co-Cr-Mo	862	1089	8	235	126	8.3	33
Ti-6-4-ELI	790	860	15	114	100	4.43	40

The mechanical-property data is from various sources. The cost data is from various Internet sites for a 1-inch-diameter rod. This mechanical property and cost data should not be used for design or material selection.

표 14.15 표 14.14에 나타낸 자료를 이용하여 단위 부피당 비용(C_v)으로 나누어 계산한 탄성계수(E)와 항복강도(σ_y) 그리고 한계 응력확대계수(K_{Ic})
(탄성계수와 항복강도의 단위는 10^9 Pa 그리고 응력확대계수의 단위는 MPa · $m^{1/2}$)

Material	$E^{1/2}/C_V$	$\sigma_y^{2/3}/C_V$	$K_{Ic}^{2/3}/C_V$
316 L	0.91	3.99	2.65
Co-Cr-Mo	0.46	2.75	0.76
Ti-6Al-4V ELI	0.27	2.14	0.54

능을 보여준다. 그러나 공학자는 또한 이 해석에서 고려되지 않은 다른 요소들을 고려해야 한다. 예를 들어, 틈 부식은 고려되지 않았다. 만약 임플란트가 장기간 사용되지 않을 것으로 예측되는 사람에게 적용되었다면, 틈 부식은 문제가 되지 않을 것이다. 그러나 만약 임플란트가 수년 동안 사용될 것이라면 틈 부식을 받지 않는 재료를 선택하는 것이 좋다.

이 해석에서는 높은 탄성계수가 하중 적용 시 스템의 굽힘을 감소시키므로 성능에 좋은 영향을 미친다고 하였다. 그러나 스템과 뼈 사이의 탄성계수의 차이가 크면 스템과 뼈 사이의 결합이 손실될 수 있다. 뼈의 탄성계수는 17.2 GPa이며, 이 값은 잠재적인 스템 금속의 탄성계수와 비교하였을 때 1/10보다 작은 값이다. 만약 뼈와 스템 간 결합이 완벽하지 않다면 뼈와 스템의 변형률에 차이가 발생하고 뼈와 스템 간 경계면에 전단 변형률이 발생한다. 이것이 피손의 원인이라면 더 낮은 탄성계수를 갖는 스템은 덜 파손될 것이다. 만약 높은 탄성계수를 갖는 스템이 파손을 일으킨다면, 스템-뼈 탄성계수 차이와 같은 요인을 고려해야만 하며 성능에 미치는 탄성계수의 효과를 재해석 해야만 한다.

Kevlar와 같은 가는 섬유로 강화되는 고분자-매질 복합재(Polymer-matrix composite)가 임플란트 재료로 연구되고 있다. 복합재를 사용하면 스템의 기계 물성을 뼈와 비슷하게 맞출 수 있다. 만약 뼈의 탄성계수와 스템의 탄성계수가 완전히 같다면 같은 응력 하에서 뼈-스템 경계면에서 발생하는 변형률이 같을 것이다. 중심이 Co-Cr-Mo이고 PEEK 고분자로 둘러싼 복합재 스템이 개발되었다. 이 스템의 목표 중 하나는 스템의 탄성계수를 낮춰 대퇴골의 뼈와 더욱 적합하게 하는 것이다.

체내 임플란트를 위한 재료 선택은 강성, 항복강도, 파괴, 피로, 부식과 같이 이 책에서 토의한 기준에 따른다. 이식에 적합한 재료들은 이 책에서 토의된 재료들과 유사하다. 체내 환경과 이 재료들의 반응과 이 재료들에 대한 신체 반응 또한 고려되어야 한다. 이러한 주제들은 생체 재료 강의에서 다룬다.

표 14.16 표 14.15에서 나타낸 자료를 이용하여 단위 부피당 비용(C_V)로 나누어 계산한 상대 탄성계수(E), 상대 항복강도(σ_y), 그리고 상대 한계 응력확대계수(K_{Ic})

Material	$RE^{1/2}/C_V$	$R\sigma_y^{2/3}/C_V$	$RK_{Ic}^{2/3}/C_V$
316 L	1.0	1.0	1.0
Co-Cr-Mo	0.51	0.69	0.28
Ti-6Al-4V ELI	0.54	0.53	0.20

표 14.17 표 14.16에 나타낸 각 재료에 대하여 계산된 단위 비용당 상대 성능

Material	*RPC*
316 L	1.0
Co-Cr-Mo	0.50
Ti-6Al-4V ELI	0.34

14.4 지속 가능성을 위한 재료 선택

지속 가능성(sustainability)은 지속할 수 있는 능력이다. 재료의 지속적 사용은 재료 공급이 지속되는 재료를 사용하는 것이다. 식물은 계속 자란다는 점에서 지속 가능한 재료 공급원이다. 땅으로부터 나오는 광물을 소재로 만드는 것은 광물이 한 번 공정되면 교체될 수 없기 때문에 지속 가능한 재료 공급원이 아니다. 재료의 **재활용(recycling)**은 재료 공급원의 지속 가능성을 향상시킨다. 재활용은 기존 제품을 새로운 제품을 만드는 데 재사용 될 수 있는 재료로 만드는 과정이다. 알루미늄과 같은 몇몇 경우에 재활용 된 재료는 원래 재료와 같다. 그러나 플라스틱의 경우 재활용된 재료는 14.4.3절에서 다루는 것처럼 원래 재료와 다르다. 재료 사용에 있어서 완벽하게 지속 가능한 시스템은 절대 달성할 수 없는 이상화이다. 그러나 재료의 지속 가능한 사용 정도를 높이는 시행력들이 존재한다. 가장 중요한 요인 중 하나는 비용이다. 만약 재료의 재활용이 비용 상 효율적이라면, 기업들은 자발적으로 이를 시행할 것이다. 재활용 재료에 대한 조건이 없었던 2011년 북아메리카에서는 철이 약 66 × 10^9 kg, 종이가 약 45 × 10^9 kg, 알루미늄이 약 3.6 × 10^9 kg, 유리가 약 2.7 × 10^9 kg, 플라스틱이 약 1.8 × 10^9 kg 재활용 되었다.

재료의 재활용은 다른 장점도 가지고 있다. 예를 들어, 미국 알루미늄 협회(Aluminum association)에 따르면 알루미늄을 재활용하는 것은 보크사이트 광석으로부터 알루미늄을 만드는 데 필요한 에너지의 95%를 절약할 수 있고 공기 오염도 감소시킨다. 만약 재료가 재활용되지 않는다면 재료의 천연 공급원은 더욱 빠르게 고갈될 것이며 공급원의 질 또한 감소할 것이다. 예를 들어, 고급 광석이 먼저 채굴될 것이고 저급 광석만이 미래에 남을 것이다. 저급 광석은 채굴하고 재료로 변환시키는 데 더 많은 비용이 든다. 게다가 재료의 재활용을 통해 매립되는 재료의 양 또한 감소할 것이다.

만약 재료의 비용이 재활용을 통해 낮아진다면 재료 시장이 더욱 커질 것이다. 게다가 몇몇 고객들은 재활용된 재료로 만들거나 비슷한 제품을 만드는 것보다 오염이 적은 방식으로 만든 제품에서 가치를 찾을 것이다. 또한, 몇몇 정부는 이제 더욱 지속 가능한 재료 공급원을 갖기 위한 노력의 일환으로 재활용 되는 재료를 요구하고 있다. 유럽 연합은 2015년까지 자동차를 생산할 때 95% 재활용 할 수 있는 재료를 사

용하며, 85%가 기계적 재활용을 통해 회복할 수 있거나, 에너지 회복이나 열 재활용을 통해 10%가 재사용될 수 있어야 한다고 제정하였다.

14.4.1 철의 지속 가능한 사용

철은 몇몇 이유 때문에 무게 상 가장 많이 재활용 되는 재료이다. 철 금속(BBC)은 강자성이고 거대 자철은 다른 재료로부터 이를 바로 분리할 수 있다. 자동차에 사용되는 강은 거의 100% 재활용 된다. 1.1절에서 다루었던 철광석을 철로 제련하는 순 산소 용광로(BOF, basic oxygen furnace)는 약 30%의 고철을 사용한다. BOF로부터 생산되는 철은 비교적 순도가 있고 철을 필요로 할 때 사용할 수 있다. 전기 아크로(electric arc furnace, EAF)는 100%의 고철을 사용하여 재활용된 철을 생산한다. EAF에서 생산된 철은 재활용 과정에서 공급되는 충분한 불순도를 함유하고 있어 이 철은 냉간가공을 통해 가정용 전자기기나 자동차 패널에 사용할 얇은 판 형태를 만드는 데에는 적합하지 않다. EAF 철은 I 빔, 두꺼운 판, 강강화된 막대 등 많은 양의 냉간가공이 필요하지 않은 곳에 사용된다. 철은 계속적으로 재활용 될 수 있으나, 낮은 불순도를 갖는 철은 BOF를 통한 철광석 재련을 통해 생산된다. EAF로 재활용 된 철을 생산하는 것은 BOF로 만드는 것의 약 60%에너지를 필요로 하며, 유사한 비율로 공기오염을 감축할 수 있다.

14.4.2 비철 금속의 지속 가능한 사용

미국에서는 알루미늄의 약 33%, 구리의 40%, 납의 35%, 아연의 30%, 오스테나이트 스테인리스 강의 60%가 재활용 된 재료로부터 생산된다. 1888년부터 생산된 알루미늄의 75%가 현재까지 쓰인다고 예측된다. 모든 오스테나이트 스테인리스 강의 80~90%가 재활용 되고, 금속은 계속해서 재활용 할 수 있다. 그러나 불순물은 여전히 재활용 된 금속에 존재하며 그 결과로 고 순도 금속은 보통 광석에서부터 생산된다. 금속 공급의 많은 부분은 재활용임을 알 수 있다. 작은 어선, 카누, 그리고 비행기 외판 재료는 알루미늄으로 만들어진다. 철사는 구리나 알루미늄으로 만들어진다. 부엌 싱크대는 스테인리스 강으로 만들어진다. 또한, 공장에서는 금속 가공 과정에서 일정 폐기물이 발생한다.

도시 폐기물 중 하나인 금속은 분리해야 한다. 도시 폐기물은 먼저 잘게 조각낸다. 강자성 금속은 영구자석으로 먼저 분리된다. 비자성 금속은 남은 폐기물에서 와전류(eddy current)를 통해 검출되고 분리된다. 11.2.9절에서 와전류를 통한 비파괴 검사법(nondestructive testing)을 다루었다. 뒤섞인 비자성 폐기물은 컨베이어 벨트에 펼쳐진다. 강한 교번 자기장(alternating magnetic field)이 와전류를 유도하고, 비자성 금속에서 발생하는 자기력이 이들을 컨베이어 벨트에서 저장고로 끌어낸다. 비금속은 교번 자기장의 영향을 받지 않으며 계속해서 컨베이어 벨트 위에 있다. 도시 폐기물 내의 비자성 금속은 액체 부유 선별이나 고압 공기를 이용한 방법으로 밀도 차에 의해 다른 쓰레기들과 분리되며 또한 서로 분리된다. 분리된 금속들은 블록 형태로 압축되고 새로운 금속을 형성하기 위해 녹인다. 녹은 금속은 화학적으로 분석된 후 원하는 합금을 만들기 위한 합금 첨가물들이 생산된다.

14.4.3 플라스틱의 지속 가능한 사용

플라스틱의 지속 가능한 사용에는 많은 장애물들이 있다. 대부분 플라스틱은 재생 가능하지 않은 자원인 석유에서 생산된다. 플라스틱 병 중에 24%만이 재활용 된다고 예측된다. HDPE를 PVC나 에폭시로부터 분리하는 것처럼, 폐기물에서 서로 다른 고분자를 분리하는 것은 매우 어렵다. 만약 폐기 열가소성 고분자가 섞이고 녹게 되면, 상온에서 고체인 대부분 고분자는 다른 고분자와 섞이지 않는다. 녹은 경우도 마찬가지이며 이는 4.8.2절에서 다루었던 것처럼 섞이는 과정에서 엔트로피가 매우 크기 때문이다. 서로 다른 열가소성 고분자를 녹이고 고형화 시키는 것은 다른 재료들로 부피를 이루고 약한 상 경계면을 가지고 있는 고체를 만든다.

대부분의 고분자가 액체 상태에서 섞이지 않기 때문에 부피 상 균일한 물성을 갖는 제품을 만들기 위해서는 서로 다른 열가소성 고분자들을 분류할 필요가 있다. 고분자 제품은 삼각형이나 중심에 숫자가 표시되어 있고 세 개의 화살표로 된 재활용 표시를 통해, 직접 분류가 가능하며 이 숫자는 고분자의 종류를 말해준다. 고분자 종류의 숫자들은 01-폴리에틸렌 테레프타레이트(polyethylene terephthalate, PET), 02-HDPE, 03-PVC, 04-LDPE, 05-PP, 06-PS, 07-기타(PC, PTEE 등), 09-ABS이다. 플라스틱은 플라스틱 펠릿(pallet)을 만들기 위해 분류되고 세척되며 조각으로 자르고 녹인다. 재활용 된 고분자는 종종 원재 고분자와 다른 방식으로 사용된다. PET는 투명한 음료 용기로 사용되고 재활용 된 PET는 대게 폴리에스테르 섬유를 만드는 데 사용된다. HDPE, PVC, PP, PS, ABS를 포함하는 많은 고분자들은 30~70%의 목재 가루와 섞여 우드 플라스틱(plastic wood)을 위한 펠릿이 된다. 13.4.1절에서 다루었던 것처럼, 우드 플라스틱 펠릿은 대부분 압출가공을 통해 판재 형태로 만들어진다.

고분자는 **열분해(pyrolysis)** 과정을 통해 재활용 될 수 있다. 열분해 과정에서 고분자는 비활성 분위기에서 500°C까지 가열되며, 이 온도에서는 LCM이 끊어져 짧은 분자가 된다. 열분해를 통해 연료로 사용할 수 있는 가스나 액체와 함께 고체 잔여물들이 생성된다. 종종 열분해로 생성된 분자들을 새로운 고분자를 만드는 데 사용할 수 있다.

고분자를 재활용 하는 다른 방법은 매립 시 처리되는 생분해 가능한 고분자를 만들고 지속 가능한 공급원으로부터 만든 새로운 고분자로 대체하는 것이다. **생분해(biodegradation)**는 박테리아로 고분자를 단순 분자로 분해하는 것이다. PE나 PP와 같은 대부분의 고분자들은 생분해 가능하지 않으며 제한적인 공급만이 가능한 석유로부터 주로 생산된다. PE는 에탄올을 만들기 위한 바이오매스(biomass)의 발효로 만들어질 수 있다. 여기서 에탄올은 에틸렌으로 변환되고 PE로 변환된다. 최근 몇몇 생분해 가능한 열가소성 고분자들이 지속 가능한 공급원으로부터 개발되었다. 바이오폴(biopol)로도 알려져 있으며 폴리에스테르 족에 속하는 폴리하이드록시부티레이드(polyhydroxybutyrate, PHB)는 식물이나 미생물로부터 만들어진나. 한 회사가 도시 폐수 내의 박테리아로 PHB를 생산하고 있다. 다른 응용사례 중, PHB는 체내에서 생분해 하며 무독성이고 생체에 적합하여 내부 의료 봉합선을 만드는데 사용된다. PHB의 인장강도는 40 MPa로 PP의 인장강도와 비슷하다. 폴리락트산(polylactic acid, PLA)은 옥수수, 감자녕, 사탕무의 바이오 메스의 박테리아 발효를 이용한 최근 개발된 생분해 되는 고분자이다. PLA는 반결정질 고분자로 녹는점이 175°C, 밀도가 1.3 g/cm^3, 인장강도가 10~60 MPa, 탄성계수가 0.35~16 GPa이다. PLA의 물성이 범위로 존재하는 것은 서로 다른 분자량과 결정도 때문이며 PLA는 섬유 형태로 인발될 수 있다. PLA는 열분해를 통해 열적으로 단량체로 분해될 수 있으며 이를 통해 새로운 PLA를 만드는 원재료인 매우 순도 높은 락트 산(lactic acid)이 생성된다. PLA는 플라스틱 음료 컵, 셔츠 직물, 전자레인지 트레이, 의료용 봉합선, 약물 전달 장치, 농업용 피복 필름, 쓰레기 봉지, 음식 포장, 일회용 테이블 보 등으로 사용된다. HarvestformTM은 지속 가능한 공급원인 콩 기름으로 만들어지는 PUR 종류 고분자이다. Harvestform은 생분해를 억제하는 방부제를 가지고 있으며, 방부제가 없으면 생분해 된다. 14.4.4절에서 토의하겠지만, Harvestform은 복합재의 모재로 쓰인다.

열경화성 고분자는 녹지 않기 때문에 쉽게 재활용 되지 않는다. 열경화성 고분자를 재활용하는 첫 번째 방법은 고분자와 특정한 보강 재료를 잘게 갈아서 플라스틱, 콘크리트, 아스팔트의 충전제로 사용되는 부스러기로 만드는 것이다. 타이어 내의 고무는 광범위하게 사용되는 열경화성 고분자이며 지속가능한 사용을 위한 문제를 보여준다. 크럼(crumb)으로 불리는 갈린 타이어 고무(Ground-up tire rubber)는 아스팔트, 콘크리트, 농구, 테니스 경기장의 표면 재료로 사용된다. 타이어와 다른 열경화성 고분자들은 잘게 갈리고 열 분해 되어 연료로 사용할 수 있는 가스와 액체를 만든다.

14.4.4 세라믹과 유리의 지속 가능한 사용

세라믹의 본래 공급원은 이산화규소(silica), 산화 지르코늄(zirconia), 이산화 티타늄(titania) 등의 광석이다. 유리는 재활용 되는 대표적인 세라믹 재료이며 이산화규소에 다른 세라믹을 첨가하여 만들어진다. 유리는 적절하게 분리만 된다면 계속해서 재활용 할 수 있다. 재활용 되는 유리의 주된 공급원은 용기이며 약 80%의 유리 용기가 새로운 용기가 된다. 재활용 유리는 또한 유리섬유 절연재, 유리 조리대, 장식용 벽돌, 타일, 아스팔트와 콘크리트의 충전재, 연마재, 정수 여과재 등으로 사용된다.

재활용을 위한 콘크리트는 분쇄되고 자갈과 바위가 사용되는 방식처럼 처리된다. 분쇄된 콘크리트는 또한 새로운 콘크리트를 위한 골재로 사용된다. 거대한 콘크리트들이 해안선의 파도를 막기 위한 사석(riprap)으로 사용된다.

세라믹을 만드는 제조자들이 폐기물을 재활용 하거나 공정 과정으로 다시 돌려보내는 것을 제외하고는 다른 세라믹들은 매우 적은 비율로 재활용 된다.

14.4.5 복합재의 지속 가능한 사용

열경화성 고분자가 모재인 복합재의 주된 재사용은 복합재를 잘게 갈고 다른 플라스틱, 아스팔트, 콘크리트의 충전재로 사용하는 것이다. 열경화성 고분자가 모재인 복합재는 또한 앞서 설명한 것처럼 열분해 될 수 있다. 고분자 섬유는 열분해가 가능하지만 유리나 탄소 섬유는 고체 잔여물로 남게 된다.

열가소성 고분자가 모재이고 강화 섬유가 있는 복합재 또한 열가소성 고분자 모재와 강화 섬유를 분리하기 어렵기 때문에 재활용하기 어렵다. 복합재를 녹여 재활용이 가능하게 만드는 방법은 모재와 같은 고방향성의 열가소성 고분자 강화 섬유를 사용하는 것이다. PP 모재와 PP 섬유로 만들어진 복합재가 자동차 업계를 위한 복합재로 개발되고 있다. PP 섬유의 밀도는 0.9 g/cm^{3}이고 인장강도는 650 MPa, 탄성계수는 18 GPa이다.

재활용을 위한 대안은 생분해 되고 매립 시 분해가 가능한 식물이나 미생물과 같이 지속 가능한 공급원으로부터 만든 복합재를 사용하는 것이다. 헨리 포드(Henry Ford) 박물관에 따르면 포드 자동차 회사는 1941년에 대두 섬유(soybean fiber)로 강화된 페놀 수지(phenolic, phenol formaldehyde) 복합재 차체 판넬을 사용하여 자동차를 생산하였다. 헨리 포드가 차의 내구성을 증명하기 위해 도끼로 자동차를 내려치는 실험을 했다. 사실 도끼날이 고무로 덮여있었다고 보고되었지만 여전히 가혹한 시험이다. 헨리 포드는 산업의 산물과 농업을 연결시키려 하였다. 또한, 당시에는 세계 2차 대전을 위한 군사장비 제작에 철이 사용되면서 철 부족 현상이 있었다. 1941년 미국의 세계 2차 대전 참전에 따라 모든 자동차 생산이 중단되었다. 대두를 사용한 자동차에 대한 실험 계획 또한 중단되었고 헨리 포드는 2년 뒤 세상을 떠났다.

1994년에는 메르세데스 벤츠(Mercedes Benz)는 E-class 차량 모델에서 황마(jute)로 강화된 플라스틱 내장 도어 판넬을 소개하였다. 황마는 천연 생분해 섬유이며 밀도는 1.3 g/cm^3, 인장강도는 400~700 MPa,

탄성계수는 26.5 GPa이다. 메르세데스 벤츠 A-class 차량은 현재 하부 차체 구조물로 아마(flax)로 강화된 PP를 사용한다. 아마는 천연 생분해 섬유이며 밀도는 1.2 g/cm^3, 인장강도는 2000 MPa, 탄성계수는 85 GPa이다. John Deere and Co.는 건초 포장기에 사용되는 강 판넬을 유리섬유 강화된 콩 기반 PUR Harvestform으로 교체하였다. 기존 복합재는 모재와 보강재가 지속가능한 공급원을 갖는 생분해 고분자인 복합재로 자연스럽게 발전하였다.

탄소-탄소 강화(Reinforced carbon-carbon, RCC) 복합재는 지속적으로 사용 가능한 잠재적인 재료이다. RCC 복합재의 모재는 탄화된 푸란(carbonized furan)으로 만들어진다. 열경화성 고분자 푸란은 귀리 껍질로부터 얻어지는 바이오메스로 만들어진다. RCC 복합재의 흑연 섬유는 고분자 섬유를 탄화시켜 얻는다. 만약 고분자 섬유의 지속 가능한 공급원이 개발된다면, RCC 복합재는 재료의 지속가능한 사용을 이룰 수 있다. 현재 RCC 복합재는 지구 대기권 돌입체와 우주 로켓의 열 차폐 재료, 브레이크와 클러치의 라이너, 로켓의 모터부, 제트엔진 부품, 생의학적 임플란트로 사용된다.

14.5 재료 데이터베이스

14.5.1 도식적인 재료 데이터베이스

설계를 위한 재료 선택 절차를 시작할 때, 찾아볼만한 유익한 데이터베이스들은 Ashby의 도식적 그림들(graphical presentations)이다. Ashby는 재료 종류에 대한 1 m^3 당 상대 가격의 함수로 기계 물성 도표를 개발하였으며, 이는 탄성 계수와 인장강도에 대한 도표인 그림 14.2와 14.3에서 볼 수 있다. 이 그림들에서 상대 가격은 단위 무게 당 재료 가격을 단위 무게 당 보통의 탄소강 봉 가격으로 나눈 비율로 정의된다. 상대 가격의 사용은 물가 상승을 배제하기 위함이다. 그러나 다양한 재료들의 상대 가격은 시간에 따라 변할 수 있다. 1 m^3 당 상대 가격을 얻기 위해서는 무차원 상대 가격을 Mg/m^3 단위로 표시된 밀도로 곱하면 된다. 이 데이터는 예비 단계에서의 비용과 재료 물성 데이터로 사용할 수 있다. 4340 강 같은 각각의 재료들은 제시되어있지 않으며 오로지 재료의 종류만 표시되어 있다. 그림 14.2에서 14.6까지, GFRP는 유리섬유 강화 플라스틱(glass-fiber-reinforced plastic)을 의미하며 KFRP는 케블라섬유 강화 플라스틱(Kevlar-fiber-reinforced plastic)을, CFRP는 탄소섬유 강화 플라스틱(carbon-fiber-reinforced plastic)을 의미한다.

그림 14.2와 14.3에서 우측 하단의 점선들의 기울기는 x와 y가 모두 로그 축척으로 표시되어 있으므로, 표 14.7에 주어진 기계 물성의 거듭제곱과 같다. 단위 부피, 단위 가격 당 가장 높은 성능을 가진 재료를 찾기 위해서는 알맞은 거듭제곱이 적용된 기계 물성을 나타내는 점선을 기울기를 유지한 채로 오른쪽에서 왼쪽으로 이동시키면 된다. 예를 들어, 인장 혹은 압축력을 받는 봉에 대해 가장 높은 단위 가격 당 탄성계수를 갖는 재료를 찾고 싶다면 $E/C_R\rho$와 관련된 점선을 기울기를 유지시킨 채 왼쪽으로 이동시키면 된다. 어떤 위치에서라도 이 점선에 걸친 재료들은 기울기가 1이다. 만약 점선 $E/C_R\rho$가 기울기 1을 유지한 채로 그림 14.3에서 왼쪽 끝까지 간다면 콘크리트, 벽돌, 돌을 찾을 수 있으며 단위 부피, 단위 가격 당 가장 높은 탄성 계수를 갖는 재료들이다.

Ashby는 또한 그림 14.4부터 14.6에서 볼 수 있듯이 탄성계수, 항복강도, 임계 응력확대계수를 재료 종류의 밀도에 대한 함수로 표시한 도식적 그림들을 개발하였다. 이 데이터는 무게가 중요한 설계 시 예

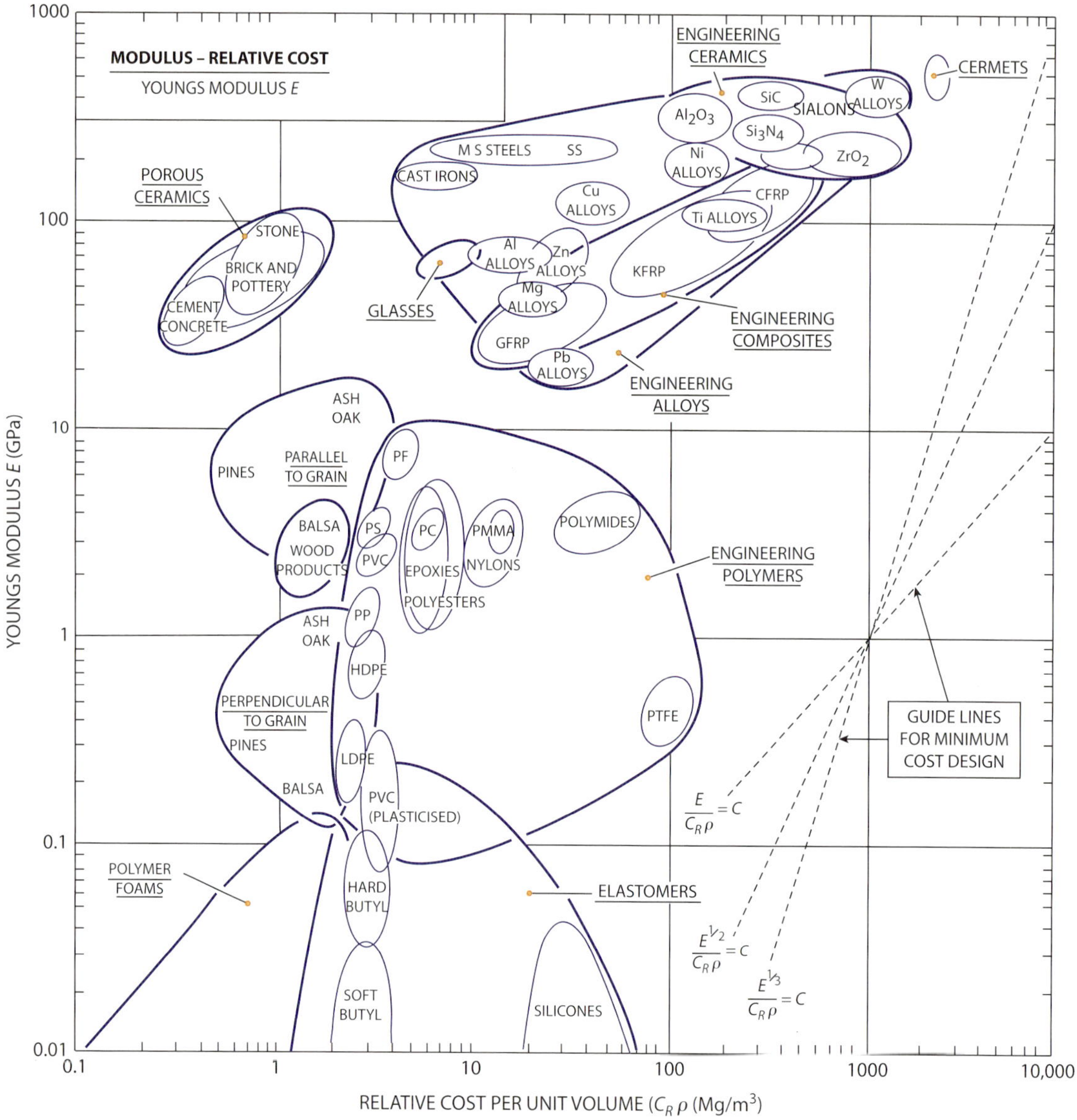

그림 14.2 다양한 재료에 대하여 GPa 단위로 나타낸 탄성계수(E)와 단위 무게당 비용[순수 탄소강의 상대 비용(C_R)에 Mg/m^3 단위의 밀도(ρ)를 곱하여 얻음] 간의 log–log 관계
(Based on Ashby, M.F., Materials Selection in Mechanical Design, Pergamon Press, Terrytown, N.Y. (1992), p. 50.)

비 입력정보를 제공하는 데 사용된다. 예를 들어, 그림 14.4에서는 탄성계수(GPa, 10^9 Pa)를 밀도(Mg/m^3, 10^6 g/m^3)의 함수로 표시하였고, 로그 축척을 사용하였다. 14.3절의 예제 중 요구 조건은 최소 100 × 10^9 Pa의 탄성계수와 8 × 10^3 kg/m^{3}을 넘지 않는 밀도였다. 100 GPa에 수평선을 그리고 밀도 8 Mg/m^{3}에 수직선을 그린다면, 이 물성을 기반으로 한 후보 재료들은 100 GPa 선 위에, 8 Mg/m^{3}선 왼쪽에 있다. 탄성 계수만을 기반으로 하였을 때 가능한 재료들은 단축 탄소섬유 강화된 고분자, 유리와 도자기, 대부분 세라믹, 티타늄 합금, 강, 그리고 공학 세라믹들이다.

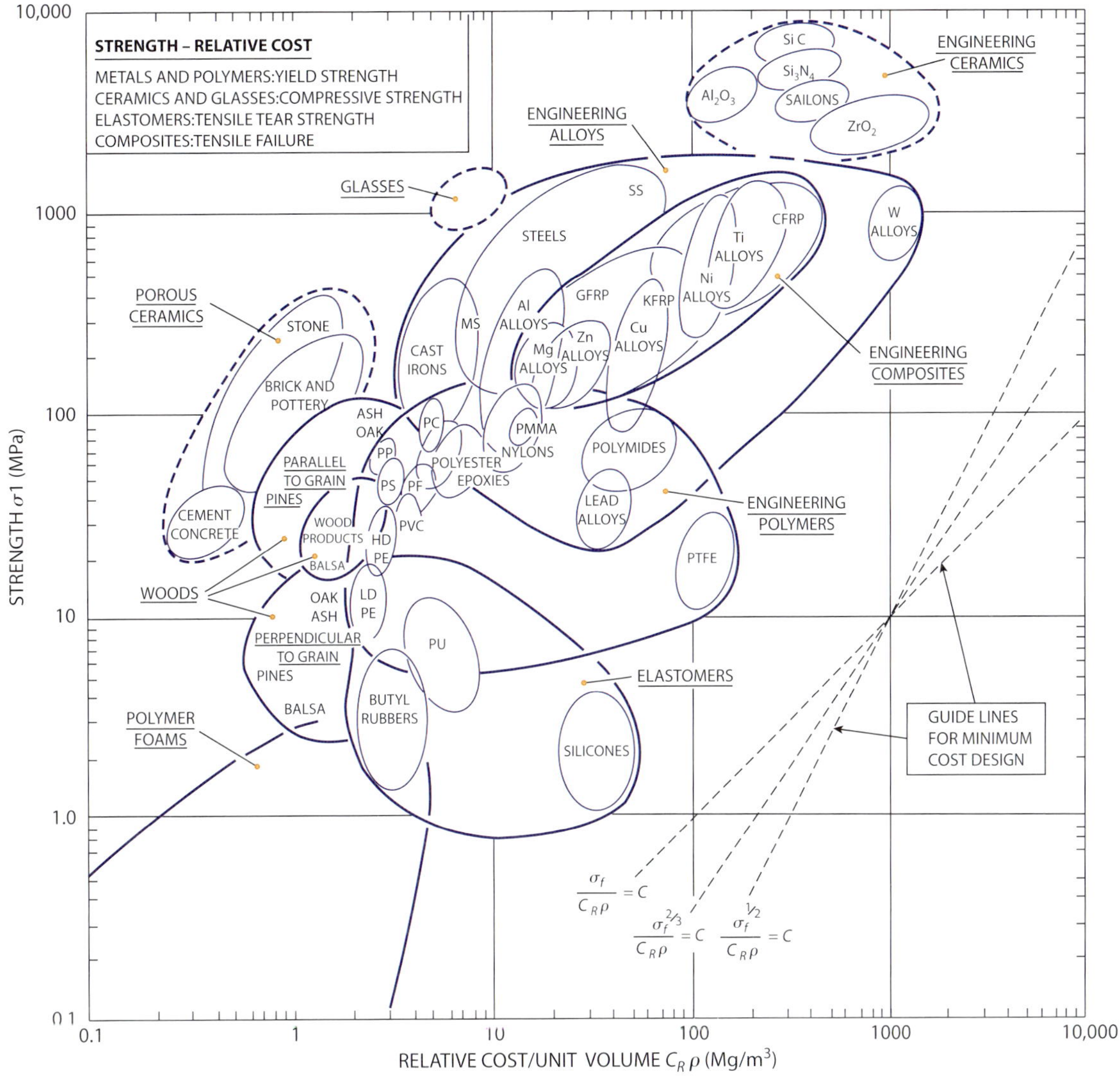

그림 14.3 다양한 재료에 대하여 MPa로 나타낸 강도(금속과 고분자의 경우에는 항복강도, 세라믹의 경우에는 압축강도, 탄성소재의 경우에는 인열강도 그리고 복합재의 경우에는 인장강도)와 단위 무게당 비용[순수 탄소강의 상대 비용(C_R)에 Mg/m^3 단위의 밀도(ρ)를 곱하여 얻음] 간의 log−log 관계

(Based on Ashby, M.F., Materials Selection in Mechanical Design, Pergamon Press, Terrytown, N.Y. (1992), p. 51.)

유리, 도자기, 공학 세라믹들은 최소 임계 응력확대계수가 40 $MPa \cdot m^{1/2}$라는 조건 때문에 제외한다. 이 그림들은 공학자로 하여금 탄성계수와 밀도 조건을 만족시키는 재료들을 신속하게 찾을 수 있게 해준다. 그러나 가능한 재료들에 대한 최종적인 기계 물성들과 비용 해석은 실제 재료 물성과 시세를 기반으로 하여야 한다. 그림 14.4부터 14.6에는 최소 무게 설계를 위해 점선으로 된 유도선들이 나타나 있다. 가장 높은 비 기계물성(specific mechanical property)을 갖는 재료들을 찾으려면 알맞은 기울기를 가진 점선을 오른쪽에서 왼쪽으로 일정 기울기를 유지한 채 이동시키면 된다. 그림 14.4에서 14.6까지 x와 y축에 서로 다른 로그 축척이 적용되었다는 것에 주의해야 한다. 이러한 이유 때문에 기울기가 1인 것이 45° 기울기를

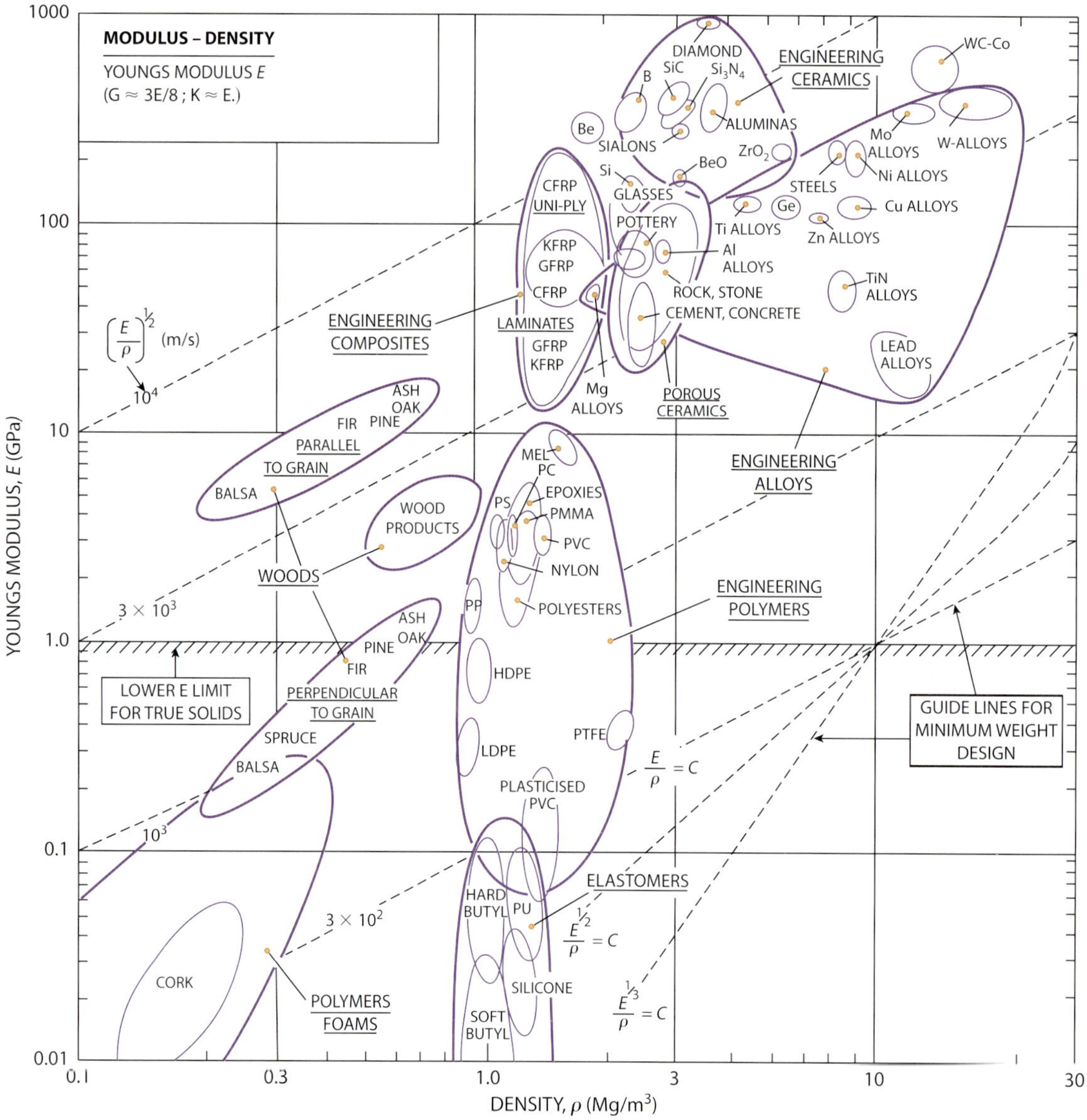

그림 14.4 다양한 재료에 대하여 GPa로 나타낸 탄성계수(E)와 Mg/m^3으로 나타낸 밀도 간의 log−log 관계
(Based on Ashby, M.F., Materials Selection in Mechanical Design, Pergamon Press, Terrytown, N.Y. (1992), p. 28.)

의미하지는 않는다. 알맞은 기울기를 얻기 위해서는 축척을 따르는 숫자들을 사용해야만 한다. 예를 들어, 압축력을 받는 짧은 기둥에 대해서 가장 높은 비 탄성계수를 갖는 재료를 찾고자 한다면, E/ρ 점선을 일정 기울기를 유지한 채 왼쪽으로 이동시키면 된다. 이 점선 위의 재료들은 일정한 값 또는 비 탄성 계수를 가지고 있으며, 이 점선을 따라 가장 왼쪽에 있는 재료가 가장 높은 비 탄성계수를 가지고 있다. 다이아몬드가 가장 높은 비 탄성계수를 가지고 있다.

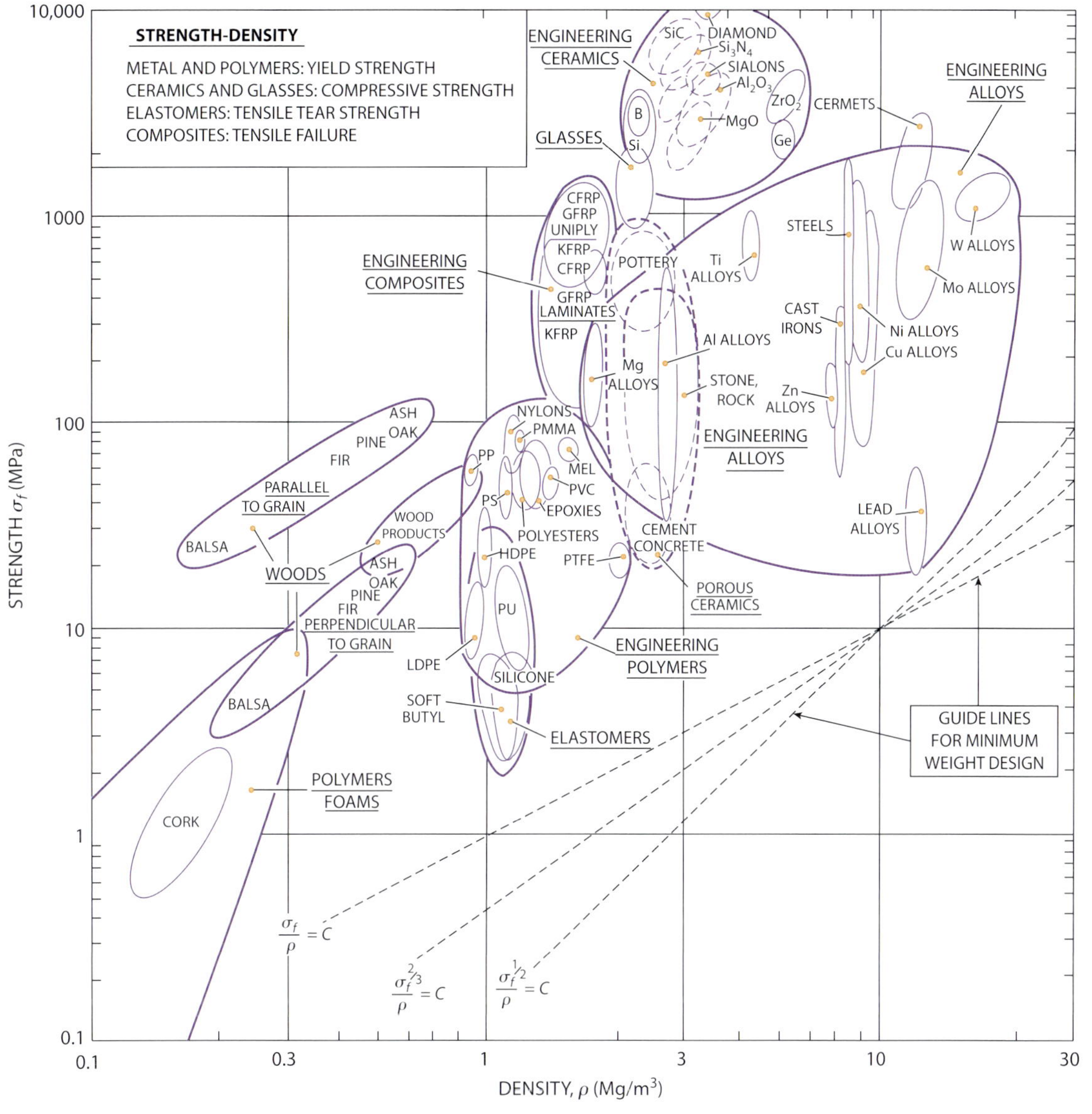

그림 14.5 다양한 재료에 대하여 MPa로 나타낸 강도(금속과 고분자의 경우에는 항복강도, 세라믹의 경우에는 압축강도, 탄성소재의 경우에는 인열강도 그리고 복합재의 경우에는 인장강도)와 Mg/m^3으로 나타낸 밀도 간의 log-log 관계 *(Based on Ashby, M.F., Materials Selection in Mechanical Design, Pergamon Press, Terrytown, N.Y. (1992), p. 30.)*

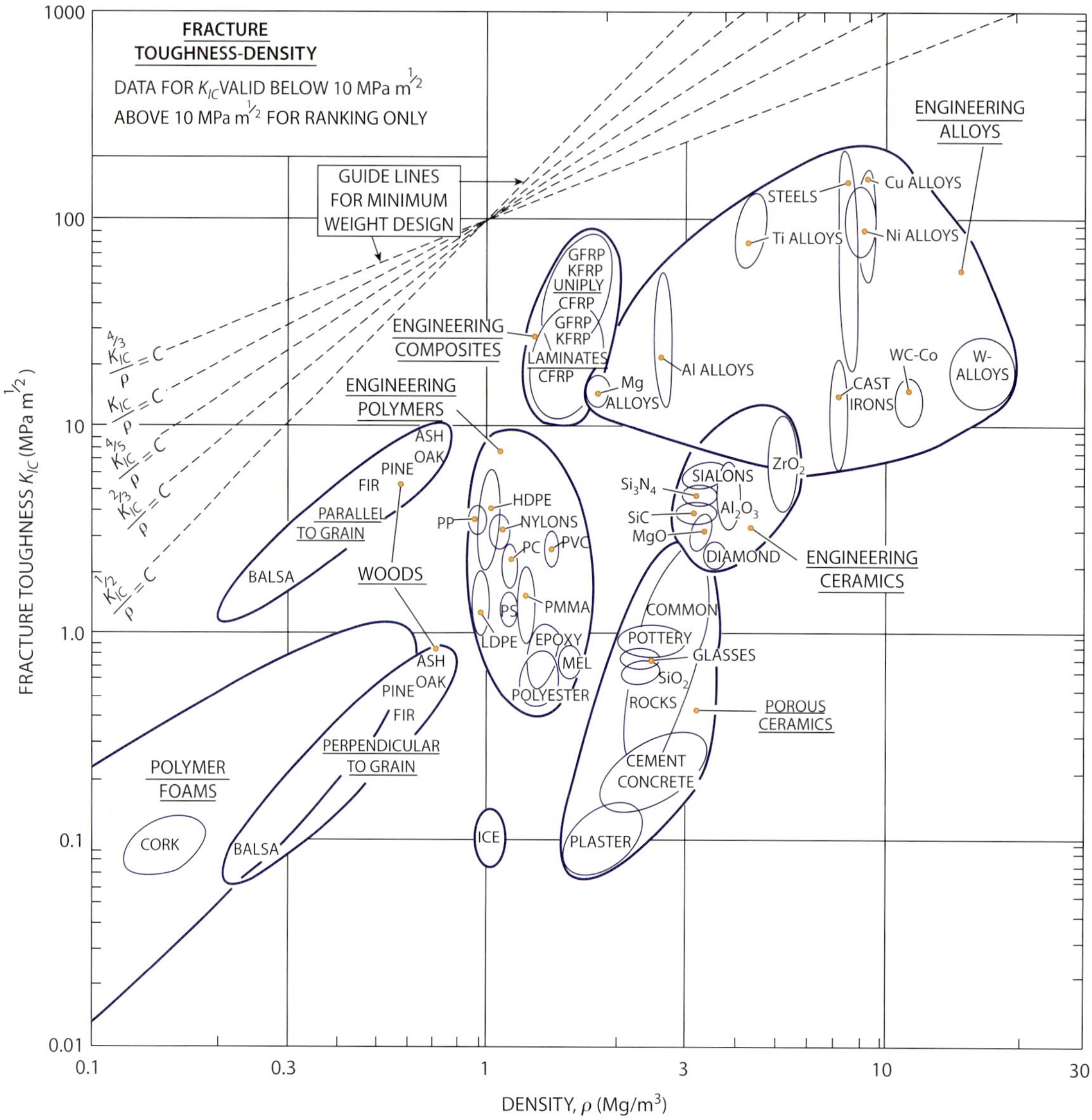

그림 14.6 다양한 재료에 대하여 MPa · $m^{1/2}$로 나타낸 파괴인성(K_{Ic})과 Mg/m^3으로 나타낸 밀도 간의 log−log 관계 *(Based on Ashby, M.F., Materials Selection in Mechanical Design, Pergamon Press, Terrytown, N.Y. (1992), p. 32.)*

14.5.2 출판된 재료 데이터베이스

다음에 나열된 것은 각각 재료들에 대한 데이터 자료들이다. 이 책을 준비하면서 아래 자료들을 참고하였다.

- **Metals Handbook**
  ASM International
  Materials Park, Ohio 44073, and the Web site
  http://www.asm-intl.org

The Metals Handbook은 많은 대학 도서관에서 볼 수 있으며, 온라인 판 또한 많은 대학 도서관에서 볼 수 있다.

- **Handbook of Structural Ceramics**
  Schwartz, M.,
  McGraw-Hill, Inc., New York(1992)
- **Smithell's Metals Reference Book**
  eds. Gale, W. F., and Totemeier, T. C., Elsevier Butterworth-Heinemann, Oxford(2004). Other editions maybe available in your library.
- **Physical Properties of Polymers Handbook**
  Mark, J. E., ed.,
  AIP Press, Woodbury, NY(1996)

14.5.3 인터넷의 재료 데이터베이스

- www.matweb.com
  세라믹, 복합재, 섬유, 금속, 천연 재료, 반도체, 열경화성과 열가소성 고분자, 목재 등 69,000개가 넘는 재료의 데이터베이스가 무료이다. 밀도, 경도, 인장강도, 연신율, 단면적 감소율, 탄성계수, 포아송비, 체적탄성율, 인장 탄성계수, 전단 탄성계수, 전기 저항, 열팽창 선형계수, 열용량, 열전달 계수, 녹는점, 고분자 화학적 성질과 흡수율에 대한 데이터가 있다.
- www.granta.co.uk
  이 데이터는 사용하려면 요금을 지불해야 한다. 사용에는 4단계가 있는데, 교육 단계 1, 2, 3과 산업 단계이다. 데이터 베이스는 Ashby의 도식적 접근법이며 대부분의 재료를 다루고 있다.
- www.aluminum.org
  미국 알루미늄 협회의 웹사이트이다. 알루미늄, 합금의 화학 조성, 산업용 표준, 설계 정보, 재활용 정보, 그리고 다양한 주제에 대한 기초 정보를 담고 있다.
- www.copper.org
  이 웹사이트는 구리와 구리 합금에 대한 정보를 제공한다. 기계 물성 데이터는 인장강도, 항복강도, 파단 시 연신율, 경도, 전단 항복강도, 피로 강도, 충격 강도를 포함한다. 이 웹사이트는 미세 구조, 공정, 물리적 물성, 부식, 적용을 포함한 구리와 구리 합금에 대한 정보를 제공한다.
- www.steel.org
  미국 철강협회의 웹사이트이다. 철과 합금의 화학 조성, 산업용 표준, 설계, 재활용, 그리고 다양한 주제에 대한 정보를 제공한다.
- www.engineershandbook.com
  이 웹사이트는 강, 주철, 알루미늄 합금, 마그네슘 합금, 티타늄 합금, 구리 합금의 기계물성 데이터 표를 포함해 설계에 대한 다양한 정보를 제공한다. 기계물성 데이터는 항복강도, 인장강도, 파단 시 연신율, 단면적 감소율, 경도를 포함한다. 이 웹사이트는 고분자의 열팽창 계수, 고분자의 적용에 대한 정보를 제공하지만 기계 물성 데이터는 제공하지 않는다. 또한 이 웹사이트는 참고표, 제조 방법, 신속 시제품화, 공학용 소프트웨어, 기계 요소에 대한 정보를 제공한다.
- www.mcmaster.com
  이 웹사이트는 체결 요소, 배관, 전력 송신 기기, 마찰이나 연마제, 파이프, 톱질 도구, 절삭 도구, 원재료에 국한되지 않고 다양한 기계 물품의 가격을 제공한다.
- http://stores.ebay.com/online-metal-supply
  이 웹사이트는 알루미늄, 황동, 청동, 구리, 코발트, 마그네슘, 플라스틱, 페놀수지, 강, 스테인리스 강, 티타늄을 포함하여 소량의 금속과 고분자를 판매한다. 재료들은 구매 가격과 함께 나열되어 있거나 경매되어 가장 높은 가격을 부른 응찰자에게 판매된다. 재료들의 형상은 봉, 막대, 압출 성형된 형태이다.

- **www.ptonline.com**
  이 웹사이트는 Plastic Technology에 의해 운영되며 고분자, 탄성 중합체, 페놀수지, 에폭시들을 다룬다. 이 웹사이트는 밀도, 항복강도, 최대 인장강도, 충격 에너지, 파단 시 연신율, 열팽창 계수, 흡수율, 성형 수축을 포함한 재료 데이터베이스를 제공한다. 이 웹사이트는 고분자 공정을 위한 기계들의 데이터베이스를 제공한다. 또한 많은 고분자 가격들이 나열되어 있지만 이 가격들은 트럭 한 대 분량이나 10,000 kg과 같이 대량 구입 시 가격들이다. 완성된 재료에 대해 지출해야 할 가격이 아니다. 이 웹사이트는 데이터에 대해 제한적으로 무료 접속에 가능하며 연간 비용을 지불해야 모두 사용 가능하다.

- **www.professionalplastics.com**
  이 웹사이트에는 ABS, 아세탈(acetal), 아크릴, PVC, 나일론, PEEK, 페놀수지, G-10/F-4 유리-에폭시 복합재, Macor 가공 세라믹과 같은 판매되는 고분자들이 많이 나열되어 있다. 몇몇은 봉, 판, 배관, 필름 형태이다. 웹사이트는 또한 인장강도, 압축강도, 굽힘강도, 탄성계수, 전단강도, 충격에너지, 경도, 밀도, 흡수율, 절연강도, 소산계수, 절연상수, 저항, 그리고 난연성과 같은 고분자의 몇몇 물리적 물성을 제공한다.

- **www.totalplastics.com**
  이 웹사이트는 판, 봉, 배관, 필름, 테이프 형태의 플라스틱 제품을 포함한다. 플라스틱은 마멸 저항, 탄두 관통, 내약품성, 내부식성, 난연성, 고온, 고강도, 의료용, FDA 승인 재료, 군용 규격, 충격 저항, 내후성, 투명도, 내마모성 등 다양한 기능이나 물성과 함께 나열되어 있다. 실제 물리적 물성들은 나열되어 있지 않다. 최근 이 웹사이트를 살펴본 결과 가격들은 이제 견적 상으로만 받아볼 수 있다.

- **www.materialdatacenter.com**
  이 웹사이트는 플라스틱과 바이오플라스틱에 대한 정보를 제공한다. HDPE와 같은 재료 이름을 입력하면 HDPE를 만드는 다양한 생산자들과 각 제품의 물리적 물성에 대한 회사의 정보가 나열된다. 물성은 밀도, 유동온도, 항복강도, 굽힘강도, 굽힘강성, 파단 시 연신율, 충격강도를 포함한다. 고분자의 다양한 사용에 대한 응용 데이터베이스가 있다. 또한 바이오 재료에 대한 데이터와 참고자료도 있다. 이 웹사이트는 최근에 생긴 것으로 몇몇 데이터베이스는 제작 중이다.

요약

- 재료 선택은 설계 과정에 포함시켜야 한다. 설계상 재료의 어떤 물리적 물성이 중요한 지 아는 것은 공학자의 임무이다. 재료를 선택하는 공학자는 어떻게 재료가 부품으로 제조되는지, 그리고 제조 공정이 재료의 기계 물성을 변화시키는 지 알아야만 한다.
- 구매자에게 드는 제품의 초기 비용은 이 특정 제품을 생산하는데 드는 비용, 공학자의 재료 선택에 무관한 고정 비용, 생산자의 이익을 포함한다.
- 재료 비용은 배급업자의 견적으로 얻을 수 있으며, 몇몇 소매업자들은 인터넷 상에 재료 비용을 올려 놓는다. 무게가 중요하지 않은 설계의 경우, 비용 해석에는 단위 부피 당 재료 비용이 사용되며, 무게가 중요한 설계의 경우 단위 무게 당 재료 비용이 비용 해석에 사용된다.
- 공학자는 구매, 작동, 유지, 수리, 검수, 보험비를 포함해 제품을 소유하는데 드는 비용을 고려해야 한다. 소유 비용은 제품의 가치에 영향을 미치며 가치는 제품의 판매 가격에 영향을 미친다.
- 특정 하중 조건에 대한 기계 물성의 단위 비용 당 성능은, 물리적 물성에 하중 종류와 알맞는 거듭제곱을 취하고 이를 단위 부피 당 가격으로 나눈 값이다. 단위 가격 당 기계 물성에 대한 상대성능(*RPC*)은 각각 재료에 대한 무차원 상대 *RPC*를 구하기 위해 각 재료의 단위 가격 당 성능을 기계 물성 카테고리의 최대값으로 나눈 값이다. 재료의 총 상대 *RPC*는 모든 기계 물성에 대한 *RPC*를 더하고 *RPC*의 개수로 나눈 값이다.
- 무게가 중요한 설계의 경우, 재료의 상대적인 이점을 결정하기 위해 상대적인 비 기계 물성이 1 빼기 단위 무게 당 상대 가격과 함께 더해진다.
- 재료의 지속 가능한 사용은 재료 공급을 오래 지속할 수 있는 재료 사용 방식이다. 식물들은 지속 가능한 공급원이며 광석은 재료의 지속 가능한 공급원이 아니다.
- 재료의 재활용은 재료 공급원의 지속 가능성을 향상시킨다. 재활용 되는 주된 재료들은 금속, 플라스틱, 종이, 유리, 콘크리트이다. 금속과 유리는 계속적으로 재활용 될 수 있다. 계속적인 재활용에서, 여러 금속들과 여러 가지 색, 종류의 유리들이 분리되어야 한다. 재활용된 고분자는 보통 우드 플라스틱 생산에 사용된다. 고분자는 다른 액체 고분자들이 섞이지 않기 때문에 재활용을 위해 분리해야만 한다. 재활용 된 콘크리트는 자갈과 돌의 사용과 유사하게 응용된다. 재료의 재활용은 재료 비용, 에너지 사용, 공기 오염, 매립지들의 크기를 감소시킨다.
- 고분자의 지속 가능한 순환은 매립 시 분해되는 생분해 고분자를 생산하고, 지속 가능한 공급원으로부터 만들어진 새로운 고분자로 교체하는 것이다. 소수의 지속 가능한 공급원으로부터 만들어진 생분해 고분자들이 개발되었다.
- 서로 다른 모재와 강화재료로 만들어진 복합재를 재활용하는 것은 어렵다. 같은 재료의 모재와 강화 섬유로 만들어진 열가소성 복합재는 재활용이 가능하다. PP가 재활용 될 수 있는 복합재의 후보군이다. 지속 가능한 공급원으로부터 제조된 생분해 고분자 모재와 같은 재료의 강화 섬유로 만들어진 복합재는 지속 가능한 복합재이다.
- 밀도에 대한 기계 물성, 비용에 대한 기계 물성을 보여주는 도표들을 설계 시 알맞은 재료 종류를 초기에 평가하는 데 사용할 수 있다. 구체적인 재료에 대한 기계 물성들은 핸드북이나 인터넷 웹사이트에서 찾을 수 있다. 구체적인 재료에 대한 비용 정보는 몇몇 인터넷 사이트에서 찾을 수 있지만 가장 알맞은 비용 정보는 재료 공급업자의 견적가에서 찾을 수 있다.

CHAPTER 15

실험 방법

Experimental Methods

이 장에서 이해해야 할 것

- X-선, 전자, 중성자를 이용한 결정 구조의 파악
- 회절을 이용한 결정 내 변형률과 응력의 파악
- X-선 형광 분광법(XRF, X-ray fluorescence spectroscopy)을 통한 화학적 분석
- X-선 흡수 분광법(XAS, X-ray absorption spectroscopy)과 응용
- 광학, 전자, 탐침 현미경

편광을 이용한 고분자 구정의 광학현미경 사진. 3.4.3절에서 논의된 바와 같이 고분자 구정은 반결정성 영역으로서 반경 방향으로 성장한다.

MATERIALS SCIENCE AND **ENGINEERING PROPERTIES**

15.1 소개

이 장에서는 화학 성분, 결정 구조, 표면과 내부 결함, 상, 침전물을 파악하기 위한 실험 방법들을 소개할 것이다. 기계적 물성의 경우, 기계적 시험이 필수적이기 때문에 기계적 물성 파악을 위한 실험 방법들과 함께 설명할 것이다.

15.2 회절을 통한 결정 구조 분석

브라베 격자(Bravais lattice) 종류, 단위정의 격자 상수, 원자 위치 등으로 표현되는 재료의 결정 구조는 회절을 통해 파악 가능하다. X-선 회절법은 재료의 결정 구조를 파악하기 위해 가장 널리 활용된다. 투과 전자 현미경(TEM, Transmission electron microscope)의 고에너지 전자 회절은 박막의 침전물과 같은 상의 구조나 작은 입자의 구조를 알아내는데 사용된다. 저에너지 전자 회절은 재료 표면의 구조 파악에 사용된다. 재료의 표면은 나머지 대부분과 다른 구조를 가지는 경우가 많다. 중성자 회절법은 수소와 같은 가벼운 원소로 구성된 재료, 탄화붕소나 규소-알루미늄과 같이 주기율표 상에서 인접한 원소들로 이루어진 화합물, 자성체 등의 구조 파악에 사용된다. 국제결정학연합(IUCr, International Union of Crystallography)의 인터넷 사이트(*http://www.iucr.org/education/resources*)에서는 결정 구조 분석에 관한 온라인 교육 과정과 시뮬레이터를 제공한다.

15.2.1 X–선 회절법

X–선 회절법은 X–선의 원자간 거리에 맞먹는 짧은 파장 덕분에 금속, 세라믹, 고분자, 심지어는 DNA의 결정 구조를 파악하는 데까지 사용된다. **X–선**은 0.1에서 1 nm 파장대의 전자기 방사선을 말한다. X–선 회절법은 공기 중에서 주로 수행된다는 장점이 있는데, 이는 고에너지 X–선이 공기에 의해 크게 감쇠되지 않기 때문이다.

X–선 회절법의 또 다른 장점은 X–선이 비교적 간단한 장비인 X–선관에서 생성된다는 것이다. X–선관의 내부에서는 고온의 필라멘트 음극에서 열전자 방출에 의해 전자가 방출되고, 50,000 V 가량의 높은 전압에 의해 전자는 양극을 향해 가속된다. 열전자 방출은 높은 온도로 가열된 재료에서 전자가 방출되는 현상을 말한다. 열전자 방출은 16.3.1절에서 다뤄질 것이다. X–선관에서 방출되는 X–선에는 **연속 백색 방사(continuous white radiation)**와 **특성 방사(characteristic radiation)**의 두 종류가 있으며 이는 그림 15.1에 나타나있다. 연속 백색 방사는 고에너지 전자들이 양극의 전자들과 비탄성 충돌을 하며 방출하는 에너지이다.

특성 X–선은 양극의 원자들에서 방출된다. 충분한 에너지를 가진 전자들은 1*s*, 2*s*, 2*p*, ··· 등의 에너지 준위를 갖는 양극 원자의 전자들을 들뜬 상태로 만들 수 있다. 전자가 들떠 원래의 전자 오비탈에서 벗어나면 그 원자는 들뜬 상태가 된다. 원자의 들뜬 상태는 ***K*, *L*, *M*, *N***으로 명명되며, 이때 원자로부터 벗어난 전자의 주양자수는 각각 1, 2, 3, 4이다. *K* 상태는 원자로부터 주양자수가 $n = 1$인 전자가 제거된 경

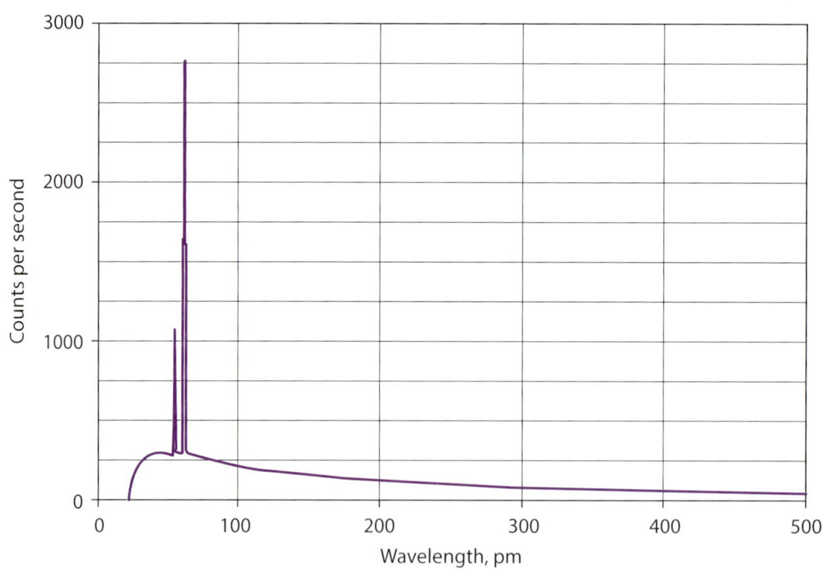

그림 15.1 60 kV의 작동 전압에서 측정된 로듐 X–선관에서의 초당 광자강도를 pm의 단위로 나타낸 파장과의 관계. 날카로운 피크는 X선의 특징을 나타낸다. 약 25 pm에서 발생하여 500 pm까지 이어지는 강도는 연속적 또는 백체 복사를 나타낸다. *(Based on http://upload.wikimedia.org/wikipedia/commons/thumb/5/5c/TubeSpectrum.jpg/800px-TubeSpectrum.jpg)*

우를 나타낸다. K 들뜬 상태에 뒤이어 고에너지 준위 원자의 전자가 비어있는 1s 전자 오비탈을 채우게 되고 전자 이동 전후의 에너지 차이만큼의 에너지를 가지는 광자가 방출된다. 방출된 광자가 0.1~1 nm 파장을 갖는 경우, 이는 X-선이다. 광자 에너지(E_p)와 파장(λ)의 관계는 식 15.1에 나타나있다. 여기서 h는 플랑크 상수(6.63×10^{-34} J · s), c는 광속(3×10^8 m/s)이다.

$$E_p = \frac{hc}{\lambda} \qquad \textbf{15.1}$$

양자역학의 **라포르테 선택규칙(Laporte selection rule)**은 어떤 전자가 이동하는지를 결정한다. 부양자수(l)는 반드시 +1 또는 −1씩 변해야 한다. l = 0인 2s 전자는 비어있는 1s 오비탈로 이동할 수 없는데 l이 동일하기 때문이다. l = 1인 2p 전자는 비어있는 1s 오비탈로 이동할 수 있으며 이때 K_α X-선을 방출한다. K_α X-선은 1s 전자를 잃은 원자와 2p 전자를 잃은 원자의 에너지 차만큼의 에너지를 가진다. 방출된 광자는 어떤 들뜬 상태로부터 광자가 방출되었는지, 들뜬 상태를 채운 전자가 어떤 오비탈로부터 왔는지에 따라 이름 지어진다. K_α의 경우, K 들뜬 상태로부터 광자가 방출되었음을 나타내며, 아래첨자 α는 들뜬 상태를 채운 전자가 2p 준위로부터 왔음을 나타낸다. 2p 전자들의 부양자수는 0 또는 1이며, l = 0인 전자가 l = 0인 전자보다 낮은 에너지를 갖는다. $K_{\alpha 1}$ X-선은 2p 준위의 l = 1인 전자로부터, $K_{\alpha 2}$ X-선은 2p 준위의 l = 0인 전자로부터 방출되며 $K_{\alpha 2}$ X-선이 $K_{\alpha 1}$ 광자보다 더 긴 파장과 낮은 에너지를 갖는다. 대개는 두 X-선의 에너지 차이를 구분해 내는 것이 불가능하며, 두 X-선이 합쳐진 것을 K_α라 부른다. 3p 전자가 비어있는 1s 오비탈로 이동하는 경우에 방출되는 광자는 K_β로 명명된다. 대개는 부양자수가 서로 다른 3p 준위로부터 오는 전자들의 에너지도 구분해 내는 것이 불가능하며, 이 경우 3p 준위에서 1s 오비탈로의 전자 이동에 의해 발생한 X-선을 K_β라 부른다. l = 1인 3p 전자가 2s 오비탈을 채우는 경우, $L_{\alpha 1}$ 광자가 방출된다. 다양한 원소들의 $K_{\alpha 1}$, $K_{\alpha 2}$, $K_{\beta 1}$, $L_{\alpha 1}$ 방출선의 파장이 옹스트롬(10^{-10} m) 단위로 표 15.1에 나타나 있다. 흡수단(absorption edges)에 대해서는 15.3.2절에서 논의할 것이다.

표 15.1 옹스트롬(10^{-10} m) 단위로 나타낸 몇 가지 원소의 특성 방출선 및 흡수단의 파장

Element	Z	K_α (weighted average)*	$K_{\alpha 2}$ strong	$K_{\alpha 1}$ very strong	$K_{\beta 1}$ weak	K edge	$L_{\alpha 1}$ very strong
Na	11		11.909	11.909	11.617		
Mg	12		9.8889	9.8889	9.558	9.5117	
Al	13		8.33916	8.33669	7.981	7.9511	
Si	14		7.12773	7.12528	6.7681	6.7446	
P	15		6.1549	6.1549	5.8038	5.7866	
S	16		5.37471	5.37196	5.03169	5.0182	
Cl	17		4.73050	4.72760	4.4031	4.3969	
Ar	18		4.19456	4.19162	. . . .	3.8707	
K	19		3.74462	3.74122	3.4538	3.43645	
Ca	20		3.36159	3.35825	3.0896	3.07016	
Sc	21		3.03452	3.03114	2.7795	2.7573	
Ti	22		2.75207	2.74841	2.51381	2.49730	

표 15.1 계속

Element	Z	K_α (weighted average)*	$K_{\alpha 2}$ strong	$K_{\alpha 1}$ very strong	$K_{\beta 1}$ weak	K edge	$L_{\alpha 1}$ very strong
V	23		2.50729	2.50348	2.28434	2.26902	
Cr	24	2.29092	2.29351	2.28962	2.08480	2.07012	
Mn	25		2.10568	2.10175	1.91015	1.89636	
Fe	26	1.93728	1.93991	1.93597	1.75653	1.74334	
Co	27	1.79021	1.79278	1.78892	1.62075	1.60811	
Ni	28		1.66169	1.65784	1.50010	1.48802	
Cu	29	1.54178	1.54433	1.54051	1.39217	1.38043	13.357
Zn	30		1.43894	1.43511	1.29522	1.28329	12.282
Ga	31		1.34394	1.34003	1.20784	1.19567	11.313
Ge	32		1.25797	1.25401	1.12889	1.11652	10.456
As	33		1.17981	1.17581	1.05726	1.04497	9.671
Se	34		1.10875	1.10471	0.99212	0.97977	8.990
Br	35		1.04376	1.03969	0.93273	0.91994	8.375
Kr	36		0.9841	0.9801	0.87845	0.86546	
Rb	37		0.92963	0.92551	0.82863	0.81549	7.3181
Sr	38		0.87938	0.875214	0.78288	0.76969	6.8625
Y	39		0.83300	0.82879	0.74068	0.72762	6.4485
Zr	40		0.79010	0.78588	0.701695	0.68877	6.0702
Nb	41		0.75040	0.74615	0.66572	0.65291	5.7240
Mo	42	0.71069	0.713543	0.70926	0.632253	0.61977	5.40625
Tc	43		0.676	0.673	0.602		
Ru	44		0.64736	0.64304	0.57246	0.56047	4.84552
Rh	45		0.617610	0.613245	0.54559	0.53378	4.59727
Pd	46		0.589801	0.585415	0.52052	0.50915	4.36760
Ag	47		0.563775	0.559363	0.49701	0.48582	4.15412
Cd	48		0.53941	0.53498	0.475078	0.46409	3.95628
In	49		0.51652	0.51209	0.454514	0.44387	3.77191
Sn	50		0.49502	0.49056	0.435216	0.42468	3.59987
Sb	51		0.47479	0.470322	0.417060	0.40663	3.43915
Te	52		0.455751	0.451263	0.399972	0.38972	3.28909
I	53		0.437805	0.433293	0.383884	0.37379	3.14849
Xe	54		0.42043	0.41596	0.36846	0.35849	....
Cs	55		0.404812	0.400268	0.354347	0.34473	2.8920
Ba	56		0.389646	0.385089	0.340789	0.33137	2.7752
La	57		0.375279	0.370709	0.327959	0.31842	2.6651
Ce	58		0.361665	0.357075	0.315792	0.30647	2.5612

표 15.1 계속

Element	Z	K_α (weighted average)*	$K_{\alpha 2}$ strong	$K_{\alpha 1}$ very strong	$K_{\beta 1}$ weak	K edge	$L_{\alpha 1}$ very strong
Pr	59		0.348728	0.344122	0.304238	0.29516	2.4627
Nd	60		0.356487	0.331822	0.293274	0.28451	2.3701
Pm	61		0.3249	0.3207	0.28209	. . . .	2.2827
Sm	62		0.31365	0.30895	0.27305	0.26462	2.1994
Eu	63		0.30326	0.29850	0.26360	0.25551	2.1206
Gd	64		0.29320	0.28840	0.25445	0.24680	2.0460
Tb	65		0.28343	0.27876	0.24601	0.23840	1.9755
Dy	66		0.27430	0.26957	0.23758	0.23046	1.90875
Ho	67		0.26552	0.26083	. . . .	0.22290	1.8447
Er	68		0.25716	0.25248	0.22260	0.21565	1.78428
Tm	69		0.24911	0.24436	0.21530	0.2089	1.7263
Yb	70		0.24147	0.23676	0.20876	0.20223	1.6719
Lu	71		0.23405	0.22928	0.20212	0.19583	1.61943
Hf	72		0.22699	0.22218	0.19554	0.18981	1.56955
Ta	73		0.220290	0.215484	0.190076	0.18393	1.52187
W	74		0.213813	0.208992	0.184363	0.17837	1.47635
Re	75		0.207598	0.202778	0.178870	0.17311	1.43286
Os	76		0.201626	0.196783	0.173607	0.16780	1.39113
Ir	77		0.195889	0.191033	0.168533	0.16286	1.35130
Pt	78		0.190372	0.185504	0.163664	0.15816	1.31298
Au	79		0. 185064	0.180185	0.158971	0.15344	1.27639
Hg	80		. . . .	. . . .	. . . .	0.14923	1.24114
Tl	81		0.175028	0.170131	0.150133	0.14470	1.20735
Pb	82		0.170285	0.165364	0.145980	0.14077	1.17504
Bi	83		0.165704	0.160777	0.141941	0.13706	1.14385
Th	90		0.137820	0.132806	0.117389	0.11293	0.95598
U	92		0.130962	0.125940	0.111386	0.1068	0.91053

Based on data from Cullity, B. D., *Elements of X-Ray Diffraction*, Addison-Wesley Pub. Co., Inc., Reading, MA (1956), p. 464.
* In averaging, $K_{\alpha 1}$ is given twice the weight of $K_{\alpha 2}$.

X-선을 포함한 모든 종류의 방사선의 회절 강도는 식 15.2에 나타난 브래그의 법칙을 따른다. 그림 15.2에서는 밀러 지수가(hkl)이고 면 간격이 d_{hkl}인 결정면에서의 회절을 개략적으로 나타내고 있다.

단색 X-선은 단일 파장(λ)을 가진다. 단색 X-선의 한 예로 X-선관에서 방출되는 특성 X-선이 있다. 평행한 X-선은 일련의 구멍들, 즉 **시준기(collimator)**를 통과한 X-선 만을 골라냄으로써 얻어진다. 시준기는 X-선을 서로 평행하게 진행하도록 제한하는 장치다. 납판에 두 개의 핀홀을 일정 간격으로 뚫고 X-선을 입사시키면 원형 X-선이 만들어지고, 두 개의 슬릿 또는 조리개는 광선을 직사각 형태의 빔

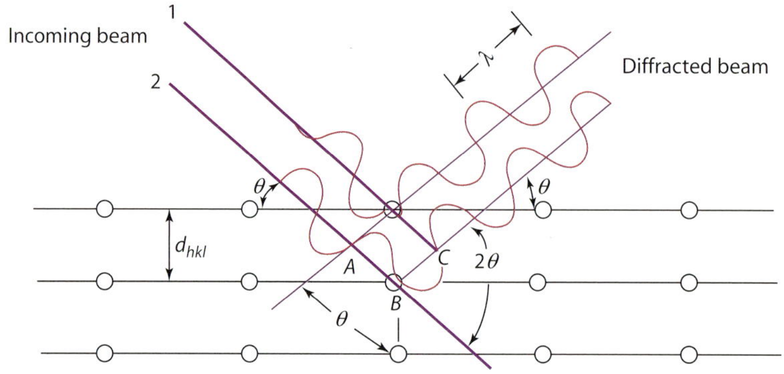

그림 15.2 파장 λ를 갖는 단색 X-선의 회절 형상의 모식도. 면 간격이 d_{hkl}인 결정에 대하여 입사각 및 회절각이 θ인 경우

으로 만들어준다. 각도(θ)는 고정된 X-선빔에 대하여 결정을 각도 θ만큼 회전시킴으로서 얻어지며, 이때 검출기는 결정에 대해서는 각도 θ만큼, 입사 X-선빔에 대해서는 각도 2θ만큼 회전해야 한다. X-선은 서로 다른(*hkl*) 결정면 상에 존재하는 원자들 주변의 전자들에 의해 산란된다. 만일 식 15.2의 브래그의 법칙이 만족될 경우, 산란된 X-선은 위상이 동일하며 서로 보강간섭을 일으키게 된다. 식 15.2는 다음과 같다.

$$n\lambda = 2d_{hkl}\sin\theta, \tag{15.2}$$

여기서 *n*은 반사의 차수를 나타내는 정수이다. 식 15.2가 만족될 경우, 그림 15.2의 AB와 BC를 더한 길이는 *n*λ와 같고 *AB*와 *BC* 각각의 길이는 $d_{hkl}\sin\theta$와 같다. 이 때, 결정 내의 연속한 면에서 산란된 X-선은 서로 위상이 같고 합쳐지면서 높은 세기를 갖게 된다. 1차 반사의 경우 $n = 1$이며 $AB + BC$의 길이가 1 파장인 경우에 대응된다. 마찬가지로 $n = 2$인 경우는 2차 반사를 나타내며 $AB + BC$의 길이가 2 파장인 경우에 대응된다. 만약 식 15.2가 만족되지 않을 경우, 두 결정면에서 산란된 X-선은 서로 간섭하게 되고 낮은 산란광 세기를 나타낸다.

그림 15.3에는 분말 X-선 **회절 분석기(diffractometer)**가 나타나 있다. 분말 X-선 회절 분석기에는 분말 또는 다결정 형태의 시편이 사용된다. 회절 분석기는 입사 X-선빔과 시료의 각도(θ), 검출기 각도(2θ)를 알려진 값으로 맞추거나 알려진 값들에 대해 순차적으로 측정을 수행하여 회절 강도를 θ에 대한 함수로 기록하는 기계장치다. 분말 또는 다결정 형태의 시편에서는 결정이 다양한 배향을 가지게 되고 몇몇 결정의 경우, (*hkl*) 평면이 식 15.2의 브래그의 법칙을 만족하도록 하는 적절한 θ 값을 가지는 것이 가능하다. X-선의 광원은 X-선관이다.

그림 15.4는 텅스텐 금속의 회절 강도를 검출기 각도(2θ)에 대한 함수로 나타낸 그래프다. 분말 회절 분석기로부터 이 정보를 얻기 위해서는 X-선빔에 대한 시편의 각도(θ)를 측각기를 이용해 낮은 각도부터 90°에 이르는 높은 각도까지 스캔하고 동시에 검출기는 X-선빔에 대해 2θ의 각도로 스캔해야 한다. **측각기(goniometer)**는 입사 X-선빔에 대한 시편의 각도를 바꾸고 측정하는 장비이다. 각도 θ가 식 15.2를 만족하는 경우, 회절 강도 피크가 관찰된다.

그림 15.5에 개략적으로 나타나 있는 **데바이 셰러 카메라(Debye-Scherrer camera)**에는 미세 유리관에 담긴 재료 분말 또는 다결정 봉이 시편으로 사용된다. 시준된 X-선빔은 시편 위로 입사하게 된다. 시편은

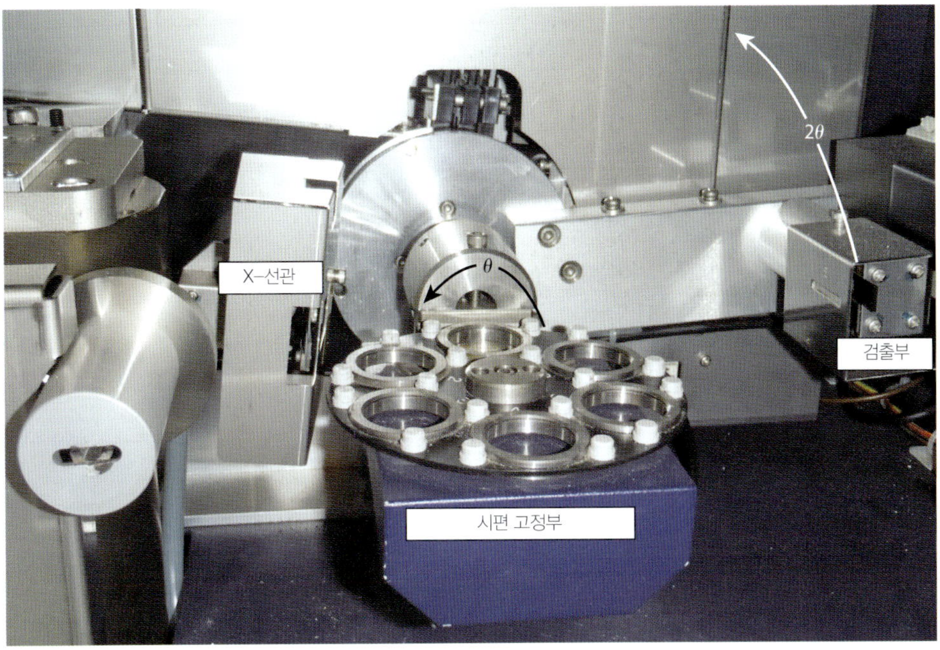

그림 15.3 X-선관, 시편 고정부 및 검출부를 포함한 X-선 회절 분석기의 사진 *(Photo by C. M. Gilmore)*

계속해서 회전되는데 이는(hkl) 평면이 식 15.2의 브래그의 법칙을 만족할 때 일부 결정의 배향이 적합한 θ 값을 가지도록 하기 위해서이다. 그러면 X-선빔은 그림 15.5에 나타난 대로 입사 X-선빔에 대해 2θ 각도로 회절된다. 회절된 X-선빔은 카메라 내부에 좁은 원통형으로 설치된 필름에 기록된다. 회절된 빔의 각도는 0 위치로부터의 거리에 의해 기하학적으로 결정된다. 0 위치는 시편을 통과한 입사 X-선빔이 필름에 기록되는 위치에 대응된다. X-선 회절은 그림 15.5에 나타난 것과 같이 입사 X-선빔 주변에 2θ

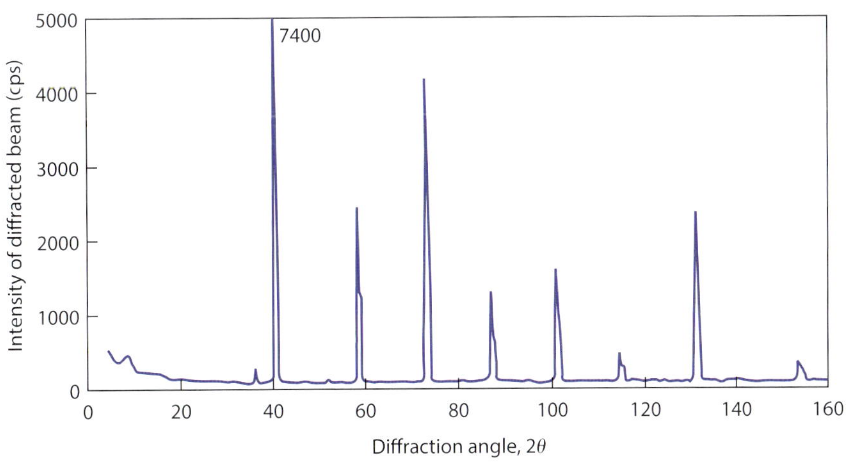

그림 15.4 텅스텐 시험편에서 구리 K_α 복사를 이용하여 검출부 각도(2θ)를 함수로 하여 나타낸 초당 회절 강도 *(Based on Guy, A.G. Introduction to Materials Science, McGraw-Hill, N.Y.(1972), p. 47.)*

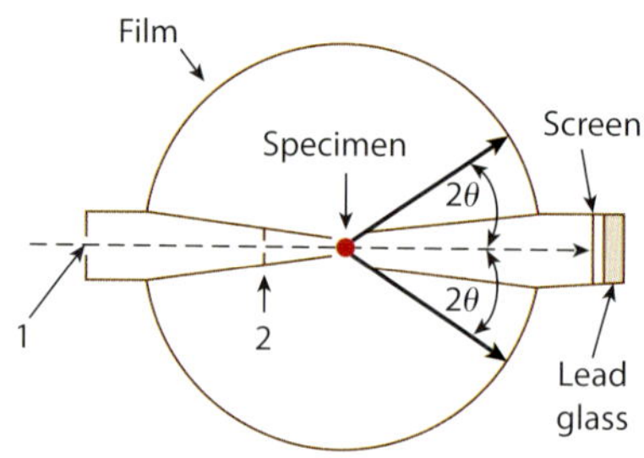

그림 15.5 데바이 셰러 분말 카메라의 모식도. 단색 X-선은 1 위치의 카메라로 입사하여 2 위치로 시준된다. 시편은 얇은 유리관에 담긴 분말 또는 다결정 봉으로 사용된다. X-선은 브래그의 법칙을 따라 입사 X-선빔에 대해 2θ 각도로 회절된다. 형광면과 납유리는 X-선빔의 시편의 그림자를 나타내는 사용되며 이는 시편이 X-선빔의 가운데에 위치할 수 있도록 한다. *(Adapted from Barrett, C., and Massalski, T. B., Structure of Metals, 3rd ed., Pergamon, New York (1980), p. 119.)*

각도로 원형을 형성하는데, 이는 분말의 결정자가 입사 X-선빔에 대해 θ 각도로 배향되어 있기 때문이다. 반면, 데바이 셰러 카메라에서는 좁은 띠 모양의 필름이 회절된 X-선을 기록하므로 원형으로 회절된 X-선의 일부만이 필름에 기록된다.

FCC, BCC와 같이 간단한 구조를 가진 금속의 경우, 분말 X-선 회절 분석기 또는 데바이 셰러 카메라에서 관찰되는 피크 강도를 통해 결정 구조를 알아낼 수 있다. 입방 결정의 X-선 회절 피크는, 각각의 피크 강도에 대한 면 간격(d_{hkl}) 값을 측정된 θ 값과 알고 있는 λ 값으로부터 계산하여 확인할 수 있다. 그러면 각 피크 강도의 밀러 지수(hkl) 값은 아래의 식 15.3에 나타나 있는 입방 결정의 d_{hkl}, h, k, l 관계로부터 추론 가능하다. 식 15.3에서 a는 입방 결정의 격자 상수를 의미한다.

$$d_{hkl} = \frac{a}{(h^2 + k^2 + l^2)^{1/2}} \qquad \textbf{15.3}$$

표 15.2의 규칙에 따라 피크 강도로부터 입방 결정이 단순, 체심, 면심 중 어떤 것인지 알아내는 것이 가능하다.

예를 들어, 체심 입방 결정의 경우, (200) 피크는 2 + 0 + 0이 짝수인 2이므로 존재한다. 반면 (100) 회절 피크는 합이 홀수인 1이므로 존재하지 않는다. X-선 회절 피크는 회절을 일으키는 결정면(hkl) 집합에 의해 나타난다. 면심 입방 결정의 경우, 'unmixed'는 h, k, l이 모두 짝수거나 모두 홀수여야 함을 의미한다. 예를 들어, (131) 피크는 모두 홀수이므로 존재하지만 (123) 피크는 짝수와 홀수가 섞여있으므로 존재하지 않는다. BCC와 FCC 결정의 회절 무늬에서 나타나지 않는 피크들은 체심, 면심에 위치한 원자들

표 15.2 입방 결정의 회절 피크의 존재를 결정짓는 규칙

Cubic Bravais Lattice	Peaks Present	Peaks Absent
Simple	All	None
BCC	$(h + k + l)$ = even number	$(h + k + l)$ = odd number
FCC	hkl unmixed	hkl mixed

때문이다. 이 원자들은 입방 격자의 꼭짓점에 위치한 원자들이 산란시킨 X-선과 위상이 다른 X-선을 산란시키고 이로 인해 회절된 X-선은 간섭을 일으키게 된다. 단순 입방 결정은 꼭짓점에만 원자를 가지므로 모든 (*hkl*) 피크를 나타낸다.

예제 15.1

격자 상수가 0.363 nm인 다결정 구리 시편에 대해, 회절 분석기에서 처음으로 관찰되는 7개의 피크의 회절 각도를 구해라. 구리의 K_α X-선의 파장은 0.1542 nm이다.

풀이

구리는 FCC 구조이므로 *h*, *k*, *l*이 unmixed일 때 가능하며 그 목록은 다음과 같다.

(*hkl*)	($h^2+k^2+l^2$)	d_{hkl} nm	sin θ	θ degrees
(111)	3	0.2096	0.3679	21.59
(200)	4	0.1815	0.4248	25.14
(220)	8	0.1283	0.6007	36.92
(311)	11	0.1094	0.7044	44.78
(222)	12	0.1048	0.7358	47.37
(400)	16	0.0908	0.8496	58.17
(331)	19	0.0833	0.9258	67.79

d_{hkl} 값은 식 15.3에서 구할 수 있다. (111) 피크에서 d_{111}은 다음과 같이 계산된다.

$$d_{111} = \frac{a}{(h^2+k^2+l^2)^{1/2}} = \frac{0.363\text{nm}}{(1^2+1^2+1^2)^{1/2}} = \frac{0.363\text{nm}}{(3)^{1/2}} = \frac{0.363\text{nm}}{1.732} = 0.210\text{mm}$$

sinθ 값은 식 15.2에 n = 1을 대입해 얻을 수 있다.

$$\sin\theta = \frac{n\lambda}{2d_{hkl}} = \frac{0.154\text{nm}}{2(0.210\text{nm})} = 0.368$$

$$\theta = 21.6 \text{ degrees}$$

각각의 피크에 대해 같은 과정을 반복하여 나머지 각도를 구할 수 있다.

예제 15.1에서 FCC 결정의 경우($h^2+k^2+l^2$) 값은 3, 4, 8, 11, 12, 16, 19, … 의 순서로 증가하는 것을 볼 수 있다. 이 수열은 FCC 구조에서 특징적으로 나타나며 X-선 회절 무늬로부터 FCC 구조가 존재하는지 확인하는데 사용된다. BCC 구조의 경우 수열은 2, 4, 6, 8, 10, 12, 14, 16, 18, … 이 되며 SC 구조의 경우에는 1, 2, 3, 4, 5, 6, 8, 9, 10, … 이 된다. BCC 구조의 수열을 2로 나눈 것과 SC 구조의 수열은 거의 동일한데, SC 구조의 경우에는 수열에 7이 포함되지 않는 반면, BCC 구조의 수열은 14를 포함한다.

예제 15.2

충분한 양의 FCC 니켈과 BCC 철을 섞으면 FCC 합금을 만드는 것이 가능하다. 90 at% 철과 10 at% 니켈 합금의 X-선 회절 분석 결과, 26.1°, 38.6°, 49.8°, 80.5°의 각도에서 피크가 발생했다고 할 때 다음에 답하라. 분석에 사용된 코발트 K_α X-선의 파장은 0.179 nm이다.

(a) 철의 구조는 BCC인가, FCC인가?

(b) 격자 상수의 값은?

풀이

(a) 식 15.2, 15.3으로부터 sin θ를 h, k, l에 대해 나타내면 다음과 같다. 식위 식의 양변을 제곱하고 $n = 1$을 대입하면 다음과 같다.

$$\sin\theta = \frac{n\lambda}{2d_{hkl}} = \frac{n\lambda(h^2 + k^2 + l^2)^{1/2}}{2a}$$

위 식의 우변은 h, k, l 이외에는 모두 상수이다.

$$\sin^2\theta = \frac{\lambda^2(h^2 + k^2 + l^2)}{4a^2}$$

따라서 가능한 h, k, l 값들의 제곱을 더한 값은 sin θ의 제곱에 상수를 곱한 것과 같은 수열이 되어야 한다. sinθ의 제곱은 0.19, 0.389, 0.583, 0.778, 0.972가 된다. 각각을 0.194로 나누면 1, 2, 3, 4, 5의 수열이 된다. 이는 SC 결정에서 얻어지는 값이나, 철은 SC 구조를 갖지 않으므로 이 경우는 제외되어야 한다. $(h^2 + k^2 + l^2)$ 값은 2, 4, 6, 8, 10이 되어야 하며 합금은 BCC 구조를 갖는 것을 알 수 있다.

(b) 격자 상수 a 값을 구하기 위해서는 피크 중 하나를 임의로 선택하여 위의 식에 대입해야 한다. (110) 피크를 식에 대입하면 다음과 같다.

$$\sin^2\theta = \frac{\lambda^2(h^2 + k^2 + l^2)}{4a^2}$$

$$0.194 = \frac{(0.179\ \text{nm})^2(1^2 + 1^2 + 0^2)}{4a^2} = \frac{0.032\ \text{nm}^2(2)}{4a^2}$$

식 a^2에 대해 정리하여 제곱근을 취하면 a는 다음과 같다.

$$a^2 = \frac{0.032\ \text{nm}^2}{2(0.194)} = 0.0826\ \text{nm}^2$$

$$a = 0.287\ \text{nm}$$

식격자 상수를 더 정확하게 구하기 위해서는 각각의 피크에 대해 격자 상수를 구한 뒤 계산된 a 값을 $\sin^2\theta$에 대한 함수로 도식화해야 한다. 가장 정확한 격자 상수 값은 $\sin^2\theta$ 값을 1.0으로 외삽하여 얻을 수 있다.

그림 15.6의 **라우에법(Laue X-ray technique)**은 결정의 대칭성 확인, 결정족과 단결정의 배향 파악에 사용된다. 이 기법에 사용되는 시료는 보통 단결정이며 X-선을 조사해 투과되거나 반사된 회절 X-선을 분석하게 된다. 고정된 결정에는 X-선관에서 방출되는 모든 X-선이 조사된다. 이 X-선에는 그림 15.1에 나타난 연속 백색 방사와 특성 방사가 모두 포함된다.

라우에법에서 면 간격이 d_{hkl}이고 입사 X-선빔과 θ의 각도를 이루는 결정면은 식 15.2의 브래그의 법칙에 따라 파장이 λ인 X-선을 입사 X-선빔에 대해 2θ 각도로 회절시킨다. 정상 결정의 경우 θ 값은 일정하나 파장 λ는 가변적이다. 회절된 X-선은 연속 백색 방사선과 특성 방사선 모두 가능하다. 라우에법은 격자 상수를 구하기 위해서 이용되지는 않는데 회절된 X-선의 파장이 알려져 있지 않기 때문이다.

4중축(fourfold-symmetric axis)에 수직한 X-선빔에 의한 $FeSi_2$ 결정의 배면 반사 회절 무늬가 그림 15.7에 나타나 있다. 4중축이란 X-선 회절 무늬를 360 / 4 = 90° 회전시킨 뒤에도 정확히 일치하는 축을 말한다. 결정족은 결정을 회전시킴으로써 다른 대칭축을 찾는 방법으로 확인 가능하다. 예를 들어, 6방정계(hexagonal) 결정은 6중축과 함께 6중축의 90° 위치에 2중축을 갖는다. 주요한 대칭축들의 사잇각을 알아냄으로서 결정족을 확인할 수 있다. 라우에법은 미지의 배향을 가진 단결정을 원하는 방향으로 맞추는데 사용된다. 방향을 맞추기 위해서는 우선 결정을 3축 조정이 가능한 측각계에 장착한다. 만일 시료가 단결정이라면 라우에법에 의해서 라우에 반점이라는 특유의 X-선 회절 무늬가 발생한다. 다결정 시편은 원형의 회절 무늬를 만들어내는데, 이는 결정자들이 X-선빔과 각도 θ를 이루는 모든 방향으로 배향될 수 있기 때문이다.

만약 새로운 재료가 만들어지거나 발견되고, 분말 회절 분석기의 피크가 알려진 어떤 결정 구조와도 일치하지 않는다면 그림 15.7에 개략적으로 나타나있는 단결정 X-선 회절 분석기를 사용해야 한다. 단결정 X-선 회절 분석기에서 결정은 브래그의 법칙을 만족시키는(hkl) 평면을 찾기 위해 3개의 수직축, φ, ω, χ을 중심으로 회전할 수 있으며 검출기는 그에 맞는 2θ 각도를 갖도록 회전 가능하다.

단결정 회절 분석을 통해서 결정족을 확인할 수 있는데, 이는 단결정의 회절 무늬가 결정의 대칭성을 나타내기 때문이고, 추가로 회절 조건에 의해 반전 중심이 관찰되기 때문이다. 결정족의 확인은 그 결정족의 대칭축에 대하여 결정을 회전시킴으로서 가능하다. 면 간격(d_{hkl})은 2θ 각도로 회절을 일으키는 파장 λ의 특성 방사선을 이용, 식 15.2의 브래그의 법칙에 값을 대입함으로써 알아낼 수 있다. 결정의 격자 상수는 식 15.3과 유사한 공식을 이용해 알아낼 수 있다. 식 15.3은 입방 결정의 경우에만 사용된다.

알려지지 않은 결정의 원자 위치를 알아내기 위해서는 단결정 X-선 회절 분석기의 검출기를 통해 가능

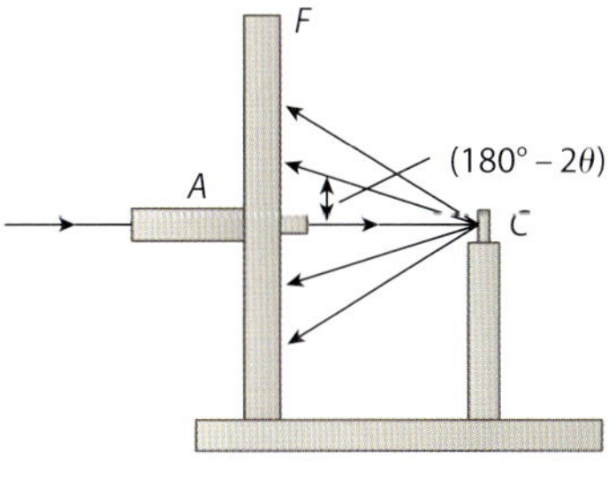

그림 15.6 라우에 X-선 배면반사법의 모식도. 오른쪽 화살표로 표시된 입사 X-선빔은 시준기(A)를 통과하여 필름(F)에 가공된 구멍을 통과하여 결정(C)으로 입사된다. 브래그의 법칙을 따라 입사된 X-선빔은 왼쪽 화살표 방향인 뒤쪽의 필름(F)으로 회절된다. *(Adapted from Cullity, B. D., Elements of X-ray Diffraction, Addison-Wesley Pub. Co., Inc. (1956), p. 141.)*

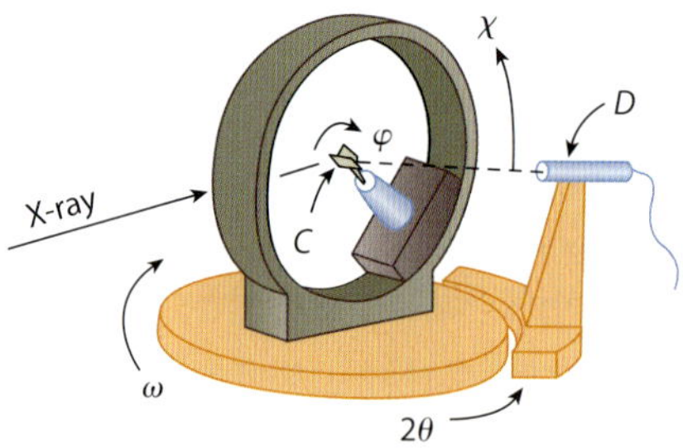

그림 15.7 결정(C)으로 입사된 X-선빔을 나타낸 단결정 회절분석기. 결정은 시편 고정부의 축에 대하여 ϕ만큼, 수직축에 대하여 ω만큼 그리고 각도기의 중심을 통과하는 수평축에 대하여 χ만큼 회전될 수 있다. 검출기(D)는 입사되는 빔에 대하여 2θ만큼 회전할 수 있다. *(Adapted from Massa, W., Crystal Structure Determination, 2nd ed., Springer, Berlin (2004), p. 75.)*

한 한 많은 회절 피크로부터 강도 $I(hkl)$을 측정해야 한다. 회절 피크 강도의 수학적 분석을 통해 추가된 반전 중심과 함께 그 결정의 전자 밀도를 알아낼 수 있다. X-선의 산란은 원자 주변의 전자에 의해 일어난다는 점을 상기하라. 추가된 반전 중심 때문에 분석 시 원자 위치는 고유한 값으로 얻어지지 않지만 결정학자들은 단위정 내의 원자 위치를 알아내는 기법을 발전시켰다. 또한 전자 밀도를 알아냄으로써 결정의 단위정 내 각 위치의 원자들의 종류를 알 수 있다.

X-선 회절은 결정 내 결함을 파악하는데도 사용된다. 크기가 크고 원자들이 모두 제 위치에 있는 완전 단결정의 경우, 단색 X-선을 조사할 때 발생하는 회절 피크의 에너지 폭은 입사 방사선에 의한 선폭과 동일해야 하며, 이때 폭은 매우 좁게 나타난다. 반면 완전 결정이 아닌 경우, 결정 내 결함이 회절 피크의 에너지 폭을 증가시킨다. 구조적 결함은 온도에 무관한 회절 피크의 폭 증가를 일으키고, 격자 진동은 온도에 의존적인 피크 폭 증가를 일으킨다. 만일 결정의 크기가 작다면 이 역시 피크 폭 증가를 일으킨다. 현재는 회절 피크 강도와 회절 선폭 증가를 이용한 분석 기법이 개발되어 격자 진동 진폭과 완전 결정의 원래 위치로부터의 원자의 정적 변위와 같은 구조적 결함을 평가하는 것이 가능하다.

15.2.2 전자 회절법

전자는 입자성과 파동성을 동시에 띠는 특성을 가지므로 X-선과 유사하게 회절을 일으킨다. 전자도 원자 주변의 전자에 의해 산란되지만 X-선과 전자의 가장 큰 차이는 동일한 에너지를 가지는 경우, X-선이 전자에 비해 재료에 더 깊게 침투한다는 것이다. 전자빔은 공기 중에서도 감쇠되므로 전자 회절 실험은 진공에서 수행된다. 진공은 시편의 표면이나 박막 시편이 주변 환경에 의해 오염되는 것 역시 막아준다.

파동성을 가지는 전자나 중성자와 같은 입자의 경우, 주어진 운동량(p)에 대한 파장(λ)을 **드브로이 공식(DeBroglie relationship)**을 이용해 구할 수 있다. 드브로이 공식은 식 15.4에 나타나 있으며 파동의 운동량(h/λ)과 입자의 운동량(mv)을 동일시한다.

$$E_p = \frac{h}{\lambda} = mv \qquad \textbf{15.4}$$

식 15.4에서 h는 플랑크 상수(6.63×10^{-34} J · s), m은 입자의 질량, v는 입자의 속도를 나타낸다. 여기서 입자에는 퍼텐셜 에너지가 없으며 식 15.5와 같이 내부 에너지(E)가 파장에 대한 함수로 나타낼 수 있는 운동 에너지(KE)와 동일하다고 가정할 수 있다.

$$KE = E = \frac{p^2}{2m} = \frac{h^2}{2m\lambda^2} \quad \textbf{15.5}$$

그러면 식 15.4와 식 15.5에서 얻어진 입자의 파장은 식 15.2의 브래그의 회절 조건을 파악하는데 사용될 수 있다.

전자 회절법은 고에너지 전자 회절을 이용하는 **투과전자현미경(transmission electron microscope, TEM)**과 **저에너지 전자 회절(low-energy electron diffraction, LEED)** 두 가지에 주로 사용된다. 15.4.3절에서 다루게 될 TEM은 박막 재료를 투과하는 고에너지 전자빔을 생성한다. TEM은 가속 전압을 인가해 전자들이 운동 에너지를 갖게 한다. TEM이 100킬로볼트(kV)의 가속 전압을 인가하면 시편과 접하기 직전에 전자가 갖는 평균적인 운동 에너지는 100킬로전자볼트(keV)가 된다. 전자의 질량을 9.11×10^{-31} kg으로 두고 식 15.5를 이용하면 100 keV의 전자빔의 평균 파장은 3.88×10^{-12} m가 된다. 이 값은 일반적인 원자의 반지름이나 면 간격(d_{hkl})보다 훨씬 짧다. 또한 식 15.2에 따르면 회절 각도(θ)가 매우 작은데 TEM은 작은 회절 각도만을 수용할 수 있기 때문에 이는 적절하다. TEM에서 전자 회절은 박막 시편에 알고 있는 결정 구조의 상이 존재하는지 확인하고 시료 내부의 특정 체적을 갖는 결정성 재료의 배향을 확인하는데 사용된다. 또한 나노 입자의 알려지지 않은 복잡한 결정 구조를 파악하는데도 사용된다.

예제 15.3

투과전자현미경이 100,000 V의 가속 전압으로 작동할 때, 격자 상수가 0.407 nm인 FCC 구조의 금 박막에서 관찰되는 (111) 피크의 브래그 회절 각도를 구하여라.

풀이

가속 전압이 100,000 V이므로 박막에 도달하는 전자들은 평균적으로 100,000 eV의 운동 에너지를 가진다고 가정하자. 식 15.5에는 SI 단위계를 사용해야 하므로 eV 단위의 운동 에너지 100,000 eV를 줄(joule, J) 단위로 변환하면 아래와 같다.

$$100{,}000\text{eV}\left(\frac{1.602 \times 10^{-19}\ \text{J}}{1\text{eV}}\right) = 1.602 \times 10^{-14}\ \text{J}$$

식 15.5를 이용하면 파장의 제곱을 아래와 같이 얻을 수 있다.

$$\lambda^2 = \frac{h^2}{2Em_e} = \frac{(6.63 \times 10^{-34}\ \text{J}\cdot\text{s})^2}{2(1.602 \times 10^{-14}\ \text{J})9.11 \times 10^{-31}\ \text{kg}} = \frac{43.96 \times 10^{-68}\ \text{J}^2\cdot\text{s}^2}{29.19 \times 10^{-45}\ \text{J}\cdot\text{kg}} = 1.506 \times 10^{-23}\ \text{m}^2$$

양변에 제곱근을 취하면 파장은 다음과 같다.

$$\lambda = 3.88 \times 10^{-12}\ \text{m}$$

식 15.2의 브래그의 법칙을 사용하기 위해 우선 식 15.3을 이용, (111) 평면들의 면 간격을 구하면 다음과 같다.

$$d_{hkl} = \frac{a}{(h^2 + k^2 + l^2)^{1/2}} = \frac{0.407 \text{ nm}}{(1^2 + 1^2 + 1^2)^{1/2}} = \frac{0.407 \text{ nm}}{(3)^{1/2}} = \frac{0.407 \text{ nm}}{1.732} = 0.235 \text{ mm}$$

이제 브래그의 법칙에서 회절 각도를 제외한 모든 값들을 구했다. 1차 회절을 가정하면 회절 각도는 다음과 같다.

$$\sin \theta = \frac{n\lambda}{2d_{hkl}} = \frac{3.88 \times 10^{-12} \text{ m}}{2(0.235 \times 10^{-9} \text{ m})} = 8.26 \times 10^{-3}$$

$$\theta = 0.47 \text{ degrees}$$

LEED는 표면의 구조를 파악하는데 사용된다. LEED의 전자는 10 eV에서 600 eV의 운동 에너지를 가지며 100 eV의 운동 에너지는 0.124 nm의 파장에 대응된다. 이 파장은 보통의 면 간격(d_{hkl}) 값과 같다. 전자의 에너지가 낮기 때문에 재료 내부로 침투하는 깊이는 매우 짧다. 예를 들어, 100 eV 전자빔의 평균 침투 깊이는 대략 1 nm 정도이다. 따라서 LEED로는 재료의 표면 분석만이 가능하다. 그림 15.8은 LEED를 개략적으로 나타내고 있다. 고온의 필라멘트(음극)에서 열이온 방출이 일어나 전자들이 방출된다. 방출된 전자들은 그리드에 의해 요구되는 에너지를 갖도록 가속된다. 전자빔은 그림 15.8에 각각 A1, A2, A3, A4로 표기된 렌즈들에 의해 몇 분의 1밀리미터로 집중된다. 전자빔의 전자들은 시편 표면에서 반사되고, 이 중 브래그의 법칙을 만족하는 전자들은 입사 전자빔에 대해 2θ의 각도로 회절된다. LEED의 가속 전압은 가변적이어서 회절 조건을 만족하는 전자들의 파장을 다르게 할 수 있다. 회절되지 않은 전자들은 그림 15.8의 동심 그리드(concentric grids)에 인가된 전압에 의해 제거된다. 시료 표면의 구조와 화학적 성질을 모두 파악하기 위해 LEED는 주로 전자 분광법과 같은 다른 표면 분석 기법들과 함께 사용된다. 표면 구조는 재료의 나머지 부분과 다른 구조를 가질 수 있다.

15.2.3 중성자 회절법

중성자는 입자이면서 동시에 파동성을 가지고 있으며, 파장은 질량 1.675×10^{-27} kg를 식 15.4와 식 15.5에 대입하여 얻을 수 있다. 중성자는 원자로에서 발생한다.

중성자 회절법은 X-선 회절법이 결정 구조를 파악하는데 적절하지 않은 상황에 사용된다. X-선 회절법에서 전자에 의해 산란되는 X-선의 강도는 원자번호의 제곱에 비례한다. 원자번호 1번인 수소의 상대 산란 강도는 1인데, 이는 원자번호 74번인 텅스텐의 상대 산란 강도 5476과 비교하면 상대적으로 매우 작다. 따라서 X-선 회절법을 이용하면 결정 내에 텅스텐 원자와 수소 원자가 함께 존재할 때 수소 원자를 관찰하는 것이 거의 불가능하다. 반면, 텅스텐이 중성자를 산란시키는 강도는 수소와 비교할 때 약 1.6배 정도에 불과하므로 중성자 회절법을 이용하면 텅스텐과 함께 존재하는 수소 원자를 탐지하는 것이 가능하다. 또한 X-선 회절법을 이용하면 주기율표상에서 인접한 원자들을 구별하는 것이 어렵다. 이는 주기율표상에서 인접한 원자들의 전자 수가 비슷하기 때문인데, 예를 들어 니켈과 코발트 원자는 각각 28개와 27개의 전자를 가지며 상대 산란 강도는 각각 784와 729이다. 반면 중성자 회절법의 경우, 니켈과 코발트의 상대 산란 강도는 각각 13.4와 1.0이다. 따라서 중성자 회절법을 이용하면 니켈과 코발트 원자를 포함한 결정 내에서 각 원자의 위치를 쉽게 구분할 수 있다.

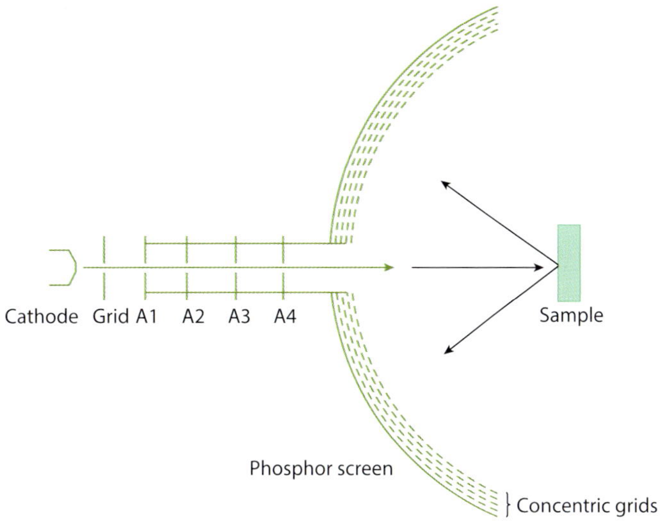

그림 15.8 저에너지 전자회절(LEED) 분광기의 모식도
(Based on www.en.wikipedia.org/ wiki/Low_energy_electron_diffraction)

중성자는 재료 내부로 매우 깊게 침투하는데, 이는 중성자가 원자 내에서 매우 작은 크기를 차지하는 원자핵에 의해 산란되기 때문이다. 따라서 대부분의 중성자는 재료를 통과한다. 중성자는 재료의 깊은 곳에서 회절을 일으켜 재료 내부의 구조에 대한 정보를 제공한다. 적은 양의 중성자만이 공기에 의해 감쇠되므로 중성자 회절 실험은 공기 중에서 수행된다.

15.2.4 회절법을 이용한 결정 내 변형률과 응력의 확인

X-선 회절법은 탄성 변형률의 측정에 가장 많이 활용되는 회절법이다. 이는 특성 X-선의 파장의 정확도와 X-선 광원의 호환성 때문이다. 하지만 전자 회절법과 중성자 회절법 역시 탄성 변형률의 측정에 사용된다. 탄성 변형률은 작용 응력에 의해 발생할 수 있으며 잔류 변형률 역시 측정될 수 있다. 회절법은 잔류 탄성 변형률을 직접적으로 측정할 수 있는 방법이다. 회절법을 이용한 변형률 측정을 간단한 예시를 통해 보이도록 하겠다. (100) 평면이 브래그의 법칙을 만족하도록 배향되어 있는 시료에 대해 입방 결정의 평형 격자 상수(a)를 알고 있고 작용 응력이 없다고 가정하자. 회절법을 통한 변형률 측정 시 면 간격을 표점 거리로 간주한다. 탄성 변형률이 있다면 응력이 가해지지 않을 때의 (100) 면들의 면 간격(d^0_{100})은 Δd_{100} 만큼 변하게 되며 [100] 방향의 변형률은 아래의 식 15.6과 같이 얻어진다.

$$\varepsilon_{[100]} = \frac{\Delta d_{100}}{d^0_{100}} = \frac{\sigma}{E} \qquad \textbf{15.6}$$

σ는 [100] 방향의 잔류 응력, E는 시료의 탄성 계수를 나타낸다. Δd_{100}는 작용 응력이나 잔류 응력이 가해질 때의 d_{100} 값에서 응력이 작용하지 않을 때의 d^0_{100} 값을 뺀 값이다. 이 분석법은 간격이 d_{hkl}로 주어진 면 쌍에 대해 모두 적용 가능하다. 작용 응력에 의한 탄성 변형률은 회절법을 이용해서도 측정이 가능하나 작용 응력에 수직한 변형률을 측정하는 것이 더욱 간편하다. 소성 변형률은 격자 상수를 변화시키지 않으므로 회절법으로 측정할 수 없다.

예제 15.4

평형 격자 상수가 0.2866 nm인 강철 부품이 있다. 파장이 0.2291 nm인 크롬 K_α X-선을 이용한 X-선 회절 분석 결과, (200) 피크가 2θ = 106.46°로 얻어졌다고 할 때 다음에 답하여라.
(a) 부품의 잔류 변형률을 구하여라.
(b) 이 부품의 탄성 계수가 211 GPa일 때 부품의 잔류 응력을 구하여라.

풀이

(a) 브래그의 법칙을 이용, 면 간격 d_{200}을 구하면 아래와 같다.

$$d_{200} = \frac{n\lambda}{2\sin\theta} = \frac{0.2291 \text{ nm}}{2\sin 53.23} = \frac{0.2291 \text{ nm}}{2(0.8010)} = \frac{0.2291 \text{ nm}}{1.602} = 0.1430 \text{ mm}$$

응력이 가해지지 않을 때의 면 간격 d^0_{200}은 식 15.3으로 주어진다.

$$d^0_{200} = \frac{a}{(2^2 + 2^2 + 2^2)^{1/2}} = \frac{a}{2} = \frac{0.2866 \text{ nm}}{2} = 0.1433 \text{ mm}$$

면 간격의 변화 Δd_{200}은 잔류 응력 하의 면 간격과 응력이 가해지지 않을 때의 면 간격의 차로 구할 수 있다.

$$\Delta d_{200} = d_{200} - d^0_{200} = 0.1430 \text{ nm} - 0.1433 \text{ nm} = -0.0003 \text{ nm}$$

[100] 방향의 변형률은 (200) 평면에 대해 보정된 식 15.6으로 얻어진다.

$$\varepsilon_{[100]} = \frac{\Delta d_{200}}{d^0_{200}} = \frac{-0.0003 \text{ nm}}{0.2886 \text{ nm}} = -0.0010$$

(b) [100] 방향의 잔류 응력은 식 6.13으로 구할 수 있다.

$$\sigma = E\varepsilon_{[100]} = 211 \times 10^9 \text{ Pa}(-1.0 \times 10^{-3}) = -211 \times 10^6 \text{ Pa}$$

이 방향의 잔류 응력은 압축 응력이다.

15.3 X-선 분광법을 이용한 화학적 분석

15.3.1 X-선 형광 분광법

X-선 **형광** 분광법을 통한 화학적 분석 시, 시료에는 그림 15.9에 개략적으로 나타난 것처럼 1차 X-선 또는 전자가 조사된다. 1차 X-선은 X-선관에서 만들어진다. 원자가 들뜬 상태가 되었다가 10^{-8}초 이내에 기저상태로 돌아가는 경우에 광자가 방출되는 현상을 형광이라고 한다. X-선의 경우 이 시간은 대개 10^{-18}초이다. 그림 15.10에는 그림 15.9에 개략적으로 나타나있는 분광기와 유사한 분광기를 이용, 스테인리스 강 시편을 분석한 X-선 스펙트럼이 나타나있다. 파장 분산의 경우, X-선 회절에 의해 시편에서 방출된 다양한 파장을 가지는 2차 특성 방사선을 분리하기 위해서 격자 상수가 알려진 분광 결정이 이

용된다. 파장이 λ인 2차 특성 방사선은 면 간격이 d_{hkl}이고 브래그의 법칙을 만족하는 입사 X-선에 대해 각도가 2θ인 분광 결정에 의해 회절된다. 그림 15.10에서 검출기는 2θ 값을 작은 값부터 큰 값까지 연속적으로 스캔하고 회절 강도는 2θ에 대한 함수로서 기록된다. 그림 15.10의 X-선 스펙트럼은 Fe, Ni, Cr, Co, Mn, Cu, W의 특성 X-선 피크를 나타내고 있다. 특성 X-선은 원자의 종류에 따라 특징적인 고유의 에너지를 가지는데, 이는 X-선의 에너지가 원자의 에너지 준위에 의해 결정되기 때문이다. 따라서 만약 미지의 화합물 시료에서 Fe에서 방출되는 K_α 방사선의 에너지를 갖는 X-선 피크가 관찰되면 시편 내에 Fe가 포함되어 있음을 알 수 있다. 또한 방출된 특성 방사선의 강도는 시료 내 Fe 원자들의 집적도에 보정계수를 적용한 값에 비례한다. 이상이 X-선 형광 분광법의 기본적인 내용이다. X-선 방출선의 파장이 표 15.1에 주어져있다. 시료는 보통 고체가 사용되나 액체나 기체도 사용될 수 있다.

전자현미경에서 시편을 통과하는 전자빔에 의해 생성되는 X-선을 분석하여 시료를 화학적으로 분석하는 것 또한 가능하며 이는 15.4.2절, 15.4.3절에서 다뤄진다. 하지만 시편에 고에너지 전자들이 쏟아지면 그림 15.1에서 볼 수 있는 연속 백색 방사선이 시편에 적은 양이 존재하는 원소에서 방출되는 특성 X-선을 가릴 수 있다. 그림 15.1의 스펙트럼은 60 keV의 전자빔을 사용, 순수한 로듐 시료를 전자현미경으로 분석할 때 얻어지는 스펙트럼과 동일하다. 그림 15.1의 연속 백색 방사선의 강도는 거의 K_β 피크(단파장 피크) 강도의 25%에 달한다. X-선이 시료에 흡수될 때는 전자의 감속에 의해 발생하는 연속 백색 배경 방사선이 발생하지 않는다. 이는 그림 15.1의 전자에 의한 배경 방사선의 강도와 그림 15.10의 X-선에 의한 배경 방사선의 강도를 비교해보면 알 수 있다. X-선 형광 분광법을 사용하면 연속 배경 방사선이 없기 때문에 소량이 존재하는 원소의 분석에는 주로 그림 15.9에 나타난 것과 같은 X-선 형광 분광기가 사용된다.

X-선 분광기는 X-선 강도와 더불어 시편에서 방출된 X-선의 에너지를 측정하는 것이 가능한 반도체 검출기에 의해 발전되어왔다. 이를 일컬어 **에너지 분산 X-선(EDX, energy-dispersive X-ray)** 분광기라고 하며 그림 15.11에 나타나있다. EDX 분광법은 1차 X-선을 시편에 조사하여 방출된 2차 X-선을 EDX 검출기에서 측정하여 이루어진다. 검출기에서 발생하는 전압 신호는 시료에서 방출된 X-선의

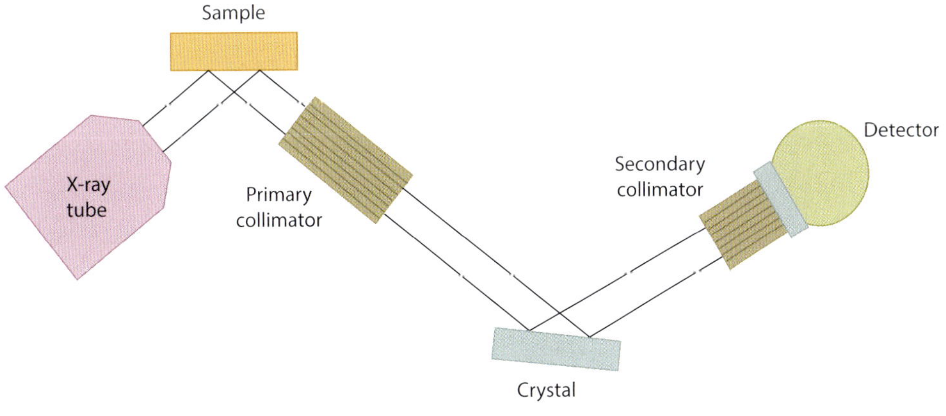

그림 15.9 결정에 의한 회절(파장 분산)을 이용하여 파장을 분리하는 X-선 형광 분광기의 모식도. X-선관은 시편으로 입사되는 1차 복사를 만든다. 2차 X-선은 시험편에서 방출되며 방출된 X-선은 1차 시준기를 통과한다. 분석용 결정은 브래그의 각으로 2차 X-선을 검출기로 회절시킨다.
(Based on http://upload.wikimedia.org/wikipedia/ commons/4/45/DmwdxrfFlatXtalMonochrom.jpg)

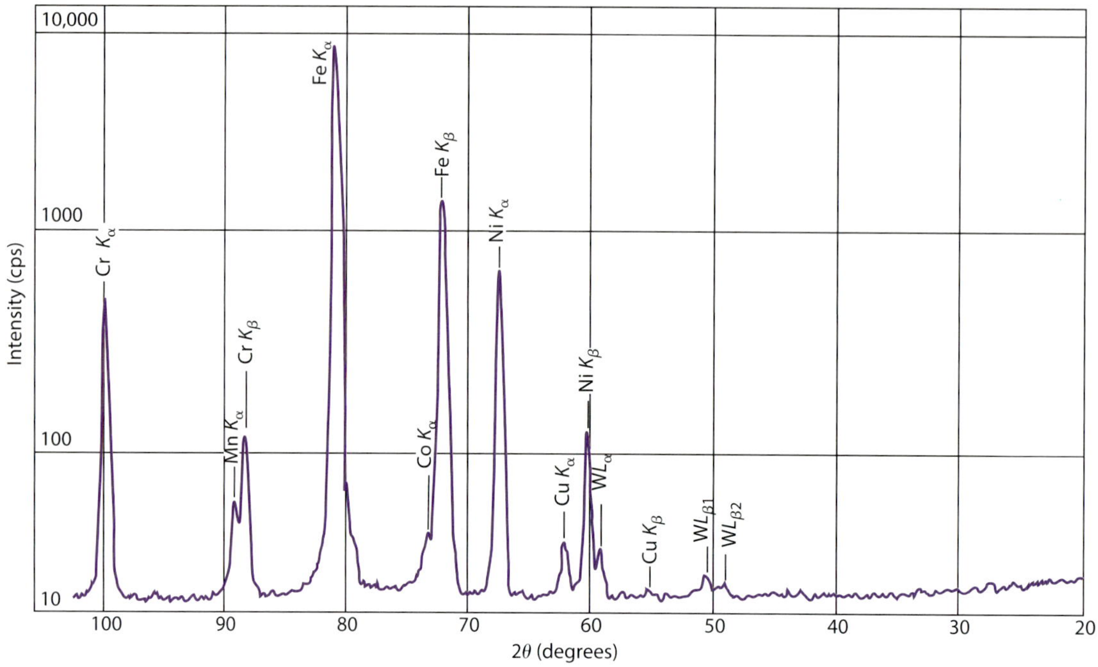

그림 15.10 운모를 분석용 결정으로 사용하여 분석된 스테인리스강 시편의 X-선 형광 스펙트럼
(Based on Cullity, B. D., Elements of X-Ray Diffraction, Addison-Wesley Pub. Co., Inc. (1956), p. 405.)

에너지에 비례하고 전류는 강도(계수율)에 비례한다. 이 신호는 증폭되어 다중 채널 분석기로 보내진다. 다중 채널 분석기는 다양한 채널, 또는 저장소에 신호 강도를 기록하고 신호를 컴퓨터로 내보낸다. 그림 15.12는 다양한 원소로 구성된 분말을 압축한 시료의 EDX 스펙트럼을 나타낸다. 2차 피크들은 실제 광자 에너지의 50% 크기의 전자 신호이다.

원자번호가 줄어들면 K_α 피크의 파장은 증가하고 X-선 에너지는 감소한다. 저에너지 X-선은 공기 중에서 크게 흡수되므로 원자번호 13(Al) 이하의 낮은 원자번호를 가지는 원소들의 경우, 진공 분광기를 이용해 분석한다.

15.3.2 X-선 흡수

X-선 흡수 분광법은 화학 물질의 분석에 활용된다. 원자에서 방출되는 광자가 원자의 종류에 따라 특징적으로 나타나는 것과 마찬가지로 흡수단도 원자의 특성이기 때문이다. 흡수단은 원자의 전자 오비탈에

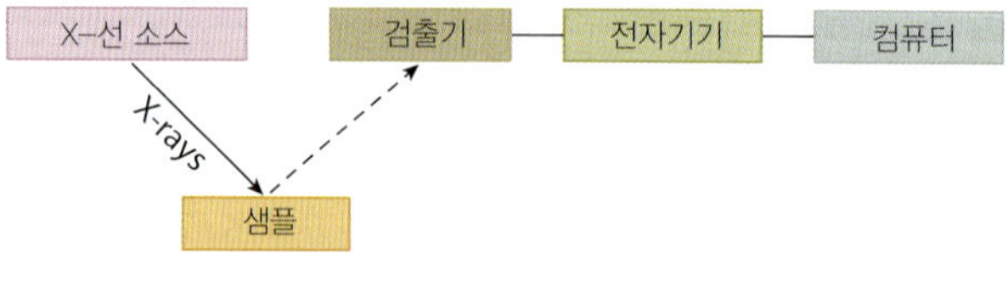

그림 15.11 에너지 분산 X-선 (EDX) 분광기 요소의 모식도
(Based on http://upload.wikimedia.org/wikipedia/commons/2/28/Dmedxrfschematic.jpg)

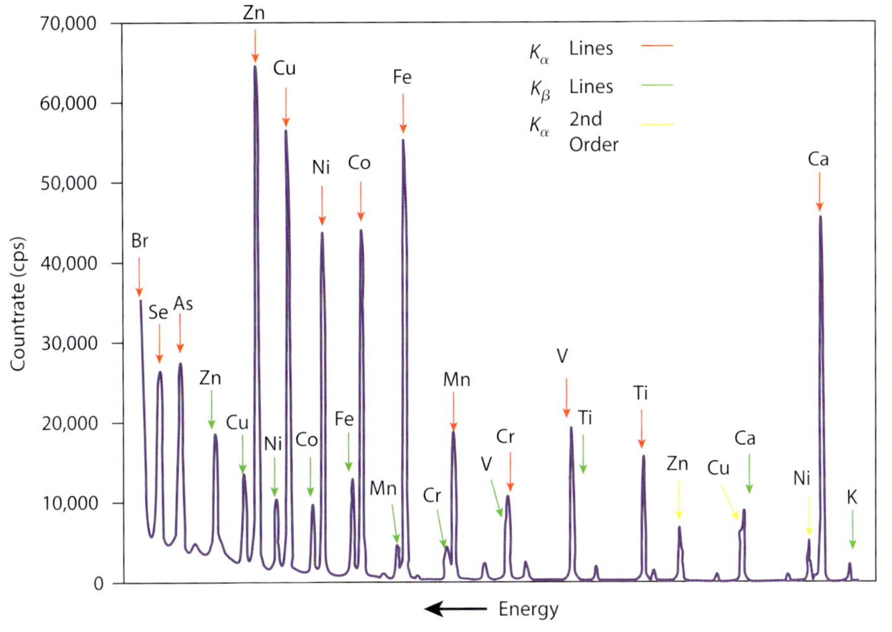

그림 15.12 에너지 분산 X-선 (EDX) 분광기를 사용한 X-선 형광 스펙트럼. 시편은 많은 다른 원소 분말을 압축하여 가공하였다. *(Based on http://upload.wikimedia. org/wikipedia/commons/thumb/2/28/XRFScan.jpg/800px-XRFScan.jpg)*

서 전자를 들뜨게 하는데 필요한 최소의 에너지에 대응된다. 원자번호 11번부터 92번까지의 원소들의 K 흡수단 파장이 표 15.1에 나타나있다. X-선 흡수는 18.4.2절에서 더 자세하게 다룬다.

니켈의 K 흡수단이 그림 15.13에 나타나있다. 여기서 질량 흡수 계수(μ/ρ)는 파장(λ)에 대한 함수로 나타냈으며, μ는 선형 흡수 계수를, ρ는 밀도를 나타낸다. 질량 흡수 계수는 시편의 밀도와 무관하며 이는 시편의 상과 관계없이 성립한다. 강도 I_0의 입사 X-선이 시편 내로 깊이 x만큼 침투한 뒤의 X-선 강도를 I_x라 하면 I_x는 다음의 식 15.7과 같다.

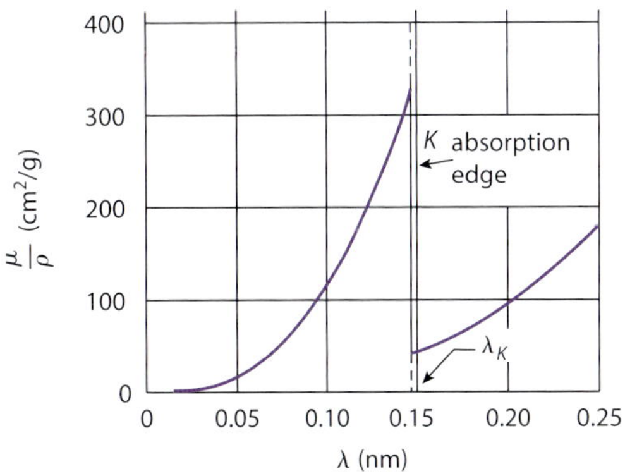

그림 15.13 파장의 함수로 나타낸 니켈의 질량 흡수 계수 *(Based on Cullity, B. D. Elements of X-Ray Diffraction, Addison-Wesley Pub. Co., Inc. (1956), p. 11.)*

$$I_x = I_0 \exp - \mu x \qquad 15.7$$

X-선 흡수 분석에는 일정한 강도와 다양한 에너지를 가지는 X-선을 사용하는 것이 바람직하다. 시편을 투과하는 방사선의 강도는 파장 분산이나 EDX로 분석된다. 투과 빔을 분석하기 위해선 시편이 X-선을 투과할 수 있을 만큼 얇아야 한다. 한 원소의 흡수단의 존재는 그 원소가 시편에 존재하는 것에 대한 증거가 된다. 예를 들어, 그림 15.13에 나타난 것과 같이 파장이 0.1488 nm인 흡수단의 존재는 시편에 Ni가 존재함을 의미한다. 규격에 따라 흡수단의 크기는 분석적 과정을 통해 시편에 존재하는 Ni의 양과 관계지어질 수 있다.

X-선 영역 연속 방사선의 가장 일정한 광원은 입자 가속기이다. 마치 재료를 지나는 전자가 에너지를 잃으면서 연속 방사선을 방출하는 것처럼 입자들이 운동에너지를 잃으면 방사선이 방출된다. 입자들의 에너지 손실에 따른 연속 방사선은 X-선 흡수 분석에 사용된다. 일반적인 실험실에서는 입자 가속기를 사용할 수 없으므로 이 기법은 통상적인 화학 물질의 분석에는 사용되지 않는다. 또한 X-선 흡수단과 관련되어 미세 구조도 함께 관찰되는데, 이를 통해 X-선을 흡수하는 원자의 화학 결합과 인접한 원자들과의 상호작용에 대한 정보를 얻을 수 있기 때문이다.

흡수단은 K_α X-선은 통과시키면서 K_β X-선과 대부분의 고에너지 연속 X-선을 걸러내기 위해 적용된다. 이 기법은 그림 15.14에 개략적으로 나타난 것처럼 더 파장 범위가 좁은 단색 X-선빔을 만들어낸다. 이 기법에 사용되는 필터는 X-선관에서 방출되는 K_β X-선(그림 15.14a)보다 낮은 에너지(더 긴 파장)의 흡수단을 갖는 원소로 만들어진다. 고에너지, 단파장의 K_β X-선은 그림 15.14b에 나타난 것처럼

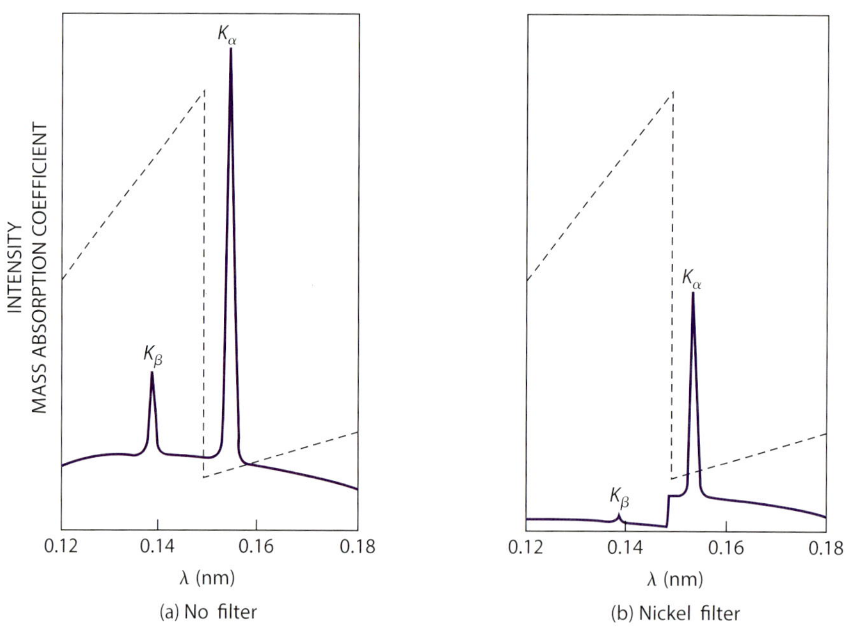

그림 15.14 (a) 필터 없이 측정된 구리 X-선관의 K_α와 K_β X-선 선강도(파란 실선)를 포함한 X-선 스펙트럼 강도와 파장의 함수로 나타낸 니켈의 질량 흡수 계수(파선)의 모식도. (b) 니켈 필터를 사용한 후 측정된 같은 구리 X-선관의 강도(파란 실선)와 파장의 함수로 나타낸 니켈의 질량 흡수 계수(파선)의 모식도
(Based on Cullity, B. D., Elements of X-Ray Diffraction, Addison-Wesley Pub. Co., Inc. (1956), p. 16.)

필터에 흡수된다. 반면, K_α X-선을 통과시키기 위해서 필터의 흡수단은 X-선빔의 K_α X-선보다는 높은 에너지(더 짧은 파장)를 가져야 한다.

예제 15.5

X-선 회절 실험에서 K_β 특성 방사선과 고에너지 백색 방사선의 강도는 K_α 특성 방사선의 강도에 비해 상대적으로 감소한다. 방사선 강도의 감소는 X-선관의 출구 앞에 위치한 얇은 필름 필터에 의해 이뤄진다. X-선관이 구리일 경우, 선택적으로 K_β 선은 흡수하고 K_α 선은 전달하는 필터의 구성 원소를 밝혀라.

풀이

표 15.1로부터 구리의 K_α 선과 K_β 선의 파장은 각각 0.1541 nm와 0.1392 nm이다. 필터가 구리의 K_α 선을 전달하기 위해서는 필터의 흡수단은 구리 K_α 선의 파장인 0.1541 nm보다 짧은 파장(더 높은 에너지)을 가져야만 한다. 흡수단보다 적은 에너지, 긴 파장을 가지는 광선은 선택적으로 전달된다. 니켈의 흡수단은 0.1488 nm의 파장을 가지므로 필터로서의 가능성이 있다. 또한 필터는 파장이 0.1392 nm인 구리의 K_β 선을 흡수해야 한다. K_β 선의 파장은 니켈의 흡수단의 파장보다 짧으므로 (더 높은 에너지를 가지므로) 니켈은 K_β 선을 흡수한다. 구리 K_β 방사선은 니켈의 1*s* 전자를 들뜨게 하고 흡수된다. 그림 15.14에서 니켈 필터가 어떤 방식으로 작용하는지 개략적으로 확인할 수 있다. 필터의 *K* 흡수단 파장은 X-선관의 K_α 선의 파장과 K_β 선의 파장 사이의 값을 가져야만 한다. 종종 필터의 구성 원소는 X-선관의 구성 원소보다 원자번호가 1 적다.

15.4 현미경 관찰법

현미경 관찰법은 물질을 연구하기 위해 현미경을 이용하는 방법이다. **현미경**은 사람의 눈보다 높은 시각적 분해능으로 관찰할 수 있는 장비이다. **분해능**는 두 개의 점을 구분 가능한 최소의 거리를 말한다. 사람의 눈은 대략 150 μm의 분해능를 가진다. 현미경 관찰법은 현재까지는 재료 분석에 가장 많이 활용되고 있나. 대부분의 현미경 관찰법은 마이크로 단위(10^{-6} m)에서 원자 단위(10^{-10} m)로 시편의 표면 위상을 드러내 보여준다(투과 전자 현미경(TEM)으로는 시편의 내부 구조를 관찰할 수 있다). **마이크로구조**는 대략 10^{-6} m 크기에서 관찰되는 재료의 특성이다. **나노구조**는 대략 10^{-6} m 크기를 말하며, 원자 단위의 분해능(10^{-10} m)을 가지는 현미경이 개발되었다. 2장 도입부의 니켈 표면 STM 영상은 단일 원자를 보여준다. 적절한 현미경 관찰법을 이용하면 전위, 결성립계, 쌍정립계, 적층결함, 결정립, 침전물, 이차상, 원자 등을 확인하는 것이 가능하다.

15.4.1 광학 현미경 관찰법

광학 현미경은 가시광선을 이용해 시료를 관찰한다. 단순한 광학 현미경은 돋보기처럼 작용하는 단일 렌즈를 가지는 반면 복합 광학 현미경은 두 개 또는 그 이상의 렌즈를 가진다. 대부분의 복합 현미경은 시편에서 빛을 수집하는 렌즈들과 빛을 집중시켜 눈으로 관찰하거나 영상을 기록할 수 있도록 하는 렌즈들로 구성된다. 대부분의 광학 현미경 관찰법은 그림 15.15에 나타나있는 것과 유사한 복합 현미경으로 수행된다. 광학 현미경은 재료를 원래의 크기에서 대략 1,000배까지 확대할 수 있다. **배율**은 사람 눈의 분해능을 현미경의 분해능으로 나눈 값을 말한다. 현미경의 최대 분해능은 대략 200 nm이다. 투명한 재료들은 재료를 통과한 빛이 현미경의 렌즈 시스템으로 입사하는 투과 모드의 광학 현미경으로 관찰 가능하다. 그런데 광학 현미경의 초점 심도는 상당히 작아서 500배율에서의 초점 심도는 0.86 μm이다. 따라서 재료의 매우 적은 부분만 초점이 맞게 된다. 이러한 이유로 **투과 모드**의 광학 현미경으로는 얇은 재료만 관찰하는 것이 적합하다.

불투명한 재료의 현미경 관찰 시에는 재료 표면에서 반사된 빛을 관찰할 수 있어야 한다. 가공면과 같이 자연스러운 상태의 재료 표면은 육안으로는 관찰이 가능하지만 현미경 관찰 시에는 작은 초점 심도로 인해 표면이 평평하지 않으면 표면의 상당 부분이 초점을 벗어날 수 있다. 금속의 경우 결정립, 결정립계를 관찰하기 위해서는 금속을 산화 알루미늄, 다이아몬드와 같은 미세한 연마제로 연마하여 고른 표면을 얻어야 한다. 표면은 연마된 뒤 산과 같은 화학 물질로 식각 처리되어 표면에 나타난 형상들이 더 잘 대조되도록 한다. 그림 3.14b와 그림 7.6에는 각각 스테인리스 강과 황동의 표면을 연마, 식각 처리하여 나타난 결정립계를 광학 현미경으로 촬영한 영상이 나타나있다. 결정립계나 전위와 같은 재료 결함에서는 높은 에너지와 낮은 안정성 때문에 결함이 없는 부분보다 더 빠르게 식각이 일어난다. 따라서 식각 처리 후, 결정립계는 연마된 표면에 비해 오목하게 되어 어둡게 보인다. 또한 그림 7.6b에서 황동 결정립들이 서로 다른 모습으로 보이는 이유는 결정방향이 다르면 식각 속도와 빛의 산란 강도가 다르기 때문이다. 식각 공

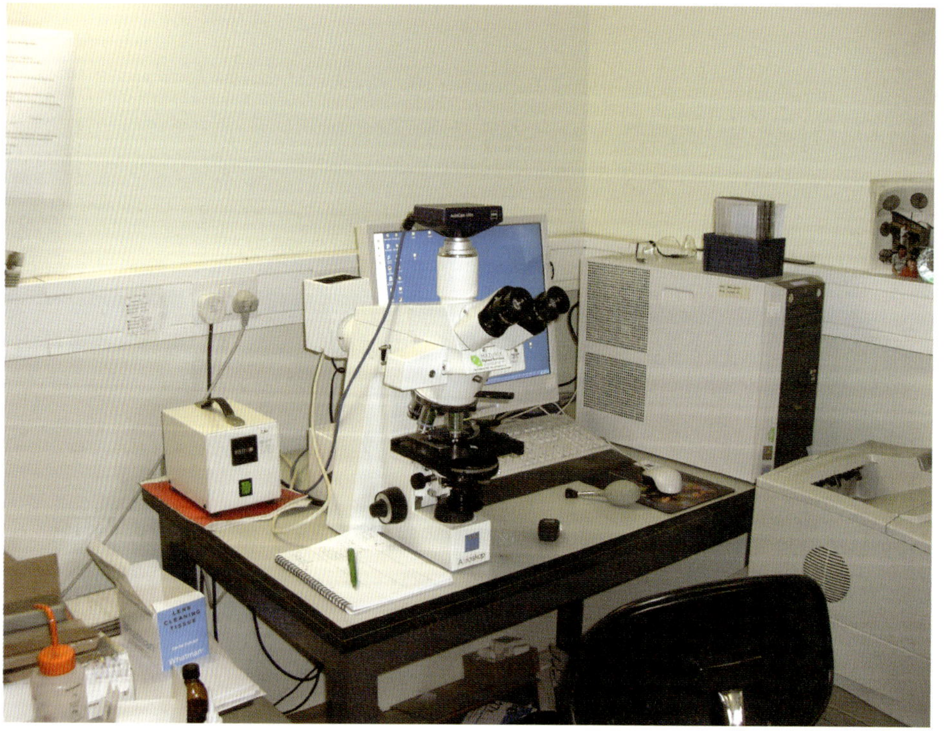

그림 15.15 영상 기록을 위한 도립형 디지털 카메라를 장착한 광학 현미경 *(Courtesy of Richard Wheeler)*

정에 대한 재료의 반응이 다르기 때문에 결정립, 결정립계, 쌍정립계, 상 경계, 큰 침전물, 이차상 등의 관찰에 광학 현미경이 활용된다. 전위 역시 산에 의해 더 빠르게 식각되어 전위가 표면과 만나는 부분에 부식공이 형성되므로 관찰이 가능하다.

이번 장의 도입부 그림은 편광 광학 현미경으로 촬영된 사진이다. 만일 편광이 광학적 활성체(optically active material)의 표면에서 반사되거나 투과되면 투과, 또는 반사된 빔의 편광은 입사 빔의 편광에 대해 회전하게 된다. 교차 편광이라 불리는 기법에서는 입사 편광에 대해 90° 각도로 분석기가 위치한다. 광학적 활성체 시편이 없으면 분석기를 통과하는 빛은 존재하지 않는다. 반면 광학적 활성체 시편을 편광 광원과 분석기 사이에 위치시키면 편광은 회전하게 되고 도입부 그림의 구정과 같은 영상을 얻을 수 있게 된다.

15.4.2 주사 전자 현미경 관찰법

그림 15.16에 개략적으로 나타나있는 **주사 전자 현미경(SEM)**은 수백 eV에서 50 keV에 이르는 에너지를 갖는 전자빔을 시료 표면을 따라 스캔해 시료 표면의 영상을 얻는 장비이다. 그림 12.19는 SEM을 이용해 얻은 복합재료의 파면 영상이다. 전자들은 공기 중에서 흡수되고 산란되기 때문에 전자 현미경의 빔 컬럼과 시편실은 진공 상태로 유지된다. 전자빔은 텅스텐이나 붕화란탄과 같은 필라멘트를 고전류로 가열, 발생하는 열전자 방출에 의해 생성된다. 그림 15.16에서 전자총(electron gun)이 전자 방출체이다. 방출된 전자들은 컬럼을 지나며 시편을 향해 가속되는 빔을 형성하고 직경이 1~5 nm인 전자기 렌즈에 의해 집중된다. 집중된 전자빔은 전자기 편향 코일에 의해 시편 상을 일직선으로 스캔하고 다음 줄을 스캔하는 것을 반복하게 된다. 이는 텔레비전의 음극선관이나 오실로스코프가 영상을 화면에 출력하는 것과 동일한 방식이다.

전자빔이 시료 표면의 원자에 부딪치면 일련의 과정들이 일어난다. 1차 전자빔의 충분히 높은 에너지를 가진 전자들은 원자들의 핵심부 전자들을 들뜨게 해 표면에서는 2차 전자가 방출된다. 빈 핵심부 전자 오비탈은 뒤이어 고에너지 전자들로 채워지게 되고 이 과정에서 특성 X-선이 방출된다. 방출된 2차 전자들은 대체로 50 eV 이하의 에너지를 갖게 되고, 따라서 초기에는 전자들이 표면으로부터 수 나노미터 이내에서 방출된다.

SEM 영상의 대부분은 2차 전자에 의해 만들어진다. 검출된 2차 전자의 강도는 SEM 영상 화면상에 표시되고, 이는 그 순간 재료에 1차 빔이 조사된 지점을 나타낸다. 1차 전자빔이 연속적으로 시료 상을 스캔하고, 스캔을 마치면 단계적으로 다음 스캔을 수행하므로 표면의 영상이 만들어지게 된다. 영상을 만드는 2차 전자의 강도는 주로 그 지점의 높이에 의존적이다. 높은 지점에서는 방출된 2차 전자의 강도가 높고 영상에는 밝게 표시된다. 구덩이의 밑바닥과 같이 낮은 지점에서는 검출되는 2차 전자의 강도가 낮고 영상에는 어둡게 표시된다. SEM 영상은 컴퓨터 화면에 표시되고 이를 필름에 기록하거나 컴퓨터에 저장할 수 있다. 일반적인 SEM에서는 20 nm의 분해능과 20,000배 확대된 시료의 영상을 얻을 수 있고, 고배율 SEM에서는 분해능 1 nm, 100,000 배율까지도 가능하다. SEM은 광학 현미경과 비교해 수백 배의 초점 심도를 가지기 때문에 그림 12.19와 같은 3차원 영상을 얻는 것이 가능하다.

1차 전자빔의 일부 전자들은 시료 내 원자의 전자들에 의해 탄성적으로 후방 산란되고, 후방 산란 전자의 강도는 산란을 발생시킨 원자에 존재하는 전자 수에 의존적이다. 후방 산란 전자에 의한 표면 영상은 표면을 구성하는 원소들의 원자번호를 나타낸다. 또한 후방 산란 전자들은 시편을 통과해 들어갔다 나오는 과정에서 회절을 일으키는데, 이 회절된 전자들의 영상은 표면의 결정 배향을 파악하는데 이용된다. 후방 산란 전자들은 저에너지 2차 전자들을 측정하는 검출기와는 다르게 설계된 검출기에 의해 측정된다.

그림 15.16에 한 종류가 나타나 있는데, 중심에 구멍이 있는 도넛 모양의 검출기가 시료 위에 위치하고 중심의 구멍을 통해서 1차 전자빔이 시료에 조사되는 형태이다.

SEM 시편의 표면은 계속해서 전자들에 부딪히기 때문에 절연 표면은 음극으로 대전되어 전자를 방출, 시료의 영상이 밝게 빛나게 된다. 절연 표면에 금, 백금, 흑연과 같은 전도성 물질을 얇게 입히면 전하가 바닥으로 전도된다. 전도성 코팅을 함으로써 세라믹, 고분자, 생체 시료와 같은 재료들을 SEM으로 관찰할 수 있다. 아마 SEM으로 촬영된 개미와 같은 곤충들의 영상을 본 독자들도 있을 것이다.

그림 15.16의 X-선 검출기가 나타내는 것처럼, SEM은 화학적 분석을 위해 EDX 분광기와 함께 설치되는 경우가 종종 있다. SEM의 EDX 시스템을 이용, 화학 분석을 수행하면 비록 공간 분해능은 현미경 모드보다 떨어지지만 현미경에서 관찰된 작은 영역의 화학 분석이 가능하다.

또한 SEM에는 들뜬 상태에 있는 전자들의 스핀 편극 방향을 파악할 수 있는 검출기를 장치할 수 있다. 이를 통해 그림 17.11과 같이 시료의 특정 영역에서의 자화 방향을 알아내는 것이 가능하다.

15.4.3 투과 전자 현미경 관찰법

그림 15.17에 개략적으로 나타나있는 투과 전자 현미경(TEM, transmission electron microscope)은 50~1000 keV 이상의 에너지를 갖는 전자빔이 박막 시료를 통과해 시료 내부의 영상을 만들어내는 장비이다. TEM의 빔 컬럼과 시편실은 SEM과 마찬가지로 진공 상태이다. TEM의 전자빔은 필라멘트의 열이온 방출에 의해 만들어진다. SEM의 작동방식과 유사하게 TEM의 빔도 렌즈에 의해 집중되고 조리개에 의해 제한된다. 반면 종래의 TEM은 전자빔으로 스캔하지 않는다. 대부분의 연구실에서는 50~200 kV

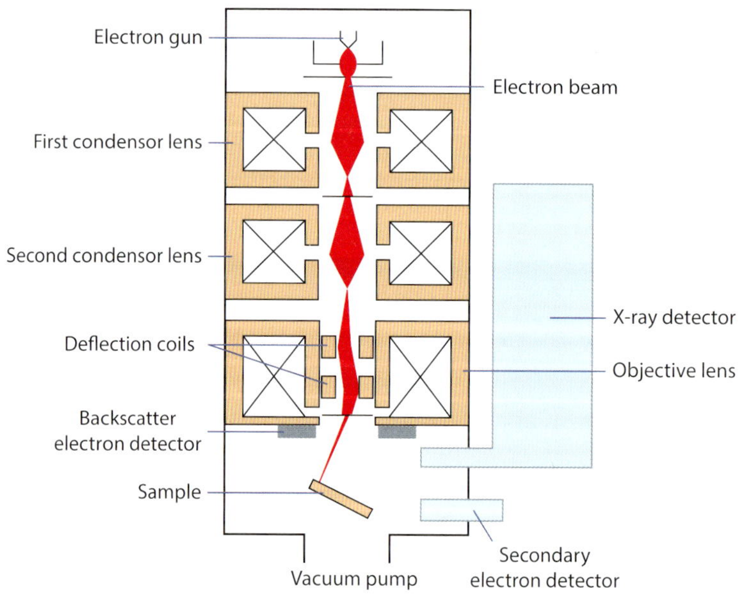

그림 15.16 붉은색 전자빔, 빔을 집중시키기 위한 렌즈, 샘플을 가로지르는 전자빔을 스캔하기 위한 변형 코일, 그리고 샘플의 영상을 검출하기 위한 2차 전자 및 후방산란 전자 검출기를 포함한 주사 전자 현미경(SEM)의 모식도. 화학적 분석을 위한 X-선 검출기를 나타내었다. *(Based on http://upload.wikimedia.org/wikipedia/commons/thumb/0/0d/Schema_MEB_%28en%29.svg/2000px-Schema_ MEB_%28en%29.svg.png)*

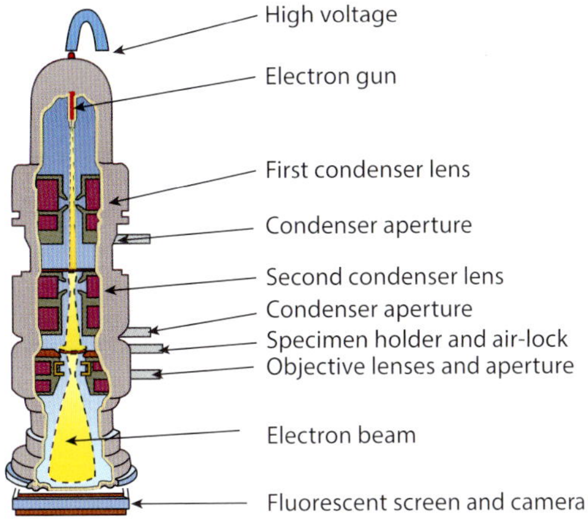

그림 15.17 전자총, 렌즈, 조리개, 시편 고정부, 관찰면, 카메라를 포함한 투과 전자 현미경의 모식도
(Based on http://upload.wikimedia.org/wikipedia/ commons/2/24/Electron_Microscope.png)

정도의 가속 전압으로 작동하는 TEM을 사용하고 있으며 극히 일부에서만 1000 kV 이상의 가속 전압을 갖는 TEM을 보유하고 있다. TEM에서는 1차 전자빔이 시편을 통과하면서 형광판에 명시 야상(bright field image)을 남긴다. 영상을 영구히 기록하기 위해서는 형광판을 기울여 빼내고 사진 건판, 필름, 전자 검출기 등을 빔에 노출시킬 수 있다. 빔이 통과할 수 있는 시편 두께는 빔의 에너지와 원하는 분해능이 얼마냐에 따라 결정된다. 예를 들어, 100 keV 전자빔은 최대 200 nm 두께의 니켈 시편을 통과할 수 있다. 고에너지 전자빔은 더 두꺼운 시편을 통과할 수 있으나, 높은 해상도를 얻기 위해서는 얇은 시편을 사용해야만 한다.

TEM에서 영상은 주로 시편 내부에서 발생하는 전자 회절과 산란 차이에 의해 만들어진다. 시편 내의 결정립과 같이 일정 부피를 갖는 재료가 1차 빔의 전자들을 회절시키면 그 재료는 1차 빔을 투과하는 부분보다 어둡게 나타날 것이다. 또한 재료 내에 전위와 같은 결함이 존재해 1차 전자빔의 전자를 산란시키면, 철의 전위를 TEM으로 촬영한 그림 7.1에 나타난 것처럼 주변의 재료보다 결함이 어둡게 보일 것이다. 이러한 이유로 TEM을 이용하면 전위, 결정립계, 상 경계, 쌍정립계, 침전물, 이차상 등을 관찰하는 것이 가능하다.

TEM은 시편을 원래 크기에서 5천만 배까지 확대하는 것이 가능해 원자 크기의 분해능을 갖는다. TEM의 분해능은 빔 에너지가 100 keV일 때 0.17 nm, 1000 keV일 때 0.07 nm 정도이며, 최대 0.050 nm의 분해능이 가능하다. 초점 심도는 TEM에서는 그다지 중요한 요소가 아닌데, 이는 시편이 빛을 투과하기 위해서는 매우 얇아야 하고 그 두께가 초점 심도에 비해 훨씬 얇기 때문이다. 따라서 초점을 적절히 맞추면 시편 전체에 초점이 맞게 된다.

시료 내 소량 재료의 결정 구조는 예제 15.3과 같이 전자 회절에 의해 파악될 수 있다. TEM은 나노 크기 입자의 결정 구조를 파악하는데 사용된다. 또한 TEM에서 전자 회절은 이미 결정 구조가 알려진 재료에 대해 재료를 알아내거나 박막 시료 내 소량 재료의 결정 배향을 파악하는데도 사용된다. 관찰하고자 하는 부분을 제외한 시료의 나머지 부분을 전자 빔으로부터 차폐하고 투과한 빔을 차단해 시료 일부의 전자 회절 패턴을 만들 수 있다. 이 방법으로 선택 영역에서 회절된 전자들은 회절 패턴의 형태로 관찰된다. 예를 들어 TEM을 이용, 침전물 입자의 전자 회절 패턴을 얻을 수 있다.

SEM을 개략적으로 나타낸 그림 15.16과 마찬가지로, TEM에도 EDX 검출기를 추가해 화학 조성을 파악할 수 있다. 최대 분해능을 가진 전자 현미경을 이용하면 개개의 원자들을 화학적으로 분석하는 것이 가능하다.

박막으로 만들 수 있는 재료는 모두 TEM으로 분석이 가능하다. 원자번호가 높은 재료는 전자 흡수 계수가 높기 때문에 더 얇게 가공되어야 한다. TEM의 경우에는 SEM과는 달리 절연체의 대전 문제가 없는데, 그 이유는 전자가 재료를 뚫고 지나가기 때문이며 설사 표면이 대전되어도 전자의 높은 에너지 때문에 영향을 받지 않기 때문이다. 생체 재료는 전자빔에 의해 손상될 수도 있다.

TEM은 시편의 두께 전체를 보여주지만 표면의 복제품을 만듦으로서 재료의 표면만 관찰하는 것도 가능하다. 복제품은 얇은 고분자를 시편 표면에 코팅한 뒤에 벗겨내는 방법으로 만들어진다. 따라서 복제품은 표면의 역상이다. 즉, 표면에서 오목한 부분은 복제품에서는 튀어나오게 된다. 표면에서 복제품을 벗겨낸 뒤에는 대조를 높이기 위해 금과 같은 내식성의 전도체로 복제품을 코팅한다. 표면의 복제품을 TEM으로 관찰하면 높은 배율의 표면 형상에 대한 영상을 얻을 수 있다.

투과에 충분한 에너지(200 kV 이상)를 갖는 전자빔을 발생시킬 수 있는 전자 현미경에 SEM에 사용되는 것과 유사한 스캐닝 코일을 장치하면 주사형 투과 전자 현미경(scanning transmission electron microscope, STEM)이 된다. STEM을 투과 모드로 작동하면 원자 단위의 분해능을 얻는 것이 가능하다. STEM의 한 장점은 일반적인 TEM의 전자빔이 시편의 한 부분에 고정되어있는 것과는 달리, 전자빔이 시편 위를 스캔하기 때문에 시편에 입히는 방사선 손상이 최소화된다는 것이다. 이는 특히 생체 재료를 관찰할 때 큰 장점이다.

STEM은 시편에서 방출되는 2차 전자를 관찰함으로서 SEM 대신 사용하는 것도 가능하다. 근래에는 200 kV로 작동하는 STEM을 이용, 원자 단위의 분해능으로 2차 전자 방출을 관찰하는데 성공했다.

15.4.4 주사 터널링 현미경 관찰법

주사 터널링 현미경(STM, scanning tunneling microscope)을 이용하면 2장 도입부의 니켈 표면 영상과 같이 금속과 반도체의 표면의 원자 크기의 물체를 관찰하는 것이 가능하다. STM의 개략도가 그림 15.18에 나타나있다.

STM은 원자 단위의 날카로움을 가진 금속 탐침을 가지며 여기엔 주로 텅스텐 선이 사용된다. **탐침은 압전변환기(PZT, piezoelectric transducer)**와 연결되어 SEM과 유사하게 시료의 표면을 스캔한다. PZT는 전압에 의해 변형되는 결정성 재료이며 이에 대해서는 16장에서 더 자세히 다룰 것이다. 탐침의 팁은 시료의 표면과 대략 1 nm 떨어져 있고 이 거리를 갭(gap)이라 부른다. 탐침의 끝과 시료 표면 사이에는 수 볼트의 전압이 가해진다. 만약 탐침이 시료 방향으로 휘어지면 탐침에서 전자가 터널링을 일으키며 갭을 통과해 시료로 이동한다. 터널링은 양자역학적 현상으로 전자가 갭을 지나 시료 전자의 채워지지 않은 양자 상태로 이동할 수 있는 유한한 확률에 인해 일어난다. 터널링 전류는 탐침 팁과 시료 표면 간 갭 크기의 음수에 기하급수적으로 비례한다. 갭은 탐침 팁과 시료 간의 터널링 전류를 일정하게 유지하는 피드백 시스템에 의해 일정한 크기로 유지된다. 일정한 갭 크기를 유지하는 피드백 시스템에 의해 표면 높이의 변화를 관찰할 수 있다. 표면 높이가 변하면 터널링 전류를 일정하게 유지하기 위해 팁이 움직이게 되고 팁의 변위가 기록되어 높이 변화가 측정된다. 컴퓨터 화면에 출력되는 영상은 일정한 터널링 전류를 유지하기 위한 팁의 변위를 나타내며 표면의 x, y 좌표 값에 대한 함수로 표현된다. STM은 시료와 팁 사이의 전류를 측정하는 장비이므로 세라믹, 고분자, 생체 재료와 같은 전기적 절연체를 관찰하기 위해서는 사용할

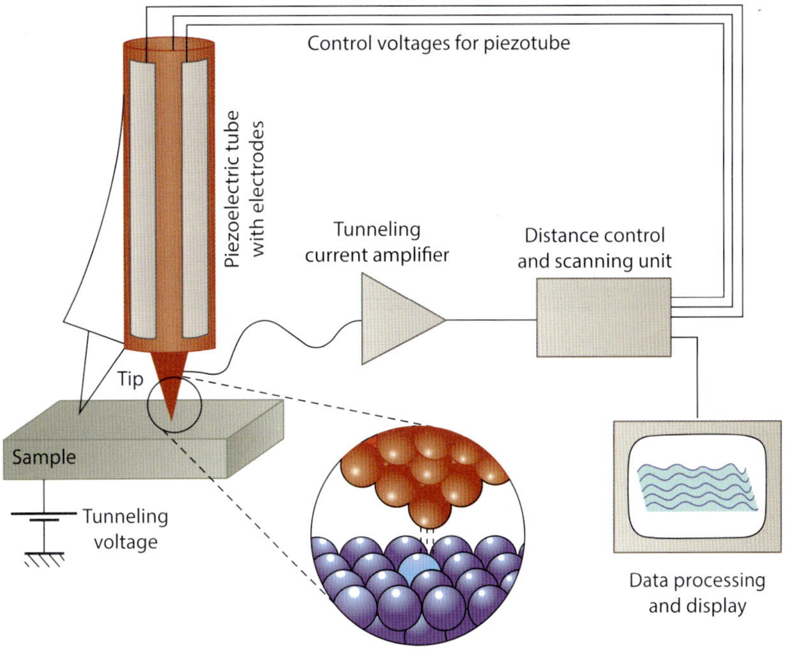

그림 15.18 원자규모로 날카로운 탐침 팁, 샘플의 표면, 팁과 샘플의 간격, 그리고 확대도로 나타낸 팁과 샘플간의 터널링 전류를 포함한 주사 터널링 현미경 (STM)의 모식도. 관은 실선으로 좌측 나타낸 것처럼 변형될 수 있다. *(Based on http://en.wikipedia.org/wiki/File:ScanningTunnelingMicroscope_schematic.png)*

수 없는 현미경이다. 이 절을 시작하면서 기술했듯이 STM을 이용해서는 도체와 반도체만 관찰할 수 있다.

원자 단위의 분해능을 갖는 STM을 이용하면 2장 도입부의 니켈 표면 영상과 같이 원자 치수의 표면 영상을 얻는 것이 가능하다. 평평한 표면 위의 원자 크기의 물체를 관찰할 수 있는 것은 원자 주변에서는 터널링이 발생할 확률이 달라지기 때문이다. 표면에 흡착된 원자와 분자, 기상 도금에 의해 표면에 형성된 원자나 분자의 핵, 표면의 원자 분산 등을 관찰하는데 STM이 이용된다.

STM을 이용하면 표면의 원자의 종류를 확인할 수 있다. 터널링 전류는 음전하로 대전된 팁에서 양전하로 대전된 시료의 비어있는 양자 상태로 터널링이 발생할 확률에 비례한다. 시료 표면의 비어있는 양자 상태 에너지를 파악하기 위해 탐침과 시편 표면간의 전위차를 다양하게 적용할 수 있다. 전압에 대한 함수로 표현되는 터널링 전류는 표면의 원자 종류를 알아내는데 사용될 수 있다.

STM의 터널링 전류는 표면의 원자들을 조작하는데도 사용될 수 있다. 그림 15.19은 니켈의(110) 표면에 "IBM"이라는 문사의 형태로 배열된 세논 원사들이다. 이는 원하는 제품의 제작을 위해 개개의 원자들을 조작한 최초의 시도였다.

STM은 공기, 액체, 진공을 막론하고 사용될 수 있다. 원자 단위의 분해능을 얻기 위해서는 진공 상태에서 작동해야 하며 진동으로부터 격리되어야 한다. 공기 중에서 STM을 작동할 경우 시편 표면에서의 물의 응결이 영상에 영향을 미칠 수 있으며 반응성 시편 표면에서는 산화가 발생할 수 있다. 전도성 액체 환경에서 STM을 작동할 경우 팁을 제외한 탐침 전부를 절연체로 코팅해야 한다.

그림 15.19 "IBM"이라는 문자를 표현하기 위하여 니켈의 (110) 표면에 부착한 개별 제논 원자. 이 사진은 IBM의 Donald Eigler에 의하여 처음 제작되었다(IBM).

15.4.5 원자간력 현미경 관찰법

그림 15.20에 개략적으로 나타난 **원자간력 현미경(AFM, atomic force microscope)**은 규소, 질화규소, 석영 등으로 제작된 탐침의 팁의 원자들과 시료의 원자들 사이의 인력을 이용한다. 모든 원자들은 탐침과 인력을 가지므로 이론적으로는 AFM을 이용하면 모든 재료의 관찰이 가능하다. 현미경 모드의 AFM은 식각에 의해 드러난 결정립계의 홈이나 원자 배열과 같은 표면 지형의 관찰에 사용된다. 진공이나 액체 내에서 AFM을 이용하면 원자 단위의 분해능을 얻을 수 있다. 그림 1.8은 AFM으로 관찰한 그래핀 개개의 탄소 원자들의 영상이다.

AFM에는 표면 영상을 관찰하는 세 가지 모드가 존재한다. 이들은 각각 접촉(contact), 동적(dynamic), 동적-접촉(dynamic-contact) 모드로 불린다. 우선 접촉(contact) 모드는 레코드 플레이어의 작동 방식이나 손가락으로 나무껍질을 훑어 거칠기를 느끼는 것과 유사하다. 레코드 플레이어는 회전하는 비닐 레코드의 홈에 있는 높이 차를 고정된 바늘 탐침이 감지하여 소리로 바꿔주는 방식으로 동작한다. 나무껍질 위를 손가락으로 훑으면 손가락이 껍질의 윤곽을 따라 위아래로 움직이게 되고 이 움직임으로부터 껍질의 거칠기를 파악할 수 있다.

AFM의 접촉(contact) 모드에서 탐침은 시료의 표면을 0.1~0.5 N 범위의 일정한 힘으로 누른다. 팁과 시료 간의 힘은 척력과 인력을 모두 포함하며 식 2.11과 유사한 식으로 계산된다. 시료는 PZT에 의해 외팔보 끝의 탐침에 대해 x, y 방향으로 스캔된다. 탐침의 위치는 연마된 탐침의 면에서 반사된 레이저빔을 이용해 파악할 수 있다. 피드백 시스템에 의해 PZT가 시료를 z 방향으로 움직여 탐침의 위치가 일정하게 유지된다. 즉, PZT에 의해 튀어나온 부분에서는 시료가 내려가고 들어간 부분에서는 시료가 올라가게 된다. 결과 영상은 시료의 x, y 좌표와 z 변위로 그려질 수 있으며 그림 1.8과 같이 높이가 색상으로서 표현될 수 있다. 그림 15.21과 같이 선 스캔을 통해 직선상의 높이를 기록하여 나타내는 것(단면 분석)도 가능하다.

원자 단위의 분해능은 접촉(contact) 모드의 AFM에서는 보통 얻어지지 않는다. 이 경우, 탐침은 표면을 누르게 되고 원자 단위의 분해능을 얻기에는 너무 많은 수의 원자들이 상호작용한다. 접촉(contact) 모드의 AFM 영상이 원자의 주기성을 적절하게 보여줌에도 원자 크기의 결함을 관찰하는 것은 불가능하다. 두 개의 계란판을 서로 맞대고 문지르는 경우를 접촉(contact) 모드에 빗대어 설명할 수 있다. 각각의 계란판의 주기성을 관찰하는 것은 가능할 것이나 각각의 계란판에 존재하는 결함은 관찰할 수 없을 것이다.

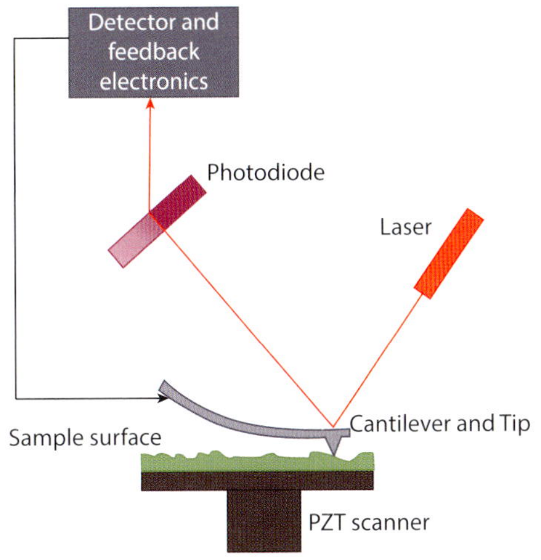

그림 15.20 AFM의 모식도. 압전변환기에 부착된 샘플의 표면은 외팔보에 부착된 날카로운 팁으로 스캔된다. 팁의 위치는 외팔보 끝부분에서 반사된 레이저빔을 광다이오드 검출기를 통하여 측정한다.
(Based on http://en.wikipedia.org/wiki/File:Atomic_force_ microscope_block_diagram.svg)

이는 x, y에 대한 함수로 표현되는 위아래의 움직임(z)은 계란판의 각 칸들이 동시에 미끄러지며 발생하는 움직임의 평균이기 때문이다.

원자 단위의 분해능은 초고진공 상태에서 동적(dynamic) 모드로 동작하는 AFM에서 얻을 수 있다. 동적(dynamic) 모드에서는 팁이 시료와 접촉하지 않고 시료의 수 나노미터 위에서 진동한다. 동적(dynamic) 모드에서는 진폭 변조와 주파수 변조 두 가지가 모두 사용된다. 진폭 변조 시에는 외팔보가 일정 주파수로 진동하면서 팁이 표면을 건드리지 않고 스캔한다. 이 때 팁과 시료의 간섭력에 의해 진폭이 변하게 되고 이를 기록한다. 주파수 변조 시에는 외팔보가 일정한 진폭으로 진동한다. 팁은 시료 위를 스캔하고 외팔보의 공진 주파수는 표면과의 간섭력에 따라 변화한다. 진폭 변조와 주파수 변조 모두 팁-시료 간 거리와 간섭력의 크기는 피드백 시스템에 의해 일정하게 유지된다. 서로 다른 x, y 위치에서 팁-시료 간 거리를 일정하게 유지하기 위한 z 방향으로의 시편의 움직임을 기록하면 표면 위상의 영상을 얻게 된다.

동적(dynamic) 모드에서는 탐침 팁과 시료 간에 원거리에서 발생하는 인력만이 측정된다. 근거리에서 발생하는 식 2.11의 척력은 기록되지 않는데, 이는 탐침 팁과 시료가 접촉하지 않기 때문이다. 간섭력의 크기는 피코뉴턴(piconewton, 10^{-12} N) 단위로 얻어진다. 동적(dynamic) 모드는 날카로운 탐침 팁에 의해 손상될 수 있는 생체 재료나 기타 부드러운 시료들의 관찰을 위해 사용된다.

Tapping 모드로도 불리는 동적-접촉(dynamic-contat) 모드에서는 외팔보가 동적(dynamic) 모드의 대략 열 배의 진폭과 공진 주파수로 진동한다. 진폭이 커지면 팁은 간헐적으로 시료의 표면과 접촉할 수 있다. 시료 표면을 톡톡 치면 인력과 함께 근거리의 반력이 기록된다. 팁과 시료 간 원거리 인력은 공진 주파수를 결정짓는다. 표면 위상 영상은 동적(dynamic) 모드와 유사하게 만들어진다. 동적(dynamic) 모드가 나무껍질에서 손가락을 떼지 않고 훑는 방식으로 관찰하는 것이라고 하면, 동적-접촉(dynamic-contat) 모드는 손가락으로 나무껍질 이곳저곳을 건드리면서 질감을 파악하는 것으로 비유할 수 있다.

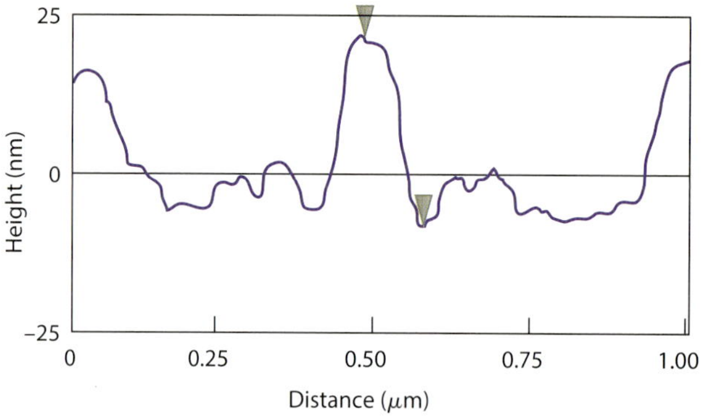

그림 15.21 선 스캔을 통한 AFM 단면 분석의 예
(Based on Gilmore, C. M., and Kim, J., Applied Physics A, Materials Science and Processing, 75, (2002), p. 566.)

AFM force 모드에서는 팁과 시료 간의 힘이 간격에 대한 함수로서 측정된다. 이 힘은 팁이 시료로부터 먼 거리에서 접촉할 때까지, 그리고 그 반대의 경우에 대해 측정된다. 이 방법으로 그림 2.32에 나타난 것과 같은 힘-거리 곡선이 얻어진다. 진동하는 외팔보의 공진 주파수 변화를 측정하면 진동하는 탐침과 시료 표면의 단일 원자 또는 원자 군집 간의 힘을 측정하는 것도 가능하다. 또한 결합력과 결합력의 방향을 측정하는 것이 가능하다. 외팔보의 팁과 시료 표면의 원자가 형성하는 특징적인 결합을 통해 원자의 화학적 성질을 파악할 수 있다. 마찰력 현미경 관찰법(FFM, friction force microscopy)은 탐침과 시료의 상대 움직임에 의해 발생하는 마찰력을 측정하기 위해 고안된 시험법이다.

AFM을 이용하면 표면의 원자를 조작할 수 있다. 원자를 옮기고자 하는 곳에서 외팔보를 진동시켜 원자를 이동시키는 것이 가능하다. AFM의 원자를 움직일 수 있는 기능 덕에 재료를 원자 수준에서 제조하는 것이 가능하다.

AFM은 공기, 액체, 진공 상태에서 작동 가능하다. 공기 중에서 작동되는 경우 접촉(contact) 모드와 동적-접촉(dynamic-contact) 모드를 사용할 수 있으나, 응결에 의한 물방울과 같은 불순물이 팁과 시료의 간섭력에 영향을 미칠 수 있다. 상온 공기 중에서는 탐침과 시료 사이에 물방울이 응결하기 때문에 동적(dynamic) 모드를 사용하는 것이 매우 어렵다.

진공 중에서는 동적(dynamic) 모드와 동적-접촉(dynamic-contact) 모드로 원자 단위의 분해능을 얻을 수 있다. 액체 중에서도 동적-접촉(dynamic-contact) 모드를 사용하면 원자 단위의 분해능을 얻는 것이 가능하다.

요약

- 회절 분석법은 브라베 격자 종류, 격자 상수, 원자 위치와 같은 재료의 결정 구조를 파악하기 위해 활용된다. 회절법에는 X-선, 전자, 중성자가 사용된다.
- X-선 회절법은 X-선의 원자간 거리에 버금가는 짧은 파장 덕분에 금속, 세라믹, 고분자, 심지어는 DNA의 결정 구조를 파악하는 데까지 사용된다. 모든 종류의 방사선에서 브래그의 법칙을 만족할 때 회절 강도가 발생한다. 이미 알려진 결정 구조를 가진 재료가 시료에 존재하는지 파악하기 위해서는 X-선 분말 회절 분석기와 데바이-셰러 카메라가 사용된다. 라우에 X-선 기법은 결정족과 결정 배향을 파악하기 위해 사용되며 알려지지 않은 결정 구조의 파악에는 단결정 회절 분석기가 사용된다.
- 전자나 중성자와 같이 파동성을 가지는 입자의 파장은 드브로이 공식을 이용해 구할 수 있다. 드브로이 공식은 파동의 운동량과 입자의 운동량을 동일시한다.
- 투과 전자 현미경(TEM)에서 전자 회절은 매우 적은 부피의 재료 내 결정 구조 확인과 시료 내 특정 부피를 차지하는 결정성 재료의 배향 파악에 사용된다. 시료 표면의 구조와 화학적 성질을 동시에 분석하기 위해서 저에너지 전자 회절법(LEED)은 주로 전자 분광법과 같은 표면 분석 기법들과 함께 사용된다. 중성자 회절법은 수소와 같이 원자번호가 낮은 원소, 니켈과 코발트와 같이 서로 인접한 원자번호를 가진 원소들, 자성 원소로 구성된 시료의 결정 구조를 파악하는데 사용된다.
- 회절법을 이용해 결정성 시료의 탄성 변형률을 측정할 수 있다.
- X-선 형광 분광법을 통한 화학적 분석 시에 분석 대상 시료에는 1차 X-선이나 전자들이 퍼부어진다. 1차 X-선이 조사될 경우 시료의 원자들에 의해 흡수되고 원자들은 특유의 2차 X-선을 방출한다. 방출된 특성 X-선의 강도는 X-선을 방출한 원소들이 시료에 존재하는 양을 나타낸다. 주로 고체 시료가 사용되나 액체나 기체도 분석 가능하다. 전자 현미경의 전자빔이 시료를 통과하면서 발생하는 X-선을 분석해 화학적으로 시료를 분석하는 것도 가능하다. 이 때, 만일 고에너지 전자가 시료에 쏟아지면 시료에서 연속 백색 방사선이 방출돼 원소를 특정 짓는 특성 X-선을 가릴 수 있다. 시료에서 방출되는 특성 X-선은 결정의 회절(파장 분산) 또는 전자 검출기와 분석기(에너지 분산)을 이용해 분리된다.
- X-선 흡수단은 박막의 화학적 분석, 원자 결합의 조사에 사용된다. X-선관에서 더 파장 범위가 좁은 단색 X-선빔을 생성하기 위해 쓰이는 필터에 흡수단이 사용된다.
- 현미경은 시각적 분해능을 인간의 눈보다 향상시키는 장비이다. 현미경은 가시광선, 전자, 표면 탐침을 사용한다.
- 광학 현미경의 최대 배율은 보통 1000배이며, 최대 분해능은 대략 200 nm, 초점 심도는 1 μm 이하다.
- 주사 전자 현미경(SEM)은 수백 eV에서 50 keV의 에너지를 갖는 전자빔으로 시료의 표면을 스캔해 시료 표면의 영상을 얻는 장비이다. 보통의 SEM은 시료의 영상을 20 nm의 분해능으로 최대 20,000배까지 확대할 수 있다. 고해상도 SEM을 이용하면 100,000배율, 1 nm의 분해능을 얻을 수 있으며 초점 심도는 광학 현미경의 수백 배에 달한다. 화학적 분석을 수행하기 위해서는 SEM에 에너지 분산 X-선(EDX) 분광기를 추가하기도 한다.

- 투과 전자 현미경(TEM)은 50~1000 keV 이상의 에너지를 갖는 전자빔을 박막 시료에 조사, 투과시켜 영상을 얻는 장치이다. TEM의 분해능은 빔 에너지가 100 keV일 때 대략 0.17 nm, 1000 keV일 때는 대략 0.07 nm이고 최대 0.05 nm의 분해능이 가능하다. 초점을 적절히 맞추면 시편 전체에 초점이 맞게 된다. 원자 종류를 확인하기 위해서 TEM에 EDX 분석을 추가할 수 있다.
- 주사 터널링 현미경(STM)을 이용하면 금속과 반도체 표면의 원자 크기의 물체를 관찰하는 것이 가능하다. STM은 원자 단위의 날카로움을 가진 탐침과 전도성 표면 사이의 터널링 전류를 표면의 x, y 좌표에 대한 함수로 나타내어 영상을 만들어낸다. 표면의 원자 종류는 팁과 시료의 원자 간의 특징적인 터널링 전류로부터 확인 가능하다. 또한 표면 원자들은 터널링 전류로 조작될 수 있다. STM은 공기, 액체, 진공 중에서 작동 가능하다.
- 원자간력 현미경(AFM)은 외팔보의 끝에 달린 탐침 끝의 원자들과 시료의 원자들의 간섭력을 이용해 탐침에 대한 시료의 높이(z)를 조절한다. AFM에서 얻어지는 영상은 시료의 높이(z)를 표면의 x, y 위치에 대한 함수로 나타낸 것이다. AFM에는 표면 영상을 관찰하는 세 가지 모드가 존재한다. 접촉(contact) 모드에서는 탐침과 시료 간에 일정한 힘이 작용하며 동적(dynamic) 모드에서는 외팔보를 시료 표면 위에서 진동시키면서 탐침과 시료 간에 일정한 힘이 작용한다. 동적-접촉[Dynamic-contact(tapping)] 모드에서는 외팔보가 시료 위에서 진동하며 탐침의 끝이 주기적으로 시료와 닿는다. AFM은 공기, 액체, 진공 중에서 작동 가능하다. 원자 단위의 분해능은 진공에서는 동적(dynamic) 모드와 동적-접촉(dynamic-contact) 모드로 작동할 때 얻어지며 액체에서는 동적-접촉(dynamic-contact) 모드로 작동할 때 얻어진다. 동적(dynamic) 모드는 생체 재료나 기타 부드러운 시료를 관찰할 때 유용하다. AFM은 탐침과 시료 간의 간섭력을 떨어진 거리에 대한 함수로 측정, 얻어진 특징적인 힘-거리 그래프를 통해 표면의 원자 종류를 확인할 수 있다. 또한 표면 마찰력을 측정하거나 표면의 원자를 조작할 수 있다.

APPENDIX A The Electronic Configuration for Some of the Elements

Atomic Number	Element	1s	2s	2p	3s	3p	3d	4s	4p	4d	4f	5s	5p	5d	6s	6p
1	Hydrogen	1														
2	Helium	2														
3	Lithium	2	1													
4	Beryllium	2	2													
5	Boron	2	2	1												
6	Carbon	2	2	2												
7	Nitrogen	2	2	3												
8	Oxygen	2	2	4												
9	Fluorine	2	2	5												
10	Neon	2	2	6												
11	Sodium	2	2	6	1											
12	Magnesium	2	2	6	2											
13	Aluminum	2	2	6	2	1										
14	Silicon	2	2	6	2	2										
15	Phosphorus	2	2	6	2	3										
16	Sulfur	2	2	6	2	4										
17	Chlorine	2	2	6	2	5										
18	Argon	2	2	6	2	6										
19	Potassium	2	2	6	2	6		1								
20	Calcium	2	2	6	2	6		2								
21	Scandium	2	2	6	2	6	1	2								
22	Titanium	2	2	6	2	6	2	2								
23	Vanadium	2	2	6	2	6	3	2								
24	Chromium	2	2	6	2	6	5	1								
25	Manganese	2	2	6	2	6	5	2								
26	Iron	2	2	6	2	6	6	2								
27	Cobalt	2	2	6	2	6	7	2								
28	Nickel	2	2	6	2	6	8	2								
29	Copper	2	2	6	2	6	10	1								
30	Zinc	2	2	6	2	6	10	2								
31	Gallium	2	2	6	2	6	10	2	1							
32	Germanium	2	2	6	2	6	10	2	2							
33	Arsenic	2	2	6	2	6	10	2	3							
34	Selenium	2	2	6	2	6	10	2	4							
35	Bromine	2	2	6	2	6	10	2	5							

(Continued)

Atomic Number	Element	*1s*	*2s*	*2p*	*3s*	*3p*	*3d*	*4s*	*4p*	*4d*	*4f*	*5s*	*5p*	*5d*	*6s*	*6p*
36	Krypton	2	2	6	2	6	10	2	6							
37	Rubidium	2	2	6	2	6	10	2	6		1					
38	Strontium	2	2	6	2	6	10	2	6		2					
39	Yttrium	2	2	6	2	6	10	2	6	1	2					
40	Zirconium	2	2	6	2	6	10	2	6	2	2					
41	Niobium	2	2	6	2	6	10	2	6	4	1					
42	Molybdenum	2	2	6	2	6	10	2	6	5	1					
43	Technetium	2	2	6	2	6	10	2	6	6	1					
44	Ruthenium	2	2	6	2	6	10	2	6	7	1					
45	Rhodium	2	2	6	2	6	10	2	6	8	1					
46	Palladium	2	2	6	2	6	10	2	6	10						
47	Silver	2	2	6	2	6	10	2	6	10		1				
48	Cadmium	2	2	6	2	6	10	2	6	10		2				
49	Indium	2	2	6	2	6	10	2	6	10		2	1			
50	Tin	2	2	6	2	6	10	2	6	10		2	2			
51	Antimony	2	2	6	2	6	10	2	6	10		2	3			
52	Tellurium	2	2	6	2	6	10	2	6	10		2	4			
53	Iodine	2	2	6	2	6	10	2	6	10		2	5			
54	Xenon	2	2	6	2	6	10	2	6	10		2	6			
55	Cesium	2	2	6	2	6	10	2	6	10		2	6		1	
56	Barium	2	2	6	2	6	10	2	6	10		2	6		2	
57	Lanthanum	2	2	6	2	6	10	2	6	10	1	2	6		2	
	⋮	⋮	⋮	⋮	⋮	⋮	⋮	⋮	⋮	⋮	⋮	⋮	⋮		⋮	
71	Lutetium	2	2	6	2	6	10	2	6	10	14	2	6	1	2	
72	Hafnium	2	2	6	2	6	10	2	6	10	14	2	6	2	2	
73	Tantalum	2	2	6	2	6	10	2	6	10	14	2	6	3	2	
74	Tungsten	2	2	6	2	6	10	2	6	10	14	2	6	4	2	
75	Rhenium	2	2	6	2	6	10	2	6	10	14	2	6	5		
76	Osmium	2	2	6	2	6	10	2	6	10	14	2	6	6		
77	Iridium	2	2	6	2	6	10	2	6	10	14	2	6	9		
78	Platinum	2	2	6	2	6	10	2	6	10	14	2	6	9	1	
79	Gold	2	2	6	2	6	10	2	6	10	14	2	6	10	1	
80	Mercury	2	2	6	2	6	10	2	6	10	14	2	6	10	2	
81	Thallium	2	2	6	2	6	10	2	6	10	14	2	6	10	2	1
82	Lead	2	2	6	2	6	10	2	6	10	14	2	6	10	2	2
83	Bismuth	2	2	6	2	6	10	2	6	10	14	2	6	10	2	3
84	Polonium	2	2	6	2	6	10	2	6	10	14	2	6	10	2	4
85	Astatine	2	2	6	2	6	10	2	6	10	14	2	6	10	2	5
86	Radon	2	2	6	2	6	10	2	6	10	14	2	6	10	2	6

Based on data from Askeland and Phule 4th ed. pp. 982–983.

APPENDIX B Selected Physical Properties of Some Elements

Element	Symbol	Atomic Number	Crystal Structure	Lattice Parameters (Å)	Atomic Mass g/mol	Density (g/cm³)	Melting Temperature (°C)
Aluminum	Al	13	FCC	4.04958	26.981	2.699	660.4
Antimony	Sb	51	hex	$a = 4.307$ $c = 11.273$	121.75	6.697	630.7
Arsenic	As	33	hex	$a = 3.760$ $c = 10.548$	74.9216	5.778	816
Barium	Ba	56	BCC	5.025	137.3	3.5	729
Beryllium	Be	4	hex	$a = 2.2858$ $c = 3.5842$	9.01	1.848	1290
Bismuth	Bi	83	hex	$a = 4.546$ $c = 11.86$	208.98	9.808	271.4
Boron	B	5	rhomb	$a = 10.12$ $\alpha = 65.5°$	10.81	2.3	2300
Cadmium	Cd	48	HCP	$a = 2.9793$ $c = 5.6181$	112.4	8.642	321.1
Calcium	Ca	20	FCC	5.588	40.08	1.55	839
Cerium	Ce	58	HCP	$a = 3.681$ $c = 11.857$	140.12	6.6803	798
Cesium	Cs	55	BCC	6.13	132.91	1.892	28.6
Chromium	Cr	24	BCC	2.8844	51.996	7.19	1875
Cobalt	Co	27	HCP	$a = 2.5071$ $c = 4.0686$	58.93	8.832	1495
Copper	Cu	29	FCC	3.6151	63.54	8.93	1084.9
Gadolinium	Gd	64	HCP	$a = 3.6336$ $c = 5.7810$	157.25	7.901	1313
Gallium	Ga	31	ortho	$a = 4.5258$ $b = 4.5186$ $c = 7.6570$	69.72	5.904	29.8
Germanium	Ge	32	FCC	5.6575	72.59	5.324	937.4
Gold	Au	79	FCC	4.0786	196.97	19.302	1064.4
Hafnium	Hf	72	HCP	$a = 3.1883$ $c = 5.0422$	178.49	13.31	2227
Indium	In	49	tetra	$a = 3.2517$ $c = 4.9459$	114.82	7.286	156.6
Iridium	Ir	77	FCC	3.84	192.9	22.65	2447
Iron	Fe	26	BCC FCC	2.866 3.589	55.847 (>912°C)	7.87	1538
Lanthanum	La	57	HCP	$a = 3.774$ $c = 12.17$	138.91	6.146	918

(Continued)

Element	Symbol	Atomic Number	Crystal Structure	Lattice Parameters (Å)	Atomic Mass g/mol	Density (g/cm³)	Melting Temperature (°C)
Lead	Pb	82	FCC	4.9489	207.19	11.36	327.4
Lithium	Li	3	BCC	3.5089	6.94	0.534	180.7
Magnesium	Mg	12	HCP	$a = 3.2087$ $c = 5.209$	24.312	1.738	650
Manganese	Mn	25	cubic	8.931	54.938	7.47	1244
Mercury	Hg	80	rhomb	$a = 2.006$ @ −46° C $\alpha = 70° 31.7'$	200.59	13.546	−38.9
Molybdenum	Mo	42	BCC	3.1468	95.94	10.22	2610
Nickel	Ni	28	FCC	3.5167	58.71	8.902	1453
Niobium	Nb	41	BCC	3.294	92.91	8.57	2468
Osmium	Os	76	HCP	$a = 2.7341$ $c = 4.3197$	190.2	22.57	2700
Palladium	Pd	46	FCC	3.8902	106.4	12.02	1552
Platinum	Pt	78	FCC	3.9231	195.09	21.45	1769
Potassium	K	19	BCC	5.344	39.09	0.855	63.2
Rhenium	Re	75	HCP	$a = 2.760$ $c = 4.458$	186.21	21.04	3180
Rhodium	Rh	45	FCC	3.796	102.99	12.41	1963
Rubidium	Rb	37	BCC	5.7	85.467	1.532	38.9
Ruthenium	Ru	44	HCP	$a = 2.6987$ $c = 4.2728$	101.07	12.37	2310
Selenium	Se	34	hex	$a = 4.3640$ $c = 4.9594$	78.96	4.809	217
Silicon	Si	14	FCC	5.4307	28.08	2.33	1410
Silver	Ag	47	FCC	4.0862	107.868	10.49	961.9
Sodium	Na	11	BCC	4.2906	22.99	0.967	97.8
Strontium	Sr	38	FCC BCC	6.0849 4.84 (>557°C)	87.62	2.6	768
Tantalum	Ta	73	BCC	3.3026	180.95	16.6	2996
Technetium	Tc	43	HCP	$a = 2.735$ $c - 4.388$	98.9062	11.5	2200
Tellurium	Te	52	hex	$a = 4.4565$ $c = 5.9268$	127.6	6.24	449.5
Thorium	Th	90	FCC	5.086	232	11.72	1775
Tin	Sn	50	FCC	6.4912	118.69	5.765	231.9
Titanium	Ti	22	HCP BCC	$a = 2.9503$ $c = 4.6831$ 3.32 (>882°C)	47.9	4.507	1668
Tungsten	W	74	BCC	3.1652	183.85	19.254	3410

(Continued)

(*Continued*)

Element	Symbol	Atomic Number	Crystal Structure	Lattice Parameters (Å)	Atomic Mass g/mol	Density (g/cm³)	Melting Temperature (°C)
Uranium	U	92	ortho	$a = 2.854$ $b = 5.869$ $c = 4.955$	238.03	19.05	1133
Vanadium	V	23	BCC	3.0278	50.941	6.1	1900
Yttrium	Y	39	HCP	$a = 3.648$ $c = 5.732$	88.91	4.469	1522
Zinc	Zn	30	HCP	$a = 2.6648$ $c = 4.9470$	65.38	7.133	420
Zirconium	Zr	40	HCP BCC	$a = 3.2312$ $c = 5.1477$ 3.6090 (>862°C)	91.22	6.505	1852

Note that 1 Å = 10^{-8} cm = 0.1 nanometer (nm)

Based on data from Askeland, D.R., Fulay, P.P., and Wright, W.J., The Science and Engineering of Materials, 6th ed., Cengage Learning, Stamford, CT. (2011) pp. 888–889.

APPENDIX C The Atomic and Ionic Radii of Selected Elements

Element	Atomic Radius (Å)	Valence	Ionic Radius (Å)
Aluminum	1.432	+3	0.51
Antimony	1.45	+5	0.62
Arsenic	1.15	+5	2.22
Barium	2.176	+2	1.34
Beryllium	1.143	+2	0.35
Bismuth	1.60	+5	0.74
Boron	0.46	+3	0.23
Bromine	1.19	−1	1.96
Cadmium	1.49	+2	0.97
Calcium	1.976	+2	0.99
Carbon	0.77	+4	0.16
Cerium	1.84	+3	1.034
Cesium	2.65	+1	1.67
Chlorine	0.905	−1	1.81
Chromium	1.249	+3	0.63
Cobalt	1.253	+2	0.72
Copper	1.278	+1	0.96
Fluorine	0.6	−1	1.33
Gallium	1.218	+3	0.62
Germanium	1.225	+4	0.53
Gold	1.442	+1	1.37
Hafnium	1.55	+4	0.78
Hydrogen	0.46	+1	1.54
Indium	1.570	+3	0.81
Iodine	1.35	−1	2.20
Iron	1.241 (BCC) 1.269 (FCC)	+2 +3	0.74 0.64
Lanthanum	1.887	+3	1.016
Lead	1.75	+4	0.84
Lithium	1.519	+1	0.68
Magnesium	1.604	+2	0.66
Manganese	1.12	+2 +3	0.80 0.66
Mercury	1.55	+2	1.10
Molybdenum	1.363	+4	0.70

(Continued)

(*Continued*)

Element	Atomic Radius (Å)	Valence	Ionic Radius (Å)
Nickel	1.243	+2	0.69
Niobium	1.426	+4	0.74
Nitrogen	0.71	+5	0.15
Oxygen	0.60	−2	1.32
Palladium	1.375	+4	0.65
Phosphorus	1.10	+5	0.35
Platinum	1.387	+2	0.80
Potassium	2.314	+1	1.33
Rubidium	2.468	+1	0.70
Selenium	1.15	−2	1.91
Silicon	1.176	+4	0.42
Silver	1.445	+1	1.26
Sodium	1.858	+1	0.97
Strontium	2.151	+2	1.12
Sulfur	1.06	−2	1.84
Tantalum	1.43	+5	0.68
Tellurium	1.40	−2	2.11
Thorium	1.798	+4	1.02
Tin	1.405	+4	0.71
Titanium	1.475	+4	0.68
Tungsten	1.371	+4	0.70
Uranium	1.38	+4	0.97
Vanadium	1.311	+3	0.74
Yttrium	1.824	+3	0.89
Zinc	1.332	+2	0.74
Zirconium	1.616	+4	0.79

Note that 1 Å = 10^{-8} cm = 0.1 nanometer (nm)

Based on data from Askeland, D.R., Fulay, P.P., and Wright, W.J., The Science and Engineering of Materials, 6th ed., Cengage Learning, Stamford, CT. (2011) pp. 891–892.

참고문헌 REFERENCES

Ackerman, F. J., and Koskinas, G. J., *J. Chem. Engr. Data*, 17(1) (1972), 51.

Akhavan, S., Mathiesen, M. M., and Schulte, L., "Clinical and histological results related to a low modulus composite total hip replacement stem", *J. Bone Joint Surg.* 88, 1308 (2006).

Allen, S. M., and Thomas, E. L., *The Structure of Materials*, John Wiley & Sons, New York (1999).

Ashby, M. F., *Materials Selection in Mechanical Design*, Pergamon Press, Tarrytown, NY (1992).

Askeland, D. R., Fulay, P. P., and Wright, W. J., *The Science and Engineering of Materials*, 6th ed., Cengage Learning, Stamford, CT (2011).

Askeland, D. R., and Phule, P. P., *The Science and Engineering of Materials*, 4th ed. Thomson-Brooks/Cole, Pacific Grove, CA (2003).

American Society for Materials Handbook online, ASM International, Materials Park, OH (1992).

American Society for Materials Handbook, Vol. 9, *Metallography and Microstructures*, ASM International, Materials Park, OH (1985).

Bansal, N. P., and Doremus, R. H., *Handbook of Glass Properties*, Academic Press, Orlando, FL (1986).

Bardeen, J., Cooper, L. N., Schrieffer, J. R., "Microscopic Theory of Superconductivity", *Physical Review*, 106(1) Apr. 1957, p. 162.

Barrett, C., and Massalski, T. B., *Structure of Metals*, 3rd revised ed., Pergamon, Tarrytown, NY (1980).

Beadle, W. E., Tsai, J. C. C., and Plummer, R. D., *Quick Reference Manual for Silicon Integrated Circuit Technology*, John Wiley & Sons, New York (1985).

Benjamin, C-K. T., Wang, C., Allen, R., & Bao, Z., "An electrically and mechanically self-healing composite with pressure- and flexion-sensitive properties for electric skin applications", *Nature Nanotechnology*, 7 (2012) 825.

Bernardes, N., *Phys. Rev.* 112 (1958), 1534.

Birdi, K. S., *Scanning Probe Microscopes—Applications in Science and Technology*, CRC Press Boca Raton, FL (2003).

Bockris, J. O'. M., and Reddy, A. K. N., *Modern Electrochemistry*, Vol. 2B, *Electronics in Chemistry, Engineering, Biology, and Environmental Science*, 2nd ed., Kluwer Academic/Plenum Publ., New York (2000).

Boening, H. V., *Polyolefins: Structure and Properties*, Elsevier Press, Lausanne, Switzerland (1966).

Bonnell, D. A., ed. *Scanning Probe Microscopy and Spectroscopy: Theory, Techniques, and Applications*, 2nd ed., Wiley–VCH, New York (2001).

Boyer, H. E. (editor), *Atlas of Stress-Strain Curves*, ASM International, Metals Park, OH (1987).

Brenner, S. S., *J. Appl. Phys*. 27, 1484 (1956) and 28, 1023 (1957).

Brostow, W., Kubat, J., and Kubat, M., *Mechanical Properties, Physical Properties of Polymers Handbook*, Mark, J. E. ed., AIP Press, Woodbury, NY (1996).

Caddell, R. M., *Deformation and Fracture of Solids*, Prentice-Hall, England Cliffs, NJ (1980).

Cahn, R. W., "Recovery and Recrystallization", *Physical Metallurgy*, Cahn, R.W., ed. North-Holland, Amsterdam, 1137 (1970).

Callen, H. B., *Thermodynamics*, John Wiley & Sons, New York (1960).

Carter, C. B., and Norton, M. G., *Ceramic Materials: Science and Engineering*, Springer, New York (2007).

Chaing, Y-M., Birnie D. B., and Kingery, W. D., *Physical Ceramics–Principles for Ceramic Science and Engineering*, John Wiley & Sons, New York (1997).

Chang, S. S. L., *Energy Conversion*, Prentice Hall, Englewood Cliffs, NJ (1964).

Charles, J. A., Crane, F. A. A., and Furness, J. A. G., *Selection and Use of Engineering Materials*, Butterworth Heinemann, Oxford, England (1997).

Chawla, K. K., *Composite Materials: Science and Engineering*, 2nd ed., Springer, New York (1998).

Chen, C. J., *Introduction to Scanning Tunneling Microscopy*, Oxford University Press, New York (1993).

Chikazumi, S., *Physics of Ferromagnetism*, Oxford University Press, Oxford, England (2009).

Chu, P. C. W., "High Temperature Superconductors", *Scientific American*, Sept. (1995).

Courtney, T. H., *Mechanical Behavior of Materials*, McGraw-Hill, New York (1990).

Courtney, T. H., *Mechanical Behavior of Materials*, 2nd ed., McGraw-Hill, New York (1999).

Crangle, J., *Solid State Magnetism*, Van Nostrand, New York (1991).

Crow, D. R., *Principles and Applications of Electrochemistry*, 4th ed., Blackie Academic & Professional, New York (1994).

Cullity, B. D., *Elements of X-Ray Diffraction*, Addison-Wesley Pub. Co. Inc., (1956).

Dieter, G. E., *Mechanical Metallurgy*, 3rd ed., McGraw-Hill Book Co., New York (1986).

Donachie, M. J., and Donachie, S. J., *Superalloys: A Technical Guide*, American Society for Metals International, Metals Park, OH (2002).

Dresselhaus, M. S., Dresselhaus, G., and Avouris, P., eds., *Carbon Nanotubes: Synthesis, Structure, Properties, and Applications*, Springer-Verlag, Berlin (2000).
Eisenstadt, M. M., *Introduction to Mechanical Properties of Materials*, The Macmillan Co., New York (1971).
Evans, A. G., and Langdon, T., *Prog. Mat. Sc.*, 21, 171 (1976).
Fischer, J. C., Johnston, W. G., Thompson, R., and Vreeland, Jr., T., *Dislocations and Mechanical Properties of Crystals*, John Wiley & Sons, New York (1957).
Fontana, M. G., Corrosion Engineering, McGraw-Hill, New York (1986).
Fossheim, K., and Subdφ, A., *Superconductivity Physics and Applications*, John Wiley & Sons, Chichester, England (2004).
Gersten, J. I., and Smith, F. W., *The Physics and Chemistry of Materials*, John Wiley & Sons, New York (2001).
Glassman, A. H., Crownshield, "R. D., Schenck, R. P., and Herberts, P.", A low stiffness composite biologically fixed prosthesis, *Clin. Orthop*. 393 (2001) 128.
Goldstein, J. I., and Yakowitz, H., eds. *Practical Scanning Electron Microscopy*, Plenum, New York (1975).
Gordon, R. G., and Kim, Y. S., *J. Chem. Phys.* 56 (1972), 3122.
Griffith, A. A., *Phil. Trans. Roy. Soc. London*, A 221 (1920), 163.
Republished in *Trans. ASM*, 61 (1968) 871.
Gumbel, E. J., *Statistics of Extremes*, Columbia Univ. Press, New York (1958). Republished by Dover Publ. Inc., New York (2004).
Gutowski, T. G., ed. *Advanced Composite Manufacturing*, John Wiley & Sons, New York (1997).
Guy, A. G. *Introduction to Materials Science*, McGraw-Hill, New York (1972).
Hadziioannou, G., and van Hutten, P. F., eds., *Semiconducting Polymers*, Wiley–VCH, Weinheim, FRG (2000).
Hall, C. E. *Introduction to Electron Microscopy*, 2nd ed., McGraw-Hill, Highstown, NJ (1966).
Harrison, W. A., *Electronic Structure and the Properties of Solids: The Physics of the Chemical Bond*, W. H. Freeman and Co., San Francisco, CA (1980).
Hayden, H. W., Moffatt, W. G., and Wulff, J., *The Structure and Properties of Materials*, Vol. III, *Mechanical Behavior*, John Wiley & Sons, New York (1965).
Haynes, W. M., ed., *Handbook of Chemistry and Physics*, 91st ed., CRC Press, Boca Raton, FL (2010–2011).
Haynes, W. M., ed., *Handbook of Chemistry and Physics*, 92nd ed., CRC Press, Boca Raton, FL (2011–2012).
Hearle, J. W. S., *Polymers and Their Properties*, Vol. 1, *Fundamentals of Structure and Mechanics*, Ellis Horwood Ltd. Chichester, England (1982).
Heeger, A. J., Scariciftci, N. S., and Namdas, E. B., *Semiconducting and Metallic Polymers*, Oxford University Press, Oxford, England (2010).
Hertzberg, R. W., *Deformation and Fracture Mechanics of Engineering Materials*, John Wiley & Sons, New York (1976).
Hertzberg, R. W., *Deformation and Fracture Mechanics of Engineering Materials*, 3rd ed., John Wiley & Sons, New York (1989).
Hudson, J. B., *Surface Science: An Introduction*, Butterworth-Heinemann, Boston, MA (1992).
Hull, D., and Clyne, T. W., *An Introduction to Composite Materials*, 2nd ed., Cambridge University Press, Cambridge, England (1996).
Hultgren, R., Desai, P. D., Hawkins, D. T., Gleiser, M., and Kelly, K. K., *Selected Values of the Thermodynamic Properties of Binary Alloys*, ASM, Metals Park, OH (1973).
Kasap S. O., *Optoelectronics and Photonics: Principles and Practices*, Prentice Hall, Saddle River, NJ (2001).
Kasap, S. O., *Principles of Electronic Materials and Devices*, 2nd ed., Irwin McGraw-Hill (2002).
Kaufman, J. G., Schilling, P. E., and Nelson, F. G., *Met. Eng. Quart*. 9(3), 39 (1969).
Kay, G. W. C., and Laby, T. H., *Tables of Physical and Chemical Constants*, 14th ed., Longman Group Ltd., London, England (1973).
Kingery, W. D., Bowen, H. K., and Uhlmann, D. R., *Introduction to Ceramics*, 2nd ed., John Wiley & Sons, New York (1976).
Kinney, G. F. *Engineering Properties and Applications of Plastics*, John Wiley & Sons, New York (1957).
Kittel, C., *Introduction to Solid State Physics*, 3rd ed., John Wiley & Sons, New York (1967).
Kondepepudi, D., and Prigogine, I., *Modern Thermodynamics*, John Wiley & Sons, New York (1998).
Kraus, J. D., *Electromagnetics*, McGraw-Hill, New York (1953).
Kwok, H. L., *Electronic Materials*, PWS Publishing, Boston, MA (1997).
Larminie, J., and Dicks, A., *Fuel Cell Systems Explained*, John Wiley & Sons, New York (2000).
Lewis, G., *Selection of Engineering Materials*, Prentice Hall, Englewood Cliffs, NJ (1990).
Lindemann, F. A., *Z. Phys*. 11, 609 (1910).
Lowenheim, F. A., ed., *Modern Electroplating*, 2nd ed., John Wiley & Sons, New York (1963).
Lutjering, G., and Williams, J. C., *Titanium*, Springer, Berlin (2007).
Mark, J. E. ed., *Physical Properties of Polymers Handbook*, AIP Press, Woodbury, NY (1996).
Massa, W., *Crystal Structure Determination*, 2nd ed., Springer, Berlin (2004).
Massalski, T. B., editor, *Binary Alloy Phase Diagrams,* 2nd ed., ASM International, Metals Park, OH (1990).
Mayer, J. W., and Lau, S. S., *Electronic Materials Science: For Integrated Circuits in Si and GaAs*, Macmillan Publishing Co., New York (1990).
McCafferty. E., *Introduction to Corrosion Science,* Springer, New York (2010).

McCrum, N. G., Buckley, C. P., and Bucknall, C. B., *Principles of Polymer Engineering*, Oxford Science Publications, Oxford, England (1997).
Moffatt, W. G., Pearsall, G. W., and Wulff, J., *The Structure and Properties of Materials*, Vol. 1, John Wiley & Sons, New York (1964).
Myers, M. A., and Chawla, K. K., *Mechanical Behavior of Materials*, Cambridge University Press, Cambridge, England (2009).
Neto, A. H. C., The carbon new age, *Materials Today*, March, 13(3), 12 (2010).
Osswald, T. A., and Menges G., *Materials Science of Polymers for Engineers*, Hanser Publishers, Munich (2003).
Porter, D. A., and Easterling, K. E., *Phase Transfromations in Metals and Alloys*, Chapman and Hall, New York (1992).
Ragone, D. V., *Thermodynamics of Materials*, Vols. 1 and 2, John Wiley & Sons, New York (1995).
Ralls, K. M., Courtney, T. H., and Wulff, J., *Introduction to Materials Science and Engineering*, John Wiley & Sons, New York (1976).
Raymond, R., *Out of the Fiery Furnace: The Impact of Metals on the History of Mankind*, Penn State University Press, State College, PA (1990).
Reed-Hill, R. E., *Physical Metallurgy Principles*, 2nd ed., D. van Nostrand Co., New York (1973).
Reed-Hill, R. E., and Abbaschian, R., *Physical Metallurgy Principles*, 3rd ed., PWS, Boston, MA (1994).
Reese, R. L., *University Physics*, Brooks Cole Publishing Co., Pacific Grove, CA (2000).
Reimer, L., *Transmission Electron Microscopy: Physics of Image Formation and Microanalysis*, 4th ed., Springer, Berlin (1997).
Rochow, T. G., and Tucker, P. A., *Introduction to Microscopy by Means of Light, Electrons, X-Rays, or Acoustics*, 2nd ed., Plenum Press, New York (1994).
Rose, R. M., Shepard, L. A., and Wulff, J., *The Structure and Properties of Materials*, Vol. 4, *Electronic Properties*, John Wiley & Sons, New York (1966).
Rubenstein, M., and Colby, R. H., *Polymer Physics*, Oxford University Press, Oxford, England (2003).
Rudin, A., *The Elements of Polymer Science and Engineering*, 2nd ed., Academic Press, San Diego (1990).
Savage, G. *Carbon-Carbon Composites*, Chapman & Hall, London (1993).
Schaffer, J. P., Saxena, A., Antolovich, S. D., Sanders Jr., T. H., and Warner, S. B., *The Science and Design of Engineering Materials*, 2nd ed., WCB McGraw-Hill, Boston (1999).
Schultz, J. M., *Polymer Materials Science*, Prentice-Hall, Englewood Cliffs, NJ (1974).
Schwartz, M., *Handbook of Structural Ceramics*, McGraw-Hill Inc., New York (1992).
Schwartz, M. M., *Composite Materials, Properties, Nondestructive Testing, and Repair*, Prentice Hall, Upper Saddle River, NJ (1997).
Shewmon, P. G., *Diffusion in Solids*, McGraw-Hill, New York (1963).
Shewmon, P. G. "Diffusion", *Physical Metallurgy*, Cahn, R. W., ed. North-Holland, Amsterdam, 383 (1970).
Shull, P. J., ed. *Nondestructive Evaluation*, Marcel Decker, New York (2002).
Simmons, R. O., and Balluffi, R. W., *Phys. Rev.*, 119, 600 (1960).
Sims, C., Stoloff, N., and Hagel, W., *Superalloys II: High Temperature Materials for Aerospace and Industrial Power*, John Wiley & Sons, New York (1987).
Smith, W. F., and Hashemi, J., *Foundations of Materials Science and Engineering*, 5th ed., McGraw-Hill, New York (2010).
Smith, W. F., *Foundations of Materials Science and Engineering*, 3rd ed., McGraw-Hill, New York (2004).
Smithell's Metals Reference Book, eds. Gale, W. F., and Totemeier, T. C., Elsevier Butterworth-Heinemann, Oxford, England (2004).
Strong, A. B., *Plastics–Materials and Processing*, 3rd ed., Pearson-Prentice Hall, Upper Saddle River, NJ (2006).
Swalin, R. A., *Thermodynamics of Solids*, John Wiley & Sons, New York (1962).
Sze, S. M., ed., *Modern Semiconductor Device Physics*, John Wiley & Sons, New York (1998).
Sze, S. M., and Kwok, K. N., *Physics of Semiconductor Devices*, John Wiley & Sons, New York (2006).
Tee, B. C-K., Wang, C., Allen, R., and Bao, Z., "An electrically and mechanically self-healing composite with pressure- and flexion-sensitive properties for electronic skin applications", *Nature Nanotechnology*, 7 (2012) p. 825.
Tetelman, A. S., and McEvlly, Jr., A. J., *Fracture of Structural Materials*, John Wiley & Sons, New York (1967).
Timings, R. L., *Engineering Materials*, 2nd ed., Addison Wesley Longman Ltd., Essex, England (1998).
Turton, R., *The Quantum Dot*, Oxford University Press, Oxford, England (1996).
Uhlig, H. H., and Revie, R. W., *Corrosion and Corrosion Control*, John Wiley & Sons, New York (1985).
van Krevelen, D. W., *Properties of Polymers: Correlations with Chemical Structure*, Elsevier, Amsterdam (1972).
Wang, F. E., *Bonding Theory for Metals and Alloys*, Elsevier, Amsterdam (2005).
Waterman, N. A., *The Fulmer Materials Optimizer*, Stokes Poges, Slough Berks, England (1974).
Waterman, N. A., and Ashby, M. F., *Materials Selector*, Chapman & Hall, London, England (1996).
Weertman, J., and Weertman, J. R., *Elementary Dislocation Theory*, Oxford University Press, New York (1992).
Wen, J., "Some Mechanical Properties of Typical, Polymer-Based Composites", *Physical Properties of Polymers Handbook*, Mark, J. E., ed., AIP Press, Woodbury, NY (1996).
Wilkes, P. *Solid State Theory in Metallurgy*, Cambridge University Press, Cambridge, England (1973).
Winding, C. C., and Hiatt, G. D., *Polymeric Materials*, McGraw-Hill, New York (1961).
Wood, W. A., *The Study of Metal Structures and Their Properties*, Pergamon Press, Elmsford, NY (1971).

INDEX 찾아보기

[한글]

ㄱ

ㄴ

ㅈ

[영어]

E

F

G

H

I

K

L

M

N

O

P

U

V

W

X

Y

Z

[기타]

Unit Abbreviations

A = ampere
C = coulomb
°C = degrees celsius
cal = calorie
eV = electron volt
°F = degrees fahrenheit
g = gram
Hz = hertz
in = inch
J = joule
K = kelvin
lb_f = pound force
m = meter
N = newton
P = poise
Pa = pascal
psi = pounds per square inch
s = second
T = tesla
V = volts
W = watt
Wb = weber
Ω = ohms

Commonly Used Prefixes for Powers of 10

Power	Prefix	Abbreviation
10^{-12}	pico	p
10^{-9}	nano	n
10^{-6}	micro	μ
10^{-3}	milli	m
10^{-2}	centi	c
10^{3}	kilo	k
10^{6}	mega	M
10^{9}	giga	G

Values of Selected Physical Constants

Physical constant	Symbol	Value
Avogadro's number	N_A	6.022×10^{23} particles/mole
Boltzmann's constant	k	1.38×10^{-23} J/atom·K; 8.62×10^{-5} eV/atom·K
Bohr Magneton	μ_B	9.27×10^{-24} A·m^2
Electron charge	e	1.602×10^{-19} C
Electron mass	m_e	9.11×10^{-23} kg
Permeability of a vacuum	μ_0	$4\pi \times 10^{-7}$ Wb/A·m
Permittivity of a vacuum	ε_0	8.85×10^{-12} F/m
Planck's constant	h	6.63×10^{-34} J·s
Speed of light	c	2.998×10^{8} m/s
Universal gas constant	R	8.31 J/mole·K; 1.987 cal/mole·K

Unit Conversion Factors

Length: 1 m = 10^{10} Angstrom (Å) | 1 cm = 0.394 in | 1 in = 2.54 cm

Mass: 1 kg = 2.205 lb_m | 1 lb_m = 0.4536 kg

Density: 1 kg/m^3 = 10^{-3} g/cm^3 | 1 g/cm^3 = 0.0361 lb_m/in^3 | 1 lb_m/in^3 = 27.7 g/cm^3

Force: 1 N = 0.2248 lb_f | 1 lb_f = 4.448 N

Stress: 1 MPa = 145 psi | 1 psi = 6.90×10^3 Pa

Stress Intensity: 1 MPa(m)$^{1/2}$ = 910 psi(in)$^{1/2}$ | 1 psi(in)$^{1/2}$ = 109.9 Pa(m)$^{1/2}$

Energy: 1 J = 6.24×10^{18} eV | 1 eV = 1.602×10^{-19} J
1 J = 0.239 cal | 1 cal = 4.184 J
1 J = 0.738 ft·lb_f | 1 lb_f = 1.356 J

Viscosity: 1 Pa·s = 10 P | 1 P = 0.1 Pa·s

Periodic table and properties of the elements

Element
Atomic number
Atomic mass Values in ( ) are for the most stable isotope.
Electronegativity
Cohesive energy in eV are for zero Kelvin, values in [ ] are for 298.15 K or for the melting point, whichever temperature is lower.
Melting temperature in K
Density at 300 K - Solids and liquids are in 10^3 kg/m^3, gasses are at STP in kg/m^3.

Metal

Semimetal

Nonmetal

IA	IIA	IIIB	IVB	VB	VIB	VIIB	VIIIB	———	VIIIB	IB	IIB	IIIA	IVA	VA	VIA	VIIA	0
H																	He
1																	2
1.008																	4.003
2.1																	-
4.48																	0.009
14.03																	0.95
0.09																	0.179
Li	Be											B	C	N	O	F	Ne
3	4											5	6	7	8	9	10
6.939	9.012											10.81	12.01	14.01	16.00	19.00	20.18
0.9	1.5											2.0	2.5	3.0	3.5	4.0	-
1.65	3.33											5.81	7.36	[4.94]	[2.60]	[0.87]	0.036
453.7	1560											2300	4000	63.14	50.35	53.48	24.55
0.53	1.85											2.34	2.62	1.251	1.429	1.696	0.901
Na	Mg											Al	Si	P	S	Cl	Ar
11	12											13	14	15	16	17	18
22.99	24.31											26.98	28.09	30.97	32.06	35.45	39.95
0.9	1.2											1.5	1.8	2.1	2.5	3.0	-
1.13	1.53											3.34	4.64	[3.42]	2.86	[1.39]	0.062
371	922											933	1685	317	388	172	83.8
0.97	1.74											2.70	2.33	1.82	2.07	3.17	1.784
K	Ca	Sc	Ti	V	Cr	Mn	Fe	Co	Ni	Cu	Zn	Ga	Ge	As	Se	Br	Kr
19	20	21	22	23	24	25	26	27	28	29	30	31	32	33	34	35	36
39.10	40.08	44.96	47.88	50.94	52.00	54.94	55.85	58.93	58.71	63.54	65.37	69.72	72.59	74.99	78.96	79.91	83.80
0.8	1.0	1.3	1.5	1.6	1.6	1.5	1.8	1.8	1.8	1.9	1.6	1.6	1.8	2.0	2.4	2.8	-
0.94	1.825	3.93	4.855	5.30	4.10	2.98	4.29	4.39	4.435	3.50	1.35	2.78	3.87	3.0	2.13	1.22	0.130
336	1112	1812	1943	2175	2130	1517	1809	1768	1726	1358	693	303	1210	1081	494	266	115.8
0.86	1.55	3.00	4.51	5.80	7.19	7.43	7.86	8.90	8.90	8.96	7.14	5.91	5.32	5.72	4.80	3.12	3.74

Rb	Sr	Y	Zr	Nb	Mo	Tc	Ru	Rh	Pd	Ag	Cd	In	Sn	Sb	Te	I	Xe
37	38	39	40	41	42	43	44	45	46	47	48	49	50	51	52	53	54
85.47	87.62	88.91	91.22	92.91	95.94	(99)	101.1	102.9	106.4	107.9	112.4	114.8	118.7	121.8	127.6	126.9	131.3
0.8	1.0	1.2	1.4	1.6	1.8	1.9	2.2	2.2	2.2	1.8	1.7	1.7	1.8	1.9	2.1	2.5	-
0.86	[1.60]	4.39	6.32	7.47	6.81	7.53	6.615	5.75	3.94	2.96	1.16	2.6	3.12	2.7	2.0	[1.11]	0.176
313	1041	1799	2125	2740	2890	2473	2523	2236	1825	1234	594	430	505	904	723	387	161.4
1.53	2.6	4.5	6.49	8.55	10.2	11.5	12.2	12.4	12.0	10.5	8.65	7.31	7.30	6.86	6.24	4.92	5.89
Cs	Ba	La-Lu	Hf	Ta	W	Re	Os	Ir	Pt	Au	Hg	Tl	Pb	Bi	Po	At	Rn
55	56	57-71	72	73	74	75	76	77	78	79	80	81	82	83	84	85	86
132.9	137.3		178.5	181.0	183.8	186.2	190.2	192.2	195.1	197.0	200.6	204.4	207.2	209.0	(210)	(210)	(222)
0.7	0.9	1.1-1.2	1.3	1.5	1.7	1.9	2.2	2.2	2.2	2.4	1.9	1.8	1.8	1.9	2.0	2.2	-
0.83	1.86		6.35	8.09	8.56	8.10	[8.10]	6.93	5.85	3.78	[0.69]	1.87	2.04	2.15	[1.49]	-	0.208
302	1002		2500	3287	3680	3453	3300	2716	2045	1338	234.3	723	600.6	544.5	527	575	202
1.87	3.5		13.1	16.6	19.3	21.0	22.4	22.5	21.4	19.3	13.53	11.85	11.4	9.8	9.4	-	9.91
																	(1)
Fr	Ra	Ac	Th	Pa	U	Np	Pu	Am	Cm	Bk	Cf	Es	Fm	Md	No	Lr	
87	88	89	90	91	92	93	94	95	96	97	98	99	100	101	102	103	
(223)	(226)	(227)	232.04	(231)	238.03	(237)	(242)	(243)	(247)	(247)	(249)	(254)	(253)	(256)	(254)	(257)	
0.7	0.9	-	-	-	-	-	-	-	-	-	-	-	-	-	-	-	
-	-	-	5.93	5.46	5.41	4.55	4.0	2.6	-	-	-	-	-	-	-	-	
300	973	1323	2028	-	1405	910	913	1268	1340	-	900	-	-	-	-	-	
-	5	10.07	11.7	15.4	18.9	20.4	19.8	13.6	13.51	-	-	-	-	-	-	-	
		La	Ce	Pr	Nd	Pm	Sm	Eu	Gd	Tb	Dy	Ho	Er	Tm	Yb	Lu	
		57	58	59	60	61	62	63	64	65	66	67	68	69	70	71	
		138.9	140.1	140.9	144.2	(145)	150.4	152.0	157.2	158.9	162.5	164.9	167.3	168.9	173.0	175.0	
		-	-	-	-	-	-	-	-	-	-	-	-	-	-	-	
		4.49	4.77	3.9	3.35	-	2.11	1.80	4.14	4.1	3.1	3.0	3.3	2.6	1.6	4.4	
		1193	1071	1204	1239	1204	1345	1090	1585	1630	1682	1743	1795	1818	1097	1936	
		6.7	6.78	6.77	7.00	6.48	7.54	5.26	7.89	8.27	8.54	8.80	9.05	9.33	6.98	9.84	

(1) The elements under this line are transition elements that do not correspond to the group numbers at the top of the page.

재료과학과 공학

정가 35,000원

Materials Science and Engineering Properties

발 행 2016년 7월 10일 초판 1쇄

저 자 Charles M. Gilmore

역 자 최병호 · 김학성 · 이동진 · 이병양 · 허남수

발행인 정우용

발행처 도서출판 동화기술

경기도 파주시 광인사길 201(문발동, 파주출판도시)

Tel (031)955-4211~6 donghwae@kornet.net

Fax (031)955-4217 www.donghwapub.co.kr

(등록) 1977년 12월 19일/9-16호

Printed in Korea

ISBN 978-89-425-9062-9

PRINCIPAL UNITS USED IN MECHANICS

Quantity	International System (SI)			U.S. Customary System (USCS)		
	Unit	Symbol	Formula	Unit	Symbol	Formula
Acceleration (angular)	radian per second squared		rad/s^2	radian per second squared		rad/s^2
Acceleration (linear)	meter per second squared		m/s^2	foot per second squared		ft/s^2
Area	square meter		m^2	square foot		ft^2
Density (mass) (Specific mass)	kilogram per cubic meter		kg/m^3	slug per cubic foot		$slug/ft^3$
Density (weight) (Specific weight)	newton per cubic meter		N/m^3	pound per cubic foot	pcf	lb/ft^3
Energy; work	joule	J	N·m	foot-pound		ft-lb
Force	newton	N	$kg{\cdot}m/s^2$	pound	lb	(base unit)
Force per unit length (Intensity of force)	newton per meter		N/m	pound per foot		lb/ft
Frequency	hertz	Hz	s^{-1}	hertz	Hz	s^{-1}
Length	meter	m	(base unit)	foot	ft	(base unit)
Mass	kilogram	kg	(base unit)	slug		$lb\text{-}s^2/ft$
Moment of a force; torque	newton meter		N·m	pound-foot		lb-ft
Moment of inertia (area)	meter to fourth power		m^4	inch to fourth power		$in.^4$
Moment of inertia (mass)	kilogram meter squared		$kg{\cdot}m^2$	slug foot squared		$slug\text{-}ft^2$
Power	watt	W	J/s (N·m/s)	foot-pound per second		ft-lb/s
Pressure	pascal	Pa	N/m^2	pound per square foot	psf	lb/ft^2
Section modulus	meter to third power		m^3	inch to third power		$in.^3$
Stress	pascal	Pa	N/m^2	pound per square inch	psi	$lb/in.^2$
Time	second	s	(base unit)	second	s	(base unit)
Velocity (angular)	radian per second		rad/s	radian per second		rad/s
Velocity (linear)	meter per second		m/s	foot per second	fps	ft/s
Volume (liquids)	liter	L	10^{-3} m^3	gallon	gal.	231 $in.^3$
Volume (solids)	cubic meter		m^3	cubic foot	cf	ft^3

SELECTED PHYSICAL PROPERTIES

Property	SI	USCS
Water (fresh) weight density mass density	 9.81 kN/m^3 1000 kg/m^3	 62.4 lb/ft^3 1.94 slugs/ft^3
Sea water weight density mass density	 10.0 kN/m^3 1020 kg/m^3	 63.8 lb/ft^3 1.98 slugs/ft^3
Aluminum (structural alloys) weight density mass density	 28 kN/m^3 2800 kg/m^3	 175 lb/ft^3 5.4 slugs/ft^3
Steel weight density mass density	 77.0 kN/m^3 7850 kg/m^3	 490 lb/ft^3 15.2 slugs/ft^3
Reinforced concrete weight density mass density	 24 kN/m^3 2400 kg/m^3	 150 lb/ft^3 4.7 slugs/ft^3
Atmospheric pressure (sea level) Recommended value Standard international value	 101 kPa 101.325 kPa	 14.7 psi 14.6959 psi
Acceleration of gravity (sea level, approx. 45° latitude) Recommended value Standard international value	 9.81 m/s^2 9.80665 m/s^2	 32.2 ft/s^2 32.1740 ft/s^2

SI PREFIXES

Prefix	Symbol	Multiplication factor
tera	T	10^{12} = 1 000 000 000 000
giga	G	10^{9} = 1 000 000 000
mega	M	10^{6} = 1 000 000
kilo	k	10^{3} = 1 000
hecto	h	10^{2} = 100
deka	da	10^{1} = 10
deci	d	10^{-1} = 0.1
centi	c	10^{-2} = 0.01
milli	m	10^{-3} = 0.001
micro	μ	10^{-6} = 0.000 001
nano	n	10^{-9} = 0.000 000 001
pico	p	10^{-12} = 0.000 000 000 001

Note: The use of the prefixes hecto, deka, deci, and centi is not recommended in SI.